高职高专系列教材

石油钻井技术专业

现场实训

刘景利　贾高星　彭明俊　主编

中国石化出版社

内 容 提 要

按照钻井作业岗位不同，本书把石油钻井技术专业学生应该具备的专业理论知识和操作技能分解成四个学习情境，其中包括六十个典型工作项目和若干工作任务。主要介绍了石油钻井技术知识和操作技能、石油钻井柴油机技术知识和操作技能、石油钻井泥浆技术知识和操作技能以及石油钻井地质技术知识和操作技能等内容。

本书可以作为石油类高职高专院校石油钻井技术专业学生现场教学和顶岗实习的教材，也可作为企业员工的培训教材，同时可供相关专业技术人员参考。

图书在版编目(CIP)数据

石油钻井技术专业现场实训/刘景利，贾高星，彭明俊主编．—北京：中国石化出版社，2013．3
高职高专系列教材
ISBN 978－7－5114－1925－5

Ⅰ．①石… Ⅱ．①刘… ②贾… ③彭… Ⅲ．①油气钻井—高等职业教育—教材 Ⅳ．①TE2

中国版本图书馆 CIP 数据核字(2013)第 028574 号

未经本社书面授权，本书任何部分不得被复制、抄袭，或者以任何形式或任何方式传播。版权所有，侵权必究。

中国石化出版社出版发行
地址：北京市东城区安定门外大街 58 号
邮编：100011　电话：(010)84271850
读者服务部电话：(010)84289974
http://www.sinopec-press.com
E-mail：press@sinopec.com
北京柏力行彩印有限公司印刷
全国各地新华书店经销

*

787×1092 毫米 16 开本 35.75 印张 904 千字
2013 年 4 月第 1 版　2013 年 4 月第 1 次印刷
定价：68.00 元

前　言

根据教育部、财政部发布的高职高专院校发展的有关文件精神，借鉴其他兄弟院校石油钻井技术专业教学改革成果，渤海石油职业学院石油钻井技术专业实施了“2 +1”的人才培训模式教学改革。

此教学改革的提出基于两个原因：一是石油钻井设备投入大，运行成本高，校内实训基地的投入条件很难满足生产性实训的要求；二是学院离钻井生产现场远，企业兼职教师很难保证入校长期进行教学指导。采用校企合作的办学模式，充分利用校外实训基地，实施项目驱动、任务教学的方法，解决了上述两个问题，实现了资源共享、优势互补、订单培养，达到共同育人的目的。

“2”阶段，即前两学年学生在校内学习，培养学生职业技能，达到初学者和有能力者工作能力标准，为本专业人才的综合素质培养和可持续发展提供必需的知识和技能准备；“1”阶段，即第三学年学生在企业现场学习和训练，进行熟练者学习领域学习和顶岗实习。

通过这种“2 +1”教学模式的实施，培养学生的自主学习能力，提高学生的操作技能，激发学生的创新意识和热情，养成学生良好的职业道德和情操，从而实现“2 +1 ＞ 3”的教学效果。

本次工学结合现场教学改革由石油钻井行业专家和学校石油钻井专业教师组成专业教学改革委员会，首先对钻井作业岗位进行分析，包括四个岗位：钻井工岗位(含内钳工、外钳工、井架工和场地工等)，钻井柴油机工岗位，钻井地质工岗位与钻井泥浆工岗位。并确定每一个岗位的典型工作项目和工作任务，然后提炼出石油钻井专业的职业素质和能力要求，再参照石油石化行业职业资格标准确定各个学习领域。根据各学习领域对应的典型工作项目和工作任务，制定了石油钻井技术专业的课程标准。最后根据课程标准以及石油钻井行业发展需要的岗位知识、能力和素质，力求突出技术性、应用性、针对性和职业教育特色，以钻井技术专业的职业能力和职业岗位要求为核心，以“理论知识够用”为原则，制定出了石油钻井技术专业人才培养方案，确定了教学内容所涉及到的专业理论知识和操作技能。

《石油钻井技术专业现场实训》一书是专门为石油钻井专业学生进行工学结

合现场教学开发的配套教材，是石油钻井技术专业的一门主干核心课程。本书由石油钻井行业专家与石油钻井专业教师共同合作编写完成。它的特点在于反映了目前钻井新知识、新技术、新工艺和新方法。

本书把石油钻井技术专业学生应该具备的专业理论知识和操作技能分解成四个学习情境，其中包括六十个典型工作项目和若干工作任务。四个学习情境主要有：石油钻井技术知识和操作技能、石油钻井柴油机技术知识和操作技能、石油钻井泥浆技术知识和操作技能、石油钻井地质技术知识和操作技能等内容。并对六十个典型工作项目和工作任务进行了细化，每个工作项目又提出了知识目标、技能目标、学习材料和任务考核，有利于学生自学和专业教师到现场进行教学指导。

本书由刘景利、贾高星和彭明俊担任主编，蓝富华担任主审，廖凤英负责统稿。学习情境一中的项目一至项目五由渤海石油职业学院宋竞松编写，学习情境一中的项目六至项目十由渤海石油职业学院蓝富华编写，学习情境一中的项目十一至项目十五由华北油田运输分公司彭明俊编写，学习情境一中的项目十六至项目二十五由渤海石油职业学院高书杰编写，学习情境一中的项目二十六至项目三十由华北油田煤层气勘探开发分公司贾高星编写；学习情境二由渤海石油职业学院刘景利编写；学习情境三中的项目一至项目五由渤海石油职业学院孙金凤编写，学习情境三中的项目六至项目十由河北工业大学石世光编写；学习情境四中的项目一至项目二由渤海石油职业学院廖凤英编写；学习情境四中的项目三至项目十由渤海石油职业学院孙华编写。

由于编写人员水平有限，书中难免存在不完善之处，敬请广大读者批评指正。

目　　录

学习情境一 石油钻井技术知识与操作技能

情境描述

石油钻井作业是一项工艺技术复杂、仪器设备众多(包括地面钻井设备和井下作业工具等)，需要多工种多部门协调合作才能完成的作业。

石油钻井作业的主要任务是：按照《石油钻井作业任务书》以及井下、环保、工艺技术、安全要求，由司钻、副司钻、内外钳工、柴油机工、地质工和泥浆工等各个相关作业岗位相互配合，在规定的建井周期内完成的作业。它要求做好如下工作：一次开钻、二次开钻、起下钻和钻进、井眼轨迹控制、快速钻进、井控等，以及相关设备、仪器、工具的使用、保养、故障排除等操作，遵守钻井作业操作规程，并同步填写各个工作过程记录和报表。

石油钻井技术知识与操作技能是石油钻井作业的主要内容。它所涉及到的专业理论知识和操作技能，共归纳为30个典型工作项目和若干工作任务。

本部分内容具体包括：钻机的基本知识，典型钻机及主要零部件，钻井工具与仪表，井控设备，钻井安全生产知识，钻井设备的拆装与调试，典型钻井工具的使用，内钳工、外钳工、井架工和场地工的操作，钻井工艺流程等内容。

项目一　钻井工岗位职责

知识目标

(1)牢记场地工岗位责任制的全部内容，并能按其要求进行工作。

(2)牢记场地工安全生产制度的全部内容，严格按其要求进行工作。

(3)牢记外钳工岗位责任制的全部内容，并能按其要求进行工作。

(4)牢记外钳工安全生产制度的全部内容，严格按其要求进行工作。

(5)牢记内钳工岗位责任制的全部内容，并能按其要求进行工作。

(6)牢记内钳工安全生产制度的全部内容，严格按其要求进行工作。

(7)牢记井架工岗位责任制的全部内容，并能按其要求进行工作。

(8)牢记井架工安全生产责任制的全部内容，严格按其要求进行工作。

技能目标

(1)掌握场地工巡回检查路线和检查内容，做到“走到、看到、摸到、不缺项、不漏掉检查点”。

(2)掌握外钳工巡回检查路线和检查内容，做到“走到、看到、摸到、不缺项、不漏掉检查点”。

(3)掌握内钳工巡回检查路线、巡回检查内容，做到“走到、看到、摸到、不缺项、不漏掉检查点”。

(4)掌握井架工巡回检查路线、巡回检查内容，做到“走到、看到、摸到、说到、整改到、不缺项、不漏掉检查点”。

学习材料

任务一　场地工岗位职责

场地工是钻井生产中的辅助工种，主要工作是在井场配合钻台操作，做一些准备与辅助工作。

一、场地工岗位责任制

(1)按岗位规定进行巡回检查和交接班。

(2)按司钻指令和作业程序进行本岗位施工作业。

(3)严格执行设备管理制度和操作规程，正确使用、维护和保养所管的设备、设施和防喷设施。

(4)负责钻井工具的检查、使用和保养。

(5)执行本岗位 HSE 关键任务和公司应急反应程序。

(6)按规定填写各项生产、工作记录。

(7)保持施工环境和设备的整洁。

(8)认真填写工程报表和有关生产记录。

二、场地工循环检查制

1. 场地工岗位巡回检查路线

值班房→振动筛→除砂器→除泥器→离心机→除气器→循环罐→搅拌器及电动机→除砂泵→污水池→井场及钻具→材料房。

2. 场地工巡回检查内容及要求

(1)值班房

①清洁卫生。

②看工程班报表填写是否准确完整。

(2)振动筛

①筛网完好，无破损和松动。

②检查固定螺丝是否紧固，护罩、梯子、栏杆是否齐全牢固，皮带松紧是否符合标准。

③检查电动机运转是否正常，轴承润滑的状况是否良好，有无异常声响。

④检查电线有无破损。

⑤高架槽及导管固定是否牢靠、畅通。

(3)除砂器、除泥器

①正常钻进时，检查除砂器排砂孔是否正常除砂，如除砂不正常，应进行处理。

②除砂器各阀的开关是否灵活，开关是否正确，管线连接是否牢固，有无滴漏现象，如有滴漏则进行更换或封堵。

(4)检查循环罐

①检查循环罐的密封是否完好，如有跑、冒、滴、漏现象进行封堵。

②检查循环罐的钻井液量，是否够正常钻进所需。

③检查循环罐之间连接是否紧密，闸板阀的开关是否灵活。

④检查循环罐内砂子数量，如砂子超过罐体积的1/3，应进行清砂。

(5)检查搅拌器和电动机

①启动电动机，检查搅拌器是否正常，固定是否牢固。

②启动开关固定是否牢靠，有无防雨装置。

③转动泥浆枪，检查是否灵活。

④检查搅拌器润滑情况。

(6)除砂泵

①合上开关，启动除砂泵检查是否上水，如不上水，打开放气孔进行排气。

②观察除砂泵的密封装置是否漏钻井液，如漏钻井液，应进行修理。

(7)检查井场及钻具

①场地是否平整清洁。

②钻具管架、大门坡道、安全标志位置是否合适。

③钻具是否按下井顺序排列整齐。是否做到编号清楚，好坏分清，损坏的钻具必须有明显标记。

④钻具水眼是否畅通，螺纹是否清洁。

(8)检查工具、用具、消防器材

①场地所用工具、用具(锹、扫把、绳套、护丝、撬杠等)是否齐全、摆放整齐，绳套是否符合安全要求。

②消防工具配备是否齐全，摆放是否整齐，防火砂堆放是否规范。

三、场地工岗位交接班制

(1)交清振动筛、砂泵、除砂器、除泥器、除气器、搅拌器的运转、性能及保养情况。

(2)交清场地钻具排列及清洁卫生。

(3)交清井场使用工具。

(4)交清钻具护丝、绳套和场地工具。

四、场地工 HSE 职责

(1)认真贯彻执行国家有关安全生产、环境保护、职业卫生健康、消防交通管理的法律法规、上级的方针政策和公司的 HSE 规章制度。

(2)对上向司钻负责，认真进行岗位巡回检查，发现问题和隐患及时进行整改。

(3)负责净化系统的正确操作、维护、保养和清洁工作，并协助泥浆工维护好钻井液，起、下钻时负责坐岗，发现溢流及时报告。

(4)负责井场钻具、管材的防腐并排列整齐，及时收集井场积水、污水、工业废弃物等，废料分类存放，保持井场整洁。

(5)负责钻具上下钻台时戴好并拧紧护丝，拴挂绳套安全可靠。

(6)负责班报表的填写，做到齐全、准确，保持工程值班房内外清洁。

(7)负责循环系统和水泵的维护保养，搞好清洁卫生，保证工业用水充足。

(8)负责保持井场排污沟的畅通，泥浆污水池无渗漏现象。

(9)掌握井控操作技能和应急行动程序，积极参加消防、急救、防喷等演习，提高自救互救能力，防患于未然。

(10)上班穿戴工衣、工鞋、安全帽等个人保护用品、用具。

(11)对事故隐患、不安全行为及时向 HSE 监督汇报。

五、场地工井控职责

(1)负责顶驱钻进、起下钻时的井控坐岗，并填写坐岗记录。一旦发现溢流及时向司钻汇报。

(2)在发生溢流、井喷等井控紧急情况时，按司钻指令协助发电工停井、架灯、振动筛和循环系统电源，保证放喷和探照灯用电。

(3)按“四·七”动作的岗位分工熟练本岗操作。

(4)协助井架工进行井口螺栓的紧固及井控闸门的活动保养。

(5)负责防喷单根的检查和保养。

任务二　外钳工岗位职责

一、外钳工岗位责任制

(1)负责外钳的操作，内钳工不在时顶替其岗位。

(2)负责猫头绞车和转盘传动装置及护罩的检查、保养和清洁工作。

(3)负责井口工具(吊卡、卡瓦、安全卡瓦、钻头盒、防喷盒)、提升短节、配合接头、内防喷工具、钻台手工具的准备、检查、保养、清洁。

(4)负责外钳和气动或液压小绞车的检查、维护、保养。

(5)负责钻台栏杆、大门坡道、井架梯子及扶手、安全滑道、升降机的固定和清洁。

(6)负责钻台上下及钻台偏房的卫生与环境保护工作。

(7)协助副司钻、井架工、内钳工搞好设备修理和保养。

(8)负责螺纹脂的补充和更换。起钻时负责排好钻具，下钻时负责钻具螺纹清洁，并涂好螺纹脂。

(9)负责做好起下钻及接单根时的接头、提升短节、安全卡瓦、卡瓦、钻头、手工具和各种绳套的准备工作。

(10)负责起下钻中钻具质量的检查。

二、外钳工巡回检查制

1. 外钳工巡回检查路线

值班房→大门坡道与钻台梯子→猫头绞车→转盘传动装置→井口工具→气动绞车→外钳→钻台偏房→油料→值班房。

2. 外钳工巡回检查内容及要求

(1)值班房

①查阅工程班报表，了解施工进度。

②查看猫头绞车、转盘传动装置等设备运转、保养记录的填写是否及时、准确、无错漏。

(2)大门坡道与钻台梯子

①钻台栏杆、踢脚板齐全、完好。

②钻台梯子、大门坡道、安全滑道固定牢靠。踏板不开焊、变形，扶手齐全。

③钻台上各梯子及坡道口处防保链齐全。

(3)猫头绞车

①固定牢靠、清洁、护罩齐全。

②黄油嘴齐全，润滑良好，油量充足，不变质。

③链条齐全，万向轴连接固定牢靠。

④猫头平滑、无槽，固定牢靠、转动灵活，挡板齐全、牢固。

⑤使用液压猫头时钢丝绳完好，液压缸固定牢靠，灵活好用，不滴油、不漏油。

(4)转盘传动装置

①固定牢靠、清洁。

②链条松紧适度，剪切销齐全，运转无杂音。

③传动装置油池油量、油质符合使用要求，万向轴黄油嘴齐全、润滑良好。

④运转时各轴承温度合适，无异常高温。

(5)井口工具

①卡瓦整体完好、灵活、好用，不打滑，不松动。

②安全卡瓦牙纹弹簧固定牢靠，灵活、好用，各轴节灵活；加黄油或机油润滑；卡瓦的节数与被卡的钻具直径相符；锁紧丝杆和螺母符合使用标准；销子与本体用保险链连接牢靠。

③吊卡舌头、活门、保险销灵活、可靠，润滑良好，保险销必须使用磁性销子。

④钻头盒把手、盖板结实，无裂缝；防喷盒把手、盒体完好，开关灵活。

⑤提升短节、配合接头摆放整齐，维护良好。

⑥上下旋塞、回压阀灵活、好用，保养良好。

(6)气动绞车

①固定牢靠、平稳，护罩齐全、清洁。

②起重用直径 15.9mm 的钢丝绳，不打结，无锈蚀，无断丝，长度合适。

③刹车装置可靠。

④润滑良好，油杯油量充足，油质合格，黄油嘴齐全。

⑤吊钩与钢丝绳连接可靠，钩口安全装置齐全，好用。

(7)外钳

①钳柄不允许有裂纹。

②各部位配合用专用销连接，绝对不允许使用代用销。

③连接部位灵活，润滑良好，无卡阻现象。

④钳牙安装整齐，钳牙上无油泥、无松动现象，挡销齐全，磨损量不影响使用要求。

⑤钳体水平，上下移动灵活，与吊绳连接紧固、牢靠。

⑥钳柄尾部固定牢靠，钳尾销的保险销使用磁性销子，下面装别针。

⑦钳尾绳使用直径 19mm 或 22mm 钢丝绳，无断丝、电弧烧灼、锈蚀现象；两端各用三个绳卡卡紧，卡距符合要求。

(8)钻台偏房

①钻杆钩子、刮泥器清洁，完好。

②手工具清洁，摆放整齐，齐全无损坏。

③黄油枪完好，使用灵活。

④管钳及链钳完好。

⑤钻台、钻台偏房清洁卫生。

(9)油料

①螺纹脂数量、质量满足要求，无泥沙、硬块。

②黄油、机油数量充足，质量合格。

(10)值班房

①班前会：及时向司钻反映巡回检查的情况；接受司钻的工作安排，明确本班本岗位操作的安全要求和设备保养内容。

②班后会：对本班本岗位工作完成情况及设备维护保养情况进行总结。

三、外钳工交接班制

(1)交清所管设施的固定、保养及清理。

(2)交清各种手工工具及其他工具情况。

(3)交清钻台上下的清洁整齐情况。

(4)交清螺纹脂（油）的数量和质量。

四、外钳工 HSE 职责

(1)在起下钻接单根前，检查吊卡压板固定螺丝是否滑扣，活门销子有无断裂，保险销子是否灵活好用，吊卡销子是否系牢。

(2)吊钳钳牙是否松动，上下有无开口销保护，吊钳销子是否有断裂情况。钳体保证水平，平衡重量要合适。

(3)旋绳器部件是否完好、齐全。

(4)钳尾绳是否卡牢，绳卡有无松动，断丝情况和大钳尾绳长度是否合适。

(5)螺纹脂数量是否够，质量是否合格，特别注意螺纹油刷是否绑牢。

(6)井口不用或少用的小工具，使用前要检查各零件是否松动；使用时必须拿牢，防止落井。

(7)卡瓦背后要涂油，卡瓦片及卡瓦牙必须牢固可靠。

(8)起下钻铤必须用安全卡瓦。注意上紧，使卡瓦受力均匀。

五、外钳工井控职责

负责回压阀门及快装工具、方钻杆上下旋塞及扳手、防喷单根的检查、保养与操作。

任务三　内钳工岗位职责

一、内钳工岗位责任制

(1)负责内钳的操作，井架工不在时顶替其岗位。

(2)负责绞车、辅助刹车、爬台万向轴（或链条）及各护罩的检查、保养和清洁工作。

(3)负责水柜（水罐）、循环冷却水泵，钻台各气、水、液压油管线的检查与清洁工作。

(4)负责内钳和液气大钳的操作、保养和清洁。做好起下钻、接单根的准备工作。

(5)负责钻井参数仪、立管压力表的检查、保养和清洁工作。

(6)负责大绳、排绳器、死绳固定器及起下钻钻具的检查与维护保养工作。

(7)负责填写钻台设备运转和保养记录。

二、内钳工巡回检查制

1. 内钳工巡回检查路线

值班房→冷却水罐和循环水泵→辅助刹车→绞车→排绳器→立管压力表、钻井参数仪→内钳→ 液气大钳→值班房。

2. 内钳工巡回检查内容及要求

(1)值班房

①查阅工程班报表，了解施工进度。

②查看辅助刹车、绞车等设备运转、保养记录的填写是否及时、准确、无错漏。

(2)冷却水罐和循环水泵

①水罐内水质、水量是否符合使用要求。

②循环冷却水泵及电动机是否固定牢靠、运转正常。

③循环水管线有无泄漏。

④冬季要有防冻措施。

(3)辅助刹车

①固定牢靠，刹车有效可靠。

②电磁刹车鼓风机运转正常(水冷式供、排水正常)，滑键离合器灵活好用。

(4)绞车

①绞车及其护罩固定牢靠，钢丝绳排列整齐，钢丝绳无断丝、电弧烧灼、过电退火、严重锈蚀、扭结，灌铅的接头无松动。

②绞车所有轴承、链条、链轮、换挡离合器、刹车机构、水气葫芦、快绳挡辊传动、万向轴润滑良好。

③链条松紧适度，开口销、弹簧销、链板齐全完好。

④绞车运转正常，无异响，各轴承温度不超过 90℃。

⑤各离合器和继气器进、排气正常，冬季应采取防冻措施。

⑥绞车清洁卫生。

⑦直流电动机及冷风机运转正常，固定牢靠，输入轴轴承运转及温度正常，润滑良好，无杂音。

⑧油池润滑油量、油质符合使用要求，机油泵运转正常，油压符合要求，油管线无泄漏，滤清器清洁。

⑨绞车惯性刹车离合器固定牢靠，摩擦片完好，磨损量不超过规定值，支承轴承润滑良好。

(5)盘刹系统

①液压站清洁卫生，电动机、柱塞泵运转正常，无杂音。

②液压油量合适，最高工作温度不大于 60℃，额定工作压力为 6MPa，滤清器指示正常。

③液缸液压管线无渗漏。

④刹车可靠，刹车盘、刹带块表面无油污，磨损量不超过允许值，推盘无损坏，水、气管线畅通、不滴漏。

(6)排绳器

①钢丝绳绳卡固定符合要求。

②滑轮固定连接牢靠，润滑良好。

③排绳器滚子转动灵活，滚轮间距满足工作需要。

(7)立管压力表、钻井参数仪

①立管压力表齐全完好，指示灵敏、准确，表盘清洁。

②钻井参数仪清洁卫生。

(8)内钳

①钳柄不允许有裂纹。

②各部位配合使用专用销连接，绝对不允许使用代用销。

③连接部位机油润滑灵活，无卡阻现象。

④钳牙要安装整齐，钳牙上无油泥、松动现象，挡销齐全，磨损量不影响使用要求。

⑤钳体水平，上下移动灵活，与吊绳连接紧固、牢靠。

⑥钳柄尾部固定牢靠，钳尾销的保险销使用磁性销子，下面安装别针。

⑦钳尾绳使用直径19mm或22mm钢丝绳，无断丝、电弧烧灼、锈蚀现象；两端各用3个绳卡卡紧，卡距符合要求。

(9)液气大钳

①吊绳及尾座固定牢靠(吊绳使用直径19mm钢丝绳，大钳高低位调节使用30kN的手拉葫芦，水平度满足井口作业要求)。

②钳头颚板、堵头尺寸与钻具尺寸相符。

③钳牙齐全完好，固定牢靠；钳头进退活动灵活，转动无阻卡，刹带调节合适。

④移送气缸，夹紧气缸伸缩、活动自由，不漏气。

⑤大钳安全门框齐全、可靠、灵活好用。

⑥手动液压换向阀、溢流阀、管线连接处紧密，无渗漏。

⑦气控元件固定完好，连接紧密，无漏气，快速放气阀灵活好用。

⑧液压站油量、油温、油质、油压符合使用要求，表面清洁。

⑨液压站电动机、柱塞泵运转正常，无杂音；电动机接地良好。

(10)值班房

①班前会：及时向司钻反映巡回检查的情况；接受司钻的工作安排，明确本班本岗位操作的安全要求和设备保养内容。

②班后会：对本班本岗位工作完成情况及设备维护保养情况进行总结。

三、内钳工交接班制

(1)交清绞车、辅助刹车、转盘的保养、运转、清洁、存在问题及运转记录资料。

(2)交清井口工具的使用、卫生及完好情况。

(3)交清起下钻发现钻具的问题及井口操作注意事项。

(4)交清井场接单根的顺序。

四、内钳工的HSE职责

(1)在起下钻，接单根前，检查吊卡压板固定螺丝是否滑扣，活门销子有无断裂，保险销子是否灵活好用，吊卡销子是否系牢。

(2)钳牙是否松动，钳牙上下有无开口销保护，大钳销子是否有断裂情况。钳体保证水平，平衡重量要合适。

(3)旋绳器部件是否完好、齐全。

(4)钳尾绳是否卡牢，绳卡有无松动，断丝情况和大钳尾绳长度是否合适。

(5)螺纹油数量是否够用，质量是否合格，特别注意丝油刷是否绑牢。

(6)井口不用或少用的小工具，使用前要检查各零件是否松动；使用时必须拿牢，防止落井。

(7)卡瓦背后要涂油，卡瓦片及卡瓦牙必须牢固可靠。

(8)起下钻铤必须用安全卡瓦。注意上紧，使卡瓦受力均匀。

五、内钳工的井控职责

(1)负责井口操作。

(2)负责节流、压井管汇的检查、保养。

(3)关井时负责信号的传递。

任务四　井架工岗位职责

一、井架工岗位责任制

(1)起下钻中负责二层平台的安全操作，钻进时负责完成辅助工作。

(2)当好本班安全员，坚持班前安全提示、班后的安全讲评，制止违章操作行为。

(3)负责游动系统(天车、游车、大钩)、水龙头、转盘、自动旋扣器的检查、保养、清洁和小修，并填写设备运转保养记录。

(4)负责井架、滑轮、操作台、立管台、立管、指梁、保险带、钩子、照明设备的检查和固定，负责井架上各种绳索的安装、检查和管理。

(5)负责防喷器、取芯工具、消防设备的检查和保养。

(6)协助副司钻搞好泵房工作，副司钻不在时顶替其岗位，并承担其岗位责任。

二、井架工巡回检查制

1. 井架工巡回检查路线

值班房→材料房→场地→钻台→井架→游动系统。

2. 井架工巡回检查内容及要求

(1)值班房

天车、大钩、游车、水龙头、转盘、自动上扣器运转保养记录填写齐全、清楚。

(2)材料房

①水龙头备用冲管、冲管密封装置尺寸及数量正确。

②各种棕绳数量满足需要。

(3)场地

①井架所有绷绳绳卡牢固、松紧合适。

②大门绷绳完好无打结，滑轮完好，固定牢靠，绳卡牢固。

(4)钻台

①吊钳平衡、悬挂牢固。

②吊环灵活好用、清洁。

③转盘各部件固定螺栓齐全、紧固不晃动、油量够、油质好、不进钻井液。

④冬季围布齐全。

(5)井架

①梯子栏杆、立管平台固定螺栓齐全紧固。

②井架螺栓齐全紧固，符合规格。

③高悬猫头绳完好，悬挂牢，不打结。

④吊钳绳完好，悬挂牢，不打结。

⑤立管用3个“U”形卡子和垫木卡牢、紧固。弯管固定牢靠，水龙头保险绳完好，固定牢靠。

⑥保险带完好，绑牢。

⑦天车固定牢靠，护罩无变形，润滑好。

⑧兜绳、绑钻杆绳齐全完好。

⑨指梁固定紧固，无变形，不碰游车。

⑩二层台所有工具要拴好保险绳；钻柱排列整齐，立管、水龙带连接紧密，不刺、不漏。

(6)游动系统

①检查钢丝绳有无明显断丝。

②游车护罩固定好，油嘴完好，润滑好。

③大钩钩口开关灵活，保险销可靠，4个黄油嘴(大钩提环销2个、大钩主轴承1个、大钩销1个)完好，润滑好。

④水龙头固定螺栓齐全、紧固，3个黄油嘴(水龙头提环销2个、冲管压帽1个)完好，润滑好，加油孔清洁，放气孔畅通，机油量够。

⑤水龙头与水龙带连接紧，不刺、不漏。

三、井架工HSE职责

(1)为本班兼职安全员，参加班前班后会，协助做好本班的HSE工作。

(2)执行安全技术操作规程、制度、标准，正确使用劳动防护用品。

(3)参加应急演练及安全活动，参加班前班后会，按规定交接班。

(4)按本岗巡回检查路线对井架、天车、游动系统、悬吊装置等设施进行巡回检查，及时发现和消除隐患。

(5)及时制止纠正他人的不安全行为。

(6)参加设备拆迁、安装、固井、下套管、甩钻具等特殊作业时，和其他人员协作配合。

(7)顶替副司钻岗时，执行副司钻岗安全生产责任制。

(8)发生事故时参与抢险保护现场，配合调查处理。

四、井架工井控职责

(1)负责防喷器组、防喷器保护伞及锁紧装置的检查与保养；

(2)负责节控箱的操作；

(3)负责手动关井(锁紧)的操作；

(4)负责观察、汇报立压、套压；钻进时协助泥浆工坐岗。

任务考核

一、简述题

(1)场地工岗位责任制的全部内容是什么？

(2)场地工安全生产制度的全部内容是什么？

(3)外钳工岗位责任制的全部内容是什么?
(4)外钳工安全生产制度的全部内容是什么?
(5)内钳工岗位责任制的全部内容是什么?
(6)内钳工安全生产制度的全部内容是什么?
(7)井架工岗位责任制的全部内容是什么?
(8)井架工安全生产责任制的全部内容是什么?

二、操作题

(1)场地工巡回检查路线和检查内容。
(2)外钳工巡回检查路线和检查内容。
(3)内钳工巡回检查路线和检查内容。
(4)井架工巡回检查路线和检查内容。

项目二　石油钻机基本知识

知识目标

(1)了解石油钻机的系列标准。
(2)了解石油钻机的主要参数。
(3)理解石油钻机的分类。
(4)掌握石油钻机的组成。

技能目标

(1)根据不同钻机型号和使用场地,合理布置石油钻机设备。
(2)能够合理选用石油钻机型号。

学习材料

任务一　石油钻机的组成

石油钻机或油、气钻机是指用来进行油气勘探、开发的成套钻井地面设备,统称为钻机。一套钻机组成一个井队,在辅助部门的配合下,独立完成钻井任务。

陆用转盘钻机是成套钻井设备中的基本型式,即通常所说的钻机,也称常规钻机。

为适应各种地理环境和地质条件,加快钻井速度,降低钻井成本,提高钻井综合经济效益。近年来相继研制了各种具有特殊用途的钻机,比如:沙漠钻机、丛式井钻机、斜井钻机、顶驱钻机、直升机吊运的钻机、小井眼钻机、连续柔管钻机等,这些钻机可称为特种钻机。

现代石油钻机属于重型矿业机械,是由多种机器设备组成,是具有多种功能的联合工作机组。石油钻机组成如图 1－1 所示。

石油钻机在钻井过程中是通过各系统和各部件的相互协调工作完成钻进、起下钻具、旋转钻具、循环钻井液,以实现往井下继续钻进的目的。按照功能不同,分为如下系统:

一、动力与传动系统

1. 动力机组

将其他形式的能量转化为机械能且为设备提供动力的装置。目前钻机上主要选用柴油机作为动力，也有用天然气发动机或电动机作动力的。

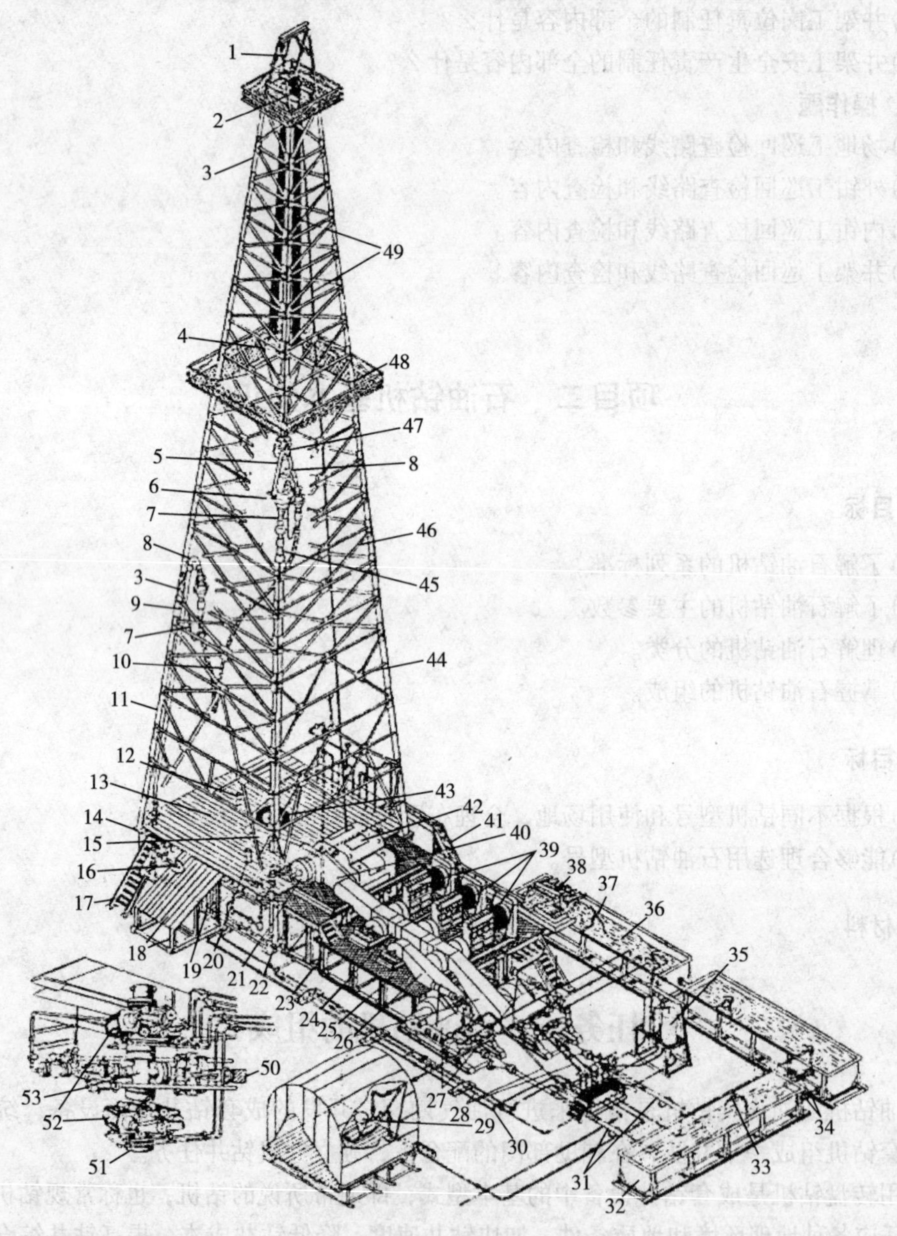

图 1－1　石油钻机组成示意图

1—人字架；2—天车；3—井架；4—游车；5—水龙头提环；6—水龙头；7—保险链；8—鹅颈管；9—立管；10—水龙带；11—井架大腿；12—小鼠洞；13—钻台；14—脚架；15—转盘传动；16—填充钻井液管；17—扶梯；18—坡板；19—底座；20—大鼠洞；21—水刹车；22—缓冲室；23—绞车底座；24—并车箱；25—发动机平台；26—泵传动；27—钻井泵；28—钻井液管线；29—钻井液配置系统；30—供水管；31—吸入管；32—钻井液池；33—固定钻井液枪；34—连接软管；35—空气包；36—沉砂池；37—钻井液枪；38—振动筛；39—动力机组；40—绞车传动装置；41—钻井液槽；42—钻井绞车；43—转盘；44—井架横梁；45—方钻杆；46—斜撑杆；47—大钩；48—二层平台；49—快绳；50—钻井液喷出口；51—井口装置；52—防喷器；53—换向阀门

2. 传动系统

把动力机和工作机联系起来并将来自动力机的机械能分配和传递给工作机的装置。如钻机上的传动箱、并车箱、减速箱、变速箱、倒车箱等都是属于传动装置。

现代石油机械传动钻机常用的传动副有：链条、“V”形胶带、齿轮及万向轴。此外，还有液力传动、液压传动、电传动等形式。

二、起升系统

为了起下钻具、下套管，控制钻压及钻头钻进等，钻机配备有一套提升设备，以辅助完成钻井生产。这套设备主要由井架、天车、游车、大钩、绞车、钢丝绳等部件组成。绞车由动力机组经传动机组驱动，用来完成起下钻柱，控制钻头往地层钻进。另外，还有用于起下操作的井口工具及机械化设备，如吊环、吊卡、卡瓦、动力大钳、立根移运机构等。绞车是起升系统的核心，是钻机的三大工作机之一。

三、旋转系统

旋转系统由转盘、水龙头等组成。目的是转动井中钻具，带动钻头破碎岩石。转盘由动力机输出的动力经传动系统驱动旋转，转盘方补心随即带动方钻杆及与其相连的水龙头、井下钻具、钻头等旋转，完成钻进的目的。转盘是旋转系统的核心，是钻机的三大工作机之一。

常规钻机配备有转盘和水龙头，顶部驱动钻机配的是顶驱装置而无转盘。

四、循环系统

为了及时清洗井底、携带岩屑、保护井壁，钻机配有全套的钻井液循环系统。循环系统由钻井泵、地面高压管汇、立管、水龙带、方钻杆、钻杆、钻头、防喷器、振动筛、除砂器、清洁器、钻井液槽、泥浆池、搅拌器、搅拌池等组合而成。动力机组输出的动力驱动钻井泵作往复运动，将钻井液泵送经过地面高压管汇，流经立管、水龙带、水龙头、方钻杆、钻杆、钻铤、钻头等达到井底，携带井底钻碎的岩屑流经钻杆与井壁的环形空间返回到地面。钻井液经净化处理后又重新泵送到井底，反复循环，为钻头在井底创造良好的工作环境。钻井泵是循环系统的核心，是钻机的三大工作机之一。

当采用井下动力钻具钻进时，钻井液的循环系统提供高压钻井液，以驱动井下动力钻具工作。

五、操作控制系统

为了指挥各工作机组间的协调工作，整套钻机配备有各种控制装置。常用的有机械控制，气控，电控，液控和电、气、液混合控制。现代机械驱动钻机，普遍采用集中气控制。气控系统由电动和气动空气压缩机提供压缩空气，流经冷却器降温后进入储气罐，排除空气中的油、水成分，干燥净化后通往各操作部位的气动元件，达到操纵控制钻机各部位工作的目的。

为做到钻机工作的操作准确无误，现代钻机均安装有灵敏的操纵控制台、各种钻井仪表及随钻测量系统，监测显示地面有关系统设备的工况，测量井下参数，实现井眼轨迹控制。

六、钻机电气控制系统

电动钻机直流控制系统，包括柴油发电机组控制单元、直流传动控制单元、司钻操作控制单元、电磁刹车控制单元和交流电动机控制中心等五个部分。系统工作稳定，动态性能好，生产效率高，负荷均衡，操作简便，显示齐全，安全保护功能完善。

电动钻机交流变频控制系统，其柴油发电机组控制单元和交流电动机控制中心部分与直流控制系统基本相同。区别在于电机驱动和制动采用了先进的全数字变频调速技术和直流斩波技术，使电机的调速性能更加优越，系统操控更加简便，功率因数高，能有效提高柴油发电机的使用功率，节能效果明显。

1. 电动钻机电气控制系统的主要特点

(1)精确控制柴油机转速和发电机电压。

(2)多台发电机并网运行时功率可自动平衡。

(3)功率限制可防机组过载。

(4)具有柴油发电机组多项保护功能(欠压、过压、过流、短路、欠频、过频和逆功)。

(5)宽广的调速范围和精确的转速控制，可完全满足不同钻井工艺的要求。

(6)采用 PLC 技术进行控制、监测和远程通讯。

(7)绞车、转盘采用能耗制动。

(8)皮带轮防滑保护(直流钻机)。

(9)零位联锁保护。

(10)电磁涡流刹车控制(直流钻机)。

(11)自动送钻。

(12)游动系统防碰。

(13)一体化钻井仪表。

2. 电动钻机电气控制系统的主要构成

(1)柴油发电机控制系统

柴油发电机控制系统用来控制柴油发电机组，输出 600V、50Hz 交流电压。系统分为模拟发电控制和全数字发电控制系统两种。

①模拟控制系统包括断路器、同步装置、交流控制组件、功率限制电路和接地故障检测电路等组成；

②全数字发电控制系统主要由 WOODWARD　EGCP－2 发电机控制模块，2301D 发动机速度控制器组成。

(2)传动系统

传动系统分为可控硅整流直流传动和交流变频传动两种。

①可控硅整流直流传动系统。

用来控制 SCR 元件，将恒压、恒频交流电源整流成连续可调的直流电。三相全控整流桥整流，断路器与交流电网相隔离，其输出经接触器为直流电动机供电，实现钻机绞车、泥浆泵、转盘或顶驱的速度及转矩控制，可无级调速，满足传动要求。

②交流变频控制系统。

主要包括独立变频电机自动送钻和主电机送钻；绞车大功率能耗制动系统；智能一体化司钻控制；智能化游车控制系统；MCC 智能化软启动及实时监控；交流进线阻容吸收；远程通信设备管理平台等。其控制对象为绞车主电机、泥浆泵主电机、转盘主电机、自动送钻电机。系统可实现变频器故障报警，控制液压盘刹紧急刹车；过流、短路及交流输入电压失压保护；主电机失风报警、润滑油低压报警；电动机锁定保护和紧急关机等保护功能。

(3)能耗制动单元

可控硅整流直流控制系统可将高速运转的电动机减速，手轮控制猫头速度。只需司钻释放脚控器，延时后即自动开始能耗制动，节省起下钻时间。

在交流变频控制系统的电机发电工况下，制动单元、制动电阻自动产生能耗制动，可实现游车提升下放速度的平稳、可调和钻具悬停，防止转盘倒转。

(4)自动送钻单元

恒压(WOB)/恒速(ROB)自动送钻为转速电流双闭环控制系统，具有钻压、钻速、转速和转矩上限控制功能，采用该系统可明显提高钻井质量，加快钻井速度，减轻工人劳动强度，延长钻头寿命。

(5)综合控制系统

①司钻操作控制系统。

通过 PLC、PROFIBUS－DP 总线进行数据传输，工控机监控，实现绞车、转盘、钻井泵和自动送钻的控制。一体化司钻操作控制系统全部正压防爆，符合 API RP500 规范。系统具有起下钻与游车位置控制、自动送钻与手动送钻控制、盘刹与能耗制动控制、转盘速度与扭矩控制、钻井泵冲数控制、机电液气 PLC 程序控制等功能。

②游动系统防碰控制。

该系统可实现游车运行位置的自动控制，防止游动系统发生上碰下砸事故。

③电磁涡流刹车控制系统。

该系统用于控制电磁涡流刹车装置的刹车力矩，实现游车平稳下放。

④一体化仪表控制系统。

通过现场的传感器、编码器、变送器等采集单元，将各种钻井参数送入 PLC 进行计算和处理，在触摸屏、工控机及远程终端上显示悬重、钻压、井深、机械钻速、转盘转速、转盘转矩、泵冲、泵压、泥浆池液位、出口返回量、总泵冲次等钻井参数和游车位置、吨/公里及衍生的其他参数。

(6)中、低压开关柜

可提供各种符合 NEMA、IEC 标准的低压开关设备和中压开关设备(400V～10kV)。

其交流电动机控制中心(MCC)可对钻机的钻台、钻井泵房、泥浆循环区、空压机房、油罐区和水罐区等区域的交流电动机进行控制，并提供井场照明和生活电源。

根据容量不同，系统可分别采用直接启动和软启动方式。

3. 电动钻机电气控制系统技术参数

钻机电气控制系统技术参数如表 1－1 所示，其外形如图 1－2 所示。

表 1－1　钻机电气控制系统技术参数

频率稳定精度	频率调整时间	电压稳定精度	电压调整时间	有功负载不均衡	电抗性负载不均衡
≤1%	≤3s	≤1%	≤1.5s	≤5%	≤5%
直流传动系统					
电压/V AC	电压/V DC	电流/A DC			频率/Hz
600	750	“一对一”1400		“一对二”2400	50 或 60
交流传动装置					
电压/V AC	频率/Hz	单组交流电机容量/kW			频率/Hz
380	50 或 60	最大值达 900			0～300
690	50 或 60	最大值达 1200			0～300

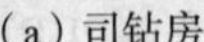

（a）司钻房

（b）电控房

图 1－2　钻机电气控制系统外形图

七、井控系统

井控系统控制井内压力，防止地层流体无控制的流入井中。主要由防喷器、防喷器管线、地面节流管汇、液压和气压控制元件等组成。

八、底座

底座是钻机的组成部分之一。用于安置钻井设备，方便钻井设备的移运。包括钻台底座和机房底座两部分。

钻台底座用于安装井架、转盘、防止立根盒及必要的井口工具和司钻控制台，多数还要安装绞车，下方应能容纳必要的井口装置。因此，必须有足够的高度、面积和刚度。丛式井钻机底座必须满足丛式井的特殊要求。

机房底座主要用于安装动力机组及传动系统设备。因此也要有足够的面积和刚性，以保证机房设备能够迅速安装找正、平稳工作、且移运方便。

1. 钻机底座的性能特点

（1）拖撬式底座　底部采用船形结构，便于整拖。

（2）拖挂式底座　自带行走轮胎，通过牵引车进行整体移动。

（3）箱块式底座　采用前高后低结构，分块组装。

（4）箱叠式底座　由多层箱型构件叠放在一起，形成不同高度的钻台底座。台面设备高位安装。

（5）双升式（弹弓式）底座　钻台及台面设备可低位安装，井架在钻台低位时起升，然后再将钻台和井架整体起升。

（6）旋升式底座　钻台及台面设备可低位安装，井架支脚低位，井架起升后再起升钻台。

图 1－3　钻机底座外形图

2. 钻机底座的性能参数

钻机底座的性能参数如表 1－2 所示，其外形如图 1－3 所示。

九、钻机辅助系统

石油钻机因常年分散在野外从事钻井作业，为满足各种季节日夜连续作业的要求，每套钻机都配有发电、照明、供水、供油、通讯、冬季保温及生活等辅助设施。

表 1－2　钻机底座的性能参数

底座型号	DZ90/3.9－T	DZ170/4－T	DZ170/6－T	DZ170/5.1－TG	DZ225/6－TG
钻台高度/m	3.9	4	6	5.1	6
净空高度/m	3.234	2.91	4.9	3.8	4.9
转盘梁负荷/kN	900	1700	1700	1700	2250
立根负荷/kN	500	900	900	900	1200
井架底部跨距/m	5	6.5	7.5	2.9	4
质量/kg	30200	72800	40600	32000	78500
底座型号	DZ225/5－TG	TJ2－41	DZ225/6－K	DZ315/7.5－K	DZ450/7.5－K
钻台高度/m	5	4.5	6	7.5	7.5
净空高度/m	3.8		4.8	6.3	6.2
转盘梁负荷/kN	2250	2200	2250	3150	4500
立根负荷/kN	1200	1500	1200	1600	2200
井架底部跨距/m	4	8.02×8.02	9	9	10
质量/kg	102000	36800	125100	118300	145800
底座型号	DZ90/4.5－S	DZ315/9－S	DZ450/9－S	DZ450/10.5－S	DZ585/10.5－S
钻台高度/m	5	6	7.5	10.5	10.5
净空高度/m	3.8	4.8	6.3	9	9
转盘梁负荷/kN	2250	2250	3150	4500	5850
立根负荷/kN	1200	1200	1600	2200	2700
井架底部跨距/m	4	9	9	9	9
质量/kg	102000	125100	118300	197000	1212000

底座型号	DZ180/6－X	DZ225/6－X	DZ315/9－X	DZ450/10.5－X	DZ675/12－X	DZ900/12－X
钻台高度/m	6	6	9	10.5	12	12
净空高度/m	4.775	4.8	7.7	9.08	10	10
转盘梁负荷/kN	1800	2250	3150	4500	6750	9000
立根负荷/kN	3000	1200	1600	2200	3250	4320
井架底部跨距/m		9	9	10	10	10
质量/kg	47800	124000	154800	147800	245000	265000

注：T—拖撬式，TG—拖挂式，K—箱块式，S—双升式(弹弓式)，X—旋升式。

任务二　石油钻机分类

一般来说，石油钻机可以按照以下方法分类：

1. 按用途不同分类

根据钻机使用的不同目的分：石油钻机、地质钻机、地震钻机、水井钻机等，其中以石油钻机应用最广。

(1)石油钻机

主要用于勘探和开发石油和天然气，一般用于深井。

(2)其他钻机

主要用于地质调查、矿产资源的勘探、水文、物探及工程地质等，一般用于浅井。

2. 按钻井深度不同分类

(1)轻便钻机

多用于地质勘探，如图1-4所示。一般采用直径33.5~89mm等7种小钻杆。所钻井眼直径小于150mm，钻机的额定起重量小于300kN，可钻井深从几米至几十米，最大不超过2000米。轻便钻机也有轻型、中型和重型之分，其中起重量大的可以打浅油井，最轻的微型钻机只有20~50kg，可用人力运移，用来钻1~5m深的地震炮眼井。

(2)大型钻机

多用于石油或天然气的钻探，如图1-4所示。一般使用89~140mm钻杆，所钻井眼直径最大可达1m以上，钻机的额定起重量在300kN以上，可钻井深从几百米至一万米以上。大型钻机按钻井深度不同分：

①中型钻机　可钻井深为1000~2500m，最大起重量800~1600kN，也可用于修井。

②重型钻机　可钻井深为3000~5000m，最大起重量2000~2500kN，也称深井钻机。

③超重型钻机　可钻井深超过5000m，最大起重量超过2500kN，也称超深井钻机。

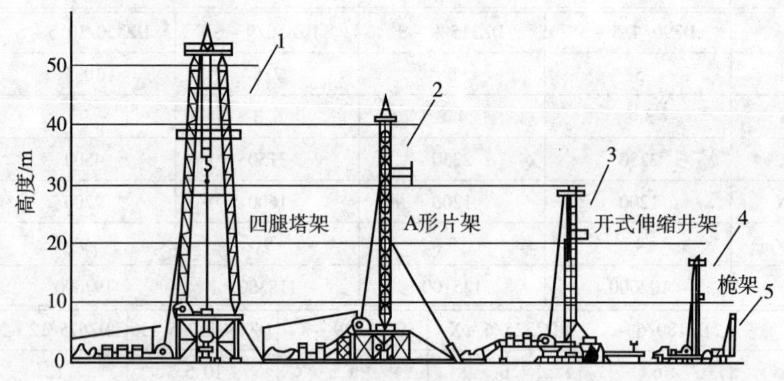

图1-4　大型与轻便钻机

1—超重型钻机；2—重型钻机；3—中型钻机(拖车装)；4—车装轻便钻机；5—地震轻便钻机(小型或手抬式)

3. 按钻井方法不同分类

根据钻头在井底钻进的方法不同分：顿钻钻机、转盘钻机、井下动力钻机、柔杆钻机、冲旋联合钻机和顶驱钻机。现代钻井主要使用转盘、井下动力钻机和顶驱钻机。

上述的钻井方法均属于机械破岩。为了减少起下钻次数和减少动力功率的消耗，又出现了电火花钻井、激光钻井、腐蚀钻井、爆炸钻井等新方法。

4. 按动力设备不同分类

根据钻机配备的源动机不同分：蒸汽机驱动钻机、燃气轮机驱动钻机、机械驱动钻机、电驱动钻机和液压驱动钻机。

目前使用较多的是机械驱动钻机，电驱动钻机正在以绝对的优势取代机械驱动钻机。

5. 按传动方式不同分类

根据钻机选用的主传动方式不同分：齿轮钻机、链条钻机、胶带钻机、万向轴传动钻机，另外有新型全液压钻机、盘管钻机等。国内外的钻机传动方式大多数是以上述一种传动方式为主，多种传动方式联合使用的钻机较多。

6. 按移运方式不同分类

根据钻机搬迁采用的方式不同分：整体搬运、分块搬运、飞机吊运、车载或拖挂自走式钻机等。

移动式钻机一般分为三种：拖挂式、车装式和自行走式钻机。其中车装钻机是指将钻井装置安装在汽车底盘上的钻机。自走式是指将动力和传动装置装在车台上并分别驱动行走系统和钻进系统。但国内一直习惯将自走式钻机称为车载钻机。

7. 按使用地区条件不同分类

根据钻机工作地区的环境条件不同分：陆地钻机、海上钻机。

(1)陆地钻机

有撬装钻机、拖车钻机、车装自走钻机、沙漠钻机、地震区钻机、热带、寒带地区用钻机等。它们都是根据地区特点能够适应搬迁和有利于钻井的正常进行而设计、制造的。

(2)海上钻机

有海洋钻机和海滩钻机，是在固定式钻井平台、自升式钻井平台、半潜式钻井平台或钻井船上安装的钻机。它们都是根据海洋钻井特点而设计制造的。我国已在渤海、黄海、东海、南海使用。

8. 按钻井井眼形式不同分类

根据钻机所钻井眼的形状不同分有：直井钻机、斜井钻机、斜直井钻机等。

斜井钻机可以在倾斜0°~45°的范围内钻斜直井、斜向井、斜丛式井。

9. 按驱动方式不同分类

根据钻机的驱动方式不同分为：单独驱动、统一驱动、分组驱动。

任务三　石油钻机标准和性能参数

一、石油钻机标准

1999年，对石油钻机国家标准GB 1806—86进行修订，制订了钻机行业标准SY/T 5609—1999。该标准规定了钻机的形式、基本参数、型号及表示方法，将钻机分为了9级，名义钻井深度L和钻深范围$L_{min}\sim L_{max}$按$4\frac{1}{2}''$钻杆柱(30 kg/m)确定。钻机每个级别代号采用双参数表示，如10/100，前者乘以100为钻机名义钻深范围上限数值，后者是以kN为单位计的最大钩载数值。在驱动传动特征表示方法上，增加了：Y—液压钻机；DJ—交流电动钻机；DZ—直流电动钻机；DB—交流变频电动钻机。具体内容如下：

1. 石油钻机驱动形式

(1)按驱动形式不同分为：柴油机驱动、电驱动、液压驱动。其中电驱动又分为：交流电驱动、直流电驱动、交流变频电驱动。

(2)按传动形式不同分为：链条传动、“V”形胶带传动、齿轮传动。

(3)按移动方式不同分为：块装式、自行式、拖拉式。

2. 石油钻机型号的表示方法

石油钻机型号表示方法如图1-5所示。

3. 石油钻机的基本参数

石油钻机规定了9个基本参数，取消了原标准参数中“最大钻柱重量”。如表1-3所示。

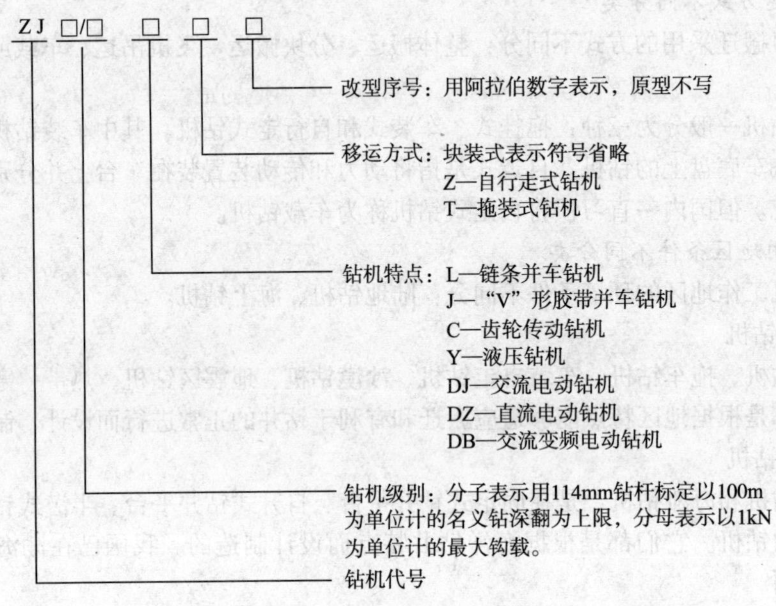

图 1－5　石油钻机型号表示方法

表 1－3　石油钻机的基本参数

基本参数 \ 钻机级别		10/600	15/900	20/1350	30/1700	40/2250	50/3150	70/4500	90/6750	120/9000
名义钻深范围/m	127mm 钻杆	500～800	700～1400	1100～1800	1500～2500	2000～3200	2800～4500	4000～6000	5000～8000	7000～10000
	114mm 钻杆①	500～1000	800～1500	1200～2000	1600～3000	2500～4000	3500～5000	4500～7000	6000～9000	7500～12000
最大钩载/kN		600	900	1350	1700	2250	3150	4500	6750	9000
绞车额定功率	kW	110～200	257～330	330～400	400～500	735	1100	1470	2210	2940
	hp	150～270	350～450	450～550	550～750	1000	1500	2000	3000	4000
游动系统绳数	钻井绳数	6	8	8	8	8	10	10	12	12
	最多绳数	6	8	8	10	10	12	12	16	16
钻井钢丝绳直径②	mm	22	26	29	32	32	35	38	42	52
	in	⅞	1	1⅛	1¼	1¼	1⅜	1½	1⅝	②
钻井泵单台功率不小于	kW	260	370	590	735		960	1180		1470
	hp	350	500	800	1000		1300	1600		2000
转盘开口直径	mm	381，445		445，520，700				700，950，1260		
	in	15，17½		17½，20½，27½				27½，37½，49½		
钻台高度	/m	3，4	4，5		5，6，7.5		7.5，9，10.5，12			
井架	各级钻井采用可提升 28m 立柱的井架，对 10/600，15/900，20/1350 三级钻井也可采用提升 19m 立柱的井架，对 120/900 一级钻机也可采用提升 37m 立柱的井架									

注：①114mm 钻杆组成的钻柱的名义平均质量为 30 kg/m，127mm 钻杆组成的钻柱的名义平均质量为 36 kg/m。以 114mm 钻杆标定的名义钻探范围上限作为钻机型号的表示依据。

②所选用钢丝绳应保证在游动系统最多绳数和最大钩载的情况下的安全系数不小于 2，在钻井绳数和最大钻柱载荷情况下的安全系数不小于 3。

③本表参数不适用于自行式钻机、拖挂式钻机。

二、石油钻机常见参数

1. 名义钻井深度 L

在标准的钻井绳数下，使用127mm(5″)钻杆柱可钻达的最大井深。

2. 名义钻深范围 $L_{min} \sim L_{max}$

钻机在现定钻井绳数下，使用规定的钻柱时，钻机的经济钻井深度范围。即最小钻井深度 L_{min} 与最大钻井深度 L_{max}。名义钻深范围下限 L_{min} 与前一级的 L_{max} 有重叠，其上限即为该级钻机的名义钻井深度，即 $L_{max} = L$。

3. 最大钩载 Q_{hmax}

钻机在规定的最大绳数下，起下套管、处理事故或进行其他特殊作业时，大钩上不允许超过的载荷。

Q_{hmax} 决定了钻机下套管和处理事故的能力，是核算起升系统零件静强度及计算转盘、水龙头主轴承静载荷的依据。

4. 最大钻柱质量 Q_{stmax}

钻机在规定的最大钻井绳数下，正常钻进或进行起下钻作业时，大钩所允许承受的最大钻柱在空气中的质量。其值为

$$Q_{stmax} = q_{st}L$$

式中 q_{st}——每米钻柱质量，kg/m；

L——名义钻井深度，m。

规定：计算时按127mm(5″)钻杆长度，加上80～100 m的7″钻铤，平均取 q_{st} = 36 kg/m。计算后化整，便得到系列钻机的 Q_{stmax} 值。Q_{stmax} 是计算钻机起升系统零件疲劳强度和转盘、水龙头主轴承载荷的依据。

Q_{hmax}/Q_{stmax} 称为钩载储备系数，按国家规定 $Q_{hmax}/Q_{stmax} = 1.8 \sim 2.08$。钩载储备系数大，表明该钻机下套管、处理事故能力强；但系数值过大会导致起升系统零件过于笨重，材料浪费。

5. 提升系统绳数 Z、Z_{max}

提升系统绳数 Z 指钻井时用于正常起下钻主机钻进时的有效提升绳数。

最大提升绳数 Z_{max} 指钻机配备的提升轮系所提供的最大有效绳数，用于下套管或解卡作业。

6. 绞车最大输入功率

即绞车的额定功率。绞车在起升工作中，使用一定的游动系统是大钩最低速度(Ⅰ挡)能够起升的额定钻柱重量所需的功率。

7. 钢丝绳直径

用游标卡尺测得的钢丝绳的最大外径。

8. 钻井泵功率

单位时间内动力机传到钻井泵主动轴上的最大能量，也成为泵的最大输入功率或泵的额定功率。

9. 转盘开口直径

第一次开钻时所用的最大钻头或海上钻机隔水管能顺利通过转盘的中心通孔尺寸。

10. 钻台高度

钻台上平面到地面的距离。

11. 井架高度

指从钻台上平面到天车梁底面的垂直高度。

任务考核

一、填空题

(1)钻机每个级别代号采用“双参数”表示，“双参数”是指________、________。

(2)根据钻机的驱动方式不同，钻机可以分为：________、________、________。

二、简述题

(1)石油钻机的组成有哪些?

(2)根据石油钻机参数，我们应该如何合理选用石油钻机型号?

(3)ZJ50/3150DB－1 各符合的含义是什么?

项目三　石油钻机典型设备

知识目标

(1)了解石油钻机主要设备的型号含义。

(2)了解石油钻机主要设备的技术参数。

(3)理解石油钻机主要设备的组成。

(4)掌握石油钻机的主要设备的作用。

技能目标

(1)掌握排除石油钻机主要设备的简单故障。

(2)掌握石油钻机主要设备的使用方法。

(3)掌握石油钻机主要设备的保养方法。

学习材料

现代石油钻机是一套大型综合性机组，由九大系统组成，每套系统中又包含若干设备。

任务一　钻井转盘

一、钻井转盘的作用

钻井转盘是一个减速增扭装置，能把发动机传来的水平旋转运动变为垂直旋转运动。作用如下：

(1)在旋转钻井中，用来传递扭矩和必要的转速，带动钻具旋转钻进。

(2)在起下钻过程中，悬持钻具及辅助上卸钻具丝扣。

(3)在井下动力钻井中，用来承受井下动力钻具的反向扭矩(将钻台锁死)。

(4)在固井工艺过程中，协助下套管。

(5)协助处理井下事故。如：倒扣、套洗等。

二、钻井转盘型号

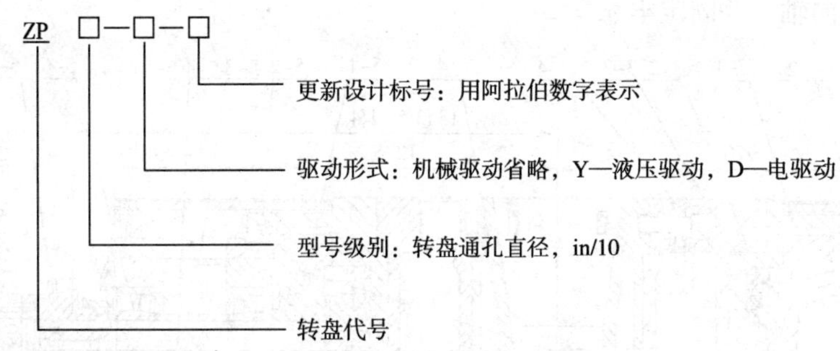

三、钻井转盘的技术参数

钻井转盘的技术参数如表1－4所示。

表1－4　钻井转盘的技术参数

型号	ZP175	ZP205	ZP275	ZP375	ZP375Z	ZP495	ZP605Y
开孔直径/mm(in)	444.5 (17 1/2)	520.7 (20 1/2)	698.5 (27 1/2)	952.5 (37 1/2)	952.5 (37 1/2)	1257.3 (49 1/2)	1536.7 (60 1/2)
额定静负荷/kN	2700	3150	4500	5850	7250	9000	11250
最大工作扭矩/N·m	13729	22555	27459	32362	45000	64400	70000
转盘中心到内排链轮齿中心距离/mm(in)	1118(44)	1353(53 1/4)	1353(53 1/4)	1353(53 1/4)	1353(53 1/4)	1651(65)	—
齿轮传动比	3.75	3.22	3.67	3.56	3.62	4.0883	3.97
最高转数/(r/min)	300	300	300	300	300	300	20
输入轴中心高/mm	260.4	318	330	330	330	368	—
外形尺寸(长×宽×高)/mm×mm×mm	1972×1372×566	2266×1475×704	2380×1475×690	2468×1920×718	2468×1810×718	3015×2254×819	3215×2635×965
净重(包括方瓦不包括链轮)/kg	4172	5662	6122	7970	9540	11260	27244

四、钻井转盘的组成

ZP－375钻井转盘的结构如图1－6所示。主要是由转台装置、铸焊底座、快速轴总成、锁紧装置、主补心装置和上盖等零部件组成。

在转盘的顶部装有制动转台向左和向右方向转动的锁紧装置，当制动转台时，左右掣子之一被操纵杆送入转台28个槽位中的一个槽位。主补心装置是两瓣组成的，上部带两个凸出部分放在转台的凹槽中，从转台中取出主补心是用两个主补心提环。

五、钻井转盘的工作原理

钻井转盘工作时，动力经水平轴上的法兰或链轮传入，通过圆锥齿轮转动转台，借助转台通孔中的方补心和小方瓦带动方钻杆、钻杆柱和钻头转动，同时，小方瓦允许钻杆轴向自由滑动，实现钻杆柱的边旋转边送进。起下钻或下套管时，钻杆柱或套管柱可用卡瓦或吊卡坐落在转台上。

六、钻井转盘的安装步骤

(1)清除转盘梁上的油污，检查转盘下端盖是否紧固。

(2)将转盘放置在转盘梁上，用四周 8 个顶丝调整与井口找正，并夹紧转盘固定牢靠。

(3)连接万向轴，并固定牢靠。

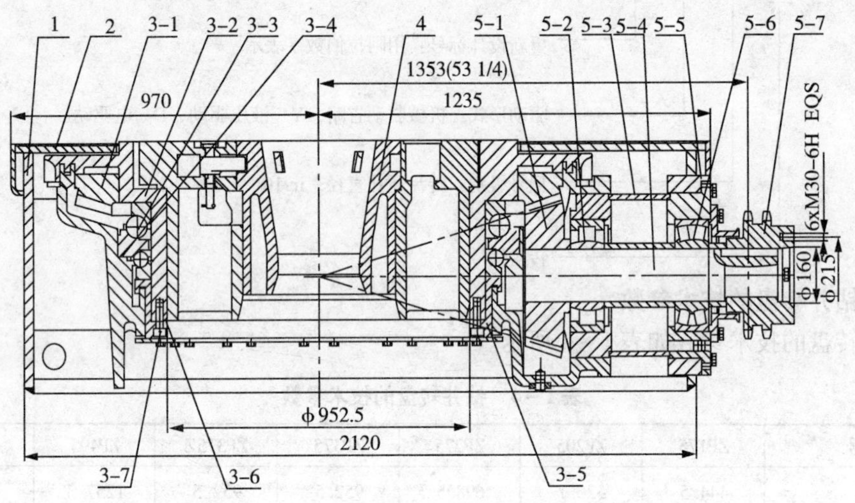

图 1-6 ZP-375 转盘的结构

1—铸焊底座；2—上盖；3—转台装置(3-1—大齿圈；3-2—转台；3-3—组合轴承；3-4—垫片；3-5—座圈；3-6—垫片；3-7—螺栓)；4—主补心装置；5—快速轴总成(5-1—小伞齿轮；5-2—轴承；5-3—轴承座；5-4—轴；5-5—垫片；5-6—轴承；5-7—链轮)

七、钻井转盘调试的要求

合上转盘离合器转盘转动；摘掉转盘离合器，同时合上转盘惯性刹车，转盘停止转动。转盘换挡，正、反转通过控制绞车换挡装置实现。

八、钻井转盘的检查内容

(1)检查锁紧装置上的操纵杆位置，在转盘开动前应在不锁紧位置。

(2)检查固定转台和补心的方瓦所用的制动块和销子，应转动灵活。

(3)检查底座油池中的油位和机油状况，油面应在油标尺上、下限的刻线间偏上。

(4)检查快速轴上弹簧密封圈是否可靠地密封。

(5)恢复转盘转动，检查伞齿轮啮合情况，音响是否正常，应无咬卡和撞击现象。

(6)检查转盘油池和轴承温度是否正常。

(7)检查靠背轮是否有轴向位移，如有则用螺栓紧固端压板。

(8)转盘启动应由慢到快，在工作中一定要保持平稳，不能有过热，单边发热及不正常的声响。

(9)转盘油池的标尺在每次检查油量后，应扣紧，以免污水、泥浆进入油池。

(10)严禁使用转盘绷钻具螺纹。

九、钻井转盘的日常维护内容

(1)油量、油温、油质是否正常。

(2)输入轴上的弹簧密封圈，转台下迷宫密封是否有泄漏现象。

(3)转盘运转的声音及振动是否有异常。

(4)转台锁紧装置是否灵活可靠，并处于钻井作业所需的位置。

(5)方瓦与转台，补心锁紧销子和制动块的转动是否灵活可靠。

(6)对转盘的润滑部位进行一次润滑脂的保养。

(7)清洁外表。

十、钻井转盘的一级保养内容

(1)紧固传动轴轴头盖板螺钉。

(2)检查机油油质、油量，油少补充，变质更换。

(3)检查转盘下盖板锁紧螺母是否松动，如松动，则紧固。

十一、钻井转盘的二级保养内容

(1)校正转盘位置并固定。

(2)清除渗油、漏油现象。

十二、钻井转盘的常见故障及排除方法

常见故障及排除方法如表 1－5 所示。

表 1－5　转盘常故障及排除方法

故障现象	故障原因	排除方法
转盘壳体发热(超过 70℃)	(1)油池内缺油 (2)油池漏油，油面下降 (3)油池内进钻井液，润滑油不干净	(1)加油 (2)更换转盘密封或更换转盘 (3)清洗油池换新油
转台一边发热	(1)安装不平 (2)偏磨 (3)井架与转盘中心不正	(1)重新安装 (2)找出偏磨原因并排除 (3)找正中心
转台径向摆动和轴向跳动	主轴承磨损严重导致间隙增大	重新调整间隙，修理、更换主轴承
旋转时有剧烈的敲击声	(1)齿顶齿根无间隙 (2)齿轮啮合间隙过大 (3)大小齿轮严重磨损	(1)调整水平轴 (2)调整壳体与转盘壳体间垫片厚度 (3)更换转盘大小齿轮
转盘发热并伴有响声	轴承损坏	更换轴承

任务二　钻井水龙头

一、钻井水龙头的功用

旋持钻具，承受井下钻具全部重量；保证上部钻具自由转动，使方钻杆上部接头不倒扣；向转动着的钻杆柱内输送高压钻井液，且保证不刺、不漏，是提升、旋转、循环三大工作机组相交汇的“关节”部件，在钻机组成中处于重要的地位。

二、钻井水龙头型号

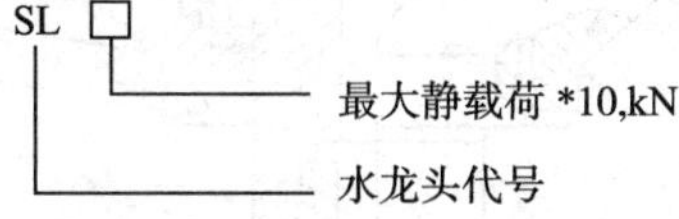

三、钻井水龙头的技术参数

钻井水龙头的技术参数如表 1－6 所示。

四、钻井水龙头的组成

目前水龙头的类型较多，但主要都是由固定、旋转、密封三大部分组成。

现以国产 SL－450 水龙头为例，剖析现代水龙头的结构组成。根据水龙头在钻井过程中所起的作用不同，其结构一般可分为三部分，如图 1－7 所示。

表 1-6　钻井水龙头的技术参数

基本参数	型号					
	SL-90	SL-135	SL-225	SL-315	SL-450	SL-505
最大静载荷/kN	900	1350	2250	3150	4500	5050
主轴承额定负荷(大于或等于)/kN	600	900	1600	2100	3000	3900
鹅颈管中心线与垂线夹角/(°)	15					
接头下端螺纹	4½FH 左旋或 4½REG 左旋		6⅝REG 左旋			
中心管通孔直径/mm	64		75			
泥浆管通孔直径/mm	57	64	75			
提环弯曲半径/mm	102	115				
提环弯曲处断面半径/mm	51	57	64	70	83	83
最大工作压力/MPa	25	35				

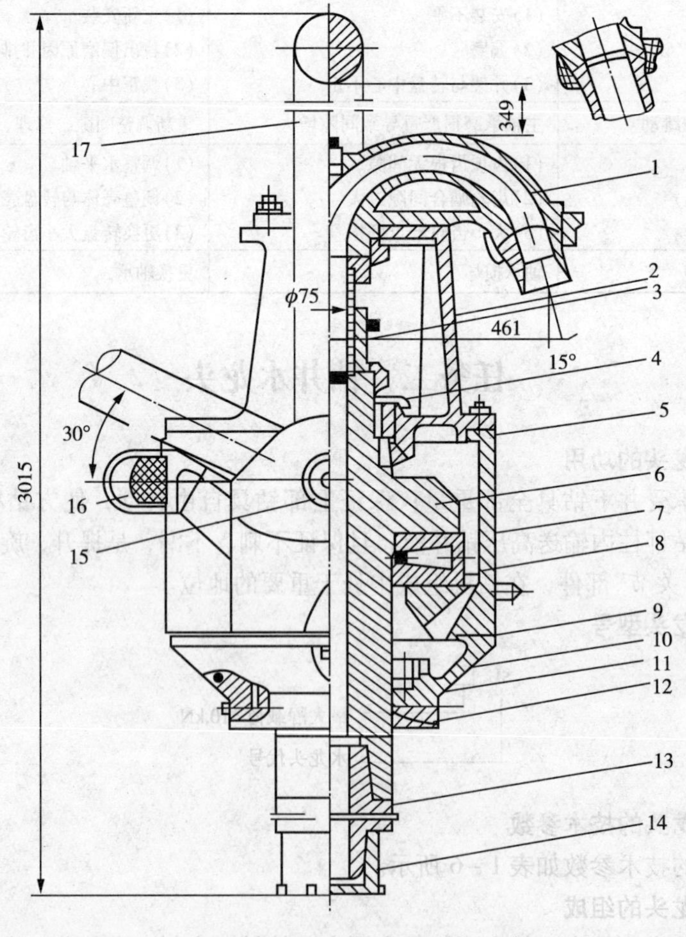

图 1-7　SL-450 型水龙头

1—鹅颈管；2—上盖；3—浮动冲管总成；4—泥浆伞；5—上辅助轴承；6—中心管；7—壳体；8—主轴承；9—密封垫圈；10—下辅助轴承；11—下盖；12—压盖；13—方钻杆接头；14—护丝；15—提环销；16—缓冲器；17—提环

1. 承载系统

中心管及其接头、壳体、耳轴、提环和主轴承(负荷轴承)等。重达百吨以上的井中钻具通过方钻杆加到中心管上;中心管通过主轴承坐到壳体上,再经耳轴、提环将载荷传给大钩。

2. 钻井液系统

包括鹅颈管、钻井液冲管总称(包括上、下钻井液密封盒组件等)。高压钻井液经过鹅颈管进入钻井液管(冲管),流进旋转着的中心管达到钻杆柱内,上、下钻井液密封盒用以防止高压钻井液泄漏。

3. 辅助系统

包括扶正、防跳辅助轴承,机油密封盒及上盖等。上、下辅助轴承对中心管起扶正作用,保证其工作稳定,限制其摆动,以改善钻井液和机油密封的工作条件,延长其寿命。SL-450 上辅助轴承是止推轴承,还起到防跳轴承的作用,可承受钻井过程中钻杆柱传来的冲击和振动,防止中心管可能发生的轴向窜跳。

五、钻井水龙头更换盘根装置的步骤

1. 拆卸

(1)锤击上、下盘根盒压盖,左螺纹松开后,推动上、下盘根盒压盖与泥浆管齐平,即可从一侧推出盘根装置。

(2)将下盘根盒与钻井液管分开,去掉油杯,再去掉下盘根盒压盖,反转螺钉两三转,从下盘根盒中取出下“O”形密封压套、隔环、下衬环和钻井液盘根。

(3)从钻井液管顶部拿去弹簧圈,去掉钻井液管和上盘根盒压盖,再从上盘根盒中取出上密封压套,钻井液盘根和上衬环。

(4)检查上密封压套和钻井液管的花键是否磨损,检查钻井液管偏磨和冲坏,如有损坏,则必须更换。

2. 安装

将经检查的合格零件和更新的零件重新安装,方法如下:

(1)用润滑脂装满钻井液盘根的唇部和上衬环,上密封压套的槽,依次将上衬环、钻井液盘根、上密封压套装入上盘根盒中,并装入上盘根盒压盖。把它们一起从钻井液管带花键端小心地装到钻井液管上,再把弹簧圈卡入钻井液管的沟槽中。

(2)先在钻井液盘根的唇部、下衬环、隔环和下“O”形密封压套的 V 形槽内涂满润滑脂,依次将下衬环、隔环、钻井液盘根、下“O”形密封压套装入下盘根盒中。必须注意:隔环的油孔应对准下盘根盒的油杯孔。拧入螺钉,拧紧后再反转¼转。下盘根盒总成和下盘根盒压盖从钻井液管另一端装入。

(3)在上、下密封压套上装入“O”形密封圈,在下盘根盒上装上油杯,然后将盘根装置装入水龙头,上紧上、下盘根盒压盖。

六、两用水龙头使用前的检查内容

(1)拧下油尺,检查壳体内油质,油量是否足够(L-CKC150 闭式工业齿轮油)。

(2)检查各油脂润滑点。

(3)检查中心管,由一人施力于 1m 长的链钳手柄上时,能均匀地转动。

(4)检查上、下密封填料盒压盖是否上紧。

(5)检查是否漏油。

(6)检查气路连接是否正确，畅通。

(7)空气过滤器必须垂直安装。

(8)检查气控台，操作必须灵活，反正转符合要求。

(9)检查单向式摩擦盘离合器离、合是否正常。

七、两用水龙头操作步骤

(1)将气源截止阀打开。

(2)根据旋扣需要操作正、反转手柄，向前推反转，向后拉正转。

(3)水龙头电动机禁止空载运转。

(4)新水龙头或换负荷轴承大修水龙头，由浅井使用至深井，运转过程中，注意观察运转是否平稳，有无异响，温度是否合适。

八、两用水龙头的每班保养内容

(1)检查水龙头体内的油质、油量，不足及时补充。

(2)检查水龙头提环销、冲管总成、上部和下部等部位的润滑油的油质、油量，每班润滑一次。

(3)保持外表清洁。

九、两用水龙头的一级保养内容

(1)清除提环销轴处的污物。

(2)检查润滑油质量，对新的或新修过的水龙头在使用满 200 h 后应更换润滑油。

(3)检查冲管密封及上下机油密封压帽情况，及时处理渗漏情况。

(4)检查两用水龙头旋扣器马达及气控元件、管线。

(5)检查两用水龙头离合器的工作情况。

(6)检查油雾器的油面高度。

十、两用水龙头的二级保养内容

(1)检查冲管密封装置、密封填料、“O”形圈等，如有磨损进行更换。

(2)检查上密封压套和冲管的花键是否刺坏，如有损坏应进行更换。

(3)检查中心管上、下弹簧骨架密封圈密封情况，如果漏油进行更换。

(4)检查全部滚柱和底圈有无破碎、腐蚀和裂纹。当主轴承上发现有任何缺陷都必须更换。

十一、两用水龙头的润滑要求

(1)水龙头体内的油位每班都要检查一次。检查油面是否在要求的位置上(油位不得低于游标尺尺杆最低刻度)，润滑油每 2 个月更换一次，对新的或新修理过的水龙头，在使用满 200 h 后应更换。换油应将脏油排净，用冲洗油洗掉全部沉淀物，再注入干净的 90# 硫磷型工业齿轮油(SAE 90)。

(2)提环销、冲管总成、上部和下部油封用(SY 1412 - 75)2# 锂基润滑脂润滑，每班润滑一次。当润滑钻井液密封圈时应在没有泵压的情况下进行，以便使润滑脂能挤入冲管总成的各个部位，更好地润滑冲管和各个钻井液密封圈。

(3)油雾器夏季加注 10# 机械油，冬季及北方寒冷地区用 5# 轻质定子油。

十二、两用水龙头的常见故障及排除方法

两用水龙头的常见故障及排除方法如表 1 - 7 所示。

表 1－7　常见故障及排除方法

故障现象	故障原因	排除方法
水龙头壳体发热（超过 70℃）	(1)油过多 (2)油脏 (3)负荷过大，防跳轴承间隙过大或过小 (4)轴承损坏	(1)把多的油放出，加到最高刻度线为止 (2)清洗油池，更换新油 (3)调整负荷、调整防跳轴承间隙 (4)更换轴承
中心管转动不灵活或不转动	(1)主轴承，防跳轴承损坏 (2)上、下机油油封过紧	(1)更换损坏轴承 (2)更换油封
中心管处漏钻井液	(1)冲管磨损 (2)冲管密封未上紧	(1)更换冲管 (2)更换油封并上紧
中心管保护接头处漏钻井液	(1)保护接头未上紧 (2)螺纹磨损严重	(1)上紧接头 (2)更换中心管和接头
油池内有钻井液	(1)上机油油封损坏 (2)钻井液伞损坏 (3)衬套磨损严重	(1)更换上机油油封 (2)更换钻井液伞 (3)更换衬套
机油油封漏油	(1)密封损坏 (2)衬套磨损严重	(1)更换油封 (2)更换衬套
壳体漏油	(1)壳体有裂纹 (2)提环销连接内端焊缝处有裂纹	(1)更换水龙头 (2)更换水龙头
中心管径间跳动大	(1)上、下扶正轴承磨损严重 (2)方钻杆弯曲	(1)更换上、下扶正轴承 (2)更换方钻杆
提环转动不灵活	(1)提环销油道堵塞或缺油 (2)槽口内钻井液污物太多使槽堵塞	(1)疏通油道，注入新油 (2)清除污物或泥沙

任务三　钻井泵

一、钻井泵的作用

1. 循环钻井液，携带岩屑

钻井泵可以向井内循环钻井液以冲洗井底和钻头，并把岩屑携带到地面上。

2. 喷射钻井，提高钻速

钻井泵可以给喷射式钻头提供高速钻井液，以帮助钻头破碎岩石，提高钻井速度。

3. 驱动井底动力钻具

钻井泵可以提供动力钻井液，以驱动井底动力钻具(涡轮钻具或螺杆钻具)。

目前，石油矿场中的钻井泵，广泛使用三缸单作用钻井泵和 F 系列钻井泵。

二、三缸单作用钻井泵

1. 三缸单作用钻井泵的型号

我国用于石油、天然气勘探开发的三缸单作用钻井泵已经标准化，统一代号为

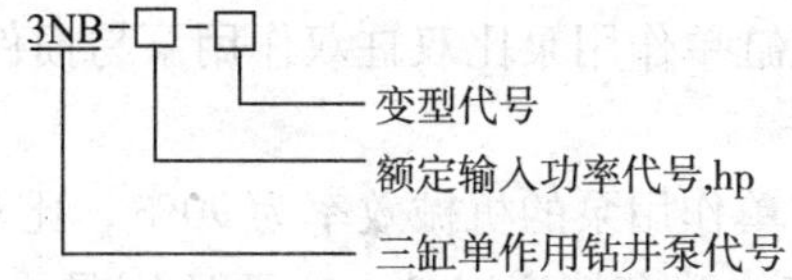

如 3NB－1300，表示输入功率为 1300hp 的三缸单作用钻井泵。有的钻井泵，为了反映其设计制造单位、适用区域和性能方面的特点，在统一代号的前后还标以适当的符号，如 SL3NB－

1300A，其中 SL 是汉语拼音“胜利”的字头，A 表示改型设计。3NB 钻井泵系列有：3NB－350，3NB－500，3NB－600，3NB－800，3NB－1000，3NB－1300，3NB－1600，3NB－2200。

2. 三缸单作用钻井泵的组成

三缸单作用钻井泵由动力端(曲柄、连杆、十字头、活塞杆等)和液力端(活塞、液缸、泵阀等)两大部分组成，如图 1－8 所示。

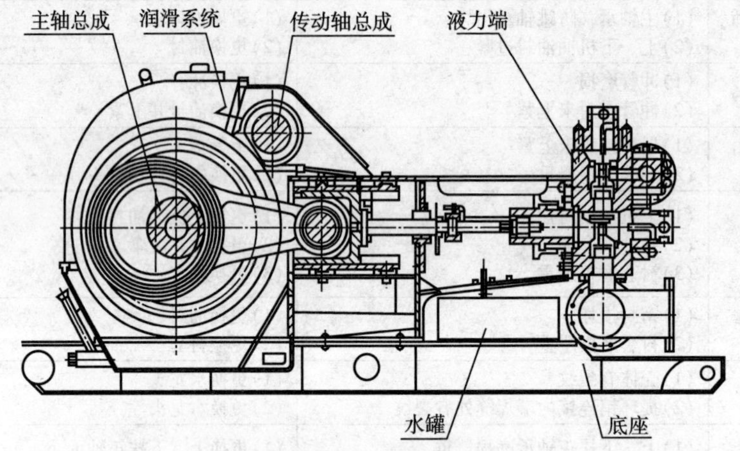

图 1－8　3NB－1000 型三缸单作用钻井泵主剖面图

3. 三缸单作用钻井泵的优点

与双缸双作用钻井泵相比，三缸单作用钻井泵无论在结构或性能方面都有较大的区别，因而具有一些明显的优点：

(1)缸径小、冲程短、冲次较高，在功率相近的条件下，体积小、质量轻。

在额定功率相同的情况下，三缸单作用泵的长度比双缸双作用泵短 20% 以上，质量轻 25% 左右。

(2)缸套在液缸外部用夹持器(卡箍等)固定，活塞杆与介杆也用夹持器固定，因而拆装方便；活塞杆无需密封，工作寿命长。

(3)活塞单面工作，可以从后部喷进冷却液体对缸套和活塞进行冲洗和润滑，有利于提高缸套与活塞的寿命。

(4)泵的流量均匀，压力波动小。

计算表明，一台未安装空气包的双缸双作用泵，其瞬时流量在平均值上下的波动分别为 26.72% 和 21.56%，总计达到 48.28%；而三缸单作用泵瞬时流量在平均值上下的波动分别为 6.64% 和 18.42%，总计为 25.06%。泵的压力随流量的平方变化，三缸泵的流量变化小，压力波动比双缸双作用泵更小。

(5)易损件少、费用低。

在同样的条件下工作，三缸单作用泵比双缸双作用泵易损件费用低 7% 左右。

(6)机械效率高

根据实验数据表明，三缸单作用泵的机械效率为 90%，比双缸双作用泵高 5% 左右。效率的提高除了是因为加工精度、配合精度以外，主要原因是：三个曲柄互差 120°、运转平稳、十字头的摩擦小，同时没有活塞杆盘根处的摩擦阻力。根据实测三缸单作用泵的容积效率，使用清水时为 97%，使用钻井液时为 95%。

由于三缸单作用泵的上述优点，在广泛的使用中显示出良好的经济效益，所以在我国和一些其他国家的钻井设备中，已经取代了双缸双作用泵。美国的三缸单作用泵型式最多，以 National Supply 公司的 P 型泵、Continental Emsco 公司的 F、FA、FB 型泵等为代表。国产三缸单作用钻井泵的基本参数如表 1 – 8 所示。

表 1 – 8　三缸单作用钻井泵的基本参数

泵型号	额定功率/kW	冲程长度/mm	额定泵速/min^{-1}	最大排出压力/MPa	最大流量(不小于)/(L/s)
3NB – 800	590	229(216，254)	150	32.6	34.5
3NB – 1000	740	254(235，305)	140	33.1	40.4
3NB – 1300	960	305(254)	120	35.6	46.6
3NB – 1600	1180	305	120	37.7	51.9
3NB – 2000	1470	355	100	42.1	55.8

注：①本表按容积效率 100 % 和机械效率 90 % 计算。
②最大排出压力超过 35 MPa 时，只允许按 35 MPa 使用。
③括号内的冲程长度允许采用。

4. 三缸单作用泵的主要缺点

(1)由于泵的冲次提高导致其自吸能力降低，通常情况下应该配备灌注系统，即由另一台灌注泵向三缸单作用泵的吸入口供给一定压力的液体，这样便增加了附属设备。

(2)由于单作用泵活塞的后端外露，且外露圆周比双作用泵活塞杆密封圆周大得多，在自吸的条件下，当处于吸入过程时，液缸内压力降低，假如缸套和活塞配合之处松弛，外部空气有可能进入液缸，从而导致泵工作不平稳，降低容积效率。

三、F 系列钻井泵

1. F 系列钻井泵型号

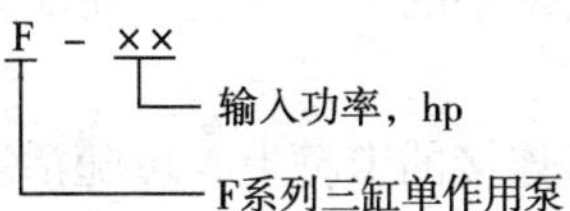

2. F 系列钻井泵的优点

(1)动力端

①无退刀槽人字齿轮传动。

②合金钢曲轴。

③可更换的十字头导板。

④机架采用钢板焊接件，强度高、刚性好、质量轻。

⑤中间拉杆盘根采用双层密封结构，密封效果好。

⑥动力端采用强制润滑和飞溅润滑相结合的润滑方式。

(2)液力端

①各密封部位均采用刚性压紧，高压密封性好。

②直立式液缸具有吸入性能好的优点。

③L 型液缸具有耐压能力高，阀总成更换方便的优点。

④排出口处分别装有排出空气包、剪销式安全阀和排出滤网。

3. F 系列钻井泵的结构特点

(1)液缸

液缸材料为合金钢锻件，每台泵的三个液缸可以互换。若用户要求，可对液缸表面做化学镀镍处理，以增强其抗腐蚀性能。

(2)阀总成

F 系列泵的吸入阀和排出阀可以互换。F－500 泵使用的是 API 5#阀，F－800 和 F－1000 钻井泵使用的是 API 6#阀，F－1300、F－1600、F－1600L 和 F－1600HL 钻井泵使用的是 API 7#阀，F－2200 和 F－2200HL 钻井泵使用的是 API 8#阀。

需要说明的是：F－1600HL、F－2200HL 泵在工作压力大于 35MPa(5000psi)时应更换为特制的高压阀总成。

(3)缸套

可以使用双金属缸套，缸套内衬用耐磨铸铁制造，缸套耐磨、耐腐蚀。

F－1600 和 F－2200HL 钻井泵可选用陶瓷缸套，使用寿命更长。

(4)活塞与活塞杆

由圆柱面配合和橡胶密封圈密封，用带有防松的锁紧螺母压紧，既能防止活塞松动，又能起密封作用。

F－800 与 F－1000 钻井泵液力端的液缸、缸套、活塞、阀体、阀座、阀弹簧、密封件、阀盖、缸盖等零部件均可互换。F－1300 与 F－1600 钻井泵液力端可以互换。F－1300L 与 F－1600L钻井泵液力端也可以互换。

(5)喷淋系统

由喷淋泵、冷却水箱、喷管等组成，其作用是对缸套、活塞进行必要的冷却和冲洗，以提高缸套活塞的使用寿命。

喷淋泵为离心式泵，可以在输入轴的轴上装皮带轮驱动，也可以用电动机单独驱动，用水作为冷却润滑液。

喷管安装在中间拉杆与活塞杆连接的卡箍上，可随活塞往复运动，喷嘴离活塞端面十分近，使润滑冷却液始终冲洗活塞与缸套的接触面。也可以采用固定式喷淋管，具有喷淋管耐用的特点。

(6)润滑系统

动力端采用强制润滑和飞溅润滑相结合的方式，设置在油箱中的齿轮油泵，通过润滑管线，将压力油分别输送到十字头、中间拉杆及各轴承中去，从而达到强制润滑的目的，齿轮油泵的工作情况，可以通过机架后部的压力表进行观察。

(7)灌注系统

为了避免在泵进口压力低时出现气塞现象，每台钻井泵均可配灌注系统。灌注系统由灌注泵及其底座、蝶形阀和相应的管汇组成。灌注泵由独立的电动机驱动，安装在泵的吸入管汇上。灌注泵也可以由钻井泵输入轴皮带传动，以减少钻机总发电量的供应。

4. F 系列钻井泵的技术参数

F 系列钻井泵的技术参数如表 1－9 所示。

四、钻井泵的使用与维护

1. 钻井泵的安装要求

(1)钻井泵及底座必须放在水平基础上，应使钻井泵尽量保持水平，水平偏差不得超过

3mm，以利于运转时动力端润滑油的正确分布。

(2)钻井泵的位置应尽量降低，钻井液罐的位置应尽量提高，以利吸入。

(3)钻井泵的吸入管内径不得比钻井泵的连接部位的内径尺寸小。安装前必须将钻井泵的吸入管路清理干净，吸入管线绝不能有漏气现象，阀和弯头应尽量少装一些，阀必须使用全开式阀门。吸入管长度应保持在2.1～3.5 m长度范围内，以减少吸入管内的摩阻损耗及惯性损耗，有利于吸入。吸入管的端口应高于钻井液罐底300mm。

表1－9　F系列钻井泵的技术参数

型号	F－500	F－800	F－1000	F－1300/F－1300L
型式	三缸单作用活塞式	三缸单作用活塞式	三缸单作用活塞式	三缸单作用活塞式
最大缸套直径×冲程/mm×mm	170×191	170×229	170×254	180×305
额定冲数/(r/min)	165	150	140	120
额定功率/kW(hp)	373(500)	597(800)	746(1000)	969(1300)
齿轮类型	人字齿轮	人字齿轮	人字齿轮	人字齿轮
齿轮速比	4.286:1	4.185:1	4.207:1	4.206:1
润滑	强制加飞溅	强制加飞溅	强制加飞溅	强制加飞溅
吸入管口	8″法兰(约203mm)	10″法兰(约254mm)	12″法兰(约305mm)	12″法兰(约305mm)
排出管口	4″法兰，5000psi	5″法兰，5000psi	5″法兰，5000psi	5″法兰，5000psi
小齿轮轴直径/mm	139.7	177.8	196.85	215.9
键/mm×mm	31.75×31.75	44.45×44.45	50.8×50.8	50.8×50.8
阀腔	阀上阀，API #5	阀上阀，API #6	阀上阀，API #6	阀上阀，API #7 L型布置，API #7
大约质量/kg	9770	14500	18790	26680
型号	F－1600/1600L	F－1600HL	F－2200	F－2200 HL
型式	三缸单作用活塞式	三缸单作用活塞式	三缸单作用活塞式	三缸单作用活塞式
最大缸套直径×冲程/mm×mm	180×305	190×305	230×365	230×365
额定冲数/(r/min)	120	120	105	105
额定功率/kW(hp)	1195(1600)	1193(1600)	1640(2200)	1640(2200)
齿轮类型	人字齿轮	人字齿轮	人字齿轮	人字齿轮
齿轮速比	4.206:1	4.206:1	3.512:1	3.512:1
润滑	强制加飞溅	强制加飞溅	强制加飞溅	强制加飞溅
吸入管口	12″法兰(约305mm)	12″法兰(约305mm)	12″法兰(约305mm)	12″法兰(约305mm)
排出管口	5″法兰，5000psi	5″法兰，5000psi	5″法兰，5000psi	5″法兰，5000psi
小齿轮轴直径/mm	215.9	215.9	254	254
键/mm×mm	31.75×31.75	44.45×44.45	50.8×50.8	50.8×50.8
阀腔	阀上阀，API #7/ L型布置，API #7	L型布置，API #7	阀上阀，API #8	L型布置，API #8
大约质量/kg	27020/26030	29400	38460	43080

(4)为了钻井泵平稳操作，延长易损件的寿命，钻井泵需配灌注泵。钻井泵的进口和灌注泵出口之间应设有安全阀，此阀调整至0.5MPa，在吸入管出现超压时，它可使灌注泵免

遭损坏。

(5)吸入管与钻井液罐的连接处，不能正对钻井液池上方的钻井液返回处，以免吸入钻井液罐底沉屑。

(6)牢固地支撑所有吸入和排出管线，不使它们受到不必要的应力，并减少振动，决不能由于没有足够的支撑而使管线悬挂在钻井泵上。

(7)为了防止压力过高而损坏钻井泵，在靠近钻井泵的出口处必须装安全阀，安全阀必须装在任何阀门之前，这样如在阀关闭情况下，不慎将泵启动，也不至于损坏泵，必须将安全阀的排出管接长并固定，安全地引入钻井液池，以免当安全阀开启时，高压钻井液排出造成不必要的事故。

2. 钻井泵启动前的准备工作

(1)当启动一台新泵或重新启动一台长期停用的旧泵前，要打开钻井泵上的检查盖，清洗动力端油槽。冬季加入足量的 L－CKC220 硫磷型中极压齿轮油，夏季加入足量的 L－CKC320 硫磷型中极压齿轮油，并且在启动前打开泵上的各个检查盖，向小齿轮、轴承、十字头油槽内加油，使泵的所有摩擦面在启动前都得到润滑。

(2)检查液力端的缸套、活塞和阀是否装配正常，钻井泵的排出管线是否打开。

(3)缸套的喷淋冷却采用水或用水为基本介质，加入防锈剂的冷却液，喷淋泵系统必须比钻井泵先启动或同时启动，以免烧坏活塞和缸套。

(4)检查喷淋泵水箱内冷却液是否干净，液面是否达到要求。启动前液缸里必须有钻井液或水，以免发生气穴现象，不能在有压力的情况下解除气穴，所以要打开通向钻井泵的阀门，作“小循环”运转到所有空气都被排除为止，这样可以保证钻井泵运行平稳，并延长活塞的寿命。

(5)拧紧阀盖、缸盖所有螺栓及介杆、活塞杆连接卡箍。

(6)检查钻井泵管线上的阀门，是否处于启动前的正确操作状态。

(7)检查吸入缓冲器的充气情况。

(8)检查排出预压空气包的充气压力，使压力值是排出压力的30%。

(9)打开喷淋泵系统的进排阀门。

(10)检查安全阀、安全销是否挂插到与缸套相应压力的销孔上，检查排出安全阀与压力表是否处于正常状态。

(11)打开缸盖，将吸入阀腔内灌进水和钻井液排出空气。

(12)检查十字头间隙是否符合要求。

(13)带有强制润滑的，先检查润滑泵，再检查主泵；先启动润滑泵，再启动主泵。

3. 钻井泵启动后应该做的工作

(1)钻井泵的转速要缓慢提高，使吸入管内流体逐步增加，使其跟上活塞的速度，不致发生气穴现象。

(2)钻井液密度较大、含气量较多、黏度较高时，钻井泵尽量在较低速下运行。

(3)检查各轴承、十字头、缸套等摩擦部位的温度，是否过高或发生异常现象，一般油温不应超过80℃。

(4)检查润滑系统是否工作可靠。

4. 钻井泵在运转中的检查

(1)检查缸套是否来回窜动，检查活塞杆、介杆卡箍是否有异常的响声。检查泵体上的所有螺钉以及阀盖、缸盖是否有窜动观象，如发生不正常现象，查明原因及时处理。

(2)检查各高压密封处是否有泄漏现象，泵阀是否有刺漏声，发现应及时处理。

(3)注意泵压变化，发现异常情况妥善处理。

(4)注意喷淋泵的供液情况是否正常，使缸套活塞冷却润滑情况最佳。

5. 钻井泵常见的故障及排除方法

钻井泵在运转时，如发生了故障，应及时查出原因并予以排除，如表1－10所示，否则，会损坏零件，影响钻井工作的正常进行。

表1－10　钻井泵的故障及排除方法

故障现象	故障原因	排除方法
压力表的压力下降、排量减少	(1)上水管线密封不严，使空气进入泵内 (2)吸入滤网堵死	(1)拧紧上水管线法兰螺栓或更换垫片 (2)停泵，清除吸入滤网杂质
液体排出不均匀有忽大忽小的冲击，压力表指针摆动幅度大，上水管线发出“呼呼”声	(1)一个活塞或一个阀磨损严重或者已经损坏 (2)泵缸内进空气	(1)更换已损坏活塞，检查阀有无损坏及卡死现象 (2)检查上水管线及阀盖是否严密
缸套处有剧烈的敲击声	(1)活塞螺母松动 (2)缸套压盖松动 (3)吸入不良产生水击	(1)拧紧活塞螺母 (2)拧紧缸套压盖 (3)检查吸入不良的原因
阀盖、缸盖及缸套密封处报警孔漏钻井液	(1)阀盖、缸盖未上紧 (2)密封圈损坏	(1)上紧阀盖、缸盖 (2)更换密封圈
排出空气包充不进气体或充气后很快泄漏	(1)充气接头堵死 (2)空气包内胶囊已经破裂 (3)针形阀密封不严	(1)清除接头内杂物 (2)更换胶囊 (3)修理或更换针形阀
柴油机负荷大	排出滤筒堵塞	拆下滤筒，清除杂物
动力端轴承、十字头等运动摩擦部位温度异常	(1)油管或油孔堵死 (2)润滑油太脏或变质 (3)滚动轴承磨损或损坏 (4)润滑油过多或过少	(1)清理油管及机油 (2)更换新油 (3)修理或更换轴承 (4)使润滑油适量
动力端、轴承、十字头等处有异常声响	(1)十字头导板已经严重磨损 (2)轴承磨损 (3)导板松动 (4)液力端有水击现象	(1)调整间隙或更换已经磨损的导板 (2)更换轴承 (3)上紧导板螺栓 (4)改进吸入性能

注：除以上估计可能出现的故障外，如发现其他异常现象时，应根据故障发生的地点仔细寻找原因，直到原因查明并进行排除后钻井泵方能正常运转。

任务四　井架

一、井架的基本功用

(1)安放天车，悬挂游车、大钩及专用工具(如吊钳等)。在钻井过程中进行起下、悬持钻具、下套管等作业。

(2)起下钻过程中，用以存放立根，能容纳立根的总长度称立根容量。

二、井架的分类方法

井架的分类方法较多，主要有以下四种：

1. 按用途不同分

(1)水文钻探井架　用于勘测地下水资源，提供生活和生产用水。

(2)煤田钻探井架　用于勘测和开采地下煤田资源。

(3)石油钻探井架　用于勘探和开发地下石油和天然气资源。

(4)有色金属钻探井架　用于勘测地下各种金属矿藏的分布情况，以便开采和应用。

2. 按所钻的深度不同分

(1)浅井井架　钻井深度在1000m以内。

(2)中深井井架　钻井深度在2500m以内。

(3)深井井架　钻井深度在5000m以内。

(4)超深井井架　钻井深度大于5000m。

3. 按使用地区不同分

(1)陆地用井架　用于陆地钻井。

(2)海洋用井架　用于海上钻井。

4. 按井架的结构不同分

(1)塔形井架　远看形似宝塔，故称塔形井架。

(2)A形井架　远看形似“A”字，故称A形井架。

(3)K形井架

(4)桅形井架

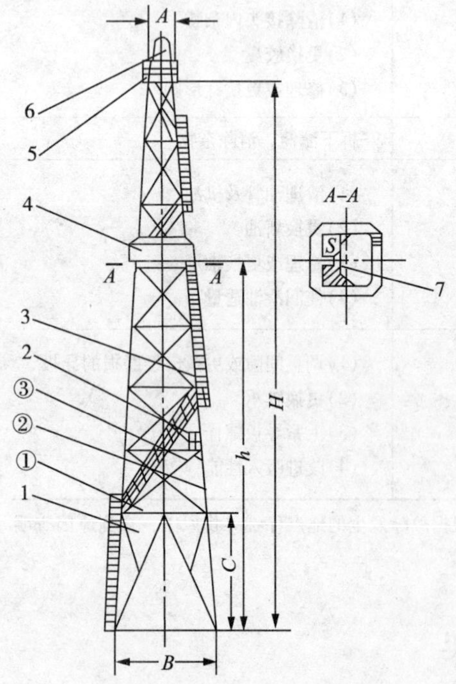

图1-9　井架的基本组成

1—主体(①横杆；②弦杆；③斜杆)；
2—立管平台；3—工作梯；4—二层台；
5—天车台；6—人字架；7—指梁

三、井架的组成

石油矿场上使用的井架，不论是哪种类型，它们基本上都是由主体、天车台、人字架、二层台、立管平台和工作梯等部分组成。如图1-9所示。

(1)井架主体

井架主体是由立柱(弦杆)，横杆、斜杆等组成，它们是井架的主要承载构件，多为型材组成的不同空间桁架结构。

(2)天车台

用于安放天车及天车架，并便于对天车进行维护保养工作。

(3)天车架

安装、维修天车之用。

(4)二层台

二层台是井架工起下钻操作的工作场所，它包括井架工进行起下钻操作的工作台和存放钻具立根的指梁。

(5)立管平台

是安装高压水龙带及进行其他辅助工作的场所。

(6)工作梯

供操作人员上下井架用。

四、井架的基本参数

井架的基本参数是反映井架特征和性能的技术指标，是设计、选择和使用井架的依据。国产钻机井架的基本参数如表1－11和表1－12所示。

表1－11　国产钻机井架的基本参数及尺寸

结构类型	型号	井架高度/m	最大钩载		5in钻杆立根容量/m	井架可承受最大风速/(km/h)
			tf	kN		
桅形井架	JJ30/18－W	18	30	294		80
	JJ50/18－W	18	50	490		80
	JJ30/24－W	24	30	294		80
	JJ50/29－W	29	50	490		80
	JJ100/30－W	30	100	980		80
闭式塔形井架	TJ_2－41	41	220	2160	3200	80
开式塔形井架	JJ90/39－K	39	90	880	1500	120
	JJ120/39－K	39	120	1180	2000	120
	JJ220/42－K	42	220	2160	3000	120
	JJ300/43－K	43	300	2940	4500	120
	JJ450/45－K	45	450	4410	6000	120
	JJ600/45－K	45	600	5880	8000	120
A形井架	JJ90/39－A	39	90	880	2500	120
	JJ20/39－A	39	120	1180	2000	120
	JJ220/42－A	42	220	2160	3200	120
	JJ300/43－A	43	300	2940	4500	120
	JJ450/45－A	45	450	4410	6000	120
	JJ600/45－A	45	600	5880	8000	120
海洋闭式塔形井架	JJ450/45－H	45	450	4410	6000	160
	JJ450/49－H	49	450	4410	6000	160

五、井架基本技术参数

1. 最大钩载

井架的最大钩载是指死绳固定在指定位置，用规定的钻井绳数，没有风载和立根载荷的条件下大钩的最大起重量。最大钩载包括游车和大钩的自重(钻机的最大钩载不包括游车和大钩自重)。

2. 立根载荷

指立根自重及其承受的风载在二层台指梁上所产生的水平方向作用力。

3. 井架高度

井架高度根据其类型不同而定义。

(1)塔形井架　其高度是指井架大腿底板底面到天车梁底面的垂直高度。

(2)前开口K形井架和A形井架　是指井架下底角销孔中心到天车梁面的垂直高度。

(3)桅形井架　其高度是指撬座或车轮与地面接触点到天车梁底面的垂直高度。

表 1-12　国产新型整体起放钻机井架的基本参数

钻机型号	ZJ40/2250CJD	ZJ50/3150	ZJ50/3150DB-1	ZJ70/4500DZ
井架型号	JJ225/43-KC1	JJ315/44.5-K2	JJ450/45-K4	JJ450/45-K7
最大钩载/kN	2250	3150	4500	4500
型式	K	K	K	K
工作高度/m	43	44.5	45	45.72
顶跨(正×侧)/m×m	2	2.1×2.05	2.2×2.2	2.2×2.2
底跨(正×侧)/m×m	6	9.11×2.7	9.0×2.6	9.0×2.7
二层台容量/m	4000	5000	7280(5″钻杆 260 柱)	7280(5″钻杆 260 柱)
二层台高度/m	26.5、25.5、24.5	26.5、25.5、24.5	26.5、25.5、24.5、22.5	26.5、25.5、23.5、22.5
无立根抗风	>12 级	>12 级	>12 级	>12 级
满立根抗风	12 级	12 级	12 级	12 级
起放井架抗风	5 级	5 级	5 级	5 级
起升三角架高/m		9.175	4.5	7.6
井架主体段数	6	5	4	5
质量/kg		61114	95743	88742
配套底座	DZ225/7.5-ZT	DZ315/7.5-XD1	DZ450/9-S1	DZ450/10.5-S1

4. 井架的有效高度

指钻台上平面到天车梁底面的垂直高度。

5. 二层台高度

指由钻台面到二层台面的垂直高度。

6. 二层台容量

指二层台(安装在最小高度上)所能存放钻杆的数量。

7. 上底尺寸和下底尺寸(仅限于闭式塔形井架)

塔形井架的上底尺寸和下底尺寸分别指井架相邻大腿上底和下底轴线间的水平距离。对于单角钢大腿，则指角钢外缘之间的距离。

8. 大门高度(仅限于闭式塔形井架)

塔形井架大门高度是指井架大腿底板底面到大门顶面的垂直高度。井架的大门高度应满足钻杆单根拉上钻台的要求，以及方钻杆、鼠洞管等超长管柱也能安全拉上钻台。大门高度都大于钻杆单根长度，对于海上井架，有的可高达 18~22m。

六、井架型号

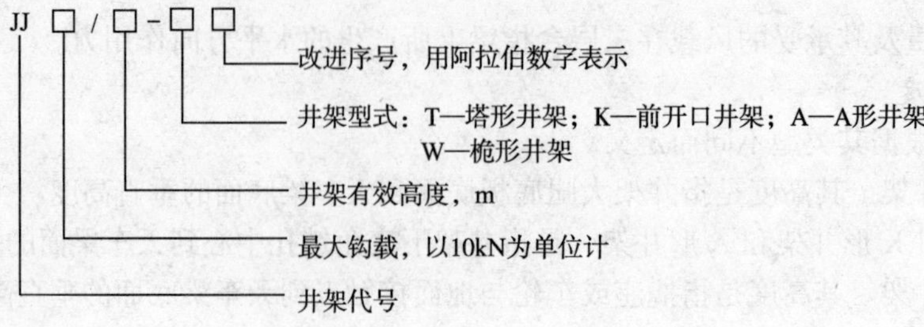

七、井架的维护保养要求

(1)井架在使用过程中应定期检查立柱、斜横拉筋是否有变形或损坏，起升大绳有无锈蚀断丝，主要受力部位的焊缝有无开裂，销子、别针是否齐全，螺栓螺母有无松动，梯子、栏杆、走台是否完整、安全，连在井架上的零件及悬挂件是否有跌落的危险等，如存在问题，应及时排除或修理。

(2)在检查时损坏的部位和部件应做出清楚的、明显的标志，以便进行必要的修理。对此推荐用明亮的、颜色差别明显的油漆标志。修理后这些标志应用与原构件颜色一致的油漆涂去。构件油漆脱落的应按井架原色涂漆。

(3)未经许可不允许在井架上焊接、钻孔。对运输、使用中损坏或丢失的构件不能随意代用，应向制造厂家进行技术咨询。对损坏的构件进行修理，要尽量和制造厂协商，以取得对井架原材料及修理方法的确认。在没有取得制造厂同意的情况下，其操作人员和维修施工工艺需经机械责任工程师的报准，方可进行修理工作。

(4)井架在正常使用期间一年保养一次，一般的情况下，井架主体下段以上各段至少每年应进行一次除锈防腐处理，井架主体的下段每 6 个月应进行一次除锈防腐处理，遭受钻井液、石油、天然气饱和盐水、碳化氢等侵蚀而腐蚀严重的部件应在每口井完钻后和搬家前进行一次除锈防腐处理。

(5)井架的转动部位要定期润滑，各种滑轮、导绳轮应注意润滑。润滑周期为：每起放一次井架时应对各润滑点加注 7011#低温极压润滑脂，直至新油从滑轮端面溢出为止。

(6)对井架缓冲装置进行定期调试，保证液压管路及液压缸处于正常工作状态且管线、接头、阀体及液压缸均防碰、防压、防火等。

(7)应按 SY/T 6408—2012《钻井和修井井架、底座的检查、维护、修理与使用》定期对井架进行现场外观检查，并报告结果。一般每个钻井月检查一次。井架现场外观检查报告的格式、范围、具体项目和缺陷等见《井架、底座现场外观检查报告(格式)》，如果井架在其极限条件下使用，或结构处于影响到其安全性能的临界条件下，可考虑定期按更详细和要求更高的补充程序进行检查。在日常钻井中如发现螺栓松动、别针脱离、构件损坏等异常，应及时采取措施，避免发生意外事故。

(8)井架封存前要清除灰尘、脏物和吸水性物质。存放时应堆码整齐，并适当垫平；所有耳板的销孔、销轴处涂防锈油(脂)，轴和滑轮的轴孔涂防锈油后用塑料布包扎好，起升大绳涂防锈油(脂)后，捆扎成盘，堆放在干燥处。

任务五　钻井绞车

一、钻井绞车的基本功用

(1)用以起下钻具、下套管。

(2)钻进过程中控制钻压，送进钻具。

(3)借助猫头上、卸钻具丝扣，起吊重物及进行其他辅助工作。

(4)充当转盘的变速机构或中间传动机构。

(5)整体起放井架。

(6)带捞砂滚筒的绞车还担负着提取岩芯筒、试油等工作。

二、钻井绞车的组成

钻井绞车是一台多职能的重型起重工作机。尽管各型绞车结构上差异不小，但究其实质，都具有类似的功能机构或部件，以 JC－70DB$_2$ 绞车为例，如图 1－10 所示。

JC－70DB$_2$ 绞车为交流变频调速、墙板式、齿轮传动，全密闭式结构绞车，绞车整体尺寸小、结构紧凑、质量轻、性能先进。

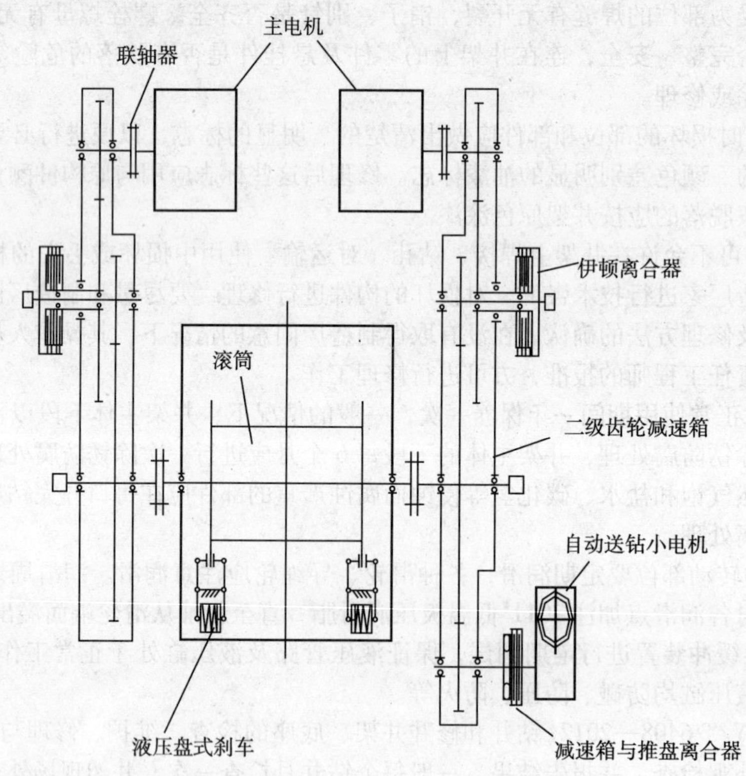

图 1－10　JC－70DB$_2$ 绞车

(1) JC－70DB$_2$ 绞车从功能看，主要由以下几个部分组成：

①传动部分　引入并传递动力。主要包括联轴器，减速箱输入轴、中间轴、滚筒轴总成、传动齿轮，自动送钻装置等。

②提升部分　担负着起放井架、起下钻具、下套管及起吊重物等。主要部件为滚筒轴总成。

③控制部分　用于控制绞车运转及调速。主要包括液压盘式刹车、伊顿 CH1640 离合器、ATD327 推盘离合器及电气路阀件、管线等。

④润滑部分　用于绞车各运转部位轴承、齿轮等件的润滑。整台绞车分机油润滑和黄油润滑两个部分。主要包括电动油泵、滤油器、油杯、油路及管线等。

⑤支撑部分　担负着绞车各传动件等的定位和安装任务。主要包括绞车支架、绞车底座、齿轮箱、护罩等。

(2) JC－70DB$_2$ 绞车按部件划分，主要包括绞车架、滚筒轴、齿轮减速箱、电动机、自动送钻装置、离合器、液压盘式刹车、电气控制系统和润滑系统等。

(3) 主传动系统原理。

绞车由两台 700 kW 的交流变频电动机经联轴器同步将动力输入左、右齿轮减速箱输入轴，经二级齿轮减速后传给滚筒轴，绞车整个变速过程完全由主电机交流变频控制系统操作实现。

(4)自动送钻系统传动原理

绞车自动送钻由一台 37 kW 的小交流变频电机驱动，经传动比为 182 的摆线减速机和推盘离合器后，将动力传入右箱体输入轴端，再经齿轮箱一级减速后带动滚筒轴完成自动送钻过程。

三、钻井绞车的型号

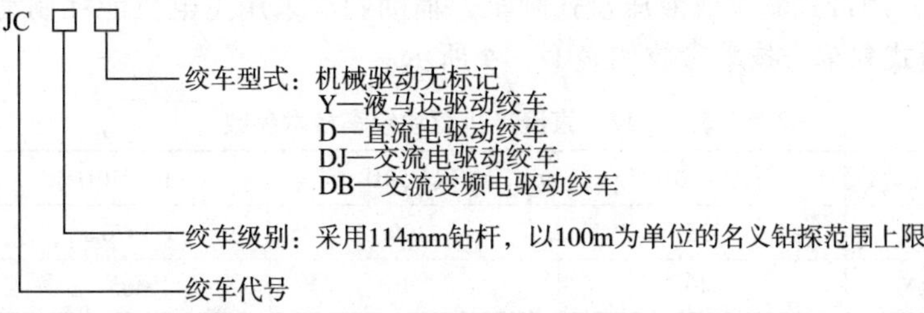

四、机械驱动绞车(B 系列绞车)的技术特点

(1)轴承全部采用滚子轴承，轴材料均为优质合金钢。

(2)绞车正挡均采用滚子链传动，倒挡通过齿轮传动。

(3)链条均采用强制润滑。

(4)滚筒体采用开槽滚筒，滚筒的高、低速端带有通风式气胎离合器，刹车毂(盘)采用水循环强制冷却。

(5)主刹车采用带式刹车或液压盘式刹车，辅助刹车采用主电机能耗制动或配置电磁涡流刹车或气控盘式刹车。技术参数如表 1－13 所示：

表 1－13　机械驱动绞车技术参数

绞车型号	JC－10B	JC－20B	JC－30B	JC－40B	JC－50B	JC－70B
最大输入功率/kW	210	400	440	735	1100	1470
最大快绳拉力/kN	80	200	200	280	350	450
钢丝绳直径/mm	$\phi22$	$\phi29$	$\phi29$	$\phi32$	$\phi35$	$\phi38$
滚筒尺寸(直径×宽度)/mm×mm	$\phi400\times650$ $\phi417\times650$	$\phi473\times1000$	$\phi560\times1304$ $\phi508\times1304$	$\phi644\times1210$ $\phi644\times1177$	$\phi685\times1108$ $\phi685\times1144$	$\phi770\times1285$
刹车轮毂/盘尺寸/mm×mm	$\phi1100\times230$		$\phi1067\times267$	$\phi1168\times265$	$\phi1270\times267$	$\phi1370\times270$
		$\phi1400\times50$	$\phi1500\times76$	$\phi1570\times76$	$\phi1650\times76$	$\phi1560\times76$
			$\phi1500\times40$	$\phi1570\times40$	$\phi1650\times58$	
刹带包角/(°)	273	—	280	280	271	280
提升速度挡数	3F	3F	4F	4/6F	4/6F	4/6F
倒挡数	1R	1R	2R	2/3R	2R	2R
转盘速度挡数	—	1	2	2/3	2/3	2/3
辅助刹车	—	FDWS20	FDWS30	FDWS40	FDWS50	FDWS70
外形尺寸(长×宽×高)/mm×mm×mm	4000×1790×2200	5500×2620×2585	6542×2904×2464	6490×2995×2550	8100×3220×2697	8400×3295×2945
质量/kg	7716	23243	25565	33500	37394	49950

五、直流电机驱动绞车(D 系列绞车)的技术特点

(1)轴承全部采用滚子轴承，轴材料均为优质合金钢。

(2)绞车为墙板式、全密闭、内变速滚子链传动绞车。

(3)链条均采用强制润滑。

(4)滚筒体采用开槽滚筒，滚筒的高、低速端带有通风式气胎离合器，刹车毂(盘)采用水循环强制冷却。

(5)主刹车采用带式刹车或液压盘式刹车，辅助刹车采用主电机能耗制动或配置电磁涡流刹车或气控盘式刹车。技术参数如表1－14所示。

表1－14　直流电机驱动绞车技术参数

绞车型号	JC－40D	JC－50D	JC－70D	JC－90D
最大输入功率/kW	735	1100	1470	2200
最大快绳拉力/kN	340	340	485	720
钻井钢丝绳直径/mm	ϕ32	ϕ35	ϕ38	ϕ45
滚筒尺寸(直径×宽度)/mm×mm	ϕ644×1210	ϕ770×1287	ϕ770×1285	ϕ970×1652
刹车轮毂/盘尺寸/mm×mm	ϕ1570×76	ϕ1520×76	ϕ1650×76	ϕ1820×80
		ϕ1370×270	ϕ1370×270	
刹带包角/(°)		280	280	
提升速度挡数	4F＋4R	4F＋4R	4F＋4R	4F＋4R
转盘速度挡数	2	2	2	2
猫头速度挡数	2	2	2	2
辅助刹车	电磁涡流刹车或气动盘式刹车	电磁涡流刹车或气动盘式刹车	电磁涡流刹车或气动盘式刹车	电磁涡流刹车或气动盘式刹车
外形尺寸(长×宽×高)/mm×mm×mm	7300×3200×3010	7190×2520×3216 5660×1505×1896 7300×2800×3050	7520×3250×3216 6400×1580×1926 7520×3350×2872	8100×3555×3226 60400×2200×2300
质量/kg	37450	40400，12000 44600	45785，12400 46900	65500，19000

六、交流变频电驱动绞车(DB系列)的技术特点

(1)绞车由交流变频电动机、齿轮减速器、液压盘式刹车、绞车架、滚筒轴总成和自动送钻装置等主要部件组成，齿轮传动效率高。

(2)绞车为单滚筒轴结构，滚筒开槽，与同类绞车相比，结构简单、体积小、质量轻。

(3)交流变频电机驱动，全程无级调速，功率大、调速范围宽。

(4)液压盘式刹车和电机能耗制动刹车，并配独立电机自动送钻系统。

其技术参数如表1－15所示。

七、JC－70DB$_2$ 绞车的操作规程

(1)JC－70DB$_2$ 绞车动力由两台YJ13电机或一台37kW小电机提供，电机运转前应检查电机连接防护等是否完善。

(2)JC－70DB$_2$ 绞车没有专门的换挡机构，完全靠电机调速控制。正常起升钻具或钻进时，应控制电机给出合理的转速，并应挂合减速箱中间轴上的两个CH1640型离合器，使ATD327推盘离合器摘开后方可工作；如果要启用自动送钻系统，则应挂合ATD327推盘离

合器，同时摘开两个 CH1640 离合器后再行操作。

表 1-15　交流变频电驱动绞车技术参数

绞车型号	JC-150DB	JC-30DB	JC-40DB	JC-50DB	JC-70DB	JC-90DB	JC-120DB
额定输入功率/kW	300	440	735	1100	1470	2210	2940
最大快绳拉力/kN	135	220	275	340	485	640	850
钻井钢丝绳直径/mm	ϕ26	ϕ29	ϕ32	ϕ35	ϕ38	ϕ42	ϕ48
滚筒尺寸(直径×宽度)/mm×mm	ϕ473×878	ϕ508×1000	ϕ644×1210	ϕ770×1287	ϕ770×1402	ϕ1060×1840	ϕ1320×2312
刹车轮毂/盘尺寸/mm×mm	ϕ1500×40	ϕ1500×40	ϕ1520×76 ϕ1160×265	ϕ1570×76	ϕ1570×76	ϕ2200×80	ϕ2400×80
提升速度挡数	2F	2F	4F	2F	2F	2F	1F
	1F		2F	1F	1F	1F	
			1F				
转盘速度挡数	1	2	2				
猫头速度挡数	1		2				
辅助刹车	能耗制动	能耗制动	能耗制动	能耗制动	能耗制动	能耗制动	能耗制动
	电磁涡流刹车或伊顿刹车	电磁涡流刹车或伊顿刹车	电磁涡流刹车或伊顿刹车	电磁涡流刹车或伊顿刹车	电磁涡流刹车或伊顿刹车	电磁涡流刹车或伊顿刹车	电磁涡流刹车或伊顿刹车
外形尺寸(长×宽×高)/mm×mm×mm	6730×3200×1720	6800×3256×2463	7000×3200×3010	7250×3075×2683	6880×3380×2795	10000×3350×3035	11990×3350×3260
	4350×2439×1752	4700×2950×2032	5700×3200×2715	6740×3190×2785	7820×3440×2775	10685×3250×3116	

(3)在钻具提升过程中，如需要刹车，则必须先摘开绞车所有离合器，然后迅速将刹车刹住。

(4)在钻具下放过程中，特别是高速重载时，严禁长期半刹车(似刹非刹)的状态下控制下放速度，以避免刹车块与刹车盘的先期损坏。

(5)下放钻具超过 700m 时，必须启用主电机能耗制动系统。

(6)每次下钻前检查循环水道，达到畅通无阻，无渗漏现象。

(7)刹车盘(毂)在高热时严禁急淋冷水，以免产生骤冷龟裂。下钻前要开动水泵进行冷却水循环，直到下钻完毕时持续循环 10~15min 后才能关闭水泵。

(8)严禁油类或硬物进入刹车盘与刹车块之间，以免打滑或损坏刹车盘(毂)。

(9)每班必须仔细检查一次油路，保证润滑管线在畅通、良好的条件下工作。润滑油压应在 0.3~0.5 MPa 之间，若油压超过或低于这个范围，应及时找出原因并排除。

(10)绞车在运转过程中，护罩必须紧固，窗盖装牢，严禁在运转过程中加注润滑脂或润滑油，以免发生人身事故。

八、JC-70DB$_2$ 绞车每班检查项目

(1)绞车同底座连接螺栓是否齐全不松动。

(2)快绳的绳卡压板螺栓是否齐全不松动。

(3)刹车机构固定螺栓是否齐全不松动，轴承转动是否灵活，各连接销、垫圈、开口销是否齐全。

(4)刹车盘(毂)磨损是否严重，有无裂痕。

(5)油池油面是否在刻度范围内。

(6)齿轮油泵压力是否在0.3～0.5MPa之间。

(7)各齿轮是否润滑良好，有无齿面损坏现象。

(8)每个轴端轴承温升情况。

(9)每个轴端，轴承盖及箱盖等处是否漏油。

(10)气胎离合器最低气压0.7MPa。

(11)各种气阀，气管线，接头等是否漏气。

(12)润滑管线是否漏油，各喷嘴有无堵塞，喷嘴方向是否正确。

(13)各传动处是否有异常现象。

九、JC－70DB$_2$绞车其他检查项目

(1)机油更换周期，在油池油品含杂质量极少及油品无严重变质，且能正常循环情况下，机油更换周期为1500h或更长时间。

(2)在停机时，要检查调整，紧固各传动连接件，检查齿轮箱内齿轮密封圈等表面是否有损坏迹象。

(3)随时注意检查离合器，刹车摩擦片的磨损情况，及时调节或更换。

(4)在一般情况下，每半年要检查一次轴承、齿轮、密封圈等件磨损情况，同时应检查润滑系统，气路软管是否老化或损坏，各处连接，紧固件是否松动等，必要时应及时给予更换和调整。

(5)未列入检查项目内容，亦在巡回检查和观察中予以注意，随时消除设备隐患，维持设备正常运转。

任务六　钻机的游动系统

一、钻机游动系统概述

1. 钻机的游动系统

钻机的游动系统是由天车、游车、大钩等用钢丝绳把它们串联而组成。

天车、游动滑车是用钢丝绳联系起来组成的复滑轮系统。它可以大大降低快绳拉力，从而大大减轻钻机绞车在起下钻、下套管、钻进、悬持钻具等钻井各个作业中的负荷和起升机组发动机应配套的功率。

尽管现场上使用的天车和游车种类多、规格不同，但其主要的结构组成却无很大区别，有的钻机还把游车和大钩组装在一起。

2. 钻井天车、游车和大钩的型号

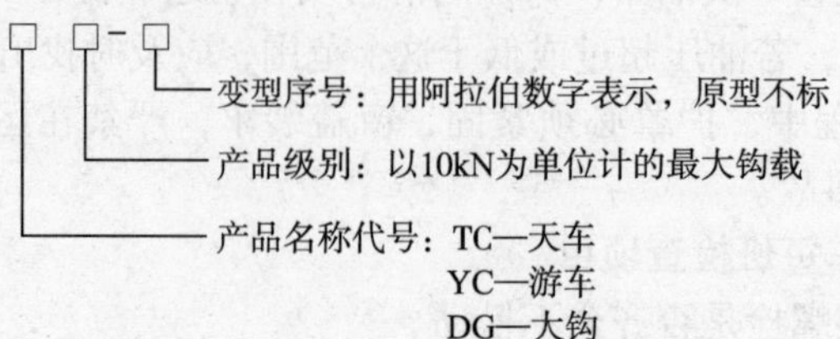

3. 钻机的游动系统设备的基本参数

游动系统设备的基本参数如表1－16所示。

表1－16　钻机的游动系统设备的基本参数

设备级别	基本参数			
	最大钩载/kN	钻井钢丝绳直径/mm(in)	游车滑轮数	天车滑轮数
60	600	22(7/8)	3	4
90	900	26(1)	4	5
135	1350	29(1 1/8)	4	5
170	1700	32(1 1/4)	5	6
225	2250	32(1 1/4)	5	6
315	3150	35(1 3/8)	6	7
450	4500	38(1 1/2)	6	7
675/585	6750/5850	42	8/7	9/8
900	9000	52	8	9

二、钻井天车

1. 钻井天车的组成

天车是安装在井架顶部的定滑轮组，工作时固定在井架顶部的天车台上。

TC_7－450天车主要由天车架、主滑轮总成、导向轮总成、捞砂轮总成、辅助滑轮总成、起重架、防碰装置及挡绳架、围栏等部件组成。TC_7－450天车示意图如图1－11所示。

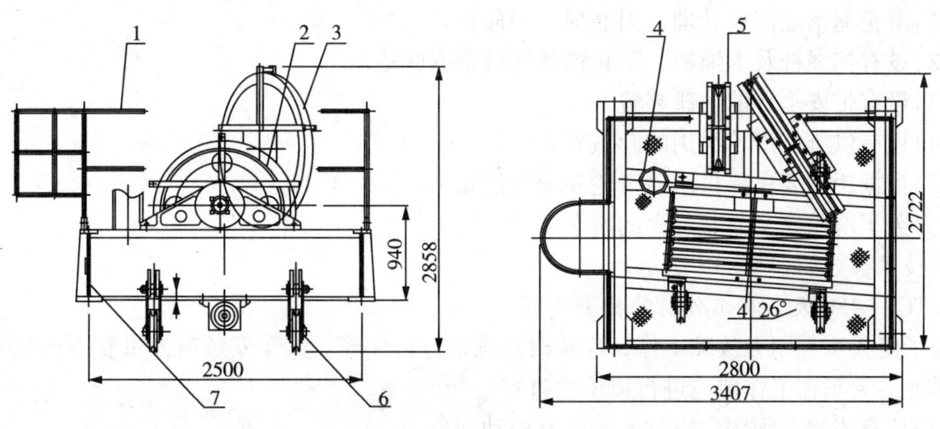

图1－11　TC_7－450天车

1—围栏；2—主滑轮总成；3—导向轮总成；4—起重架；5—捞砂轮总成；6—辅助滑轮；7—天车架

(1)天车架

天车架采用整体焊接结构。上部用螺栓分别与主滑轮轴座及导向滑轮轴座、捞砂轮总成连接，下部用M30的螺栓与井架相连。

(2)主滑轮总成

主滑轮总成由主轴、支座、6个滑轮、轴承等组成。每个滑轮内均装有一副轴承，轴端设有给每个滑轮加注润滑脂的M10×1黄油嘴，可方便地向轴承内加注润滑脂。在滑轮外缘装有挡绳架，可防止钢丝绳从滑轮槽内脱出，并给主滑轮总成安装有护罩。

(3)导向滑轮总成

导向滑轮总成由轮轴、支座、滑轮、轴承等组成。轴端装有一个 M10×1 黄油嘴，可方便地向轴承内加注润滑脂。在滑轮架上装有销轴，可防止钢丝绳脱出滑轮槽。

(4)捞砂轮总成

捞砂轮总成由轮轴、支座、滑轮、轴承等组成。轴端装有一个 M10×1 黄油嘴，可方便地向轴承内加注润滑脂。在滑轮架上装有销轴，可防止钢丝绳脱出滑轮槽。

(5)辅助滑轮总成

天车上装有 4 组辅助滑轮，滑轮轴端均装有 M10×1 黄油嘴。辅助滑轮总成可分别用于两台气动绞车起吊重物、钻杆及悬吊液气大钳。

(6)天车起重架

天车起重架供维修天车用，天车架为桁架式结构。桁架式天车起重架最大起重量为 49 kN，可起吊天车上最重的组件(主滑轮总成)。

(7)顶驱吊耳

天车架上设有顶驱导轨吊耳安装梁，安装的顶驱导轨吊耳适用于 VarcoTDS－11SA 型号的顶驱。

(8)防碰装置

天车梁下部装有防碰装置，可在游车冲撞天车时起到缓冲作用。

由于快绳侧滑轮转动速度快于死绳侧。所以各轮轴承的磨损不均匀，愈靠近快绳处滑轮轴承磨损愈厉害。轮槽磨损是不可避免的。为抵抗磨损，轮槽应进行表面热处理。当轮槽磨损严重或已出现波纹状沟痕时，应更换滑轮，以延长钢丝绳使用受命。

2. 钻井天车的性能特点

(1)滑轮绳槽经淬火处理，耐磨损，寿命长。

(2)设有挡绳杆及卡绳板，防止钢丝绳跳槽或脱落。

(3)设有带安全链的防碰装置。

(4)设有供维修滑轮组用的起重架。

(5)根据用户要求提供捞砂滑轮和辅助滑轮组。

(6)天车滑轮完全与其配套的游车滑轮互换。

其技术参数如表 1－17 所示。

3. TC_7－450 天车在工作前的检查内容

为了使天车长期无故障工作，应及时正确地进行保养。天车安装前如果有不正常的情况必须排除。天车在工作前应进行以下检查：

(1)所有连接必须固定牢靠，不得有松动现象。

(2)各滑轮的转动应灵活，无阻滞现象。当转动一个滑轮时，其相邻滑轮不应随着转动。

(3)各滑轮轴承应定期加注润滑脂，并检查黄油嘴和油道是否通畅。各滑轮轴承每周加注 ZL－3 锂基润滑脂(SY1412－75)两次。

(4)各滑轮轴承温升不得大于40℃，最高温度不超过70℃，且运转正常，应无任何异常噪声。

(5)各挡绳架是否有碰坏、弯曲现象。

4. TC_7－450 天车在运行中的维护内容

(1)根据润滑保养规定，按期加注润滑脂。

（2）当轴承发热温升超过环境温度40℃时，应查找原因，更换润滑脂。

表1－17 天车技术参数

型号		TC－90	TC－158	TC－170	TC－225	TC－315	TC－450
最大钩载/kN（lb）		900（200000）	1580（351111）	1700（37400）	2250（500000）	3150（700000）	4500（1000000）
钢丝绳直径/mm（in）		26（1）	29（1⅛）	29（1⅛）	32（1¼）	35（1⅜）	38（1½）
滑轮外径/mm（in）		762（30）	915（36）	1005（40）	1120（44）	1270（50）	1524（60）
滑轮数		5	6	6	6	7	7
外形尺寸/mm（in）	长度	2580（101 9/16）	2220（87 7/16）	2620（103 5/32）	2667（105）	3192（125 11/16）	3410（134¼）
	宽度	2076（81¾）	2144（84 7/16）	2203（86¾）	2709（107）	2783（110）	2753（108⅜）
	高度	1578（62⅛）	1813（71⅜）	1712（67）	2469（97）	2350（92½）	2420（95⅜）
质量/kg（lb）		3000（6614）	3603（7943）	3825（8433）	6500（14330）	8500（18739）	11105（95¼）

型号		TC－585	TC－675	TC－675H	TC－900
最大钩载/kN（lb）		5850（1300000）	6750（1500000）	6750（1500000）	9000（2000000）
钢丝绳直径/mm（in）		38（1½）	45（1¾）	38（1½）	48（1⅞）
滑轮外径/mm（in）		1524（60）	1524（60）	1524（60）	1829（72）
滑轮数		7	8	8	8
外形尺寸/mm（in）	长度	3625（142¾）	4650（183）	5180（203 15/16）	4217（166）
	宽度	2832（111½）	3340（131½）	3642（143⅜）	3606（142）
	高度	2580（101 5/8）	2702（106⅜）	2904（114⅜）	3146（123⅞）
质量/kg（lb）		11310（24934）	13750（30314）	19700（43431）	19150（42219）

（3）在长期使用中，特别是在润滑不好的情况下，滑轮的轴承因磨损导致间隙增大，轴承会发出噪声及滑轮抖动，抖动会降低钢丝绳的寿命，为了避免事故，应及时更换磨损了的轴承。

（4）滑轮有裂痕或轮缘缺损时，严禁继续使用，应及时更换。

（5）经常检查滑轮槽的磨损情况。滑轮槽的形状对钢丝绳寿命有很大影响，应定期用专用样板进行检验，样板的制作与使用可参照API Spec 8A规范。

三、钻井游车

1. 钻井游车的组成

它是若干个动滑轮组成的动滑轮组，工作时用钢丝绳悬吊在井架内部空间，做上下往复运动。

常说的游动系统结构，指的是游车轮数×天车轮数。

YC－450游动滑车主要是由吊梁、滑轮、滑轮轴、左侧板组、右侧板组、侧护板、提环、提环销等组成，其结构如图1－12所示。

吊梁通过吊梁销连接在侧板组的上部，吊梁上有一吊装孔，用于游动滑车的整体起吊。

滑轮由双列圆锥滚子轴承支承在滑轮轴上，每个轴承都有单独的润滑油道，可通过安装在滑轮轴两端的油杯分别进行润滑，滑轮槽是按照API规范加工制造的。为最大限度地抵抗磨损，滑轮槽都进行了表面热处理。

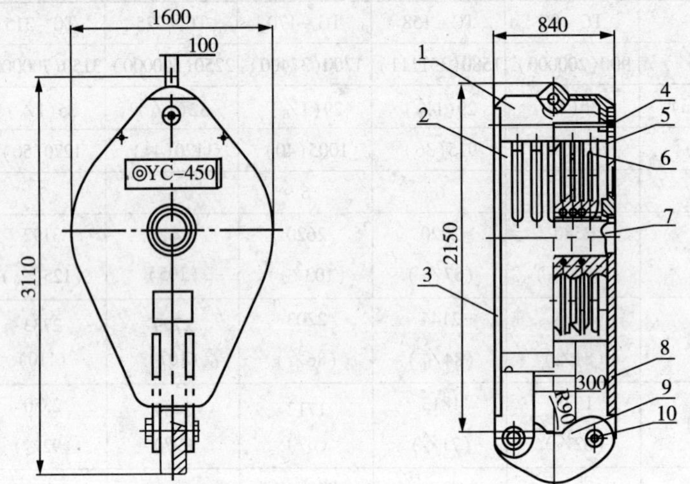

图1-12　YC-450游动滑车

1—吊梁；2—侧护板；3—左侧板组；4—吊梁销；5—护罩销；6—滑轮；7—轴；8—右侧板组；9—提环；10—提环销

为防止泥浆等污物进入游动滑车内部，在游动滑车两侧装有侧护板。侧护板通过护罩销及丝堵与侧板连接起来。

为防止钢丝绳跳绳，在侧板组上还焊有下护板，保证钢丝绳安全工作。

提环由两个提环销牢固地连接在两侧板组上。提环与大钩连接部分的接触表面半径符合API规范。提环销的一端用开槽螺母及开口销固定着，当摘挂大钩时，可以拆掉游动滑车的任何一个或两个提环销。

2. 钻井游车的性能特点和技术参数

(1)滑轮轮槽经淬火处理，耐磨损，寿命长。

(2)滑轮与轴承和配套的天车滑轮与轴承可互换。

钻井游车的技术参数如表1-18所示。

3. YC-450游动滑车在使用时注意事项

游动滑车在工作期间应经常仔细检查以下各项：

(1)轴承在使用前及工作期间是否按规定加注好润滑脂。

(2)轴承应运转正常，无任何异常噪声。轴承温升不得大于40℃，最高温度不超过70℃。

(3)在使用过程中，轴承发出噪声及由不平稳运动造成的滑轮抖动，是双列圆锥滚子轴承间隙增大的结果。轴承润滑不当会导致磨损的加剧。滑轮不稳和抖动会降低钢丝绳的寿命。为了避免事故，应及时更换磨损了的轴承。

(4)滑轮转动是否灵活，有无阻滞现象。

(5)如果侧护板变形会影响滑轮的正常转动，应按要求校正侧护板的形状。

(6)如果滑轮边缘破损，钢丝绳就可能跳出滑轮槽，使钢丝绳发生剧烈跳动，损坏钢丝绳，所以在这种情况下应及时更换滑轮。

(7)滑轮槽表面如果产生波纹状的沟槽，则当滑轮组启动或制动时，会对钢丝绳起挫削作用而造成严重磨损。发现这种危险迹象时，应将轮槽重新车光或更换滑轮。在更换滑轮时，应落实新滑轮的材质是否具有能承受预定负荷足够的强度。

表 1－18　钻井游车的技术参数

型号		YC－170	YC－225	YC－315	YC－450	YC－585	YC－675	YC－900
最大钩载/kN(lb)		1700 (37400)	2250 (500000)	3150 (700000)	4500 (1000000)	5850 (1300000)	6750 (1500000)	9000 (2000000)
钢丝绳直径/mm(in)		29 ($1\frac{1}{8}$)	32 ($1\frac{1}{4}$)	35 ($1\frac{3}{8}$)	38 ($1\frac{1}{2}$)	38 ($1\frac{1}{2}$)	45 ($1\frac{3}{4}$)	48 ($1\frac{7}{8}$)
滑轮外径/mm		1005	1120	1270	1524	1524	1524	1829
滑轮数		5	5	6	6	6	7	7
外形尺寸/mm(in)	长度	2020 ($8\frac{3}{8}$)	2294 ($90\frac{5}{16}$)	2690 (106)	3110 ($112\frac{1}{2}$)	3132 ($123\frac{1}{3}$)	3410 ($134\frac{1}{3}$)	3850 ($151\frac{3}{5}$)
	宽度	1060 ($41\frac{1}{8}$)	1190 ($46\frac{7}{8}$)	1350 ($53\frac{1}{8}$)	1600 (63)	1600 (63)	1600 (63)	1905 (75)
	高度	620 (33)	630 ($24\frac{3}{4}$)	800 ($31\frac{1}{2}$)	840 (33)	840 (33)	1150 (45)	1235 ($48\frac{3}{5}$)
质量/kg(lb)		2410 (8433)	3788 (8351)	5500 (12990)	8300 (19269)	8556 (18863)	10806 (23823)	16625 (36650)

(8)滑轮槽形状对钢丝绳寿命有很大影响，故应定期用量规对滑轮槽进行严格测量，所用量规的制作与使用可参照 API RP9B 的规定。轮槽直径不应小于样板尺寸，否则钢丝绳的寿命就要降低。

4. YC－450 游动滑车的保养

轴承润滑是通过滑轮两端的 6 个油杯用油枪注入 NGLI 2[#]极压锂基润滑脂，每周 1 次。

四、钻井大钩

1. 钻井大钩的组成

钻井大钩是钻机游动系统中的主要设备。它的功用是在正常钻进时悬挂水龙头和钻具；在起下钻和下套管时悬挂吊环和吊卡等辅助设备工具，可起下钻具或套管，并完成其他辅助起重工作。

国内外石油钻机使用的大钩种类很多，但从主要结构上看分有单钩、双钩和三钩(一个主钩及两个吊环钩)。石油钻机用的大钩一般都是三钩。同时，由于 A 形井架的应用，出现了一种将游动滑车和大钩组合在一起的“游车大钩”。这种组合式的大钩是为了减少游动滑车和大钩在井架内所占有的空间，它比一般用游车和大钩连接一起的总长要短许多。依制造方法不同，钩身有锻造的、钢板组焊的(DG_1－130)和铸造的(BJ)，后者轻便些。

钻井作业对大钩的要求是：应具有足够的强度和工作可靠性；钩身能灵活转动，以便上、卸扣；大钩弹簧行程应足以补偿上、卸钻杆扣时的距离；钩口和侧钩的闭锁装置应绝对可靠、闭启方便；大钩应有缓冲减振功能，减小拆卸立根的冲击。

DG－450 大钩的钩身、吊环、吊环座是由特种合金钢铸造而成。筒体、钩杆是由合金锻钢制成，因此该大钩具有较高的负荷能力。如图 1－13 所示，大钩吊环与吊环座用吊环销轴连接，筒体与钩身用左旋螺纹连接，并用止动块防止螺纹松动，钩身和筒体可沿钩杆上下运动，筒体和弹簧座内装有青铜衬套，以减少钩杆的磨损。

筒体内装的两个内、外弹簧，起钻并能使立根松扣后向上弹起。轴承采用推力滚子轴承。

DG－450 大钩是完全按照 API SPEC 8A 规范设计制造的。大钩装配好后开有液流通道的弹簧座把钩身和筒体内的空腔分为两部分。当筒体内装有润滑油后，可借助缓冲机构消除钩身上下运动时产生的轴向冲击，防止卸扣时钻杆的反弹振动及随着发生对钻杆接头螺纹的损坏，润滑油亦同时润滑轴承、制动装置及其他零件。

筒体上部装有安全定位装置，该定位装置由安装在筒体上端的 6 个弹簧和由弹簧推动的定位盘组成，当提升空吊卡时，定位盘与吊环座的环形面相接触，借助弹簧在环形面之间产生的摩擦力，来阻止钩身的转动，这样可避免吊卡转位，便于操作吊卡。当悬挂有钻杆柱时，定位盘与吊环座脱开，不起定位作用。钩身就可任意转动，就不会有转动游动滑车的倾向。

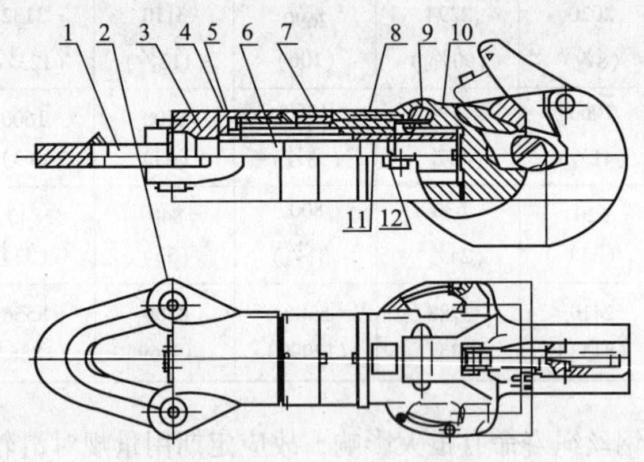

图 1－13　DG－450 大钩

1—大钩吊环；2—吊环销轴；3—吊环座；4—定位盘；5—青铜衬套；6—钩杆；7—筒体；8—青铜衬套；9—制动装置；10—钩身；11—弹簧座；12—润滑轴承

2. 钻井大钩的性能特点和技术参数

(1)筒体内特殊的结构，使筒体和钩身空腔内的机油具有良好的液力缓冲功能。

(2)大钩的制动机构可使大钩钩身在 360°范围内每隔 45°锁住，钩体上的安全闭锁装置可避免水龙头提环脱出。

(3)大钩主要零件采用高强度合金钢，并经无损探伤检测。

钻井大钩的技术参数如表 1－19 所示。

表 1－19　钻井大钩的技术参数

型号	DG－50	DG－100	DG－135	DG－225	DG－315	DG－450	DG675	DG900
最大钩载/kN(lb)	500 (110000)	1000 (300000)	1350 (37400)	2250 (500000)	3150 (700000)	4500 (1000000)	6750 (1500000)	9000 (2000000)
弹簧行程/mm	140	140	150	180	200	200	220	250
主钩口开口尺寸/mm	130	140	165	190	220	220	235	305
外形尺寸(长×宽×高)/mm×mm×mm	1660×522×500	1900×765×700	1997×700×730	2548×780×750	2960×890×835	2960×890×880	3730×1210×930	4150×1315×1110
质量/kg	419	1310	1685	2175	3430	3520	7300	10350

任务考核

一、填空题

(1)钻机的三大工作机是________、________、________。

(2)钻机的游动系统主要由________、________、________组成。

二、简述题

(1)钻井绞车一般由哪几部分组成?

(2)钻井转盘的作用是什么?

(3)钻井水龙头更换盘根装置的步骤是什么?

(4)3NB－1300 和 F－1600 钻井泵的含义是什么?

(5)按井架的结构不同，井架是如何分类的?

(6)钻井天车的性能特点是什么?

三、操作题

(1)井架、钻井游动系统、钻井绞车、钻井转盘和钻井泵等设备的使用方法。

(2)井架、钻井游动系统、钻井绞车、钻井转盘和钻井泵等设备的保养方法。

项目四　ZJ40/2250L 钻机

知识目标

(1)理解 ZJ40/2250L 钻机的总体布置情况。

(2)理解 ZJ40/2250L 钻机的技术参数。

(3)掌握 ZJ40/2250L 钻机的保养内容。

技能目标

(1)掌握 ZJ40/2250L 钻机的安装与检测。

(2)掌握 ZJ40/2250L 钻机的使用。

(3)掌握 ZJ40/2250L 钻机的保养。

学习材料

任务一　ZJ40/2250L 钻机概述

ZJ40/2250L 钻机是柴油机—液力驱动链条钻机，是宝鸡石油机械厂于 1999 年研制生产的。

ZJ40/2250L 钻机是一种新型的 4000m 陆地机械驱动链条钻机，在动力机选型、传动并车驱动方式、绞车布置形式、钻井泵功率配备、钻台高度等诸方面都进行了全新的设计。在积极采用成熟的新技术、新结构的同时，主要部件尽量采用以定型的同级钻机的通用产品。满足了油田提出的钻井效率高、使用安全可靠、操作运输方便、安装快捷的要求。主要用于 4000m 深度的石油、天然气的勘探开发。

一、钻机总体布置方案

钻机总体布置如图 1－14 和图 1－15 所示。

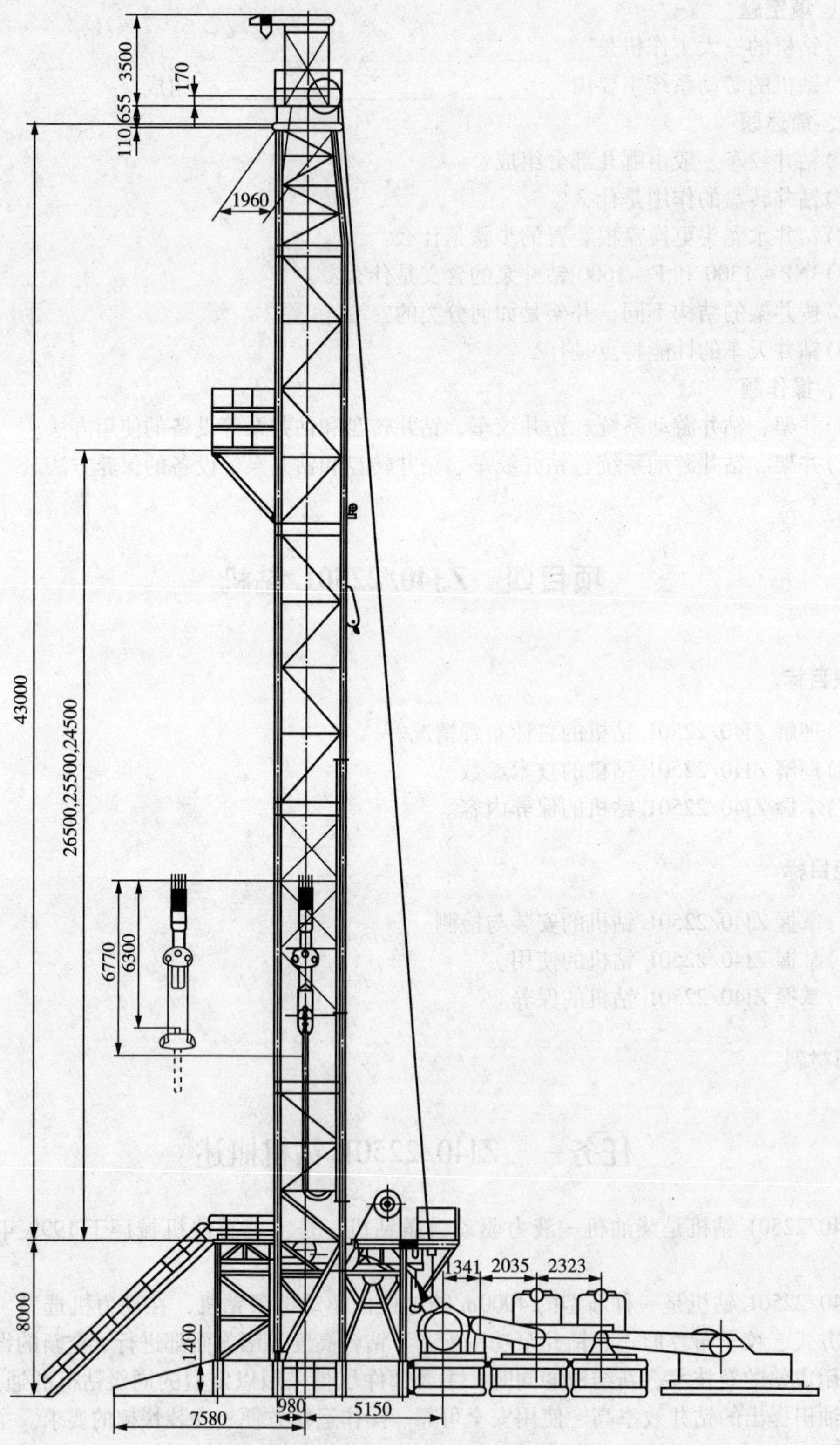

图 1－14　ZJ40/2250L 钻机立体布置图

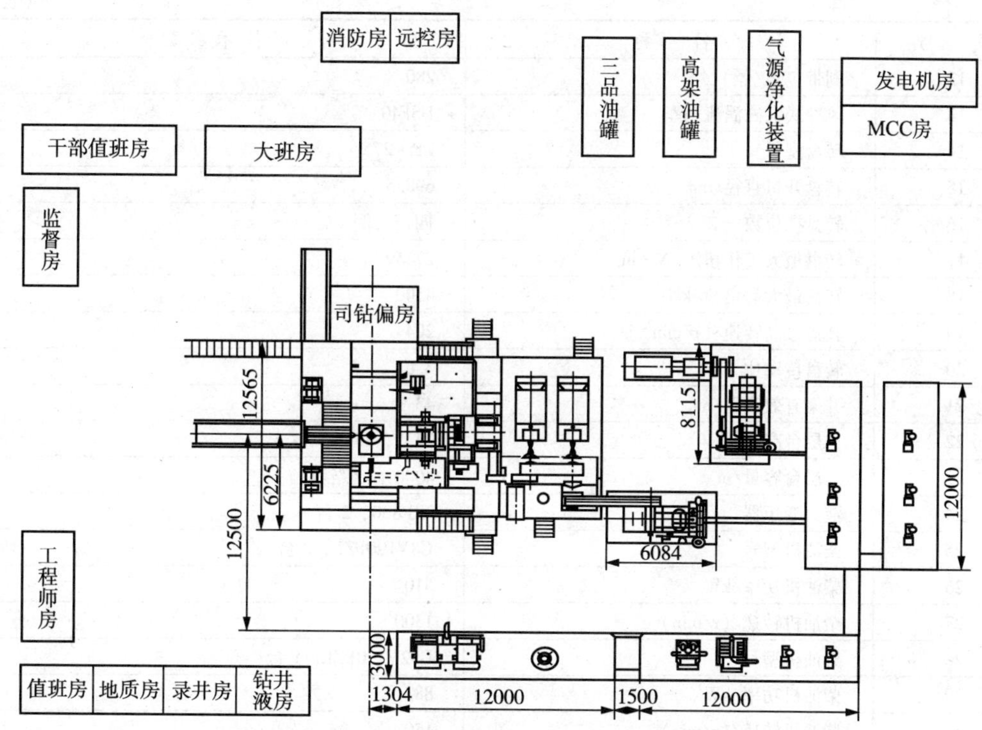

图 1－15　ZJ40/2250L 钻机平面布置图

二、钻机动力传动系统的特点

该钻机采用 2 台 G8V190PZL＋YB830 和 1 台 G12V190PZL＋YB830，柴油机＋变矩器组合动力，采用链条并车和翻转箱，驱动绞车以及自动压风机及 1 台 3NB－1300 钻井泵；通过角箱、转盘传动箱驱动转盘。绞车辅助刹车采用 SDF－35 电磁涡流刹车；前开口井架，利用绞车动力起升。钻机动力传动简图如图 1－16 所示。

三、钻机的主要技术参数

钻机的技术参数与总体配置仅适用于宝鸡石油机械厂 1999 年生产的 ZJ40/2250L 链条并车钻机。

ZJ40/2250L 钻机主要技术参数如表 1－20 所示。

表 1－20　ZJ40/2250L 钻机的技术参数

序　号	名　称	技 术 参 数
1	名义钻井深度/m	4000（$4\frac{1}{2}$″钻杆）
2	最大钩载/kN	2250
3	最大钻柱质量/t	115
4	绞车最大输入功率/kW	735
5	绞车挡位数	四正二倒
6	提升系统绳系	5×6
7	钢丝绳直径/mm	ϕ32，6×9 SIPS
8	最大快绳拉力/kN	280
9	滚筒尺寸(直径×长度)/mm×mm	ϕ660×1208
10	刹车毂尺寸(直径×长度)mm×mm	ϕ1168×265
11	大钩提升速度/(m/s)	0.10～1.76

续表

序　号	名　称	技术参数
12	剎带包角/(°)	280
13	风冷式电磁涡流刹车	DSF40
14	转盘型号	ZP－275
15	转盘开口直径/mm	698. 5
16	转盘挡位数	四正二倒
17	转盘最大工作扭矩/N · m	27459
18	转盘最大静负荷/kN	4500
19	转盘最高转速/(r/min)	204
20	转盘传动比	3. 67
21	井架有效高度/m	43
22	二层台高度/m	24. 5，25. 5，26. 5
23	二层台容量/m	4000（$4\frac{1}{2}$″钻杆）
24	液力变矩器	YB 830，2 台
25	柴油机型号	G8V190PZL，2 台
26	柴油机功率/kW	510
27	柴油机转速/(r/min)	1300
28	柴油机型号	G12V190PZL，1 台
29	柴油机功率/kW	882
30	柴油机转速/(r/min)	1500
31	钻井泵型号	3NB－1300，1 台；3NB－1000，1 台
32	钻井泵功率/kW	956；735
33	管汇	φ103mm，35MPa
34	钻井液罐	4 个罐，总容量 253. 5 m^3，有效容量 208. 3 m^3
35	气罐/m^3	2×1. 5
36	气体压力/MPa	0. 8
37	柴油罐	2 个罐，总容量 40 m^3，带泵组，流量计，所有阀门耐油，采用法兰式连接
38	钻机总质量/t	约 270
猫头绞车:		
39	额定输入功率/kW	175
40	最大提升负荷/kN	50（427. 5mm 处），10（1014. 5mm 处）
41	刹车毂尺寸(直径×宽度)/mm×mm	φ1068×210
42	挡位数	四正二倒
ZJ250 指重表:		
43	最大死绳拉力/kN	240
44	仪器管路系统最大压力/MPa	6
45	传压液体	45#变压器油
46	记录仪允许误差	±2. 5 %
47	仪器精度	重量指示仪允许误差 ±1. 5 %
48	仪器使用温度/℃	-40 ~ 50
49	链条并车传动箱总功率/kW	2×725

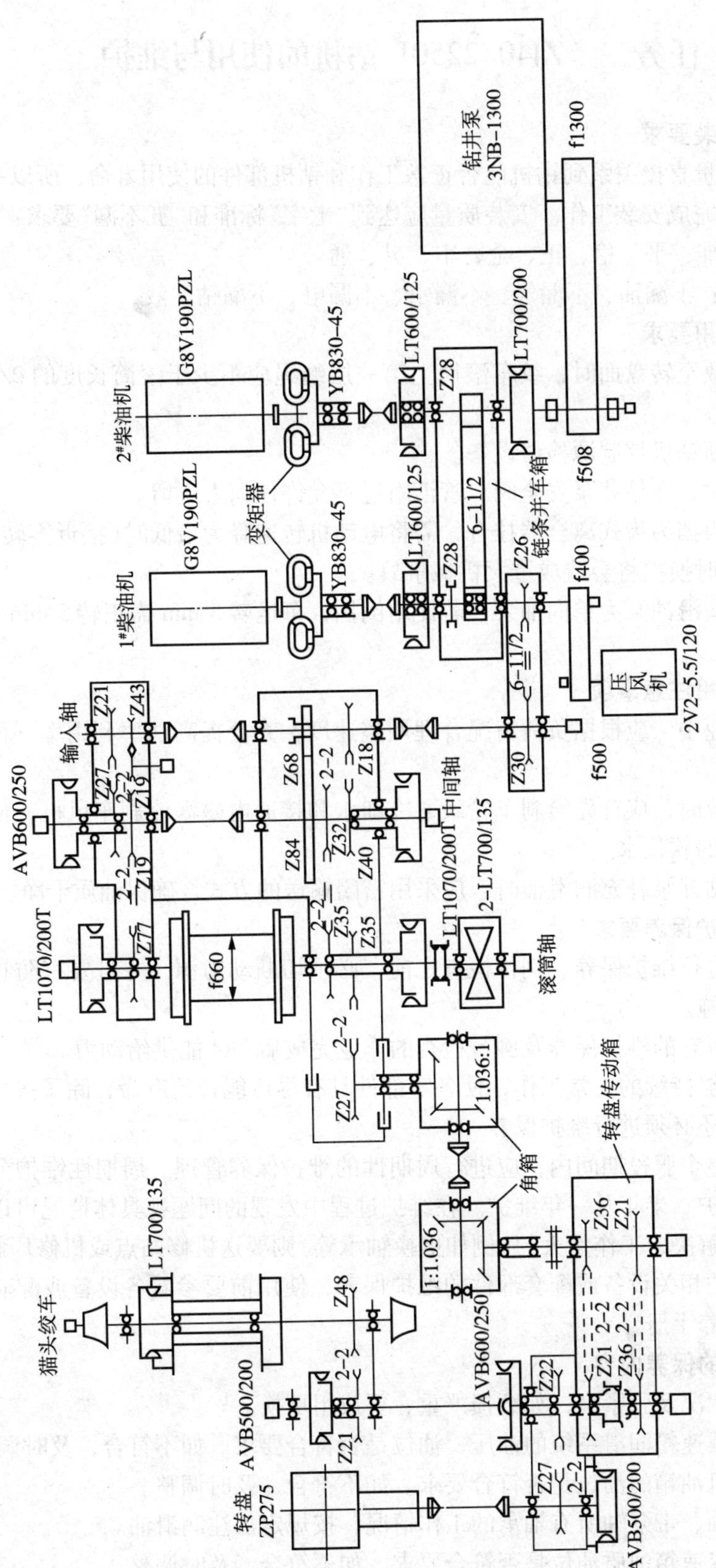

图1-16 ZJ40/2250L钻机动力传动系统图

任务二　ZJ40/2250L钻机的使用与维护

一、钻机的安装要求

钻机的安装质量直接关系到钻机能否正常工作和钻机部件的使用寿命，所以一定要严把质量关，高质量地完成安装工作。安装质量应达到"七字"标准和"五不漏"要求：

(1)"七字"标准：平、稳、正、全、牢、灵、通。

(2)"五不漏"：不漏油、不漏气、不漏水、不漏电、不漏钻井液。

二、钻机的使用要求

(1)当游车下放至转盘面时，绞车滚筒上第一层缠绳应不少于滚筒长度的2/3，以免绳卡受力过大而滑脱。

(2)严禁未切断钻机控制源检修设备。

(3)钻机工作时，在钻井泵安全阀、管汇附近不允许任何人逗留。

(4)钻机绞车换挡为齿式离合器挂合，需将电动机转速降为最低时(接近零转或停车)才能进行换挡。高速时换挡将会造成重大机械事故。

(5)钻机传动润滑油泵为单向油泵，若使用倒挡，每运转5 min需正转5 min，以免轴承润滑不良引起事故。

三、钻机的使用注意事项

(1)在钻井作业中，应根据负荷情况合理调整速度，充分提高功率利用率，可参考钻机提升曲线图进行。

(2)在下钻作业时，应首先给刹车轮毂通冷却水和接通电磁涡流刹车风机，使用的冷却水必须是经过处理的软化水。

(3)向绞车、钻井泵补充润滑油时，应采用密闭输送的方式，确保油质干净、清洁。

四、钻机的维护保养要求

(1)在对设备进行维护保养、例行检查之前，必须切断动力源，并且要有防止误操作的警示牌以及相关措施。

(2)必须确认所有的维护保养及例行检查的作业完成后，才能供给动力。

为了使钻机能够持续的正常工作，使各零部件具有尽可能长的寿命，除了按规程进行正确的操作使用外，还必须进行维护保养。

(3)在钻机的整个服役期间内，应进行周期性的维护保养管理。周期性维护分为：班维护、周维护、月维护、半年及一年维护。在维护过程中发现的问题视具体情况可以由操作人员或专业人员加以解决，工作量大的(例如更换轴承等)则要送机修站点或机修厂解决。

(4)未加阐述的相关设备或配套部件的维护保养，使用前要参看各设备或配套部件的使用说明书或维护保养手册。

五、钻机每天的保养内容

(1)检查皮带状况及张紧度，如磨损严重，要成组更换。

(2)检查链条减速箱润滑系统的油压、油位是否符合要求。如不符合，及时调整。

(3)检查空压机油箱的油位是否符合要求。如不符合，及时调整。

(4)检查并车轴、带泵轴所有轴承的工作情况，按规定加注润滑油。

(5)检查正车变速箱油质油位是否符合要求。如不符合，及时调整。

(6)检查齿套离合器，使其摘挂灵活。

六、钻机 150h 的保养内容

(1)空压机传动胶带是否松动，如松动，及时调整。

(2)检查减速箱链条和带油泵链条的工作情况。如有问题，及时修改。

(3)清洗润滑系统的吸入滤清器和排出滤清器。

(4)按规定给轴承和花键加注润滑油。

七、钻机 720h 的保养内容

(1)检查所有螺栓和螺母是否松动，如松动，及时紧固。

(2)检查气胎离合器的摩擦片和摩擦轮的磨损情况，磨损量超过规定要求，及时更换。

(3)检查润滑系统所有元件是否堵塞、漏油、损坏等，如有问题，及时修理。

(4)检查气管线、气控阀、导气龙头、快速放气阀等是否损坏、漏气，如有问题，及时修理。

八、钻机每半年的保养内容

(1)检查轴承的磨损情况。

(2)更换链条箱润滑油。

(3)检查正车减速箱齿轮磨损和点蚀情况。

(4)检查齿套离合器齿轮磨损和点蚀情况。

九、钻机在高寒期的维护内容

1. 循环系统

(1)钻井泵启动前应检查阀腔、循环管汇，不应结冰。

(2)当钻井泵停止工作时，应排净钻井泵液力端、水龙头及高低压管汇内的钻井液，排净喷淋泵水箱内的液体。

2. 提升系统

(1)下完钻，应排尽刹车毂内的冷却液。

(2)防止水龙头提环下部放水孔结冰。

3. 其他系统

(1)气温低于 -20℃以下时，对可能引起井架和底座的主要结构件损坏的因素要采取预防措施。

(2)油、气、水输送管路及钻机控制阀件应采取防冻措施。

(3)司钻台和计量仪表应有保温措施。

十、钻机的存放保养要求

用户收到货物后，如暂时不用或使用之后，因较长时间不使用需在库房存放，必须注意以下事项：

(1)应及时对设备进行检查，如发现设备在运输或使用过程中造成不同程度损坏，要立即修复。

(2)要及时检查链轮、接头和气控元件等，发现锈蚀、破损等均应重新涂防锈漆，并重新包扎，其他裸露部分应清洗干净。

(3)应将设备放在干燥通风的地方。如果在室外需用篷布盖好，放置地面必须平整。

(4)使用之后在库房存放时，需及时清洗链条箱内部。清洗时，若用蒸汽或汽油清洗，要注意不要洗掉零件上的防锈漆和轴承中的黄油，否则要重新涂上防锈漆和注入黄油。

任务考核

一、简述题

(1) ZJ40/2250L 钻机的传动特点是什么？

(2) ZJ40/2250L 钻机的安装要求是什么？

二、操作题

(1) ZJ40/2250L 钻机的使用。

(2) ZJ40/2250L 钻机的维护保养。

(3) ZJ40/2250L 钻机在高寒期的维护。

项目五　ZJ70/4500DB$_5$ 钻机

知识目标

(1) 了解 ZJ70/4500DB$_5$ 钻机的总体布置。

(2) 了解 ZJ70/4500DB$_5$ 钻机的动力传动与控制。

(3) 理解 ZJ70/4500DB$_5$ 钻机的技术和结构特点。

(4) 理解 ZJ70/4500DB$_5$ 钻机的技术参数。

技能目标

(1) 掌握 ZJ70/4500DB$_5$ 钻机的安装及调试工作。

(2) 掌握 ZJ70/4500DB$_5$ 钻机的使用。

(3) 掌握 ZJ70/4500DB$_5$ 钻机的保养。

学习材料

任务一　ZJ70/4500DB$_5$ 钻机概述

ZJ70/4500DB$_5$ 钻机是为满足油田深井勘探开发和出国承包钻井的要求而新设计开发的一种 AC－VFD－AC 交流变频电传动全数字控制钻机。该钻机的总体设计广泛征求了油田用户意见并参照了国内外电驱动钻机的优点。钻机基本参数符合 SY/T 5609 标准，主要配套部件符合 API 规范，能满足钻井新工艺的要求，技术性能和可靠性达到国际 20 世纪 90 年代末的水平，该钻机还可配置顶部驱动钻井装置。

一、钻机的技术和结构特点

(1) 采用先进的全数字化交流变频控制技术，通过电传动系统 PLC 和触摸屏及气、电、液、钻井仪表参数的一体化设计，实现钻机智能化司钻控制。

(2) 钻机采用宽频大功率交流变频电机驱动，完全实现了绞车、转盘、钻井泵的全程调速。

(3) 钻机绞车为单轴齿轮传动，一挡无级调速，机械传动简单、可靠。主刹车采用液压盘式刹车，辅助刹车采用电机能耗制动，并能通过计算机定量控制制动扭矩。

(4)绞车采用独立电机自动送钻控制技术，实现自动送钻，对起下钻工况和钻井工况进行实时监控。

(5)首次采用ASI模块，实现MCC保护和监控。

(6)前开口井架，旋升式底座，利用绞车动力起升，井架和所有台面设备均低位安装。

(7)绞车主刹车为液压盘式刹车，辅助刹车为主电机能耗制动。

(8)钻机布置满足防爆、安全、钻井工程及设备安装、拆卸、维修方便的要求。

二、钻机的技术参数

$ZJ70/4500DB_5$ 钻机技术参数如表1－21所示。

表1－21　$ZJ70/4500DB_5$ 钻机技术参数

序　号	名　称	技术参数
1	名义钻深范围/m	4000～6000(5"钻杆)，4500～7000($4\frac{1}{2}$"钻杆)
2	最大钩载/kW	4500
3	最大钻柱质量/t	220
4	绞车最大输入功率/kW	1470
5	大钩提升速度/(m/s)	0～1.275
6	绞车挡数	1＋1R无级变速
7	转盘挡数	1＋1R无级变速
8	绳系及钢丝绳直径	6×7，ϕ38mm
9	钻井泵型号及总功率	F－1600；3×1180 kW
10	转盘型号及开口直径/mm	ZP375；952.5
11	井架型式及有效高度/m	K形；45.5
12	底座型式及钻台高度/m	新型旋升式；10.5
13	发电机组台数及输出功率/kW	4×1310
14	柴油机和电动机型号	CAT3512B/SR4
15	电动机功率及台数	800 kW×2，600 kW×1，1200 kW×3
16	固控系统泥浆有效容量/m^3	360
17	柴油罐容量/m^3	115
18	绞车冷却水箱/m^3	10
19	工业用水套装水箱/m^3	100
20	三品油罐总容量/m^3	15
21	高压管汇	103(通径)×35 MPa

三、钻机的总体布置

$ZJ70/4500DB_5$ 钻机布局分五个区域：钻台区、泵房区、动力及控制区、固控区、油罐区。

(1)钻台区

即主机部分。包括井架、底座、绞车、转盘、游吊系统、司钻偏房、井口机械化工具、钻井仪表、风动绞车、液压提升机、猫道及排管架、绞车冷却水箱等。

(2)泵房区

布置有 3 台 F－1600 钻井泵组、钻井液管汇等。

(3)动力及控制区

包括 4 台柴油发电机组，VFD(MCC)房及电缆架，气源净化设备及辅助发电机组。

(4)油罐区

包括 115m^3 柴油罐和 15m^3三品油罐。

(5)固控区

由钻井液罐、净化设备、钻井液处理房、100 m^3 套装水箱等组成。

各区域之间油、气、水、电等连接管线铺设在管线槽内，管线槽采用折叠式，内装电缆线和上钻台管线，可实现搬家不拆电缆和管线，折叠整体运输。上钻台管线槽可随钻机起升就位。

ZJ70/4500DB_5 钻机的总体布置如图 1－17 和图 1－18 所示。

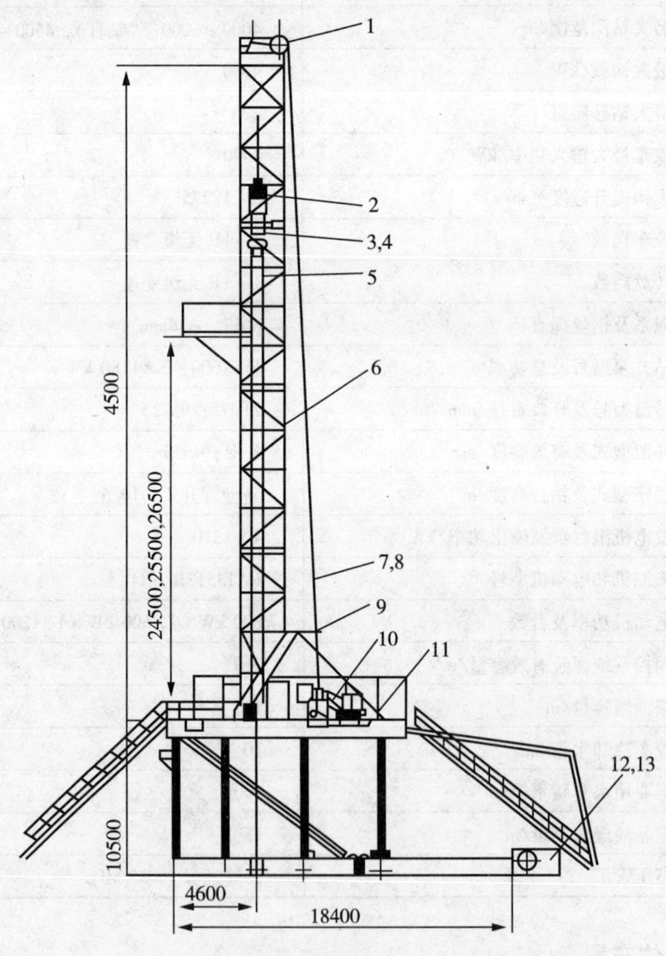

图 1－17　ZJ70/4500DB_5 钻机立面图

1—TC－450 天车；2—游车 YC－450；3—DG－450 大钩；4—TDS－11SA 顶驱；5—水龙头 SL－450；6—JJ450/45－K 形井架；7—指重表 JZ500A；8—钻井钢丝绳 ϕ38；9—排绳器；10—JC－70DB_2 绞车；11—DZ450/10.5－S 底座；12—LS70DB 捞砂绞车；13—钢丝绳 ϕ14.5

四、钻机的动力传动与控制

ZJ70/4500DB$_5$ 钻机的动力分配与控制系统示意图如图 1－19 所示。

ZJ70/4500DB$_5$ 钻机采用 AC－VFD－AC 传动方式，由 4 台 1310 kW 柴油发电机组作为主动力，发出的 50Hz，600V 交流电经 VFD 变频单元后变为 0～140Hz、0～600V 的交流电分别驱动绞车、转盘和钻井泵的交流变频电动机。绞车由 2 台电动机驱动，转盘由 1 台电动机驱动，3 台钻井泵各由 1 台电动机驱动。控制采用一对一方式，即一套 VFD 柜控制 1 台交流变频电动机。本钻机共配有 7 套 VFD 柜，其中一套用于自动送钻装置变频电机控制。

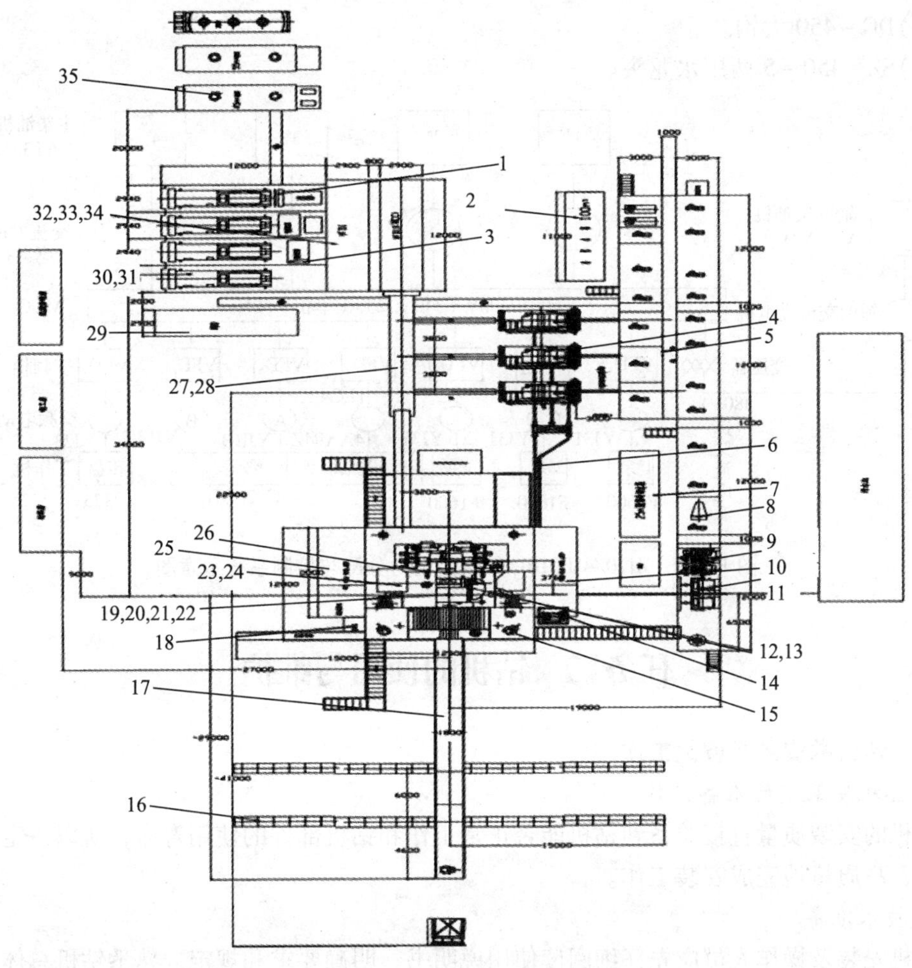

图 1－18　ZJ70/4500DB$_5$ 钻机平面布置图

1—辅助发电机组；2—100m^3 套装水箱；3—气源净化系统；4—F－1600 机泵组；5—固控系统；6—高压管汇；7—25 m^3 绞车冷水箱；8—518 型离心机及备件；9—212/8T4/BEM－3 除砂除泥器及备件；10—司钻右偏房；11—SWACOBEM－3 振动筛及配件；12—风管总成；13—转盘驱动装置；14—钢丝绳倒绳机；15—5t 风动小绞车；16—排管架；17—猫道；18—液压提升机；19—总装配件；20—随机工具；21—钻井工具；22—吊装绳索；23—司钻控制房；24—钻井仪表系统；25—司钻左偏房；26—井口机械化工具；27—油水电系统；28—空气系统；29—井控系统；30—柴油发电机房；31—CAT3512B 柴油发电机组及配件；32—交流供电系统；33—VFD 房；34—电传动系统；35—100 m^3 柴油罐

五、钻机的主要配套设备

(1) TC_7 -450 天车。

(2) JJ450/45 - K14 井架。

(3) DZ450/10.5 - X4 底座。

(4) F - 1600 机泵组。

(5) JC - 70DB_2 绞车(含液压盘刹及自动送钻装置)。

(6) 转盘驱动装置(含 ZP - 375 转盘，由用户自行配套)。

(7) YC - 450 游车。

(8) DG - 450 大钩。

(9) SL - 450 - 5 两用水龙头。

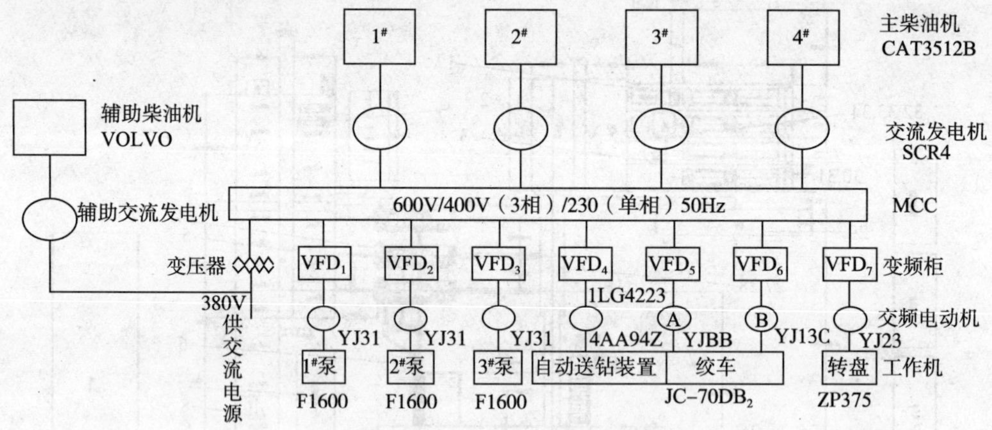

图 1 - 19 ZJ70/4500DB_5 钻机的动力分配与控制系统示意图

任务二 钻机的使用与维护

一、钻机的安装及调试工作

1. 钻机安装前的准备工作

钻机的安装质量直接关系到钻机能否正常工作和钻机部件的使用寿命，所以一定要严把质量关，高质量地完成安装工作。

2. 技术准备

钻机安装及操作人员应先仔细阅读使用说明书，明确要求和规定，熟悉钻机总体、配套及各部件结构特性、质量尺寸等，做好前期的各项准备工作。

3. 安装工具

安装钻机时需准备的测量工具：钢卷尺、水平尺、百分表、线绳、铅锤等。钻机随机携带有一套钻机安装和调试用的工具，如撬杠、扳手、管钳、大锤、手锤、干油站及吊装用绳索等。

4. 装车、卸车和吊装

钻机的超重、超长的大部件，如绞车、钻井泵组、VFD 房、油水罐、井架底座等，在装车、卸车和安装时，应该使用专用的吊装绳索，这些部件均设有专用吊耳，起吊时应将吊绳挂在吊耳上，吊绳长度应适合，吊绳过短会挤压设备和部件，造成对设备和部件的损坏。

5. 钻机基础

按照基础图的要求建造钢筋混凝土基础。

钻机主要设备的基坑应设置在场地的挖方上，若设置在填方上要进行技术处理。基坑耐压强度应不小于0.2MPa，基础平面度误差不大于3mm。

二、钻机使用注意事项

(1)钻井时，绞车两台交流变频电机应并车使用。

(2)特殊情况下如果仅使用一台电机，在电机转速小于660 r/min(对应钩速小于0.3 m/s)情况下，单电机绞车设计能力可起升最大钻柱重量。

(3)在钻井作业中，应根据负荷情况合理调整速度，充分提高功率利用率，可参考钻机提升曲线进行，如图1-20所示。

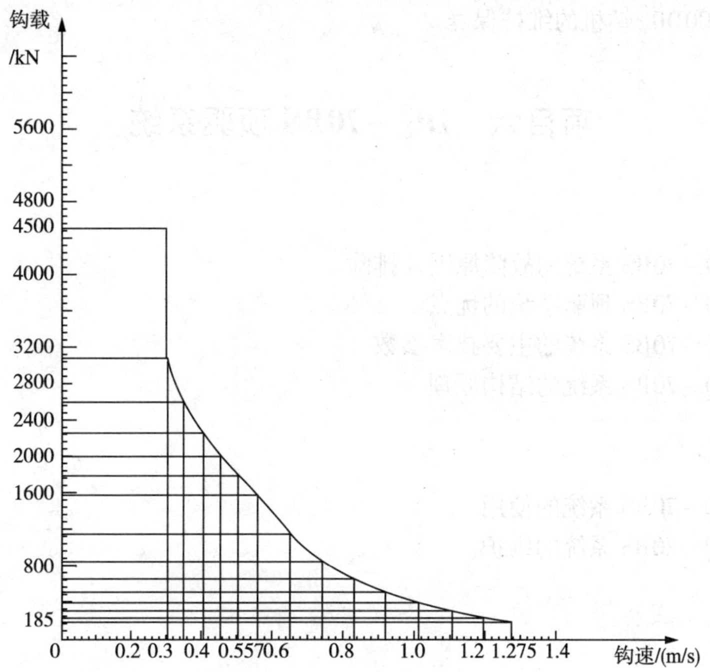

图1-20 ZJ70/4500DB$_5$ 钻机提升曲线

(4)在下钻作业时，应首先给刹车盘通冷却水。

(5)绞车/转盘在工作前，应首先检查油箱润滑油油位并启动绞车/转盘驱动箱润滑油泵正常工作。

三、钻机的操作与维护保养规程

(1)钻井队应配备或指定机械、电气、仪表专业人员，指导钻机的常规使用与维护。

(2)钻机出现不正常情况时应停止使用并及时处理。

(3)严禁钻机超速、超温、超压运转和违反规程操作。

(4)根据钻机的技术状况和运行情况，应进行周期性的维护管理。周期性维护分班维护、周维护、月维护。具体内容详见ZJ70/4500DB$_5$ 钻机维护保养手册。

四、钻机在高寒期的操作与维护

1. 循环系统

(1)钻井泵启动前应检查阀腔、循环管汇，不应结冰。

(2)当钻井泵停止工作时，应排净钻井泵液力端、水龙头及高低压管汇内的钻井液。

2. 提升系统

(1)下完钻，应排尽刹车毂内的冷却液。

(2)防止水龙头提环下部放水孔结冰。

任务考核

一、简述题

(1)$ZJ70/4500DB_5$ 钻机的技术和结构特点是什么?

(2)$ZJ70/4500DB_5$ 钻机使用注意事项是什么?

二、操作题

(1)$ZJ70/4500DB_5$ 钻机的安装及调试工作。

(2)$ZJ70/4500DB_5$ 钻机的维护保养。

项目六　DQ－70BS 顶驱系统

知识目标

(1)了解 DQ－70BS 系统的故障原因及排除。

(2)理解 DQ－70BS 顶驱系统的优点。

(3)理解 DQ－70BS 系统的主要技术参数

(4)掌握 DQ－70BS 系统的结构原理

技能目标

(1)掌握 DQ－70BS 系统的使用。

(2)掌握 DQ－70BS 系统的维护。

学习材料

任务一　DQ－70BS 系统概述

顶部驱动钻井系统(Top Drive Drilling System)或简称顶驱系统(Top Drive System——TDS)，是一套安装于井架内部空间、由游车悬持的顶部驱动钻井装置。常规水龙头与钻井马达相结合，并配备一种结构新颖的钻杆上卸扣装置(或称管柱处理装置——Pipchander)，从井架空间上部直接旋转钻柱，并沿井架内专用导轨向下送进，可完成旋转钻进、倒划眼、循环钻井液、接钻杆(单根、立根)、下套管和上卸管柱丝扣等各种钻井操作。

一、国产顶驱钻井系统的型号

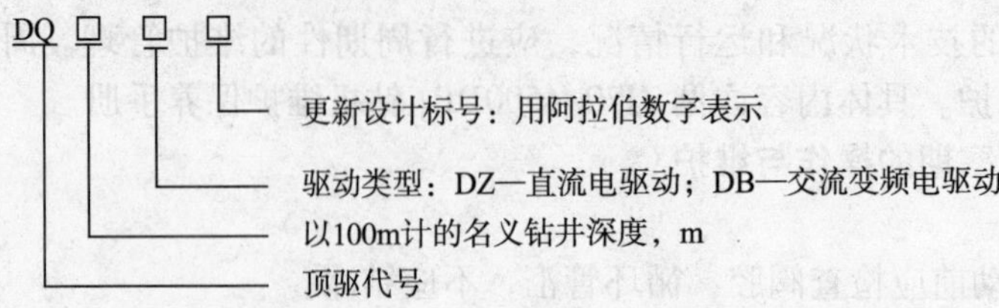

二、顶驱系统的优点

和转盘—方钻杆旋转钻井系统相比较，顶驱系统有如下优点：

(1)节省了接单根的时间。用立根(28m)钻进，减少2/3的接单根时间。

(2)减轻了劳动强度。配有管子处理装置，提高了上卸扣作业和钻具排放作业的机械化程度，大大降低了钻井工人的劳动强度及危险程度。

(3)提高了安全性。顶驱主轴配有遥控内防喷阀，可在钻进或起钻中出现井涌井喷时迅速关闭内防喷器，提高井控安全。

(4)提高了取芯质量。可连续取芯钻进一个立根，减少取芯作业的起钻次数，提高了取芯收获率，减少了岩心的污染，提高了岩心质量。

(5)减少了钻井事故。起、下钻时，顶驱系统可在任意高度立即循环钻井液，实行倒划眼起钻和划眼起钻，大大地减少了卡钻事故。

(6)提高了定向井速度。顶驱系统以28m立根钻水平井、丛式井、斜井时，不仅节省时间，而且减少了测量次数，容易控制井底马达的造斜方位，提高了钻井效率。

三、DQ－70BS系统的主要技术参数

DQ－70BS顶驱系统的基本参数如表1－22所示。

表1－22　顶驱系统的基本参数

序　　号	名　　称	技术参数
1	名义钻井深度/m	7000（$4\frac{1}{2}$″钻杆）
2	最大载荷/kN	4500
3	水道直径/mm	76.2
4	额定循环压力/MPa	35(5000 psi)
5	系统质量/t	12(主体，不含单导轨和运移托架)
6	工作高度/m	6.1(提环面到吊卡上平面)
7	电源电压/VAC	600
8	额定功率/hp	400×2
9	环境温度/℃	－35～50
10	海拔/m	≤1000

任务二　DQ－70BS系统的结构原理

国产DQ－70BS顶部驱动钻井装置主要由动力水龙头、管子处理装置、电气传动与控制系统、液压传动与控制系统、司钻操作台、单导轨与滑车以及运移架等辅助装置几大部分组成。顶驱主体结构如图1－21所示。

一、动力水龙头

1. 结构

动力水龙头部分由齿轮减速箱、两个交流电机、提环、冲管盘根总成以及位于电机上端的刹车装置等组成。水龙头提环采用销钉固定在本体上，与游车相连。如图1－22所示。

2. 作用

动力水龙头的主要作用是由交流电机驱动主轴旋转钻进、上卸扣，同时循环泥浆，保证正常的钻井作业的需要。

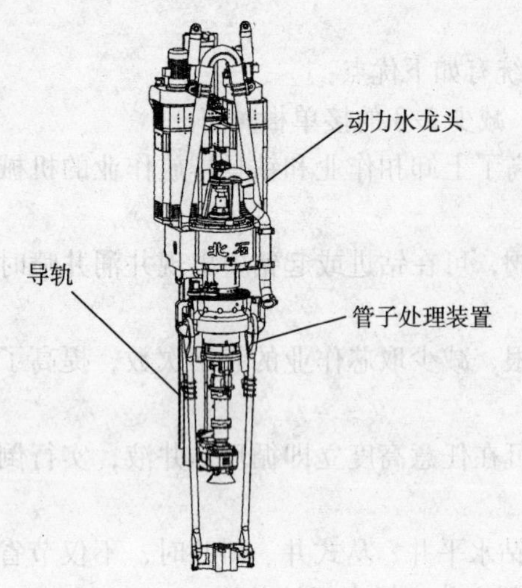

图 1－21　DQ－70BS 顶驱主体结构

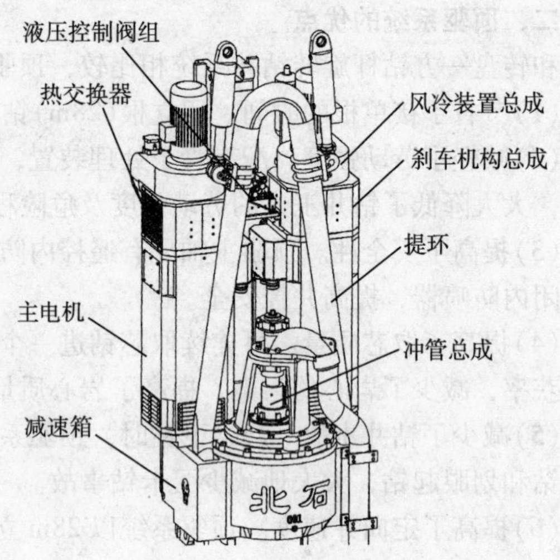

图 1－22　DQ－70BS 顶驱的动力水龙头

二、管子处理装置

1. 组成

管子处理装置是顶部驱动装置的重要部分之一，可以大大提高钻井作业的自动化程度。它由背钳、内防喷器及其操纵机构、倾斜机构、吊环吊卡等组成，如图 1－23 所示。

2. 作用

管子处理装置是为起下钻作业服务的。其作用是对钻柱进行操作，可抓放钻杆、上卸扣，井喷时遥控内防喷器关闭钻柱内通道。可以在任意高度用电机上卸扣。

三、导轨与滑动小车

导轨的主要作用是承受顶驱工作时的反扭矩。DQ－70BS 顶驱所用的单导轨采用双销连接。与顶驱的减速箱连接的滑动小车穿入在导轨中，随顶驱上下滑动，将扭矩传递到导轨上。导轨最上端与井架的天车底梁后安装的耳板以 U 形环连接，导轨下端与井架大腿的扭矩梁连接，使顶驱的扭矩直接传递到井架下端，避免井架上端承受扭矩。其结构如图 1－24 所示。

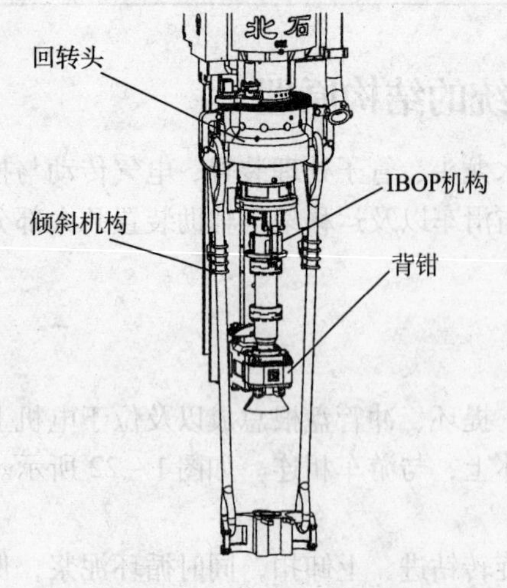

图 1－23　管子处理装置

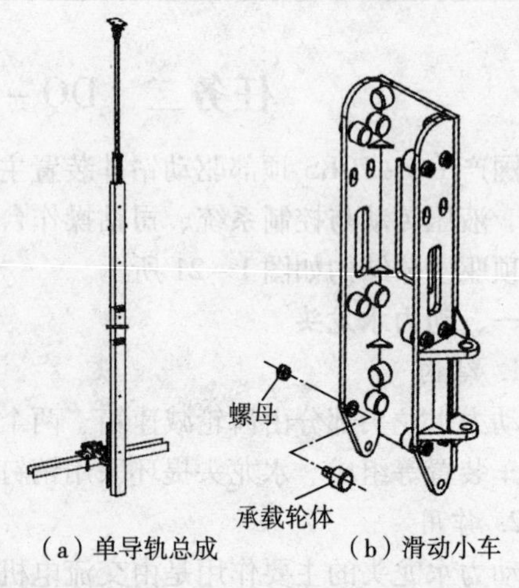

（a）单导轨总成　（b）滑动小车

图 1－24　单导轨总成与滑动小车

四、电气传动与控制系统

DQ－70BS 顶驱的主驱动是由交流变频传动与控制的。由 2 台整流柜、2 台逆变柜、PLC/MCC 控制柜、操作控制台、电缆、控制电缆等几大部分组成，如图 1－25 所示。

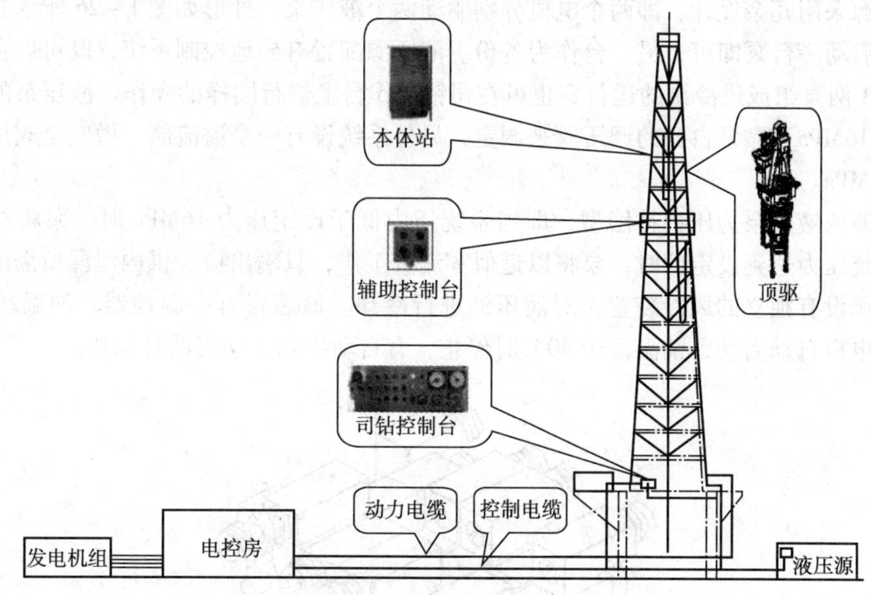

图 1－25　DQ－70BS 顶驱控制系统示意图

两台独立的整流器与逆变器分别驱动两台 400hp 交流变频电机通过齿轮传动驱动主轴旋转（即一对一控制），从而进行钻进和上卸扣的作业。因此可选择单电机工作或双电机工作。双电机工作时，通过 SIMOLINK 实现主从控制，传输速度达 11MB/s。两套逆变器可互为备份，当一台出现故障时，另一台还可轻载工作，这是一对二控制方式所不能达到的。

采用矢量控制方式，对转速、扭矩的控制精度高，反应速度快。

系统选择全范围工作时，可实现恒扭矩和恒功率自动切换，在通常钻井工况下设置在恒扭工作模式。

此外，该电气系统可实现转矩控制与速度控制的自动切换功能，这对于复杂钻井过程中在憋钻解除后主轴转速激增的抑止非常有用。即：正常钻井是在扭矩控制方式下工作，当旋转钻井遇阻工作扭矩达到限定扭矩时，主轴转速逐渐为零，此时若上提钻柱，阻力减小，则主轴上的弹性能释放转速越来越高，这时若不迅速采取刹车制动，极易造成钻柱在惯性下松扣的危险，该系统在这种情况下就可由扭矩控制自动切换到转速控制，将转速控制到设定值。PLC 对整个系统进行逻辑控制，并监测各部分动作、故障诊断报警及程序互锁防止误操作。

PLC 与驱动之间通过 PROFIBUS 现场总线控制，可靠性高，抗干扰能力强。本体子站的控制采用光纤传输，信号传输速度快，抗干扰能力强。与其他子站通过屏蔽双绞线相连。系统主控 PLC 为西门子 S_7－300 系列可编程控制器；CPU 为 315－2DP；所有远程输入/输出控制站为 ET200X。

PLC 具有自诊断功能，配合 WINCC 监控软件系统可快速查找故障。实时反映顶驱运行状态和数据，采样周期快。可实现报警和数据归档功能，自动生成工作曲线，并可查找历史数据。整套电控系统操控灵活，并具有很强的联锁保护功能，防止各种误操作。如：操作模式的切换、正常钻井中刹车、背钳的动作等。

五、液压源

1. 结构

液压源采用冗余设计，即两个电机分别驱动两个液压泵，外形如图 1-26 所示。正常工作时只需启动一台泵即可，另一台作为备份。液压源配置有异地控制系统，既可以在泵站上启停 A、B 两泵组或风冷泵的运行，也可在司钻操作台上进行同样的操作。液压泵的工作压力调定在 16MPa，靠泵自身的调压阀来调定，另外系统设有一个溢流阀，做安全阀用，通常设定为 18MPa。

液压源的液压泵为压力补偿型，即当系统压力低于设定压力 16MPa 时，泵将给出全流量，当系统压力达到设定值时，泵将以近似零流量工作，只输出极少供内泄漏所需的油液。

液压源设有独立的风冷装置，对液压油进行冷却。该装置有一温控器，油温超过 70℃时，风冷电机自动启动，油温低于 30℃时停止，有自动挡和手动挡两种选择。

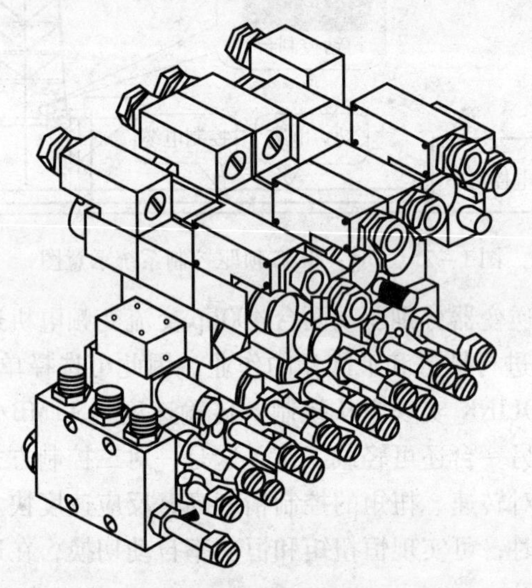

图 1-26　液压源外形图

整个液压源的电路系统均为隔爆设计，电器控制箱、电机、液位控制、温度报警系统发讯装置均采用隔爆元件(过滤器为机械式发讯装置)。当液位过低时报警，以保护液压泵，提高了系统工作可靠性。

配置有侧过滤系统使液压源具有自洁功能。侧向油液经过一个精度较高的过滤器，以去除对系统及元件危害很大的杂质。

2. 液压控制站

该控制站控制两台液压泵(一用一备)和液压油冷却泵；两台液压泵和冷却泵可以就地启动也可以通过 PLC 自动控制启动。

六、司钻台

司钻台具有钻井所需的所有操作功能，其可设置顶驱速度、转矩、操作模式和钻井的各种辅助操作。司钻台为正压防爆型 EXpniaIIT4，其只能在保护气体压力正常时上电。当柜内压力低于 5kPa，便报警。顶驱司钻操作台如图 1-27 所示。

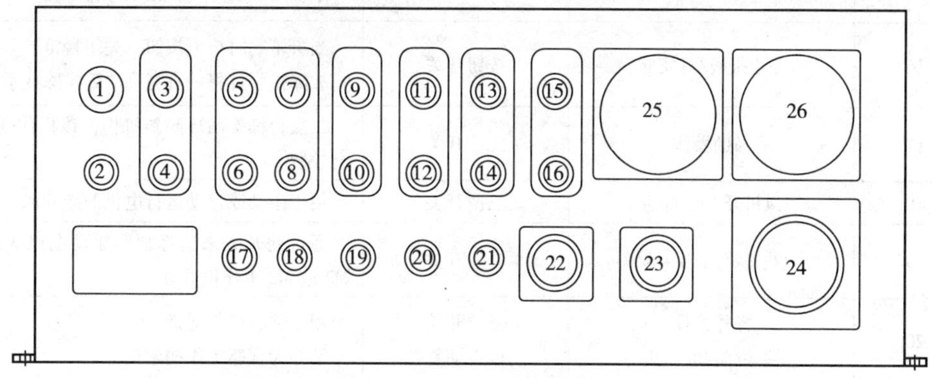

图 1－27　DQ－70BS 顶驱的司钻操作台

司钻台的面板各按钮和指示灯说明如表 1－23 所示。

表 1－23　司钻台面板操作

标号	名称	类　型	功　　能
1	紧急停止	蘑菇状按钮	按下按钮停止所有操作，然而主电机冷却风机仍工作
2	井控	带保护按钮	井喷操作与其他设备连锁
3	液压源运行指示	绿色指示灯	当液压泵正常运行时灯亮
4	液压源操作运行/停止	二位开关	此开关可启动或停止液压泵运行
5	吊环回转反转/停/正转	三位开关自动复位	弹簧复位旋钮，自动回中位 此开关可使旋转头正转、反转、停止
6	背钳	按钮	按下并保持使背钳卡紧，松开为背钳释放
7	吊环中位	按钮	当按下按钮时，吊环浮动到井眼(空挡)位置
8	吊环倾斜后倾/停止/前倾	三位开关自动复位	弹簧复位旋钮，自动回中位，在中位时锁住油缸。前倾、后倾时，使倾斜油缸可推动吊环前后移动
9	IBOP 关闭指示	红色指示灯	指示灯亮，表示 IBOP 关。指示灯灭，表示 IBOP 开
10	IBOP 操作按钮	二位开关	“开”位置时，打开 IBOP 阀门 “关”位置时，关闭 IBOP 阀门
11	刹车指示	红色指示灯	指示灯亮表明制动器工作

续表

标号	名称	类型	功能
12	刹车操作按钮 松开/自动/制动	三位开关	处于“制动”位时，刹车工作 处于“松开”位时，刹车松开 处于“自动”位时，刹车按固定程序工作
13	就绪指示灯	绿色指示灯	在做好一切开机准备工作后，该指示灯亮
14	复位按钮	按钮开关	一旦主控制柜出现故障，可通过它来进行复位
15	故障/报警指示灯	红色指示灯	该指示灯为综合故障指示： 系统出现报警时，指示灯将闪烁； 系统出现故障时，指示灯将常亮
16	停止报警/灯实验	按钮开关	当警笛响时按下按钮，关闭警笛 故障指示灯将一直亮到故障排除或重新设置
17	辅助操作	二位开关	二层台操作吊环倾斜机构，该操作受司钻操作台控制
18	风机开/关/自动	三位开关	用于手动或自动运行电机的冷却风机
19	电机选择 A/A + B/B	三位开关	通过此开关来选择顶驱驱动电机 M1 或 M1 + M2 或 M2 工作模式
20	操作选择 钻井/旋扣/扭矩	三位开关 右位自动复位	用于顶驱操作选择 钻井为顶驱工作初始化
21	旋转方向 反转/停止/正转	三位开关	用于进行顶驱装置转向的选择，停止为顶驱工作初始化
22	上扣转矩设定	电位器	上扣操作时，设定上扣允许的最大转矩值
23	钻井转矩设定	电位器	钻井作业中设定钻具允许的最大转矩值
24	钻井转速设定	电位器	正常钻井操作时，设定钻具允许的最大转速值
25	钻井扭矩显示	计量表	以 kN · m 为单位显示本体主轴输出的实际转矩值
26	钻井转速显示	计量表	以 r/min 为单位显示本体主轴输出的实际转速值

任务三　DQ－70BS 系统的使用

一、启动前的检查项目

(1)查看设备运转记录，了解前一个班作业过程中设备有无异常现象。

(2)检查减速箱油箱液位，液位不可过高或者过低，液位低时进行加油。

(3)检查液压系统油箱液位及过滤器。

(4)对每日应加润滑油(脂)的润滑点进行保养。

(5)检查液压油有无泄漏。

(6)检查液压软管情况。

(7)检查鹅颈管及接头有无损坏。

(8)目测顶驱悬挂电缆有无缠绕。

(9)检查安全锁线及安全销是否缺损。

(10)检查环形背钳钳头锁止销及螺栓。

(11)检查环形背钳钳牙的磨损状况。

(12)检查主轴防松装置有无螺栓松动。

(13)除顶驱外其他设备是否正常。

二、起下钻作业操作程序

起下钻采用常规方式进行，配合管子处理装置，可大大减轻劳动强度，提高效率。

1. 下钻作业

(1)提升系统将顶驱移动到二层台位置，操作【回转头旋转】，将吊环倾斜臂转到二层台井架工指挥所需要的方向。

(2)操作【吊环倾斜】到“前倾”，使吊卡靠近二层台所要下放的钻杆处，井架工将钻杆放置到吊卡中并扣好吊卡门闩。

(3)操作【吊环倾斜】到“后倾”，大致回到井眼中心后，操作【吊环中位】，这时倾斜油缸处于浮动状态。

(4)提升钻柱，整个钻柱回到中位，在这过程中，钻工应用绳索拦住钻柱下端，缓慢释放，以防碰坏钻杆接头。

(5)下放游车，将所提钻柱与转盘面钻柱对好扣。用液气大钳旋扣和紧扣。

(6)提升钻柱，起出卡瓦；下放钻柱到井口，坐实在卡瓦上。

(7)松开吊卡，【吊环倾斜】向后稍倾，离开钻杆；上提游车到二层台。重复上述动作。

2. 起钻作业

(1)将主轴与钻杆连接丝扣松开后，提升顶驱；操作【吊环倾斜】“前倾”，使吊卡扣入钻杆接头。

(2)提升顶驱，起升到二层台以上；钻台上坐放卡瓦，下放顶驱。

(3)用液压大钳卸扣。

(4)提升顶驱，操作【吊环倾斜】“前倾”，使吊卡靠近二层台，井架工打开吊卡，将钻杆放入立根盒。

(5)操作【吊环中位】，下放顶驱到钻台上接头处。操作【吊环倾斜】“前倾”，使吊卡扣入钻杆接头。

(6)重复步骤(2)～(5)。

起下钻过程如遇缩径或键槽，可在井架任一高度用顶驱电机与钻柱相接，立即建立循环和旋转活动钻具，使钻具通过阻卡点。

三、钻进工况作业操作程序

(1)将司钻台【钻井转速设定】手轮回零，钻机【旋转方向】开关扳到“停止”位。

(2)操作【电机选择】开关，选择顶驱系统电机工作方式(A 电机、A/B 电机或 B 电机)。在上卸扣时一定要选择 A + B，即两个电机同时工作状态。在钻井状态下一般应选择两电机同时工作。

(3)在【手轮】零位且系统未运行时，钻机【旋转方向】开关选择正向旋转(钻井模式时，反向旋转无效)。手轮处于其他状态时，【旋转方向】开关动作无效。

(4)【操作模式】开关选择顶驱系统为“钻井”工作方式。【手轮】或【旋转方向】处于其他状态时，【操作选择】开关动作无法使系统切换为“钻井”工作方式。

(5)【钻井扭矩限定】设置。正常钻井扭矩一般在30kN·m以下，设置在25kN·m即可。

注意：钻井扭矩的设定应不大于上扣扭矩限定值。

(6)钻井工作方式下，电机冷却风机风压信号正常后，在【钻井转速设定】手轮离开零位时，驱动系统启动，并按手轮给定转速正向旋转。

(7)当钻井遇阻时，达到钻井转矩限定后，驱动钻柱按钻井转矩手轮设定的恒转矩控制方式继续运转，直到转速为零，转矩保持不变。此时，上提钻柱，如果负载力矩减小，顶驱转速将会增加，转速大于手轮设定值之后，电气装置恢复为速度控制方式，将转速控制到设定转速。在这种情况下，也可以将液压源启动，采用刹车工作，防止弹性能释放转速升高带来的危险。

(8)系统在钻井工作方式需要正常停止时，将【钻井转速设定】手轮回到零位，装置正常降速停车。

如果【刹车】开关在"自动"位置，系统降速后自动刹车。

四、接单根钻进作业操作程序

接单根钻进程序如下：

(1)在已钻完井中的单根上坐放卡瓦，停止循环泥浆(可关闭内防喷阀)；

(2)按照要求的步骤卸扣；

(3)提升顶驱系统，使吊卡离开钻柱接头；

(4)启动吊环倾斜机构，使吊卡摆至鼠洞单根接头处，扣好吊卡；

(5)提单根出鼠洞，收回吊环倾斜机构，使单根移至井口中心；

(6)对好井口钻柱连接扣，下放顶驱，使单根上端进入导向口，与顶驱保护接头对扣；

(7)按照要求的步骤用顶驱旋扣和紧扣；

(8)提出卡瓦，开泵循环泥浆(打开防喷阀)。

五、接立根钻进作业操作程序

接立根钻进是DQ－70BS顶驱装置常用的钻井方式。若井架上没有现存的立根，可在钻进期间或空闲时，在小鼠洞内接好立根，为了安全，小鼠洞内的钻柱一定要垂直，以保证在垂直平面内对扣，此时只需将单根旋进钻柱母扣即可，因为顶驱电机还要施加紧扣扭矩上紧接头；另外在利用单根钻进时，起钻后在井架上留下立根也作接立根钻进用。

接立根钻进程序如下：

(1)在已经钻完的钻杆接头处坐放卡瓦，停止循环泥浆(可关闭内防喷阀)；

(2)按照要求的步骤卸扣；

(3)提升顶驱系统，使吊卡离开钻杆接头，升至二层台后，启动吊环倾斜机构，使吊环摆至待接的立根处；

(4)井架工将立根扣入吊卡，收回吊环倾斜机构至井口；

(5)钻工将立根插入钻柱母扣；

(6)缓慢下放顶驱，使立根上端插入导向口，与保护接头对扣；

(7)按照要求的步骤用顶驱旋扣和紧扣；

(8)提出卡瓦，开泵循环泥浆(打开防喷阀)，恢复钻进。

六、倒划眼作业操作程序

在起钻过程中，钻具遇阻遇卡时，可立即使钻具与顶驱连接起来并循环泥浆，边提钻边划眼，以防止钻杆黏卡和划通键槽。

倒划眼程序如下：

(1)边循环和旋转提升钻具，直至提出一个立根；

(2)停止循环泥浆和旋转，坐放卡瓦；

(3)用液压大钳卸开钻台面上的连接扣，用顶驱卸开与之相接的立根上接头丝扣；

(4)提起立根，将立根排放在钻杆盒中；

(5)下放顶驱至钻台面，将倾斜臂后倾，打开吊卡备用；

(6)将顶驱保护接头插入钻柱母扣，用顶驱电机旋扣和紧扣；

(7)恢复循环泥浆，旋转活动钻具，继续倒划眼。

七、井控操作程序

钻进时上部遥控内防喷阀始终接在钻柱中，一旦钻柱内发现井涌即可立即投入使用。下部内防喷阀也总是接在钻柱中，它只能用扳手手动操作。所以，只要顶驱装置与钻柱相连，内防喷阀根据情况可立即投入使用。

(1)起下钻井控程序如下：

①发现钻柱内井涌，立即坐放卡瓦，将顶驱与钻柱对好扣；

②用顶驱电机和背钳紧扣；

③关闭上部遥控内防喷阀。

(2)如果需要使用止回阀或其他井控附件继续起下钻时，可借助下部内防喷阀将止回阀等接入钻柱。按下列步骤将止回阀接入钻柱：

①下放钻柱至钻台，坐放卡瓦；

②手动关闭下部内防喷阀；

③用大钳从上部内防喷阀上卸掉下部内防喷阀和保护接头；

④在下部内防喷阀的上端接入转换接头、止回阀或循环短接；

⑤进行正常的井控程序。

八、下套管作业操作程序

用 DQ－70BS 顶驱装置下套管作业时，需配备 500t 长度在 3.8m 以上的吊环，以留有足够空间安装注水泥头，可采用常规方法下套管：在套管和顶驱保护接头之间加入一个转换接头，就可在下套管期间进行压力循环，从而减少缩径井段的摩阻。由于下套管时，可利用顶驱的倾斜臂抓取套管，且在旋扣时有扶正作用，免于错扣、乱扣现象发生，因而，用顶驱下套管可大大提高作业的速度。

操作步骤如下：

(1)下吊环提起套管，与已入井的套管对接；

(2)操作管子处理机构的倾斜机构和旋转头以调整套管对扣；

(3)按常规方法用动力大钳紧扣；

(4)提起套管柱，打开卡瓦；

(5)下放套管柱，坐好卡瓦；

(6)打开吊卡，倾臂前倾接新套管；

(7)重复上述操作。

任务四 DQ－70BS系统的维护

一、目视检查项目

要求在使用中注意观察顶驱装置的运行状态，目视检查机电液零部件的完好状态，确保顶驱装置完好可靠。这种目视检查应当随时进行，并在每天安排专门时间由专人进行。

1. 顶驱本体检查

顶驱本体检查如表1－24所示。

表1－24 顶驱本体检查

序号	检查项目	检查内容
1	紧固件	目视检查全部紧固件，不得有松动，锁紧绞丝没有锈蚀断脱
2	电缆与电气连接	目视检查电缆护套完好，固定可靠，电缆接头没有松动迹象
3	液压管线与接头	目视检查液压管线没有破损，接头没有松动和漏油
4	防松装置	目视检查主轴防松装置的螺栓没有松动，锁紧环的间隙均匀
5	减速箱润滑油	观察减速箱润滑油液面，符合规定要求，润滑油温度正常

2. 液压系统检查

液压系统检查如表1－25所示。

表1－25 液压系统检查

序号	检查项目	检查内容
1	液压源油箱液面	检查油箱液位，符合规定要求
2	液压源工作压力	检查液压源压力表，符合规定要求
3	液压源油液温度	检查液压源油液温度，符合规定要求
4	液压源运转	观察液压源运转状况，运转平稳，没有异常噪声
5	液压源接头	观察液压源各处接头没有漏油现象
6	液压阀组	观察液压阀组，各处接头没有漏油现象

3. 电气系统检查

电气系统检查如表1－26所示。

表1－26 电气系统检查

序号	检查项目	检查内容
1	司钻操作台防爆	检查气源处理元件，清理积水，确认输出压力符合要求
2	司钻操作台接头	检查操作台电缆接头，连接可靠，没有松脱、死弯等不正常现象
3	司钻操作台显示	观察司钻操作台指示灯和仪表，没有异常
4	电气柜电气	观察电气柜，输入输出正常，接地正常
5	电气柜空调	电控房空调设备工作正常，柜内通风机工作正常，柜门通风口滤网清洁

4. 导轨与滑车检查

导轨与滑车检查如表1－27所示。

表1－27　导轨与滑车检查

序号	检查项目	检 查 内 容
1	滑车滚轮	观察滑车滚轮，锁紧螺母没有松动，滚轮没有明显磨损、转动灵活
2	导轨连接	观察导轨连接销钉位置正常，销钉锁销正常，观察导轨间缝隙，没有明显不均匀
3	导轨悬挂	观察导轨悬挂板和连接销，没有磨损等异常现象

二、每日维护保养项目

1. 润滑项目

润滑项目如表1－28所示。

表1－28　每日润滑项目

序号	项目	润滑点	润滑介质
1	冲管总成	1	润滑脂
2	内防喷器驱动装置曲柄	2	润滑脂
3	内防喷器驱动装置及液缸	5	润滑脂
4	扶正环衬套	4	润滑脂

2. 检查项目

检查项目如表1－29所示。

表1－29　每日检查项目

序号	项目	检查内容	采取的措施
1	顶驱电机总成	螺栓、安全锁线、开口销等	按需要修理或更换
2	管子处理装置	螺栓、安全锁线、开口销等	按需要修理或更换
3	内防喷器	操作正确	按需要修理或更换
4	冲管总成	磨损及泄漏	按需要修理或更换
5	滑车和导轨	导轨销轴、锁销等	按需要更换
6	液压系统和液压油	液位、压力、温度、清洁等	按需要添加或更换
7	齿轮箱和齿轮油	液位、温度、清洁等	按需要添加或更换

三、每周维护保养项目

1. 润滑项目

润滑项目如表1－30所示。

表1－30　每周润滑项目

序号	项目	润滑点	润滑
1	上压盖密封	1	润滑脂
2	提环销	2	润滑脂
3	旋转头	2	润滑脂
4	上内防喷阀	1	润滑脂
5	滑车总成	16	润滑脂
6	吊环眼	4	管子丝扣油
7	背钳反扭矩臂	4	润滑脂

2. 检查项目

检查项目如表1－31所示。

表1－31　每周检查项目

序号	项目	检查内容	采取的措施
1	电缆	损坏、磨损和断裂点	按需要修理或更换
2	吊环倾斜夹箍	位置、锁紧情况	按需要调整
3	喇叭口和扶正环	损坏和磨损情况	按需要更换
4	锁紧法兰	螺栓扭矩、防松等情况	按需要调整
5	内防喷器	扳动力矩、密封情况	按需要修理或更换
6	内防喷器驱动装置滚轮	磨损情况	按需要修理或更换
7	滑车、导轨和支撑臂	连接件、锁销、焊缝等	按需要更换或修理
8	滑车滚轮	磨损情况	按需要更换
9	主电机出风口	百叶与滤网破损情况	按需要修理或更换
10	风机总成	螺栓的松动或丢失、风压	按需要调整或更换
11	电机电缆	破损情况	按需要修理或更换
12	刹车片	磨损情况	按需要更换

四、每月维护保养项目

1. 润滑项目

润滑项目如表1－32所示。

表1－32　每月润滑项目

序号	项目	润滑点	采取的措施
1	主电机	4	润滑脂
2	冷却风机	2	润滑脂
3	液压泵电机	2	润滑脂

注：可以在累计钻井750h后进行。

2. 检查项目

检查项目如表1－33所示。

表1－33　每月检查项目

序号	项目	需检查的内容	采取的措施
1	上主轴衬套	因冲管泄漏引起的腐蚀情况	按需要更换
2	吊环眼	磨损情况	按需要修理或更换
3	吊环倾斜机构、液缸、叉杆销	磨损情况	按需要更换
4	天车耳板和导轨连接件	焊接点损坏或出现裂缝情况	按需要修理
5	吊板、螺栓和卸扣	开口销或安全销丢失情况 卸扣或螺栓磨损情况 吊板眼磨损情况	按需要更换 按需要更换 按需要更换
6	鹅颈管	凹陷、磨损和腐蚀情况 打压试验情况	按需要更换 按需要修理或更换

注：可以在累计钻井250h后进行。

五、每季维护保养项目

维护保养项目如表 1－34 所示。

表 1－34　每季维护保养项目

序号	项目	检查内容	采取的措施
1	减速箱齿轮油	油样分析情况	更换
2	液压系统液压油	油样分析情况	更换

注：可以在累计钻井 750h 后进行。

六、每半年维护保养项目

维护保养项目如表 1－35 所示。

表 1－35　每半年维护保养项目

序号	项目	检查内容	采取的措施
1	磁性油塞	污染情况	按需要清洗或更换
2	齿轮齿	麻点、磨损和齿间隙情况	按需要更换
3	齿轮箱润滑油泵	磨损或损坏情况	按需要修理或更换
4	主轴	轴向偏移情况	按需要调整
5	提环、提环销	磨损情况	按需要更换
6	电机	绝缘电阻情况	绝缘测试器
7	蓄能器	氮气压力情况	更换胶囊或蓄能器

注：可以在累计钻井 1500h 后进行。

七、每年维护保养项目

维护保养项目如表 1－36 所示。

表 1－36　每年维护保养项目

序号	项目	检查内容	采取的措施
1	旋转头	沟槽或削痕情况	按需要更换
2	液压源蓄能器胶囊	磨损或损坏情况	按需要或每两年更换

注：可以在累计钻井 3000h 后进行。

任务五　DQ－70BS 系统的故障诊断与排除

一、常见故障的查询与处理原则

(1)当发生故障查找原因时，应采取分段逐步缩小范围的方法，首先分清楚是电、液、机哪一部分的故障，然后再仔细查找。

(2)在处理故障时又必须将局部问题与顶驱整个系统联系起来考虑，不要造成排除一个故障又出来另一个故障的情况。

(3)一般说来，来自液压系统的故障，多半为污染造成。对于外泄漏来说，只要在密封件和连接螺纹上下功夫，注意接合面加工的平整、光洁是可以解决的，此外要将各溢流阀、减压阀、节流阀等调整得当。

(4)控制系统的故障多为接点接触、焊接等原因所致，不要轻易修改线路。PLC 模块部分，当内部电池不足时会自动显示。

(5)电控的 VFD(变频调速系统)和 SCR 部分因为系统比较成熟，均设有故障显示和报警的面板，按照所提供的故障诊断点去查找和处理。系统参数设置或更改必须慎重又慎重。

二、DQ－70BS 顶驱的液压源故障

DQ－70BS 顶驱的液压源故障如表 1－37 所示。

表 1－37　DQ－70BS 顶驱的液压源故障

序号	故障现象	故障原因	措　施
1	液压泵启动声音异常	油液污染情况	更换液压油、滤芯，低压循环
		主电路有问题	检查电路
		泵与油箱闸阀未开	打开闸阀
		滤油器堵塞	检查滤油器更换滤芯
2	液压油温过高	散热器未开启	打开冷却水或冷却风机
		风机损坏	检修风机或更换
3	液压泵压力上不去	溢流阀未关闭	调节溢流阀，使压力调到规定值
		泵调压阀松动	调节泵调压阀，使压力调到规定值
		平衡系统溢流阀调压过低	调节平衡系统溢流阀，使压力调到规定值 160bar 左右
		系统管路有泄漏	检查系统并修复

三、DQ－70BS 顶驱的液压管缆故障

DQ－70BS 顶驱的液压管缆故障如表 1－38 所示。

表 1－38　DQ－70BS 顶驱的液压管缆故障

序号	故障原因	措　施
1	油液污染	更换液压油、滤芯，低压循环
2	主电路有问题	检查电路并修复
3	泵与油箱闸阀未开	打开闸阀

四、DQ－70BS 顶驱的液压阀组故障

DQ－70BS 顶驱的液压阀组故障如表 1－39 所示。

表 1－39　DQ－70BS 顶驱的液压阀组故障

故障现象	故障原因	措　施
电磁阀不工作	PLC 是否工作	检查 24V 电源状态，检查电磁阀线路
	24V 电源是否正常	检查 24V 电源状态
	电磁阀接线回路是否断开	检查电磁阀线路
	阀芯卡死	按动电磁阀按钮使之动作，若推不动则更换阀

五、DQ－70BS 顶驱的 IBOP 液压执行机构故障

DQ－70BS 顶驱的 IBOP 液压执行机构故障如表 1－40 所示。

表 1-40　DQ-70BS 顶驱的 IBOP 液压执行机构故障

故障现象	故障原因	措　施
内防喷器关闭不严或开启不足	套筒阻力过大	检查内防喷器外壳，同时调大 IBOP 油路的减压阀压力
	油缸安装位置不合适	调整油缸安装位置
内防喷器套筒动作，但无关闭或开启球阀	套筒扳手折断	更换扳手
	内六角扳手断	更换六角扳手
内防喷器工作不正常	旋转密封磨损	更换密封

六、DQ-70BS 顶驱的吊环摆动机构故障

DQ-70BS 顶驱的吊环摆动机构故障如表 1-41 所示。

表 1-41　DQ-70BS 顶驱的吊环摆动机构故障

故障现象	故障原因	措　施
吊环不能停在任意位置	平衡阀调节压力过小	调整平衡阀压力
	管路和油缸有泄漏	检查和更换管路及油缸密封
内防喷器套筒动作，但无关闭或开启球阀	双、单向节流阀调节不好或安装反向	调节双、单向节流阀或重新安装该阀

七、DQ-70BS 顶驱的回转头故障

DQ-70BS 顶驱的回转头故障如表 1-42 所示。

表 1-42　DQ-70BS 顶驱的回转头故障

故障现象	故障原因	措　施
回转头运转不均匀或不动作	悬挂体与内套之间阻力过大，装配精度差	调整安装
	电磁阀不动作	检查电磁阀
	锁紧油缸未回位	检查锁紧油缸回路
	液马达坏	更换马达
	悬重过大，悬挂体与支撑套接触	悬挂体悬重不超过一个立柱重。禁止用吊环起下钻负重时，操作旋转机构
回转头转速过快或过慢	调速阀手柄松动	调节调速阀，使回转头旋转速度为 6~8r/min
	回转阻力过大	调节回转头安装使回转体与非回转体间隙适中

八、DQ-70BS 顶驱的环形背钳故障

DQ-70BS 顶驱的环形背钳故障如表 1-43 所示。

表 1-43　DQ-70BS 顶驱的环形背钳故障

故障现象	故障原因	措　施
背钳卡夹不紧	牙板齿磨损严重	更换新牙板或卡瓦总成
	牙板齿槽被异物填满	用钢丝刷清理沟槽
	液压系统压力不足	压力适当提高
	背钳油缸密封泄漏	更换密封圈

续表

故障现象	故障原因	措　施
背钳板牙齿外露	卡瓦尺寸误差过大	更换卡瓦
	牙板过厚	更换牙板
	油缸回程未到极限位置	启动油路，使油缸回程到位
	液压锁失灵	检修液压元件
	油缸活塞密封失效	更换密封圈

九、DQ－70BS顶驱的平衡系统故障

DQ－70BS顶驱的平衡系统故障如表1－44所示。

表1－44　DQ－70BS顶驱的平衡系统故障

故障现象	故障原因	措　施
平衡油缸不工作	管路连接错误	检查管路连接
	液压源未开启	开启液压源
	减压阀调压低	调升减压阀压力
	油缸坏	更换油缸

十、DQ－70BS顶驱的盘式刹车系统故障

DQ－70BS顶驱的盘式刹车系统故障如表1－45所示。

表1－45　DQ－70BS顶驱的盘式刹车系统故障

故障现象	故障原因	措　施
刹车盘不释放	换向阀卡死	检查或者更换换向阀
刹车盘不工作或者打滑	系统压力低	检查系统压力
	换向阀卡死	检查或者更换换向阀
	液压制动管线有泄漏	检查或者更换液压管线
	摩擦片磨损失效或脱落	更换摩擦片
	减压阀设定值变化或卡死	调整或者更换减压阀
刹车内部有异声	管线与旋转件接触	固定好胶管线
	制动板螺钉松动	旋紧松动螺钉
刹车制动不灵敏	摩擦片磨损过大	更换摩擦片
	刹车油缸压力偏低	调节刹车油路减压阀，提高工作压力

任务考核

一、简述题

(1)DQ－70BS系统的故障原因是什么，如何排除？

(2)DQ－70BS顶驱系统的优点有哪些？

(3)DQ－70BS系统的主要技术参数有哪些？

(4)DQ－70BS系统的结构原理是什么？

二、操作题

(1)DQ－70BS 系统的使用方法。

(2)DQ－70BS 系统的维护。

项目七　钻井仪器、仪表

知识目标

(1)了解转盘扭矩测量系统的组成及原理。

(2)了解转盘转速和钻井泵冲数测量系统的组成及原理。

(3)了解钻井液出口流量测量系统的组成及原理。

(4)了解钻时—井深测量系统的组成及原理。

(5)理解立管压力测量系统的组成及原理。

(6)理解大钩悬重和钻压测量系统的组成及原理。

技能目标

(1)掌握大钩悬重和钻压测量系统的安装调试及使用。

(2)掌握立管压力系统的安装调试及使用。

学习材料

任务一　大钩悬重和钻压的测量

一、系统的组成及工作原理

1. 组成

大钩悬重测量系统由死绳固定器、拉力传感器、指示仪、记录仪以及阻尼器、排气阀和液压软管等组成。它主要测量钻压和悬重的变化。对仪表而言，钻压是间接测量参数，而直接测量的是大钩负荷。

2. 工作原理

钻机提升系统钢丝绳的死绳端沿死绳固定器绳轮的绳槽绕 3 周，固定在夹板上。大钩上的悬重使死绳产生拉力，这个拉力通过绳轮上的力臂传递给传感器，使传感器中的液压膜盒产生挤压，从而输出一个其大小与死绳拉力成正比的液压信号 p。该液压信号通过液压软管传至指示仪表指示大钩悬重和钻压。

二、安装与调试

1. 死绳固定器的安装

成套钻井参数仪表中，指示仪及阻尼器、排气阀等已安装在显示表屏上，记录机构包括在七笔记录仪中。死绳固定器必须在现场进行安装。死绳固定器由 4 根螺栓牢固地安装在钻机底座上。必须注意：死绳拉力的方向与绳轮转动轴中心线应该垂直，并且使死绳不要与井架上其他物体相接触。如死绳拉力与绳轮转轴中心线不垂直，或死绳与其他物体接触，将会影响系统的测量精度。传感器安装完毕，将液压软管与指示仪和记录仪相连接。注意液压管线的走向应合理，不要弯成急弯或绷得过紧，也不能被其他物体挤压或切割。最后用尼龙芯线扎带或软绳将液压管线固定在井架底座椅架上。

2. 系统的调试

(1)液压系统充油及排空气

仪器安装完毕，液压系统必须充油和排空气，才能保证仪器正常工作。正确的充油方法是：使大钩处于空载状态，用与指重表配套的手压油泵上的软管与传感器充油接头相连接，上下摇动手压油泵摇杆，向传感器泵油。为避免将空气泵入仪器液压系统，在充油的全过程中，手压油泵油杯内油平面高度不得低于油杯高度的一半。仪器液压系统排空气，应根据指示仪和记录仪的安装位置高低，按先低后高的顺序进行。指示仪油路系统内的空气通过两个分别与指重阻尼器和灵敏阻尼器相连的排气阀排除(如无排气阀，则通过阻尼器顶部的堵头螺钉来排除)。首先用螺丝刀拧松排气阀排气螺塞，摇动手压油泵向系统泵油，到排气螺塞处无气泡冒出而流出清明透亮的液压油时，即表示空气已经排尽，应迅速拧紧排气螺塞。记录仪油路系统的空气，通过记录仪上位置较高的油管接头排除，方法与上述方法相仿。仪器液压系统排空气后，应继续摇动手压油泵向系统充油，并观察传感器液压膜上下盒体边缘的间隙，正常的间隙应为9～16mm，如图1－28所示。

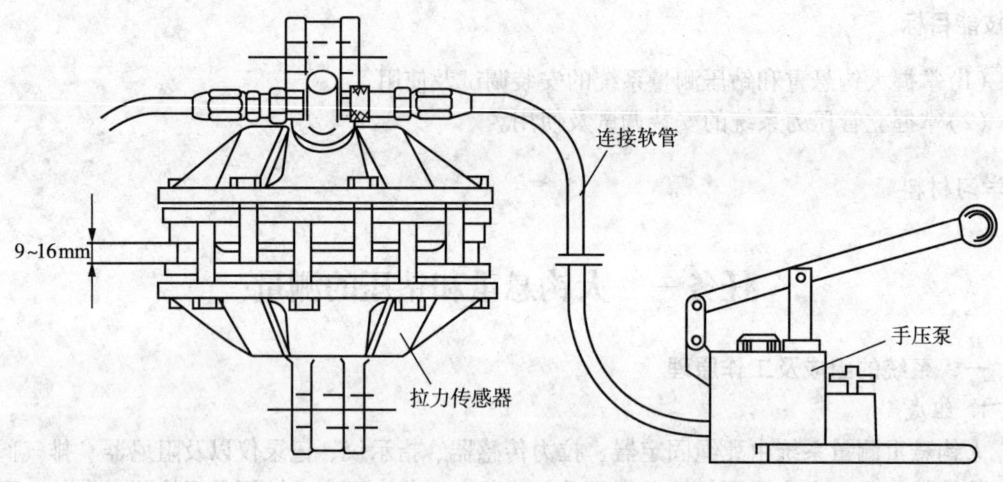

图1－28　拉力传感器及手压泵

(2)指示仪的调试

在现场，指示仪调试主要是阻尼器阻尼效果的调节，在仪器使用时，指示仪的主指针和灵敏指针应灵敏而稳定，不应有来回剧烈摆动现象。这需要通过分别调节指重阻尼器和灵敏阻尼器来实现。两个阻尼器的调节方法相同，首先顺时针转动阻尼器“T”形阀杆并同时往内推，使“T”形阀杆与阀本锥形螺纹啮合，继续转动，直到阻尼器处于关闭状态。然后反时针转动“T”形阀杆两圈，观察指示仪指针摆动情况，如过于灵敏，应顺时针转动“T”形阀杆1/4～1/3圈，如太迟钝，应反时针转动“T”形阀杆1/4～1/3圈。如此反复调节，直到调整出满意的阻尼效果为止。

(3)记录仪的调试

记录仪调试主要是记录仪灵敏度的调节、放大倍数的调节和零位的调节。

记录仪灵敏度的调节与指示仪灵敏度调节方法相仿，但因为记录仪阻尼器与指示仪阻尼器内部结构略有区别，前者为针阀式，后者为锥度螺纹式，因此在顺时针转动“T”形阀杆关闭阻尼器时，不需要往内推，只需要顺时针转动“T”形阀杆就可使其关闭。关闭后的调整方法与指示仪阻尼器相同。

记录仪放大倍数的调节，是通过调整记录机构放大倍数调节旋钮的位置来实现。旋钮向前移，放大倍数增大，旋钮向后移，放大倍数减小，调整到记录仪笔尖在记录纸上的示值与指示仪主指针一致后，拧紧旋钮。在仪器出厂时，厂家已借助活塞式压力计，向记录仪输出不同的标准压力，经过反复调节，使记录值达到规定的精度。在现场一般没有这样的设备，因此调节是比较困难的，若无必要，不要拧动记录仪放大倍数调节旋钮。

记录笔零位是通过转动记录仪上的零位调节旋钮来调节。当记录仪无液压信号输入时，转动记录仪的零位调节旋钮，使记录笔尖对准记录纸零位即可。

还应指出：如果记录笔在零位时，调节滑板滑槽中心线与笔臂滑槽中心线未对齐，记录仪放大倍数调节后，零位将要偏移，当高速后放大倍数必须回高速零位。

三、仪器的使用

仪器安装调试完毕后，便可投入使用。大钩悬重及钻压是钻井作业中必须监控的参数。当全部钻具下到井中，指示仪主指针的示值便是大钩上的悬重，这时应将指示仪游动刻度盘的 γ 位对准灵敏指针，然后施加钻压开始钻井，灵敏指针示值便是钻压。在钻井过程中，司钻必须时刻观察钻压的变化，不断控制刹把加以校正，使钻压稳定，从而提高打井质量。

在仪表使用期间，应经常检查指示仪及记录仪阻尼器的阻尼效果，液压管线有无渗漏现象。有故障应及时排除，还应该经常观察记录曲线，如发现划线太粗或断线，应及时更换记录笔。

四、常见故障及排除

大钩悬重测量系统的常见故障一般都是由于安装调试不当引起的，一般故障的诊断及排除方法如表 1－46 所示。

表 1－46　一般故障的诊断及排除方法

序号	故　障	原　因	排除方法
1	指示仪、记录仪无显示	系统缺油	按照要求充油
		管线阻塞	清洁或更换阻塞的液压管线
		指示仪、记录仪机械损坏	修理指示仪或记录仪，更换损坏零件
2	指示仪、记录仪指示不稳定或不灵敏	阻尼器调试不当	按照要求调整阻尼器
		液压系统有空气	按照要求充油并排除系统中的空气
		指示仪、记录仪机械损坏	修理指示仪或记录仪，更换损坏零件
		死绳固定器定位不当	按照要求重新定位
3	指示仪、记录仪示值因环境温度升高而偏高	系统充油过多	排出多余液压油，使传感器膜盒行程在正常范围之内

任务二　转盘扭矩的测量

一、系统的组成及测量原理

1. 系统的组成

转盘扭矩测量系统由转盘扭矩传感器、转盘扭矩指示仪、记录仪以及液压管线等组成，如图 1－29 所示。

2. 测量原理

转盘扭矩测量系统是通过测量转盘驱动链条紧边上的拉力来间接反映钻杆上的扭矩。将传感器安装在转盘驱动链条紧边的下面，传感器上的橡胶惰轮托住链条紧边，使其向上挠曲，在链条紧边绷紧时惰轮前后两段链条便会形成一个夹角 θ，如图 1－30 所示。当对钻杆施加扭矩时，惰轮前后两段链条上的拉力会产生一个向下的合力压向惰轮。这个合力通过传感器摇臂传递给液压缸，这样便在液压缸内产生一个与链条拉力成正比的液体信号压力 p。

由于液体的不可压缩性，可以近似认为仪器在工作中，夹角 θ 为常量，故传感器输出压力 p 与转盘转矩 T 成正比。

这个信号压力经过液压管线上的三通，一路输入指示仪，显示出转盘扭矩的当量刻度值。另一路输入记录仪，驱动记录仪弹簧管，使其尾端产生一个位移，经过放大机构使记录笔在记录纸上画出一根其变化幅度与转盘扭矩成正比的曲线——转盘扭矩曲线。

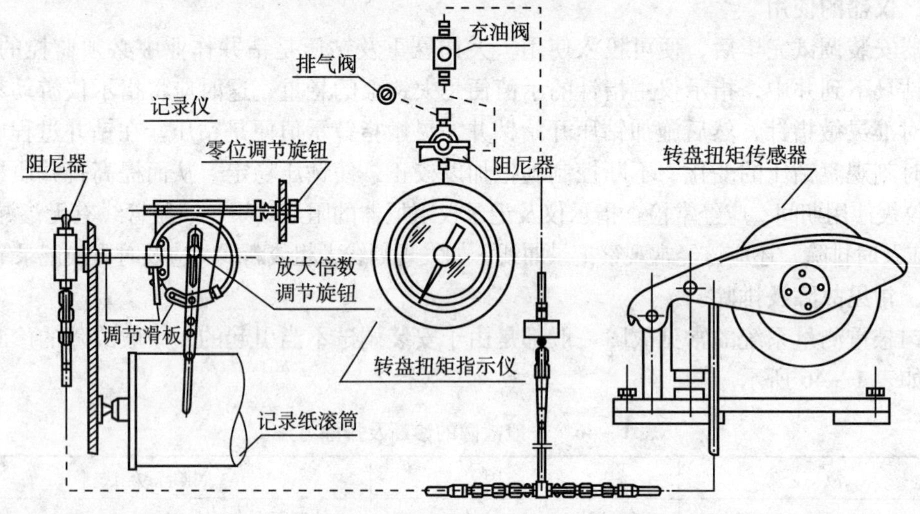

图 1－29　转盘扭矩测量系统

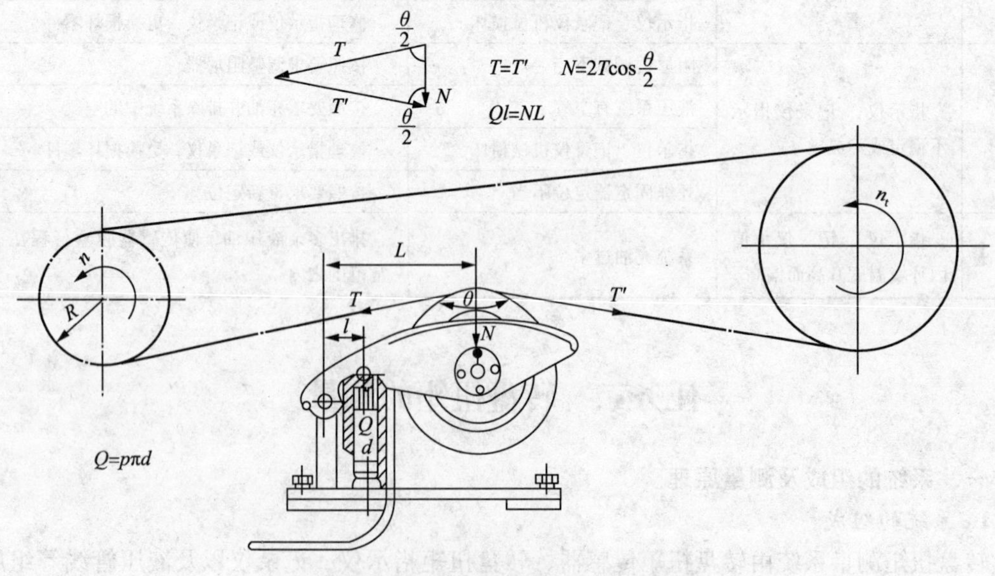

图 1－30　转盘扭矩传感器受力分析图

二、传感器的安装

系统中的指示仪及指示仪阻尼器、排气阀等在仪器出厂时已安装在显示表屏上，记录机构包括在七笔记录仪中。现场安装主要是传感器的安装，安装转盘扭矩传感器最理想的位置是在转盘驱动链条箱内，链条紧边之下。在传感器安装前应先将链条箱进行改造。改造的要求是：安装传感器的底板平面与链条紧边中心线（绷直状态）的距离为 350mm，并且在传感器摇臂自由端朝向主动链轮方向安装时，惰轮处在主、从动链轮的中点。在箱体侧面正对传感器的地方开一个 600mm × 400mm 的检查窗口并在箱体侧面上靠近传感器液压缸的地方开一个 M27 × 1.5 的螺孔（或 ϕ28 的圆孔）。至于检查窗口和螺孔是开在箱体的左面还是右面，应根据钻机和箱体结构而定，其目的主要是方便传感器的检查维修和液压管线的安装。改造后的箱体还必须保证具有箱体原有的密封性和刚度，因此安装传感器的底板必须选用厚度 10mm 的钢板，检查窗口必须配上窗盖及密封垫等，螺孔（或圆孔）的边缘和端面必须整齐平整。

兰州石油化工机械厂生产的 ZJ45 或 ZJ45J 型钻机，转盘驱动链条箱在设计时已预留了转盘扭矩传感器的安装位置，因此不必在现场对箱体进行改造就可方便地直接将传感器安装在其内。

转盘驱动链条箱改造完成后，就可进行传感器的安装。具体步骤如下：

（1）用螺栓把传感器前后焊接底板固定在传感器底座上。

（2）将传感器置于链条箱内的底板上，使传感器侧面下对检查窗口，摇臂自由端朝向主动链轮。

（3）认真调整传感器位置，使惰轮和主从动链轮三者的中心平面在同一平面内，这时链条的两排滚子应对称地骑在惰轮的两凸缘上（这一点十分重要，如果链条与惰轮未对齐，链条侧板会切割惰轮凸缘，急剧地缩短惰轮的使用寿命）。然后用电焊将前、后焊接底板点焊在箱体底板上。

（4）卸下传感器上的 4 颗固定螺栓，将传感器移开，用电焊将前、后焊接底板牢固地焊接在箱体底板上，然后再将传感器安装在焊接底板上。

（5）如有必要，再次校正传感器与链条的相对位置，可用螺孔与螺栓之间的间隙和传感器上的两颗主轴固定螺栓对惰轮的位置进行少量的调整。

（6）拧紧传感器底座上的 4 颗固定螺栓，将传感器牢固地固定在前、后焊接底板上。

（7）将已安装好自封外螺纹接头的液压弯头安装在箱体 M27 × 1.5 螺孔（或 ϕ28 的圆孔）上，最后按照要求连接系统的液压管线。

三、测量系统调校

测量系统的调校主要是传感器、指示仪和记录仪灵敏度的调校。

1. 传感器的调校

（1）将指示仪阻尼器拧到全开位置。

（2）提起转盘驱动链条，使其不与传感器惰轮接触，转动指示仪上的游动刻度盘，使其上的“0”位对准指针，然后放下链条使其与传感器惰轮接触。

（3）将注油泵接头与转盘扭矩油路充油阀连接，暂不要拧紧连接螺母。

（4）将液压油倒入注油泵的油杯内，缓慢地推动注油泵活塞，直到注油泵与充油阀连接处无气泡冒出时再将连接螺母拧紧。

（5）泵足够的油进入系统，直到指示仪读数为 65 ~ 75 为止。

注意：在充油的全过程中，注油泵油杯内的油平面高度应保持在一半以上，以免空气泵入系统中。

锁上转盘止动器，小心地合上转盘离合器，使链条产生拉力，在一个较大拉力下，指示仪读数应在 350 ~ 400 的范围内。如果读数偏低，应再泵入更多的油进入系统，然后再拉链条进行试验；如果读数偏高，通过排气阀（如无排气阀，可通过阻尼器顶部的堵头螺钉）放掉一些油，再拉链条进行试验，如此反复调试，直到指示仪读数达到以上要求为止。

注意：如果反复调试均达不到以上要求，应重新检查传感器的安装定位尺寸和链条的松紧程度，通常可以用在传感器底座上加减垫片的办法来校正。

调试完毕，从充油阀上卸下注油泵，戴上充油阀护帽。

2. 指示仪调节

指示仪的调节主要是指示仪阻尼器阻尼效果的调节。在仪器使用中指示仪指针要求灵敏而稳定，首先顺时针旋转阻尼器“T”形阀杆并往内推，使“T”形阀杆和阀体的锥形螺纹啮合，继续顺时针旋转，直到阻尼器处于关闭状态，然后反时针旋转“T”形阀杆两圈，观察指示仪指针摆动情况，如过于灵敏，应顺时针旋转“T”形阀杆 1/4 ~ 1/3 圈，如过于迟钝，应反时针旋转“T”形阀杆，如此反复调节，直到调整到满意的阻尼效果为止。

3. 记录仪的调校

记录仪的调校包括灵敏度调节、放大倍数调节和零位调节。

记录仪阻尼器构造与指示仪阻尼器稍有区别，前者为针阀式后者为锥度螺纹式，因此在关闭记录仪阻尼器时只需顺时针旋转“T”形阀杆而不用往内推，其余调整方法与指示仪阻尼器相仿。

记录仪放大倍数的调节主要是通过调整记录仪放大机构放大倍数调节旋钮的位置来实现，记录笔尖在记录纸上的指示值应与完成传感器的调校后，指示仪的指示值相一致。仪器在出厂时，已用活塞式压力计输出标准压力对记录仪和指示仪进行一致性调校，在现场一般不用进行调整。如有特殊情况，需要调节时，应在完成传感器调校后进行。放大倍数调节旋钮向前移，放大倍数增大，放大倍数调节旋钮向后移，放大倍数减小。应当指出，如果记录笔在零位时，调节滑板滑槽中心线与笔臂滑槽零位时一般要交替几次才能达到要求。

四、仪器的使用和维护

1. 仪器的使用

在一般的钻井作业中，测量系统的最大用处是监测钻头扭矩的变化，及时向司钻提示钻头的磨损、地层的变化等井下情况，从而避免事故发生。当下钻完毕，在不对钻头施加钻压的情况下，以正常钻井的钻速转动钻杆，转盘扭矩指示仪指针会偏转到某一位置，用手转动指示仪游动刻度盘，使其零位对准指针，然后施加钻压进行钻进，这时指示仪上的指示值就是钻头上的扭矩。

2. 易损件的更换及传感器的日常维护

转盘扭矩传感器是安装在链条箱内的，因此可以从链条润滑系统中得到充分的润滑，但要经常检查传感器和链条是否对齐，特别是转盘因种种原因发生了位移后，如果惰轮胶轮缘磨损严重，两凸缘表面剥落而失圆，就需要更换惰轮。更换步骤如下：

(1)卸下转盘扭矩传感器摇臂上惰轮主轴端盖螺钉（每边各 4 颗）和主轴固定螺钉（每边各 1 颗）。

(2)从摇臂上卸下主轴端盖，使惰轮从摇臂上落下来。

(3)向传感器油缸内泵油，使摇臂抬高，惰轮便可从摇臂框架中取出来。

(4)在新惰轮上装上轴承、主轴和端盖，并在轴承室内注满钙基脂。

(5)将新惰轮放到传感器摇臂之下，降低摇臂或抬高惰轮，重新装上惰轮主轴端盖，拧紧端盖螺钉。

(6)检查惰轮与链条是否对齐，必要时进行调整，最后拧紧主轴螺钉。

(7)最后对传感器进行调校。

3. 指示仪和记录仪的日常维护

指示仪和记录仪不需要特别的维护保养，保持表面的清洁，以利观察，经常检查阻尼器阻尼作用是否合适，必要时进行调节。经常观察记录曲线，如发现划线太粗或断线就应更换记录笔。

4. 液压管线的检查维护

用肉眼经常检查管线接头是否渗漏，对漏油的接头如果通过拧紧仍无效果，就应更换液压软管和接头。

五、常见故障的诊断及排除方法

大多数常见故障是由安装调校不当引起的，在进行故障诊断前应首先检查安装调校是否适当，在排除安装调校不当的因素后，如表 1－47 所示，对表内所列故障进行诊断及排除。

表 1－47　常见故障的诊断及排除方法

序　号	故　　障	可 能 原 因	排 除 方 法
1	指示仪、记录仪元显示	系统缺油	按照要求充油
		管线阻塞	清洁或更换液压软管
		仪表机械损坏	更换指示仪，或修理更换记录仪有关零部件
2	指示仪、记录仪不稳定或不灵敏	阻尼器调整不当	按照要求调整阻尼器
		液压系统有空气	排除空气，然后按照指重表所述进行调校
		仪表机械损坏	更换指示仪或修理，更换记录仪有关零件
		传感器定位调试不当	重新定位和调试
		惰轮磨损或损坏	检查惰轮与链条是否对齐，按照要求更换惰轮
3	情轮磨损或损坏	惰轮与链条未对齐	按照要求调整
4	液压缸漏油	液压缸内密封圈损坏	更换液压缸密封圈

任务三　吊钳扭矩的测量

一、系统的组成及测量原理

1. 系统的组成

吊钳扭矩测量系统主要由传感器、指示仪和液压管线等组成，如图 1－31 所示。传感器构造如图 1－32 所示。

2. 系统的测量原理

传感器安装在内钳尾绳上，在钻杆上扣时，由于反作用力矩会在吊钳尾绳上产生一个与钻杆上扣力矩 M 成正比的拉力 T。这个拉力使传感器缸体与活塞挤压缸内液压油，从而输出一个其大小与钻杆力矩成正比的液压信号压力 p。

这个压力信号输入指示仪显示出相应的扭矩 M 或尾绳拉力 T。重庆石油仪器厂生产的吊钳扭矩仪指示仪显示的是尾拉力，用户可根据使用的吊钳力臂长度与拉力相乘计算出吊钳扭矩。

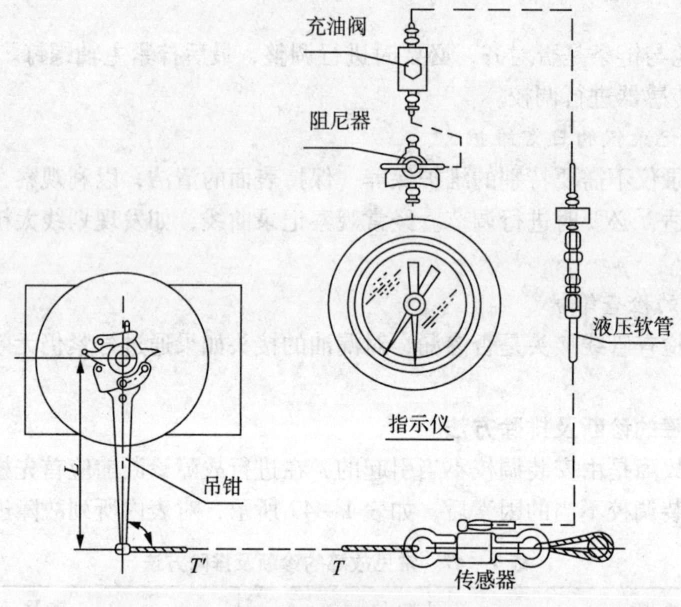

图 1-31　吊钳扭矩测量系统

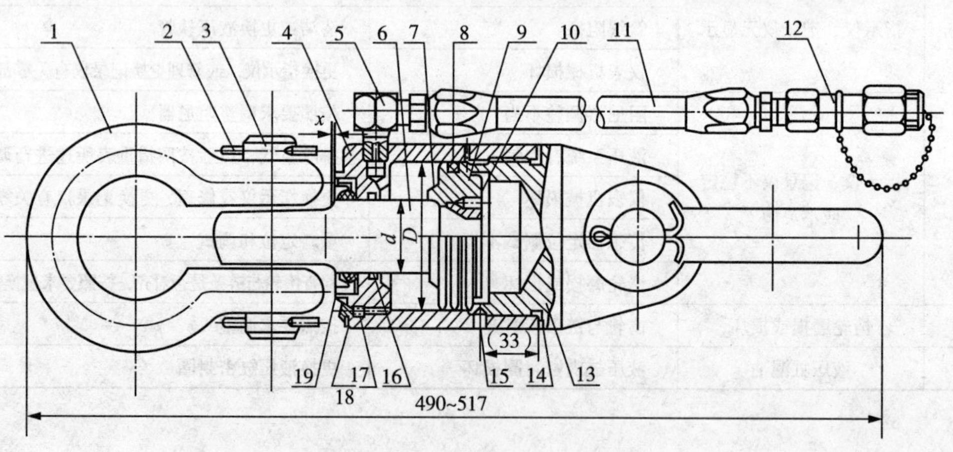

图 1-32　吊钳扭矩传感器

1—拉杆；2—开口销 6×50；3—销；4—缸体；5—接头；6—活塞杆；7—“O”形密封圈 ϕ45×3.1；8—“O”形密封圈 80×5.7；9—活塞；10—紧定螺钉 M6×12；11—高压软管；12—自封内螺纹接头；13—缸头；14—垫圈；15—紧定螺钉 M8×12；16—“O”形密封圈 46×3.5；17—排气螺钉 M5×10；18—“O”形密封圈 7×1.9；19—油封 W40×62×12

3. 系统的安装

测量系统的指示仪和阻尼器等已经安装在显示表屏上，现场安装主要是传感器的安装。传感器安装在内钳尾绳上靠井架大腿的一端。用钢丝绕成环状，将传感器缸体端拉环拴在井架大腿上。活塞杆端拉环栓在内钳尾绳上，钢绳绕结用绳卡卡牢。传感器安装完毕后，在传感器受拉时，尾绳中心线尽量处于水平状态，并与内钳力臂成 90°夹角。如果尾绳中心线不垂直，用所读出的拉力求出的力矩将有比较大的误差。传感器安装完毕，将传感器液压软管与指示仪相连，必须注意液压管线的合理走向，不要过分弯曲和绷得过紧，也不要被其他物体挤压或切割。最后用尼龙芯线扎带或软绳将液压软管固定在井架底座桁架上。

4. 系统的调试

(1)系统充油

将注油泵与显示表屏上的吊钳扭矩油路充油阀相连，暂不要拧紧连接螺母，向注油杯倒入液压油，缓慢地推动注油泵，直到连接螺母处无气泡冒出时，立即拧紧连接螺母。将传感器置于竖直状态，拧松传感器排气螺钉，来回推动注油泵柱塞，当排气螺钉处无气泡，立即拧紧排气螺钉，继续向系统泵油，直到传感器活塞退到底。再拧松指示仪阻尼器顶部堵头，继续向系统泵油，直到堵头处无气泡冒出时，立即拧紧堵头，取下注油泵，装上充油阀护帽。

注意：在向系统充油的全过程中，注油泵油杯内油平面应保持在一半以上，以免空气泵入系统。

(2)指示仪的调节

指示仪调节主要是阻尼器阻尼效果的调节，先将阻尼器“T”形阀杆顺时针转动并向内推，使“T”形阀杆与阀体锥扣啮合。继续顺时针转动，直到阻尼器关闭。然后反时针转动“T”形阀杆两圈，在仪表使用中观察指针冲击情况，当钻杆上扣时，猛拉外钳尾绳，在一个比较大的冲击拉力下，指针移动灵活，但无强烈的来回摆动，表示阻尼效果适度。如有强烈来回摆动，应顺时针转动“T”形阀杆 1/4 ~ 1/3 圈；如太迟钝，应反时针转动“T”形阀杆 1/4 ~ 1/3圈。如此反复，直到调到满意的阻尼效果。

二、仪器使用

本测量系统用来监测钻杆上扣力矩，避免螺纹上得过紧或过松，以减少事故发生，延长钻杆使用寿命。如能配合钻机气动猫头一起使用，效果更佳，使用方法如下：首先根据钻杆接头锥形螺纹的最佳上扣扭矩 M 除以吊钳力臂长度，计算出相应的尾绳拉力 T，将指示仪红色游动指针拧到指示拉力 T 的位置，当钻杆上扣时用气动猫头拉外钳尾绳，当指示仪黑色指针转到与红色指针重合的位置时，松开猫头控制阀停止上扣。

三、日常维护

应经常检查传感器活塞露出长度 x，在无负载条件下活塞杆露出长度应为 6 ~ 19mm，如果活塞杆露出长度超过 19mm，说明系统缺油，应向系统补充液压油。还应检查传感器活塞杆在施加负载过程中的行程，在正常的上扣力矩下，如果行程超过 3mm，说明传感器内有空气，应对系统充油和排除空气。

此外，应经常检查传感器及液压管线有无渗漏，如是接头松动，应及时拧紧，如是液压管线破裂或传感器密封圈损坏应及时修理或更换。

任务四　立管压力的测量

一、系统的组成及测量原理

1. 组成

立管压力测量系统主要由钻井液压力传感器、压力表、记录仪、阻尼器、液压软管等组成，如图 1 – 33 所示。

2. 测量原理

钻井液压力传感器构造如图1－34所示。它的作用是将钻井液的压力信号传递给仪表系统。由于传感器上的胶杯与仪表液压系统中的液压油隔开，使带有固相物质且具有腐蚀性的钻井液不能进入液压软管、压力表和记录仪内，从而保证仪表的正常工作，并延长其使用寿命。由于胶杯变形力很小，可以忽略，因此钻井液压力进入传感器后可转化成相等的液压油信号压力。这个压力经液压管线输至三通，一路输至压力表，显示相应的钻井液压力。另一支输至记录仪，驱动弹簧管末端，使其产生位移，通过放大机构带动记录笔臂摆动，使记录笔在记录纸上画出其变化幅度与立管压力成正比的曲线——立管压力曲线。

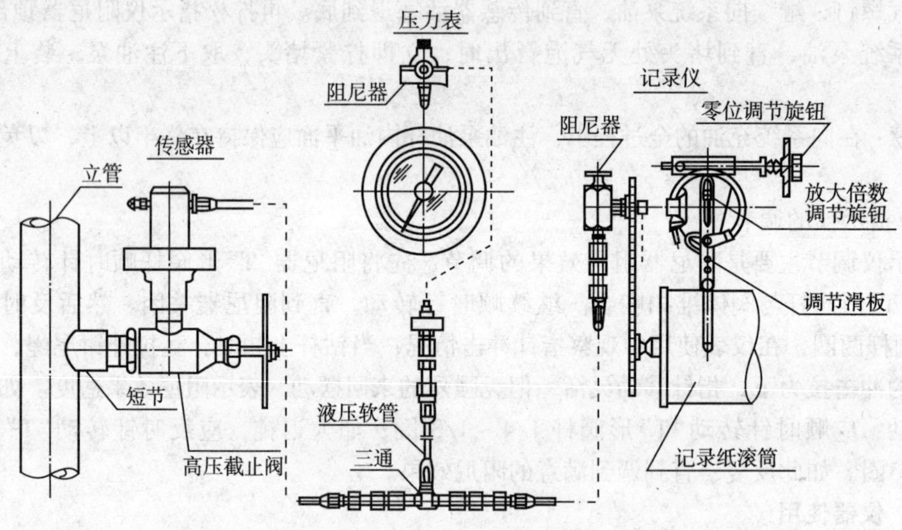

图1－33　立管压力测量系统

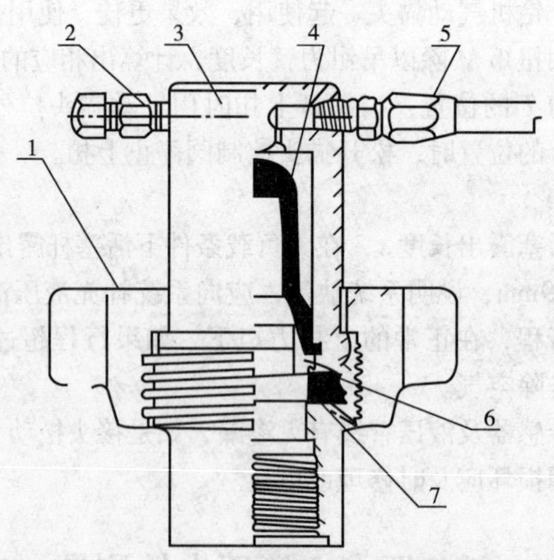

图1－34　钻井液压力传感器

1—翼形螺母；2—单向阀；3—缸体；4—胶杯；5—液压管线；6—压帽；7—密封圈

二、传感器的安装

在成套钻井仪表中，立管压力测量系统中的压力表和阻尼器已经安装在显示表屏上，记录机构在七笔记录仪上，现场安装主要是传感器的安装。

传感器应安装在立管上离钻台平面约 2 m 高，而且安装、拆卸较为方便的地方，其方向竖直向上。在传感器与立管之间应安装一个高压截止阀。为方便现场安装，厂家为用户配备有角式高压截止阀和焊接短节。

具体安装步骤如下：

(1)放空立管内的钻井液，在确认管内无压力后，在立管上选定安装传感器的地方，用气焊枪割一个直径约 50mm 的圆孔。

(2)正对圆孔水平地将焊接短节焊在立管上，必须保证焊缝的密封与牢固。

(3)在角式高压截止阀的两锥扣接头上缠上聚四氟乙烯薄膜带，将截止阀水平拧紧于焊接短节上，并使阀中部的锥接头竖直向上。

(4)卸下传感器螺套，将其安装在角式截止阀中部锥接头上拧紧。

(5)检查传感器内液压油是否充足，传感器液压软管与显示表和记录仪相连后，通过传感器缸体底部压帽上的小孔观察胶杯，当液压油充足时胶杯是瘪的，侧壁刚好互相接触，如图 1－35 所示。如果胶杯是圆的，则表示液压油不足，应重新充油。

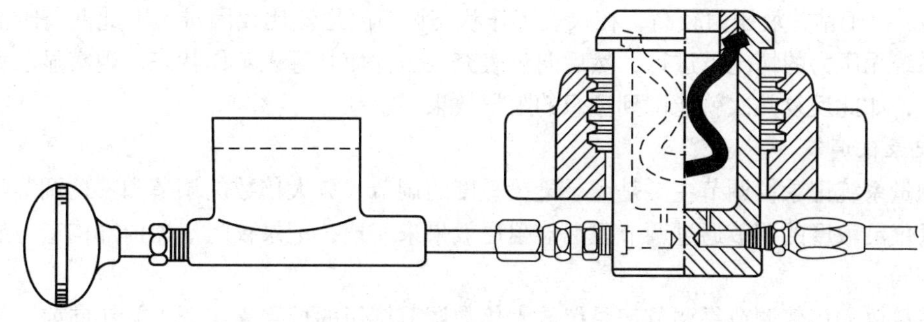

图 1－35　钻井液压力传感器充油

(6)将传感器翼形螺母螺纹上涂抹螺纹脂，再将缸体及翼形螺母安装在螺套上，拧紧翼形螺母。

传感器安装完毕，连接液压管线，注意其合理走向，不要使液压软管弯得过急或绷得太紧，也不要被其他物体挤压或切割，最后用尼龙芯线扎带或软绳将液压软管固定在井架底座桁架上。

三、调试

1. 系统充油

当系统无油或缺油时，应对系统充油，具体操作按如下步骤进行：

(1)将传感器缸体移至显示表屏附近，连接液压管线。

(2)传感器缸体底部向上，将注油泵与充油阀连接，暂不拧紧连接螺母，将液压油倒入注油泵油杯，缓缓地推动注油泵柱塞，直到注油泵与充油阀连接处无气泡冒出时，立即将连接螺母拧紧。

(3)按先低后高的顺序分别对记录仪和显示表油路排空气。记录仪油路排空气时，先将阻尼器阀杆拧到全开位置，拧松本系统记录仪油路管线铜管接头，往复推动注油泵柱塞，直到接头处无气泡冒出时拧紧接头；显示表油路排空气时，先将显示表阻尼器阀杆拧到全开位置，松开阻尼器顶部堵头，往复推动注油泵柱塞，直到堵头处无气泡冒出时拧紧堵头。

注意：在充油的全过程中，注油泵油杯内的油平面高度应保持在一半以上，以免空气泵入系统中。

(4)继续往系统泵油，直到传感器胶杯压瘪，侧壁刚好相互接触立即停止泵油。

注意：绝对不要向系统过多充油，以免损坏胶杯。

(5)卸下注油泵，戴上充油阀护帽。

(6)在传感器缸体螺套上重新连接和固定液压软管。

2. 显示表调节

显示表调节主要是指针灵敏度的调节。由于钻井泵是往复泵，故立管内钻井液压力波动较大，显示表阻尼器的作用十分重要。在仪表使用中，显示表的指针既要灵敏又要稳定，过分的冲击不但影响读数的观察，还严重降低仪表的使用寿命。阻尼器的调节按如下方法进行：

首先顺时针旋转阻尼器“T”形阀杆并往内推，使“T”形阀杆和阀体锥形螺纹啮合，继续顺时针旋转，直到阻尼器处于关闭状态。然后反时针转动“T”形阀杆 2 圈，观察显示表指针摆动情况，如过于灵敏，就顺时针转动“T”形阀杆 1/4 ~ 1/3 圈，如过于迟钝，就反时针旋转“T”形阀杆 1/4 ~ 1/3 圈，如此反复调节，直到调出满意的阻尼效果为止。

注意：由于钻井液压力较高，在仪表工作状态调节阻尼器比较困难，因此调节阻尼器可在液压系统无压力的情况下进行，然后向仪表充入压力使其进入工作状态，观察显示表指针摆动情况，如此反复几次就能调到理想的阻尼效果。

3. 记录仪调节

本测量系统记录仪调节主要是记录笔灵敏度的调节、放大倍数的调节和零位调节。

记录仪灵敏度的调节通过调节阻尼器阻尼效果来实现，记录仪阻尼器内部构造与显示表阻尼器相同。

记录仪放大倍数调节靠调节记录仪放大倍数调节旋钮的位置来实现。旋钮向前，放大倍数增大，旋钮向后，放大倍数减小。当记录仪指示值与显示表一致后，拧紧放大倍数调节旋钮。

记录笔零位调节靠转动零位调节旋钮来进行。

注意：如果记录笔在零位时，调节滑板滑槽中心线与笔臂滑槽中心线未对齐，放大倍数调节后零位均要偏移，因此调整放大倍数与零位交替进行。仪器在出厂时，记录仪示值与显示表示值已进行了调整。在现场由于条件有限，一般不要拧动调节旋钮。

四、仪器的使用

仪器的安装调试完毕后，打开传感器上安装的高压角式截止阀，随着钻井液压力进入传感器，仪器便进入工作状态，显示表和记录仪直接显示和记录立管钻井液压力。在使用中经常留心观察显示表和记录仪指示和记录的平稳性，如发现阻尼器阻尼效果不良应及时调整。发现记录曲线划线太粗或断线应及时更换记录笔。

1. 易损件的更换及常见故障的排除

(1)易损件的更换

立管压力测量系统的易损件是传感器胶杯。在拆卸传感器时，首先钻井泵应停止运转，关闭角式高压截止阀，在确实判明传感器内无压力后，方可进行拆卸。

其更换方法如下：

①从传感器上拆下液压软管。

②松开翼形螺母，从螺套上取下传感器缸体。

③用专用扳手从缸体上卸下胶杯铜压帽。

④从缸体中取出旧胶杯。

⑤清洗缸体上的各孔眼及环槽。

⑥把新胶杯装入缸体，使胶杯突缘平展地嵌入缸体环槽，注意绝不要在胶杯内外表面上划出伤痕。

⑦在铜压帽表面和螺纹上涂抹油脂，将其装入缸体内，用专用扳手拧紧压帽，使压帽端面与缸体端面平齐。

⑧在传感器上安装液压软管。

⑨安装和充油。

(2)常见故障的诊断与排除

本测量系统中常见的故障的诊断与排除方法如表1-48所示。

表1-48　常见故障的诊断及排除方法

序号	故　　障	可能原因	排除方法
1	显示表、记录仪无显示或显示值太低	系统缺油	系统充油
		管线阻塞	清洗或更换液压管线，如清洗中发现管线内有钻井液固相物质，应更换胶杯
		显示仪、记录仪机械损坏	更换显示表或修理记录仪，更换损坏零部件
2	显示表或记录仪不稳定或不灵敏	阻尼器调整不当	调整阻尼器
		液压系统中有空气	检查或更换传感器胶杯
		显示表或记录仪内机械损坏	更换显示表或修理记录仪，更换损坏零件
3	液压系统漏油	接头松动	拧紧接头
		液压软管破裂	更换液压软管，并检查更换胶杯
		自封接头密封圈损坏	更换自封接头密封圈
		显示表或记录仪弹簧管损坏	更换显示表或更换记录仪弹簧管并重新调校

任务五　转盘转速和钻井泵冲数的测量

一、系统的组成及测量原理

转盘转速和钻井泵冲数两个参数的测量原理相同，且采用的传感器、处理部件和记录仪均是一样的。系统组成如图1-36所示。

1. 组成

本系统由3个相同的传感器、3个显示表(1个转盘转速表，2个泵冲次表)和记录机构(包括3支气动记录仪、3个电气转换器以及减压阀、分水滤气器等)组成。此外，为了便于电缆线的连接，还设有2个接线盒。

下面将各部分结构原理作简单介绍：

(1)传感器

转盘转速(钻井泵冲次)传感器结构，它主要由大小皮带轮、测速电机、整流器、支承座、电缆线插头插座等组成。

大皮带轮安装在转盘(或钻井泵)传动轴上，因此它随转盘(或钻井泵)的运转而转动，通过皮带传动使测速电机转动。测速电机是一种小型三相交流发电机，其输出的电压与转速成正比。传感器内设置有整流器，将测速电机输出的交流电变成直流信号，该信号与转盘转速(或钻井泵的冲次)成正比。

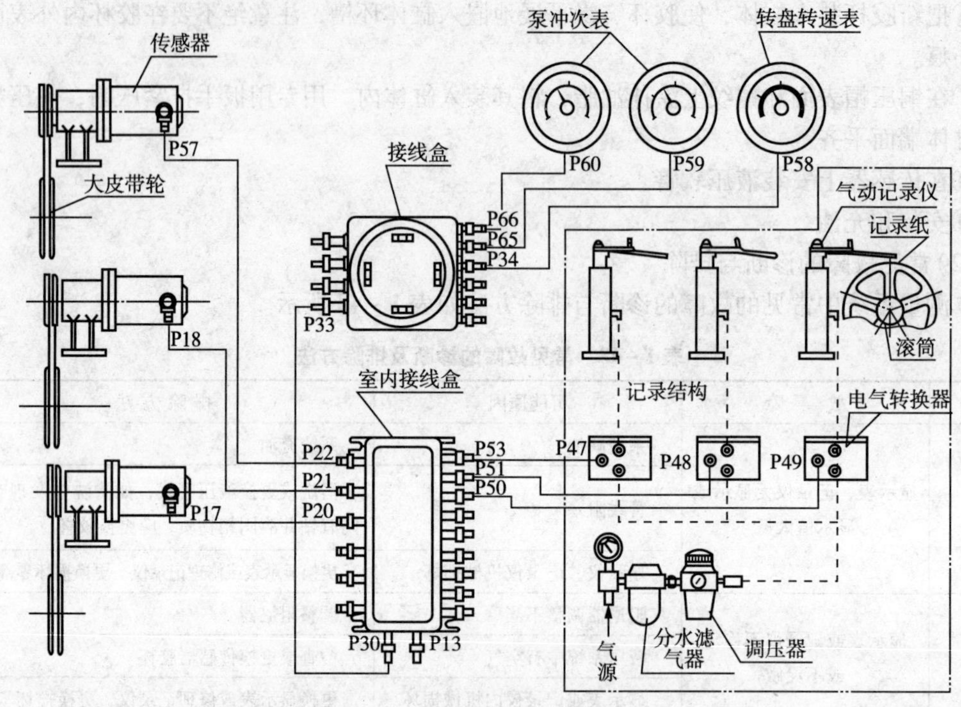

图1-36 转盘转速和泵冲次测量系统

(2)显示表

本系统显示表为两个泵冲次表和一个转盘转速表，这两种表均为密封的耐振动的电流表，机芯完全相同，表面刻度分别为冲/分或转/分。表盘后面壳体上有一可调电位器，供运转时调校用。传感器来的电信号为0~10mA，显示表即可分别指示出1#钻井泵、2#钻井泵的冲次数(0~200冲/min)和转盘的转速(0~300r/min)。

(3)记录机构

本系统记录仪采用气动记录笔，从传感器输出的电信号，必须用气信号才能记录出来。记录机构除气动记录笔外，还有电气转换器、减压阀和分水滤气器等。

由传感器来的0~10mA电流信号输入电气转换器后，转变为相对应的0.02~0.1MPa的气压信号。气动记录仪把气压信号又转变为记录笔角位移，使笔尖随气压的大小停留在记录纸的不同位置上。当滚筒由时钟带动匀速转动时，就将不同时刻的转盘转速(或钻井泵冲次)参数记录下来了。

(4)电气转换器

电气转换器主要由杠杆、永久磁铁、测量线圈、喷嘴、挡板等组成。当从传感器来的电流信号0~10 mA输入电气转换器时，测量线圈就产生与输入电流信号成正比电磁力，使杠杆绕簧片支承转动，从而改变喷嘴和挡板之间的间隙。喷嘴里虽然输入恒定的气压，但喷嘴与挡板之间的间隙变化可使喷嘴气阻变化，使得喷嘴背压随之改变，从而得到与输入电流信号成正比的输出气压信号，这样就将电流信号转变成相应的气压信号输至记录仪了。

(5)减压阀、分水滤气器

电气转换器所需气体由井场气源提供，但井场气源压力较高且是波动的，而电气转换器的气源需恒定为 0.14MPa 的压力。为此仪器中使用了减压阀，以降低和稳定气源到所需的压力。为去掉空气中的水分，在减压阀前还使用了分水滤气器。分水滤气器前有一个三通，用高压气软管将井场气源接到此三通上，三通上的压力表显示井场气体的压力。

(6)气动记录仪

气动记录仪主要由波纹管、精密弹簧、螺旋杆、转臂、记录笔等组成。波纹管是一种气压敏感元件，随气压大小成正比的伸长。波纹管与精密弹簧构成组合气压弹性元件。从电气转换器来的气压信号输入波纹管内后，组合弹性元件与气压信号成正比的伸长，推动与之相连接的螺旋杆上下移动，再经轴承、支座等转变成转臂的角位移，与转臂相连的记录笔就移至记录纸上相应位置，记录纸随滚筒匀速转动，从而就画出不同的转盘转速(或钻井泵冲次)曲线了。

2. 测量原理

传感器接收转盘(或钻井泵冲次)的信号，将其转变成与转盘转速(或钻井泵冲次)成正比的电信号输出，输出的电信号输送到室内接线盒后，分成两路，一路输入显示表；另一路输入电气转换器，将电信号转变成气信号推动气动记录笔，这样就显示和记录出转盘的转数了(或钻井泵的冲次)。

二、安装

本测量系统的显示表、接线盒出厂前已安装在显示仪表台上，记录仪及室内接线盒已安装在仪表房内，现场仪进行传感器的电缆线及气管线的连接。

钻机型号不同，转盘转速传感器安装的部位不同，但方法相仿，其基本原则是：将传感器的大皮带轮安装在与转盘一起转动的轴上，测速电机用底座固定在附近适应的位置，使其便于用活胳三角皮带将大小两皮带轮连接起来。

1. 转盘转速传感器在 ZJ45 钻机上的安装

(1)拆开护罩、气龙头的气管线和拼帽。

(2)将止动垫圈装在轴上，再将内孔带有螺、纹的大皮带轮旋紧在轴上，并用止动垫圈锁紧。

(3)将测速电机传感器固定在支座上，并使其沿支座长孔尽量向前固定，以便下一步张紧皮带和皮带运转伸长后有调整余地。

(4)将传感器支座连同测速电机一起放在钻台底板的适当位置上，并使其大小皮带轮对齐，以便于用皮带连接。

(5)用 A 型活胳三角皮带连接大小两皮带轮。

(6)将传感器支座用电焊焊接在钻台底板上。

(7)调整测速电机在支座上的位置(即使测速电机沿支座长孔前后移动)，使其皮带松紧适当，传感器即安装完毕。

2. 钻井泵传感器的安装

各种型号的钻井泵，配备的大皮带轮和传感器支座不同，但安装方法相仿，其基本原则是：

将大皮带轮泵传动轴外伸出轴端上(通常在动力输入的另一侧)，测速电机连同支座固定在主轴法兰的适当位置，使其便于用活胳三角皮带将大小两皮带轮连接起来。

(1)钻井泵冲次传感器在 3NB－1000 型和 3NB－1300 型钻井泵上的安装

对于 3NB－1000 型和 3NB－1300 型钻井泵，由于泵上未带有大皮带轮，因此应将备用的哈呋式皮带轮安装在动力输入端的另一侧的外伸出轴上。注意哈呋皮带轮与测速电机上的小皮带轮对齐，皮带的松紧调整适当。

(2)电缆线的连接

本系统电缆线较多，为了便于现场的安装，每根电缆线上的插头与相连接的插座上都用尼龙标牌贴有相同的代号，现场安装时，只需按代号进行对号入座插接。电缆线插接好后，用尼龙带扎好，整齐规范。

(3)气管线的连接

本系统记录仪为气动记录仪，因此需要提供一定压力的气源，该气源由井场气源连接到仪表气路上。现场安装时，配备的高压气软管的两端已安装好气接头，只将一端连接在司钻气控箱内的三通接头上，另一端接到仪表房内的气源三通上。

三、调校

1. 运转前的调校

(1)检查显示表的零位

断开通向显示表的电路或传感器，未运转时，观察显示是否在“0”位，若不在“0”位，应修理或更换显示表。

(2)气路调校

①打开司钻控制箱气阀，使井场气源接通到仪表气路上。气源压力表读数应为0.4MPa以上。

②旋转减压阀上的调压阀手柄，使减压阀上的压力表读数为0.14MPa。

③拧掉电气转换器上的电缆线插头(即断开电路，使无电信号输入电气转换器内)，并拆下电气转换器外罩，用手轻轻来回按动几次杠杆后，检查记录仪左箱板上的气压表最后是否停留在0.02MPa，若不在则应用小螺丝刀调节电气转换器上的零位调节螺钉，使压力表读数为0.02MPa。

(3)记录仪的调校

当记录仪箱体左箱板上的气压表为0.02MPa时，检查记录仪笔尖是否停留在记录的“0”位(注意应在用手轻轻按动几次电气转换器上的杠杆后再检查)。若不在“0”位，可对记录仪进行调校。

调校的方法：首先松开盖形螺母，转动偏心螺钉，使记录笔尖停留在“0”位，再上紧盖形螺母即可。如果笔尖与“0”位相差太多，调节量大，使偏心螺钉无法调节到“0”位时，可松开固定螺钉，整体转动记录仪，使笔尖停留在“0”位，再上紧固定螺钉。通常偏心螺钉只起微调作用，记录仪在整体组装时应注意笔尖停留在记录纸的“0”位偏下位置。

“0”位分别调校好后，最后再总体检查一遍。用手轻轻按动几下电气转换器内的杠杆，检查记录仪左箱板上的压力表是否为0.02MPa和记录仪笔尖是否在“0”位。

2. 运转时的调校

(1)接通所有的电路，让传感器的信号输入显示表和记录仪，使之都工作起来。

(2)实际数一下转盘每分钟的转数和钻井泵每分钟的冲次数，最好多数几次求得平均值，即为转盘的实际转速和钻井泵的实际冲次。

(3)检查记录仪笔尖停留位置是否与实际值相符合(误差值应在说明书指示的允许范围)，若不符合可旋转电气转换器内的可调电位器，直到合格为止(注意调校前最好轻轻来回拨动一下电气转换器内的杠杆，以免受卡调校不准)。

(4)检查转速表和泵冲次表的显示值是否与实际转速冲次相符合，若不符合可用螺丝刀旋转显示表后面的可调电位器，使显示表指示与实际值相符合。

(5)记录仪行程的调节。记录仪的行程范围出厂前已在专门的调校台上调校好，现场一般不要随意调整，但如误差太大，必须要调整时，可松开固定螺钉，取出气动记录仪，用螺丝刀旋转调节螺钉和调节螺母，当调节螺钉顺时针旋转时，螺钉旋进，此时相同气压时的笔尖行程变小，反之行程变大。调节时只需少量地旋转螺钉即可。

四、维护保养

(1)随时检查显示表、各气压表和记录仪工作是否正常，若出现故障应及时排除。

(2)随时检查记录仪是否划线清楚，若划线太粗或断线，应及时更换记录笔尖。

(3)更换记录纸或拆下滚筒时应抬起记录仪，以免损坏笔尖。

(4)定期检查传感器皮带的张紧程度，若皮带太松引起打滑应及时张紧皮带，消除打滑现象。

(5)随时检查气路管线各接头是否漏气，若有漏气现象应及时排除。

(6)分水滤气器和减压阀底部都有放水排污装置，应定期扳动排水手柄或拆下螺钉，排除污水，以防积水过多。

(7)定期检查螺旋杆与轴承之间的间隙。检查时关闭气路，用手轻轻左右摇动转臂，若笔尖不能回到原处，说明螺旋杆与轴承之间的间隙太大，应交仪表工进行调整。

五、常见故障及处理

常见故障及处理如表1－49所示。

表1－49　常见故障及处理方法

序号	故障现象	可能原因	处理办法
1	钻机运转时显示表和记录仪都无指示	(1)传感器上皮带脱落	(1)装好皮带，调整皮带松紧适当
		(2)传感器到室内接线盒的电缆断或导线短路	(2)更换电缆线
		(3)插头松动，接触不良	(3)各插头到位
2	显示表指示正常，记录仪出现故障	(1)转换器上的小型插头插座接触不良	(1)把插针的开口扳大些，使插头插座接触良好
		(2)转换器内杠杆受卡	(2)用手轻轻拨动杠杆几次
		(3)气路堵或漏气	(3)检查气路，及时排除故障
3	记录仪正常工作，显示表出现故障	(1)接线盒到显示表的电缆线中断或短路	(1)连接或更换电缆线
		(2)松动、接触不良	(2)插紧插头
		(3)极性接反，指示表反转	(3)交换显示表后面接线

任务六　钻井液出口流量的测量

一、系统的组成及测量原理

钻井液出口流量测量系统是把钻井作业中钻井液出口流量变化的相对百分量自动显示和记录出来，还可预报井涌或井漏等井下异常情况，为安全钻井提供手段。

1. 组成

钻井液出口流量测量系统由传感器、显示仪表箱、记录仪、报警器(报警灯和电笛)、2

个接线盒及电源稳压器等组成，如图 1 - 37 所示。

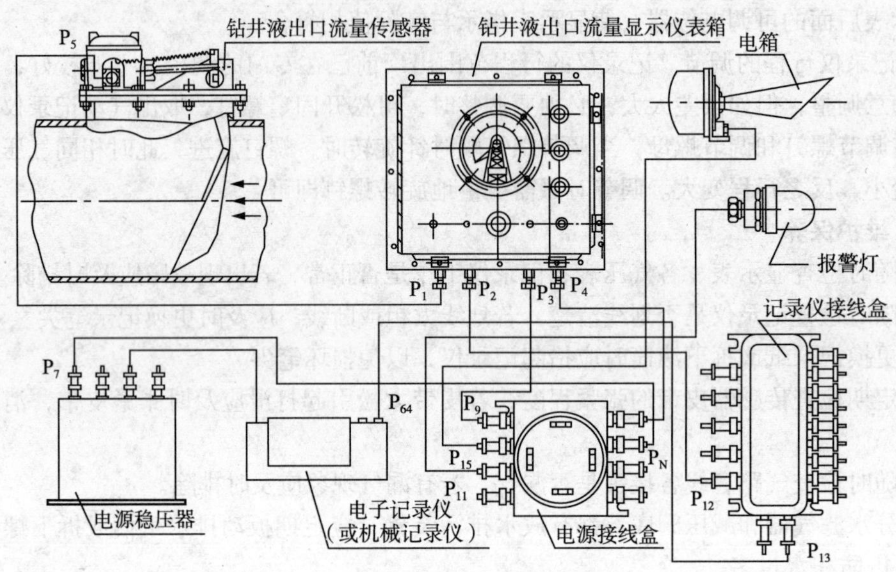

图 1 - 37 钻井液出口流量测量系统

2. 测量原理

传感器接收钻井液出口流量的信号，将其转变成与出口流量成正比的电信号输出，输出的电信号进入显示仪表箱内，经处理后一方面将标准电流信号直接输入显示表，另一方面输入到记录仪接线盒，然后进入记录仪记录出来。同时该测量系统设置有报警装置，当钻井液出口流量大于或小于某预置值时，显示仪表箱上报警灯亮，同时输出报警信号到电源接线盒，启动接线盒内的继电器，然后再分别输入报警灯和电笛，给井场发出一个红色灯光信号和电笛声音。由于仪表用电要求平稳，井场交流电需经电源稳压器稳压后，供给测量系统。

3. 传感器

钻井液出口流量测量系统传感器通常采用靶式流量计，这种流量计是把出口管线上钻井液流对靶叶片的作用力矩转变成电信号，它由靶叶片、拉杆电位器、传动块、拉簧等组成。当钻井液不流动时，在拉簧的拉力和靶的重力作用下，靶叶片处于最低位置，此时拉杆电位器处于“0”位。当钻井液自右向左流动时，钻井液流对靶叶片的作用力使其向左偏转某一角度，靶的重力和弹簧伸长的拉力产生一个阻碍这种变化的力矩，当该力矩与钻井液流对靶的作用力矩达到平衡时，靶叶片就停留在新的平衡位置上。由于靶转动了某一角度，通过机械传动装置将转角变为直线位移，使拉杆电位器的中心轴头水平拉出一个位移，传感器就输出与钻井液出口流量成比例的电信号输出。

4. 记录仪

钻井液出口流量测量系统可配机械记录仪或电子记录仪，也可不配置记录仪。机械记录仪为气动记录仪，结构原理可参见转盘转速及泵冲次测量系统中气动记录仪，结构、原理和调校完全相同。

二、传感器的安装和电缆线的连接

本测量系统的显示仪表箱、报警装置（ 报警灯和电笛 ）、电源接线盒出厂前已安装在显示仪表台上，记录仪、电源、稳压器、记录仪接线盒安装在仪表房内，现场只进行传感器的安装和电缆线的连接。

1. 传感器的安装

各型钻机传感器的安装基本相同，安装位置均在钻井液出口管上，但必须距钻井液出口处2 m 以上便于安装的地方，其安装步骤是：

(1)在选择好的钻井液出口管的正上方用气焊切割传感器底座安装孔，切割尺寸如图1－38所示。

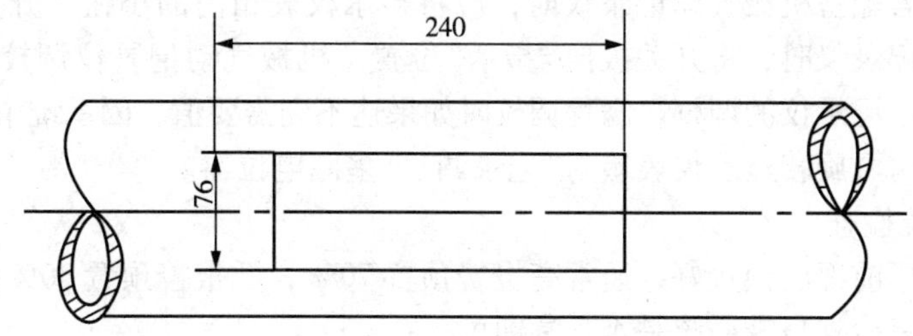

图1－38　钻井液出口管切割尺寸

(2)将传感器座放在切口处对齐，然后用电焊焊接平整，不得渗、漏水。

(3)根据钻井液出口管的大小选择合适的叶片，固定在传感器上。仪器出厂时配备有大小两种叶片，通常情况下选用大叶片，只有当出口管尺寸小于 10in 或振动筛高于出口管，致使管内沉淀泥沙太多，不能安装大叶片等情况下，才选用小叶片。安装叶片时应调节叶片在传感器上的高度，使其出口管上后叶片距管底约 20～50mm 左右。

(4)转动靶叶片，检查传感器各传动部件是否灵活，拉杆拉动是否灵活，如发现有卡阻现象，应立即排除。

(5)将传感器和橡皮垫安装在出口管底座上，用螺栓固定。

2. 电缆线的连接

本测量系统的电缆线较多，为了便于现场的安装，每根电缆线上的插头与相连的插座上都用尼龙标牌贴有相同的代号，现场安装时，只需按代号进行对号入座插接即可。电缆线插接好后，用尼龙带扎好，做到整齐规范。

三、调校

1. 运转前的调校

(1)传感器机械零位与满程的粗调

打开传感器密封缸盖，并断开传感器的连接电缆线，用万用表测量“黄”、“黑”两点的阻值是否为0. 05～0. 1kΩ 范围内，若不在此范围内，可用螺丝刀旋转传感器零位调节螺钉。调校满程后，可将传感器上传动块向右扳动，直到扳不动为止，靶叶片处于管内最高位置，此时测量“红”、“黄”二点的阻值。

(2)传感器电气零位与满程调校

接通传感器电缆线，用万用表测量“红”、“黑”两点的电压，此值为传感器激发电压，应为 10. 45V ±0. 03V，出厂前已调校好，现场只作检查。然后测量“红”、“黄”两点电压，即零位电压应为 0～10. 05V，若不在此范围内，按前面(1)所述方法调整电位器支架位置，使之在需要的值。然后扳动传动块使靶叶片处于管内最高位置，连接“红”、“黑”两点，测量满程电压，应为 10V 左右。

(3)显示表零位与满程调校

按要求接通系统内所有电缆线，将显示仪表箱面板上电源开关搬向“通”位置，当传感器靶叶片处于“0”位时，检查显示表是否在“0”位 ，若不在“0”位，打开显示仪表箱盖，旋转“零位调节”多圈电位器，使显示表指针处于“0”位。然后扳动传动块使靶叶片处于管内最高位置，观察显示表指针是否在满程，如果不是满程，则旋转“满程调节”多圈电位器，使显示表指针处于满程。

(4)记录仪零位与满程调校

本测量系统若配备机械气动记录仪时，应将显示仪表箱内的小钮子开关扳向“记录”位置，若配备电子记录仪时，将开关扳向“指示”位置。机械气动记录仪调校参见转盘转速和泵冲次测量系统中记录仪的调校。满程调校时如果达不到需要值，因系统中的电气转换器内无可调电位器，由可旋转显示仪表箱内“记录调节”多圈电位器。

(5)报警系统检查

报警预置出厂前都已预置好，通常高报警预置70%，低报警预置30%。设置10%现场一般不再调校，只检查报警系统是否正常即可。

将仪表箱面板报警电源开关扳向“通”位置，慢慢扳动传感器的传动块，使靶叶片在槽内慢慢变化位置，显示表指针在0~100% 区间变化时，观察以下现象是否存在：

①在0~10% 区间，报警不工作，即报警非工作区。

②在10%~30% 区间，仪表箱面板上内报警指示灯亮，同时显示仪表台外报警灯亮，电笛发声，即低限报警区。

③在30%~70% 区间，报警全停止，即正常工作区。

④在70%~100% 区间，内外报警灯亮，即高限报警区。将以上过程返回检查一遍后即可。

2. 运转中的调校

(1)接通所有电缆线。

(2)将仪表箱面板上电源开关和报警电源开关均置于“通”位置。稳定性选择开关根据现场情况而定，一般可先置于“低”位置，以增加监视灵敏度，此时观察显示表指针的摆动情况，若摆动较大可置于“中”位置，当表层钻井液量波动较大时，才选用“高”位置。

(3)观察正常钻井时显示表的读数，一般情况下应为50% 左右，若与此值相差太多(应考虑单泵和双泵钻井液流量的差别)，可调节传感器上的拉簧，拉簧的弹力是可调节的，只要旋转螺旋杆，就改变了弹簧拉长到某一位置时的拉力，使其正常钻井时能调节靶叶片的转角到理想位置，显示表指示为50% 左右。

四、维护保养

(1)经常保持仪表箱表面清洁干净，并检查面板上各元件是否松动，以保持各电器元件的密封性能。

(2)每打开一次仪表箱盖后，一定要上紧箱盖，且各螺栓应均匀上紧，以保持箱体的密封性。

(3)利用起下钻可暂不使用该仪器时，把传感器从出口管内取出，清除靶叶片上的泥沙和泥饼，用水清洗干净，再原样装下去。

(4)在条件允许时应调校一次零位和满程。

(5)定期检查报警系统是否正常。

五、常见故障及处理

常见故障及处理如表1-50所示。

表 1-50 常见故障及处理方法

<table>
<tr><th>序号</th><th>故障现象</th><th>可 能 原 因</th><th>处 理 办 法</th></tr>
<tr><td rowspan="3">1</td><td rowspan="3">仪表箱不上电</td><td>(1)面板上保险丝损坏</td><td>(1)更换保险丝管</td></tr>
<tr><td>(2)仪表箱内温度开关或电源开关损坏</td><td>(2)更换温度开关或电源开关</td></tr>
<tr><td>(3)供电线路的电缆线中断或接插件接触不良</td><td>(3)检查电缆线或接插件，发现问题进行修复</td></tr>
<tr><td rowspan="10">2</td><td rowspan="10">显示表无指示</td><td colspan="2">传感器故障</td></tr>
<tr><td>(1)叶片在管内被阻卡不动</td><td>(1)清除阻挡物</td></tr>
<tr><td>(2)拉杆电位器与驱动杆脱落</td><td>(2)设法使拉杆电位器与驱动杆连接</td></tr>
<tr><td>(3)拉杆电位器损坏或引线断</td><td>(3)更换拉杆电位器或接通引线</td></tr>
<tr><td>(4)无传感器激发电压</td><td>(4)查出原因并排除</td></tr>
<tr><td>(5)传感器插件或接线排接触不良</td><td>(5)插好接插件，上紧接线螺钉</td></tr>
<tr><td colspan="2">仪表箱故障</td></tr>
<tr><td>(1)显示表断线或引线柱脱落</td><td>(1)接好引线或更换新表头</td></tr>
<tr><td>(2)PC_1 板内组件损坏</td><td>(2)更换 PC_1 板</td></tr>
<tr><td>(3)PC_3 板无 15V 电压</td><td>(3)更换 PC_3 板</td></tr>
<tr><td rowspan="5">3</td><td rowspan="5">显示表反应太慢或指示错误</td><td>(1)仪表箱进水或太潮湿，出现漏电</td><td>(1)烘干仪表箱及电器元件</td></tr>
<tr><td>(2)PC_1 板组件损坏</td><td>(2)更换 PC_1 板</td></tr>
<tr><td>(3)显示表头有故障</td><td>(3)更换显示表</td></tr>
<tr><td>(4)PC_1 板“满程调节”或“零位调节”调乱</td><td>(4)重新调校零位和满程</td></tr>
<tr><td>(5)稳定性选择旋钮(即波段开关)相碰</td><td>(5)根据情况修复</td></tr>
<tr><td rowspan="4">4</td><td rowspan="4">记录不正确或不记录</td><td>(1)PC_1 板内“记录调节”未调校好</td><td>(1)重调</td></tr>
<tr><td>(2)小钮子开关位置扳得不对</td><td>(2)根据使用的记录仪将位置扳对</td></tr>
<tr><td>(3)接插件接触不良</td><td>(3)上好接插件</td></tr>
<tr><td>(4)记录仪有故障</td><td>(4)检查记录仪排除故障</td></tr>
</table>

任务七　钻时—井深测量系统

一、系统的组成及测量原理

1. 系统的组成

钻时—井深测量系统主要由测量绳、测量绳恢复器、钻时记录机构、井深计数器、控制阀和若干个导向滑轮组成。

2. 测量原理

在钻井过程中，合上钻时记录控制阀，使钻时记录机构中的气动离合器合拢，随着进尺的增加，水龙头带动测量绳的一端向下移动，测量绳便带动绳轮转动，经过离合器带动齿轮副转动。每当进尺增加 1/3m，主动齿轮便转一圈，与主动齿轮同轴安装的主动凸轮碰块碰动联动块上的被动凸轮斜面一次，联动块便抬起一次，它推动记录笔传动杆摆动，使记录笔在记录纸上画出一根短划线。当进尺达到 1m 时，主动齿轮转 3 周，从动齿轮转 1 周，其上的光信号碰联动块凸轮斜面一次，使联动块抬起一次。由于此时联动块抬起的高度大于主动凸轮碰块碰动联动块凸轮时联动块抬起的高度，故记录笔在记录纸上画出一根长划线。记录纸的移动是由记录时钟带动的，每移动一段长度都代表一定的时间，所以在记录纸上所画出的两根长划线之间的长度对应的时间就是钻井进尺 1m 所需的时间，即钻时。钻时与进尺速度互为倒数关系。在记录纸上，每小时对应的长度上，划线的疏密程度即代表进尺速度。

在钻时记录机构从动大齿轮轴承端安装着一根软轴，它直接驱动机械计数器，以记录累计进尺，即井深。

为了使测量绳在绳轮上不产生打滑现象，保证钻时—井深测量系统测量的准确性，测量绳随时都需要保持绷紧状态，并能随水龙头的上下移动而收放，这个功能是靠测量绳恢复器来承担的。恢复器中有一盘弹力很强的发条，在使用前上紧发条，发条积蓄的势能通过齿轮传递给卷绳盘，使测量绳时刻处于绷紧状态，并能随水龙头的提升和下降而收放。

二、安装与调试

钻时—井深测量系统中的钻时记录机构及井深计数器，在仪器出厂前，已安装在七笔记录仪上，测量绳恢复器已安装在记录仪支架上，钻时记录控制阀已安装在显示表台上。该系统的现场安装主要是气路管线的安装和测量绳的安装。

1. 气路管线的安装

先关闭井场压缩空气分配器之前的阀门，并将分配器中的压缩空气放掉，在分配器管上的适当位置割一直径为 15mm 左右的圆孔，在圆孔上焊接随仪器配套的气路短节，再在短节上安装 1/2in 截止阀，可不必另焊短节，而直接在备用的截止阀上安装三通。用气压软管将气源三通、钻时控制阀和钻时记录机构进气接头连接。三通的另一路为七笔记录仪气动记录笔气源。

2. 测量绳的安装

测量绳由仪表房内引出，绕过安装在井架顶部的顶滑轮，再向下，将其尾端捆在水龙头鹅颈管上。测量通过的路径不要拐弯过多，而且必须充分考虑水龙头在各个位置(比如在钻进时的最高位置或最低位置，插入鼠洞和由鼠洞移向井眼过程中的各个位置)，测量绳不得与井架上其他物体或绳索缠绞。为有利于测量绳的移动，并避免其在风中强烈摆动，在测量通过的地方应安装若干个导向滑轮。

测量绳安装具体步骤如下：

(1)使测量绳恢复器上的卷绳盘处于可以自由转动的位置，此时卷绳盘上的定位爪应卡在恢复器输出轴的外槽上。

(2)将卷绳盘上缠绕的测量绳外端牵出穿过记录仪箱体底部上的小孔，顺时针绕过绳轮槽一周，再从记录仪箱体上部的小孔穿出，通过仪表房导轮引出仪表房。然后再经过若干个导向滑轮引至井架顶部，绕过吊装在井架顶部的顶滑轮再向下牵至钻台上。

导向滑轮使用的多少，应视井架结构和测量绳经过的路径而定，但是必须注意：除仪表房引出导向滑轮外，从仪表房到井架顶部，导向滑轮不得少于 2 个。要特别注意导向滑轮的正确安装。

(3)将水龙头放到低位置，再将测量绳的头端捆在鹅颈管上。

(4)将手柄旋入恢复器输出轴螺孔内，并旋到螺孔底。

(5)反时针扳动恢复器棘爪轴铜帽，使棘爪与齿轮啮合。此时如顺时针稍稍转动手柄，应能听到棘爪发出的轻微的“嗒嗒”声，并能阻止输出轴反时针回转。

注意：不要在棘爪未与齿轮啮合时上发条，否则，可能会伤害工作人员及设备。

(6)握紧手柄，顺时针转动输出轴 70 ~ 80 转。

注意：上发条不要超过 80 转 ，否则可能会损坏设备。

(7)握住手柄，转动卷绳盘，将松弛的测量绳卷入卷绳盘，并使其稍稍绷紧。此时卷绳盘窄槽内的测量绳应整齐排列，缠绕的层数不要超过两层。如超过两层，应设法将多余的测量绳缠入宽槽内，在窄槽内只能剩 1 ~ 2 层。

(8)继续握住手柄，扳开卷绳盘定位爪，将卷绳盘往内推，使其从自由空转位置进入与输出轴传动销啮合的位置。这时定位爪卡入输出轴的内槽。

(9)顺时针转动手柄少许，握紧手柄，并停留在这个位置不动，顺时针扳动棘爪轴铜帽，使棘爪离开齿轮。然后反时针缓缓地放松手柄，直到测量绳处于绷紧状态。

(10)从输出车上卸下手柄，放到安全的地方。

本系统安装完毕后的调校主要是钻时划线长度的调校和井深读数器的调校。

钻时划线长度调校以长划线为准，每进尺 1m 时，记录笔在记录纸上划出的长划线长度以 12 ~ 15mm 为宜，划线的起点应靠记录钻时记录栏的左边线。划线长度主要靠改变记录笔传动机构的两个连接螺钉旋钮在拐臂滑槽和记录笔臂滑槽中的位置来确定。旋扭离拐臂转动中心和记录笔臂转动中心越近，划出的划线越长，反之越短。划线的起点位置靠调节传动杆的长度来确定。仪器出厂前，划线长度和起点都进行了调节，如在现场使用中，划线长度与起点与上述要求相差不大，可以不必再进行调节。

井深计数器的调校目的是将计数器的显示值调整到本系统开始投入使用时，钻进的实际井深值。其方法是松开软轴螺钉，取下软轴，转动计数器轴，使计数器显示出井深值，然后上紧轴即可。

三、仪器的使用

系统安装调试完毕后即可投入使用。使用前先打开气源阀门，当下钻具完毕，钻头压到井底，施工中钻压开始钻进时，立即合上钻时记录控制阀，系统便开始工作。在钻井无实际进尺的其他作业时，应关闭控制阀，使系统停止工作。如果在无实际进尺的其他作业中，尤其是快速提升钻具时，不关闭控制阀，不但影响井深记录的准确性，而且还会由于系统的反转引起较大的冲击，并加剧磨损。

钻时—井深测量系统是一种造价低廉的测量仪器，其特点是结构简单，容易掌握，能满足一般打生产井的需要。但在使用中，由于各种因素的影响，特别是司钻未能根据钻井作业的实际情况准确及时地操纵控制阀，因而井深计数器所显示的井深与实际井深可能会有较大的误差。仪表管理者应根据井场地质记录的实际井深对计数器经常加以校正，以便于司钻和技术人员分析记录曲线和更换记录纸填写井深时参考。

四、日常维护保养

仪器在使用中，应该加强日常的检查与维护。首先定期检查测量绳所经过的路径中的各个导向滑轮工作是否正常，测量绳是否与其他物体缠绞。若在井架上增加新的悬挂物，特别是更换绞车提升系统钢丝绳时，要注意切莫干扰测量绳，必要时应将测量绳从水龙头上解开，暂系于井架其他位置上，待钢丝绳更换完毕后再将测量绳系于水龙头上。其次，经常观察记录曲线，如果记录笔划线太粗或断线，要及时更换记录笔。如果发现划线长度有较大变化或划线起点有较大偏移，要根据有关要求进行调节。如果发现零件过度磨损或损坏，要及时更换零件。

任务考核

一、简述题

(1)大钩悬重测量系统的组成及原理是什么?

(2)转盘扭矩测量系统的组成及原理是什么?

(3)立管压力测量系统的组成及原理是什么?

(4)转盘转速和钻井泵冲数测量系统的组成及原理是什么?

(5)钻井液出口流量测量系统的组成及原理是什么?

(6)钻时—井深测量系统的组成及原理是什么?

二、操作题

(1)大钩悬重和钻压测量系统的安装调试及使用。

(2)转盘扭矩系统的安装调试及使用。

(3)立管压力系统的安装调试及使用。

项目八　钻井队常用工具

知识目标

(1)熟悉管钳的主要用途及维护保养的方法。

(2)熟悉链钳的主要用途及维护保养的方法。

(3)熟悉倒链的主要用途及维护保养的方法。

(4)熟悉黄油枪的主要用途及维护保养的方法。

(5)熟悉手动螺旋千斤顶和液压千斤顶的主要用途及维护保养的方法。

(6)熟悉吊钳的主要用途及维护保养的方法。

(7)熟悉吊环的主要用途及维护保养的方法。

(8)熟悉吊卡的主要用途及维护保养的方法。

(9)熟悉卡瓦的主要用途及维护保养的方法。

技能目标

(1)掌握管钳的使用方法。

(2)掌握链钳的使用方法。

(3)掌握倒链的使用方法。

(4)掌握黄油枪的使用方法。

(5)掌握手动螺旋千斤顶和液压千斤顶的使用方法。

(6)掌握卡瓦的使用方法。

(7)掌握吊卡的使用方法。

(8)掌握吊钳的使用方法。

(9)掌握吊环的使用方法。

学习材料

钻井的正常进行离不开井口工具和手工具，利用它们可以上卸钻具螺纹，维护保养设备。正确使用井口工具和手工具将有利于安全、优质、快速地完成钻井任务。井口工具一般包括吊卡、吊钳、吊环、卡瓦、安全卡瓦、滚子方补心等，配备较先进的井队还有动力大钳、动力卡瓦、方钻杆旋扣器等。手工具一般包括榔头、压杆式黄油抢、管钳、链钳、液压千斤顶等。

任务一　手工具

一、管钳

1. 用途、结构及规格

(1)用途：管钳用于外径小于110mm厚壁圆形管件螺纹的紧扣或卸扣。

(2)结构：管钳主要由手柄、调节螺圈、活动板口、牙板四部分组成，如图1-39所示。

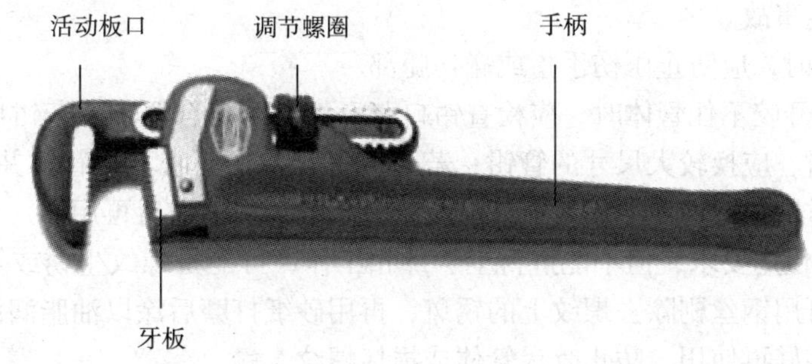

图1-39　管钳

两块牙板分别固定在手柄和活动板口的端面上，调节螺圈可以调节牙板开口的大小以适应不同尺寸管材螺纹的紧扣和卸扣。

(3)规格：管钳规格以全长尺寸为准，如表1-51所示。

表1-51　管钳规格

管钳长度/mm	150	200	250	300	350	450	600	900	1200
最大开口直径/mm	20	25	30	40	45	60	75	85	110

2. 操作步骤与要求

(1)在平放管件上、卸扣

①右手握住管钳柄，左手转动调节螺圈，使钳口张开距离大于所夹持的管件直径1~2mm。

②将钳口卡在距连接螺纹末端10~20cm处的管体上，钳口夹持方向与手柄旋转方向一致。

③两腿分开与肩同宽，左手稍压钳头，保证钳牙夹持管体不致打滑，右手握住手柄用力下压，当下压快到最低位置时，右手五指松开靠掌心用力压至最低位置，然后右手上提手柄的同时，左手握住活动板口使其钳口不致滑脱。当手柄抬至胸前时，可重复上述动作，达到上、卸管件螺纹的目的。

(2)直立或倾斜度较大放置管线的上、卸扣

①面对管线调好钳口张开距离，两腿分开略大于肩宽，左手绕过管子握住活动钳头，钳口卡在距连接螺纹末端15cm左右的管体部分。

②左手扶住活动钳头的同时应向内轻压钳头，保证牙板紧贴管壁，不致滑脱，右手紧握钳柄尾部并用力向钳口开口方向旋转至身边时，将手柄又推回原始位置，再拉再推，往复进行可上、卸管件螺纹。

上述两种情况，若管钳较大较重、钳柄较长时，应由二人配合使用，一个人手扶钳头和钳柄，起扶持和保证钳口牙板紧贴管壁的作用，另一个人两腿分开略大于肩宽，双手紧握钳柄尾部，起操纵钳柄运动方向的作用。具体操作步骤与前面两种情况相同。

3. 注意事项及维护

(1)为保证旋转力矩的作用点在固定牙板上，并且钳口紧紧咬住并转动管件，钳柄用力旋转的方向应指向钳口的开口方向。

(2)规格在600mm以下的管钳，严禁使用加力管。600mm以上的管钳若需用加力管上卸扣，其管长只能为钳柄长度的0.5倍。

(3)严禁将管钳柄作撬杠用，以防弯曲。管钳任何部位不得有裂纹、焊缝，若有损伤不得使用，防止发生事故。

(4)下压钳柄时，应防止压伤手指或碰伤腿部。

(5)若钳口张开咬不住管体时，应检查钳口张开度是否符合要求。若钳口张开至最大口径仍咬不住管体时，应换较大尺寸的管钳；若开口符合要求而咬不住管体并出现打滑现象，则可能是牙板严重磨损或油泥填满牙口，应更换牙板或清洗油泥后再用。

(6)管钳符合使用要求，但不能进行上、卸扣工作，可能是螺纹生锈或错扣，此时不能强行旋动手柄，可用钢丝刷除去螺纹上的锈斑，再用砂纸打磨后涂以油脂润滑螺纹；若因错扣，应重新对扣装好再使用，防止咬扁管体或损坏螺纹。

(7)若上、卸扣出现两连接件同时转动的现象，应设法将其中之一固定牢靠，防止无法上紧扣或不能卸扣的现象发生。

二、链钳

1. 用途、结构与规格

(1)用途：链钳用于外径尺寸较大，管壁较薄的金属管的螺纹装卸，也可用于管壁较厚的管材上扣或卸扣。

(2)结构：链钳主要由手柄、钳头、链条等主要部件组成，如图1－40所示。钳头上用销子固定有两块夹板，每块夹板的四边角均做成梯形齿，以便与管壁咬合，防止打滑，链条采用全包式，管子卡在二夹板的锁紧部位，使包合管子的外力分布均匀，更加适合薄壁管材的螺纹上扣或卸扣工作。

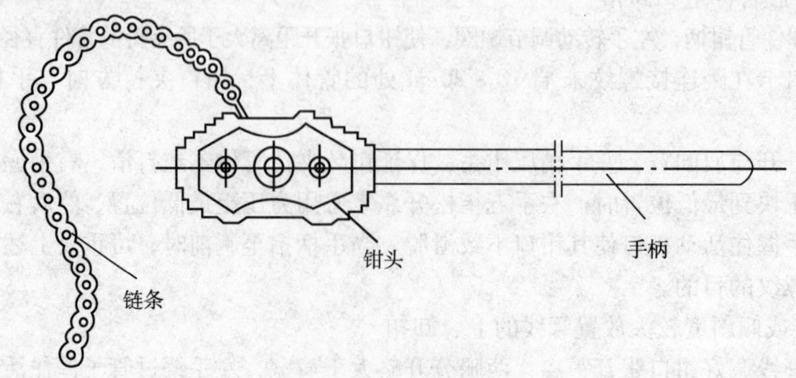

图1－40　链钳

（3）规格：链钳规格如表1－52所示。

表1－52　链钳规格

链钳规格/mm	900	1000	1200
最大使用口径/mm	50～150	50～200	50～250

2. 操作步骤与要求

（1）平放管件的上扣、卸扣

①将需要连接的管线用垫木垫平，管体距地面的间距以能保证链条通过为宜。

②将钳头垂直摆放在所需转动的管体的螺纹连接部位，其钳头摆放方向与所需转动方向一致，然后将链条绕过管体并拉紧卡在夹板锁紧部位的卡子上。

③将钳柄向后稍拖一下，使卡板头上的梯形齿与管体紧密咬合，双手紧握钳柄向上抬起，即可转动管体，若双手下压，钳柄回位，可使卡板头上的梯形齿与管体咬合放松，然后再稍向后拖一下，又可使咬合紧密，上抬钳柄又可转动管体，只要这样反复多次，即可达到上、卸管线螺纹的目的。

④工作结束，下压钳柄，可使包合管子的链条松动（不要后拖钳柄），然后左手托起钳头后部使钳头抬起，右手即可将链条从夹板上取出，若咬合较紧不易取出链条时，可将钳柄敲打一下，使链条松动，即可取出。

（2）直立或大角度倾斜放置管线的上扣、卸扣

①面对管线站立，双脚分开与肩同宽，手持钳柄与管体中心线垂直，将钳头方向与旋转管体方向一致并紧靠在管体上面，然后把链条反方向（与转动方向相反）绕管体一周，拉紧并扣到夹板的锁紧部位。

②将钳柄稍向后拖，使齿头梯形齿紧紧咬在管体上面，然后转动手柄，若空间允许，可沿圆周方向连续推动旋转，若连续推转受到空间限制，则可将钳柄推转到最大角度时，左手托起链钳夹板，右手将钳柄扳回原位，再次推转手柄，如此反复进行，即可达到上、卸螺纹的目的。

③工作结束，将钳柄往回退一下，即可放松链条，再将夹板晃动，右手托住钳头，左手取出链条。

3. 注意事项及维护

（1）使用前必须对链钳各部位进行仔细检查，不得有裂纹或缺损，部件应齐全，各链节间连接应可靠，转动应灵活、无阻卡。

（2）链条包合至锁卡部位应拉紧并注意紧密扣合，防止工作过程中链条松脱、钳头下砸而碰伤手脚。

（3）链条包合并卡在锁紧位置向后拖钳柄使之扣合后，夹板头梯形台阶上至少应有两个以上的齿压在管体上，防止在转动钳柄时出现打滑或咬伤管体的现象。

（4）链条包合的咬紧部位应尽量靠近管体的紧扣或松扣部位，咬合时，链条应均匀紧贴管壁，且两夹板应垂直管体轴线，不能偏斜造成一块夹板单独受力而缩短使用寿命。

（5）链钳工作中，禁止使用加力管，防超负荷将链条拉断或压扁管体。

（6）链钳手柄不能用作撬杠，防止弯曲或损坏，用完后，将链条拉直，使链钳平放在工具台上或者将钳柄朝下、钳头朝上，并将链条翻搭在支架另一侧，使链钳斜靠在支架上。

（7）链钳使用后，应保持清洁、干净。

三、倒链（手动链式起重机）

1. 用途、结构、工作原理及规格

(1)用途：倒链是一种手动轻便的起重工具，主要用于起吊重物。

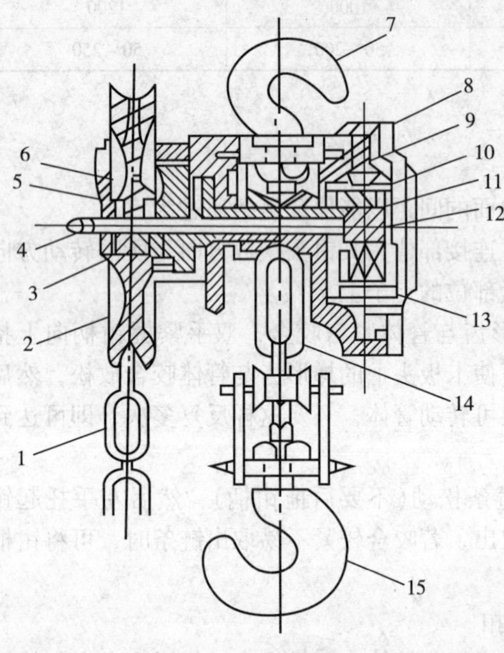

图1-41　倒链

1—手拉链；2—传动链轮；3—棘轮圈；4—链轮圈；5—圆盘；6—摩擦片；7—上吊钩；8—固定齿轮；9—行星齿轮 10—齿轮轴；11—起重齿轮；12—传动齿轮；13—驱动机构；14—起重链；15—下吊钩

(2)结构：倒链主要由链轮、手拉链、起重链、传动机构及上、下吊钩等主要部件组成。其中传动机构可分为蜗轮式传动和齿轮式传动两种。蜗轮式传动由于机械效率低，零件易磨损，目前很少使用。齿轮传动的倒链以 SH 型应用较为普遍，如图1-41所示。

(3)工作原理：当提升重物时，用手向下拉动手拉链，手拉链使传动链轮按顺时针方向转动的同时又沿着圆盘套筒上的螺纹向里移动，迫使棘轮圈和摩擦片紧压在链轮轴上。链轮轴右端的传动齿轮带动行星齿轮与固定齿轮相啮合，使行星齿轮以齿轮轴为中心，顺时针方向转动并带动驱动机构和起重链轮转动，在起重链带动下吊钩上升。当停止拉动手拉链时，重物靠自身的重量迫使棘轮圈上的棘爪阻止棘轮圈逆时针转动而使重物停在空中。当下放重物时，手拉链使传动链轮逆时针方向转动并沿圆盘套筒上的螺纹向外移动，而使棘轮圈、摩擦片和圆盘分离，此时行星齿轮以链轮轴为中心逆时针方向转动，同时带动驱动机构和起重链轮转动，使起重链下降。当停止拉动拉链时，由于重物自身重量的作用，行星齿轮、传动机构、起重链轮还将继续沿逆时针方向转动，使圆盘摩擦片及棘轮圈相互压紧而产生摩擦力，棘轮圈受棘爪阻止，不能逆时针方向转动，使重物停在空中。

(4)规格：SH 型倒链规格如表1-53所示。

表1-53　SH 型倒链规格

SH 型倒链型号	SH 0.5	SH 1	SH 2	SH 3	SH 5	SH 10
起重量/t	0.5	1	2	3	5	10
起重高度/m	2.5	2.5	3	3	3	5
试验负荷/t	0.625	1.25	2.5	3.75	6.25	12.5
两钩间最小距离/mm	250	430	550	610	840	1000
满载时手拉力/kgf	19.5~22	21	32.5~36	34.5~36	37.5	38.5
质量/kg	11.5~16	16	45~46	45~46	73	170

2. 操作步骤与要求

(1)找好固定上吊钩的支架，将上吊钩挂在支架的绳套上，绳套必须牢固可靠，钩口必须用铁丝封口，防止吊钩从绳套中脱出。

(2)将被吊升的重物用绳索捆牢，并注意将绳头固定，然后将下吊钩挂在被吊重物绳套上。

(3)根据起吊吨位，按规定确定操作拉链的人数，如表1-54所示。拉链用力必须均匀，保持重物匀速上升，不要过快、过猛，防止拉链脱槽而发生事故。

(4)已起吊的重物，若吊升时间不连续，中间停放时间较长时，应将手拉链拴在起重链上，防止自锁失灵而发生事故。

表1-54　SH型倒链吨位与拉链人数

倒链起重量/t	0.5~2	3~5	5~8	10~15
拉链人数/人	1	2	2	3

3. 注意事项及维护

(1)使用前应仔细检查各部位有无损坏或变形，是否有阻卡或滑链的现象，否则不能使用。

(2)使用前应向转动部位加注润滑油，以减少磨损，延长使用寿命。但不得将润滑油渗漏进胶木摩擦片中，否则会造成自锁失灵而发生事故。

(3)必须根据起重吨位选用合适的倒链，决不允许超负荷使用，也不允许拉链人数超过允许规定范围，防止拉力过大，损坏倒链部件。

四、黄油枪

1. 用途及结构

(1)用途：黄油枪用于设备保养，给设备运转部位的轴承加注润滑脂。

(2)结构：黄油枪主要由手压杆、注油杆、阀缸体、储油筒和拉手等部件组成，其结构组成如图1-42所示。

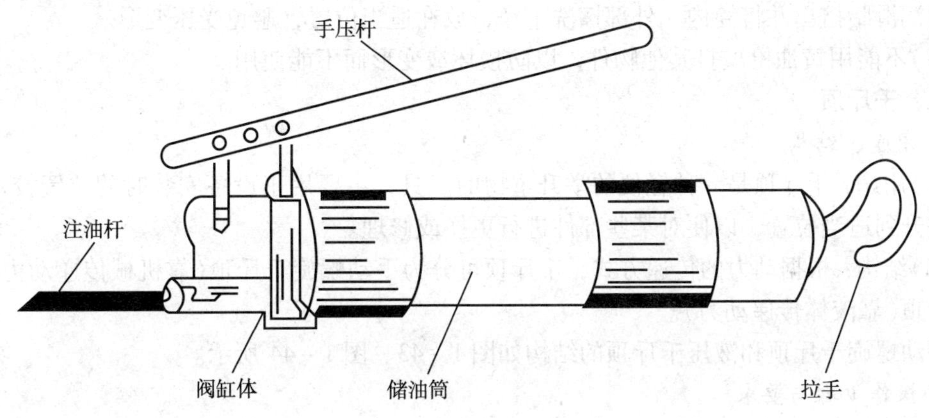

图1-42　黄油枪

2. 操作步骤及要求

(1)将拉杆拉出，使筒内活塞靠近后端盖，再将拉杆锁住。

(2)向筒内装润滑脂。使用灌油器时，将储油筒顶端螺纹旋入灌油器的细螺纹中，用灌油器把润滑脂装到储油筒内。若用于直接向筒内装润滑脂时，首先旋下前端盖，用手直接将清洁的润滑脂装入储油筒内，直到装满整个储油筒，然后旋上前端盖，并将拉杆解锁。

(3)一只手握住储油筒，另一只手握住手压杆，往复掀动手压杆排出筒中空气，当发现油嘴处出现润滑脂时，停止掀动手压杆。

(4)将注油杆前端的注油嘴对准并紧压在需润滑注油部位的黄油嘴上，将手压杆下压靠近储油筒，直到不能下压为止，然后上抬手压杆至原始位置，再下压上抬，往复扳动手压杆即可将润滑脂缓缓压入需要润滑的部位，加注完润滑脂后，拔出黄油枪。

(5)若黄油枪注油杆前端不便接近需润滑的注油部位时，应在注油杆上套一节软管，并将套扣扎牢，以防挤注润滑脂时从套口漏出，同时，在软管另一端装一个与黄油嘴螺纹相配的嘴套及内堵头，将内堵头伸入注油部位的黄油嘴内，然后拧紧嘴套，按上述方法即可加注润滑脂至注油部位。

3. 注意事项及维护

(1)使用前应检查阀弹簧、钢球等零件是否缺损，并注意检查挤注效果，保证保养工作顺利进行。

(2)注油时，注油杆前端的注油嘴与黄油嘴要对正，倾斜度不得大于8°。

(3)向储油筒内灌注润滑脂时，不得使用已变质或受污染(稀释和含有泥沙及杂物等)的润滑脂，以防影响润滑效果或将油道堵塞。

(4)润滑脂应严实地填满整个储油筒。

(5)操作手压杆时，应使手压杆开合达到最大位置，若手压杆来回数次下压并无阻力的感觉，而拉手保持原位不动，说明润滑脂并未注入黄油嘴内，应注意检查以下三个方面：

①黄油枪头部的阀弹簧：若阀弹簧已断或疲劳松弛，应更换新弹簧。

②枪筒内是否有空气：若筒内有空气，应卸松螺钉，下压手压杆将空气排尽，再上紧螺钉即可(下压手压杆见润滑脂外溢而无“啪啪”声，则空气已排尽)。

③挤不出润滑脂而下压手压杆时又无阻力感觉，拉杆也全部进入筒内，说明筒内润滑脂已全部注完，应重新灌注新润滑脂。

(6)设备保养完毕应将黄油枪放在工具箱内，防止泥沙进入。若长时间不使用，应将黄油枪内润滑脂挤出并将筒内、外部擦洗干净，放在适当位置，避免受压变形。

(7)不能用黄油枪敲打其他物件，以防损坏或变形而不能使用。

五、千斤顶

1. 用途、结构

(1)用途：千斤顶是一种轻便的举升重物的工具，主要用于设备安装时的位置校对或将设备举升到适当位置，以便对某些部件进行更换或修理。

(2)结构：根据动力的传递方式，千斤顶可分为手动螺旋千斤顶(靠机械传递动力)和液压千斤顶(靠液体传递动力)。

手动螺旋千斤顶和液压千斤顶的结构如图1－43、图1－44所示。

2. 操作步骤与要求

(1)手动螺旋千斤顶的操作步骤与要求

①使用前应先检查手动螺旋千斤顶各部件是否完整齐全，是否灵活可靠。

②将各活动部位加足润滑油，并转动手柄活动一下各运动部位，使其润滑油充分进入各润滑部位。

③将撑牙部位调整至伸出方向，而后将手柄插入棘轮壳孔内，掀动手柄时，活塞即可伸出，当主杆出现红色最高线时，表示千斤顶已伸出至额定长度，应立即停止掀动手柄，否则会损坏千斤顶。

④如需主杆缩回，将撑牙位置移至缩回方向，掀动手柄，活塞即可缩回。

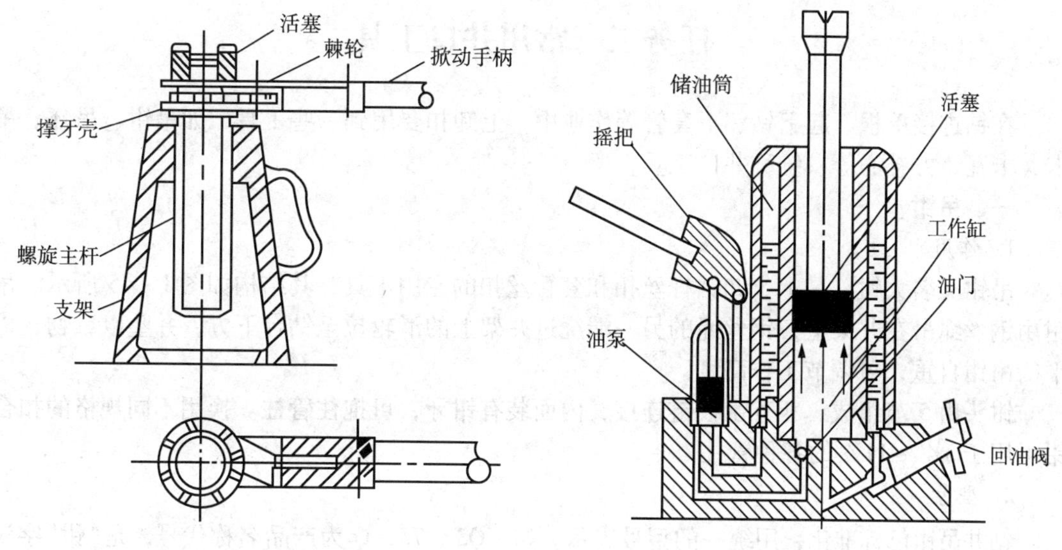

图 1－43　手动螺旋千斤顶

图 1－44　液压千斤顶

⑤用完千斤顶后，应擦拭干净，并将各油孔内和摩擦面加注或涂抹机油，以备下次再用。

⑥选用手动螺旋千斤顶，一定要考虑起重量和工作空间，避免超负荷和扳动手柄受阻或损坏零部件的现象发生。

（2）液压千斤顶的操作步骤与要求

①根据所起重物的重量，选择合适型号的液压千斤顶。

②将千斤顶置于被起升重物的下方，但要求重物重心必须与千斤顶活塞杆中心线对准，并加垫板垫平。

③放置好千斤顶后，先将手柄的开槽端套入回油阀，然后顺时针方向旋紧（回油阀关闭），再取下手柄，顶头向上对正所顶部位，将底座坐稳，然后将手柄插入摇把的掀手孔内，并上、下揿动手柄，活塞就可逐渐上升顶起重物。

④当工作结束需落下千斤顶时，用手柄开槽端将回油阀杆按逆时针方向微微旋松，活塞即缓慢下行，千斤顶此时卸压，顶头复位，即可撤除千斤顶。

3. *注意事项及维护*

（1）选择好合适的千斤顶后，必须检查千斤顶各部位是否正常。

（2）地面较软时，应在千斤顶下方加一块面积较大和较厚的垫板，以免由于下陷或倾斜而发生事故，同时安放的位置还应考虑手柄长度和掀动手柄时有无阻碍。

（3）液压千斤顶要使用专用液压油。工作油为 HJ－10 机械油（GB 443），适用于－5～45℃的工作温度。如果在－20～5℃的工作环境下使用，应换用合成定子油（GB 442）。液压千斤顶只能在环境温度为－35～45℃情况下使用。

（4）液压千斤顶严禁超负荷使用，几台千斤顶联合使用时，起落要同步、平稳。

（5）使用时，千斤顶的顶升高度不得超过千斤顶的有效顶程。

（6）液压千斤顶只适于直立使用，不能倒置或侧置使用。

任务二　常用井口工具

在钻进接单根、起下钻、下套管等作业中，上卸扣要用到一些工具，如吊钳、吊环、吊卡、卡瓦、方补心等，统称井口工具。

一、吊钳

1. 作用

吊钳又名大钳，是上、卸钻杆丝扣和套管丝扣的专用工具，其结构如图 1-45 所示。吊钳用钢丝绳吊在井架上，钢丝绳的另一端绕过井架上的滑轮拉至钻台下方，并坠以重物，以平衡吊钳自重，可调节工作高度。

钳头由 5 节组成，相互由铰链连接，内面装有钳牙，可抱住管柱。换用不同规格的扣合钳可用于 $3\frac{1}{2}''\sim11\frac{3}{8}''$的各种管柱。

2. 型号

钻井吊钳已标准化，用统一的型号表示。如，$Q3\frac{3}{8}/75$，Q 为产品名称代号，是“钳”字汉拼音的第一个字母，分子上的数字为扣合范围($3\frac{3}{8}$in)，分母上的数字为额定扭矩(75kN · m)。

二、吊环

1. 作用

吊环挂在大钩的耳环上用以悬持吊卡，有单臂和双臂两种型式，其结构如图 1-46 所示。

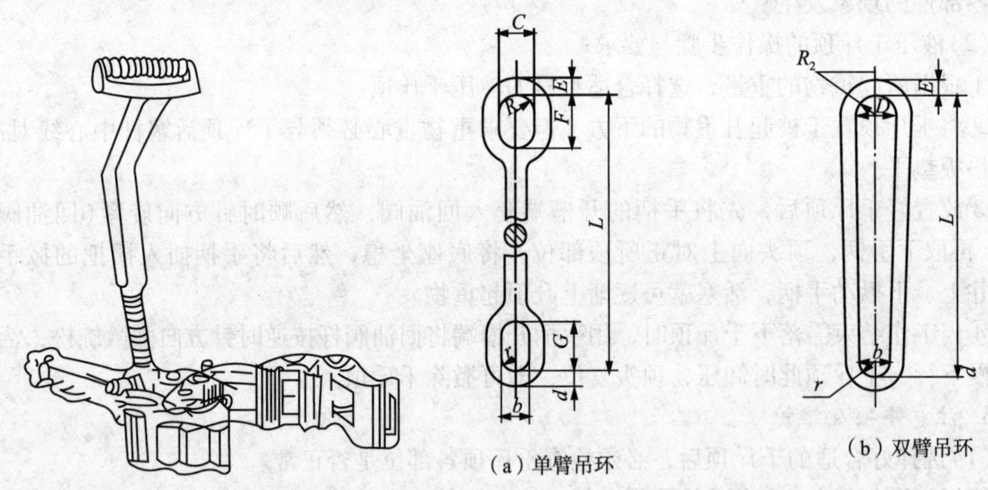

图 1-45　吊钳外形图　　　图 1-46　吊环结构型式

2. 型号

吊环结构型式和基本参数以标准化，有统一的型号表示方法，DH350，SH150，第一个字母 D 为单臂型，S 为双臂型，第二个字母 H 是“环”字汉语拼音第一个字母，数字表示一付吊环的额定载荷 ×10kN(tf)。吊环长度按供货要求确定。

吊环的额定载荷系列，DH 型有 DH50，DH75，DH150，DH250，DH350 和 DH500；S 型有 SH30，SH50，SH75 和 SH150。

DH 型单臂吊环采用高强度合金钢(如 20SiMn2MoVA)整体锻造而成，特别适用于深井作业。SH 型双臂吊环采用一般合金钢(如 35CrMo)锻造、焊接而成，适用于一般钻井作业。

三、吊卡

1. 作用

吊卡是挂在吊环上用以起下钻杆、油管和下套管的专用工具。

按用途分为钻杆吊卡、套管吊卡和油管吊卡三类；按结构型式分为对开式、侧开式和闭锁环式三种。

吊卡结构如图1－47所示。

2. 型号

其基本参数也以标准化，吊卡额定载荷系列如下：

①钻杆吊卡　1500(150)，2000(200)，2500(250)，3500(350)，单位kN(tf)。

②油管吊卡　400(40)，750(75)，1250(125)，单位kN(tf)。

③套管吊卡　1250(125)，1500(150)，2000(200)，2500(250)，3500(350)，4500(450)，单位kN(tf)。

四、卡瓦

1. 作用

一般的卡瓦如图1－48所示，外形呈圆锥形，可楔落在转盘的内孔中，组合后其内壁合围成圆孔，并有许多钢牙，在起下钻、下套管或接单根时，可卡住钻杆或套管柱，以防落入井中。

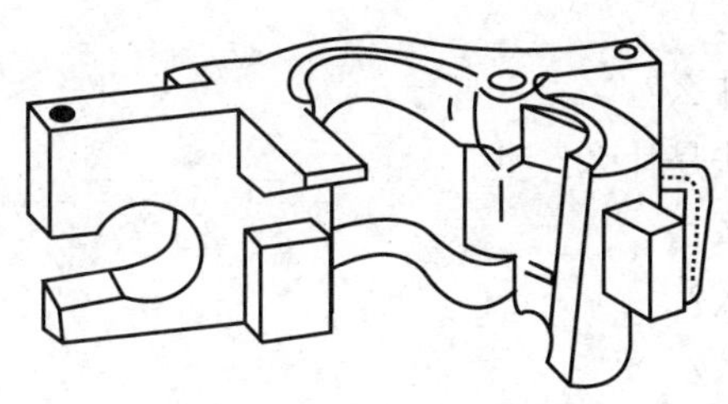

图1－47　吊卡外形图

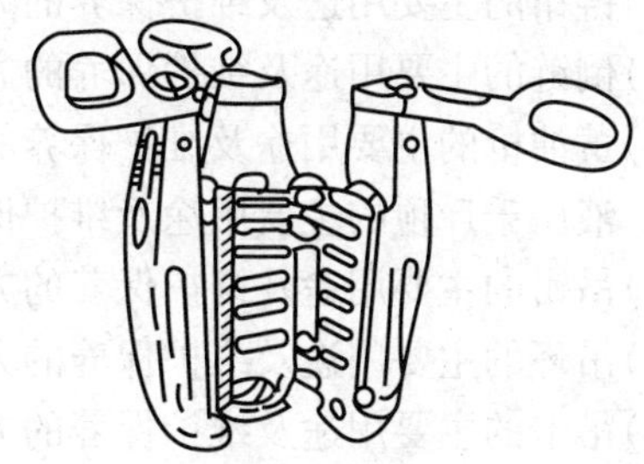

图1－48　卡瓦外形图

钻杆卡瓦为铰链销轴连接的三片式结构，如图1－49所示。钻铤卡瓦和套管卡瓦为铰链销轴连接的四片式结构。卡瓦体背锥度为1∶3。

图1－50所示为安全卡瓦，它可以防止无台肩的管柱(如钻铤)从卡瓦中滑脱。增减牙板套的数量可以调整卡持钻铤的尺寸，拧紧调节丝杠上螺母，即可以卡紧夹持的钻铤。安全卡瓦是为无台肩的管柱人工造出一个挡肩，位于卡瓦之上，使其双保险。

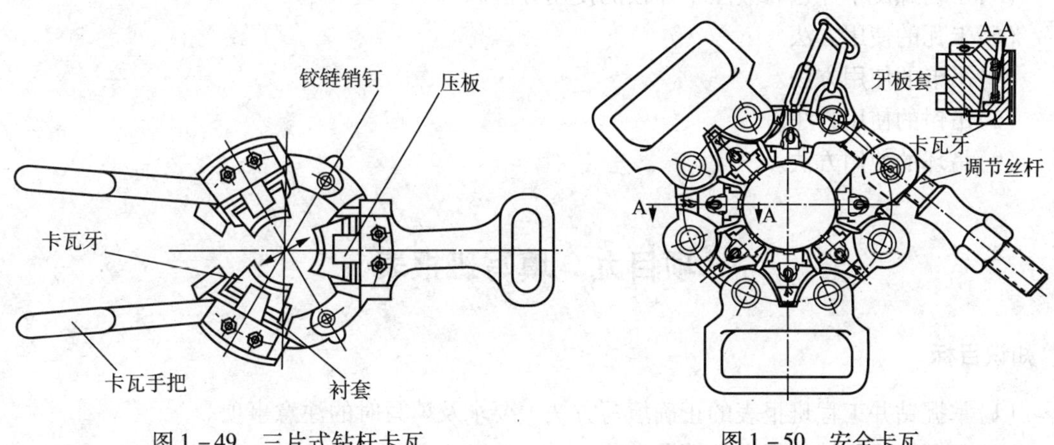

图1－49　三片式钻杆卡瓦

图1－50　安全卡瓦

2. 型号

卡瓦型式和基本参数已标准化，有统一的型号表示方法。前面的汉语拼音字母表示产品名称，W 为钻杆卡瓦，WT 为钻铤卡瓦，WG 为套管卡瓦；后面的第一组数字表示卡瓦的名义尺寸(in)；第二组数字表示额定载荷 kN(tf)。如 WT5½/750，为 5½″额定载荷 750 kN 的钻铤卡瓦。

五、方补心

在钻进过程中，转盘旋转通过方补心带动方钻杆转动，方钻杆又带动整个钻柱、钻头转动而破岩钻进。由于钻头的钻进，方钻杆不断向下移动，造成方钻杆与方补心的磨损。为了减少方钻杆在钻进过程中的摩擦阻力，延长方钻杆使用寿命，90 年代初华北油田第二机械厂研制、生产了滚子方补心。4 个滚子分别与方钻杆的 4 个面接触，用于带动方钻杆转动，使滑动摩擦变为滚动摩擦，延长了方钻杆使用寿命。滚子用轴承固定在滚子方补心的壳体上。目前油田钻井井队普遍使用滚子方补心。

任务考核

一、简述题

(1)管钳的主要用途及维护保养的方法是什么?

(2)链钳的主要用途及维护保养的方法是什么?

(3)倒链的主要用途及维护保养的方法是什么?

(4)黄油枪的主要用途及维护保养的方法是什么?

(5)液压千斤顶的主要用途及维护保养的方法是什么?

(6)吊钳的主要用途及维护保养的方法是什么?

(7)吊环的主要用途及维护保养的方法是什么?

(8)吊卡的主要用途及维护保养的方法是什么?

(9)卡瓦的主要用途及维护保养的方法是什么?

二、操作题

(1)管钳的使用方法。

(2)链钳的使用方法。

(3)倒链的使用方法。

(4)黄油枪的使用方法。

(5)手动螺旋千斤顶和液压千斤顶的使用方法。

(6)卡瓦的使用方法。

(7)吊卡的使用方法。

(8)吊钳的使用方法。

(9)吊环的使用方法。

项目九　填写班报表

知识目标

(1)掌握钻井工程班报表的正确填写方法、要求及填写时的注意事项。

(2)掌握钻机运转日报表的填写方法。

技能目标

(1)掌握钻井工程班报表的填写。

(2)掌握钻机运转日报表填写。

学习材料

油气田的勘探和开发是由钻井来实现的，而在钻成一口井的全过程中，必须掌握和记载一些真实的而且具有一定实用价值的数据。通过对这些数据的仔细分析，可以总结出钻井过程中的经验和教训，为下一步制定合理可行的钻井措施提供可靠的依据，为优质、快速地钻井创造条件。

目前，石油钻井现场必须掌握和记录的第一手资料是通过钻井工程班报表、钻机运转日报表及钻具管理等表格的填写来实现的。认真、正确地填写这些表格，真实地取准、取全一口井的各项资料，是一个钻井工人应尽的职责。

任务一　钻井工程班报表

一、作用

钻井工程班报表是记载一个班在一个工作日内(8h 或 12h)的工作顺序及工作内容，并反映该班所使用的钻头、钻具结构、钻井措施及钻井液性能等方面的使用情况，是一口井完井总结的依据。

二、填写内容

填写内容如表 1－55 所示。

1. 工作时间

首先将井号、队号、钻机型号及年、月、日和当班号填上，然后从接班时刻起，按其不同内容，分时间、分项目逐项填入表格中，其工作时间应前后相对应，累计时数不得超过 1 个工作日(8h 或 12h)。

2. 工作内容

工作内容是指与钻井有直接关系的工作或直接影响钻井工作的地面工作内容。各项工作内容应与工作时间相对应，并依先后顺序填入表格中，不能颠倒填写。

3. 钻井参数

钻井参数是指钻进时的钻压、转速、钻井泵排量及泵压等。

(1)钻压：可通过指重表上的刻度进行换算得出。

(2)转速：可以通过所挂挡次查表或测算出。

(3)钻井泵排量：此栏应将缸套直径、冲数和通过查《钻井测试手册》或通过换算得出的排量值一并填入表格中。

(4)泵压：可直接从钻井泵工作时的出口压力表上读出。

4. 钻井液性能

钻井液性能是指当班泥浆工所做的最后一次全套性能记录，一般时间不超过 1h。

5. 交、接班井深及进尺

在接班时，应和上一班交班人员一起上钻台丈量方入，算出井深，将此井深数值填入本班接班井深一栏内，而交班人员将此井深填入该班交班井深一栏内。计算方法如下：

接班井深 (m) = 钻头高度 (m) + 钻具组合长度 (m) + 方入 (m)

表 1－55　钻井工程班报表

井号：× ×　　队号：× ×　　钻机型号：× ×　　× ×年× ×月× ×日× ×班

时间段		时间 h: min	井深/m		工作内容	钻井参数						钻井液性能		
						钻压/kN	转速/(r/min)	钻井泵排量			泵压/MPa	密度/(g/cm³)	黏度/s	API 失水/mL
自	至		自	至				缸径/mm	冲数/(次/min)	排量/(L/s)				
8:00	12:00	4:00			下钻									
12:00	12:30	0:30			循环洗井液									
12:30	13:05	0:35			钻进									
13:05	13:06	0:04			接单根(253 号)									
13:09	13:40	0:31			钻进									
13:40	13:44	0:04			接单根(254 号)									
13:44	14:10	0:26			钻进									
14:10	15:00	0:50			修理柴油机									
15:00	16:00	1:00			起钻									

接班井深：　　交班井深：　　本班计划进尺：　　本班实际进尺：

钻头					喷嘴直径/mm					所钻井段		所钻地层	本班进尺/m	累计进尺/m	本班纯钻时间 h: min	累计纯钻时间 h: min	钻头磨损情况		
序号	尺寸/mm	类型	厂家	价格元/只	1 号	2 号	3 号	4 号	5 号	自 m	至 m						牙齿极	轴承极	直径/mm

续表

钻具组合			
名称	规范	数量/根	长度/m
钻头			
钻铤			
稳定器			
钻杆立柱			
钻杆单根			
接头			
合计			
方入			

钻井液性能		
密度/(g/cm^3)		
黏度/s		
中压失水/mL		
泥饼厚度/mm		
切力/Pa	10s	
	10min	
含砂量/%		
pH 值		
3 转数器		
300 转数器		
600 转数器		

钻井参数		
转速/(r/min)	动力机	
	转盘	
排量	缸径/mm	
	冲数/(次/min)	
	排量/(L/s)	
泵压/MPa		
测斜参数		
测斜井深/m		
井斜角/(°)		
方位角/(°)		

时效分析 h: min			
生产时间		非生产时间	
纯钻进时间		事故停工时间	
起下钻时间		修理停工时间	
接单根时间		组织停工时间	
换钻头时间		自然停工时间	
扩划眼时间		处理复杂情况停工时间	
循环洗井液			
小计		其他	
固井时间			
测井时间			
辅助工作时间			
合计		合计	

取心记录									
序号		取心井段/m		心长/m		直径/mm		收获率/%	

备注	

司钻：×××　　填写人：×××　　工程师(技术员)：×××

(1)本班计划进尺：指全队统筹安排后，根据本班具体情况，在班前会上，拟定所要达到的进尺指标。计划该进尺指标必须依据设备及人员情况，以完成或超额完成钻井进尺而定，不能脱离实际，盲目追求高指标或少定指标。

(2)本班实际进尺：指该班在本工作日内所钻进的进尺，其计算方法如下：

$$本班实际进尺(m)=交班井深(m)-接班井深(m)$$

6. 钻头使用记录

(1)序号：指本井所用钻头的排列号，它反映了本井所用钻头的数量。

(2)尺寸：指钻头外径。

(3)类型：全面钻进的钢齿或镶齿及 PDC 钻头的类型可以用钻头的全符号代表，如：$9\frac{1}{2}$" XHP_5、8" MPB 等，也可以用钻头系列代号来表示，如 R、ZR、ZY 等。取芯钻头、金刚石、PDC 钻头用其代号来填写。

(4)厂家、价格：可根据材料库送井资料填写。

(5)喷嘴直径：一般普通钻头不填此栏，若使用喷射式钻头，应将各喷嘴直径按顺序填入表格内。

(6)所钻井段：指换钻头后下钻时的井深至该钻头交班时的井深。

(7)所钻地层：根据值班房内地质设计总表或经砂样分析确定的地层。

(8)本班进尺和累计进尺：本班进尺是指一只钻头在本班工作日内所钻进的进尺。若本班在一个工作日内使用了多只钻头，则应按顺序将每一只钻头的进尺分栏填入表格内。累计进尺是指该钻头从第一次下钻到井底开始钻进到该钻头起钻时的全部进尺。该只钻头可能在几个工作日内钻进，则应将每个工作日内的进尺逐项加起来，填入本班累计进尺栏内。

(9)本班纯钻时间：指钻头在井底的纯钻进时间。如果本工作日内使用的是 1 只钻头，那么本班纯钻进时间即为时效分析栏内的纯钻时间。若本班工作日内使用了几只钻头，应按顺序分别将每只钻头的纯钻时间分栏填写在本班纯钻时间内，而本工作日内的所有钻头的纯钻时间之和即为时效分析栏内的纯钻时间。

(10)累计纯钻时间：指钻头从第一次下钻开始钻进，到起钻这一段时间内，该钻头在井底纯钻时间的总和。如果 1 只钻头可能在几个工作班内钻进，那么下一个工作班应将上一个工作班所填的累计纯钻时间加上本工作班纯钻时间，才能填入累计纯钻工作时间栏内。

(11)钻头磨损情况：指钻头起出后，根据牙齿、轴承和直径磨损的实际情况进行填写。钢齿磨损共分五级，是以牙齿磨去高度与新齿比较定级。

例如：T_4 表示牙齿磨去高度为 4/5。镶齿磨损分五级，它是以镶齿的脱落与碎裂和新钻头镶齿总数的比较。例如：TY3 表示镶齿的脱落与碎裂为新钻头镶齿总数的 3/5。国外将牙齿磨损分八级，例如：3/8 表示齿高磨去 3/8。钻头外径磨损用外径规量测后，将量得的实际外径填入直径磨损栏内。

7. 钻具组合

根据本班实际使用的钻具结构，按要求逐项填写。

(1)若接班时需继续钻进，可将接班井深、钻头、钻铤、稳定器及各接头等，按要求先填入相应的表格内。在交班时，还是继续钻进，则可将钻杆立柱、钻杆单根、方入、交班井深及本班进尺填入表格中。

(2)若接班后进行起钻或下钻工序，则在交班前，经过核对落实，可将上班钻具组合按要求直接填入表格内。

(3)合计：此栏是将该班所使用的各钻具长度之和填入合计栏内。

(4)方入：是指转盘面以下方钻杆的长度。交班时均要量测填写。

8. 测斜参数

测斜参数指所测井斜段井深及井斜角和方位角。若是井队自测井斜，应标明测斜工具及方入；若由电测站测斜，可将测斜结果直接填入表格内。

9. 取芯记录

(1)序号：指取芯次数，本班取芯为该井取芯的第几次。

(2)取芯井段：该井此次取芯由井深多少米至多少米的取芯部位。

(3)芯长：从内筒取出装入岩芯盒所量测的实际岩芯长度。

(4)直径：指该筒岩心的平均直径。

(5)收获率：即岩芯实长与取芯进尺相比的百分数。

10. 时效分析

时效分析包括生产时间和非生产时间两部分。此两部分时间的总和等于全部钻井时间。

生产时间包括总进尺时间(指总进尺工作时间)、固井工作时间、测井时间和与生产直接相关的辅助工作时间。

(1)总进尺工作时间

指纯钻进时间、起下钻时间、接单根时间、换钻头时间、扩划眼时间及正常情况下循环洗井液时间的总和。

①纯钻进时间：指钻头在井底钻进和取芯钻进的时间，但不包括返工重钻和扩划眼工作的时间。

②起下钻时间：指在纯钻进或取芯钻进等必须进行的起下钻工作所需的时间。它不包括由于取芯后必须扩划眼、固井后钻水泥塞、处理事故或复杂情况以及为电测或固井必须进行的起下钻时间。

③接单根时间：指正常钻进中，方钻杆有效长度全部进入转盘面以下，为继续钻进需接入钻杆单根，从停泵上提方钻杆开始到接完钻杆单根后下放方钻杆，开泵循环钻井液，钻头开始旋转破岩为止，这一段工作所需时间即为接单根时间。

④换钻头时间：指将钻头放进钻头装卸器内，上扣拉紧后，提离转盘面这段时间。

⑤扩划眼时间：指由于取芯钻进或因钻头直径磨细而造成井径缩小，需换用其他钻头进行扩划眼工作的时间(钻头修整井壁而不到井底)。

⑥循环洗井液时间：指为保证正常钻进所必须进行的洗井液循环的时间。如起钻前循环洗井，接单根前循环洗井及下钻中途分段循环洗井的时间。

(2)固井时间

指围绕固井所必须进行的一切工作的时间。如井眼准备(通井、扩划眼、试下套管等)、设备调整、下套管和包括注水泥施工的各项工序、探水泥塞高度、试压、检查固井质量的电测、钻水泥塞、装井口等全部工作时间。

(3)测井时间

指为测井所必须进行的有关的工作时间。如为电测专门进行的扩划眼、通井、调整处理及循环钻井液、起下电缆和组织电测所占用的时间。测井时间还包括井队自测井斜的时间。

(4)辅助工作时间

指为保证正常生产所必须进行的一切服务性工作所需的时间，包括钻井准备工作、倒换钻具、设备保养检查、取芯准备工作等所占用的时间。

①钻井准备工作时间：指为保证安全、顺利钻井所需要的一切准备工作时间。例如：开钻后，由于某些原因造成井架底座基础或机泵房基础下沉、倾斜，需进行补救或调整某些设备，加固井架等所占用的时间。

②倒换钻具时间：为保证安全生产，需改变井内钻具结构而进行钻具倒换所占用的时间。③设备保养检查时间：为保证钻井顺利进行，延长设备使用寿命，按照有关规程，对钻井机械设备进行例行保养、检查等所占用的时间。

④取芯准备工作时间：取芯前进行的取芯工具的检查、装卸取芯工具及为获取岩芯而进行的有关操作、更换钻井液等工作占用的时间。

将上述总进尺工作时间、固井、测井及辅助工作时间总计起来，即为生产时间。

非生产时间包括事故停工、修理停工、组织停工、自然停工、处理复杂情况停工等时间。

(1)事故停工时间：指发生事故开始，直到采取措施解除事故为止所占用的全部时间。凡是在处理事故中，与处理事故无关的修理停工和组织停工均不算在事故停工时间内，应分类填入有关栏目内。

(2)修理停工时间：指因为设备老化或严重磨损造成需停工修理或更换零部件所占用的时间。

(3)组织停工时间：指因为某些原因造成待料、待命、缺水、缺电等及劳动力配备而停工的时间。

(4)自然停工时间：指由于自然灾害(风、雨、雪等)导致生产不能正常进行而被迫停工的时间。

(5)处理复杂情况停工时间：指井下出现复杂情况影响正常钻进或起下钻，但未造成事故而又必须进行处理所占用的时间。如活动钻具，调整处理循环钻井液等。若因处理不当造成事故，则应将事故发生之时起到解除事故为止所占用的时间，计入事故停工栏内。

(6)其他时间：指与钻井毫无关系的停工时间，如解决纠纷、停工开会等所占用的时间。

11. 备注

备注是指当班在1个工作日内出现的一些特殊情况需要注明或提示的，均可在备注栏内填写。如处理事故时，使用的打捞工具简图及规格等。

三、工程班报表填写要求及注意事项

(1)填写内容必须真实地反映该班的工作情况，不得弄虚作假。

(2)时间栏内各工序所占用的时间必须和自动记录卡片上所反映出的时间相符。

(3)保持报表整洁，字迹工整，数据清楚无涂改、无差错。

(4)钻具组合栏内各种钻具规格、长度应与井下实际相符合，钻具总长度与方入之和应与实际井深相符合。

(5)时效分析栏内，生产时间与非生产时间总和应为一个工作日时间，各工序所占用的时间之和必须与总时间相吻合。如进尺工作时间、固井、测井、辅助工作时间之和必须与生产时间相符。

(6)钻头所钻井段，即下钻时的井深至起钻时的井深均需精确到小数点后第二位，即精确到厘米。

(7)纯钻时间和累计纯钻时间的填写均应精确到分。

(8)若该井使用钻井参数仪，则班报表参数记录应与参数卡片相符合。

(9)报表上有关“井号 ”、“队号 ”、“年、月、日”等栏目应由当班记录人员填写。

(10)交班前，应交当班司钻审阅签字，再由值班干部签字，最后由负责填表的人签字。

(11)工程班报表须由井队工程师或技术员审阅无误签字后，才能存档。

任务二　钻机运转日报表

一、作用

《钻机运转日报表》充分反映了钻井机械主要部件及辅助性设备的工作情况和每班维护保养的情况，随时掌握设备的运转和保养情况，可以防止和减少机械设备事故的发生，保证钻井工作正常进行。

二、填写内容

填写内容如表 1－56 所示。

1. 设备名称

指需要保养的钻机主要部件和辅助性设备的名称，如天车、游车、大钩、水龙头、转盘、绞车、液气大钳等。

2. 运转时间

指在本工作日内，各部件实际运转的时间。一个工作日是 8h，一天 24h 为三个工作日，0:00～8:00 为第一班，8:00～16:00 为第二班，16:00～24:00 为第三班。设备运转时间均以“时:分”计。

3. 运转累计时间

分为 “日合计”时间和“累计”总时间。

(1)日合计:是指某种设备或部件在每一个班工作时间内的运转时间之和，即在 24h 内该设备或部件的实际运转时间。

(2)累计:指该设备或部件自投入使用以来运转的实际时间的总和。若设备或部件经过中修或大修后投入使用，则累计时间应从零开始。

4. 强制保养内容

按设备保养规程，对设备及主要部件的保养润滑点定期、定量地进行保养，并按每天工作班顺序填写设备保养情况，如注黄油、换机油等。若当班对某些部件没有保养，应注明“××部件未保养”及原因，同时填写设备运转中是否有异常情况或存在哪种问题、建议如何处理及使用注意事项等。

5. 其他

年、月、日由第一班填写人填写，它反映当天三个工作班的设备运转及保养情况。交班时，负责设备保养人员应在保养人栏目内签字，然后交工长或大班司机审核签字。

三、填写注意事项

(1)钻机运转日报表必须按要求由设备保养人对所保养设备按时认真填写，其他人员不得随意乱填，更不能弄虚作假。

表 1－56　钻机运转日报表　　年　月　日

名称		天车			游车	大钩			水龙头			转盘		绞车						液气大钳	
强制保养内容		主滑轮	辅助滑轮	滑轮	轴承	提环销	钩杆	油池	冲管密封装置	提环销	油池	防跳轴承	轴承	链轮钢套	三挡钢圈	刹车曲轴	牙嵌拨圈	水刹车	液压油箱	齿轮油池	黄油润滑部件
润滑点																					
周期/h																					
时间	0:00～8:00																				
	8:00～16:00																				
	16:00～24:00																				

设备名称	运转时间					0:00～8:00	8:00～16:00	16:00～24:00
	0:00～8:00	8:00～16:00	16:00～24:00	日合计/h	累计/h			
天车								
游车								
大钩								
水龙头								
转盘								
绞车						保养人：	保养人：	保养人：
液气大钳								

设备名称	运转时间				
	0:00～8:00	8:00～16:00	16:00～24:00	日合计/h	累计/h
1 号泵					
2 号泵					
除砂器					
除泥器					
1 号振动筛					
2 号振动筛					
3 号振动筛					

强制保养内容	钻井泵								振动筛注黄油			除砂器油池换机油	除泥器油池换机油
	动力端油池换油		喷淋泵注黄油		灌注泵注黄油		介杆密封注油						
编号													
润滑点													
周期/h													
0:00～8:00													
8:00～16:00													
16:00～24:00													

易损件更换情况												0:00～8:00	8:00～16:00	16:00～24:00
名称	钻井泵										除泥器漏斗			
更换部件	阀座		阀体		缸套		活塞		振动筛					
	1 号泵	2 号泵	1 号泵	2 号泵	1 号泵	2 号泵	1 号泵	2 号泵	筛布	棘爪				
规格														
1 号														
2 号														
3 号												保养人：	保养人：	保养人：

工长：

(2)运转时间一律以“时:分”计入。

(3)保持报表整洁，不得随意涂改运转日期及时间，所计数据一定要准确、无差错。

(4)工长或大班司机应根据设备运转情况决定是否送修，以确保安全、顺利地钻井。

任务考核

一、简述题

(1)钻井工程班报表的填写方法及填写时的注意事项是什么?

(2)钻机运转日报表的填写方法是什么?

二、操作题

(1)钻井工程班报表的填写。

(2)钻机运转日报表填写。

项目十　井控设备

知识目标

(1)掌握井控设备的作用。

(2)掌握井控设备的组成。

(3)熟悉我国常用的井控设备压力级别和防喷器常用的通径种类。

(4)熟悉井控设备基本组合配套型式。

技能目标

(1)掌握井控设备的安装要求。

(2)掌握井控设备的使用。

(3)掌握井控设备的保养。

任务一　井控设备概述

一、井控设备的功能

井控设备是指实施油气井压力控制技术所需的专用设备、管汇、专用工具和仪器仪表。

井控设备具有以下功能:

(1)及时发现溢流。在钻井过程中，能够对地层压力、钻井参数、钻井液量等进行监测，以便及时发现溢流显示，尽早采取控制措施。

(2)能够关闭井口，密封钻具内和环空压力。溢流发生后，能迅速关井，限制地层流体进入井筒，保持井底压力始终等于或略大于地层压力，防止发生井喷。

(3)允许井内流体可控制地排放。实施压井作业，向井内泵入钻井液时能够维持足够的井底压力，重建井内压力平衡。

(4)处理井喷失控。在油气井失控的情况下，进行灭火抢险等处理作业。

显然，井控设备是对油气井实施压力控制，对事故进行预防、监测、控制、处理的关键手段，是实现安全钻井的可靠保证，是钻井设备中必不可少的系统装备。

二、井控设备的组成

井控设备主要由以下几部分组成，如图 1－51 所示。

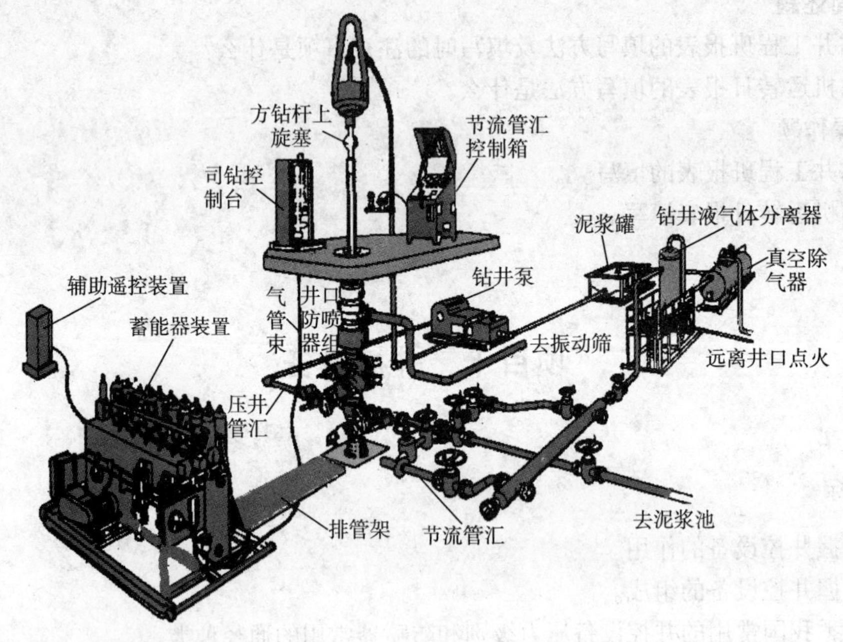

图 1－51　井控设备示意图

(1)井口装置：包括防喷器、套管头、四通等。

(2)井控管汇：包括防喷管线、节流、压井管汇、放喷管线、反循环管线、点火装置等。

(3)钻具内防喷工具：包括方钻杆上、下旋塞阀、钻具回压阀、投入式止回阀等。

(4)井控仪表：包括钻井液返出量、钻井液总量和钻井参数的监测报警仪等。

(5)钻井液加重、除气、灌注设备：包括液气分离器、除气器、加重装置、起钻自动灌泥浆装置等。

(6)井喷失控处理和特殊作业设备：包括不压井起下钻加压装置、旋转防喷器、灭火设备、拆装井口工具等。

(7)控制装置：蓄能器装置、司钻台遥控装置、辅助遥控装置。

根据《科学钻井装备配套标准》的要求，首先应配齐的井控装置有：液压防喷器、节流压井管汇、套管头、方钻杆上旋塞阀、方钻杆下旋塞阀、钻具旁通阀、钻具回压阀、钻井液除气器、起钻灌泥浆装置和循环罐液面监测装置等。井控设备中的不压井起下钻加压装置与清障、灭火设备是进行特殊作业所需要的，通常井队不予配备。

组成井控设备的设施虽然很多，但有些设备却具有双重“身份”，比如泥浆罐液面监测仪又隶属钻井参数仪表；加重钻井液装置又隶属钻井液配制设备，这些设备在相应的资料中都有详尽记叙。

三、钻井工艺对防喷器的要求

防喷器是井控设备的核心组件，其性能的优劣直接影响油气井压力控制的成败。为保障钻井作业的安全，防喷器必须满足下列要求：

1. 关井动作迅速

当井内出现溢流时，井已处在潜在的危险中，这时要求防喷器能够迅速关闭，防止事态进一步发展。防喷器的关井时间主要取决于控制系统的控制能力、地面管线的内径与防喷器液缸容积。按 SY/T 5964 规定，闸板防喷器关闭应能在等于或小 10s 内完成，对于公称通径小于 476mm 的环形防喷器，关闭时间不应超过 30s，对于公称通径等于或大于 476mm 的环形防喷器，关闭时间不应超过 45s。

2. 操作方便

液压防喷器的关井操作可在多处位置进行，当司钻在钻台上不能操作时，就可迅速在蓄能器装置上操作，或使用辅助遥控装置关井。闸板防喷器还可以手动操作关井（但不能开井）。

3. 密封安全可靠

一旦关井后，井口压力会直接作用于防喷器上；如果井内钻井液喷空，地层压力就直接作用于防喷器上。因此要求防喷器的壳体必须要有足够的机械强度，且密封件密封必须安全可靠。因此，防喷器在出厂前壳体组件都要严格按照有关标准进行试压检验，胶芯或闸板经过严格的密封性能试验合格后方能用于现场。

4. 现场维修方便

液压防喷器的胶芯或闸板是封井的密封元件，使用中易磨损失效。当发现这些密封元件严重磨损后，在现场条件下要及时进行拆换，因此要求防喷器必须维修方便。

四、液压防喷器的最大工作压力与公称通径

液压防喷器的最大工作压力是指防喷器安装在井口投入工作时所能承受的最大井口压力。最大工作压力是防喷器的强度指标。

液压防喷器的公称通径是指防喷器的上下垂直通孔直径。公称通径是防喷器的尺寸指标。

按 SY/T 5052《液压防喷器》规定，我国液压防喷器的最大工作压力共分为 5 级，即：14MPa（2000psi）、21MPa（3000psi）、35MPa（5000psi）、70MPa（10000psi）、105MPa（15000psi）（目前部分厂家能够生产 140MPa（20000psi）的液压防喷器）。

SY/T 5052《液压防喷器》中规定我国液压防喷器的公称通径共分为 9 种，即：180mm（$7\frac{1}{16}$″）、230mm（9″）、280mm（11″）、346mm（$13\frac{5}{8}$″）、426mm（$16\frac{3}{4}$″）、476mm（$18\frac{3}{4}$″）、528mm（$20\frac{3}{4}$″）、540mm（$21\frac{1}{4}$″）、680mm（$26\frac{3}{4}$″）。

最大工作压力与公称通径两个参数相互搭配所构成的液压防喷器，在 SY/T 5052《液压防喷器》中确定了 27 个品种的规格系列，如表 1－57 所示。

液压防喷器在设计、制造以及选用时应遵循表 1－57 中所规定的规格系列。

液压防喷器的公称通径虽有 9 种规格，但国内现场常用的公称通径多为 230mm（9″）、280mm（11″）、346mm（$13\frac{5}{8}$″）、540mm（$21\frac{1}{4}$″）数种。

表 1－57　我国液压防喷器的规格系列

防喷器公称通径		防喷器最大工作压力/MPa				
mm	in					
180	$7\frac{1}{16}$		21	35	70	105
230	9		21	35	70	105
280	11	14	21	35	70	105
346	$13\frac{5}{8}$		21	35	70	105
426	$16\frac{3}{4}$	14	21	35	70	
476	$18\frac{3}{4}$			35	70	
528	$20\frac{3}{4}$		21		70	
540	$21\frac{1}{4}$	14		35		
680	$26\frac{3}{4}$	14	21			

五、液压防喷器的型号

我国自 1985 年起液压防喷器采用新型号命名。型号的字头仍为汉语拼音字母组成，公称通径的单位仍为 mm 并取其圆整值，最大工作压力的单位则以 MPa 表示。

液压防喷器的新型号表示如下：

单闸板防喷器　FZ 公称通径－最大工作压力；

双闸板防喷器　2FZ 公称通径－最大工作压力；

三闸板防喷　　3FZ 公称通径－最大工作压力；

环形防喷器　　FH 公称通径－最大工作压力；

例如，公称通径 230mm，最大工作压力 21MPa 的单闸板防喷器，型号为 FZ23－21；公称通径 346mm，最大工作压力 35MPa 的双闸板防喷器，型号为 2FZ35－35；公称通径 280mm，最大工作压力 35MPa 的环形防喷器，型号为 FH28－35。

六、井口防喷器的组合

在钻井过程中，油气井口所安装的部件自下而上的顺次通常为：套管头、四通、闸板防喷器、环形防喷器、防溢管。

套管头安装在套管上，用以承受井口防喷器组件的全部重量。

四通两翼连接节流与压井管汇。

防溢管则导引自井筒返出的钻井液流入振动筛。

由于油气井本身情况各不相同，井口所装防喷器的类型、数量与上述情况并不一定一致。井口所装防喷器的类型、数量、压力等级、通径大小是由很多因素决定的。

1. 防喷器公称通径的选择

液压防喷器的公称通径应与其套管头下的套管尺寸相匹配，以便通过相应钻头与钻具，继续钻井作业。

例如，井深 4000～7000m 的一口深井，井身结构常为表层套管 508mm(20″)；技术套管 339.7mm($13\frac{3}{8}$″)与 244.5mm($9\frac{5}{8}$″)；油气层套管 177.8mm(7″)。因此与所下套管相应的井口防喷器公称通径为：

表层套管 508mm(20″)，配装防喷器公称通径 504mm($21\frac{1}{4}$″)；

技术套管 339.7mm($13\frac{3}{8}$″)，配装防喷器公称通径 346mm($13\frac{5}{8}$″)；

技术套管 244.5mm($9\frac{5}{8}$″)，配装防喷器公称通径 280mm(11″)；

油气层套管 177.8mm(7″)，配装防喷器公称通径 280mm(11″)。

公称通径 230mm(9″)的防喷器，由于通径偏小，起下钻作业时钻具与防喷器相互碰挂，对钻具与防喷器双方都不利，因此在 177.8mm(7″)套管上仍常装公称通径 280mm(11″)的防喷器。

液压防喷器虽然有 9 种公称通径尺寸，但是根据钻井工程的实际情况，常用公称通径多为上述数种。

2. 防喷器压力等级的选择

防喷器压力等级的选用原则上应大于相应井段最高地层压力。含硫地区井控装备选用材质应符合行业标准 SY 5087《含硫油气井安全钻井推荐作法》的规定。确保封井可靠，不致因耐压不够而导致井口失控。

3. 组合形式的选择

组合形式的选择即选择防喷器的类型和数量，不同压力级别的防喷器组合按《石油与天然气钻井井控规定》或各油气田井控实施细则的要求进行选择。

在钻井作业中为适应各种情况迅速可靠地关井，井口所装防喷器常不止一个。在井筒中有钻具情况下应采用半封闸板关井；在井筒中无钻具情况下应采用全封闸板关井；在封井状态下进行强行起下钻作业宜采用环形防喷器。

井口防喷器组中防喷器的类型、数量、压力等级、公称通径的选用综合举例如下。

井深 2000～4000 m，预期井口最高压力 21～35 MPa，套管 3 层。各井段井口防喷器组，自下而上应为：

表层套管 339.7mm($13\frac{3}{8}$″)，井口防喷器组 2FZ35－21(35) → FH35－21(35)；

技术套管 244.5mm($9\frac{5}{8}$″)，井口防喷器组 2FZ28(35)－35 → FH28(35)－35；

油气层套管 177.8mm(7″)，井口防喷器组 2FZ28(35)－35 → FH28(35)－35。

井深 4000～7000 m，预期井口最高压力低于 70 MPa，套管四层。各井段井口防喷器组，自下而上应为：

表层套管 508mm(20″)，井口防喷器组 FZ54－14 → FH54－14；

技术套管 339.7mm($13\frac{3}{8}$″)，井口防喷器组 2FZ35－35(70) → FH35－35；

技术套管 244.5mm($9\frac{5}{8}$″)，井口防喷器组 FZ28(35)－70 → 2FZ28(35)－70 → FH28(35)－35；

油气层套管 177.5mm(7″)，井口防喷器组 FZ28(35)－70 → 2FZ28(35)－70 → FH28(35)－35。

深井井口防喷器组所装的环形防喷器，其最大工作压力可以比闸板防喷器低一个压力等级，这是由于环形防喷器一般不用于长期封井作业。环形防喷器在做短时应急封井时，通常预期井口压力都不太高，压力等级低的环形防喷器体积、质量都较小，有利于安装与减轻井口组的负荷。

4. 控制系统控制点数和控制能力的选择

控制点数除满足防喷器组合所需的控制数量外，还需增加两个控制点数，一个用来控制防喷管线上的液动平板阀，一个作为备用。

控制系统的控制能力，为最低限度的要求。蓄能器组的容量在停泵的情况下，所提供的可用液量必须满足关闭防喷器组中的全部防喷器，并打开液动防喷阀的要求。通常情况下，作业现场为了保证安全，将防喷器组中全部防喷器的关闭液量增加50%的安全系数作为蓄能器组的可用液量，以此标准来选择控制系统的控制能力。

任务二　环形防喷器

环形防喷器，俗称多效能防喷器、万能防喷器或球形防喷器等。它具有承压高、密封可靠、操作方便、开关迅速等优点，特别适用于密封各种形状和不同尺寸的管柱，也可全封闭井口。

一、环形防喷器的用途

环形防喷器通常与闸板防喷器配套使用，也可单独使用。它能完成以下作业：

(1) 当井内有钻具、油管或套管时，能用一种胶芯封闭各种不同尺寸的环形空间；

(2) 当井内无钻具时，能全封闭井口；

(3) 在进行钻井、取芯、测井等作业中发生井涌时，能封闭方钻杆、取芯工具、电缆及钢丝绳等与井筒所形成的环形空间；

(4) 在使用调压阀或缓冲蓄能器控制的情况下，能通过18°无细扣对焊钻杆接头，强行起下钻具。

二、环形防喷器的结构和工作原理

环形防喷器主要由壳体、顶盖、胶芯及活塞四大件组成，如图1－52所示。

其工作原理是：关闭时，高压油从壳体中部油口进入活塞下部关闭腔，推动活塞上行，活塞推胶芯，由于顶盖的限制，胶芯不能上行，只能被挤向中心，储备在胶芯支承筋之间的橡胶因支承筋互相靠拢而被挤向井口中心，直至抱紧钻具或全封闭井口，实现封井的目的。当需要打开井口时，操作液压控制系统换向阀换向，使高压油从壳体上油口进入活塞上部的开启腔，推动活塞下行；关闭腔油泄压，作用在胶芯上的推挤力消除，胶芯在本身弹性力作用下逐渐复位，打开井口。

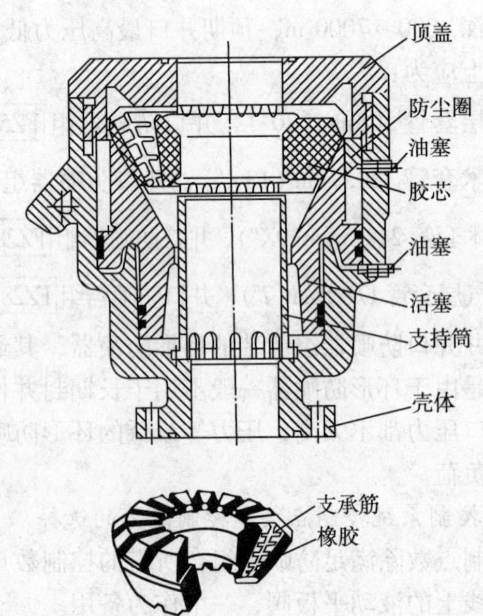

图1－52　环形防喷器

三、环形防喷器的正确使用与管理

(1)在井内有钻具时发生井喷，可先用环形防喷器控制井口，但尽量不用作长时间封闭，一则胶芯易过早损坏，二则无锁紧装置。非特殊情况，不用它封闭空井(仅球形类胶芯可封空井)。

(2)用环形防喷器进行不压井起下钻作业，必须使用带18°斜坡的钻具，过接头时起、下钻速度要慢，所有钻具上的橡胶接箍应全部卸掉。

(3)环形防喷器处于关闭状态时，允许上下活动钻具，不许旋转和悬挂钻具。

(4)严禁用打开环形防喷器的办法来泄井内压力，以防刺坏胶芯。但允许钻井液有少量的渗漏，而起到延长胶芯使用寿命的目的。

(5)每次开井后必须检查是否全开，以防挂坏胶芯。

(6)进入目的层时，要求环形防喷器做到开关灵活、密封良好。每起下钻具一次，要试开关环形防喷器一次，检查封闭效果，发现胶芯失效，立即更换。

(7)固井、堵漏等作业后，要将内腔冲洗干净，保持开关灵活。

(8)封井油压不要过高，通常为10.5 MPa。

(9)现场只做半封试压，不做全封试压。

(10)橡胶件的存放。

①先使用存放时间较长的橡胶件。

②橡胶件尽可能放在光线暗的地方。橡胶件不能存放在阳光直照的户外。橡胶件在室内应远离窗户和天窗，避免光照。人工光源应控制在最小量。

③存放地方尽可能凉爽。橡胶件不能存放在加热器、蒸汽管道、辐射器或其他高温设备附近。

④橡胶件应远离电动机、开关或其他高压电源设备。高压电源设备产生臭氧对橡胶件有影响。

⑤橡胶件应尽量在自由状态存放。

⑥保持存放地方干燥(无水、油)。

⑦如果橡胶件必须长时间存放，则可考虑放在密封环境中。

任务三　闸板防喷器

闸板防喷器是井口防喷器组的重要组成部分。关井或开井时利用液压同时推动左右闸板，封闭或打开井口。闸板防喷器的种类很多，但根据所能配置的闸板数量可分为单闸板防喷器、双闸板防喷器、三闸板防喷器。

国内常用的主要有单闸板防喷器与双闸板防喷器，其中双闸板防喷器应用更为普遍。

一、功能

(1)当井内有钻具时，可用与钻具尺寸相应的半封闸板封闭井口环形空间。

(2)当井内无钻具时，可用全封闸板(又称盲板)全封井口。

(3)当井内有钻具需将钻具剪断并全封井口时，可用剪切闸板迅速剪切钻具全封井口。

(4)有些闸板防喷器的闸板允许承重，可用以悬挂钻具。

(5)闸板防喷器的壳体上有侧孔，在侧孔上连接管线可用以代替放喷管线循环钻井液或放喷。

(6)闸板防喷器可用来长期封井。

中石油要求陆上三高井要配备剪切闸板。剪切闸板主要用于海洋，沙漠，含硫油气田钻井。

国产闸板防喷器的半封闸板，一般不能悬挂钻具。从国外进口的闸板防喷器悬挂钻具的功能也不相同，有的允许承重，有的则不允许承重。

当利用壳体侧孔循环、放喷时，井内高压流体将严重冲蚀壳体，从而影响壳体的耐压性能。因此，通常并不使用壳体侧孔循环或放喷，侧孔用盲板封闭。

闸板防喷器的闸板由左右两半组成。闸板防喷器应备有一副全封闸板及若干副半封闸板。

半封闸板在封井时不能旋转钻具。

二、结构

闸板防喷器主要由壳体、侧门、油缸、活塞与活塞杆、锁紧轴、端盖、闸板等部件组成。如图 1－53 所示。

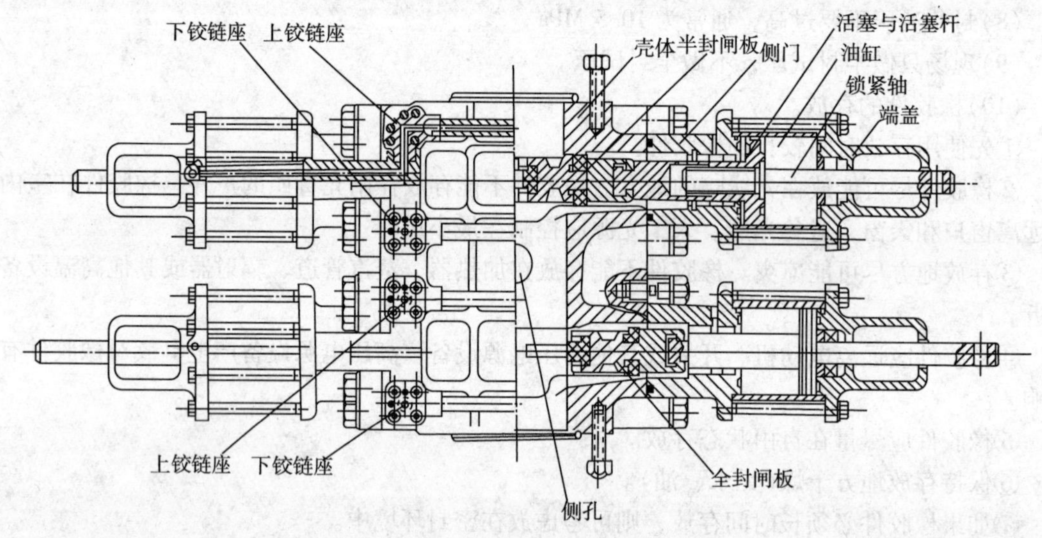

图 1－53　双闸板防喷器结构

三、工作原理

闸板防喷器的关井、开井动作是靠液压实现的。

关井时，来自控制系统装置的高压液压油进入两侧油缸的关井油腔，推动活塞与活塞杆，使左右闸板总成沿着闸板室内导向筋限定的轨道，分别向井眼中心移动，同时，开井油腔里的液压油在活塞推动下，经液控管路流回控制系统装置油箱，实现关井。

开井时，高压液压油进入两侧油缸的开井油腔，推动活塞与闸板迅速离开井眼中心，闸板缩入闸板室内，同时，关井油腔里的液压油则经液控管路流回控制系统装置油箱，从而实现开井。

因此，上下铰链座的油管接头与控制系统装置油管在连接安装时，不能接错，否则将导致关井、开井动作错误。

四、侧门

闸板防喷器的侧门有两种形式，即旋转式侧门和直移式侧门。当拆换闸板、拆换活塞杆密封盘根、检查闸板以及清洗闸板腔室时，需要打开侧门进行操作。

1. 旋转式侧门(老式)

旋转式侧门由上下铰链座限定其位置，当卸掉侧门的紧固螺栓后，侧门可绕铰链座做120°旋转。

(1)旋转式侧门拆换闸板的操作顺序

由于闸板损坏或是钻杆尺寸更换，常在井场进行拆换闸板作业。拆换闸板操作顺序如下：

①检查控制系统装置上控制该闸板防喷器的换向阀手柄位置，使之处于中位。

②拆下侧门紧固螺栓，旋开侧门。

③液压关井，使闸板从侧门腔内伸出。

④拆下旧闸板，装上新闸板，闸板装正、装平。

⑤液压开井，使闸板缩入侧门腔内。

⑥在控制系统装置上操作，将换向阀手柄扳回中位。

⑦旋闭侧门，上紧螺栓。

注意：新式侧门去掉③⑤⑥。

(2)侧门开关注意事项

为了安全作业，保护设备完好无损，在需要开关侧门时应注意以下问题：

①左右侧门不应同时打开。拆换闸板或其他作业时，须待一方侧门操作完毕，固紧螺栓后，再在另一方侧门上进行操作。

②侧门未充分旋开或未用螺栓固紧前，都不允许进行液压关井动作。在这种情况下，如果进行液压关井动作，由于侧门向外摆动，闸板必将顶撞壳体以致憋坏闸板，憋弯活塞杆。

③旋动侧门时，液控压力油应处于卸压状态。

④侧门打开后，液动伸缩闸板时须挡住侧门。闸板伸出或缩入动作时，侧门上也受液控油压的作用，侧门会绕铰链旋动，为保证安全作业，应设法将侧门稳固住。

⑤按要求，更换完防喷器密封部件后，要对其进行试压合格后方能使用。

2. 平直移动开关的侧门

美国卡麦隆公司所制造的闸板防喷器的侧门都属直移式。需要开关侧门时，首先拆下侧门紧固螺帽，然后进行液压关井操作，两侧门随即左右移开；最后进行液压开井操作，两侧门即从左右向中间合拢。

这种直移式侧门在井场更换闸板的操作程序如下：

①检查控制系统装置上控制该闸板防喷器的换向阀手柄位置，使之处于中位。

②拆下两侧门紧固螺栓，用气葫芦或导链分别吊住两侧门。

③液压关井，使两侧门左右移开。

④拆下旧闸板，装上新闸板，闸板装正、装平。

⑤液压开井，使闸板从左右向中间合拢。

⑥在控制系统装置上将换向阀手柄扳回中位。

⑦上紧螺栓。

⑧对新换闸板进行试压合格后方能使用。

五、锁紧装置

闸板防喷器的锁紧装置分为手动锁紧装置和液压自动锁紧装置。

1. 手动机械锁紧装置的功用

手动锁紧装置是靠人力旋转手轮关闭或锁紧闸板。其作用是：当需要较长时间关井时，液压关井后可采用手动锁紧装置将闸板锁定在关闭位置，然后将液控压力油的高压卸掉，以免长期关井憋漏液控管线；控制系统装置无油压时，可以用手动锁紧装置推动闸板关井。

使用时需要注意：手动锁紧装置只能关闭闸板，不能打开闸板。若要开井，必须首先使手动锁紧装置解锁到位后，再用液压打开闸板，这是唯一的方法。

2. 手动机械锁紧装置的类型和组成

手动机械锁紧装置主要有两种类型，液压关闭锁紧轴随动结构和简易式锁紧结构。

液压关闭锁紧轴随动结构由锁紧轴、操纵杆、手轮、万向接头等组成。锁紧轴与活塞以左旋梯形螺纹(反扣)连接。平时锁紧轴旋入活塞，随活塞运动，并不影响液压关井与开井动作。锁紧轴外端以万向接头连接操纵杆，操纵杆伸出井架底座以外其端部装有手轮。

3. 闸板的锁紧与解锁

液压关闭锁紧轴随动结构的闸板锁紧的方法是：顺时同时旋转两个手轮，使锁紧轴从活塞中伸出，直到锁紧轴台肩紧贴止推轴承处的挡盘为止，这时手轮也被迫停止转动。这样，闸板就由锁紧轴顶住(锁住)，封井作用力由锁紧轴提供，而无需液控油压。

需打开闸板时，首先应使闸板解锁，然后才能液压开井。闸板解锁的方法是逆时针同时旋转两个手轮，直到手轮转够解锁的圈数。

为了确保锁紧轴伸出到位，手轮必须转够应旋的圈数。手轮应旋的圈数，各闸板防喷器是不同的，井队人员应熟知所用防喷器手轮应旋圈数，此外还应在手轮处挂牌标明。

六、开关井操作步骤

闸板防喷器封井时，其关井操作步骤应按下述顺序进行：

1. 正常液压关井

(1)遥控操作：在司钻控制台上同时将气源总阀扳至开位，所关防喷器的换向阀扳至关位，两阀同时作用的时间不少于5s。

(2)远程操作：将远程控制台上控制该防喷器的换向阀手柄迅速扳至关位。

(3)需要长时间关井时，顺时针旋转两操纵杆手轮，将闸板锁住。

2. 正常液压开井

(1)手动解锁：逆时针旋转两操纵杆手轮，使锁紧轴缩回到位。

(2)遥控操作：在司钻控制台上同时将气源总阀和所关防喷器的换向阀扳至开位，两阀同时作用的时间不少于5s。

(3)远程操作：将远程控制台上控制该防喷器的换向阀手柄迅速扳至开位。

3. 闸板防喷器的手动关井

如果需要关井，而又恰逢液控装置失效而又来不及修复时，可以利用手动机械锁紧装置进行手动关井。

手动关井的操作步骤应按下述顺序进行。

(1)将远程控制台上控制该防喷器的换向阀手柄迅速扳至关位。

(2)手动关井——顺时针旋转两操纵杆手轮，将闸板推向井眼中心，手轮旋转到位。

手动关井操作的实质即手动锁紧操作。然而应特别注意的是：在手动关井前应首先使蓄能器装置上控制闸板防喷器的换向阀处于关位。这样做的目的是使开井油腔里的液压油直通油箱。手动关井后应及时抢修液控装置。

液控失效实施手动关井，当压井作业完毕，需要打开防喷器时，必须利用已修复的液控装置，液压开井，手动锁紧装置的结构只能允许手动关井却不能实现手动开井。

七、合理使用

(1)半封闸板的尺寸应与所用钻杆尺寸相对应。

(2)井中有钻具时切忌用全封闸板封井。

(3)长期封井时应手动锁紧闸板并将控制闸板防喷器的换向阀手柄扳至中位。

(4)长期封井后，在开井以前应首先将闸板解锁，然后再用液压开井。未解锁不许液压开井；未液压开井不许上提钻具。

(5)闸板在手动锁紧或手动解锁操作时，两手轮必须旋转足够的圈数，确保锁紧轴到位。

(6)液压开井操作完毕后应到井口检视闸板是否全部打开。

(7)半封闸板封井后不能转动钻具或上提钻具。

(8)进入油气层后，每次起下钻前应对闸板防喷器开关活动一次。

(9)半封闸板不准在空井条件下试开关。

(10)防喷器处于“待命”工况时应卸下活塞杆二次密封装置观察孔处螺塞。防喷器处于关井工况时应有专人负责注意观察孔是否有液体流出现象。

(11)配装有环形防喷器的井口防喷器组，在发生井喷紧急关井时必须按以下顺序操作：

首先，利用环形防喷器封井。其目的是保证一次封井成功并防止闸板防喷器封井时发生刺漏。

然后，再用闸板防喷器封井。其目的是充分利用闸板防喷器适于长期封井的特点。

最后，及时打开环形防喷器。

任务四　液压防喷器控制装置

一、概述

液压防喷器都必须配备控制装置。防喷器的开关是通过操纵控制装置实现的；防喷器动作所需压力油由控制系统装置提供。

控制系统装置的功用就是预先制备与储存足量的压力油并控制压力油的流动方向，使防喷器得以迅速开关。当液压油由于使用消耗，油量减少，油压降低到一定程度时，控制系统装置将自动补充储油量，使液压油始终保持在一定的高压范围内。

控制系统装置由远程控制台(又称蓄能器装置或远程台)、司钻控制台(又称遥控装置或司钻台)以及辅助控制台(称辅助遥控装置)组成，如图1-54所示。

远程控制台是制备、储存与控制压力油的液压控制装置。它由油泵、蓄能器、控制阀件、输油管线、油箱等元件组成。通过操作换向阀可以控制压力油输入防喷器油腔，直接使井口防喷器实现开关。远程控制台通常安装在面对井场左侧，距离井口25m以远处。

司钻控制台使远程控制台上的换向阀动作的遥控系统，间接操作井口防喷器开关。司钻控制台安装在钻台上司钻岗位附近。

辅助控制台安置在值班房内，作为应急的遥控装置备用。

控制系统装置上的换向阀的遥控方式有三种：即液压传动遥控、气压传动遥控、电传动遥控。据此，控制装置分为三种类型，即所谓液控液型、气控液型、电控液型。目前陆上钻井所用控制系统装置多属气控液型。

1.“液控液”型

它是利用司钻控制台上的液压换向阀，将控制油液经管路输送到远程控制台上，使控制防喷器开关的控制阀换向，将蓄能器的高压油输入液缸，开关防喷器。

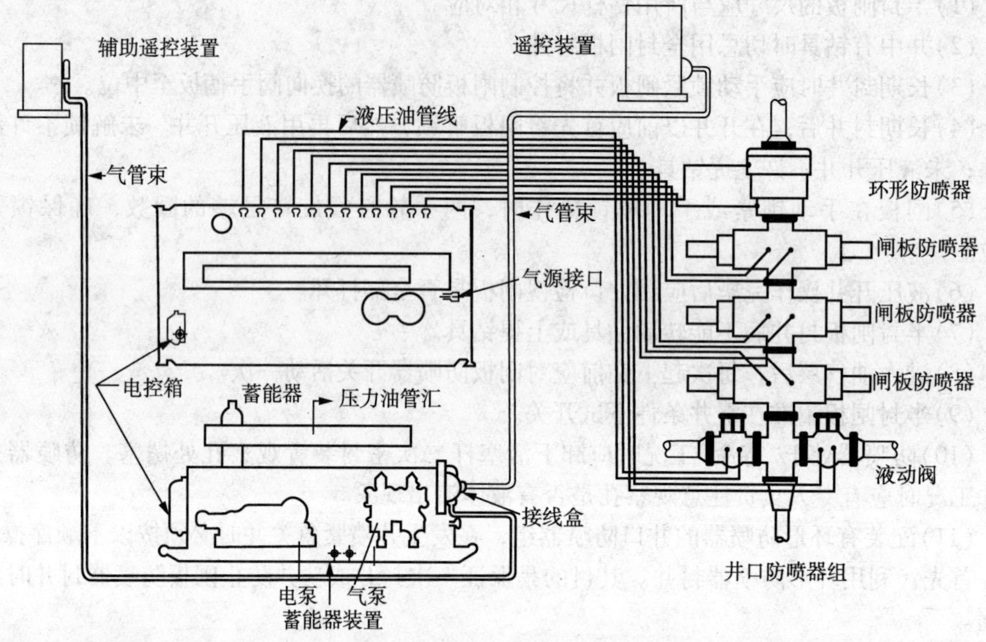

图 1－54　防喷器控制系统装置组成示意图

2.“气控液”型

它是用司钻控制台上的气阀，将压缩空气经气缆输送到远程控制台上，使控制防喷器开关的控制阀换向，将蓄能器高压油输入液缸，开关防喷器。

3.“电控液”型

它是用司钻控制台上的电操纵换向阀换向而控制防喷器的开关。

以上三种控制类型，以“气控液”应用较为广泛，特别是陆上钻井普遍使用这一类型。这是因为：

(1)气比油经济、迅速和安全；

(2)气比电安全；

(3)台上无高压、不污染；

(4)司钻台与远控台采用气缆连接，安装维修简便。

控制装置型号表示如下：

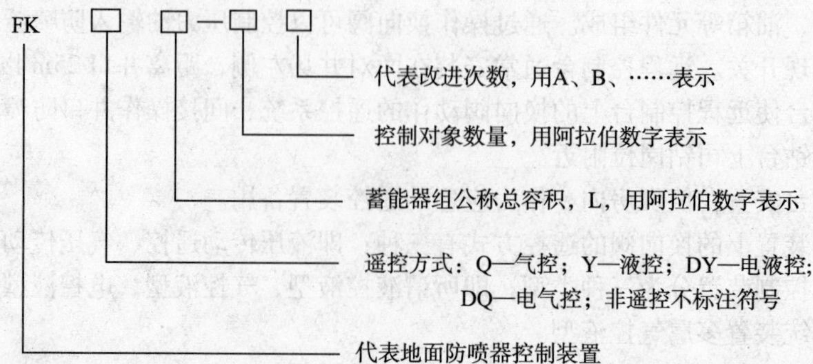

示例：FKQ4805A 表示气控液型，蓄能器公称总容积为 480L，5 个控制对象，经第一次

改进后的地面防喷器控制装置。

二、气控液型控制装置工作原理

电泵或气泵将液压油打入蓄能器储存，当需要关闭防喷器时，将控制装置控制阀手柄扳到关位，则高压油由换向阀的关口进入排管架油管到防喷器关闭液缸，推动活塞运动，使防喷器关闭，开启腔液压油回油箱；当需要打开防喷器时，将控制手柄扳到开位，高压油由换向阀的开口进入排管架油管到防喷器开启液缸，推动活塞运动，使防喷器打开，关闭腔液压油回油箱。

气控液型控制装置的工作过程可分为液压能源的制备；压力油的调节与其流动方向的控制；气压遥控等三部分，其工作原理并不复杂，现分别予以简述。

1. 液压能源的制备、储存与补充

如图1－55所示，油箱里的液压油经进油阀、滤清器进入电泵或气泵，电泵或气泵将液压油升压并输入蓄能器储存。蓄能器由若干个钢瓶组成，钢瓶中预充7MPa的氮气。当蓄能器钢瓶中的油压升至21MPa时，电泵或气泵即停止运转。当钢瓶里的油压过分降低时，电泵或气泵即自动启动往钢瓶里补充压力油。这样，蓄能器的钢瓶里将始终维持有所需要的压力油。

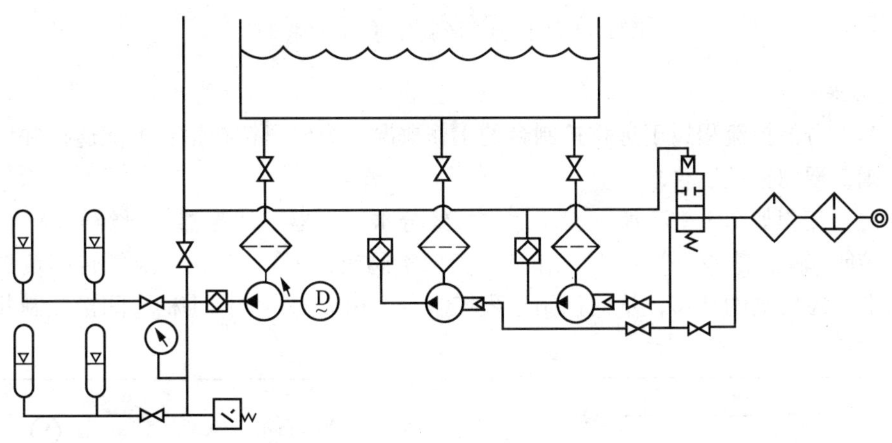

图1－55　液压能源的制备、储存与补充

气泵的供气管路上装有分水滤气器、油雾器、压力继气器以及旁通截止阀。通常，旁通截止阀处于关闭工况，只有当需要制备高于21MPa的压力油时，才将旁通截止阀打开，利用气泵制造高压液能。

2. 压力油的调节与流动方向的控制

如图1－56所示，蓄能器钢瓶里的压力油进入控制管汇后分成两路：一路经气动减压阀将油压降至10.5 MPa，然后再输至控制环形防喷器的换向阀（三位四通换向转阀）；另一路经手动减压阀将油压降为10.5 MPa后再经旁通阀（二位三通换向转阀）输至控制闸板防喷器与液动阀的换向阀（三位四通换向转阀）管汇中。操纵换向阀的手柄就可实现相应防喷器的开关动作。

当10.5 MPa的压力油不能推动闸板防喷器关井时，可操纵旁通阀手柄使蓄能器里的高压油直接进入管汇中，利用高压油推动闸板。在配备有氮气瓶组的装置中，当蓄能器的油压严重不足时，可以利用高压氮气驱动管路里的剩余存油紧急实施防喷器关井动作。

管汇上装有泄压阀。平常，泄压阀处于关闭工况，开启泄压阀可以将蓄能器里的压力油排回油箱。

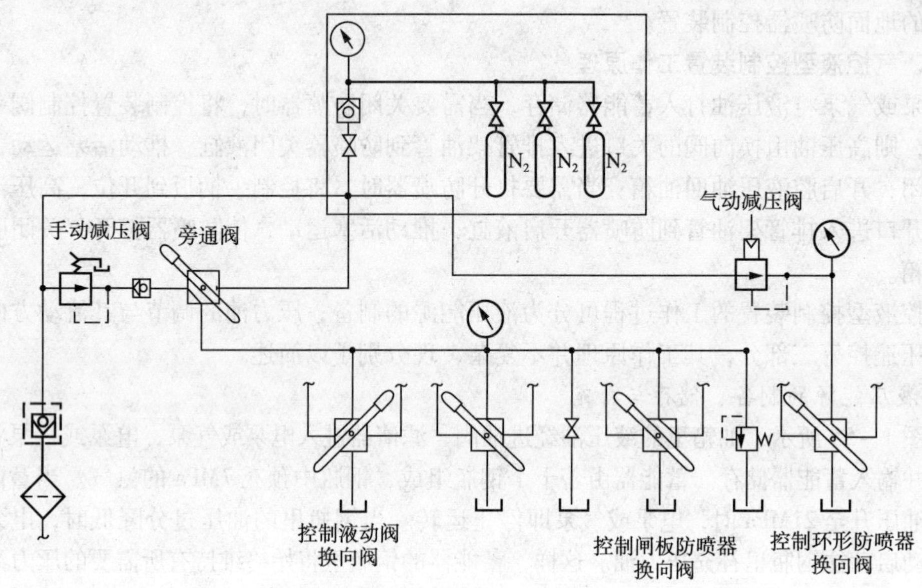

图 1－56　压力油的调节与流向的控制

3. 气压遥控

前述两部分液控流程属于远程控制台的工作概况。为使司钻在钻台上能遥控井口防喷器开关动作则需要司钻控制台。

气压遥控流程如图 1－57 所示。压缩空气经分水滤气器、油雾器后再经气源总阀(二位三通换向转阀)输至诸空气换向阀(三位四通换向滑阀或转阀)。三位四通气转阀负责控制远程控制台上二位气缸的动作，从而控制远程控制台上相应的换向阀手柄，间接控制井口防喷器的开关动作。

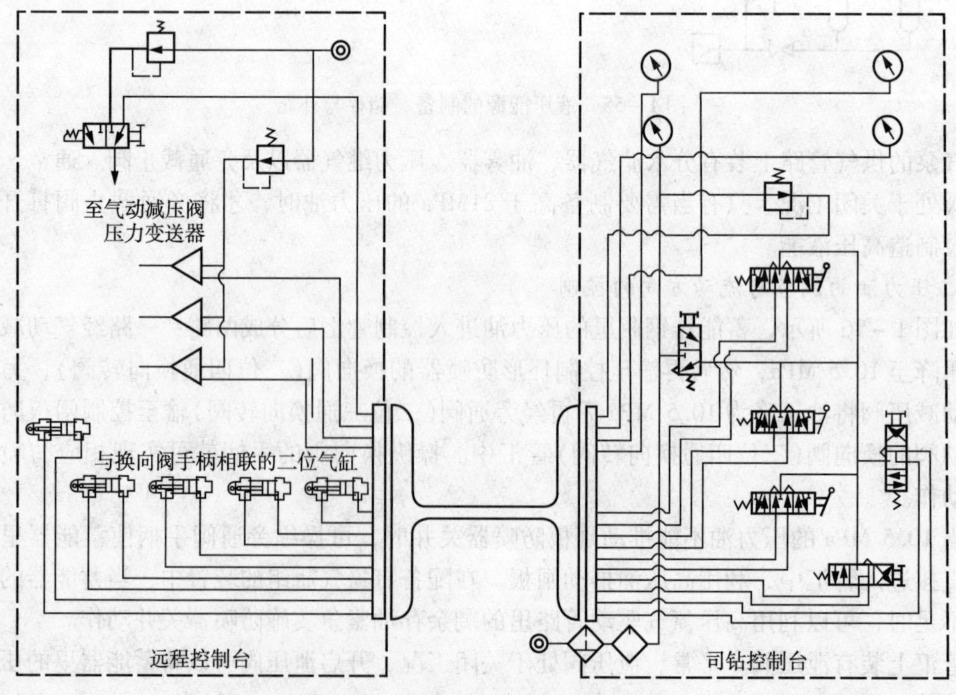

图 1－57　控制装置的气压遥控流程

远程控制台上控制环形防喷器开关的换向阀的供油管路上装有气动减压阀。该气动减压阀由司钻控制台或远程控制台上的调压阀调控。调控路线由远程台显示盘上的分配阀(三位四通换向阀)决定。通常，气动减压阀应由司钻控制台上的调压阀调控。

司钻控制台上有4个压力表，其中3个压力表显示油压。远程控制台上的3个压力变送器将蓄能器的油压值、环形防喷器供油压力值、闸板防喷器供油压力值转化为相应的低气压值。转化后的气压再传输至司钻控制台上的压力表以显示相应的油压。

液压能源的制备、压力油的调节与其流向的控制等工作都在远程控制台上完成。

三、控制装置正常工作时的工况

钻开油气层前，控制装置应投入工作并处于随时发挥作用的“待命”工况。蓄能器应预先充油，升压至21MPa，调好有关阀件并经检查无误后“待命”备用。控制装置的“待命”工况，亦即“临战”检查的主要项目，分述于下。

1. 远程控制台工况

(1)电源空气开关合上，电控箱旋钮转至自动位；

(2)装有气源截止阀的控制装置，将气源截止阀打开；

(3)气源压力表显示0.65~0.8MPa；

(4)蓄能器钢瓶下部截止阀全开；

(5)电泵与气泵输油管线汇合处的截止阀打开或蓄能器进出油截止阀打开；

(6)电泵、气泵进油阀全开；

(7)泄压阀关闭；

(8)旁通阀手柄处于关位；

(9)换向阀手柄处于中位；

(10)蓄能器表显示18~21MPa；

(11)环形防喷器供油压力表显示10.5MPa；

(12)闸板防喷器供油压力表显示10.5MPa；

(13)压力继电器的上限压力调为21MPa，下限压力调为18MPa；

(14)气泵进气路旁通截止阀关闭；

(15)气泵进气阀关闭；

(16)装有司钻控制台的系统将分配阀扳向司钻控制台；

(17)YPQ型气动压力变送器的一次气压表显示0.35MPa；QBY-32型气动压力变送器的一次气压表显示0.14MPa；

(18)油箱中盛油高于下部油位计下限；

(19)油雾器油杯盛油过半。

2. 司钻台工况

(1)气源压力表显示0.65~0.8MPa；

(2)蓄能器示压表、环形防喷器供油示压表、闸板防喷器供油示压表，三表示压值与远程控制台上相应油压表的示压值相差不超过1MPa；

(3)油雾器油杯盛油过半。

任务五　节流、压井管汇

一、节流管汇

节流管汇是成功地控制井涌、实施油气井压力控制技术的可靠而必要的设备。节流管汇的普遍使用，将把我们目前的油气井压力控制技术提高到一个更科学、更先进的水平。在油气井钻进中，井筒中的钻井液一旦被流体所污染，就会使钻井液静液柱压力和地层压力之间的平衡关系遭到破坏，导致井涌。当需循环出被污染的钻井液，或泵入性能经调整的高密度钻井液压井，以便重建平衡关系时，在防喷器关闭的条件下，利用节流管汇中节流阀的启闭控制一定的套压，来维持稳定的井底压力，避免地层流体的进一步流入。通常是控制钻井液流过节流阀来产生井内回压，并保证液柱压力略大于地层压力的条件下排除溢流和进行压井。节流管汇由主体和控制箱组成。主体主要由节流阀、闸阀、管线、管子配件、压力表等组成，其额定工作压力应等于或大于最大预期的地面压力，节流阀后的零部件工作压力可比额定工作压力低一个等级，如图 1－58 所示。

二、压井管汇

压井管汇是井控处理装置中必不可少的组成部分，它的功用是：当不能通过钻柱进行正常循环时，可通过压井管汇向井中泵入钻井液，以达到控制油气井压力的目的。同时还可以通过它向井口注入清水和灭火剂，以便在井喷或失控着火时用来防止爆炸着火。

它主要由单向阀、平板阀、压力表、三通或四通组成。

压井管汇水平安装在双四通的 5# 或单四通的 1# 阀外侧。其配置如图 1－58 所示。

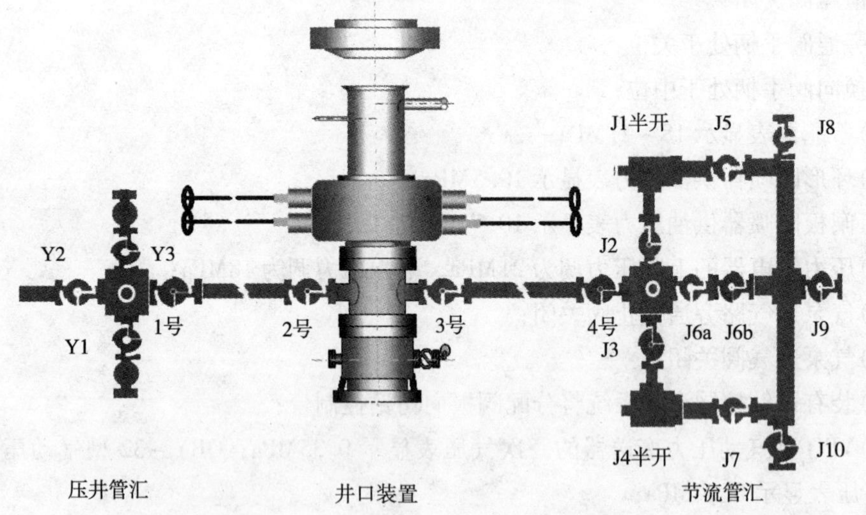

图 1－58　节流管汇和压井管汇示意图

三、节流管汇、压井管汇的正确使用

(1) 选用节流管汇、压井管汇必须考虑预期控制的最高井口压力、控制流量以及防腐等工作条件。

(2) 选用的节流管汇、压井管汇的额定工作压力应与最后一次开钻所配置的钻井井口装置工作压力值相同。

(3) 节流管汇前的液动平板阀(8# 或 4# 阀)平常处于关闭状态，当发生井涌需要关井求压时，按“四、七动作”中开节流阀，实际是打开 8# (或 4# 阀) 再关防喷器，因节流阀开位处于 3/8 ~ 1/2 之间。

(4) 平行闸板阀阀板及阀座处于浮动才能密封，因此开关到底后必须再回转 1/4 ~ 1/2 圈，严禁开关扳死。

(5) 平行闸板阀是一种截止阀，不能用来泄压或节流。

(6) 平板闸板上有两个注入阀：塑料密封脂注入阀(阀体外有一六方螺钉)和密封润滑脂注入阀(阀体外有一六方螺母压紧顶针)。二者不能装错，否则易刺坏油嘴，引起失控。

(7) 节流控制箱上的速度调节阀是用来调节节流阀开关速度的，千万不能关死，否则，无法控制节流阀的启闭。

(8) 节流控制箱上的套、立压表是一种二次压力表，千万不能用普通压力表代替。

四、防喷管汇、放喷管线

1. 防喷管汇

防喷管汇包括四通出口至节流管汇、压井管汇之间的防喷管线、平行闸板阀、法兰及连接螺柱或螺母等零部件。如图 1 – 59 所示。

四通至节流管汇之间的零部件公称通径不小于 78mm；四通至压井管汇之间的零部件公称通径不小于 52mm。

采用单四通配置时，可根据钻井设计的需要增接一条备用防喷管线。

2. 放喷管线

装单四通的放喷管线为压井管汇、节流管汇以外的零部件，如图 1 – 59 所示。

3. 关于放喷管线和防喷管线的使用要求

(1) 放喷管线全部使用法兰连接。

(2) 放喷管线和连接法兰应全部露出地面，不得用管穿的方法实施保护。

(3) 含硫和高压地区钻井，四条放喷管线出口都应接出距井口 100m 以远，并具备放喷点火条件。

(4) 防喷管线、放喷管线、节流压井管汇的闸阀编号如图 1 – 58 所示。

(5) 所有防喷管线、放喷管线、节流压井管汇的闸阀应为明杆阀。

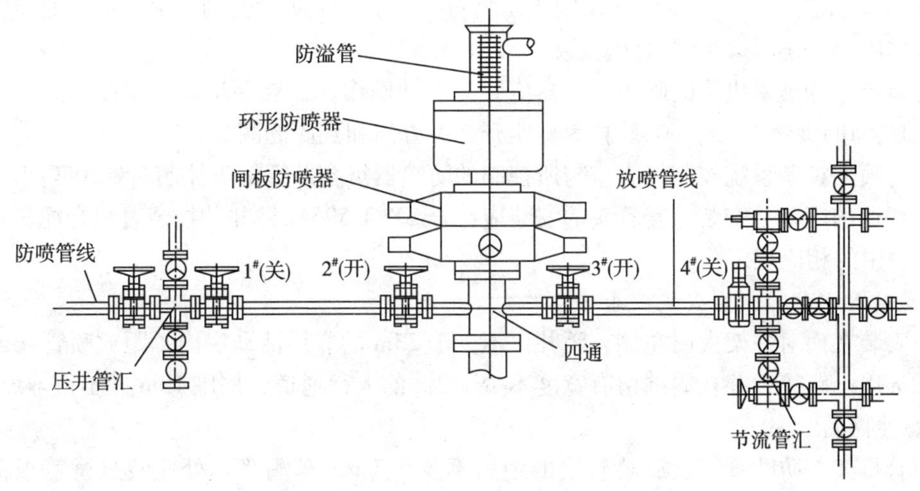

图 1 – 59 防喷管汇、放喷管线示意图

(6)液气分离器排气管线应接出液气分离器50m以远有点火条件的安全地带，其出口点火时不影响放喷管线的安全。排气管线应从液气分离器单独接出，其管径不小于6″。

(7)接一条中压软管至防溢管作为起钻灌泥浆用。严禁用泥浆泵反压井管线灌泥浆。

任务六　井控装置的安装、试压、使用和管理

一、井控设备的布局

面对井架正面(大门)，节流管汇应安装在井口四通右翼；压井管汇安装在井口四通左翼。防喷器远程控制台安装在面对井架大门左侧、距井口不少于25m的专用活动房内。井口防喷器的液控油路接口朝向井架后大门。蓄能器装置通向井口防喷器的输油管排从大门左侧延伸，利用高压软管与防喷器油口连接。当压井管汇与井场钻井泵连接时，其连接管线的走向应从井架后门方向绕过。

这种布局可以使高压输油管线与高压钻井泵管线相互隔开，避免彼此交叉与横跨，而且也便于在井口更换闸板防喷器闸板的操作。

二、井控设备的安装

井控装置的安装包括井口装置的安装、井控管汇的安装、钻具内防喷工具的安装等。

1. 井口装置的安装要求

(1)钻井井口装置包括防喷器、防喷器控制系统、四通及套管头等。各次开钻井口装置要严格按设计安装。

(2)防喷器安装、校正和固定应符合SY/T 5964《钻井井控装置组合配套安装调试与维护》中的相应规定。

(3)防喷器压力等级的选用原则上应与相应井段中的最高地层压力相匹配，同时综合考虑套管最小抗内压强度的80%、套管鞋破裂压力、地层流体性质等因素。

(4)含硫地区井控装置选用材质应符合行业标准SY/T 5087《含硫化氢油气井安全钻井推荐作法》的规定。

(5)在区域探井、高含硫油气井、高压高产油气井及高危地区的钻井作业中，从固技术套管后直至完井全过程，应安装剪切闸板防喷器。剪切闸板防喷器的压力等级、通径应与其配套的井口装置的压力等级和通径一致。

(6)具有手动锁紧机构的闸板防喷器应装齐手动操作杆，靠手轮端应支撑牢固，其中心与锁紧轴之间的夹角不大于30°。挂牌标明开、关方向和到底的圈数。

(7)防喷器控制系统控制能力应与所控制的防喷器组合及管汇等控制对象相匹配。

(8)四通的配置及安装、套管头的安装应符合SY/T 5964《钻井井控装置组合配套安装调试与维护》中的相应规定。

2. 防喷器远程控制台安装要求

(1)安装在面对井架大门左侧、距井口不少于25m的专用活动房内，距放喷管线或压井管线应2m以上距离，并在周围留有宽度不少于2m的人行通道，周围10m内不得堆放易燃、易爆、腐蚀物品。

(2)管排架与防喷管线及放喷管线的距离不少于1m，车辆跨越处应装过桥盖板；不允许在管排架上堆放杂物和以其作为电焊接地线或在其上进行焊割作业。

(3)总气源应与司钻控制台气源分开连接，并配置气源排水分离器；严禁强行弯曲和压

折气管束。

(4)电源应从配电板总开关处直接引出，并用单独的开关控制。

(5)蓄能器完好，压力达到规定值，并始终处于工作压力状态。

3. 井控管汇安装要求

井控管汇包括节流管汇、压井管汇、防喷管线和放喷管线。

(1)钻井液回收管线、防喷管线和放喷管线应使用经探伤合格的管材，含硫油气井的井口管线及管汇应采用抗硫的专用管材。防喷管线应采用螺纹与标准法兰连接，不允许现场焊接。

(2)钻井液回收管线出口应接至钻井液罐并固定牢靠，转弯处应使用角度大于120°的铸(锻)钢弯头，其通径不小于78mm。

(3)井控管汇所配置的平板阀应符合 SY/T 6663—2006《独立井口装置规范》中的相应规定。

(4)防喷器四通的两侧应接防喷管线，每条防喷管线应各装两个闸阀，一般情况下紧靠四通的闸阀应处于常开状态，防喷管线控制闸阀(手动或液动阀)应接出井架底座以外。

4. 放喷管线安装要求

(1)放喷管线至少应有两条，其通径不小于78mm。

(2)放喷管线不允许在现场焊接。

(3)布局要考虑当地季节风向、居民区、道路、油罐区、电力线及各种设施等情况。

(4)两条管线走向一致时，应保持大于0.3m的距离，并分别固定。

(5)管线应平直引出，一般情况下要求向井场两侧或后场引出；如因地形限制需要转弯，转弯处应使用角度大于120°的铸(锻)钢弯头。

(6)管线出口应接至距井口75 m以上的安全地带，距各种设施不小于50m。

(7)管线每隔10～15 m、转弯处、出口处用水泥基墩加地脚螺栓或地锚或预制基墩固定牢靠，悬空处要支撑牢固；若跨越10m宽以上的河沟、水塘等障碍，应架设金属过桥支撑。

(8)水泥基墩的预埋地脚螺栓直径不小于20mm，长度大于0.5m。

(9)液气分离器排气管线(管径等于或不小于排气口直径)接出距井口50m以远。

三、井控装置的试压要求

(1)防喷器组应在井控车间按井场连接形式组装试压，环形防喷器(封闭钻杆，不试空井)、闸板防喷器(剪切闸板防喷器)和节流管汇、压井管汇、防喷管线、试防喷器额定工作压力。

(2)在井上安装好后，在不超过套管抗内压强度80%的前提下进行现场试压：

①环形防喷器封闭钻杆试验压力为额定工作压力的70%。

②闸板防喷器、方钻杆旋塞阀和压井管汇、防喷管线试验压力为防喷器额定工作压力。

③节流管汇按零部件额定工作压力分别试压；放喷管线试验压力不低于10MPa。

(3)钻开油气层前及更换井控装置部件后，应采用堵塞器或试压塞按照上述现场试压要求试压。

(4)防喷器控制系统按其额定工作压力做一次可靠性试压。

(5)防喷器控制系统采用规定压力用液压油试压，其余井控装置试压介质均为清水(北方地区冬季加防冻剂)。

(6)试压稳压时间不少于10min，允许压降不大于0.7MPa，密封部位无渗漏为合格。

(7)井场应备有与在用闸板同规格的闸板和相应的密封件及其拆装工具和试压工具。

(8)钻开油气层前对全套井控装备进行一次试压。

四、设备的常规活动检查

(1)钻开油气层后，应定期对闸板防喷器进行开、关活动。在井内有钻具的条件下应适当地对环形防喷器试关井；定期对井控装置按要求进行试压。

(2)下套管前，应换装与套管尺寸相同的防喷器闸板。

任务考核

一、填空题

(1)环形防喷器的液控油压一般不超过________。

(2)在现场对环形防喷器进行试压或活动检查时不做________试验。

(3)环形防喷器封闭井中钻杆时，为防止卡钻可以________，但不许________钻具。

(4)双闸板防喷器常装有________闸板与________闸板。

(5)手动关井操作时蓄能器装置上控制闸板防喷器的换向阀应处于________位。

(6)闸板手动锁紧与手动解锁操作时，最后都应使手轮回旋________圈。

(7)蓄能器装置与遥控装置上的三副压力表，其示压值应________。

(8)控制电泵自动启停的压力继电器应调定上限压力________，下限压力________。

(9)目前你井队所使用的气控液型控制装置，蓄能器安全阀调定开启压力________，管汇安全阀调定开启压力________。

(10)蓄能器预充的是________气，预充压力________。

二、判断题

(1)由于井压助封的作用，环形防喷器在关井后可以将液控油压泄掉(　　)。

(2)环形防喷器在封井状态下允许钻具转动，但转速应尽可能缓慢(　　)。

(3)井口井压为30 MPa，闸板防喷器关井时所用液控油压也应该是30 MPa(　　)。

(4)旋动闸板防喷器的侧门时，蓄能器装置上控制该防喷器的换向阀应处于关位(　　)。

(5)闸板防喷器可用以长期封井(　　)。

(6)闸板防喷器的半封闸板在关井工况下既允许钻具上下活动又允许钻具轻微转动(　　)。

三、选择题

(1)液压防喷器开、关动作时所需液控压力油来自________。

①蓄能器　　②电泵　　③气泵

(2)控制装置投入工作时，在正常情况下，旁通阀的开、关由________控制。

①遥控装置　　②蓄能器装置　　③遥控装置与蓄能器装置皆可

(3)往蓄能器钢瓶中充氮时或是使用充氮工具检测胶囊压力时，务须注意的是________。

①准备并安装好充氮工具　　②安全作业　　③首先泄掉钢瓶中油压

(4)防喷管汇上的液动平板阀，平时应处于________工况。

①常开　　②常闭　　③半开

(5)关闭手动平板阀的动作要领是________。

①顺旋，到位　　②逆旋，到位

③顺旋，到位，回旋　　④逆旋，到位，回旋

(6)防喷管汇上的液动平板阀是由________遥控的。

①蓄能器装置上的换向阀 ②遥控装置上的换向阀
③钻台上液控箱上的三位四通换向阀
(7)液动节流管汇上的气动抗震压力变送器输入气压是________。
①0. 14 MPa ②0. 35 MPa ③0. 13 ~0. 17 MPa
(8)节流管汇上的节流阀，平时应处于________工况。
①常开 ②常闭 ③半开

项目十一　钻具与套管的使用

知识目标

(1)掌握钢卷尺、内卡尺、外卡尺等量具的使用。

(2)掌握钻具、套管尺寸的丈量，钻铤、钻杆、方钻杆、配合接头的长度，内外径的测量。

(3)掌握井场钻具、套管的正确摆放和一些常规的保养工作。

技能目标

(1)掌握钻具的丈量。

(2)掌握套管的丈量。

学习材料

所谓钻具是指方钻杆、钻杆、钻铤、接头、稳定器、减震器以及在特定的钻井条件下使用的其他井下工具的统称。习惯上又往往把方钻杆、钻杆及其接头、钻铤称为钻具。在钻井过程中，将方钻杆、钻杆、钻铤等用各种接头连接起来组成的入井管串称为钻柱。

任务一　钻具的使用

一、方钻杆

1. 方钻杆摆放、保养与检查

(1)搬家倒运方钻杆时，应将方钻杆装入保护管内(套管或鼠洞管)并固牢，用吊车平吊于专用平板车或管子拖车上运输，防止弯曲和碰撞受损。

(2)拉运到井场的方钻杆，应用吊车平吊，慢慢放下，禁止用滚杠卸车，防止摔弯和碰伤棱边。

(3)方钻杆应平放在垫杠上，并将方钻杆上端(内螺纹反扣端)朝向钻台摆直。因方钻杆较长，垫杠不得少3 根，两端悬空不得超过1m，并单层摆放，其上不得堆压任何重物。

(4)拉运上钻台的方钻杆，内、外螺纹应戴护丝，以防碰伤螺纹。

(5)卸下方钻杆时，必须放入鼠洞管内，以防碰伤螺纹。下钻台用大钩和高悬猫头相配合，并用高悬猫头绳(绷绳)抬吊，慢慢放于井场垫杠上，不得采用一头拖吊的方式绷于井场，严防碰伤螺纹及台肩。

(6)方钻杆上、卸水龙头时，中间一定要垫支柱，防止憋弯或自身压弯。

(7)每钻完一口井应检查方钻杆的螺纹及管体，并将螺纹上涂抹螺纹脂，戴上护丝。

2. 方钻杆丈量

(1)方钻杆使用长度丈量

将方钻杆平放在垫杠上，将钢卷尺零端对准方钻杆外螺纹大端台阶面，另一个人手握尺盒沿方钻杆逐渐将尺带拉出，然后将钢尺带贴于方钻杆内螺纹接头上面，眼观方钻杆末端的钢尺刻度，其刻度值即为方钻杆的使用长度。

(2)方钻杆通称尺寸的测量

方钻杆通称尺寸为方钻杆方部对边宽的尺寸。测量时，使用外卡钳进行。其测量方法：分开外卡钳两脚，两脚张开度略大于方钻杆方部尺寸，将外卡钳卡向方钻杆方部下方，然后用双手向内压外卡钳的双脚，使其脚口紧贴方钻杆下部，再沿垂直于方钻杆轴线的方向轻轻向上拉取外卡钳，注意卡钳向外拉出时，应防挂碰改变张开角度。卡钳拉出后，将卡钳一端内侧对准钢板尺零端，另一脚内侧平放于钢板尺面上，其脚口对应的刻度值即为方钻杆方部对边宽的尺寸。

(3)方钻杆对角尺寸的测量

方钻杆对角尺寸为横截面对角线的长度。使用外卡钳配合钢板尺测量。其方法与方钻杆通称尺寸的测量方法相似，不同之处是：外卡钳的卡口是卡向方钻杆方部对角的下方，而不是卡向方部下方。

3. 丈量注意事项

丈量方钻杆时，一般都是指丈量方钻杆的使用长度，因为方钻杆方部末端上部的接头体部位无法进入转盘小方补心内，因此，在计算井深丈量方钻杆时，应从外螺纹大端台肩开始至方部末端为止，决不能量至内螺纹顶端面，否则井深出现误差。方钻杆使用长度丈量如图1－60所示，图中 L_0 为方钻杆的使用长度。

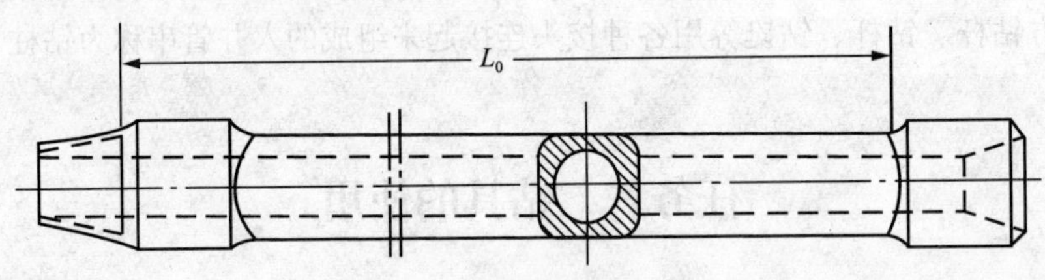

图1－60　方钻杆使用长度丈量

二、钻杆

1. 钻杆摆放、保养与检查

(1)拉运到井场上的钻杆内、外表面不得有裂缝、折叠、离层和结疤存在，缺陷应完全消除。如果井场没有能力消除上述缺陷，应拉回管子站进行处理，消除后，壁厚不能超过负偏差。各个国家对钻杆外观尺寸均规定有一定的允许差值，如表1－58所示，凡拉运到井场上的钻杆必须符合这一要求。

(2)搬运钻杆时，应将钻杆螺纹刷净，然后涂抹螺纹脂，并戴上护丝。

(3)钻杆倒运吊上架子车时，内螺纹一端应指向车头并相互靠齐，然后用钢丝绳绑结实，防止运输过程中摆动、散架。卸车时，用两根爬杆搭于车厢板上，用棕绳兜住钻杆，慢慢向下滚向场地。如因条件许可需短距离拖拉时，必须将钻杆内、外螺纹戴上护丝，方可用爬犁拖拉。

表1-58 钻杆外观尺寸允许差值

外观尺寸		冶金部标准	API标准	CCP标准
外径/mm	<101.6	±1%	±0.75%	普通精度±1% 高精度±0.75%
	>114.3		±0.75%	
壁厚/mm		+15% −12.5%	−12.5%	
加厚部分外径偏差/mm		在100mm内测量+10	在127~152mm处测量±2.36	
加厚部分内径偏差/mm			±1.59	±1.5
对焊接头同心度/mm		端部小于0.75 1m长小于2		
钻杆弯曲度/mm		全长不超过1/2000 两端1/3处不超过1.3/1000		

(4)钻杆摆放于场地上时，必须下加垫杠，垫杠高度一致，垫杠4~5m，钻杆内螺纹端应朝向钻台并相互平行排成一条线，内螺纹端悬空长度不得大于2m。

(5)钻杆应按级别、规范分别摆放在垫杠上，若需几层堆放时，每层中间应加两根垫杠，同层垫杠高度应一致，并与下层垫杠对齐，但钻杆排放最多不得超过3层。

(6)每钻完一口井后，由井队和管子站派专人仔细检查钻杆的螺纹及管体的情况，将好、坏钻具分别用油漆注明并分别摆放，以便管子站回收。完好钻具应将螺纹涂上螺纹脂，无论好坏钻具都不得浸泡在水和钻井液中。

(7)凡是成套钻具，无论好坏都不移作他用(如做垫杠、接管线)。钻具收发有专人负责，未经场地管理人员同意，任何人不得乱动场地钻具。

(8)钻杆下井前首先要丈量长度，同时按顺序将钻杆单根并根据二层台高度选配成立柱，按下井顺序编号排放整齐，用油漆将长度及顺序标在钻杆管体上，并按上下将其钻杆单根长度记在钻具记录本上。

(9)钻杆入井前首先应摘去护丝，检查台肩及螺纹有无损伤，若在有效螺纹段内磨秃、黏扣或碰伤3扣以上，或发生断扣(伤痕深度大于1/2扣深)，要重新车扣。若接头螺纹台肩不平，垂直偏差超过0.15mm，要重新车修，不得入井，如螺纹完好，应清洗后涂抹螺纹脂。

(10)钻杆上、下钻台要戴好护丝。

(11)不允许在钻杆上对其他物件进行氧焊或电焊操作，严防损伤管体或接头。

(12)不许将撬杠插入钻杆内螺纹接头内上抬或进行其他作业，防止损伤内螺纹接头。若需插入撬杠上抬钻杆，必须事先将内螺纹护丝戴上，方可进行上抬作业。

(13)每打完一口井必须检查钻杆本体，检查方法：分别从钻杆两端，配合滚动，平视钻杆是否弯曲，同时观察钻杆本体是否有明显伤痕。

(14)每打完一口井必须检查螺纹，方法是将螺纹清洗后，转动钻杆观察内、外螺纹，同时观察钻杆水眼是否畅通、清洁。

2. 钻杆的丈量

(1)钻杆长度丈量

将钢卷尺零位端对准钻杆外螺纹大端台阶，另一个人将钢卷尺带拉到钻杆内螺纹接头端，并将尺带紧贴于内螺纹接头上端顶部，两眼直视内螺纹接头顶部所对应的尺带数值，该数值即为钻杆长度值。将该长度值与对应的钻杆号记录在钻杆记录本上。同时，用白漆或红漆将钻杆长度值写在距钻杆内螺纹接头端1m处的钻杆本体上。

量完第一根钻杆后，拿钢卷尺盒的一个人将钢卷尺向上抬起30～40cm，另一个人也将钢卷尺零位端(外螺纹端)上抬离钻杆20cm左右，两人同时将钢卷尺带移向第二根钻杆，根据第二根的长度，可向外拉尺带或向盒内卷回尺带，按上述测量第一根钻杆长度的方法进行第二根钻杆长度的丈量。

按上述方法可继续丈量第三、第四等若干钻杆单根长度。

(2)用内卡钳、外卡钳、钢板尺测量钻杆内、外径

①用内卡钳测量钻杆内径的方法。

用右手拇指与中指拿住内卡，食指扶住内卡，防止摆动。将内卡两腿张开，张口距离略小于钻杆内孔(水眼)，将内卡钳平行或竖直放入钻杆内孔(水眼)，并注意内卡钳中心线必须与所测管体中心轴线一致。然后，靠食指和中指将内卡钳两腿向外伸张(也可借助左手帮助向外分开内卡钳两腿)，感觉卡钳两腿的顶端与管壁接触，即可用右手拇指、食指转动内卡钳，中指扶住内卡保持卡钳居中，感觉内卡两腿的顶端与管壁均有接触，且松紧适度，即可平直抽出内卡钳，然后左手平拿钢板尺，将内卡钳钳口一端外侧与钢板尺零端对齐。内卡钳口另一端外侧靠在钢板尺的刻度面上，其两脚顶端所指示的刻度值，即为钻杆内径尺寸，并将测量的数值记在记录本上。

若内卡两脚张开略大于钻杆内孔，不能放入钻杆孔眼内，可将内卡钳的一脚在管体上轻轻敲打，直到两腿张开度略小于钻杆内孔，即可按上述方法进行钻杆内径测量。

②用外卡钳测量钻杆外径的方法。

用双手将外卡钳两腿分开，其张口略大于被测钻杆外径，右手拇指与中指捏住外卡钳，将钳口卡向钻杆本体外部进行试量。若钳口偏小，可将外卡钳双脚轻轻向外拨动，使钳口变大；若钳口偏大，可将卡钳一腿在钻杆本体上轻轻敲击一下，使钳口变小，反复调整钳口其张开度略小于钻杆本体外径，然后将卡钳垂直卡向钻具，向下轻压卡钳，让卡钳脚口顺利通过钻杆本体外部，然后轻轻垂直向上提起，使卡钳自然张开到被测钻杆本体外部的宽度，再上提下放多次，感觉锥口内侧稍有阻挡并能通过被测钻杆外部即可取出外卡钳。但要注意向上提取外卡钳时，应防止碰挂而改变其张口角度。然后左手拿钢板尺，钳口一脚内侧对准钢板尺“0”位端，钳口另一脚内侧平放于钢板尺尺面上，其两脚口所指刻度即为被测钻杆的外径尺寸，将外径尺寸记录在记录本上。

(3)钻杆丈量注意事项

①丈量完钻杆单根长度后，依次往下移动钢尺带时，应防止钢尺带松弛被卡在两根钻杆本体间的缝隙内。如果钢尺带已被卡在两钻杆本体缝隙内，千万不要强行用力上拉钢尺带，以防钢尺带扭曲出现折痕，导致裂断，同时由于钢尺带扭曲，影响丈量精度。若遇钢尺带被卡在两钻杆之间，可用撬杠稍微滚动一下钻杆，将钢尺带顺利取出。

②读数时采用“四舍五入”的方法计量钻杆单根的长度。但要注意若丈量了4～5根钻杆单根均属“四舍”情况，可以将其中一次不舍而采用加入到1cm的形式，以进行补救；同样，若“五入”次数较多，而“四舍”较少时，也可采用一次不入而舍去的方法进行补救。

③钢尺带拉好读数时，两眼应齐平对准内螺纹接头台肩顶部，不可斜视读数，否则将影响丈量精度，如图1－61所示。

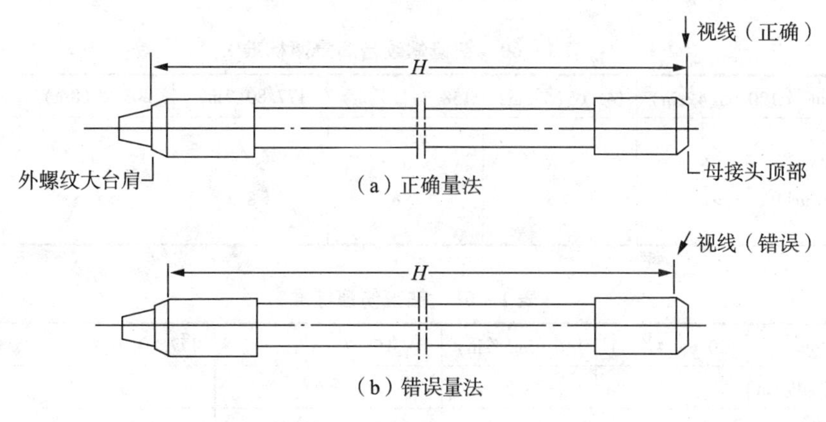

图 1－61　钻杆丈量方法

三、钻铤

1. 钻铤摆放、保养与检查

(1) 凡井场钻铤应按级别、规范摆放在两根垫杠上面，不得直接放在泥地上或浸泡在泥水中。

(2) 摆放时，钻铤内螺纹端朝向钻台排成一条线，并且一律单层排放。

(3) 拉钻铤上钻台必须接上提升短节，内螺纹端上提升短节时，首先要将内螺纹用钢丝刷刷干净，然后涂抹螺纹脂。外螺纹端要戴好护丝，严防碰伤螺纹及其台肩。

(4) 拉运到井场的新钻铤，在场地上应用相配合的接头“三上三卸”，进行磨扣，以消除加工毛刺。

(5) 每打完一口井，应对钻铤粗扣采用永久磁铁探伤法检验一次，若发现粗螺纹裂纹的长度大于 3mm，就应采取赶扣的方法进行修复。

(6) 每打完一口井，发现螺纹断扣，要重新车扣；螺纹部分有 3 扣以上黏扣或碰伤(在圆周方向大于 10mm，伤痕深度大于 1/2 扣深)的要重新修扣；在有效螺纹段内，磨秃 3 扣以上要重新车扣，否则不得重新下入井内。凡发现有上述问题的钻铤，必须用白漆标上记号，以便处理。

(7) 拉运到井场的新钻铤，必须由井队负责人员进行检验，钻铤外径、内径、壁厚等外观尺寸应符合要求。

(8) 钻铤在使用中必须符合表 1－59 和表 1－60 中所列标准。

(9) 使用中一旦发现钻铤出现伤痕，其伤痕深度和长度不得超过表 1－61 所列标准。

2. 钻铤丈量

(1) 长度丈量

①一个人站在钻铤内螺纹端，左手拿住钢卷尺盒，右手轻扶钢卷尺带；另一个人用右手握住钢卷尺带始端钢环，拉至钻铤外螺纹端时，停止向外拉钢卷尺带。

表 1－59　钻铤弯曲度标准

长度/m	全长允许弯曲度/mm			两端允许弯曲度/mm		
	校直标准	送井标准	使用标准	校直标准	送井标准	使用标准
8～9	<3	<4	<5	<1.5	<2	<2.5
12	<4	<6	<6	<2.5	<3	<3.5
每米弯曲度	<1.5	<1.5	<1.5	<1.5	<1.5	<1.5

表 1－60　钻铤螺纹台肩最薄标准

公称尺寸/mm	120.65($4\frac{3}{4}$in)	146.05($5\frac{3}{4}$in)	158.75($6\frac{1}{4}$in)	177.80(7in)	203.20(8in)	
外螺纹台肩厚/mm	>8	>10	>10.5	>11	>11	630 扣为 16
内螺纹台肩厚/mm	>6	>8	>8	>8.5	>8.5	

表 1－61　钻铤伤痕标准

公称尺寸/mm	120.65($4\frac{3}{4}$in)	146.05($5\frac{3}{4}$in)	158.75($6\frac{1}{4}$in)	177.80(7in)	203.20(8in)
钻铤本身伤痕深度/m	<5	<5	<6	<6.5	<7
伤痕长度			不超过圆周长度的 10%		

②拿钢卷尺钢环一端的人，将尺带“0”点紧贴外螺纹端根部，如图 1－62 所示。拿钢卷尺盒的人，将钢卷尺带贴于管体表面，并稍微拉紧(注意尺带是否铺平拉直)，然后将钢卷尺带贴于钻铤内螺纹端顶部端面开始读数。

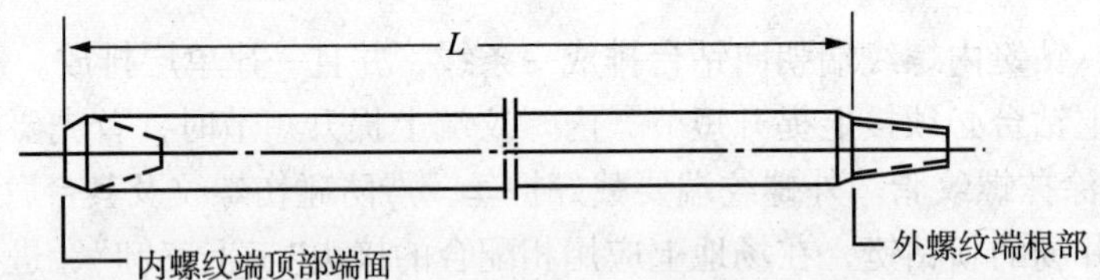

图 1－62　钻铤长度丈量方法

③读数时，双眼视线必须与钢卷尺垂直，正视内螺纹顶面，不能正视内螺纹端倒角处，如图 1－63 所示。然后读出钢卷尺贴于内螺纹端顶部端面的刻度值，即为单根钻铤的长度。

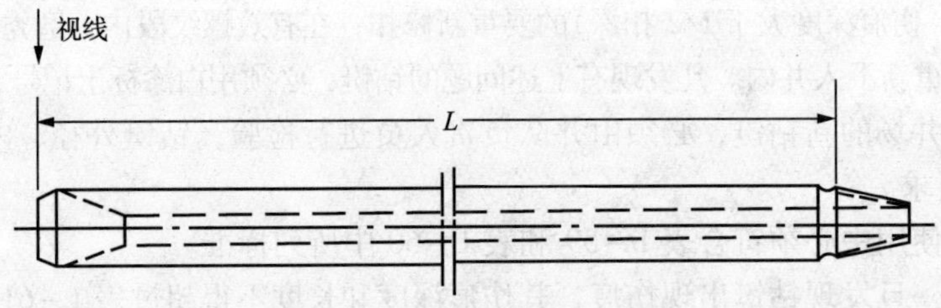

图 1－63　正视钻铤内螺纹端

④量度为 15m 以上的钢卷尺最小刻度单位是厘米，若所量数值在两刻度之间，则应采用近似读数法，按“四舍五入”精确到厘米。

⑤用同样方法丈量第二根钻铤，丈量时，两人相互配合根据钻铤长短或拉出或卷回钢尺带，以适应钻铤长度的丈量。

⑥钻铤长度丈量完后，应将尺带卷回钢卷尺盒内，其回收尺带方法与前面钻杆长度丈量完后的回收尺带方法相同。

(2)钻铤内、外径测量

钻铤内、外径测量方法与钻杆内、外径测量方法相同。

3. 丈量钻铤注意事项

(1)丈量钻铤时，首先卸下内、外螺纹端的护丝，丈量完后，要重新将护丝旋上，以保护螺纹。

(2)所测量的钻铤管体上面不得堆放任何杂物，钢卷尺带必须拉紧、拉直并与钻铤中心线相平行。

(3)丈量完钻铤后，必须用白漆或红漆将尺寸数值写在对应编号的钻铤本体上，将所有的钻铤丈量完后，必须按号复查，防止长度和所对应的编号不相符而造成井深误差。

四、接头

1. 接头摆放、保养与检查

(1)拉运到井场的接头，首先应检查螺纹的完好程度，凡因碰伤3扣以上(在圆周方向大于10mm，伤痕深度大于1/2扣深)的接头，井场管理人员不予接收，需要重新修扣后，才能投入使用。

(2)凡是井场上的各种接头，都应测量好长度、直径、识别扣型，并用白漆将长度、直径大小及扣型写在接头本体上，同时记录在钻具记录本上。

(3)凡是未下井的各种接头的螺纹，都应涂抹螺纹脂，并戴好护丝，整齐地排列在材料房内，不得随地乱扔。

(4)各种类型的接头，必须整齐地摆放在垫高的垫板上，不能直接放在泥地上，更不得浸泡在泥水中。

(5)接头下井前，应该用钢丝刷清除螺纹及台肩处的油泥和毛刺，并检查水眼是否畅通。

(6)在搬运时，应将接头装入箱内或者固定，防止搬运过程中接头滚动而碰伤螺纹或丢失接头。装卸时不得抛掷，防止损坏螺纹。

2. 接头尺寸的测量

(1)接头长度的测量

①现场测量接头的长度一般用1～2 m的钢卷尺，1人进行测量。测量接头长度时，应将接头平放于垫板上。测量外螺纹接头时，应从内螺纹端面量至外螺纹根部台肩；测量双内螺纹接头长度时，应从两端顶部平面量起；测量双外螺纹接头长度时，可从任一端外螺纹根部台肩量至另一端外螺纹根部台肩，具体量法如图1－64所示。

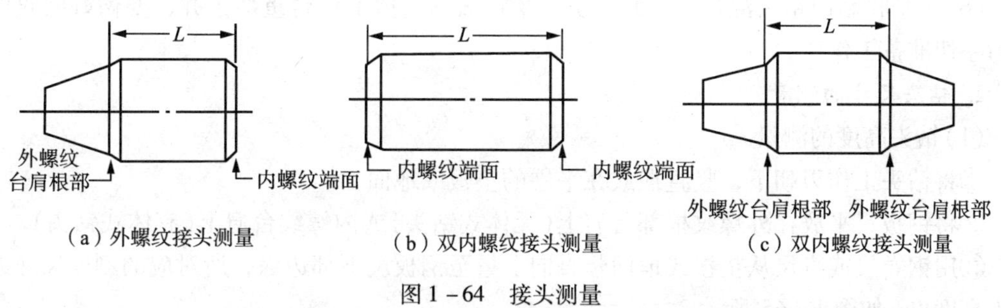

(a)外螺纹接头测量　(b)双内螺纹接头测量　(c)双内螺纹接头测量

图1－64　接头测量

②用GW－205型钢卷尺测量接头时，右手握住钢卷尺盒，同时用右手拇指下推盒盖上按钮，左手拿住钢卷尺带端部的钩片，即可向外拉出钢卷尺带，钢卷尺带拉出的长度一般比接头的长度长出5cm左右，松开右手拇指，按钮回位，被拉出的钢尺带就固定不动，然后，将尺带端部钩片挂在被测接头一端顶面上，使尺带平贴于接头体表面，接头另一端所对应的钢卷尺带上的读数即为所测接头的长度，测量完接头长度后，只要再往下推动尺盒上的按钮，钢尺带就可以自动缩回尺盒内。

③若接头较长需要用量度长的钢卷尺进行测量时，其测量长度的方法与前面钻杆长度测量方法相同。

(2)接头内、外径的测量

接头内径和外径尺寸的测量方法与前面钻杆内、外径测量方法相同。

3. 测量接头注意事项

(1)测量接头长度时一定要将接头平放在地面或垫板上，不要竖直或倾斜放置，避免造成读数误差。

(2)钢卷尺带应与接头中心轴线平行放置，不得歪斜。读数时，两眼应齐平对准接头端部，不可斜视读数，否则将影响测量精度。读数时采用"四舍五入"的方法计量接头长度。

(3)接头内、外径测量注意事项与钻杆内、外径测量注意事项相同。

五、钻头

1. 钻头的保养与管理

(1)运到井场的刮刀钻头首先应检查刀片与钻头体的焊接质量和刀刃硬质合金块的镶焊质量，发现焊缝有裂纹或镶焊质量不合格者，不予验收下井。

(2)所有钻头必须装箱运输，装卸时不得抛掷，防止损坏工作刃(牙齿、刀刃或金刚石)。

(3)运到井场的钻头必须开箱检查，检查规格、型号，检查尺寸是否符合井队生产需要，检查钻头各部分是否有损坏，若合格应将钻头按尺寸大小分类排列、编号、建立钻头记录卡，记录生产厂家、出厂日期、尺寸、类型、喷嘴直径以及钻头高度等各项数据。

(4)钻头应整齐地存放在材料库房内，螺纹必须涂抹螺纹脂，密封钻头下井前，不得浸泡在油中，金刚石钻头应装箱保护，不得随意乱扔，防止由于碰撞损坏金刚石颗粒或复合片，各种钻头均应防止被雨水冲淋而锈蚀。

(5)从井内起出的钻头，必须用清水清洗干净，并用白漆编号，标明出入井序号和入井时间、井段、纯钻时间、进尺、所钻岩性等，然后倒置于旧钻头陈列处，以便分析钻头磨损情况，总结经验教训。

(6)严禁将新旧钻头混装在一起，更严禁将旧钻头抱上钻台重新下井，要做好回收旧钻头的一切准备工作。

2. 钻头尺寸的测量

(1)钻头高度的测量

①将钻头工作刃朝下，竖直摆放在平硬的垫板或地面上。

②将钢板尺平放在外螺纹根部台肩上(无体式钻头)或内螺纹台肩上(有体式钻头)。

③用钢卷尺或直尺从垫板或地面竖直向上量至钢板尺下部边缘，所对应的刻度尺寸即为钻头高度 L，如图 1－65 所示。

(2)钻头直径的测量

①简易钻头规测量钻头直径。

先将钻头规平套在钻头上，钻头规内弧紧靠钻头外侧面，测量钻头规对边内弧或钻头外侧的间隙最大处的尺寸，然后用钻头规的尺寸减去间隙最大处的尺寸，即为该钻头的直径。

②正规钻头规测量钻头直径。

把钻头竖直摆放，左手握住钻头规手柄，右手拇指、食指、中指捏住钻头规调整尺寸大小的活动手柄，把钻头规尺寸调大，大于钻头直径，再把钻头规平套进钻头，然后把活动手柄逐渐调小，使其包住钻头(以手柄轻轻转不动为宜)，此时，钻头规上所示的刻度尺寸即为钻头直径。

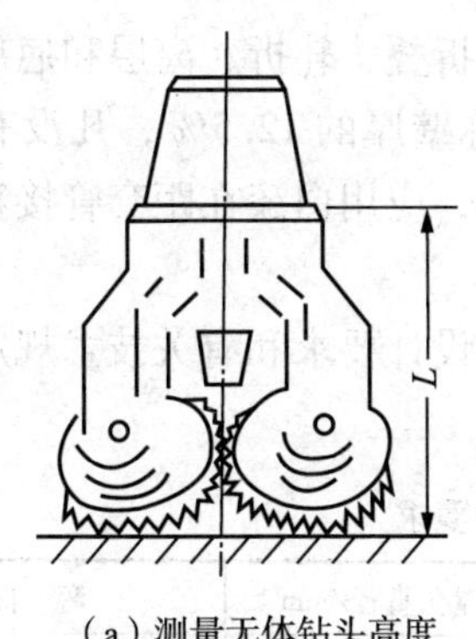

(a)测量无体钻头高度

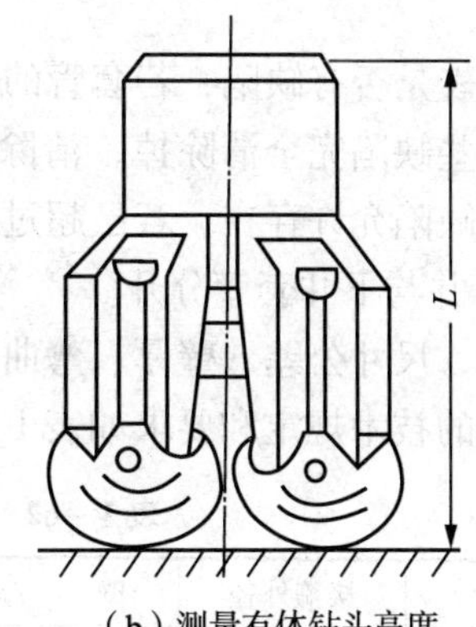

(b)测量有体钻头高度

图1-65 钻头高度测量

(3)测量注意事项

①测量钻头高度时，一定要将钻头平放在平硬的垫板或地面上，不能放在松软的泥地或沙地面，更不能让钻头倾斜。

②读数时采用"四舍五入"的方法，手握钢尺或直尺测量时，一定要竖直放立，不能偏斜，两眼应平视直尺上的刻度，不能斜视。

③不管使用的是简易的还是正规的钻头规测量钻头直径，都应平套进钻头，不能一边高一边低，否则会造成测量误差。

④将所量尺寸与钻头编号记入钻头卡，若是无体式钻头应将钻头使用高度和钻头全高都同时记入钻头卡内，以便计算井深。

任务二 套管的使用

一、套管的摆放、保养与检查

(1)送井套管必须轻拉轻卸，严禁乱碰乱摔。送井套管数量应符合下井深度要求，并按附加量不超过5%送齐。

(2)全井套管铭牌要求一致，井深在1500 m以内，要求接箍、壁厚最好一致，并尽量少用厚壁及高级钢套管。

(3)套管送到井场后，用两根爬杆搭于车厢板上，并用棕绳兜住套管，使套管慢慢滚向场地已摆好的两根垫杠上，垫杠高度应一致，套管应单层摆放在两根垫杠上，最多不超过两层。套管上面不准堆放任何重物，更不允许在套管上进行电焊或氧气焊等作业。

(4)摆放在垫杠上面的套管应以内螺纹端朝向钻台并相互平齐排成一条线，套管两端的悬空长度不得超过1.5 m。

(5)套管运到井场后，应立即清洗螺纹，用钢丝刷清除毛刺并涂抹螺纹脂，然后戴上护丝。

(6)套管送到井场后，井队应进行认真的复查工作，复查工作包括：

①查螺纹。

看螺纹是否完好，若螺纹碰伤3扣以上，伤痕深度超过1/3扣深，应该用白漆在套管上标明或以“×”号表示此套管不能用，并与下井套管分别摆放。

②查外表。

看套管外表是否有缺陷，若套管的内外表面有裂纹、折叠、轧折、离层和疤痕存在，应采取措施将这些缺陷完全清除掉，清除深度不得超过公称壁厚的12.5%，凡没有超过壁厚负偏差的其他缺陷允许存在。若已超过壁厚负偏差的缺陷，应用白漆在距套管接箍0.6 m处画出“×”号，并与下井套管分开。

③查钢级、尺寸公差、壁厚、弯曲度是否符合该井的设计要求和有关技术规定。

国产套管的技术规定和要求如表1-62所示。

表1-62 国产套管技术规定和要求

管体外径	接箍外径	壁　厚	接箍长度/mm	镗孔直径/mm	弯　曲　度
±1% （椭圆度不得超过外径允许公差）	±1%	-12.5%	±3	套管直径≤194的接箍为+0.8；套管直径≥219的接箍为+1.5	套管中间弯曲度不允许大于全长的1/2000；两端管长1/3部分的弯曲度不超过1.3mm/m

④查原装接箍。

套管与接箍用机械拧紧时余扣为±1扣，若有多余扣者用大链钳紧扣。

(7)丈量编号，排列整齐。建立“两丈量、一对口”制（工程与地质分别丈量，双方对口核实）并将丈量尺寸与对应编号、钢级、壁厚等一一填入套管记录卡中。

(8)使用直径小于套管标准内径3mm、长度为至少300mm的内径规通每一根套管。凡内径规不能通过的套管均为不合格套管，用白漆在管体上画上“×”号，并与下井套管分开。严禁在合格套管上面敲击、吊装重物，防止压弯或砸扁套管。

二、套管丈量

(1)套管长度丈量方法与钻杆长度丈量方法相同。

(2)套管内、外径丈量方法与钻杆内、外径测量方法相同。

(3)套管丈量注意事项与钻杆丈量注意事项相同。

任务考核

一、简述题

(1)方钻杆丈量内容是什么？

(2)丈量钻铤注意事项是什么？

(3)接头摆放、保养与检查的方法是什么？

(4)钻头尺寸测量内容是什么？

(5)套管的摆放、保养与检查内容是什么？

二、操作题

(1)钻具的丈量。

(2)套管的丈量。

项目十二　填写钻具记录卡、套管记录本

知识目标

(1)掌握钻具记录卡和套管记录本的正确填写方法。
(2)熟悉填写要求与注意事项。

技能目标

(1)掌握钻具记录卡的填写。
(2)掌握套管记录本的填写。

学习材料

任务一　钻具记录卡

一、作用

钻具记录是记载井下组合钻具的顺序及各钻具的型号、规范、长度，它能如实地反映钻具倒换后井下立柱所处的位置，确保井深记载准确、无误；当处理卡钻或钻具事故时，可以提供可靠的尺寸依据。

二、填写内容

填写内容如表1－63所示。

表1－63　钻具记录卡

入井序号	钢号、钢级	外径/mm	内径/mm	长度/m	累计长度/m	倒换号
1	E_{75}	127	109	9.50	9.50	18
2	E_{75}	127	109	10.00	19.50	17
3	E_{75}	127	109	10.50	30.00	16
4	E_{75}	127	109	10.00	40.00	4
5	E_{75}	127	109	10.00	50.00	5
6	E_{75}	127	109	9.50	59.50	6
7	E_{75}	127	109	9.50	69.00	7
8	E_{75}	127	109	10.00	79.00	8
9	E_{75}	127	109	9.50	88.50	9
10	E_{75}	127	109	10.50	98.50	10
11	E_{75}	127	109	10.50	108.50	11
12	E_{75}	127	109	9.50	118.00	12
13	E_{75}	127	109	9.50	127.50	13
14	E_{75}	127	109	10.00	137.50	14

续表

入井序号	钢号、钢级	外径/mm	内径/mm	长度/m	累计长度/m	倒换号
15	E_{75}	127	109	10.00	147.50	15
16	E_{75}	127	109	9.50	157.00	3
17	E_{75}	127	109	10.00	167.00	2
18	E_{75}	127	109	10.00	177.00	1
倒换记录	井深270m，进行第一次钻具倒换，抽上加下，18、17、16号三根钻杆单根与1、2、3号钻杆单根互换位置					

钻头

序号	尺寸/mm	型号	喷嘴组合	扣型	长度/m	厂家	备注
1	ϕ444.5	JR	水眼 $\phi23\times3$ 水眼 $\phi20\times1$	630	0.44	上石	
2	ϕ215.9	XHP_2	$\phi8\times3$	421	0.28	上石	
3	ϕ215.9	XHP_3	$\phi9\times3$	421	0.28	上石	
4	ϕ215.9	XHP_4	$\phi8\times\phi9\times\phi7$	421	0.28	上石	

接头

序号	扣型	外径/mm	内径/mm	长度/m	序号	扣型	外径/mm	内径/mm	长度/m
1	420×421	146	80	0.40					
2	420×431	146	58	0.40					
3	520×521	178	101	0.43					
4	420×531	172	70	0.43					

方钻杆	尺寸/mm	内径/mm	上接头扣型（反扣）	下接头扣型	长度/m
	120.7	75.0	430	310	11.28

1. 序号

指单根钻杆或钻铤入井的顺序编号。编排单根钻杆或钻铤的入井顺序号时，首先应从所配立柱的长短去考虑，要求每一立柱的长度高出二层台操作面1.80～2.00m为宜，并且每一立柱的长度应尽量接近，以利于司钻和井架工操作。因此，在对钻具进行检查丈量后，就应按上述要求调整好，编排好钻杆或钻铤单根的入井序号，并用白漆将顺序号写在单根本体距接头1m处，然后将入井顺序号按实际入井顺序填入表格中（即入井顺序和表格中所填序号相符）。

2. 钢号、钢级

钢号、钢级主要反映钻具管材的机械性能，如抗拉强度、屈服极限、延伸率、断面收缩率、冲击韧性等。同一钢级，钢号不同，则所含化学成分不同、机械性能也不同，数值愈大，含碳量愈高，强度、硬度高，但塑性低。一般钻杆在公接头端部管体加厚部分0.5 m处，打印有钢号。钻铤的钢号打印在标记槽内。钻杆管体部分多用 D_{55}、D_{65}、D_{75}、D_{85}、D_{95} 号钢制造，钻铤用 D_{55} 号钢制造，填写时，必须按管材实际钢号填入表格中。

3. 外径

指钻杆或钻铤本体外径。

4. 内径

指钻杆或钻铤本体内径。

5. 长度

指单根钻杆或钻铤的长度。用白漆在管体上写出长度数值，并按实际入井序号依次填入表格中。

6. 累计长度

指同一种入井钻具从第一号开始，依次与相邻号相同钻具相加的总长度，它与井深及钻具所在井下位置无关。

7. 倒换号

在钻进时，由于需向钻头上施加一定压力(钻压)，下部钻柱上受有较大的弯曲应力，在旋转过程中与井壁经常发生摩擦，因而下部钻柱比上部钻柱容易发生疲劳折断。为了改善钻柱各部位受力不均和磨损不匀的工作状态，延长钻具的使用寿命，一般在打完3~5个钻头后，就必须倒换一次钻柱。其方法可采用抽上加下的方式进行，就是将上部与方钻杆相连接的4~5根立柱钻杆与下部和钻铤相连接的4~5根立柱钻杆互换位置。此项工作在起、下钻时进行。经倒换后的钻柱仍须保持原入井序号，并将倒换后的序号，填入倒换号栏目中。

8. 倒换记录

主要指钻具倒换的次数，每次倒换钻具的方式，倒换钻柱的数量及倒换后钻具的新编号。

9. 钻头记录

是将本井所用钻头按规格尺寸、类型进行编号后，再按要求填入表格中，以掌握本井钻头的使用情况，此栏是将本井所存钻头按要求如实填写于表格中。

(1)序号：指本井钻头按规格类型进行的统一编号。

(2)尺寸：指钻头直径。

(3)型号：指钻头类别代号。如 XMP_5、JR 等，若是特种钻头需注明钻头名称。

(4)喷嘴组合：若是普通牙轮钻头，只填水眼直径，若是喷射钻头，需注明喷嘴直径及数量。如 $\phi8\times3$ 或 $\phi8\times\phi7\times\phi9$ 等。

(5)厂家：在钻头体螺纹端面台肩上，打印有生产日期及厂家，需照实填写在表格中。

(6)扣型：指钻头螺纹(有体式)的扣型属贯眼扣、正规扣或是内平扣。一般无体式钻头的扣型均属贯眼扣。填写时，采用数字式方法填写，如421等；有体式钻头均为内螺纹，如620等。

(7)长度：指钻头有效高度。

(8)备注：此栏主要填写该钻头的入井日期和井段及所属地层。

10. 接头记录

此栏是将本井所有接头按规格、型号进行统一编号，然后将规格、扣型用白漆写在接头管体上，再按表格要求如实填写下列内容。

(1)序号：指按规格、类型进行的统一编号。

(2)扣型：应表现出该接头的尺寸大小，是属贯眼、正规或内平扣，以及是公接头或是母接头等，用数字法表示并填入表格中，如 420×421、520×521 等。

(3)外径：指接头本体直径。

(4)内径：指接头本体内径。

(5)长度：外螺纹接头指使用长度，即外螺纹大端台肩面到内螺纹端面的长度，内螺纹接头指两内螺纹端面间的长度。

11. 方钻杆记录

指本队所使用的方钻杆，按表格要求如实填写。

(1)尺寸：指方钻杆通称尺寸，即方钻杆方形边的边宽尺寸。

(2)内径：指方钻杆中心孔眼(水眼)的直径。它是循环钻井液的通道。

(3)上接头扣型(反扣)：指方钻杆上部与水龙头中心管相连接的保护接头的扣型。方钻杆上部是内螺纹反粗扣，水龙头中心管下部是反细扣。

(4)下接头扣型：指方钻杆下部保护接头扣型。它与钻杆相连接，方钻杆下部接头为外螺纹粗扣。

(5)长度：指方钻杆方部具有的长度。即从方钻杆内螺纹接头下部方部处与外螺纹接头上部台肩间的距离。

三、钻具记录填写注意事项

(1)钻具记录上所记录的钻具编号和位置必须与井下实际情况相符合，不得错乱。

(2)凡入井钻具都应及时在钻具记录卡上反映出来。一般是在入井钻具的对应号上用笔做出标记，表明该钻具已下入井中。

(3)按要求认真逐项填写钻具记录卡，不得遗漏和填错。

(4)入井长度一定要丈量准确，特别是倒换钻具后，钻具总长和方入必须与倒换前相符。

(5)应保持钻具记录卡整齐、清洁、字体工整，不得随意涂改，保证数据齐全准确。

任务二　套管记录本

一、用途

套管记录是记载井下套管的顺序及各类套管的钢级、规格性能及长度和套管所下深度，并记载套管下部结构情况，为固井时的有关计算(注水泥量、套管强度校核……)提供可靠的依据，并为以后的各段工艺过程提供可靠的原始资料。

二、填写内容

填写内容如表1-64所示。

1. 下井序号

指单根套管入井的顺序编号。此编号在摆放、丈量套管时就应用白漆写在距套管接箍1m处。表格中的入井序号应按实际入井顺序填入(即入井顺序应和套管记录卡上所填序号一致)。

2. 钢级

一般在套管接箍端面均打印有钢级，或者在套管端部涂有不同颜色的条带表示不同钢级。应按套管接箍端面上打印的或以色带表示的实际钢级填入表格中。

3. 壁厚

指套管本体的厚度。套管壁厚标明在距套管外螺纹端0.4~0.8m处的钢印烙记内。填写时，应按烙记内壁厚数字填入表格中。若数字不清或根本无壁厚数字，则可使用内、外卡钳分别测量出套管的内径和外径，其内径和外径的差值即为套管壁厚。

4. 长度

指单根套管(包括接箍)长度。按套管上面钢印烙记内的长度数值或通过丈量长度后将长度值填入表格中。

5. 累计长度

指从入井顺序号 1 号开始向上逐次累计的套管单根之和。

6. 深度

指该套管下入的井深深度。它标明该套管所处的井深位置。为处理井下事故或试油射孔等作业提供可靠的数据。

7. 外径

指套管本体直径。一般在套管本体上钢印烙记内均有注明。

8. 扣型

指套管外螺纹和套管接箍内螺纹端的螺纹扣型。

表 1-64　套管记录本

外径(mm):177.8　　　　扣型:圆扣(短)

下井序号	钢　级	壁厚/mm	长度/m	累计长度/m	深度/m
1	H—40	5.87	10.00	10.00	1010.00
2	H—40	5.87	9.00	19.00	1000.00
3	H—40	5.87	10.00	29.00	991.00
4	H—40	5.87	9.50	38.50	981.00
5	H—40	5.87	9.50	48.00	971.50
6	H—40	5.87	10.00	58.00	962.00
7	H—40	5.87	10.00	68.00	952.00
8	H—40	5.87	9.00	77.00	942.00
9	H—40	5.87	9.50	86.50	933.00
10	H—40	5.87	9.50	96.00	923.50
11	H—40	5.87	10.00	106.00	914.00
12	H—40	5.87	10.00	116.00	904.00

三、填写注意事项

套管记录填写注意事项与钻具记录填写注意事项相同。

任务考核

一、简述题

(1)钻具记录卡的填写作用是什么?

(2)套管记录本的填写作用是什么?

(3)钻具记录卡填写的注意事项是什么?

二、操作题

(1)钻具记录卡的填写。

(2)套管记录本的填写。

项目十三　钻具接头的识别与选配

知识目标

(1)理解接头类型的表示方法。

(2)掌握接头类型的识别方法。

(3)掌握接头选配方法。

技能目标

(1)能识别三种以上不同规格、型号的钻具接头。

(2)会使用接头尺和用内、外卡钳及钢板尺测量并判断接头类型。

(3)能选配合适的接头，连接不同尺寸、不同规格、不同扣型的钻具(即钻具组合)。

学习材料

一、接头类型的表示方法

1. 三位数字法

第一位数代表接头本体的公称尺寸的整数部分。如“4”表示接头本体直径为4″。

第二位数代表接头类型。1—内平式接头；2—贯眼式接头；3—正规式接头。

第三位数代表内、外螺纹。1—外螺纹(公扣)；0—内螺纹(母扣)。

例：421 接头。

421——接头本体的公称尺寸的整数部分为4″的贯眼式公接头。

例：630 接头。

630——接头本体的公称尺寸的整数部分为5″的正规式母接头。

2. 符号表示法

用接头符号(字母代号)打印在接头体上面，以判别扣型及接头内径变化的关系，如表1－65所示。

表1－65　各种接头系列代号

类　型	中　国	原苏制	API
正规式	ZG	3H	REC
贯眼式	GY	3Ⅲ	FH
内平式	NP	3y	IF

3. 标记槽法

接头体上车有标记槽主要是区别正扣接头和反扣接头。一般在正扣接头体上车一道10mm 宽的标记槽；在反扣接头体上车有10mm 宽和5mm 宽的两道槽，如图1－66 所示。

标记槽内一般打有接头数字代号或类型代号，如“421”或$4\frac{1}{2}$″—3Ⅲ等字样。

二、接头类型的识别方法

由标记槽可以识别正、反扣接头，并可通过标记槽内的数字代号或类型代号来识别接头的类型。当标记槽内符号及数字无法辨认时，可用钻具接头尺或内、外卡钳配合钢板尺来鉴别接头类型。

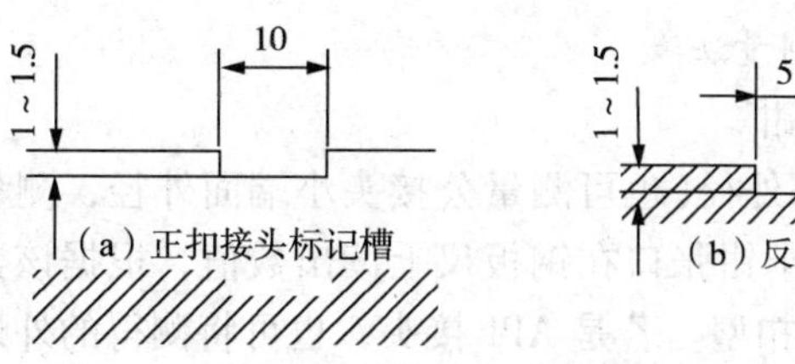

图 1－66　接头标记槽

1. 接头尺测量法

接头尺(长 22cm、宽 2cm、厚 2mm)一般是刻画有常用接头的有关尺寸、扣型的自制钢板尺。它有正、反两面，正面用以判断公接头扣型，并刻画有相应的尺寸数字或数字代号；反面用来判断母接头扣型，并刻画出相应的扣型尺寸或数字代号，如图 1－67 所示。

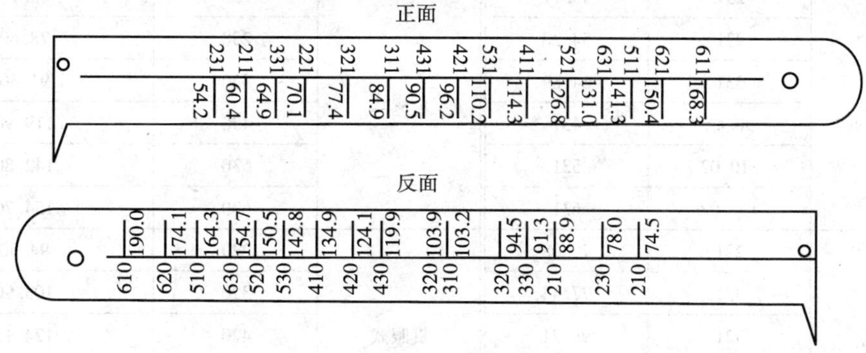

图 1－67　接头尺

(1)用接头尺测量公接头

将公接头外螺纹朝上竖直放于垫板或硬地面上，右手拿住接头尺，并将接头尺正面“0”端紧靠在公接头小端螺纹端面上，用左手扶住沿宽度方向竖放于外螺纹端面上的接头尺，右手将接头尺在外螺纹端面上前、后移动几下(此时接头尺“0”端固定不动，并注意移动弧度不宜过大)，找出接头尺上所对应的外螺纹小端端面的直径，该直径数值所对应的扣型即为所测公接头的扣型，如图 1－68 所示。

(2)用接头尺测量母接头

将内螺纹朝上竖直放于垫板或硬地面上，右手拿住接头尺，将接头尺反面“0”端放入母接头内螺纹镗孔内，量其镗孔内径，该直径在接头尺上对应的数字，即为所测量的母接头扣型(测量方法与公接头扣型测量相似，如图 1－69 所示。

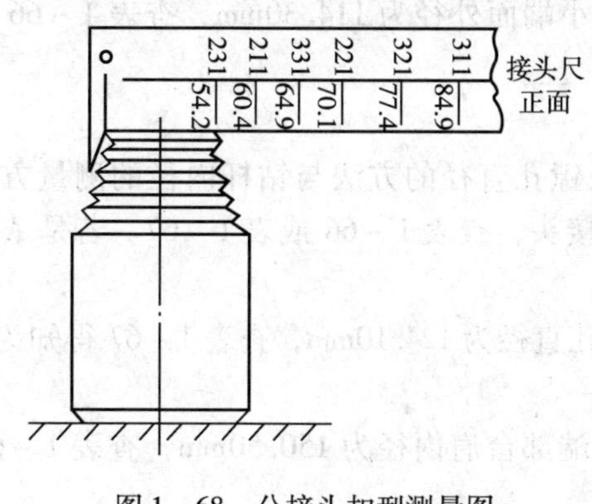

图 1－68　公接头扣型测量图

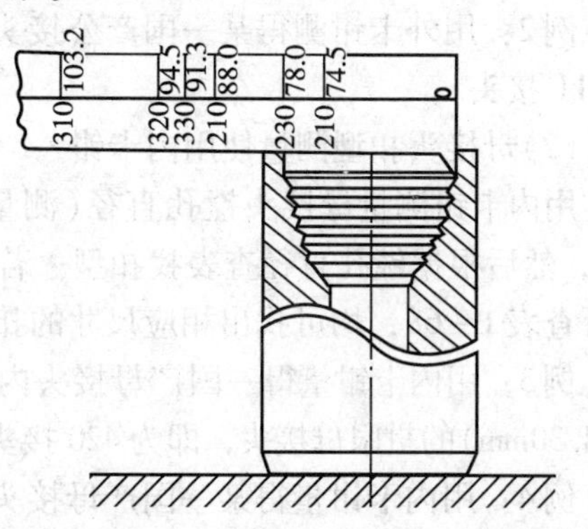

图 1－69　母接头扣型测量图

2. 内、外卡钳，钢板尺配合测量法

(1)公接头扣型测量使用外卡钳

用外卡钳测量公接头大端根部外径(也可测量公接头小端面外径，测量方法与钻杆外径测量方法相同)，然后将测得的外卡钳张口在钢板尺上读出数值，根据该数值查表1－66或表1－67，即可找出相对应的接头扣型。若是API接头，也可将测得的外螺纹大端(或小端)端面直径查表1－68，找出相对应的API接头扣型。

表1－66 接头扣型尺寸

扣型		螺纹小端外径/mm	扣型		内螺纹端部台肩内径/mm
正规式	231	45.17	正规式	230	65.10
	231	54.20		230	78.60
	331	64.89		330	91.30
	90.46	431		430	119.90
	110.02	531		530	142.80
	131.02	631		630	154.70
贯眼式	221	70.08	贯眼式	220	94.50
	321	77.44		320	103.90
	421	96.21		420	124.10
	521	126.78		520	150.50
	621	150.37		620	174.10
内平式	211	60.35	内平式	210	74.45
	211	71.44		210	88.00
	311	84.93		310	103.19
	411	114.30		410	134.94
	511	141.29		510	164.30
	611	168.28		610	190.60

例1：用外卡钳测得一国产接头(公接头)外螺纹大端直径为147.95mm；查表1－67得知为$5\frac{9}{16}$″(141.29mm)的贯眼公接头，即521接头。

例2：用外卡钳测得某一国产公接头外螺纹小端面外径为114.30mm，查表1－66得知为411接头。

(2)母接头扣型测量使用内卡钳

用内卡钳测量母接头镗孔直径(测量母接头镗孔直径的方法与钻杆内径的测量方法相同)，然后根据镗孔直径查表找扣型。若是国产接头，查表1－66或表1－67。若是API接头可查表1－68，均可找出相应尺寸的扣型。

例3：用内卡钳量得一国产母接头内螺纹镗孔直径为124.10mm，查表1－67得知为$4\frac{1}{2}$″(114.30mm)的贯眼母接头，即为420接头。

例4：用内卡钳量得某一国产母接头内螺纹端部台肩内径为150.50mm，查表1－66得知为520接头。

例5：用内卡钳量得某一API母接头内螺纹镗孔直径为150.02mm，查表1-69得知该接头为5½″(139.70mm)的贯眼(FH)母接头，即为520接头。

3. 目测接头类型的方法

(1)首先看接头体上的标记槽。有两道环形槽为反扣接头，只有一道环形槽，为正扣接头。

(2)观看标记槽内接头的数字代号和类别型号。

(3)若标记槽内数字代号和类别代号不清，可以从下述几个方面去判断：

表1-67 国产钻杆接头连接规范

接头类型及尺寸/mm(in)		基面螺纹平均直径/mm	从母接头端面到螺纹末端的距离/mm	锥体部分直径/mm			
				公接头		母接头	
				大端	小端	螺纹内径	内螺纹端面镗孔直径(公差±0.5)
贯眼式	73.03(2⅞″)	85.480	≥95	92.075	70.075	86.823	94.5
	88.9(3½″)	94.844	≥103	101.438	77.438	96.186	103.9
	114.3(4½″)	115.1 13	≥110	121.709	96.209	116.457	124.1
	141.29(5$\frac{9}{16}$″)	142.01 1	≥134	147.949	126.782	141.363	150.5
	168.28(6⅝″)	169.598	≥134	171.536	150.369	164.950	174.1
正规式	73.03(⅞″)	69.605	≥95	76.200	54.200	70.948	78.6
	88.9(½″)	82.293	≥103	88.887	64.887	83.635	91.3
	114.3(½″)	110.868	≥115	117.462	112.210	112.210	119.9
	141.29($\frac{9}{16}$″)	132.944	≥127	140.195	133.629	133.629	142.8
	168.28(⅝″)	146.248	≥134	152.185	145.600	145.600	154.7
内平式	73.03(⅞″)	80.848	≥98	86.128	80.860	80.860	88.7
	88.9(3½″)	96.723	≥110	102.003	96.735	96.735	104.6
	114.3(4½″)	128.059	≥122	133.339	128.071	128.071	135.0
	141.29(5$\frac{9}{16}$″)	157.201	≥134	162.481	157.213	157.213	165.0

表1-68 API接头螺纹规范

接头类型及尺寸/mm(in)		扣型及尺寸/in	扣/in	锥度	公接头/mm		内螺纹镗孔直径/mm
					大端直径	小端直径	
正规式	60.33(2⅜″)	V-0.040	5	1:4	66.67	47.62	68.263
	70.03(2⅞″)	V-0.040	5	1:4	76.20	53.97	77.78
	88.9(3½″)	V-0.040	5	1:4	88.90	65.07	90.488
	114.3(4½″)	V-0.050	5	1:4	117.47	90.47	119.06
	139.7(5½″)	V-0.050	4	1:4	140.21	110.06	141.68
	168.28(6⅝″)	V-0.050	4	1:6	152.19	131.03	153.99
	193.68(7⅝″)	V-0.050	4	1:4	177.80	144.47	180.181
	219.08(8⅝″)	V-0.050	4	1:4	201.98	167.84	204.39

续表

接头类型及尺寸/mm(in)		扣型及尺寸/in	扣/in	锥度	公接头/mm		内螺纹镗孔直径/mm
					大端直径	小端直径	
贯眼式	88.9(3½″)	V-0.040	5	1:4	101.45	77.62	102.79
	101.6(4″)	V-0.065	4	1:6	108.71	89.66	110.331
	114.3(4½″)	V-0.040	4	1:4	121.72	96.31	123.83
	139.7(5½″)	V-0.050	4	1:6	147.95	126.79	150.02
	168.28(6⅝″)	V-0.050	4	1:6	171.52	150.37	173.83
内平式	60.33(2⅜″)F	V-0.065	4	1:6	73.05	60.35	74.613
	70.03(2⅞″)	V-0.065	4	1:6	86.13	71.32	87.71
	88.9(3½″)	V-0.065	4	1:6	102.00	85.06	103.58
	101.6(4″)	V-0.065	4	1:6	122.70	103.73	124.61
	114.3(4½″)	V-0.065	4	1:6	133.35	114.30	134.94
	139.7(5½″)	V-0.065	4	1:6	162.48	141.32	163.91

①首先凭实践经验或直观感觉确定接头的公称尺寸，或者用手大致卡一下公接头小端端面尺寸或母接头镗孔内径，以确定该接头公称直径的大小。

②若属同一公称尺寸的接头，可以比较接头锥体部分尺寸和母接头端面镗孔直径来判定接头类型。因为同一公称尺寸的接头，扣型不一样，锥体部分直径也不相同。一般来说，内平式内螺纹接头小端和大端直径略大于同尺寸的贯眼式接头大小端直径，而贯眼内螺纹接头的大、小端直径又略大于正规式内螺纹接头的大、小端直径。例如：都是4½″(114.30mm)内螺纹接头，但是411、421和431三种不同扣型的接头螺纹大小端直径不尽相同。411内螺纹接头外螺纹大端直径为133.339mm，421为121.709mm，而431为117.462mm。这三种接头螺纹小端面直径也不相同。411接头外螺纹小端面直径为114.339mm，421为96.209mm，431为90.462mm。因此，我们可以从同一尺寸接头的锥体部分大、小端直径来观察，直径略大者为内平式，直径最小者为正规式。

③对于钻杆接头，观察接头内径和钻杆加厚处内径，并进行比较。内平式接头内径和外加厚钻杆内径相近似(多用于小尺寸钻杆)，贯眼式接头内径和钻杆内加厚处内径相近似，而正规式接头的内径小于内加厚钻杆和外加厚钻杆内径。

④可以将欲要识别的接头与现场上常用的已经确认的标准接头进行试上扣，若用双手对接上扣比较顺利(注意不要错扣)，且能将扣上至余1~2扣，并无松晃现象，则可证明该接头扣型与对接的接头扣型一致(对接前一定要将接头螺纹用钢丝刷除锈并清洗干净，涂抹润滑油，而且没有坏扣)。

三、接头选配

1. 接头选配方法

选择合适的接头，将不同尺寸、规格的钻具连接起来，是钻具组合的关键，是保证快速优质钻井的重要条件。所选接头称为配合接头。接头的选配应根据钻具尺寸、扣型来进行。

具体的选配方法是：

(1)所选接头的尺寸应和所配钻具的尺寸相同。

(2)所选接头扣型应和所配钻具的扣型一致。

(3)所选接头外螺纹端应和钻具内螺纹相配，相反，接头的内螺纹端应和钻具外螺纹相配，如图1-70所示。

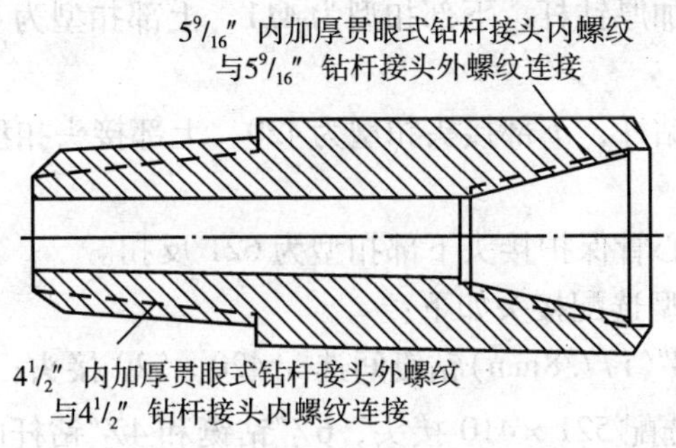

图1-70 配合接头

(4)若所配钻具为反扣钻具，那么所选接头应是反扣接头，否则无法上紧扣。

(5)一般来说，母接头镗孔直径比公接头大端直径大1.5mm左右，所以我们只要知道了公接头大端直径后，就可以选配相应尺寸的母接头，反之，由母接头镗孔直径也可以选配合适的公接头。

例6 选择合适接头将下列钻具组成钻柱。

$8\frac{1}{2}$″钻头→国产178mm(7″)钻铤→国产165mm($6\frac{1}{2}$″)钻铤→国产114mm($4\frac{1}{2}$″)外加厚钻杆→国产108mm($4\frac{1}{4}$″)方钻杆→SL-400型水龙头(中心管保护接头621反×反细扣)。

①首先画出反映各钻具间位置关系简图，如图1-71所示。

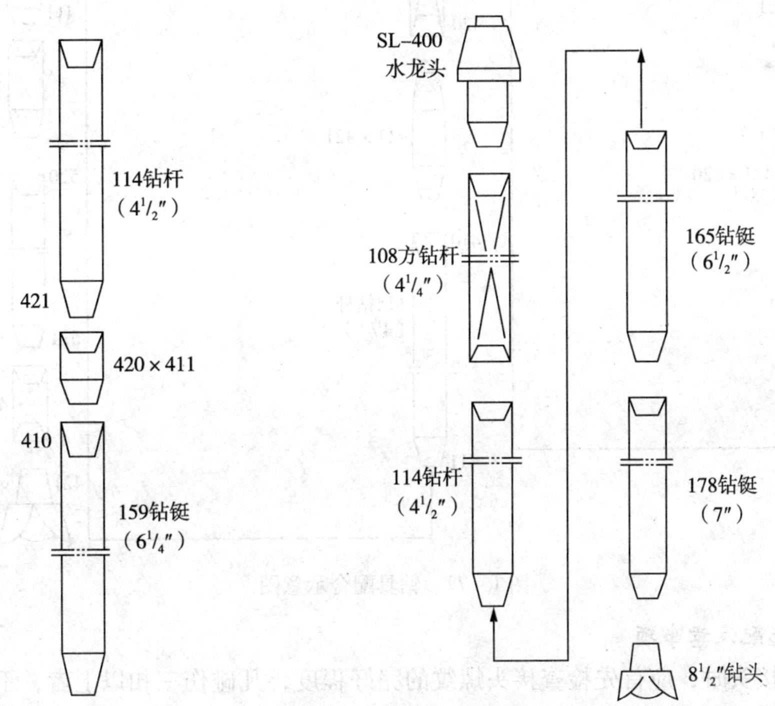

图1-71 各钻具位置关系

②然后，确定各钻具的尺寸、扣型，并将尺寸、扣型标注在各钻具所对应的位置上。

$8\frac{1}{2}$″(216mm)钻头扣型为421(查国产牙轮钻头直径系列表)；

国产 178mm(7″)钻铤，下端扣型为 521，上端扣型为 520(查国产钻铤规范表)；

国产 165mm($6\frac{1}{2}$″)钻铤，下端扣型为 411，上端扣型为 410(查国产钻铤规范表)；

国产 114mm($4\frac{1}{2}$″)外加厚钻杆，下部扣型为 411，上部扣型为 410(查国产对焊钻杆加厚端尺寸表)；

国产 108mm($4\frac{1}{4}$″)方钻杆，下部接头扣型为 420，上部接头扣型为 420 反扣(查国产方钻杆规范表)；

SL－400 型水龙头中心管保护接头下部扣型为 621 反扣。

③按各钻具尺寸和扣型选配接头如下：

$8\frac{1}{2}$″(216mm)钻头和 7″(177.8mm)钻铤间选配 420×520 接头；

7″钻铤和 $6\frac{1}{2}$″钻铤间选配 521×410 接头，$6\frac{1}{2}$″钻铤和 $4\frac{1}{2}$″钻杆间选配 411×410 接头(因扣型和尺寸均相同，也可以直接相连接而不需另外再配接头)；

$4\frac{1}{2}$″钻杆与 $4\frac{1}{4}$″方钻杆间选配 411×421 接头；

$4\frac{1}{4}$″方钻杆和 SL－400 型水龙头间选配一个 421×620 双反接头。

④将所选配的接头，按位置关系将各钻具连接起来组成钻柱，如图 1－72 所示。

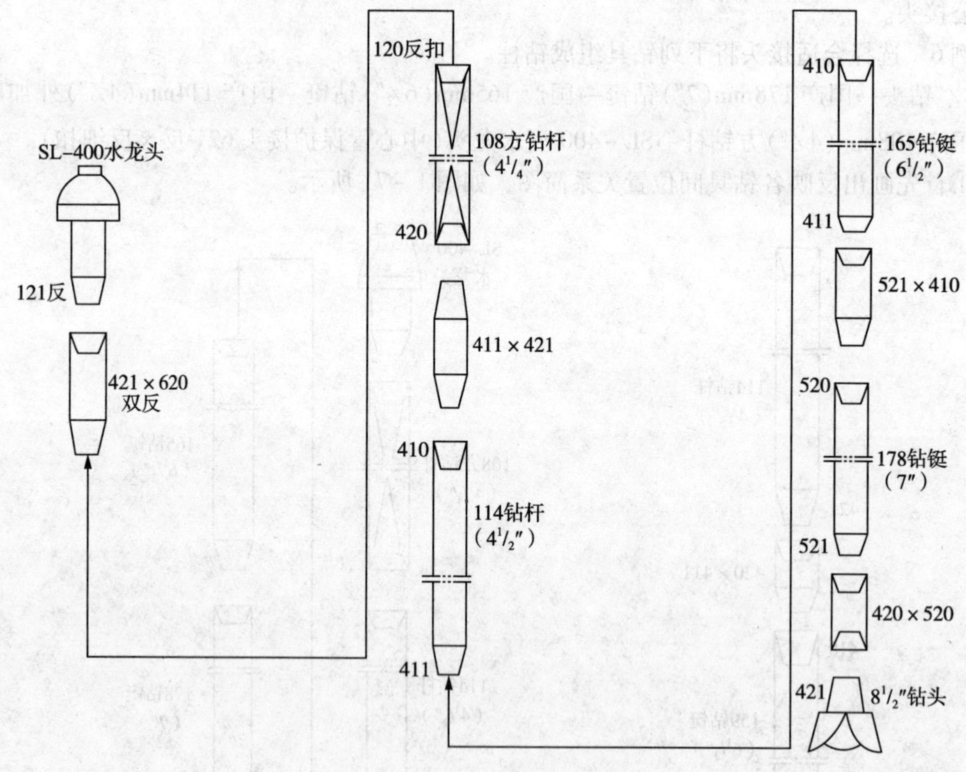

图 1－72 钻具配合示意图

2. 接头选配注意事项

(1)选配接头时，应首先检查接头螺纹的完好程度，凡碰伤三扣以上者，不得使用。另外，接头螺纹和止推面都应光滑，无凹痕、碎裂、毛刺、龟裂等现象，以保证良好的连接性和紧密性。

(2)所选用接头的内、外表面不应有任何裂缝、疵点、结疤、毛刺、气孔、剥层等缺陷存在。

(3)选配的接头与钻具拧紧后，外螺纹的台肩面同内螺纹端面间的间隙，不得超过0.5mm 。

(4)接头选好后，一定要丈量接头长度，并将接头尺寸、扣型用白漆写在接头体上。同时，按编号顺序将接头尺寸、扣型记录在钻具记录本上。

(5)要做到一次成功地正确选配接头，必须在实践中多观察，多丈量，多比较，真正掌握识别接头的方法，至少应熟练掌握本队常用接头的尺寸和类型，避免因选配接头而延误生产时间或出现差错而造成钻具事故。

任务考核

一、简述题

(1)接头类型的表示方法有哪些?

(2)接头类型的识别方法是什么?

(3)接头选配的方法是什么?

二、操作题

(1)使用接头尺和用内、外卡钳及钢板尺测量并判断接头类型。

(2)选配合适的接头，连接不同尺寸、不同规格、不同扣型的钻具(即钻具组合)。

项目十四　取芯工具

知识目标

(1)掌握川式取芯工具的性能及取芯工具的检查和维护保养规程。

(2)掌握密闭取芯工具的性能、组装方法及取芯工具的检查和维护保养规程。

(3)理解定向取芯工具的检查和维护保养规程。

技能目标

(1)掌握川式取芯工具的组装方法及取芯工具的使用方法。

(2)掌握密闭取芯工具的组装方法及取芯工具的使用方法。

学习材料

岩芯是提供地层剖面原始标本的唯一途径，从岩芯标本可以得到其他方法无法得到的资料。在石油勘探、开发过程中可以采用岩屑录井、地球物理测井、地球化学测井、地层测试等方法收集各种资料，了解地层情况，但这些方法都有很大局限性。岩芯可取得完整的第一性资料，通过大量对岩芯的分析与研究才能为制定合理的开发方案、准确计算油田储量、制定增产措施提供依据。取芯目的是：

1. 研究地层

利用岩芯的岩性、物性、电性、矿物成分及化石等资料对地层进行对比分析。通过对岩芯的机械力学性能测定，了解其强度、可钻性、研磨性等，以指导钻井作业。

2. 研究生油层

在一个沉积盆地内寻找油气，首先要确定该盆地有无良好的生油层。因此，需要从目的层的岩芯取样化验分析各项生油指标。根据化验所得结果可以从生油角度选择勘探油气藏的目的层和有利地区。

3. 研究油气层性质

每当勘探发现油气藏后，需要进一步了解储集层中油、气、水的分布情况，油层的空隙度、渗透率、含油气饱和度以及油气层的有效厚度，以确定油气层的工业开采价值。

油层的这些参数可以在室内通过对岩芯样品的测定获得。在测定不同参数时对岩芯的要求也不相同。例如，在测定岩芯的孔隙度、渗透率时，以普通的取芯方法即可。如要测定岩石的原始含油饱和度时，要用特殊取芯方法以避免钻井滤液对岩芯的影响。

4. 指导油、气田开发

油气田开发过程中，在应用二次采油时，向油层中注入流体以保持能量驱动石油或天然气。地层中水驱油气是个复杂的油、水运移过程，掌握水驱油的原理和在不同条件下的油水运移规律是合理开发油田的一个重要内容。人们常用岩芯在实验室内做各种油层模型进行注水采油试验，通过实验可为油田开发提供理论依据和实践经验。

对岩芯的研究还可为低渗油气田的酸化压裂提供可靠依据。

5. 检查开发效果

油田开发过程中，为了及时掌握油田开采动态，注入流体推动情况及驱油效率，需要钻一些取芯检查井，以获取油层的油水饱和度资料及岩性、物性资料，从中得出有关规律再指导实践以提高采收率，做到合理开发油田。

此外，利用观察和测定岩芯的有关资料可校核电测曲线，用于已电测而未取芯的井上。

综上所述，在油气田勘探、开发各阶段，为查明储油、储气层的性质或从大区域的地层对比到检查油气田开发效果，评价和改进开发方案，任一研究步骤都离不开对岩芯的观察和研究。

任务一　常规取芯工具

一、取芯工具的组成

我国多采用钻进取芯法，使用筒式取芯工具。取芯钻进过程包括钻出岩芯，保护岩芯和取出岩芯三个主要环节。为了完成这三个环节，取芯工具一般都包括有取芯钻头、岩芯筒、岩心爪、扶正器和悬挂装置等部件，如图 1－73 所示。

1. 取芯钻头

取芯钻头是环状破碎井底岩石，在中中部位形成岩芯柱的关键工具。岩芯收获率的大小、钻进快慢都与钻头质量和选择有关。取芯钻头的结构设计要有利于形成岩芯并提高岩芯收获率。钻头钻进时应平稳以免振动损坏岩芯，钻头外缘与中中孔应同中，钻头水眼位置应使射流不直射岩芯处并减少漫流对岩芯的冲蚀。钻头的内腔应能使岩芯形成后很快经岩芯爪进入岩芯筒而被保护起来；同时割芯时尽量靠近岩芯根部，以减少井底残留岩芯。

取芯钻头的类型，过去多用牙轮取芯钻头（如四牙轮、六牙轮取芯钻头），由于其收获率很低已被淘汰。目前，多用刮刀取芯钻头，领眼式硬合金取芯钻头、“西瓜皮”取芯钻头和金刚石取芯钻头等，如图 1－74 所示。

为了提高岩芯收获率，除在下部钻柱使用扶正器外，首先要求取芯钻头工作稳定。因此，钻头的切削元件要对称分布，其耐磨性应一致，以免在钻进时钻头发生歪斜，从而破坏及折断岩芯。同时，要求钻头底面(井底)与岩芯爪的距离尽可能短些，使岩芯形成后很快就能进入内岩芯筒保护起来，从而避免破坏和冲蚀。此外，从提高岩芯强度与提供地质资料来看，我们希望岩芯外径大些为好。但是岩芯大了在钻头外径一定的情况下必然会影响钻头强度与工作寿命，还会使内外筒之间的环形间隙减小，泥浆流过取芯工具时的阻力增大，不利于清洗井底，严重时还有可能造成井下事故。

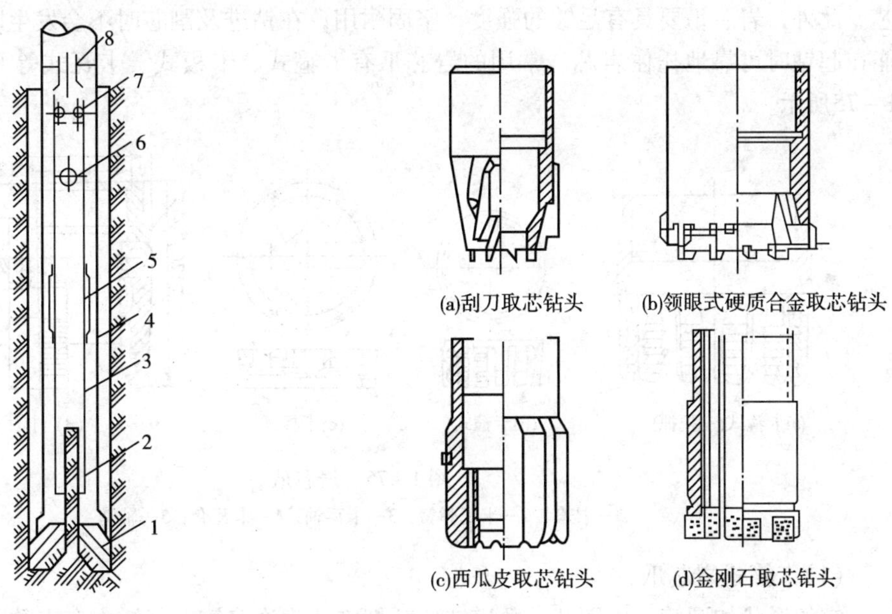

图 1－73　取芯工具组成示意图

1—取芯钻头；2—岩芯爪；3—内岩芯筒；4—外岩芯筒；5—扶正器；6—回压凡尔；7—悬挂轴承；8—悬挂装置

(a)刮刀取芯钻头　(b)领眼式硬质合金取芯钻头

(c)西瓜皮取芯钻头　(d)金刚石取芯钻头

图 1－74　常用的取芯钻头

2. *岩芯筒*

除地质构造钻探使用单岩芯筒取芯外，石油钻井常用的岩芯筒由内筒和外筒(双筒)组成。

内岩芯筒的作用是存储及保护岩芯。取芯时为了岩芯顺利进入内筒，应使筒内液体随时排出，以及防止泥浆冲刷岩芯，其上端装有分水接头与回压凡尔总成。此外，为了有效保护岩芯，要求在取芯钻进时内筒不转，一般将内筒挂在外筒的顶部，采用了悬挂式滚动轴承装置。取芯工艺要求内岩芯筒无弯曲变形、内壁光滑、管壁要薄，但要有足够的强度和刚性。

外筒的作用是取芯钻进时承受钻压、传递扭矩带动钻头旋转及保护内岩芯筒。因此，要求外筒强度大，无弯曲变形，常用 14～25mm 的优质厚壁钢材(如 35CrMo、30CrMnSi)加工制成。

内、外筒的长度一般为 5～13m 左右。在较硬的致密岩层中取芯，若钻头进尺较多时，内、外筒可长一些。例如四川地区常用的中筒取芯工具，其岩芯筒长度一般为 12～13m。在松软地层取芯，虽然钻头能钻更多的进尺但由于岩芯强度低、易于破碎，为了提高收获率其内、外岩芯筒长度宜短一些，一般为 5～8m。破碎地层取芯，内、外筒的长度也应短些在钻头进尺较多又能有效保护岩芯时，内、外筒长度可尽量长一些，这样可以大大减少取芯起下钻次数，符合多快好省要求，特别在深部地层取芯时，采用长筒取芯工艺减少了起下钻次数，可大大降低取芯费用。我国自己设计制造的长筒取芯工具，一次可取芯145.42m。此外，长筒取芯工具内、外筒的连接过去多用方型扣，现在采用带锥度的粗扣连接后不仅便于操作，也增加了连接强度，使用效果良好。

3. 岩芯爪

岩芯爪的作用是割取岩芯和承托已割取的岩芯柱。因此，要求岩芯爪要有良好的弹性，割芯时能卡得牢。既要允许岩芯顺利选入内筒而不会遭受破坏，还要能有效地从根部割断岩芯。此外，岩芯爪要具有足够的强度，坚固耐用，在钻进及割芯时不会发生断裂与破坏，并能在起钻时可靠地托住岩芯。常用的岩芯爪有卡箍式、卡板式、卡瓦式等几种结构，如图1－75所示。

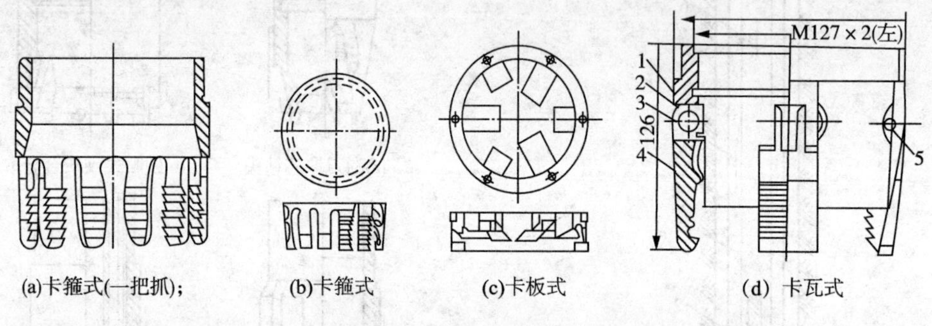

图1－75　岩芯爪

1—挂套；2—卡瓦弹簧；3—卡瓦轴；4—卡瓦套；5—轴销

(1)卡箍式岩芯爪

它的形状如圆箍，一圈开有数道缺口，把它分为许多瓣，每瓣内车有数圈卡牙，卡箍的外壁呈截锥状，与缩径套配合使用。缩径套有同样锥面。岩芯爪沿爪座移动时，其爪牙收缩卡紧岩芯，它用于软及中硬地层。

(2)卡瓦式岩芯爪

适用于中硬及硬地层。它由挂套、销轴、扭簧及卡瓦片组成。卡瓦片可依赖扭簧力量使其张开。钻进时紧贴钻头内壁。割芯时，在外力作用下使岩芯爪沿钻头内壁向下移动，卡瓦片收缩包紧岩芯。

(3)卡板式岩芯爪

适用于中硬地层及硬地层取芯，一般和其他岩芯爪复合使用。其结构由外座、扭簧及片状卡板组成。

(4)卡簧式岩芯爪

适用于硬地层，地质钻探使用，石油钻探取芯使用较少。

岩芯爪的类型可根据不同地层来选用，其内、外径间隙要合适，才能有效的提高岩芯收获率。

4. 扶正器及回压

外筒扶正器可保持外岩芯筒和钻头工作稳定，并有利于防斜，过去由于怕卡钻不敢使用外筒扶正器，致使岩芯收获率很低。目前，根据国外介绍及国内实践证明：使用外筒扶正器提高取芯工具的稳定性，是增加钻头寿命及提高取芯收获率的有效措施，特别在硬地层取芯效果更加明显。具体使用时一般在钻头上必带一个扶正器，中、长筒取芯工具最好在每节外筒上均带一个。扶正器外径一般比钻头外径小1/16″为宜。国外资料介绍有的甚至采用与钻头外径一样大的方棱螺旋外岩芯筒，取芯收获率极高。但在复杂井段取芯，也应注意安全。

内筒扶正器可保持内筒稳定。特别在长筒取芯工具中更为重要。内筒扶正器可使钻头与内筒对中，岩芯易于进入内岩芯筒，但扶正器外径要适宜，以免发生内筒随外筒一起旋转的现象。

回压凡尔是装在内岩芯筒上端的一个单流凡尔。目前对回压凡尔结构有所改进。例如有的油田在取芯下钻时只装上回压凡尔球座，下完钻后可通过大排量循环泥浆，这样既清洗内筒又可将井底冲洗干净。循环后开始取芯钻进前才将凡尔钢球投入，使用效果良好。

5. 取芯工具各部分的配合

(1)钻头与外岩芯筒。在松软和易塌地层取芯时，钻头与外筒的直径差不能太小，以免由于外筒与井壁间隙太小引起泵压高，这不仅不利于清洗井底，还可能造成卡钻等井下复杂情况。在易斜地层取芯，若井下条件许可应减小钻头与外筒的间隙值，或加入一定数量的扶正器、扩大器，以利于防斜。在硬及胶结较为致密的中硬地层中取芯，应根据井下情况尽可能选用外筒较大的取芯工具。

通常情况下，取芯钻头外径比全面钻进用钻头外径略小，但大于外筒接头外径10～20mm。钻头内径应比内筒的内径要小些，才能使岩芯顺利进入内筒，但二者差值要适当。具体尺寸应根据不同地层岩性确定，一般比内岩芯筒的内径小5～10mm。

(2)内外筒的间隙，应保证泥浆顺利流过，避免发生泵压过高的现象(特别是深井取芯)。一般以10～20mm间隙为宜。

(3)岩芯爪的最大内径应稍大于或等于内筒内径，在易膨胀及破碎地层应稍大些，硬地层要小些。四川局钻采所制作的带内槽整体卡箍式岩芯爪，自由状态下内径比岩芯略小2～3mm，卡箍张开时的内径比自由状态大5mm，收缩后又比其小5mm。此外，卡箍锥面与爪座内锥面吻合，内齿表面敷焊碳化钨颗粒以增强其耐磨性，有利于卡芯。这种岩芯爪操作方便，割芯时只需上提钻具，卡箍收缩卡紧即可拔断岩芯，在硬地层及超深井中使用取得很高的取芯收获率。

(4)钻头内台肩与岩芯爪应有5～10mm间隙，没有或间隙很小时，内筒将随钻头转动；间隙太大，岩芯爪距井底太远则不利于保护岩芯。

二、取芯工具的类型

为了不断提高岩芯收获率要善于根据地层特点，合理确定各部件结构，把它们组成与钻进地层相适应的各种成套取芯工具。下面介绍几种现场常用的取芯工具。

(一)短筒取芯工具

在钻进中不接单根的取芯钻进，叫做短筒取芯。常用的工具有川式工具、胜4－206型取芯工具，长三－1型取芯工具等。

1. 川式取芯工具

目前，国内在中硬及硬地层中取芯，普遍使用双筒悬挂式川式取芯工具，常用取芯钻头有领眼式硬合金取芯钻头、西瓜皮取芯钻头或金刚石取芯钻头。川式取芯工具结构如图1－76所示。

取芯钻头通过接箍与外筒相连，外筒接于上接头处，其上连接钻具，下端通过悬挂轴承及锁紧装置与芯轴连接在一起，芯轴下部接单流阀座，并与内筒连接好。内筒中部焊有条形扶正块，下部通过连接套与卡箍式岩芯爪的卡箍座相连接。工作时，当外筒带动钻头旋转而内筒可保持不转动，以便于保护岩芯。

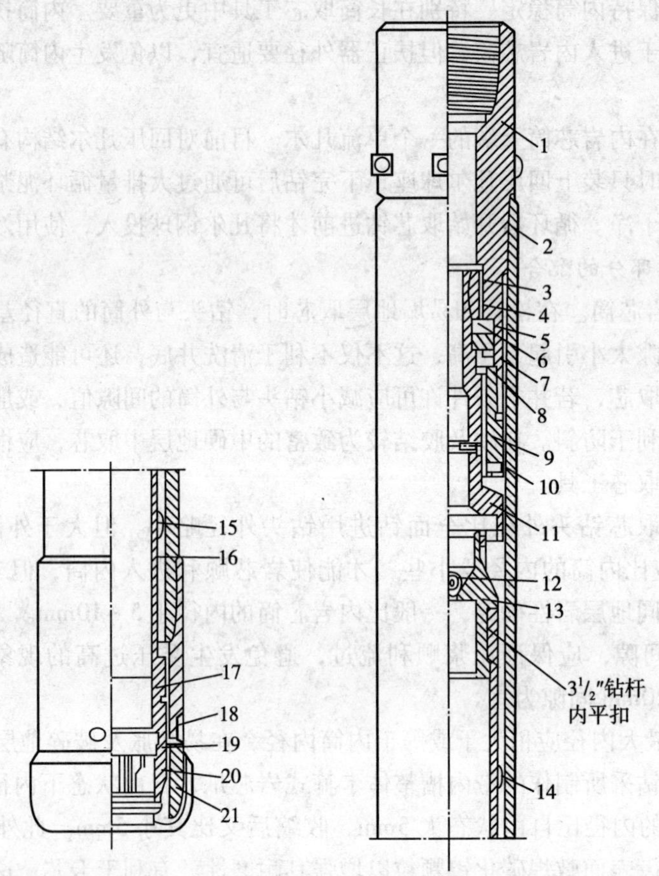

图1－76　川式取芯工具

1—上接头；2—外岩芯筒；3—锁紧螺母；4—悬挂螺母；5—滚珠槽座；6—ϕ12.7mm 滚珠；7—中间滚珠槽座；8—轴承座；9—锁紧螺母；10—螺钉；11—悬挂芯轴；12—1.25″钢球；13—单流阀座；14—承吊卡座块；15—扶正块；16—内岩芯筒；17—连接套；18—调节环；19—卡箍座；20—卡箍；21—(金刚石)钻头

目前所用川式取芯工具与老式工具相比较已作了许多改进：外筒的连接已由过去的方扣改为粗扣，这样既增加了连接强度又便于上卸扣；悬挂轴承由过去的密封滚柱轴承改为不密封的滚珠轴承，这种结构两端不密封允许少量泥浆通过作为冷却润滑；回压凡尔改制成下钻完循环投球结构等。改进后的川式工具经现场使用取得令人满意的使用效果。

2. 胜4－206型取芯工具

胜4－206型取芯工具也是双筒悬挂式取芯工具，可分为外筒组和内筒组两大部分，主要的辅助工具为机械加压接头。其结构示意如图1－77所示。

(1)外筒组。从下到上的连接次序是：取芯钻头＋外岩芯筒＋定位接头(定位接头本身有定位销孔，用以穿定位销，拧紧销套)。

(2)内筒组。从下到上的连接次序是岩芯爪(反扣)＋岩芯爪短节(正、反扣短节)＋内岩芯筒＋悬挂接头(内部装有单流凡尔，其上部装有悬挂轴承总成)＋分水接头(上部有穿定位销的销孔)＋橡皮盘根＋承压盘。

内、外筒的连接靠外筒组上端分水接头销孔里的两个定位销钉，悬挂在外筒组的定位接头上，由于滚动轴承的作用，当外筒旋转时，内筒不旋转。

一把抓式岩芯爪与内筒连接用反扣，保证岩芯爪在取芯钻进时不脱扣。取芯钻头外径206mm，岩芯进口处192mm，内筒总长11.07m，外筒总长11.32m。

(3)机械加压接头

机械加压接头装在取芯工具的上端。机械加压接头由上接头、下接头、加压中芯管、加压外管(六方套)、加压内管(六方杆)等组成。钻进时它能传递扭矩和钻压，保证正常取芯，割芯时，先拉开加压接头，然后将钢球投入，钢球就位后，下放加压接头。既可将钻具重量通过钢球和加压中芯管加于内筒上，切断销钉，继续下压内筒，迫使岩芯爪牙板插入岩芯，然后上提钻柱，转动转盘，即可将岩芯割断，如图1-78所示。

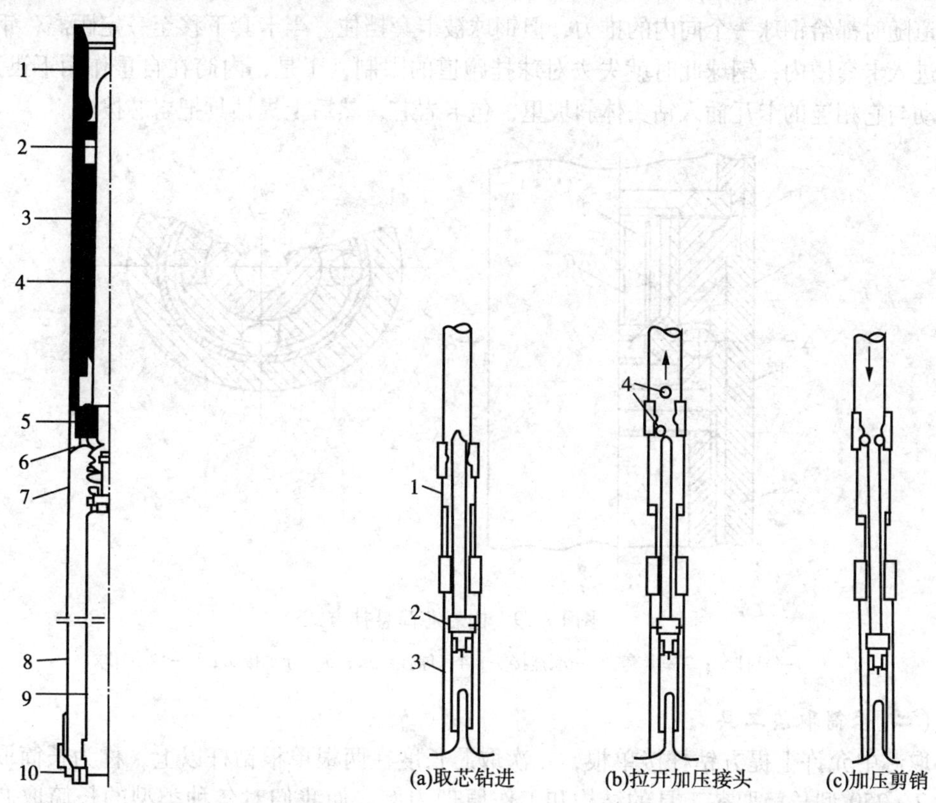

图1-77　胜4-206型取芯工具示意图

1—加压接头；2—中芯管；3—六方杆；4—投球；5—销钉；6—分水接头；7—悬挂接头；8—外筒；9—内筒；10—钻头

图1-78　机械加压割芯示意图

1—加压接头；2—销钉；3—取芯工具；4—钢球

(4)胜-206型取芯工具特点

①取芯钻头为领眼式刮刀钻头，适用于松软层取芯，机械钻速较高。

②胜4-206型取芯工具由于有悬挂轴承，在取芯时，保证了内筒不转，从而减少了岩芯的磨损和折断。

③内筒上部装有一单流凡尔，可防止泥浆冲刷岩芯，并便于岩芯入筒时内筒里的泥浆往外排出。

④采用“机械加压”来代替“水力加压”，机械加压是利用加压接头来实现的，此法安全

可靠。

⑤一次可取芯 10m 左右，岩芯收获率一般在 95% 以上。

⑥内外筒均焊扶正器，钻进时平稳，并可减少内外筒弯曲。

3. 长三－1 型取芯工具

这种取芯工具割芯方法与前两种取芯工具不同，它采用“水力推进”式割芯法。另外，岩芯爪采用卡瓦式。其他部分均与前两种取芯工具相同。内岩芯筒的悬挂方法，如图 1－79 所示。长三－1 型的工作原理是：割芯时投入 $2\frac{1}{2}$″球借助循环着的泥浆，经过钻柱的通道进入卡套球座。投球前，卡套依靠上端外部带 10×45°斜坡台阶，坐在承挂套上，卡套上部开有八个槽，形成八块弹簧片，钢球到球座后，堵死循环通路，泵压随即增高，在液压作用下，迫使弹簧片收缩，卡套下移。由于内筒是通过承挂套、卡套、四个钢球及球挂跑道悬挂起来，又因球挂跑道随时都给钢球一个向内的推力，但钢球被卡套挡住。当卡套下移至一定距离，钢球的一部分进入卡套槽内，钢球此时就失去对球挂跑道的限制，于是，内筒在自重作用下迅速下落，并驱动与它相连的卡瓦插入钻头体斜坡里，包卡岩芯，然后上提钻具把岩芯拨断。

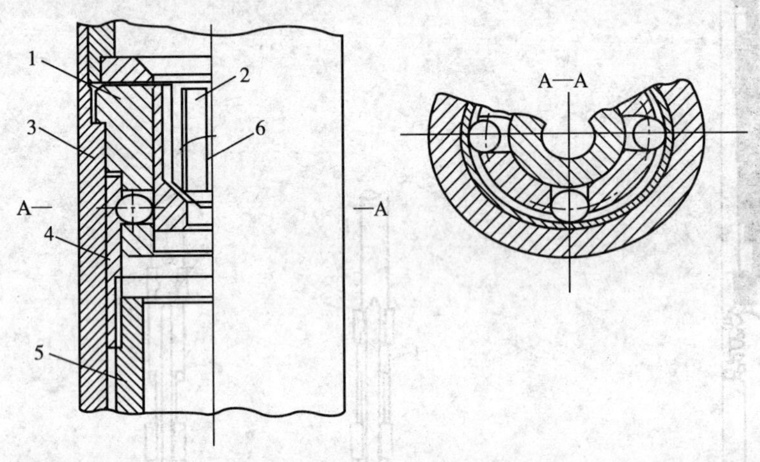

图 1－79　内岩芯筒悬挂方式

1—悬挂套；2—卡套；3—承挂接头；4—球挂跑道；5—分水接头；6—$2\frac{1}{2}$″钢球

(二)长筒取芯工具

取芯中允许上提方钻杆接单根，一次取芯长度在两根单根钻杆以上，称为长筒取芯。现以胜 7－250 型长筒取芯工具的结构和工作原理为例，使我们对各种类型的长筒取芯工具有所了解。

该取芯工具的结构和使用方法与胜 4－206 型取芯工具大致相同，所不同处是配有滑动接头，其作用主要是在接单根时钻头可以不离井底，防止岩芯损坏。

滑动接头是长筒取芯工具的重要部件之一，其结构如图 1－80 所示。它的上接头与钻铤连接，下接头与机械加压接头相连接。取芯钻进时，靠六方滑动管和六方滑动套传递扭矩和钻压。接单根时提起六方滑动套(六方滑动管可在六方滑动套内上下滑动)，保证钻头不离开井底。

接单根操作过程如图 1－81 所示；图 1－81(a)为钻进取芯时，六方滑动套一直顶住下接头施加钻压。图 1－81(b)是当方钻杆打完(方入不超过 9m)时，需接单根的情况。此时上提方钻杆，六方滑动套与下接头拉开，拉开的距离不许超过滑动管的有效滑动长度(一般为 11m)，否则上提钻具接单根时钻头就要离开井底。配好合适长度的单根，接完单根后下至预定方入，继续钻进。

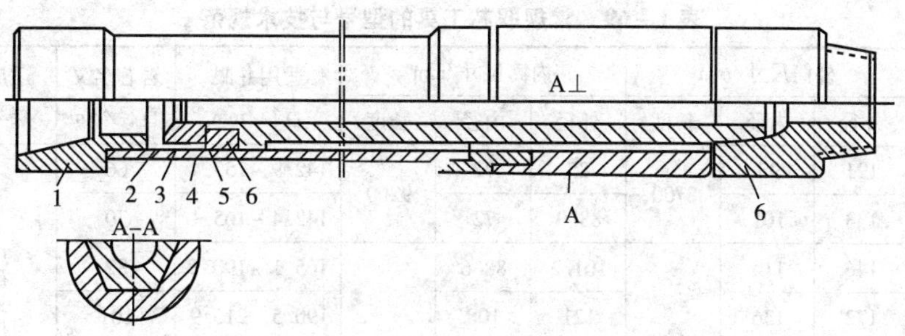

图 1 – 80　滑动接头图

1—上接头；2—六方滑动套；3—调节螺母；4—螺帽；5—垫片；6—下接头

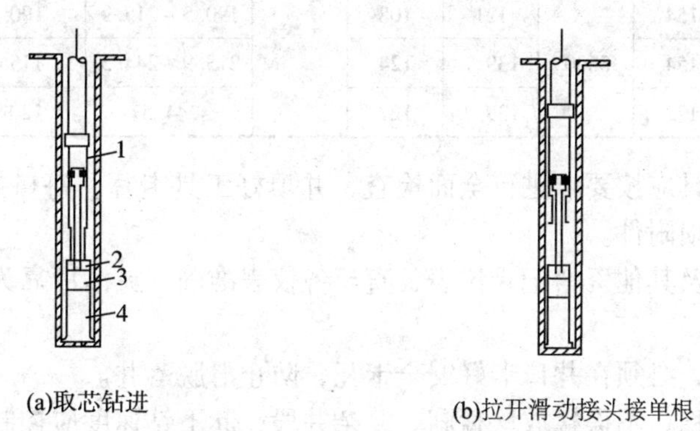

图 1 – 81　长筒取芯接单根示意图

1—滑动接头；2—下接头；3—加压接头；4—取芯工具

注意事项：

(1)取芯时和加压接头连接好，在井口要检验滑动接头上下滑动灵活性及密封性。

(2)取芯工具下到距井底 10m 左右时，应循环处理好泥浆。

(3)钻进前要将开泵时的钻具悬重和开泵后的正常悬重记录下来作为接单根时观察悬重的参考。

(4)接单根或钻完进尺上提时，必须观察悬重正常后，方可上起钻具，拉开滑动距离，才能接单根或投球加压割芯。

(5)取芯工具拉上或拉下钻台时，必须使六方滑动管进入六方滑动套，合拢后用绳索捆牢，方可上下钻台，以免六方滑动管弯曲。

常规取芯工具的型号与技术规范如表 1 – 69 所示。

三、取芯操作

1. 下钻

(1)取芯下钻前的准备工作

①处理好井内泥浆，使泥浆性能稳定、井眼畅通，无垮塌，无沉砂，能顺利下钻到底。

②检查好机械设备及钻具，保证在取芯钻进中地面设备与钻具不发生问题。

③对起下钻遇阻遇卡井段应先通井划眼。消除阻卡正常后，方可下钻取芯。

④必须充分保证井底干净，通常要在取芯下钻前的全面钻进中使用随钻打捞杯，或专门下一次磁铁打捞器，在确认井底干净后，方可取芯下钻。先期完井取芯时，在钻开水泥塞后就应进行磨铣，反复打捞井底金属落物，确保井底干净。

表 1-69　常规取芯工具的型号与技术规范

取芯工具型号	外筒尺寸/mm			内筒尺寸/mm			适用井眼直径/mm	岩芯名义直径/mm	适应地层类型	割芯方式
	外径	内径	长度	外径	内径	长度				
QXZ121-66	121	93	8700	85	72	9200	142.9~152.4	66	中硬地层	自锁
QXZ133-70	133	101		88.9	72		142.4~165.1	70		
QXZ146-82	146	114	8600	101.2	88.6	9200	165.1~190.5	82		
QXZ172-101	172	136		121	108		190.5~215.9	101		
QXZ180-105	180	144		127	112		215.9~244.5	105		
QXZ194-120	194	154		139.7	124		215.9~244.5	120		
QXJ194-100	194	154	8600	121	108		190.5~215.9	100	松软地层	加压
QXJ194-115	194	154		139.7	124		215.9~244.5	115		
QXJ216-120	203	172		139.7	127		244.5	120		

⑤对送井取芯工具应按要求进行全面检查，并填好工具卡片。每口井必须配备2~3套取芯工具及足够的易损附件。

⑥检查好指重表及其他资料记录仪表，直至各仪表准确、灵活可靠为止。

(2)下钻操作

①岩芯筒入井时，必须在井口卡好安全卡瓦，防止滑脱落井。

②下钻操作要平稳，不得猛放、猛刹。复杂井段，起下钻速度应控制，严防顿钻。

③不允许用取芯钻头划眼。下钻遇阻不得超过1~2t，经上下活动不能下入时应开泵循环泥浆，禁止强行划眼通过。

④取芯下钻中途可根据具体情况分段循环泥浆，或下至距井底10m左右循环。循环开泵时要用小排量，控制启动泵压不超过8.5MPa，以防压差过大而剪断销钉。

⑤下钻完了，循环正常后，缓慢下放至距井底1~2m处(若井内有余芯时则应为距余芯顶面处)，冲洗井底，上下活动及慢转(套芯)正常后，即可开始取芯钻进。

⑥取芯下钻的全过程中，必须有严格的井口防掉措施(专人负责盖好井口及起下钻工具的检查、固定等措施)，严防金属落物掉井。

2. 取芯钻进

①取芯钻进技术参数应根据钻井施工设计结合具体井下情况，在充分讨论的基础上合理确定，司钻操作不得任意更改。

②下钻完了开始取芯(造芯或树芯)时，要轻压启动。中硬或硬地层，要缓慢加2~3t压力钻进0.1m，钻头工作平稳正常后方可逐渐增至规定钻压钻进；若为疏松油砂岩，则一开始就应加足钻压钻进。

③短筒或中筒取芯，应事先配好方入；尽量避免中途接单根。

④送钻要平稳均匀，不得溜钻、中途停泵及提钻等。发现憋、跳钻等井下不正常情况时，应认真分析原因采取适当措施处理，不得蛮干。钻进中随时注意泵压变化及岩屑返出情况，认真分析井下情况，恰当掌握钻头使用时间。

⑤取芯钻进中，要做好防喷工作，如有气侵后效，必须先循环泥浆，待后效消失后再开始取芯。如遇井喷，应在可能条件下先割芯后，再上提钻具处理。

⑥树芯、割芯、套芯及取芯等作业，必须由正、副司钻亲自操作。

3. 割芯操作

(1)川式取芯工具割芯

割芯地层应是岩性较为致密、胶结性好的地层。钻完取芯进尺后停止送钻(不停泵)，原转速旋转10min左右待悬重恢复后，上提钻具即可(过去采用上提0.2m，猛合、猛摘转盘离合器以甩断岩芯的方式割芯。目前多用卡箍式岩芯爪而不采用这种割芯方法)，割芯后应上提钻具转动不同方向，慢慢下放以探查岩芯是否割断或井内有无余芯以及余芯的长度等。经查后表明岩芯已割断，或井底余芯较少，即可上提钻具0.5m左右循环泥浆起钻。

(2)胜4-206型取芯工具割芯

这种工具采取投球加压割芯的方法。割芯层位一般选在泥岩段为好。钻完进尺就停压旋转2~3min，并记好方入，上提钻具0.4m，使加压接头方脖完全拉开，此时的方入为"投球方入"。记好方入后涂以标记(2000m左右的井深时，按每1000m井深钻具伸长0.1m计算；另外，加压接头全拉开为0.2m)。

停泵，打开立管上面丝堵投球并开泵用泥浆送球，共投四球每2min投一只，全部投完后再循环10min，循环时适当转动转盘以防卡钻。最后停泵缓慢加压，滑放钻具。当钻具下到原停钻方入时，要特别注意观察剪断销钉显示(剪断时方钻杆向下猛跳一下，经反复加压拉开2~3次证明销钉已剪断时要继续下压5格，然后上提至打钻方入位置，间断转动转盘割芯(用Ⅱ或Ⅲ挡)。试探转盘无憋劲、无倒转时说明岩芯已被割断，就可循环起钻。

4. 起钻

①起钻操作要平稳，不得猛提，猛拉及猛坐。要用吊钳松扣，旋绳卸扣，不准使用转盘卸扣，以免甩掉岩芯。

②加压割芯的显示不好，剪断销钉的把握不大时，起钻操作要特别精心。

③起钻中要有专人负责及时向井内灌满泥浆。

④搞好岩芯出筒后的收集工作，取出岩芯时地质人员必须在场，按次序收集岩芯录取资料，并按规定填写好有关报表。

⑤若岩芯收获率不高，应认真分析研究，找出原因并及时采取措施。

⑥取芯起钻操作要求较高，学习人员一律不得操作。

四、取芯工具的检查与调节

(1)转动检查内、外岩芯筒，无变形、无裂纹和伤痕。其弯曲度不得超过总长的1/2000(约4.5mm)，并用通径规检查外筒内孔和内筒内孔是否堵塞或变形，否则应采取措施加以处理。对通径规的要求如下：

川8-3型外筒用ϕ142mm内径规通过；川6-3型外筒内孔用中ϕ98mm内径规通过。

川8-3型内筒用ϕ110mm内径规通过；川6-3型内筒内孔用ϕ74mm内径规通过。

(2)清洗检查取芯工具上接头，内、外筒，稳定器及钻头螺纹有无碰伤、断裂的现象。

(3)检查钻头内、外径尺寸是否符合要求，钻头体有无裂缝，钻头合金块或金刚石镶焊是否良好，出露高度应一致并无缺损，钻头内腔光滑，水眼应畅通。

(4)检查内、外岩芯筒有效长度(外筒包括稳定器)应为9.20m，其正负误差不得超过5mm。

(5)检查岩芯爪弹性，本体应无裂纹，尺寸、类型符合要求。选用卡箍式岩芯爪，敷焊的碳化钨颗粒均匀、平整，其自由状态下的内径比钻头内径小2~3mm。

(6)检查稳定器外径。若稳定器外径磨损后小于钻头外径3mm，必须修复后才能再用。

(7)检查悬挂总成、内筒、岩芯爪组合件等各丝扣连接有无松动、滑扣。

(8)检查轴承轴向间隙，应不大于3mm，转动应灵活、轻便。

(9)检查各螺纹应光洁无毛刺，外筒用手上紧后其紧密距应为：

川8－3型　0.5～2.2mm；　　　　川6－3型　0.5～1.8mm。

(10)检查岩芯爪底面与钻头内扶正面的纵向间隙为8～13mm，否则必须卸开卡箍座用调节环调整间隙。

五、装配方法

(1)在场地上用手或管钳上紧岩芯爪组合件，用链钳在外筒上上紧下稳定器，并将外筒下端螺纹戴上护丝，同时组装好悬挂总成。

(2)用提升短节将内、外筒同时吊上钻台，用于将钻头拧在外筒上，再用链钳紧扣。

(3)外筒吊起下入井内，使外筒高出转盘面50cm左右，用卡瓦将外筒卡牢后，并打上安全卡瓦，然后卸掉提升短节。

(4)用内筒卡盘卡住内筒，并坐于外筒顶面上，卸掉提升短节，再将需要下井的内、外筒依次连接。外筒上扣扭矩为：

川8－3型　1200kgf·m；　　川6－3型　850kgf·m。

(5)将地面组装好的悬挂总成吊起与内筒内螺纹连接好，卸掉内筒卡盘，下放内筒，最后将悬挂总成与外筒内螺纹用大钳上紧。

(6)将取芯工具下至距井底10m左右，开泵循环清洗井底后，停泵，卸开方钻杆，将钢球投入钻杆水眼内。若不需在井下清洗内筒及井底，可在地面装好钢球和阀堵头。

六、取芯工具的维护保养

(1)对新到井场的成套取芯工具，无论是否组装，都应重新进行全面的拆卸、清洗，检查部件的规格、数量，按使用说明重新润滑、组装和检查。

(2)常规维护时，在取芯工具使用后，不管中途间隔时间多长，都应在取完芯后及时进行全面清洗，检查、润滑，将不合要求的零部件换掉，重新组装成套。若有滑动伸缩部位，润滑后，应呈最大收缩状态，防止意外弯曲，影响配合要求。

(3)凡是组装好的取芯工具，在未下井之前，应单独放置在平整的垫木或管材上面，其上部严禁堆放重物或管材。

(4)严禁在取芯工具上进行电、气焊作业。

(5)组装好的取芯工具，上、下钻台均要戴好护丝，以保护螺纹。

(6)凡取芯工具备用件，在未组装使用前，均应涂抹黄油，并整齐地分类摆放在材料库房的搁架上。

任务二　密闭取芯工具

常规取芯时，钻井液的滤液浸入到岩芯中，使油层岩芯的含油气饱和度发生变化而不能取得确切的资料。密闭取芯就是用密闭液(预先放置在内芯筒中的黏性高、流动性好、附着力强、防水性好的高分子液体)将钻取的岩芯迅速保护起来的取芯技术。它可以防止钻井液对岩芯的污染，并可解决以下问题。

(1)取出准确的含油、气、水饱和度的岩芯资料，为计算未开发油气田储量及制定合理开发方案提供依据。

(2)了解油田采油阶段的含油气饱和度及其分布规律、油水动态资料，以确定合理的开采方式和开采调整方案。

(3)了解水淹油田中，油、水分布情况与油层岩性、物性之间的关系，为定量研究水淹油层驱油效率提供依据。

密闭取芯工具有加压式密闭取芯工具、自锁式密闭取芯工具等类型。现以自锁式密闭取芯工具为例了解其结构。

图1－82所示取芯工具的结构，为自锁式割芯方式，双筒双动式，其特点是在内岩芯筒组合下部装一有密封活塞并用销钉固定在取芯钻头的进口处，内岩芯筒与钻头的配合面上装有密封圈。在内岩芯筒的顶部装有浮动活塞。下钻前，内岩芯筒灌满密封液，浮动活塞置于限位接头之上，形成密封区。在下钻过程中，随井深增加，密封区外部液柱压力增大，于是推动浮动活塞，使密闭区内外压力保持平衡，从而保证密封的可靠性。

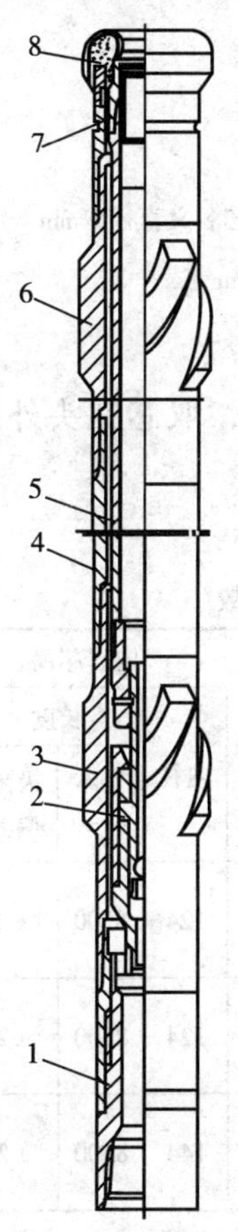

（a）自锁式常规取芯工具结构示意图

1—安全接头；2—悬挂总成；3—上扶正器；4—外岩芯筒；5—内岩芯筒；6—下扶正器；7—岩芯爪；8—取芯钻头

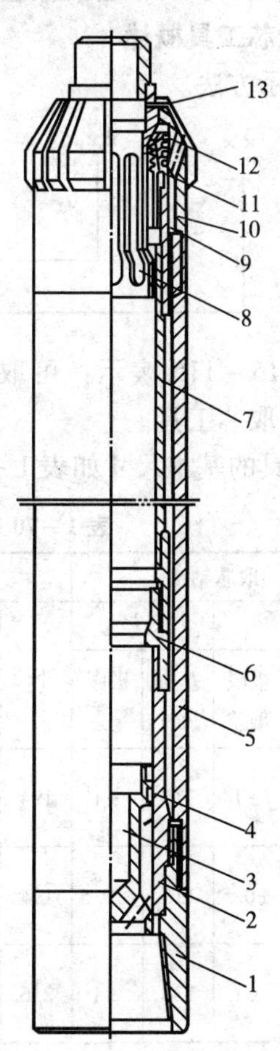

（b）自锁式密闭取芯工具结构示意图

1—上接头；2—分水接头；3—浮动活塞；4—“y”形密封圈；5—外筒总成；6—限位接头；7—内筒总成；8—密封活塞；9—缩径套；10—取芯钻头；11—岩芯爪；12—“O”形密封圈；13—活塞固定销

图1－82　取芯工具的结构

下钻完后，在洗井液中加一定量的示踪剂硫氰酸胺(NH_4SCN)，并开泵循环，使其均匀并达到含量要求。然后将工具下到井底，逐渐加压剪断销钉。钻进时，由不断形成的岩芯进入内岩芯筒推动活塞上行。内岩芯筒中的密闭液被挤向下排出，排出的密闭液在井底钻头周围形成保护区，并立即黏附在岩芯表面，形成一层保护膜防止钻井液污染渗入，从而达到密闭取芯的目的。

密闭取芯时所用的密闭液有油基和水基两种，各油田所用的原料配比亦各不相同。以胜利油田所用配方为例如下(重量比)：

蓖麻油：　100；

过氧乙烯树脂：　12～14；

硬脂酸锌：　0.84～1.68；

膨润土或重晶石：　依密闭液密度而定。

一、密闭取芯工具概述

(1)型号表示方法。

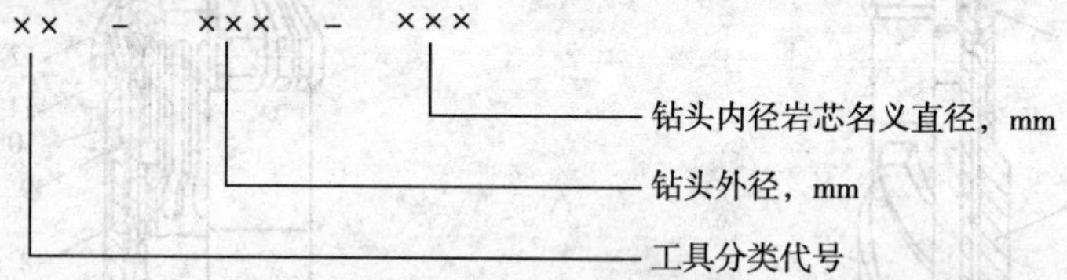

例：YM－215－115 表示：可取岩芯名义直径为 115mm，取芯钻头外径为 215mm 中硬—硬地层密闭取芯工具。

(2)取芯工具的基本尺寸如表 1－70 所示。

表 1－70　密闭取芯工具型号与基本参数　mm

工具型号	取芯钻头				外岩芯筒					内岩芯筒					工具接头螺纹
	外径		内径		外径	内径	长度		螺纹代号	外径	内径	长度		螺纹代号	
	基本尺寸	极限偏差	基本尺寸	极限偏差			基本尺寸	极限偏差				基本尺寸	极限偏差		
RM－215－115	215	±1	115	±1	194	154	9000	±2	QX194	139.7	124	8500	±2	QX139.7	5½FH
YM－215－115	215	±0.5	115	±0.5	194	154	9000	±2	QX194	139.7	124	8500	±2	QX139.7	5½FH
RM－244－136	244	±1	136	±1	216	172	9000	±2	QX216	160	144	8500	±2	QX160	5½FH

(3)密封活塞、浮动活塞等结构型式与主要尺寸如图 1－83、图 1－84 和表 1－71 所示。

表 1－71　密闭取芯工具参数

工具型号	L_1	L_2	D_1	D_2	d_1	D_2
RM＝215－115 YM＝215－115	390	330	118	115	108	7
RM－244－136	390	330	138	136	128	7

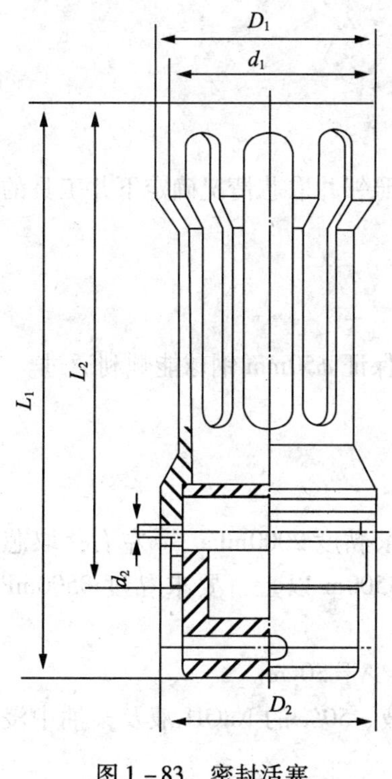

图 1-83　密封活塞

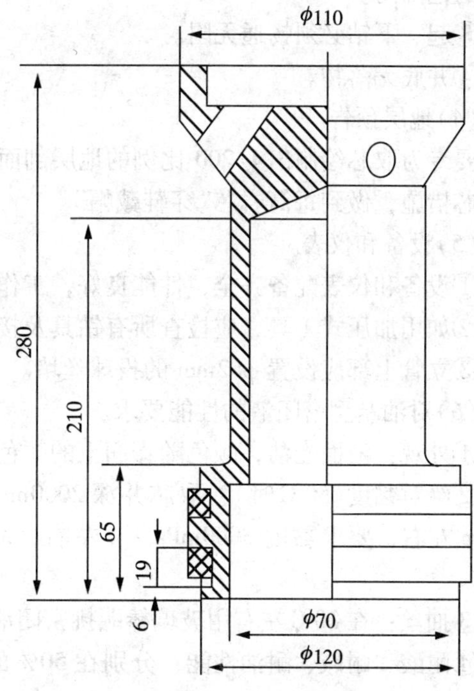

图 1-84　浮动活塞

(4)软地层岩芯爪比钻头内径大 10~12mm，硬地层岩芯爪比钻头内径小 2~3mm。

(5)内、外筒无裂纹、无结疤、无咬扁，并进行探伤检查。

二、密闭取芯操作规程

1. 取芯前准备

(1)工具选择。

松软地层密闭取芯应选用加压式工具，中硬至硬地层密闭取芯应选用自锁式工具。

(2)工具检查。

①内、外筒的平直度不超过 0.5‰，内、外径应符合图样要求。

②内、外筒无变形、无裂纹，螺纹完好。

③钻头出刃均匀完好，直径应符合图样或使用说明书的规定。钻头内腔密封面必须光滑。水眼通畅。固定密封活塞用的销孔须完好，不能有残留焊渣。

④岩芯爪在使用前须整形，尺寸应符合图样要求，放入钻头内腔或缩径套内应转动灵活。

⑤所有密封圈须完好无损，尺寸应符合图样要求。装配时应涂抹润滑脂，不允许有翻转扭折现象，“Y”形密封圈的方向须一正一反。

⑥加压式工具的加压接头须滑动灵活，有效滑距不小于 200mm。上接头的加压台肩完好。加压中芯杆无变形，平直度不超过 2‰并有直径相同、数量充足的加压钢球。

⑦工具组装好后的轴向间隙，加压式工具为 15~20mm，自锁式工具为 8~10mm。

(3)井眼准备。

①井身质量应符合设计要求。

②钻井液性能必须符合设计要求，API 滤失量不大于 3mL，密度应控制在近平衡钻井所

要求的范围内。

③起、下钻必须畅通无阻。

④井底无落物。

(4)地层预告。

要专为取芯绘制出1∶200比例的地层剖面图，并参照邻井取芯情况确定下井工具的长度及取芯措施，做到每筒岩芯“穿鞋戴帽”。

(5)设备和仪表。

①设备和仪表配备齐全，性能良好，工作正常。

②如用加压式工具，应检查所有钻具及接头水眼，保证ϕ50mm钢球能顺利通过。

③立管上部应设置ϕ62mm的投球丝堵。

(6)对油基型密闭液的性能要求。

①外观：液面光洁，颜色随膨润土的颜色而变化。

②绝对黏度(50℃时)：取芯井深2000m左右，要求黏度2000mPa·s左右；取芯井深3000m左右，要求黏度3000mPa·s左右；取芯井深3500m以上，要求黏度3500mPa·s左右。

③抽丝：在20℃左右用玻璃棒蘸挑密闭液，丝长不少于30cm。

④耐酸、耐碱、耐油性能：分别在50%的H_2SO_4液、50%的NaOH液及柴油中浸泡一小时均无变化。

(7)附件：顶芯胶皮、大小头等辅助工具应配套齐全完好。

(8)定“基值”取芯：钻达取芯层位之前，在钻井液中不加示踪剂、工具中不加密闭液的条件下，为确定地层“基值”岩芯对显色剂的原始显色数值而必须进行一次常规取芯。

(9)试取芯：钻达取芯层位之前，定“基值”取芯后，在钻井液中加入示踪剂，在工具中加入密闭液，至少进行一次试取芯。

2. 下钻

(1)工具须平稳拉上钻台，严防碰撞活塞头。工具出入井口，用大钩提吊。无台肩的光杆外筒坐于井口时应使用安全卡瓦。

(2)将密闭液加热到50℃左右，在井口向内筒缓慢灌入，要保证内筒的空气同时排出。液面至分水接头水眼位置后要静止5min，保证灌满。最后对加压式工具应将带密封圈的丝堵上紧，装加压中芯杆，连接加压接头。对自锁式工具应将平衡活塞装入分水接头。

(3)内筒螺纹用链钳紧扣；外筒螺纹用13000～16000N·m扭矩值紧扣。

(4)下放钻具要平稳，下完钻铤要挂电磁刹车。下钻遇阻不得超过30kN。不得用取芯钻头划眼强下。

(5)将取芯钻头下至距井底10m左右，缓慢开泵，启动泵压不得超过8MPa，充分循环钻井液。同时按规定数量均匀地向钻井液中加入示踪剂，加药时间不少于一个循环周期。在钻头不接触井底的条件下，可适当上下活动或转动钻具，使钻井液示踪剂含量达到(1±0.2)kg/m^{3}且分散均匀，以连续四个检测值符合规定为合格。

3. 取芯钻进

(1)在开泵转动钻具的情况下校对指重表

对加压式工具，应先将钻头缓慢放到井底，加压100kN，剪断密封活塞固定销，然后调整钻压至20kN，启动转盘，在钻进0.3m的时间内将钻压由小到大调至正常。对自锁式工具，要求转动钻具，慢放到底，在钻头到达井底后及时将钻压加至50kN，剪断密封活塞固定销，然后采用正常取芯钻进参数钻进。

(2)正常钻进参数选择原则和推荐值

①钻压选择原则是在取得较高钻速条件下用较低钻压值。对一般中硬至硬地层，推荐钻压为9～14kN。对一般松软地层，钻压应降低1/3；对极松地层，钻压应增加1/3。

②推荐转速为60～70r/min，软地层可适当增加。

(3)钻进操作要求

①送钻要均匀，增压要缓慢，严禁溜钻。

②钻进中不停泵、不停转，遇憋跳钻时可适当调整钻井参数。

③从钻头接触井底开始，直到取芯钻进完毕为止，钻头始终不得离开井底。如遇特殊情况需要提起钻头时，应割芯起钻。

④必须做好钻时记录，并密切注意钻进变化。若发现钻时突然猛增，转盘载荷变轻，就可能是堵芯的反映。经判断是堵芯，应果断割芯起钻。

4. 割芯

(1)加压式工具的投球加压割芯法

①根据地层预告与钻时判断，应选择在泥岩段割芯。

②钻完进尺，停转、停泵、量方入，做方入记号。而后缓慢上提钻具至保留5kN的钻压为止，让加压接头的六方滑动杆完全拉开，而钻头又不离开井底。

③在立管上部弯头丝堵处投球。每次投一球，并开泵送入钻杆(球经过方钻杆时有敲击声)。按规定数量投球完毕，循环钻井液送球。送球时间按下式确定：

$$T=0.004H$$

式中　T——送球时间，min；

　　　H——井深，m。

④对于特别疏松的砂岩，将球送入钻杆后，停泵，让钢球自由下落。自由落球时间应为开泵送球时间的1.5倍。

⑤在钢球下落过程中，应适当转动钻具。

⑥待钢球全部就位以后，转动钻具10圈以上。停转、停泵，缓慢加压200～300kN。上提钻具至投球方入，变换钻具方位后重复加压一次。最后上提钻具至投球方入，间断转动转盘割芯。当试转无憋劲后开泵，顶通水眼，起钻。

(2)自锁式工具的起钻自锁割芯法

①割芯层位应选择在成柱性较好的非油层井段。

②在可能情况下，钻进最后0.3～0.5m时，钻压可比原钻压增大30～50kN。

③停钻、停泵、量方入。缓慢上提钻具，并注意观察指重表显示。一般悬重增加100～300kN又立即恢复，说明岩芯被拔断；如果悬重不恢复，则应停止上提钻具。然后，稍稍下放钻具，在保持悬重只增加150kN，岩芯受拉力的情况下，猛转转盘或闪动钻具或用开泵的方法直到指重表恢复原悬重为止。

④如果上提钻具至钻头离开井底时悬重不增加，应起钻。

5. 起钻

(1)割芯完毕应立即起钻。严禁转盘卸扣，必须用液气大钳或旋绳器卸扣。

(2)起钻要求平稳操作，特别是起至最后几个立柱时，更应平稳。

(3)起钻过程中应连续向井眼灌满钻井液。

(4)使用加压式工具，应将加压接头在井口整体卸下。取出加压中芯杆和加压钢球时，应严防落井。全套工具提出井口后立即盖好井口。使用自锁式工具，可将内筒单独抽出井口。

6. 岩芯出筒

(1)雨天岩芯不能出筒，并不得将工具提出井口，同时还须保持井眼灌满钻井液。

(2)正常出筒时，要求在两小时之内出筒并取样完毕。同时要确保岩芯不与水接触。

(3)出筒岩芯应按顺序排好；丈量岩芯与计算收获率。

(4)对回收的工具，凡是用大钳紧扣的地方，必须用大钳松扣。

三、保压密闭取芯

密闭取芯技术可以防止钻井液的污染，但岩芯从井底取到地面，因压力降低和温度降低使岩芯中的气体和原油中的轻质组分剧烈膨胀而散逸，所以不能反映井底条件下的原始状况。保压密闭取芯技术是取得保持储层流体完整岩芯的一种有效方法。这种岩芯可准确求得井底条件下储层流体饱和度、储层压力、油层相湿度及储层物性等资料。它对于正确认识地质情况和进行残余油储量计算，合理地制定开发调整井方案，提高采收率有着十分重要的意义。

大庆油田研制成功保压密闭取芯工具并完善相应配套工艺技术，包括压力测试、岩芯冷冻切割、包装运输及岩芯化验等保压密闭取芯技术。

1. 工具结构

工具结构包括以下部分，如图1－85所示。

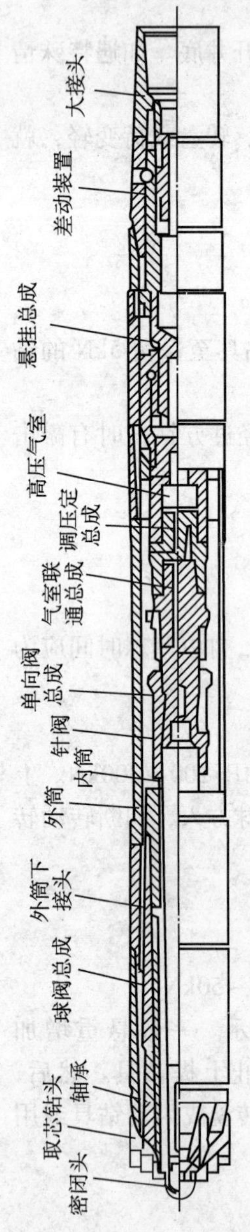

图1－85 保压密闭取芯工具示意图

(1)钻头：六翼三阶梯刮刀取芯钻头。

(2)卡芯结构：采用卡箍组合结构。

(3)密闭头。

(4)内外岩芯筒总成：双岩芯筒单动式。

(5)球阀结构：由球体、上下阀座、预紧弹簧、阀、阀体、半滑环、密封盘根、轴销等件组成。在外筒重力作用下迫使球阀旋转90°而关闭，使岩芯保存在密闭的内岩芯筒中，保持岩芯所在处的地层压力。

(6)气阀调节机构：由高压气室、调节阀总成、单流阀等组成。高压气室储存高压氮气(40 MPa)，调节阀总成控制高压气室的气体在起钻过程中不断平衡内筒压力，实现压力自动补偿。

(7)气室联通总成：起钻时联通接头打开，气体由高压室通过联通接头向内岩芯筒补充。测压接头用以接压力表测量内筒压力或放空内筒压力；

(8)悬挂总成：装有悬挂轴承组使内岩芯筒保持不转动，用球座式悬挂内筒；

(9)差动式机构：由六方杆、内六方套、大小头、压帽、盘根等组成，主要用以传递扭矩以便转动球阀封闭内岩芯筒。

2. 工作原理

该工具为双筒单动式取芯筒，卡箍式取芯，内岩芯筒是容纳岩芯的容器，也是在割芯后的密闭壳体。工具下井前，预先从密闭头注满密闭液。当取芯钻进完成后，上提钻具割芯，然后投入 ϕ50mm 钢球使之坐在滑套座上，待钻井液返出且泵压正常后，说明滑套到位，此时，外筒在重力作用下，内外六方脱开，外筒下移，其重力作用在球阀半滑环上，半滑环使球体产生一扭矩，并转动 90°而关闭球阀，使岩芯密闭在内岩芯筒中。压力补偿系统中的高压气室预先储存高压氮气。阀门组机构预先调到规定压力，在起钻过程中和以后作业中，通过压力调节器来维持内岩芯筒的压力。

3. 岩芯处理

(1)将取芯工具卸掉六方接头及悬挂接头，将压力测试装置接到测压阀上测试内岩芯筒压力。

(2)卸下内岩芯筒，将带有岩芯的岩芯筒放入冷冻箱内，周围放置足够的干冰并向冷冻箱内充压到原有压力值，冷冻 6～8h。

(3)为方便运输和化验，将冷冻后的岩芯切割成一定长度(连同内岩芯筒一起切割)。

(4)将切割后的岩芯两端封好，在钻卡上打好井号、日期、井段等，然后将岩芯放入冷冻箱运往化验室。

(5)化验前将内筒铣掉，清洗密封液，准备化验。

任务三　定向取芯工具

定向取芯是钻取岩芯并确定其在原地的方位。在二、三次采油中为了更多地了解地层构造，需定向取芯。定向取芯的目的是了解地层的倾角、倾向、走向以及地层及裂缝的产状、裂缝分布规律等，为制定开发方案提供依据。

为达到定向取芯的目的，了解岩芯的原地方位，定向取芯工具应能做到：

(1)在钻进取芯时，在岩芯上刻上标志线；

(2)能测出标志线的方位。

定向取芯工具由岩芯筒和仪器两大部分组成，如图 1－86 所示。在内岩芯筒的下端装三把用于在岩芯上刻槽的刻刀。在钻进取芯时，进入岩芯筒的岩芯柱沿纵向被刻上标志线。

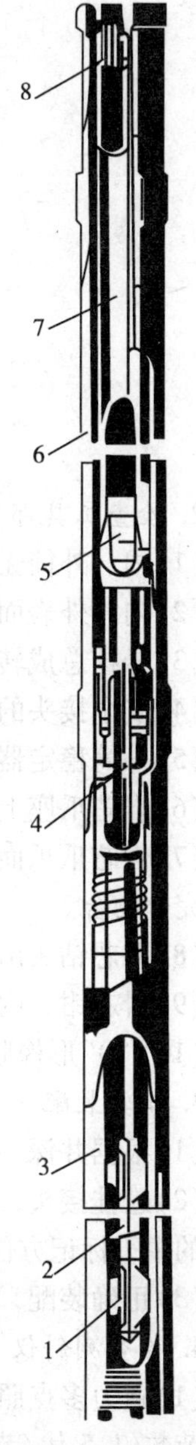

图 1－86　定向取芯工具结构示意图

1—导向叶片；2—测量仪器；3—无磁钻铤；4—加长杆；5—仪器孔下部；6—外筒；7—内筒；8—定向鞋刻刀

随钻测量仪器(多点测斜仪)下连加长杆，通过定向鞋与岩芯筒顶部相接。加长杆使仪器位于无磁钻铤处以提高测量精度。刻刀与仪器外的刻线标记在一条直线上。仪器罗盘所读出的方位，就是仪器外面刻线标记的方位，也就是岩芯刻痕的方位。

一、取芯准备

1. 工具、仪器的选择

(1)定向取芯工具、测斜仪和无磁钻铤必须配套，其性能应满足使用要求。

(2)浅井段定向取芯可选用磁力多点照相测斜仪，深井定向取芯选用电子多点测斜仪。

(3)测斜仪必须处于无磁钻铤中部，无磁钻铤长度根据取芯井的井斜角、方位角确定，如图1－87所示。

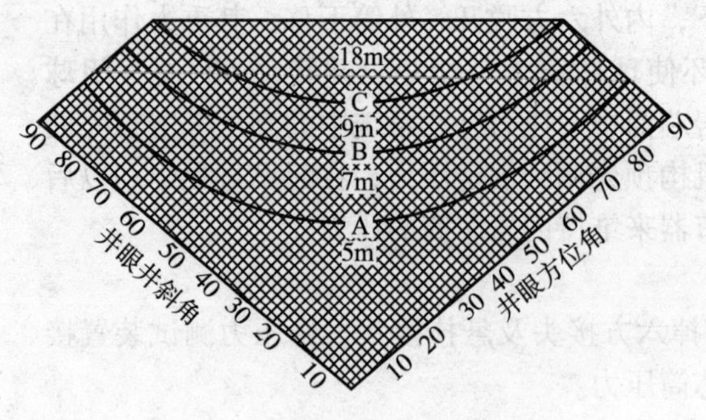

图1－87　确定无磁钻铤长度图

2. 检查工具部件

(1)内、外筒无变形、无裂纹，螺纹完好。直线度不超过0.5‰。

(2)内筒外表面的定向刻线标记清晰，内壁光滑。

(3)悬挂总成转动灵活，轴向活动间隙值应小于2mm。

(4)安全接头的摩擦环完好。

(5)外筒稳定器外径应小于取芯钻头外径1.0～3.0mm。

(6)岩芯爪座上的刻痕刀固定牢固，刀刃完整无缺。

(7)岩芯爪爪面敷焊的碳化钨颗粒应牢固，厚度均匀；岩芯爪锥面与岩芯爪座锥面紧贴时应完全吻合。

(8)取芯钻头出刃均匀，新度与外径应符合取芯要求。

(9)岩芯钳、内筒卡盘、岩芯标、钻头装卸器等辅助工具应配套齐全。

(10)“O”形橡胶密封圈应在有效期内使用。

3. 工具装配。

(1)根据井深、地层选择相适应的取芯钻头和岩芯爪。

(2)悬挂接头、内筒、连接套、岩芯爪座依次连接紧，准确计算测斜仪标记方位同岩芯爪座的主刃标记方位的误差角。

(3)正确装配，其轴向间隙在8.0～13.0mm以内。

4. 检查测斜仪

(1)磁力多点照相测斜仪经地面模拟试验，其计时器、灯泡和照相机工作正常后，换装额定节数(1.5伏/节)的碱性高能电池和胶片。

(2)电子多点测斜仪经地面模拟试验，其计时器、测量和储存器工作正常后，换装额定节数(1.5伏/节)的碱性高能电池和储存器。

(3)根据井深与下钻速度，预定测斜仪延迟启动时间；根据岩石可钻性，预定测斜仪定向点间隔时间的程序。

(4)测斜仪入井前，启动计时器，并同时启动地面秒表计时。

(5)井温超过104℃(220℉)时，测斜仪必须加装隔热筒。

5. 井眼要求

(1)井身质量与钻井液性能符合钻井设计要求。

(2)井内无漏失、无溢流，起、下钻畅通。

(3)井底无金属落物。

6. 绘制剖面图

为定向取芯井段绘制 1∶200 比例的地层剖面图。

二、下钻

(1)取芯工具上、下钻台应平稳吊升或下放，出入井口用游车提放。无外筒稳定器的光杆外筒坐转盘时必须用安全卡瓦卡牢。

(2)内筒螺纹用链钳旋紧，外筒螺纹旋紧扭矩如表 1－72 所示。

表 1－72　取芯筒紧扣扭矩

外筒外径 × 外筒内径/mm × mm	扭矩/N · m
$\phi133 \times \phi101$	8000 ~ 9000
$\phi172 \times \phi136$	12000 ~ 13000
$\phi180 \times \phi144$	13000 ~ 16000

(3)用外筒旋紧扭矩上紧钻头，上、卸钻头应使用钻头装卸器。

(4)测斜仪入井时，测斜仪的斜管鞋应与取芯工具的归位键完全就位后方能入井。

(5)下钻操作平稳。下完钻铤应使用电磁刹车，遇阻超过 40kN，处理无效，应及时起钻换牙轮钻头通井。

(6)应在延迟启动时间前 40min 下完钻具，循环钻井液，清洗井底；在延迟启动时间前 5min 连续转动钻具，同时校对指重表。

三、钻进

(1)先低速转动并慢放钻具到井底试运转，待转动平稳后，再取芯，然后逐步调整到正常的取芯参数钻进。

(2)取芯时，钻压为正常取芯钻压的 1/4 ~ 1/3，转速、排量为正常取芯转速、排量的 1/2 ~ 3/4。

(3)正常的取芯参数应根据取芯工具尺寸、钻头类型、地层、钻井液性能和井眼条件确定。

(4)取芯钻进要送钻平稳、均匀。若地层软硬变化或发生憋跳钻应及时调整取芯参数，直到获得最佳取芯效果。

(5)取芯钻进中无特殊情况，不停泵、不停转，钻头不提离井底。

(6)磁力多点照相定向前 2min 必须停泵、停转，并保持钻具静止。照相定向后 1 ~ 2min，先上提钻具使钻压保持 10 ~ 20kN，再开泵，然后启动转盘逐步调整到正常的取芯参数继续钻进。

(7)电子多点定向同常规取芯钻进一样，连续取芯钻进。

(8)取芯钻进时，随时观察钻时、钻压与转盘扭矩的变化，发现异常情况果断处理。

四、割芯

(1)应根据地层预告和钻时，尽可能选择在岩芯成柱性较好的地层割芯。

(2)割芯操作要平稳，严禁猛提、猛放。

(3)一般地层割芯，匀速上提钻具，指重表显示岩芯被抓牢，继续上提直至岩芯断，即可起钻。

(4)散碎地层割芯，上提钻具长度超过钻具伸长与钻具压缩距之和，悬重不增加，下放钻具距原方入 0.20m，重新上提钻具，悬重仍不增加，即可起钻。

(5)一般地层中途割芯，匀速上提钻具，悬重增加不超过 150kN，若岩芯未断，保持岩芯受拉状态，增大钻井液排量或转动钻具，也可增大钻井液排量并转动钻具，直至割断岩芯。若需继续取芯，下放钻具，顶松岩芯爪即可钻进。

(6)散碎地层中途割芯，上提钻具长度超过钻具伸长与钻具压缩距之和，悬重不增加，割芯结束。需继续取芯，下放钻具到原方入即可钻进。

五、起钻

(1)起钻操作平稳，用液压大钳或旋绳卸扣。

(2)取芯工具被卡，解除无效时，应及时从安全接头处倒开，起出测斜仪、内筒。

(3)起钻过程中，应连续向井内灌满钻井液。

(4)正常情况下，测斜仪应随起钻取出。特殊情况可用打捞矛单独捞出。

(5)测斜仪取出后，及时阅读定向参数(井斜角、方位角、标记方位角)。

(6)取芯结束，凡用大钳旋紧的外筒螺纹必须卸松再吊下钻台。

六、岩芯出筒

(1)用岩芯钳控制方法或液力推顶方法取出岩芯。及时除去岩芯表面的钻井液，茬口对准，依序摆放。

(2)丈量岩芯、计算岩芯收获率。

(3)岩芯定向成功率按下式计算：

$$D = \frac{K_{\mathrm{N}}}{K} \times 100\%$$

式中 D——岩芯定向成功率,%；

K_{N}——岩芯有刻痕标记的定向成功点数；

K——取芯钻井中总定向点数。

有关仪器测量及定位测量的原理，可参阅定向钻井章节及有关参考书。

七、提高岩芯收获率

取芯的目的就是要取出地下岩层中的原始资料——岩芯。因此，无论在任何情况下，都应将提高岩芯收获率作为主要任务进行研究。要提高岩芯收获率就要了解影响收获率的各种因素，然后采取相应的措施，以确保岩芯收获率的影响并提高取芯钻进效率。

1. 影响岩芯收获率的因素

在钻取岩芯中，影响岩芯收获率的因素是多方面的，归纳起来有以下几个方面：

(1)地层

地层的变化是多样的，它对岩芯收获率的影响也是多方面的。

地质构造与地层结构如断层、大倾角地层、裂缝发育地层、溶洞等，都会对岩芯收获率有影响。

地层的岩性是另一影响因素。胶结程度好、致密的地层成柱性强易取得较高的岩芯收获率，而胶结性差、松散、薄夹层、软硬交错地层、吸水膨胀地层、含大量可溶性类地层，都会对岩芯收获率造成不利的影响。

(2)岩芯直径

岩芯直径大小取决于取芯工具，岩芯直径愈大，岩芯的强度就愈高愈有利于提高岩芯收获率。

(3)取芯钻进参数

不合理的钻进参数，会严重影响岩芯收获率。钻压过大、过小对岩芯收获率提高都不利，钻压过大会使外岩芯筒失稳弯曲，使钻头工作不稳，外筒与内筒夹紧使内筒摆动及旋转。钻压过低则钻速过低。转速过大会使钻进不稳定、振动等破坏岩芯。在排量方面，过大的排量可能会冲蚀岩芯，过小排量引起钻头泥包影响收获率提高。

(4)井下复杂情况

井眼中如有井漏、井塌、缩径、落物、狗腿、键槽、井喷等复杂情况，如不及时处理会直接影响到取芯效果。

2. 提高岩芯收获率的措施

影响岩芯收获率的因素是多方面的，但对某个地区产生影响的因素有其主要方面，所以应不断总结取芯的成功经验与失败教训。一般来说，提高岩芯收获率应注意几个方面：

(1)制定合理的取芯作业计划。

(2)正确地选择取芯钻头和取芯工具，所选用的工具要符合取芯目的(普通取芯和特殊取芯)，同时要适合所钻遇的地层。

(3)工具在下井前应仔细检查，如岩芯筒有无变形，悬挂轴承转动情况，岩芯爪的弹性及与岩芯爪的配合等。

(4)制定合理的取芯钻进参数。

(5)严格执行操作技术规范。

(6)总结经验，不断提高取芯工艺技术水平。

任务考核

一、简述题

(1)常规取芯工具由哪几部分组成?

(2)如何检查常规取芯工具?

(3)如何维护保养常规取芯工具?

(4)密闭取芯工具有哪些优点?

(5)密闭取芯工具由哪几部分组成?

(6)如何提高定向取芯工具的岩芯收获率?

二、操作题

(1)川式取芯工具的组装方法及取芯工具的使用方法。

(2)密闭取芯工具的组装方法及取芯工具的使用方法。

项目十五　吊钳操作

知识目标

(1)掌握大钳的功用、类型、结构、规范。

(2)熟练地进行大钳的检查、调试、维护及保养。

(3)掌握大钳的操作要领。

技能目标

(1)掌握B型吊钳操作。

(2)掌握 Q_{10}Y－M型液压大钳操作。

学习材料

吊钳又名大钳，用钢丝绳吊在井架上，钢丝绳另一端绕过井架上的滑轮拉至钻台下方并坠以重物，以平衡吊钳自重和调节其工作高度。

一、功用

(1)上、卸钻具。

(2)上紧套管。

二、类型

(1)根据工作对象不同可分为：钻具钳、套管钳等。

(2)根据采用动力不同可分为：手动大钳、气动大钳、电动大钳、液动大钳(液压大钳)。

(3)根据安装方式不同可分为：固定安装大钳、悬吊安装大钳。

(4)根据钳口形式不同可分为：开口钳、闭口钳。

任务一　B型吊钳操作

国产B型吊钳是钻井中普遍采用的一种吊钳，其中88.9～298.45mm直径的B型吊钳用于上卸钻具螺纹，338.5～508mm直径的B型吊钳用于上紧套管螺纹，其缺点是工作中费时费力，而且很不安全。B型吊钳外形如图1－88所示。

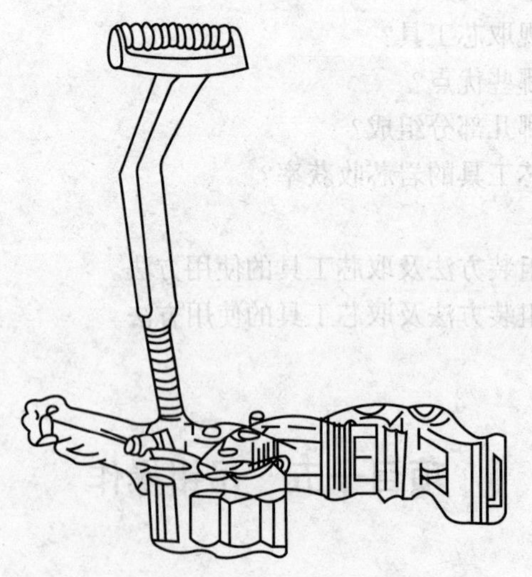

图1－88　B型吊钳外形

一、B型吊钳的结构

B型吊钳是由吊杆、钳头、钳柄三大部分组成的，如图1－89所示。

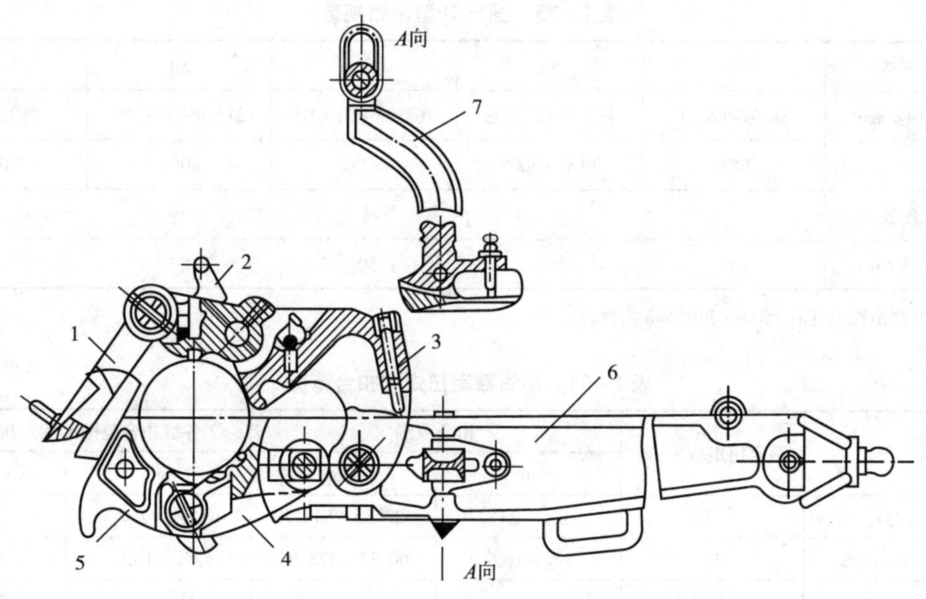

图 1－89　B 型吊钳结构

1—1 号扣合钳；2—2 号(固定)扣合钳；3—3 号长钳；4—4 号短钳；5—5 扣合钳；6—钳柄；7—吊杆

1. 吊杆

吊杆是用来悬吊大钳和调节大钳平衡的。吊钳的上部有一平衡梁与吊钳绳相连接，下部通过轴销与大钳钳柄相连接，且在下部有一调节螺钉。

2. 钳头

钳头是用来扣合钻具接头或套管接头的。钳头上有 5 个扣合钳，1 号扣合钳(钳框)与 2 号扣合钳(固定钳)、2 号扣合钳与 3 号长钳、3 号长钳与钳柄、钳柄与 4 号短钳、4 号短钳与 5 号扣合钳(钳头)之间分别通过销轴连接在一起。3 号长钳、4 号短钳、2 号扣合钳上分别装有钳牙，且在 1 号扣合钳与 2 号扣合钳的连接处嵌有扣合弹簧。

3. 钳柄

钳柄是大钳的主体部分。钳柄的头部连接钳头，稍后连接吊杆；中部有一手柄；尾部有尾桩、尾桩销、方头螺钉，用以穿连钳尾绳和猫头绳。另外，大钳上备有 5 个黄油嘴，分别润滑 5 个轴销。

二、B 型吊钳规范

1. B 型吊钳型号

B 型吊钳表示方法如下：

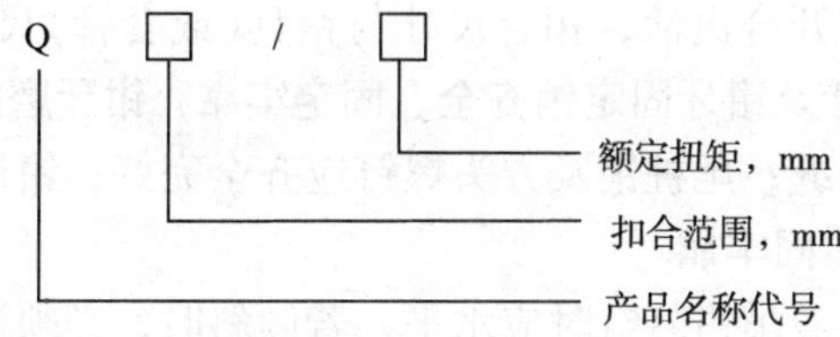

2. B 型吊钳规范

B 型吊钳规范如表 1－73、表 1－74 所示。

表 1-73　国产 B 型吊钳规范

钳头种类	5a	5b	5c	5d	5e
扣合管径/mm	88.9~120.5	114.3~219.08	168.28~219.08	215.9~273.05	298.45
钳柄正常工作负荷/kg	3000	3000~5000	5000	8000	8000
大钳总质量/kg	294				
大钳长度/mm	1750				

注：B 型吊钳钳牙有 150mm 和 75mm 两种。

表 1-74　吊钳额定扭矩和扣合范围

<table>
<tr><th rowspan="2">型　号</th><th rowspan="2">额定扭矩/kN·m</th><th colspan="2">扣合范围</th><th colspan="2">各级扣合范围的额定扭矩</th></tr>
<tr><th>in</th><th>mm</th><th>in</th><th>kN·m</th></tr>
<tr><td>Q$12\frac{3}{4}$~$25\frac{1}{2}$/35</td><td>35</td><td>$12\frac{3}{4}$~$25\frac{1}{2}$</td><td>323.85~647.70</td><td>$12\frac{3}{4}$~$25\frac{1}{2}$</td><td>35</td></tr>
<tr><td>Q$2\frac{3}{8}$~$10\frac{3}{4}$/35</td><td>35</td><td>$2\frac{3}{8}$~$10\frac{3}{4}$</td><td>60.32~273.05</td><td>$2\frac{3}{8}$~$10\frac{3}{4}$</td><td>35</td></tr>
<tr><td rowspan="3">Q$3\frac{3}{8}$~$12\frac{3}{4}$/75
Q$3\frac{3}{8}$~$12\frac{3}{4}$/65</td><td rowspan="3">75
(65)</td><td rowspan="3">$3\frac{3}{8}$~$12\frac{3}{4}$ $3\frac{3}{8}$~$12\frac{3}{4}$</td><td rowspan="3">85.72~323.85</td><td>$3\frac{3}{8}$~$4\frac{1}{2}$</td><td>75</td></tr>
<tr><td>$4\frac{1}{2}$~$7\frac{3}{4}$</td><td>75(65)</td></tr>
<tr><td>$7^5/_8$~$12\frac{3}{4}$</td><td>55(50)</td></tr>
<tr><td rowspan="2">Q$3\frac{3}{8}$~17/90</td><td rowspan="2">90</td><td rowspan="2">$3\frac{3}{8}$~17</td><td rowspan="2">85.72~431.80</td><td>$3\frac{3}{8}$~$8\frac{1}{2}$</td><td>90</td></tr>
<tr><td>$8\frac{1}{2}$~17</td><td>55</td></tr>
<tr><td>Q4~12/140</td><td>140</td><td>4~12</td><td>101.60~304.80</td><td>4~12</td><td>140</td></tr>
</table>

三、B 型吊钳的操作步骤与要求

国产 B 型吊钳根据其位置的不同分为内钳和外钳两种。在操作吊钳时，离司钻位置远的为内钳，操作时右手在前抓钳头手把，左手在后抓钳柄手把；离司钻位置近的为外钳，操作时左手在前抓钳头手把，右手在后抓钳柄手把。内、外钳工作中要相互配合，协调一致。操作吊钳时，吊钳应打在钻具或套管的接头上。紧螺纹时，外钳在上，内钳在下；卸螺纹时，外钳在下，内钳在上；松螺纹时，钻具内、外钳所打部位则相反。吊钳打好后，钳口面离内、外螺纹接头的焊缝 3~5mm 为宜。上卸螺纹时，内、外钳的夹角要在 45°~90°范围内。

1. B 型吊钳在使用前的检查、调试和保养

(1)吊钳的钳牙必须保持清洁，使用前应先用钢丝刷将钳牙上的油污及杂物刷洗干净。然后用手逐个活动、仔细检查钳牙是否松动，上下挡销是否齐全。

(2)钳头上的各扣合钳开合灵活，扣合尺寸与钻具(或套管)尺寸相符；轴销不能装反，固定销及背帽应齐全；钳牙及钳牙固定销齐全、固定牢靠，钳牙磨损严重时应及时更换。

(3)钳柄应无裂纹或焊缝；尾桩销及方头螺钉应齐全完好；钳尾绳尺寸应符合标准，且无打结或严重断丝，两端紧固牢靠。

(4)吊钳水平度应合适。吊钳悬空时应水平，若倾斜时，必须进行调试方可使用。若吊钳前后不水平，可用活动扳手调节吊杆下部的调节螺钉，顺时针转动，吊钳钳头调高，逆时针转动，吊钳钳头降低；若吊钳左右不水平，可用活动扳手调节吊杆上部的平衡梁使吊钳绳左右移动。左低右高时让吊钳绳左移，反之，则向右移。

(5)检查吊钳的扣合弹簧是否完好、是否灵活好用；扣合弹簧必须就位，若失去弹性或断裂应及时更换。

(6)吊钳上备有5个黄油嘴，若各扣合钳开合不够灵活，可用黄油枪向轴销里注入适量的润滑脂或直接将机油浇注在轴销里。

(7)吊钳检查时，要尽可能地避开井口，以防止零部件落井。

2. 外钳的操作要领及注意事项

(1)吊钳检查、调试、维护及保养好后，左脚在前，右脚在后，双脚间距与肩同宽(大约600mm左右)成"丁"字形站立；伸左手(虎口向上)握住5号扣合钳手把，右手先打开吊钳钳头，然后右手(手心向下)握住吊钳钳柄手把，上、下调整吊钳，使吊钳悬吊高度与咬合部位对正。

(2)推进扣合。面向井口，眼看吊钳所打部位，双手拉吊钳靠近钻具接头，使5号扣合钳擦着钻具接头体，左腿弓，右腿绷，抬头挺胸，左手猛推5号扣合钳，右手稍用力推钳柄，使5号扣合钳与1号扣合钳自动扣合(若没有扣合，可伸右手拉1号扣合钳手把，使其扣紧5号扣合钳)。扣合后的钳口面距接头密封面10~30mm，禁止吊钳咬住钻杆本体。

(3)转身推紧。吊钳扣合后，右脚踩在转盘护罩上，左脚移向左前方(绞车位置)踩住钻台面。工作时踩转盘的右脚脚尖要外撇，身体要避开猫头绳；伸左手握住1号扣合钳手把，右手五指并拢，手指斜向下扶住钳柄(禁止手指放在4号短钳与钳柄的连接处)；右腿侧弓，脚尖外展，左腿绷直，抬头挺胸，左手拉，右手推，双手将吊钳推紧。推紧吊钳后，吊钳钳尾应指向井架左大腿方向，且内、外钳之间的夹角在45°~90°范围内。

(4)推钳挂牢。吊钳紧扣或松扣后，右手活动吊钳，左手手掌用力外推1号扣合钳钳头，将吊钳打开。吊钳打开后，应慢慢将吊钳送离井口防止吊钳摆动过大，造成伤人事故。吊钳推离井口后，要及时回原位并挂牢，以方便井口操作。

3. 内钳的操作要领及注意事项

(1)吊钳检查、调试、维护及保养好后，右脚在前，左脚在后，双脚间距与肩同宽(600mm左右)，成"丁"字形站立；伸右手(虎口向上)握住5号扣合钳手把，左手先打开吊钳钳头，然后左手(手心向下，虎口朝扣合钳方向)握住吊钳钳柄手把，上、下调整吊钳，使吊钳悬吊高度与咬合部位对正。

(2)推进扣合。面向井口，眼看吊钳所打部位，双手拉吊钳靠近钻具接头，使5号扣合钳擦着钻具接头体，右腿弓，左腿绷，抬头挺胸，右手猛推5号扣合钳，左手稍用力推钳柄，使5号扣合钳与1号扣合钳自动扣合(若没有扣合，可伸左手拉1号扣合钳手把，使其扣紧5号扣合钳；内、外钳工可以相互配合，使吊钳扣合)。扣合后的钳口面距接头密封面10~30mm，禁止吊钳咬住钻杆本体。

(3)弓步推紧。吊钳扣合好后，右脚站位不变，左脚踩在转盘护罩上，伸右手握住1号扣合钳手把，左手五指并拢，手指斜向下扶住钳柄的弯头部位(禁止手指放在4号短钳与钳柄的连接处)；左腿侧弓，脚尖外展，右腿绷直，抬头挺胸，右手拉，左手推，双手将吊钳推紧。推紧吊钳后，吊钳钳尾绳应绷直。

(4)退钳归位。吊钳紧扣或松扣后(包括转盘卸扣)，左手握住吊钳钳柄手把，先拉后推活动吊钳，右手手掌用力向外推1号扣合钳钳头，将吊钳打开(若是紧扣，内、外钳工可以相互配合，内钳工抓住外钳1号扣合钳手把拉向胸前，将外钳打开，外钳工抓住内钳1号扣合钳手把拉向胸前，将内钳打开)。吊钳打开后，应慢慢将吊钳放下，退回到原位，防止吊钳摆动过大，造成伤人事故。

任务二 Q_{10}Y－M型液压大钳操作

Q_{10}Y－M型液压大钳广泛适用于石油矿场钻井作业。钳头系开口型，能自由脱开钻杆，机动性强，使用此钳上卸扣，不需猫头、吊钳和旋绳。Q_{10}Y－M型液压大钳为旋扣钳和扭矩钳一体结构。因此，国产Q_{10}Y－M型液压大钳在起下钻中安全省力、扭矩可控、速度提高，代替了人工繁重而危险的手工操作。

一、Q_{10}Y－M型液压大钳的结构

目前现场采用较多的是国产Q_{10}Y－M型液压大钳，其主要组成如下。

(1)传动系统：由高、低速行程变速箱，不停车换挡刹车机构以及减速装置组成。

(2)钳头：由卡紧机构、制动机构、复位机构以及浮动体组成。

(3)气控制系统：由气胎离合器、快速放气阀、移送气缸、夹紧气缸、气包、换向阀、气控阀板组成。

(4)液压系统：由油泵、过滤器、手动换向阀、溢流阀、油马达、油箱组成。

其结构如图1－90所示。

二、Q_{10}Y－M型液压大钳参数

(1)液压系统：额定流量114 L/min；最高工作压力16.6MPa；电驱动时电动机功率40kW。

(2)气压系统：工作压力为0.5~1.0MPa。

(3)在不同流量下钳头转速如表1－75所示。

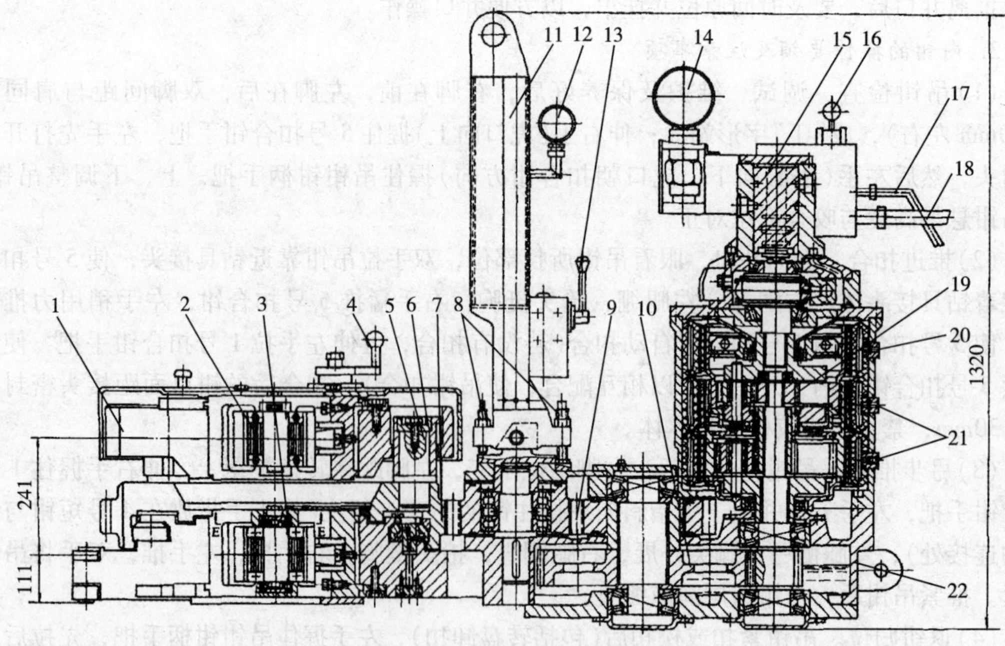

图1－90 Q10Y－M液气大钳

1—浮动体；2—牙板(钳牙)；3—颚板架镶块；4—上钳定位把手；5—销子；6—套筒；7—缺口齿轮；8—调节丝杠；9—惰轮；10—齿轮；11—吊杠；12—气压表；13—双向气阀；14—抗震压力表；15—1JMD－63油马达；16—手动换向阀；17—高压进油管；18—回油管；19—中心轮；20—高挡气胎；21—低挡气胎；22—下壳

表 1－75　不同流量下钳头转速

流量/（L/min）	钳头转速/（r/min）		流量/（L/min）	钳头转速/（r/min）	
	高挡	低挡		高挡	低挡
114	40	2.7	80	28	1.9
100	35.1	2.4	70	24.5	1.7
90	31.6	2.1	60	21	1.4

（4）在不同压力下钳头扭矩，如表 1－76 所示。

表 1－76　不同压力下的钳头扭矩

液压系统压力/MPa	钳头扭矩/ $\times10^2$N·m		液压系统压力/MPa	钳头扭矩/ $\times10^2$N·m	
	高挡	低挡		高挡	低挡
16.6	590	10000	9	270	5390
15	520	9050	7	190	4170
13	400	8110	5	107	2950
11	360	6610			

（5）适用管径，如表 1－77 所示。

（6）移送气缸：最大行程 1500mm；前进推力 236kg（$p_{气}=0.6$MPa）；后退推力 171kg（$p_{气}=0.6$MPa）。

（7）外形尺寸、质量：长×宽×高＝170mm×1000mm×1400mm（包括吊杆高）；大钳质量 2000kg；大钳总质量 4000kg（包括油箱）。

表 1－77　适用管径

外径/mm	钳头颚板尺寸/mm	接头允许磨损量/mm	允许偏磨/mm	内外螺纹接头总长最低极限/mm
203.20	$\phi203\sim\phi183$	20	5	420
139.70	$\phi178\sim\phi158$	20	5	420
127	$\phi162\sim\phi142$	20	5	420
114.30	$\phi146\sim\phi126$	20	5	420
88.90	$\phi121\sim\phi101$	20	5	420

三、Q_{10}Y－M 型液压大钳使用前的检查、调试及保养

（1）钳牙。

观察大钳钳牙是否完好，固定是否牢靠，发现钳牙磨损变形应更换，钳牙牙槽内应清洁无脏物。

（2）颚板架、颚板、滚子。

大钳应保持清洁，颚板架内无油泥，滚子在坡板上应灵活滚动。

(3)上下钳定位手把方向应符合铭牌指示方向。

(4)气控制系统。

气管线、气胎离合器、快速放气阀、夹紧气缸应完好无损、不漏气；快速放气阀畅通，气胎离合器与内齿圈的间隙应合适。

(5)液压系统。

观察油箱内的油面，若过低应加注；油的黏度不应过高；油管、油管接头、油马达应完好无损，溢流阀应畅通；过滤器畅通且过滤良好。

(6)大钳的平衡。

大钳不平衡会出现打滑现象，甚至造成大钳的损坏，所以大钳调平是一个重要问题。管路接好后，把移送气缸和钳尾接起来，通气将大钳送至井口(井口应有钻杆便于调节)，调整大钳的高度，使其底部与吊卡上平面保持一定距离(40mm)。大钳缺口进入钻杆后，可站在钳头前边观察左右平衡情况，若不平可转动吊杆上螺旋杠，改变吊装钢丝绳的左右位置来调平。左右基本调平后，观察上、下钳两个堵头螺钉是否分别与钻杆内外螺纹接头贴合，若有一个没有贴合，则说明钳子不平，可用调节吊杆调节丝杠的办法把钳子调到使内外螺纹接头与上下两个堵头相贴合。一般钳头上平面与转盘平面平行即可。

(7)试运转。

接好气管线后，操作高、低挡气阀，下钳夹紧缸气阀和移送缸气阀，观察是否灵活和漏气；用低挡空转1 ~2 min，低挡空转压力在2.5 MPa以内；用高挡空转1 ~2 min，高挡空转压力在5 MPa以内，马达正反转试验，并试验钳头复位机构；将大钳送入井口，下钳卡住接头。用高挡试验上扣和卸扣压力(不用低挡，以免扭坏接头)，并调好上、卸扣压力(上扣压力由总溢流阀调节)使其符合该井的需要。

(8)钳头扭矩的调节。

钳头扭矩与液压成正比。钳子送到井口，操作高挡夹住接头，上扣到钳子不转动时，关死钳子上的上扣溢流阀，调节油箱溢流阀到规定压力(即到规定扭矩)，然后再打开上扣溢流阀，调到规定上扣压力(即到规定上扣扭矩)。调节压力时不能用低挡。

(9)钳头转速的调节。

钳头转速与油泵供油量成正比，只要改变油泵供油量，就能改变钳头转速。先将油泵供油量调到三分之二处，若钳头转速高，应降低流量；反之，应增加流量。

(10)液压系统的滤清器根据使用情况，要及时清洗或更换其滤芯，以防滤芯被污物堵塞，影响正常使用。

(11)新钳子使用后，一个月就应更换液压油(或去掉沉淀)，以后每半年换一次液压油。在使用过程中，油箱油面不允许低于油面指示器下限，若低于下限应随时补充。向油箱加油时，应避免其他杂物混入油箱。

(12)钳头每次起钻之后用清水清洗干净，夏天用压缩空气吹干，冬天用蒸汽吹干。坡板滚子部分清洗干净后涂一薄层黄油。要求坡板清洁，滚子、轴销转动灵活。

(13)每三口井换齿轮箱机油一次，换变速箱二硫化钼润滑脂一次。

(14)液压和传动系统轴承的保养与压风机轴承座的相同。

(15)移送气缸、夹紧气缸，在每次起下钻完后用清水洗净，活塞杆用棉纱擦干，涂一薄层黄油，伸出部分全部吸入缸筒内。

(16)每次起下钻后，气阀板中要注入清洁机油，以润滑气路各元件并防锈。

(17)其他油嘴黄油润滑点如表1 -78所示。

表1-78　润滑点

部　件	润滑点数/个	周　期
花键轴	1	每次起下钻前打一次
夹紧气缸支架	2	
惰轮轴头	2	
下壳	1	
油箱轴承座	1	

四、Q_{10}Y-M型液压大钳的操作要领及注意事项

(1)打开绞车到大钳气管线阀门(条件许可时此阀门应布置在司钻操作台上)。

(2)打开液压系统轴向柱塞泵上手轮调节开关，合上单向气阀，使油泵在空载情况下运转，系统压力表的压力不超过1.5MPa为正常。

(3)检查钳头颚板尺寸与钻杆接头尺寸相符合后，把钳头上两个定位手把根据上扣或卸扣转到相应位置。

(4)操作移送缸双向气阀，使大钳平稳地运行到井口(严禁把气阀一次合到底，使钳子快速向井口运动造成撞击，若钳子高度不适合，可操作3000kg倒链，调节到合适位置)。大钳到达井口，待钻杆通过缺口进入大钳后，观察钳头上、下两堵头螺钉是否与内、外螺纹接头贴合，然后操纵夹紧缸双向气阀，使下钳咬紧接头，将移送缸双向气阀放到零位，将气放掉。

(5)根据上、卸扣的需要，将高、低挡的双向气阀转到相应位置，在使用中不可停车换挡。

(6)马达的正反转是通过M型手动换向阀来实现的，根据上、卸扣的需要更换手柄的位置。

(7)当上卸扣完毕，操作手动换向阀，用低速使钳头反向转动复位。在复位时，根据各缺口相对远近可操作换挡双向气阀，用高、低挡变换的办法来实现。在高挡复位时，应尽量少用手动换向阀，而应熟练地使用双向气阀以减少惯性冲击。

(8)卸扣时，当外螺纹全部地从内螺纹中旋出后(即钻具反转5圈半或听到钻具卸开后下落的声音)，即可将双向气阀向上扣方向转动复位。在上钳松开钻具而未对准缺口时，亦允许停车提立柱，提立柱后继续复位，这样可以节约时间。

(9)在外螺纹没有全部地从内螺纹中旋出前不能上提，以防滑扣顿钻。当上钳没有松开钻具前不允许上提，以免提出钳头浮动部分或钻具下砸损坏设备。

(10)操纵夹紧气缸双向气阀到工作的相反位置，使下钳复位对准缺口。

(11)操纵移送气缸双向气阀使大钳平稳地离开井口。

(12)全部起完或下完钻后，把所有液气阀复位，单向阀转向关闭位置，停泵。关住绞车方向来的气阀，切断气路。

(13)搬家时，应封闭好液气管路接头，以防污物进入液气管路。

(14)上、下钳的定位手把的位置是根据上扣或卸扣的要求而定，但变换位置时，钳头的各个缺口必须对正后才可以操作，否则机构失灵。

操作口诀：“大钳一定送到头，下钳卡牢转钳头，上卸完毕对缺口，松开下钳往回走”。

任务考核

一、简述题

(1)B 型吊钳由哪几部分组成?

(2)B 型吊钳的操作要领及注意事项是什么?

(3)$Q_{10}Y-M$ 型液压大钳由哪几部分组成?

(4)$Q_{10}Y-M$ 型液压大钳使用前的检查、调试及保养有哪些?

(5)$Q_{10}Y-M$ 型液压大钳的操作要领及注意事项是什么?

二、操作题

(1)B 型吊钳操作。

(2)$Q_{10}Y-M$ 型液压大钳操作。

项目十六　吊卡操作

知识目标

(1)掌握吊卡的功用、类型、结构和规范。

(2)熟练地进行吊卡检查、调试、维护和保养。

(3)掌握吊卡的操作要领,并能熟练地进行吊卡的规范化操作。

技能目标

(1)能识别吊卡类型。

(2)掌握吊卡操作。

学习材料

一、吊卡的功用、类型、结构和规范

1. 功用

吊卡是井口的重要工具之一,是用于石油、天然气开采时进行钻井、完井和修井作业的工具,它悬挂于吊环之上,起下钻时,提升和下放钻具,并使钻具坐于转盘,并在钻进中用于接单根。其口径略大于欲提管柱的外径,又小于管柱接头的外径,管柱接头坐于吊卡口径之上,吊卡两边挂上吊环,装上吊卡保险销,进行起下管柱作业。

2. 类型

(1)吊卡按其使用的管柱和用途不同可分为:钻杆吊卡、套管吊卡、油管吊卡、抽油杆吊卡、双管吊卡、加压吊卡等。

(2)按其结构形式不同,通常可分为:侧开式(双保险)吊卡、对开式(双保险)吊卡及闭锁环式吊卡三种形式。

①侧开式(双保险)吊卡。

又分为群革式和手勾式两种形式。我国目前现场普遍采用的是侧开式(双保险)吊卡,

如国产 CSD 型群革吊卡。这主要是由于该种形式吊卡具有体积小、质量轻、结构简单、操作和维护保养方便、使用安全等优点。适用于钻杆、套管和油管，能用作双吊卡起下钻。

②对开式(双保险)吊卡。

例如罗马、美国钻杆吊卡，因其形状像羊头，故又称羊头吊卡。目前国内厂家也生产这种吊卡，但吊卡体积偏大，只能满足 88.9mm 以下尺寸的钻杆使用。

③闭锁环式。

常用于起下油管，多用于油井作业中。

3. 结构

各种吊卡大部分由三部分组成，即吊卡主体、吊卡活门、吊卡安全保险机构，它们大都用 35CrMo 钢制成，经过热处理使其硬度在 HB280～310 之间。

(1)侧开式(双保险)吊卡

主要由锁销手柄、平端紧定螺钉、上销锁、活页销、主体、活页、开口、手柄等部分组成，如图 1－91 所示。

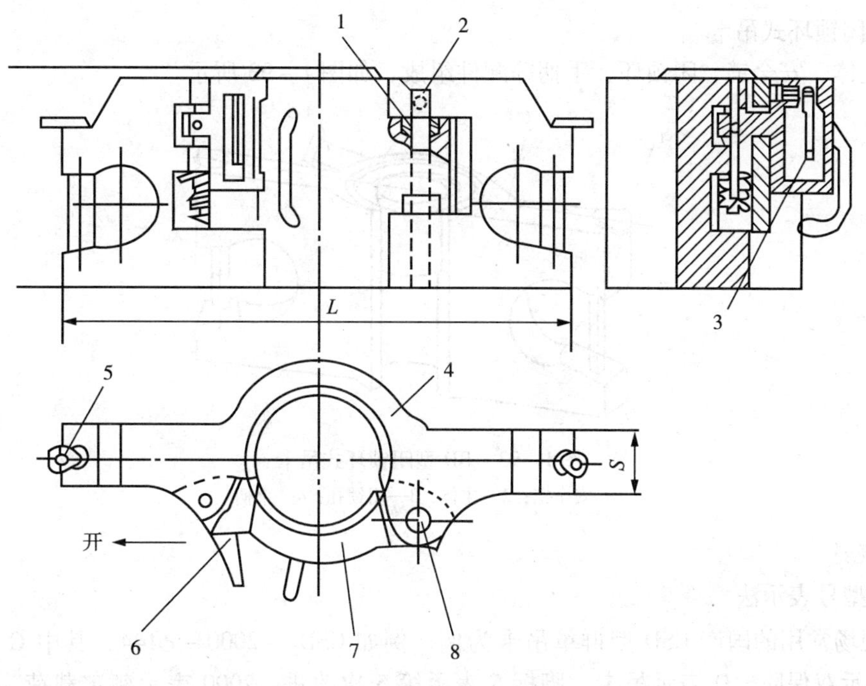

图 1－91　CD 型侧开式吊卡

1—轴套；2—紧定螺钉；3—双保险手把；4—主体；5—安全销；6—锁环；7—活页；8—活页销

吊卡的主体是由 35CrMo 钢经热处理加工而成。吊卡的两端分别开有挂合吊环的吊卡耳和安全销孔，中部装有锁销及弹簧，锁销上有一个保险阻铁；另外，中部还开有轴销孔及半封的锁销孔。活页(活门)也是由 35CrMo 钢经热处理加工而成，上有两个手柄，即活页手柄和锁销手柄，锁销手柄连接着锁销及弹簧；同时活页上还开有轴销孔，通过轴销与主体连在一起，并由平衡紧定螺钉来固定轴销。

(2)对开式(双保险)吊卡

由左主体、右主体、羊角、耳锁、锁环组成，如图 1－92 所示。

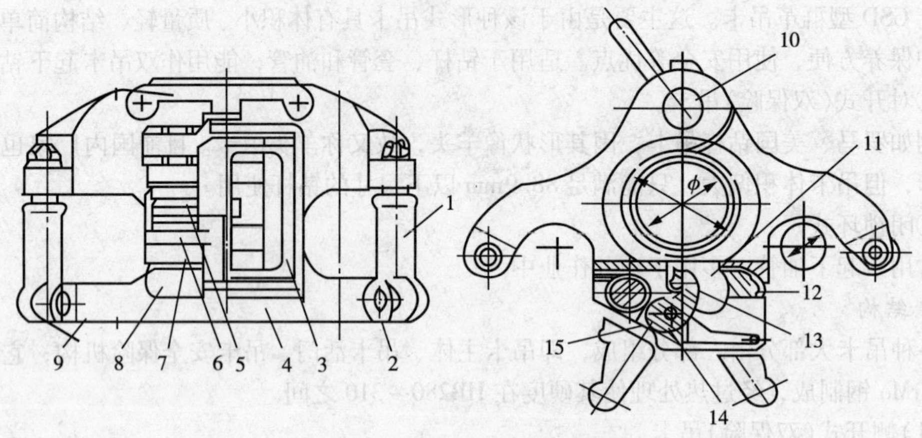

图 1-92　DD 型对开式吊卡

1—耳环；2—耳销；3—销板；4—右主体；5—扭力弹簧；6—弹簧座；7—长销；8—锁环；9—左主体；10—轴销；11—右体销舌；12—锁孔；13—锁销；14—短销；15—销板

(3)闭锁环式吊卡

由主体、安全销、闭锁环、手柄等配件组成，如图 1-93 所示。

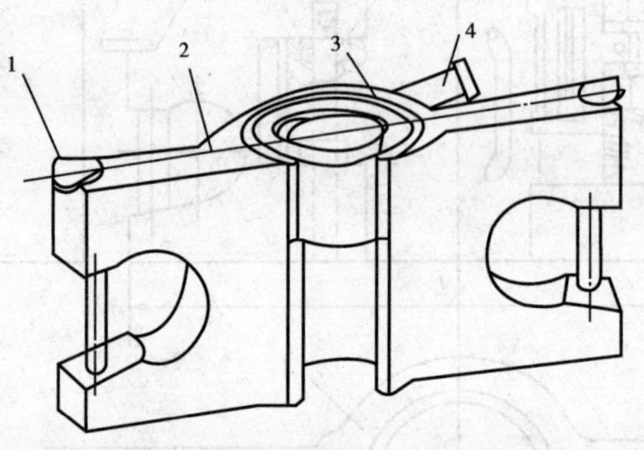

图 1-93　BD 型闭锁环式吊卡

1—安全销；2—主体；3—闭锁孔；4—手柄

4. 规范

(1)型号表示法

以现场常用的国产 CSD 型群革吊卡为例，例如 $CSD_5-2000-\phi144$，其中 C 表示侧开式，S 表示双保险，D 表示吊卡，脚标 5 表示第 5 次改进，2000 表示额定载荷为 2000kN，$\phi144$ 表示其通径为 144mm。

(2)性能规范

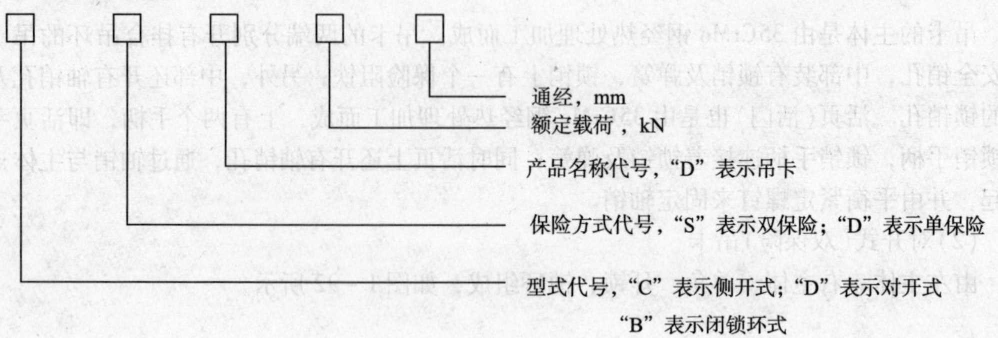

①钻杆吊卡规范如表1－79所示。

表1－79　钻杆吊卡规范

钻杆规格及加厚形式/mm	接头卡吊处颈部最大外径/mm	平台肩吊卡孔径/mm		锥形肩吊卡孔径/mm	额定载荷/kN
		上孔	下孔		
60.3EU	65.1	69	63	67	
70.3EU	81.0	84	76	83	
88.9EU	98.4	102	92	101	
101.6IU	104.8	109	105		
	106.4			109	1500
101.6EU	114.3	118	105	118	2000
114.31IU	117.5	122	118		2500
	119.1			121	
114.31EU	127.0	131	118	131	3500
127.01IEU	130.2	134	131	133	
139.71EU		144	144		

注：EU表示外加厚形式的钻杆；IE表示内加厚形式的钻杆；IEU表示内外加厚形式的钻杆。

②套管吊卡规范如表1－80所示。

表1－80　套管吊卡规范

套管外径/mm	吊卡孔径/mm	额定载荷/kN
139.7	142	1250
168.3	171	
177.8	181	
193.7	197	
219.1	222	
244.5	248	1500
273.0	277	2000
298.4	303	2500
339.7	344	2500
406.4	411	3500
473.1	477	4500
508.0	512	
546.1	550	
622.3	627	

二、吊卡的操作步骤与要求

1. 吊卡的检查、调试、维护及保养

(1)锁销、活页销。打开活页，下压活页手柄，上、下销钉均应进入销孔锁紧；销无松动，活页应转动灵活，无松旷阻卡。转动部分及锁销及时注机油润滑，确保摘扣灵活。

(2)负荷台肩。吊卡负荷台肩要平整、无严重磨损，台阶面磨损深度不大于2mm。

(3)弹簧。操作锁销手柄时，弹簧回弹力大，无阻卡现象。

(4)保险阻铁及保险销。保险阻铁与上锁连接牢靠；保险销应该是专用的，并且在使用时必须将保险绳拴在吊环上。

2. 吊卡的操作要领及注意事项

(1)井口吊卡操作

①选择扣合尺寸与下井钻具(或套管)规格、质量相符合的吊卡。

②内钳工面向井架大门站在转盘的一侧(转盘旁)，外钳工面对内钳工站在转盘的另一侧。

③内钳工右脚踩在转盘护罩上，伸右手按下吊卡锁销手柄，并顺势拉动锁销手柄(或左手按下锁销手柄，右手拉动活页手柄)，将吊卡活页打开。然后右手五指并拢，手心向上，虎口朝被扣合钻具方向握住吊环耳，左手五指并拢扶住钻具。

④外钳工左脚踩在转盘护罩上，右手五指并拢，手心向下，虎口朝被扣合钻具方向握住吊环耳，左手虎口向上抓住吊卡活页手柄(熟练后，可直接用右手抓住吊卡活页手柄)。

⑤内、外钳工相互协作，拉吊卡靠近钻具，待钻具停稳后，同时用力使吊卡主体靠紧钻具接头下面的本体，然后外钳工左手猛推活页手柄，关闭活页，使上、下锁销复位锁紧。吊卡活页与主体扣合后，外钳工必须试拉吊卡活页手柄2～3下，以检查其扣合的可靠性。吊卡活页扣合无误后，应将吊卡调整到合适的位置，以司钻能够看到吊卡活页且吊卡底面与转盘(含方补心、小补心)的接触面积最大为准。

⑥钻具上、卸扣后钻具接头离开吊卡，内钳工左脚踩在转盘护罩上，左手五指并拢，手心向上，虎口朝被扣合钻具方向握住吊卡耳，伸右手按下锁销手柄解锁，将活页打开，然后右手五指并拢扶住钻具；外钳工右脚踩在转盘护罩上，左手虎口向上抓住活页手柄，并将活页拉开，右手五指并拢，手心向上，虎口朝被扣合钻具方向握住吊卡耳。

⑦内、外钳工同时且均匀用力将吊卡拉离钻具，并将其置于转盘护罩上(转盘油箱前)，然后外钳工左手猛推活页手柄，关闭活页，以防挂碰钻具。

(2)二层台吊卡操作

①戴好保险带，检查所使用的工具及绳索的可靠性，并禁止戴安全帽。

②首先在猴台或栏杆上站稳，绕好钻具兜绳，并迅速将兜绳固定在栏杆上的“U”形卡子里，然后伸左手五指并拢扶住钻具，右手抓住吊卡锁销手柄拉下解锁，将活页打开，双手用力拉兜绳使钻具进入指梁。

③抽出兜绳，调整好吊卡的方向，然后再将兜绳绕在钻具上，并将其固定在栏杆的“U”形卡子里。

④站在猴台上合适的位置，右手用力拉兜绳，左手伸出接钻具，待钻具到位后，右手抓住活页手柄，左手用力推钻具，借吊卡摆动之力将钻具推入吊卡内，同时右手猛推活页手柄，使吊卡活页与主体扣合。吊卡扣合好后，必须试拉吊卡活页手柄2～3下，以检查其扣合的可靠性。

3. 技术要求

(1)所选吊卡的扣合尺寸必须与下井钻具(或套管)一致。

(2)吊卡开关要灵活、安全可靠。

(3)起下钻或下套管时，必须使用保险插销和小方补心。

(4)禁止超载荷使用，禁止将绳套扣在吊卡内提拉物体。

(5)吊卡坐于转盘时，要避开方瓦锁销并摆正，使其两端受力均匀。

(6)卸螺纹时，操作要平稳，防止倒转将台阶磨坏。

(7)钻具坐吊卡时，速度要慢，禁止猛顿、猛砸，以防损坏吊卡。

(8)严格禁止绷螺纹。

(9)钻进时严禁将吊卡放在转盘面上。

任务考核

一、简述题

(1)吊卡的功用是什么?

(2)吊卡的类型有哪些?

(3)吊卡检查、调试和保养内容有哪些?

(4)吊卡的操作要领是什么?

二、操作题

(1)识别吊卡类型。

(2)吊卡操作。

项目十七　卡瓦操作

知识目标

(1)掌握卡瓦的功用、类型、结构、规范。

(2)熟练地进行卡瓦的检查、调试及保养。

(3)掌握卡瓦的操作要领，并能熟练地进行规范化操作。

技能目标

(1)能识别卡瓦类型。

(2)掌握卡瓦操作。

学习材料

一、卡瓦的功用、类型、结构、规范

1. 功用

(1)普通卡瓦

卡瓦外形如图 1－94 所示，卡瓦外形呈圆锥形，可楔落在转盘的内孔里，而卡瓦内壁合围成圆孔，并有许多钢牙，在起下套管或接单根时，可卡住钻杆或套管柱，以防止落入井内。其次，在遇阻卡划眼时将钻具卡紧坐于转盘中，以便传递扭矩，配合吊卡起下钻等作业。

(2)安全卡瓦

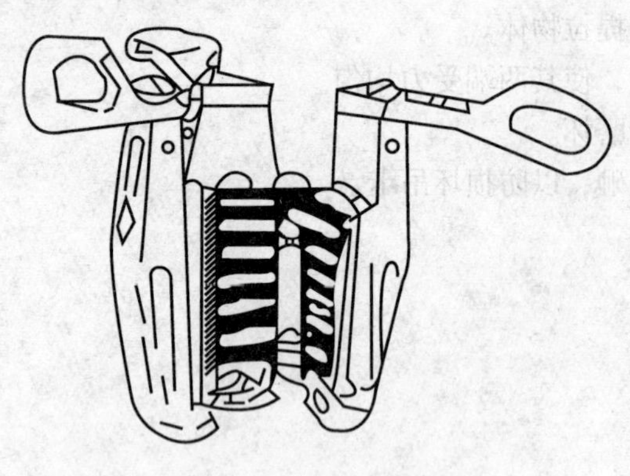

图 1－94　卡瓦外形

在起下钻铤、取心筒和大直径管子时配合卡瓦使用，以保证上述作业的安全。这主要是因为安全卡瓦的卡瓦牙多，几乎将钻具外径包合一圈，再通过丝杠的旋紧，包咬效果更佳，故保证钻具不会溜滑落井。对于外径无台肩的钻具，为防止普通卡瓦因卡瓦牙磨损或其他原因造成卡瓦失灵，通常在卡瓦的上部再卡一个安全卡瓦（安全卡瓦距卡瓦 50mm），以确保安全。

（3）动力卡瓦

动力卡瓦同普通卡瓦一样，是用来把钻杆或套管卡紧在转盘上的工具。它减轻了钻井工人的劳动强度，加快了起下钻速度，提高了工作效率。一般利用压缩空气操作。

2. 类型

（1）按作用分为：钻杆卡瓦、钻铤卡瓦、套管卡瓦。

（2）按结构分为：三片、四片式卡瓦；长型卡瓦和短型卡瓦；普通卡瓦和安全卡瓦等。

（3）按操作方式分为：动力卡瓦和手动卡瓦。

我国现场多采用手动三片式卡瓦。

3. 结构

（1）手动三片式卡瓦

手动三片式卡瓦主要由卡瓦体、卡瓦牙、衬套、压板、手把螺栓、铰链销钉、衬板和卡瓦手把组成，如图 1－95 所示。

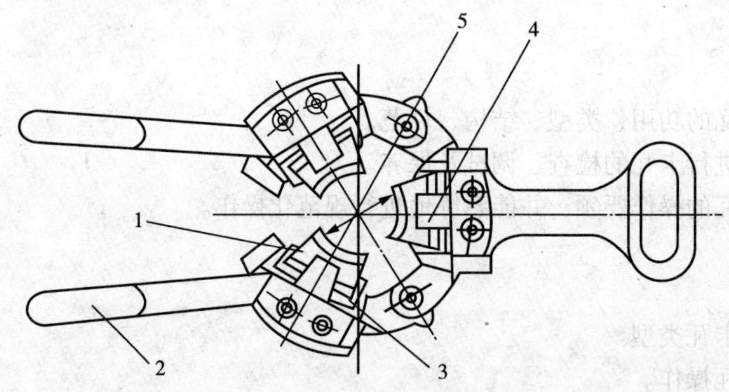

图 1－95　三片式钻杆卡瓦

1—卡瓦牙；2—卡瓦手把；3—衬套；4—压板；5—铰链销钉

卡瓦的三片扇形的卡瓦体用铰链互相铰接，但是不封闭；每片卡瓦体内分别开有轴向燕尾槽，并装有压板、衬套和卡瓦牙；卡瓦手把用螺栓固定在卡瓦体上；更换不同规格的卡瓦牙和衬板，卡瓦可以用于不同尺寸的钻柱。

（2）安全卡瓦

安全卡瓦是由牙板、牙板套、卡瓦牙、手柄、调节丝杠、螺母、轴销、弹簧、插销及连接销所组成，如图 1－96 所示。安全卡瓦由若干节卡瓦体通过销孔穿销连成一体，其两端通过销孔的销柱与丝杠连接成一个可调性卡瓦。一定节数的安全卡瓦只适用于一定尺寸范围内的钻铤及管柱，要适应不同尺寸的钻铤及管柱，就要改变安全卡瓦的节数，被卡物体的外径越大，安全卡瓦的节数越多。

(3)动力卡瓦

动力卡瓦又分为安装在转盘外的和安装在转盘内的两种基本类型。

①安装在转盘外的动力卡瓦的结构。

该类型卡瓦适用于普通转盘上，应用较广泛。它是利用气缸提放卡瓦在某一位置上。气缸用支架安装在转盘体侧面，在气缸顶端装有可转动的臂及卡瓦提环，三片卡瓦体用铰链与提环相连接。当提出方补心之后，三片卡瓦在重力作用下自行张开，可允许管柱从卡瓦中心自由通过。卡瓦下放时，卡瓦体沿装在转盘方补心上的锥形导轨下滑收拢而进入转盘内。

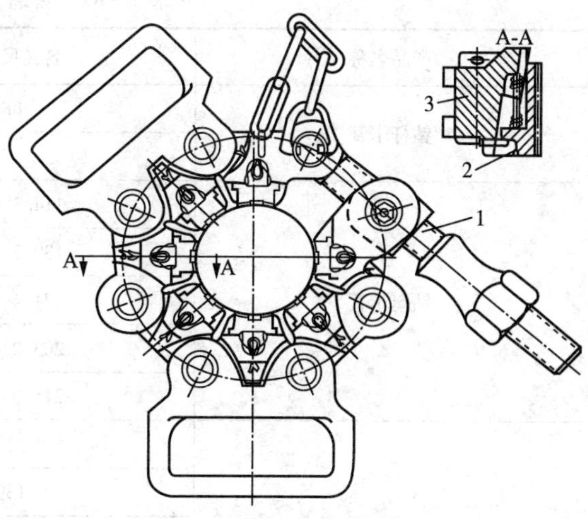

图 1－96　安全卡瓦

1—调节丝杠；2—卡瓦牙；3—牙板套

钻进时，卡瓦被提出转盘，打开活门用人力推转而离开井口。提环通过锥形滚子与臂相连，故在卡瓦卡紧管子的状态下，允许转盘转动管柱。卡瓦由司钻台旁的脚踏控制阀进行控制。

②安装在转盘内的动力卡瓦的结构

该类型卡瓦配有特制的卡瓦座以代替大方瓦放在转盘内。在卡瓦座的内壁上开出四个斜槽，四片卡瓦体可沿槽升降。卡瓦体沿槽上升的同时向外分开而允许钻柱从中自由通过，沿槽下降的同时向中心收拢而卡紧钻柱。

卡瓦体的升降靠气缸经杠杆驱动。卡瓦体与卡瓦导杆的上端用提环连接，卡瓦导杆上端则固定在圆环上。杠杆的一端装有滚轮并装在圆形槽的轨道里，杠杆可以带动圆环上下移动，圆环也可以转动。气缸用支架固定在转盘体上，并用安装在司钻台下的脚踏气阀进行控制。

卡瓦尺寸可根据钻杆尺寸进行更换。但当转盘要通过直径大于卡瓦体内径的钻头等工具时，卡瓦座可从上面提出，卡瓦导杆及圆环可从下面拿掉。

动力卡瓦的缺点是只能用于起下钻操作，在钻进时要放入小方瓦，需要将动力卡瓦移离井口，使用起来比较麻烦。

4. 规范

(1)型号表示方法

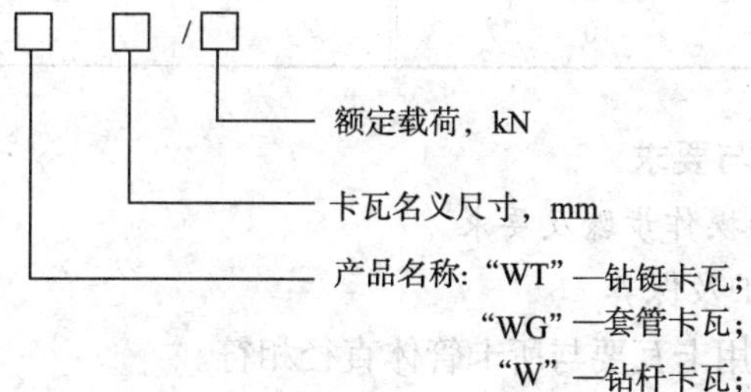

(2)技术规范

①普通卡瓦的技术规范如表 1－81 所示。

表 1-81 普通卡瓦技术规范

产品名称	名义尺寸/mm	额定载荷/kN
钻杆卡瓦	88.9	1226
	127	1961
钻铤卡瓦	114.3～152.4	400
	139.7～177.8	400
	171.4～209.6	400
	203.2～241.3	400
	215.9～254.0	400
套管卡瓦	127.0	2000
	139.7	2000
	168.27	2000
	177.8	2000
	193.675	2000
	219.075	2000
	244.475	2000
	273.05	2000
	298.45	2000
	339.725	2000
	406.4	1250
	508.0	1250

②安全卡瓦的规格如表 1-82 所示。

表 1-82 安全卡瓦规格

卡物外径/mm	环节数	卡物外径/mm	环节数
95.250～117.48	7	190.50～216.08	11
114.30～142.88	8	215.90～244.48	12
139.7～168.28	9	241.30～269.48	13
165.10～193.68	10		

二、卡瓦的操作步骤与要求

1. 普通三片式卡瓦的操作步骤及要求

(1)检查、调试、维护及保养

①检查卡瓦规格，所用卡瓦要与所卡管体直径相符。

②卡瓦牙必须保持清洁，随时清除掉卡瓦牙里的油污或杂物；卡瓦牙应完好，固定牢靠，且不能装反，其锋利程度要符合标准。

③铰链销钉、开口销、垫圈是否完好无损，并随时加注机油润滑以保证其灵活好用。

④卡瓦手把固定螺栓齐全、牢靠。

⑤卡瓦体背锥面无严重磨损，且使用前卡瓦的背面要涂润滑脂。

(2)操作要领及注意事项

①根据要卡的管体直径选择相应尺寸的卡瓦，然后调整卡瓦，使其开口对准钻具。

②内钳工左腿踩在转盘护罩上，右腿踩在转盘油箱上，右手手心向后握住卡瓦中间手把，左手五指并拢扶住钻具；外钳工两脚分开与肩同宽，面对内钳工站在转盘护罩上，两手手心相对，虎口相向绕过所卡钻具握住卡瓦两端手把。

③外钳工两手斜向上用力将卡瓦向怀中提拉，内钳工右手上提中间手把并前推，掌握好所卡部位，将卡瓦卡牢抱紧钻具，并使起其坐在方瓦内，用以悬持钻具。起下钻铤时，卡瓦距内螺纹端面500mm，距安全卡瓦50mm。若卡瓦打滑，可适当转动，使卡瓦紧贴管体卡住钻具。

④卡瓦卡好后，内、外钳工姿势不变，借钻具上升之力，将卡瓦提出转盘面，同时内钳工向后拉卡瓦中间手把，外钳工分开卡瓦并顺势外推，使卡瓦离开井口，立在转盘上。

2. 安全卡瓦的操作步骤与要求

(1)检查、调试及保养

①卡瓦牙必须保持清洁，用手逐个下压卡瓦牙，每片牙板在牙板套内上、下活动灵活，其弹簧灵活好用。

②铰链销钉、调节丝杠、丝杠销、手柄完好无损，铰链转动灵活，无阻卡；调节丝杠、螺母，上卸灵活好用，且不能松动。

(2)操作要领及注意事项

①根据所卡管体外径选择相应尺寸的安全卡瓦。

②待普通卡瓦卡牢坐于井口后，首先将安全卡瓦正坐于卡瓦上，穿好丝杠销，然后将安全卡瓦提到合适的高度(距卡瓦50mm)。

③内钳工双手将安全卡瓦扶正，外钳工用手将螺母上紧，注意不能卡反。

④安全卡瓦卡住钻具后，外钳工用活动扳手继续紧螺母，内钳工用手锤轻击各个铰链销，使其能在钻铤整个圆周上全面接触而卡紧，确保起到安全作用。螺母上紧后，禁止再用手锤轻击安全卡瓦。

⑤待钻铤上、卸完扣后，外钳工用活动扳手将安全卡瓦的螺母卸松，内钳工拔出丝杠销，取下安全卡瓦，并将其放好。严禁留在钻铤上随其一起升降。

任务考核

一、简述题

(1)卡瓦的功用是什么?

(2)卡瓦由哪几部分组成?

(3)卡瓦的检查、调试及保养内容有哪些?

(4)卡瓦的操作要领是什么?

二、操作题

(1)识别卡瓦类型。

(2)卡瓦操作。

项目十八　电(气)动小绞车

知识目标

(1)理解电(气)动小绞车的功用、结构、规范。

(2)掌握电(气)动小绞车的使用方法。

技能目标

(1)掌握电动小绞车的使用。

(2)掌握气动小绞车的使用。

学习材料

任务一　电动小绞车

一、胜利Ⅳ型电动小绞车的功用、结构、规范

1. 功用

以电动机作动力，利用滚筒的卷扬作用将钻具或其他重物拉上或吊下钻台。

2. 结构

电动小绞车是由底座、侧板、支撑轴、电动机、传动系统、制动系统及护罩组成，如图1－97所示。

(1)电动机是电动小绞车的动力来源，它通过滑轨以及顶丝装在电动小绞车后面的底座上，其上有一主动链轮经单排25.4mm链条与被动链轮构成一级传动，被动链轮由键固定在第一轴上。

(2)传动系统由第一轴、第二轴和滚筒轴组成。

第一轴：在轴的两端各装有一副208轴承。轴的左边装有隔套及用键固定着的被动链轮，右边用键固定着一级小齿轮；侧板的外面装有刹车轮鼓以及并帽。

第二轴：在轴的两端各装有一副208轴承。轴的左边装有隔套并用键固定着二级小齿轮，右边用键固定着一级大齿轮；一级大齿轮与一级小齿轮啮合构成二级传动。

滚筒轴：在轴的两端各装有一副212轴承。轴的左边用键固定着二级大齿轮，轴的右边装有隔套，中部是起卷扬作用的滚筒；二级大齿轮与二级小齿轮啮合构成三级传动，且二级大齿轮与滚筒用螺丝固定在一起。

(3)制动系统由刹车轮鼓、刹车曲轴、刹带、刹带固定销、刹把及刹带吊钩组成。刹车轮鼓固定在第一轴的左端，刹带死端由刹带固定销固定，刹带活端经刹车曲轴连接着刹把；刹带的吊钩吊在刹带的中间部位起复位作用。

3. 规范

电动小绞车规范如表1－83所示。

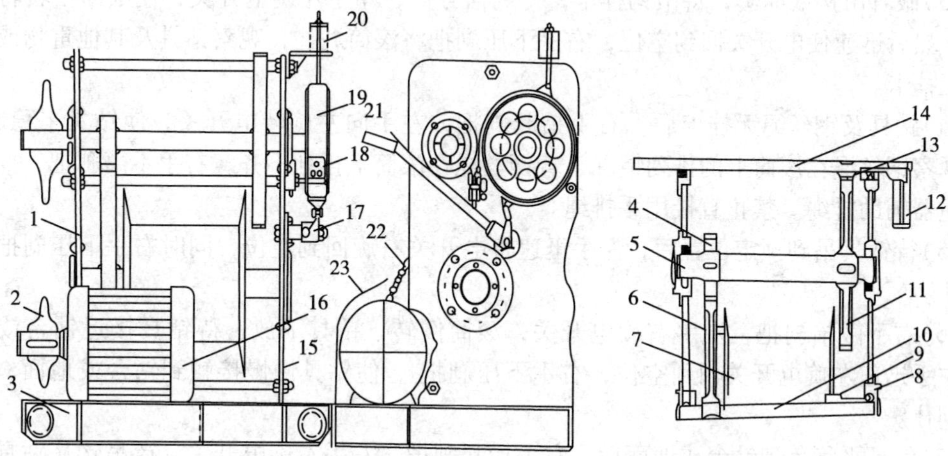

图1－97　电动小绞车

1—侧板；2—主动链轮；3—底座；4—二级小齿轮；5—第二轴；6—二级大齿轮；7—滚筒；8—轴承；9—隔套；10—滚筒轴；11—一级大齿轮；12—刹车鼓；13—一级小齿轮；14—第一轴；15—侧板；16—电动机；17—刹车曲轴；18—刹带固定销；19—刹带；20—刹带吊钩；21—刹把；22—单排链条；23—护罩

表1－83　电动小绞车规范

序　号	名　称	参　数
1	滚筒直径	220mm
2	减速传动比	37.2
3	滚筒转数	26.2 r/min(电动机为975 r/min)
4	滚筒起升速度	0.385 m/s
5	起重量	1500 kg(电动机功率7 kW)
6	短时最大起重量	2250 kg

二、电动小绞车的操作步骤与要求

1. 检查、调试及保养

(1)底座、支架底座的固定应符合要求，发现有松动现象应及时加以固定，支架应固定牢靠。

(2)制动系统观察刹带片的磨损情况，磨损严重时须更换，刹车应灵敏可靠。

(3)钢丝绳排列整齐无结扣、打扭和严重断丝，且不与其他绳索缠绕。

(4)电动机、电开关电动机运转正常，无杂音，电开关开合灵活，不漏电。

(5)绞车轴各轴转动灵活，轴承座及时注入润滑油，保证轴承运转正常，轴上各传动轮应固定牢靠。

(6)定滑轮转动灵活，固定牢靠。

2. 电动小绞车的使用方法与注意事项

(1)挂合电动小绞车总闸刀开关，接通电源。

(2)站在电动小绞车前，左手拇指和食指捏住电开关，右手手心向下，虎口朝刹带方向握住刹把。

(3)眼看吊钩或绳套，待吊钩挂牢，得到信号后，左手左旋电开关，使滚筒正转将吊钩拉紧，然后迅速使电开关回到空位，右手下压刹把将滚筒刹住，观察钻具及其他重物或钢丝绳有无挂卡。

(4)钻具及钢丝绳无挂卡后，右手抬起刹把，左手向左旋转电开关，使钻具平稳起升，同时观察钢丝绳在滚筒上的排列情况，若钢丝绳在滚筒上排列不齐，右手不离刹把，抽左手用排绳器辅助排绳。禁止直接用手排绳。

(5)待钻具吊到预定位置后，左手迅速将电开关右旋回到空位，同时右手下压刹把将滚筒刹住。

(6)右手微抬刹把，左手右旋电开关，滚筒倒转，钻具下放，待钻具接近钻台或地面时，左手迅速左旋电开关回到空位，右手下压刹把，使钻具慢慢接触到钻台或地面，然后将车刹住。

(7)钻具平稳落到钻台或地面后，右手抬起刹把，左手右旋电开关，待吊钩从钻具上摘下后，左手左旋电开关，滚筒正转，吊钩起升到合适位置，左手右旋电开关回到空位，右手下压刹把停车，然后将吊钩挂好。

(8)摘掉总闸刀开关，切断电源。

任务二　气动小绞车

一、XJFH－2/35 型气动小绞车的功用、结构、规范

1. 功用

以气动马达作为动力，通过齿轮减速箱机构驱动滚筒，实现重物的牵引和提升。

2. 结构

以 XJFH－2/35 型气动小绞车为例，气动小绞车主要由动力部分、传动部分和卷扬部分组成。

(1)动力部分一般是活塞式气动机，主要包括气缸、活塞、连杆、配气阀、配气阀芯、操作手柄及进气口等组成。

(2)传动部分主要包括传动轴、曲轴、离合器、大小齿轮等。

(3)卷扬部分主要包括卷筒和卷筒上的制动装置。

XJFH－2/35 型气动小绞车具有结构紧凑、操作方便、安全可靠、维修简单、运转平稳、无级变速、在下雨天使用没有触电危险等优点。

3. 规范

气动小绞车规范如表 1－84 所示。

二、XJFH－2/35 型小绞车的操作步骤与要求

1. 气动小绞车的检查、调试和保养

(1)检查小绞车的固定是否符合要求，刹车是否灵敏可靠。

(2)检查气开关，要灵活好用、不漏气。

(3)检查润滑情况，夏季用 HS－19，冬季用 HS－13。在环境温度低于－15℃时要用 10# 航空液压油。齿轮传动部位和黄油嘴加注锂基润滑油，其润滑油容量为 2L。

气动绞车夏天一般加汽油机用 20# 机油；冬天加柴油机用 10# 机油。

表 1－84　气动小绞车规范

序　　号	名　　称	参　　数
1	额定起重量/N	19600
2	最大起重量/N	24500
3	最大起升速度/(m/s)	0.583
4	额定功率/W	13200
5	进气压力/MPa	0.6～0.7
6	容绳量/m	250
7	钢丝绳直径/mm	15.5
8	外形尺寸(长×宽×高)/mm×mm×mm	1240×590×780
9	总体质量/kg	450

(4)拧下油雾气加油螺母，加入0.5L清洁的润滑油。调节针形阀使其供油量在额定工况时10～15滴/min。

2. 操作方法及注意事项

(1)将离合器手柄扳至“合”的状态。

(2)操纵配气阀手柄，按箭头标记指示，向里拉为提升，向外推为下降。

(3)开车后，要先空转1～2min，检查刹车机构是否可靠，有无异常声音。

(4)运转过程中如有异常声音，要立即停车检查；缸盖罩接合面处和壳体与配气阀接合面处有明显漏气现象时，要停车检查。

(5)将分配阀手柄扳至中间空车位置，然后再刹紧制动手柄停车。

(6)在特殊情况下，需紧急刹车时，可将分配阀手柄和制动手柄同时扳动操作。

3. 常见故障

XJFH－2/35型气动小绞车的常见故障及原因与排除方法如表1－85所示。

表 1－85　气动小绞车的常见故障

常见故障	主要原因	排除方法
提升重量不足	(1)气马达活塞环磨损间隙太大，压缩气体漏失大 (2)进气压力达不到规定要求 (3)供气管线不符合规定，管径太小，供气量不足和压力损失大	(1)更换活塞环 (2)增加进气压力 (3)按规定安装供气管线
启动运转困难	(1)修配后，活塞连杆和壳体装配不干净 (2)未挂上离合器	(1)拆下气马达，重新清洗干净后装配 (2)扳动离合器手柄挂上离合器
气马达运转中有异常撞击声	(1)连杆小头和大头的磨损间隙太大 (2)曲轴的滚动轴承磨损间隙太大	(1)更换活塞销、曲轴铜套和圆环 (2)更换曲轴滚动轴承
刹车装置失灵	刹带过松	调节活端螺栓
从内齿圈漏失润滑油	花键轴油封圈损坏严重	更换油封圈

续表

常见故障	主要原因	排除方法
气马达过热	(1)长时间超负荷运转 (2)润滑油不足或变质	(1)适当降低负荷 (2)加足或更换润滑油
离合器端盖处异常发热	润滑脂不足或变质	添加或更换润滑油

任务考核

一、简述题

(1)电(气)动小绞车的功用是什么?

(2)电(气)动小绞车的由哪几部分组成?

(3)电(气)动小绞车的使用方法是什么?

(4)电(气)动小绞车的保养内容是什么?

二、操作题

(1)电动小绞车的使用。

(2)气动小绞车的使用。

项目十九　穿大绳

知识目标

(1)掌握大绳与引绳的连接方法。

(2)掌握大绳上带引绳的方法。

(3)掌握大绳平穿、花穿的操作要领。

技能目标

(1)掌握大绳与引绳的连接。

(2)掌握大绳平穿、花穿的操作。

学习材料

一、大绳与引绳的连接

1. 大绳绳头与引绳绳头的连接

实际穿大绳时，大绳绳头与引绳绳头有两种连接方法；穿大绳时，大绳绳头事先挽成顺旋压头绳环，然后将引绳绳头用压头绳扣挽在大绳绳环上。下面介绍两种连接方法。

(1)第一种方法

①距大绳绳头1~1.5m处用铅丝缠紧，一般缠绕4~6圈，然后把大绳绳头松开；取对角方向的两股沿绞向退开，退至铅丝缠绕的位置为止，然后将余下的四股割去。

②取大绳绳头留下的两股，在距绳头三分之二处交叉，然后沿原绞向绞在一起，成为顺

旋压头绳环，未绞完的绳股头分别贴在大绳的对角方向用铅丝缠紧。

③距引绳绳头 1m 处用铅丝缠紧，然后将绳头松开；取其中一股沿原绞向退开，退至铅丝缠绕位置为止，留下两股。

④取引绳绳头分开的绳股，将其交叉穿过大绳的顺旋压头绳环，并在距引绳绳头三分之二处交叉，然后沿原绞向绞在一起，成为顺旋压头绳环，未绞完的绳股头沿引绳的反向绞动，并用螺丝刀将其插入绳股的绞合处，使绳股头压入引绳绳环的纹向内用铅丝缠紧，如图 1－98 所示。

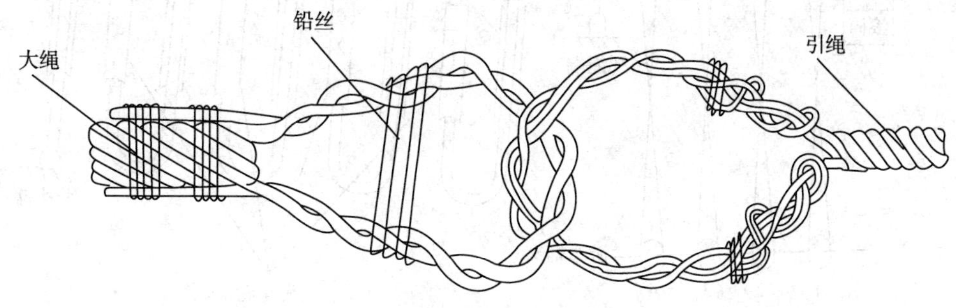

图 1－98　大绳绳头与引绳绳头的连接

(2)第二种方法

①距大绳绳头 1～1.5m 处用铅丝缠紧，一般 4～6 圈，然后把绳头松开；取对角方向的两股或三股沿原绞向退开，退至铅丝缠绕的位置为止，然后将余下的四股或三股割去。

②取引绳绳头 1～1.5m，将其夹在大绳绳头留下的两股或三股之间，然后用铅丝将大绳与引绳的连接处缠紧。

2. 大绳与引绳上带绳头的连接

取 1.5m 左右引绳绳头，将其顺着大绳绳头方向(穿大绳时，从下向上挽)用压头绳扣挽在大绳上，一般应挽 4～5 个压头绳扣，绳扣与绳扣间距 200mm 左右，然后将引绳绳头缠紧在大绳上，如图 1－99 所示。

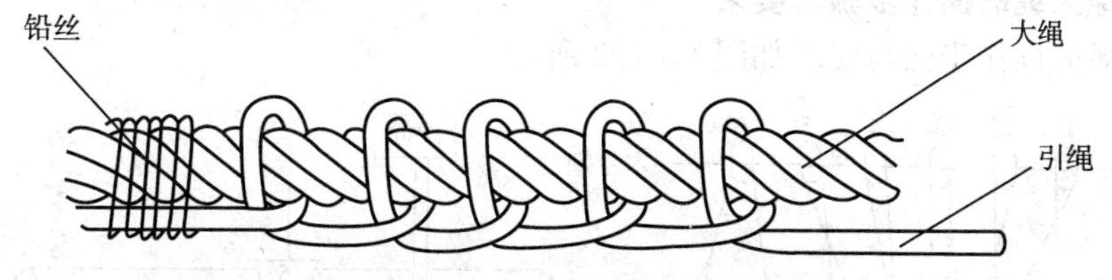

图 1－99　大绳与引绳上带绳头的连接

二、平穿大绳的操作步骤与要求

平穿大绳的操作步骤与要求如图 1－100 所示。

(1)调整游车轴的方向，使其与天车轴平行，然后将游车固定牢靠。

(2)天车台上操作人员(以下用 A 代称)将引绳放到天车 5′轮的轮槽内，且使引绳的两个绳头分别从天车 5′轮的轮槽垂到地面上。

(3)地面上的操作人员(以下用 B 代称)抓住引绳两绳头理顺，然后取距井架大门近的绳头与大绳绳头连接，另一绳头在距大绳绳头 0.5m 处用压头绳扣挽在大绳上。有必要时，引绳绳头可用铅丝缠紧在大绳上。

(4)引绳两绳头与大绳连接好后，B 用力拉引绳，带动大绳逐步上升，当引绳两绳头都通过天车 5′轮后，A 迅速将引绳拨到天车 4′轮的轮槽内；B 继续拉引绳，使大绳绳头下达游车轮，然后从大绳上解下引绳两绳头。

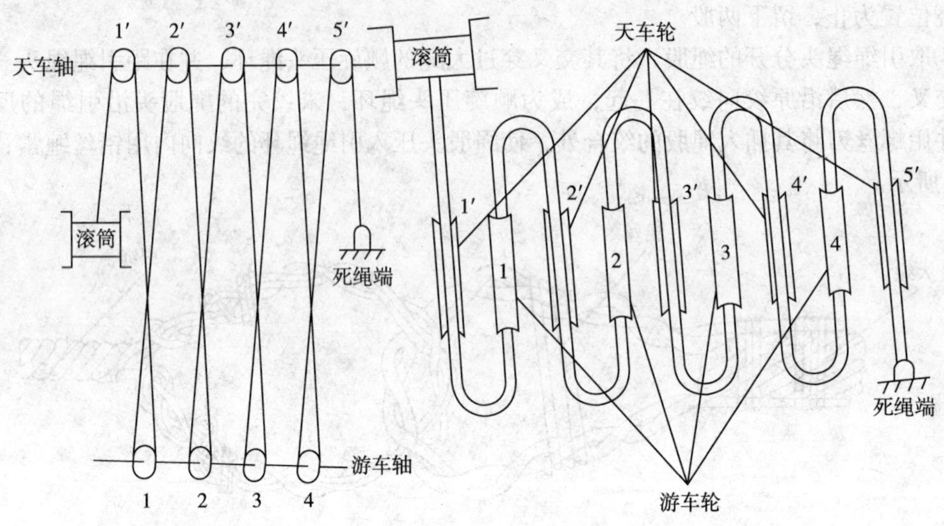

图 1 - 100 4×5 平穿大绳

(5) B 将大绳绳头从游车 4 轮的底下穿向井架大门，然后将大绳绳头拉出，并使其与距井架大门近的引绳绳头连接；引绳另一绳头用压头绳扣挽在距大绳绳头 0.5m 处。

(6) 重复(4)、(5)所述操作步骤，依次将大绳穿过天车 4′轮、游车 3 轮、天车 3′轮、游车 2 轮、天车 2′轮、游车 1 轮、天车 1′轮，如图 1 - 101 所示。

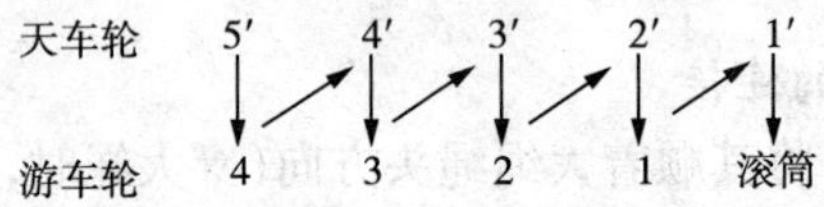

图 1 - 101 4×5 平穿大绳顺序

三、花穿大绳的操作步骤与要求

花穿大绳的操作步骤与要求如图 1 - 102 所示。

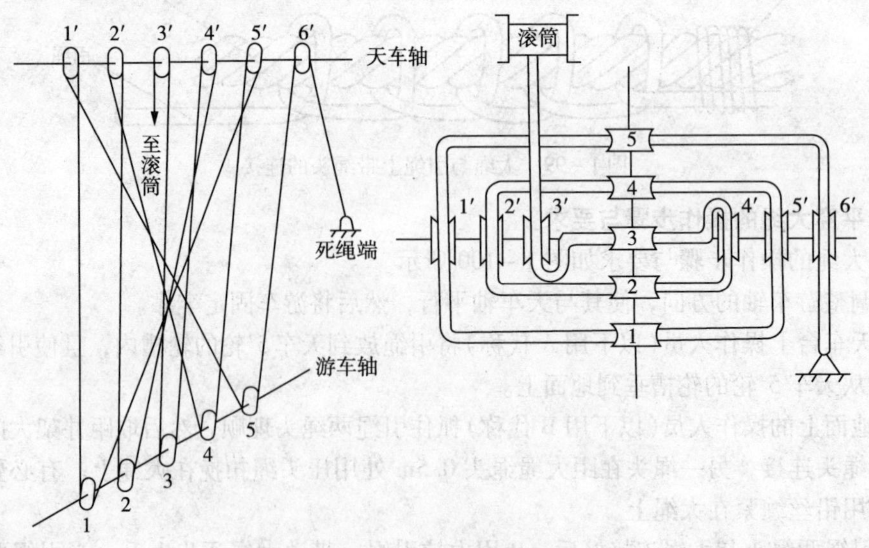

图 1 - 102 5×6 花穿大绳

(1)调整游车轴的方向，使其与天车轴在空间垂直，然后将游车固定牢靠。

(2)天车台上的人员(以下用A代称)将引绳放到天车6′轮的轮槽内，且使引绳的两个绳头分别从天车6′轮的轮槽垂到地面上。

(3)地面上的操作人员(以下用B代称)抓住引绳两绳头理顺，然后取距井架大门近的绳头(以下用“轮前绳头”代称)用压头绳扣连接在大绳绳环上，另一绳头(以下用“轮后绳头”代称)在距大绳绳头0.5m处用压头绳扣挽在大绳上，一般应挽2~3个绳扣，必要时，引绳绳头可用铅丝缠紧在大绳上。

(4)引绳两绳头与大绳连接好后，B用力拉引绳的轮后绳头，使引绳带动大绳逐步上升，当轮后绳头通过天车6′轮后，A迅速将引绳拨到天车1′轮的轮槽内；B继续拉引绳的轮后绳头，使大绳绳头下达游车轮，然后从大绳上解下引绳两绳头。

(5)B将大绳绳头从右向左(左、右是面对井架大门而言)穿过游车5轮的轮槽，然后将大绳绳头拉出，并使其与引绳的轮后绳头连接；引绳的轮前绳头挽在天车6′轮与滚筒之间的大绳上。

(6)引绳两绳头与大绳连接好后，B用力拉引绳的轮前绳头，使引绳带动大绳逐步上升，待轮前绳头通过天车6′轮后，A迅速将引绳拨到天车5′轮的轮槽内；B继续拉引绳的轮前绳头，使大绳绳头下达游车轮，然后从大绳上解下引绳两绳头。

(7)B将大绳绳头从左向右穿过游车1轮的轮槽，然后将大绳绳头拉出，并使其与引绳的轮前绳头连接；引绳的轮后绳头挽在天车1′轮与游车5轮之间的大绳上。

(8)引绳两绳头与大绳连接好后，B用力拉引绳的轮后绳头，使引绳带动大绳逐步上升，待轮后绳头通过天车1′轮后，A迅速将引绳拨到天车2′轮的轮槽内；B继续拉引绳的轮后绳头，使大绳绳头下达游车轮，然后从大绳上解下引绳两绳头。

(9)B将大绳绳头从右向左穿过游车4轮的轮槽，然后将大绳绳头拉出，并使其与引绳的轮后绳头连接；引绳的轮前绳头挽在天车5′轮与游车1轮之间的大绳上。

(10)引绳两绳头与大绳连接好后，B用力拉引绳的轮前绳头，使引绳带动大绳逐步上升，待轮前绳头通过天车5′轮后，A迅速将引绳拨到天车4′轮的轮槽内；B继续拉引绳的轮前绳头，使大绳绳头下达游车轮，然后从大绳上解下引绳两绳头。

(11)B将大绳绳头从左向右穿过游车2轮的轮槽，然后将大绳绳头拉出，并使其与引绳的轮前绳头连接；引绳的轮后绳头挽在天车2′轮与游车4轮之间的大绳上。

(12)引绳的绳头与大绳连接好后，B用力拉引绳的轮后绳头，使引绳带动大绳逐步上升，待轮后绳头通过天车2′轮后，A迅速将引绳拨到天车3′轮的轮槽内；B继续拉引绳的轮后绳头，使大绳绳头下达游车轮，然后从大绳上解下引绳两绳头。

(13)B将大绳绳头从右向左穿过游车3轮的轮槽，然后将大绳绳头拉出，并使其与引绳的轮前绳头连接。

(14)引绳的轮前绳头与大绳连接好后，B迅速拉引绳的轮后绳头，使大绳绳头穿过天车3′轮并下达游车，穿绳完毕，如图1－103所示。

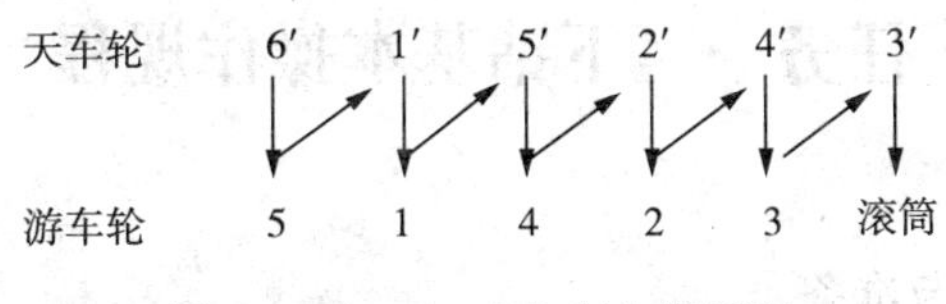

图1－103　5×6花穿大绳顺序

四、几点说明

(1)本课题中，A 是指天车台上的操作人员；B 是指地面上的操作人员；引绳的轮前绳头是指从天车轮上垂下的引绳两绳头，靠近井架大门的引绳绳头；引绳的轮后绳头是指远离井架大门的引绳绳头；左、右是指地面上的操作人员在井架大门前，面对井架大门站立而言。

(2)穿大绳时，引绳应理顺无交叉，大绳绳头、引绳两绳头应从已穿好的大绳里边走，防止引绳与大绳、大绳与大绳之间发生交叉。

(3)大绳上带引绳时，平穿法采用大绳绳头上带；花穿法采用对角大绳上带；并且使用靠近大绳绳头的一根。

(4)穿天车最后一个轮时，大绳绳头必须是从井架大门向绞车方向穿过最后一轮的轮槽。

(5)在实际操作中，大绳穿完后，活绳头固定在绞车的滚筒上；死绳头用死绳固定器固定在井架的底座上。

任务考核

一、简述题

(1)大绳绳头与引绳绳头的连接方法有几种?

(2)平穿大绳的操作步骤与要求是什么?

(3)花穿大绳的操作步骤与要求是什么?

二、操作题

(1)大绳与引绳的连接。

(2)大绳平穿、花穿的操作。

项目二十　外钳工下钻操作

知识目标

(1)熟练地进行下钻操作前的外钳工的检查与准备工作。

(2)熟练地进行接钻头、下钻铤、下钻杆过程中的外钳工操作。

(3)牢记下钻操作过程中的外钳工安全注意事项。

技能目标

(1)掌握外钳工下钻作业。

(2)掌握外钳工下套管作业。

学习材料

下钻操作包括下钻作业和下套管作业。下钻作业工序是：接钻头→下钻铤→下钻杆。

任务一　下钻基本操作规程

一、操作步骤与要求

1. 下钻操作前的检查与准备

(1)调整好外钳的水平度，使外钳两端保持水平。

(2)钳牙不松、不坏、不磨秃，发现问题后及时修理或更换。

(3)检查外钳销子是否齐全、磨损或变形并及时予以更换，注机油并活动数次，使外钳各部灵活好用。

(4)检查钳尾绳的完好及固定情况。

(5)根据井下钻具尺寸，准备好吊卡放于转盘外侧。

(6)吊卡活门、舌头连接部分不变形，不损坏，灵活好用，台阶面无毛刺。

(7)吊卡弹簧要使用专用配件，不得用其他弹簧代替，并检查有无损伤、变形(拉长)。

(8)吊卡安全销子合适，并用麻绳在吊环上挽套扣式绳结固定牢靠。

(9)吊卡各转动部分注机油并活动润滑，保证摘扣时灵活好用。

(10)将丝扣油桶放于钻杆盒前方，丝扣油质量合格，并检查油刷固定是否牢靠。

(11)将钻杆钩子、链钳、手锤、榔头、活动扳手等手工具放于钻杆盒上，并检查各种手工具是否灵活好用。

(12)钻台上清洁整齐。

(13)准备好下钻所需的各种配合接头，螺纹清洁，螺纹、本体、台阶无损坏。

(14)排绳器固定牢靠，灵活好用。

2. 接钻头

(1)在钻头螺纹上均匀地涂抹丝扣油。

(2)左手拿住钻杆钩子，钩住第一柱钻铤下方，将钻铤立柱送到井口。

(3)与内钳工配合，平抬并扶正钻头按逆时针方向与配合接头的内螺纹旋转对扣紧扣，至紧不动为止。

(4)与内钳工一起扶住钻铤，在司钻下放钻铤立柱时，扶正钻头入钻头盒内。

(5)调整外钳高度，使外钳与配合接头相平，用外钳紧扣。

(6)在司钻下放钻铤立柱时，与内钳工一起，双手扶正钻铤，将钻头下入方补心内、直至钻头入井口喇叭口后，双手才离开钻铤，以防转盘和喇叭口碰坏钻头。

3. 接配合接头

在接钻头操作步骤中是把钻头直接接到与第一个钻铤立柱相连的配合接头上。但是，有时因配合接头损坏、或因钻头、钻铤扣型改变需要更换配合接头，因此在下钻过程中增加一个接配合接头的操作步骤。

(1)待内钳工把钻头放在转盘面上后，在钻头螺纹上涂抹上均匀的丝扣油。

(2)用钻杆钩子钩住第一柱钻铤，随着司钻上提钻铤立柱时，将第一柱钻铤送到钻台中央。

(3)双手同时抓住配合接头两边的内螺纹，用力将配合接头搬至转盘面并竖放在转盘面上。

(4)在配合接头与钻铤相连的螺纹上均匀涂抹丝扣油。

(5)与内钳工等相互配合，双手托起配合接头，与钻铤外螺纹对准，逆时针旋转配合接头，当旋进2~3扣后，迅速逆时针旋转配合接头，直至拧不动为止。

(6)与内钳工相互配合，双手抓住或用螺丝刀等物架住钻头牙轮或巴掌、与配合接头螺纹对接，逆时针旋转上扣。

(7)与内钳工、司钻相互配合，将钻头缓慢送入钻头盒中，做到不碰一次成功。

(8)与内钳工相互配合，将外钳打在钻铤外螺纹上方，将配合接头与钻铤连接的螺纹拧紧。

(9)下压外钳，将外钳打在配合接头下部，将钻头与配合接头连接的螺纹拧紧。

(10)与司钻、内钳工相互配合，将钻头护送到井内。

4. 下钻铤

(1)司钻下放钻铤入井时，观察钻铤外部是否有损伤、刺漏处。

(2)钻铤立柱下放至最后一个单根速度减慢时，站好位置和内钳工配合，迎接负荷吊卡。当负荷吊卡把提升短节放至离转盘面2m时，双手握住卡瓦两侧的两个手柄，手心向上平稳而稍向上带拉卡瓦入井口。卡瓦入井口时，两手向外绷提，当提升短节与钻铤连接螺纹距转盘面0.5m左右时，双手用力合拢卡瓦将钻铤夹住。注意卡位不宜过低，防止出现吊钳不好卸扣的现象。

(3)将安全卡瓦拉紧丝杆旋调至合适位置，双手平抬安全卡瓦手把，绕钻铤外围对好丝杆，待内钳工插好链销后，用扳手上紧螺帽，同时旋转活动安全卡瓦，将其底面调至卡瓦顶面约5cm处，再用扳手拧紧螺帽，若拧紧较吃力又未上紧时，可用小榔头敲击各环节的连接销，直至安全卡瓦卡牢为止。

(4)将外钳打在钻铤内螺纹外部，用大钳松扣，松扣后摘掉外钳，待司钻旋转转盘将提升短节卸完扣，并提离内螺纹下放时，左手用钻杆钩拉住提升短节的下部，将其拉向大门，等提升短节已平躺或半躺时，即打开吊卡活门，提升短节将顺势下滑落在钻台上。与内钳工相互配合，抬起提升短节，放至钻台左前方，排放整齐。

(5)用油刷沾满丝扣油，在钻铤内螺纹内涂匀，并检查钻铤内螺纹台阶有无损坏。

(6)司钻上提第二柱钻铤时，用钩子拉住钻铤立柱并送至钻台中央。

(7)清洗钻铤外螺纹，与内钳工相互配合，右臂抱住钻铤本体，用右膝顶住钻铤内螺纹外部，左手扶第二柱钻铤，将其外螺纹送入第一柱钻铤内螺纹内，做到对得准，不碰坏钻铤螺纹。

(8)用链钳上扣时，链钳钳头方向要与顺时针旋转方向一致。把链条按逆时针方向绕钻铤一周，使链钳所在平面与管体中心线垂直，拉紧链条，并扣到夹板上的锁紧部位，将钳头梯形齿压在钻铤面上，然后与内钳工配合顺时针旋转，直至拧不动为止，做到不掉、不滑。

(9)打外钳紧扣。

(10)在内钳工卸松安全卡瓦拉紧螺帽后，用左手拨出链销，双手抓住安全卡瓦手把将其端离井口，平放于合适位置。

(11)当钻具上提需提出卡瓦时，其站立姿势及手的握法与拉入时相同。在钻具上升时，用手将卡瓦抱紧钻具，利用钻具上升力量带出卡瓦，当卡瓦底面高出转盘面时，双手向外侧迅速拉开，并向内钳所站方向推去，卡瓦呈一弧形稳放于转盘面后即可松手。

(12)按照卡卡瓦、卡安全卡瓦、打外钳卸提升短节、向钻铤内螺纹涂油、拉钻铤、清扣对扣、链钳上扣、打外钳紧扣、卸安全卡瓦、提卡瓦、卡卡瓦、卡安全卡瓦、卸提升短节、钻铤涂油等操作步骤，下完所有的钻铤。

5. 下钻杆

(1)钻铤内螺纹或配合接头内螺纹涂匀丝扣油。

(2)用钻杆钩子拉住钻杆缓慢送至井口。

(3)用钢丝刷等物清洗钻杆外螺纹。

(4)右臂抱住钻杆，用膝顶住钻铤内螺纹外部，左手扶钻杆。司钻下放钻柱时，将钻杆外螺纹送入钻铤或配合接头的内螺纹中。

(5)双手平端旋绳，使最下绳圈高于公接头顶部10cm左右，左手抓住绳头，拉紧已排列整齐的绳圈，使之紧贴钻杆。上扣时，左脚在前，右脚在后，站在井口合适位置，并使左手在前，右手在后拉住并缓送旋绳，两眼盯住旋绳圈，双手不断调整高度，让绳圈相互靠紧，不得让其互压。上完扣后，不宜过早地放开绳头，双手应扶住钻杆上所缠绕绳圈，控制绳头在猫头带动下抽出，当还剩2~3圈时，左手扶住绳圈，右手拉出所剩的绳圈，将其放于操作台上。

(6)按照大钳紧扣、卸安全卡瓦、提卡瓦的操作步骤进行操作。大钳应打在钻杆接头加厚处，不得打在钻杆本体上。

(7)在司钻下放钻杆立柱时，检查钻杆是否损坏、刺漏。

(8)待立柱下放到最后一个单根时，协助内钳工将空吊卡推到合适位置。

(9)当带有钻柱的吊卡下至距转盘面1.5m时，伸左手抓住吊环，右手抓住吊卡安全销，当吊卡下至离转盘面0.5m时，右手拔出一个吊卡安全销握在手中。双手扶住吊环；此时，左脚站在转盘护罩上，右脚后退一步，站在操作台上，司钻刹车，待立柱稳坐于转盘上后，左手扶住吊环，右手拉空吊卡耳，配合内钳工，使其靠近带有钻柱的吊卡。

(10)眼看大钩弹簧，乘大钩弹簧放松之际迅速拉出吊环，挂入准备好的空吊卡耳环内，右手插好保险销。

(11)扶正吊卡，右手侧拉吊环，身体后倾，防止吊卡碰坏井口钻具的接头，与内钳工相互配合，护送吊卡过母接头。

(12)吊卡过母接头后，迅速转动吊卡活门方向，使活门朝井架工方向，以利于井架工操作。

(13)乘游车上升之际，握紧油刷，均匀地涂好丝扣油，并检查钻具内螺纹，台阶有无损坏。

(14)按照钩拉立柱到井口的操作要领进行操作。

(15)清洗钻杆外螺纹，右臂抱住钻杆本体，右膝顶住下接头，左手扶住钻杆，对扣一次成功。

(16)按照旋绳上扣、打外钳紧扣的操作要领进行操作。

(17)钻杆螺纹上紧后，与内钳工相互配合，迅速取下大钳，并将大钳推离井口挂牢。

(18)面向绞车，左脚前曲站在转盘护罩上，右脚伸直站在操作台上，自然弯腰稍向前倾，左手握住吊卡活门开关手柄，右手抓住吊卡耳环，待司钻将井内钻柱提起离开吊卡并刹车后，左手打开吊卡活门，然后转身站到吊卡后侧，右手抓住吊卡耳环，稍向上抬，用力拉吊卡离开井口并置于合适位置。

(19)钻柱下过公接头，眼看指重表，发现遇阻及时提醒司钻刹车慢放，并且检查钻具有无损坏、刺漏。

下钻作业按上述步骤和要求依次进行操作，直到下钻作业结束为止。下钻的主要基本操作规范是：

①下放钻具时，眼看指重表，注意司钻操作。

②立柱下放至最后一个单根，速度减慢，站好位置和内钳工配合，迎接负荷吊卡。当吊卡距转盘面1.5m左右时，右手扶吊环，左手拔出吊卡保险销，待吊卡坐转盘后，趁司钻刹车，拉出吊环，依次挂上空吊卡，插好吊卡保险销。

③配合司钻起车，扶正空吊卡护送过转盘钻具内螺纹接头，吊卡超过钻具内螺纹接头时，转吊卡活门朝井架工方向，涂好螺纹脂。

④司钻提升立柱后，送立柱至井口，检查钻具接头外螺纹并刷净，与内钳工配合，双手扶正钻具接头外螺纹，对扣一次成功。

⑤对扣后，操作液气大钳，按规定扭矩上紧扣。

⑥液气大钳退回后，站好位置，待司钻上提钻具刹车后，配合内钳工打开并拉出吊卡，重复上述动作。

以上是双吊卡起下钻的操作要领，单吊卡配合卡瓦起钻的情况如下：

当带有钻柱的吊卡下至离转盘面约2m高时，拉卡瓦入井口，待吊卡底面下至距卡瓦顶部5～10cm时，双手用力合拢卡瓦将钻柱卡住，使卡瓦坐入井口，卡瓦卡钻杆的部位不宜过高，防止卸扣时将钻杆接头部位拉弯。左脚站在转盘护罩上，右脚后退半步，左手抓住吊环，右手抓住吊卡活门开关手柄，待吊卡下放离开接头时，立即打开活门，同时右手迅速抓住右吊环与左手同高，将已打开活门的吊卡向内钳工方向平推，吊卡上升过母接头后，扶正吊卡，使其活门开口朝向井架工实际操作方向，应尽量减少吊卡的摆动。然后按钻杆内螺纹涂油、拉钻杆立柱、清扣对扣、拉旋绳、打液气大钳或外钳紧扣、提卡瓦、检查钻杆、卡卡瓦，开吊卡、护送吊卡过钻杆母接头等的操作要领进行重复操作。

当钻柱下至井深超过800m时，应换用双吊卡下钻，防止因钻具过重，使卡瓦卡扁钻杆。

(20)重复按照双吊卡下钻操作步骤进行操作，直至所有钻杆立柱下至井内，然后拉出吊环，解下吊卡销。

二、安全注意事项

(1)从司钻方向到大鼠洞方向是外钳工操作时的活动范围，站立位置不要遮挡司钻观察立柱和指重表的视线。

(2)要与内钳工紧密配合，互相照顾。推进吊钳时，不宜过猛，防止吊钳撞击钻柱。

(3)注意观察司钻的操作，防止钻柱下放速度过快或其他原因而不好刹车时，要立即协助司钻进行刹车。

(4)在转盘上不得放置手工具或其他杂物，手套要戴牢，手工具要拿牢，并要经常检查吊钳、卡瓦、吊卡部件的固定情况，防止井内落物。

(5)在下钻过程中，若刹车失灵刹不住车或因上部吊卡没扣好，应采取果断灵活的措施用井口的空吊卡或卡瓦迅速把钻柱扣上或卡住，然后迅速离开井口，防止顿钻或其他事故发生。

(6)上扣时若不用旋绳而用旋绳器上扣时，其操作要领如下：

将已缠绕好的旋绳器套入下部钻柱，钻杆对扣后，配合内钳工用左手抬旋绳器，使其于公接头中间位置，然后右手用力使牙板卡住钻杆公接头暂不松手，左手扶绳至旋绳器之中，待猫头拉紧吃上劲后，才可松开双手。

当扣上紧或旋绳器上的钢丝绳剩下0.5～1圈即停下(绳圈不宜拉尽)，和内钳工配合，左手平抬手把，右手扳动牙板，然后顺时针方向转动旋绳器，使其绳圈倒完，再把活门手把往上搬，即可松开并取下旋绳器。

(7)进行井口操作时，应站在转盘护罩上，不站在转盘面上，防止司钻误合转盘气开关，造成转盘转动伤人。

(8)紧扣时，禁止其他人员从钳尾绳上面迈过，以防绷起伤人。

(9)在下钻过程中，要根据钻具尺寸及时更换合适的钳头，不准一种钳头用于不同尺寸的钻具。

(10)当钻头下至易缩径井段，或者下至最后 5 ~ 10 柱钻杆立柱时，要密切注视指重表的悬重，发现遇阻现象后，提醒司钻及时采取措施。

(11)在井口使用工具必须用绳子拴住抓紧，防止工具掉入井内。

(12)如果高空出现落物等紧急情况，应迅速离开井口向井架四个大腿方向躲避。

任务二　下套管基本操作

现以下油层套管为例，介绍外钳工的基本操作规程。

1. 基本操作规范

(1)待井架工操作小绞车上提套管单根至钻台面时，与内钳工配合将套管送入小鼠洞。取下绳套或摘开单根吊卡，拉绳套或单根吊卡顺着坡道滑下。

(2)套管下放距转盘面 2m 时，站好位置，与内钳工配合，准备好空吊卡，待负荷吊卡坐于转盘后，右手取出吊卡保险销，双手握住吊环，在司钻刹车时拉出吊环，扣上空吊卡，插好保险销。

(3)司钻上提游车高出井口套管内接头，待司钻刹车后与内钳工配合拉吊卡至小鼠洞，扣上鼠洞内套管，关好吊卡活门。

(4)司钻上提套管单根出小鼠洞后，卸下护丝，配合内钳工将套管单根平稳地送至井口，用干净棉纱擦净螺纹，检查螺纹完好情况，并涂抹均匀螺纹脂，司钻下放游车，确保对扣一次成功，防止顿扣。

(5)紧扣后，司钻上提游车刹车，按下套管设计要求，配合内钳工装好套管扶正器。配合内钳工打开吊卡并移出转盘面。

(6)下套管过程中，配合其他工作人员做好灌钻井液工作。

2. 安全注意事项

(1)与内钳工密切配合，同时推拉吊环，一次挂入吊卡耳内，立即插入吊卡保险销。

(2)与内钳工配合对扣一次成功。

(3)井口操作时不能挡住司钻的视线。

(4)在井口使用手工具时，要拴保险绳或盖好井口，防止井口落物。

(5)注意观察指重表显示情况，有异常及时提醒司钻。

(6)套管护丝不得随便往钻台下面甩，应由适当强度的棕绳穿好，用气动(液压)绞车放至钻台下面。

任务考核

一、简述题

(1)下钻操作前的外钳工检查与准备工作是什么?

(2)接钻头外钳工操作步骤是什么?

(3)下钻铤外钳工操作步骤是什么?

(4)下钻杆外钳工操作步骤是什么?

(5)下钻操作过程中的外钳工安全注意事项是什么？

二、操作题

(1)下钻作业。

(2)下套管作业。

项目二十一　外钳工钻进的操作

知识目标

(1)掌握挂、摘水龙头，接方钻杆过程中的外钳工操作内容。

(2)掌握接单根过程中的外钳工操作内容。

(3)掌握卸方钻杆入大鼠洞，卸大钩过程中的外钳工操作内容。

技能目标

(1)会挂、摘水龙头，接方钻杆过程中的外钳工操作。

(2)会接单根过程中的外钳工操作。

(3)会卸方钻杆入大鼠洞，卸大钩过程中的外钳工操作。

学习材料

一、操作步骤与要求

1. 滚子方补心的安装

(1)结构

滚子方补心主要由上盖、下座、轴、滚轮、螺栓等组成，如图1－104所示。滚子方补心内装有4只滚轮，滚轮内装有滚针轴承。滚轮由轴紧固在上盖和下座之间。滚轮两端有密封体，防止钻井液渗入。为了防止密封体转动，密封体上装一止动销子。滚轮轴由4条M38螺栓固定，该螺栓的紧固力矩为2×10^3N·m。4条大螺栓顶部用4条内六角螺栓将其与螺栓固定在一起，以防止松动。

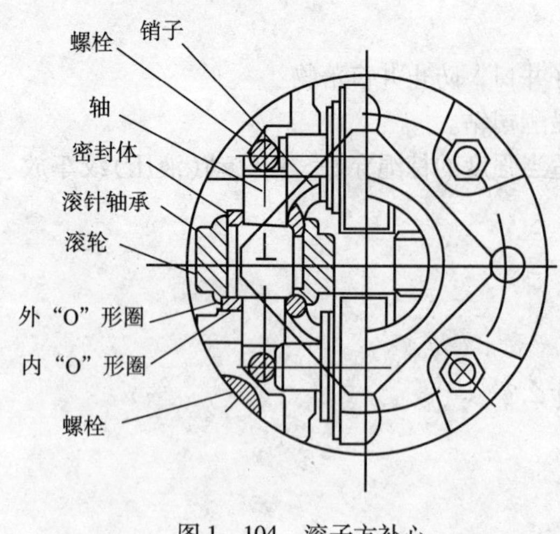

图1－104　滚子方补心

(2)主要特点

①可以边转边上提或下放钻具；

②由于滚子方补心是整体式，不会飞出伤人；

③滚子方补心容易进入大方瓦；

④方钻杆与滚轮接触，因为摩擦力很小，所以钻压准确；

⑤方钻杆与滚轮为滚动接触，对两者磨损均较小，提高了使用寿命。

(3)安装

滚子方补心必须在钻台上安装，其操作顺序如下：

①将上盖套在方钻杆上；

②把下座架在鼠洞上方，穿好4条M38大螺栓并旋紧4条水平方向的内六角螺栓；

③方钻杆穿过底座进入鼠洞；

④滚轮内装入滚针轴承、轴、密封体，并注满润滑脂；

⑤把4个组装好的滚轮放进下座内，使倾斜45°的轴端互相对齐并嵌入，同时，把密封体的销子放入底座的口内；

⑥对准定位销和4条M38螺栓下放上盖，并让4条M38螺栓穿过上盖的孔；

⑦将防松垫套在螺栓上，拧紧M38螺母，其力矩须达到2×10^3N·m。

(4)操作

①慢提方钻杆，让方钻杆的加厚端接触滚轮，但应避免撞击滚轮；

②对准井眼，下放滚子方补心，慢慢地转动转盘，使滚子方补心方体进入转盘大方瓦内。这时，底座锥体便和大方瓦锥孔接触。要经常检查滚子方补心下端的间隙，若判断大方瓦或滚子方补心锥度磨损严重时应及时更换。

2. 挂水龙头和接方钻杆

(1)钻杆螺纹涂油。

(2)与内钳工配合，将大钩方向调整到指向水龙头提环方向。

(3)抓住靠大门一方的吊环下部，站在吊环的侧面，当游车下放或上升到适当高度后，先向水龙头相反方向拉动大钩，然后借大钩回摆之力，迅速将大钩钩口推拉到水龙头提环下；若大钩与水龙头提环未对正，可以再推拉吊环使大钩随之稍微有所摆动。副司钻可推拉水龙带，使水龙头提环随之摆动，配合内钳工挂水龙头提环。

(4)当司钻上提大钩，使大钩钩住水龙头提环后，双手迅速放开吊环，然后协助内钳工拉扶正绳，慢慢将方钻杆送至井口。

(5)用钢丝刷清洗方钻杆外螺纹。

(6)双手扶正方钻杆对扣。

(7)旋扣器上完扣后，打外钳紧扣。

(8)待司钻上提钻具刹车后，打开吊卡活门，与内钳工一起将吊卡拉下转盘，放在操作台上。

(9)当司钻开泵并返出钻井液后，司钻将方钻杆方部下入转盘面下，双手抓紧方补心对准方钻杆的方部，迅速准确地将方补心投入井口。

3. 钻进和接单根

(1)把吊卡放于转盘旁边的操作台上，钻杆钩子、链钳、手锤、榔头、活动扳手等工具放至手工具箱内，并保持手工具的清洁。

(2)当方钻杆下行遇阻时，要向方钻杆方部抹机油。

(3)观察返出钻井液的流速变化，有无油花、气泡，及时发现溢流，提醒司钻关井。及时发现井漏，并提醒司钻采取防漏措施。

(4)井架工上提场地单根时，站在大门靠钻台偏房一侧，待钻杆单根外螺纹即将离开大门坡道时双手推住单根，然后转身面向转盘，双手拉住单根、将单根缓慢送至小鼠洞前面，用钢丝刷清洗钻杆外螺纹。当井架工将钻杆单根提至小鼠洞上方时，右臂抱紧钻杆本体，左手扶住钻杆，右膝顶住小鼠洞，使单根对准小鼠洞口，在井架工下放单根时，扶正钻杆，使单根缓慢进入小鼠洞内。

(5)待钻杆母接头接近小鼠洞时，与内钳工配合，将吊卡抬至小鼠洞上方，并扣上吊卡活门。井架工下放钻杆单根，钻杆单根压紧吊卡；也可用钻杆叉子或者钻杆卡子卡住钻杆单根。

(6)方钻杆方部全部入井后，即钻完方入，司钻上提钻具，当单根接头出转盘面0.5m刹车后，与内钳工配合放入小补心。

(7)扣吊卡。

(8)在内钳工操作液气大钳卸扣时，准备好钻杆钩或棕绳。液气大钳要打在钻杆母接头处。

(9)在鼠洞单根内螺纹均匀地涂上丝扣油，随后司钻上提方钻杆。

(10)面向井架大门，左脚在前，站在小鼠洞旁的操作台上，右脚站在转盘护罩，前腿弓后腿绷，身体向前倾斜，左手在上、右手在下，双手扶住方钻杆下接头，在内钳工的配合下对扣。

(11)待司钻用自动旋扣器上扣后，内钳工操作液气大钳按规定扭矩紧扣。司钻提单根出小鼠洞时去掉吊卡，配合内钳工用钻杆钩或棕绳送单根至井口，检查单根外螺纹，井口钻具接头内螺纹涂好螺纹脂后对扣。

(12)待紧扣后，司钻上提钻具并刹车，与内钳工配合打开吊卡并移出转盘面。

(13)观察司钻开泵后钻具接头处是否刺漏钻井液，必要时重新紧扣。

(14)司钻下放方钻杆使滚子方补心入转盘内，继续进行钻进。

(15)待井架工操作小绞车吊单根至钻台面时，与内钳工配合卸下单根护丝，将单根平稳放入小鼠洞，卸下上提螺纹后，检查钻杆接头内螺纹及密封端面有无损坏，并在内螺纹上涂好螺纹脂。

接单根的基本操作规范：

①钻完方入，司钻上提钻具，当单根接头外螺纹出转盘面0.5m刹车后，配合内钳工放入小补心，扣好吊卡。

②待司钻慢放钻具坐稳吊卡刹住滚筒后，观察指重表悬重显示及司钻停泵情况，发现异常及时提醒司钻。

③用液气大钳卸扣，防止井口落物。

④司钻上提方钻杆，配合内钳工拉方钻杆至小鼠洞单根处，对扣一次成功。

⑤用自动旋扣器上扣后，操作液气大钳，按规定扭矩上紧扣。

⑥司钻从小鼠洞提出单根后，配合内钳工用钻杆钩子或棕绳送单根至井口，检查井口钻具内螺纹，待外钳工涂好螺纹脂后对扣。

⑦用自动旋扣器上扣，用液气大钳紧扣。

⑧待司钻上提钻具刹车后，配合内钳工打开吊卡并移出转盘面。

⑨井架工上提场地单根时，站在大门靠偏房一侧，与内钳工一起推住钻杆单根，防止碰坏钻杆螺纹，并将钻杆单根缓慢送至小鼠洞前面，逆时针旋转钻杆护丝，把单根平稳放入小鼠洞。护丝卸开后检查内螺纹及密封端面有无损坏，并在内螺纹上涂好螺纹脂。

⑩观察司钻开泵后钻具接头处是否刺漏钻井液，必要时重新紧扣。

4. 卸方钻杆入大鼠洞

当钻进到一定进尺后，就需要起钻或更换钻头，起钻前应首先卸方钻杆入大鼠洞。

(1)司钻上提方钻杆和滚子方补心出转盘。

(2)扣吊卡。

(3)打液气大钳松扣。

(4)上提方钻杆入鼠洞，目前现场采用方法尚不统一，有的采用挂绳套入拉绳子使钻杆入鼠洞；有的采用在井架大门左腿上方一定高度系上一根钢丝绳(绳长一定要合适)，绳头安有一个活动卡箍，套在方钻杆接头上。当司钻往下放大钩时，方钻杆就可进入大鼠洞；另外一种，即在大门左大腿下方安装一个滑轮，将一根约20m左右的1in(25.4mm)棕绳穿在滑轮上一端结绳套，套在方钻杆上，另一端用猫头拉，方钻杆也可入鼠洞。不管采用哪种方法使方钻杆入鼠洞，人都不准站在转盘处对着方钻杆用手推送方钻杆入鼠洞，防止方钻杆摆回伤人，而应站在鼠洞后面。

(5)方钻杆入大鼠洞坐好之后，用拉钩打开大钩安全销，使大钩脱离水龙头吊环然后再关上大钩安全销。

(6)用拉钩打开大钩止动销。

二、安全注意事项

(1)当方钻杆与钻杆连接螺纹很难卸开时，在吊钳咬紧后，应躲在绞车前面，头要低于外钳钳柄，或者离开井口，退到安全地方，防止吊钳猛然摆动伤人。

(2)站立位置不可遮挡司钻视线。

(3)挂水龙头时，不准爬上水龙头，防止水龙头吊环提起把腿挤伤。

(4)用转盘将方钻杆螺纹卸开后，司钻上提方钻杆前应协助内钳工扣好防喷盒，防止钻井液喷射到人身和钻台设备上。

(5)吊卡必须灵活好用、安全可靠，台阶面磨损不超过3mm。

(6)拉方钻杆与鼠洞单根对扣的绳子和钩子要安全可靠，对扣时与内钳工配合好。

(7)司钻上提鼠洞单根时，注意游车上升位置，及时提醒司钻，防止碰二层台及顶天车。

(8)螺纹脂刷要固定牢靠，涂螺纹脂时要握紧，并涂抹均匀。

(9)尽量避开井口刷螺纹，在井口刷内螺纹时，握牢钢丝刷。

(10)不准从钻台上往下甩钻杆护丝，应将钻杆提丝与护丝连在一起，从坡道滑下。

任务考核

一、简述题

(1)挂、摘水龙头外钳工操作内容是什么?

(2)接方钻杆过程中的外钳工操作内容是什么?

(3)接单根过程中的外钳工操作内容是什么?

(4)卸方钻杆入大鼠洞，卸大钩过程中的外钳工操作内容是什么?

二、操作题

(1)挂、摘水龙头，接方钻杆过程中的外钳工操作。

(2)接单根过程中的外钳工操作。

(3)卸方钻杆入大鼠洞，卸大钩过程中的外钳工操作。

项目二十二　外钳工起钻操作

知识目标

(1)掌握甩钻杆单根、卸配合接头的外钳工操作要领。

(2)掌握起钻杆立柱过程中的外钳工操作要领。

(3)掌握起钻铤立柱过程中的外钳工操作要领。

(4)掌握卸钻头过程中外钳工操作要领。

技能目标

(1)掌握起钻杆立柱过程中的外钳工操作。

(2)掌握起钻铤立柱过程中的外钳工操作。

(3)掌握卸钻头过程中外钳工操作。

学习材料

起钻的主要作业是：起钻杆→起钻铤→卸钻头等作业。

一、操作步骤与要求

1. 起钻操作前的检查与准备工作

(1)绑好两个刮泥器。

(2)检查 2 ~4 个钻铤提升短节是否完好无损。

(3)其他同下钻操作前的检查与准备工作。

有时，因为井内钻杆单根数量不是 3 的倍数，这就需要先甩掉 1 ~2 个单根。

例如井内有 65 根钻杆，这就需要把一个钻杆单根甩到大门坡道上，把另一个单根放到小鼠洞里面。

2. 甩钻杆单根

(1)用套扣拴好吊卡安全销，扣吊环，插上吊卡安全销。

(2)司钻起出第一个钻杆单根的母接头后，扣吊卡。

(3)用液气大钳或打外钳松扣。

(4)待第一个钻杆单根外螺纹卸开后，与司钻、内钳工配合，将钻杆单根推至大门坡道上。

(5)当司钻下放钻杆，吊卡放至与右臂同高时，打开吊卡，迅速闪开。

3. 钻杆单根入鼠洞

(1)扣吊环，上提钻杆，刮掉钻井液。

(2)扣吊卡。

(3)用液气大钳或打外钳松扣。

(4)推钻杆单根入小鼠洞。

(5)摘吊环。

4. 起钻杆立柱

(1)挂吊环。

(2)钻具提升，眼看指重表，刮钻柱上的钻井液，注意钻具上升位置及钻具本体有无损坏，并及时提醒司钻。

刮去钻井液有两种方法：第一种方法是用手扶刮泥器，其操作要领是：双脚张开略比肩宽，面向指重表，站在转盘护罩上。双手握住刮泥器柄杆，刮泥器略向下倾斜，与钻具成 35° ~45°角，用力要适当，使钻井液能顺着钻柱往下流即可。若用劲过小，刮不尽钻柱表面钻井液；用劲过大，则会出现刮泥器在钻柱上弹跳的现象，也不能将钻柱外的钻井液刮净。在刮钻井液中，还应注意检查钻柱磨损、刺漏情况。第二种方法是用刮泥盘自动刮。用刮泥盘刮钻井液时要先装好刮泥盘。装刮泥盘的操作要领是：在起钻时，提出一立柱卸开扣，提起立柱离开下面钻杆母接头一定距离，与内钳工配合，双手抬起刮泥盘，套入立柱公接头上。然后对扣、上扣、紧扣。司钻提起钻柱并刹住，打开吊卡，安上方瓦钩，再用电动绞车或高悬猫头吊出两块方瓦，下放钻具，刮泥盘即随钻柱下行到井口喇叭口位置，接着将方瓦复位，扣好吊卡，则装刮泥盘完成。这样起钻时，刮泥盘便可以自动刮泥浆，外钳工仅负责检查钻具有无损伤、刺漏即可。

(3)当下一个钻杆立柱母接头提出转盘0.5~0.6m后，放好刮泥器，防止掉入井内。站好位置，右脚踩转盘护罩，身体倾斜向下，伸右手搬吊卡耳，左手抓活门把手，待司钻刹住车后与内钳工配合猛拉吊卡，将吊卡套于钻杆上，左手将吊卡活门扣好。

(4)钻具坐上吊卡，并刹车后，配合内钳工，用液气大钳卸扣。若用大钳卸扣，则身体右转，伸右手抓钳把，左手开钳头面向井口，使外钳靠近钻具接头，左腿弓，右腿蹬，左手顺着钻杆猛推钳头，右手稍用力向外推钳把，将钳子打好，力求一次成功。钳子打好后，右脚踩转盘护罩，左脚向绞车方向移动一大步，成右腿向右前弓、左腿绷的姿势，左手拉，右手推，将大钳推紧，配合拉猫头松扣，待大钳咬紧后避开危险区。松扣后，右手向外推钳柄，左手打开钳框，摘开并扶稳吊钳，不得使其摆动过大。转盘卸扣时双脚应离开转盘护罩。

(5)待司钻提起立柱后，认真检查钻具接头外螺纹、密封端面、本体有无刺漏损伤，配合内钳工用钻杆钩拉立柱，推进立柱盒，排好整齐，按照顺序编好序号后，迅速撤离到安全区。具体操作是：左手握住钻杆钩柄，钩口方向朝右，当立柱上提时，钩在钻杆立柱公接头上部，借立柱向钻杆盒方向的摆动力，左臂用力拉，身体向后倾，双脚先后退至钻杆盒，然后用右手扶住钻杆盒中立柱，在内钳工配合下，把立柱拉到排位，注意不要挡住司钻视线，待立柱坐落好后，去掉钩子放好。

拉立柱到指重表方向钻杆盒排放的操作要领与前相同。

拉立柱到内指梁方向钻杆盒排放时，双脚的位置、双手的姿势、钩口的方向均与前一种互相调换。

(6)钻杆就位后，回到井口，调整好钳子高度，站好位置等游车下放。待空吊卡放至距母接头0.8m时，伸右手抓吊环，右脚踩转盘护罩边缘，身体右转，左脚踩转盘护罩面，伸左手扣死吊卡活门，然后抽回左脚，用双手扶正吊环，身体向后倾，保护吊卡过母接头。待吊卡过母接头后，左手拔出吊卡销，双手扶吊环，使吊卡稳坐于转盘面上。

(7)右腿离开转盘护罩，眼看吊卡，摘掉吊环，乘大钩摆至最大位置开始返回时，迅速将吊环挂入负荷吊卡耳内，一次成功。用左手迅速将吊卡安全销插好，双手扶正吊环，配合司钻起车。

(8)按照刮钻井液、扣吊卡、打外钳松扣、拉钻杆、拉吊环、摘挂吊环的操作要领重复进行上述操作。

当钻柱起至井深小于800m时，可以换用卡瓦配吊卡起钻。现简述如下：

当司钻将立柱最下面的一个单根的外螺纹起出时，拉卡瓦入井口，待下一根立柱第一个单根母接头台阶起至距转盘面0.5m左右时，司钻刹车并下放立柱，双手用力合拢卡瓦，将钻柱卡住，使卡瓦坐入井口。卡瓦卡钻杆的部位不宜过高，一般为母接头台阶距卡瓦0.3~0.4m。打外钳松扣，拉钻柱入钻杆盒，然后，右脚在后站在操作台上，当空吊卡下放至双手能抓到的高度时，双手向内钳方向平推吊环，待吊卡底部低于母接头合适位置，右手抓住吊卡活门手把，扣上吊卡活门，司钻上提钻柱与内钳工配合提出卡瓦，再按刮钻井液、检查钻具、卡卡瓦、松扣、拉立柱、扣吊卡、提卡瓦的操作要领重复进行操作。

(9)当起至最后一个钻杆立柱时，需要卸掉刮泥盘，否则，直径比较大的钻铤和钻头通过刮泥盘时，就会涨坏刮泥盘。安上方瓦钩、用电动绞车(或高悬猫头)吊出两块方瓦，司钻上提钻柱，刮泥盘随钻柱上行，然后把方瓦复位，扣好吊卡，接着卸扣，上提立柱离开下面钻柱母接头，与内钳工配合，用双手扶住刮泥盘往下压，刮泥盘即可取下。如果用手动刮泥器时，可以省掉这个步骤。

5. 起钻铤立柱

(1)当第一个钻铤立柱的上端露出转盘面0.5m左右时，卡住卡瓦，在卡瓦上面5cm处卡安全卡瓦，然后用液气大钳或打外钳松扣，拉钻杆，排齐钻杆立柱，向钻铤内螺纹涂匀丝扣油。

(2)与内钳工配合，将钻铤提升短节抬至井口，将其外螺纹轻放入井口钻铤内螺纹内，双手扶在提升短节上部顺时针旋转上扣，待司钻下放游动滑车，将吊卡扣至提升短节母接头下部，再用液气大钳或打外钳紧扣。

(3)按照卸安全卡瓦、刮泥浆、卡卡瓦、打外钳松扣的动作要领进行操作。

(4)双手拿稳链钳，使链钳钳头方向与逆时针旋转方向一致，把链条按顺时针方向绕钻铤一周，拉紧并扣上链条，钳头梯形齿压紧钻铤，与内钳配合逆时针推转链钳手把，直至卸开钻铤公扣为止。

(5)与场地工等工人相配合，按照拉钻杆立柱的动作要领将钻铤立柱拉至钻杆盒内侧。

(6)重复进行上述操作，直至起完钻铤。

6. 卸钻头

(1)当钻头出井口时，站在转盘护罩上，双手扶住钻铤立柱，与内钳工相互配合，使钻头进入钻头盒，锁住转盘。

(2)将外钳猫头绳取下，用渔夫扣挽在内钳钳尾，在内钳工打内钳松扣时，离开井口。

(3)松扣后，与内钳工配合，将钻头顺时针旋转，卸掉钻头。

(4)与内钳工配合，从钻头盒内取出钻头，并用水将钻头冲洗干净，以便分析钻头的使用情况。

7. 卸配合接头

有时因配合接头损坏等情况需要更换配合接头，这就必须在起钻过程中增加一个卸配合接头的操作步骤。

(1)扶住钻铤立柱，使钻头进入钻头盒，当钻头螺纹卸松后将外钳打在配合接头上，与内钳工配合，卸松配合接头与钻铤连接的螺纹。

(2)与内钳工配合，顺时针旋转牙轮钻头，卸掉钻头 。

(3)与内钳工配合，用双手顺时针旋转配合接头、卸掉配合接头后放至适当位置。

(4)将钻铤拉入钻杆盒。

起钻的基本操作规范：

①钻具提升时，眼看指重表，注意钻具上升位置及钻具本体有无损坏，及时提醒司钻。

②立柱最后一根单根接头露出转盘面0.5m时，身子倾斜向下，伸左手搬吊卡耳部。待司钻刹车后，和内钳工配合，迅速扣上吊卡，扣活门一次成功，检查吊卡锁销，试拉活门，观察锁紧情况。

③钻具坐上吊卡并刹车后，配合内钳工用液气大钳卸扣。

④待司钻提升立柱后，认真检查钻具接头外螺纹、密封端面、本体有无刺漏损伤，与内钳工配合，用钻杆钩拉立柱，推进立柱盒，排放整齐，按顺序编好序号后，迅速撤离到安全

区，防止井架落物造成伤害。

⑤抬头看游车，待吊卡距转盘面1.5m时，与内钳工配合，右手推吊环，身子向左侧前倾。左手拔出吊卡销，推吊环使空吊卡放到转盘面上(避免碰井口钻具和吊卡)，趁司钻刹车，拉出吊环。

⑥利用大钩摆动惯性，待大钩返回时，将吊环一次挂入井口负荷吊卡，插好保险销，重复上述动作。

二、安全注意事项

(1)一定要认真检查起出钻具本体有无损伤、刺漏，螺纹有无刺坏，台阶是否刺漏等情况。

(2)当钻具连接螺纹很难卸时，在吊钳咬紧后，必须躲在绞车前边，头要低于吊钳钳柄或者离开井口，躲到安全地方。

(3)在起前5~10根立柱时，要密切注视指重表的悬重，发现遇卡现象后，立即提醒司钻，及时采取措施。

(4)起钻完清洗钻台时，不要让清水流入井内，防止钻井液被污染破坏其性能。

(5)起钻完检修设备时，必须盖好井口。

(6)起钻时，要密切观察井口钻井液的返出情况或升降情况，发现溢流及时向司钻报告。

(7)液气大钳钳牙及上、下挡销必须齐全，钳头颤板尺寸必须与钻具相吻合。

(8)起钻铤时，卡瓦距接头内螺纹端面50cm，距安全卡瓦5cm。

(9)要与内钳工紧密配合，相互照顾，对扣一次成功，防止顿扣。推进吊钳时，不宜过猛，防止吊钳撞击钻柱，严禁大钳咬在钻杆本体上进行松扣及紧扣。

其他同外钳工下钻时的有关注意事项。

任务考核

一、简述题

(1)甩钻杆单根、卸配合接头外钳工操作要领是什么?

(2)起钻杆立柱过程中的外钳工操作要领是什么?

(3)起钻铤立柱过程中的外钳工操作要领是什么?

(4)卸钻头过程中外钳工操作要领是什么?

(5)外钳工起钻操作安全注意事项是什么?

二、操作题

(1)起钻杆立柱过程中的外钳工操作。

(2)起钻铤立柱过程中的外钳工操作。

(3)卸钻头过程中外钳工操作。

项目二十三　内钳工下钻操作

知识目标

(1)熟练地进行下钻操作前的检查与准备工作。

(2)熟练地进行接钻头、下钻铤、下钻杆过程中的内钳工操作。

(3)熟练地进行下套管过程中的内钳工操作，做到安全、迅速、准确无误。

(4)牢记下钻操作过程中的内钳工安全注意事项。

技能目标

(1)掌握下钻作业内钳工操作。

(2)掌握下套管作业内钳工操作。

学习材料

下钻操作包括下钻作业和下套管作业。下钻作业工序是：接钻头→下钻铤→下钻杆。

任务一 下钻操作基本规程

一、操作步骤与要求

1. 下钻操作前的检查与准备

(1)检查绞车的固定及安全护罩是否齐全。

(2)检查刹车系统杠杆活动部分及各销子等的连接情况。

(3)检查辅助刹车及牙嵌是否灵活好用，打开水塔进水管闸门，并使水塔水位保持一定高度。

(4)调整好内钳的水平度，使大钳保持水平。

(5)钳牙不松、不坏、不秃，发现问题及时修理或更换。

(6)检查内钳销子是否磨损或变形，如有及时予以更换。保证内钳各部灵活好用。

(7)检查钳尾绳完好及固定情况。

(8)旋绳器牙板、手柄固定牢靠，灵活好用，保险销子齐全，钢丝绳和棕绳连接好，无损坏。不用旋绳器时，要准备好一根旋绳(直径为25.4～31.75mm，长度为12～15m)。

(9)检查卡瓦牙不松动、不损坏、不磨平，否则应修理与更换。

(10)各片卡瓦之间的连接销子要完好无损，并穿好保险销。注机油做到灵活好用。

(11)卡瓦牙板要上紧，卡瓦牙固定盒有松动时，要垫铁片固紧。

(12)卡瓦背后必须涂上机油，并将方瓦锁住固定于转盘内。

(13)卡瓦手把不松动。

(14)安全卡瓦各连接部分固定牢靠，注机油，做到灵活好用，安全卡瓦牙完好无损。

(15)检查钻头盒完好无损坏。

(16)检查防喷盒完好无损，灵活好用，平衡重锤重量合适。

(17)指重表清洁，固定好。

(18)将下井钻头放于转盘外侧，钻头尺寸、类型正确，切削刃、钻头体、螺纹等完好无损。

2. 接钻头

(1)用手抓住钻头盒盖板，将钻头盒放入转盘方补心内，把准备好的钻头竖放在转盘面上。

(2)双脚站在转盘与钻杆盒之间，眼看第一柱钻铤的公接头，当司钻将钻铤立柱提出钻杆盒后，双手顶住钻铤立柱，然后使钻铤立柱缓慢到达井口。

(3)用钢丝刷等物清洗钻铤外螺纹。

(4)与外钳工配合平抬并扶正钻头，按逆时针方向旋转上扣，直至拧不动为止。

(5)司钻下放钻铤立柱时，与外钳工一起，双手扶住钻铤，扶正钻头入钻头盒内，防止钻头盒碰坏钻头（如果是金刚石钻头要在钻头盒内先垫上麻布等软物，以防碰坏切削刃）。

(6)用右手将转盘止动销向上抬起，关闭转盘止动销。

(7)紧钻头螺纹时，内钳工站在绞车滚筒前边，紧完扣后，司钻上提钻头，检查钻头牙齿是否憋坏。若为牙轮钻头转动牙轮，检查牙轮是否被憋掉，牙齿是否互咬。钻头无损坏后再用双手取出钻头盒。

(8)在司钻下放钻铤立柱时与外钳工一起，双手扶正钻铤，使钻头下入转盘方补心内，待钻头入井口喇叭口后，双手再离开钻铤，防止转盘、喇叭口碰坏钻头。

(9)打开转盘止动销。

3. 接配合接头

有时需要更换配合接头，其操作步骤如下：

(1)将钻头盒放入转盘方补心内。

(2)配合外钳工推住钻铤立柱，将钻铤立柱缓慢送至井口，做到不碰、不挂。

(3)右手抓住钻头螺纹，左手抓住钻头的底部，将钻头搬至转盘面上并竖放起来。

(4)与外钳工配合，用双手将配合接头与钻铤对扣、上扣。

(5)与外钳工配合，用双手将钻头与配合接头对扣、上扣。

(6)将钻头护送到钻头盒中。

(7)将内钳打在配合接头螺纹下方，旋紧配合接头与钻铤的连接螺纹。

(8)关上转盘止动销。

(9)在外钳工打外钳旋紧钻头螺纹时，站在绞车前方，紧完扣后，司钻上提钻头，检查钻头是否损坏，钻头完好则取出钻头盒。

(10)护送钻头入井。

(11)打开转盘止动销。

4. 下钻铤

(1)司钻下放钻铤入井时，观察钻铤外部是否有损伤、刺漏处。

(2)右脚站在转盘护罩盖伞形齿轮轴方向，左脚靠大门方向成“T”字形，腰腿自然弯曲。左手扶住钻具或吊环左侧，与胸高平，右手手心向上，虎口向右，握住卡瓦手把。配合外钳工用力推卡瓦入井口(若用左手，则左手动作与右手时相调换)，将卡瓦卡到合适的位置。

(3)双手配合外钳工抬起安全卡瓦，插好链销，用扳手旋紧螺帽，直至把安全卡瓦卡牢。

(4)将内钳打在提升短节公接头加厚处，用大钳松扣。松扣后摘掉内钳，在带有提升短节的吊卡下放过程中，面向大门双手推吊环，使提升短节平躺或斜躺在转盘加宽台上。外钳工打开吊卡活门后，扶住吊环防止吊卡回摆撞击井口或伤人。司钻将吊卡上提平稳后，协助外钳工将提升短节放于适当位置。

(5)检查钻铤螺纹、台阶是否损坏。

(6)司钻上提第二柱钻铤时，协助外钳工推住钻铤，将钻铤缓慢送至钻台中央。

(7)与外钳工配合扶正钻铤，将第二柱钻铤外螺纹送入钻铤内螺纹内。

(8)按照链钳上扣，内钳紧扣的操作步骤进行操作。司钻拉猫头绳紧扣时，头要低于吊钳柄。

(9)右手拿活动扳手卸松安全卡瓦拉紧螺帽，直到外钳工能取出链销。内钳工应将紧、卸安全卡瓦时所需用的全部工具放在适当的位置，工作完成后应清点数量、擦洗干净并放回原处，防止掉入井内。

(10)把卡瓦从井口提出时的姿势与拉入时相同。只要在上提钻具时，手稍微用力提卡瓦上行，在外钳工向外推送卡瓦时，用力平拉卡瓦，则卡瓦可从井口提出，然后稳放于合适位置。

(11)按照卡卡瓦、卡安全卡瓦、打内钳卸提升短节、推钻铤、对扣、链钳上扣、打内钳紧扣、卸安全卡瓦、提卡瓦、卡卡瓦、卡安全卡瓦、卸提升短节等操作步骤完成所有的下钻铤工作。

5. 下钻杆

(1)旋绳留出约2m长，绳头在下，右手抓住旋绳往猫头一端缠绕，按顺时针方向在内螺纹接头上缠4～5圈，绳圈不易套得太紧。

(2)用左臂抱紧钻杆，右手扶住钻杆，右膝顶住钻具母接头、司钻下放钻柱时将钻杆外螺纹送入钻铤或配合接头的内螺纹之中。

(3)双手平托绳圈，使最下绳圈高于公接头顶部10cm左右，将绳圈排齐后，打好内钳，咬紧钻铤或配合接头内螺纹处，并推紧内钳，待旋绳上完扣后，取下旋绳，扣上外钳钳框(旋绳还有另一种绕法：拉猫头一端在下，手扶一端在上。绕绳圈时，旋绳从猫头端向手扶端绕圈，逆时针方向旋转4～5圈，绕好后绳头以剩下2～3m为宜。此种绕法，上扣时绳圈越旋越高，中途有时要停下，把绳圈下移后再上扣)。

(4)按照大钳紧扣，卸安全卡瓦，提卡瓦的操作步骤进行操作。

(5)在司钻下放钻杆立柱时，将小补心放入方补心内，防止吊卡单边受力。检查钻杆是否损坏、刺漏。

(6)待立柱下放到最后一根单根，司钻减慢下放速度时，观察吊卡活门方向，与外钳工配合，将井口空吊卡活门与带负荷吊卡活门调整到方向一致的位置，并呈待关闭状摆放于转盘上面。

(7)当带有钻柱的吊卡下至转盘面约1.5m时，用右手抓住吊环，左手抓住吊卡安全销。当吊卡下至转盘面0.5m时，左手拔出吊卡安全销捏在手中，双手扶正吊环。此时，右脚站在转盘护罩上，左脚后退一步，当司钻刹车，立柱稳坐于转盘上后，右手扶吊环，左手拉空吊环耳，使其尽量靠近带有钻柱的吊卡。

(8)双手扶吊环，稍用力向外拉，眼看大钩弹簧，乘大钩弹簧放松之际迅速拉出吊环，挂入准备好的吊卡耳环内，右手插好保险销。

(9)扶正吊卡、右手侧拉吊环，身体后顷，与外钳工配合，护送吊卡过井口钻具，防止碰坏井口钻具的母接头。

(10)吊卡过母接头后，配合外钳工转动吊卡活动方向，使吊卡活门朝井架工方向，以利井架工操作，并且要控制游车的摆动后才松手。

(11)游车上升之际，拿起旋绳，掌握好缠绳的圈数及使用长度将旋绳缠在母接头上，注意不要缠乱。

(12)旋绳缠好后，右脚踏转盘，左脚立于油箱上、伸出右手迎住立柱，使立柱缓慢行至井口。

(13)右膝顶住钻具母接头，右臂抱，左手扶，配合外钳工将扣对好。

(14)配合外钳工将旋绳移至公接头。按照打内钳的操作要领推紧内钳。

(15)待旋绳上完扣后，取下旋绳，用液气大钳紧扣。若用吊钳紧扣，则帮助外钳工打好外钳，配合紧扣。

(16)背向绞车，面向井口，双脚站在转盘护罩或操作台上，右手扶住钻具，左手抓住吊卡耳环，待司钻提起并刹住钻柱，外钳工打开吊卡活门后，左手配合外钳工将吊卡拉离井口中心，此时两腿随吊环移动位置，右手离开下行时的钻柱，双手配合外钳工把吊卡摆放在合适的位置，并迅速调整吊卡活门方向。

(17)下放钻具时，观察返出钻井液情况，检查钻杆有无损坏。

下钻作业按上述步骤和要求依次进行操作，直到下钻作业结束为止。

下钻操作的基本操作规范：

①下放钻具时，观察返出钻井液情况。

②立柱下放至最后一个单根，速度减慢，站好位置和外钳工配合，迎接负荷吊卡。当吊卡距转盘面1.5m左右时，左手扶吊环，右手拔出吊卡保险销，待吊卡坐到转盘上后，趁司钻刹车拉出吊环，依次挂上空吊卡，插好吊卡保险销。

③配合司钻起车，扶正空吊卡护送移过转盘钻具内螺纹接头，吊卡超过钻具内螺纹接头时，转吊卡活门朝井架工方向，检查钻具接头内螺纹，注意游车上升位置，及时提醒司钻。

④司钻提升立柱后，伸出右手迎接立柱，然后与外钳工配合扶正钻具接头外螺纹，对扣一次成功。侧面对司钻，注意不要挡住司钻的视线。

⑤对扣后，操作液气大钳，按规定扭矩上紧扣。

⑥液气大钳退回后，站好位置，待司钻上提钻具刹车后，配合外钳工打开吊卡并拉出吊卡，重复上述动作。

以上是双吊卡下钻的操作要领，下面简述单吊卡配合卡瓦下钻的情况。

当带有钻柱的吊卡下至离转盘面约2m时，背向指重表，面向井口，右手或左手握住卡瓦中间的手把，待吊卡底面下至距卡瓦顶部5~10cm时，下入卡瓦，将钻柱卡住，使卡瓦坐入井口。放开卡瓦手把，双手迅速抓住与手同边的吊环，另一只手也同时抓住吊环，待外钳工打开吊卡活门后，使吊卡离开内螺纹接头，待吊卡上行过内螺纹接头时，双手逐渐下移，并扶正吊卡上起，吊卡摆动较小时松开双手，然后按缠旋绳、推钻杆立柱、对扣、打内钳、紧扣、提卡瓦、检查钻杆、卡卡瓦、开吊卡、护吊卡过钻头内螺纹接头等的操作要领进行重复操作。

下钻到700m左右或钻具质量在30t左右时，应挂辅助刹车。挂辅助刹车时，应站在辅助刹车前，双手握住辅助刹车牙嵌离合器手柄，在司钻放松刹把使滚筒慢慢转动时，趁滚筒上牙嵌缺口与辅助刹车牙嵌对准之机，扳动手柄，即可挂上辅助刹车，然后用麻绳把手柄捆牢。

在下钻中途，可根据下钻速度，适当调节辅助刹车电流(或水量)。如果要使下钻速度减慢，可把电流加强或水位升高；若要加快下钻速度，则将电流减弱或水位调低。重复按双吊卡下钻操作步骤进行操作，直到所有钻杆立柱下至井内，然后拉出吊环解下吊卡保险销，摘掉辅助刹车牙嵌离合器，关闭电流或进水闸门。

二、安全注意事项

(1)从司钻方向经绞车、指重表到大鼠洞方向是内钳工的操作范围。

(2)若用旋绳器上扣时，其操作要领是：在空吊卡上升过程中将旋绳器放在操作台上，顺时针方向缠好钢丝绳，再套入井口钻具内螺纹接头上。立柱对扣后，双手平抬旋绳器至上一立柱外螺纹接头中间位置，然后配合外钳工将压板卡紧，待猫头绳拉紧后即可松牙板，并顺时针方向转动，使其绳圈倒完，再打开活门，取下旋绳器。

其他注意事项同外钳工。

任务二　下套管基本操作

以下油层套管为例介绍内钳工的基本操作规程。

一、基本操作规范

(1)待井架工操作小绞车上提套管单根至钻台面时，与外钳工配合将套管送入小鼠洞。取下绳套或摘开单根吊卡，拉绳套或单根吊卡顺着坡道滑下。

(2)套管下放距转盘面2m时，站好位置，与外钳工配合，准备好空吊卡，待负荷吊卡坐于转盘后，右手取出吊卡安全销，双手握住吊环，在司钻刹车时拉出吊环，扣上空吊卡，插好保险销。

(3)司钻上提游车高出井口套管内接头，待司钻刹车后与外钳工配合拉吊卡至小鼠洞，扣上鼠洞内套管，关好吊卡活门。

(4)司钻上提套管单根出小鼠洞后，配合外钳工将套管单根平稳地送至井口。司钻下放游车，确保对扣一次成功，防止顿扣。

(5)紧扣后，司钻上提游车刹车，按下套管设计要求，配合外钳工装好套管扶正器。配合外钳工打开吊卡并移出转盘面。

(6)下套管过程中，配合其他工作人员，做好灌钻井液工作。

二、安全注意事项

(1)与外钳工密切配合，同时推拉吊环，一次挂入吊卡耳内，立即插入吊卡保险销。

(2)与外钳工配合对扣一次成功。

(3)井口操作时不能挡住司钻的视线。

(4)在井口使用手工具时，要拴保险绳或盖好井口，防止从井口掉落物体。

(5)注意观察下入套管单根情况，及时提醒司钻灌好钻井液。

任务考核

一、简述题

(1)内钳工下钻操作前的检查与准备工作有哪些？

(2)内钳工接钻头操作步骤是什么？

(3)内钳工下钻铤操作步骤是什么？

(4)内钳工下钻杆操作步骤是什么？

(5)内钳工下套管操作步骤是什么？

(6)内钳工操作安全注意事项是什么？

二、操作题

(1)下钻作业内钳工操作。

(2)下套管作业内钳工操作。

项目二十四　内钳工钻进操作

知识目标

(1)掌握接方钻杆，挂、摘水龙头内钳工操作步骤。

(2)掌握接单根内钳工操作步骤。

(3)掌握卸方钻杆入大鼠洞、卸大钩内钳工操作步骤。

技能目标

(1)掌握接方钻杆，挂、摘水龙头内钳操作。

(2)掌握接单根内钳操作。

(3)掌握卸方钻杆入大鼠洞、卸大钩内钳操作。

学习材料

一、操作步骤与要求

1. 挂接方钻杆、水龙头

(1)缠旋绳。

(2)用钻杆钩子拉开大钩止动销，待外钳工调整好大钩方向后锁住大钩止动销。

(3)抓住靠绞车一方的吊环下部，站在吊环的侧面，配合外钳工使大钩钩口行至水龙头提环下方。

(4)当司钻上提大钩，钩住水龙头提环后，双手放开吊环。在司钻下放大钩检查安全锁确实可靠后，用右手做上提动作，通知司钻上提方钻杆。

(5)把扶正绳套在方钻杆外螺纹上端，当司钻提离方钻杆出大鼠洞后，拉紧扶正绳，慢慢将方钻杆送至井口后摘掉扶正绳。

(6)对扣。

(7)上扣器上完扣后打内钳紧扣。

(8)司钻上提钻具并刹车后，拉开吊卡，和外钳工一起将吊卡拉下转盘，放在操作台上。

(9)打开转盘止动锁。

(10)当开泵返出钻井液，司钻将方钻杆方部下入转盘面以下后，滚子方补心坐入转盘中的大方瓦，待方钻杆正常旋转后，方可离开井口。

2. 钻进

(1)认真观察泵压表所指示的泵压，发现泵压升高或泵压降低都要提醒司钻采取相应的技术措施。

(2)认真观察指重表所指示的悬重与钻压，发现悬重升高与降低及钻压异常等情况时，要及时提醒司钻采取相应的技术措施。

(3)及时检查钻台所有链条，防止链条销子露出，并及时给链条上加机油。

(4)盘好旋绳，把卡瓦躺放在绞车前方的操作台上，安全卡瓦放至钻台偏房，并清洁上述钻台工具。

(5)保持钻台清洁。

(6)井架工上提场地单根时，站在大门靠指重表一侧，与外钳工一起推住钻杆单根，防止碰坏钻杆螺纹，并将钻杆单根缓慢送至小鼠洞前面，逆时针旋转钻杆护丝，护丝卸开后用安全方法送到钻台下边。

(7)当钻杆单根处于小鼠洞上方时，左臂抱钻杆，右手扶钻杆，左膝顶住小鼠洞，使钻杆单根顺利进入小鼠洞，避免碰坏钻杆螺纹。

(8)方钻杆方部全部入井后，司钻上提钻具，方补心带出转盘(双手将方补心拉到转盘旁边的操作台上)。

(9)扣吊卡。

(10)用液气大钳卸扣。若用大钳卸扣，则将内钳打在方钻杆方保接头部位，推紧大钳进行松扣，扣松开后用内钳卸扣。

(11)面向井架大门，站在井口，双手推扶方钻杆至小鼠洞，配合外钳工与小鼠洞的钻杆单根对扣。

(12)司钻用自动旋扣器上扣后，操作液气大钳按照规定扭矩紧扣。用大钳上扣时，则将内钳打在小鼠洞内的钻杆母接头处，并咬紧，待上扣器上完扣后配合外钳紧扣，再摘去内钳。

(13)对扣。

(14)待上扣器上完后打内钳紧扣。

(15)拉去吊卡。

(16)下钻，使方钻杆上的滚子方补心坐入转盘大方瓦内，开泵钻井液循环正常后，开动转盘，正常钻进。

3. 接单根

(1)钻完方入，司钻上提钻具，当单根接头外螺纹出转盘面0.5m刹车后，配合外钳工放入小补心，扣好吊卡。

(2)待司钻慢放钻具坐稳吊卡刹住滚筒后，观察指重表悬重显示及司钻停泵情况，发现异常及时提醒司钻。

(3)用液气大钳卸扣，防止井口落物。

(4)司钻上提方钻杆，配合外钳工拉方钻杆至小鼠洞单根处，对扣一次成功。

(5)用自动旋扣器上扣后，操作液气大钳，按规定扭矩上紧扣。

(6)司钻从小鼠洞提出单根后，配合外钳工用钻杆钩子或棕绳送单根至井口，检查井口钻具内螺纹，待外钳工涂好螺纹脂后对扣。

(7)用自动旋扣器上扣，用液气大钳紧扣。

(8)待司钻上提钻具刹车后，配合外钳工打开吊卡并移出转盘面。

(9)井架工上提场地单根时，站在大门靠指重表一侧，与外钳工一起推住钻杆单根，防止碰坏钻杆螺纹，并将钻杆单根缓慢送至小鼠洞前面，逆时针旋转钻杆护丝，把单根平稳放入小鼠洞。护丝卸开后检查内螺纹及密封端面有无损坏。

4. 卸方钻杆入大鼠洞

(1)放小补心。

(2)扣吊卡。

(3)打内钳松扣。

(4)方钻杆入鼠洞。操作要领同外钳工。

(5)方钻杆入大鼠洞坐好之后，用拉钩打开大钩安全锁，使大钩脱离水龙头吊环，接着再关上大钩安全锁。

(6)根据起钻的需要，拉开大钩定位销。

二、安全注意事项

安全注意事项同外钳工基本操作。

任务考核

一、简述题

(1)接方钻杆，挂、摘水龙头内钳操作步骤是什么?

(2)接单根内钳操作步骤是什么?

(3)卸方钻杆入大鼠洞、卸大钩内钳操作步骤是什么?

二、操作题

(1)接方钻杆，挂、摘水龙头内钳操作。

(2)接单根内钳操作。

(3)卸方钻杆入大鼠洞，卸大钩内钳操作。

项目二十五　内钳工起钻操作

知识目标

(1)熟悉甩钻杆单根，卸配合接头的内钳工操作要领。

(2)熟练起钻杆立柱内钳工操作。

(3)熟练起钻铤内钳工操作。

(4)熟悉卸钻头内钳工操作。

技能目标

(1)掌握起钻杆立柱内钳工操作。

(2)掌握起钻铤内钳工操作。

学习材料

一、操作步骤与要求

1. 起钻操作前的检查与准备工作

(1)检查防喷盒是否灵活好用。

(2)其他和下钻操作前的检查与准备工作相同。

2. 甩钻杆单根

(1)用死扣或套扣拴牢吊卡安全销，扣吊环，插上吊卡安全销。

(2)司钻起出第二个钻杆单根的母接头后扣吊卡。

(3)打外钳松扣。

(4)协助外钳工摘掉外钳框，右手握内钳钳框，左手推内钳钳柄卸扣，当听到外螺纹被退出的声音后，摘掉内钳，并推开扶稳内钳。

(5)站在指重表一侧面向大门方向，双手推钻杆单根至大门坡道。

(6)司钻下放钻杆单根时，要躲在安全的地方。

3. 钻杆单根入鼠洞

(1)从空吊卡上摘下吊环，挂于负荷吊环上，插上吊卡安全销，司钻上提钻柱，手扶刮泥器刮去钻井液，并检查钻具有无损坏、刺漏。

(2)司钻起出第三个钻杆单根母接头后，扣吊卡。

(3)打内钳松扣。

(4)扶住内钳卸扣。

(5)推钻杆单根入小鼠洞，吊卡不卸。

(6)摘吊环。

4. 起钻杆立柱

(1)挂吊环。

(2)刮钻柱上的钻井液，站在外钳工对面，操作要领同外钳工。装刮泥盘的操作要领也同外钳工。

(3)当接头露出转盘面0.3m后，伸右手搬吊卡，待司钻刹车后，与外钳工配合猛拉吊卡，套于钻杆本体上，扣上吊卡活门。

(4)吊卡扣好后，身体左转，调好大钳高度。右手抓钳头手把，左手抓钳柄手把，右腿弓，左腿绷，顺着钻杆公接头方向右手猛推钳头，左手稍用力向外推钳柄，打好大钳(力求一次成功)，然后左脚踏在转盘油箱上，右手拉，左手推，将大钳推紧松扣。

(5)推紧内钳卸扣，待司钻将钻杆外螺纹完全卸开后，左手活动钳柄，右手推开扣合钳框，取下大钳，将大钳推离井口，注意不要使大钳摆动幅度过大。

(6)司钻上提钻柱前，扣上防喷盒，防止钻井液无控制地从螺纹处向钻台四周喷流。其使用方法是：待钻具卸松扣后如有钻井液流出时，应将防喷盒从固定钩或绳上取下，手握防喷盒一侧手柄，推送至井口，在外钳工的配合下，将防喷盒扣在钻具上，使其缝隙朝向大门方向。待司钻慢慢上提钻具，钻井液流尽后，取下防喷盒，推放原处。

(7)右脚踏上转盘面，伸右手推钻杆，配合外钳工送钻杆到钻杆盒。右脚踏在钻杆盒上，左脚立于钻台面上，左手扶钻杆就位，待钻杆下过公接头后，用右手侧推钻杆靠排位。

(8)钻杆就位后，返回井口，调整大钳高度，检查钻杆母接头，并注意游车下放，背朝绞车方向站在转盘护罩上，等候空吊卡下行。待司钻将井口吊卡活门方向调整好后，右脚上前半步，左脚站在转盘护罩边缘上、当空吊卡下行距转盘1.5m时，伸左手拉吊环，身体向后倾，保护空吊卡过母接头。然后待空吊卡安全越过母接头后，撤回左脚伸右手拔出吊卡安全销，双手扶吊环。

(9)当吊卡坐于转盘，吊环与吊卡松开时，双手拉吊环出吊卡耳环，并借此惯性力将吊环挂入井口吊卡的耳环中，插好吊卡安全销双手扶正吊环，配合司钻起车，然后将空吊卡活门打开。

(10)按照刮钻井液、扣吊卡、松扣、卸扣、拉钻杆、拉吊环、摘吊环、挂吊环、刮钻井液的操作要领重复进行操作。

当钻柱起至井深小于800m时，如果换用吊卡配合卡瓦起钻，其操作步骤为：卡卡瓦，打内钳松扣，推钻杆入钻杆盒，当空吊卡下行至与胸平齐时，举双手抓住下行的吊环，将吊卡向井口中心外拉，脚向后退，护送吊卡过母接头，当吊卡上平面过母接头下端面时，双手平推吊卡，配合外钳工扣上吊卡活门，司钻上提钻柱，则按照提卡瓦，刮钻井液，检查钻具，卡卡瓦等操作要领进行重复操作。

(11)卸刮泥盘。操作要领同外钳工。

5. 起钻铤立柱

(1)卡卡瓦。

(2)卡安全卡瓦。

(3)打内钳松扣。

(4)转盘卸扣。

(5)推钻杆立柱入钻杆盒。

(6)装紧提升短节，操作要领同外钳工。

(7)扣吊卡。

(8)打内钳紧扣。

(9)卸安全卡瓦。

(10)提卡瓦。

(11)刮钻井液，检查钻铤。

(12)卡卡瓦、安全卡瓦。

(13)大钳松扣。

(14)操作要领同外钳工。

(15)推钻铤立柱入钻杆盒。

(16)重复进行上述操作，直至起完钻铤。

6. 卸钻头

取出小补心，当钻头提出井口后将钻头盒放入补心内，双手扶住钻柱，与外钳工配合，使钻头进入钻头盒。用渔夫扣将猫头绳栓在内钳钳柄尾部，合上转盘止动销，打上内钳，推紧内钳，然后离开钻台，躲在安全地方，待副司钻拉猫头绳，卸松钻头螺纹后，摘掉转盘止动销。走上钻台推紧内钳，此时操作吊钳的要领是：站在内钳钳头方向，双手扶1号扣合钳及5号钳手柄，手臂伸直，身体稍向前倾，两腿绷直、站稳。司钻用转盘将钻头螺纹卸开并提起立柱后，与外钳工配合，从钻头装卸器内取出钻头。

7. 卸配合接头

只在更换配合接头时，才进行该项操作。

(1)扶住钻铤立柱，使钻头入钻头盒。

(2)打内钳松配合接头螺纹。

(3)用渔夫扣将猫头绳栓在内钳钳柄尾部。

(4)松开钻头扣。

(5)卸钻头。

(6)卸配合接头。

8. 起钻操作

起钻的操作规范：

(1)钻具提升时，面对井口耳听司钻操作声，眼看钻具，注意钻具上升位置及钻具本体有无损坏，及时提醒司钻。

(2)立柱最后一根单根接头露出转盘面 0.5m 时，身子倾斜向下，伸右手搬吊卡耳部。待司钻刹车后，和外钳工配合，迅速扣上吊卡，扣活门一次成功，检查吊卡锁销，试拉活门，观察锁紧情况。

(3)钻具坐上吊卡并刹车后，配合外钳工用液气大钳卸扣。液气大钳操作口诀为：钳子一定送到头，下钳卡牢转钳头，上卸螺纹对缺口，松开下钳往回走。

(4)待司钻提升立柱后，认真检查井口钻具接头内螺纹、密封端面、本体有无刺漏损伤，与外钳工配合，送立柱时注意脚下动作，不要滑倒。观察灌钻井液情况后，迅速撤离到安全区，防止井架落物造成伤害。

(5)抬头看游车，待吊卡距转盘面 1.5m 时，与外钳工配合，左手推吊环，身子向右侧前倾。右手拔出吊卡销，推吊环使空吊卡放到转盘面上(避免碰井口钻具和吊卡)，趁司钻刹车，拉出吊环。

(6)利用大钩摆动惯性，待大钩返回时，将吊环一次挂入井口负荷吊卡，插好保险销，重复上述动作。

二、安全注意事项

安全注意事项同外钳工基本操作。

任务考核

一、简述题

(1)甩钻杆单根，卸配合接头的内钳工操作要领是什么?

(2)起钻杆立柱内钳工操作要领是什么?

(3)起钻铤内钳工操作要领是什么?

(4)卸钻头内钳工操作要领是什么?

二、操作题

(1)起钻杆立柱内钳工操作。

(2)起钻铤内钳工操作。

项目二十六　井架工起钻操作

知识目标

(1)熟练起钻杆、钻挺立柱过程中的井架工操作。

(2)熟悉高空作业安全注意事项。

技能目标

(1)掌握起钻杆立柱的井架工操作。

(2)掌握起钻挺立柱的井架工操作。

学习材料

一、操作步骤

1. 起钻前的检查与准备工作

(1)将 10 根左右固定钻柱用的细棕绳，用死扣系在井架大腿上。

（2）其他同下钻前的准备工作。

2. 起钻杆、钻铤立柱

（1）站在操作台上，右手握住信号棒，游车上行时，观察钢丝绳有无断丝及变形、大绳是否进指梁和游车是否撞指梁与二层操作台。

（2）游车超过二层操作台，在钻柱母接头过指梁后，注意吊卡上升情况。在吊卡与操作者肩平齐时，发出停车信号。

（3）停车后，立柱坐于井口，两脚站成"八"字形，相距0.5m，左手开吊卡保险销子，右手拿兜绳向着偏上方向兜出，活绳头自动绕过钻杆搭至左手上。绕好兜绳后，以手拉兜绳，将绳子拉直，扶正钻柱，观察吊卡摆动情况，配合转盘卸扣，防止吊卡摆动甩开活门。拉兜绳时，不要用力过大，以免使钻柱向操作台方向弯曲。如果发现吊卡活门甩开，应发出紧急信号通知司钻。

（4）司钻提起立柱，注意井口，当井口人员将立柱往钻杆盒方向拉动时，双手同时用力拉兜绳至合适绳结处，并将绳结卡稳在操作台围栏的"U"形卡上。

（5）待立柱放入排位后游车下行，当吊卡放至举手高时，迅速用左手顶起吊卡舌头，打开吊卡活门，右手拉住吊环慢慢放开吊卡（防止吊卡离开立柱后摆动过大），然后猛拉活绳端，左手推立柱进入右边的指梁。

（6）眼看游车摆动，护送游车过指梁。

（7）左手放开活绳端，右手拉出兜绳搭在操作台上。

（8）走出操作台，站在井架外侧走廊上，左手抓住栏杆，右手用钻杆钩子由外向里钩住起出的立柱，双手猛拉立柱到排位。若立柱摆动不稳，可用细棕绳拉住立柱，并固定牢靠。

（9）按照游车上行、配合井口卸扣、拉立柱靠近操作台、打开吊卡、立柱进指梁、目送游车过指梁、排好钻杆等操作要领重复操作，直至起完所有的钻杆立柱和钻铤立柱。

（10）起钻结束后，必须将钻具用兜绳捆住，然后将所用工具及安全带摆放在安全位置，并固定牢靠，井架工方可下井架。

（11）起钻中如发现溢流、井涌等情况，听到长笛信号，游车不上行，井架工立即从二层平台下来，完成井架工岗位的关井工作。

井架工起钻操作程序如表1－86所示。

二、安全注意事项

（1）起钻时要注意天车、游车有无杂音，发现异常情况应马上通知司钻进行处理。

（2）应用钻杆钩子拉立柱，不准用胳膊抱立柱，不准用肩扛立柱，防止把头、胳膊挤伤。

三、高空作业安全注意事项

一般距地面2m以上操作时，均属高空作业。高空作业是井架工的作业范围，高空作业时一定要注意安全。

（1）一定要系好保险带，防止发生人身事故。

（2）高空作业必须将工衣、工鞋等劳保穿戴整齐，不戴安全帽，衣袋内不放物品，防止掉落伤人。

（3）高空作业应胆大心细，注意力集中，严格按照操作规程进行工作。

（4）发现井架上有松动，连接不牢等不安全之处时应及时整改。一人无法整改时，应及时向司钻报告，由司钻组织人员进行整改。

表1-86　井架工起钻操作程序表

操作项目	操作内容	操作标准
起钻柱	游车上行	观察钢丝绳是否进指梁，游车是否撞指梁与操作台
	停车信号	及时准确
	绕兜绳	姿势正确，一次成功
	配合卸扣	扶正钻柱，吊卡摆动平稳
	拉立柱进操作台	操作熟练，绳结卡紧
	开吊卡	姿势正确，一次成功
	立柱进指梁	姿势正确，一次成功
	游车过指梁	观察游车摆动情况
	收兜绳	操作熟练，一次成功
	排立柱	拉钻杆一次到位，排列整齐，固定牢靠
	下井架	用兜绳兜住钻柱，所有工具固定牢靠。长笛信号后，处理得当，下井架及时

(5)井架各部件连接螺丝一般一月左右要全部检查、紧固一次。处理卡钻、倒扣和下套管前应全面检查一次。检查、紧固井架时，井架附近不准站人。

(6)不准从井架上往钻台、地面扔任何东西，防止砸坏设备或伤人。

(7)在急刹车振动大的情况下，应观察钢丝绳是否跳槽。若跳槽，必须进行消除。

(8)每天白班应检查井架上的照明灯，为夜班工作创造条件。在更换灯泡及包扎电线时，均应拉下闸门，切断电源。换上灯泡后，装好灯罩，上紧固定螺丝，最后把防爆灯挂好。如发现线路问题比较复杂，弄不清楚时，应请电工检查修理。

(9)不准在井架上吸烟和大小便。

(10)不准坐吊卡上、下二层台，不准从死绳往下滑。

(11)测井时，不准上井架进行高空作业。

(12)班内其他人员上井架或二层台进行高空作业，必须得到司钻同意，并由井架工监护。否则，不能上井架进行高空作业。

(13)凡上井架悬挂各种滑轮和辅助设施时，事先要将保险绳牢固拴在井架角铁上，然后再进行悬挂，防止滑脱。

(14)井架上所有滑轮，必须使用锁钩，严禁使用无锁钩滑轮。

任务考核

一、简述题

(1)起钻杆立柱过程中的井架工操作步骤是什么？

(2)起钻铤立柱过程中的井架工操作步骤是什么？

(3)高空作业安全注意事项是什么？

二、操作题

(1)起钻杆立柱的井架工操作。

(2)起钻铤立柱的井架工操作。

项目二十七　井架工下钻操作

知识目标

(1)熟练进行下钻操作前的井架工检查与准备工作。

(2)熟练进行下钻铤立柱、钻杆立柱中的井架工操作。

技能目标

(1)掌握下钻铤立柱中的井架工操作。

(2)掌握下钻杆立柱中的井架工操作。

学习材料

一、操作步骤与要求

1. 下钻前的检查与准备工作

(1)上井架前彻底清除鞋底油污和泥浆，带好手套，扎好衣袖，不准在衣袋内装任何物品，摘下安全帽后再上井架。

(2)上井架时手要抓牢，脚要站稳，不准跑，并仔细检查梯子栏杆固定是否牢靠。

(3)下钻操作前一定要系好安全带，安全带要合乎要求，安全带钩、胶带要完好，保险带尾绳及尾绳固定点要固定可靠。

(4)检查所用手工具，一定要带尾绳并绑牢，工具用完后不能存放在井架上。

(5)井架大腿横梁、拉筋不缺不变形，所用固定螺丝齐全坚固，操作台、指梁、二层台兜绳等固定牢靠。

(6)天车、游车、大钩部件要齐全，灵活好用，固定要牢靠。

(7)钢丝绳完好，大绳二扭矩间断丝不得超过9丝。

(8)井架所有绳索磨损合乎要求，滑轮要灵活好用，固定要牢靠。

(9)二层台钻杆兜绳符合规格(一般使用1in棕绳)。

(10)二层台所用工具(钻杆钩等)一定要用保险尾绳牢固地固定在井架上。

(11)夜间操作时检查照明灯线有无漏电、打火现象，灯光必须明亮。

2. 下钻铤、钻杆立柱

(1)站在操作台上，用钻杆钩将应下的立柱拉出排位，靠稳在指梁上，然后沿指梁拉立柱，使立柱距操作台0.7~1m。

(2)放下钻杆钩，拿起兜绳缠绕立柱，将活绳头用“∞”字结缠绕固定于操作台“U”形卡上。

(3)游车上升时，观察大绳有无明显断丝、变形，大绳是否进指梁，游车是否撞指梁。当大绳快要进指梁时，在二层台上切记不要用手扶钢丝绳，可用钻杆钩子挡大绳，防止大绳进指梁。大绳如果进指梁后，要立即用信号棒发出信号，让司钻立即停车，使游车停止上行。

(4)根据立柱高度，注意吊卡上升位置，及时发出停车信号。白天可以用左手大幅度左右摆动。上提：手心朝上，手臂伸直，由下向上垂直摆动；下放：手心朝下，手臂伸直，由上向下垂直摆动；停车：手心朝下，手臂伸直，水平摆动；夜里可以用钻杆钩敲钻柱立柱示意。上提：敲击1下；下放：敲击2下；停车：敲击3下；紧急停车：急促连续敲击。

(5)右手拉立柱，左手扶正立柱，右手紧握吊卡手柄，使吊卡活门朝向左方井架角，左手将立柱推进吊卡，乘游车向里摆动时，右手猛扣吊卡活门，左手关保险销子。

(6)锁好活门压板，确认无误后，左手手心朝上，向上摆动，或用钻杆钩子敲一下钻杆立柱，发出起车信号。

(7)立柱上提，右手取掉活绳端。注意吊卡接触母接头台阶，配合司钻起车，慢松兜绳到中心；扶正钻柱，防止大钩带动立柱摆动，影响井口对扣。

(8)上扣时，手拉兜绳扶正钻柱，要眼看吊卡活门，注意防止吊卡活门因快速旋转摆动而打开，并要观察提升短节是否倒扣，如果出现上述情况，要马上用信号棒连续紧急敲打立柱，发出紧急信号，以防意外事故。

(9)井口大钳紧扣时，可以取回兜绳。

(10)立柱上提并下放时，目送游车过指梁。

(11)按照立柱准备、游车上行、发出停车信号、摆正吊卡、立柱进吊卡、扣吊卡、发出起车信号、放兜绳、扶立柱配合上扣、取兜绳、目送游车过指梁等操作要领重复操作，直至下完所有的钻铤立柱和钻杆立柱为止。

(12)下钻结束后，将兜绳、钩子、安全带等摆放到安全地方，固定牢靠后，井架工方可走下井架，到钻台。

(13)井架工到钻台后，立即协助内、外钳工挂水龙头上扣，并作好钻井准备工作。

(14)下钻中，如井下出现溢流、井涌等情况，听到长笛信号，游车不上行，井架工应立即从二层台上下来，完成井架工岗位的关井工作。

井架工下钻操作程序如表1－87所示。

表1－87 井架工下钻操作程序表

操作项目	操作内容	操作标准
下钻柱	立柱准备	操作熟练平稳，活绳头牢靠，所用绳长合适
	游车上行	检查大绳是否完好，是否进指梁
	发出停车信号	及时，正确
	摆正吊卡，立柱进吊卡	姿势正确，一次成功
	扣吊卡	姿势正确，一次成功
	发出起车信号	及时，正确
	放兜绳	平稳
	配合上扣	扶正立柱，观察吊卡活门及提升短节是否倒扣
	收兜绳	及时
	游车过指梁	观察游车及大绳
	下井架	所用工具固定牢靠。长笛信号后，处理得当，下井架及时

二、安全注意事项

(1)游车未过钻杆接头前，不准把钻杆送出指梁。

(2)游车上、下指梁摆动时，不准用手扶或脚蹬游车，防止挤坏手脚。

(3)不准用手抓钢丝绳。

(4)游车上升到位发出停车信号，而大钩未停时，不准扣吊卡。

(5)游车未下过指梁时，不准将另一柱钻柱拉向指梁。应先目送游车过指梁后再将另一柱钻柱靠在指梁上。

(6)下钻过程中，应经常检查天车、游车运转时有无杂音，发现后应通知司钻进行处理。

(7)拉送钻柱时，必须使用钻杆钩子，不准用手臂拉送。

(8)扣吊卡时，手不能抓在吊环与吊卡之间，以免挤手。

(9)下钻工作完毕，应将所有工具、用具、绳索固定好，摆放于安全地方后再下井架。

任务考核

一、简述题

(1)下钻操作前的井架工检查与准备工作内容是什么?

(2)下钻铤立柱中的井架工操作步骤是什么?

(3)下钻杆立柱中的井架工操作步骤是什么?

二、操作题

(1)下钻铤立柱中的井架工操作。

(2)下钻杆立柱中的井架工操作。

项目二十八　钻井安全生产知识

知识目标

(1)理解对环境的保护内容。

(2)掌握对劳动者健康的保护内容。

(3)掌握对劳动者安全的保护内容。

技能目标

(1)掌握劳动者健康的保护措施。

(2)掌握劳动者安全的保护措施。

学习材料

钻井行业作为石油勘探与开发的主力，由于频繁搬迁、流动施工、露天工作和多工种立体交叉作业等特点，安全生产难度及风险性很大。要做到安全生产，必须从安全教育入手，普遍提高广大石油职工的安全意识和安全工作素质，使劳动生产在保证劳动者安全与健康、保护环境不受破坏、国家财产及人民生命财产安全的前提下顺利进行。

加强劳动保护，搞好劳动生产，保障职工的安全与健康，是党和国家的一贯方针，是社会主义企业管理的基本原则之一。

任务一 对劳动者健康的保护

石油工业生产的特点，决定了生产过程中有一些作业要在高温、低温、高空和野外等恶劣条件下进行和完成。因此，在这些特殊工作环境中从事劳动作业的工人，需要给予相应的劳动保护，提供必要的劳动和休息条件，以保证他们的健康。

一、高温作业条件下对劳动者的保护

1. 高温作业的概念

在工业生产中，常会遇到高温伴有强烈热辐射，或高温伴有高湿的异常气象条件，在这种环境下所从事的工作，称为高温作业。

高温作业主要包括高温、强热辐射作业，高温、高湿作业和夏季高温露天作业三种类型。

2. 高温作业对人体的影响

在高温作业中，人体可出现一系列生理功能的改变，主要表现在体温调节、水盐代谢、循环、消化、泌尿、神经系统等方面的改变。这些改变是高温作业的适应性反应，但适应是有一定限度的，超过了适应限度，对机体会产生不良影响，甚至引起中暑。

3. 保健措施

(1)做好医疗防护工作。

(2)加强个人防护。夏季露天作业要戴草帽。对高温作业工人要供应透气性能好的工作服。

(3)供给清凉饮料。

(4)改革工艺及生产过程，加强自动化及机械化以代替人工操作，采用隔热措施，加强透风降温。

二、野外条件下对劳动者的保护

从事石油钻井工业生产的一线工人，长期在自然环境多变的野外条件下工作，由于种种原因，工人容易患感冒、关节炎和胃病等职业病。因此，对野外作业工人的健康更要引起重视，并想办法予以优先解决。

这些年来，中国石油天然气集团公司、中国石油化工集团公司加强野外一线作业工人的劳动保护工作，改善工人的工作和生活条件，逐步实现居住公寓化、吃饭餐车化。后勤服务工作做到使工人方便、及时、舒适、满意，从而使钻井工人上班时都能吃到热饭，喝上热水，下班后能洗上热水澡，穿上干净的衣服，患病能得到及时治疗，有条件的地方还有文体娱乐设施，丰富了工人的业余文化生活。

任务二 对劳动者安全的保护

《劳动法》第52条规定：“用人单位必须对劳动者进行劳动安全卫生教育。”安全教育是指对职工进行劳动安全卫生政策、专业安全知识等方面的教育，通过安全教育，使职工熟悉和掌握劳动安全卫生法规和安全生产方面的技术知识，树立安全生产的思想。

安全生产方针是我国劳动保护工作总的指导方针。劳动保护就是依靠技术进步和科学管理，采取技术和组织措施，消除劳动过程中危及人身安全和健康的不良条件和行为，防止伤

亡事故和职业病，保障劳动者在劳动过程中的安全与健康。

在现代化的企业里，忽视劳动保护工作会产生严重的伤亡事故和职业病，危害劳动者的安全与健康，并给企业和国家造成巨大的经济损失，给社会及职工家庭带来不安定因素。因此，搞好劳动保护，具有很重要的意义，是我们党和政府的一项重要政治任务和政策，是发展我国社会主义国民经济的重要保证，也是搞好文明生产，实现企业生产现代化的重要条件。在石油钻井中，应熟悉以下几方面的安全知识。

一、安全用电常识

电流对人体的伤害有两种类型：电击和电伤。电击是电流通过人体内部所造成的伤害，主要影响呼吸、心脏和神经系统，使人体内部组织破坏，乃至死亡。电伤是指电流对人体外部造成的局部伤害，包括电弧烧伤，熔化的金属微粒渗入皮肤等。

机房、钻台和泵房用的工具灯一般采用安全电压。安全电压是指对地电压低于40V。我国通常采用36V、24V和12V为安全电压。

触电一般有四种类型：

(1)单相触电

就是人站在大地上，身体碰到一根带电的导线而触电。对于高压带电体，人体虽未直接接触，但由于超过了安全距离，高压电对人体放电，引起触电也属于单相触电。

(2)两相触电

指人体同时接触两相导体所造成的触电。

(3)跨步电压触电

当带电体落地或设备发生接地故障时，电流在接地点周围土壤中形成电位，人在接地点周围时，两脚之间出现的电压即为跨步电压，由此引起的触电叫跨步电压触电。

(4)接触电压触电

人手触及短路故障设备的外壳而引起的触电。

发生触电后，现场急救是十分关键的，如果处理及时，进行正确而持久的抢救，很多触电人虽心脏停止跳动，呼吸中断，但也可以获救。

下面对钻井生产中的一些安全用电常识予以介绍。

1. 照明线路

(1)现场照明及施工用电必须使用绝缘线架设，且距工作地面高度不得低于2.5m，经常过人处，不低于3m；经常过车处不低于5m。

(2)室内照明线。必须使用良好的绝缘线。室内照明灯距地面高度必须在2.5m以上，电灯要用安全开关。

(3)螺纹口灯头的口芯触点必须接火线。凡灯泡铜口外露者，必须予以更换。

(4)150W以上的白炽灯，要使用瓷座灯头。普通白炽灯可采用线吊，日光灯和其他较重灯具要采用链吊，吊灯导线不得承受较大的拉力。

(5)手灯、工作台用的局部照明灯，其电压严禁超过36V。

(6)工作手灯必须具备胶质或木质手柄及保护网罩，严禁使用一般灯头代替。手柄处的导线必须加套管等以防磨。

(7)井队活动板房必须在房外架设电线，单房并联引进，进房处必须套绝缘胶皮。

(8)大容量的照明载荷要尽量平均分配在三相电源上，以使电力系统在平衡状态下运行。

2. 动力线路

(1)井场电力线一律禁用裸线，必须架设在线杆上。四线分开，每相引线之间不得小于0.3m。

(2)用电线路(400V以下)与树头之间的距离不得小于1m，与井架绷绳相距不得小于2m。

(3)电动机接线盒内的接线桩头要用定型接头，不能随便用铜丝缠在桩头上，以免松动失效。接线盒的盖头也必须完整并盖实。

(4)0.5kW以上电器设备均须装设送电总闸刀。三相胶盖闸刀，限用于控制4.5kW以下电器设备。

(5)开关架设的位置，必须便于操作并符合安全的要求，其距离地面高度以1.6m为宜，开关要垂直安装。

(6)带金属外壳的电器设备及闸刀开关，其金属外壳必须接地(或接零线)。拆装临时接地线要由两人进行，操作者要带绝缘手套。

(7)配电盘柜前必须铺设绝缘胶皮或干燥木板，操作者必须戴绝缘手套。

(8)铁壳开关的进出线处都要有护圈。

3. 注意事项

(1)电动机械或照明设备拆除后，严禁留有可能带电的线接头。

(2)室外的配电盘及开关装置，必须有防雨设施，并悬挂“有电、危险!”等警告标志。

(3)拉接电力线时，要注意次序。接电时，要从机具接向电源；断电时，要首先切断电源。

(4)用电设备必须装设可熔保险器或自动开关，当电路短路或设备超载荷时，能自动切断电源。

(5)保险丝的选用要符合规定标准，不能任意调大，更不能用铁丝或其他金属丝代替，更换保险丝时，必须切断电源。

选用保险丝时，可按下列公式计算：

$$I=\frac{P}{U}$$

式中 I——总电流，A；

P——总电功率，W；

U——电压，V。

(6)晾衣服的铁丝严禁靠近电线或电线杆拉线。电线杆拉线上必须装有绝缘套。

(7)下雨、下雪天在室外操作电气开关和设备必须戴绝缘手套，穿绝缘鞋。

(8)严禁在高压电线下作业和起吊东西。

(9)凡遇大风、雷雨，发现架空电力线断落在地面时，必须在远离电线8~10m外有专人看管，并迅速联系抢修。

(10)在操作胶木闸刀开关时，一定要先把胶盖盖好。不要用湿手或戴着湿手套去摸开关、灯头等电器设备，更不能用湿布去擦拭。

(11)在一般情况下不可带电作业。

4. 触电急救方法

(1)迅速脱离电源

①拉下或切断电源，或用绝缘钳子切断电源。

②用木杆、竹竿等绝缘物挑开电源或使触电者脱离电源。

③如果是高压触电，要立即通知有关部门停电，或者拉开高压开关。

(2)对症救治

①若伤势较轻，可以使其安静休息，并密切观察。

②若伤势较重，无知觉，无呼吸，但心脏有跳动，要立即进行人工呼吸。若有呼吸，但心脏停止跳动，要立即采取人工体外心脏挤压法。

③若伤势严重，心脏、呼吸都停止，瞳孔放大，失去知觉，则要同时进行人工呼吸和人工体外心脏挤压法。

④对触电者严禁乱注强心剂。

(3)人工呼吸法

人工呼吸法是基本的急救方法之一。具体步骤如下：

①迅速解开触电者上衣、围巾等，使其胸部能自由扩张；清除口腔中的血块和呕吐物；让触电者仰卧，头部后仰，鼻孔朝天。

②救护人用一只手捏紧其鼻孔，用另一只手掰开其嘴巴。

③深呼吸后对嘴吹气，使其胸部膨胀，每5s吹一次(嘴巴不能掰开时，也可对鼻吹气)。

④救护人换气时，要离开触电者的嘴，放松紧捏的鼻，让其自动呼气。人工呼吸要有耐心，尽量坚持1~2h以上。

(4)人工体外心脏挤压法

它是用人工的方法对心脏进行有节律的挤压，代替心脏的自然收缩，从而达到维持血液循环的目的，是基本的急救方法之一。其步骤如下：

①解开触电者的衣服，使其仰卧在地上或硬板上。

②救护人骑在触电者腰部，两手相叠，把手掌部放在触电者胸骨下三分之一的部位。

③掌根自上而下均衡地向脊背方向挤压。

④挤压后，掌根要突然放松，使触电者胸部自动恢复原状。挤压时，不要用力过猛、过大，每分钟挤压60次左右。

人工体外心脏挤压法要有耐心，不能间断，且尽量坚持6h以上。

(5)外伤处理

①用食盐水或温开水冲洗伤口后，用干净绷带、布类、纸类进行包扎，以防细菌感染。

②若伤口出血时，要设法止血；出血情况严重时，可用手指或绷带压住或缠住血管。

③高压触电时，由于电弧温度高达几千摄氏度，会造成严重烧伤。现场急救时，为减少感染，最好用酒精擦洗，然后再用干净布包扎。

二、钻井防火与消防基本知识

火灾是无情的。钻井工程与石油、天然气打交道，钻井的动力设备又是以油为燃料，稍一疏忽，就易发生火灾。钻井现场工作人员，增强防火意识，掌握消防基本知识是十分必要和非常重要的。

1. 发生火灾的条件

(1)有可燃烧的物质。

(2)有助燃的物质。

(3)有能使可燃物质燃烧的火源。

只有上述三个条件同时具备并相互作用才能起火。

2. 灭火方法

(1)冷却法。是以密集水流、分散的细小水雾或用二氧化碳冷却降温灭火。

(2)隔离法。是将火源处或其周围的可燃物质撤离、隔开，燃烧就会因隔离可燃物质而停止。

(3)窒息法。阻止空气流入燃烧区域或用不燃物质冲淡空气，使燃烧物质因得不到足够的氧气而熄灭。

(4)中断化学反应法。使灭火剂参与到燃烧反应过程中去，从而使燃烧的化学反应中断而灭火。

3. 发生火灾的处理

在人们的日常生活与生产中，如发生火灾时，首先应立即向消防部门报警，并及时组织人员利用火场附近现有的灭火设施进行扑救。同时要切断火灾区域的总电源；将无能力扑救火灾的人员迅速转移到安全地方；将重要的文件、资料和能移动的精密仪器及其贵重设备迅速抢运至安全地带；将火场附近的易燃、易爆和可燃、助燃的物质搬走、隔开，以防火势蔓延。

4. 灭火器

灭火器是用来扑灭火灾的专用器具。现场用的主要有：泡沫灭火器、二氧化碳灭火器、四氯化碳灭火器、干粉灭火器等。

(1)泡沫灭火器。泡沫灭火器用来扑灭油类、可燃气体及普通物质的火灾，但不宜用于电气设备及珍贵物品的灭火。其结构由内、外筒组成，内、外筒分别装有碳酸氢钠与发泡剂的混合液、硫酸铝溶液，两种溶液互不接触。在使用时只要将筒身颠倒，两种溶液就很快地混合，发生化学反应，产生一种含有二氧化碳的泡沫，并以一定的压力，使泡沫从喷嘴喷射出来，喷在燃烧物上面灭火。

(2)干粉灭火器。干粉灭火器是指灭火器的内部充装的是干粉灭火剂的灭火器。干粉灭火器适用于扑灭石油及其产品、可燃气体和电气设备的初起火灾。

干粉灭火器有手提储气瓶式、手提储压式、推车式、背负式四种。干粉灭火器使用时，打开保险销，拉动拉环，穿针即刺穿钢瓶口的密封膜，使钢瓶内高压二氧化碳气体沿进气管进入筒内，使筒内的干粉灭火剂在二氧化碳气体的压力作用下，沿出粉管喷出灭火。

5. 井场应配备的消防器材

(1)65～100kg 干粉灭火器 2 个。

(2)8kg 干粉灭火器 10 个。

(3)5kg 二氧化碳灭火器 2 个。

(4)消防锹 5 把。

(5)消防斧 2 把。

(6)消防桶 8 只。

(7)消防砂 4 m^3。

(8)消防水龙带 75m。

(9)19mm 直流水枪 2 支。

6. 为防止井场失火，对井场工作的要求

(1)井队工人要接受有关防止井喷和所有运转设备的防护性维护保养，以及救火设备的使用及其注意事项等方面的专门训练。每个井队成员都要非常熟悉救火设备的规格、装置数量以及每种规格设备的有效范围。井场要设置充足而适用的灭火器，所有的灭火器材都要定人管理，经常检查，始终保持其良好的工作状态。记录检查日期及所有手提式灭火器的情况，并将记有上述资料的标签附在灭火器上。

(2)井场内严禁吸烟，一般情况下不准动用明火。如必须采用明火作业时，要经安全、保卫部门批准，办好动火手续，采取可靠的安全措施，方可动火。

(3)柴油机排气管一般应定期清除内部的积炭，防止排气时喷出火星。钻高压井时，排气管附近应有适当高度的防火墙。

(4)电气线路和设备必须按电气规程安装，并采取必要的继电保护设施，防止短路和超载荷运行。全体人员都要掌握电器防火与灭火知识。

(5)不准用汽油刷洗零件、衣物；要及时清除钻台下面的油污。油漆、酒精、清漆和汽油均要储存在密闭容器内，并放在安全地带。

(6)冬季井场使用的锅炉，要安装在上风方向50m以外，以防发生井喷或天然气漏失时引起火灾。

(7)钻台上(包括井架)的照明，一律采用防爆灯具，导线面积要符合要求。配电箱要设置在安全地方。

(8)钻至油气层以前，钻井液密度必须达到设计要求，否则不准钻开油气层。

(9)发生井喷时，应立即停止和熄灭井场周围生产和生活用火；一切机动车辆禁止进入井场。

(10)为防止井喷，应装好防喷器，防喷器芯子要与钻杆直径相吻合，开关要灵活。

(11)为防止井喷失火，油罐距离井口不少于35m。

三、高空作业安全

钻台上的井口工具如吊钳等用钢丝绳吊在井架上；小绞车的拉绳也通过滑轮吊挂在井架顶部；起下钻具时井架工要在高出地面30多米的二层平台上进行操作；天车的保养也需要工人爬上41m高的天车台等都属于高空作业。

由于重力的作用，高空作业潜藏着极大的不安全因素，稍一疏忽，就会导致人身伤亡事故的发生。

1. 高空作业中应注意的安全事项

(1)高空作业一定要戴保险带，保险带要定期进行拉力实验。

(2)所用工具一定要系尾绳，并拴绑牢固，工具用完不能存放在井架上。

(3)禁止用电(气)动小绞车吊人和乘坐吊车上下井架。

(4)其他岗位人员上井架时，必须符合高空作业要求并得到当班司钻的允许。

2. 井架工在二层台操作前要做的检查工作

(1)检查指梁、操作台的固定，发现问题及时处理。

(2)二层台各种绳索的强度符合要求，固定良好。

(3)钻杆钩与其他工具，一律用保险绳拴在井架上。

(4)保险带要安全可靠，尾绳要拴牢，但不能拴在操作台上。

(5)二层台夜间操作所用照明设备必须符合规定要求。

四、井场辅助工作的安全

在井场做辅助工作时要注意的安全事项：

(1)多人同抬一根管材时，必须用同侧肩膀抬。下放时由专人发号令同时行动甩下管材。

(2)用撬杠撬重物，要双手侧握，撬杠头不准正对胸前。要互相联系，前后照应，一起撬起。

(3)抬重物所用绳索要绑牢，重物离地面不得超过0.3m，起放要有统一号令。过重物品上钻台应机械吊升，人不得在吊升物下面走动或逗留。

(4)平板车卸管材，应先搭好滚轮，先解车头两处的绳索，后解车尾两处绳索，钻杆前方不得站人，撬下钻杆时车头车尾应同时撬动并用绳索兜住慢放，注意防止打坏车头。

(5)不得从天车台、二层台、钻台等高处向下扔东西。

(6)使用管钳接管线，应手按管钳，手指不得伸到管钳柄下，使用管钳不得加加力管。

(7)井场使用明火，必须远离油、气等易燃物品，并要有防火措施。

(8)紧固螺丝时，必须按规定的扭矩扭紧，防止螺杆受力过大，发生变形或扭断伤人。

(9)使用大锤时不得戴手套。大锤起落时，必须注意锤头甩落范围内有无障碍物。锤头把柄必须安装牢固，防止锤头脱落伤人。

(10)在井场内装卸管材，必须使用吊车，吊车位置要适当，千斤顶要打好，各岗位应配合好，严禁违章作业，超负荷工作。

五、钻井安全设施

1. 井场安全标志

(1)钻台处设置“必须戴安全帽”标志。

(2)井架工操作台设置“必须系保险带”标志。

(3)油罐区设置“严禁烟火”标志。

(4)发电房、闸刀盒设置“危险、有电!”标志。

2. 井场各类安全设施安装要求

(1)绞车护罩齐全、完好，安装正规。

(2)绞车气路安装正规，刹车装置安全可靠。

(3)绞车传动护罩长短、高低、宽窄适度，安装正规，完好无损。

(4)转盘传动护罩长短适度，安装正规，完好无损。

(5)泵传动皮带护罩安装齐全、正规，完好无损。

(6)机房各部护罩安装齐全、正规，完好无损。

(7)水龙头防扭绳用直径为12.25m钢丝绳双股卡紧。

(8)水龙带保险绳用直径为12.25m钢丝绳拴牢固。

(9)吊环保险绳用直径为9.5~12.25m钢丝绳拴牢固。

(10)方补心保险绳用直径为9.5~12.25m钢丝绳拴牢固。

(11)吊钳尾绳、尾销安装正规，安全可靠。

(12)防碰天车装置调试准确，灵敏有效。

(13)泵保险阀泄水管安装正规，安全有效。

(14)气瓶、锅炉安全阀齐全、灵敏。

(15)悬重表、压力表安装齐全、灵敏、准确。

(16)防喷设施按规定安装，控制台由专门电路控制。

(17)各梯子、栏杆安装齐全，固定牢靠。

六、劳动保护用品的使用

劳动保护用品是保护劳动者在劳动过程中的安全与健康所必需的一种预防性装备，是给个人使用的。

1. 安全帽

安全帽分为防护物体坠落和冲击的安全帽与电气工程等应用的耐压安全帽。安全帽具有吸收坠落物和冲击物能量的功能。当坠落物体与帽体碰撞时，帽体通过局部下陷而具有减缓冲击的作用。

同时，帽体内装有缓冲垫布的顶带，由此使坠落物的冲击力尽可能分散在头部的较大范围内，以减少单位面积所承受的力。但是，如果戴法不正确，就起不到保护的作用。因此，要注意以下几个方面：

(1)垫布的松紧由带子调节，人的头顶和帽体内部的间隔一般需 4.5cm 左右，至少要有 3cm 才能使用。这样，在遭受冲击时，不仅有足够的空间可供变形，而且对人头和帽体之间的通风来说，也是必要的。

(2)使用时不要把安全帽歪戴在脑后。

(3)使用时安全帽要系结实，否则就可能在物体坠落时，由于安全帽掉落而起不到安全防护作用，或者即使帽体与头部之间有足够的间隔，也不能充分发挥作用。

(4)定期检查安全帽有无龟裂、下凹、裂痕和磨损情况，不应使用有缺陷的帽子。

2. 保险带

为防止高空坠落伤害可以采取设置保险带等措施。在进行室外和高空作业时，因为防护设施不容易实现，所以，要使用保险带防止操作人员从高空坠落。

保险带由直接系在人体上的宽带和与它连接的保险绳组成，而保险绳的首端能够牢固地拴在固定物体上。

保险绳不仅要有足够的强度，而且要有足够的允许移动的长度，以便移动和操作。但是，保险绳的长度一定不能超过允许长度，因为绳子愈长，落下的距离也就愈长，落下的速度也就愈大，这时即使系上了安全带以防人体坠落，然而由于阻止坠落的冲击会使内脏破裂，也起不到防护的目的。安全绳必须有足够的抗拉强度，使用前要仔细检查是否断裂、磨损，缝制部分、钩环部分是否牢固，使用后应注意维护和保管。

3. 护目镜、防护面具

应按不同的使用目的，适当选择护目镜。需要注意起遮光作用的并不是镜片的颜色，而是镜片的化学组成成分。遮光眼镜的颜色希望的是能使整个可见光谱范围内的光透过性能良好，因此，最好是使用橘黄色、黄色、黄绿色、墨绿色等十分鲜艳的颜色。

防护面具是为了保护面部和脖子免受溶解金属的飞沫、高温溶剂、飞来的颗粒、危险的液体喷雾等的伤害。它最好与防护眼镜同时使用。防毒面具应根据所防护的有毒气体的种类，使用不同类型的吸收罐。由于面罩内是正压，所以不存在有毒气体进入面罩的危险。

4. 工作鞋

工作鞋(有的叫防砸鞋、安全鞋)的主要功能是防止坠落物砸伤脚面、脚趾。这种工作鞋具有一定的耐冲击性能，前包头空间的距离高于生活用皮鞋，前包头内有抗冲击性能好、强度大、质量轻的金属材料作包头骨架。可避免因受到重物冲击而变形，使脚部受伤。凡应当穿工鞋的各岗位人员，上岗工作必须穿工作鞋。应定期更新，确保脚部得到防护。

个人防护用品是保护职工安全与健康的一项辅助措施，不是福利待遇。因此，必须按作业的性质、防护目的正确选择合适的防护用具、用品，要按规定发放。操作者要正确佩戴，按安全操作规程要求，必须戴好防护用品方可进入生产岗位，不得借任何理由拒绝佩戴防护用品。油田安全生产特别管理规定中规定了不穿戴劳动防护用品上岗操作的，要进行批评和罚款处理。

任务三　对环境的保护

所谓环境，是人类赖以生存和发展的各种物质条件的总和，是为人类提供生存和发展的空间以及其中可以直接、间接影响人类生活的各种自然因素的总体。它包括：大气、水、海洋、土地、矿藏、森林、草原、野生生物、自然遗迹、人文遗迹、自然保护区、风景名胜区、城市和乡村等。环境保护，是指以协调人与自然的关系、保障经济和环境的持续发展为目的而实施的有关防治环境问题，保护和改善环境行政的、经济的、法律的、科学技术的、工程的、宣传教育的各种措施和活动的总称。

当今世界环境问题越来越受到人们的重视，作为钻井行业，更应该注意合理操作，保护环境。生产对环境的影响程度如何，要通过对环境的监测确定。环境监测是施工单位环境管理的重要手段，它的任务是通过对作业场所污染源、排放口和区域环境的监测，按照国家环境质量标准、污染物排放标准，或省、自治区、直辖市的地方污染物排放标准，进行综合分析，对井场环境在施工作业中是否受到污染和破坏进行评价。环境监测数据也是衡量施工单位完成环境保护工作成果好坏的重要依据。如果施工单位遇到环境污染纠纷，环境监测数据还将起到调查处理纠纷的法律取证作用。为了做好环境监测工作，钻井公司必须成立环境监测站，受同级环境保护主管部门的领导，主要负责所辖施工作业场所的水质、大气、废渣、噪声等监测工作。环境监测项目、方法、频率，按《油气田环境监测工作暂行办法实施细则》执行或按 HSE 管理体系标准中的有关规定执行。

任务考核

一、简述题

(1)高温作业条件下对劳动者的保护内容是什么?

(2)野外条件下对劳动者的保护内容是什么?

(3)劳动保护用品的正确使用方法是什么?

(4)高空作业安全内容是什么?

(5)安全用电常识是什么?

二、操作题

(1)操作对劳动者健康的保护设备。

(2)操作对劳动者安全的保护设备。

项目二十九　ZJ70/4500DS 钻机的拆装

知识目标

(1)理解 ZJ70/4500DS 钻机的调试内容。

(2)掌握 ZJ70/4500DS 钻机的搬迁内容。

(3)掌握 ZJ70/4500DS 钻机的安装内容。

(4)掌握 ZJ70/4500DS 钻机井架及底座的起放过程。

技能目标

(1)掌握 ZJ70/4500DS 钻机的搬迁。

(2)掌握 ZJ70/4500DS 钻机的安装。

(3)掌握 ZJ70/4500DS 钻机的调试。

(4)掌握 ZJ70/4500DS 钻机井架及底座的起放。

学习材料

任务一　ZJ70/4500DS 钻机的搬迁

一、钻前施工要求

(1)根据钻机基础设计图的要求平整井场(清理地面植物生长层的表土)并夯实，土壤耐压力不低于 0.15MPa。

(2)以井眼中心为基准，画出纵向和横向中心线及所有地面设备基础位置线。

(3)摆放基础(水泥基础或管排基础或钢木基础)，基础上平面允许水平高度偏差不大于 3mm。

(4)按设备安装摆放图画出设备安装摆放位置线。

二、钻机搬迁前的准备工作

(1)召开全队职工大会，进行合理分工，明确任务和质量要求交代注意事项及要求。

(2)准备好吊装设备的绳套、绑车的铁丝或绳索及其他用具。

(3)零散物件归类放入材料房或爬犁，并固定牢靠。

(4)宿舍内物品应收藏好，需固定的固定，关闭总电源开关。

三、钻机的搬迁顺序

(1)吊车到井场后，根据所要吊设备的质量停放在合理位置，按规定打好千斤顶。

(2)按照分工，每台吊车为一组，吊装设备及营房等；重设备吊装需两台吊车时，要视吊车吨位配合吊装。

(3)钻机吊装顺序：

底座→起放底座人字架→绞车前、后梁→转盘梁→绞车→转盘→钻台铺板→井口机械化工具→司钻偏房→起放井架人字梁→井架→天车→钻井泵→循环罐→高压管汇→柴油发电机组→SCR(MCC)房→油罐→爬犁→材料房→值班房→野营房。

四、钻机的搬迁安全要求

(1)吊装、卸车时必须根据设备质量、尺寸选择安全系数高的压制绳套，绳套必须挂牢，起吊时设备上、下，起重臂吊装旋转范围内严禁站人。

(2)吊装、卸车时必须有专人指挥，严禁蛮干和违章作业。

(3)易滚、易滑设备装车时要垫防滚防滑物，并捆绑牢靠。

(4)超宽、超长、超高设备运输中应采取相应的安全防范措施并做安全标志。

(5)拉运设备的货车车厢内严禁乘坐人员。

任务二　ZJ70/4500DS 钻机的安装

一、钻机安装前的准备工作

钻机的安装质量直接关系到钻机能否正常工作和钻机部件的使用寿命，所以一定要严把质量关，高质量地完成安装工作。

1. 技术准备

钻机安装及操作人员应先仔细阅读使用说明书，明确要求和规定，熟悉钻机总体、配套及各部件结构特性、质量、尺寸等，做好前期的各项准备工作。

2. 安装工具准备

安装钻机时需准备的测量工具：钢卷尺、水平尺、百分表、线绳、铅锤等。

二、钻机的安装要求

安装质量应达到“七字”标准和“五不漏”要求。

(1)“七字”标准：平、稳、正、全、牢、灵、通。

(2)五不漏：不漏油、不漏气、不漏水、不漏电、不漏钻井液。

三、钻机的安装顺序

底座→绞车与转盘→井架→天车→游车→大钩→穿大绳→起升井架 →柴油发电机组→SCR(MCC)房→钻井泵→起升底座→坡道→猫头→滑道→提升机→固控循环系统→油罐→爬犁→材料房→值班房→野营房→其他。

(一)底座的安装顺序

(1)安装前先清除掉底座、各构件销孔中的尘土等杂物，涂上黄油。

(2)基础铺设经检验合格后，应依据已画好的基座安装摆放位置线和井口位置线，按左、右前基座上井口中心标志摆放左、右前基座后，再安装左、右后基座。

(3)安装左、右基座之间的连接架、连接梁及斜撑杆。

(4)安装前、后立柱及斜立柱下端。

(5)安装左、右起升底座人字架和安装台。

(6)安装左、右上座。首先安装缓冲装置，然后将前、后立柱上端与左、右上座相连。

(7)安装绞车、转盘、钻台铺板、钻台偏房、栏杆等。

注意：除后台梯子外，坡道、梯子、紧急滑道及上固控罐梯子等均在底座起升后安装。

(二)转盘驱动装置和绞车传动安装顺序

(1)安装转盘。

在转盘梁的前后左右4个方位均打有洋铳眼指示井眼中心位置，同时转盘的四周装有八个调节丝杠，以此来调节并夹紧转盘。可根据实际需要采取进一步紧固措施。转盘驱动装置出厂安装时已找正，现场安装时，首先将电动机安装在钻机底座右上座内，之后将转盘梁与绞车梁和立根台用销轴连接，最后完成万向轴连接。安装时应保证万向轴两法兰端面平行，误差小于或等于1mm，万向轴倾斜角度小于或等于3°~5°。

(2)安装并找正绞车。

绞车的底座梁上有一个三角箭头标明绞车滚筒中心线位置，绞车按此就位，并用卷尺核对与井眼中心的相对位置然后放下转盘链条箱找正，使转盘驱动轴与转盘的输入轴同轴；两轴头法兰而应平行，在相差90°的四点测量其尺寸误差应小于1mm，最后用螺栓、压板和定位块将绞车固定。

(3)安装转盘扭矩传感器和转数传感器。

(4)安装万向轴，并拧紧两端的连接螺栓，且要防松、可靠。

(三)井架的安装顺序

1. 井架安装前的检查

(1)井架安装前应检查地基不平度(允差 ±3mm)，井架大腿支座在同一水平面上，左、右销孔应同轴(允差 1mm)。

(2)检查起升大绳及销子、耳板，不得有影响承载能力的缺陷。

2. 井架的安装

(1)安装前需对井架构件进行外观检查，对受损的构件，如焊缝开裂、材料裂纹或锈蚀严重的构件应按制造厂有关要求修复合格或更换后才能安装。各导绳滑轮用手转动应灵活，无卡阻和异常响声。

(2)各导绳滑轮处应在其润滑点加注 7011#低温极压润滑脂，滑轮用手转动应灵活，无卡阻和异常响声。因井架起升力很大，滑轮轴套与轴之间的压力也很大，必须加注耐极压的润滑脂，才能形成很好的油膜。

(3)人字架前腿上的调节丝杠应转动灵活，并加注锂基润滑脂。人字架横梁上的快绳导轮轴应光滑无锈蚀。导向滑轮应能在轴上自由转动和轴向滑动，并加注锂基润滑脂。

(4)井架体上所有穿销轴的孔内应涂润滑脂以利于销轴的打入和防止销轴锈蚀。

(5)根据标记牌及发送清单判明所有的零部件后，使井架左右 I 至 V 段主腿就位，然后依次打入 ϕ150 大腿销子，ϕ25mm 抗剪销及 ϕ30mm 别针和 ϕ65mm 段与段连接双锥销，ϕ15mm 抗剪销及 ϕ30 别针，使其成为左右大腿，并用小支架支护好。然后依次低位安装背扇钢架，钢架、斜拉杆、天车、立管操作台、大钳平衡重装置、起升大绳等部件。

(6)按照说明书附图所示安装天车，天车和井架之间连接靠两个 ϕ40mm 的定位销定位后，用 12 个螺栓固定在井架上。天车滑轮起重架在地面按图所示完成装配，并用销子连接在天车上，装好天车下部的方木，并固定牢靠。天车的附件应安装齐全。

(7)安装游车、大钩，穿好起升大绳和天车与游车的钻井绳(穿绳方式为顺穿)，并挂好平衡滑轮。

(8)将井架从天车一端吊起，将高支架放在起升装置所规定的位置，然后安装二层台及附件。

(9)用小支架将底座的坡道按附图所示位置支为水平，并将游钩及平衡三角架放置于坡道上，然后将起升大绳穿好，并安装在平衡三角架上；其次把平衡三角架挂牢在游钩上，特别要安装好安全销及别针。

(10)在人字架上安装井架液压缓冲液缸及管路和各种控制阀，并接通液压源(根据井架缓冲装置系统使用说明书)。

(11)井架装好后，在二层台及井架 V 段右前大腿上装上死绳护绳器，防止死绳甩打井架。

(四)司钻偏房安装顺序

(1)在安装井架以前，先将液压大钳液压源放置在钻台右侧的工具房内，以免干涉井架的起升与下放。

(2)将司钻偏房 I 吊装到底座左支房架上，将司钻偏房 Ⅱ 吊装到底座右支房架上。

(3)安装遮阳棚及支撑杠柱。

(五)井口机械化装置安装顺序

(1)将液压站吊装到司钻偏房Ⅰ的前部，液压套管钳亦放置在该处备用。

(2)钻杆动力钳固定在井架下方位置。

(3)分别将上、卸螺纹液压猫头与底座的支架连接好。

(4)按照要求连接液压管线，应保证紧固、牢靠。

(六)动力及控制区部分安装顺序

(1)按照要求摆放1#柴油发电机房。

(2)依次摆放2#和3#柴油发电机房，并连接机组之间柴油机进、回油管线，供气管线和气源净化设备之间的连接管线。

(3)安装柴油机消声器，将房子之间的防雨板搭接好。

(4)将SCR房与1#柴油发电机房对齐垂直摆放。

(5)将折叠式管线槽一端与SCR房摆好，另一端与钻机底座连接好。

(七)泵房区的安装顺序

(1)按总体布置和钻井泵装置说明书要求安装钻井泵装置，安放钻井泵空气包充气压缩机。

(2)按4in×35MPa钻井液高压管汇说明书安装高压管汇。

(八)固控区的安装顺序

(1)按照钻井液固控系统说明书要求安装各钻井液罐，连接管线及其附件，钻井泵吸入法兰口必须对准钻井液罐的排出口。

(2)安装50m³强制水冷却装置及管线。

(九)油罐区的安装顺序

按照要求的位置，将柴油罐、三油品罐安装就位。

(十)油、水、电的连接顺序

(1)油、水管线的连接：

安装管线槽，电缆槽，接好油、水、气、钻井液管线和蒸汽管线，各管线必须清洗干净，保证内孔畅通，无污物，各种管线安装好后，应密封无渗漏。折叠式管线槽安装、拆卸时最好采用两部吊车，采用一部吊车时，要用一根钢丝绳挂住折叠管线槽中间部分上部的吊装杠，另一根吊住上部管线槽靠近钻台面的吊杠，并且这一根钢丝绳要短些，防止发生事故。

(2)井场交流防爆供电系统参照其安装图安装。

(3)电气传动控制系统参照其安装图安装。

(十一)井架、底座起升后的安装内容

(1)排绳器。

(2)井控装置。

(3)紧急滑道。

(4)液压提升机。

(5)坡道梯子。

(6)猫道、爬犁与钻杆排放架。

(7)钻井液导管。

(8)上固控罐梯子。

(9)水龙头，水龙带。

四、钻机安装后的检查内容

(1)应严格按照钻机井场布置要求的位置和尺寸摆放组装。

(2)三台柴油发电机房就位后应形成一个整体机房，机房之间搭接严密、整齐。水、油气、电连接管线排列整齐，固定牢靠。

(3)SCR(MCC)房就位后，进管线槽的电缆及连接发电机组的电缆应整齐、美观、牢固、可靠。

(4)所有管线应排列整齐、连接正确。

(5)电气系统全部安装就位后，对线路应进行全面检查，应安全、美观、整齐。电线、开关和灯具应固定牢靠。

(6)供油、供水、供气管线应走向合理、整齐。

(7)井架、底座销子和别针应齐全，栏杆与插座应安装可靠。

任务三　ZJ70/4500DS 钻机的调试

一、钻机调试前的准备工作

(1)各润滑点按规定加注足够的润滑油。

(2)各设备按规定加注润滑油、燃油、液压油及冷却水。

(3)清理设备附近的杂物，检查管线连接、电缆密封等是否正确。

(4)按各设备使用说明书要求进行运转前的检查。

二、钻机的调试内容

(一)柴油发电机组的调试

(1)检查柴油机供气管线及发电机组与 SCR(MCC)房动力、控制电缆连接，正确无误后方可启动气源净化装置冷启动空压机组，储气罐压力应达到 0.8MPa。

(2)启动 1# 柴油发电机组，检查柴油发电机组运转情况并调试到工作状态(50Hz，600V)。

(3)待电动螺杆压缩机组调试运行正常后，分别启动 2# 和 3# 号柴油发电机组并调试到工作状态。

(4)机组并网调试。

(二)SCR(MCC)的调试

(1)检查 SCR(MCC)房与直流电动机、司钻电控箱、脚踏开关、电磁刹车、照明系统、固控系统等用电设备动力、控制电缆连接，各开关均应处在断开位置。

(2)柴油发电机组向 SCR(MCC)房送电，按其说明书要求，调试各功能开关、显示表，确保指示、显示正确，参数符合要求。

(3)分区供电：

①向司钻电控台及绞车直流电动机送电。检查各指示灯、开关，分别启动绞车直流电动机与直流电动机检查转向及运转情况。

②向钻井泵直流电动机送电，按上述要求逐项检查。

③向气源净化装置电动螺杆压缩机组送电，检查各指示灯、开关情况。

④向各照明点送电，检查照明灯具工作情况。

⑤向电磁涡流刹车系统送电并启动冷却风机，检查转向及运转情况。

⑥向井口机械化工具液压站送电并启动电动机，检查转向及运转情况。

⑦向固控系统送电，检查转向及运转情况。

⑧向油、水罐送电，检查转向及运转情况。

⑨向其他各用电设备送电，检查工作情况。

(三)气源净化设备的调试

(1)分别启动1#和2#电动螺杆压缩机组并按其说明书要求调试到工作状态。

(2)检查气源净化设备工作情况，不得有漏气、漏油现象。

(四)电磁涡流刹车的调试

(1)检查并确保各电缆连接正确、可靠。

(2)按“电磁涡流刹车使用说明书”要求调试到规定的工作状态。

(五)绞车的调试

(1)检查并确保护罩装配齐全、管线连接正确、牢靠。各润滑点应加注足量的润滑油。

(2)打开底座储气罐上的球阀给绞车供气。

(3)分别操作司钻台上的各控制阀件5～10次。检查阀件逻辑关系是否正确，各动作是否准确，刹车是否灵活、可靠。重点检查：

①换挡的灵活性。

②惯刹的进、排气情况。

③各离合器的进、排气情况。

④防碰过卷阀动作的准确性。

⑤锁挡的可靠性。

⑥刹车的灵活性、可靠性。

(4)挡位为空挡调试

①启动A电动机(低速)，检查运转方向。

②启动B电动机(低速)，检查运转方向。

③启动A电动机，速度调到970 r/min，调整润滑油润滑压力到0.25～0.35 MPa。检查各供油点情况，调整各供油点节流阀，保证润滑充分，油量合适。

④A、B电动机同时运转，分别用手轮和脚踏开关进行电动机加、减速调节，检查供油、运行情况。A、B电动机断电、检查惯刹效果。

(5)挡位为Ⅰ挡调试

启动电动机，速度调到970r/min，技术要求：

①绞车运转无磨、碰、蹭、干涉等现象。

②润滑油压力应稳定、润滑应良好。

③分别挂合滚筒高、低速、转盘离合器，检查运转及刹车情况。

(6)挡位为Ⅱ挡调试

重复上述内容。

(7)绞车调整要求

①各操作准确、灵活。

②各部位密封良好，不得有渗、漏油现象，润滑油压稳定，润滑点油量适宜。

③运转平稳，无异常振动和响声。

④各部位轴承温升正常。

（六）钻井泵组的调试

（1）启动直流电动机。

（2）按“钻井泵使用说明书”要求调试到工作状态。

（七）井口机械化工具的调试

（1）检查并确保管线连接正确、牢靠。

（2）分别按液压猫头、钻杆钳、套管钳说明书的要求进行调试，确保动作准确、灵活。

（八）钻井仪表的调试

（1）检查传感器安装是否合适，电缆、管线连接是否正确。

（2）按说明书要求和规定对各显示器、指示表进行调校。

任务四　ZJ70/4500DS 钻机井架及底座的起放

一、ZJ70/4500DS 钻机井架的起、放

（一）起、放井架的自然条件

（1）起、放井架必须在白天进行。

（2）起、放井架尽量安排在较好的天气条件下作业，起升井架时，最大风速不超过30km/h，气温在4℃以上；当气温低于4℃时，应按 API－4E 低温作业的推荐作法进行操作。

注意：严禁在下雨和风力超过6级的天气下起放井架作业。

（二）井架的起升

1. 井架起升前的准备工作

（1）检查气路密封无泄漏、畅通无堵塞，检查各气控阀、各气动执行元件动作是否正常；检查各阀件操作手柄是否在正常位置；检查绞车及辅助刹车冷却水路是否正常。

（2）两台发电机组并机，开启压缩机，压力为0.8～1MPa。检查柴油机运转及带负荷能力是否正常。

（3）启动绞车电动机风机后，在确定风机风向正确后确保电动机的动力系统处于正常工作状态。

（4）井架起升前高支架必须支在最高位置上。

（5）检查绞车，先挂合总离合器，使绞车传动轴运转，待油压以及润滑、密封均正常后，再挂合低速离合器，使绞车滚筒轴低速运转，应正常无杂音。启动电动机。

（6）检查起放井架专用钢丝绳。

井架起放专用钢丝绳允许起、放井架次数10次，超过规定次数，起放井架之前需经公司安全主管部门鉴定许可后使用。钻井队每次起、放井架前须对大绳做仔细检查，出现有断丝、断股、压扁、锈蚀等异常情况，无论使用次数是否达到规定标准，都必须经公司安全主管部门鉴定和处理。

（7）检查起、放井架用的各导向滑轮是否灵活，润滑是否充分，各滑轮的保养应是每起升或放一次井架注一次润滑脂，如起放间隔时间过长（超过两个月），应增加保养注油次数。各导向滑轮要保证用手转动灵活。

(8)将活绳穿入滚筒，上紧活绳头卡子，绳头余量不少于200mm，卡牢防滑短节，紧固活绳压板。

(9)滚筒排绳标准

钻机滚筒两层排满另排15圈，确保井架起升后，将游车大钩放至钻台面(大钩底部与钻台面接触时)，绞车滚筒要有足够的单层缠绳量(一般至少有30圈)。

(10)检查指重表安装及连接是否正常；检查大绳在死绳固定器上的缠绕及压板压紧情况，死绳端加一段相同规格的钻机大绳，并用三个与大绳规格相应的绳卡卡牢，上齐绳槽挡杆。

(11)将起放井架的平衡滑轮及大绳挂在大钩上，用Ⅰ挡低速慢慢将起放井架大绳及死绳拉直，上好死绳护绳器。

(12)井架工全面检查井架所有构件之间的连接销和别针及各种绳索的安装是否正确，清理井架上一切与起升无关的异物，以免在起升时落物。

(13)检查井架照明设施及线路是否正常。

(14)试运行液压站，检查液压连接管线有无漏油，缓冲液缸工作是否正常；挂合操作手柄，缓冲液缸伸出缩回自如至少一次后，使缓冲液缸的活塞完全伸出。

(15)认真检查绞车的带式刹车以及电磁辅助刹车必须工作正常、安全可靠，刹车手柄使用灵活且工作正常。

(16)检查套装井架的限位防碰装置是否灵活好用。

(17)组织开好起井架前的检查与准备会，明确人员分工，安全操作注意事项以及相关要求。

(18)井架的试起

绞车Ⅰ挡间歇挂合低速离合器，逐渐拉紧钻井钢丝绳，使游车离开支撑面100~200mm后刹住，指重表显示的参数与钻机正常起井架负荷相符；检查钻机大绳穿法是否正确，钻井用索具、钻机大绳的死绳、水龙带等有无挂拉、缠绕现象；再一次检查绞车的刹车情况。经检查无误后，继续起升，当井架离开支架200~300mm时，将绞车刹住，对井架起升钢丝绳绳端的固定、钻机大绳死绳的固定、钻机配重、前后台底座、井架应力集中部位的焊缝、连接销子、起升三角架、井架起放专用钢丝绳灌铅连接部位有无位移等关键部位进行承载检查，对天车固定连接件进行重新紧固。停留时间约10min左右。在发现问题的部位进行整改后一次挂合低速离合器，将井架拉起离开支架100~200mm后，将绞车刹住，使井架在此位置停留约5 min左右，再次检查有无隐患和问题。若有，继续整改，直至达到要求为止。

(19)起升井架，钻台刹把处操作人员必要时可安排三人，以满足刹把、缓冲液缸以及协助刹车的操作。

(20)井架起升在指挥员(队干部、司钻大班)统一指挥下进行，指挥员的站位必须在刹把操作人员能直接看到且安全的地方。试起升完毕后，除机房留守人员、钻台操作人员、关键部位观察人员、现场指挥员外，其他人员和所有施工车辆必须撤到安全区(正前方距井口不少于70 m，两边距井架两侧20 m以外为安全区)。

(21)井架起升时，二层台舌台应翻起，并固定牢靠。

2. 井架起升顺序

(1)全部准备完备后，绞车一次挂合低速离合器，以最低绳速将井架匀速拉起，中途无特殊情况不得刹车。当井架起升到即将与缓冲液缸伸缩杆接触时，刹把操作人员要适度操作，配合缓冲液缸收缩，使井架缓慢平稳就位。

(2)井架起升到位后，将井架Ⅰ段上的耳座与人字架之间用4个M42的U形螺栓紧固好，先将井架与底座左右支架之间的连接紧固好(U形卡子连接好)。

(3)将起升大绳和平衡三角架一起悬挂在起升大绳悬挂器上，并捆绑在钢架上，严禁盘放在井架底座上，防止起、放专用钢丝绳和灌铅连接头被钻井液浸蚀，并定期涂抹适量的防腐油，以防锈蚀失效。

(4)用经纬仪校正井架的正面和侧面，应保持天车中心对转盘中心偏移小于10mm，或者在游车大钩上吊挂方钻杆，使方钻杆中心对准转盘中心，偏移也应小于10mm。

(5)井架起升前先找平大腿支座并装上一半调节垫片，当需调整井架左、右方向的不平度时，可先将井架左、右大腿与底座连接的支座螺栓放松(不可将螺母完全松脱，并且注意最好不要将两个支座的螺母同时松开)，然后将工具油缸放入适当的位置，用高压油枪使井架左腿或右腿顶起，然后根据需要加减垫片，调整好后再将螺栓紧固。

(6)井架前后方向对井眼中心有较大偏差时，可调节人字架后支座上偏心轴的螺母来对正井眼。

(三)井架的下放

1. 井架下放前的准备工作

(1)拆除高架槽、高压立管与平管的连接、井架内外辅板及飘台等与下放井架有关设备或部件。

(2)将二层台的操作台翻起固定，将有关的绳索及工具固定牢靠。

(3)检查绞车刹车系统以及辅助刹车是否工作正常。

(4)检查井架起放专用钢丝绳及导向滑轮。

(5)连接好缓冲液压缸液压管线，试运行液压站。

(6)井架前方合适位置放好高支架。

(7)将起、放井架的平衡滑轮挂在游车大钩上，上提游车，拉直起放井架大绳及钻机大绳。

(8)卸掉井架与底座的连接螺栓销子或U形卡子等。

(9)检查指重表和套装井架限位防碰装置是否灵活、可靠。

2. 井架下放顺序

(1)安排好井架下放操作及指挥人员。

(2)缓慢顶出缓冲油缸的活塞杆，根据活塞杆伸出速度平稳操作刹把，将井架缓缓顶过死点后，使井架平稳匀速下落，直至放在摆放好的高支架上。

(3)放松大绳，卸掉死活绳头，抽出大绳，将井架起、放专用钢丝绳经保养，妥善存放。

(4)井架拆卸顺序与安装顺序相反，一般后安装的应先拆卸。

二、钻机底座的起、放

(一)底座的起升

1. 底座起升前的准备工作

(1)井架就位后，将其游动系统下放到台面，把底座起升大绳的平衡架挂到大钩上。

注意：不能用起升井架的平衡架起升底座。

(2)向起升系统的各滑轮内加注7011#低温极压润滑脂，直到油脂从滑轮端溢出。

(3)检查起升时旋转的构件有无卡阻现象。

(4)检查各起升杆件(前立柱、后立柱、斜立柱)两端连接应牢靠，旋转的构件销轴是否涂7011#低温极压润滑脂。

(5)检查起放底座专用钢丝绳

起升大绳无明显缺陷，无打扭现象，穿绳正确，挡绳装置齐全。专用钢丝绳允许起、放井架次数10次，超过规定次数，起放底座之前需经公司安全主管部门鉴定许可后使用。钻井队每次起、放底座前需对大绳作仔细检查，出现有断丝、断股、压扁、锈蚀等异常情况，无论使用次数是否达到规定标准，都必须经公司安全主管部门鉴定和处理。

(6)绞车工作正常，刹车机构灵活、可靠。

(7)底座的液压系统工作正常。

(8)准备起升底座。

切记：取消顶层与底层连接的12个ϕ80mm销子。

2. 底座起升顺序

(1)在确认检查结果良好后，即可用绞车Ⅰ挡缓慢起升底座，起升速度应均匀，不得忽快忽慢，不得随意刹车。

(2)起升底座到离开安装位置0.2m左右时，应至少停留5min，并检查下列部位：

①各起升大绳是否有异常现象、绳头连接是否牢靠。

②主要受力部位的销子、耳板是否工作正常，是否有裂纹。

③主要受力部位的耳板焊缝是否有裂纹。

④钢丝绳在绞车滚筒上排列是否整齐。

⑤在确认检查结果良好后，将底座放回到安装位置，随后正式起升底座，在底座起升过程中使缓冲油缸活塞杆伸出约600mm长。起升到位后，将顶层左、右上座和立支架上端用四个ϕ80mm销子连接。

注意：底座起升时要求速度缓慢平稳，并应随时注意指重表的变化。如果在起升中间指重表读数突然增加或底座构件间出现干涉等异常现象，应停止起升，将底座放下，仔细检查排除故障方可再次起升。

(二)底座下放顺序

(1)下放底座前也必须作严格检查，检查项目与起升底座前的检查项目相同。

(2)将起升平衡架挂在大钩的主钩上，两根起升大绳活端与起升平衡架连接，用绞车Ⅰ挡将起升大绳轻轻拉紧。

注意：取掉顶层左、右上座和起升装置的立支架上端连接的四个ϕ80mm销子。

(3)利用底座下放装置，开启液压控制系统的手动换向阀，使左、右两个液压缸的活塞杆同时顶住立支架上端的单耳板，同时放松绞车的刹把，使大钩缓缓下放，活塞杆走完最大行程后即停止工作(但应立即收回活塞杆)，然后利用绞车的刹车装置，靠底座自重使底座缓慢下放。

(4)底座在完全下放后，切记穿上底层与顶层的8个ϕ80mm销子，然后才能下放井架。

警告：底座起升、下放用钢丝绳必须严格按图纸或说明书所规定的钢丝绳型号及规格选用。

(三)钻机底座的维护内容

(1)使用中注意底座基础的稳定，尽量减少地面水渗漏到基础周围的土层中，如果发现基础有不均匀下沉时，应采取措施补救。

(2)底座在使用过程中应经常检查螺栓是否松动，销轴别针是否脱落。主要受力部位的焊缝有无开裂，耳板有无挤压变形，构件有无变形等，发现异常情况应及时采取措施。

(3)未经专门管理机构的允许，不得在底座主体主要受力构件上钻孔、割孔及焊接。

(4)底座每次起放前，起升系统的滑轮内及转动杆件的销子必须涂 7011#低温极压润滑脂。

(5)在底座吊装和运输中应严格防止构件碰坏甚至变形，如发现构件损坏，应及时予以校正或更换。底座在拆装运输中，各构件的销孔、螺栓孔等裸露金属加工表面应涂润滑脂防腐。

(6)底座在正常使用期间，每年均应进行全面保养。如除去锈蚀，进行涂漆等防腐处理，与地面接触的底座左、右基座等应每半年进行一次除锈防腐处理。遭受钻井液、饱和盐水、硫化氢等浸蚀而腐蚀严重的部位，应在每口井完钻和搬家前彻底进行一次除锈并进行防腐处理。

(7)使用过程中，如发现油漆脱落应及时补刷油漆。

(8)应按 SY/T 6408—2012《钻井和修井井架、底座的检查、维护、修理与使用》定期对底座进行现场外观检查，并报告结果。

任务考核

一、简述题

(1)钻机吊装顺序是什么？

(2)钻机的安装顺序是什么？

(3)钻机调试前的准备工作有哪些？

(4)起、放井架的自然条件是什么？

(5)钻机底座的维护内容是什么？

二、操作题

(1)ZJ70/4500DS 钻机的搬迁。

(2)ZJ70/4500DS 钻机的安装。

(3)ZJ70/4500DS 钻机的调试。

(4)ZJ70/4500DS 钻机井架及底座的起放。

项目三十　钻井施工工序

知识目标

(1)理解定井位的含义。

(2)理解基础施工的含义。

(3)理解下套管施工过程。

(4)理解固井施工过程。

(5)掌握钻井主要施工工序。

技能目标

(1)掌握钻井设备的拆装。

(2)掌握钻井常见工况的操作。

学习材料

钻井是一项复杂的系统工程，每一口油、气井的完成都包括钻前施工、钻井施工和固井作业三个阶段。每一项工程阶段又有一系列的施工工序。就钻井工程总体而言，其主要施工工序一般包括：定井位、道路勘测、基础施工、安装井架、搬家、安装设备、一次开钻、二次开钻、钻进、起钻、换钻头、下钻、完井、电测、下套管、固井作业等。

下面对上述工序分别予以介绍：

一、定井位

定井位，就是确定一口油、气井的位置。一口井井位是由勘探部门(勘探井)或油田开发部门(生产井、注水井、调整井等)来确定。油、气井位置的内容如下。

(1)构造位置：该井在什么地质构造上。

(2)地理位置：该井在省、县、乡、村的位置。

(3)测线位置：该井所在的地震测线剖面。

(4)坐标位置：该井在地球表面的经度和纬度。

确定井位时，必须注意避开山洪及暴雨冲淹，或有发生滑坡危险的地方。其井场边缘应距铁路、高压电线及大型设施至少要保持50m的距离，井口至少距民房60m以外。

确定井位时，必须全面考虑地形、地势、地物、土质、地下水位、水源、排水条件、交通状况等，优选出最佳井位点。

二、道路勘测

道路勘测是对井队搬家所经过的道路进行实地调查了解，为顺利安全搬迁而做的准备工作。在搬家前由有关人员共同勘察沿途的道路、桥梁和涵洞的宽度及承载能力，掌握沿途的通信线、电力线的情况，凡不合要求者及时采取措施处理。同时还应了解沿途车辆及城镇的人流情况，以保证行车安全。

三、基础施工

基础是安装钻井设备的地方，其目的是保证机器设备的稳固，使设备在运转过程中不移动、不下沉，减少机器的振动，以保证其正常的运转。钻井现场一般采用填石灌浆基础、混凝土预制基础和方木基础。基础按施工图纸施工好后，必须用水准仪找平。井架、柴油机和钻井泵基础水平误差不得超过±3mm，前后基础误差不超过±10mm。平面位移以中心线为准，偏差不得超过±20mm。

活动基础的摆放是只准挖方，不准填方。基础应高于地面50~60mm，并用土覆盖，防止整拖井架及设备时损坏基础表面。

四、安装井架

具体内容见项目二十九所述。

五、搬家

搬家是把钻井设备及井队人员的生活设施由老井搬迁到新的井场。搬家是一项繁忙复杂的工作，由生产调度统筹安排。井队、运输、钻前、管具以及钻井公司等有关后勤单位和部门互相协作配合才能顺利完成。搬家主要包括：搬家前的准备工作、搬家组织工作、设备器材吊装、卸车及设备就位。

具体内容见项目二十九所述。

六、安装设备

安装设备是将搬家拆开的设备、工具等在新井场重新组装起来，形成完整的钻井设备系统。

安装工作的主要内容有：设备就位、校正设备、固定设备等。设备的安装工作可在整个井场同时展开。校正设备应是先找平，后找正，校正要按一定顺序进行。首先根据井架四条大腿对角线交点来确定转盘中心位置，由转盘的中心再确定天车的中心，使天车中心、转盘中心、井口中心三者在一条垂线上。然后通过转盘链轮和绞车过桥链轮的同一端面校正绞车的位置。再通过绞车传动链轮和1号车传动链轮校正1号车位置。依此类推，校正柴油机、联动机、钻井泵、压风机、除砂泵等设备的位置。

固定设备时一定要使螺栓紧固牢靠，零部件齐全，保证质量，注意工作安全。

具体内容见项目二十九所述。

七、一次开钻

设备安装工作完成之后，要进行第一次开钻，这是为下人表层套管而进行的钻井施工。

1. 一次开钻前的准备工作

(1)下井钻具及套管要清洗丝扣，检查、丈量、编号，并记录清楚。

(2)挖出圆井和循环沟，冲(钻)大、小鼠洞，下好鼠洞管。

(3)按设计要求配制好钻井液。

(4)安装好向井内灌钻井液的管线。

(5)接好一开钻头，提出转盘大方瓦，下入钻具。

2. 一次开钻技术要求

(1)第一次开钻井眼钻头直径要根据所层套管的直径选定，其标准如表1-88所示。

表1-88　套管与井眼的尺寸配合

mm

序　号	套管直径	井眼钻头直径
1	508	660.4
2	406	469
3	339.72	444.5
4	298.45	381

(2)钻头进入圆井开泵，钻具结构、钻井参数、水力参数应符合工程设计要求。表层套管下深超过150m，必须使用三牙轮钻头开眼。

(3)表层套管的沉砂口袋不能大于2m。

(4)打完表层井深，调整好钻井液性能，循环两周投测起钻，井斜不得超过0.5°。

(5)起钻时连续向井内灌满钻井液，钻头出转盘前，要提出大方瓦，再上提钻具钻头通过转盘。

(6)套管实际下深与设计下深误差小于±5m。

(7)表层套管连接不得错扣，双钳紧扣，余扣不超过1扣。

(8)表层套管必须在井口找正后固定好再固井。

(9)固井时，水泥浆必须返出地面；若未能返出，一定要打水泥帽子。

(10)固井替入量要计算准确，不得替空，管内留水泥塞高度应不大于10m。

八、二次开钻

二次开钻是在钻完一次开钻进尺，下完表层套管固井后，钻井施工工作的继续。

(一)二次开钻前的准备工作

(1)安装井口装置。

具体内容见项目十所述。

(2)高压试运转。

二次开钻前，对循环系统进行联合高压试运转，用以检查安装质量，保证设备和循环系统在钻进过程中不出现问题。同时发现薄弱环节，以便整改。在进行高压试运转时，应注意下列问题：

①高压试运转前做好准备工作：钻井泵、立管、水龙头、水龙带及方补芯等保险装置必须齐全可靠。

②装配合适的钻头水眼，使之在确定的排量下，达到在钻进过程中的最高压力。

③试压时钻具结构为：钻头 + 钻杆 + 方钻杆，要双钳紧扣。

④泵上水良好，排量由小到大，逐渐达到确定排量。

⑤转盘转速由Ⅰ挡到Ⅲ挡，交替试运转，水龙带不摆不跳，试运转平稳。

⑥高压试运转30min，钻井泵、地面高压管线、立管、水龙带、水龙头、泵压表等不刺不漏方为合格。发现问题及时整改，整改后重新试压，直到合格为止。

⑦试运转开泵时，人员应先远离高压区，待钻井泵运转平稳，泵压稳定后再进行检查。

(3)地质、工程设计交底，贯彻措施，落实生产运行大表。

(4)合理分配劳动力，科学地组织安排生产，保证二开工作的顺利进行。

(二)二次开钻施工

接好二次开钻钻头，按工程设计要求配好下部钻具结构，钻完水泥塞，钻头出表层套管接触第一次开钻时的井底，开始第二次钻进。

凡下入技术套管的井，还要组织第三次开钻。

九、钻进

钻进就是使用一定的破岩工具，不断地破碎井底岩石，加深井眼的过程。钻进要按设计要求，采用先进的工艺技术，以便快速、高效地钻达目的层。

1. 钻进施工

当钻头快要接触井底时，由司钻操作，开泵，启动转盘，慢慢使钻头接触井底，逐渐给钻头施加一定的钻压(钻压是指钻进时施加于钻头上的力)，转盘旋转带动钻具转动，钻头就可以边挤压边切削井底岩石，使岩石不断破碎，自钻头水眼喷出的高速钻井液射流及时地将破碎的岩屑冲离井底，然后由钻井液带出地面。

钻井参数主要包括：钻头类型及参数、钻井液性能、钻进参数、水力参数。

钻进参数主要包括：钻压、转速、排量、立管泵压。

水力参数主要包括：上返速度、喷射速度、钻头压降、环空压耗、钻头水功率等。

当方入(在钻进过程中，方钻杆在转盘补心面以下的长度称为方入；在补心面以上的方钻杆有效长度称为方余)全部打完之后，停转盘，停泵，上提钻具到方钻杆母接头提出转盘面，扣上吊卡悬挂住钻具，用大钳卸开方钻杆扣，然后拉方钻杆与小鼠洞内的单根钻杆相接，单根提出鼠洞，再与井口的钻柱相接，开泵，启动转盘，下放钻具，恢复正常钻进。以上这一过程现场称为“接单根”。

钻进操作要求送钻均匀，防止憋钻、跳钻、顿钻、溜钻，严防加压启动转盘，禁止打倒车，上提下放钻具要平稳。

钻进时要随时注意泵压和悬重的变化，以及井口返出钻井液情况。如发现泵压下降1MPa，地面又检查不出原因，应立即组织起钻，检查钻具。

钻进中停泵或倒泵要先通知司钻，待钻具提起后再进行以上操作。

采用双泵钻进时，打完单根先停一台泵，提起方钻杆后再停另一台泵。接好单根后先开一台泵，待钻井液返出井口正常后再开另一台泵。泵压正常后操作人员才能离开气开关，保证钻进安全。

钻头使用到后期，如有憋钻、转盘负荷增大、转动不均匀、打倒车、钻速明显下降等现象，应立即循环钻井液，起钻换钻头，不可凑合或反复试钻。

2. 喷射钻井技术

喷射钻井就是利用钻井液流经钻头喷嘴所形成的高压射流充分地清洗井底，使岩屑免于重复切削，并与机械作用联合破碎岩石，达到提高钻速的先进钻井技术。

喷射钻井可以获得较高的机械钻速，其主要原因有：

(1)喷射钻井可以充分净化井底，消除了重复切削。

(2)保持和扩大了预破碎带裂缝。

(3)直接水力破碎。

喷射钻井的特点是：喷嘴直径较普通钻头的水眼要小、泵压高、排量小，但排量可完全达到携带岩屑的要求。

3. 取芯钻井技术

取芯就是利用取芯工具，从地下取出岩样(岩芯)的作业。岩芯是认识油、气田和地层的宝贵资料，钻井取芯是石油勘探和开发中很重要的一项工作。地质工作者通过对岩芯的分析研究，可以取得更为完整、准确的地质资料，掌握油气层的分布规律，地层的厚度、岩性、孔隙度、渗透率、含油饱和度、裂缝发育等情况，为制定合理的勘探、开发方案，准确地计算储量，采取有效地增产措施提供可靠的依据。

钻井取芯多采用筒式取芯工具，对地层来讲分为硬地层取芯工具和软地层取芯工具；对取芯类型来讲又分为短筒取芯、长筒取芯、密闭取芯等。它们的结构不同，取芯工艺也有所不同。但其结构组成都有：取芯钻头、岩芯筒、岩芯爪、扶正器及回压凡尔等。

取芯钻进过程包括钻出岩芯、保护岩芯和取出岩芯三个主要环节。完成这三个环节要正确选择取芯工具，制定合理工艺技术措施，精芯进行操作，所取得的岩芯收获率就高。

岩芯收获率是衡量取芯技术水平和取芯质量的一个重要指标。

4. 定向钻井技术

定向钻井首先要进行定向井的井身剖面设计，选择好井眼曲率、井眼形状及造斜位置，然后选取一定的造斜方法和造斜工具进行造斜。通过造斜、稳斜、降斜等阶段，并且在每个钻进阶段不间断地进行测井，录取井深、井斜、井斜方位角等资料，绘制出实际井眼轨迹曲线，并与设计相对照，如果不符合井身剖面设计的，要加以调整，或增斜、降斜、扭方位等，使之达到设计要求。

5. 钻进中特殊情况的处理

(1)泵压下降

①原因：泵上水不好；管线、阀门、钻具刺漏或断落造成钻井液短路循环；钻头水眼刺坏或脱落；井漏；钻井液气侵或泵转速降低等。

②处理：是地面原因的要组织抢修或钻井液除气。是井下钻具原因的应立即起钻，怀疑钻具刺坏应旋绳卸扣，不得猛提、猛刹，防止钻具断落。井漏要进行堵漏工作。

(2)泵压升高

①原因：井塌；钻速过快，钻井液携砂能力差；钻具水眼堵塞；钻井液密度不均匀；刮刀钻头刀片磨秃或刀片脱落。

②处理：若是环空不畅通应大排量循环，冲出泥砂，轻压钻进恢复正常；若水眼堵塞应起钻检查钻具；若钻井液性能变化应循环处理正常后恢复钻进。

(3)悬重下降

①原因：一是指重表出现故障，二是断钻具。

②处理：首先提起钻具检查传压器及传压管线有无泄漏，以及指重表零件是否损坏，然后重新校对悬重。如果指重表工作正常，应立即起钻，根据钻具断口情况决定打捞办法。

(4)发生溢流

应按井控工作中的“四、七”动作要求执行。

十、起钻

起钻就是将井下的钻具从井眼内起出来，称为起钻。起钻一般是三根钻杆组成一个立柱移放于钻杆盒内。

起钻是一项操作技术性很强而又艰苦的工作，需要多岗位协作配合。

1. 起钻前的准备工作

(1)起钻前要循环和调整好钻井液，使之符合设计要求。

(2)检查设备、仪表和刹车系统等是否正常工作。

(3)起钻前要做好向井眼内灌钻井液的准备，包括准备好灌钻井液的管线，倒好阀门等。

(4)检查好大钳、吊卡、卡瓦、提升短节等井口工具，准备好刮泥器等。

(5)检查大钳尾绳是否固定牢靠。

2. 起钻遇卡的处理

在起钻过程中，由于钻井液性能或井身质量等原因造成井塌、井内存在砂桥、井眼缩径或钻头泥包、有键槽、发生井下落物时，会产生拔活塞和遇卡现象。

起钻拔活塞时有下列现象：

(1)摩阻力较大，连续遇卡。

(2)环空钻井液随钻具一起上行。

(3)钻具内液面逐渐下降，被抽空。

(4)转盘卸扣困难，打倒车严重。

起钻遇有拔活塞和卡钻现象不要硬拔硬起，应采取适当的措施进行处理。首先要下放钻具到正常井段，接方钻杆开泵循环钻井液，并转动转盘，清砂，调整钻井液性能，大排量洗井，井下正常后，方可起钻。

如是键槽遇卡，可采用倒划眼等方法，破坏掉键槽，再起出钻具。

十一、换钻头

起钻完，将钻具上的旧钻头卸下，在下钻前把新的钻头上到钻具上，这一项工作即为换钻头。

换钻头前，要对新钻头进行检查，看其是否符合下井要求。检查内容如下：

(1) 钻头类型、尺寸、扣型应符合要求。

(2) 牙轮转动是否正常。

(3) 水眼应畅通，符合设计要求。

(4) 丝扣、焊缝等是否完好无损。

钻头丝扣上抹好丝扣油，把钻铤提离转盘面 1m 左右，内外钳工用双手托起钻头转动与钻铤上扣，然后放入钻头盒，用液压大钳上紧。钻头丝扣的拉紧程度应符合扭矩标准。

十二、下钻

换好钻头，重新将钻具下入井眼内的工作过程，称为下钻。下钻的具体工作内容与起钻基本相同，其不同点是：起钻是卸扣，提升钻具，下放空吊卡；而下钻是上扣，下放钻具，提升空吊卡。

1. 下钻的准备工作

(1) 检查刹车系统、气路、防碰天车装置、仪表等是否正常工作。

(2) 检查大钳、吊卡、卡瓦等井口工具是否灵活好用，规格是否符合要求。

(3) 准备好钻具丝扣油。

2. 下钻遇阻的处理

下钻遇阻的原因：

(1) 起钻时井内未灌满钻井液或钻井液性能不好造成井塌。

(2) 井径因地层吸水膨胀而缩小。

(3) 钻头直径磨损严重，再下新钻头造成遇阻。

(4) 钻具结构改变。

(5) 井眼不规则或有砂桥、落物。

下钻遇阻，要认真分析原因，应根据不同的遇阻情况，采取不同的处理措施。

如因为井塌、缩径、井眼不规则、有砂桥等所引起，可采用“一冲、二通、三划眼”的方法进行处理；因钻具结构改变而下钻遇阻，可再恢复原来的钻具结构；因钻头磨小，可划眼扩眼，但要防止压入小井眼而拔不动；因井下有落物，可把落物通到井底，然后处理掉落物再恢复正常生产。

十三、完井电测

任何一口井完钻后，在进行完井作业之前，都要进行完井电测。其目的是通过对地层和井眼的测量为完井作业和油田开发提供可靠的资料。

测井方法很多，主要包括：电法测井、放射测井、工程测井等。其中与钻井工程关系较为密切的是工程测井。工程测井包括：井径测量、井斜测量、井温测量、声幅测井、磁性定位测井等方法。它是为检查井身质量、固井质量，为射孔、采油提供依据的。

完井电测时需要井队密切配合，并按时向井眼内灌满钻井液。应注意井口是否有溢流，如发现溢流，要立即报告队长，组织处理。

十四、下套管固井

油气井钻到设计井深后，经过电测，在井内下入一定尺寸的套管串，并在套管与井眼的环形空间注入水泥浆，使套管与井壁牢固地成为一体，以达到封固疏松、易漏、易塌等复杂地层和防止地下油、气、水互窜，便于安装井口，形成油气流通道，为安全钻井和油气井投产创造良好的条件。

下完套管之后，就要注水泥进行固井，注水泥工作一般按以下工序进行施工：

(1)套管下至预定井深后，装上水泥头循环钻井液，并接好各台注水泥车的地面管线。

(2)打隔离液，注水泥。

(3)顶胶塞并开始替钻井液。

(4)碰压：替钻井液后期，泵压不断升高，当胶塞座在回压凡尔的生铁圈上时，泵压突然升高，即为碰压，此时注水泥工作结束。

(5)候凝：碰压后，说明套管内水泥浆全部替出，这时要候凝。候凝有时采用憋压候凝，有时采用敞压候凝。憋压候凝时要注意由于水泥浆凝固放出的热量会使井口压力增高，这时要按固井施工要求定时、定量在井口进行放压。敞压候凝时，要注意套管内是否有钻井液不断流出，要分析井下回压凡尔的可靠性，以防水泥浆进入套管内，造成套管内的水泥塞。

生产套管固完井 24h 后电测固井质量和试压。两项都合格后，应上好井口“帽子”并点焊牢固，然后交井。

到此，一口油、气井的全部钻井工程就结束了。

任务考核

一、简述题

(1)喷射钻井可以获得较高机械钻速的原因是什么?

(2)钻进参数主要包括哪些内容?

(3)钻进时要注意哪些问题?

(4)钻进中泵压下降是什么原因，如何处理?

(5)钻进中悬重下降是什么原因，如何处理?

(6)试述起钻遇卡现象、原因及处理方法?

(7)新钻头下井前要做哪些检查?

(8)试述下钻遇阻的原因及处理方法?

二、操作题

(1)钻井常见工况操作。

(2)钻井主要施工工序。

学习情境二
石油钻井柴油机技术知识与操作技能

情境描述

目前，在石油勘探开发中，钻机的动力都由钻井柴油机提供。因此，钻井柴油机在石油钻井作业中占有十分重要的地位。对于将来从事石油钻井作业的学生来说，系统地掌握钻井柴油机相关知识和操作技能十分必要。

石油钻井柴油机技术知识与操作技能是石油钻井作业的相关专业内容。它所涉及到的专业理论知识和操作技能，共归纳为10个典型工作项目和若干工作任务。

本部分内容以2000系列柴油机为主，系统地介绍了柴油机的结构、工作原理、技术性能，还详细地介绍了190系列柴油机的使用、维护与保养、常见故障的诊断与排除、空气压缩机的使用、钻机传动装置等内容。

项目一　柴油机司机岗位职责

知识目标

(1)理解柴油机司机HSE职责内容。

(2)理解柴油机司机井控职责内容。

(3)掌握柴油机司机岗位责任制内容。

技能目标

(1)掌握柴油机司机巡回检查路线和方法。

(2)掌握柴油机司机交接班内容。

学习材料

一、柴油机司机岗位责任制

(1)负责本班机房和发电房设备的使用和保养，确保正常运转。

(2)负责柴油机、液力传动装置、并车传动装置、发电机组、电传控制系统、压风机、干燥处理装置、储气罐、蒸汽发生器等设备的操作、检查和保养工作。

(3)负责本班设备的油、水使用与管理以及电气、电路、油路、气路的检查与维护。

(4)认真执行设备管理制度和设备操作规程；负责一般机械、电、气故障的处理和零部件更换，随时掌握设备运转情况。

(5)及时汇报分管设备情况，协助机电大班搞好机房设备的维护与保养。

(6)严格执行 QHSE 管理标准，负责按指定地点存放和处理机房的废油、废水，防止环境污染。

(7)负责填写动力、控制设备运转记录和报表。

二、柴油机司机巡回检查制

(一)巡回检查路线

值班房 → 油罐区 → 发电机房 → SCR 房 → 电、气线路 → 消防房及消防器材 → 值班房。

(二)巡回检查内容及要求

1. 值班房

查阅工程班报表等资料，了解施工状况。

2. 油罐区

(1)柴油、机油、液压油油质合格、储量满足施工要求。

(2)罐口密封严，强制过滤器齐全完好，定期保养及更换。

(3)油品消耗有定额、有计量，流量计完好，交接班记录清楚。

(4)各输油泵运转正常，接地良好。

(5)罐区无泄漏，废油废水及时回收处理。

3. 发电机房

(1)柴油机

① 柴油机清洁，固定良好无松动，运转正常。

② 曲轴箱油量、油质符合用油要求，各密封处不漏油。

③ 冷却水水量、水质符合用水要求，散热器及各管线不渗不漏。

④ 燃油管路固定牢靠，接头无松动或泄漏。

⑤ 机油压力表、水温表、空气压力表及空气滤清器压差表等齐全、灵敏、准确，指示正常。

⑥ 柴油滤清器、机油滤清器、空气滤清器保养或更换符合要求。

⑦ 风扇及风扇传动固定牢靠，润滑好，皮带松紧合适。

⑧ 柴油机运转时声音、排温、排烟正常，增压器运转正常。

⑨ 气动马达固定牢固，气管线或电缆连接符合要求。

⑩ 蓄电池电压、电解液符合要求，接线柱紧固无腐蚀现象，充电器(机)正常。

(2)发电机

① 发电机各接线柱牢固，运转正常。

② 发电机轴承润滑良好，黄油嘴齐全。

③ 机组清洁，防潮。

④ 接地线符合要求。

(3)螺杆式空气压缩机

① 各螺栓紧固，运转正常，仪表灵敏、准确，指示正常。

② 油箱内油量、油质符合要求，各管线不漏油、不漏气。

③ 运转无异常响声及振动，传动皮带松紧合适。

④ 压风机止回阀、安全阀、排污阀灵活好用。

⑤ 安全保护系统及报警装置灵活好用，预设参数符合要求。

⑥ 压风机清洁、干燥、卫生，房内通风良好，环境温度不超过40℃。

⑦ 干燥机运转正常，排污阀灵活好用，按使用要求定时排污、清洁。

⑧ 储气瓶规格符合配套要求，压力表、安全阀、排污阀齐全、灵敏可靠。

(4)手工具齐全、清洁，摆放整齐完好。

(5)发电房内清洁、照明设施齐全完好。

(6)发电房内接地保护良好。

(7)消防器材做到“三定一挂”管理。

4. SCR 房

(1)房内温度合适，SCR 柜风机运转正常。

(2)房内干燥、清洁、卫生，手工具齐全，摆放整齐。

(3)检查 SCR 房内各指示灯指示情况。

① 各发电机组相应的运行灯、发电机上线灯、SCR 桥运行灯指示正常(发亮)。

② 三个接地检测灯应全部发出橙黄色光，按下试验按钮检查，三个灯也应为橙黄色，且交流和直流百分比接地表读数应为零。

③ 检查绞车能耗制动接触器的工作情况是否正常(起下钻时)。

④ 检查上线发电机的有功功率和无功功率分配是否均衡。

⑤ 检查交流控制单元的保护电路功能是否正常。

⑥ 检查柴油机超速和逆功率跳闸保护功能是否正常。

⑦ 检查应急照明设备功能是否正常。

(4)MCC 柜检查

① 检查 MCC 柜面是否清洁，有无损坏。

② 检查所有断路器(开关)的工作状态。

③ 检查所有仪表、指示灯指示是否正常。

④ 检查 MCC 内是否清洁，抽屉推拉是否正常。

⑤ 检查各接触器是否过热，接头是否烧损、腐蚀和生锈。

⑥ 检查所有插座、接线盒和开关是否有腐蚀和受潮现象。

⑦ 检查短路保护、过载保护、失压保护等是否工作正常。

(5)检查所有直流电动机电刷磨损情况。

(6)检查所有电缆是否有磨损、破裂及振动摩擦等。

(7)各照明设施齐全完好、防爆。

(8)消防器材符合使用、存放要求。

(9)SCR、MCC 检查，保养记录填写及时、准确、规范、字迹整洁，填写无错漏。

(10)防触电等 HSE 标识清晰。

5. 电路

(1)所有电器设备接线符合规定要求。

(2)检查所有电缆是否有磨损、破裂及振动摩擦等。

(3)检查接线板、开关和插座是否紧固。

(4)检查各接触器线圈是否过热，接头是否腐蚀和生锈。

(5)检查所有露天插座、接线盒及开关是否腐蚀及受潮漏电。

(6)检查电缆槽内电缆是否排放整齐，电缆槽外观应清洁，连接紧密。

6. 消防房及消防器材

(1)消防器材种类、数量齐全，定期填写消防器材检查保养记录，做到“三定一挂”管理。

(2)灭火器、消防钩、消防锹、消防斧、消防筒、消防水龙带齐全，工况良好，消防砂按规定配备。

7. 值班房

(1)班前会

及时向司钻反映巡回检查中发现的未整改问题，根据任务安排，明确本班机房设备修换、保养、维护内容。

(2)班后会

及时进行本班工作总结。

三、柴油机司机交接班制

(1)动力设备运转、保养情况及报表资料要交接清楚。

(2)部件更换情况，存在问题及故障排除情况要交接清楚。

(3)油水数量与过滤情况及领导布置工作完成情况要交接清楚。

四、柴油机司机 HSE 职责

(1)负责机房、发电房、油罐区设备的安全操作与运行。

(2)执行安全技术操作规程、规定、标准，正确使用劳动防护用品。

(3)负责机房、发电房设备的防护罩、安全装置、信号报警装置维护保养工作。

(4)参加应急演练及安全活动，参加班前班后会，按规定交接班。

(5)按本岗巡回检查路线对柴油机、联动机、压风机、气瓶组、油罐区、发电房等设备进行巡回检查，发现隐患及时整改。

(6)维护保养好机房的消防器材。

(7)参加设备拆迁、安装、固井、下套管、甩钻具等特殊作业时，做好和其他人员协同配合。

(8)发生事故时参加抢险保护现场，配合调查处理。

五、柴油机司机井控职责

负责柴油机和发电机的正常运转，关井时负责开探照灯，停井架及循环系统电源，保证液控台供电正常。

任务考核

一、简述题

(1)柴油机司机 HSE 职责内容是什么?

(2)柴油机司机井控职责内容是什么?

(3)柴油机司机岗位责任制内容是什么?

二、操作题

(1)柴油机司机巡回检查路线和方法。

(2)柴油机司机交接班内容。

项目二　柴油机的基本知识

知识目标

(1)理解多缸柴油机的工作过程。

(2)理解柴油机的主要性能。

(3)理解柴油机型号的含义。

(4)掌握构成柴油机机构与系统。

技能目标

(1)布置机房各种设备。

(2)区别常用的三种型号柴油机。

学习材料

任务一　多缸柴油机

一、构成多缸柴油机的机构和系统

一台柴油机由许多零部件组成，为便于分析结构，根据柴油机各零部件所起的作用不同，将一整台柴油机分为以下几个部分。

1. 曲柄连杆机构

曲柄连杆机构是实现热能向机械能转化的机构，如图 2－1 所示。燃烧室内充满着燃油与空气的混合物，使燃油在燃烧室内燃烧后便会产生大量的热能，热能使缸内气体膨胀，从而使缸内压力升高，气体压力作用于活塞上便推动活塞做往复直线运动，通过连杆使曲轴旋转，从而实现了热能向机械能的转换。

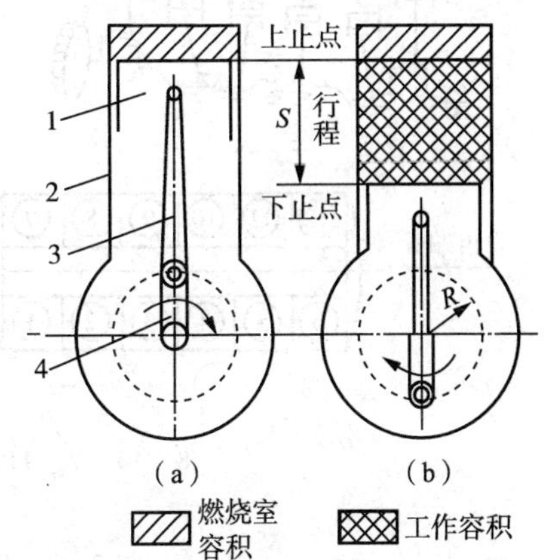

图 2－1　曲柄连杆机构原理

1—活塞；2—气缸体；3—连杆；4—曲轴

2. 配气机构

柴油机中燃料的燃烧需要空气，热能向机械能的转化需要依靠气体的膨胀才能完成。因此须定时向柴油机气缸内供应充足的空气，而配气机构就是根据柴油机工作过程的需要，定时地向气缸内供应足够量的新鲜空气，并将已用过的气体和燃料燃烧后的废气从气缸中排出。

3. 燃料供给系统

柴油机的燃料供给系统所起的作用，就是根据柴油机工作过程的需要，定时、定量、定压地向气缸供应一定压力的柴油。在气缸内，柴油与空气混合后燃烧放热，缸内气体受热后产生膨胀，通过曲柄连杆机构，将热能转变成为机械能。

4. 润滑系统

柴油机的各运动表面需要润滑，以减轻摩擦。润滑系统的作用是在柴油机工作时和工作前，将润滑油输送到各运动件的摩擦面上，从而保证柴油机安全可靠地工作。

5. *冷却系统*

柴油机工作时，燃料燃烧、运动件摩擦产生的热量使柴油机温度升高，影响柴油机正常工作。冷却系统的作用就是用水或空气对柴油机进行冷却，使柴油机处于正常的工作温度范围内。

6. *启动系统*

柴油机借助于外力由静止状态转入工作状态，这一过程称为启动过程，完成启动过程所需要的系统装置称之为启动系统。

7. *机体组件*

机体组件是柴油机的骨架，用以支持、安装各机构、各系统的零部件。

8. *增压系统*

石油钻井用柴油机都采用了废气涡轮增压技术，使功率大大升高，燃油消耗率降低。用以实现增压的装置，称为增压系统。

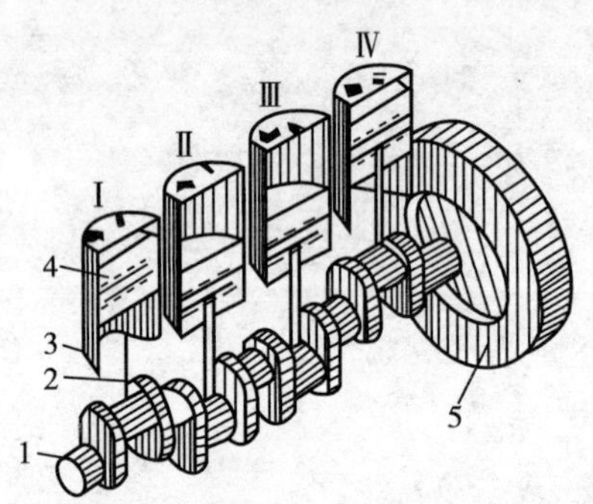

图 2－2　多缸柴油机结构示意图

1—曲轴；2—连杆；3—气缸；4—活塞；5—飞轮

二、多缸柴油机工作过程

多缸柴油机是指具有两个以上气缸，各缸的活塞连杆机构都连接在同一根曲轴上。如图 2－2 所示为多缸柴油机的结构示意图。它是由四个气缸组成，各气缸的活塞连杆机构都与曲轴 1 相连接。对每个气缸来讲，却又构成一个完整的单缸机，都按照单缸柴油机中四个工作过程进行工作。但在同一时刻，每个气缸所进行的工作过程却不相同。

图 2－3 所示为国产 12V190 型柴油机各缸冲程交替的顺序。

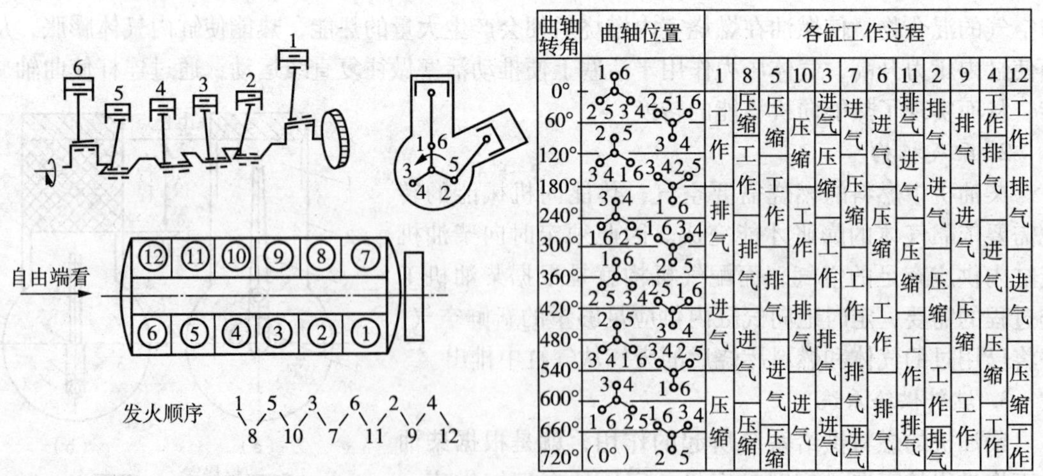

图 2－3　12V190 型柴油机各缸冲程交替的顺序

如上所述，多缸柴油机在结构上比较复杂，但它能使柴油机运转的均匀性大大改善；并且可以用同一种缸径，采用不同的气缸数的办法，制成系列产品，在制造与使用上均带来方便；此外多缸柴油机可以获得很高的功率，体积和质量相对地减小，节约成本。因此石油钻井作业广泛采用多缸柴油机。

任务二　柴油机的主要性能

一、柴油机主要性能指标

柴油机的性能是指反映其工作能力大小及工作质量如何的一些技术指标。

柴油机的性能可以从多方面表示，使用中最重要的是它能发出多少功率(即柴油机的动力性指标)和发出这些功率所需要的燃料(即柴油机的经济性指标)。因此在柴油机使用说明书中都列出一些主要性能数据，以便合理地使用，使柴油机发挥最大效能。

柴油机的主要性能指标包括：功率、燃油消耗率和扭矩等。

1. 功率

柴油机的功率可分为指示功率和有效功率两种。通常我们所说的功率是指有效功率。有效功率是柴油机使用过程中的一项重要指标。它表示了柴油机对外做功能力和使用范围。由于柴油机各零件结构强度的限制，为了保持柴油机能够持久可靠地运行，对柴油机所能发出的有效功率与实际使用时所限定的使用范围又有所区别。国家标准中对柴油机使用功率做了规定，但是与我们关系密切的有如下两种。

(1)12h 功率

允许柴油机连续运转 12h 的最大有效功率。是为了满足在 12h 连续运转的机械要求而规定的一种功率指标。一般把 12h 功率又称作标定功率或额定功率，通常所讲的某柴油机的功率往往都是指这一功率。如石油钻井用柴油机。

(2)持久功率

允许柴油机长时间连续运转时的最高有效功率。是为了满足长时间连续运转的机械所规定的一种功率指标。持久功率一般为标定功率的 90%，如固定发电机所用柴油机。

由于各种柴油机用途不同，在使用说明书上往往规定有几种不同的有效功率，工作中应严格按照规定的功率使用，否则会造成柴油机事故或缩短使用寿命。

2. 有效燃油消耗率

有效燃油消耗率(通常称为燃油消耗率)表示单位有效功率在单位时间内所消耗的燃油量。它是衡量柴油机经济性的重要而又常用的一个指标，通常以柴油机每发出 1kW 有效功率，在 1h 里所消耗的燃油重量表示。

3. 有效扭矩

柴油机从曲轴上输出的力矩叫柴油机的有效扭矩。它可以通过水力测功仪测出，也可以根据柴油机发出的功率和相应的转速按相关公式求得。

除上述柴油机的主要性能指标外，柴油机说明书中还规定了机油压力和温度、冷却水温度、排气温度等要求。这些规定都是为了保证柴油机正常运转所必须的条件，在使用中要时刻注意观察，以免出现事故。

二、常见石油钻井柴油机

1. 国产 190 系列柴油机

石油济柴是国内非道路用中高速中大功率柴油机和气体发动机的主要生产商，主导产品济柴牌柴油机，广泛适用于石油钻探、工矿机车、工程机械、舰艇渔船(包括各种工程船、运输船、客轮、渔政船、渔船、军舰主辅机动力)及发电设备，是国家军工等要害领域和场合的重点选用产品。产品范围覆盖全国油田和 30 个省市、自治区，并出口日本、新加坡、印度尼西亚、泰国等三十多个国家。

石油济柴目前主要生产三大主导机型：陆用2000、3000和4000系列，功率200～1740kW柴油机及配套机组；燃气(包括天然气、煤层气、炼焦煤气、沼气等多气体)30～1500kW气体柴油机及配套机组。产品已通过了ISO9001质量体系认证，获得了国家技术监督局和国家商检局颁发的国家质量体系认证。产品现有123个品种、270个型号，其技术水平、生产总量和市场占有率在国内中、大功率柴油机制造业中名列前茅。目前2000和3000系列柴油机广泛应用于油田钻井作业中，为钻机提供主要能源，其技术参数如表2－1所示。

表2－1　190系列柴油机技术参数

序号	参　　数	2000系列 柴油机	3000系列 柴油机	4000系列 柴油机
1	机型	G12V190Z_L	A12V190Z_L	BL12V190Z_L－1
2	气缸数及布置方式	12V	12V	12V
3	结构型式	四冲程、直喷式燃烧室、水冷、废气涡轮增压、进气中冷		
4	缸径/冲程/mm	190/210	190/215	190/255
5	标定转速/(r/min)	1500	1500	1200
6	标定功率/kW(12h功率)	900	1200	1200
7	旋转方向(面向飞轮端)	逆时针	逆时针	逆时针
8	供油提前角/℃A	41±1	16±1	16±1
9	发火顺序	1—8—5—10—3—7—6—11—2—9—4—12		
10	进气门间隙/mm(冷机)	0.43±0.05	0.40±0.05	0.40±0.05
11	排气门间隙/mm(冷机)	0.48±0.05	0.50±0.05	0.50±0.05
12	进气门开/关/℃A	68±7/52±7	41.5±7/45.5±7	41.5±/745.5±7
13	排气门开/关/℃A	60±7/60±7	72.5±/736.5±7	72.5±/736.5±7
14	活塞平均速度/(m/s)	10.5	10.75	10.2
15	平均有效压力/MPa	0.99～1.05	1.312～1.50	1.52
16	最高爆发压力/MPa	11.0	14	15
17	总排量/L	71.45	73.1	86.72
18	压缩比	14:1	14:5:1	14:5:1
19	润滑方式	压力和飞溅	压力和飞溅	压力和飞溅
20	外形尺寸(长×宽×高) /mm×mm×mm	2670×1588×2366	2950×1980×2206	2950×1980×2312
21	净重量/kg	5300	9300	10050
22	燃油消耗率/(g/kW·h)	210	205	200
23	机油消耗率/(g/kW·h)	≤1.6	≤1.0	≤1.0
24	稳态调速率　≤	8%(发电5%)	0～5%可调	0～5%可调
25	最低空载稳定转速/(r/min)	600	600	600
26	烟度　FSU	≤1.5	≤1.0	≤1.0
27	涡轮前排温/℃	≤600	≤650	≤650
28	机油压力/MPa	0.4～0.8	0.3～0.6	0.4～0.6
29	出水温度/℃	≤85	≤90	≤85
30	机油温度/℃	≤95	≤95	≤90
31	冷却方式	强制水冷	强制水冷	强制水冷
32	启动方式	气启动或电启动	气启动或电启动	气启动或电启动

2. CAT 3500 系列电喷柴油机

3500 系列柴油机于 1980 年开始投入生产，用来替代已服役 20 年的 D399 柴油机。3500B 系列柴油机是在 3500 柴油机基础上设计的，3500 系列柴油机已被证明是非常成功的机型，而 3500B 系列柴油机引进了先进的电喷技术，将为用户带来更大的收益。CAT 3500 系列柴油发电机组广泛应用于油田钻井作业，作为电动钻机的主要电源。

其主要参数如表 2-2 所示，CAT3500B 系列柴油发电机组外形如图 2-4 所示。

表 2-2　3500B 系列柴油机主要技术参数

序　号	名　称	主要参数
1	3512B	四涡轮增压器，中冷，V12 柴油机
2	排量/L	51.8
3	冲程/mm	170
4	缸径/mm	190
5	额定功率/hp	2250

图 2-4　CAT 3500B 系列柴油发电机组外形图

3. VOLVO 系列柴油发电机组

VOLVO 系列柴油发电机组，采用世界著名的瑞典 VOLVOPETN 柴油机作原动机，配以英国斯坦福 STAMFORD 交流发电机而成。提供 400/230V 三相四线制、50Hz 交流电，功率范围为：68～465kW。其具有以下特点：体积小、质量轻、油耗低、排放小及性能先进、工作可靠、使用维护简单等。广泛应用于社会生活的各个领域，特别是用于油田钻井作业，作为辅助电源以及应急能源。其主要技术参数如表 2-3 所示。

表 2-3　VOLVO 系列柴油发电机组主要技术参数

序号	名　称	参　数	
1	型号	TAD1232GE	TAD1241GE
2	规格	1×300kW	2×300kW 并机
3	额定功率	300 kV·A/300kW	750 kV·A/600kW
4	额定电压/V	400V/230V	
5	额定电流/A	并机 1082	
6	额定频率/Hz	50	
7	功率因数	0.8(滞后)	
8	供电方式	三相四线制	
9	机组质量/kg	2150	
10	机组外形尺寸(长×宽×高)/mm×mm×mm	3000×1150×1550	

VOLVO 系列柴油机结构如图 2-5 所示。

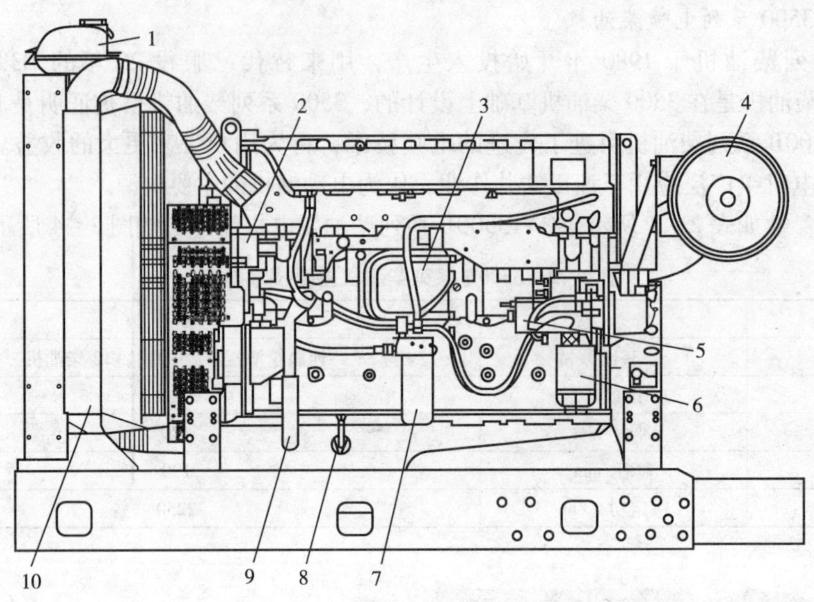

图 2－5　VOLVO 系列柴油机组成图

1—膨胀水箱；2—发电机；3—控制单元；4—空气滤清器；5—启动马达；6—燃油粗滤器带油水分离器；7—燃油滤清器带燃油压力传感器；8—油标尺；9—润滑油加油口；10—中冷器(仅 TAD)

任务三　国产 190 型柴油机的构造

190 型柴油机其构造，如图 2－6、图 2－7、图 2－8、图 2－9 和图 2－10 所示。

图 2－6　190 型柴油机配套机组

1—空气滤清器；2—风扇；3—散热水箱；4—底座

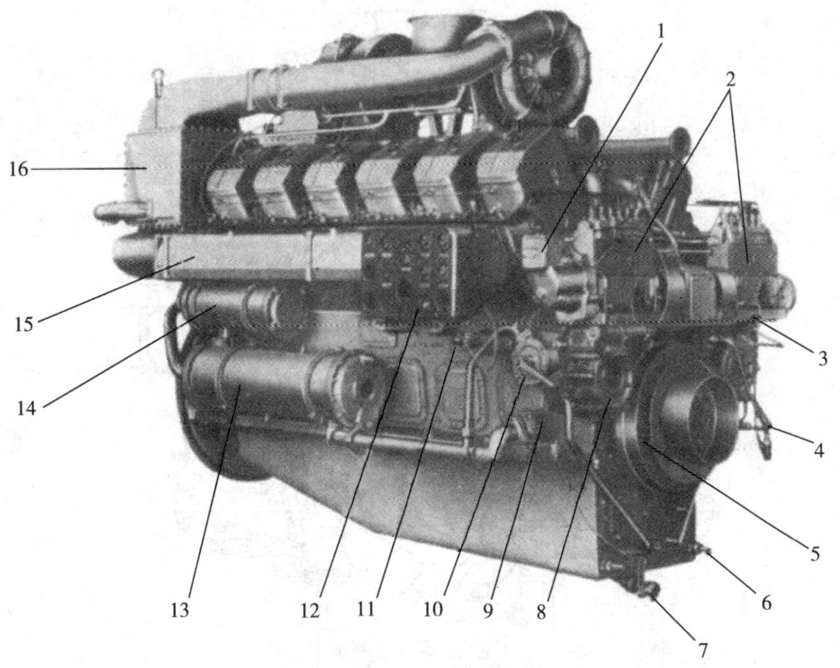

图 2-7　190 型柴油机外观(右侧)

1—调速器；2—喷油泵；3—喷油泵支架；4—燃油进油接头；5—硅油减振器；6—机油预热管接头；7—放油阀门；8—高温循环水泵；9—单向阀—调压阀；10—手摇机油泵；11—机体进水管；12—仪表盘；13—机油冷却器；14—机油滤清器；15—右进气管；16—中冷器

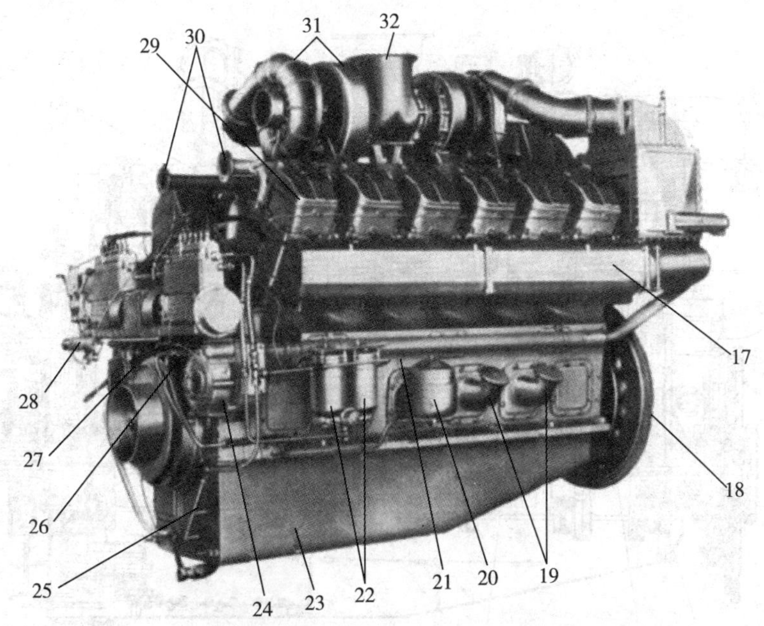

图 2-8　190 型柴油机外观(左侧)

17—左进气管；18—飞轮—连接器；19—通气管；20—离心式滤清器；21—机体；22—柴油滤清器；23—油底壳；24—低温循环水泵；25—油标尺座；26—柴油输油泵；27—转速表传动装置；28—操纵装置；29—气缸盖；30—回水管；31—增压器；32—总排气管

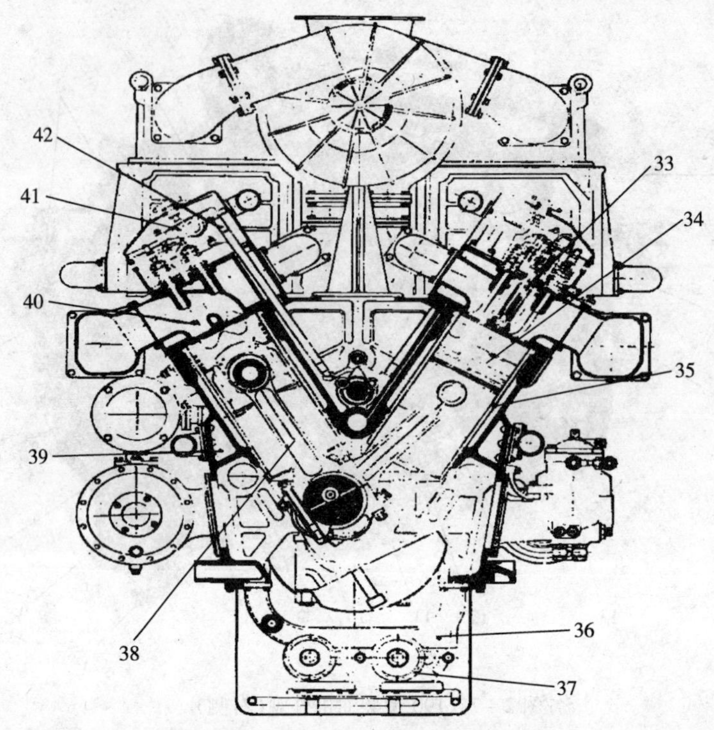

图 2-9　190 型柴油机横剖面图

33—喷油器；34—活塞；35—气缸套；36—机油泵支架；37—机油泵；38—连杆；39—机体水道；40—进气门；41—气门摇臂；42—推杆

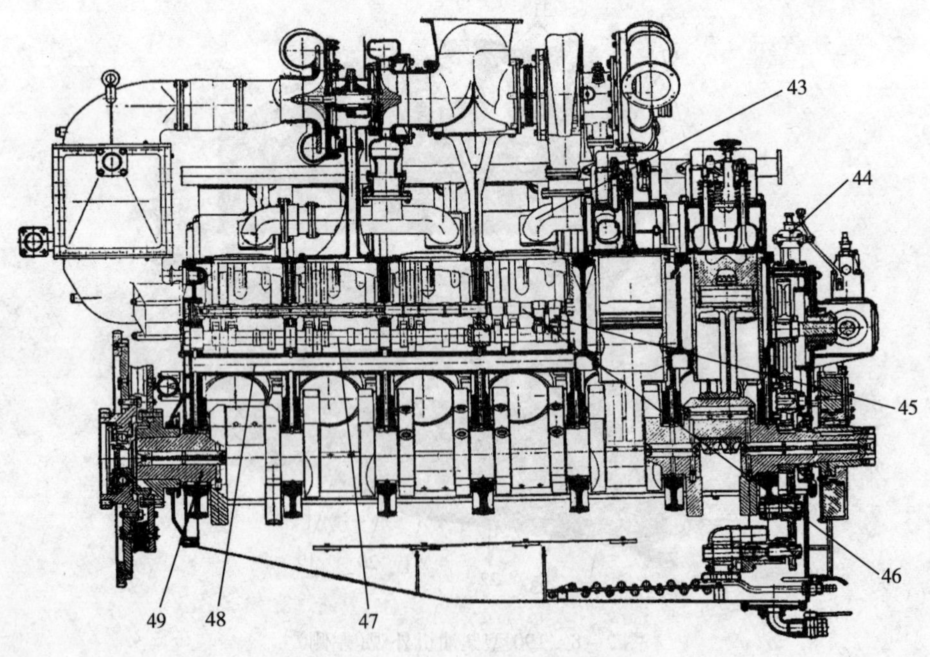

图 2-10　190 型柴油机纵剖面图

43—排气管；44—油压低自动停车装置；45—滚轮摇臂；46—摇臂轴；47—凸轮轴；48—主油道；49—曲轴

任务四　柴油机的型号

一、国产柴油机型号表示方法

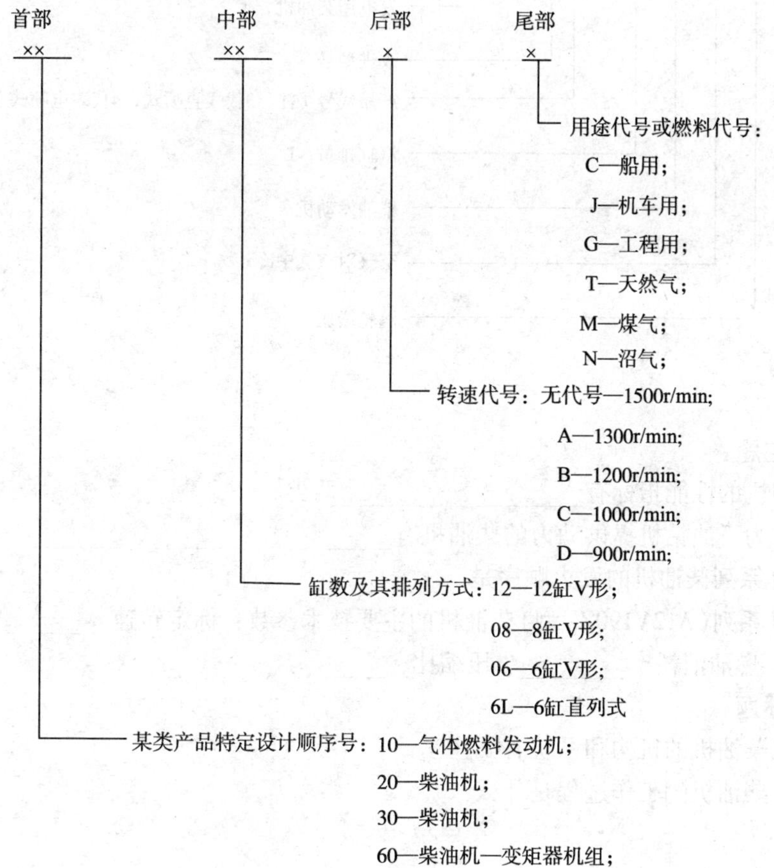

二、常见柴油机型号含义

1. 3012A 柴油机

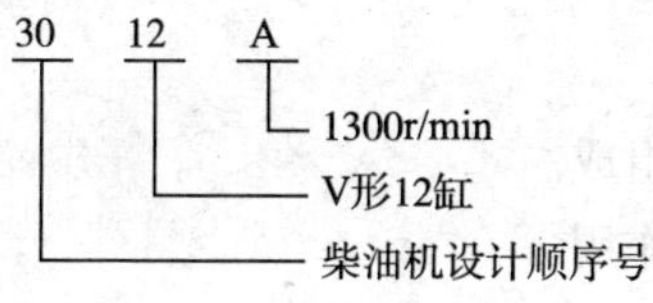

2. CAT3512TA 柴油机

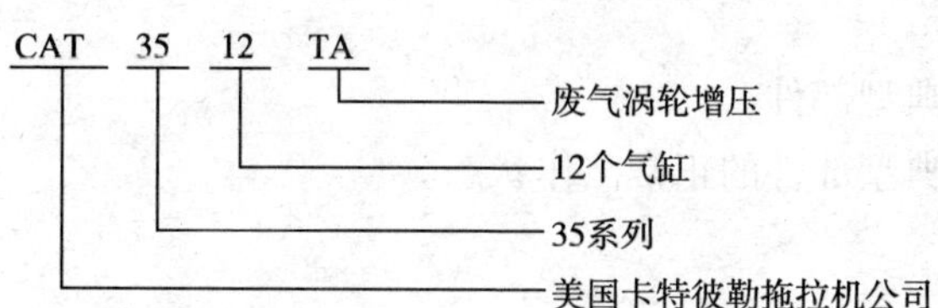

3. TAD1232GE 柴油机

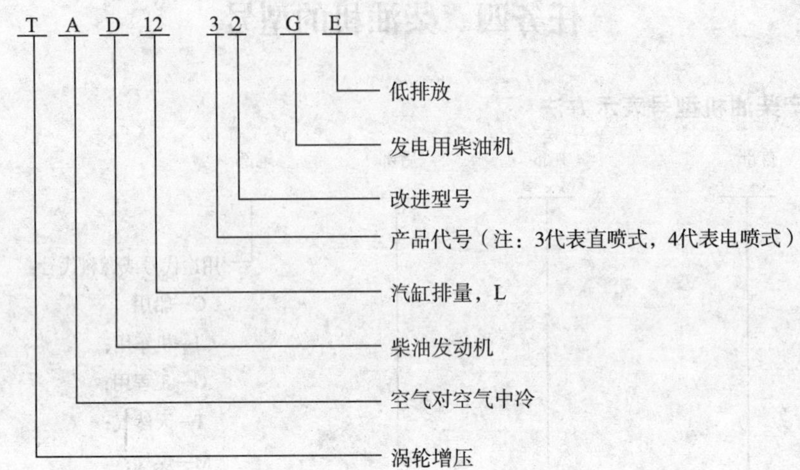

任务考核

一、填空题

(1)柴油机的性能指标有________、________两类。

(2)目前为石油钻机提供动力的柴油机有________、________、________三种系列。

(3)2000 系列柴油机的发火顺序是________。

(4)3000 系列($A12V190Z_L$ 型)柴油机的主要技术参数：标定转速________、12h 功率________、燃油消耗率________、压缩比________。

二、简述题

(1)构成柴油机的机构和系统有哪些？

(2)多缸柴油机的工作过程是什么？

项目三　柴油机的主要结构

知识目标

(1)理解柴油机典型部件的组成。

(2)掌握柴油机典型部件的作用。

技能目标

(1)能拆装柴油机典型部件。

(2)能识别柴油机典型部件的正常工作状态。

学习材料

柴油机的构造十分复杂。它的基本组成部分有：机体组件、曲柄连杆机构、配气机构、燃料供给系统、润滑系统、冷却系统、启动系统和增压系统等。

任务一　机体组件

机体组件包括机体、气缸盖和气缸套；而机体又是由气缸体、曲轴箱、油底壳三部分组成。

一、机体

机体构成了柴油机的骨架，在机体内外安装着柴油机所有主要零部件及其辅助系统的零部件。柴油机机体内部还有润滑油的油道。水冷式柴油机机体内部，还设有冷却水腔和冷却水通道。其结构如图 2－11 所示。

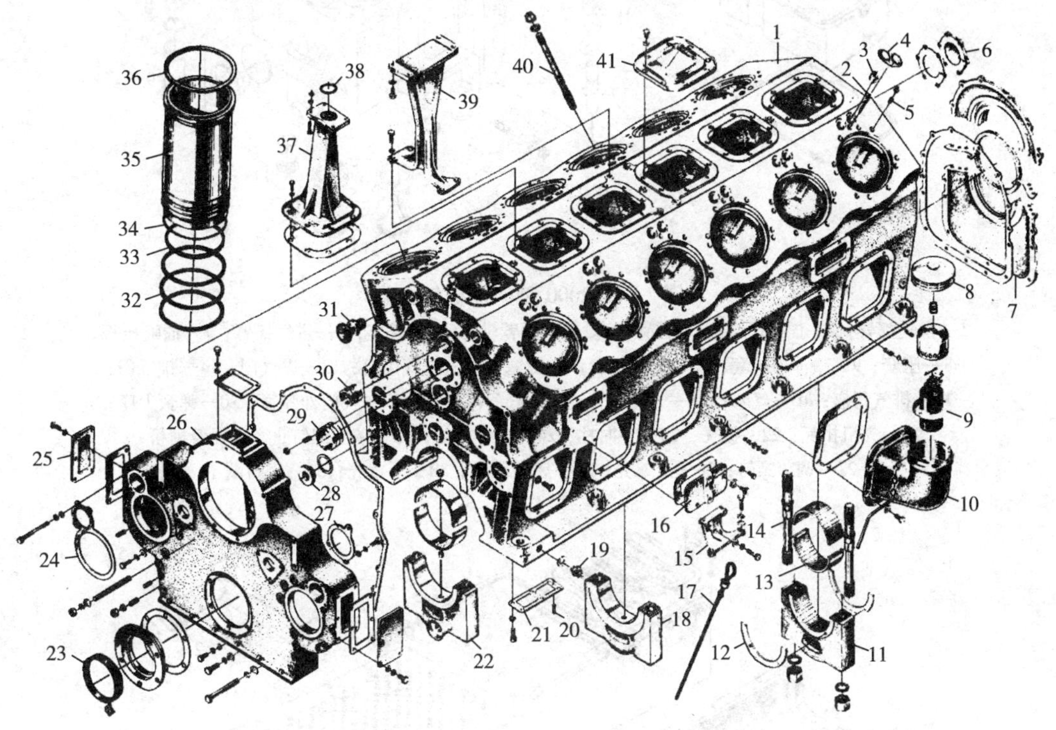

图 2－11 2000 系列柴油机机体

1—机体；2—节流阀；3—挺杆孔衬套；4—组合密封垫；5—串水管；6—凸轮轴端盖；7—飞轮端罩壳；8—呼吸器盖；9—呼吸器滤芯；10—呼吸器体；11—止推主轴承盖；12—止推片；13—主轴瓦；14—主轴承螺栓；15—燃油滤清器支架；16—水道板架；17—油标尺；18—主轴承盖；19—离心滤清器管接；20—螺钉；21—机油泵支架调整垫片；22—自由端主轴承盖；23—油封；24—水泵垫片；25—预供油泵支架；26—齿轮罩壳；27—超速安全装置垫片；28—主油道螺堵；29—凸轮轴轴瓦；30—摇臂轴套；31—起重吊挂；32—封水圈；33—矩形封水圈；34—缸套上密封圈；35—气缸套；36—气缸盖垫片；37—增压器支架；38—密封圈；39—排气总管支架；40—气缸盖螺栓；41—观察盖

二、气缸盖

气缸盖部件的构造如图 2－12 所示，主要由气缸盖组件、气门摇臂机构、喷油器安装机构、气缸盖罩壳和进、排气门组件等组成。

三、油底壳

图 2－13 为 2000 型柴油机的油底壳，采用湿式、整体焊接结构，主要由油底壳 11、机油防泡板 3、预热管 1 等组成。

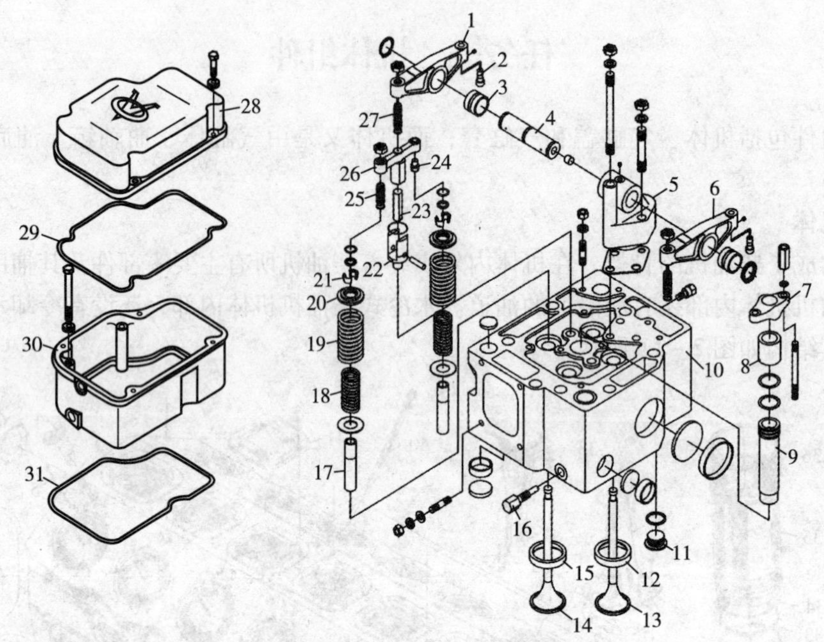

图 2－12 2000 型柴油机气缸盖

1—排气摇臂；2—摇臂凸头；3—摇臂衬套；4—摇臂轴；5—摇臂座；6—进气摇臂；7—油嘴压板；8—压套；9—喷油器护套；10—气缸盖；11—螺塞；12—进气门座；13—进气门；14—排气门；15—排气门座；16—气塞；17—气门导管；18—气门内弹簧；19—气门外弹簧；20—弹簧上座；21—气门扣瓦；22—拨叉；23—导向柱；24—横臂凸头；25—调节螺钉；26—摇臂横桥；27—调节螺钉；28—上罩壳；29—密封圈Ⅱ；30—下罩壳；31—密封圈Ⅰ

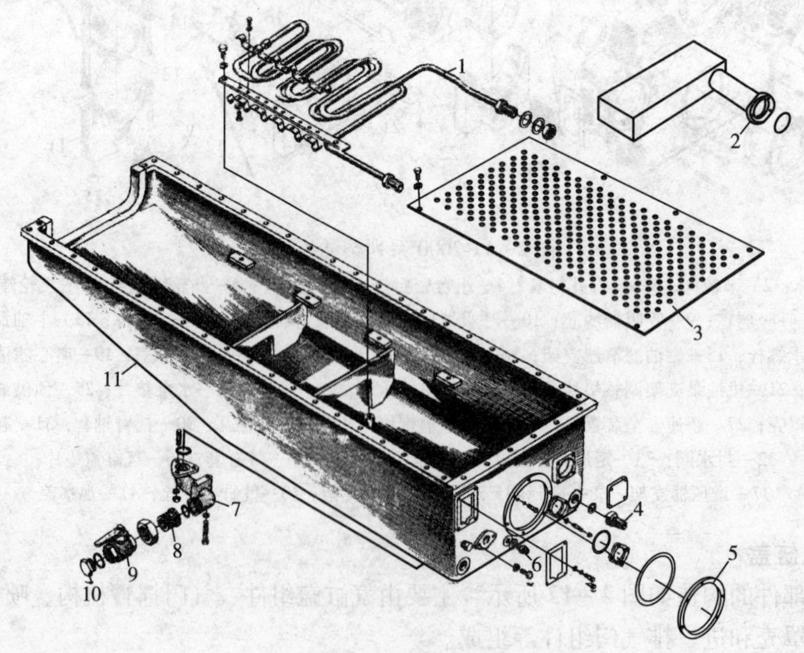

图 2－13　2000 型柴油机油底壳

1—预热管；2—润滑油粗滤分部件；3—机油防泡板；4—预热管接头；5—端盖；6—接头；7—弯管；8—接头；9—球阀；10—放油螺塞；11—油底壳

任务二　曲柄连杆机构

曲柄连杆机构是将气缸中的工作混合气燃烧时放出的热能，转换为机械能的重要运动和能量转化机构。它包括活塞连杆组和曲轴飞轮组。

一、活塞连杆组

活塞连杆组件由活塞组和连杆组两部分组成，其构造如图 2－14 所示。

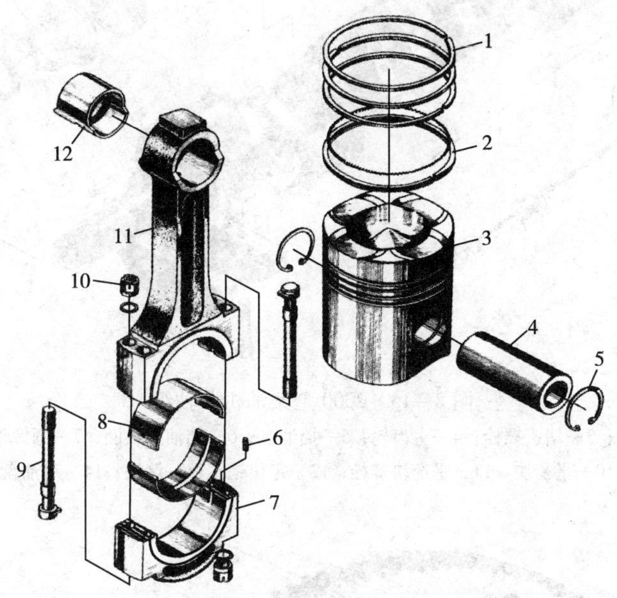

图 2－14　2000 型柴油机活塞连杆组

1—气环；2—组合油环；3—活塞；4—活塞销；5—挡圈；6—定位销；7—连杆盖；8—连杆轴瓦；9—连杆螺栓；10—连杆螺母；11—连杆体；12—小头衬套

二、曲轴飞轮组

曲轴、飞轮、扭振减振器和其他直接安装在曲轴上的零件构成了曲轴飞轮组，是柴油机的最主要的传力元件。

1. 曲轴组

曲轴的功用是将活塞的往复运动转变为旋转运动，带动柴油机的各个机构运动，带动被动机械，带动活塞实现进气、压缩、排气三个过程。

曲轴主要是由曲轴前端(自由端)、曲拐部(包括主轴颈、曲柄销和曲柄)和曲轴后端(功率输出端)构成，如图 2－15 所示。

2. 飞轮组

飞轮的主要功用是储存作功冲程的能量，用以克服辅助行程(进气、压缩、排气行程)的阻力，使柴油机均匀地运转。

飞轮的形状为一大圆盘状，大多数飞轮外圆上装有齿圈，以利柴油机启动，其结构如图 2－16 所示。飞轮轮缘上多刻有角度，一般当飞轮上的“0”度与机体上的箭头对准时，此位置是第一缸的活塞正处于上止点位置。刻度的作用是用来作为调整柴油机的配气相位、供油提前角等的依据。

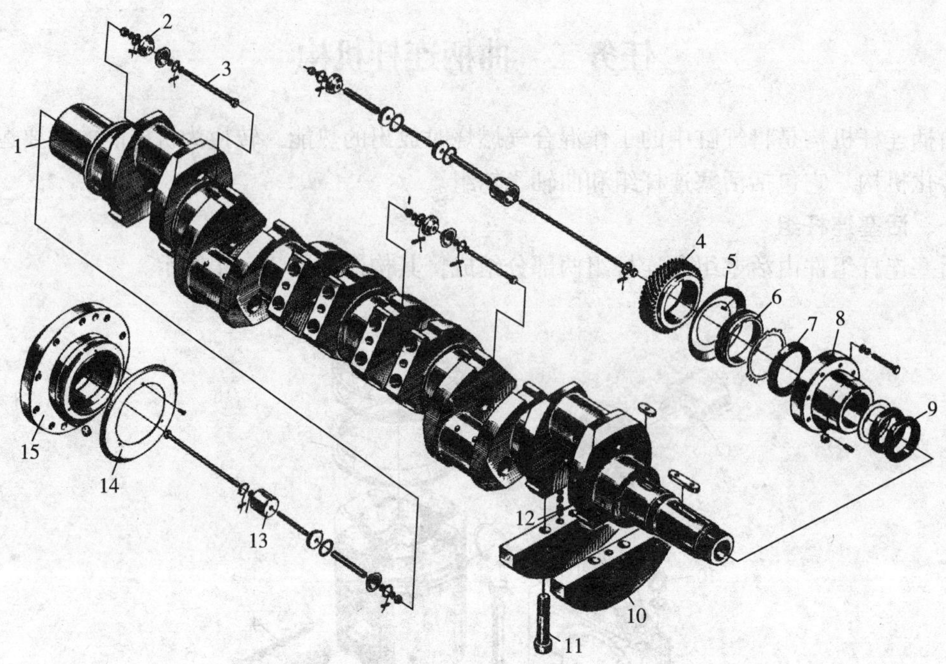

图 2-15　2000 型柴油机曲轴组

1—曲轴；2—油堵；3—堵头螺栓；4—主齿轮；5—挡油盘；6—挡油螺纹圈；7—圆螺母；8—减震器座；9—紧固螺母；10—平衡块；11—平衡块螺栓；12—定位销；13—堵头；14—甩油盘；15—连接套

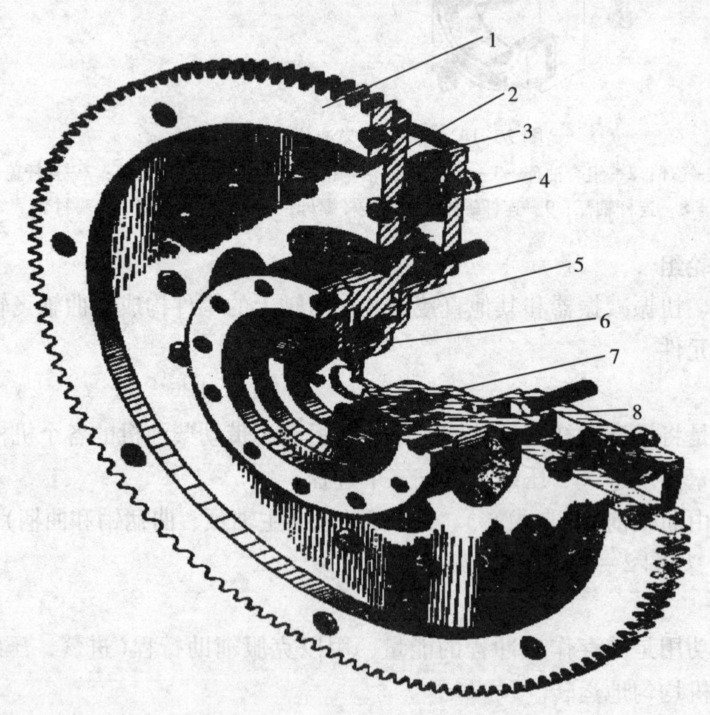

图 2-16　2000 型柴油机飞轮组

1—齿圈；2—连接盘；3—飞轮；4—金属橡胶座；5—功率输出盘；6—定位套；7—单列向心球轴承；8—定位密封盘

任务三　配气机构

一、配气机构的功用

配气机构的功用是按照柴油机的发火顺序根据各缸工作过程，适时地开启和关闭气门，以保证气缸内填充新鲜空气和排除废气。

二、配气机构的组成

柴油机所用的配气机构，如图 2－17 所示。在气缸盖上设有进排气道并装有进排气门。一般柴油机有一个进气门和一个排气门。有些柴油机为使性能得到改善而采用四气门结构，即每缸两个进气门和两个排气门，如图 2－18 所示。

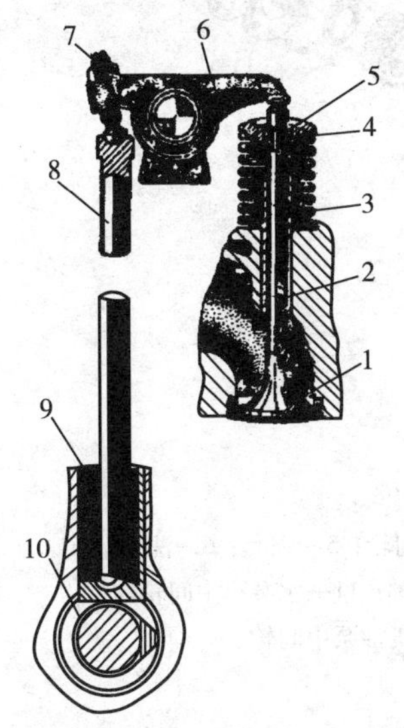

图 2－17　配气机构组成

1—气门；2—气门导管；3—气门弹簧
4—气门弹簧座；5—气门锁夹；6—摇臂
7—调整螺钉；8—推杆；9—挺柱；10—凸轮轴

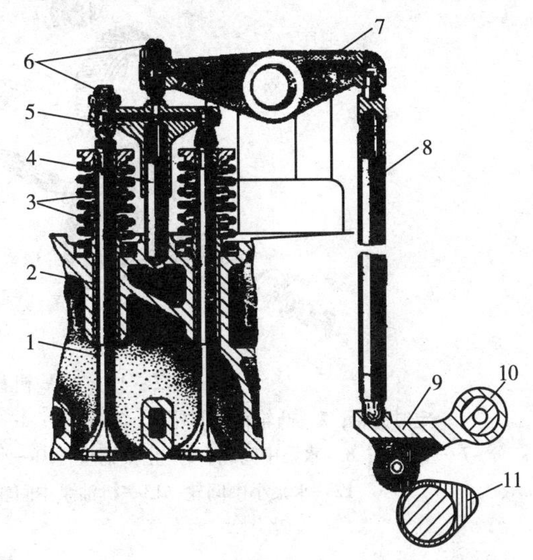

图 2－18　190 型柴油机配气机构

1—气门；2—气门导管；3—气门弹簧；4—导柱
5—摇臂横桥；6—调整螺钉；7—气门摇臂；
8—推杆；9—滚轮摇臂；10—摇臂轴；11—凸轮轴

任务四　齿轮系和进排气系

一、齿轮系

柴油机齿轮传动系统的功用是将曲轴的运转传到各辅助系统（如凸轮轴、喷油泵、机油泵、水泵等），并带动它们运转。

12V 机齿轮系的构造如图 2－19 所示。主要由主齿轮 7、定时齿轮 1、水泵中间轮 8、水泵小中间轮 12 及各中间轮轴等组成。

二、进气系统

进气系统由空气滤清器、进气管、进气道等组成。进气道设置在气缸盖内，其余为可拆卸零件。

12V 机进气管路的构造如图 2－20 所示，进气管路分为左、右两排，每排进气管路各与一台增压器相连，压气机送出的空气经出气弯管、密封接头和进气盖进入中冷器，从中冷器流出的空气，经进气腔、密封接头和进气管，送往各气缸内。

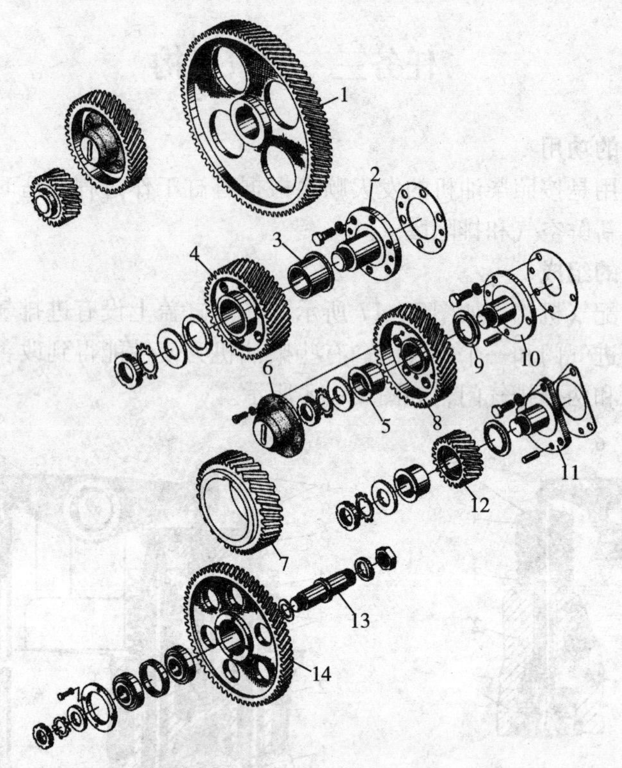

图 2-19　12V 机齿轮系

1—定时齿轮；2—凸轮轴中间轮轴；3—铜套；4—凸轮轴中间轮；5—铜套；6—法兰；
7—主齿轮；8—水泵中间轮；9—止推铜垫；10—水泵中间轮轴；11—水泵小中间轮轴；
12—水泵小中间轮；13—机油泵中间轮轴；14—机油泵中间轮

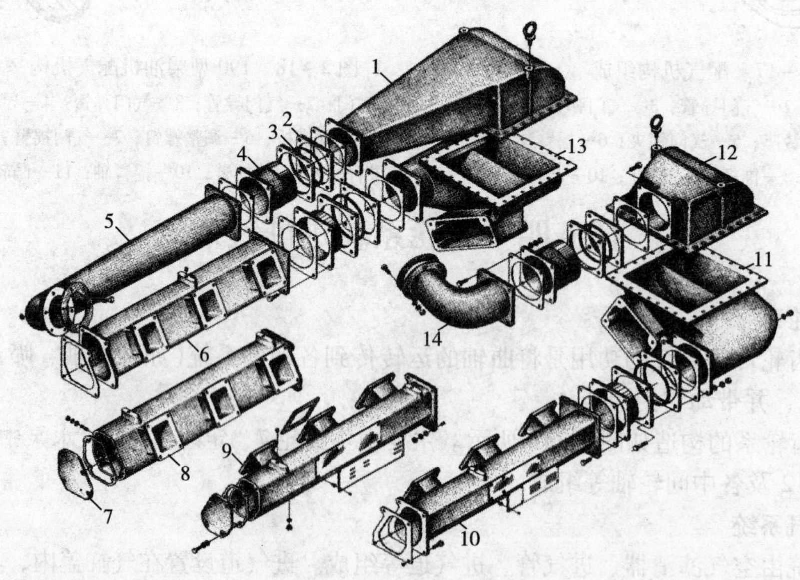

图 2-20　12V 机进气管路

1—右进气管；2—密封盘；3—密封圈；4—密封接头；5—增压器右出气弯管；6—进气管(右 1)；
7—右盖板；8—进气管(右 2)；9—进气管(左 2)；10—进气管(左 1)；11—左进气腔；
12—左进气管；13—右进气腔；14—增压器左出气弯管

三、排气系统

柴油机排气系统包括气缸盖中的排气道、排气管和消音灭火器等。

12V 机的排气管路，其主要由排气管、排气管弯头、排气总管和波纹管等组成，如图 2-21 所示。

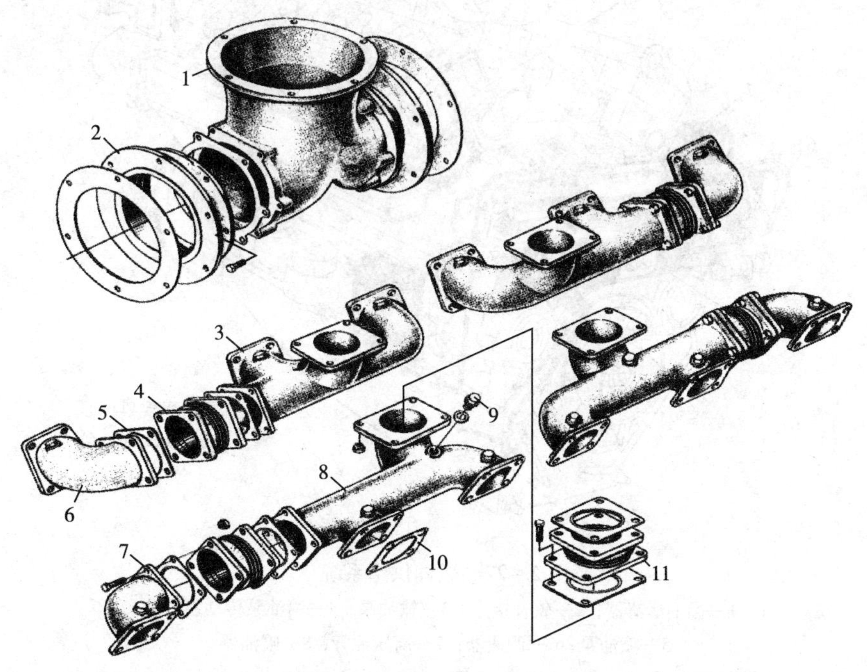

图 2-21　12V 机排气管路

1—排气总管；2—波纹管；3—排气管；4—波纹管；5—密封垫；6—排气管弯头；
7—排气管弯头；8—排气管；9—螺塞；10—密封垫；11—波纹管

任务五　燃料供给系统

将燃油分散成雾状细小颗粒的过程称为燃料的雾化。将燃料喷散雾化，可以大大增加燃料蒸发的表面积，增加燃料与氧接触的机会，以达到迅速混合的目的，这个过程是由燃料供给系统来完成。

一、燃料供给系统的作用

按照柴油机工作过程的需要，定时地向气缸内喷入一定数量的燃油，并使它良好地雾化，与空气形成均匀的可燃混合气。

二、燃料流动路线

柴油机燃料供给系统由燃油箱、输油泵、柴油滤清器、喷油泵、喷油器、调速器等组成，如图 2-22 所示。从燃油箱出来的柴油经输油泵加压后输送到精滤器，从精滤器底部流出，然后流至两个喷油泵。最后各缸所需柴油经高压油管由喷油器喷入各燃烧室。190 型柴油机无粗滤器。

在滤清器上部和喷油泵、喷油器上都设有回油管，多余的柴油便可从回油管回至燃油箱。

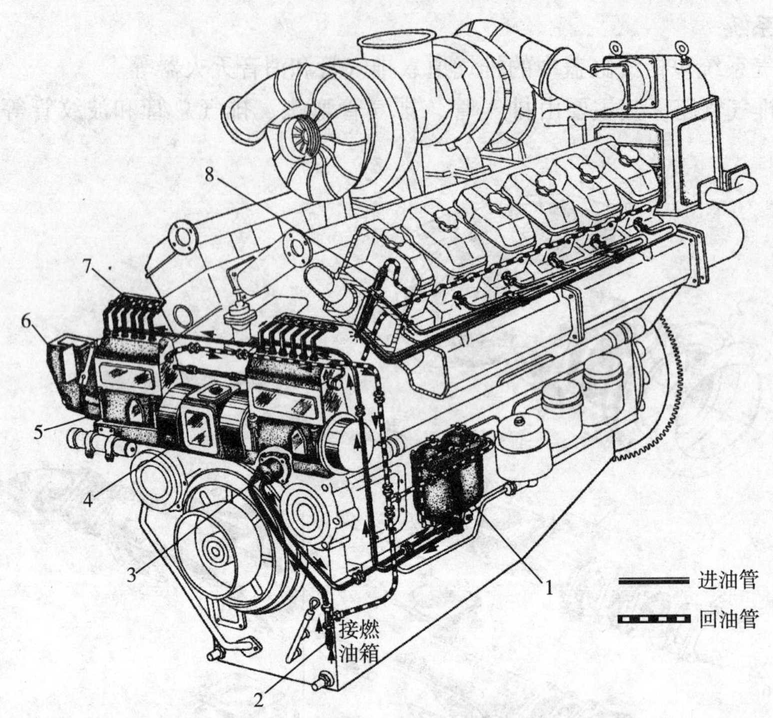

图 2－22　燃油供给系统

1—燃油滤清器；2—软管接头；3—输油泵；4—喷油泵传动装置；
5—喷油泵；6—调速器；7—高压油管；8—喷油器

任务六　润滑系统

柴油机工作时，传力零部件的相对运动表面(如曲轴颈与主轴承、活塞与缸套)之间必然产生摩擦，而各零件间是以很高的速度相对运动着，若两金属表面直接接触，摩擦力势必很大，会使柴油机过热，零件损坏严重，消耗大量功率。为了改变这种状况，就要采取润滑。润滑就是在两相对运动着的摩擦表面之间加一层液体的润滑剂，将金属(固体)间的摩擦变为液体间的摩擦。液体间的摩擦与固体间的摩擦相比较其摩擦阻力要小得多。下面介绍最常见的一种润滑系统。

内置机油泵润滑系统为压力、飞溅润滑复合式，该系统主要由机油泵、预供油泵、机油滤清器、离心滤清器、各种控制调节阀和润滑管路等组成，其构造如图 2－23 所示。

该系统的工作循环过程如图 2－24 所示。

机油由油底壳进入机油泵支架内腔后分为两路，一路进入机体左侧的离心滤清器，经滤清后流回到油底壳内；另一路由机体右侧经单向—调压阀进入机油冷却器，冷却后的机油又送入机油滤清器，经滤清、净化后进入主油道和增压器。

进入主油道的机油，又分别被送往曲轴主轴承、连杆轴承、凸轮轴轴承、喷油泵传动装置和齿轮系轴套等润滑部位。

活塞与气缸套及齿轮系各啮合齿轮间等摩擦面，采用飞溅润滑方式。

柴油机启动前，必须用预供油泵将机油泵至柴油机各摩擦部位，主油道预供油压力应达到 98kPa 以上。

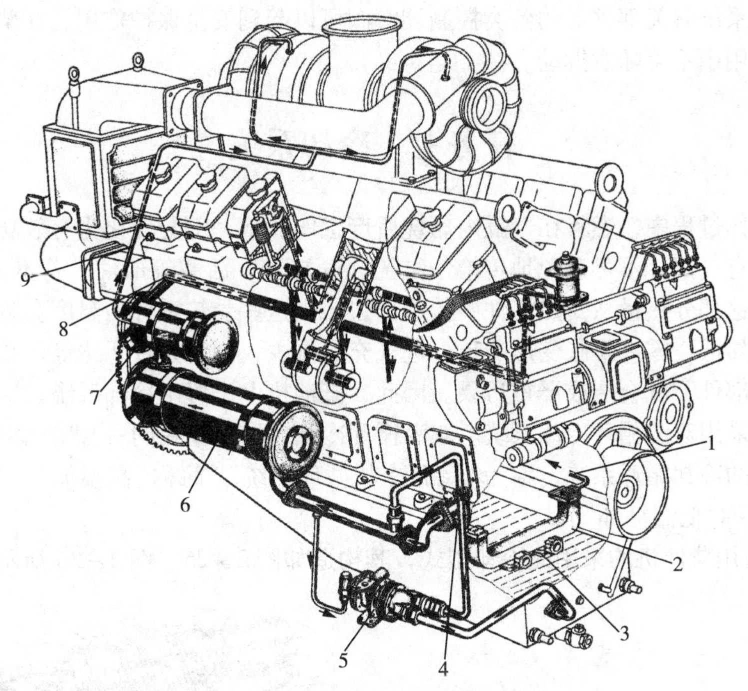

图 2－23 内置机油泵润滑系统

1—离心滤清器进油管；2—机油泵支架；3—机油泵；4—单向—调压阀；5—气动预供油泵
6—机油冷却器；7—机油滤清器；8—主油道；9—增压器进油管

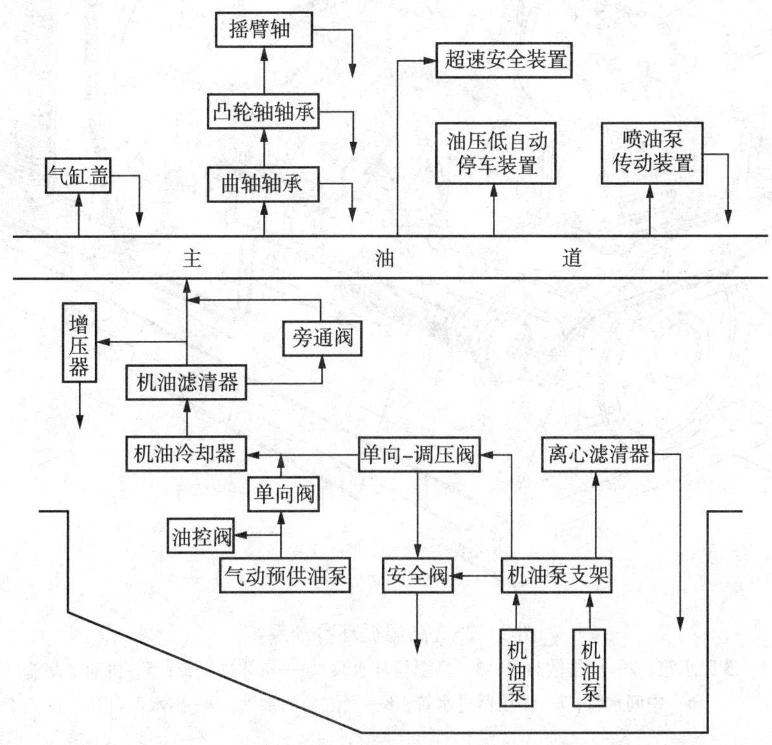

图 2－24 内置机油泵润滑系统工作循环过程

在管路及系统有关部件上的各类控制调节阀可以起到安全保护作用，在柴油机出厂时均已调整好，使用中不可随意拆动。

任务七　冷却系统

柴油机工作过程中，燃料在气缸内燃烧所产生的热量一部分转化为有效功，另一部分随废气排出。还有一部分不可避免地传给气缸盖、气缸套、活塞等部件。若不采取一定措施，不能及时地将这部分热量从受热零件中传递出去，则这些受热零件的温度会急剧升高，使零件的强度大大降低，零件膨胀变形严重，进气充量减少，润滑条件恶化等。总之不设法冷却这些受热的零部件，就会造成严重后果。因此，柴油机上设置了冷却系统。

目前广泛采用双温循环冷却系统。双温循环冷却系统是指在同一台柴油机上，同时设置两套完全独立的冷却循环系统，称为“高温冷却循环系统”(简称“高温循环”)和“低温冷却循环系统”(简称“低温循环”)。

12V190 陆用柴油机均采用此冷却型式，其构造如图 2－25、图 2－26 所示。

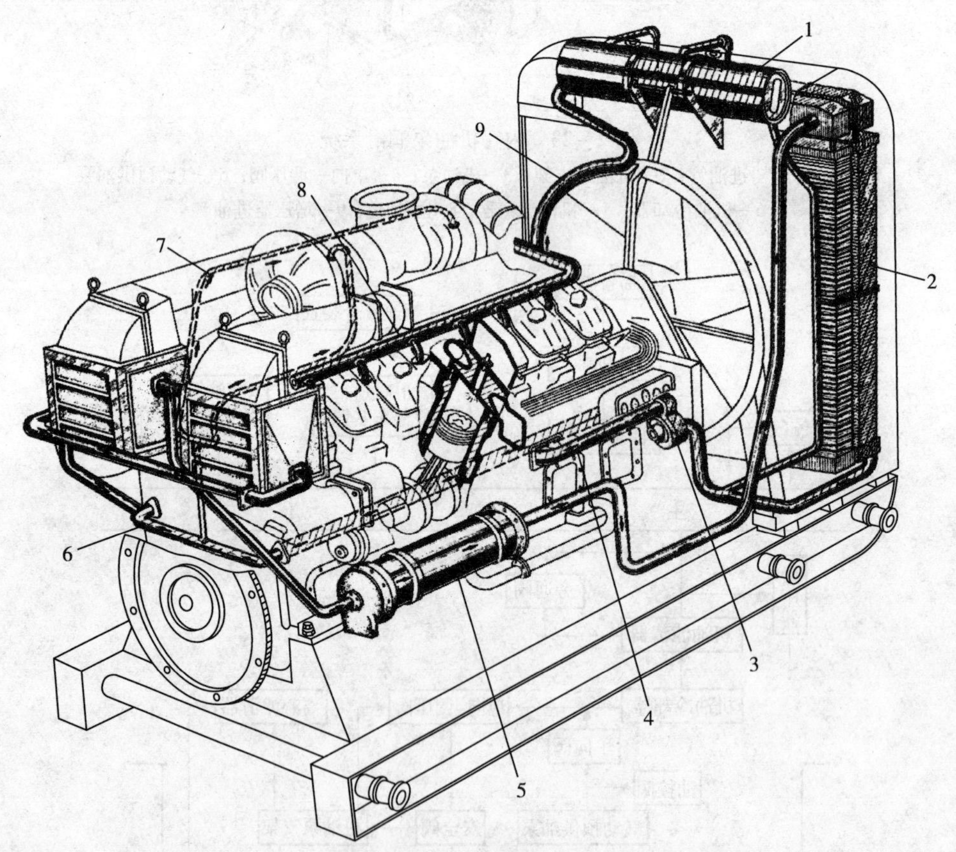

图 2－25　高温循环冷却系统

1—膨胀水箱；2—前排散热器；3—高温循环水泵；4—机体进水管；5—机油冷却器；6—中间水管；7—增压器进水管；8—气缸盖回水管；9—出水汇总管

该系统冷却风扇可由耦合器控制转速，以达到控制冷却水温的目的。主要由水泵、机油冷却器、中冷器、散热器、耦合器和冷却管系等组成。

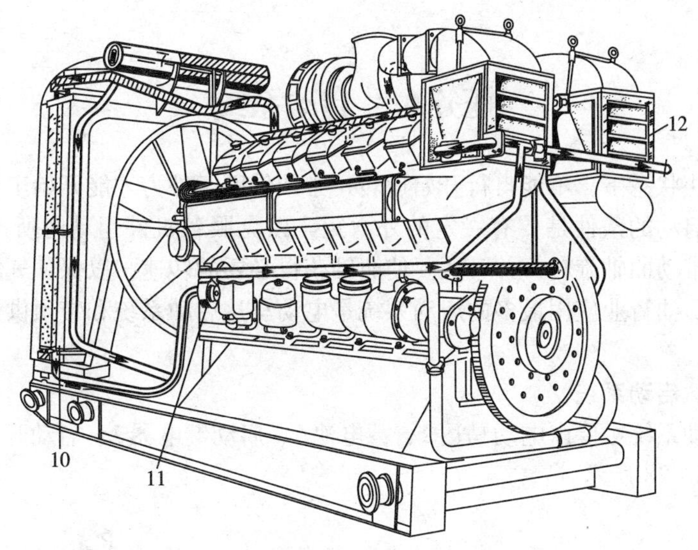

图 2-26　低温循环冷却系统

10—后排散热器；11—低温循环水泵；12—中冷器

一、"高温循环"冷却系统

该系统主要由高温水泵、前排散热器等组成。

高温水泵将前排散热器内的冷却水压送到机体右侧水道内，又通过飞轮端中间水管，送入机体左侧水道。进入机体的冷却水，流经气缸套冷却水套，由机体上部串水管孔进入气缸盖水腔，然后由气缸盖上端面出水口进入气缸盖回水管。部分冷却水由中间水管进入增压器中间体水腔，冷却增压器后也流入回水管(2000 型的增压器不采用水冷)。两排回水管汇合后经出水汇总管流回前排散热器内。该循环出水温度一般控制在 75～85℃范围内。

二、"低温循环"冷却系统

该系统主要由低温水泵、中冷器、机油冷却器和后排散热器等组成。低温水泵将后排散热器内的冷却水压送至中冷器内，再流经机油冷却器，最后流回后排散热器内。

该循环水温一般控制在 45℃；高低温水循环路线如图 2-27 所示。

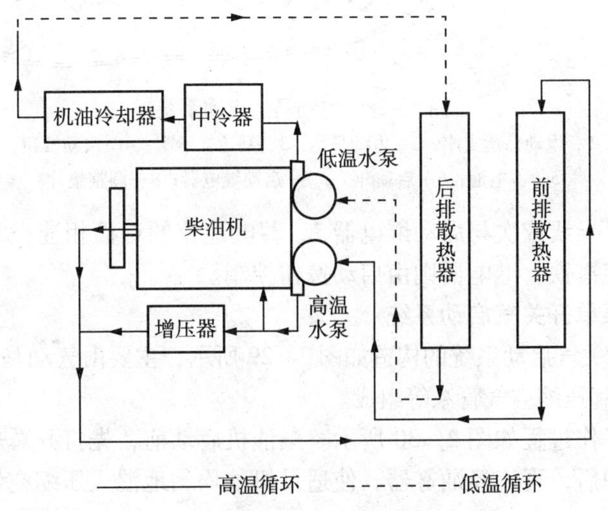

图 2-27　带耦合器的双循环冷却系统

任务八　启动系统

柴油机在静止状态下，不能自行开始运转，必须借助于外力才能开始工作。

实现柴油机启动的条件是要有一定的外力矩，以克服各机件运动时所产生的摩擦阻力矩、惯性力矩等带动曲轴旋转，并且还要使曲轴获得必要的转速，以保证气缸内达到着火温度和压力。目前石油行业应用最多的启动系统是电动马达启动系统和带预供油泵单开关气启动系统。

一、电动马达启动系统

电动马达启动系统主要由电动马达2、蓄电池5、启动继电器7、启动开关6和启动按钮4等组成，如图2－28所示。

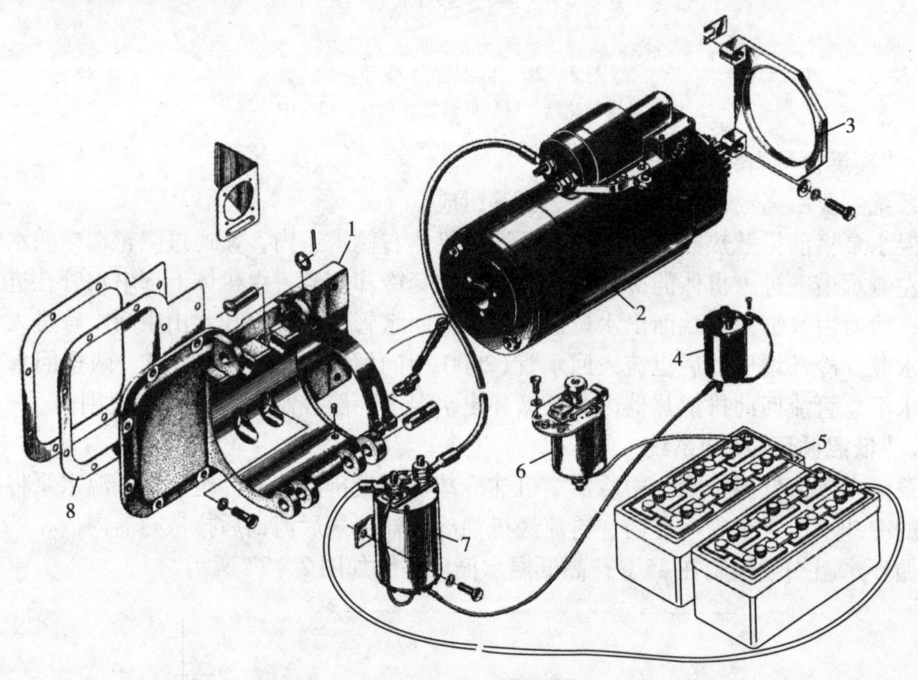

图2－28　电动马达启动系统

1—电动马达支座；2—电动马达；3—马达支承圈；4—启动按钮；5—蓄电池；6—启动开关；7—启动继电器；8—调整垫片

电动马达2通过导线依次与启动继电器7、蓄电池5的正极相连，蓄电池负极则与启动开关6相连，以实现搭铁，继电器则由启动按钮控制。

二、带预供油泵单开关气启动系统

带预供油泵单开关气启动系统的构造如图2－29所示，主要由气动马达9、分水滤清器6、油雾器7、各控制阀和压缩空气管系等组成。

该启动系统的工作过程如图2－30所示。柴油机启动前，先打开总旋阀，使压缩空气经分水滤清器净化处理后，再流经油雾器，使适量机油均匀地混入压缩空气中，以供系统中各气动元件润滑用。

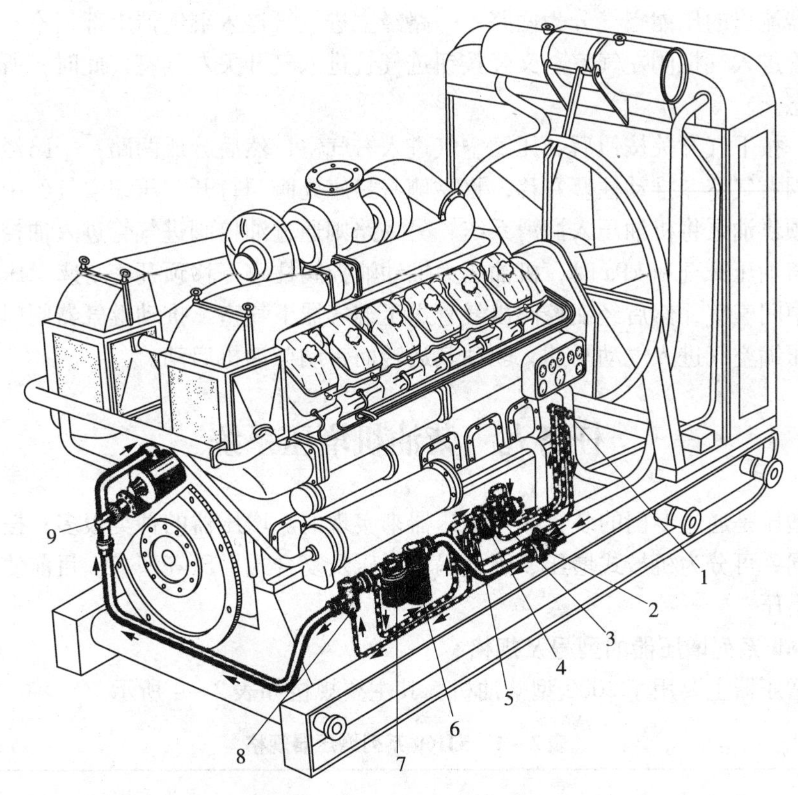

图 2－29　带预供油泵单开关气启动系统

1—气开关；2—总旋阀；3—气控阀；4—气动预供油泵；5—油控阀；6—分水滤清器；7—油雾器；8—继气器；9—气动马达

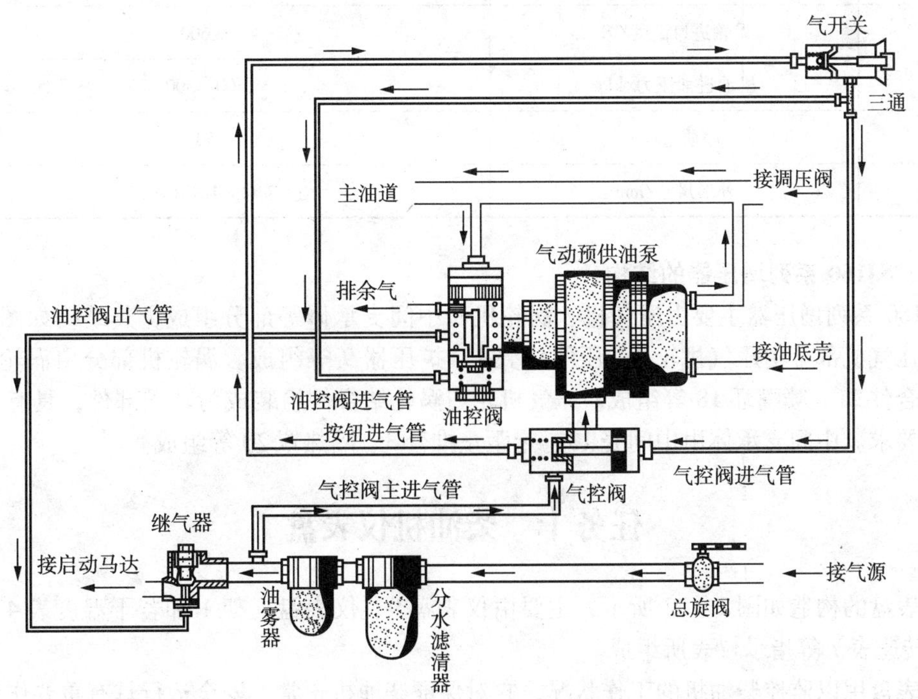

图 2－30　带预供油泵单开关气启动系统工作过程示意图

从油雾器流出的压缩空气分为两路：一路经主进气管进入继气器上部气室；另一路经气控阀主进气管进入气控阀左气室。又经按钮进气管进入气开关左气室，此时，所有控制阀均处于关闭状态。

启动时，按下气开关按钮后，压缩空气进入右气室，然后分成两路：一路经气控阀进气管进入气控阀右气室，推动柱塞左移，将左侧密封座处阀门打开，压缩空气经中间气室进入并驱动气动预供油泵将机油压入润滑系统；另一路则通过油控阀进气管进入油控阀下气室。

当主油道油压升至98kPa时，机油压力推动油控阀柱塞下移顶开密封座，压缩空气经密封座孔进入中间气室，然后经油控阀出气管送至继气器下气室，推动继气器阀门上移，使主进气管内的压缩空气进入气动马达，驱动其运转而带动柴油机启动。

任务九　柴油机增压系统

柴油机增压是通过专门的装置——增压器来实现的。增压器的种类很多；按照它所用的能量来源不同，可分为机械式增压、废气涡轮增压及复合式增压等型式。目前使用最广泛的是废气涡轮增压。

一、SJ160 系列增压器的型号及规格

该系列增压器主要用于2000 型柴油机，其主要规格如表2－4 所示。

表2－4　SJ160 系列增压器规格

序号	型　式	径流式涡轮
1	标定转速/(r/min)	42000
2	最高转速/(r/min)	45000(≤1h)
3	涡轮进口温度/℃	≤600
4	机油进油压力/kPa	300～500
5	净质量/kg	50
6	外形尺寸/mm	402×429×398

二、SJ160 系列增压器的结构

SJ160 系列增压器主要由压气机、涡轮机和中间支承体等部分组成，其结构如图2－31所示。压气机部分由压气机轮2、压气机壳1、扩压器9 等组成。涡轮机部分由涡轮壳16、涡轮结合件21、喷嘴环18 等组成。压气机轮与涡轮结合件组装成为转子部件，具有严格的动平衡要求。中间支承体由中间壳13、定距止推套3、隔热罩20 等组成。

任务十　柴油机仪表盘

仪表盘的构造如图2－32 所示，主要由仪表盘9、仪表盘支架1 和若干温度表4、压力表8、转速表7 等指示仪表所组成。

仪表盘用以监控柴油机的工作状况，它对保证柴油机正常、安全运行具有重要作用，因此，在使用过程中必须保证所有仪表准确、可靠，要求定期校对。

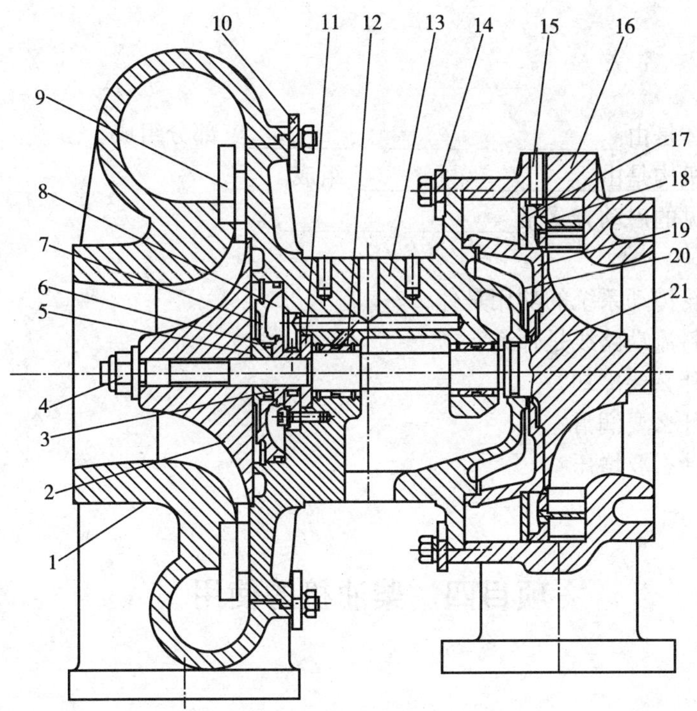

图 2－31　SJ160 系列增压器

1—压气机壳；2—压气机轮；3—定距止推套；4—锁紧螺母；5—密封套；6—密封环；7—密封盖板；8—止推轴承；9—扩压器；10—压气机端压板；11—止推片；12—浮动轴承；13—中间壳；14—涡轮端压板；15—喷嘴环定位销；16—涡轮壳；17—喷嘴环压板；18—喷嘴环；19—隔热套；20—隔热罩；21—涡轮结合件

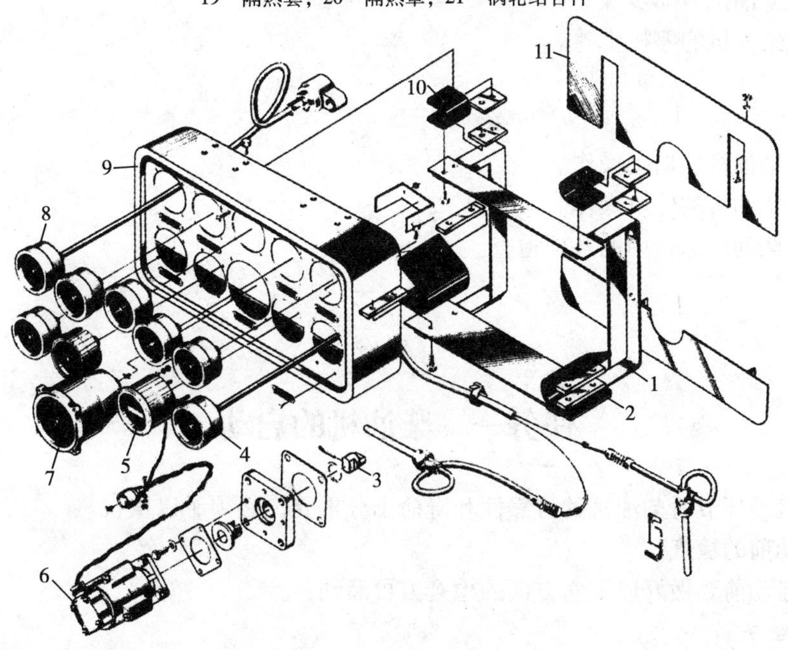

图 2－32　仪表盘部件

1—仪表盘支架；2—防震垫；3—十字接头；4—温度表；5—石英计时器；6—转速传感器；7—转速表；8—压力表；9—仪表盘壳体；10—小防震垫；11—后挡板

任务考核

一、填空题

(1)柴油机机体是由________、________、________三部分组成。

(2)曲柄连杆机构是由________、________ 组成。

(3)柴油机常见的启动方式是________、________ 。

二、简述题

(1)柴油机齿轮传动系统的功用是什么?

(2)柴油机燃料流动路线是什么?

(3)柴油机为什么要冷却?

(4)柴油机为什么要润滑?

(5)柴油机为什么要增压?

项目四　柴油机的使用

知识目标

(1)了解柴油机运行中的八项安全要求。

(2)了解柴油机停车注意事项。

(3)理解柴油机启动前的检查内容。

(4)掌握柴油机启动步骤。

(5)掌握柴油机的停机步骤。

技能目标

(1)掌握柴油机的启动操作。

(2)掌握柴油机的停机操作。

(3)掌握柴油机运行中的各项检查。

学习材料

任务一　柴油机的启动

柴油机启动环节对柴油机的可靠性和寿命十分重要，必须予以重视。

一、启动前的检查

柴油机启动前要做好以下六方面的检查方可启动：

1. 外观检查

(1)各系统是否连接正确、牢固。

(2)固定是否紧固。

(3)旋转件部位是否有不安全因素。

(4)与连接机械的对中是否满足要求(可以查看安装记录)。

2. 燃油系统检查

(1)油箱油位是否足够、油阀是否打开。

(2)管路是否漏油。

(3)燃料系统是否排气。

3. 润滑系统检查

(1)检查油尺油位是否正常。

(2)检查高压油泵、调速器润滑油位是否正常。

(3)检查环境温度是否满足要求，若低于5℃，应对机油预热后再启动。

(4)气动或电动预供机油，使其压力达0.1MPa以上。

4. 冷却系统检查

(1)检查膨胀水箱水位是否正常。

(2)冬季低温时应预热冷却水。

(3)对于开式冷却系统，还应检查水池水位是否正常，阀门是否打开。

5. 启动系统检查

(1)对于气启动，检查气管路与马达连接前，是否将管路内污物吹扫干净，气压是否正常，管路是否密封，阀门是否打开；

(2)对于电启动，检查电源电压是否正常，电缆规格及连接是否正确。

6. 控制与安保系统检查

(1)扳下油压低自动停车装置的操纵杆，使拨叉与齿条上定位块脱离，推动齿条并注意其运动是否灵活。

(2)防爆装置是否处于开启状态。

(3)超速装置是否处于正常工作状态。

二、启动方法与步骤

1. 气马达启动方式

按上述要求对柴油机预供油，打开气源总阀，扳下油压低自动停车装置的操纵杆，同时按动气动开关，马达带动柴油机转动并着火燃烧启动成功。如图2-33所示。

(1)柴油机启动后立即释放气动开关，并观察马达齿轮是否与飞轮脱开，以免损坏气马达 。

(2)调节油门手柄，让柴油机在怠速工况运转。

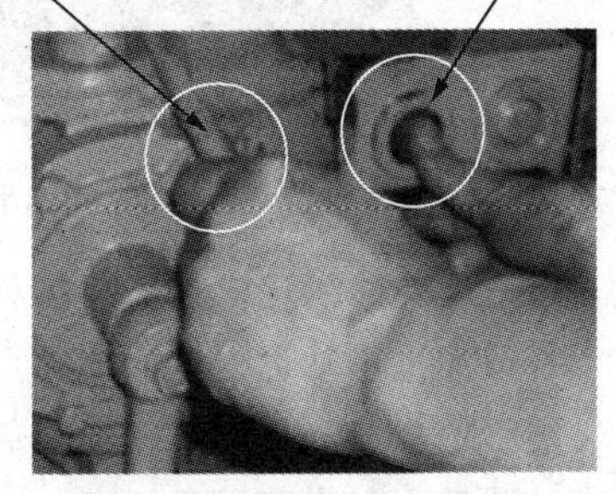

图2-33 油压低停车装置的操纵杆和气动开关

2. 电马达启动方式

(1)打开启动开关并预供机油，扳下油压低自动停车装置的操纵杆，同时按动启动按钮，接通电马达，马达带动柴油机转动并着火燃烧启动成功。

(2)柴油机启动后立即释放启动按钮并关闭启动开关，并观察马达齿轮是否与飞轮脱开，以免损坏电动马达。

(3)调节油门手柄，让柴油机在怠速下运转。

任务二　柴油机的运行

柴油机运行是柴油机使用中最关键的环节。柴油机的效能是否发挥得好，运转是否可靠，都反映在这个阶段，所以要特别重视，并且要特别强调安全运行。

一、柴油机运行中的八项安全要求

为保证设备和人身安全，使用柴油机应牢记和做到以下八项要求。

(1)操作者应熟读说明书，按照说明书规定操作，操作者应经考核合格并持证上岗。

(2)应保持柴油机上的油压低自动停车装置、超速停车装置、天然气防爆装置及油温高、水温高报警装置始终处于完好状态。

(3)柴油机旋转部件如飞轮、减振器等应安装防护罩，并保持其完好。

(4)柴油机启动和运转过程中，两侧旋转部件的旋转面附近不得站人或久留。

(5)禁止在柴油机近旁点燃明火，禁止对柴油机明火加温、烘烤。

(6)柴油机旁禁止存放各种易燃易爆物品。

(7)柴油机房应设有消防器材。

(8)柴油机油罐应防晒、避雷、防火、防爆、防静电。

二、柴油机初期运行中三项工作

初期运行也叫暖车。此阶段对其后的正常运行起保证作用。有三项工作必须坚持做好。

(1)机油压力不低于0.35 MPa时，打开缸盖罩壳检查摇臂轴承是否上油。如图2－34所示。

(2)旋开水泵上端放水阀，检查水泵是否上水。如图2－35所示。

(3)暖机使水温、油温至40℃以上方可加载，转入正常运行。

图2－34　检查摇臂轴承上油情况

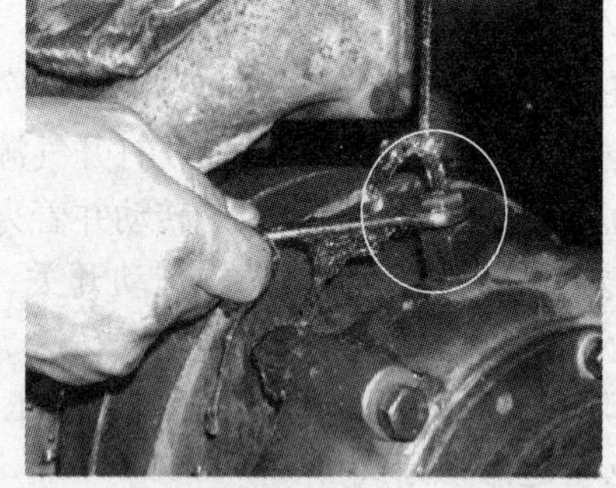

图2－35　检查水泵上水情况

三、柴油机正常运行中的六大操作要素

柴油机正常运行中，应做到一听(听异声)，二摸(摸高压油管、柴油机有关部位)，三观察(观察仪表：四温二压一转速。观察液位：水位、燃油位、机油位。观察三漏一色：漏油、漏气、漏水和烟色)

1. 一听

仔细倾听柴油机是否有异常声音，判断异常声音的性质、部位，以便及时采取措施。

2. 二摸

(1)摸各缸高压油管，从各缸油管振动和温度的差异，判断各缸作功均匀性和各缸燃油

系统是否存在故障；如图 2－36 所示。

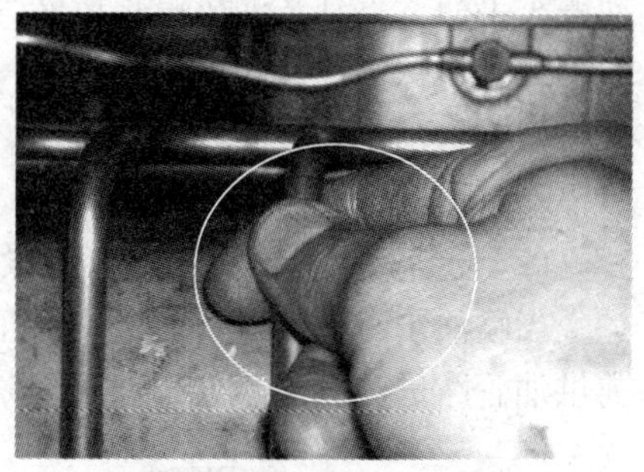

图 2－36　摸各缸高压油管情况

（2）摸柴油机有关部位。如机体、喷油泵、高压油管等，判断是否存在振动异常、温度异常等故障，以便提早采取措施。

3. 三观察

（1）观察仪表盘上仪表读数是否在规定范围：柴油机出水水温是否在 70～85℃；油温是否在 90℃以下，中冷进水温度是否在 45 ℃以下，柴油机油压是否在 0.5～0.8MPa（3000 型和 601 型油压 0.3～0.6MPa），增压器油压是否在 0.2～0.5MPa，柴油机并车运行时转速差是否在 50r/min 以内。如图 2－37 所示。

（2）观察柴油罐液位、油底壳机油位、水箱冷却水液位，并保证这些液位在规定的范围。如图 2－38 所示。

（3）观察是否漏水、是否漏气、是否漏油，并及时解决。观察排气烟色，是否冒黑烟、蓝烟，并排除。

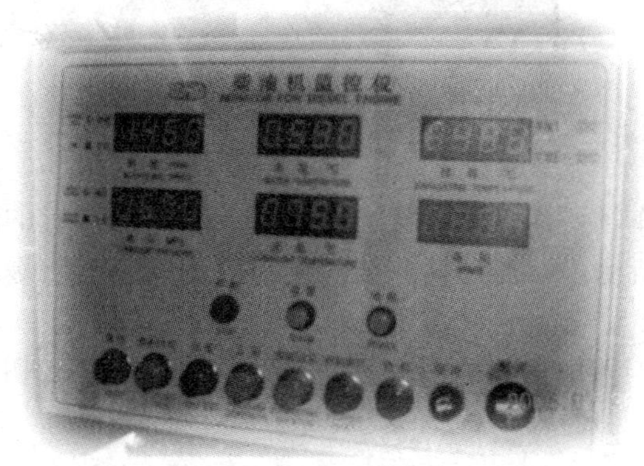

图 2－37　柴油机仪表盘

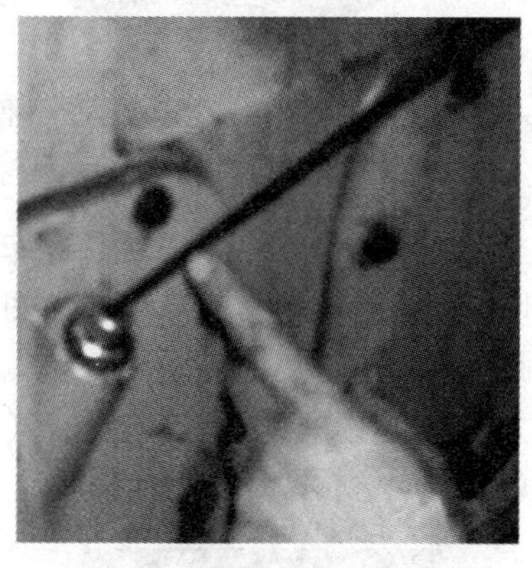

图 2－38　检查油底壳机油油位情况

任务三　柴油机停车

柴油机正确停车，是为了更好延长其使用寿命，也应加以重视。

一、柴油机停车注意事项

（1）一般情况下严禁带负荷停车。

（2）环境温度低于 5℃，冷却介质不是防冻液，若不短时开机，停车后应放净柴油机内全部冷却水，包括机油冷却器和增压器内以及中冷器的冷却水。

注意：必须用压缩空气吹净机体及每个部件内的残留水，以防冻坏零部件。

（3）当环境温度低于机油凝固点时，停车后应放掉油底壳内机油。

（4）需要更换机油时，应在停车后趁机油杂质未沉淀时，马上放掉机油。

（5）停车后需要对柴油机长期封存，应按封存要求对柴油机进行封存。

二、正常停车

柴油机逐步减掉负荷，在怠速下运转冷机，待机油温度、冷却水温度低于 60℃后，扳动停车手柄，直到柴油机停止运转为止。

三、特殊情况紧急停车方法

(1)扳动调速器紧急停车手柄，拉动齿条，切断向喷油泵供油，实现紧急停车。如图2－39所示。

(2)切断高、低压供油，实现紧急停车。

当喷油泵齿条卡滞，无法用停车手柄拉动齿条停止供油实现紧急停车时，可切断喷油泵前供油管路进油管连接处，来实现紧急停车。如图2－40所示。

图2－39　扳动调速器紧急停车手柄停车

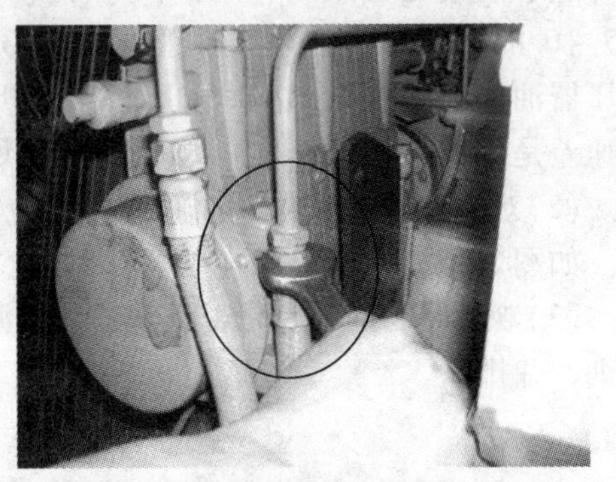

图2－40　切断喷油泵前油路停车

(3)切断气路，实现紧急停车。

当无法用断油方法实现紧急停车，或工作场所出现易燃气体时，可关闭防爆装置的阀门，切断气路，实现紧急停车，如图2－41所示。石油用钻井柴油机一般都安装有防爆装置，此法要优先选用。

关键时刻还可以用衣物堵住空气滤清器或增压器进口，切断进气，实现紧急停车(切记要注意安全)，如图2－42所示。

图2－41　关闭防爆装置的阀门停车

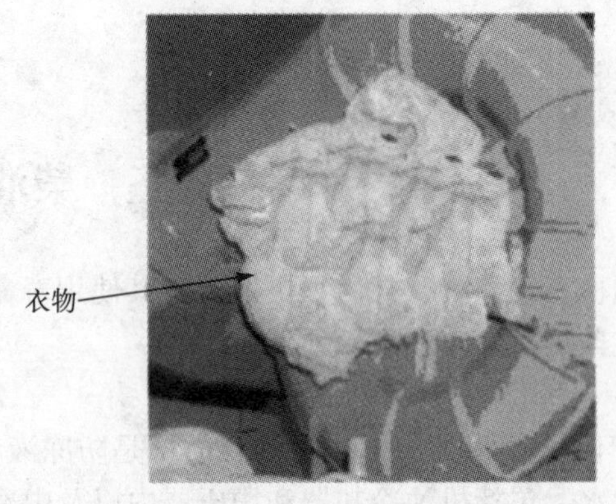

图2－42　衣物堵住增压器进口停车

(4)加大外界负载，实现紧急停车。将柴油机外带负荷猛然加大，将柴油机“憋死”。

注意：不管用哪种方式紧急停车，停车后都要立即用人工(或气动或电动)盘车方法，盘转曲轴几圈，并同时用预供机油泵向柴油机各摩擦副供油。

总之，柴油机的使用寿命与工作可靠性不仅取决于产品质量的优劣，而且与能否正确操作、使用有着密切的关系。因此对柴油机的使用者来说，除了详细了解柴油机的工作原理、结构特点及工作性能外，还必须正确地掌握其使用操作方法，使柴油机能够可靠地工作，并发挥出应有的效能。

任务考核

一、判断题

(1)柴油机机油压力越高越好 。 (　　)

(2)柴油机可以长时间、低温怠速运转。 (　　)

(3)柴油机启动前预供油压必须达到98kPa 。 (　　)

(4)电动马达一次连续启动运转时间可以超过30s。 (　　)

二、简述题

(1)柴油机启动前应该做哪些检查工作?

(2)柴油机正常运行中的六大操作要素是什么?

三、操作题

(1)柴油机的启动步骤是什么?

(2)柴油机的停机步骤是什么?

项目五　柴油机的维护与保养

知识目标

(1)了解柴油机维护保养的周期和项目。

(2)理解柴油机维护保养内容。

技能目标

(1)掌握柴油机的清洗操作。

(2)掌握柴油机的检查调整。

(3)掌握柴油机的紧固项目。

学习材料

定期正确地维护保养，始终保持柴油机在良好的技术状态下运转，可以使柴油机工作更可靠，使用寿命更长，发挥更大的效能。

任务一　柴油机的维护保养周期和内容

一、柴油机维护保养周期和项目

柴油机维护保养现代化方法是视情维修保养。即利用状态检测技术(或有一定运行经验的专业司机对运行状况仔细观察)，根据检测或观察分析结果和技术判断决定维护保养的项目和周期。表2－5中的190系列柴油机技术保养周期是根据经验制订的，仅供参考。

表 2-5 190 系列柴油机技术保养周期

序号	保养内容	周期/h
1	检查燃油箱油位	12
2	检查油底壳、喷油泵、调速器油位及油质	12
3	检查散热水箱内水位及水质	12
4	检查气启动系统气源及电启动系统电源状况	12
5	检查、排除柴油机漏油、漏气、漏水现象	12
6	擦拭柴油机表面	12
7	检查仪表盘仪表是否正常	12
8	用油枪向喷油泵各柱塞弹簧、齿圈(很少量)、齿杆喷射机油	100
9	检查空气滤清器，清除积尘盒内的积尘	100
10	排放燃油箱的积水和沉淀物	100
11	排放贮气罐和油水分离器内的积水	100
12	检查、调整风扇皮带的张紧情况	250
13	检查机油滤清器进、出油压差，更换滤芯	250
14	检查、清洗燃油滤清器(若很脏应考虑清洗燃油箱)	250
15	清洗呼吸器滤网	250
16	检查、调整气门间隙	250
17	检查、调整喷油泵供油提前角	250
18	清洗离心滤清器	250
19	清洗、检查、调整喷油器喷油压力及喷雾质量(应掌握无黑烟时一般不清洗)	250
20	检查、清理空气滤清器主滤芯及安全滤器	250
21	检查、校验报警系统的传感器	250
22	检查、清洗手动、气动油门操纵装置并检查是否可靠	250
23	检查电动操纵装置动作是否可靠、灵活	250
24	检查弹性联轴器的金属橡胶座外观质量	250
25	检查柴油机各连接、固定部位紧固情况	250
26	检查加热、保温装置是否正常(寒冷地区)	1000
27	检查冷却系统是否渗漏、介质是否需要更换	1000
28	检查润滑系统，必要时更换机油	1000
29	检查增压器压气机蜗壳及叶轮污物、积炭状况，必要时清洗	1000
30	检查油压低自动停车装置	1000
31	检查超速安全装置	1000
32	检查防爆装置动作是否灵活	1000
33	校验润滑系统及燃油系统各阀	1000
34	校验所有仪表及报警装置	1000
35	检查、调整风扇传动装置	1000
36	检查气囊离合器导气装置及气封	1000
37	检查启动装置	1000
38	检查防护罩等安全防护装置	1000
39	清洗机油冷却器(若机油温度高时)	1500
40	拆检、清洗中冷器	1500
41	清理散热水箱散热器	1500
42	拆检气缸盖，配研气门	3000

二、柴油机保养内容

1. 调整

对可调参数进行调整，使之符合技术规格或与技术规格一致。主要有七项调整：供油提前角、喷油压力、气门间隙、配气相位、机油压力、各缸喷油量(断定各缸平衡确有异常时)、风扇传动皮带的检查调整。

2. 清洗

对各种滤清器和通流部件清洗，使之恢复原来的通流能力。主要有八项清洗：机油滤清器(或更换)、柴油滤清器、离心滤清器、空气滤清器(或更换)、中冷器、油冷器、散热器以及压气机流道、缸盖气道等。

3. 紧固

对固定螺栓、螺母进行紧固检查，防止因松动造成可靠性故障。主要有六项紧固：地脚(座)螺栓、飞轮螺栓、减振器螺栓、缸盖螺栓、进排气管螺栓、密封盖螺栓等。

4. 更换、修复

把磨损的或失效的零部件替换为新的或修复的零部件。

5. 润滑

按规定加注润滑剂(机油、润滑脂等)，减少摩擦副之间的摩擦和磨损。

6. 检查

通过看、听、摸、嗅的方法，观察柴油机技术状态是否良好，若有异常尽量判定故障类型并分析原因。必要时及时与济柴客户服务中心联系。

任务二　柴油机的检查与调整

一、气门间隙的检查、调整

气门间隙的大小直接影响柴油机的动力性、经济性和可靠性。气门间隙过大，影响气缸充气量，动力性、经济性下降，而且使噪声、振动加剧；气门间隙过小，除引起气门关不严，柴油机的动力性、经济性下降外，还容易引起气门碰活塞，造成破坏性事故。所以气门间隙的检查、调整十分重要。

1. 190 系列柴油机的气门间隙值

190 系列柴油机的气门间隙值应按表 2-6 规定进行调整。

表 2-6　190 系列柴油机气门间隙(冷机时)

机型	12V 系列，4L，6L，8L 系列，2000 系列	8V 机	3000 系列	601 系列
进气门/mm	0.43±0.05	0.36±0.05	0.40±0.05	0.40±0.05
排气门/mm	0.48±0.05	0.36±0.05	0.50±0.05	0.50±0.05

2. 气门间隙的检查方法

(1)取下气缸盖上罩壳。

(2)将指针对“0”刻度：把气缸盖气塞旋开少许，盘转曲轴，使指针指在飞轮刻度“0”位置。此时第一缸活塞位于上止点。

图 2－43　判别第一缸喷油泵柱塞弹簧所处状态

判别第一缸活塞所处止点状态：打开喷油泵观察盖板，若第一缸柱塞弹簧处于压缩状态，则第一缸活塞处于作功冲程上止点。若柱塞弹簧处于非压缩状态，则第一缸活塞处于吸气冲程上止点。如图 2－43 所示。

(3)根据上述判断，按表 2－7 规定，分别检查各机型进气门间隙或排气门间隙。然后将曲轴转动一圈(即 360°，指针仍指在飞轮刻度"0"位置上)，再按表中另一行所列分别检查进、排气门间隙。这样就完成了全部气门的检查。

表 2－7　12V 机气门间隙检查表

第一缸活塞所处状态	气缸序号											
	1	2	3	4	5	6	7	8	9	10	11	12
	可以调整的气门											
作功行程上止点	进排	进	排	进	排			进排	进	排		进排
进气行程上止点		排	进	排	进	进排	进排		排	进	进排	

3. 气门间隙检测方法

用塞尺塞入摇臂调整螺钉与摇臂横桥顶端间隙处。当用手推拉塞尺略有涩感，而又能顺利通过时，则此塞尺厚度即为所测气门间隙值。如图 2－44 所示。

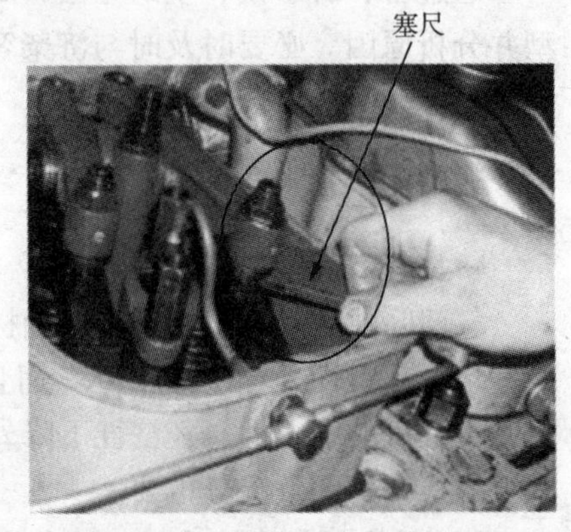

图 2－44　塞尺检测气门间隙

4. 气门间隙调整方法

若实测气门间隙超过规定值时，应进行调整。方法是先松开锁紧螺母，按规定的间隙值选好塞尺(或专用塞尺)，将其插入摇臂调整螺钉与横桥之间。用螺钉旋具向下旋转调节螺钉，使螺钉轻轻压住塞尺，然后用手捻转挺杆。当挺杆能转动而又有涩感时，即可用螺钉旋具固定调节螺钉位置，将锁紧螺母固紧。如图 2－45 所示。

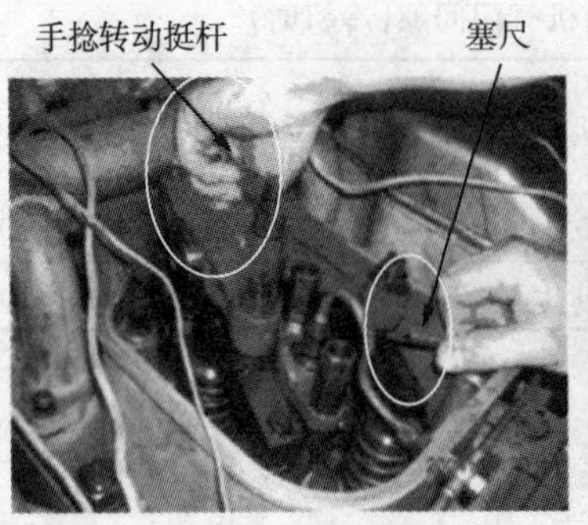

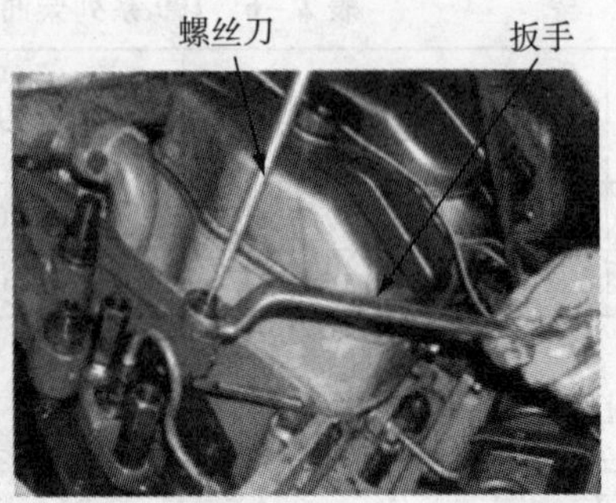

图 2－45　气门间隙调整方法

5. 摇臂横桥调整

柴油机较长期运行后横桥与气门间的位置也要进行调整，即保持横桥两端与两同名气门杆顶端同时均匀接触。方法是：松开调节螺钉上的锁紧螺母，旋动横桥调节螺钉，使横桥两端的凸头与对应的气门杆顶面同时接触。且应使横桥导向孔轴线与拨叉轴线在同一直线上。最后用锁紧螺母固定横桥调节螺钉位置。注意在紧固横桥调节螺钉锁紧螺母时，一定要用扳手固牢横桥，以免损坏拨叉导向部分。(改换新结构的横桥已无导向拨叉)在横桥进行调整后，一定要重新调整气门间隙。

二、配气定时的检查和调整

配气定时是用曲轴转角表示的气门开关时刻。在配气凸轮轴未发生异常磨损时，它和配气间隙有一定的对应关系。当配气间隙变大时，进(排)气肯定晚开早关，当配气间隙变小时，进(排)气肯定早开晚关。当配气凸轮发生异常磨损，尽管可以将气门间隙调得正常，但配气定时却大大偏离了技术要求，所以正常使用情况下，配气定时是不需要调整的。当配气系统拆检或柴油机各缸工作状况出现异常时，应进行配气定时检查。不仅要检查配气间隙是否变化，而且还要检查配气凸轮是否有异常磨损。因此配气定时的检查和调整成为柴油机维护保养的重要内容之一。

1. 190 系列柴油机的配气定时

190 系列柴油机的配气定时如表 2－8、图 2－46 所示。

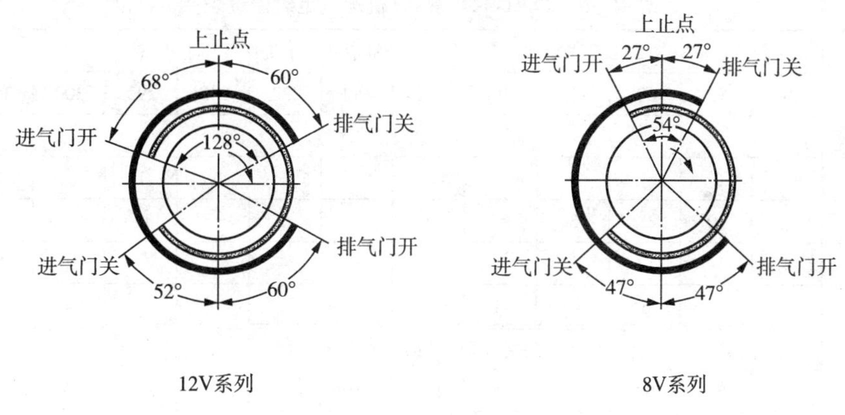

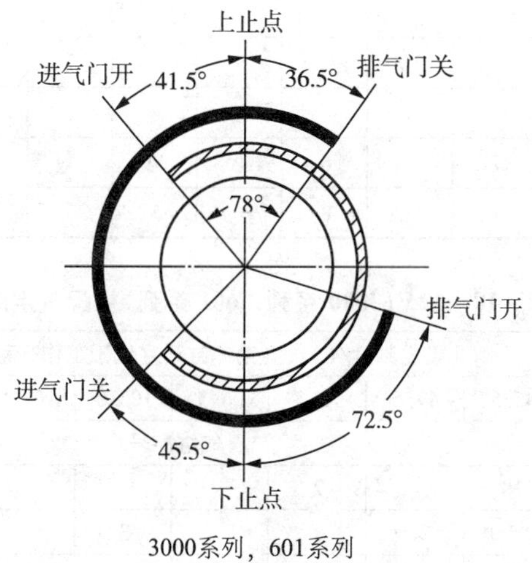

图 2－46　190 系列柴油机的配气定时图

表 2-8　190 系列柴油机的配气定时

机型	12V 系列，4L，6L，8L 系列 2000 系列	8V 系列	3000 系列	601 系列
进气门开(上止点前)/℃A	68 ±7	27 ±7	41.5 ±7	41.5 ±7
进气门关(下止点后)/℃A	52 ±7	47 ±7	45.5 ±7	45.5 ±7
排气门开(下止点前)/℃A	60 ±7	47 ±7	72.5 ±7	72.5 ±7
排气门关(上止点后)/℃A	60 ±7	27 ±7	36.5 ±7	36.5 ±7
气门重叠角/℃A	128	54	78	78

2. 配气定时检查方法

(1)检查前，必须先将各缸气门间隙检查、调整合格。

(2)盘转曲轴，使第一缸活塞位于上止点位置。

(3)由一人按曲轴转向(面向飞轮端视为逆时针方向)均匀缓慢地转动曲轴。同时由另一个人用手捏住气门挺杆上端，并轻轻地捻动。当挺杆由不能转动到刚刚能转动的瞬间，所对应的飞轮指示刻度值，即为该气门关闭时刻。反之，则为开启时刻。

(4)根据配气定时、发火顺序和间隔角，按表 2-9 和表 2-10，检查 190 系列柴油机各缸气门的开关时刻。表中所列出的飞轮刻度值，即为各缸气门所对应的开关时刻。

表 2-9　12V(2000 系列)机配气定时检查表

气门开关	飞轮刻度/(°)，(第一缸活塞位于工作行程上止点)												
	0	52	60	112	120	172	180	232	240	292	300	352	360
	气缸序号												
进气门开		2		9		4		12		1		8	
进气门关		10		3		7		6		11		2	
排气门开	4		12		1		8		5		10		
排气门关			6		11		2		9		4		12
	飞轮刻度/(°)，(第一缸活塞位于吸气行程上止点)												
气门开关	0	52	60	112	120	172	180	232	240	292	300	352	360
	气缸序号												
进气门开		5		10		3		7		6		11	
进气门关		9		4		12		1		8		5	
排气门开	3		7		6		11		2		9		4
排气门关	12		1		8		5		10		3		7

表 2-10　12V(3000 系列、601 系列)机配气定时检查表

气门开关	飞轮刻度/(°)，(第一缸活塞位于工作行程上止点)											
	18.5	36.5	45.5	47.5	78.5	96.5	105.5	107.5	138.5	156.5	165.5	167.5
	气缸序号											
进气门开	8		10		2				9			
进气门关							3				7	
排气门开				12				1				8
排气门关		6				11				2		

续表

气门开关	飞轮刻度/(°)，(第一缸活塞位于工作行程上止点)											
	198.5	216.5	225.5	227.5	258.5	276.5	285.5	287.5	318.5	336.5	345.5	347.5
	气缸序号											
进气门开	4				12				1			
进气门关			6				11				2	
排气门开								10				4
排气门关		9				4				12		

(5)配气定时发现有异常现象时，应首先检查指针、上止点指示位置是否正确(上止点检查)，然后检查传动系统各齿轮传动记号是否对准，整个传动系统的装配关系及气门间隙是否正确。若经检查调整后，仍与规定值差异较大时，则应考虑凸轮轴或齿轮传动件有无损坏现象，必要时应进行修复或更换。

三、供油提前角的检查和调整

供油提前角的大小，对柴油机工作性能影响很大。供油提前角过大，柴油机工作粗暴，排放增加，热负荷、机械负荷增大，甚至使活塞烧损，而且怠速不良，启动困难。供油提前角过小，则使柴油机油耗增加，排温升高。所以供油提前角检查与调整成为柴油机维护保养的最主要内容之一。

1. 190 系列柴油机供油提前角

190 系列柴油机供油提前角如表 2－11 所示。

表 2－11　190 系列柴油机供油提前角　　℃A

机型	4L 系列	6L 系列	8L 系列	2000 系列	8V 系列	3000 系列	601 系列
1500r/min	33 ± 1	38 ± 1	36 ± 1	41 ± 1	38 ± 1	16 ± 1	16 ± 1
1450 r/min	33 ± 1	38 ± 1	36 ± 1	40 ± 1		16 ± 1	16 ± 1
1300 r/min	32 ± 1	34 ± 1	34 ± 1	37 ± 1		16 ± 1	16 ± 1
1200 r/min	30 ± 1	34 ± 1	34 ± 1	37 ± 1	36 ± 1	16 ± 1	16 ± 1
1000 r/min	30 ± 1	28 ± 1	34 ± 1	32 ± 1	30 ± 1	36 ± 1	36 ± 1
900r/min	28 ± 1	27 ± 1				36 ± 1	36 ± 1

2. 操作步骤

(1)扳下自动停车手柄，将喷油泵齿条置于最大供油位置。

(2)旋开喷油泵上的放气螺钉，排除喷油泵内部的空气。

(3)拆开喷油泵上某一缸的高压油管接头，将高压油管移开。

(4)按柴油机运转方向盘转曲轴，使拆开高压油管接头的汽缸内的活塞处于压缩冲程的上止点。

(5)吹掉出油阀紧座内的部分积油。

(6)将曲轴反转一个角度。

(7)缓慢地按柴油机运转方向盘转曲轴，同时密切注意观察出油阀紧座内的油面，当油面微动的瞬间，停止转动。此时飞轮指示的读数，即为该缸的供油提前角。

(8)按上述方法重复测量几次，取其平均值，就可作为该缸的供油提前角。

3. 2000 型柴油机供油提前角的检查及调整

2000 型柴油机的喷油泵有左、右两个，因此供油提前角必须对两个泵分别进行检查。该柴油机供油提前角规定为41°±1°。经检查其中任何一个泵不符合规定要求时，需分别进行调整。

调整方法为：将需要调整的喷油泵上某一出油阀所对应的活塞转到压缩冲程上止点前41°~42°，然后松开该喷油泵齿轮联轴器螺栓，但不要将螺母旋下。用扳杆通过被动内齿轮上的扳杆孔，扳动齿圈，注意观察出油阀紧座内油面变化，直到油面产生微动瞬时停止扳动。扳动方向根据提前角大小及左、右泵不同程度而定。然后先将其中两个连接螺栓上紧，重新复查供油提前角，直至完全符合规定要求后，再将所有螺栓旋紧。

上述调整方法只能对供油提前角误差不大的情况进行微量调节。若供油提前角与规定数值相差太多，超出被动齿圈调整范围时，则需要从喷油泵传动装置装配位置上去找原因，检查是否有装配记号没有对准之处，进行排除，然后重新调整供油提前角。

4. 技术要求与注意事项

(1)在检查柴油机供油提前角前，应先打开喷油泵边盖，观察内部零件有无损坏，并顺便观察滚轮体及柱塞上升情况。

(2)检查柴油机供油提前角时，必须排除喷油泵内的空气。

(3)检查柴油机供油提前角时，燃油通路应畅通，喷油泵处于供油状态。

(4)各种型号的柴油机供油提前角并不相同，要根据实际情况确定供油提前角的大小。

(5)供油提前角的检查应在出油阀偶件、柱塞偶件完好状态下进行。

(6)当喷油泵凸轮轴等有关零件加工正确、转动装置安装位置正确时，同一油泵各供油间隔是均匀的，可保证各缸的供油提前角在同一数值内。因而，供油提前角只需抽查一个即可。

四、机油压力的检查和调整

机油压力直接影响柴油机润滑的可靠性。机油压力过低，柴油机润滑能力下降，不仅柴油机零件磨损大，而且还往往引起烧瓦、拉缸等恶性事故。当然，机油压力过高也不好。造成柴油机驱动阻力增大，泄漏增加。所以柴油机使用和维护保养中，经常要进行机油压力的检查和调整。

190 系列柴油机调节阀的调节方法是：

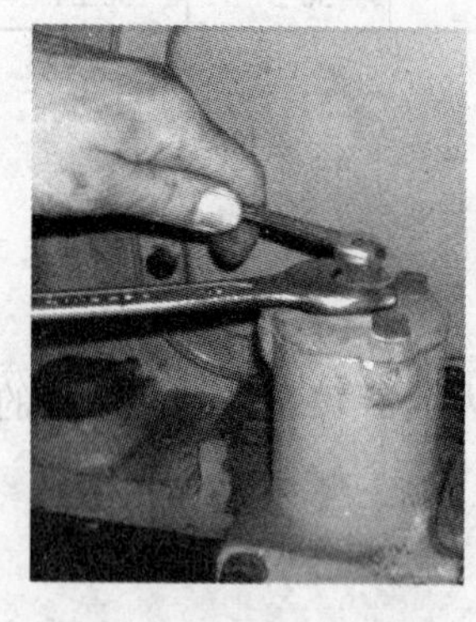

图 2-47　机油压力的调整

(1)旋下调节阀螺母。

(2)根据所需调节油压大小，旋动调节螺钉，当油压偏低时，应向下旋入；当油压偏高时，则应向上退出。

(3)油压调节正常后，用扳手固定调节螺母使其位置固定，然后用六方扁螺母将其锁紧，最后装好螺母。如图 2-47 所示。

五、风扇传动皮带的检查和调整

柴油机风扇传动皮带的松紧直接影响风扇转速和风扇风量及皮带的寿命。所以在柴油机使用和维护保养中，经常要进行风扇传动皮带的检查和调整。

由张紧轮、张紧轮摇臂和调整手柄等组成皮带传动张紧机构。该机构直接由人工调节，方法是：

(1)松开固定螺柱处螺母，使张紧轮摇臂可以绕支轴摆动。

(2)使张紧轮与窄"V"皮带相配合，用手压住调整手柄，使张紧轮摇臂转动，张紧轮则压紧窄"V"皮带，直至张紧度达到要求，用手指压下，有 15～20mm 压下量，然后将固定螺柱处螺母固紧。如图 2－48 所示。

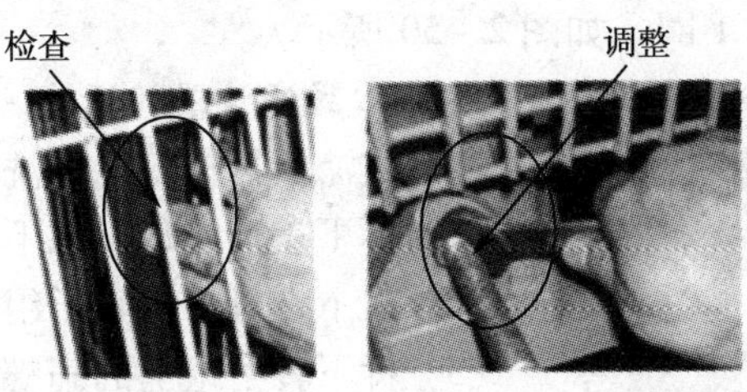

图 2－48　皮带传动张紧机构的检查与调整

任务三　柴油机的清洗

对各种滤清器和通流部件清洗，使之恢复原来的通流能力，可以保证进入或通过柴油机各系统的空气、柴油、机油的清洁度，从而确保柴油机可靠而长寿命地运转。

1. 柴油滤清器的清洗

燃油滤清器的清洗方法、步骤如下：

(1)旋转三通阀，关闭要清洗一侧进油通路。

(2)拆下滤清器盖。

(3)取出滤芯，用汽油将表面积污清洗干净。检查滤芯有无破损现象。必要时更换新滤芯，方法是：将旧滤芯从滤筒上抽下，取新滤芯套到滤筒上，并分别在距上、下端面 14mm 处用镀锌铁丝捆牢。

(4)复装滤芯，注意装好上、下毛毡垫。放上密封胶圈，将滤清器盖固定好。

(5)旋转三通阀，关闭另一侧进油通路，按上述方法进行清洗。

(6)两侧滤芯均清洗完成后，将三通阀调至全通位置。如图 2－49 所示。

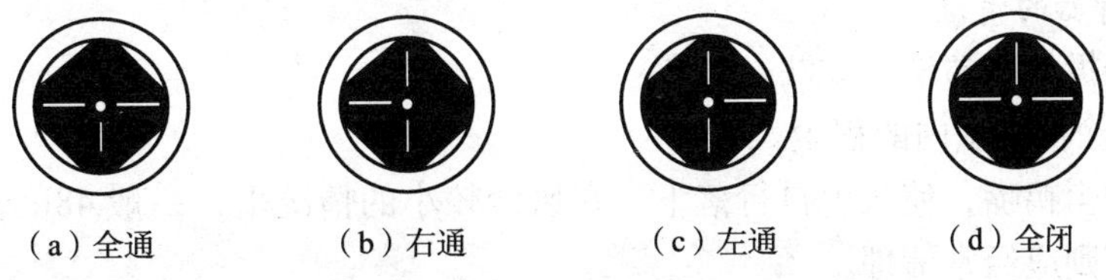

图 2－49　190 柴油机燃油滤清器三通阀位置图

2. 机油滤清器的清洗

机油滤清器的清洗方法、步骤如下：

(1)打开机油冷却器下方的油堵，将积存在机油滤清器内的机油放掉。

(2)拆下前盖上的固定螺栓，取下前盖。

(3)旋下压紧螺母，取出垫圈。

(4)翻起提拉钢丝的端环，缓慢地向外拉动，借助于防护罩将滤芯拉出。逐件取下滤芯和密封圈。除去滤芯，清洗其余零件。

(5) 用手转动芯杆，检查其连接是否紧固，必要时将其旋紧。

(6) 更换所有滤芯。新滤芯在安装前必须逐件仔细地进行检查，不得有破损、挤压变形和端盖脱胶现象。检查合格后，依次装入壳体内。切记选购原厂滤芯，以确保质量。

注意：不要忘记装密封圈。

(7) 放入垫圈，旋上压紧螺母。旋入时，直至刚把滤芯压住(用手转动滤芯处于刚好不能转动)，然后再旋入0.5~1圈。如图2-50所示。

图2-50　机油滤清器的拆装

3. 离心式滤清器的清洗

离心式滤清器拆检、清洗的方法、步骤：

(1) 拆下盖形螺母，取下外罩壳。

(2) 拆下螺母，将转子组整体从转子轴上抽出。

(3) 拆下转子组上的扁螺母，打开转子壳。先将沉积在转子壳内壁和转子体表面上的污物刮掉，然后放入柴油或清洗剂中清洗干净。

必要时可拆下集油管进行清洗。先松开扁螺母，然后将集油管旋下，并清洗干净。

注意：应仔细地疏通喷嘴上的喷孔，不要破坏喷孔的形状和尺寸。

(4) 检测上、下轴套与转子轴之间的配合间隙。上轴套处规定间隙为0.05~0.095 mm；下轴套处规定间隙为0.04~0.106 mm。若实际间隙偏离规定间隙值较大，应配换新轴套。

(5) 组装转子组。先将集油管旋入转子体螺孔中，使其带孔一侧朝向转子中心，然后用扁螺母将其锁紧。

注意：转子组在出厂前均经过动平衡调试，并分别在转子体与转子壳相应位置处打有装配标记，安装时一定要对准原装配标记位置。

(6) 将转子组装到转子轴上，并旋紧螺母。检测转子组轴向间隙，可用塞尺直接测量，该间隙标准值为0.5~1.0 mm。

(7) 装好转子后，应用手拨转，其转动应灵活，无卡滞现象。最后装上外罩壳，并旋上盖形螺母固紧。

(8) 应注意观察污物中有无较大金属颗粒，以判断有无异常磨损的摩擦副。

4. 空气滤清器的清洗

空气滤清器拆检、清洗的方法、步骤：

(1)定时清除积尘盒内的积尘

用手捏动排尘鸭嘴，使灰尘自行落下。在风沙较小的情况下，一般48h清理一次即可。风沙大的地区，则应经常清理。

注意：不要在柴油机运行时排尘，以免排出的灰尘又被吸入滤清器内。

(2)清洗粗滤器

松开预滤器上、下卡箍，分别将积尘杯和预滤器取下。拆卸时，应注意不要把旋流管碰坏。将拆下的零件用洗涤剂冲洗干净，并用压缩空气吹干，然后复装，复装时不要漏装卡箍处的密封环。

(3)清理与检查主滤芯

① 松开滤芯外壳上的搭扣，取下上盖，然后拆下蝶形螺母，取出主滤芯。用392~588 kPa压力的压缩空气，从滤芯内侧沿滤纸折叠方向向外吹，将沉积在滤纸外面的灰尘吹净。

② 主滤芯的检查方法：主滤芯在清理后进行检查。取一光源放到滤芯中间，从外侧观察透光状况，检查有无滤纸破损或脱胶现象。如有损坏，必须更换新件。

③ 保养安全滤芯。安全滤芯一般情况下不需要保养。只有在发现主滤芯破损，安全滤芯的积尘较多时，才进行清理检查。方法是：旋下槽形螺母，取出安全滤芯，然后按清理检查主滤芯的方法进行。在主滤芯更换过三次或安全滤芯出现损坏现象时，应更换新安全滤芯。

④ 在多雨潮湿地区使用柴油机时，因大气中水分较多，灰尘较少，纸质滤芯受潮阻力加大，此时可将主滤芯、安全滤芯拿掉，以减少进气阻力，但上盖仍应密封盖好。

5. 机油冷却器的清洗

机油冷却器拆检的方法、步骤：

(1)放净机油冷却器内的积水、积油。

(2)拆除与其相连的油、水管，从机体上拆下机油冷却器。

(3)拆下前、后盖，将芯子组从外壳内抽出。

(4)用清洗液清洗所有零件。在清洗芯子组时，应先用刷子在碱水中浸洗，再用清水多次冲洗后，用压缩空气吹干。

(5)检查铜管有无破损。若发现有个别铜管损坏，可采用焊补进行修复。若无法焊补时，可将损坏的管子两端堵牢，但堵塞的根数不得超过 10 根，以免严重影响散热效果。无法修复时应更换新件。

检查所有密封垫(圈)，有无老化、损坏现象，必要时更换新件。

(6)机油冷却器复装。按上述拆检相反程序复装。

注意：安装芯子组时，应使法兰外圆处与壳体上的“0”标记对准，以免使隔板安装方位搞错，造成机油流动路线产生死区，降低冷却效果。

6. 增压器的清洗

(1)增压器的拆卸

① 拆除与增压器相连接的所有管道及固定螺栓，将增压器从柴油机上拆下。

② 拆下压气机蜗壳背面的连接螺母，将蜗壳连同扩压器一起取下。如图 2 – 51 所示。

③ 扩压板与压气机蜗壳之间为过盈配合，一般不需要拆开。若需拆开时，应用喷灯或乙炔气将扩压板均匀加热，使其膨胀后再取下。

④ 旋下涡轮端盖与涡轮壳之间连接的内六角螺钉，将涡轮前盖与喷嘴环一并取下。如图 2 – 52 所示。

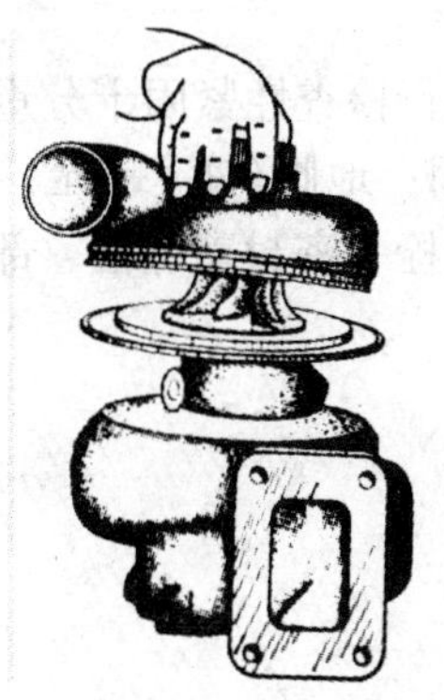

图 2 – 51　拆压气机蜗壳

图 2 – 52　拆涡轮机蜗壳

(2)增压器的清洗与检查

① 清洗压气机蜗壳和扩压器上的油污。检查扩压器叶片在扩压板上的固定状况。如有

松动现象，应予固定。

注意：扩压器叶片的安装位置在出厂时都已调整好，并用销钉固牢，不得拆动。如须更换扩压器时，应按增压器型号，选用相应规格的扩压器。

② 清洗涡轮前盖、涡轮壳体和喷嘴环，将附着在表面上的积炭清除干净。若积炭清理困难时，可将其浸泡在汽油或柴油中，待积炭松软后，再进行清理。

③ 检查喷嘴环叶片的紧固状况和表面状况，如有松动或损伤，应将其紧固或按相应规格进行更换。

④ 清洗压气机叶轮，检查表面是否有损伤。

7. 中冷器的清洗

中冷器拆检、清洗方法是：

(1)放净中冷器内的积水。

(2)拆除进、出水管和进、出气腔，将中冷器取下。

(3)拆下侧板及进、出水盖。

(4)清洗所有零件，其中芯子组的清洗方法可参照机油滤清器芯子组。零件洗好后，用压缩空气吹干。

(5)若有个别扁铜管堵塞严重，无法疏通，或破裂无法焊补时，可将管子两端用锡焊堵牢。但每件中冷器堵塞数不得超过10根。

8. 散热器(水箱)的清洗

散热器(水箱)的拆检、清洗方法是：

(1)用压力为600～800 kPa的压缩空气，沿与风扇气流相反的方向吹散热器表面。前、后排散热器应分别进行。

(2)当散热器的表面油污严重，或散热管内因水垢、油污、锈蚀堵塞时，应拆检、清洗。具体方法可参见机油冷却器的清洗。

(3)当个别扁管堵塞无法疏通，或管子破裂无法焊补时，可将该管两端堵死，但每一个散热芯子组堵塞数不得超过4根。

(4)碰弯的散热片应逐一进行校正。

任务四　柴油机的紧固

柴油机维护保养中，对固定螺栓、螺母按扭矩进行检查性紧固十分重要，这对防止因松动造成可靠性故障和三漏很有必要。主要有八项紧固：地脚(座)螺栓、飞轮螺栓、减振器螺栓、喷油泵传动装置螺栓、缸盖螺栓、进排气管螺栓、密封盖螺栓、部件固定螺栓等。

任务考核

一、简述题

(1)柴油机维护保养内容是什么?

(2)气门间隙过大过小有什么危害?

(3)为什么要调整配气相位?

(4)为什么要调整供油提前角?

二、操作题

(1)柴油机的清洗项目。

(2)柴油机的检查调整项目。

(3)柴油机的紧固项目。

项目六　柴油机的故障

知识目标

(1)理解柴油机故障现象。

(2)理解柴油机故障原因。

(3)了解故障诊断的原则。

(4)了解柴油机故障诊断的步骤。

(5)了解柴油机故障诊断方法。

技能目标

(1)能够判断柴油机的工作状态(正常或不正常)。

(2)能够排除柴油机的简单故障。

学习材料

柴油机在运转过程中，操作者应密切注意其运行情况。当柴油机出现异常情况时，应能及时发现，找出原因，予以排除。

任务一　柴油机故障现象与原因

一、柴油机故障现象

当柴油机发生故障时，一般会伴随以下现象：

1. 声音异常

一台正常运转的柴油机，其发生的噪声有一定的规律。当出现故障时，便使声音变得异常。如活塞碰气门时出现金属敲击声；供油角过大时出现燃烧敲击声；气缸漏气时出现嘘嘘声；旋转件相碰时出现摩擦声等。

2. 外观异常

如因烧机油出现的冒蓝烟；燃烧不良出现的冒黑烟；密封面失效出现的漏油、漏气等。

3. 温度异常

如当供油提前角太小或负荷过大所出现的排温过高；轴承烧损所出现的轴承过热；冷却系统故障所出现的水温、油温过高等。

4. 动作异常

如当平衡失效或基础不牢出现振动过大；当调速失灵出现的飞车或游车；启动系统故障，柴油机启动不起来等。

5. 压力异常

如当气门、活塞环密封失效出现的气缸压力过低；曲轴箱压力过高；润滑系统故障出现的油压过低；增压系统故障出现的气压过低、过高等。

6. 气味异常

如当电器系统故障出现焦糊味；烧机油出现的油烟味等。

二、柴油机故障原因

引起柴油机故障的原因是多方面的。有设计结构和选材不当引起的，有加工制造和装配、调试质量欠佳引起的，也有使用操作不当和维护保养不良引起的。在这里主要对操作、维护保养及加工制造等方面造成故障的原因予以简单介绍。

1. 操作方面原因

由于违章操作造成的柴油机故障，在柴油机故障中占有很大比例。这其中有思想上的疏忽，技术上的不熟悉，也有错误的习惯作法。常见的违章操作有以下几个方面：

(1)启动时间过长。启动后未立即释放按钮、关闭开关。采用电动马达启动系统时，电动马达一次连续运转不得超过10s，时间过长将因马达过热而烧坏。有时还会发生柴油机倒拖马达现象，导致马达超速运转而损坏。

(2)冷车启动不经过暖车便快速加大负荷运转。此时由于油温低、黏度高，致使摩擦面润滑不良，从而导致异常磨损、拉伤等故障。

(3)磨合不充分，便高负荷运行。新的或大修后的柴油机，特别是现场修复的柴油机，更换缸套、活塞或者活塞环等零件后，未经充分磨合，直接带高负荷运行。这样往往造成零件异常磨损，甚至出现拉缸、活塞卡滞等故障。

(4)带负荷紧急停车。停车时未经怠速降温，此时摩擦面供油不足，引起再开车时因润滑不良而磨损加剧。

(5)机油油位太低开车。油位太低，机油量不够，造成摩擦副表面供油不足，导致异常磨损或烧伤。

(6)水位太低开车。水位太低，冷却系统易产生气阻，柴油机得不到充分冷却，会因机件过热出现拉缸等事故。

(7)超负荷或者超速运转。由于柴油机内部温度过高，造成零件损坏。尤其是超速运转，还会造成配气系统的飞脱现象，带来严重事故。

(8)水温、油温不正常而继续运行。运转中水温过低、过高或油温过低、过高，都会造成零件磨损加剧。

(9)高速、高负荷运转中急停车。此时往往因应力变化大，造成不必要的故障。

(10)不预供泵油便直接启动。此时往往使各摩擦表面出现干摩擦现象，造成异常磨损。

2. 保养方面的原因

未按照规定进行维护保养也容易造成故障。常见的故障原因有以下几个方面：

(1)添加或更换新机油不及时。这样容易造成机油量不足或机油过脏、恶化变质，而使润滑变差，造成异常磨损、烧瓦等故障。

(2)清洗机油滤清器不及时。这样容易造成机油滤清器阻力过大，甚至阻塞，机油从旁通阀通过，使未经滤清的脏污机油流入润滑部位，引起异常磨损或损伤。

(3)清洗柴油滤清器不及时。这样容易造成柴油滤清器阻力过大；供油不足，引起功率不足，转速不稳等故障。

(4)清洗空气滤清器不及时。这样容易造成空气滤清器阻力过大、空气量不足，引起功率不足、冒黑烟或排温过高等故障。

（5）检查、调整气门间隙不及时。这样容易造成气门间隙过大或过小，引起柴油机功率不足、油耗升高、排温过高和气门磨损加快等故障。

（6）检查、调整供油提前角不及时。这样容易造成供油角过大或过小，从而引起柴油机燃烧粗暴，甚至烧活塞或者排温过高等故障。

（7）检查和调整喷油器不及时。这样容易造成喷油器雾化不良或针阀卡死，引起柴油机启动困难、功率不足、排温过高和冒黑烟等故障。

（8）检查和向蓄电池补充电解液不及时。这样容易造成蓄电池电量不足，引起启动困难等。

（9）冬季柴油机停车后放水不及时。这样在各冷却部位因存有大量冷却水，容易引起水泵、机体、油冷器、中冷器、增压器等冻裂。

3. 维修方面的原因

拆、装错误也是引起柴油机故障的重要原因之一。其中有以下几个方面：

（1）活塞环安装位置不正确。活塞环开口位置未错开，扭曲环上下面装倒等部件将引起窜机油现象和窜气环象。

（2）喷油器垫片安装不正确。喷油器中喷油嘴伸出缸盖底平面高度有严格的尺寸要求，若因垫片漏装或多装而使该尺寸过大或过小，将引起燃烧恶化、结炭严重、功率不足、冒黑烟和因漏装垫片造成的从喷油器处漏气、烧坏缸盖等故障。

（3）气缸衬垫安装不正确。气缸衬垫多装或者漏装，将造成气缸压力下降、漏气和活塞碰缸盖等故障。

（4）齿轮啮合不正确。齿轮啮合记号装错，将导致气门碰活塞，供油角太大或太小，引起燃烧恶化、冒黑烟、排气温度升高或者活塞烧损等故障。

（5）螺母安装不正确。紧固连杆螺母、缸盖螺母时，扭矩不准或紧固顺序不对，将造成缸盖密封不严，甚至螺栓断裂等故障。

（6）有关配合间隙超值。当活塞和缸套配合间隙、轴和轴承间隙、齿轮啮合间隙等不符合要求时，将造成异常磨损、拉缸、烧瓦和齿轮损坏等故障。

4. 制造方面的原因

这方面的原因大部分是材料用错。材料存在内在质量问题和机加工中某些部位被忽视，致使其不符合要求。该方面的缺陷在装配中很难发现，使用一段时间后才暴露出来，从而造成零件损坏。其主要表现在以下几个方面：

（1）质量不符合要求。表现为有的铸件如缸盖、机体等存在着缩松、砂眼和细小裂纹等缺陷，从而使柴油机工作一段时间后出现因这些缺陷所造成的漏水、漏气、漏油；或表现为铸造精度不高，使水道堵塞，造成柴油机工作中水流不畅、热量不易外传、温度过高，导致气门磨损加剧或缸盖裂纹。

（2）材质不符合要求。有些主要零件由于制造过程中材料用错，使用中因强度不足导致零件损坏。

（3）热处理不符合要求。有些零件热处理过程未按工艺规程操作，使处理后的零件机械性能不符合要求，出现过硬、过软、强度不足、脆性高等问题。在使用过程中引起零件变形、裂纹、磨损过度等故障。

（4）机械加工不符合要求。有些零件的关键部位，由于加工者不认识其重要性予以忽视，使这些部位不符合要求，结果造成使用中的故障。如活塞销座和活塞销孔的圆角 R、曲轴的内圆角 R、活塞环的尖棱等，加工不符合要求往往导致活塞销座裂纹、曲轴裂纹、导致曲轴的偏磨，甚至烧瓦。

(5)消除应力不符合要求。有些零件因消除应力不够，造成使用中变形，丧失原来的加工精度，破坏了正常的配合关系，使柴油机发生漏气、漏油、漏水现象。

任务二　柴油机故障诊断与排除

一、柴油机故障诊断的原则

诊断故障时，应遵循以下原则：

1. 结合原理，分析结构

柴油机结构复杂，出现故障时，从其现象、性质看属柴油机工作原理的哪个范畴，然后再分析是柴油机结构的哪个部件、零件引起。如当出现增压器喘振故障时，先分析引起喘振是中冷器、进排气道和增压器工作不配套、不协调三个系统的因素，然后逐渐从这三个系统的有关部分查找。

2. 由现象到本质

当出现故障时，从现象入手，分析这些现象是由什么原因引起。例如出现柴油机排温高的现象。引起排温高的原因可能是供油提前角过小，也可能是柴油机进气不足，还可能是喷油器雾化不良或超负荷运转。在这些造成排温高的原因中，逐一排除，直到找到某个真正原因。

3. 由表及里，先易后难

引起某一故障可能是多种原因，但其中必有一种为主要因素。这时必须坚持由表及里，先易后难的原则。仍以上例说明，既然造成排温高可能由上述四个原因引起，这时我们先了解一下运转是否超负荷，这是最简单的因素。然后再检查一下供油提前角，这也是比较容易做到的。如果仍查不出问题，就检查空气滤清器、中冷器是否脏污。如未发现问题，再检查喷油器的雾化情况。如仍未找到问题，就检查喷油泵喷油量的均匀性或者气缸是否拉伤等。

4. 按系统分段

有些故障看起来很复杂，但仔细分析起来，总是有一定的规律。起主要作用的只是某一个系统、某一个要素。例如柴油机功率不足是一个综合性故障，可以从燃油系统、配气系统等方面分析。如果功率不足伴随着冒黑烟而排温并不太高，这时可重点先从燃油系统查找原因，然后再从配气系统去查找原因。

二、柴油机故障诊断的步骤

1. 弄清故障现象

这是诊断故障的第一步，也是依据。充分运用实践经验，通过看、听、摸、嗅及有关测试仪器仪表，将故障发生时的异常现象搞清楚。同时还要注意以下问题：

(1)故障前柴油机有过什么症状?

(2)故障前进行过哪些维修、保养?

(3)以前是否发生过类似故障?

(4)周围环境状况发生过什么变化?

2. 定位

在弄清故障现象的基础上，诊断故障的原因，确定故障发生在哪个部位或系统上。

3. 检查

通过综合分析和初步确定故障部位后，进行具体检查，以确定最后的原因和应采取的措施。

三、柴油机故障诊断的方法

医生在给病人诊病时，可以通过望、问、闻、切和 B 超、CT 等方法。而对柴油机故障的诊断也同样可以采用各种不同的方法。有时用一种方法，有时几种方法并用。下面介绍故障诊断的几种常用方法：

1. 部分停止法

所谓部分停止法，就是当怀疑故障是某一部位引起的，即可停止该部位的工作，观察故障是否消失，如消失则证明诊断正确。例如当怀疑柴油机冒黑烟是由某缸喷油器雾化不良引起，可将该缸的喷油泵柱塞撬起，停止该缸喷油器工作，此时如黑烟消失，则证明诊断正确；如此时仍有黑烟，则再停止另外的其他缸的喷油器工作。

2. 替换法

所谓替换法就是比较可能造成故障的零部件。当诊断认为故障可能由某部件引起，就将该部件予以更换，然后比较更换前后故障现象。例如柴油机油温高，认为是水泵流量不足引起，则更换一个好的水泵，如温度恢复正常，说明油温高确是水泵流量不足引起。

3. 试探法

这种方法是以改变局部范围的技术状态，来观察故障的变化情况。例如怀疑气缸压缩压力低是由于活塞缸套密封变差引起，则可向气缸内倒入黏度较大的机油，如压缩压力增加，则证明诊断正确。再如怀疑启动性能不好是由于水温过低引起，则可向水中通入蒸汽，将其加热，若启动性能改善，则证明分析正确。

4. 拆检法

即对故障怀疑对象进行拆卸检查，来分析故障的原因和部位。例如怀疑柴油机机油消耗过大是由于某缸活塞环开口未错开，则可抽出该缸的活塞组，检查活塞环的位置。

5. 仪器诊断法

随着柴油机测试技术的发展，利用测试仪器来代替传统的手摸、耳听、鼻闻越来越完善了。按诊断手段，可分为下述三种方法：

(1)热工仪器检测

这种方法是利用热工仪器对柴油机的工作参数(或工作状况)进行测量，从而诊断柴油机故障。常用的方法如下：

① 利用爆发压力表诊断气缸压缩压力和爆发压力是否降低。

② 利用各种温度表诊断冷却系统的故障。

③ 利用压力表诊断润滑系统的故障。

④ 利用压差计(表)诊断空气滤清器、机油滤清器、柴油滤清器是否污堵。

⑤ 利用曲轴箱漏气仪诊断缸套与活塞密封情况和气门座与气门的密封情况。

⑥ 利用燃烧分析仪诊断柴油机燃烧情况，找出功率下降、冒黑烟等故障原因。

⑦ 利用喷油诊断仪诊断柴油机供油系统存在的故障。如供油角变化、喷油量不均匀、喷油器雾化不良等。

⑧ 用无外载测功仪诊断柴油机是否功率不足。

图 2 – 53 是一台便携式柴油机不解体检测诊断仪及部分检测结果。

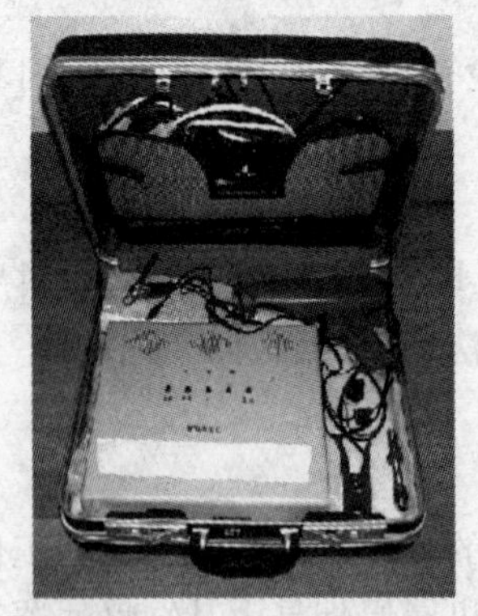

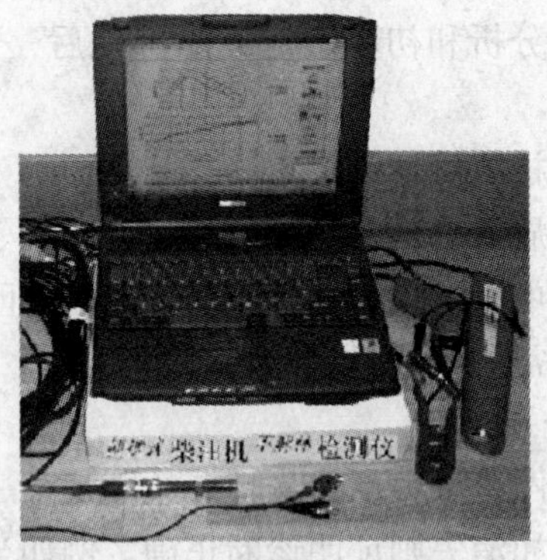

（a）便携式柴油机不解体检测诊断仪外形图

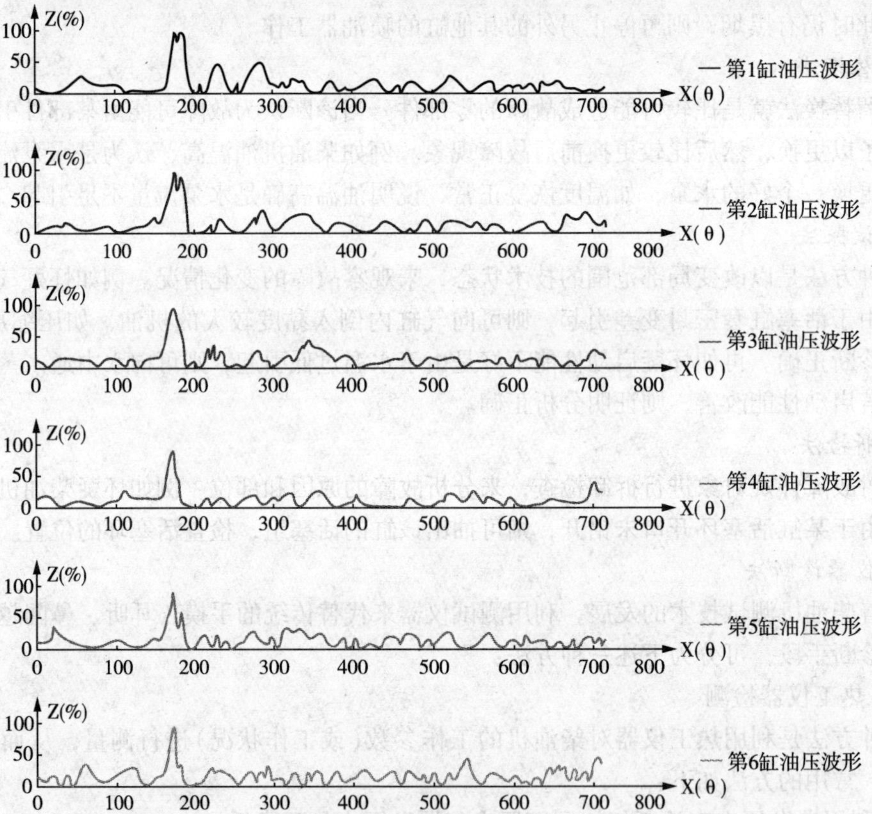

Z(%)

第1缸油压波形

第2缸油压波形

第3缸油压波形

第4缸油压波形

第5缸油压波形

第6缸油压波形

X(θ)

（b）某6缸柴油机瞬态油管压力

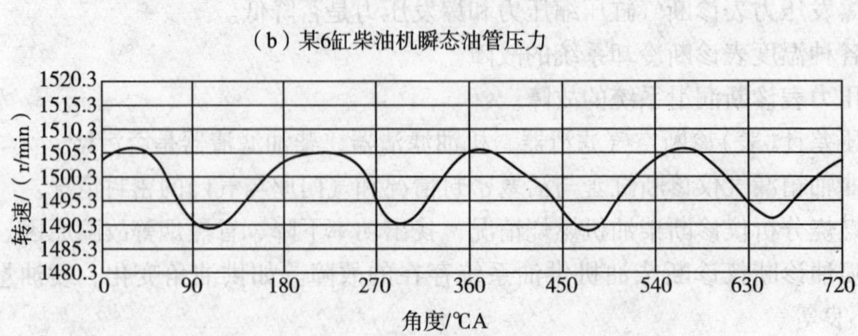

转速/（r/min）

角度/℃A

（c）某4缸柴油机瞬态转速

图 2－53　便携式柴油机不解体验测诊断仪及部分检测结果

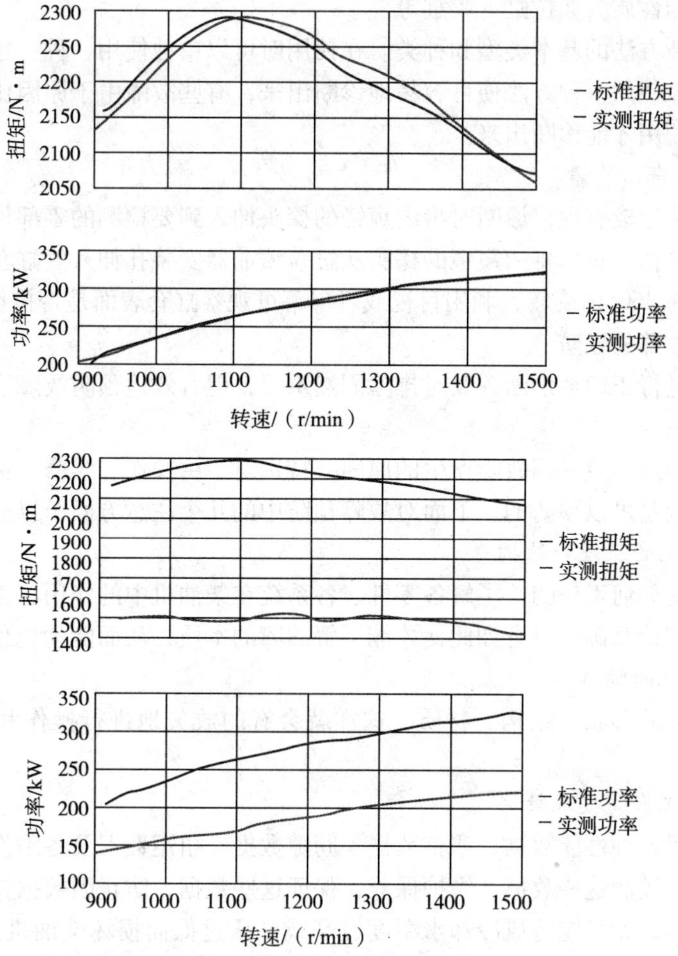

（d）某柴油机正常状态下实测外特性和一缸不作功时外特性

图2-53(续) 便携式柴油机不解体验测诊断仪及部分检测结果

(2)声振仪检测

这种方法是利用噪声测量仪、振动测量仪、扭振测量仪及其分析仪，测出柴油机某些部位噪声、振动或扭振信号，再经过信号分析处理，来诊断柴油机的故障。这是传统的用一根细钢棍探听和手摸法的科学化、仪器化。通过这种方法可以诊断出柴油机气门间隙故障、齿轮故障、轴承间隙过大、缸套间隙过大、拉缸、敲缸、气门碰活塞等故障。

(3)磨粒检测

这种方法是通过对润滑油油样中磨粒的分析，来诊断柴油机故障的一种方法。相当于通过化验人的血液诊断人的疾病一样。这种检测目前有下述两种形式：

① 光谱分析 通过对润滑油油样的光谱分析，根据油中金属元素含量的浓度和种类，判断柴油机哪些部位发生了异常磨损和损坏。例如铜元素含量的浓度剧增，则为铜套发生异常磨损；如铁元素和铝元素含量同时剧烈增长，则可能是气缸套和活塞发生异常磨损或拉伤。如钙元素剧增，而柴油机零件中并无钙的成分，则证明含有钙元素的水漏到油底壳去了。

② 铁谱分析 通过对润滑油油样的铁谱分析，可以根据磨粒的形貌、大小，来诊断故

障的部位和故障的性质。如拉缸、咬缸等。

以上只是诊断方法的基本类型和种类。在使用时可以单独使用一种，也可以几种方法综合使用。有些故障使用一种方法便可容易地诊断出来，有些故障由于原因比较复杂，往往需要几种方法综合使用才能诊断出来。

(4)内窥镜检查、测量

这种诊断方法比较直观，诊断时将内窥镜的探头伸入到要检测的零部件内孔，如要检测柴油机缸套是否拉伤，只需将内窥镜的探头从缸盖喷油器安装孔伸入气缸套内，探头位置可上下移动，并可在360°内旋转，利用目视或者屏幕可观察缸套表面是否拉伤或异常磨损。

四、柴油机故障的预防

出现故障，进行正确地诊断并及时排除固然重要，但有效地预防故障意义重大，可以起到事半功倍的作用。

对于故障的预防，应根据故障产生的原因，特别对于由操作、维修、保养和拆装不当引起的故障，大部分是可以预防的。下面对故障预防中的几个注意方面予以简单介绍：

1. 熟悉柴油机的原理和结构

了解柴油机是如何工作的，了解各零件、各系统在柴油机中的作用、工作条件，这是预防柴油机故障的理论基础。只有如此，才能了解故障的本质，从而能动地预防故障。

2. 了解柴油机的构造

了解各零部件的形状、结构、材质，这样就会有的放矢地进行操作和维修，预防故障发生。

3. 掌握柴油机有关技术数据

掌握好柴油机各种性能数据、调整数据、间隙数据、扭矩数据及各附件的性能规格，以便在操作使用中，控制这些数据，维护保养，保证这些数据，防止因数据错误造成故障。如记不准水温、油压，就可能造成冷却水温度过高或油压过低而损坏柴油机。记错了供油角，就可能造成供油角过早或过晚，从而引起柴油机故障。

4. 正确操作和保养

严格按有关操作规程或使用说明书规定进行操作和维护保养。这是预防发生故障的最有效的措施。正确地操作，可以避免因操作错误造成的故障；及时合理的保养，使柴油机处于良好的技术状态，更可以预防故障的发生。

5. 随时观察

必须善于利用耳、鼻、眼、手、口五官，随时观察柴油机有无异常，以预防故障发生和发展。

6. 进行状态监测预警

这样可以随时掌握柴油机的技术状态，对潜在的故障及时进行预报，这是预防故障的最科学的方法。

(1)监测柴油机各缸排气温度

对各缸排温进行监测，并对排温过高缸、过低缸报警，防止各缸工作不均，导致柴油机因个别缸超载而损坏，如拉缸、抱缸、烧活塞及运动件断裂等。

(2)监测机油滤清器压差

对机油滤清器压差进行监测并越限报警，防止因机油滤清器压差大，机油滤芯破损或机油不经过滤而旁通，造成摩擦副异常磨损，或拉缸、拉瓦等故障。

(3) 监测曲轴箱漏气

对曲轴箱漏气量进行监测并越限报警，预报和防止活塞缸套异常磨损或拉缸等故障的发展。

(4) 监测柴油机整机振动

对柴油机机体振动速度进行监测并越限报警，预报柴油机和工作机械对中变坏或柴油机运动件不平衡引起的柴油机损坏等故障及发展。

(5) 监测柴油机机油铁屑

对柴油机机油中铁屑进行监测并越限报警，预报和防止摩擦副异常磨损、拉缸等故障发展。

(6) 监测柴油机机油内含水、含柴油

对柴油机机油内混水、混柴油进行监测并报警，预报防止因机油变质，破坏润滑性能造成柴油机异常磨损和拉缸、烧瓦、抱轴等故障及发展。

(7) 监测柴油机机油温度

对机油温度进行监测并越限报警，防止因机油温度高、黏度下降引起的摩擦副异常磨损或拉缸、烧瓦等故障。

(8) 监测柴油机出水温度

对柴油机水温进行监测并越限报警，防止因柴油机水温过高，引起拉缸、抱缸等故障。

(9) 监测柴油机机油压力

对柴油机油压进行监测并越限报警及停车，防止因机油压力过低，造成柴油机摩擦副异常磨损或拉缸、拉瓦、烧瓦等故障。

(10) 监测柴油机转速

对柴油机转速进行监测并超限报警及停车，防止因柴油机超速，导致柴油机气门碰活塞、气门飞脱、连杆或连杆螺栓断裂以及拉缸、烧瓦等故障。

以上十项监测与预警功能，预报渐变性故障，防止突发性故障，改善性能指标，预防零部件损坏(零件本身缺陷例外)。对柴油机可靠运转可起到保证作用。

五、柴油机故障排除原则

排除故障一定要根据诊断出的原因，有的放矢地排除。排除时应遵循下述原则：

1. 尽量不停车排除

有些故障能在不停车的情况下排除就尽量不要停车。如观察盖、接头、法兰面处的漏油、漏水、漏气，只要在工作状态下紧固能解决，就不必非停车不可。只是当需要更换垫片时才可停车。

2. 尽量不更换排除

有些故障只要对零件进行修理便可排除，不一定要更换新件。如缸套有不太严重的穴蚀，只要将其调转90°安装便可。喷油器雾化不良，只要将针阀和阀体用研磨膏研磨一下再仔细清洗，并用细针通一下喷孔便可，不一定更换喷油器。

有些属间隙变化引起的故障，只要调整一下间隙便可。例如气门间隙及各种轴向间隙等。

属于用修理调整方法排除的故障，一般有以下方法：

(1) 调整法

如气门间隙变化可通过调整气门摇臂上的调节螺钉来调整个别气缸的供油角变化；调整

机油调压阀的弹簧预紧力来调整机油压力；以及调整垫件厚度调整喷油器伸出高度等。

(2)翻转法

如将有不太严重穴蚀的气缸套调转90°，可继续使用。

(3)修理尺寸法

如修理曲轴并换用新配轴承，恢复轴和轴承的配合间隙；修理缸套内孔并换用新配的活塞，恢复缸套活塞的配合间隙等。

(4)附加零件法

如有的轴磨损不严重，可将该轴磨细，再镶上一个轴套，使其恢复尺寸；孔磨损太大，可将孔镗大再镶上一个套圈，使其恢复尺寸；当螺纹孔损坏，可将该孔加大，再加上一个有内外螺纹的螺塞旋入，使螺孔和原螺孔相同。

(5)零件局部更换法

如有的轴类零件某一端损坏，可将损坏段去掉，再焊上一段重新加工，使其符合要求。

(6)恢复尺寸法

对磨损零件的磨损部位增补金属，再进行机械加工，使其恢复尺寸和精度。目前常用的方法有金属喷镀法、电镀法、焊补法、浇铸法以及用树脂铁粉粘补法等。

任务三　柴油机典型故障的诊断与排除

下面列出是190系列柴油机在使用中常见故障：

一、柴油机启动困难

在正常情况下(环境温度高于5℃)，柴油机一般应在5s内顺利启动(采用辅助发动机启动时，启动时间一般较长)。有时反复进行几次才能启动，此种情况都属正常。若经过多次反复启动，柴油机仍不能着火时，则应视为启动故障。

当柴油机出现启动故障时，应首先对启动前的准备工作是否完美(如燃油箱是否有油、燃油是否符合规定要求、油路开关是否打开等)进行检查，然后再查找柴油机各系统存在的因素。检查方法可根据柴油机启动的必要条件进行分析，常见原因和排除方法如表2－12所述。

表2－12　柴油机启动困难

故障	原　因	排除方法
启动系统的故障	(1)启动机损坏 (2)启动齿轮啮合不良 (3)气源压力不足 (4)储气罐容积不够 (5)气动管路漏气 (6)继气器打不开 (7)气控阀失灵 (8)电器元件(启动开关、继电器)失灵 (9)蓄电池充电不足 (10)电器线路接触不良 (11)电源导线截面小、线太长 注意：以上(3)～(7)为气马达启动系统，(8)～(11)为电动启动系统	(1)修理或更换启动机 (2)更换启动机齿轮，保持正常啮合 (3)充气至规定压力 (4)加大储气罐容积 (5)排除漏气现象 (6)拆检清洗，加适量润滑油 (7)拆检气控阀 (8)检修或更换元件 (9)充电 (10)检修重新连接 (11)更换符合规定规格的导线

续表

故障	原　因	排除方法
燃油系统的故障	(1)缺燃油或燃油箱阀门未打开 (2)燃油质量不符合要求或含有水 (3)燃油箱安装位置过低 (4)高压油管内有空气 (5)燃油系统内空气未排干净 (6)燃油滤清器堵塞或旋阀未打开 (7)喷油器污堵或滴油，漏油 (8)供油提前角不对 (9)油量调节齿杆卡住或齿杆不在加油位置 (10)燃油电磁阀关闭	(1)添加燃油，打开阀门，打开断燃油保护 (2)更换规定牌号燃油，排除油箱内积水 (3)按规定要求安装燃油箱 (4)用手油泵泵油，排净管内空气 (5)排净燃油系统内的空气 (6)清洗燃油滤清器，打开旋阀 (7)清洗或更换喷油器偶件 (8)调整供油提前角 (9)检修或更换单体泵 (10)打开燃油阀
进排气系统故障	(1)空气滤清器滤芯污堵 (2)进气管道堵塞 (3)配气定时不对 (4)气门或活塞环、气缸盖处漏气	(1)清洗空气滤清器 (2)清理进气管道 (3)重新调整配气定时 (4)研修气门、换活塞环或气缸垫
润滑系统的故障	(1)机油温度过低，黏度大 (2)气动预供油泵供油压力不足	(1)预热机油 (2)控制气源压力，检修预供油泵
使用与维护不当	(1)柴油机温度过低 (2)长时间连续怠速转动 (3)防爆装置阀门未打开	(1)充分暖机 (2)清除柴油机内积炭 (3)打开防爆装置阀门

二、柴油机功率不足

柴油机功率不足是指柴油机在工作时发不出应有的功率。这一故障的分析应从柴油机基本工作原理方面去找原因。一定型号的柴油机其所发出的功率主要与作用在活塞顶上的燃料燃烧所产生的压力大小有关，而燃烧压力的大小主要取决于燃料在燃烧室中燃烧完善程度。

影响燃烧状况的主要因素有气缸的进气量，燃料供给系统的供油量，供油提前角及气缸内的压缩压力等。当上述条件不能满足要求时，使柴油机燃烧不良，燃烧压力低，作用于活塞顶上的压力也低，造成柴油机转速下降，功率不足。因此在柴油机发生功率不足故障时，应检查进气量和供油量是否充足，燃料燃烧是否完善，压缩压力是否足够等。故障原因和排除方法如表 2－13 所述。

表 2－13　柴油机功率不足

故　障	原　因	排 除 方 法
燃油系统的故障	(1)燃油质量不好或含有水 (2)燃油管路堵塞，油管泄漏 (3)燃油滤清器污堵 (4)喷油器堵塞，雾化不良 (5)供油定时不对 (6)传动杠杆限位铅封被破坏 (7)喷油泵柱塞偶件磨损严重 (8)喷嘴伸出高度不符合要求 (9)传动杠杆调节螺钉旋入太多或太少，齿杆伸出长度不合适 (10)燃油温度高	(1)更换合适燃油，排除积水 (2)疏通油路，检修油管 (3)清洗燃油滤清器 (4)清洗、检修或更换喷油器 (5)重新校正供油定时 (6)重新调试并铅封 (7)更换偶件并进行调试 (8)按要求重新选配 (9)重新调整 (10)清洗燃油冷却器

续表

故　障	原　因	排 除 方 法
进排气系统的故障	(1)空气滤清器污堵 (2)空气滤清器纸质滤芯受潮膨胀 (3)进、排气道受阻 (4)配气定时不对 (5)进、排气门下陷严重 (6)气缸盖或活塞环处漏气 (7)进、排气门漏气 (8)中冷器脏污 (9)进、排气凸轮磨损严重 (10)进气管道密封不严 (11)排气引管阻力过大，消声器不匹配 (12)高温或高原地区空气密度小	(1)清洗空气滤清器 (2)阴雨季可去掉纸滤芯 (3)清理进、排气道 (4)检查并调整配气定时 (5)更换气缸盖镶圈 (6)更换气缸垫、活塞环 (7)研修气门 (8)清洗中冷器 (9)更换凸轮轴 (10)拆检并更换密封件 (11)按规定要求设置排气引管和消声器 (12)选择配置有增压器的机型
增压器的故障	(1)增压器污堵 (2)增压器匹配不当，进气压力低	(1)清理增压器污物、积炭 (2)重新选配
冷却系统的故障	(1)进气温度过高 (2)中冷器水路堵塞	(1)检查中冷器 (2)清洗中冷器

三、柴油机运转不均匀

柴油机运转不均匀表现为转速出现忽高忽低的不正常现象。

保持柴油机运转均匀的条件有：

(1)各缸发出的功率应相等，即要求各缸的供油量、供油提前角和压缩压力均应相等。

(2)各气缸内燃烧状况应稳定、均匀。

(3)柴油机所驱动的负荷应均匀。

(4)调速器应保持良好的工作状态。

当柴油机有关部件出现故障，使上述条件不能满足时，便造成柴油机转速忽高忽低现象。故障原因和排除方法如表2－14所述。

表2－14　运转不均匀

故　障	原　因	排 除 方 法
调速器的故障	调速器运动件磨损严重或卡滞	检修或更换零件
喷油泵的故障	(1)燃油管路或喷油泵中有空气 (2)喷油器滴油、漏油或污堵 (3)喷油器柱塞弹簧断裂或弹力不足 (4)喷油泵柱塞偶件卡死 (5)喷油泵油量调节齿圈松动 (6)齿杆与齿圈磨损严重 (7)齿杆卡滞不灵活 (8)出油阀弹簧断裂或阀卡死	(1)排出燃油系统内的空气 (2)检修或更换喷油器偶件 (3)更换柱塞弹簧 (4)更换柱塞偶件 (5)调试供油量并紧固锁紧螺钉 (6)更换有关零件 (7)检修或更换单体泵 (8)更换弹簧、检修出油阀偶件

四、柴油机突然停车

柴油机在运行过程中，非人为因素而自动停车。这种现象的发生，往往伴随有事故因素，因而必须进行细致的检查，并排除各种故障后，才可重新启动运转。故障的原因及排除方法如表 2－15 所述。

表 2－15　突然停车

故　　障	原　　因	排除方法
燃油系统的故障	(1)燃油箱内无油 (2)燃油中混有水 (3)燃油管路堵塞 (4)燃油管路进气	(1)添加燃油 (2)查明原因，更换燃油 (3)疏通并清洗管路 (4)查明原因，并排气
安全保护装置的故障	(1)机油压力低，停车装置发生作用 (2)柴油机超速运行，超速安全装置发生作用 (3)超速安全装置故障 (4)防爆装置故障，阀门自行关闭	(1)查明油压低的原因，并排除 (2)查明超速原因，并排除 (3)检修并重新进行调整 (4)检修防爆装置
使用与保养	(1)定时齿轮损坏 (2)负载突然大幅度增加	(1)拆检并更换有关零件 (2)避免突加负载

五、柴油机飞车

飞车是由于柴油机故障所引起的重大事故，它对柴油机造成极大危害。由于柴油机进气阻力较小，随着转速的升高，进气量降低不大。而喷油泵的供油量却随转速升高而有所增加(特别是磨损了的油泵柱塞，随转速增加使泄漏减轻)，使得柴油机转速增加得更加迅速，可能升至极高的转速。由于柴油机曲柄连杆机构具有较大惯性力，随着转速升高，惯性负荷急剧增大，以致造成连杆螺栓断裂，打坏机体、活塞和气缸盖等零件，甚至使曲轴平衡块和调速器飞铁被甩掉，飞轮破裂，气门弹簧折断等。这就是所谓的飞车事故。

判断飞车的主要依据是柴油机工作响声的变化，柴油机随其转速升高，发出的声响(特别是排气声)越来越密。一般转速在每分钟几百转时，排气响声可数出；转速升到每分钟一千转左右，尚能较清晰的一次一次的区分开；到每分钟二千转左右时，响声便连成一片；当转速升到三四千转时，响声变成啸叫。

飞车现象的主要原因通常是调速器失去作用或喷油泵发生故障，以及操作失误所引起的。故障原因和排除方法如表 2－16 所述。

表 2－16　飞车

故　　障	原　　因	排除方法
调速器的故障	(1)拉杆螺钉或拉杆接头处销子松脱 (2)反应不灵敏 (3)限位螺钉铅封开封	(1)重新调整后紧固 (2)检查并修复 (3)重新调整并铅封
使用与保养	超速安全装置失灵	检修电磁阀、转速传感器

六、柴油机机油压力过低

可靠的润滑是保证柴油机正常运行必不可少的条件。机油压力是表示柴油机润滑系统工作状况的重要指标。各种柴油机都规定有正常工作时机油压力的要求，同时还规定有最低油压的限制要求。

当机油压力低于规定压力时，可首先用调压阀进行调节，若仍不能恢复至规定的机油压力，则需检查原因并排除故障。故障原因和排除方法如表 2－17 所述。

表 2－17　机油压力过低

故　　障	原　　因	排 除 方 法
润滑系统的故障	(1)调节阀卡死或压力调节不当 (2)油底壳内缺油或油量不足 (3)使用机油牌号不符合规定要求 (4)机油稀释 (5)润滑系统泄漏 (6)油压表损坏 (7)机油泵磨损严重或损坏	(1)检修并调整至规定压力 (2)添加机油至规定油量 (3)更换合格机油 (4)更换机油并查明原因予以排除 (5)检修并更换有关零件 (6)更换油压表 (7)更换或检修有关零件
冷却系统的故障	(1)机油冷却器堵塞 (2)机油冷却器冷却效果差	(1)清洗机油冷却器 (2)检修冷却系统
使用与维护	轴瓦烧损或间隙过大	配换轴瓦

七、柴油机机油温度过高

机油的黏度随温度的升高而降低，会造成柴油机润滑不良，因此，适宜的黏度是正常润滑的必要条件。故障原因和排除方法如表 2－18 所述。

表 2－18　机油温度过高

故　　障	原　　因	排 除 方 法
润滑系统的故障	(1)油底壳内液面过低或过高 (2)机油泵泵油量不足 (3)油温表损坏	(1)调整机油液面至规定高度 (2)检修机油泵 (3)更换油温表
冷却系统的故障	(1)机油冷却器污堵 (2)冷却水不足或水温过高 (3)风扇胶带松弛	(1)清洗机油冷却器 (2)添加冷却水或检修冷却系统 (3)调整风扇松紧度
使用与维护	活塞环、气缸套磨损严重造成漏气	更换活塞环、气缸套

八、柴油机机油稀释

燃油、冷却水侵入机油后，破坏了机油原有的润滑性能，使正常的润滑条件受到破坏。故障原因和排除方法如表 2－19 所述。

表 2－19　机油稀释

故　　障	原　　因	排 除 方 法
冷却系统的故障	(1)气缸套封水圈漏水 (2)水泵水封漏水 (3)气缸盖喷油器护套上部漏水 (4)机油冷却器冻裂或锈蚀穿透	(1)更换封水圈 (2)更换水泵水封 (3)更换护套密封圈 (4)更换机油冷却器
燃油系统的故障	(1)喷油器回油管接头漏柴油 (2)喷油器滴油、漏油、雾化不良 (3)输油泵漏油	(1)检修或更换喷油器回油管 (2)检修或更换喷油器偶件 (3)检修输油泵
使用与维护	长期怠速运转	缩短怠速运行时间

九、柴油机排气温度过高

故障原因和排除方法如表 2－20 所述。

表 2－20　排气温度过高

故　障	原　因	排除方法
进排气系统的故障	(1)进、排气通道堵塞 (2)空气滤清器污堵 (3)气门间隙不对 (4)排气引管、消声器阻力过大	(1)清洗进、排气通道 (2)清理空气滤清器 (3)调整气门间隙 (4)按规定要求设置排气引管和消声器
燃油系统的故障	(1)燃油质量不合要求 (2)喷油器滴油、漏油、雾化不良 (3)供油提前角过迟	(1)更换合格燃油 (2)修理后更换有关零件 (3)重新调整供油提前角
使用与维护	(1)超负荷运行 (2)高原地区气压低 (3)增压器污堵	(1)降低负荷 (2)选用高原机或限负荷使用 (3)清洗增压器

十、柴油机冷却水温过高

冷却水温过高是柴油机过热的一种表现形式。柴油机过热使其有关零件的机械性能下降，造成零件变形、裂纹，甚至断裂。柴油机过热还会使气缸内充气量减少，降低输出功率。故障原因和排除方法如表 2－21 所述。

表 2－21　冷却水温过高

故　障	原　因	排除方法
冷却系统的故障	(1)水箱内冷却水不足 (2)水泵供水不足 (3)风扇胶带松弛 (4)散热水箱芯子或冷却管路堵塞	(1)添加冷却水 (2)检修水泵 (3)调整风扇松紧度 (4)清洗冷却系统
使用与保养	(1)水温表损坏 (2)柴油机过载运行 (3)调温阀损坏 (4)喷油定时不正确	(1)更换温度表 (2)降低负荷使用 (3)检查调温阀，需要时更换 (4)重新调整喷油定时

十一、柴油机冷却水中混有机油

冷却水中混有机油，其故障原因一般为机油冷却器水管冻裂或锈蚀穿透。故障原因和排除方法如表 2－22 所述。

表 2－22　冷却水中混有机油

故　障	原　因	排除方法
冷却水中混有机油	(1)机油冷却器铜管冻裂或腐蚀穿透 (2)多功能支架油接管处“O”形圈破损	(1)焊损坏铜管或更换机油冷却器芯子 (2)更换“O”形圈

十二、柴油机排气冒黑烟

排气冒黑烟是由于柴油在燃烧室内不能完全燃烧，一部分碳元素烧不完，形成游离碳，悬浮在燃烧后的气体中，和废气一起排出。故障原因和排除方法如表 2－23 所述。

表 2－23　排气冒黑烟

故　障	原　因	排除方法
进、排气系统的故障	(1)进、排气道阻塞 (2)空气滤清器污堵 (3)排气引管及消声器阻力太大 (4)增压器污堵 (5)中冷器污堵 (6)气门间隙不对	(1)清洗进、排气道 (2)清洗空气滤清器 (3)按规定要求设置排气引管、消声器 (4)清洗增压器 (5)清洗中冷器 (6)检查并调整气门间隙
燃油系统的故障	(1)喷油器滴油、漏油、雾化不良 (2)喷油泵供油定时不对 (3)出油阀弹簧断裂或阀卡死 (4)个别喷油泵供油量过多 (5)燃油质量不符合要求	(1)检修或更换喷油器偶件 (2)调整供油定时 (3)检修或更换弹簧或出油阀 (4)调整、检修传动杠杆调节螺钉 (5)更换合格燃油
使用与保养	超负荷运行	降低负荷使用

十三、柴油机排气冒蓝烟

柴油机排气冒蓝烟一般是由于大量机油窜入燃烧室后蒸发形成机油蒸气，随废气排出所造成的。故障原因和排除方法如表 2－24 所述。

表 2－24　排气冒蓝烟

故　障	原　因	排除方法
排烟冒蓝烟	(1)机油液面过高 (2)活塞环磨损严重 (3)气缸套或活塞磨损严重或损伤 (4)各活塞环开口位置重合 (5)增压器油封失效	(1)放出多余机油 (2)更换活塞环 (3)更换气缸套或活塞 (4)调整活塞环开口位置 (5)检修或更换增压器油封

十四、柴油机排气冒白烟

排气冒白烟是由于进入燃烧室内的柴油蒸发后未燃烧或燃烧室内进入水所造成的。故障原因和排除方法如表 2－25 所述。

表 2－25　排气冒白烟

故　障	原　因	排除方法
排气冒白烟	(1)中冷器的水进入气缸内 (2)冷却水温太低 (3)燃油中有水 (4)喷油器低速时不雾化	(1)检修中冷器 (2)暖机后再加负荷 (3)排放燃油箱中积水 (4)缩短低速运转时间或更换偶件

十五、柴油机振动过大

柴油机振动现象是由于其结构上出现不平衡现象，或各缸工作过程不平衡所引起的。严重的振动现象往往伴有异常响声，用手触摸柴油机机体等处时，有麻木的感觉。

严重的振动可使柴油机零件受到疲劳载荷作用而损坏，并使轴承油膜遭受破坏，造成零件严重磨损，并将大大缩短柴油机的使用寿命，甚至无法工作。

故障原因和排除方法如表 2－26 所述。

表 2－26　柴油机振动过大

故　　障	原　　因	排除方法
柴油机振动过大	(1)扭振减振器失效 (2)飞轮不平衡或连接松动 (3)柴油机与被驱动机械对中性差 (4)安装固定螺栓松动 (5)柴油机底座部分刚性差 (6)各轴承磨损严重、间隙过大 (7)增压器涡轮叶片或压气机叶轮损坏 (8)平衡轴齿轮装配位置有误 (9)各缸工作不平衡	(1)检修或更换扭振减振器 (2)重新调整并固紧 (3)重新调整安装位置 (4)重新紧固 (5)加固底座 (6)配换轴承 (7)拆检更换有关零件 (8)按照装配标记位置重新安装 (9)重新调试喷油泵各缸供油均匀度

十六、柴油机不正常杂音

柴油机在正常工作中，也会发出很大的响声，其正常声音应是连续的、均匀的，其主要来源是由进气、排气、燃烧过程和齿轮传动机械摩擦所发出的。当柴油机内部机件磨损间隙过大，零件松动及断裂损坏，零件卡住，装配、调整不正确和工作过程恶化时，便会发出不正常的响声。

柴油机发出不正常的响声是多样和复杂的。往往在同台柴油机上，不同性质的故障反映出相似的响声，而在不同的柴油机上，同样性质的故障反映出来的响声却不一样。柴油机工作时，正常声音和不正常的响声混杂在一起，有时很难分辨。但是不同的响声一般都有不同的规律。操作者只要熟悉本柴油机的正常声音，并能仔细倾听和辨别各种异常声响，根据柴油机的构造原理，就可迅速、正确地判断出故障的原因。故障原因和排除方法如表 2－27 所述。

表 2－27　不正常杂音

故　　障	原　　因	排除方法
燃烧过程有敲击声	(1)燃油质量不好 (2)喷油压力过高 (3)喷油量过大 (4)喷油器滴油、漏油、雾化不良 (5)供油提前角过早 (6)出油阀弹簧断裂或卡滞 (7)喷油泵供油时间不对 (8)配气定时不正确	(1)更换合格燃油 (2)检查并调试喷油压力 (3)检查并调试喷油泵供油量 (4)检修或更换喷油器偶件 (5)检查并调整供油提前角 (6)更换弹簧或阀 (7)检查并调整供油时间 (8)检查调整或更换有关零件
有机械敲击声	(1)活塞与气缸套间隙过大 (2)气门间隙过大 (3)活塞与气门碰撞 (4)轴承间隙过大 (5)活塞环磨损严重 (6)有机械物落入气缸内	(1)更换活塞与气缸套 (2)检查、调整气门间隙 (3)检查气门间隙，更换有关零件 (4)配换轴承 (5)更换活塞环 (6)排除机械物
齿轮有噪声	(1)齿轮间隙太大 (2)齿轮系中有断齿 (3)轴承间隙过大 (4)固定螺栓松动	(1)更换齿轮 (2)更换齿轮 (3)配换轴承 (4)紧固螺栓

十七、柴油机增压器故障

故障类型和相应的产生原因及排除方法如表 2－28 所述。

表 2－28　增压器故障

故　障	原　因	排除方法
增压器喘振	(1)压气机进气管阻塞 (2)压气机叶轮或扩压器脏污	(1)清理或更换进气管 (2)卸下压气机壳，用汽油刷洗叶轮和扩压器
增压器涡轮端漏油	(1) 增压器回油管阻塞或发动机曲轴箱呼吸孔阻塞 (2)增压器油腔有润滑油结焦或油泥太厚 (3)增压器磨损	(1)清除阻塞 (2)更换润滑油并拆洗 (3)修理或更换
增压器有异常声响	(1) 压气机进气管或出口到发动机进气管阻塞或漏气 (2)排气系统漏气 (3)增压器磨损，转子摩擦壳体	(1)消除阻塞或泄漏 (2)检查是否管路破损或衬垫失效，更换损坏零件或衬垫 (3)修理或更换
增压器压气机端漏油	(1)空滤器脏污或压气机进气管阻塞 (2) 增压器回油管堵塞或发动机曲轴箱呼吸孔阻塞 (3) 增压器中间支承体油腔有润滑油结焦或油泥太厚 (4)增压器磨损	(1)清洗或更换滤芯，清除管路阻塞 (2)清除阻塞 (3)更换润滑油并拆洗 (4)修理或更换
增压器转子转动不灵活	(1)中间支承体孔内和转子轴上有结焦或油泥 (2)轴承磨损引起摩擦壳体 (3)转子轴弯曲	(1)送维修站修理 (2)送维修站修理，更换磨损部件 (3)送维修站更换转子轴

任务考核

一、简述题

(1)柴油机故障现象有哪些？

(2)柴油机故障原因有哪些？

(3)柴油机故障诊断的原则是什么？

(4)柴油机故障诊断的步骤是什么？

(5)油底壳里有水，可能的原因有哪几方面？

二、操作题

(1)判断柴油机的工作状态(正常或不正常)。

(2)排除柴油机的简单故障。

项目七　空气压缩机的使用保养

知识目标

(1)理解螺杆式压缩机的结构与原理。

(2) 理解螺杆式压缩机的优缺点。

技能目标

(1) 掌握美国寿力牌 LS20－125/150 型螺杆空气压缩机的使用。

(2) 掌握美国寿力牌 LS20－125/150 型螺杆空气压缩机的保养。

学习材料

任务一　螺杆式空气压缩机

一、螺杆式空气压缩机的结构原理

1. 基本结构

通常所称的螺杆式压缩机即指双螺杆压缩机。与活塞压缩机等其他类型的压缩机相比，螺杆式压缩机是一种比较新颖的压缩机。

螺杆式压缩机的基本结构如图 2－54 所示。在压缩机的机体中，平行地配置着一对相互啮合的螺旋形转子。通常把节圆外具有凸齿的转子称为阳转子或阳螺杆；把节圆内具有凹齿的转子称为阴转子或阴螺杆。一般阳转子与原动机连接，由阳转子带动阴转子转动。因此，阳转子又称为主动转子，阴转子又称为从动转子。转子上的球轴承使转子实现轴向定位，并承受压缩机中的轴向力。同样，转子两端的圆柱滚子轴承使转子实现径向定位，并承受压缩机中的径向力。在压缩机机体的两端，分别开设一定形状和大小的孔口。一个供吸气用，称为吸气孔口；另一个供排气用，称为排气孔口。

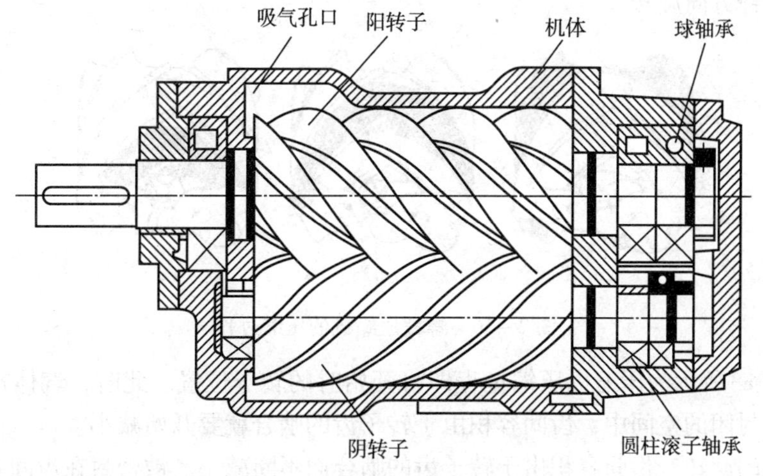

图 2－54　螺杆压缩机结构示意图

2. 工作原理

螺杆式压缩机的工作循环可分为吸气、压缩和排气三个过程。随着转子旋转，每对相互啮合的齿相继完成相同的工作循环，为简单起见，这里只研究其中的一对齿。

(1) 吸气过程

图 2－55 所示为螺杆压缩机的吸气过程，所研究的一对齿用箭头标出。阳转子按逆时针方向旋转，阴转子按顺时针方向旋转，图中的转子端面是吸气端面。机壳上有特定的吸气孔

口，如图中粗实线所示。

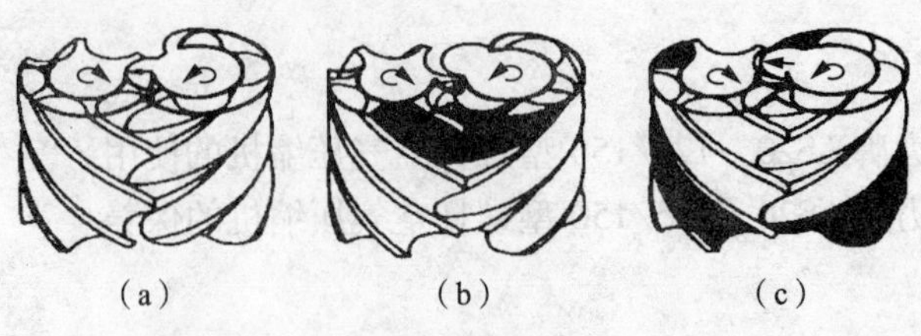

(a)　　(b)　　(c)

图 2－55　螺杆压缩机的吸气过程

图 2－55(a)所示为吸气过程即将开始时的转子位置。在这一时刻，这一对齿前端的型线完全啮合，且即将与吸气孔口连通。

随着转子开始运动，由于齿的一端逐渐脱离啮合而形成了齿间容积，这个齿间容积的扩大，在其内部形成了一定的真空，而此齿间容积又仅与吸气口连通，因此，气体便在压差作用下流入其中，如图 2－55(b)中阴影部分所示。在随后的转子旋转过程中，阳转子齿不断从阴转子的齿槽中脱离出来，齿间容积不断扩大，并与吸气孔口保持连通。从某种意义上讲，也可把这个过程看成是活塞(阳转子齿)在气缸(阴转子齿槽)中滑动。

吸气过程结束时的转子位置如图 2－55(c)所示，其最显著的特征是齿间容积达到最大值，随着转子的旋转，所研究的齿间容积不会再增加。齿间容积在此位置与吸气孔口断开，吸气过程结束。

(2) 压缩过程

图 2－56 所示为螺杆压缩机的压缩过程。这是从上面看相互啮合的转子。图中的转子端面是排气端面，机壳上的排气孔口如图中粗实线所示。在这里，阳转子沿顺时针方向旋转，阴转子沿逆时针方向旋转。

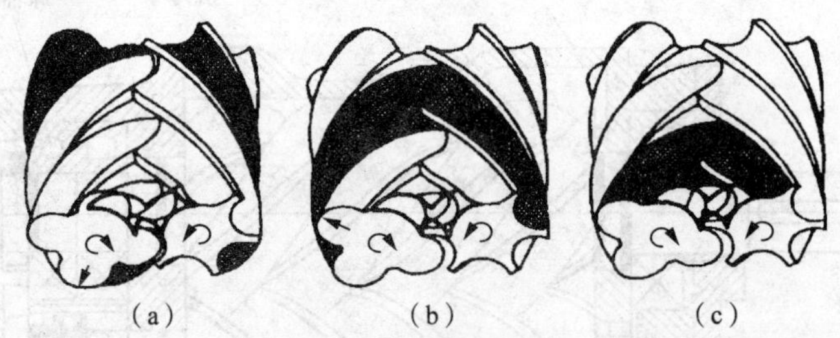

(a)　　(b)　　(c)

图 2－56　螺杆压缩机的压缩过程

图 2－56(a)所示为压缩机压缩过程即将开始时的转子位置。此时，气体被转子齿和机壳包围在一个封闭的空间中，齿间容积由于转子齿的啮合就要开始减小。

随着转子的旋转，齿间容积由于转子齿的啮合而不断减小。被密封在齿间容积中的气体所占据的体积也随之减小，导致压力升高，从而实现气体的压缩过程，如图 2－56(b)所示。压缩过程可一直持续到齿间容积即将与排气孔口连通之前，如图 2－56(c)所示。

(3) 排气过程

图 2－57 所示为螺杆压缩机的排气过程。齿间容积与排气孔口连通后，即开始排气过程。随着齿间容积的不断缩小，具有排气压力的气体逐渐通过排气孔口被排出，如图 2－57(a)所示。这个过程一直持续到齿末端的型线完全啮合，如图 2－57(b)所示。此时，齿间容积内的气体通过排气孔口被完全排出，封闭的齿间容积的体积将变为零。

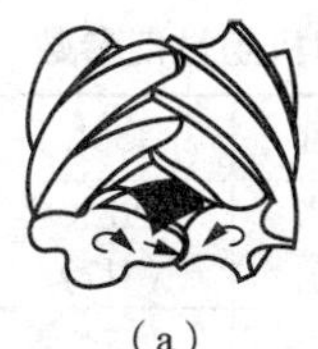
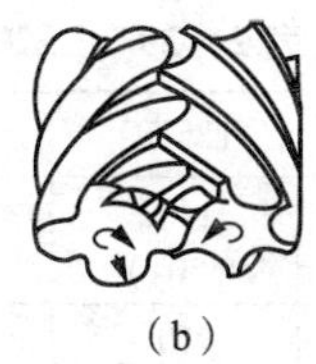

（a）　　　　（b）

图 2－57　螺杆压缩机的排气过程

从上述工作原理可以看出：螺杆压缩机是一种工作容积做回转运动的容积式气体压缩机械。气体的压缩依靠容积的变化来实现，而容积的变化又是借助压缩机的一对转子在机壳内作回转运动来达到。与活塞压缩机的区别是：它的工作容积在周期性扩大和缩小的同时，其空间位置也在变更。

只要在机壳上合理地配置吸、排气孔口，就能实现压缩机的基本工作过程——吸气、压缩及排气过程。

二、螺杆式空气压缩机的优缺点

就气体压力提高的原理而言，螺杆压缩机与活塞压缩机相同，都属于容积式压缩机。就主要部件的运动形式而言，又与透平压缩机相似。所以，螺杆压缩机同时兼有上述两类压缩机的特点。

1. 螺杆压缩机的优点

（1）可靠性高。螺杆压缩机零部件少，没有易损件，因而它运转可靠，寿命长，大修间隔期可达 4～8 万小时。

（2）操作维护方便。操作人员不必经过长时间的专业培训，可实现无人值守运转。

（3）动力平衡性好。螺杆压缩机没有不平衡惯性力，机器可平稳高速工作，可实现无基础运转，特别适合用作移动式压缩机，其体积小、质量轻、占地面积少。

（4）适应性强。螺杆压缩机具有强制输气的特点，排气量几乎不受排气压力的影响，在宽广的范围内能保持较高的效率。

（5）多相混输。螺杆压缩机的转子齿面间实际上留有间隙，因而能耐液体冲击，可压送含液气体、含粉尘气体、聚合气体等。

2. 螺杆压缩机的主要缺点

（1）造价高。螺杆压缩机的转子齿面是一空间曲面，需利用特制的刀具在价格昂贵的专用设备上进行加工；另外，螺杆压缩机对气缸的加工精度也有较高的要求，所以螺杆压缩机的造价较高。

（2）不能用于高压场合。由于受到转子刚度和轴承寿命等方面的限制，螺杆压缩机只能适用于中、低压范围，排气压力一般不能超过 4.5MPa。

（3）不能制成微型。螺杆压缩机依靠间隙密封气体，目前，一般只有容积流量大于 0.2 m^3/min时，螺杆压缩机才具有优越的性能。

任务二　LS20－125/150 型螺杆式空气压缩机

LS20－125/150 型螺杆空气压缩机由美国寿力公司生产。

一、性能参数和润滑油

1. 性能参数

LS20 系列机组性能参数如表 2－29 所示。

表 2-29　LS20 系列机组性能参数

机型	125L	125H	125HH	125XH	150L	150H	150HH	150XH
公称容积流量/(m^3/min)(CFM)	16.9 (597)	15.2 (537)	14.2 (501)	12.9 (455)	20.3 (717)	19.3 (681)	17.4 (614)	16 (565)
额定排气压力/bar(psi)	7 (100)	8 (115)	10 (145)	12 (175)	7 (100)	8 (115)	10 (145)	12 (175)
安全阀开启压力/bar(psi)	9 (130)	10 (145)	12 (175)	14 (200)	9 (130)	10 (145)	12 (175)	14 (200)
机组质量/kg(lb)	2540 (5600)							
长×宽×高/mm×mm×mm	2540×1524×1730							
压缩机主机	喷油双螺杆空气压缩机							
配置	单级齿轮传动							
轴承	耐磨损型							
润滑油牌号	Sullube 或 24KT							
润滑油容积	14 gal(54 L)							
控制方式	电动—气动							
电动机型号	444TSC-4				444TSC-4			
额定功率/hp (kW)	125 (94)				150 (112)			
额定转速/(r/min)	1480				1480			
电压/频率	380V/50Hz							
使用系数	1.15							
使用环境	≤ 40℃							
启动方式	Y-△							
电动机选件	ODP, NEMA 标准 TEFC 型, 各种工作电压							

2. 润滑油使用说明——标准型空气压缩机

(1)通常寿力标准型压缩机出厂时均已充入润滑油 Sullube。若用户混入其他润滑油，本公司的所有质量保证自动失效。

(2)Sullube 油每 8000h 或一年应更换一次。在恶劣的运行环境下(如高温高湿，空气中有腐蚀性气体或强氧化性气体)，润滑油的更换期会短一些，具体以化验结果为准。

(3)更换润滑油时，要同时维护一些部件。

(4)寿力公司鼓励用户参加润滑油分析计划，该计划可能会改变本手册中陈述的润滑油更换期。有关详情请咨询销售商。

3. 润滑油使用说明——24KT 空气压缩机

(1)寿力 24KT 压缩机所使用的润滑油一般无需更换，若需更换，也只能使用寿力 24KT 润滑油。若用户混入其他润滑油，公司的所有质量保证自动失效。

(2)寿力公司希望用户在第一次更换油过滤器滤芯时，取出一些 24KT 润滑油，送到生产厂家进行分析。寿力会提供容器(已填好厂家地址和取样说明)。用户将会收到润滑油分析报告和公司的建议。这是寿力公司的免费服务。

二、LS20 系列螺杆式空气压缩机结构

1. 概述

压缩机的机组包括压缩机、电动机、进气系统、排气系统、冷却润滑系统、气量调节系统和监控系统(Supervisor Ⅱ)组成，所有部件均装在高强度结构底座上。

风冷压缩机另配风扇电动机。风冷机组中，空气在风扇驱动之下，穿过油冷却器及后冷

却器，带走压缩过程产生的热量。

在水冷压缩机中，润滑油通过壳管式换热器换热。若机组配有隔声罩壳，则另备有一排风扇。

风冷和水冷压缩机的各种需维护部件，如油过滤、控制阀和进口空气过滤器都很容易进行维护。

2. *寿力空气压缩机主机*

寿力空气压缩机组中一个重要部件是——单级容积式油润滑螺杆压缩机机头。它提供稳定无脉动的压缩空气，并且无需保养和内部检查。

在转子旋转吸入气体时，大量的润滑油被喷入压缩机体内，与气体直接混合。这里油主要起三个作用：

(1)冷却　带走压缩过程中产生的热量，可有效地控制压缩放热引起的温升；

(2)密封　它填补了转子与壳体及转子与转子之间的泄漏间隙，减少了内泄漏；

(3)润滑　在转子之间形成润滑油膜，以使阳转子得以直接驱动阴转子。

油气混合物流经分离器后，油与空气分离开来，空气进入供气管路，油被冷却后再次喷入压缩机。油还作为耐磨轴承和传动齿轮的润滑剂。

3. *冷却润滑系统*

风冷机组的冷却润滑系统包括风扇、板翅式油冷却器/后冷却器、油过滤器、温控阀和连接管路。

水冷机组采用壳管式油冷却器和后冷却器来代替空冷机组中的板翅式油冷却器/后冷却器。

油的流动由系统中的压差推动，从分离器罐流向压缩机主机。油温低于77℃时，温控阀关闭，油不经过冷却器而直接流过油过滤器，到达主机各工作点。由于吸收压缩过程产生的热量，油温逐渐升高。当油温高于77℃(88℃ 24KT 机型)，温控阀开始打开，部分油流过冷却器，经油过滤器到主机。油过滤器内有可更换滤芯和内置压力旁通阀。当油流经过滤器的压降超过1.4bar 时，监控系统(SupervisorⅡ)显示出报警信号。

4. *排气系统*

加压后的油气混合物从压缩机出来，进入油气分离罐。分离罐有三个作用：

(1)作为初级油气分离器；

(2)作为压缩机储油器；

(3)装有二级油气分离滤芯。

油气混合物进入分离罐，撞击弧形表面，流速大大降低，流向改变，形成大的油滴，由于它们较重，大部分落入罐体底部。其余少部分油在流经两个分离滤芯时分离出来，沉积在滤芯底部。初级/二级分离滤芯底部各引出一根回油管，接回压缩机入口；由于压差，聚积在分离器底部的油流回压缩机入口。回油管上有视镜，还有节流孔(前装管路过滤器)以保证回油稳定。当两个分离滤芯的总压降超过0.7bar，监控系统(SupervisorⅡ)将显示“报警”信号。

油气分离罐是一个按标准设计的压力容器。在油气分离器之后装有最小压力阀，以保证分离罐压力不低于3.5bar，该压力能保证油路正常运行。该阀还有逆止作用，能防止停机及卸载时管线压缩空气的回流。分离器罐装有安全阀，装在油气混合气一侧。安全阀的设置压力参见性能参数表和润滑油相关内容。为更安全起见，监控系统(SupervisorⅡ)一般设定在以下几种情况时停机：

① 罐体压力高于设定的高压停机压力；

② 排气温度高于 113℃；

③ 电机过载。

进一步细节，可参照监控系统功能说明。

所有的寿力空气压缩机都有高压停机保护功能，确保压缩机在安全阀开启前停机，这样能防止压缩机在运行时安全阀打开，损失润滑油（泄压时油气混合物从安全阀喷出）。

压缩机运转或带压状态时不能拆卸螺帽、塞头及其他零件。如需拆卸，必须停机并释放掉全部内部压力。

通过加油管加注润滑油。可以通过分离罐上的视油镜察看罐中的油位。

5. 控制系统

控制系统能根据所需的用气量自动调节压缩机的进气量，它包括提升阀、监控器、电磁阀、压力调节器和控制管路过滤器。以下通过压缩机运行中的四种不同工况来说明控制系统的功能。为简单起见，选用一台工作压力在 7～7.7bar 的压缩机。其他压缩机除工作压力不同外，控制原理都是一样的。

（1）启动工况（0～3.5bar）

按下监控器（Supervisor Ⅱ）面板上的“I”或“ᴕ”键，压缩机启动。启动之初压力调节器和电磁阀保持关闭，螺旋阀不打开。进气提升阀在吸气真空作用下微微打开。

分离器罐内压力迅速从 0 增加到 3.5bar。此时最小压力阀（MPV）关闭，压缩空气与输气管断开，确保足够的分离罐压力来维持润滑油流动。在启动过程中，进气提升阀关闭，机器轻载启动。经过预定时间后（一般为 6～10s），切断储气罐的控制气，进气提升阀在吸气气流作用下打开。

（2）正常运行工况（3.5～7bar）

从这刻起，管线压力一直由 Supervisor Ⅱ 监控。压力调节器仍然保持关闭。启动电磁阀失电；断开小储气罐至提升阀的气路；放空电磁阀得电，断开放空阀控制气路，从而使放空阀关闭。螺旋阀不动作（如果已选配），机组处于全负荷状态。提升阀在排气压力 7bar 以下压力时处于全开位置。

（3）调节工况（标准控制：7～7.7bar）

若用气量低于额定排气量，管线压力将超过 7.0bar，此时压力调节器动作，将控制气送到提升阀，节流进气从而减少压缩机排气量。提升阀的节流效果与管线压力（在 7～7.7bar 区间）成正比例地增加。

（4）调节工况（选配螺旋阀：7～7.7bar）

若用气量低于额定排气量，管线压力超过 7.0bar，控制气控制螺旋阀的压力调节器动作，控制气输送到螺旋阀，通过齿条推动螺旋阀阀芯，使排气与进气部分旁通，从而达到减少机组供气量的目的，使供气与用气平衡。用气量越小，进入螺旋阀的控制气压力越高，螺旋阀的开启度越大，直至所有的旁通道全部打开。这时，螺旋阀从最大位置（MAX）移到最小位置（MIN）。

螺旋阀提供的气量调节范围是 100%～50%，这期间，压力上升范围是 7～7.35bar。当压力超过 7.35bar 时，控制提升阀的压力调节器动作，控制气体通过该压力调节器进入提升阀，此时即进入前面所讲的标准配套的气量调节方式，该调节方式提供的压力范围是50%～

40%，相应的管线压力范围7.35～7.7bar，此时，螺旋阀处于最小位置。

(5)卸载方式

如果客户用气小于额定气量的40%或不用气，管线压力将上升，直到超过7.7bar，这时监控器(SupervisorⅡ)使放空电磁阀断电，将控制气送至提升阀和放空阀，并打开放空阀，关闭提升阀，将分离罐的压缩空气放掉，使罐压维持在1.4～1.7bar，这时，最小压力阀关闭，将油气分离器罐和用户管线隔离开，使用户用气不受影响，此时机器在较低的背压下空转，减少能耗。如果SupervisorⅡ在"I"手动模式下运行，机器一直处在卸载运行模式下直到管压下降到7bar以下，然后进入常规运行模式。如果处在自动运行模式，机组保持卸载运行到规定的时间之后将会自动停机，一旦用户管线压力降至7bar以下，压缩机将自动再启动进入常规运行模式。如果用户用气量的增加引起管线压力降至7bar以下，SupervisorⅡ给放空电磁阀通电，使提升阀的控制气从放气孔中排到大气中。关闭放空阀和循环阀，此时进气提升阀打开。螺旋阀气缸中的压缩空气通过螺旋阀压力调节器的排气口排往大气，螺旋阀气缸中的弹簧将螺旋阀压回到原来满负载最大位置。

6. 进气系统

进气系统包括一个干式空气过滤器和一个进气提升阀。

当空气流经过滤器压降超过预先设定值时，监控系统显示"报警"信号。

三、LS20系列螺杆式空气压缩机的监控器(SupervisorⅡ)

1. 基本介绍

寿力20系列机组配备了功能完善的监控器(SupervisorⅡ)和控制元器件，如图2－58所示。为确保机组的正常运行，操作人员必须熟悉监控器面板上的各种标记的含义，对面板上显示的参数和信号能做出正确的判断。

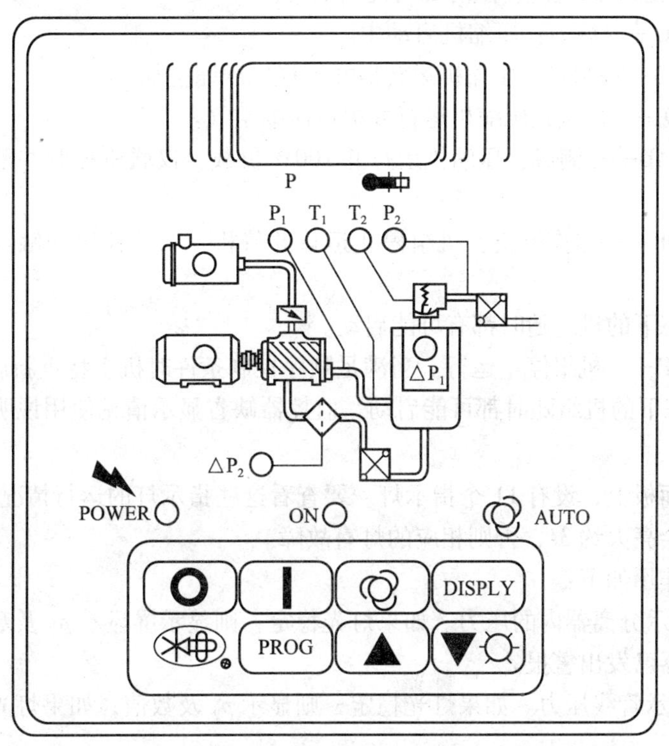

图2－58 SupervisorⅡ面板

监控器通过液晶显示器 LCD 显示机组的温度、压力、运行时间及工作状态。操作人员可以通过监控器面板上的键盘来控制压缩机，设定控制参数，显示需要的参数。灯光闪烁表示报警。

2. 键盘介绍

(1)停机——手动停机和消除报警信号。

(2)手动运行——在无报警信号下启动机组，同时选择手动运行模式。如机组正在运行，能消除报警信号。

(3)自动——在无报警信号下启动机组，同时选择自动运行模式。

(4)显示——显示压力，温度和其他状态参数。

(5)编程——进入编程模式，可修改某些控制参数的设定值。

(6)上行箭头——在状态显示模式下更换显示项目，在参数设置模式下增加数值。

(7)下行箭头——在状态显示模式下更换显示项目，在参数设置模式下减小数值。

3. 状态显示

在缺省的情况下，显示器上显示两排数据，上面一排表示机组各处的状态，下面一排表示管线压力 p_2 和排气温度 T_1。

以下是可能显示的各种机组状态。参数单位：温度℃，压力 bar。(也可选择英制℉和 psi，显示数值会有相应的变化)。

(1)STOP——停机。

(2)STANDBY——待机：暂时停机。在停电或卸载计时器动作的情况下，机组进入待机状态。

注意：在该状态下的机组，随时都可能再启动。

(3)STARTING——启动：压缩机启动中。

(4)OFF LOAD——卸载：压缩机运转但并不提供压缩空气。

(5)ON LOAD——加载：压缩机运行并提供压缩空气。

(6)FULL LOAD——满载：压缩机运行并 100% 负载。仅联机控制并配备满负载阀时才会显示。

(7)RTM STOP——遥控停机：机组停止运行并待机。当遥控启动触点闭合后，机组将重新启动。

注意：该状态下的机组随时都有可能启动。

(8)SEQ STOP——机组停止运行。当满足顺序控制条件时机组将重新启动。

注意：该状态下的机组随时都可能启动。监控器缺省显示请见使用说明书。

4. 指示灯

在监控器的面板上，设有 11 个指示灯。要查看这些指示灯的运行情况时按"▣"键。所有的灯都会亮大约 3s，否则相应的灯有故障。

各指示灯的作用如下：

(1)p_1——表示分离器内的压力。如果灯光稳定，则显示屏显示 p_1 及数值；如果灯光闪烁，则表示控制器已发出警报。

(2)p_2——表示管线压力。如果灯光稳定，则显示 p_2 及数值；如果灯光闪烁，则表示控制器发出警报。

(3)T_1——表示主机排气温度。如果灯光稳定，则显示 T_1 及数值；如果灯光闪烁，则表示控制器已发出警报。

(4) T_2——表示干侧排气温度。如果灯光稳定则显示 T_2，如果闪烁，则表示控制器已发出警报。

(5) Δp_1——表示分离器前后的压差。如果灯光稳定，则显示 Δp_1 及数值；如果闪烁，则表示必需更换滤芯。

(6) Δp_2——表示油过滤器前后的压差。如果灯光稳定，则显示 Δp_2 及数值；如果闪烁，则表示必需更换油滤芯。

(7) MOTOR——电机过载指示灯。如果指示灯闪烁。表示电机过载继电器已经断开。

(8) POWER——电源指示灯。如果监控器接到120V 的交流电源，该指示灯总是亮的。

(9) ON——运行指示灯。如果灯光稳定，表示机组正在运行；如果闪烁，表示机组处于暂停状态，随时都可能启动。遥控停机或顺序停机都会使机组进入暂停状态。

(10) AUTO——自动运行指示灯。如果灯光稳定，表示机组正在自动运行；如果灯光闪烁，表示机组处于暂停状态，随时都有可能启动。

(11) INLET FILTER——空气滤清器指示灯。如果灯光闪烁表示空滤器需要维护。

5. 控制元器件及功能

除 SupervisorⅡ之外控制系统还配备一些控制元器件，以下详细介绍其功能，如表2－30所示。

表 2－30　SupervisorⅡ的控制元器件及功能

序号	控制元器件	功　能
1	紧急停机按钮	位于监控器附近，按下此按钮将切断监控器的所有交流输出，并断开启动器电源。在拉出按钮并按下“O”键之前，监控器将显示故障信息(E－STOP)
2	热继电器复位按钮	此按钮位于启动器过载元件的外壳上，发生过载后，按下此键，使热继电器复位。注意：复位前各元件应充分冷却
3	进气提升阀	节流空气气流使压缩机进气量与用户用气量匹配。压缩机停机时起到止回作用，能防止油从进气口中喷出
4	螺旋阀(任选件)	机头吸气腔内部旁通调节压缩机排气量与用户用气量匹配。该件为任选件
5	提升阀压力调节器	接通油气分离罐和进气提升阀，使提升阀动作，来调节压缩机排气量
6	螺旋阀压力调节器	调节螺旋阀来控制压缩机排气量
7	放空电磁阀	为电动三通阀，用于控制气管路。主要用于： (1) 打开放空阀。 (2) 关机和启动时关闭进气提升阀。 (3) 打开循环阀
8	最小压力阀	保持油气分离罐中的最小压力。确保机器在启动和卸载时润滑油的充分流动，防止卸载或停机期间压缩空气的回流
9	安全阀	机头压缩排气压力超过设定值时油气分离器罐上的安全阀打开排空
10	放空阀	在卸载和关机时排放油气分离器罐中的压缩空气

续表

序号	控制元器件	功　能
11	循环阀	在卸载时将油气分离器罐中部分压缩气体引回到进气口中循环流动
12	视油镜	位于油气分离器罐一侧，显示润滑油液位。运行时若油位处于中线位置附近，则油量正常
13	温控阀	当油温低于77℃（90℃—24KT油）阀门关闭。油路旁通，油不流经冷却器。可在启动时快速升高油温，并能在轻载或环境温度较低时，将油温维持不低于82℃（90℃—24KT油）
14	回油管视镜	通过视镜可观察回油情况，满载时应有较大流量；若流量很小直至没有，则需检查故障并进行维护
15	冷却水压力开关	如果冷却水压低于0.7bar，通过监控器断开启动器的电源。此开关不能调节，仅用于水冷机组

6. 运行参数的设置

压缩机在开机之前，必须先设定运行参数。

按“PROG”键，监控器便进入参数显示及编辑模式，此时，可更改某些参数的设定值。

重新设定参数时，按向上箭头键或寿力标志键，则增大参数值；按向下箭头键，则减小参数值。按寿力标志键时，参数的增量是10，具体参数设置请见使用说明书。

7. 压缩机的运行模式

压缩机可有以下几种运行模式。

(1)手动运行模式

按下“I”键，启动压缩机。这时，压缩机被置于手动运行的模式。

如果压缩机正在运行，并处于自动运行的模式，按“I”键时，可将自动模式转换为手动模式。如果压缩机已经处于手动模式的运行状态，则按“I”键时，可清除报警信号，熄灭指示灯。

若要关机，可按“O”键。

如果已经停机，再按“O”键，可清除报警信号，熄灭报警指示灯。

无论压缩机处于何种状态，按“O”键，都将使监控器处于手动模式的状态。

(2)自动运行模式

按下“ȣ”键，启动压缩机。这时，压缩机便被置于自动运行的模式。

如果压缩机处于手动运行的模式，则按下“ȣ”键时，可将手动模式转换为自动模式。

如果压缩机处于自动运行的模式，则按下“ȣ”键时，可清除报警信号，熄灭报警指示灯。

在自动运行模式下，按下“O”键，可使压缩机停机。此时，监控器将处于手动停机的状态。

(3)顺序控制模式

下面简要介绍顺序控制模式，详细资料参照监控器 SupervisorⅡ顺序控制及通讯协议手册(英文 P/N：02250057－696 或中文 02250057－697)。

①挂起——响应查询命令，可以发回机组的状态、参数信息，但不响应主机(计算机)

的 Start(启动)、Stop(停机)、Load(加载)和 Unload(卸载)命令。

②遥控——响应查询命令，可以发回机组的状态、参数信息，但不响应主机(计算机)的 Start、Stop、Load 和 Unload 命令。该状态允许遥控输入，输出(Start/Stop，Load/Unload，Master/Local)。

③从机——响应所有命令。但是注意该状态下，如果没有收到主机发出的命令，从机不会启动或加载。从机由主机(计算机)来监控。

④顺序时间——基本上每秒发送一次状态信息，根据顺序时间对机组进行控制(启动、加载或卸载)。

⑤通讯编号——基本上每秒发送一次状态信息，根据机组的编号(COM ID#)对机组进行控制(启动，加载或卸载)。

8. SupervisorⅡ输出继电器

输出继电器的功能如表 2-31 所示。

表 2-31 输出继电器的功能

序号	输出继电器	功　能
1	运行继电器(K_1)	接通压缩机主电机和风扇电机
2	星转三角继电器(K_2)	时间控制星——三角启动转换
3	卸载/加载继电器(K_3)	控制加载电磁阀的加载/卸载运行
4	故障继电器(K_4)	提供预报警，需维修和故障停机的远程指示
5	排水电磁阀继电器(K_5)	控制冷凝水排水电磁阀(选件)的开启关闭
6	满负载/调节工况继电器(K_6)	多台压缩机联机控制时使用

四、LS20 系列螺杆式空气压缩机的操作

1. 安全操作规程

为避免发生伤害人身及毁坏机器的事故，客户应制订详细的安全操作规程。以下几点可供参考。

(1)操作人员事先须经过严格培训，并仔细阅读和理解使用说明书。

(2)机器安装、使用和操作，应遵守国家和当地有关的法律和法规。

(3)严禁随意改动机器的结构和控制方式，除非有制造厂的书面许可。

(4)发现异常情况，应立即停机，并切断所有电源。

(5)周围环境中不应存在易燃、易爆、有毒和有腐蚀性的气体。

(6)维修或调整机构之前。必须停机卸压，并切断电源。

2. 电机旋向检查

电气安装完毕之后需检查电机的旋转方向。拉出紧急停机按钮，在 SupervisorⅡ面板上按“I”键，紧接着按“O”键，让电动机试转一下。若从电动机尾部看过去，传动轴是顺时针转的，则转向正确。若转向不对，断开电源，交换任意两根电源线，接好后再试一次。电机与压缩机之间的接筒上有一标志指明转向。

3. 初次启动

初次启动时应遵循下列步骤：

(1)仔细阅读使用说明书。

(2)点动电机，检验风扇电机的转向。

(3)确认完成所有准备和检查工作。

(4)打开输气管截止阀。

(5)启动机组。

(6)检查管路是否泄漏。

(7)缓慢关闭截止阀，检查卸载压力与铭牌上的规定值是否一致。如果有必要调整，参照控制系统的相关内容。

(8)查看运行温度，如果排气温度超过107℃，应检查冷却系统和安装环境。

(9)调整使机组处在额定工作状态。

4. 常规运行

检查油位后，按“I”键或“↻”键即可启动机组。运行期间查看各运行参数。

5. 停机

若要停机，按“O”键。紧急情况下可按下紧急停机开关。

五、LS20系列螺杆式空气压缩机的维护与保养

1. 概述

空气过滤器、油过滤器和油气分离器等部件由监控器(Supervisor)进行监控，若出现问题，监控器将发出相应的“报警”信号，并将通过系统示意图上的指示灯显示出来。

在压缩机运行或系统内有压力时，请不要拆卸螺母、端盖及其他部件。关机并释放所有内部压力之后才能进行拆卸。

2. 日常保养

启动后，应对监控器例行检查，同时根据以前的测试(运行)判断机组的工作情况。注意，在机组的各种运行状况下(满负荷，卸载……)，都要进行检查(所检查的数据如：各管线上压力，冷却水温度等)。

机器在使用过程中，可能需要加注润滑油。若机器需要频繁地加油，可能是由于油耗过大引起的，需对机器进行检查，找出故障原因并进行维护。

3. 运行50h之后的维护

新机运行50h后，需对机器进行少量维修，清除系统中的杂物：

(1)更换油过滤器滤芯。

(2)清洁回油管节流孔。

(3)清洁回油管过滤器。

4. 运行1000h之后的维护

(1)清洁回油管过滤器。

(2)根据需要更换油过滤器滤芯。

(3)根据需要更换空气滤清器滤芯。

5. 零件的更换和调整

对机器进行维修之前，务必熟悉前面提及的所有安全规程。

六、LS20系列螺杆式空气压缩机的故障分析与排除

1. 概述

压缩机发生故障有多种因素。

在此，要强调系统地收集机组运行数据的重要性，根据这些数据，操作人员能发现机组性能的变化，检查出严重故障的隐患，例如：机组振动加剧可能是由于轴承过度磨损引起的；而机组运行温度偏高可能是热交换器堵塞引起的。

在修理或更换部件之前，就对产生故障的各种可能作全面系统的分析，为避免压缩机无谓的损坏，仔细的外观检查是非常必要的，通常应牢记以下几点：

(1)检查电线是否松落。

(2)检查是否有损坏的管路。

(3)检查是否有因为过热或电路短路而产生的部件损伤，一般较明显的症状是变色或一股焦味。

按推荐的方法检查后，故障仍无法排除，请向寿力公司代理商或直接向寿力公司咨询。

2. 常见故障的分析与排除

LS20－125/150 型螺杆压缩机常见故障的分析与排除如表 2－32 所示。

表 2－32 常见故障的分析与排除

序号	症状	可能原因	排除方法
1	排气温度 T_1 过高	环境温度超过 40 ℃	改善通风条件
		温控阀失效	检查/维修温控阀
		分离器罐油位过低	检查/调整油位
		油/气冷却器翅片过脏（仅适用风冷）	清洁冷却器翅片
		风扇旋向不正确（仅适用风冷）	交换任意两根电机接线
		用户外接通风管道气流压降过大（仅适用风冷）	(1) 增大通风管道尺寸或减少风管弯头数量 (2)在通风管道中增加一排风扇
		冷却水流量不足（仅适用水冷）	检查冷却水供应（流经机组压差不小于 1.4 bar）
		冷却水温过高	增加水流量，降低水温
		冷却器堵塞（仅适用于水冷）	清洗管道和壳程，确保提供清洁的冷却水
		热电阻温度传感器 RTD 失效	检查 RTD 接头。如果接头完好，更换温度传感器
		油过滤器堵塞，旁通阀失灵	检查、更换油过滤器
2	排气压力 p_1 过高	卸载零件（如放空阀、进气提升阀、选配的螺旋阀）失效	维修卸载元件
		压力调节器失效	检查压力调节器
		电磁阀失效	更换电磁阀
		控制气泄漏	堵漏
		控制气管路过滤器堵塞	维修过滤器组件
		油气分离器滤芯堵塞	更换油气分离器滤芯
		最小压力阀堵塞	检查/修理

续表

序号	症状	可 能 原 因	排 除 方 法
3	油气分离器滤芯报警信号（$\Delta p_1 > 0.7$bar）	滤芯堵塞	更换油气分离器滤芯
		p_1或p_2压力传感器损坏	更换压力传感器
4	压缩机排气压力达不到额定压力	耗气量大于供气量	检查用户管道阀体是否开启或管道是否泄漏
		进气空气过滤器堵塞	检查 Supervisor Ⅱ上的空气过滤器堵塞信号，检查或更换滤芯
		进气提升阀不能完全打开	检查进行提升阀的动作和压力调节器的设置
		压力传感器或连接故障	检查传感器接点，如果接头完好，更换压力传感器
		最小压力阀失效	检查/修理
		任选的螺旋阀打开	检查压力调节器
		油气分离芯堵塞	检查油气分离器滤芯前后差是否超过0.7bar
5	管线压力高于卸载压力设定值	压力传感器p_2故障	检查传感器接头，如果接头完好，更换传感器
		卸载零件（如放空阀、进气提升阀、任选的螺旋阀）失效	维修卸载元件
		电磁阀失效	更换电磁阀的维修包
		控制气管道泄漏	堵漏
		控制气管道过滤器堵塞	维修过滤器组件
6	油耗过量	回油管过滤器或节流孔堵塞	清洗过滤器滤网和节流孔，如有必要用备件更换
		油气分离芯或垫圈损坏	检查滤芯和垫圈，如果损坏必须更换
		润滑油系统泄漏	检查油管路系统
		油位太高	排出过量的润滑油
		泡沫过多	排放并更换润滑油
		运行压力太低	提高运行压力

任务考核

一、简述题

(1)螺杆式压缩机的结构与原理是什么？

(2)螺杆式压缩机的优缺点有哪些？

二、操作题

(1)美国寿力牌 LS20－125/150 型螺杆空气压缩机的使用。

(2)美国寿力牌 LS20－125/150 型螺杆空气压缩机的保养。

项目八　石油钻机的传动装置

知识目标

(1)理解石油钻机驱动类型。

(2)理解机械驱动钻机典型传动(V 带钻机、齿轮钻机、链条钻机)。

(3)理解电驱动钻机典型传动(可控硅整流直流电驱动钻机、交流变频电驱动钻机)。

技能目标

(1)掌握 YOZJ 型耦合器正车箱的使用与保养。

(2)掌握传动装置的安装及检查。

(3)掌握传动装置的维护保养(万向轴、减速箱、气胎离合器)。

学习材料

石油钻机是一套综合机组，它主要由本质上不同的三个部分组成，即由动力机、工作机和传动装置(也称联动机)组成。

动力机是将其他形式的能量转化为机械能且为设备提供动力的装置。目前钻机上主要选用柴油机作为动力，也有用天然气柴油机或电动机的。

工作机是利用机械能来完成确定的工艺动作并作功的设备总称。如绞车、转盘、钻井泵就是钻机三大工作机组中的主要工作机。

传动装置是把动力机和工作机联系起来并将来自动力机的机械能分配和传递给工作机的装置。如石油钻机上的传动箱、并车箱、减速箱、变速箱、倒车箱等都属于传动装置。

任务一　石油钻机的典型驱动方式

一、石油钻机驱动类型

按照采用的动力设备的不同，石油钻机可以分为机械驱动与电驱动两大类。

机械驱动钻机以柴油机为动力机，按照主传动方式不同，目前最常见的有 V 带钻机、齿轮钻机和链条钻机三种。

电驱动钻机以直流或交流电动机为动力机，依其发展历程不同可分为：

1. 交流电驱动钻机(AC—AC)

柴油机交流发电机组或电网，向交流电动机供电，经机械传动去驱动绞车、转盘和钻井泵，称 AC—AC 驱动。

2. 直流电驱动钻机(DC—DC)

柴油机直流发电机组，向直流电动机供电，经机械传动去驱动绞车、转盘和钻井泵，称 DC—DC 驱动。

3. 可控硅整流直流电驱动钻机(AC—SCR—DC)

柴油机交流发电机组发出交流电，经可控硅整流，再向直流电动机供电，经一对一或二对一安装，去驱动绞车、转盘与钻井泵，称 AC—SCR—DC 驱动，目前广泛使用。

4. 交流变频电驱动钻机(AC—VFD—AC)

柴油机交流发电机组发出交流电，经变频器成为频率可调交流电，驱动交流电动机去带动绞车、转盘和钻井泵，这是正在发展中的第四代电驱动型式，称交流变频驱动，目前广泛使用。

二、机械驱动钻机

(一)V 带钻机典型传动

V 带钻机是指采用 V 带作为钻机主传动副，采用 V 带将多台柴油机并车，统一驱动各工作机组及辅助设备，且用 V 带传动驱动钻井泵。

V 带并车传动具有传动柔和、并车容易、制造简单、维护保养方便的优点。早期的 V 带钻机如大庆 130 型钻机、ZJ45J 型钻机为我国石油工业的发展做出了巨大贡献，但使用中普遍存在传动效率低、燃油消耗高、结构笨重、运移性差、安全性能低等诸多缺点，现已基本淘汰。目前在用的国产 V 带钻机主要有 ZJ32J 系列钻机和 ZJ50J 钻机。

ZJ32J 型钻机为兰州石油机器总厂于 1996～1997 年生产的 V 带并车钻机，其传动系统如图 2－59 所示。该钻机采用 3 台 PZ12V190B 柴油机通过 V 带并车驱动 2 台 3NB－1300 钻井泵以及自动压风机；通过链条传动驱动绞车；通过角传动箱、转盘传动箱驱动转盘。

(二)齿轮钻机典型传动

齿轮钻机采用齿轮为主传动副，配合万向轴驱动绞车和转盘，或采用圆锥齿轮—万向轴并车驱动绞车、转盘和钻井泵。齿轮传动允许线速度高，其体积小，结构紧凑；万向轴结构简单、紧凑，维护保养方便，互换性好。但大功率螺旋齿圆锥齿轮制造困难，质量不易保证，成本高，现场不能修理、更换。因此上世纪 80 年代以后，中深井钻机不再采用齿轮而改用链条为主传动副，不过在 2000m 以下浅井和车装钻机中，齿轮传动钻机仍具有优越性。

ZJ20B7 型钻机是宝鸡石油机械厂于 1997～1998 年生产的，以齿轮为主传动副的机械钻机，其传动系统如图 2－60 所示。该钻机采用单独驱动方案，钻机由 1 台 PZ12V190B 柴油机通过万向轴和变速箱，输出四正一倒挡，变速箱将动力传递给分动箱后，动力分成两路，一路通过万向轴和设在绞车上的直角箱，驱动绞车和与绞车一体的猫头轴总成；另一路通过通风气胎离合器和万向轴，带动设在绞车上的过桥轴，再通过另一根万向轴驱动转盘。分动箱输入轴上设有电动应急装置，由 1 台 55kW 交流电动机驱动少齿差减速器，当柴油机或变速箱发生故障时，可启动电动机，经少齿差减速器减速，驱动分动箱，可活动或提升钻具，防止卡钻。独立机泵组由 1 台 PZ12V190B 柴油机驱动 1 台 3NB－1000Q 钻井泵。

(三)链条钻机典型传动

此类钻机采用链条作为主传动副，2～4 台柴油机＋变矩器驱动机组，用多排小节距套筒滚子链条并车，统一驱动各工作机组，用 V 带传动驱动钻井泵。

由于链条传动具有机械传动的硬特性，一般采用柴油机—液力驱动，如图 2－61 所示。

三、电驱动钻机

(一)可控硅整流直流电驱动钻机典型传动(AC—SCR—DC)

1. SCR 电驱动

典型直流电驱动钻机动力与传动系统示意图如图 2－62 所示。数台柴油机交流发电机组所发交流电并网输出到同一汇流母线上(或由工业电网供电)，经可控硅装置整流后驱动直流电动机，带动绞车、转盘、钻井泵，此种电驱动型式称为 AC—SCR—DC(Alternate Current—Silicon Controlled Rectifier—Direct Current)或简称 SCR 电驱动。

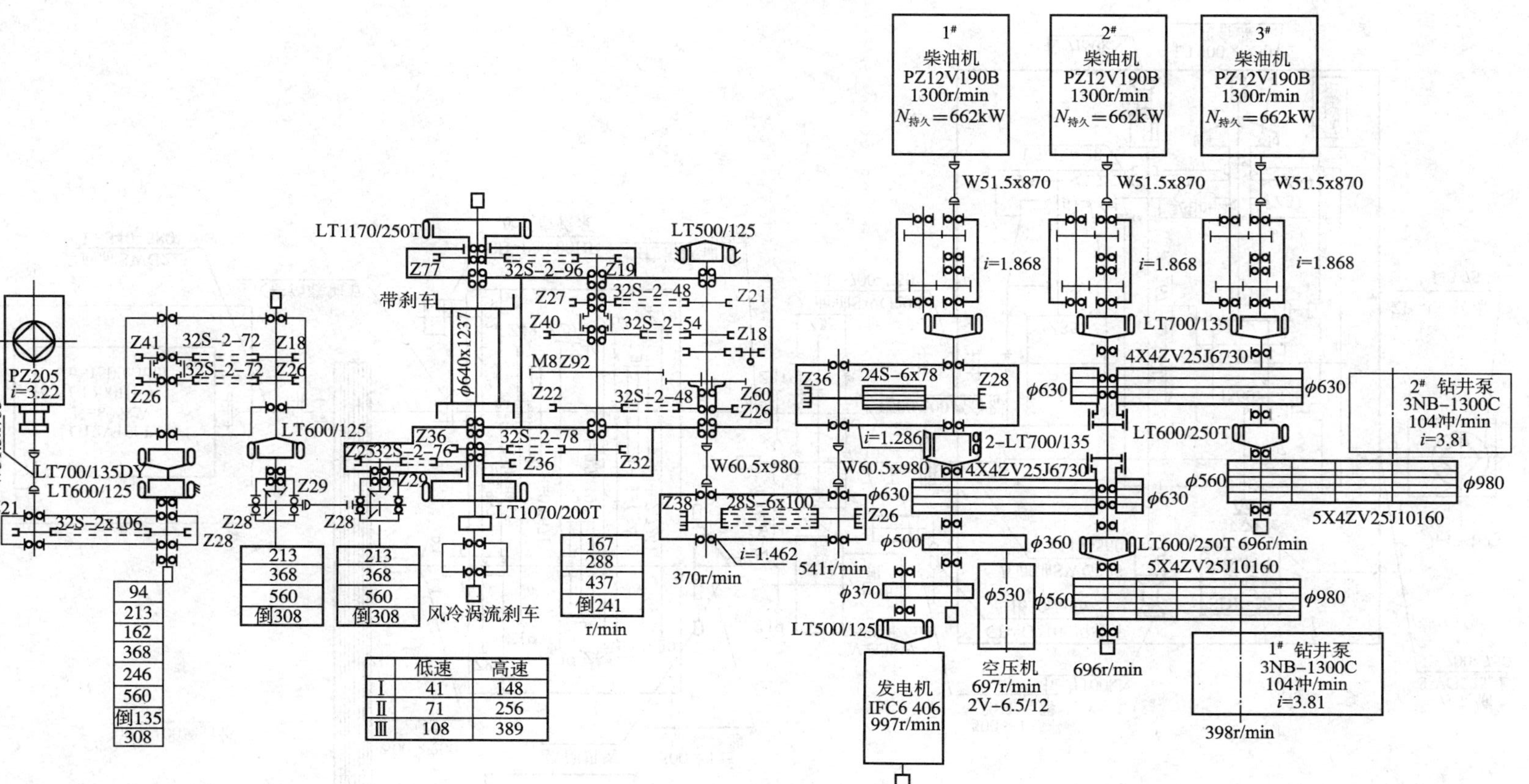

图2-59 ZJ32J钻机传动系统图

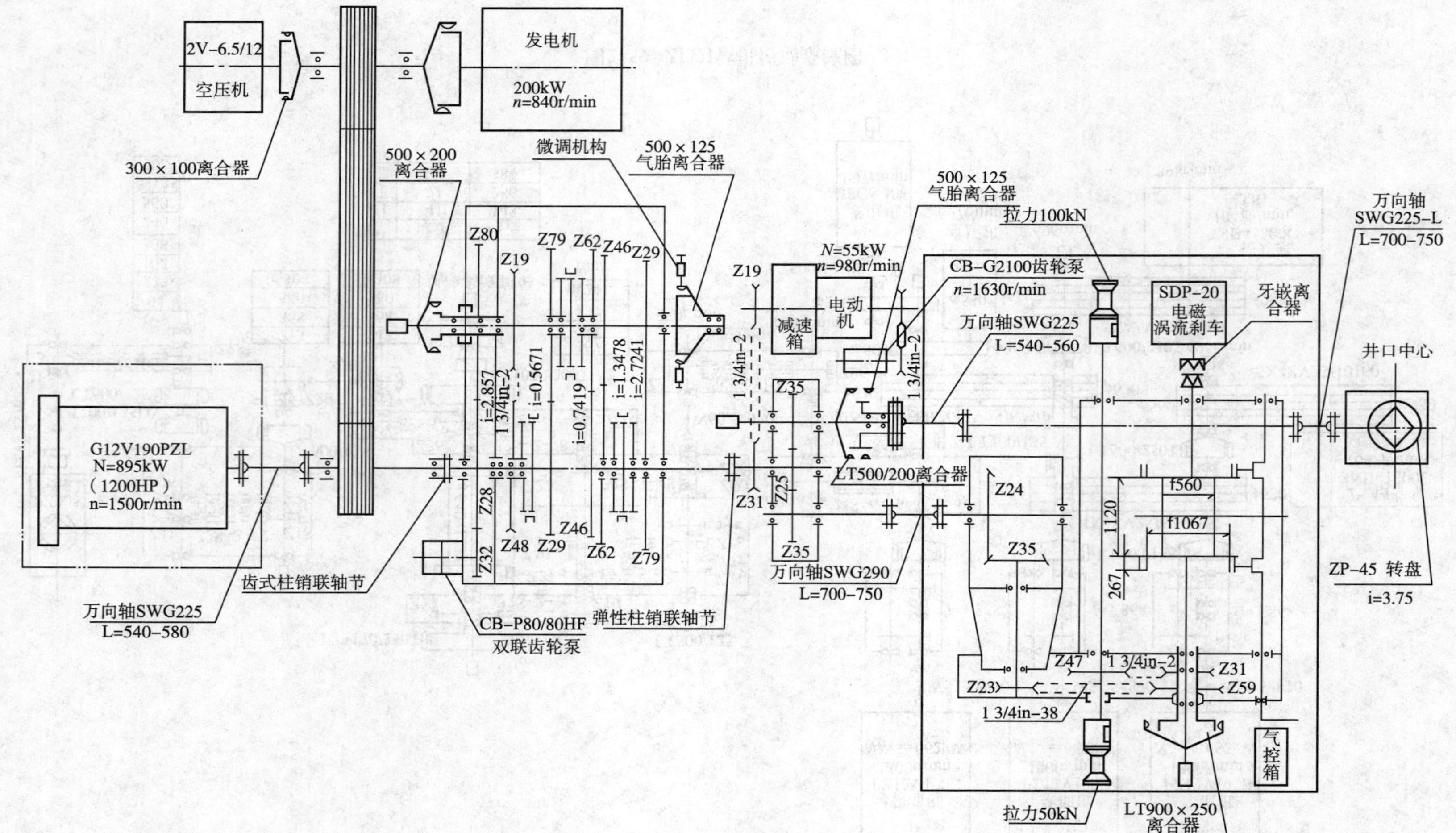

图2-60 ZJ20B7钻机传动系统图

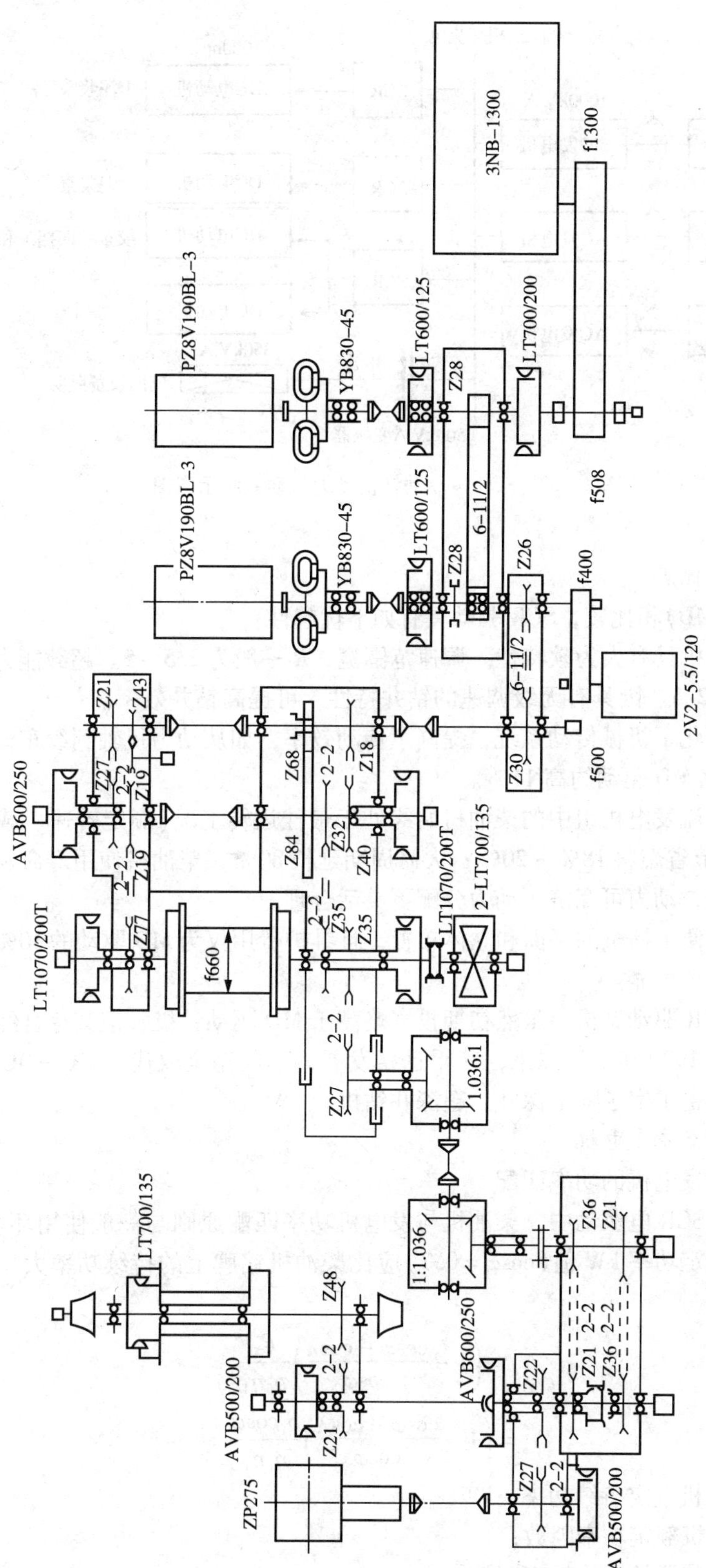

图2-61 ZJ40/2250L钻机传动系统图

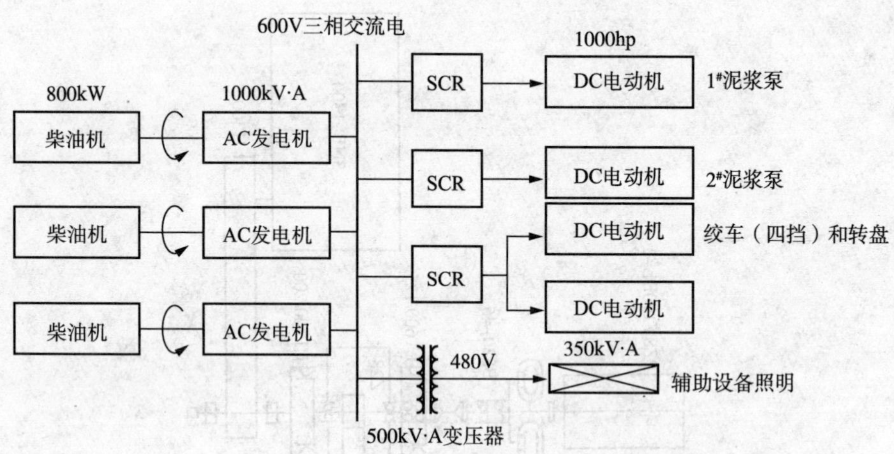

图 2－62　SCR 电驱动钻机动力传动系统示意图

2. SCR 电驱动优点

与机械驱动(MD)相比较，SCR 驱动具有如下优越性：

(1) 直流电动机具有人为软特性。调速范围宽，R 一般为 2.5～5。超载能力强，超载系数 K 一般为 1.6～2.5。因具有无级调速的钻井特性，可提高钻井效率。

(2) 极大地简化了机械传动系统，提高了传动效率，如从动力机轴到绞车输入轴的传动效率可达 86%，比 MD 驱动约高 11%。

(3) 柴油机交流发电机组中的柴油机始终处于最佳运转工况(额定转速、载荷自动均衡分配)，比 MD 可节省燃料 18%～20%；大修周期延长 80%，柴油机使用寿命延长。

(4) 并联驱动，动力可互济，动力分配更灵活合理。

(5) SCR 驱动便于钻机的平面和立体布置，且维护费用仅为 MD 驱动的 30%；自动化程度较高，使用更安全可靠。

综上所述，SCR 驱动钻机，虽然初期投资略高于 MD 驱动钻机，但其综合经济性好，具有强大生命力。自 1970 年问世以来，获得迅猛发展，不仅完全取代了 DC—DC 驱动，应用于海洋钻机，而且也主宰了陆上深井、超深井钻机。

3. SCR 驱动的交流发电机

(1) 柴油机与发电机的功率匹配

据资料介绍，SCR 电驱动中，柴油机与发电机功率匹配原则与一般使用环境下不相同，发电机铭牌上的额定功率 kW 值($\cos\varphi = 0.7$)应比柴油机铭牌上的持续功率大。最经济的匹配计算式为

$$N_e = \left(1 - \frac{\cos\varphi - \cos\lambda}{\cos\varphi}\right)\frac{P_f}{\eta_f \eta_T}$$

$$N_e = \left(1 - \frac{\cos\varphi - \cos\lambda}{\cos\varphi}\right)\frac{S_f \cos\varphi}{\eta_f \eta_T}$$

式中　N_e——柴油机额定持续功率，kW；

$\cos\varphi$——发电机额定功率因数；

$\cos\lambda$——SCR 装置的平均功率因数；

P_f——发电机额定有功功率，kW；

S_f——发电机额定视在功率，kV·A；

η_f——发电机效率，一般取 0.95；

η_T——机组传递效率，一般取 0.98~0.99。

SCR 电驱动发电机通常按 $\cos\varphi = 0.7$ 设计（滞后），SCR 装置的功率因数取决于接线方式。当采用三相桥式全控制整流电路时，其平均功率因数 $\cos\lambda = 0.55$；则 $\cos\varphi$ 比 $\cos\lambda$ 高 21.4%。如不计 η_f 和 η_T，则发电机铭牌上额定功率 kW 值也应比柴油机铭牌上持续功率大 21.4%。

（2）发电机额定参数

单机功率 1000~1500kW，额定输出电压 600V（以便和 SCR 变流器和电动机相匹配）；频率 60Hz 或 50Hz（如国产 TFW500M-4TH，50Hz）；额定转速 1000~1500r/min。

（3）GTA30 发电机

其工作原理如图 2-63 所示。转子装有谐波抑制器，能有效地抑制高次谐波。定子装有电压调节器，以保证输出电压的稳定性。该发电机体积小，质量轻，使用寿命长，平均两次大修间隔可达到 243900h（同类产品为 231300h）。

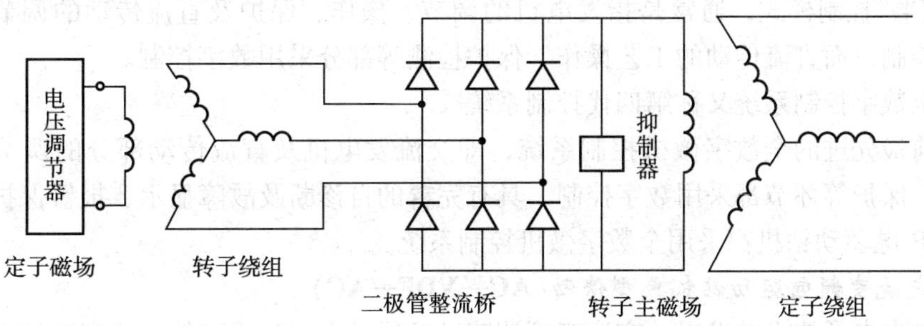

图 2-63 GTA30 型发电机工作原理图

4. SCR 电驱动钻机的直流电动机

（1）额定参数

额定功率一般为：持续 600~735kW，断续 735~900kW。前者用于转盘、钻井泵；后者用于绞车。额定电压 750V，额定转速 1000~1500r/min。

（2）优先选用他励电机

串励电动机具有软特性，可得到较大启动转矩和处理故障能力。但反接制动和反转需要用大电流接触器转换磁场极性；传动链条、胶带脱开时易发生超速；驱动绞车仍需要配备机械挡，和钻井泵不能较好匹配。

他励电机具有恒转矩调节特性，比串励机更适用于钻井泵，配备一定的机械变速挡也能很好地用于绞车和转盘。容易实现反转，控制调节简单。所以现代海洋或陆用 SCR 电驱动钻机都优先选用他励电动机。

他励电动机可进行弱磁调速，但范围不宜过大，一般以 1.2∶1 为宜，驱动绞车时要配备 3~4 个机械挡。

（3）直流电动机 GE752R

美国 GE 公司生产的钻机用直流电动机 GE752R 的额定参数为连续工作的额定功率 736kW（1000hp），间隙工作的额定功率 920kW（1250hp）；额定电压 750 V；额定转速 1075r/min。

美国 GE 公司的 GE752U，AR、AU 电动机是早期产品。80 年代初开发的 GE752AF8，其各项参数均可覆盖上述各型电动机。GE752AF8 是串励电机，若需其他励磁方式，稍加改进即可。

引进 GE 公司技术生产的 Z490/380 和 Z490/390 直流电动机，相当于 GE752R。铁道部永济电机厂引进 GE 公司的 GE752AF8 技术，研制了 800kW 钻机用直流电动机 YZ08(串励)和 YZ08F(他励)以及 SCR 顶驱电动机 YZ10，用于国产 SCR 电驱动钻机 ZJ20D(YZ08F)、ZJ50D、ZJ60D、ZJ70D 及顶驱钻井系统 DQ－60P(YZ10)。

5. SCR 驱动的电控系统

电控系统有 3 种方式：

(1)模拟控制系统或称第三代控制系统

调节器和 SCR 触发器均为模拟量控制，能满足钻机控制要求，但故障指示少，缺乏自动诊断功能，如 80 年代的 ZJ60D、2J45D(丛)的电控系统。

(2) 模拟控制＋PLC 系统或称三代半控制系统

采用模拟电路加上微机监测，具有故障显示、报警、自诊断和保护功能，如 ZJ60DS 的电控制系统。

“三代半”控制模式，通常是指发电机的调节、操作、保护及直流传动的调节部分，采用模拟量控制，而直流传动的工艺操作、保护检测等部分采用数字控制。

(3) 全数字控制系统又称第四代控制系统

是当前最先进的全数字微机控制系统，即交流发电机及直流传动部分的调节、工艺操作、检测、保护等环节都采用数字控制，具有完善的自诊断及故障显示、报警保护功能，新研制的 SCR 电驱动钻机都采用全数字微机控制系统。

(二)交流变频电驱动钻机典型传动(AC—VDF—AC)

随着电力电子技术的发展，交流变频调速已发展成为一门成熟的交流变频技术，已使交流电动机的调速控制性能达到了直流电动机调速控制性能的水平。此外，和直流电动机相比，交流电动机具有没有整流子、炭刷等活动部件，防爆要求低，无须维护，安全可靠；单机容量大，体积小，质量轻，价格便宜等明显优点。因此，交流变频调速技术的发展，先进、成熟的交流变频器系列产品的问世和应用，使 AC 变频驱动钻机和顶驱钻井系统，比 SCR 直流电驱动型式具有明显优势，必将成为电驱动钻机的发展方向。

1. 交流变频电驱动基本工作原理

交流电动机转速关系式为 $n=60f(1-S)/P$，改变 P、S 或 f 都可以改变转速，但最好调速方法是改变输入的电源频率 f。为此，需要一个输出频率 f 及电压均可调，并具有良好控制性能的变频电源。

随着电力电子技术的发展，采用可自关断的全控器件，应用脉宽调制(PWM)技术及电动机矢量控制技术，研制成先进的交流变频器，形成了成熟的交流变频电驱动系统。

交流变频电驱动系统由交流电源、交流变频器和交流变频电动机组成。

对于石油钻机，交流电源主要是柴油交流发电机组发出的交流电(380～600V)。

交流变频器的主回路由一个整流器和一个逆变器组成，两者通过直流电路相连接。整流器将输入的固定频率的交流电变为直流电，逆变器再将直流电变为频率和幅值可调的交流电供给交流变频电动机，从而可准确地调节控制电动机的转速和扭矩。

2. 交流变频电驱动的特点

(1) 能精确控制电动机转速和转矩，使钻机的绞车、转盘实现无级变速；可实现恒功率调速，调速范围宽，大大简化了机械变速机构。低速性能好，能以极低速度恒扭矩输出，对处理钻井事故、侧钻修井、小泥浆流量作业及优选参数钻井极为有利。当电动机转速为零、处于制动状态时，可保持最大扭矩、静悬钩载。

(2) 具有转矩转速限定功能，可防止扭断钻杆柱、损坏传动部件。变频器对电动机有过载、过热、过电流保护性能。

(3) 电动机短时超载能力强(1.5～2 倍)，可带载平稳启动。下钻时可实现对电网能量反馈，减少制动装置的能量损耗，节约能源。

(4) 交流变频电动机效率高达 96%（直流电动机为 91%），没有炭刷换向器，不须制成防爆型，不需管道强制冷却，维护费用低，易于操作管理，可靠性高，安全性好。

(5) 容易实现自动化控制，提高钻井自动化水平。

交流变频器备有多种通信接口，通过专用接口可与微机连接，可实时自动检测钻井参数，并实现自动调节控制，提高了钻井自动化水平。

3. VFD 电驱动

辽河油田与有关单位合作生产的变频驱动钻机 ZJ32DB，其绞车、转盘与钻井泵的交流变频驱动与控制系统由北京东昱公司承担，其电气传动与控制如图 2－64 所示。

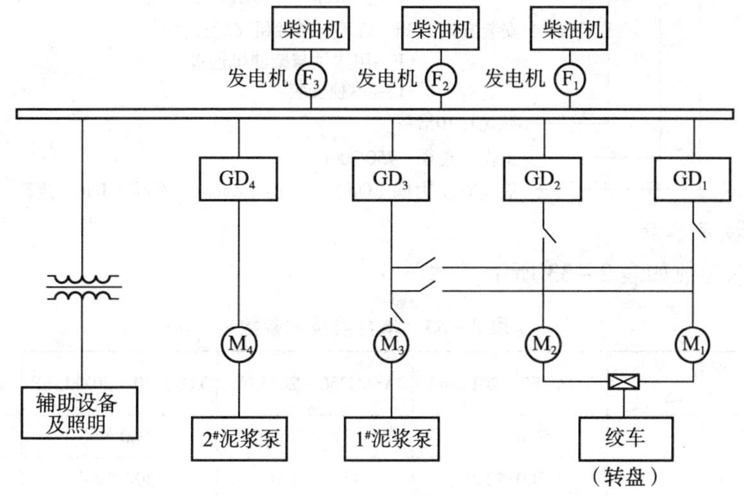

图 2－64　钻机 ZJ32DB 电气传动与控制系统

3 台柴油机交流发电机组发出交流电(600V)并网，汇聚到汇流母线，向 4 台交流变频器 GD_1～GD_4 供电。正常情况下，GD_1，GD_2 一对一驱动交流变频电动机 M_1 和 M_2，去带动绞车和转盘；GD_3，GD_4 一对一驱动电动机 M_3 和 M_4，分别带动两台钻井泵。必要时，可选择 GD_3 驱动任何一台绞车/转盘电动机或全部两台绞车/转盘电动机，可确保变频器 GD_1、GD_2 或电动机 M_1，M_2 中任何一台有故障情况下仍能继续钻井作业。

绞车/转盘电机的基本转速为 660r/min，恒功率最高运行转速为 1060r/min。机械变速采用 4 个挡，恒功率速度调节范围可达 6.6，绞车/转盘驱动电机采用矢量控制技术，能在低转速下输出额定力矩，恒力矩无级调速范围宽，可满足转盘调速要求。选用 CEGELEC 公司的变频器，能过载 1.5 倍、持续运行 1 min，便于处理事故。

综上所述，交流变频电驱动钻机，包括顶驱钻井系统，是现代电力电子技术最新成就与钻井机械的结合，代表着 21 世纪电驱动石油钻机的发展方向。

任务二　YOZJ 型耦合器正车箱

一、YOZJ 型耦合器的概况

YOZJ 型耦合器正车箱主要与 190 系列柴油机配套，用于配套石油机械钻机。分别与 2000 系列、3000 系列柴油机匹配，分为 2000 系列双支承耦合器正车箱、3000 系列单支承和双支承耦合器正车箱。

耦合器正车箱主要由液力耦合器、传动齿轮轴系、供油泵、控制阀、油滤器、油水热交换器、箱体、仪表、管路等组成。

二、耦合器的型号及技术参数

1. 型号表示方法

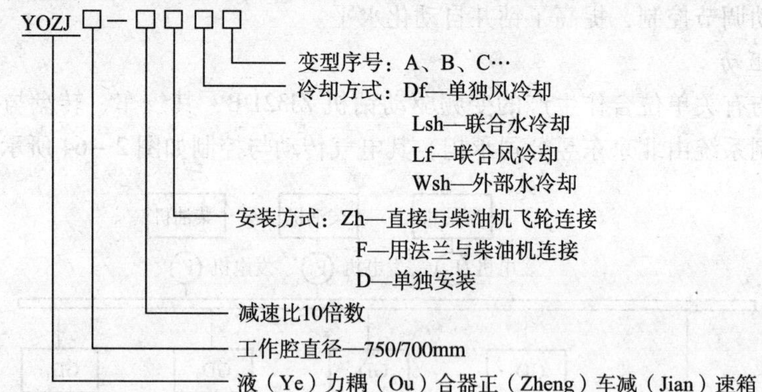

2. 耦合器技术参数

耦合器技术参数如表 2－33 所示。

表 2－33　耦合器技术参数

参数 \ 型号	YOZJ750－20FLshA	YOZJ750－20FLfA	YOZJ750－20ZhLshB	YOZJ750－30FlshB
额定输入功率/kW	770/700	770/700	1060/960	1060/960
额定输入转速/(r/min)	1300/1200	1300/1200	1300/1200	1300/1200
传动效率/%	95	95	92	92
额定滑差/%	4	4	5	5
工作油温/℃	≤110	≤110	≤110	≤110
使用油品(液力传动油)	6 号或 8 号	6 号或 8 号	6 号或 8 号	6 号或 8 号
减速比	1.95	1.95	1.95	1.95
冷却方式	联合水冷	独立风冷	联合水冷	联合水冷
支承方式	双支承	双支承	单支承	双支承
外形尺寸(长×宽×高)/mm×mm×mm	1586×970×1792	1586×970×2105	1042×970×1772	1586×970×1792

注：(1)减速比可根据不同需要在 1.5 ~ 2.1 范围内选定。

(2)环境温度－20℃以上，使用 6 号液力传动油，环境温度－20℃以下，使用 8 号液力传动油。

三、YOZJ 型耦合器的工作原理

耦合器正车箱工作原理如图 2－65 所示，当动力机(柴油机或电动机)驱动输入轴和泵轮旋转时，在泵轮叶片的作用下，工作油形成高速高压液流，自轴心向外周流动，然后向心地流入涡轮并使其旋转。从涡轮流出的液流，回到泵轮，形成泵轮—涡轮—泵轮之间不断循环。泵轮将动力机输出的机械能转换成工作液体的动能和压能，涡轮则把工作液体的动能和压能转换成机械能，并通过耦合器后面的减速箱传递给钻井泵、转盘和绞车等。

如果当泵轮转速恒定时，工作机通过钻机的机械元件和减速箱施加于耦合器涡轮的负荷增加时，涡轮转速下降；反之，当工作机施加于涡轮的负荷减小时，涡轮的转速增加。当涡轮转速增加到接近泵轮转速时，涡轮对工作液体的离心力的作用增加，削弱和抵消泵轮对工作液体的离心力的作用，使工作腔中的循环流量急剧减小甚至等于零。因而，耦合器从柴油机吸收的功率也等于零。

当泵轮旋转时，通过齿轮带动供油泵旋转，将工作油经粗滤器、管路(101)，从油箱(即下箱体)内抽出，经过滤清器滤清后，压入油冷器进行冷却，再经管路(103)和从P口进入控制阀。当压缩空气从控制阀上部的Z1/4″接口进入时，将气动活塞和液动活塞压下，并压缩弹簧，工作油经控制阀的A口、管路(104)进入耦合器的工作腔中进行能量转换，然后从耦合器01口回到油箱，耦合器处于全充满(即“合”的状态)。

此时，动力机的功率通过耦合器、中间轴和输出轴输出；当压缩空气从控制阀上部的Z1/4″接口泄掉时，气动活塞和液动活塞在弹簧的作用下，向上移动，工作油经控制阀的02口和管路(105)回到油箱，同时耦合器工作腔的A口关闭，即没有工作油经管路(104)进入耦合器工作腔，而耦合器工作腔中残存的工作油，经耦合器外围的01孔排回油箱。此时，动力机驱动耦合器减速箱的主动部分旋转，耦合器减速箱的从动部分停止旋转，液力耦合器处于全排空(即“离”)的状态。耦合器减速箱具有离合器的功能。

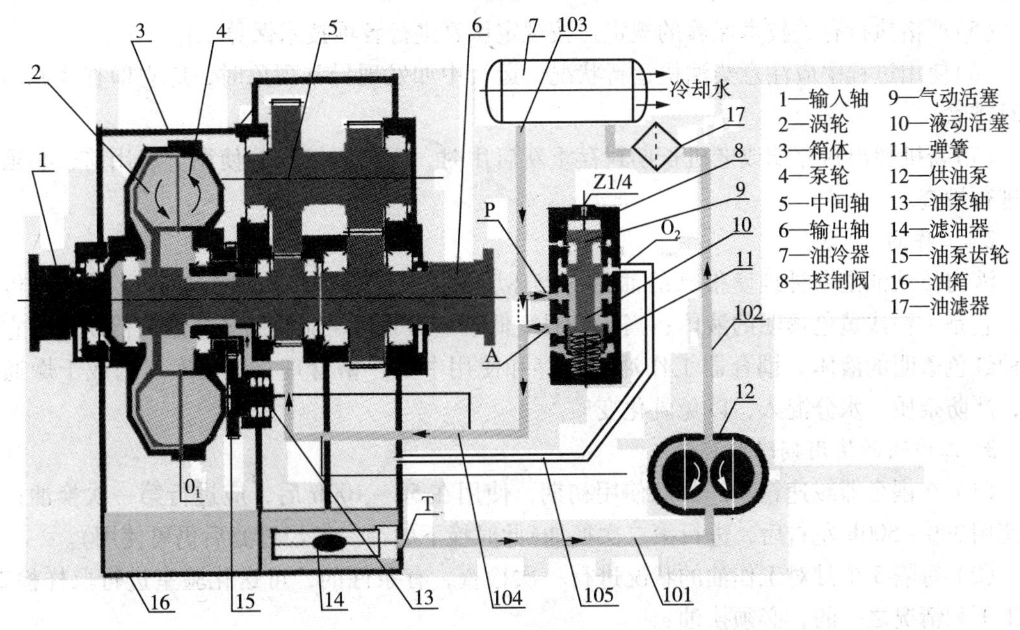

图2-65 液力耦合器正车减速箱的工作原理

四、YOZJ型耦合器的性能特点

与机械减速箱相比，具有如下特点：

(1)均匀多台动力机之间的功率分配　由于耦合器在工作中存在滑差，当多台动力机转速稍有不同时能均匀它们之间的功率分配，从而使石油钻机的多台动力机用链条并车成为可能。

(2)隔离振动　耦合器是以工作油来传递功率的柔性传动部件，可减少甚至消除动力机(如柴油机)的周期性扭振，减轻对工作机(如钻井泵)的损害，以及减轻工作机(如绞车)载荷的突然变化对动力机的损坏，从而延长整个设备的使用寿命。

(3)具有离合器功能　当动力机不停机时，可以在没有任何冲击和磨损的情况下，平稳地进行离合，从而代替气囊离合器。

(4)空载启动　在耦合器排空状态下，启动动力机，然后逐渐向耦合器充油，缓慢驱动工作机(如钻井泵)，这样可降低作用在动力机和工作机上的附加载荷，从而延长动力机和工作机的使用寿命。

五、YOZJ 型耦合器的使用

用户应按照说明书的规定，正确对耦合器正车箱进行使用。

1. 使用注意事项

使用时，操作者应严格遵守以下注意事项：

(1)认真阅读说明书，掌握耦合器正车箱的构造特点及使用操作方法。

(2)严格按照说明书中规定的品种、牌号选用工作油。存放油料的容器应清洁，油料使用前应经沉淀和过滤。

(3)注意观察耦合器正车箱仪表数值，在额定工况下运行时，工作油压应在 0.3～0.6MPa，工作油温应小于 110℃。

(4)耦合器使用中，将滤清器压差报警线接通 24V 电源。当压差达到 0.35MPa 报警时，应更换滤芯。

(5)严格执行有关技术保养的规定，按规定认真进行各项技术保养工作。

(6)使用过程中应注意柴油机运行状况，运行中如发现异常现象时，应立即查找原因并及时排除。

(7)新机超出封存期或老机长期封存重新启用时，不得直接安装使用。启用前，必须全面进行检查。

2. 工作油

液力传动油是一种纯度很高的油品，当环境温度高于 -20℃时，应使用 6 号液力传动油，它是一种浅黄色透明的液体；当环境温度低于 -20℃时，应使用 8 号液力传动油，它是一种红色透明的液体。耦合器工作油在储存和使用中要严格管理，置于库房内或干燥通风处，严防杂质、水分混入，以免乳化变质。

3. 工作油的使用期限和换油

(1) 在耦合器减速箱新产品的使用初期，使用在 50～100h 后，应进行第一次换油；再次使用 300～500h 左右后，进行第二次换油(此时换下的油一般经过滤后仍可使用)。

(2) 每隔 3 个月对工作油的状况进行一次检查，有条件的，可送化验室进行取样检查，属于下列情况之一的，必须换油：

① 含水量 >0.2%。

② 在 50℃时的黏度比新油高出 6 厘泡(工程单位制)。

③ 总杂质量(标准苯不溶解物)达到 0.2%。

④ 总盐值比新油低 5%以上。

⑤ 有高的盐酸值。

⑥ 泡沫过多。

(3)使用2000h后，必须换成新油，旧油作废。

(4)新机使用4000h后，需解体检查，进行中修。

4. 换油方法

(1)打开观察孔盖。

(2)盘动耦合器输入轴，将泵轮罩外圆处内六角螺钉旋转到最下方，放空耦合器工作腔中的工作油。然后打开位于输出端箱体外下部的放油阀和全部放油堵，放净工作油。

(3)关闭放油阀，安装好观察孔盖。

(4)拧下呼吸器，从该处注入新的工作油。

(5)箱体上装有油尺，用于检查箱体内的油面高度，方法是：先将油尺抽出，用干净棉纱、擦净尺面。然后重新插入油尺座内，再抽出观察尺面上着油位置。在油尺尺面上刻有三条刻线，柴油机正常使用过程中，箱体内油液面应位于下面两刻线之间。新机启动前，油液面应位于上刻线附近。正常运行后，液面不得低于下刻线。注意：耦合器使用过程中，应密切监视油液面变化。耦合器使用过程中，若发现油液面出现异常升高现象时，应及时查找原因，检查是否有冷却水漏入油中，待故障排除后，必须重新更换合格油；若发现液面迅速下降时，应检查是否有泄漏现象，待故障排除后，应重新添加工作油。

六、YOZJ型耦合器的保养

耦合器减速箱出厂后，有效封存期为半年。如长期存放或停用，应及时检查封存保养。严禁露天存放。存放时，必须排空工作油。

1. 维护保养规程

(1)一级保养：每个工作日保养一次。

(2)二级保养：每1000～2000h，保养一次。

(3)三级保养：每5000h，保养一次。

2. 维护保养项目

维护保养项目如表2－34所示。

表2－34　维护保养项目

序号	项　目	级　别		
1	清洁外部	1	2	3
2	检查油面高度	▲		
3	检查工作油有无渗漏	▲		
4	检查地脚螺栓有无松动	▲		
5	检查有无异常声响和振动	▲		
6	监控油温和油压表显示数值是否正常	▲		
7	检查输入和输出法兰联结螺栓有无松动		▲	
8	打开盖板，观察齿轮啮合情况		▲	
9	清洗控制阀		▲	
10	检查工作油中有无大量水分		▲	

续表

序号	项　目	级　别		
11	检查滤清器进、出油差		▲	
12	检查并调整风扇传动胶带的张紧状况		▲	
13	向风扇油杯内加注锂基润滑脂		▲	
14	更换工作油，清洗油泵吸入口滤油器		▲	
15	清洁散热器表面油污			▲
16	拆检清洗机油冷却器			▲
17	按《大修规程》进行大修			▲

注：“▲”号为必须进行的项目。

七、YOZJ 型耦合器故障及排除方法

耦合器减速箱在运用中，可能产生的一般故障及处理方法，如表 2-35 所示。

表 2-35　耦合器减速箱常见故障及处理

序号	项　目	可能原因	排除方法
1	振动	安装精度低	重新找正
		地脚螺钉或输入、输出法兰联结螺栓松动	拧紧各处螺栓、螺钉
		机组扭振	按扭振计算情况采取消振措施
2	工作油压无或太低	压力表损坏	更换压力表
		油面太低	加油
		控制阀卡死在“泄油”位置	清洗或维修控制阀
		油泵进口滤油器堵塞	清洗或更换滤网
3	工作油温过高（>110℃）	油面过高	降低油面
		油冷器堵塞	清洗导通油冷器
		负载过大，导致柴油机转速低，冒黑烟，耦合器滑差增加，效率降低	在钻进工况，增加柴油机耦合器机组并车台数；在起下钻工况，将绞车变速箱从高速挡换到低速挡
4	异常声响	轴承、齿轮等机械元件损坏	解体大修
5	柴油机耦合器机组在额定转速下运转，虽载荷轻，但提升速度慢	在提升工况，绞车变速箱选用的挡位低	将低挡位换到高挡位

八、机组操作

(1)机组启动前，摘开输出端气胎离合器，用手正反向盘动输出轴，应灵活无卡滞现象。

(2)启动柴油机，使其在怠速下运转，接通耦合器控制阀气源，使柴油机在 800r/min 下运转 5min，耦合器全充油，耦合器内油面应在油尺下面两刻线之间。柴油机转速提高到标定转速，观察压力表及温度表的读数；压力表读数应大于 0.3MPa，温度表读数应小于 110℃。

(3)在冬季，耦合器机组长期停车时，应放净耦合器内工作油。

九、机组控制

1. 钻机空载工况

在此工况下，转盘、钻井泵和绞车不工作，柴油机耦合器机组仅驱动压风机。柴油机耦合器机组可怠速运转。但对于带发电机的钻机，柴油机耦合器机组应在额定转速下运转。

2. 钻机钻进工况

在此工况下，绞车不工作，柴油机耦合器机组拖动转盘和钻井泵。

一般情况下，在带有发电机和独立驱动转盘发电机的情况下，应使柴油机耦合器机组在额定转速下运转。但在必须降低钻井泵的冲数(即降低其排量和压力)时，也可以降低柴油机耦合器机组的转速。

在实际操作时，如果发现某台柴油机正在冒黑烟，表明此台柴油机耦合器机组负荷太大，耦合器滑差加大，效率下降，应增加柴油机耦合器机组并车台数。

3. 钻机提升工况

在此工况下，转盘和钻井泵不工作，只驱动绞车工作。

(1)对于不带发电机或转盘单独驱动的发电机，可用司钻遥控油门：当滚筒离合器脱开时，大钩不带负荷，此时柴油机耦合器机组怠速；当滚筒离合器合上，大钩带负荷，柴油机耦合器机组加速，钻具提升。

(2)对于带发电机，一般情况下，柴油机耦合器机组应在额定转速下运转，司钻无须遥控油门。

(3)随着井深或大钩载荷的不同，绞车变速箱应及时换挡并及时调整柴油机耦合器机组台数，保证作用在耦合器上的力矩不超过柴油机标定工况的力矩，避免机组处于超负荷力矩工况下运转。

4. 钻机下钻工况

在此工况下，必须设置司钻遥控油门装置。在柴油机转速较低的情况下，才能合上滚筒离合器，然后加大柴油机油门，同时提升钻具，避免在柴油机转速高的情况下合上离合器，从而避免强烈的冲击载荷。

在此工况下，随着井深(或钻具重量)的增加，必须及时换挡(从高速挡换到低速挡)或增加柴油机的台数，从而避免柴油机和耦合器正车箱在过大的负载力矩下工作。

注意：为提高耦合器的可靠性和使用寿命，必须保证作用在耦合器上的力矩不超过柴油机标定工况的力矩，避免耦合器处于超负载力矩工况下运转。

任务三　传动装置的安装及检查

下面以柴油机—机构驱动钻机为例，介绍传动装置的安装及检查：

柴油机的设备搬迁、安装就位后，在正式工作运转之前，要进行试运转检查，确认一切情况正常后方可进行工作运转。

柴油机和传动装置试运转前应首先对其安装质量进行检查，检查的主要内容有机房底座、柴油机、传动装置的安装质量、辅助设备的安装情况、使用环境状况等。

1. 机房底座安装检查

机房底座的刚度、强度是否足够；位置是否合适；连接是否牢固。

2. 柴油机安装检查

柴油机与联动机的对中是否符合要求；各紧固件是否连接牢固；其他的检查与柴油机启动前的检查相同。

3. 传动装置安装检查

安装位置是否正确；安装是否符合规定要求；防护设施是否齐全有效。

4. 辅助设施、设备安装检查

柴油机管路、机油管路、水管路、气管路是否符合规定要求；密封是否可靠；连接是否牢固；摆放是否合理；各阀件、仪表的性能是否完好，动作与指示是否一致。

5. 使用环境检查

柴油机、传动装置外观是否清洁；旋转部位附近是否有杂物。

柴油机和传动装置的安装与试运转要达到"平、正、稳、牢、全、灵、通及四不漏、四正常"的要求。

平、正：各种机械设备安放要水平、位置要正确。

稳、牢：各机械设备安放要稳定、连接要牢固。

全：各零、部件要齐全完好无缺。

灵：各运动件、操作手柄要活动自如，灵活好用。

通：各种管路要畅通无阻。

四不漏：不漏油、不漏气、不漏水、不漏电。

四正常：声音正常、动作正常、气味正常、温度正常。

任务四　传动装置的维护保养

一、万向轴的维护保养

(1)安装时要符合规定要求。若超出规定范围，很容易使万向轴扭断，酿成重大事故。

(2)万向轴外围要安装防护罩。

(3)每天都要给万向轴加注润滑脂。

(4)在拆卸或安装的过程中，要注意保护花键。

(5)按规定时间检查法兰连接螺栓的紧固情况，扭紧时要遵循规定的扭紧力矩，并按对角拧紧。

二、减速箱的维护保养

(1)主、被动轴承与齿轮，是通过储存在箱体内的一定数量机油，靠飞溅作用来实现润滑的。因此在使用中，要时常注意检查箱体内的机油油面高度，油面高度应保持在油标尺两刻线之间，放回油标尺时垂直下放，防止把油标尺放到旋转着的齿轮上，以免将齿轮打坏或将油标尺打出，造成意外事故。

(2)减速箱有时温度过高，原因有：缺油、油太多、呼吸器堵塞、轴承损坏或跑外圆。缺油时，要及时添加清洁的规定用油；呼吸器堵塞时可拆下清洗后，再装上使用。

(3)减速箱轴承外圆与座孔是静配合，但经长期使用或严重振动后，有时会造成跑外圆。使轴承发热、漏油以致损坏。遇到这种现象，可将轴承取下，在轴承座孔内铺上一层紫铜皮垫片(厚度适当)，实在不行可更换轴承。

(4)减速箱2~3个月需换一次机油，换油时要在停机后温度较高的情况下马上进行。旧油放净后，一般需要加入适量柴油进行清洗，然后再加入清洁的润滑油。

三、气离合器的使用与维护保养

1. 气胎离合器的使用

气胎离合器在挂合过程中存在着打滑现象。由于打滑，主动件可在运转过程中挂合被动运动件，并减轻启动的冲击载荷，起到过载保护的作用；但另一方面，打滑使摩擦片和气胎发热，消耗了能量，加剧了磨损，降低了传动性能。长时间的热量积累加速了气胎的老化以致开裂失效。因此根据外界载荷的大小，灵活掌握离合器操作手柄的摘挂间隔、速度和次数。摘挂的速度不能太快也不能太慢，一般2～3次要挂好，并掌握好摘挂的间隔时间。

当遇到离合器冒火星时或有烧焦气味时，要马上将离合器摘掉，等冷却后再操作，不能采用水冲离合器进行强制冷却，否则会使摩擦鼓骤然冷却而产生裂纹。

使用中还要注意不要将油污溅到气胎上或摩擦片上。溅到气胎上，会造成腐蚀；溅在摩擦片上，会使离合器打滑。

2. 气胎离合器的维护保养

气胎离合器经长期使用，一般出现的问题有：一是摩擦片因磨损而变薄；二是气胎被烧坏或老化开裂；三是因安装精度差或连接盘变形，造成连接螺栓断裂。

(1)摩擦片磨损3 mm时就需要更换。更换连接盘、轮鼓、摩擦鼓和皮带轮等旋转件时，必须保证平衡。

(2)各传动的离合器，要保证主动轴与被动轴的同轴度在要求的范围内。

(3)离合器摩擦片边沿应与摩擦鼓边沿齐平，不得越出摩擦鼓；摩擦片与摩擦鼓之间间隙必须均匀，而且要保证间隙不大于3mm。

(4)气胎、气管线及导气龙头不能有漏气之处。

任务考核

一、简述题

(1)石油钻机驱动类型有哪些?

(2)机械驱动钻机传动的特点是什么(V带钻机、齿轮钻机、链条钻机)?

(3)电驱动钻机传动特点是什么(可控硅整流直流电驱动钻机、交流变频电驱动钻机)?

二、操作题

(1)YOZJ型耦合器正车箱的使用与保养。

(2)传动装置的安装及检查。

(3)传动装置的维护保养(万向轴、减速箱、气胎离合器)。

项目九 柴油机的安装与检查

知识目标

(1)理解柴油机的吊装搬运方法。

(2)理解柴油机的安装基础。

技能目标

(1)学会柴油机的安装方法。

(2)学会柴油机油、水、气、电路的安装方法。

学习材料

柴油机安装、调整的正确与否，直接影响到柴油机的工作性能和可靠性。因此，在柴油机起吊、搬运、安装和调整过程中，必须按规定要求操作，做到安全、平稳、牢固、准确、“四不漏”(即不漏水、不漏油、不漏气、不漏电)。

一、柴油机的吊装搬运

一台技术状态良好的柴油机，不按技术规定进行吊装搬运，可能造成事故，甚至造成柴油机在使用过程中的故障。主要是柴油机机体和零部件变形、管道堵塞以及由此引发的其他故障。所以必须十分重视柴油机的吊装和搬运。

1. 柴油机单机的吊装搬运

柴油机单机(不带底盘)的正确吊装方法是：通过机体前后端面上的起重吊挂，用起重吊杠和钢丝绳吊装，不得在其他部位吊装，更不能将单机直接在地面上拖拉，或用顶推减振器及飞轮的方式移动柴油机。

2000 系列和 3000 系列柴油机通过气缸盖间起重吊耳，用起吊杠和钢丝绳吊装。

单机搬运时，必须固定在具有足够刚性的支架上。支架的支承表面应平整，将柴油机用螺栓固定在支架上，并与运输车辆固牢。

注意：起重用钢丝绳应有足够长度，吊装时不得与机器直接接触，以免挤坏机件或破坏表面漆层。

柴油机搬运前，应放净油和水，并把柴油机所有油、水、气进出口有塑料布或其他合适的材料严密封好，防止灰尘、污物进入。

警告：柴油机在搬运过程中，应注意避免机械伤人。

2000 系列柴油机单机正确的吊装方式如图 2－66 所示。搬运中应放在刚性足够的支架上，并将所有油、气、水口密封好。

2. 配套柴油机的吊装、搬运

配套柴油机正确的吊装方式如图 2－67 所示。通过底盘前、后端起重环，直接用钢丝绳吊装。

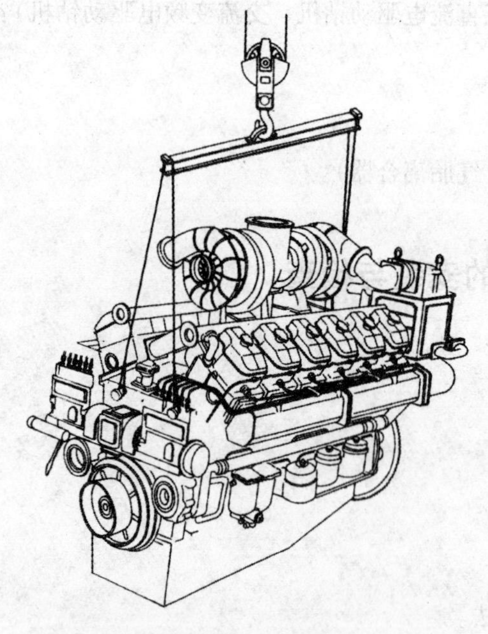

图 2－66　柴油机单机正确的吊装方式

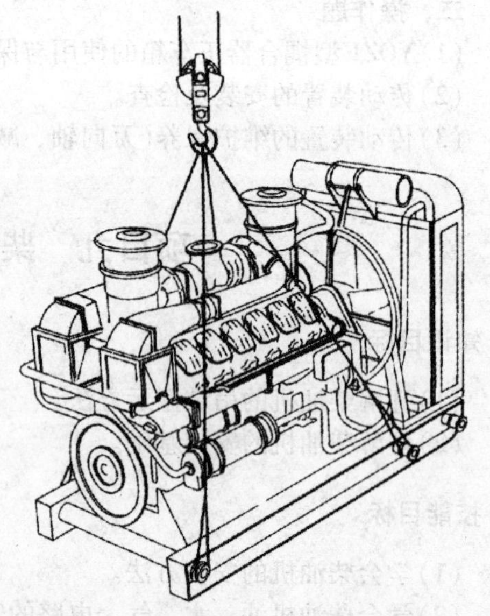

图 2－67　配套柴油机正确的吊装方式

二、柴油机的安装

柴油机的安装对其使用运行有重要影响，必须引起高度重视。$G12V190Z_L$（2000 系列）柴油机外形及安装尺寸如图 2－68 所示。

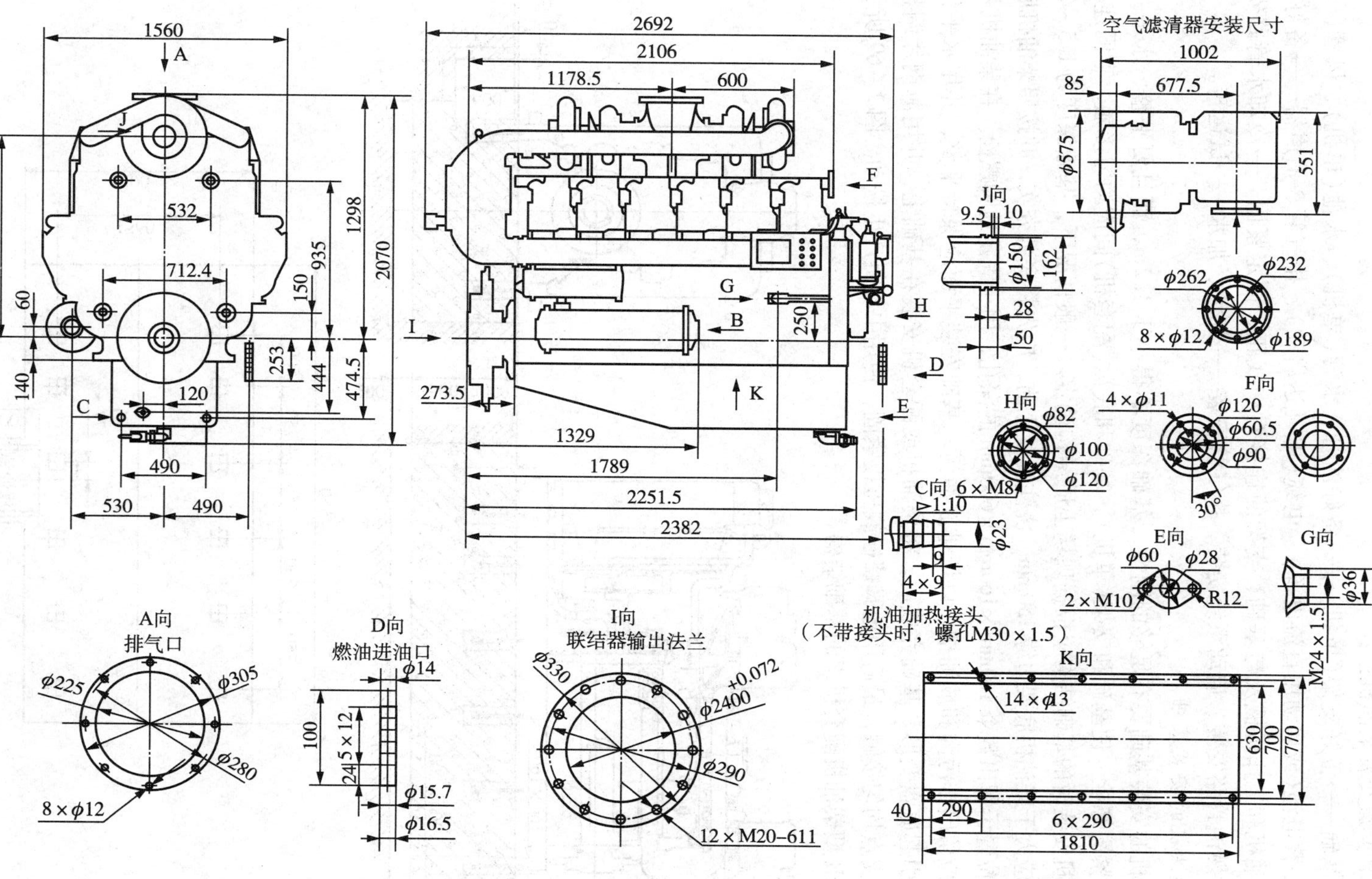

图2-68 G12V190Z_L柴油机外形及安装尺寸

1. 柴油机的安装步骤

按以下步骤安装柴油机：

做好基础⟶备好支架(单机)⟶备好油管、水管(单机)、水池(单机)、风管(气马达启动)、蓄电池(或启动用直流电源)、电缆(电马达启动)、排气管、消声器⟶备好水、油⟶柴油机和工作机械及与基础、支架的连接对中找正、固定紧固⟶冷却水管路安装(单机)、燃油管路安装、启动系统安装、排气管安装⟶加油、加水⟶试运转。

2. 柴油机的安装基础

柴油机的安装基础要有足够的刚性，基础深度不得小于1.2m，而且要平整、水平并按要求预埋紧固螺栓。使基础和支架(单机)、基础和底盘(配套机)间应均匀接触，牢固连接。

柴油机安装时的基础结构应根据现场土质结构确定。一般情况下，基础深度为1.5~2m，基础边缘应大于柴油机底架边缘150mm。浇注混凝土前，应先将底部夯实，并按照柴油机底座固定孔的位置予留出数个160mm×160mm×600mm的深孔，用于固定地脚螺栓。在柴油机基础周围，还应留出排污沟和放油槽，以便排放油污。基础安装平面应保持平整，并用水平仪校平，以免引起底盘变形。基础完成后，将柴油机或配套机安装在基础上，并用薄钢片调整水平，使各支点均匀接触，最后用地脚螺栓或压板紧固，使用中不得产生松动。图2-69所示为PZ12V190B型柴油机配套机组的基础结构。

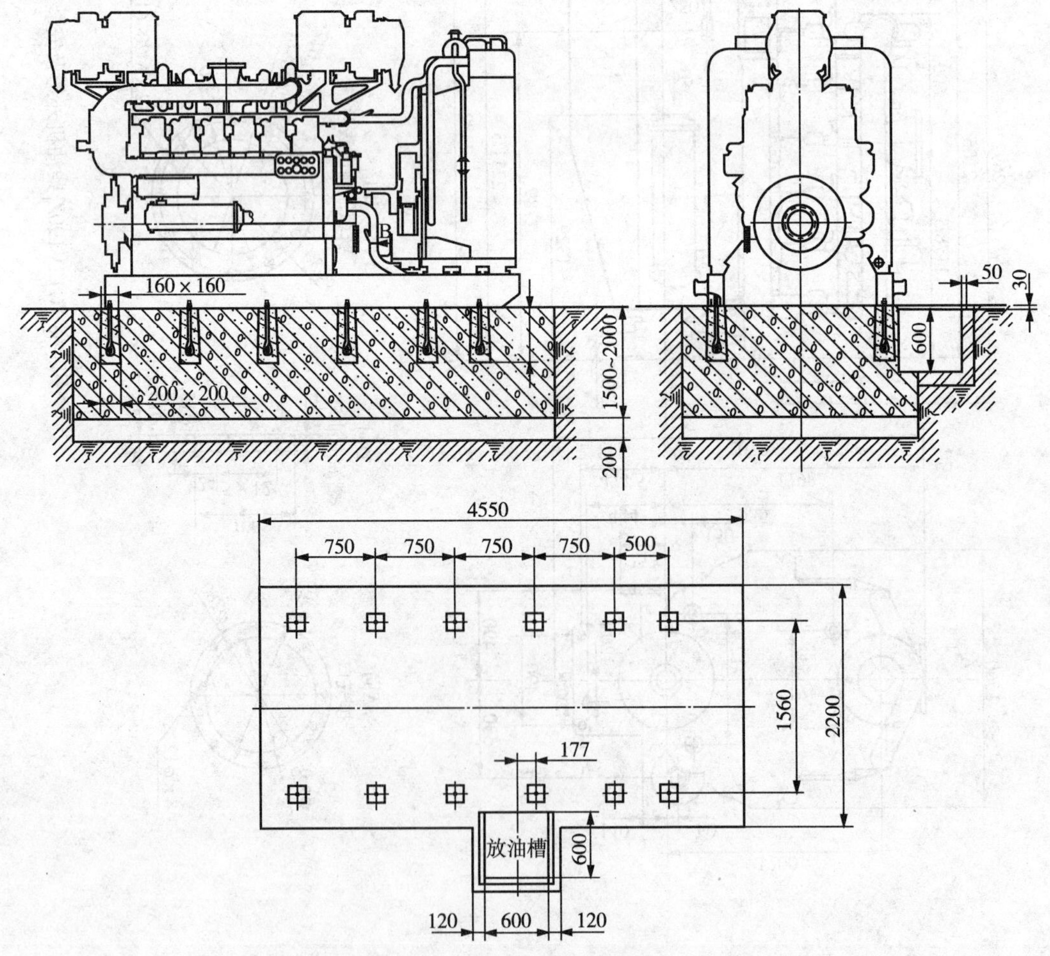

图2-69 PZ12V190B型柴油机配套机组的基础结构

3. 动力输出系统的安装

柴油机功率输出通常采用万向联轴节、弹性联结器或高弹联轴器等结构型式，采用不同型式的联结器，其对中要求(同轴度)也不相同。

(1)万向联轴节联结

柴油机联结器端面与被驱动机械联结盘端面间，在直径500mm范围内，平行度误差不大于0.5mm。被驱动机械联结盘外圆(最好为定位止口外圆)对柴油机曲轴中心线径向圆跳动误差不大于1.0 mm。万向联轴器花键轴轴向余隙为15～20mm。其对中误差检查如图2－70所示。

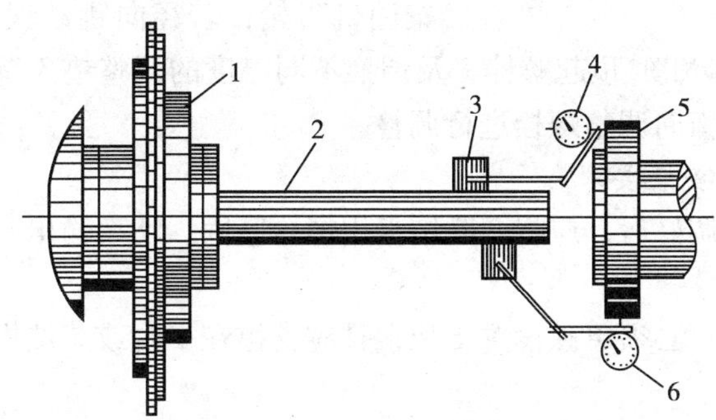

图2－70 万向联轴节对中误差检查示意图

1—柴油机飞轮；2—接杆；3—千分表架；4—千分表(1)；5—工作机械连接盘；6—千分表(2)

(2)耦合器用高弹性联结器联结

要求在两联结盘固紧之前，其端面间隙不得大于0.25mm。平行度误差不大于0.15mm。被驱动机械联结盘外圆对柴油机曲轴中心线径向圆跳动误差不大于0.2mm。图2－71所示为柴油机和耦合器之间用高弹联结器为例，其联结对中误差检查如下：

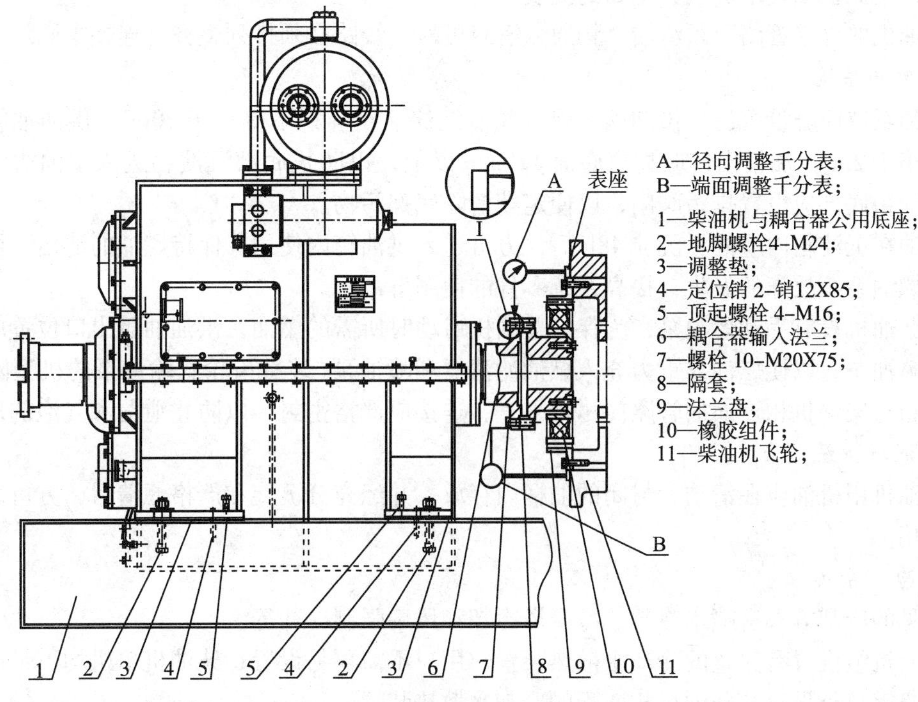

图2－71 耦合器用高弹联结器对中误差检查

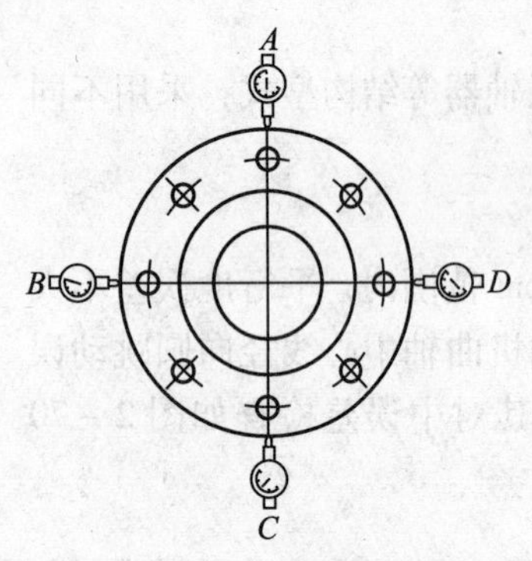

图 2－72　径向跳动误差检测图

① 将径向调整百分表 A 的磁力表座吸放在柴油机飞轮 11 上，表的触头与耦合器输入法兰 6 耦合器的外圆接触；将端面调整用百分表 B 的磁力表座也吸在柴油机飞轮上，表的触头与输入法兰 6 耦合器侧的端面接触。两只百分表在圆周上间隔 90°。分别测量 *A*、*B*、*C*、*D* 四个位置，如图 2－72 所示。百分表 A 测得读数的最大差值，即为耦合器联结盘外圆对柴油机曲轴中心线的径向跳动误差；百分表 B 测得读数的最大差值，即为两联结盘端面间的平行度误差，其也可用厚薄规测量。

② 盘转柴油机飞轮，若径向跳动误差超差，可通过调整顶起螺栓 5 及调换不同厚度的调整垫 3 调整；若端面跳动误差超差，可通过底座上的横向调整螺栓进行调整。

4. 动力输出系统的安装要求

输出联结对中位置调好后，应将两联结盘用螺栓紧固。功率输出联结螺栓的拧紧力矩应符合表 2－36 中规定。

液力变矩器联结时，必须单独设置支架，且应支撑在平台或柴油机机体上，不得直接悬臂联结在曲轴上。

表 2－36　功率输出联结螺栓的拧紧力矩

机型	2000 系列	3000 系列	601 系列	206L 系列
螺栓直径×螺栓个数	M20×10	M20×16	M27×16	M20×16
扭矩/N·m	425～470	305＋30(8.8 级) 425＋45(10.9 级)	960＋110(10.9 级)	305＋30

三、柴油机油、水、气、电路的安装

柴油机的外接管路必须清洁、畅通、密封可靠。线路必须排列整齐、连接牢固。

1. 燃油系统

燃油系统应分设沉淀、供油两套燃油箱。沉淀油箱容积不得小于 $20m^3$，供油油箱的容积不得小于 $2m^3$。油箱出口应高出底面 120mm 以上，以防止底部沉淀物进入柴油机的燃油系统；油箱底部应设置排污阀门，以便定期清除底部污物。

燃油在沉淀箱内应静止沉淀 48h 后，方可送入供油箱内使用。保持燃油的清洁，可有效地减少燃油系统故障的发生，提高系统零件的使用寿命。

因柴油机没有手动燃油泵，为保证柴油机启动时所需的燃油，供油油箱出口位置应高于柴油机喷油泵，以使燃油靠重力充入燃油滤清器和喷油泵(装有齿轮式输油泵的机型除外)。供油油箱与柴油机相连通的管路应尽量平直，连接应严格密封，以防止泄漏和气泡的形成。

2. 润滑系统

柴油机用机油应在清洁、封闭的油桶内存放，并经充分沉淀和严格滤清后，方可注入柴油机使用。

3. 冷却系统

常见的冷却方式有喷水冷却、冷凝塔冷却和风扇强制冷却等。

配套机组设置有完整的冷却水散热装置，用户不需再另设置；柴油机单机均不带散热装置，用户需自行设置与柴油机相匹配的冷却水散热装置。

散热装置应分为高温系统和低温系统两套设施，两者不可合一使用。

用户应根据环境条件、冷却方式和机组负荷，设置足够容积的冷却水池。通常情况下，每台 Z12V190B 型柴油机所配冷却水池的容积约为 30 ~ 50 m^3。

冬季室外温度低，冷却水预热困难。为便于冷机启动后快速暖机，通常高温循环应设置大、小循环系统，如图 2 – 73 所示。在高温水池出水口处，单独隔离一容积很小的高温小水池 5。

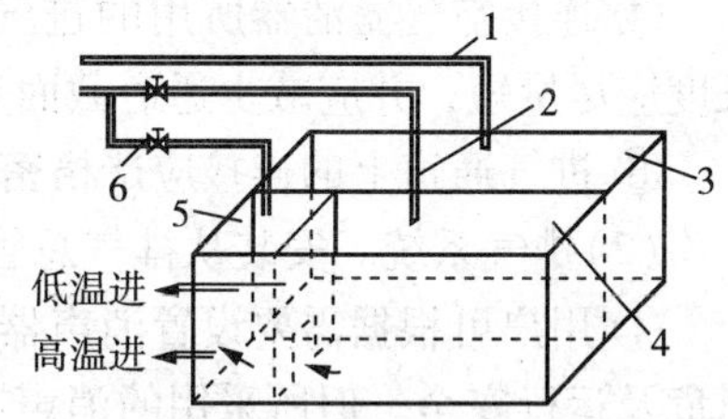

图 2 – 73　冷却水池示意图

1—低温出水管；2—高温出水管(大循环)；3—低温水池；4—高温水池；5—高温小水池；6—高温出水管(小循环)

柴油机冷启动时，关闭高温出水管 2(大循环)的阀门，打开高温水管 6(小循环)的阀门，使冷却水仅通过在高温小水池循环，以加快暖机速度。待水温升高后，可逐渐调换两阀门的启闭状态，使冷却水经高温水池 4 得以充分冷却。

注意：每台柴油机的冷却管路应自成系统，不允许多台柴油机共用一条管路，以防止柴油机同时工作时因争水而造成冷却不均。

冷却水的液面高度应高于柴油机水泵进水口，可使柴油机水泵自行充水，而不必灌注引水。与柴油机配套的冷却水出水管内径为 65 mm；进水管长度在 2 m 以内时，管径应不小于 65 mm；8 m 以内应不小于 80 mm；8m 以上应再相应加大管径。

整个冷却装置和机组的距离应尽量靠近，整个管路应尽量减少弯道(尤其是直角弯道)、避免流通截面突变，以减少扬程损失。

4. 启动系统

190 系列柴油机采用电动或气动两种启动方式。

(1)电动马达启动系统。采用电动马达启动系统时，应设置 24V 直流电源。可采用四个 6 – Q – 195Ah 铅酸蓄电池混联装置；也可采用交流电源硅整流装置。

启动用蓄电池应安放在便于检查和维护的位置，且应尽量靠近电动马达，以减少线路的电损失。所有线路应按规定要求连接好，各接头应连接牢固。蓄电池与电动马达之间连接导线的截面不得低于 70 mm^2，长度不得超过 5m。若所需长度超出，选用导线的截面尺寸规格也应相应加大。

(2)气动马达启动系统。采用气动马达启动系统时，应设置足够容量的贮气罐和压缩空气气源。贮气罐的容量应能保证柴油机连续启动三次所需，约为 4 m^3；气源压力应为 588 ~ 882 kPa，送入柴油机启动系统的压缩空气须经净化和油水分离处理。

贮气罐和柴油机气启动系统之间，应用 2" 焊接钢管连通。供气管道应尽量短、直，以减少压缩空气的流动损失。

5. 进、排气系统

(1)进气系统。为便于运输，有些机型的空气滤清器需现场安装。安装时必须考虑进气系统的采风条件和空气滤清器的支承；与增压器压气机连接的管道结构必须合理。安装时应注意以下事项：

① 空气滤清器周围应具有良好的通风条件，以保证柴油机进气所需的充足空气。尤其在机房内(如发电机房)，最好采用强制通风(如风机通风)装置，以不断地将新鲜空气送入机房。通风机应安装在机房的最高位置，使冷风直接掠过散热体，将热气排出室外。

② 空气滤清器的安装位置应尽量远离排气出口，防止排出的高温废气又被吸入柴油机

或因进气被加热而降低充气效率。

③ 对装有两台空气滤清器的柴油机(12V 机、6V 机)，其空气滤清器所装进气管的长短、截面应一致，所处环境应相同，以避免两排气缸进气不均而造成柴油机工作波动。

④ 连接空气滤清器所用的进气管管径不能太细，通常应不小于压气机的进气口截面。长度应尽量短，并应减少通道截面突变或弯道，以减少进气阻力。

⑤ 进气通道上的连接应严格密封，不允许有漏气现象。

(2)排气系统。安装从排气总管引出的排气引管和消声器时，应注意以下事项：

① 用户可根据需要设置消声器，以减轻排气噪声对环境的影响、防止废气中的火星逸出危及运行安全。但所采用的消声器阻力不得过大，以免影响柴油机的工作性能。

② 排气引管不宜过长，管径应符合配套要求。当管长小于 5m 时，其内径：6V 机不小于 150 mm；8V 机不小于 210 mm；12V 机不小于 250 mm。管长超出 5m 时，则需相应加粗管径。排气引管应尽量减少弯道(尤其是直角弯道)、避免流通截面突变，以减少排气阻力。排气背压应不大于 2 kPa。

③ 排气引管和消声器应单独设置支承，不得直接支承在柴油机排气总管上，或固定在柴油机其他部件上。排气引管与排气总管之间应采用挠性连接，以免损坏柴油机的部件。

④ 每台柴油机均应设置独立的排气引管和消声器，不得多台柴油机共用一条排气引管，以免相互干扰，影响柴油机正常工作，避免运行中的柴油机排出的废气进入停机的柴油机内。

⑤ 排气管出口端应略带坡度，管端切成斜角以防止雨水进入管内；垂直安装的排气管管端应安装防雨帽。

四、柴油机的使用环境

柴油机对使用环境要求能方便操作人员的正常操作和维护，有助于柴油机安全、正常地运行，具体要求是：

(1)使用环境应保持清洁，远离带有腐蚀性物质的气体和物品。

(2)柴油机机组之间的安装间距应适当大一些，一般不小于 1.5m，以便于维护保养。柴油机周围 1.5m、散热器前 2m 的范围内，不得安装其他装置或堆放物品，并保持环境空气流通。

(3)柴油机表面应经常擦拭以保持洁净，但不允许用水直接冲刷。

(4)在野外工作环境中，柴油机上方应设置顶篷，以防止风雨的侵蚀及便于维护、保养。

任务考核

一、简述题

(1)柴油机机组的吊装搬运方法是什么?

(2)柴油机的安装步骤是什么?

(3)柴油机油、水、气、电路的安装要求是什么?

二、操作题

(1)柴油机机组的吊装搬运。

(2)柴油机的安装和对中。

(3)柴油机油、水、气、电路的安装。

项目十　柴油机消耗品管理

知识目标

（1）理解柴油的性能指标。

（2）理解机油的性能指标。

（3）理解柴油机对冷却水的要求。

技能目标

（1）掌握柴油的选用。

（2）掌握机油的换油标准。

（3）掌握冬季冷却水的使用及对冷却水的处理方法。

学习材料

任务一　轻柴油

一、柴油的特点

自燃点低、黏度大、密度大（0.8～0.9g/cm^3）、闪点高和稳定性强。在运输过程中不易挥发，使用安全而且成本低。柴油的性能对柴油机的功率、经济性和可靠性都有很大的影响。因此，我们必须对柴油的性能有所了解，以便于选用。

二、柴油的性能指标

不同用途的柴油机，对所用柴油性能的要求也不同。因此柴油有多种牌号，总的来说分轻柴油和重柴油两大类。表2－37所示为轻柴油规格。现就标准中所列主要指标的意义及其对柴油机使用性能的影响，简述如下。

1. 十六烷值

柴油的发火性是柴油的自燃能力。柴油不经外界引火而能自燃的最低温度称为柴油的自燃温度（约300℃）。柴油的自燃性能是以十六烷值来表示的。在评定柴油的自燃性能时，选用两种化学上很纯的燃烧性能十分悬殊的碳氢化合物作为基准燃料。一种是十六烷，它的自燃性能好，自燃点低，最易自燃，把它的十六烷值定为100单位；另一种是α－甲基萘，它的自燃性能很差，自燃点高，把它的十六烷值定为0单位。按不同体积混合这两种基准燃料就可获得十六烷值从0～100的标准燃料。让所测试的柴油和某标准燃料进行比较，如果它们的自燃性能一样，则这个标准燃料中所含的十六烷的百分数，即为被测定柴油的十六烷值。如十六烷值为50的柴油表示该柴油自燃温度与含有50%的十六烷的标准燃料的自燃温度是相同的。

柴油自燃性能的好坏直接影响柴油机的燃烧过程及使用性能。柴油的十六烷值高，自燃性能好，喷入气缸后能迅速着火燃烧，使柴油机工作柔和。相反柴油的十六烷值低，则柴油机工作粗暴。但过高的十六烷值也不好，因为十六烷值过高柴油稳定性差，在高温条件下容易发生裂解并分离游离碳，燃烧不完全，排气管冒黑烟，使燃料消耗率增加。一般柴油机使用的柴油十六烷值为40～50左右。

2. 馏程

馏程表示柴油的蒸发性。喷入燃烧室的柴油需汽化后方能着火，所以要求恰当的蒸发能力。柴油馏程温度低（即轻馏分燃料含量大），蒸发能力强与空气混合好，柴油机启动容易；反之馏程温度高，蒸发性不好，汽化缓慢，造成燃烧不完全，严重积炭。故要求柴油的轻、重馏分含量都不能过多，馏程一般在170～380℃范围。

3. 黏度

液体受外力作用移动时，在液体分子间发生的阻力称为黏度，是表示液体的稀稠程度和流动难易程度的指标。黏度越低，流动性越好。黏度和温度有很大的关系，温度越低，黏度越大，反之温度越高黏度越低。所以冬天柴油黏度会增大，柴油黏度应选择适当。过高使柴油喷雾不良，影响燃烧；过低会引起高压油泵柱塞和喷油器针阀的润滑不良，增加磨损，还使密封性变坏，发生漏油。一般轻柴油的黏度在温度为20℃时，恩氏黏度在 $E=1°\sim2°$ 之间。

4. 凝固点

凝固点是燃料失去流动时的温度。当气温降低到某一温度时，柴油成为结晶固体失去流动性，容易使滤清器堵塞。

国家标准轻柴油的牌号就是根据凝固点高低来编制的，有10#、0#、-10#、-20#和-35#等。

表2-37 各牌号轻柴油的质量指标

序号	检查项目	柴油牌号			
		0#	-10#	-20#	-35#
1	十六烷值≥	45	45	45	45
2	闪点（闭口杯法）/℃≥	65	65	65	45
3	凝点/℃≤	0	-10	-20	-35
4	运动黏度（20℃）/（mm²/s）	3.0～8.0	3.0～8.0	2.5～8.0	1.8～7.0
5	馏程：50%馏出温度/℃≤	300	300	300	300
6	90%馏出温度/℃≤	355	355	355	355
7	10%蒸余物残炭/%≤	0.3	0.3	0.3	0.3
8	灰分/%≤	0.01	0.01	0.01	0.01

三、柴油使用三要素

柴油机对柴油的选用应注意以下三个方面：

1. 注意牌号

柴油的牌号实际是柴油凝固温度的表示，例如-10#柴油就是指该牌号柴油的凝固点是-10℃，所以选用柴油时，其牌号数值要低于当地环境温度5～10℃。例如某地冬季最低气温为-15℃，则应选用-20#柴油。夏天或南方一般选0#轻柴油即可。

2. 注意质量指标

质量指标，特别是十六烷值、黏度、残炭、闪点、胶质等指标直接影响柴油机的性能和可靠性，所以要求所使用的柴油其质量指标必须符合国家标准要求。

3. 注意品种

一般中高速柴油机均采用轻柴油，只有某些中低速柴油机，有燃用重柴油和重油的能力。所以使用重柴油或者重油，只是对有燃用重柴油和重油能力的柴油机而言。一般柴油机不要轻易使用。

任务二　柴油机润滑油

一、润滑油的性能指标

保证柴油机正常润滑，必须选用合适的润滑油，柴油机润滑油也称机油，根据机油性能不同分有各种不同牌号，表 2－38 所示所列为我国柴油机用机油规格及其性能标准。

标准中所规定的机油的主要性能其意义如下：

表 2－38　柴油机机油

项　目		质量指标		
		HC－8	HC－11	HC－14
100℃时运动黏度/(mm^2/s)		8～9	10.5～11.5	13.5～14.5
未加添加剂时酸值/(mgKOH/g)	不大于	0.2	0.4	0.55
灰分：				
未加添加剂时	不大于	0.005	0.005	0.006
加添加剂后	不大于	0.25	0.25	0.25
开口闪点/℃	不低于	195	205	210
凝点/℃	不高于	－20 和－15	－15	0
水溶性酸或碱：				
未加添加剂时		无	无	无
加添加剂后		中性或碱性	中性或碱性	中性或碱性
机械杂质/%：				
未加添加剂时		无	无	无
加添加剂后	不大于	0.01	0.01	0.01
水分/%	不大于	痕迹	痕迹	痕迹
腐蚀度/(g/m^2)	不大于	13	13	13
250℃时热氧化稳定性/min		20	20	25
糠醛或酚		无	无	无

1. 黏度

黏度是用以表示润滑油稀稠和流动性的一个数值。通常说“稀”了，就是黏度小了；“稠”了，就是黏度大了。机油黏度小，润滑性能差，零件容易磨损；机油黏度大，会增加摩擦阻力，使机器启动困难，功率消耗大，不易传热，冷却作用差。所以机油的黏度要适当。

国产内燃机用机油是根据温度在 100℃情况下，机油的运动黏度值进行分类编号的。

国产柴油机机油有三种牌号，即 8#、11#、14#；汽油机机油分为四个牌号，即 0#、6#、

10#、15#。如14#柴油机机油，即表示这种机油在100℃时的黏度是14厘沲。11#即表示在100℃时它的黏度是11厘沲。号数越大，黏度越大(厘沲是黏度的单位)。

2. 凝固点

机油冷却到完全失去流动性时的温度叫凝固点。凝固点高的机油容易失去流动性。气候寒冷的地区，要求采用凝固点低的机油。柴油机机油凝固点一般在 -5 ~ -25℃。

3. 闪点

机油受热后一部分就挥发成蒸气，温度升高到一定值时，蒸气和周围空气混合，遇明火出现闪光，这时的温度叫闪点。闪点低的机油很容易蒸发和变质，危险性较大。柴油机机油闪点在185~215℃左右。

4. 残炭

表示机油倾向于产生积炭的程度及产生积炭量的多少。积炭增加气缸的磨损，为此机油残炭值越小越好。

5. 酸值

指机油中含有机酸的多少。有机酸对金属零件表面产生强烈的腐蚀作用，所以酸值含量应严格控制。

由于柴油机的机械负荷比汽油机大，容易积炭，某些柴油机使用铜铅合金轴瓦，因此柴油机对润滑油质量有较高的要求。

柴油机采用哪种牌号机油，以及在什么时候使用哪种机油最好，是经过试验确定的，不能乱用。

二、油田用机油及换油标准

机油的好坏直接影响柴油机的使用可靠性和耐磨性，所以使用时要重视以下三个方面。

1. 注意牌号

机油牌号直接反映了机油的品质。数字基本反映黏度高低，其后字母代号反映机油综合指标，字母越靠后，机油品质越好。有F级不使CD级，有CD级不使CC级。有带15W的最好。对平均有效压力 P_e 在1.5 MPa以下柴油机希望用15W40CD(或CF)级机油。平均有效压力 $P_e \geq 1.5$ MPa的柴油机应选用CF级。

2. 注意指标

即使用好牌号的机油，有条件的单位最好化验其指标，看其是否符合国家标准的要求。40CD机油的指标如表2-39所示。

表2-39　40CD机油的指标

运动黏度 (100℃)/(mm²/s)	黏度指数 ≥	闪点 (开口)/℃≥	机械杂质/% ≤	倾点/℃ ≤	残炭(加剂前)/% ≤	水分/% ≤
12.5~16.3	80	230	0.01	-10	报告	痕迹

3. 注意换油指标

再好的机油也不能无限期使用，总有更换的时候。以下情况必须更换：

(1)油底壳漏进柴油。

(2)油底壳漏进冷却水。

(3)柴油机运转时间超过《使用说明书》中规定的换油周期。

(4)机油老化，黏度等指标超过规定值，如表2-40所示。

表 2-40　机油换油指标

运动黏度（100℃）/（mm^2/s）	酸值/（mgKOH/g）≥	pH 值≤	斑点（级）	水分/%≥
17（或 +25% ~15%）	2	4.5	4（a≥2）	0.1

三、润滑脂

在柴油机中有些轴承（如水泵轴承等）不使用机油润滑，则需用润滑脂（黄油）润滑。

1. 常用润滑脂的特点与应用

（1）钙基黄油（淡黄色），特点是抗水性好，熔点低。适用于水泵及汽车底盘部位的润滑。

（2）钠基黄油（深黄色），耐高温但易溶于水，适用于较干燥，温度较高的部位。

（3）钙钠基黄油，它既具有钙基润滑脂的抗水性能，又具有钠基润滑脂的耐热性能，因此可以在温度较高而环境又较为潮湿的场合下使用。

（4）二硫化钼润滑脂，这种润滑材料具有耐高温、高压、摩擦系数小、润滑性能好等特点，是一种较好的润滑脂。

2. 润滑脂的使用

由于润滑脂的品种、牌号很多，性能又各不相同，为了保证机械部件具有良好的润滑，选用合适的润滑脂是很重要的。选用润滑脂时必须考虑的因素有：温度、运转速度、承受负荷、环境条件等。

各种类型的柴油机在使用说明书中，一般对润滑脂的使用都有规定，具体选用时应遵照执行。

润滑脂在具体操作使用时，不同种类的润滑脂不宜混合使用，新旧润滑脂也不宜混用。常用润滑脂的基本性能如表 2-41 所示。

表 2-41　几种常用润滑脂的基本性能

序号	品名	使用温度范围/℃	滴点/℃不低于	水分/%不大于	机械杂质/%	胶体稳定性/%不大于	极压性	抗水性
1	合成锂基脂	-20~120	180	痕迹	无	12	好	好
2	钙基脂	0~60	75	2	无	16		好
3	钠基脂	0~120	130	0.4	无			不好
4	钙钠脂	0~100	120	0.7	无			可
5	硅铝高温脂	0~150	150			好	好	不好

任务三　柴油机冷却水

柴油机工作时，气体燃烧产生大量的热，使气缸内的温度瞬时高达 1700~2000℃。这样高的温度如果不靠循环水进行冷却，将会对柴油机造成危害。因而必须对柴油机进行冷却，从而防止柴油机产生过热现象。对柴油机进行冷却所需要的冷却水必须符合一定的要求才能使用。

1. 对冷却水的要求

冷却水质的好坏，不仅直接影响柴油机的冷却效果，而且对柴油机的使用寿命也有较大的影响。不合格的冷却水容易产生水垢，严重时可堵塞冷却水通道、降低冷却效果；对机件产生严重腐蚀作用，破坏密封件(如水封)的密封性等。因此，在使用中应严格控制冷却水的质量。对柴油机冷却水的要求是：

(1)冷却水必须是清洁的软水

如：雨水、雪水、自来水等，在使用时应进行过滤。含有较多矿物质的水，如：井水、泉水、河水及海水等不能直接用作冷却水，因为它们一般属于硬水。硬水中的钙盐、镁盐等成分在高温下易分解沉淀而在水套内形成水垢，从而影响冷却效果。

(2)冷却水应略呈碱性，其 pH 值为 6 ~ 8.5。

(3)冷却水应具有防锈、防冻、防水垢能力。

这可以通过加入所需的添加剂来解决。190 系列柴油机推荐加 NL 防锈油。一般比例为 0.4% ~ 0.5% 即可。

2. 防锈乳化液的作用与配制方法

为了减少或避免冷却系统中由于冷却水的原因而产生的对机件的腐蚀和水垢覆积，在冷却水中可加入适量的防锈乳化液。防锈乳化液为棕红色的液体，加水后呈乳白色半透明状态，pH 值为 8 ~ 9。

(1)防锈乳化液的配方

5#机械油，22%；三基乙醇胺，2%；石油磺酸钠，20%；苯丙三氮唑，0.2%；蓖麻油钠皂，12% ~ 16%；水，余量。

(2)配制方法

根据上述配方，将 5#机械油和石油磺酸钠倒入容器中加温至 50℃左右，不断地搅拌使其成为均匀的透明液体。在搅拌中加入蓖麻油钠皂、苯丙三氮唑，然后逐渐加入三基乙醇胺，直到得到适宜的 pH 值为止。在加温搅拌中加入余量的水。

将符合要求的水加热到 80℃，在激烈的搅拌中，缓慢地加入 1% ~ 2% 的防锈油，两者混合后即成乳化液。

(3)防锈乳化液的作用

在防锈乳化液中，因配有防锈油和防腐剂等物质，能使其在冷却循环中形成防锈油膜，黏附在冷却系统各部件的表面，从而起防锈、防腐、防垢作用，进一步延长了机器的寿命。

(4)防锈乳化液的使用方法

柴油机首次加入乳化液时，防锈油的含量应取上限。随着水的蒸发及乳化液的分离，其成分将发生变化。使用一段时间后，应注意进行检查，若发现乳化液已分离，则应重新更换。在向水箱内补充冷却水时，也应添加 1% 左右的防锈油乳化液。

3. 硬水软化方法

硬水不能直接用作冷却水，但经过软化处理后便可以使用。硬水的软化处理有多种方法，常用的有以下两种。

(1)将硬水煮沸，使杂质沉淀，把沉淀后的水倒入冷却系统中，这种方法比较简单，但只能去掉水中的部分矿物质，而不能使硬水彻底软化。

(2)在硬水中加入软化剂

如在 60L 硬水中加入 40g 苛性钠(即烧碱)，稍加搅拌后使杂质沉淀，水即软化。

4. 冷却水处理剂

“百克灵－801”循环冷却水处理剂(江苏丹徒县日用化工二厂生产)为白色粉状物，使用方法是：

(1) 用量　最佳添加浓度为3000～4000ppm，即每吨冷却液中投药3～4kg，初次使用每吨水中加4.5kg。处理后的水质透明、洁净，无任何沉淀物。

(2) 浓度控制的检测　通常每周取样检测一次，如发现机组冷却水有较多泄漏，则需1～2天检测一次，以保证有效浓度。

(3)检测方法　备50mL刻度试管一只、铜勺一只、NO.1和NO.2试剂各一瓶(固体)。

检测时用试管取水样20mL，加入NO.1试剂4勺，然后加入NO.2试剂1勺，观察水样颜色，若不变红或变红后30s自行消失，再加入NO.2试剂，每次一勺，直至水样颜色变红为止。并记下加入NO.2试剂的勺数，便可按表2－42所示确定处理剂添加量。

表2－42　冷却水处理剂配料表

NO.2试剂所耗勺数	药品所需添加量/(kg/t)	NO.1试剂所耗勺数	药品所需添加量/(kg/t)
1	3.0	4	需要
2	2.0	5	不需要投药
3	0.5	6	不需要投药

“百克灵－801”水处理剂为塑料桶装，应放在防火、防热、防潮的地方，用完后应将桶盖盖好。

注意：处理剂不可食用，用完后清洗双手。

5. 冬季用冷却水

水的凝固点即结冰的温度，在冬季里柴油机长时间停车时，温度下降可能使冷却水结冰，造成零件冻裂事故。因此冬季柴油机长时间停车时，必须将冷却系统内的冷却水放掉。严寒地区，为了防止柴油机冬季使用过程中零件冻裂事故的发生，又减少放水工作，防冻液可以购买，也可以自己用甘油或乙二醇和水混配。防冻液的常用配方如表2－43所示。

表2－43　防冻液常用配方

冰点/℃	甘油—水		乙二醇—水	
	甘油/%	密度/(kg/m^3)	乙二醇/%	密度/(kg/m^3)
－5	21	1.0495		1.0495
－10	32	1.0780	28.4	1.0495
－15	43	1.1074	32.8	1.0495
－20	51	1.1290	38.5	1.0495
－25	58	1.1483	45.3	1.0495
－30	64	1.1647	47.8	1.0495
－35	69	1.1785	50.9	1.0495
－40	73	1.1894	54.7	1.0495
－45	76.5	1.1980	57.0	1.0495

使用防冻液必须严加管理，注意以下事项：

(1)防冻液有毒，严禁饮用，即使是很少一点进入肠胃也会中毒，甚至使人丧命，务必注意。

(2)使用过程中，由于水分蒸发，冷却液会减少，并变得黏稠。因此在没有泄漏的情况下，每班次需向冷却系统中添加适量的纯净软水，每20～40h需检查防冻液的密度。

(3)防冻液比较贵重，使用时不要漏失，冬季使用完后，可将防冻液用严封的坛罐容器保存起来，以备下个冬季使用。

任务四 燃油添加剂、机油添加剂和乳化油

近年来为了节油、减烟和降低排放，出现了一些与柴油、机油、冷却水有关的新型添加剂。

1. 柴油添加剂

柴油添加剂的作用是，加入一定比例的添加剂于柴油中，可以改善柴油品质，提高十六烷值，提高分散性，改善雾化质量，起到提高燃烧速度和完全度，达到降低油耗和排放的目的。

2. 机油添加剂

机油添加剂的作用是，加入一定比例的添加剂于机油中，在柴油机摩擦副表面形成一层法向强度很高、切向强度很低的各向异性润滑膜，该膜能有效地承受高压和冲击负荷、降低摩擦系数、提高缸套密封性，从而起到提高机械效率、提高燃烧效率，降低油耗、减少排放、增加耐磨及延长机油寿命的作用。

目前国内外均有该类产品。对经过验证确实有效者是可以使用的。

3. 掺水乳化剂

通过添加乳化剂，对柴油机进行掺水乳化，也是目前节约能耗、降低排放特别是降低NOx和炭烟的有效措施。它是基于掺水后形成乳化油在燃烧过程中微爆效应、降温效应，因而改善了燃烧效率，达到降低油耗、降低排放的目的。

欲利用此项技术，首先看应用业绩，确实有效的可以采用。但必须明确最短的不破乳时间，若该时间太短，容易引起油泵偶件、喷油器偶件、缸套等零部件的锈蚀。

任务考核

一、简述题

(1)燃油的选用应该注意什么?

(2)轻柴油的性能指标有哪些?

(3)机油的要求及换油标准是什么?

(4)机油的性能指标有哪些?

(5)如何正确使用润滑脂?

(6)冷却水的要求及处理方法是什么?

(7)燃油添加剂、机油添加剂和乳化油的作用是什么?

二、操作题

(1)柴油的选用。

(2)机油的要求及换油标准。

(3)冷却水的要求及处理方法。

学习情境三　石油钻井泥浆技术知识与操作技能

情境描述

钻井液的功能体现在油气井钻井、完井的两个方面，即在整个钻进过程中，要保持安全优质快速低成本钻井；在进入油气层时，要具有保护储层的作用。所以钻井液的功用也就是钻井、完井对钻井液的基本要求。

在钻井方面，钻井液的主要功能有传递水功率；控制和平衡地层压力；锚固钻机提供所钻地层的地质资料；悬浮岩屑和加重材料；清洗井底，携带岩屑；防止钻具腐蚀；形成泥饼，保护井壁；冷却、润滑钻头和钻柱。

在保护油气储集层方面，钻井液此时的主要作用是保护油气层的渗透性，尽量降低对原始油气层物化性质的损害。主要表现在以下两方面：保持液相与地层的相融性；控制固相粒子含量，防止固相粒子对油气层的损害。

石油钻井泥浆技术知识与操作技能是石油钻井作业的相关专业内容。它所涉及到的专业理论知识和操作技能，共归纳为10个典型工作项目和若干工作任务。

本部分内容系统地介绍了钻井泥浆工的岗位职责、钻井液固相设备的使用、钻井液的类型、钻井液性能参数及钻井液处理等内容。

项目一　钻井泥浆工岗位职责

知识目标

(1)理解钻井泥浆工巡回检查制内容。

(2)理解钻井液作业工接班制内容。

(3)掌握钻井泥浆工岗位责任制内容。

技能目标

(1)掌握钻井液巡回检查路线内容和方法。

(2)掌握钻井液作业工交接班内容。

学习材料

一、钻井泥浆工岗位职责

(1)认真贯彻执行钻井液管理措施，在泥浆工程师的指导下，负责钻井液的日常处理与维护工作。

(2)负责钻井液处理剂的使用与保管；负责送达井队各种处理剂的验收入库。

(3)负责钻井液性能的测量和仪器的使用、维护和保管，完成泥浆工程师布置的实验任务。

(4)严格执行 QHSE 管理标准，负责钻井液灌区和值班房的卫生及环境保护，防止钻井液乱排乱放，杜绝污染事故。

(5)负责钻进油气层后钻井液变化的检测工作，并负责钻井液用水的准备。

(6)负责填写钻井液原始记录，协助场地工搞好坐岗记录，协助泥浆技术员整理钻井液资料。

二、钻井泥浆工巡回检查制

(一)巡回检查路线：

钻井液起始循环路线如下：井口 → 高架槽 → 振动筛 → 1#罐 → 除气器 → 2#罐 → 除砂器、除泥器 → 3#罐 → 离心分离机 → 4#罐 → 5#罐，然后吸入钻井泵，钻井泵将钻井液高压泵入地面高压管汇，经高压水龙头进入钻具，到达钻头，再由钻头水眼喷向井底，后经井眼环形空间又返至井口。各循环罐之间以钻井液槽连接，上覆铁板盖，每个罐上配备两台搅拌器。

(二)巡回检查内容及要求

1. 值班房(坐岗房)

(1)值班房主要存放工具，测钻井液性能。

上岗后应检查常规性能测量仪器是否齐全，如密度计、马氏漏斗黏度计、API 滤失仪、含砂量测定仪等。也要检查工具箱内是否有铁锤、扳手、钳子、螺丝刀、管钳、绝缘手套、口罩及防护眼镜等。

(2)钻井液槽的检查

主要检查钻井液槽是否泄漏、槽底固相沉积厚度是否需要清理以及槽内液面的高度是否合适等。

2. 配药池

主要检查池内是否清洁，有药品时检查药品的种类、浓度及数量等，电动机工作是否正常。目的是能及时配液，并将药液及时泵入1#罐内。

3. 搅拌器

停机时，用手检查电机是否过热，机油是否足量。若电机过热，则先停机休息一段时间；若机油不够，则应加足机油。

4. 除砂器、离心分离机

检查是否泄漏钻井液，检查是否用清水清洗，是否灵活好用，压力表是否灵活、准确、好用。若有钻井液泄漏，则需采取措施。

5. 存储罐

检查存储罐的容积刻度是否清晰，罐内钻井液量是否合理，钻井液是否沉淀，阀门是否灵活、好用。

6. 漏斗

检查漏斗内壁是否黏附太多的处理剂等物质，太多时应加以清理；检查漏斗喉部是否被堵塞，堵塞时应打通；检查阀门是否灵活、好用。

7. 药品材料房

药品材料房应距配药池较近，并检查药品材料房是否清洁干燥、处理剂种类是否按要求配备齐全、处理剂的存放位置和标示、处理剂的数量等内容。

8. *石粉罐*

检查石粉罐是否好用、石粉数量是否合理、石粉是否受潮等。

总之，上岗后应严格检查钻井液循环路线及各项点，对各项点出现的问题及时解决，故障及时排除，以确保钻井安全顺利进行。

三、钻井液作业工交接班制

(1)交清钻井液处理措施及性能。

(2)交清钻井液处理剂的保管与整齐。

(3)资料齐全、准确、清洁。

(4)交清钻井液净化设备运转、保养、润滑情况。

四、钻井泥浆工 HSE 职责

(1)贯彻执行 HSE 管理体系文件、方针与目标。

(2)检查使用好仪器，保证仪器完好、准确。

(3)驻井值班时，亲自实施钻井液处理，保证性能稳定，满足设计及井下实际需要。

(4)协助好环境因素识别与评价，完成《环境因素评价及控制因素方法确认表》。

(5)负责废浆废液排放到污物池的处理，以防污染环境。

(6)协助安全生产，防止各类事故发生。

(7)按 HSE 管理体系要求，参加健康保障、生产安全和环境保护。

五、钻井泥浆工井控职责

负责钻井液的日常处理与维护工作，负责钻井液处理剂的使用与保管；负责送达井队各种处理剂的验收入库；负责钻井液性能的测量和仪器的使用、维护和保管；负责钻进油气层后钻井液变化的检测工作；负责填写钻井液原始记录。

任务考核

一、简述题

(1)钻井泥浆工 HSE 职责内容是什么?

(2)钻井泥浆工井控职责内容是什么?

(3)钻井泥浆工岗位责任制内容是什么?

二、操作题

(1)钻井泥浆工巡回检查路线和方法。

(2)钻井泥浆工作业交接班内容。

项目二　钻井液固控设备基本知识

知识目标

(1)钻井液固控设备组成原理。

(2)钻井液固控设备使用方法。

(3)钻井液固控设备保养方法。

技能目标

(1)掌握钻井液固控设备使用。

(2)掌握钻井液固控设备的保养。

学习材料

任务一　钻井液固控设备组成原理

钻井液固控设备是实现优化钻井的重要手段之一。正确有效地进行钻井液固控可以降低钻井扭矩和摩阻，减小环空抽吸的压力波动，减少压差卡钻的可能性，提高钻井速度，延长钻头寿命，减轻设备磨损，改善下套管条件，增强井壁稳定性，保护油气层，降低钻井液费用，从而为科学钻井提供必要的条件。

一、振动筛

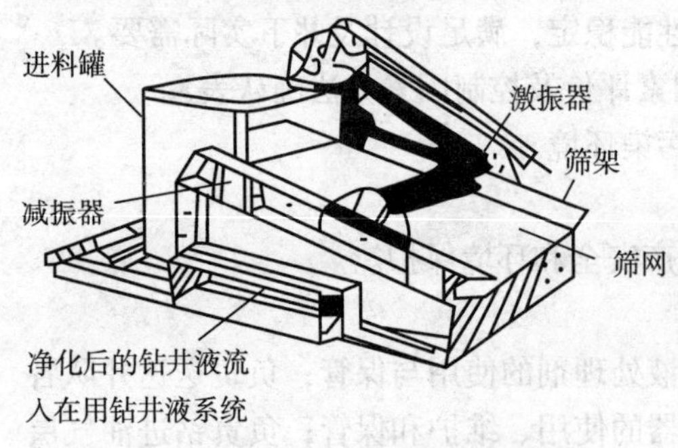

图 3－1　振动筛的结构示意图

振动筛是一种过滤性的机械分离设备。它通过机械振动将粒径大于网孔的固体和通过颗粒间的黏附作用将部分粒径小于网孔的固体筛离出来。从井口返出的钻井液流经振动着的筛网表面时，固相从筛网尾部排出，含有粒径小于网孔固相的钻井液透过筛网流入循环系统，从而完成对较粗固相颗粒的分离作用。振动筛由筛架、筛网、激振器和减振器等部件组成，如图 3－1 所示。

振动筛具有最先最快分离钻井液固相的特点，担负着清除大量钻屑的任务。如果振动筛发生故障，其他固控设备(除砂器、除泥器、离心机等)都会因超载而不能正常连续地工作。因此振动筛是钻井液固控的关键设备。

振动筛能够清除固相颗粒的大小，依赖于网孔的尺寸及形状。现场资料表明，使用 12 目粗筛网最多只能清除钻井液中固相的 10%。为了使更多更细的钻屑得以清除，应使用 80～120 目的细筛网。然而，这又会产生以下新的问题：

(1)细筛网的网孔面积小于常规筛网，从而减小了处理量。

(2)所用的细钢丝强度较低，因而使用寿命较常规筛网短。

(3)当高黏度钻井液通过细筛网时，网孔易被堵塞，甚至完全糊住，即出现所谓“桥糊”现象。为了提高筛网的寿命和抗堵塞能力，现场还经常使用将两层或三层筛网重叠在一起的叠层筛网，其中低层的粗筛网起支撑作用。此外，还有层与层之间有一定空间距离的双层或多层筛网。一般上层用粗筛网，下层用细筛网。上层粗筛网清除粗固相，可减轻下层细筛网的负担，以便更有效地清除较细固相。其缺点是下层筛网的清洗、维护保养和更换较困难。由于筛网越细，越易被堵，因此细网振动筛的振幅高于常规振动筛。通过高振幅的强力振动，可以减轻堵塞程度和避免“桥糊”现象的发生。

二、旋流器

1. 旋流器的结构

适用于钻井液固相控制的旋流器是一种带有圆柱部分的立式锥形容器，锥体上部的圆柱部分为进浆室，其内径即旋流器的规格尺寸，侧部有一切向进浆口；顶部中心有一涡流导管，构成溢流口，壳体下部呈圆锥形，锥角15°~20°，底部的开口称为底流，其口径大小是可调的，如图3-2所示。

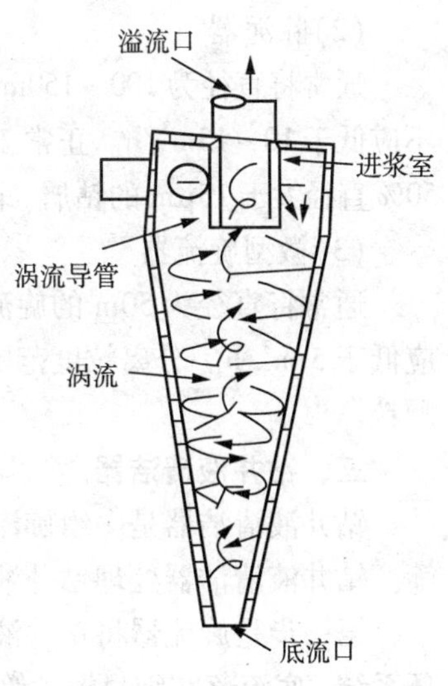

图3-2　旋流器的结构示意图

在压力作用下，含有固体颗粒的钻井液由进浆口沿切线方向进入旋流器。在高速旋转过程中，较大较重的颗粒在离心力作用下被甩向器壁，沿壳体螺旋下降，由底流口排出，而夹带细颗粒的旋流液在接近底部时会改变方向，形成内螺旋向上运动，经溢流口排出。这样，在旋流器内就同时存在着两股呈螺旋流动的流体，一股是含有大量粗颗粒的液流向下做螺旋运动，另一股是携带较细颗粒连同中间的空气柱一起向上做螺旋运动。各种尺寸的旋流器可分离的固相颗粒直径范围，如表3-1所示。

但需注意，处于可分离直径范围的某一尺寸的颗粒，特别是较细的颗粒，并不可能100%从底流口排出。为了定量表示旋流器分离固相的能力，有必要引入分离点这个概念，即如果某一尺寸的颗粒在流经旋流器之后50%从底流口被清除，其余50%从溢流口排出后又回到钻井液循环系统，那么该尺寸就称为这种旋流器50%分离点，简称分离点(Cut Point)。显然，旋流器的分离点越低，表明其分离固相的效果越好。表3-2列出了几种规格的旋流器在正常情况下的分离点。可以看出，小尺寸的旋流器具有更好的分离效果，然而它处理钻井液的量比大尺寸旋流器要小。

表3-1　各种尺寸的旋流器可分离的固相颗粒直径范围

旋流器直径/mm	50	75	100	150	200
可分离的固相颗粒直径/μm	4~10	7~30	10~40	15~52	32~64

表3-2　各种尺寸的旋流器在正常情况下的分离点

旋流器直径/mm	300	150	100	75
分离点/μm	65~70	30~34	16~18	11~13

现场使用情况表明，某一尺寸的旋流器，其分离点并不是一个常数，而是随着钻井液的黏度、固相含量以及输入压力等因素的变化而变化。一般来讲，钻井液的黏度和固相含量越低，输入压力越高，则分离点越低，分离效果越好。

2. 旋流器的类型

旋流器的分离能力与旋流器的尺寸有关，直径越小，分离的颗粒也越小。旋流器按其直径不同，可分为除砂器、除泥器和微型旋流器三种类型。

(1)除砂器

通常将直径为150~300mm的旋流器称为除砂器。在输入压力为0.2MPa时，各种型号的除砂器处理钻井液的能力为20~120m^3/h。处于正常工作状态时，它能够清除大约95%大于74μm的钻屑和大约50%大于30μm的钻屑。为了提高使用效果，在选择型号时，除砂器对钻井液的许可处理量应该是钻井时最大排量的1.25倍。

（2）除泥器

通常将直径为100～150mm的旋流器称为除泥器。在输入压力为0.2MPa时，其处理能力不应低于10～15m^3/h。正常工作状态下的除泥器可清除约95%直径大于40μm的钻屑和约50%直径大于15μm的钻屑。除泥器的许可处理量，应为钻井时最大排量的1.25～1.5倍。

（3）微型旋流器

通常将直径为50m的旋流器称为微型旋流器。在输入压力为0.2MPa时，其处理能力不应低于5 m^3/h。分离粒度范围为7～25μm。主要用于处理某些非加重钻井液，以清除超细颗粒。

三、钻井液清洁器

钻井液清洁器是一组旋流器和一台细目振动筛的组合。上部为旋流器，下部为细目振动筛。钻井液清洁器处理钻井液的过程分为两步：

第一步是旋流器将钻井液分离成低密度的溢流和高密度的底流，其中溢流返回钻井液循环系统，底流落在细目振动筛上。

第二步是细目振动筛将高密度的底流再分离成两部分，一部分是重晶石和其他直径小于网孔的颗粒透过筛网，另一部分是直径大于网孔的颗粒从筛网上被排出。

所选筛网一般在100～325目之间，通常多使用150目。由于旋流器的底流量只占总循环量的10%～20%，因此筛网的“桥糊”和堵塞不是严重问题。

钻井液清洁器主要用于从加重钻井液中除去比重晶石粒径大的钻屑。加重钻井液在经过振动筛的一级处理之后，仍含有不少低密度固体的颗粒。这时如果再单独使用旋流器进行处理，重晶石会大量地流失。使用钻井液清洁器的优点就在于：既降低了低密度固体的含量，又避免了大量重晶石的损失。

四、离心机

工业用离心机有多种类型，但用于钻井液固控的主要是倾注式离心机，其结构如图3－3所示。

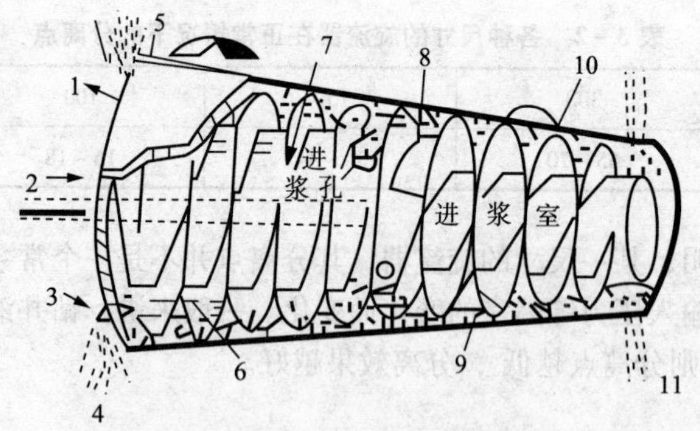

图3－3　倾注式离心机结构简图

1—分离后的钻井液出口；2—钻井液进口；3—溢流口；4—溢流液体；5—外壳旋转产生极高的离心力；6—泥浆池液面；7—槽；8—与外壳同方向旋转但较外壳转速略低的输送器；9—泥饼；10—干湿区过渡带；11—底流口

倾注式离心机又称沉降式离心机，其核心部件有滚筒、螺旋输送器和变速器。离心机工作时，钻井液通过一固定的进浆管进入离心机，然后在输送器轴筒上被加速，并通过在轴筒上开的进浆孔流入滚筒内。由于滚筒的转速极高，在离心力作用下，密度或体积较大的颗粒被甩向滚筒内壁，使固液两相发生分离。其中固体被输送器送至滚筒的小端，经底流口排出；而含有细颗粒的流体以相反方向流向滚筒大端，从溢流口排出。滚筒内液层的厚度靠调节离心机端面上 8 ~ 12 个溢流孔来控制。输送器能够连续地推动沉降下来的固体颗粒向小端移动。当移至离心机的干湿区过渡带时，由于离心力和挤压力的作用，大多数自由水被挤掉，留在颗粒表面的主要是吸附水。因此离心机是唯一能够从分离的固相颗粒上清除自由水的钻井液固控装置，它可将液相损失降低到最小程度。变速器的作用是使输送器的转速稍慢于滚筒的转速，一般仅慢 20 ~ 40r/min，其目的在于能连续输送固相。多数变速器的变速比为 80∶1，即滚筒每转 80 转，输送器便少转 1 转。

离心机可用于处理加重钻井液以回收重晶石和清除细小的钻屑颗粒。使用离心机的好处是：既降低了加重钻井液中低密度固相的含量，使黏度、切力得到有效的控制，又可大大地减少重晶石的补充量，从而降低钻井液的成本。具体做法是：钻井液用离心机处理后，将底流的固相颗粒回收，而将溢流的流体(主要包含低密度固体)丢弃。需要注意的是，钻井液清洁器和离心机都可用于从加重钻井液中清除钻屑，并回收大部分重晶石。但是，这两种设备清除颗粒的粒度范围有所不同。从宏观来看，钻井液清洁器清除的钻屑颗粒比重晶石颗粒大，而离心机清除的钻屑颗粒比重晶石颗粒小。它们的作用可以相互补充，对于密度大于 1.80g/cm^3 的加重钻井液，最好两种设备同时使用。

离心机还常用于处理非加重钻井液以清除粒径很小的钻屑颗粒，以及对旋流器的底流进行二次分离，回收液相，排除钻屑。

任务二　钻井液固控设备使用方法

一、振动筛的使用方法

1. 振动筛的选用

在选用振动筛时，除根据固相粒度分布选择适合的筛网外还应考虑的另一重要因素是筛网的许可处理量。振动筛的处理能力应能适应钻井过程中的最大排量。影响振动筛处理量的因素，除其自身的运动参数之外，还有钻井液类型、密度、黏度、固相粒度分布与含量以及网孔尺寸等。筛网越细，钻井液黏度越高，则处理量越小。一般情况下，黏度每增加 10%，处理量降低 2% 左右。为了满足大排量的要求，有时需要 2 或 3 台振动筛并联使用。

2. 振动筛的使用

振动筛的使用还应注意以下几点：

(1)正确地安装与操作；

(2)筛网的张紧程度要适当，否则筛网寿命会缩短；

(3)网孔尺寸以钻井液覆盖筛网总长度的 75% ~ 80% 为宜；

(4)安装水管线，及时清洗筛网，防止堵塞。

二、旋流器的使用调节

目前用于钻井液固控的旋流器多为平衡式旋流器。如果这种旋流器的底流口尺寸调节适当，那么在给旋流器输入纯液体时，液体将全部从溢流口排出；当输入含有可分离固相的液体时，固体将会从底流口排出，每个排出的固体颗粒表面都黏附着一层液膜。此时的底流口大小称为该旋流器的平衡点。

如果将底流口调节到比平衡点的开口小，则在平衡点与实际的底流口之间会出现一个干的锥形砂层。当较细颗粒穿过砂层时会失去其表面的液膜，并造成底流口堵塞。这种不合理的调节通常称为“干底”，由“干底”引起的故障称为“干堵”。

如果底流口的开度大于平衡点所对应的内径，那么将有一部分液体从底流口排出，这种调节称为“湿底”。在实际操作中，理想的平衡点很难调节和保持。在仅有“干底”和“湿底”两种选择的情况下，还是宁选后者。只要液流损失不严重，就可视为正常情况。

旋流器理想工作时，底流口有两股流体相对流过。其中一股是空气的吸入，另一股则是含固相的稠浆呈“伞状”排出。只有这种工作状态，才能充分发挥旋流器的效力。空气被吸入的原因是由于向上的旋流束的高速运动使旋流区内形成一个低压区，被吸的空气和向上的旋流束一起从溢流口流出。

当钻井液中固相含量过大，从而造成被分离的固相量超过旋流器的最大许可排量时，则底流呈“绳状”排出，此时底流口无空气吸入，因而很容易发生堵塞。在这种不正常的工作状态下，许多处于旋流器清除范围之内的固相颗粒，会折回溢流管并返回钻井液体系。

由于“伞状”底流里较细颗粒的含量比“绳状”底流要高，而较细颗粒具有较高的比表面，因此“绳状”底流里单位质量固体的含液量比“伞状”底流小，即底流密度比“伞状”底流大。但是，这并不意味着以“绳状”排出时的分离效率更高。相反，由于此时溢流里含有较多的细颗粒，这会使返回循环系统中去的钻井液具有较高的密度和黏度，因此认为底流密度越大越好的观点是不正确的。

一般情况下，“绳状”底流可以通过调节底流口的大小来克服，但当固相颗粒输入严重超载时，旋流器出现“绳状”底流是不可避免的，此时只能通过改进振动筛的使用或增加旋流器数目等措施来加以防止。

三、离心机的使用方法

为了提高离心机的分离效率，一般需要对输入离心机的钻井液用水适当稀释，以使钻井液的漏斗黏度降至34～38s范围内，稀释水的加入速度为0.38～0.5L/s，离心机的转速对分离颗粒粒度也有很大影响。例如，处理量为21.6 m^3/h 的离心机，当工作转速为3250r/min时，对水基钻井液可分离重晶石2～3μm钻屑，当工作转速为2500r/min时，可分离重晶石6～9μm钻屑。根据斯托克斯定律，重晶石颗粒可与1.5倍于其颗粒直径的低密度固体颗粒同时沉降。在使用离心机时，应注意选择合适的转速和处理量，以取得预期的效果。

任务三　钻井液固控设备保养方法

一、振动筛的保养

一个完善的维护保养制度是很难统一的，这需要根据井队的具体情况来制定。但是下面的几项维护保养内容是必须要做到的。

(1)每天应向润滑油杯加黄油一次。定期检查筛箱侧板螺栓，如有松动，及时紧固。

(2)吊装时，严禁脚踩和砸压筛网，运输过程中筛网上严禁存放任何物品。

(3)吊装和运输前必须用螺栓将筛箱与底座固定，防止筛箱剧烈振动和跳开。

(4)皮带张紧适度，以不打滑和不产生剧烈跳动为宜。停机时，应随时检查皮带松紧程度，及时调整。

(5)电机和振动轴的皮带轮一般为铸铁件，它们通过锥套和键与轴端连接。装卸时，切忌用力敲打，以防破碎。

(6)在起下钻过程中钻井液振动筛已停止运转，而且由于泥浆长时间没有循环，黏度往往高达100s以上，这时应将钻井液进筛槽中的直通阀打开，并同时关闭钻井液振动筛进口端的插板，防止高黏度的钻井液流到筛面上将筛网糊死。如果因插板关闭不严，有钻井液进筛网，应及时用清水冲洗筛网。

二、除砂清洁器的维护与保养

(1)根据钻井液循环系统的实际情况进行安装，除砂器的钻井液振动筛出口应凸出罐边20~30mm，除砂器底座应用4个压板固定在罐上，固定前应检查罐面是否水平，严防除砂器后倾。

(2)除砂器在每次使用前应先检查各部螺丝有无松动，振动轴转动是否灵活，如有异常声响或故障应及时排除，确认正常后方可使用。

(3)除砂器的正常压力应为200~350kPa，应根据钻井液的黏度、密度、含砂量等具体情况将排砂口(底流口)调节到合适的尺寸。底流钻井液应成伞状喷射排出，适当加大底流量可使溢流粒度变小，能达到最大限度的清除固相的目的。

(4)底流排砂口的调节：手按调节盘手柄，用力压下5mm，旋转90°(任意方向)手松开后自动复位，可以调节到合适的底流直径。

(5)钻井液振动筛在一般情况下，使用1420r/min就可以了，当底流含砂量高时，可通过调整皮带，将转速调换到1664r/min。

(6)筛网的更换：更换筛网时，应切断电源，松开卷筒轴两端的盖形锁紧螺母，沿轴向轻打螺母使锁紧螺栓后退，然后使用卷筒轴专用扳手转动卷筒轴，即可使筛网松弛。

(7)振动轴轴承座上方装有油杯，每班加二硫化钼润滑脂一次，使轴承处于良好的润滑状态。

(8)振动轴两侧轴承座与空心轴连接的螺栓为高强度螺栓，不可用普通螺栓代替，使用中应经常检查不得有松动现象。

三、离心机的维护与保养

离心机是利用离心力，分离液体与固体颗粒或液体与液体的混合物中各组分的机械。下面根据国内外实践经验，介绍一下离心机的维护与保养方法。

1. 离心机的维护

(1)离心机运转前要先切断电源，并先松开离心机刹车，手试转动转鼓，看有无咬刹情况。

(2)检查离心机其他部位有无松动或不正常情况。

(3)接通电源依顺时针方向开车启动(通常从静止状态到正常运转约需40~60s)。

(4)通常每台设备到厂后均须空车运转3h左右，无异常情况即可工作。

(5)物料尽可能要放置均匀。

(6)必须专人操作，容量不得超过额定量。

(7)严禁机器超速运转，以免影响机器的使用寿命。

(8)机器开动后，若有异常情况必须停车检查，必要时需予以拆洗修理。

(9)离心机工作时是高速运转，因此切不可用身体触及其转鼓，以防意外。

2. 离心机的保养

为确保离心机正常运转，转动部件请每隔6个月加油保养一次。同时查看轴承处运转润滑情况，有无磨损现象；制动装置中的部件是否有磨损情况，严重的予以更换；轴承盖有无漏油情况。机器使用完毕，应作好清洁工作，保持机器整洁。

不要将非防腐型离心机用于高腐蚀性物料的分离；另外严格按照设备要求、规定操作，非防爆型离心机切不可用于易燃、易爆场合。滤布的目数应根据所分离物料的固相颗粒的大小而定，否则影响分离效果。另外滤布安装时应将滤布密封圈嵌入转鼓密封槽内，以防物料跑入。

任务考核

一、简答题

(1)振动筛的结构是什么?

(2)旋流器的结构是什么?

(3)旋流器的类型是什么?

(4)离心机的结构是什么?

二、操作题

(1)除砂清洁器的使用与保养。

(2)离心机的使用与保养。

(3)振动筛的使用与保养。

项目三　钻井液设备的拆装

知识目标

(1)一般钻机配备钻井液设备。

(2)钻井液设备的拆装方法。

(3)钻井液设备的调试方法。

技能目标

(1)掌握钻井液设备的拆装。

(2)会钻井液设备的调试。

学习材料

任务一　钻机所配钻井液设备

目前，油田使用的钻机没有统一的设备标准，也没有固定配套的钻井液固控设备，大多数都是由各油田钻井公司自己配置。

一、钻机所配设备

1. 循环设备

主要包括高架槽、钻井液槽、循环罐(循环池)、钻井液储备罐、清水储备罐、混合漏斗及钻井液枪等。

2. 净化设备

主要包括振动筛、除砂器、除泥器及离心分离机等。

3. 辅助设备

包括钻井液搅拌器、配药池、材料房、钻井液化验房(配备成套用钻井液仪器及辅助设备)一间以及两个石粉罐。若是特殊井，则应根据具体情况具体配备。

二、循环系统的安装要求

1. 钻井液槽

钻井液槽的规格一般为：长×宽×高 =(30~40)m×0.7m×0.4m，其中高架槽的长度为10m左右，坡度为3%，即井口比1#罐上方的振动筛高30cm左右。

2. 钻井液循环罐

一般5个罐，每个罐的容积为20~50m。

3. 钻井液、水储备罐

配备2~4个储备罐，每个罐的容积为35~40m³，用于储备水和钻井液。

4. 混合漏斗和钻井液枪

混合漏斗以备加重和加处理剂使用，钻井液枪可配备2~4个，以备对钻井液进行冲刺、除气、混合等处理。

5. 振动筛旁上水管线

以备配制处理剂和维护钻井液使用。

6. 配备搅拌器

供配浆、配制处理剂和搅拌钻井液使用。

7. 净化设备

必须安装的净化设备有振动筛、除砂器、除泥器、离心分离机等，应根据钻井液对固相含量的要求，按顺序使用。

三、固控设备的使用

(一)使用工具

振动筛、除砂器、除泥器、离心分离机。

(二)工作程序

1. 振动筛工作程序

振动器使筛架在一定的振击力下产生高频振动，当钻井液流过筛面时，直径大于筛孔的固相不能通过筛孔从筛布上滚下，而钻井液和小于筛孔的固相通过筛孔流下后继续参与钻井液循环。

2. 除砂器、除泥器工作程序

除砂器和除泥器的工作程序基本一样，钻井液从锥体一侧的进液口切入，在锥体液腔内旋转，岩屑沿锥体内壁从底流口排出，处理后钻井液由柱体上方的溢流口排出。

3. 离心分离机工作程序

钻井液从内转筒一端的引出管进入内转筒，在高转速下产生的离心力将钻井液中较重、较粗的固体颗粒由内转筒上的孔甩到外转筒内壁，再被螺旋叶片推到外转筒一端的排料孔排出。净化了的钻井液从外转筒另一端的排液口排出继续进入循环。

(三)技术要求

1. 振动筛

振动筛常用筛布目数(目是指每英寸长度上的网孔数)为12目、16目、20目、40目、60目、80目等，现场使用最密的为200目。钻井时必须使用振动筛，筛布的目数可以根据钻井需求合理选用，并且筛布要绷紧，及时更换，采用转筒式装置时应及时转动。

2. 除砂器、除泥器

(1)应按固相颗粒的尺寸范围确定两者的尺寸，再按处理量确定使用数量。处理量可按泵排量计算，一般为泵排量的1.5倍左右。

(2)钻井液进口压力应保持在规定的范围内，处理前后钻井液密度差大于0.025g/cm^3，底流密度大于1.70 g/cm^3。进入除砂器的钻井液必须经振动筛处理，同样，进入除泥器的钻井液也必须经振动筛、除砂器处理。

(3)加重的钻井液只能使用振动筛、除砂器处理。

3. 离心分离机

离心分离机用于从加重钻井液中回收重晶石和清除钻井液中有害固相，离心分离机转速可在3300~3250r/min内调整，低速可回收重晶石，高速可分离膨润土和黏土。

以上固控设备必须成套安装使用，才能达到固相控制的目的。安装顺序按先清除大颗粒，后清除小颗粒的原则(即：振动筛→除砂器→除泥器→微型旋流器→离心分离机)。

任务二　钻井液设备的拆装方法

一、钻井液管汇、水龙头安装

(1)地面高低压管汇安装。

(2)高低压阀门组应安装在水泥基础上。

(3)地面高压管线应安装在水泥基础上，基础间隔4~5m，用地脚螺栓卡牢。

(4)高压软管的两端用直径不小于16mm的钢丝绳缠绕后与相连接的硬管线接头卡固，或使用专用软管卡卡固。

(5)高低压阀门手轮齐全，开关灵活，无渗漏。

(6)立管及水龙带安装。

(7)立管应上吊下垫，不应将弯头直接挂在井架拉筋上。用花篮螺栓及直径为19mm的钢丝绳套绕两圈将立管吊挂在井架横拉筋上，弯管要正对井口；立管下部坐于水泥基础上。

(8)立管中间用4只直径为20mm“U”形螺栓紧固，立管与井架间应垫方木或专用立管固定胶块。

(9)“A”形井架的立管在各段井架对接的同时对接并上紧活接头，水龙带在立井架前与立管连接好，用棕绳捆绑在井架上。

(10)立管压力表宜安装在离钻台面1.2m高处，表盘方向以便于司钻观察为宜。压力表清洁、完好。

(11)水龙带应用直径为13mm的钢丝绳缠绕作保险绳，绳扣间距一般为0.8m，两端固定牢固，一端固定在水龙头支架上，一端固定在立管弯管上。安装保险钢丝绳的自由度，不得妨碍水龙带的运动。或采用安全管卡防脱，其卡紧力以不损伤水龙带为宜。

二、钻井液净化设备的安装与拆卸

1. 安装

(1)钻井液罐的安装应以井口为基准，或以2#钻井泵为基准，确保钻井液罐、高架槽有1∶100的坡度。

(2)高架槽应有支架支撑，支架应摆在稳固平整的地面上。

(3)振动筛至钻台及钻井液罐应安装0.8m宽的人行通道，靠钻井液池一侧应安装1.05~1.20m高的护栏，人行通道和护栏应坚固不摇晃。

(4)振动筛、除砂器、除泥器及离心机等电气设备应由持证电工安装，电动机的接线牢固，绝缘可靠。

(5)安装在钻井液罐上的除泥器、除砂器、离心机及混合漏斗应与钻井液罐可靠地固定；传动、转动部位护罩齐全、完好；振动筛找平、找正后，应用压板固定。

(6)上、下钻井液罐的梯子不少于3个。

2. 拆卸

(1)钻井液罐吊装应使用直径不小于22mm的钢丝绳。

(2)钻井液罐的过道、支撑应绑扎牢固。

(3)钻井液罐上的振动筛、除砂器、除气器、离心机、混合漏斗、配药罐及照明灯具等均应拆除。

任务三　钻井液设备的调试方法

一、振动筛的现场安装调试

1. 振幅的设置

增大振幅有利于固相输送和增大钻井液处理量，减小振幅对筛网和振动器轴承的寿命有利。改变振幅应按以下步骤进行：

(1)关闭电源。

(2)输送链条卸掉振动器上的4个护罩。

(3)旋转振动器轴上每副平衡块中最外面的一个，来改变振动器产生的激振力。

(4)4副平衡块都放在最大激振力的相同百分比的位置，锁紧偏心块。

2. 电路连接

出厂的电气系统装有独立的过载保护装置，将2台振动器联锁，防止当1台振动器出现故障时，导致设备的严重损坏。

(1)接线口螺纹的配合面和电动机接线盒必须涂抹密封胶，防止工作过程中进水。

(2)开关底部进线口必须封住，防止振动筛出厂后长期不用，水汽进入锈蚀机心。

(3)保证振动电动机接线口处接线松紧合适，避免电缆线剧烈晃动产生断裂。

3. 筛箱角度调节装置

调节筛箱角度时不必停机，按下面步骤进行：

(1)拔出插销。

(2)转动手轮，调节装置会上下移动；当调至所需要的筛箱角度时，插入插销。

(3)继续转动手轮，使移动部分下移，让插销受力，避免内部丝杠受力而弯曲。

(4)调节另一侧，让两侧角度相同。

由于角度调节装置的滑动面外露，为了避免生锈必须经常加润滑脂。

4. 安装筛网

(1)松开紧固筛网的张紧螺栓时，不要将螺母等完全卸下来。将张紧螺栓旋转90°，使其扁方从筛网钩板的长孔中退出，然后拿出筛网钩板，取出筛网。

(2)张紧筛网时，使左侧钩板处于铅垂位置，张紧右侧筛网钩板，再将左侧张紧螺栓拧紧。筛网与筛架应同步振动，不能出现脱离现象。

钩边筛网分为普通钩边筛网和预张紧衬孔板钩边筛网 2 种。预张紧衬孔板钩边筛网底部有冲制的 2mm 厚衬板，筛网的张紧力应尽可能大，使簧丝之间的距离为 0.5～1.0mm 即可；而普通钩边筛网的张紧力太大会导致簧丝屈服，因此应当减小张紧力。

5. 振动筛的现场维护和保养

(1)润滑

振动筛累计工作 2 个月后应将振动器上每个轴承润滑 1 次。只能用 KluberISOFlex 润滑脂，根据使用环境选择 NB52 或 NB152 润滑脂，向每个轴承润滑脂嘴内加入 10g 左右润滑脂即可。过量添加的润滑脂会进入电动机绕组，影响线圈散热。

(2)更换振动器

更换振动电动机时必须了解其内部结构。S250 平动椭圆振动筛振动电动机的偏心块结构与普通振动电动机不同，它两侧的偏心块不在同一个角度。因此在更换旧电动机前，应当打开 2 台电动机的护罩，对照说明书仔细研究偏心块的安装位置。

振动电动机安装在筛箱上时，电动机轴两端的偏心块不在同一半径方向，而是成一定夹角安装。即上端偏心块与下端有 45°的相位角，并且左右两侧电动机结构正好相反。

内侧偏心块为固定偏心块，有键槽振动筛在出厂时，在上面电动机的内侧偏心块上增加了一个键槽，与原键槽成 45°；出厂时键安装在这个位置，以保证形成固定的夹角。

外侧偏心块用来调整力矩，因内孔没有键槽，所以紧固上面的螺栓一定要有足够的力矩，保证左右两侧的偏心块对称安装。

二、旋流器设备的调试

(一)分级式旋流器设备调试

(1)在开始试车前要确保旋流器机组所有连接点都已紧固，清除管道、机组箱体中的各种残留物，以免开车后有泄漏及堵塞发生。确保把投入运行的旋流器阀门完全打开。

(2)阀门可以完全开启(如运行旋流器)或完全关闭(如备用旋流器)，但绝不允许处于半开启状态(即绝不允许用阀门控制流量)。

(3)如有可能，请先用清水试车。旋流器的进料可由泵入或高位槽方式提供。如果泵与旋流器吞吐量匹配，则压力显示恒定读数。要确保压力表读数不波动，如有明显波动则需检查原因。设备要求在不高于 0.3MPa 压力下工作。

(4)设备在正常压力下平稳运行时，要检查连接点漏损量，必要时采取补救措施。

(5)旋流器试车及运行过程中，若发现阀门上端漏水(浆)，此时可将阀体上端的四个内六角螺栓紧固至不漏水(浆)为止。但不可过分紧固，否则开关阀门时闸板提升(下降)困难。

(6)检查进入旋流器的残渣引起的堵塞。旋流器进料口堵塞会使溢流和沉砂流量减少，旋流器沉砂口堵塞会使沉砂流量减小甚至断流，有时还会发生剧烈振动。如发生堵塞，应及时关闭旋流器给料阀门，清除堵塞物。为防止堵塞，在水力旋流器组进料池可加防止粗料和杂物的设施(如除屑筛)，同时在停车时应及时将进料池排空，以免再次开车时由于沉淀、浓度过高而引起堵塞事故。

(7)设备经清水试验证实运行良好时，可输入料浆运行。

水力旋流器的调整可以通过矿浆压力大小来调整操作，也可以通过改变排料口直径、矿浆浓度、锥体角度、给矿管及溢流管的尺寸和物料粒度组成来调整操作。水力溢流器除了用在磨矿循环中的分级作业外，还可以用于脱泥、脱水以及脱除浮选药剂等。此外，还可以用作重悬浮液选矿，其分选粒度可达0.1mm左右。

（二）平衡式旋流器的调节

1. 准备工作

（1）穿戴好劳保用品。

（2）备好扳手、钳子等用具。

2. 操作步骤

（1）用合适的泵向旋流器中注入清水。

（2）把低流尖嘴全部放开。

（3）逐渐调小尖嘴尺寸。

（4）在钻井过程中，根据实际情况不断地按上述方法调整旋流器。

3. 技术要求

（1）旋流器工作压力为0.15～0.25MPa。

（2）全部敞开时应有一些水以帘状喷洒的形式漏出来。

（3）尖嘴从小到大的调节过程中，到只有慢速底流从排泄口排出为止，此点为正常平衡点。

（4）避免引起“平滩 ”或“干底”效应的过分调整 ，否则会造成严重的底流开口堵塞和过分下部磨损。

（5）钻进中出现“绳状”或“串状”排泄，应放大尖嘴尺寸，直到呈伞状为止。当过量负荷消失后再平衡操作。

4. 相关知识

一般情况下，“绳状”底流可以通过调节底流口的大小来克服，但当固相颗位输入严重超载旋流器出现“绳状”底流是不可避免的。此时只能通过改进振动筛的使用或增加旋流器数量等措施来加以防止。

三、离心机的调试

（1）清除钻井液离心机四周的杂物。

（2）检查进液分流阀是否处于全开位置。

（3）检查皮带松紧程度。

（4）用手盘动主机皮带轮，检查滚筒是否与箱体及进液管摩擦，以及有无卡阻现象。

（5）启动辅机，同时通过冲洗接头向离心机内注入适量清水运转1min，较长时间停用（比如搬家后）后首次启动离心机时，也应做同样的工作。

（6）检查主机、辅机、供液泵的转动方向是否正确（必须按箭头所示方向旋转，否则不排砂）。

任务考核

一、简述题

（1）一般钻机配备的钻井液设备是什么？

（2）振动筛、旋流器、离心机的使用方法是什么？

（3）固控设备使用的技术要求？

二、操作题

（1）钻井液设备的拆装。

(2)钻井液设备的调试。

项目四　钻井液材料及计算

知识目标

(1)钻井液材料分类。
(2)钻井液材料的组成作用。
(3)钻井液有关计算方法。

技能目标

(1)掌握钻井液有关计算。
(2)掌握钻井液材料分类。

学习材料

任务一　钻井液材料分类

钻井液所用的材料包括原材料及处理剂。原材料是指那些用作配浆且用量较大的基础材料，如膨润土、水、油及加重材料。处理剂指的是那些为改善和稳定钻井液性能而加入到钻井液中的化学添加剂。

我国钻井液标准化委员会根据国际上的分类法，并结合我国的具体情况，将钻井液配浆材料和处理剂共分为以下16类：(1)降滤失剂；(2)增黏剂；(3)乳化剂；(4)页岩抑制剂；(5)堵漏剂；(6)降黏剂；(7)缓蚀剂；(8)黏土类；(9)润滑剂；(10)加重剂；(11)杀菌剂；(12)消泡剂；(13)泡沫剂；(14)絮凝剂；(15)解卡剂；(16)其他类。

这里主要介绍以下几种：

一、润滑剂

润滑剂的种类很多，目前国内在用的不少于20种，基本分固体及液体两大类。现只介绍主要的几种：

1. RT－443 润滑剂

它是以特种矿物油和植物油为基础油再配合多种表面活性剂复配而成。主要用作探井及定向井的防卡剂，有减小扭矩的良好作用。本品为液体，直照荧光为5级，对地质录井无干扰。

2. 低荧光粉状防卡剂

代号RH，它是以白油为基础油并与多种表面活性剂复配而成。本品荧光小于3级，对地质录井无干扰。主要用作探井及定向井的防卡剂。有降低滤饼摩阻系数及扭矩、防止卡钻的良好作用。

3. RH－3 润滑剂

它是由多种表面活性剂优选组配而成(其中个别组分是根据需要而研制的)。主要用作探井及定向井的防卡剂，具有较大的极压膜强度，对降低扭矩和摩阻系数都有明显效果。本品荧光较低，对地质录井无干扰。

4. 无荧光钻井液润滑剂

代号 RT－001，它是以白油为基础油，再加入经筛选的表面活性剂组配而成。本品荧光低，对地质录井无干扰，抗温 150 ℃，不起泡，主要用作探井及定向井的防卡剂，并可降低扭矩，对钻井液性能无影响。

5. 塑料小珠

简称塑料珠，代号 HZN－102、它是由苯乙烯与二乙烯苯的共聚物经成珠而得。是一种具有一定强度的固体，按需要可选用不同的粒度配比，一般 30～80μm 较好。它可像轴承液珠一样来降低摩擦阻力，主要用作探井与定向井的防卡减阻剂，抗温达 200 ℃以上，不影响钻井液性能。

二、消泡剂

消泡剂的种类较多，目前国内在用的已达 10 多种，现介绍使用较多的几种。

1. 甘油聚醚

代号 XBS－300 、GB－300 及 N－33025，它是由丙三醇与环氧乙烷反应而制成。主要用作各类水基钻井液的消泡剂。

2. 硬脂酸铝

它是由硬酸脂与硫酸铝反应而成，不溶于与水，与少量柴油混合使用。

主要用作水基钻井液的消泡剂。

3. AF－35 消泡剂

它是由聚醚、硬脂酸铝及三乙醇胺复制而成。主要用作水基钻井液的消泡剂。

三、解卡剂

分为液体及固体两种，但已成为商品并由正式厂家生产的只有固体一种，液体都是各油田临时配制使用。

1. 粉末固体解卡剂

代号为 SR－301，它是油包水型的油基浸泡液。它是由氧化沥青粉、油酸、环烷酸、OP－7 、石灰及渗透剂 JFC 组成的。使用时加柴油及水配制而成。主要用作压差卡钻井噩钻（或称滤饼黏卡）的解卡剂。也可把它改造成各种油基钻井液而用于取芯液及完井液。

2. 液体解卡剂

代号有 AYA－150 、DJK－1 等，主要用作压差卡钻的解卡剂。

四、堵漏剂

我国除了惰性材料外，已定型并在全国使用的正式产品较少，多数是油田根据自己的情况临时配置的。

1. 惰性堵漏剂

它是一种由惰性材料组配而成的混合材料，基本包括三大类：一是粒状，如贝壳粉、果壳粉、垣石等；二是片状，如云母片、塑料废纸片、花生壳；三是各种植物纤维状，如棉子壳、皮屑等。从大小看，可分为粗、中、细三种，可根据漏失特性而采用不同形状、不同大小的惰性材料复配而成。

2. N 型脲胺树脂

又称尿素甲醛树脂，调配不同配比可获得不同稠度和凝固时间的浆液。若加入固体物，效果更佳。

五、杀菌剂

目前国内常用的只有甲醛一种，又称福尔马林，为无色透明、有刺激性气味的液体。主要用作水基钻井液中易发酵处理剂（如淀粉类）的防发酵剂，以免处理失效。亦可用来消灭钻井的摩阻液中的细菌，减轻钻具腐蚀。而多聚甲醛、硼砂、苯酚及各种季铵盐类都有较好的效果。

六、乳化剂

它属于表面活性剂范围。目前国内主要用在油包水乳化液、解卡液及提高处理剂稳定性上。亲水亲油值（HLB）大于7者为亲水性，小于7者为亲油性。

1. 渗透剂（或浸湿剂）

代号JFC，主要用来配制解卡剂。

2. 快渗剂T

简称快T，主要用来配制解卡剂。其质量指标是，渗透力为标准品100%±5%时为合格。

3. 司盘-80

代号Spam-80，主要用作油包水型钻井液的乳化剂。在深井中亦可用来稳定性能。

4. OP系列乳化剂

属于非离子型表面活性剂，耐温达204℃，耐酸、耐碱，抗钙、抗镁。

HIB值为8以上。主要用作抗高温的水包油型钻井液的乳化剂。

5. 烷基苯磺酸钙

主要用作油包水型钻井液的乳化剂。

七、泡沫剂

本品在国内用量较少，仅在少数地区使用。

1. 烷基磺酸钠

代号AS，主要用作泡沫钻井液的发泡剂及高温钻井液的稳定剂。

2. 烷基苯磺酸钠

代号ABS，主要用作泡沫钻井液的泡沫剂及油包水型钻井液的高温稳定剂。

任务二　钻井液材料的组成作用

一、膨润土类

（1）膨润土是岩浆岩或变质岩中硅酸盐矿物（如长石）风化沉积形成的，其组成为黏土矿物：蒙脱石、高岭石、伊利石和海泡石，钻井用膨润土主要黏土矿物为蒙脱石，含量在70%以上。

①砂子：石膏、石英、长石、云母、氧化铁等含量越小越好。

②染色物：木屑、树叶及腐质物起染色作用，膨润土有红色、黄色、紫色等不同颜色，就是这个原因。

③可溶性盐类：碳酸盐、硫酸盐和氯化物等。

（2）膨润土分为钙基膨润土、钠基膨润土和改性膨润土三种。

①钙基膨润土：造浆率8～12m^3/t。

②钠基膨润：造浆率15～18m^3/t。

③改性膨润土：通过加入纯碱、烧碱、羧甲基纤维素、低分子量聚丙烯酰胺等无机盐和有机分散剂来提高膨润土的造浆率，达到钠基膨润土性能指标。

(3)作用及用途

①堵漏：黄土层漏失、基岩裂隙漏失都需要用来配浆堵漏。

②护壁：在井壁上形成泥饼，减少钻井液内的水分向井壁渗透，起到保护井壁稳定的作用。

③携砂：配制一定数量的高相对密度大黏度的膨润土泥浆定期打入井内，将井内掉块、岩屑顺利携带出井外，保持井内干净。

④配治塌泥浆：井壁长时间浸泡发生垮塌，常规泥浆仍不能维护井壁时，就要加膨润土以提高相对密度、切力、黏度达到稳定井壁之目的。

⑤配加重泥浆：遇到涌水或高压油气层时，都需在泥浆中加膨润土来平衡地层压力。

⑥配完井液和封闭浆：为顺利测井，完钻时需配完钻液；在易塌井段需配封闭浆，这些都需加膨润土。

(4)影响膨润土性能的因素

①原矿石质量：原矿石蒙脱石含量高低是影响膨润土性能最重要的因素，蒙脱石含量越高，膨润土造浆率相应地就高。

②粒度：粒度越细造浆率相应的就越高，反之亦然。

③添加剂：合理地加入分散剂，会明显改善膨润土的性能。

④水质：膨润土在高矿化度和酸性水中造浆率会明显降低甚至不造浆。

(5)简单测试

①造浆率：1t膨润土配制出胶体率95%以上的泥浆的体积。如造浆率$15m^3/t$，就是在100g水中加6.67g膨润土搅拌30min倒入试管(100mL)中，24h胶体率在95%以上。

②漏斗黏度：用马氏漏斗测其黏度，一般不低于28s。

③失水量：用ANS气压失水仪测失水量，一般不大于18mL/30min。

④含砂量：将100g膨润土加到1000g水中搅拌30min，再加1000g水搅拌30min静止30min。将沉淀物上面的泥浆全倒掉，然后用水再洗两次，把最后的砂子烘干，称其重量，即膨润土含砂量，含砂量小于5%为合格品。

二、加重材料

加重材料名称，如表3-3所示。

表3-3　加重材料名称

名称	主要成分	分子式	密度/(g/cm^3)	数目	可配最高密度/(g/cm^3)
石灰石粉	碳酸钙	$CaCO_3$	2.7~2.9	200	1.68
超细粉	碳酸钙	$CaCO_3$	2.8~3.1	600	1.80
重晶石粉	硫酸钡	$BaSO_4$	3.9~4.2	200	2.3
活性重晶石粉	硫酸钡	$BaSO_4$	3.9~4.2	200	3.0
铁矿粉	氧化铁	Fe_2O_3	4.9~5.3	150	4.0
方铅矿粉	硫化铅	PbS	7.4~7.7	150	5.2

三、无机盐类

1. 碳酸钠

(1)物理性质

碳酸钠(Na_2CO_3)又称纯碱、苏打，白色结晶粉末，相对密度2.5，易溶于水，水溶液呈碱性，在空气中易吸潮结块，要注意防潮。

(2)化学性质

①电离

$$Na_2CO_3 = 2Na^+ + CO_3^{2-}$$

②水解

$$CO_3^{2-} + H_2O = HCO_3^- + OH^-$$

$$HCO_3^- + H_2O = H_2CO_3 + OH^-$$

③沉淀钙离子、镁离子

$$Ca^{2+} + CO_3^{2-} = CaCO_3\downarrow \qquad Mg^{2+} + CO_3^{2-} = MgCO_3\downarrow$$

沉淀膨润土中的钙离子、镁离子，改善水化性能，促进膨润土分散造浆，降低泥浆的失水，提高泥浆的黏度和切力，改善泥饼的质量。

④加量

准确加量应根据膨润土质量通过实验确定，一般为膨润土重量的5%。

⑤测试

1%水溶液pH值大于12为合格品。

2. 氢氧化钠

(1)物理性质

氢氧化钠又称烧碱、火碱或苛性钠。白色结晶，有液体、固体片状三种产品，纯度从50%至99%不等，相对密度2~2.2，易吸潮，有强烈的腐蚀性，暴露在空气中，会吸收CO_2，变成Na_2CO_3。

(2)作用

①调节泥浆pH值。

②促使膨润土分散造浆。

③可以控制钻井液中Ca^{2+}的浓度。

(3)加量

根据产品纯度和需要决定加量，一般加量为泥浆的0.1%~0.5%。

(4)测试

1%水溶液pH值大于14，证明纯度为96%。

3. 氢氧化钾(KOH)

同氢氧化钠相近。不同点是氢氧化钾提供的K^+对泥页岩有一定抑制作用。

4. 氯化钾(KCl)

氯化钾外观为白色立方晶体，相对密度1.98，易溶于水，具有较强的抑制页岩渗透水化性能，对防治井壁缩径特别有效。

5. 硅酸钠(Na_2SiO_3或$Na_2O_nSiO_2$)

硅酸钠又称水玻璃或泡花碱，有固体水玻璃、水合水玻璃和液体水玻璃，能溶于水，水溶液呈碱性。加入泥浆中，能增加泥浆的黏度，促使泥浆胶凝，阻止漏失，抑制页岩水化膨胀，与硝酸铵反应，可配制冻胶泥浆堵大漏。

6. 硅酸钾(K_2SiO_3)

硅酸钾是20世纪90年代发展起来的一种泥浆处理剂，主要用于严重垮塌地层和强缩径地层，具有很强的抑制水敏性地层剥落和膨胀能力，加量为2%~3%。

7. 氯化钠($NaCl$)

氯化钠即食盐，白色细粒结晶，相对密度2.17，易溶于水，加入泥浆主要有两大作用：

(1)配制盐水泥浆(加量8%～10%)，防治岩盐层溶蚀和井径扩大。

(2)平衡地层水中矿化度，减少滤液向地层渗透，达到抑制泥页岩地层水化渗透的目的。

8. 氯化钙($CaCl_2$)

氯化钙有片状和粉状，相对密度1.68，潮解性强，易溶于水，主要作用：配制抑制泥浆，阻止水敏性地层水化膨胀。

加入水泥浆中，作为水泥速凝剂用。

9. 氢氧化钙[$Ca(OH)_2$]

氢氧化钙又称熟石灰或消石灰，白色粉末，略溶于水，其水溶液加入纯碱，即生成烧碱。加入泥浆中主要是提供钙离子，配制钙处理抑制泥浆。

10. 生石灰(CaO)

生石灰即氧化钙，主要作用是利用膨胀特点配成石灰乳堵漏剂封堵漏层。

11. 石膏($CaSO_4$)

石膏即硫酸钙，白色粉末，相对密度2.31～2.32，主要作用：提供钙离子、防止泥浆pH值过高。

12. 重铬酸钠($Na_2CrO_7 \cdot 10H_2O$)

重铬酸钠又称红矾钠，相对密度2.35，易潮解易溶于水，是一种热稳定剂，能显著提高有机聚合物的使用寿命。

13. 正电胶(MMH)

正电胶有溶胶、浓胶和胶粉三种产品，正电胶粒吸附在井壁和岩屑上，具有稳定井壁和抑制岩屑造浆的双重作用。

四、发泡剂、消泡剂

烷基苯磺酸钠，它是阴离子表面活性剂，加量0.1%～0.5%，能将泥浆相对密度从1.12降至0.85。

硬脂酸铝是一种白色类似肥皂状物，最好是先配成柴油溶液再使用，加量0.03%～0.05%。

五、解卡剂

1. 粉状解卡剂(AD)

AD是乳化剂和渗透剂混合而成的褐色粉状物。

用法：按1∶2加到柴油中搅拌30min，再按1∶5加到水中冲30min，再用泥浆泵送到卡点上，一般3～5h即可解卡。

2. 液体解卡剂(CN-1)

用法：按1∶25加到清水中搅拌1h，再用泥浆泵送到卡点上，一般2～6h即可解卡。

六、水泥外加剂

1. 水泥速凝剂

加量为水泥量的2.5%，先配成水溶液待水泥浆配好后，快速加进去，搅1min，就可开始送入井内，8～12h，可下钻透井。

2. 水泥缓凝剂

加量为水泥量的0.1%～0.3%，先配成水溶液，待水泥浆配好后，快速加进去，搅

5min，就可以开始送入井内，可延迟水泥浆初凝时间 30 ~ 60min。

七、润滑剂

能降低钻具回转阻力以及与井壁的摩擦阻力，改善钻井液流动性、降低切力与黏度，减少提升阻力，一句话，能降低钻井液摩阻系数的材料统称为润滑剂。

1. 十二烷基苯磺酸钠

它能显著降低水的表面张力，0.1% 加量就能把水的摩阻系数从 0.35 降低到 0.2 以下，但它易发泡，只适合在低固相或无固相钻井液中使用。

2. 皂化油

加入钻井液中，形成油包水，大大降低钻具回转阻力，加量 0.1% ~ 0.2%。

3. 石墨

提高泥饼润滑性，降低钻具与泥饼摩擦阻力，抗高温、无荧光，但它不溶于水，只适合在固相钻井液中使用，加量为 0.5%。

4. 塑料小球

混入泥饼中，降低泥饼的摩擦系数，进而降低钻具扭矩与阻力，但使用成本高，好多井队不用它。

5. BK 液体润滑剂

无毒、不污染环境，不干扰地质录井，可生物降解。加入 0.05% 就能降低摩阻 25%，但是由于价格高，目前只在深井中使用。

八、Bd 杀菌剂

主要成份为戊二醛溶液，能抑制钻井液中细菌的生长，防止聚合物发酵降解，失去黏度及作用。加量视井深井温而定，一般加量 0.05% ~ 0.1%。

九、堵漏剂

1. 瞬间堵漏剂

(1)适应性：堵大漏，如黄土层、砾石层、深部大裂隙。

(2)堵漏原理：流入漏失通道后变稠继而与孔壁凝结成一体，封闭住漏孔。

(3)堵黄土层、砾石层漏失方法：一旦发现漏失，就赶快上钻，在 $1m^3$ 清水中加 1T 瞬间堵漏剂，然后用排污泵抽到井内，30min 后就能下钻恢复正常钻进。

堵表层管或深部大裂隙漏失方法：

(1)在表管下 2m 或漏层下 2m 用海带架桥。

(2)备 3t 瞬间堵漏剂和 $3m^3$ 清水。

(3)用泥浆泵送清水，在混合漏斗里加瞬间堵漏剂。

(4)将混合漏斗出口对住井口，将泵柴油机转数调到最低。

(5)启动泥浆泵，用最快的速度在漏斗里加瞬间堵漏剂($3m^3$ 清水加完，3T 瞬间堵漏剂也正好加完)。

(6)30min 后，往井内灌浆，如果井内液面不下降，就证明堵漏成功，就可以下钻钻进。

2. 高黏堵漏剂

(1)成分：黄原胶、羟乙基纤维素和阳离子聚合物。

(2)高黏程度：700mL 清水加 2‰的高黏堵漏剂即 1.4g 搅拌 30min，其漏斗黏度为 100s 以上，是纤维素增黏效果的 10 倍。

(3)作用：堵漏失量小于 $5m^3/h$ 孔隙渗漏和微裂隙漏失。

(4)适应地层：渗漏性砂岩的孔隙型漏失和页岩的裂隙性漏失。

(5)所能解决的问题：钻井液用水量大以至水费高、浆材成本高等问题。

(6)堵漏机理：

①该剂进入漏失通道后能与孔隙或裂隙岩石牢牢地黏附在一起阻止浆液继续向深处流动。

②该剂具有的高黏度使其进入漏失通道后成冻胶状态而使流速慢慢降低直至停止下来。

(7)加量：1～3‰(据漏失量大小而定)。

(8)用法：根据井内和地面浆液量算出需要量后，在接近沉淀池的循环槽口，将高黏堵漏剂慢慢撒进去，抛散速度以该剂在沉淀池内不结块为准。

(9)对于大的孔隙或裂隙漏失可配以膨润土、纯碱、纤维素、锯末、水泥、膨胀堵漏王。

十、膨胀堵漏王

(1)特点：白色颗粒状，吸水率是自身的50～100倍，膨胀率是自身的10～15倍，吸水膨胀时间1～10min。

(2)适应性：适应于大裂隙漏失，对渗漏和小裂隙漏失无效。

(3)堵漏原理：进入漏层后吸水膨胀直至塞满封闭漏失通道。

(4)用法：

①下钻到漏层位置。

②配5～10m^{3}泥浆(相对密度1.15、漏斗黏度60s、含5%惰性材料)。

③试泵。

④在1min之内将2.5%～5%的堵漏王加到泥浆内。

⑤随后开泵将堵漏泥浆全送到井内。

⑥送替浆水。

⑦快速起钻。

⑧ 起钻200m，再开泵送替浆水以洗钻杆内堵漏泥浆。

⑨起钻到安全位置。

⑩静候5h就可以正常钻进。

十一、单向膨胀封闭剂

1. 特点

灰白色小颗粒，吸水不吸油，吸水后体积增大数倍，封闭漏层孔隙或裂缝隙不再发生漏失。

2. 适应性

适用于堵孔隙漏失和小到中等裂隙漏失。二次采油用该剂，能明显增加原油产量。

3. 用法

发现井漏，立即停钻，在循环罐里(保持10m^{3}原浆)加5%的该产品。然后用泵送入漏层，憋压，静止2h即可恢复正常钻进。

十二、海带粉

海带经晒干粉碎成10～20目小微粒，利用其膨胀特征进行堵漏，加量为3%～6%。

十三、核桃皮

核桃壳晒干粉碎成1～5mm大小的颗粒，用来堵中到大漏层，加量5%～10%。

十四、云母片

云母片主要用于中深井阻塞裂缝和孔隙性渗透性地层。

十五、石棉

利用石棉纤维长且抗高温的特征，配制深井堵漏泥浆。

十六、锯末

锯末价格低、来源广，广泛用于配制各种堵漏泥浆，加量5% ~10%。

十七、混合堵漏剂

(1)组成：15%棉线头 + 20%荞麦壳 + 30%核桃皮 + 20%棉籽壳 + 15%石棉纤维，颗粒1 ~6mm。

(2)适应性：堵各种大小漏失及不同深度漏失。

(3)加量：3% ~6%。

任务三　钻井液有关计算方法

一、管柱内容积的计算

管柱内容积的计算公式分别为：

$$V_{容} = \frac{\pi d^2 L}{40000}$$

$$V_{体} = \frac{\pi(D^2 - d^2)L}{40000}$$

式中　$V_{容}$——管内容积，m^3；

$V_{体}$——管柱体积，m^3；

D——管柱外径，cm；

d——管柱内径，cm；

L——管柱长度，m。

例：某井深3000m，钻具结构为：钻铤8in×100m + 钻铤7in×100m + 钻杆5in×2800m，计算钻具内容积和钻具体积各是多少？（已知1in = 2.54cm；8in 钻铤内径为7.144cm；7in钻铤内径为7.144cm；5in 钻杆内径为11.8cm）

解：根据题意知

8in 钻铤内容积：

$$V_1 = \frac{3.14 \times 7.144^2 \times 100}{40000} = 0.4(m^3)$$

7in 钻铤内容积：

$$V_2 = \frac{3.14 \times 7.144^2 \times 100}{40000} = 0.4(m^3)$$

5in 钻杆内容积：

$$V_3 = \frac{3.14 \times 11.8 \times 2\,800}{40000} 30.6(m^3)$$

钻具内总容积：

$$V_{容} = V_1 + V_2 + V_3 = 0.4 + 0.4 + 30.6 = 31.4(m^3)$$

8in 钻铤体积：

$$V_4 = \frac{3.14 \times (20.32^2 - 7.144^2) \times 100}{40000} = 2.84(m^2)$$

7in 钻铤体积：

$$V_5 = \frac{3.14 \times (17.78^2 - 7.144^2) \times 100}{40000} = 2.08(m^3)$$

5in 钻杆体积：

$$V_6 = \frac{3.14 \times (12.7^2 - 11.8^2) \times 2\,800}{40000} = 4.85(m^3)$$

钻具总体积：

$$V_{体} = V_4 + V_5 + V_6 = 2.84 + 2.08 + 4.85 = 9.77(m^3)$$

答：钻具内总容积为 $31.4m^3$，钻具总体积为 $9.77\ m^3$。

二、钻柱外环形容积的计算

计算公式：

$$V_{环} = \frac{\pi(D^2 - d^2)L}{40000}$$

式中 $V_{环}$——环形容积，m^3；

D——井眼直径，cm；

d——管柱外径，cm；

L——井深，m。

例：某井深 1800m，井眼直径 24.4($9^5/8$in)，钻具结构为：钻铤 7in ×80m + 钻杆 5in × 1720m，计算环空容积是多少？

解：7in 钻铤外环空容积：

$$V_1 = \frac{3.14 \times (24.4^2 - 17.78^2) \times 80}{40000} = 1.75(m^3)$$

5in 钻杆外环空容积：

$$V_2 \frac{3.14 \times (24.4^2 - 12.7^2) \times 1\,720}{40000} = 58.6(m^3)$$

环空总容积：

$$V_{环} = V_1 + V_2 = 1.75 + 58.6 = 60.35(m^3)$$

答：环空容积是 $60.35\ m^3$。

三、钻井液流速的计算

计算公式：

$$v_{内} = 12.74 \times \frac{Q}{d_{内}^2}$$

$$v_{外} = 12.74 \times \frac{Q}{D^2 - d_{外}^2}$$

式中 $v_{内}$、$v_{外}$——钻井液在钻具内、外的流速，m/s；

$D_{内}$、$d_{外}$——钻具的内、外直径，cm；

D——井眼直径，cm；

Q——泵排量，L/s。

例：某井用直径为 24.4cm 的钻头和直径为 12.7cm 的钻杆进行钻井，泵排量为 25L/s，求钻井液在环空中的上返速度？

解：根据题意知

$$v_{外} = 12.74 \times \frac{25}{24.4^2 - 12.7^2} = 0.73(\text{m/s})$$

答：钻井液在环空中的上返速度是0.73m/s。

任务考核

一、简答题

(1)钻井液的材料有什么?

(2)钻井液组成作用是什么?

(3)钻井液的加重材料有什么?

二、操作题

(1)管柱内容积的计算。

(2)钻柱外环形容积的计算。

(3)钻井液流速的计算。

项目五　钻井液及性能(一)

知识目标

(1)钻井液的作用。

(2)钻井液材料的组成。

(3)钻井液的类型。

(4)钻井液的主要性能参数。

技能目标

(1)能够分析判断钻井液类型。

(2)能够分析钻井液材料的组成。

学习材料

任务一　钻井液的作用

钻井液是指油气钻井过程中以其多种功能满足钻井工作需要的各种循环流体的总称。钻井液的循环是通过钻井泵来维持的。从钻井泵排出的高压钻井液，经过地面高压管汇、立管、水龙带、水龙头、方钻杆、钻杆、钻铤到达钻头，从钻头水眼上的喷嘴喷出，以清洗井底、携带钻屑。然后沿环形空间(钻柱与井壁形成的空间)向上流动，到达地面后，经地面低压管汇流入钻井液池，再经各种固控设备进行处理后返回上水池，最后进入钻井泵循环再用。钻井液流经的各种管件、设备构成了一整套钻井液循环系统。

钻井液的功用：钻井液工艺技术是油气钻井工程的重要组成部分。随着钻井难度逐渐增大，该项技术在保安全、优质、快速钻井中起着越来越重要的作用。钻井液最基本的作用如下：

1. 携带和悬浮岩屑

钻井液首要和最基本的功用，就是通过其本身的循环将井底被钻头破碎的岩屑携至地面，以保持井眼清洁，使起下钻畅通无阻，并保证钻头在井底始终接触和破碎新地层，不造成重复切削，保证安全、快速钻进。在接单根、起下钻或因故停止循环时，钻井液又将井内的钻屑悬浮在钻井液中，使钻屑不会很快下沉，防止沉砂卡钻等情况的发生。

2. 稳定井壁和平衡地层压力

井壁稳定、井眼规则是实现安全、优质、快速钻井的基本条件。

性能良好的钻井液应能借助液相的滤失作用，在井壁上形成一层薄而韧的泥饼，以稳固已钻开的地层并阻止液相侵入地层，减弱泥页岩水化膨胀和分散的程度。与此同时，在钻进过程中需通过不断调节钻井液密度，使液柱压力能够平衡地层压力，从而防止井塌和井喷等井下复杂情况的发生。

3. 冷却和润滑钻头、钻具

在钻进中钻头一直在高温下旋转并破碎岩层，产生很多热量，同时钻具也不断地与井壁摩擦而产生热量。钻井液不断地循环作用，可以将这些热量及时吸收，然后带到地面释放到大气中，从而起到了冷却钻头、钻具并延长其使用寿命的作用。钻井液的存在使钻头和钻具均在液体内旋转，因此在很大程度上降低了摩擦阻力，起到了很好的润滑作用。

4. 传递水动力

钻井液在钻头喷嘴处以极高的流速冲击井底，从而提高了钻井速度和破岩效率。高压喷射钻井正是利用了这一原理，即采用高泵压钻进，使钻井液所形成的高速射流对井底产生强大的冲击力，从而显著地提高钻速。在使用涡轮钻具钻进时，钻井液由钻杆内以较高流速流经涡轮叶片，使涡轮旋转并带动钻头破碎岩石。

但是，钻井实践表明，作为一种优质的钻井液，仅做到以上几点是不够的。为了防止和尽可能减少对油气层的损害，现代钻井技术还要求钻井液必须与所钻遇的油气层相配伍，满足保护油气层的要求；为了满足地质上的要求，所使用的钻井液必须有利于地层测试，不影响对地层的评价。此外钻井液还应对钻井人员及环境不发生伤害和污染，对井下工具及地面装备不腐蚀或尽可能减轻腐蚀。

一般情况下，钻井液成本只占钻井总成本的7%～10%，然而先进的钻井液技术往往可以成倍地节约钻时，从而大幅度地降低钻井成本，带来十分可观的经济效益。

任务二　钻井液的组成

钻井液的组成：钻井液按分散介质(连续相)可分为水基钻井液、油基钻井液、气体型钻井流体等。

钻井液主要由液相、固相、化学处理剂组成。液相可以是水(淡水、盐水)、油(原油、柴油)或是乳状液(混油乳化液和反相乳化液)。固相包括有用固相(膨润土、加重材料)和无用固相(岩石)。化学处理剂包括无机、有机及高分子化合物。

水基钻井液是一种以水为分散介质，以黏土(膨润土)、加重剂及各种化学处理剂为分散相的溶胶悬浮体混合体系。其主要组成是水、黏土、加重剂和各种化学处理剂。

一、水基钻井液

(1)淡水钻井液。氯化钠含量低于10mg/cm^3；钙离子含量低于0.12mg/cm^3。

(2)盐水钻井液(包括海水及咸水钻井液)。氯化钠含量高于 $10mg/cm^3$。

(3)钙处理钻井液。钙离子含量低于 $0.12mg/cm^3$。

(4)饱和盐水钻井液。含有一种或多种可溶性盐的饱和溶液。

(5)混合乳化(水包油)钻井液。含有3% ~40%乳化油类的水基钻井液。

(6)不分散低固相聚合物钻井液。固相含量低于4%，含有适量聚合物。

(7)钾基钻井液。氯化钾含量高于3%。1978 年以来开始在我国钻井现场使用。

(8)聚合物钻井液。它是以聚合物为主体，配以降黏剂、降滤失剂、防塌剂和润滑剂等多种化学处理剂所组成的钻井液。它是20 世纪80 年代发展起来的一种新型钻井液体系。包括阳离子聚合物钻井液、两性离子聚合物钻井液、全阳离子聚合物钻井液、深井聚合物钻井液和正电胶钻井液等。

二、油连续相钻井液

油连续相钻井液(习惯称为油基钻井液)是一种以油(主要是柴油或原油)为分散介质，以加重剂、各种化学处理剂及水等为分散相的溶胶悬浮混合体系。其主要组成是原油、柴油、加重剂、化学处理剂和水等。它基本经历了原油钻井液(1930 年初)、油基钻井液、油包水(反相乳化)钻井液(1960 年至今)等三个阶段。

三、气体型钻井流体

气体钻井液是以空气或是天然气作为钻井循环流体的钻井液。

泡沫钻井液是以泡沫作为钻井循环流体的钻井液，主要组成是气体、液体及泡沫稳定剂等。

任务三　钻井液类型

随着钻井液工艺技术的不断发展，钻井液的种类越来越多。目前国内外对钻井液有各种不同的分类方法。较简单的分类方法主要有以下几种：按其密度大小可分为非加重钻井液和加重钻井液；按与黏土水化作用的强弱可分为非抑制性钻井液和抑制性钻井液；按其固相含量的不同，将固相含量较低的叫做低固相钻井液，基本不含固相的叫做无固相钻井液。

事实上，一般所说的分类方法是指按钻井液中流体介质和体系的组成特点来进行分类的方法。根据流体介质的不同，总体上分为水基钻井液、油基钻井液和气体型钻井流体等三种类型，近期又出现了一类合成基钻井液。具体分为：水基钻井液、油基钻井液、合成基钻井液、泡沫、充气钻井液、空气和天然气。

由于水基钻井液在实际应用中一直占据着主导地位，根据体系在组成上的不同又将其分为若干种类型。下面是参考国外钻井液分类标准，在国内得到认可的各种钻井液类型。

1. 分散钻井液

分散钻井液是指用淡水、膨润土和各种对黏土与钻屑起分散作用的处理剂(简称为分散剂)配制而成的水基钻井液。它是一类使用历史较长、配制方法较简单、配制成本较低的常用钻井液。其主要特点是：

(1)可容纳较多的固相，较适于配制高密度钻井液。

(2)容易在井壁上形成较致密的滤饼，故其滤失量一般较低。

(3)某些分散钻井液，如以磺化栲胶、磺化褐煤和磺化酚醛树脂作为主处理剂的三磺钻井液具有较强的抗温能力，适于在深井和超深井中使用。但与其他钻井液类型相比，它也有一些缺点：抑制性和抗污染能力较差；因体系中固相含量高，对提高钻速和保护油气层均有不利的影响。

2. 钙处理钻井液

钙处理钻井液的组成特点是体系中同时含有一定质量浓度 Ca^{2+} 和分散剂通过与水化作用很强的钠膨润土发生离子交换，使一部分钠膨润土转变为钙膨润土，从而减弱水化的程度。分散剂的作用是防止 Ca^{2+} 引起体系中的黏土颗粒絮凝过度，使其保持在适度絮凝的状态，以保证钻井液具有良好、稳定的性能。这类钻井液的特点是：抗盐、钙污染的能力较强；对所钻地层中的黏土有抑制其水化分散的作用，因此可在一定程度上控制页岩胡塌和井径扩大，同时能减轻对油气层的损害程度。

3. 盐水钻井液

盐水钻井液是用盐水或海水配制而成的。在含盐量从 1%（Cl 质量浓度为 6000mg/L）直至饱和（Cl 质量浓度为 189000mg/L）之前的整个范围内都属于这种类型。盐水钻井液也是一类对黏土水化有较强抑制作用的钻井液。

4. 饱和盐水钻井液

饱和盐水钻井液是指钻井液中 NaCl 含量达到饱和时的盐水钻井液体系。它可以用饱和盐水配成，亦可先配成钻井液再加盐至饱和。饱和盐水钻井液主要用于钻其他水基钻井液难以对付的大段岩盐层和复杂的盐膏层，也可作为完井液和修井液使用。

5. 聚合物钻井液

聚合物钻井液是以某些具有絮凝和包被作用的高分子聚合物作为主处理剂的水基钻井液。由于这些聚合物的存在，体系所包含的各种固相颗粒可保持在较粗的粒度范围内，与此同时所钻出的岩屑也因及时受到包被保护而不易分散成微细颗粒。

其优点主要表现在以下几个方面：

（1）钻井液密度和固相含量低，因而钻进速度可明显提高，对油气层的损害程度也较小。

（2）钻井液剪切稀释特性强。在一定泵排量下，环空流体的黏度、切力较高，因此具有较强的携带岩屑的能力；而在钻头喷嘴处的高剪切速率下，流体的流动阻力较小，有利于提高钻速。

（3）聚合物处理剂具有较强的包被和抑制分散的作用，有利于保持井壁稳定。因此 20 世 70 年代以来，该类钻井液一直在国内外得到十分广泛的应用，并且其工艺技术不断得到完善和发展。

6. 钾基聚合物钻井液

钾基聚合物钻井液是一类以各种聚合物的钾（或铵、钙）盐和 KCl 为主处理剂的防塌钻井液。在各种常见无机盐中，以 KCl 抑制黏土水化分散的效果为最好，而聚合物处理剂的存在使该类钻井液具有聚合物钻井液的各种优良特性。因此，在钻遇泥页岩地层时，使用它可以取得比较理想的防塌效果。

7. 油基钻井液

以油（通常使用柴油或矿物油）作为连续相的钻井液称油基钻井液。目前含水量在 5% 以下的普通油基钻井液已较少使用，而主要使用油水比在（50 ~ 80）:（50 ~ 20）范围内的油包水乳化钻井液。与水基钻井液相比较，油基钻井液的主要特点是能抗高温，有很强的抑制性和抗盐、钙污染的能力，润滑性好，并可有效地减轻对油气层的损害等。因此，使用该类钻井液已成为钻深井、超深井、大位移井、水平井和各种复杂地层的重要手段之一。但是由于其配制成本较高，使用时会对环境造成一定污染，因而其应用受到一定的限制。

8. 合成基钻井液

合成基钻井液是以合成的有机化合物作为连续相，盐水作为分散相，并含有乳化剂、降滤失剂、流型改进剂的一类新型钻井液。由于使用无毒并且能够生物降解的非水溶性有机物取代了油基钻井液中通常使用的柴油，因此这类钻井液既保持了油基钻井液的各种优良特性，又能大大减轻钻井液排放时对环境造成的不良影响，尤其适用于海上钻井。

9. 气体型钻井流体

气体型钻井流体主要适用于钻低压油气层、易漏失地层以及某些稠油油层。其特点是密度低，钻速快，可有效保护油气层，并能有效防止井漏等复杂情况的发生。通常将气体型钻井流体分为以下 4 种类型：

(1)空气或天然气钻井流体

即钻井中使用干燥的空气或天然气作为循环流体。其技术关键在于必须有足够大的注入压力，保证能达到将全部钻屑从井底携至地面的环空流速。

(2)雾状钻井流体

将少量液体分散在空气介质中所形成的雾状流体。它是空气钻井流体与泡沫钻井流体之间的一种过渡形式。

任务四　钻井液的主要性能参数

一、密度(MW)

1. 密度的概念

密度是单位体积液体所含物质的质量，法定计量单位为克/厘米^3(g/cm^3)或千克/米^3(kg/m^3)。

2. 密度的影响因素

(1)钻井液密度升高的可能因素

①加入加重材料；

②钻屑累积；

③快速钻进而泵排量跟不上会使井内钻井液密度升高；

④增大泵排量或泵压会使当量循环密度升高；

⑤增大钻井液屈服值会使当量循环密度升高；

⑥加入较多电解质(盐类)；

⑦油基钻井液加入较高密度的盐水；

⑧ 加入较高密度的新浆。

(2)钻井液密度下降的可能因素

①加入比钻井液密度低的清水；

②井下油气侵；

③加油；

④加入较低密度的新浆或胶液；

⑤加强固相清除；

⑥用离心机清除(或回收)高密度固相;

⑦降低钻井液屈服值或减少泵排量及泵压能使井下当量循环密度下降;

⑧ 充气配制成充气钻井液或使用泡沫钻井液;

⑨钻进速度较低情况下提高泵排量有可能使井内钻井液密度降低。

在钻井过程中，钻井液在井内不断地循环，钻井液密度如果控制不好，就会发生井塌漏、井喷和卡钻等事故，所以钻井液设计使用原则是“压而不死，活而不喷”。

3. 钻井液密度计算公式

钻井液密度是指一定的钻井液质量与其体积的比值。

$$钻井液密度(\rho) = 钻井液质量(m) / 钻井液体积(v)$$

二、黏度(FV)

1. 黏度的概念

(1)钻井液黏度是指钻井液流动时固体颗粒之间、固体颗粒与流体之间和流体分子之间等的内摩擦的反映。钻井液组成复杂，常常是有结构的胶态体系，是具有触变性的塑性液体，它的内摩擦现象相当复杂。用漏斗黏度计测得的漏斗黏度是一种表观黏度，能较好地反映钻井液的稠度情况，它是钻井液直观流动性的表现。

(2)漏斗黏度可以指示出钻井液和井下可能产生的问题。应根据漏斗黏度变化的趋势对钻井液作出进一步的分析，以找出其变化的根本原因，从而确定对策。不能用漏斗黏度来定量分析钻井液的流动性质和计算水力学参数。

(3)马氏漏斗黏度的法定计量单位是秒/升(s/L)，非法定计量单位是秒/夸脱(s/qt)，两者不能换算。

(4)漏斗黏度上升可能是钻遇黏土层、盐膏层、气层，受到钙离子污染或加入增黏剂和土粉所致。而漏斗黏度下降则可能是受到地面或地下水侵，或者加入降黏剂所致。

2. 塑性黏度(*PV*)

(1)塑性黏度是钻井液在层流条件下，剪切应力与剪切速率成线性关系时的斜率值，反映了钻井液中悬浮固相微粒间的摩擦力和连续液相黏度所引起的流动阻力。塑性黏度的大小主要取决于所存在的固体微粒的浓度、大小和形状及类型。

(2)塑性黏度的法定计量单位是毫帕·秒(mPa·s)，常用的非法定计量单位是厘泊(cP)，两者换算关系为:

$$PV(\mathrm{mPa \cdot s}) = PV(\mathrm{cP})$$

(3)用直读式旋转黏度计测定时，塑性黏度等于旋转黏度计600r/min的读值减去300r/min的读值:

$$PV \cdot \phi_{600} - \phi_{300}$$

式中 PV——塑性黏度，厘泊(cP);

ϕ_{600}——直读式黏度计600r/min的读值;

ϕ_{300}——直读式黏度计300r/min的读值。

(4)塑性黏度较高反映了固体颗粒进入钻井液体系并被研磨成较细小的尺寸而使摩擦作用增加，或表明钻井液中含有较高浓度的高分子聚合物处理剂。减少钻井液中固体颗粒特别是小于1μm的颗粒的浓度可以降低塑性黏度。

(5)通常降低塑性黏度可供采用的方法有:

①加水冲稀以降低钻井液中固相和高聚物浓度。

②用固控设备清除固相颗粒。

③用页岩包被剂防止页岩钻屑分散和用絮凝剂沉除 10μm 以下的颗粒。

(6)钻井现场影响钻井液塑性黏度升高的可能因素有：

①加入黏土。

②钻屑污染，特别是水化性强的泥岩钻屑的侵入和累积。

③钻屑被研磨而细化分散。

④加入高分子聚合物处理剂，特别是加入高分子增黏剂。

(7)钻井中一般应尽可能维持较低的钻井液塑性黏度，这可通过保持低固相含量来达到，以利于提高钻进速度和减少井下复杂情况。塑性黏度增加不利于旋流分离器和振动筛的固相分离效果。

(8)钻井液塑性黏度会随温度的升高而降低，因此每次测定塑性黏度应在同一温度下进行并加以注明。

三、屈服值(*YP*；又称动切力)

(1)屈服值是钻井液在层流流动状态下活性固相颗粒之间存在互相吸引力而产生内部阻力的量度。增加钻井液中的活性固相数量、增加化学控制剂处理与添加聚合物提黏剂均能提高屈服值。相反加水冲稀、添加降黏剂和分散剂或加强固相清除可以降低屈服值。

(2)屈服值降低能提供较好的可钻性，而且有利于地面固控设备的分离效果。另外固井前降低井内钻井液的屈服值有利于驱除井内钻屑，提高固井质量，一般要求将屈服值降低至 5Pa 以内为宜。

(3)屈服值提高不利于降低当量循环密度、循环压耗及起下钻时的压力波动，容易触发井涌、井喷或井漏等复杂问题，但有利于提高携砂效果和改善井眼清洗。当必须使用钻井液钻进时，在大井眼中，为了输送钻屑一般要求屈服值大于 1.5～2.5 Pa；在 8.5in 或更小的井眼中，为了减少紊流冲刷，屈服值则应在 4～5Pa 为宜；用于清扫井眼的钻井液的屈服值不应低于 6Pa，而定向井钻井液的屈服值应比直井钻井液相应要求高 2～3Pa 左右。但对于可用清水或海水钻进的坚固地层或表层，只需增加足够大的泵排量而不必控制屈服值。

$$YP(\mathrm{Pa}) - YP(\mathrm{lb/100ft^2}) \times 0.478$$

屈服值的法定计量单位是 Pa(帕)，而非法定计量单位常用 $\mathrm{lb/100ft^2}$(磅/100 英尺^2)。它们的换算关系为：

$$YP(\mathrm{lb/100ft^2}) - \phi_{300} - PV(\mathrm{cP})$$

用直读式旋转黏度计测定时，屈服值数值上等于 300r/min 的读数减去塑性黏度，公式如下：

$$YP = C_1 \times MW$$

式中 *YP*——屈服值，$\mathrm{Pa(lb/100ft^2)}$；

MW——钻井液密度，$\mathrm{g/cm^2}$(ppg)；

C_1——与采用单位有关的系数，当采用所列法定单位时，$C_1 = 3.996$；当采用括号内英制单位时，$C_1 = 1$。

(4)当屈服值数值上与钻井液密度存在下列近似关系时，表明钻井液的屈服值已到达上限甚至稍微偏高了些，但若是油基钻井液，则仍合适。

(5)屈服值的测定对温度非常敏感，因此每次测定应在同样的温度下进行并加以注明。

四、滤失量(*FL*，又称失水量)

1. 钻井液的滤失

(1)滤失量是对钻井液渗入地层的液体量的一种相对测量。在钻井作业中有静和动两种滤失。动滤失发生在钻井液循环时，而静滤失是在钻井液停止循环时，钻井液通过滤失介质(泥饼)进入渗透性地层的滤失，动滤失大于静滤失。至今还未能确定同一种钻井液动滤失和静滤失之间的关系。钻井液的温度，所含固相的类型、数量和大小，滤饼压缩性，滤失持续时间和压差等对滤失量都有重大影响。API 滤失量是在常温和 690kPa(100psi)的压力下测定，而高温高压滤失量通常是在 149.5℃(300℉)和 3450kPa(500psi)压差下测定，也可在其他条件下测定，但要加以注明。

(2)在钻进过程中，钻井液滤失的速度和数量直接与钻进速度、泥页岩水化坍塌、损害水敏性油气储集层等问题有关，在渗透性地层还与压差卡钻的可能性有关。

(3)钻井液中应含有最低限度的膨润土，以利于形成低渗透的可压缩泥饼来降低滤失量。钻屑和重晶石含量高的钻井液会形成渗透性和孔隙度较高的不可压缩的泥饼，因此对于高密度钻井液，为了控制更低的滤失量，应在可能的范围内维持一定含量的膨润土并尽可能清除钻屑，同时添加褐煤类、聚合物类或树脂类降滤失剂。

(4)为了降低滤失量，需要增加胶体颗粒含量，这会使钻速下降，增加钻井液成本和维护费用，故应分析风险和衡量得失来确定钻井液滤失量的大小。

(5)在油气层钻进时，建议控制 API 滤失量在 5cm^3 以下，高温高压(HTHP)滤失量控制在 10 ~ 15cm^3 为宜。

(6)在水敏性和易塌地层钻井时，建议滤失量尽可能严格控制在最低值，而在稳定性好的地层钻井或使用抑制性强的钻井液时，滤失量可放宽。

(7)当固相含量较高而当量膨润土含量偏低时，说明钻井液中缺少膨润土胶体颗粒，滤失量必高，泥饼质量必差，在添加聚合物降滤失剂的同时，应注意增加膨润土的含量。

2. 泥饼(CAKE)

(1)钻井液滤失过程中所形成的滤饼的质量(包括渗透性即致密程度、强韧性、摩阻性等)以及其厚度对钻井液的护壁能力和防止压差卡钻能力有直接影响。

(2)具有压缩性的泥饼随着压差增大而被压实，可使泥饼的渗透性和孔隙度下降，从而减少滤失量，同时，增加泥饼强韧性可提高其护壁作用和减少压差卡钻的机会。

(3)为了有利于形成薄而坚韧且摩阻小的泥饼，钻井液应含有必要数量的优质膨润土和减少钻屑粗颗粒固相，同时添加具有降滤失作用的胶体物质，例如淀粉、纤维素、合成聚合物及沥青等的改性产品。

3. 静切力(Gels)

钻井液静切力的四种变化类型，如图 3 -4 所示。

(1)静切力是钻井液静止时固相颗粒间互相吸引形成空间结构发育情况的量度。钻井液的静切力决定着起钻时的抽汲作用、开泵泵压、除气的难易和泥浆池沉砂的难易，也决定着井内钻井液的悬浮固相能力，因此，与井下沉砂、开泵井漏、起钻井涌井喷及地层坍塌等复杂情况有关。

(2)静止状态下钻井液中固相颗粒间微弱的静引力所形成的结构强度会随着时间而变化，不同的钻井液具有不同的变化类型，大致可分为平坦型、良好型、递增型和脆弱型。一般而言，不希望钻井液具有递增型和脆弱型的静切力，而希望具有良好型的静切力，对于大

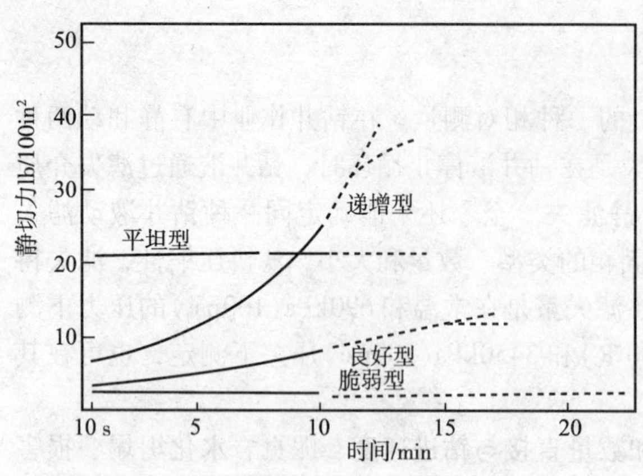

图 3-4　钻井液静切力的四种变化类型

斜度井和水平井钻井，则希望钻井液具有接近平坦型的静切力。

(3)静切力大小的控制途径与屈服值控制相类似，通过调节钻井液中固相特别是膨润土含量、改变电解质种类和数量以及改变分散剂的类型和数量，就能控制静切力的大小和类型。

4. 固相含量(V_S，V_{LDS}，V_{HDS})

(1)固相是所有钻井液中不可避免的成分，它可以是必须加入的材料和产品(如黏土、加重材料、堵漏材料及各种聚合物添加剂等)，也可以是钻井本身的产物(钻屑)。钻井液中的固相可分为有用固相和无用固相，对钻井液的基本性质起着重要作用并有利于钻井工程顺利进行的固相是有用固相，而对钻井液性能有不良影响或不利于钻井工程顺利进行的固相则是无用固相。在钻井液中少量钻屑固相一般认为是无害的，但若不断地循环研磨破碎并累积，则可能发展成严重问题。钻井液中的固相常常分为低密度固相、高密度固相和搬土固相，通过测定和计算钻井液的固相含量(V_S)、低密度固相含量(V_{LDS})、高密度固相含量(V_{HDS})以及搬土含量并加以控制，就能达到改变和控制钻井液的许多重要性能，使之满足钻井工程的要求。

(2)钻井液的密度、流变性质和滤失性能都与地面加入或由井下岩屑形成的固相颗粒的类型、数量及大小有关。一般情况下，钻井液中的膨润土、聚合物处理剂及加重材料是配制和维护所要求的钻井液性能所必要的，而由岩屑分散形成的固体颗粒则应该设法清除掉。

(3)低密度固相一般都假设其密度平均值为 2.6g/cm^3。在低固相聚合物轻钻井液体系中，低密度固相含量控制在不超过 6%，一般能保证钻井液具有优良的各项性能。

(4)钻屑颗粒含量与当量搬土含量之比是指示钻井液中固相颗粒类别的重要定性指标，可用于了解发生问题前后钻井液的性能本质，指示钻井液的处理途径和方法。在理想的情况下，对于不分散低密度钻井液，要求其比值不应超过 2:1。而对于分散性钻井液，则要求其比值不应超过 4:1，最好是 3:1。

(5)由于小于 1μm 的细颗粒固相对机械钻速的危害要比粗颗粒固相大 12 倍左右，因此在为了获得钻井液的胶体性质时，应使细颗粒固相保持在最小需求量水平。通常在聚合物钻井液体系中，把配制合格钻井液性能所需要的膨润土用量的一半用聚合物代替，从而获得低固相体系；大大有利于提高钻进速度而又能获得足够良好的钻井液黏度、屈服值、静切力和滤失性能。

5. 化学分析

钻井液和其滤液的常规化学分析包括碱度、氯根浓度、钙镁离子浓度、总硬度等。这些分析对于确定不同离子的浓度是必不可少的。钻井液中存在的各种离子影响着活性黏土的活性和钻井液添加剂的功效，也影响着钻井液与所钻岩层的相容程度，是分析钻井液性能变化的主要手段之一。

钻井液及滤液化学分析常遇到的一些问题：

(1)由碱性物质(如烧碱等)所产生的碱性 pH 值，是活化黏土和某些添加剂(如分散剂等）所必须的。对 pH 值的要求随所用钻井液类型的不同而不同，分散性钻井液要求 pH 值在 9～10.5 或更高些，以活化分散剂的功效。而对于不分散性聚合物钻井液，则要求其 pH 值维持在 7.5～9.5 之间为宜，因为更高的 pH 值会削弱聚合物的作用。

（2）配浆水或钻井液滤液的总硬度是指其中钙镁离子的总含量，因此，总硬度与钙离子含量间的差值，便是镁离子的浓度。

（3）当钻井液受到的钙污染是由石膏所引起时，应使用碳酸钠来处理以除去钙，但若钙污染是由水泥所引起时，则应使用碳酸氢钠更好。

（4）对于钻井液中或配浆水中的镁离子，应当用烧碱去沉除，因此为了处理海水中的镁离子，必须使用烧碱；

（5）通常把氯化物总量都算做氯化钠，严格来说，只有当总硬度和钾离子含量低时方是如此。清除氯离子是不切实际的，只能用淡水冲稀。一般情况下，只要在配制和维护钻井液方面作出相应的调整处理，仍能在很大程度上消除或避免氯离子的影响，例如：将膨润土预水化后才用于配制海水钻井液或饱和盐水钻井液，可以收到较好的效果。泥浆 pH 值等于泥浆中氢离子浓度的负对数，即 $PE = -Log[H^+]$。例如，若泥浆中氢离子浓度 $[H^+] = 10.5g/L$，则该泥浆的 pH 值 =5。pH =7 时，泥浆为中性，pH 大于 7 时，泥浆为碱性，pH 越大，碱性越强。碱性泥浆中，黏土分散性提高，引起泥浆黏度上升。但是 pH 值过高，泥岩膨胀分散，造成剥蚀掉块或井壁坍塌，而且腐蚀性越大，对钻井不利，因而 pH 值要适当。井场上一般用比色法测定泥浆的 pH 值，将 pH 值试纸直接插入泥浆滤液或泥浆中，经数秒钟后，取出来与 pH 试纸的标准颜色对比，即可读出 pH 值。

6. 含砂量

（1）含砂量的概念

是指泥浆中不能通过 200# 筛子，也就是说直径大于 0.074mm 的颗粒占泥浆总体积的百分数。

（2）含砂量与钻井的关系

泥浆含砂量应控制在 0.5% 以下，否则会有下列不利因素：

①使泥浆相对密度升高，降低钻井速度。

②泥浆中含砂量高，使所形成的泥饼厚且松，胶结性差。一方面造成失水量增大，随之产生井塌、井垮、降低油层渗透率等情况，还可能造成泥饼摩擦系数增加，易造成黏附卡钻；另一方面影响固井质量，电测遇阻遇卡，地质资料不准确。

③含砂量太大，造成钻头、钻具及机械设备的磨损，使钻井工作不能顺利进行。

（3）降低含砂量的方法

一般是充分利用振动筛、除砂器或采用加入化学絮凝剂的办法，将细小砂子由小变大再通过机械设备除掉。

（4）含砂量的测定

测定含砂量一般采用沉砂法：向量砂筒先注入 50mL 泥浆，再加清水 450mL，摇荡 1～2min，将量砂筒垂直静放 1min。读出玻璃管底部下沉砂粒的体积，再乘以 2，即得出含砂量百分数。

任务考核

一、填空题

（1）钻井液的性能指标有什么？

(2)目前钻井液黏度的两个概念是什么？

(3)钻井液的含砂量是什么?

(4)钻井液的摩擦系数是什么?

二、简述题

(1)详细介绍钻井液的类型。

(2)钻井液的组成有什么?

(3)钻井液的作用?

(4)钻井液的性能参数有什么，其意义是什么?

项目六 钻井液及性能(二)

知识目标

(1)钻井对钻井液性能的基本要求。

(2)钻井液一般维护与处理。

(3)钻井液有关性能调节方法。

(4)钻井液有关规定与标准。

技能目标

(1)掌握钻井一般维护与处理。

(2)掌握钻井液有关性能调节方法。

学习材料

任务一 钻井对钻井液性能的基本要求

一、钻井液密度

1. 钻井对钻井液密度的基本要求

钻井液密度的大小决定着钻井液质量的大小，从而也决定了钻井液液柱压力的大小，即密度大，质量就大，液柱压力就大，反之就小。

钻井液密度对钻井的影响，总体来说有以下两点：一是平衡地层压力。因钻井液具有质量，必然通过钻井液液柱对井底产生压力，对井壁有一定的支撑力。该压力可以平衡地层及油、气、水层压力，防止井喷，保护和巩固井壁，防止地层中的高压油、气、水侵入钻井液而破坏钻井液性能，导致井下复杂事故。二是对钻速的影响。钻井液密度大，产生的液柱压力就大，钻具在井中转动的摩擦阻力就大，从而增加了动力消耗，加重了钻头研磨新地层的负担，致使钻速降低。密度过大易压漏地层，破坏油层渗透率，或把油、气层压死，增加了发现油气藏的困难。

综上所述，井对钻井液密度的基本要求是“压而不死，活而不喷”，即密度大，但不能把油层压死；密度小，但不能发生井喷。

2. 钻井液密度的调整

(1)提高钻井液密度的方法

一般可在钻井液中加入惰性的、密度大的固体粉末，如重晶石粉、石灰石粉、蚌壳粉等。还可加入可溶性盐类，如 NaCl、$CaCl_2$等。使用最普遍的是加重晶石粉。

(2)降低钻井液密度的方法

①机械除砂，即用振动筛、除砂器、除泥器清除钻井液中的钻屑、砂粒等有害固相。减少钻井液固相含量，从而降低密度。

②加入大量的清水稀释。

③加入一定数量的发泡剂 。

④使用化学絮凝剂，使部分固体颗粒聚结沉淀而降低密度。

综合分析认为，第一种方法为最好。

二、钻井液黏度

1. 钻井对钻井液黏度的要求

大量实践证明，在钻进过程中，黏度升高，钻速降低。黏度大，流动阻力就大，功率消耗就大，泵功率一定的情况下，排量就降低。另外，高黏度的钻井液在井底岩石表面形成一个黏性垫子，它缓和了钻头牙齿对井底岩石的冲击切削作用。但黏度高有利于钻井液携带岩屑，保持井底清洁。所以，钻井液黏度既不能太高，也不能太低，应根据钻井速度、设备功率及所钻地层的特点确定合适的钻井液黏度。

2. 钻井液黏度的调整

(1)提高钻井液黏度的方法

①提高固相含量。这是因为固体颗粒的增加减少了液体流动空间，固体颗粒本身的水化增加了固相吸附水，减少了自由流动的自由水，且固体颗粒与固体颗粒之间、固体颗粒与液体分子之间的摩擦力都大于液体与液体之间的摩擦力。

②固体颗粒间形成局部网状结构。因片状结构的黏土颗粒各部分的带电性不同，故水化程度也不同。因此在黏土颗粒水化差的地方，电性弱的部分易相互吸引而连接，于是黏粒在钻井液中形成空间网架结构而包住了自由水，这相当于增加了固相含量，减少了自由水；另外钻井液流动需破坏部分网状结构，即流动阻力增加，黏度升高。

③加入水溶性高分子化合物。钻井液中加入高分子化合物后，由于它们是长链高分子，增加了滤液黏度，并促使黏土颗粒形成网状结构；大分子本身的水化又使部分自由水变为束缚水，使黏度升高。如使用 Na—CMC、水解聚丙烯酰胺提黏。

④提高固相分散度。固相分散度越高，钻井液中固体颗粒数增加，颗粒间距变小，越易碰撞接触形成网状结构，使摩擦力变大，黏度升高。

(2)降低钻井液黏度的方法

①增加钻井液中自由水。补充清水即可。

②加入稀释剂(或降黏剂)。稀释剂吸附于黏土颗粒边棱处，使本来水化差的部分水化性增强，水化膜变厚，削弱或拆散了部分网状结构，放出被包自由水从而降黏。

③升高温度。升温后一方面增稠剂性能减弱，另一方面各种分子间热运动距离增大，液体内部总摩擦力降低，黏度降低。

三、钻井液切力

1. 钻井对钻井液切力的要求

钻井液具有切力，有利于携带和悬浮岩屑、重晶石等，不会因停泵而发生沉砂卡钻，也不至于因重晶石沉淀而难于加重。若切力太大，则清除砂粒、钻屑困难，密度上升快，含砂量高，磨损设备，降低钻速；流动阻力大，开泵困难，易憋泵或憋漏地层，转动扭矩大、浪费动力、滤饼质量差、滤失大，易引起缩径、井漏、卡钻等事故。若切力太小，则携带和悬浮岩屑能力降低，停泵。易造成沉砂，下钻不到底甚至沉砂卡钻。

所以钻井液切力太大或太小都对钻井不利，必须根据实际情况选择适当的切力。

2. 钻井液切力的调整

(1)提高钻井液切力的方法

①提高钻井液中固体颗粒含量。

②提高黏土颗粒分散度。

③加入适当电解质(如 NaCl 、$CaCl_2$、石灰等)。

④加入水溶性高分子化合物。

(2)降低钻井液切力的方法

①加水或低浓度处理剂溶液，增大颗粒间距离，降低黏土含量。

②加稀释剂。

四、钻井液的滤失和滤饼

1. 滤失量与滤饼之间的关系

滤饼的厚度与钻井液的滤失量有密切关系。对同一钻井液而言，其滤失量愈大，滤饼愈厚；对不同的钻井液而言，滤失量相同时滤饼厚度不一定相同。致密而坚韧的滤饼能够控制滤失量较小。在其他条件相同的情况下，压差对滤失量也有影响，不同的钻井液存在三种不同的情况：

(1)随压差增加而变大；

(2)不随压差变化而变化；

(3)压差愈大，滤失量反而愈小。

滤饼具有较好的压缩性，第三种情况是深井钻井液所要求的。

2. 影响滤失量与滤饼质量的因素

(1)钻井液中优质活性固体——膨润土的含量；

(2)钻井液中固体颗粒的水化分散性；

(3)滤液黏度的影响；

(4)地层岩石的孔隙度与渗透性；

(5)钻井液液柱与地层的压力差；

(6)温度对滤失与滤饼的影响；

(7)时间对滤失与滤饼的影响。

3. 钻井工艺对滤失量和滤饼质量的要求

滤饼质量高，具有润滑作用，有利于防止黏附卡钻，有利于井壁稳定，防止地层坍塌与剥蚀掉块。钻井液滤失量过大，滤饼厚而虚，会引起一系列问题。如：

(1)易造成地层孔隙堵塞损坏油气层，滤液大量进入油气层，会引起油气层的渗透率等物性变化，降低产能；

(2)滤饼在井壁堆积太厚，环空间隙变小，泵压升高；

(3)易引起泥包钻头，下钻遇阻、遇卡或堵死水眼；

(4)在高渗透地层易造成较厚的滤饼而引起阻卡，甚至发生压差卡钻；

(5)电测不顺利，并且由于钻井液滤液进入地层较深，水侵半径增大，若超过测井仪所测范围，其结果是电测解释不准确而易漏掉油气层；

(6)对松软地层，易泡垮易塌地层，会形成不规则井眼，引起井漏等。

4. 钻井液滤失量的确定原则

虽然滤失量过大会引起许多问题，但滤失量也不是越小越好，在一般地层中也不需要过小的滤失量。因为一方面瞬时滤失量大可增加钻井速度，有利于钻头破碎岩石，提高机械效率，延长钻头使用寿命；另一方面，过分降低滤失量会造成处理剂大量消耗，增加成本。

确定钻井液滤失量时应注意以下几点：

(1)井浅时可放宽，井深时要从严。

(2)裸眼时间短时可放宽，裸眼时间长时要从严。

(3)使用不分散处理剂时可放宽，使用分散处理剂时要从严。

(4)矿化度高者可放宽，矿化度低者要从严。

(5)在油气层中钻进，滤失量愈低愈有利于减少损害，尤其是在高温高压时，滤失量应在10～15mL(《钻井液管理条例》规定一般地层为20mL)。

(6)在易塌地层钻进，滤失量需要严格控制，API滤失量小于5mL。

(7)一般地层API滤失量小于10mL，高温高压滤失量小于20mL，也可根据具体情况适当放宽。

(8)要求滤饼薄而坚韧，以利于保护井壁，避免压差卡钻。

(9)加强对钻井液滤失性能的监测。正常钻进时，每4h测一次常规滤失量。对定向井、丛式井、水平井、深井和复杂井要增测高温高压滤失量和滤饼的润滑性，对其要求也相应高一些。

(10)低滤失量可根据钻井液的类型及当时的具体情况而选用适当的降滤失剂。目前较常用的是低黏度CMC；若降滤失量的同时又希望提高黏度，可采用中黏度CMC；聚合物钻井液常用聚丙烯酰胺类(钠盐、钙盐或铵盐)；在超深井段应选用抗温能力强的酚醛树脂(SMP－1)；使用饱和盐水钻井液时可选用SMP－2。

总之，要根据钻井实际情况，以井下情况正常为原则，正确制定并及时调整钻井液滤失量，既要快速节省，又要保证井下安全、不损害油气层。

5. 降低滤失量的方法

(1)进行钻井液固体控制，清除岩屑和劣质黏土等有害固相，使膨润土含量保持在一定范围内。

(2)钻井液受污染后，应加电解质清除污染，恢复黏土良好的水化分散状态。

(3)加入降滤失剂，依靠高分子化合物的保护作用和增加滤液黏度来降低滤失量。

五、滤饼摩擦系数

摩擦系数太大，将对钻具产生较大摩擦阻力，且易黏附卡钻，起下钻遇阻，对钻具磨损严重。因此，滤饼摩擦系数越小对钻井越有利。为降低滤饼摩擦系数可加入润滑剂，如钻井液中混入一定量原油、加入高分子聚合物(如聚丙烯酰胺)等。

六、钻井液含砂量

1. 钻井对含砂量的基本要求

含砂量高时，钻井液密度升高，钻速降低，滤饼质量变差，滤失变大，滤饼摩擦系数变大，影响固井质量，电测遇阻，地质资料不准，对设备的磨损严重。所以钻井要求钻井液含砂量越小越好，一般控制在0.5%以下。

2. 降低含砂量方法

(1)机械除砂。利用振动筛、除砂器、除泥器等设备除砂。

(2)化学除砂。通过加入化学絮凝剂，将细小砂粒由小变大，再配合机械设备除之。例如聚丙烯酰胺(PAM)或部分水解聚丙烯酰胺(PHP水解度30%)，相对分子质量500万以上，就是常用的絮凝剂。

七、钻井液pH值

1. 钻井液的酸碱度

钻井液的酸碱度是指钻井液中含酸碱量的多少或者它的酸碱中和能力的大小。它代表钻井液中含酸或碱的程度，也可以说是钻井液中H^+或OH^-浓度的影响。

2. 钻井液酸碱性对其性能的影响

(1)对钻井液类型的影响

钻井液的碱度应根据不同钻井液类型及地层的需要进行控制。钻井液中HCO_3^-质量浓度在相对低的情况下，流变性能恶化；质量浓度进一步增加时，影响不再加剧。CO_3^{2-}在低质量浓度下，初切和终切有所下降；质量浓度大于50mg/L时，流变性能急剧恶化，甚至达到固化程度。若用反絮凝剂(如木质素磺酸盐)进行降黏处理，结果更坏。

不同的pH值，CO_3^{2-}、HCO_3^-的存在情况不同。pH =11.3，HCO_3^-的质量浓度可忽略；pH <8.3，只有HCO_3^-存在；pH值在8.3~11.3之间为两离子共存空间，称之为缓冲混合区。

一般用Pm(甲基橙碱度)/Pf(酚酞碱度)表示CO_3^{2-}的污染程度。当Pm/ Pf =3时，有轻度CO_3^{2-}污染；当Pm/ Pf >5时，为严重的CO_3^{2-}污染。故测定滤液中的Pm及Pf就可以测定两种粒子的质量浓度或含量，为钻井液处理提供可靠依据。

(2)对黏土水化分散的影响：pH值过低，H^+在黏土颗粒表面进行离子交换，黏土的水化性和分散性变差，从而破坏钻井液的稳定性，使滤失量增大，切力升高。

(3)对处理剂的影响：许多有机处理剂必须在碱性条件下才能溶解发挥作用，pH值过低，有机处理剂易发酵变质。

3. pH值对钻井工艺的影响

(1)pH值过高，OH^-在黏土表面吸附，会促进泥页岩的水化膨胀和分散，对巩固井壁、防止缩径和垮塌都不利，往往会引起井下复杂情况的发生。另外高pH值的钻井液具有强腐蚀性，缩短了钻具及设备的使用寿命。

(2)分析pH值的变化，可以预测井下情况。如盐水侵、石膏侵、水泥侵等都会引起pH值的变化。

4. 钻井对钻井液pH值的要求

(1)一般钻井液pH值控制在8.5~9.5范围内，Pf为1.3~15mL；

(2)饱和盐水Pf >1mL，海水钻井液Pf为1.3~1.5mL；

(3)深井钻井液应严格控制CO_2含量，一般应控制Pm/ Pf小于3，至少应小于5；

(4)不分散型：pH =7.5~8.5；

(5)分散型：pH >10；

(6)钙处理钻井液pH >11。为防止CO_2腐蚀，pH值应控制在9.5以上。

5. pH值的控制方法

提高pH值的方法是加入烧碱(NaOH)、纯碱(Na_2CO_3)、熟石灰[$Ca(OH)_2$]等碱性物质。如果是石膏侵、盐水侵造成的 pH 值降低，可加高碱比的煤碱液、单宁碱液等进行处理，既提高了 pH 值，又能降黏切、降滤失，使钻井液性能变好。若需降 pH 值，现场一般不采用加无机强酸，而是采用加弱酸性的单宁粉或栲胶粉。

6. pH 值的测量

(1)准备工作

pH 试纸(范围 0 ~ 14)、钻井液滤液。

(2)操作步骤

取一小条 pH 试纸，将其缓慢浸入滤液中，使其充分浸透变色。

将变色的试纸和色标对比，读取相应的数值。

(3)技术要求

现场测定多采用比色法，必须使用做完后的滤液。所以在测定滤失量时，用其滤液就能测出 pH 值。必须待试纸颜色稳定后取出对比。

八、钻井液中固相含量

1. 固相含量

钻井液中的固相，对各种化学剂基本不起化学反应的固相叫惰性固相(如加重材料及钻屑)，与处理剂起化学反应的固相叫活性固相(如黏土)。

(1)有用固相：钻井液配方中有用的固相，如适量的土、化学处理剂、加重剂等。

(2)无用固相：对钻井液性能有害的固相，如钻屑、劣质黏土和砂粒等。

2. 固相含量与钻井的关系

钻井液中固相含量越低越好，一般控制在 5% 左右。固相含量过大将有以下危害：

(1)钻井液密度大，钻速下降，钻头寿命缩短。

(2)滤饼质量差，质地松散，摩擦系数高，导致起下钻遇阻，易引起黏附卡钻；另外滤失增大，地层膨胀，易缩径、剥落、胡塌引起井塌卡钻；再者滤饼渗透性大，滤失大，可降低油层渗透率和原油生产能力，也影响固井质量。

(3)含砂量增高，对钻井设备磨损严重。

(4)钻井液性能不稳定，黏度、切力高，流动性不好，易发生黏土侵和化学污染。若要处理，则需耗费大量清水、钻井液处理剂和原材料，使钻井液成本大大增加。

(5)影响地质资料和电测资料的录取，如砂样混杂、电测不顺利等。

3. 钻井液中固相含量的要求

(1)根据需要配备良好的净化设备，彻底清除无用固相。

(2)必须严格控制膨润土含量，所使用的钻井液密度越高、井越深、温度越高，膨润土的含量应越低，一般控制在 30 ~ 80kg/m^3，即 30000 ~ 80000mg/L。

(3)在轻钻井液中，固相的体积含量不应超 10% 或密度不大于 1.15g/cm^3。

(4)固相含量与膨润土含量的比值，应控制在(2∶1) ~ (3∶1)。

4. 固相控制的意义

通过固相控制，不断清除在钻井过程中被钻碎而进入钻井液的钻屑、砂粒和劣质黏土等有害固体，使膨润土和重晶石等有用固体维持在合适的范围，保持低固相含量和低胶体含量指标，既提高钻速又保持钻井液性能良好，保证井下安全正常。

5. 钻井液固相控制的方法

(1)清水稀释法

钻井液中加入大量清水，增加钻井液总体积，可使钻井液中固相含量降低。但该方法要增加钻井液容器或放掉大量钻井液，又使钻井液成本大增，且容易使钻井液性能变化大，导致井下出现复杂情况。

(2)替换部分钻井液法

用清水或低固相含量的钻井液替换掉一定体积的高固相含量的钻井液，从而达到降低钻井液固相含量的目的。与稀释法比较，替换法可减少清水和处理剂用量，但仍有浪费。

(3)大池子沉淀法

该法是使钻井液由井口返出流入大循环池，因钻井液流动速度变得很慢，加上固体与液体有密度差，钻屑在重力作用下会从钻井液中沉淀分离出来。这种方法对清水钻进，特别是对不分散无固相钻井液是很有效的。但当钻井液黏度较大(如大于20s)，特别是具有较高切力时，颗粒自动下沉速度便显著变慢，在它们尚未下沉至池底就被冲离大池子进入钻井液槽和上水池，没有起到有效清除固相的作用，故也有较大局限性。

(4)化学絮凝法

在钻井液中加入高分子化学絮凝剂。使钻屑、沙粒和劣质黏土等无用固相在钻井液中不水化分散，而且絮凝成较大的颗粒而沉淀；对膨润土等有用固相不发生絮凝作用，使这些固相保存在钻井中。

(5)机械设备清除法

根据钻井液中不同粒度的固体含量多少，设计出不同工作范围的固体机械分离设备。现场采用的钻井液固体分离设备有振动筛、除砂器、除泥器、离心分离机。

任务二　钻井液维护与处理

一、钻井液维护应注意的问题

(1)及时准确地测量钻井液性能，定时校正钻井液仪器。在快速钻进中每30min 测量一次密度和黏度。井身在正常情况下可以每小时测量一次密度和黏度。

(2)深井在起下钻过程中钻井液长时间静止，因受井底高温的影响，会产生一段性能异常的钻井液，需测循环周，每10min 测量一次密度、黏度。在钻井液化学处理前后应测量循环周，每10min 测量一次密度、黏度，主要是性能变化情况，做到及时调整。在油、气、水侵和化学污染的情况下，应测量循环周，每5min 测量一次密度、黏度，掌握变化情况。

(3)利用各种手段掌握钻井液的变化。观察钻井液的直观流动性，检查钻井液净化情况，注意砂样变化，了解钻时、泵压、钻进等情况。掌握是否有特殊地层，注意钻井液槽面的变化，有无油气侵、盐侵、水侵或化学污染，通过测量掌握钻井液的变化及原因。

二、钻井液的日常维护和化学处理

1. 做好预处理

影响钻井液性能的因素很多，要认真分析。如进入高压油、气、水层前，将密度加大至适应地层压力要求的数值，避免突然出现大幅度变化，并做好重钻井液的预处理，保证性能良好稳定。

2. 学会用水维护钻井液

在钻进过程中钻井液的水分在压差作用下不断渗失，黏土和钻屑又不断地分散侵入钻井液，使固相含量升高。若保持固相含量在合适的范围内，就得适当补充一定量的水。相反如不补充失去的水，固相含量升高，只依靠稀释剂来维持钻井液的流动性能，结果使钻井液的胶体性过强，性能不稳定，逐渐变得对药物不敏感，黏度、切力升高，流动性变差，出现钻井液的陈化现象。加降黏剂(也叫稀释剂)可使钻井液黏度降低。加水是钻井液日常维护的措施，应均匀地加入，防止不均匀地猛加乱加而使井壁不稳定或使井下出现复杂情况。

3. 搞好钻井液的化学处理

钻井液的化学处理应通过小型试验制定出恰当的处理方案，确定加入药剂的种类、数量以及加入方法，制定达到的性能指标，然后加入化学处理剂来调整钻井液性能。处理时应一边观察，一边测量，处理剂加量不超过小型实验加量的50% ~80%，且均匀加入，做好资料、数据整理记录。

三、钻井液的储备要求

(1)在正常钻进中，应将处理后多出的钻井液泵入储备罐中。但应注意将每次的泥浆混合好，使之与井内钻井液性能相近。

(2)钻进异常高压油气地层时，应储备高密度钻井液，一般要求高于设计上限0.2 ~0.3g/cm^3 的钻井液80m^3，以备压井使用。

对低压漏失地层，储备的钻井液是密度低于设计密度下限0.05 ~0.10g/cm^3 钻井液80m^3，以备井漏起钻灌钻井液时使用。

(3)根据井深情况，每口井配备35 ~40 m^3 的钻井液储备罐2 ~4 个，储备钻井液的量为井眼容积的1/2 ~2/3。

四、一口井各阶段的钻井液工作

1. 钻表层前后

首先找好水源，将水罐、大循环池打满水，然后用清水检查循环系统的设备是否完好，有无刺漏现象，钻井液槽坡度是否合适。若用钻井液钻表层，要备足钻井液，在钻表层过程中要注意防止井漏。另外还要检查并校正好钻井液仪器。

2. 快速钻进阶段

某些油田上部地层比较松软，钻进速度快，钻井液消耗量大，故要经常不断地补充清水，以免抽干钻井液池而被迫停钻。开始钻进时以清水稀释为主，在起钻前50m 左右要用处理剂处理，使钻井液达到起钻要求，且起钻过程中灌好钻井液。

3. 中深井和深井阶段

此阶段首先要调整好钻井液性能，使钻井液性能良好、稳定，适合井下要求。同时，认真清理循环系统，除掉循环系统中沉积的岩屑和砂粒。钻井液处理前要认真做好小型实验，力求每次处理成功。在钻进过程中要注意防塌、防漏、防喷、防卡等事故及钻井液的化学污染，进入高压油、气、水层前要使密度达到设计要求。此外深井起下钻时间长，检修设备多，要认真灌好钻井液。

4. 完钻完井阶段

此阶段是一口井的最后阶段，一口井在钻完设计井深以后，能否取全、取准所需地质资料和达到固井质量要求，取决于完井工作能否顺利进行及完井工作的质量。本阶段的主要工作包括完钻、电测、井壁取芯、通井、下套管、固井、装井口等工作。完井阶段的特点是进行特殊作业，不再进行钻进，钻井液不可能由于地层造浆而得到补充，也不可能有充足的新的黏土颗粒补充和更替。因此，应注意以下几点：

(1)黏度应适当比钻进时高(约高5 ~10s)。钻井液应在最后一只钻头钻进中进行处理，同时要适当循环洗井，以保证井筒清洁和畅通。

(2)造成电测遇阻的因素很多，如井筒的清洁与否、滤饼的厚薄和质量的好坏、井身质量的优劣、井筒方位的变化、井眼有无台阶、电缆是否滑出键槽、电测下放电缆的操作方法是否得当等。若发生电测遇阻，应科学地分析原因，采取相应措施，切忌盲目处理钻井液，致使其性能大幅度变化。

(3)下套管前通井、下套管后循环，不要用处理剂进行处理，宜用水调整钻井液，使钻井液具有良好的稳定性。不要大幅度地降低钻井液黏度、切力，避免破坏井壁造成井塌，防止井漏和卡套管事故的发生，保证固井过程安全顺利及固井质量合乎要求标准。

任务三　钻井液有关性能调节方法

钻井针对的是变化着的地层。为了快速优质打好一口井，必须充分发挥钻井液的作用，按照地层岩石的变化、井下情况是否正常等因素及时和正确地调整钻井液性能。

一、提高密度

无论是钻进高压盐水层或高压油气层，都要适当增大钻井液密度，也就是在钻井液中加入一定数量的加重剂。方法是根据地层压力计算出所需密度，再根据密度计算出所需加重剂的用量，将这些加重剂在混合漏斗处整周加入，当加量太大时，可在两周内加入。目前普遍使用的加重剂是重晶石($BaSO_4$)；若在碳酸盐岩裂缝性油气层钻进，为了完井后有利于酸化解堵，且井液密度要求又不太高时，可用石灰石粉($CaCO_3$)加重，可提高的最高密度为1.5g/cm^3。

钻井液加重后由于固相含量增加，钻井液黏度、切力上升，滤饼增厚。因此在重钻井液使用时应注意以下问题：

1. 加重前要调整好原浆性能

原浆要有一定切力以防止加重剂下沉，但黏度要低，密度要适当。当加重后的钻井液密度要求较高时，原浆密度宜调整低一些，宜用造浆性能差的土配浆，否则加重后的钻井液黏度不易控制。此外还可考虑使用重铬酸钾做黏土分散的抑制剂，以利于保持重钻井液具有较低的黏度。实践表明，重铬酸钾的使用效果较好。

2. 注意防卡

除了经常活动钻具不使钻具在井内静止外，还可以在钻井液中加入原油、墨粉或表面活性物质等以降低滤饼的摩擦系数，增加钻井液的润滑性能。

3. 做好净化工作

凡加重钻井液，必须通过振动筛，其中的草根、树皮、纸屑等一定要过滤干净，以防憋泵而中断循环。要勤捞砂，避免岩屑中的黏土成分高度分散于钻井液中，使其黏度、切力难以降低。

二、降低密度

指要在维持失水量和黏度大体不变的情况下把密度降下来。这是在钻进低压油气层时常常遇到的问题，有时处理井漏也需要降低密度。

降低钻井液密度的方法有：

(1)加清水。受失水量的限制，只有在失水量允许的前提下才可加适量的水。

(2)加浓度小的处理剂。如稀的煤碱液、单宁碱液、PHP溶液、Na—CMC溶液等。

(3)加密度低的性能合乎要求的新浆，或混入原油、废机油等。

(4)使用化学絮凝剂使钻井液中黏土颗粒聚沉或采用旋流除砂器除砂。

三、提高黏度

提高黏度可以分为三种情况：

(1)提高塑性黏度；

(2)提高结构黏度(动切应力)；

(3)既提高塑性黏度，又提高结构黏度。

钻井液中加入 Na—CMC、原油等主要是提高塑性黏度；加石灰、石膏、氯化钙、食盐等无机盐类主要是提高结构黏度；加黏土粉、栲胶粉以及新浆加纯碱、烧碱（可以提高钻井液的分散程度)，既可提高塑性黏度，又可提高结构黏度。提高黏度的同时要注意失水量的变化，在失水量不大的情况下，一般可加适量石灰。

四、降低黏度

钻进泥质岩层，配加重钻井液以及钻井液受可溶性盐类侵污等都会使钻井液黏度、切力上升，导致钻井液流动性差，洗井效果差，易发生泥包钻头，影响钻速，这时就需要降低黏度。

采取什么方法降低黏度需要具体分析。若是钻进泥岩地层，由于钻井液中黏土颗粒多、分散又很细，可用粗分散钻井液(如钙处理、盐水钻井液)处理，也可加新浆或加水稀释(在失水量允许的前提下)。若是钻井液受侵污，则可采用处理受侵的方法处理钻井液。若是超深井温度高导致黏度上升，则应加高温稀释剂(如 FCLS 、SMT 等)。若是由钻井液相对密度较大而引起，则可加单宁或栲胶碱液，拆散和削弱钻井液中的网状结构。若是由钻井液固相含量太高所致，则可加部分絮凝剂(如 PAM)清除掉一部分固相。若是油基、油包水乳化钻井液，则可加入柴油等降低其黏度。上述降低黏度的方法，加单宁酸钠、栲胶碱液、FCIS、SMT 等稀释剂是降低结构黏度，钙处理、加清水、混新钻井液等是既降低结构黏度又降低塑性黏度。

五、降失水

在钻达生产层、易垮塌及易吸水膨胀的地层，或渗透性较好、滤饼较厚及易产生滤饼卡钻的井段，需要严格控制钻井液的失水量。降低失水一般用降失水剂，常用降失水剂有多种，如煤碱液、Na—CMC 、水解聚丙烯腈等。煤碱液的碱比有高低之分(15∶1 ~ 15∶5)，浓度也有差别。当钻井液中含盐量高而 pH 值低时，宜用高碱比的煤碱液，反之宜用低碱比的煤碱液。需降失水幅度较大时用浓的，反之则用稀一些的。根据所用目的不同配成所需要的煤碱液，均匀整周地加入钻井液。水解聚丙烯腈的降失水作用与其聚合度和水解度有关，聚合度较高、水解度在 30% ~ 50%，降失水效果较好；若使用 Na—CMC，降失水效果更好。现场一般用混合漏斗直接加入钻井液或在钻井液槽撒入钻井液。为了提高处理剂的抗温能力，还可把 Na—CMC 与某些表面活性剂混合使用。此外混油也具有降失水作用。

六、混油

1. 钻井液混油优点

(1)失水量小，滤饼薄而坚韧，性能较稳定，有利于防塌。

(2)对钻具有润滑作用，可延长钻头寿命；滤饼摩擦系数小，有利于防止滤饼卡钻。

(3)对油、气层损害小，有利于保护油、气层。

(4)能降低分散剂对地层的造浆作用和分散作用。

钻井液中某些有机处理剂如煤碱液、Na—CMC、铁铬木质素磺酸盐等都是混油钻井液的乳化剂。乳化效果不好时可加入少量的亲水性的表面活性剂。由于许多钻井液处理剂和黏土颗粒本身都可做水包油型乳状液的乳化剂，所以混油钻井液的油滴分散一般是良好的。

2. 钻井液混油应注意的工艺要点

(1)先将基浆处理好再混油。基浆的黏度以低一些为宜，基浆中应含有一定数量的处理剂如煤碱液、CMC、铁铅盐等。

(2)混油量(原油或原油与柴油混合)以10% ~20%为宜，有时高达30%。原油宜选用黏度较小，杂质、水分及可溶性盐类较少者。

(3)混油时要逐步加入，尤其是重钻井液混油应该注意严防因密度突然下降而发生井下事故。

(4)混油过程中应保持较大的泵排量，充分循环使混入的油类混合均匀。

七、处理陈旧钻井液

钻井液经过长期使用后，黏土颗粒越分散越细，黏度、切力也很高，化学药品的数量也变得多而复杂，这种钻井液再用化学剂处理可能无效甚至起反作用，还有的钻井液停放时间太长，黏土颗粒也分散得很细，加上对钻井液情况不甚了解，因此不好决定加什么药品。这些情况都提出了一个处理陈旧钻井液的问题。

处理陈旧钻井液的方法是先用少量水稀释，然后加过量的石灰，再用单宁碱液(或栲胶碱液)处理钻井液从而达到性能要求。加入过量的石灰，其目的一方面是把陈浆中分散得很细钠质土变为钙质土，使其颗粒变粗，使钻井液中的胶体颗粒减少；另一方面是利用钙与陈浆中原来加入的处理剂反应，使原来加入的处理剂失去作用。还可在加水稀释后的陈浆中，加入一定量的PAM，使分散细的黏土颗粒聚结并沉掉一部分，然后再加其他处理剂处理，即可恢复陈浆性能。

任务四　钻井液有关规定与标准

一、钻井液管理条例

钻井液技术是钻井工程的重要组成部分，随着钻井液工艺技术的不断提高以及先进技术的广泛应用，钻井工艺已跃入科学发展阶段。为适应今后石油勘探开发的需要，钻井液管理工作应遵循以下条例：

1. 必须使用优质钻井液

使用优质钻井液有利于实现安全、快速、优质、低耗钻井，有利于取准取全地质、工程等各项资料，有利于发现和保护油气层，减少对油层的损害。

2. 必须搞好钻井液设计

钻井液设计是钻井设计内容的一部分，每口井开钻前必须搞好设计，无设计者不准开钻。

钻井液设计要注意以下两点：

(1)设计根据

根据地质方面提供的地层孔隙压力、破裂压力、井温、复杂井段等资料(新区第一口探井可根据地震资料提出地层压力系数)，结合钻井工程的需要进行设计。

(2)设计内容

主要包括地层分层及特点，分段钻井液类型和参数范围，复杂地层及油气层钻井液处理的措施、维护处理要点，钻井液材料计划，钻井液及其材料储备。

3. 遵守密度设计原则

钻井液密度的设计，主要是为平衡地层压力(特别是油气层及确保钻井工程安全，在井塌、井漏、缩径和异常压力等复杂地层)，所以必须以地质设计提出的分层地层压力为依据，油气层以压稳为钻井前提，水层以压死为钻井前提。设计密度时一般在地质资料基础上附加一个压力安全数：气层，3.5～5.0MPa；油层，1.5～3.5MPa。安全系数上、下限的选择是根据现场钻井液流变性、起钻速度等因素来确定的。

4. 钻井中要严格执行设计

地质情况或工程需要改变钻井液设计时，应取得原设计审批单位同意后才能实施(紧急情况除外)。

任务考核

一、简述题

(1)钻井对钻井液密度的基本要求?

(2)钻井对钻井液黏度的基本要求?

(3)钻井对钻井液切力的基本要求?

(4)钻井工艺对滤失量和滤饼质量的要求?

(5)钻井液固相含量的要求?

二、操作题

(1)钻井液的日常维护和化学处理。

(2)钻井液性能参数的调节方法。

项目七　钻井液测量仪表(一)

知识目标

(1)密度计的构造与使用。

(2)黏度计的构造与使用。

(3)切力计的构造与使用。

技能目标

(1)掌握钻井液测量仪表的使用。

(2)掌握钻井液测量仪表的保养。

学习材料

任务一　密度计的构造与使用

一、密度计的构造

测量钻井液密度的仪器是钻井液密度计，如图3－5所示。钻井液密度计包括钻井液密度计和支架两部分。密度计由秤杆、主刀口、钻井液杯、杯盖、游码、校正筒、水平泡等组成。支架上有支撑密度计刀口的主刀垫。钻井液杯容量为140mL。钻井液密度计的测量范围为0.95~2.00g/cm^3，精确度为0.01g/cm^3，秤杆上的刻度每小格表示0.01cm^3，秤杆上带有水平泡，保证测量时秤杆水平。

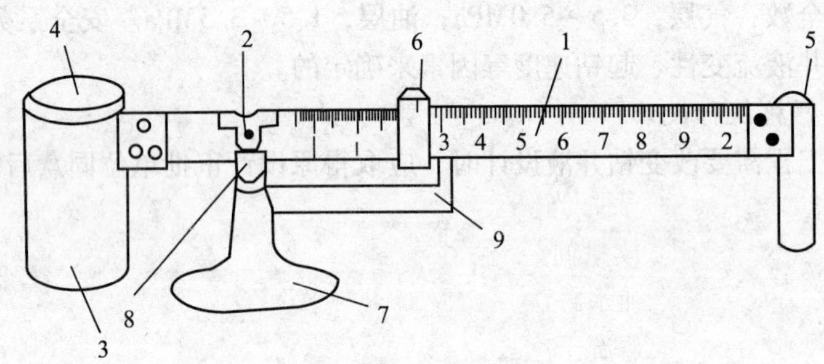

图3-5　钻井液密度计

1—秤杆；2—主刀口；3—钻井液杯；4—杯盖；
5—校正筒；6—游码；7—支架；8—主刀垫；9—挡壁

二、密度计的使用方法

(1)放好密度计(秤)的支架，使之尽可能保持水平。

(2)将待测钻井液注满密度计一端的清洁的钻井液杯。

(3)把钻井液杯盖盖好，并缓慢拧动压紧，使多余的钻井液从杯盖的小孔中慢慢溢出。

(4)用大拇指压住杯盖孔，清洗杯盖及横梁上的钻井液并用棉纱擦净。

(5)将密度计刀口置于支架的主刀垫上，移动游码，使秤杆呈水平状态(即水平泡在两线之间)。

(6)在游码的左边边缘读出所示刻度，即是待测钻井液的密度值。

三、使用注意事项

(1)经常保持仪器清洁干净，特别是钻井液杯，每次用完后应冲洗干净，以免生锈或粘有固体物质，影响数据的准确性。

(2)要经常用规定的清水校正密度计，尤其是在钻进高压油、气、水层等复杂地层时，更应经常校正，保证所提供的数据有足够的准确性。

(3)使用后，密度计的刀口不能放在支架上，要保护好刀口，不得使其腐蚀磨损，以免影响数据准确性。

(4)注意保护水平泡，不能用力碰撞，以免损坏，影响使用。

任务二　黏度计的构造与使用

一、马氏漏斗黏度计

马氏漏斗黏度计是用于日常测量钻井液黏度的仪器。采用美国API标准制造，以定量钻井液从漏斗中流出的时间来确定钻井液的黏度，该仪器广泛用于石油、地质勘探等部门。马氏漏斗黏度计主要包括漏斗、筛网、量杯三个组成部分，如图3-6所示。

1. 主要技术指标

(1)筛网孔径：1.6m(12目)。

(2)漏斗网底以下容量：1500mL。

(3)准确度：当向漏斗注入1500mL纯水时，流出946mL纯水的时间为(26±0.5)s。

2. 操作步骤及使用注意事项

(1)使用温度为(20±2)℃，以s为单位记录钻井液流量。

(2)用手指堵住漏斗流出口，将纯水经筛网注入直立漏斗中。

(3)移动手指同时启动秒表，当秒表到达(26±0.5)s时堵住漏斗流出口，只读量筒内纯水的量值。

(4)对钻井液操作方法与纯水方法一样。

(5)测试完毕，将各部件清洗干净，放好。

(6)操作和存入时应清洗好导流管，不得碰撞漏斗。

图3－6　马氏漏斗黏度计

二、毛细管黏度计

毛细管黏度计种类较多，测量溶液一般采用直径为1.5～2.0mm的毛细管黏度计，其结构如图3－7所示。

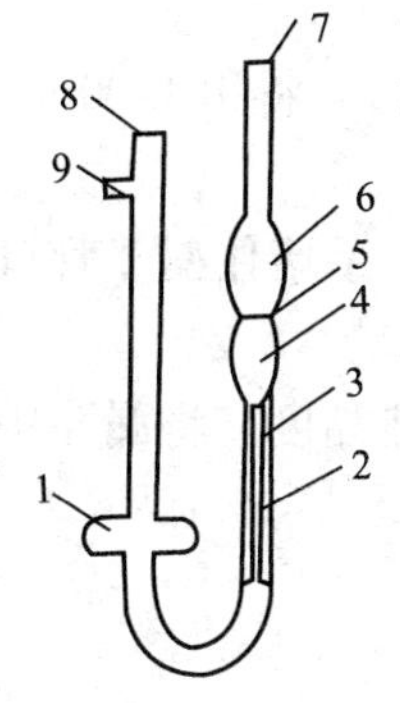

图3－7　黏度计结构示意图

1，4，6—玻璃泡；2—毛细管；

3，5—玻璃泡4的上、下刻度；

7，8—黏度计的两侧管；9—侧管上的支管

对于某一固定的毛细管黏度计，溶液的黏度与一定量溶液(相当于玻璃泡4上、下刻度间的体积)流过毛细管所需要的时间成正比，即：

$$\eta = Kpt$$

式中　η——试样在50℃时的动力黏度，mPa·s；

p——试样在50℃时的密度，g/cm^3；

K——毛细管黏度计常数，cm^2/s^2；

t——试样的平均流动时间，s。

黏度计常数(K)与毛细管直径、毛细管长度和玻璃泡4上、下刻度间的体积有关系，用已知黏度的甘油溶液来测定，其测量步骤与后面所叙述的测量溶液黏度的步骤相同。因为甘油黏度、密度及流过毛细管的时间均是已知的，故可按上式将黏度计常数计算出来。

毛细管黏度计测量溶液黏度可按以下步骤进行：

(1)用移液管将一定量溶液从管口8放入玻璃泡1，然后将黏度计垂直地放入恒温水溶液中，恒温约15min，即可开始测定。

(2)测黏度时，将橡皮管接于黏度计的7处，用嘴将溶液吸至黏度计的玻璃泡4和玻璃泡6，并使溶液充满玻璃泡6体积的一半，然后让溶液自然流下，用秒表记录液面从玻璃泡4的上刻度5降到下刻度3所需的时间。重复几次测定，如果由于其他原因看不清液面移动，则可改加压上升法，即：堵住管口8，从支管9加压缩气(所加压力必须固定)，使溶液经过毛细管由下往上升，测定液面从刻度3上升到刻度5所用的时间。

(3)实验完毕，从水溶液中取出黏度计，将溶液倒掉，用清水冲洗，然后再用热蒸馏水冲洗，最后将黏度计放入烘箱烘干，以备下次使用。

三、校正马氏漏斗黏度计

1. 操作步骤

(1)用左手食指堵住漏斗管口，将1500mL淡水注入马氏漏斗黏度计中，打开秒表的同时松开食指。

(2)待流出946mL淡水时，立即关停秒表，同时左手食指堵住管口。读出停表时间为26s，上下误差不超过0.5s。

2. 技术要求

(1)马氏漏斗黏度计盖上的筛网孔径为1.6m(12目)。

(2)马氏漏斗黏度计必须注入1500mL淡水，多或少都会影响结果的准确性。

四、马氏漏斗黏度计的测量

1. 准备工作

(1)马氏漏斗黏度计、过滤筛网、秒表。

(2)钻井液、946mL的量杯、1500mL量杯。

2. 操作步骤

(1)将已校正的漏斗黏度计垂直悬挂在支架上。

(2)将946mL的量杯放于漏斗下边。用左手食指堵住漏斗管口，将用1500mL量杯所盛的钻井液搅拌后注入漏斗。

(3)右手启动秒表，同时松开左手，待恰好流满量杯时，用左手堵住漏斗管口，同时关闭秒表。

(4)读取秒表数值，以秒为单位记录下的数据即为所测钻井液黏度。将漏斗中剩余钻井液收回到液杯。

3. 技术要求

(1)测量前必须对仪器进行校正。

(2)测量用的钻井液要充分搅拌，且必须通过筛网过滤。

(3)注入漏斗的钻井液量须是1500mL，否则可能会影响测量结果的准确性。

任务三 切力计的构造和使用

一、电动切力计的构造

电动切力计结构，如图3-8所示。

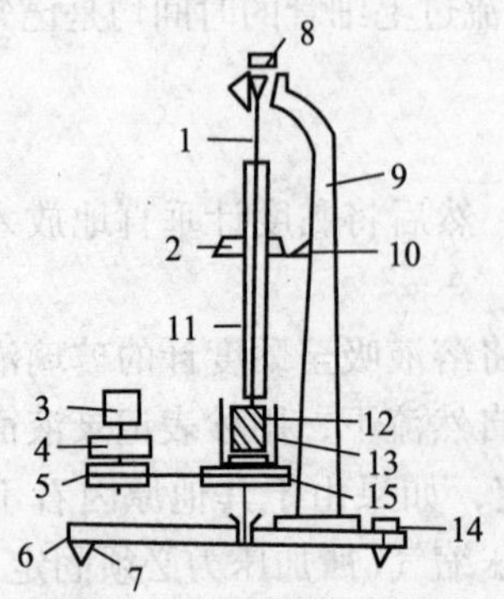

图3-8 电动切力计结构示意图

1—钢丝；2—刻度盘；3—电动机；4—减速器；5—滑轮；6—基板；7—支点；8—补心；9—支架；10—指针；11—管子；12—悬柱；13—外圆筒；14—调整螺钉；15—旋转台

二、电动切力计的使用方法

使用时将钻井液注入外圆筒内，把带有钢丝的悬柱挂在支架上，钻井液面应与悬柱顶面相平，静止1min后，开动电动机(转速0.2r/min)，外圆筒缓慢旋转，悬柱因钻井液切力的关系而随外圆筒转动，钢丝即发生扭转。当钢丝扭力与钻井液切应力平衡时，悬柱即停止随外圆筒牵动，此时记下钢丝的扭转角度，此读数乘以钢丝系数可得静止1min后的切力，即为初切力

θ_1(mg/cm^2)。然后用悬柱轻轻搅拌钻井液，将刻度盘重新调整到零点上，静止 10min 后，用相同的方法测得的切力即为终切力 θ_{10}(mg/cm^2)。

任务考核

一、简述题

(1)密度计的构造是什么?

(2)黏度计的构造是什么?

(3)切力计的构造是什么?

(4)钻井液密度影响因素是什么?

二、操作题

(1)使用密度计。

(2)使用黏度计。

(3)使用切力计。

项目八　钻井液测量仪表(二)

知识目标

(1)熟知滤失仪的构造。

(2)熟知含砂仪的构造。

(3)掌握固相含量测定仪的构造。

技能目标

(1)掌握钻井液滤失仪的使用。

(2)掌握钻井液含砂仪的使用。

(3)掌握固相含量测定仪的使用。

任务一　滤失仪的构造与使用

一、API 气压滤失仪的构造

API 气压滤失仪是用于测定 7kg/cm^2(100 lb/in^2)压力下 30min 时间内透过直径为 75m 的过滤面积的标准滤失量的一种仪器。此仪器装在仪器箱中，其构造如图 3-9 所示。

二、API 气压滤失仪的使用

1. API 气压滤失仪的使用方法

(1)先将滤失仪从仪器箱内取出，把气源总成悬挂在钻井液箱的箱沿上，然后将减压阀手柄退出，使减压阀处于关闭状态，应无输出，并且关闭放空阀。

(2)接好气瓶管线(或用 CO_2 气弹)，并使其与气源总成接通，顺时针旋转减压阀手柄，使压力表指示的压力低于 7 kg/cm^2(约 5~6kg/cm^2)。

(3)将钻井液杯口向上放置，用食指堵住钻井液杯上的小气孔，并倒入钻井液，使液面

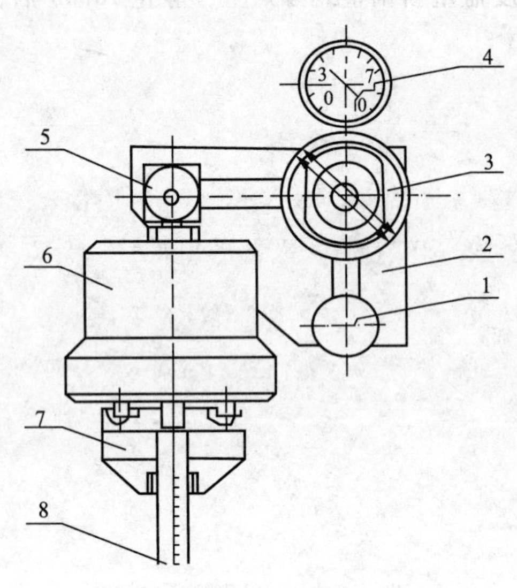

图3－9　滤失仪结构示意图

1—气源总体部件；2—安装板；3—减压阀；4—压力表；5—放空阀；6—钻井液杯；7—挂架；8—量筒

与杯内环形刻度线相平（低于密封圈2～3mm，然后将"O"形橡胶垫圈放在钻井液杯内台阶处，铺平滤纸，顺时针方向拧紧底盖卡牢。然后将钻井液杯倒转，使气孔向上，滤液引流嘴向下，逆时针方向转动钻井液杯体90°装入三通接头，并且卡好挂架及量筒。

(4)迅速将放空阀退回三圈，微调减压手柄，使压力表指示刚好为$7kg/cm^2$，并同时按动秒表记录测定时间。

(5)在测定过程中应将压力保持为$7kg/cm^2$，如有降低，应调节减压阀手柄，使其保持恒定。

(6)30min后试验结束，切断压力源。如用气弹，则可将减压阀关闭，由放气阀将杯内压力放掉，再按任意方向转动1/4圈，取下钻井液杯。滤纸上的滤饼用毫米钢板尺测量。

2. 测量结果的处理

(1)测量30min，量筒中所接收的滤液体积即是所测标准滤失量。为了缩短测量时间，一般测量7.5min，其滤失体积乘以2，即是所测滤失。其原理与油压滤失仪原理一样。

(2)测量30min，所得滤饼厚度即是该钻井液的滤饼厚度。若测7.5min，则所得滤饼厚度乘以2即是该钻井液的滤饼厚度。

3. API气压滤失仪的使用注意事项

(1)若使用气弹，那么每枚气弹在气弹杯内旋紧使用后，不要再拧开取出，直至使用到其压力不足$7kg/cm^2$时再进行更换。

(2)气源可使用氮气瓶、二氧化碳气瓶或空气压缩机，并应使用特殊接头与进气管线连接，切勿使用氧气瓶或氢气瓶，以免发生危险。

(3)在悬挂体内，放气阀上及气源接头的凹槽中皆有"O"形橡胶垫圈，其尺寸要选用合适，并且要经常检查，如有损坏应及时更换。

(4)调节阀负荷压力为$15kg/cm^2$，压力表为$10kg/cm^2$，使用时要避免因超负荷工作而造成损坏。

(5)二氧化碳气弹压力为50～60 kg/cm^2，应在45℃以下的环境中存放，并且远离热源，以防受热爆炸而造成事故。

(6)实验完毕，应将接触钻井液的部件洗净擦干，以防生锈。

4. 高温高压滤失的测量

测量高温高压滤失要用高温高压滤失仪，测定在150℃，$35kg/cm^2$($500lb/in^2$)的作用下，30min内透过直径为53mm的过滤面积所滤失的水量。此仪器由带恒温器的加热套、钻井液杯、压板总成、加压部分和回压接收器组成。进行测定时使用4A，110V交流电或直流电，或使用2A，220V交流电。钻井液杯容积是160mL，滤器面积的直径为53mm(2.1in)，滤液接收器容积为15mL。具体使用方法如下：

(1)把加热套的电源线插头接上合适的电源，使仪器预热。把温度计插入加热套的插孔，调节恒温器使之达到要求的温度范围。

(2)从井口出口管处取来钻井液或在搅拌条件下把钻井液预热到 45~50℃。

(3)关闭入口阀，倒置钻井液，注入钻井液至距离形槽约 13m(0.5 英寸)处，以防钻井液体积受热膨胀。

(4)放一圆形滤纸在沟槽中，并在滤纸顶部放“O”形垫圈，将钻井液杯压板总成放在滤纸上，把安全锁紧凸耳对准卡住，然后均匀地用手拧紧有帽螺钉。

(5)关闭所有阀门，钻井液杯压板总成朝下，把钻井液杯放入加热套中，把温度计插入温度计小孔中。

(6)将气源管线接头与加压装置连接。

(7)提起锁紧环，将加压装置套入滑动接头顶部，再把锁紧环放下去，此时加压装置便可使用。

(8)试验超过 95℃时，使用回压接收器，以防滤液蒸发；把回压接收器总成套入有槽的锁紧环，把 $7kg/cm^2$($100lb/in^2$)的压力供给阀门，仍然关闭两个压力系统。

(9)打开钻井液杯顶部压力阀至少一圈，这个压力可减少加热试样时钻井液的沸腾。

(10)根据钻井液杯温度计指示，当温度达到要求的范围(150℃)后，增加钻井液杯的压力使其达到试验压力 $35kg/cm^2$($500lb/in^2$)，然后打开钻井液杯底部阀门最少一圈，开始记录测定时间。

(11)滤失 30min 后，关闭钻井液杯底部阀门，再关闭钻井液杯顶部阀门，然后松开两个调节器的 T 形螺钉，放掉两个调节器的压力。

(12)卸下接收器，把滤液倒进量筒，读取体积数，其体积乘以 2 即为滤失量(因为该仪器过滤面积是标准过滤面积的一半，所以要乘以 2)。

(13)上提锁紧环，卸开并取下加压装置，要特别注意，此时钻井液杯内仍有压力。

(14)保持钻井液杯直立的状态，并将其冷却至室温，然后放掉钻井液杯内的压力。

(15)把钻井液杯倒置，松开杯上所有螺钉(必要时可用六角螺钉扳手拧开)，卸开装置。测定完毕后，彻底清洗所有部件并擦干，以便下次测定时再用。

5. 中压滤失仪的测量

(1)准备工作

①中压滤失仪一台、液杯、高压胶管。

②空气瓶、气流调节阀、15cm 和 30cm 活动扳手各一把、15cm 钢板尺一把、滤纸、量筒。

(2)操作步骤

①把支架平稳地放在工作台上，然后把减压阀部分插入并紧固在支架上。

②将调压手柄旋入阀体上，将手柄调至自由位置，顺时针方向旋紧放气阀杆，关闭外界通道。将气源调节阀连接在气瓶上，调节手柄至自由位置，将高压胶管两端连接在气瓶调节阀及滤失仪高压阀上。

③取出滤失仪液杯，用手指堵住液杯小孔，将充分搅拌的钻井液注入液杯内至刻度线处(注入量为 240mL)，装入“O”形密封圈、滤纸，盖好杯盖，旋紧后将液杯输气头装入阀体输出端，卡紧。

④将量筒挂架卡在液杯盖上，再把干燥、洁净的量筒卡在量筒挂架上。打开气瓶手柄，

调节减压阀，使压力预达 0.6MPa 。

⑤迅速将防空阀退回三圈，调节减压阀，使压力达到并保持 0.7MPa，待第一滴液体流出时，启动秒表开始计时。

⑥待滤失时间达到 7.5min 时，取下量筒，读取滤失量。

⑦将气瓶上的手柄关闭，调压阀手柄逆时针方向旋转至自由位置，同时逆时针方向旋转滤失仪调压阀，使之呈自由状态。

⑧ 顺时针方向旋转放气阀杆，排出液杯内余气，取下液杯，打开杯盖取出滤纸，用钢板尺测出滤饼厚度再乘以 2，即为所测滤饼厚度。

⑨将气瓶调节阀顺时针方向旋转，再将滤失仪调压阀顺时针方向旋转，使余气进入高压室，然后逆时针方向旋转放气阀杆，将高压室内余气排出。

⑩将两调压阀手柄逆时针方向旋转至自由状态，拆掉连接部分，清洗钻井液杯等部件并擦干待用。

6. 技术要求

(1)钻井液杯内钻井液注入量为 240mL 左右。

(2)测定用气多用二氧化碳、氮气或空气，禁用氧气和氢气。

(3)测定时要严格按操作顺序，测完后应先关闭气源排掉余气，然后再拆卸仪器。

(4)测定时间为 7.5min 时，读取的滤失体积和量取的滤饼厚度都要乘以 2 作为测量结果。若测定时间为 30min，读取的滤失体积和量取的滤饼厚度就是所测钻井液的滤失量和滤饼厚度。

任务二 含砂仪的构造与使用

一、沉淀法含砂仪(CM－1 型金属澄清仪)

沉淀法含砂仪是由沉淀瓶和量筒两部分组成，如图 3－10 所示。沉淀瓶的外壳是铁制的，里面细小部分是玻璃管，上有刻度，外面有铁壳保护，只露出刻度部分；量筒以中隔分开，上部容积为 450mL，下部容积为 50mL。

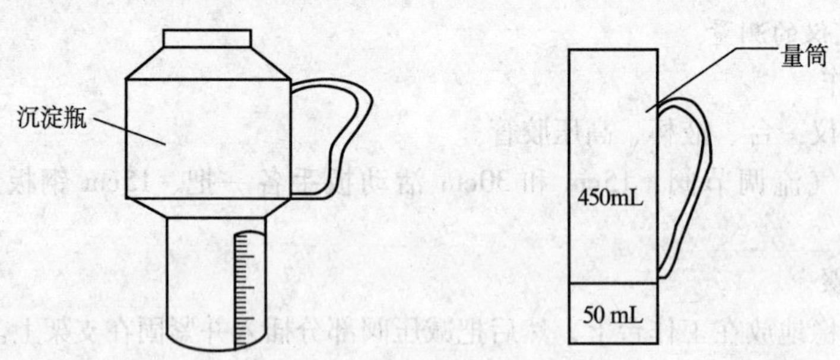

图 3－10 沉淀法含砂仪

二、沉淀法含砂仪的使用方法

在测量时，用量筒下部取钻井液 50mL 注入沉淀瓶中，然后用量筒上部取水 450mL 倒入沉淀瓶，用手指压住沉淀瓶的上盖，倒转轻轻摇晃，待混合均匀后立即反转，使沉淀瓶呈直立状态，静止 1min 后读出玻璃管内沉淀砂粒的体积刻度，其刻度值乘以 2 即是该钻井液含砂量，用百分数表示。沉淀瓶细玻璃管刻度为(10 ±0.1)格，即是 10mL。

三、筛洗法含砂仪

1. 筛洗法含砂仪的构造

筛洗法含砂仪是由一个带刻度的刻度瓶和一个带漏斗的筛网筒组成的，其构造如图 3－11 所示。

图 3－11　筛洗法含砂仪

2. 筛洗法含砂仪的使用方法

测量时将钻井液倒入玻璃刻度瓶至刻度 50mL 处，然后注入清水至刻线，用手堵住瓶口并用力振荡，然后倒入筛网筒过筛，筛完后将漏斗套在筛网筒上方，漏斗嘴插入刻度瓶，将不能通过筛网的砂粒用清水冲洗进刻度瓶中，读出砂粒沉淀的体积刻度数再乘以 2 即为该钻井液的含砂量，以百分数表示。

这两种含砂仪所取的钻井液量是任意的，没有规定。若取钻井液 100mL，则所得结果不必乘以 2，但筛洗过滤及沉淀时较困难。若取钻井液 20mL，其结果要乘以 50。取量的多少，可视钻井液黏度的大小而确定。黏度大的，取量少一些，黏度小的，可适当取量大一些，这样有利于筛洗过滤。

任务三　固相含量测定仪的构造与使用

一、固相含量测定仪的构造

在坩埚(或蒸发皿)中放入定量钻井液，加热蒸干，剩下所有的固体，放入盛有柴油而液面一定的量筒中，柴油增长的体积就是钻井液蒸发后的固相体积(柴油不能使黏土水化分散膨胀)。这个固相体积与所取钻井液试样体积之比，即为固相障碍钻井液的百分含量。计算公式为

$$固相含量 = \frac{V_{油2} - V_{油1}}{V_{液}} \times 100\%$$

式中　$V_{油1}$——加入固体后油面上升的刻度；

$V_{油2}$——加入固体前油面原来的刻度；

$V_{液}$——所取钻井液毫升数。

例：取钻井液式样 20mL 加热蒸干，所余固体装入盛柴油的量筒中。放入固体前刻度为 15. 0mL，放入固体后刻度为 17. 5mL，问该钻井液固相含量多少？

解：由 $V = 15.0$mL，$V_{液} = 20$mL，得

$$\begin{aligned}固相含量 &= \frac{V_{油2} - V_{油1}}{V_{液}} \times 100\% \\ &= \frac{17.5 - 15.0}{20} \times 100\% \\ &= \frac{2.5}{20} \times 100\% \\ &= 12.5\%\end{aligned}$$

答：该钻井液固相含量为 12. 5% 。

二、仪器法测定固相含量

用钻井液固相含量测定仪(蒸馏器)可快速测定钻井液中油、水和固相含量，而通过计算可间接推算出钻井液中固相的平均密度等。

1. 固相含量测定仪的构造

该仪器是根据范氏固相、液相含量测定仪仿制的。它是由加热棒、蒸馏器和量筒等部分组成，其构造如图 3－12 所示。

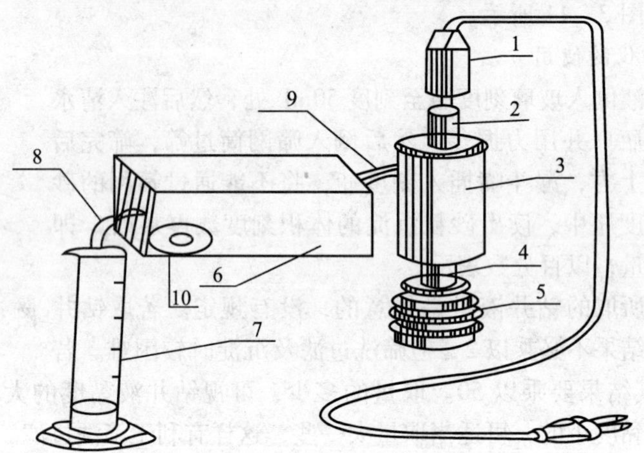

图 3－12　固相含量测定仪

1—电线接头；2—加热棒插头；3—套筒；4—加热棒；5—钻井液杯；6—冷凝器；7—量筒；8—引流嘴；9—引流管；10—计量盖

加热棒有两只，一只是用 220V 交流电，另一只是用 12V 直流电，功率都是 100W。蒸馏器由蒸馏器本体和带有蒸馏器引流管的套筒组成，二者用丝扣连接起来，将蒸馏器的引流管插入冷凝器的孔中，使蒸馏器和冷凝器连接起来，冷凝器为一长方体形状的铝链，有一斜孔穿过整个冷凝器，上端与蒸馏器引流管相连，下端为一弯曲的引流嘴。

2. 固相含量测定仪的工作原理

工作时，由蒸馏器将钻井液中的液体(包括油、水)蒸发成气体，经引流管进入冷凝器，冷凝器散发热量把气态的油和水冷却成液体，经引流嘴流入量筒。量筒刻度为百分刻度(也可用普通刻度的量筒)，可直接读出接收的油和水的体积分数。

3. 固相含量的测量方法

(1)在蒸馏器内倒满钻井液，盖上计量用的计量盖，用棉纱擦掉由计量盖小孔中溢出的钻井液，取下计量盖，这时蒸馏器内的钻井液体积恰好是 20mL(这是一个不可改变的定值)。

(2)将蒸馏器套筒拧到蒸馏器上，再把加热棒插入蒸馏器，将连接加热棒和蒸馏器的丝扣拧紧。

(3)把蒸馏器引流管插入冷凝器的孔中，将蒸馏器和冷凝器连接起来，将量筒放在引流嘴下方，以接收冷凝成液体的油和水。

(4)将导线的母接头插在加热棒上端的插头上(切勿转动)，接通电源，使蒸馏器开始工作，直至冷凝器引流嘴中不再有液体流出为止，一般工作时间为 20～30min。

(5)待蒸馏器和加热棒完全冷却后(也可用套环取下放在水中冷却，但电源插头不要沾上水)，将其卸开，用刮铲刀刮去蒸馏器内和加热棒上烘干的固体，然后洗净擦干以备下次使用。

4. 测量结果的处理

(1)根据油水分层的特点，量筒下部是水，上部是油。水液面的量筒读数除以 100 为水占钻井液的体积分数($\varphi_{水}$)，油液面的量筒读数除以 100 后减去水的体积分数即是油占钻井液的体积分数($\varphi_{油}$)。钻井液中固相含量($\varphi_{固}$)可按下式计算：

$$\varphi_{固} = 1 - \varphi_{油} - \varphi_{水}$$

式中 $\varphi_{固}$——钻井液中的固相含量，无单位；

$\varphi_{油}$——钻井液中油相的体积分数，无单位；

$\varphi_{油}$——钻井液中水相的体积分数，无单位。

如果用普通刻度的量桶接收油和水，因钻井液样品体积一定，都是20mL，故可按下式计算

$$\varphi_{油} = \frac{V_{油}}{20} \times 100\%$$

$$\varphi_{水} = \frac{V_{水}}{20} \times 100\%$$

$$\varphi_{固} = 1 - \varphi_{油} - \varphi_{水}$$

(2)根据测出的钻井液中油、水和固相的体积分数，可按下式推算出钻井液中固相的品均密度($\rho_{固}$)

$$\rho_{固} = \frac{\rho_{液} - (\varphi_{水}\rho_{水} + \varphi_{油}\rho_{油})}{\varphi_{固}}$$

式中 $\rho_{液}$——钻井液密度，g/m^3；

$\rho_{水}$——钻井液中水的密度，g/cm^3；

$\rho_{油}$——钻井液中油的密度(一般为0.8g/cm^3)，g/cm^3；

$\rho_{固}$——钻井液中固相的平均密度，g/cm^3。

(3)根据计算出的钻井液中固相的平均密度，可计算出黏土和重晶石的质量分数。设钻井液中固相仅由黏土和重晶石组成，黏土和重晶石的密度分别为和$\rho_{土}$和$\rho_{重}$，固相中黏土和重晶石的质量分数分别为和$\omega_{土}$和$\omega_{重}$，则

$$\omega_{土} + \omega_{重} = 1$$

又因固体体积等于黏土体积与重晶石体积之和，所以

$$\frac{1}{\rho_{固}} = \frac{\omega_{土}}{\rho_{土}} + \frac{\omega_{重}}{\rho_{重}}$$

整理得

$$\omega_{土} = 1 - \omega_{重} = \frac{\rho_{土}(\rho_{重} - \rho_{固})}{\rho_{固}(\rho_{重} - \rho_{土})}$$

即是钻井液的固相中黏土的质量分数$\omega_{土}$和重晶石的质量分数$\omega_{重}$的计算公式。

任务考核

一、简答题

(1)滤失仪的构造是什么？

(2)含砂仪的构造是什么？

(3)固相含量测定仪的构造是什么？

二、操作题

(1)滤失仪的测量与使用。

(2)沉淀法含砂仪、筛选法含砂仪的使用。

(3)使用电仪器测定固相含量。

(4)处理固相含量测量结果。

项目九　常见钻井液的配置

知识目标

(1)抗盐土及其作用。

(2)常用的钻井液加重材料。

(3)PHP 的性质及絮凝作用的影响因素。

技能目标

(1)掌握钻井一般维护与处理。

(2)掌握钻井液有关性能调节方法。

学习材料

任务一　配置淡水钻井液

一、准备工作

(1)低压管汇、混合漏斗、钻井液枪、储备罐等设备。

(2)黏土、纯碱等处理剂，充足的水源。

二、操作步骤

(1)据钻井液性能及总量，计算所需各种配浆剂的用量、纯碱量及水量。

(2)在配浆罐中加入清水，再加入纯碱溶液，最后加入黏土，搅拌均匀达标后放入大罐中。

三、技术要求

(1)穿戴好劳保用品。

(2)低压管汇、钻井液枪、混合漏斗等设备灵活好用，储备罐不漏。

(3)将配好的钻井液加入储备罐中静止 24h 方可使用。

四、相关知识

1. 黏土基础知识

(1)膨润土

主要以蒙脱石为主，因其所吸附的阳离子不同而分为钠土和钙土两种。因为水化能力较弱，造浆能力较高，所以适合钻井液使用。钠土一般较少，多为钙土。现场使用时常把钙土改造成钠土(采用纯碱或烧碱改造)，来满足钻井液用土的需要。天然土矿必须经机械加工成粒度大小适宜的粉末后才能使用。其颜色为白、灰、灰黄及紫，易吸潮结块，故一般采用聚乙烯薄膜袋为内层而聚丙烯编织袋为外层包装。

膨润土有以下几种用途：

①用作配浆材料。这是最基本的用途，用它与淡水可配成各种原浆，经过化学处理成为钻井要求的基浆，即可用于钻井。

膨润土在入井前或进库前必须经过严格检查，不符合质量标准的要严禁入井。

②用作降低钻井液的漏失。钠土可以在淡水中水化而分散成较细的颗粒，形成渗透性较低的滤饼，从而降低滤失。

③用来提高钻井液的黏切。

④用作堵漏剂的组分。用黏土、柴油及乳化剂可配成柴油—膨润土堵漏剂。特别适用于含水漏层，效果较好。

(2)抗盐土

主要有海泡石和凹、凸棒石土两种。它是一种富含镁的纤维状粒土矿物。该种土质经特殊加工才能发挥其效能，因为它是一种纤维状物，不能用一般膨润土的研磨设备来加工，否则会将其纤维剪断而失去在盐水中的造浆能力。它的悬浮体所具有的流变特性主要取决于其长纤维条间的力学(机械)干扰作用，而不是由颗粒间的静电引力产生的。所以各种电解质对它影响不大，它能在盐水或饱和盐水中分散并产生较高的黏度和切力。

抗盐土有以下几种用途：

①用来配制盐水钻井液，尤其是海水及饱和盐水钻井液。

②用作盐水钻井液(包括海水及饱和盐水钻井液)的增黏、增切处理剂。

③用来提高盐水钻井液携带钻屑的能力。

④用来改善盐水钻井液在环空中的流型。

⑤海泡石土不但可以抗较高的温度而用于地热井(260 ℃以上)，而且可部分被酸溶解，所以它也是配制完井液及修井液的好材料，有利于油井酸化生产。

(3)有机土

有机土是指在油中分散的亲油性黏土。它不属于天然矿物，是人工制成的特种土类。由于使用阳离子表面活性剂种类的不同以及制造工艺的差异，我国目前已有 801、812 、821 、4602 等多种型号的有机土出售。

有机土有以下几种用途：

①主要用作油基钻井液、油包水乳化钻井液的配浆材料。

②是油基解卡剂的重要组分。

③用来调节油基钻井液和油包水乳化钻井液的黏度、切力，稳定胶体，降低滤失量。

2. 有关计算

(1)单溶质溶液配制用量计算

公式：

$$溶液溶质质量浓度 = \frac{溶质质量}{溶液体积}$$

例：欲配制溶质质量浓度为 15% t/m^3 的烧碱水 4m^3，需固体烧碱多少吨？

解：W = (15/100) ×4 = 0.6(t)

答：需要固体烧碱 0.6 t。

(2)多溶质溶液配制用量计算

例 1：欲配制 10% t/m^3 的(2∶1)栲胶碱液 5m^3，需用栲胶、烧碱各多少吨？

解：溶质总量 = (10/100) ×5 =0.5 (t)

栲胶量 =0.5 ×[2/(2 +1)] =0.33(t)

烧碱量 =0.5 ×[1/(2 +1)] =0.17(t)

答：需栲胶 0.33t，烧碱 0.17t。

例 2：欲配制 15∶1∶100 煤碱液 6m^3，需用褐煤、烧碱各多少吨？

解：褐煤量 =（15/100）×6 = 0.9(t)

烧碱量 =（1/100）×6 = 0.06(t)。

答：需褐煤 0.9t，烧碱 0.06t。

(3) 钻井液配制的计算

公式：

$$W_{土} = \frac{V_{泥}\,\rho_{土}(\rho_{泥} - \rho_{水})}{\rho_{土} - \rho_{水}}$$

$$V_{水} = V_{泥} - \frac{W_{土}}{\rho_{土}}$$

式中 $W_{土}$——配浆用黏土质量，t；

$V_{水}$—— 配浆用水体积，m^3；

$\rho_{土}$——配浆土密度，g/cm^3；

$\rho_{水}$——配浆水密度，g/cm^3；

$\rho_{泥}$——欲配制钻井液密度，g/cm^3；

$V_{泥}$——欲配制钻井液体积，m^3。

例：欲配制密度为 1.06g/cm^3 的钻井液 200 cm^3，需密度为 2.0g/cm^3 的黏土多少吨？淡水多少立方米？

解：

$$W_{土} = \frac{200 \times 2.0(1.06 - 1.0)}{2.0 - 1.0} = 24(t)$$

$$V_{水} = 200 - (24/2.0) = 188(m^3)$$

答：需黏土 24t，淡水 188 cm^3。

任务二 配置加重钻井液

一、准备工作

(1) 按设计要求备足加重剂，备足 FCLS、NaOH、PHP 胶液。

(2) 检查混合漏斗、钻井液枪、加重罐、阀门是否灵活可靠。

(3) 一套常规钻井液性能测量仪、充足的水源。

二、操作步骤

(1) 计算加重剂作用量：

$$W_{加} = \frac{V_{原}\,\rho_{加}(\rho_{重} - \rho_{原})}{\rho_{加} - \rho_{重}}$$

式中 $W_{加}$——加重剂作用量，t；

$V_{原}$——原钻井液体积，m^3；

$\rho_{加}$——加重剂密度，g/cm^3；

$\rho_{重}$——加重后钻井液的密度，g/cm^3；

$\rho_{原}$——原钻井液的密度，g/cm^3。

(2) 打开加重灰罐气阀门进气，开泵使钻井液通过漏斗做低压循环。

(3)打开加重灰罐出料阀门，使加重剂通过混合漏斗进入钻井液池。

(4)通过出料阀门控制加重速度，使钻井液密度每周升高0.03～0.05g/cm^3。

(5)钻井液加重完毕，关闭气源。停止钻井液低压循环。

(6)加重完毕后进行循环周钻井液密度检测，以检查加重质量。

三、技术要求

(1)加重前钻井液黏度、切力必须处于设计最低限，并具有良好的流动性。

(2)加重在钻井过程中进行，加重幅度必须控制在每周升高0.03～0.05 g/cm^{3}范围内，防止压漏。

(3)加重剂必须经过混合漏斗，使之充分分散水化。加重过程必须连续，防止加重不均匀而压漏地层。

(4)根据加重剂用量加0.05%～0.1%的聚合物，增强加重后钻井液的稳定性。

(5)加重过程中尽量避免在钻井液中加大量水，可配合稀释剂处理。

(6)加重后的钻井液性能必须调整到设计要求范围内。

(7)若加重过程中出现加重灰罐出灰量大小变化，导致钻井液密度不均匀，则可用低密度钻井液进行适量补充，使密度均匀，防止因压力激增而压漏地层。

四、常用的钻井液加重材料

能提高钻井液密度，从而提高其液柱压力的物质，称加重料或加重剂。加重材(Weighting Material)又称加重剂，由不溶于水的惰性物质经研磨加工制备而成。为了对付高压地层和稳定井壁，需将其添加到钻井液中以提高钻井液的密度。加重材料应具备的条件是自身的密度大，磨损性小，易粉碎；并且应属于惰性物质，既不溶于钻井液，也不与钻井液中的其他组分发生相互作用。

1. 加重剂一般要求

(1)密度大：使钻井液中固相含量不高就可达到所需密度，对钻井液性能影响不大。

(2)是惰性物：一般不起化学反应，难溶于水，加入后不影响钻井液pH值及其稳定性。

(3)硬度低：悬浮于钻井液中不致引起钻具的严重磨损。

(4)颗粒细：一般要求99.9%可通过200目筛。

2. 常用的加重剂

(1)重晶石粉

化学名称为硫酸钡，分子式为$BaSO_4$，相对分子质量为233.4，其纯品为白粉末，含杂质时为浅黄或棕黄色。常温下密度为4.0～4.6 g/cm^3，莫氏硬度为2.5～3.5级。有轻微毒性，不溶于水、有机溶剂、酸和碱溶液。它是目前最常用的加重剂之一，主要用于水基或油基钻井液的加重，可是钻井液密度达到2.0 g/cm^{3}以上。可作封堵剂和高压层固井用水泥的加重剂。

(2)石灰石粉

石灰石粉的主要成分为$CaCO_3$，密度为2.7～2.9 g/cm^3。易与盐酸等无机酸类发生反应，生成CO_2、H_2O和可溶性盐，因而适于在非酸敏性而又需进行酸化作业的产层中使用，以减轻钻井液对产层的损害。但由于其密度较低，一般只能用于配制密度不超过1.68 g/cm^{3}的钻井液和完井液。

(3)铁矿粉和钛铁矿粉

前者的主要成分为Fe_2O_3，密度4.9～5.3 g/cm^3；后者的主要成分为$TiO_2 \cdot Fe_2O_3$，密度4.5～5.1 g/cm^3。均为棕色或黑褐色粉末。因它们的密度均大于重晶石，故可用于配制密度更高的钻井液。如果将某种钻井液加重至某一给定的密度，当选用铁矿粉时，加重后钻井液中的固相含量(常用体积分数表示)显然要比选用重晶石时低一些。例如，用密度为4.2 g/cm^3的重晶石将某种钻井液加重到2.28 g/cm^3，其固相含量为39.5%；而使用密度为5.2 g/cm^3 的铁矿粉将该钻井液加至同样密度时，固相含量仅为30.0%。加重后固相含量低有利于流变性能的调控和提高钻速。此外由于铁矿粉和钛铁矿粉均具有一定的酸溶性，因此可应用于需进行酸化的产层。

由于这两种加重材料的硬度约为重晶石的两倍，因此耐研磨，在使用中颗粒尺寸保持较好，损耗率较低。但另一方面，对钻具、钻头和泵的磨损也较为严重。在我国铁矿粉是用量仅次于重晶石的钻井液加重材料。

(4)方铅矿粉

方铅矿粉是一种主要成分为 PbS 的天然矿石粉末，一般呈黑褐色。由于其密度高达7.4～7.7 g/cm^3，因而可用于配制超高密度钻井液，以控制地层出现的异常高压。由于该加重剂的成本高、货源少，一般仅限于在地层孔隙压力极高的特殊情况下使用。如我国滇黔桂石油勘探局在官-3井使用方铅矿配制出密度为3.0 g/cm^3 的超高密度钻井液。

3. 离心机在加重钻井液中的使用

加重钻井液不可避免的高固相含量，颗粒的粒径随时间变小而导致的滤饼质量的下降，静切力和黏度的增加，这些将成为十分严重的问题。粒径太小而不能从钻井液中分离出去的胶体颗粒和近胶体颗粒浓度的增加导致了这个问题。离心机可用来选择性地清除这些微细颗粒。

底流返回到钻井液体系中，分离出来的液体和微细颗粒，储存起来可作为封隔液使用，或稀释调整后用在其他钻井工程中，或废弃。

对于高密度钻井液，在处理过程中，可以先使用水力旋流器对钻井液进行处理，然后将溢流注入到离心机中(同时底流返回到钻井液系统)，这样就能降低离心机的固相负荷。钻井液体系在任何情况下都含有粗颗粒，清除这些颗粒，减轻了离心机的负荷，从而提高了胶体颗粒和近胶体颗粒的清除效率。

4. 配制用量及涉及的计算

(1)泵排量的计算

因为除砂器、除泥器数量的确定依据是钻井液处理量，而钻井液处理量要依据泵排量计算，所以有必要计算泵的排量。

泵排量的计算公式：

$$Q = nK$$

式中 Q——钻井泵排量，L/s；

n——冲速，冲/分钟；

K——排量系数，各类泵的 K 值可通过查表得出。

例：某井使用 3NB900 泵，双泵钻进，其中 1#泵缸套规格 150mm，2#泵缸套规格 130mm，两泵冲速均为 50 冲/分钟，求循环排量是多少？

解：查表得 150mm 缸套 K 值为 0.28，130mm 缸套 K 值为 0.21，所以：

$$\begin{aligned} Q &= nK \\ &= n(K_1 + K_2) \\ &= 50 \times (0.28 + 0.21) \\ &= 24.5 \text{ L/s} \end{aligned}$$

答：循环排量为24.5L/s。

(2)循环周的计算

公式：

$$T = \frac{V}{60Q}$$

$$V = V_{井} + V_{地} - V_{柱}$$

式中 T——钻井液循环一周需要的时间，min；

Q——泵排量，L/s；

$V_{地}$——地面循环钻井液体积，L；

$V_{井}$——井眼容积 L；

$V_{柱}$——钻柱体积，L。

例：某井井深2000m，使用 ϕ216mm 钻头，壁厚为11mm 的 ϕ141mm 钻杆1850m，API钻杆 ϕ178mm 钻铤150m，钻井泵排量为21.4L/s，地面循环钻井液50m^3，求钻井液循环一周的时间是多少？

解：由已知数据查出每米井眼、钻杆、钻铤体积分别为36.310L，4.503L，20.835L，所以：

$$V_{井} = 36.310 \times 2000 = 72620(L)$$

$$\begin{aligned} V_{柱} &= V_{杆} + V_{铤} \\ &= 4.503 \times 1850 + 20.835 \times 150 \\ &= 11455.8(L) \end{aligned}$$

$$\begin{aligned} T &= (72620 + 50 \times 1000 - 11455.8) - (60 \times 21.4) \\ &= 86.58(min) \end{aligned}$$

答：钻井液循环一周的时间为86.58min。

(3)加重剂用量计算

公式：

$$W_{加} = \frac{V_{原}\rho_{加}(\rho_{重} - \rho_{原})}{\rho_{加} - \rho_{重}}$$

式中 $W_{加}$——加重剂用量，t；

$V_{原}$——原钻井液体积，m^3；

$\rho_{加}$——加重剂的密度，g/cm^3；

$\rho_{重}$——加重后钻井液的密度，g/cm^3；

$\rho_{原}$——原钻井液的密度，g/cm^3。

例：某井内有密度为1.20 g/cm^3 的钻井液150 m^3，欲将其密度将为1.15 g/cm^3，需加水多少立方米？

解：$X = 150(1.20 \sim 1.15)/(1.15 \sim 1.00) = 50(m^3)$

答：需加水50 m^3。

(4)混浆计算

混浆密度计算公式：

$$\rho = \frac{\rho_1 V_1 + \rho_2 V_2}{V_1 + V_2}$$

混浆用量计算公式：

$$V_2 = \frac{V_1(\rho - \rho_1)}{\rho_2 - \rho}$$

式中　ρ_1——井内钻井液的密度，g/cm³；

ρ_2——混入钻井液的密度，g/cm³；

V_1——井内钻井液体积，m³；

V_2——混入钻井液的体积，m³；

ρ——混合后的钻井液的密度，g/cm³。

例1：某井中有密度为1.35 g/cm³ 的钻井液150m³，均匀混入密度为1.50 g/cm³ 的钻井液40 m³ 后，混合后的钻井液密度是多少？

解：$\rho = (1.35 \times 150 + 1.50 \times 40)/(150 + 40)$

$= 1.38(g/cm^3)$

答：混合后的钻井液密度是1.38 g/cm³。

例2：某井中有密度为1.35 g/cm³ 的钻井液150 m³，储备钻井液的密度为1.75 g/cm³，欲将井内钻井液密度提高到1.45 g/cm³，问需要混入多少储备钻井液？

解：$V_2 = 150(1.45 \sim 1.35)/(1.75 \sim 1.45)$

$= 50(m^3)$

答：需要混入50 m³ 储备钻井液。

任务三　配置大分子PHP胶液

一、准备工作

(1)一套配药瓶，备足固体PHP。

(2)检查搅拌机运转是否正常。

(3)配药罐上接加水管线。

二、操作步骤

(1)据欲配PHP胶液的质量浓度和配液量，计算PHP干粉用量。

(2)注入配药罐所需水量。

(3)开动搅拌机，使之运转正常，并缓慢加入所需PHP干粉。

(4)充分搅拌使PHP干粉完全溶解后，停止使用搅拌机。

三、技术要求

(1)加PHP干粉时必须均匀缓慢的加入，防止因PHP结块而不易溶解。

(2)配药罐应具有容积刻度。

四、相关知识

1. PHP的性质

PHP是“部分水解聚丙烯酰胺”的代号，它是聚丙烯酰胺在一定温度下与NaOH溶液进行水解反应的产物。PHP为无色透明胶状液体，也有粉状的，能溶于水，抗温可达200℃，和水分子之间可形成氢键，所以可以水化。

2. PHP的水解度

指聚丙烯酰胺分子中酰胺水解为羧钠基的个数占总酰胺基个数的百分数。如水解度为

30%，就表示聚丙烯酰胺分子中每100个酰胺基中就有30个转化为羧钠基，还余70个酰胺基未转化。

3. PHP在钻井中的作用

(1)凝聚作用：一般相对分子质量为300000～5000000，水解度为30%的PHP絮凝聚效果最好。

(2)降滤失作用：水解度越大，降滤失效果越好。

(3)增稠作用：水解度为80%左右的PHP相对分子质量越大，增稠效果越好。

(4)润滑作用：因PHP在固体表面的吸附，是原来的固—固摩擦转变为液—液摩擦，从而起到润滑作用。

(5)堵漏作用：PHP在Ca^{2+}、Mg^{2+}、Fe^{2+}、Al^{3+}等作用下发生交联，使之由线型变为体型，不溶于水而堵漏。

(6)剪切稀释效应：钻井液的黏度与切力随着钻井液剪切速率的增加而下降，随着剪切速率的降低而增加，这个特点称剪切稀释效应，也称剪切稀释剪切稀释作用。PHP的加入，使这种特性更加明显。

4. PHP絮凝作用的影响因素

(1)相对分子量：一般来讲，其他条件相同，相对分子量越大，絮凝效果越好。

(2)水解度：水解度在30%～35%，范围内絮凝效果最好。

(3)絮凝剂加重：PHP加量少，絮凝效果差，加量过大又由絮凝作用转化为保护作用，故由实验室确定最佳浓度。

(4)pH值：pH值过高或是过低，絮凝效果都差。一般维持在7～8之间最合适。

任务考核

一、简答题

(1)抗盐土及抗盐土的作用是什么?

(2)常用的钻井液加重材料有什么?

(3)絮凝作用的影响因素是什么?

(4)PHP在钻井中的作用是什么?

二、操作题

(1)配置淡水钻井液。

(2)配置加重钻井液。

(3)加重剂用量计算、混浆计算、泵排量的计算、循环周的计算。

(4)配置PHP胶液。

项目十 常见钻井液的处理

知识目标

(1)固井作业对钻井液工作的要求。

(2)钻井液密度、切力与钻井的关系及其影响因素。

技能目标

(1)掌握固井前的钻井液的处理。

(2)掌握黏土侵后钻井液密度与黏度的处理。

(3)掌握盐水侵的钻井液的处理。

学习材料

任务一　处理固井前的钻井液

一、准备工作

(1)清理上水池罐沉砂。

(2)准备好 FCLS、NaOH 、CMC、纯碱接通电源。

(3)常规钻井液性能测试仪一套。

(4)固相设备运转正常。

二、操作步骤

(1)用少量清水、FCLS、NaOH 调整钻井液性能。

(2)用 FCLS、NaOH 预处理 20 ~ 30m^3钻井液做水泥浆顶替液。

(3)用 FCLS、NaOH 、CMC、纯碱配置压井液。

三、技术要求

(1)充分使用固相设备降低含沙量，含沙量应小于 0.5%，防止影响固井质量。

(2)调整钻井液性能达到固井施工要求，严禁大幅度调整钻井液，以免造成井眼不适应而坍塌。

(3)预处理钻井液必须具有抗污染和抗高温能力。

(4)压井液必须具有抗污染、抗高温能力，以防止电测声幅仪遇阻。

四、相关知识

固井作业对钻井液工作的要求如下：

(1)钻井液要有足够的抑制、防塌能力，保证井眼质量良好，减少坍塌和缩径。

(2)含沙量低，滤饼薄而坚韧、致密，滤矢量要小，以提高固井质量。

(3)要有足够的抗污染能力，避免固井时因水泥污染稠化造成憋泵和声、磁测井遇阻。

(4)钻井液流变性能满足施工要求。

(5)配置适当的隔离液，防止钻井液和水泥浆混合稠化，提高水泥浆的顶替效率和水泥的封固质量。

任务二　处理黏土侵后钻井液密度与黏度

一、准备工作

(1)准备足量的与钻井液相同的稀释剂和降滤失剂。

(2)水源充足，并准备足量的聚合物抑制剂。

(3)固控设备等运转正常。

二、操作步骤

(1)对非加重钻井液，用大量清水在钻井液循环过程中整周加入，控制固相含量，使密度降至1.15g/cm^3，然后再加入稀释剂和降滤失剂进行处理，同时加入聚合物抑制黏土的水化分散。

(2)对加重钻井液，使用与钻井液组分相同的处理剂溶液进行稀释处理，使钻井液中黏土含量达到要求，然后加重钻井液使密度达到设计要求，最后用聚合物进行处理。

(3)在处理过程中，要充分利用配备的固控设备对固相进行清除。对钻井液要勤维护，保证钻井液性能稳定，井下安全。

三、技术要求

(1)在加水处理过程中，必须确保钻井液中处理剂含量达到设计要求，以确保井下正常。

(2)加水时应该细水长流，并尽可能使加水量均匀，同时配合使用聚合物抑制剂，确保黏土含量达到设计要求。

四、相关知识

钻井液发生黏土侵后，使钻井液密度增加，黏度和切力都急剧上升，导致钻井液越来越稠，以致失去流动性，严重时可导致缩径、起钻拔活塞等，所以发生黏土侵后必须对钻井液及时处理，维护调整钻井液性能，使之适应钻井需求。

1. 钻井液密度与钻井的关系及其影响因素

(1)钻井液密度与钻井的关系

钻井液质量在数值上一般等于钻井液的重力。钻井液质量的大小是产生液柱压力大小的衡量标准。就是说，钻井液密度大，质量就大，产生的液柱压力就大。钻井液密度大对钻井的危害主要表现为：

①损害油气层，使钻速降低。

②压差太大，易产生压差卡钻。

③易将地层憋漏。

④容易引起过高的黏度和切力。

⑤钻井液原材料及动力消耗多。

⑥使钻井液的抗污染能力下降。

密度过低既难以控制又容易发生井喷、井塌和缩径以及导致携屑能力下降等。因此，钻井液的密度必须符合工程和地质需求，既不能过大，也不能过小。

(2)对钻井液密度的要求

①合理的钻井液密度必须根据所钻地层孔隙压力、破裂压力和钻井液的流变参数确定。

在正常情况下，密度的附加系数按压力值计算：气层一般为3.0~5.0MPa，油层一般为1.5~3.5MPa。

②提高钻井液密度时必须使用合格的加重剂，采用自然造浆法提高密度是不合适的。

③对非酸敏性需酸化的产层，应使用酸溶性加重剂，如石灰石粉等。

(3)对钻井液密度的调整

①在对其他性能影响不大时，加水降低密度是最有效和最经济的方法。

②加浓度小的处理剂，既可降低密度，又可保持原有性能，此时应考虑钻井液接受处理剂的能力。

③加优质低密度钻井液也可降低密度，但幅度较小。

④混油也可降低密度，但不经济且影响录井。

⑤泵入一定量的气体，可大幅度降低密度。

⑥提高密度可加入各种加重剂，其中重晶石粉为最佳。

⑦加重时不能幅度太大，以每次密度提高 0.10g/cm^3 较合适。

⑧ 控制加重前钻井液固相含量。在加重之前，应调整好钻井液的各种性能，特别是要严格控制低密度固相的含量。所需密度值越高，加重前钻井液的固相含量应越低，黏度、切力也应越低。

(4)影响钻井液密度的因素

①钻井液密度随其固相含量的增加而增大，随其固相含量的减小而减小。

②钻井液液相密度的加大或液相体积的减小，都使密度上升。

③油、气侵入钻井液，都会使密度下降很快。

2. 钻井液黏度、切力与钻井的关系及其影响因素

(1)钻井液黏度、切力与钻井的关系

钻井液黏度与钻井的关系主要表现在钻井液从钻头水眼处喷射至井底时对钻速的影响，黏度高，在井底易形成类似黏性垫子的液层，这就降低和减缓了钻头对井底的冲击力和切削作用，从而使钻速下降。若用清水钻进，则可提高钻速，因它的密度低，液柱压力小，黏度也小，对井底冲击力强，利于钻头切削岩石。比如不分散低固相钻井液，黏度较低，具有很好的剪切稀释作用等。

(2)黏度、切力大对钻井的害处

①钻井液流动阻力大，消耗能量多，使有效功率降低，钻速减小。

②净化不良，因黏度大而不利于地面除砂。

③易泥包钻头，压力变化幅度大，易引起喷、漏、塌、卡等事故。

④除气难，从而影响气测井并易形成气侵。

⑤下钻后开泵难，泵压易升高，易引起憋漏地层和憋泵。

(3)黏度、切力过低对钻井的害处

①井眼净化效果差。

②加剧了对井壁的冲刷，易引起井塌、卡钻等。

③使岩屑过细，影响录井。

所以，钻井液黏度既不能太高，也不能太低，需依据钻井速度、动力设备及所钻地层的特点确定合适的黏度。

(4)对钻井液切力的要求

①应尽可能采用较低黏度。

②使用幂律模式，其流性指数 n 值一般为 0.5 ~ 0.7。

(5)影响切力与黏度的因素

①影响切力与黏度升高的因素

其一是增加黏土含量；其二是固体颗粒间形成部分网状结构，因包含部分自由水，使黏度升高；其三是加入水溶性高分子化合物，因长链高分子在溶液中的伸展或卷曲，使滤液黏度增加；其四是提高固相颗粒的分散度，使颗粒间距减小，易碰撞增加黏土颗粒间摩擦阻力，使黏切增加。

②影响切力与黏度降低的因素

其一是钻井液受水和大量盐水侵后黏度下降；其二是加入稀释剂后，拆散部分网状结构，放出自由水而降黏切；其三温度升高，升温后，增黏剂性能变弱，因热运动分子距离变大，而摩擦力降低，黏切降低。

(6)黏度的调整

①对原钻井液性能影响较小时可加清水稀释，降低黏度与切力。

②加降黏剂是常用的方法。

③根据黏度升高的原因而采取相应的措施。如钙侵引起的黏度升高，加入有机磷酸盐类效果较好。地层造浆引起的黏度升高，加入强抑制剂较好。

④提高黏切力可采用高聚物有机增黏剂。

⑤若协砂能力差，加改性石棉效果好。

⑥使用正电胶钻井液，具有较高的黏度，保证了悬屑与携屑的能力。

任务三　处理盐水侵

一、准备工作

(1)加重剂、纯碱、膨润土、FCLS、NaOH、CMC。

(2)加重灰罐、混合漏斗、搅拌机、钻井液枪、阀门灵活好用。

(3)常规测试仪一套。

二、操作步骤

(1)钻井液变稀时，应马上提黏，加纯碱、膨润土、CMC、并加入FCLS、烧碱进行抗盐处理，使钻井液化恢复胶体且有足够的切力，同时加重钻井液，压死盐水层。

(2)钻井液变稠时，使用高碱比FCLS、NsOH胶液进行稀释处理，并加入CMC进行护胶降滤失，加重钻井液，压死盐水层。

(3)若盐水已侵入很多，钻井液黏度低于18s，则应立即关井求压，配置重钻井液将原浆替出，重钻井液液柱压力应大于盐水层压力3～4MPa。

三、技术要求

(1)加重钻井液时，应控制加重速度为每周密度上升不超过0.05g/cm^3，直至压死盐水层。

(2)钻井液黏度低于18s，必须关井求压，配置重钻井液，计算钻井液密度时，一定要准确，防止压不死或是压漏地层。

(3)钻井液应有一定的黏度，切力，以悬浮加重剂。

四、相关知识

水侵分为淡水侵和盐水侵。淡水侵造成钻井液密度、黏度、切力下降，滤失量显著增大。盐水侵时，一般可使Cl^-含量增加，滤失量增大、泥饼增厚，pH值下降。当盐水含盐量不高而侵入量很大时，钻井液黏度、切力明显下降，当盐水含盐量较高而侵入量不多时，钻井液黏度、切力升高，流动性变差。

处理淡水侵可提高钻井液密度，将水层压死。处理盐水侵一方面提高钻井液密度压死盐水层，同时还要用处理剂进行处理。当水侵严重时，要防止井喷、井塌事故。

任务四　处理水泥侵

一、准备工作

(1)备足纯碱、稀释剂、烧碱。

(2)钙离子测量仪、测钙试剂一套。

(3)常规测试仪一套。

二、操作步骤

(1)若是小段水泥侵，可直接用稀释剂、少量烧碱进行处理。

(2)若是大段水泥侵，先测定钙离子含量，再加入含钙量50%的纯碱，同时配合稀释处理，使钻井液保持较好的流动性。

(3)有条件时可用清水钻水泥，避免水泥对钻井液性能产生不良影响。

三、技术要求

处理水泥侵时必须对水泥侵的程序进行了解，防止因处理不及时而使钻井液性能变坏或出现井下复杂情况。

四、相关知识

目前我国最常用而且普遍生产的是硅酸盐类水泥，其主要成分是硅酸二钙(Ca_2SiO_4)硅酸三钙(Ca_3SiO_5)和石膏粉，故水泥侵主要是钙离子侵入钻井液，使钻井液黏度、切力上升，滤失量增大，严重时失去流动性。处理时不能单纯用纯碱降低钙离子浓度，还必须配合稀释剂进行处理。

Ca^{2+}可通过以下途径进入钻井液：

(1)钻遇石膏层；

(2)钻遇盐水层，因地层盐水中一般含有Ca^{2+}；

(3)钻遇石膏层和水泥塞时都会遇到泥浆钙侵问题，钻水泥塞或石膏层，因水泥凝固后产生氢氧化钙；

(4)使用的配浆水是硬水；

(5)石灰用作钻井液添加剂等。

除在钙处理钻井液和油包水乳化钻井液的水相中需要一定浓度的Ca^{2+}外，在其他类型钻井液中Ca^{2+}均以污染离子存在。虽然$CaSO_4$和$Ca(OH)_2$在水中的溶解度都不高，但都能提供一定数量的Ca^{2+}，即：

$$CaSO_4 = Ca^{2+} + SO_4^{2-}$$

$$Ca(OH)_2 = Ca^{2+} + 2OH^-$$

试验表明，含量为几分之一的Ca^{2+}就足以使钻井液失去悬浮稳定性。其原因主要是由于Ca^{2+}易与钠蒙脱石中的Na^+发生离子交换，使其转化为钙蒙脱石，而Ca^{2+}的水化能力比Na+要弱得多，因此Ca^{2+}的引入会使蒙脱石絮凝程度增加，致使钻井液的黏度、切力和滤失量增大。

当钻井液遇钙侵后，有两种有效的处理方法：一是在钻达含石膏地层前转化为钙处理钻井液，二是使用化学剂将Ca^{2+}清除。通常是根据滤液中Ca^{2+}浓度，加入适量纯碱除去钻井液中的Ca^{2+}，其反应式为：

$$Ca^{2+} + Na_2CO_3 = CaCO_3\downarrow + 2Na^+$$

这种处理方法的好处是既沉淀掉Ca^{2+}，多出的Na^+又将钙蒙脱石转变为钠蒙脱石。但注意纯碱不要加量过多，以免引起CO_3^{2-}污染。

如果是水泥引出的污染，由于Ca^{2+}和OH^-同时进入钻井液，致使钻井液的pH值偏高。这种情况下，最好用碳酸氢钠($NaHCO_3$)，反应如下：

$$Ca^{2+} + OH + NaHCO_3 = CaCO_3\downarrow + Na^+ + H_2O$$

当加入 SAPP 时，反应如下：

$$2Ca^{2+} + 2OH^{-} + Na_2H_2P_2O_7 = Ca_2P_2O_7 \downarrow + 2Na^{+} + 2H_2O$$

在以上两个反应中，均既清除了 Ca^{2+}，又适当降低了 pH 值。

任务五　维护处理抑制性钻井液

一、准备工作

(1)穿戴好劳保用品。

(2)备足钻井液处理剂，如聚合物、FCLS、NaOH、CMC、PHP、加重剂等。

(3)检查固相控制设备、搅拌器、钻井液枪运转是否正常，检查水源。

(4)准备钻井液全套性能测量仪，pH 试纸等。

二、操作步骤

(1)利用聚合物抑制地层造浆。

(2)大循环改小循环后钻井液的处理。

(3)转化处理后进行维护处理。

(4)每只钻头使用期间要进行处理。

(5)加重处理。

(6)完钻处理。

三、技术要求

(1)上部造浆地层主要采用聚合物，以低黏切和低固相钻井液钻进。

(2)大循环改小循环后，首先要使用固控设备清除固相，加清水调整，再加 FCLS、NaOH、CMC、PHP 综合进行处理。

(3)转化处理后，用 PHP 配合 NaOH 的加量，以维持要求的 pH 值为准。

(4)每只钻头下完钻，据性能要求用清水、FCLS 和 NaOH 处理，CMC 控制滤失量，PHP 维持性能要求。FCLS 和 NaOH 的比例一般淡水 2∶1，咸水 1∶1 或 1∶2 处理。

(5)加重前一般可先进行降黏、切处理。

(6)完钻前先用稀释剂和 NaOH 溶液处理，再加入降滤失剂，充分洗井，以确保电测成功。

(7)咸水产生泡沫时，可加入适当的消泡剂，对易塌段加入防塌剂。

(8)每次维护处理要认真测量钻井液全套性能。

四、相关知识

抑制性钻井液主要是使用聚合物抑制黏土分散造浆的钻井液。

页岩抑制剂俗称防塌剂。目前还没有任何一种页岩处理剂对于抑制造浆及防塌都有效。页岩抑制剂的品种较多，大体上有如下三大类：

1. 聚合物钾盐

聚丙烯酸钾：代号为 KHPAM 或 HZN101(Ⅱ)，相对分子质量为 300 万以上，水解度 30% ~40%。用于淡水钻井液、盐水钻井液的抑制剂，并有一定的降滤失和提黏作用。

水解聚丙烯腈钾盐，代号为 K－PAN，相对分子质量为 8 ~ 11 万。主要用作淡水钻井液、盐水钻井液的防塌降滤失剂，抗盐，不抗钙，抗温 170℃以上。

腐殖酸钾：代号为 KHm，主要用作抑制黏土分散、防塌降滤失，并有一定的降黏作用，抗高温，不抗盐。

2. 沥青制品

它是以矿物油沥青或植物油残渣改性而成的不同品种。

磺化沥青：有两种产品，其代号为 FT－342、FT－341(膏状)及 FT－1，为粉状产品。它是用发烟硫酸或 SO_3 对沥青进行磺化而制成。主要用作页岩微裂缝及破碎带的封闭剂，具有防塌作用，并有较好的润滑作用。

水分散沥青：代号 SR，作用和磺化沥青相同。

3. 无机盐类

主要用作降低页岩表面的渗透水化，抑制其水化膨胀，而钾离子与铵离子有固定黏土晶格的作用。

任务考核

一、简答题

(1)固井作业对钻井液工作的要求是什么？

(2)钻井液密度大对钻井的危害是什么？

(3)钻井液黏度的调整？

(4)页岩抑制剂的类型？

二、操作题

(1)处理固井前的钻井液。

(2)处理黏土侵后钻井液密度与黏度。

(3)处理盐水侵。

(4)处理水泥侵。

(5)处理抑制性钻井液。

学习情境四 钻井地质技术知识与操作技能

情境描述

石油和天然气是流体矿产，我们发现的油气田并不一定就是这些矿床生成的位置。因此，对石油地质工作者来说：一方面要求采用地质、地球物理和地球化学勘探的综合技术来摸索和探寻地下油气藏的可能位置和埋藏深度；另一方面必须应用钻井的工艺技术，通过钻井取得直接及间接的资料来发现油气藏，并制定出合理的油气田开发方案，保证油气田在完成开发井网钻探后，获得较高的采收率。因此，要找到油气必须钻井，要开采油气也需要钻井，而钻井地质工作始终贯穿于油气勘探、开发的全过程。因此钻井地质工作是在钻井过程中，取全取准反映地下地质情况的资料数据，为油气评价提供重要依据。各项地质录井工作质量的好坏，直接关系到能否迅速查明地下地层、构造及含油气情况，影响油田的勘探速度和开发效果。因此，钻井地质工作是整个油气田勘探、开发过程中一项非常重要的工作。

钻井地质技术知识与操作技能是石油钻井作业的相关内容。它所涉及的专业理论知识和操作技能，共归纳为10个典型工作项目和若干工作任务。

本部分内容主要介绍了在钻井过程中常见岩石的识别方法及注意事项，常见地质构造，钻井地质设计；钻井过程中，如何识别钻遇到油气等内容，为今后学生实习或工作奠定良好基础。

项目一　认知常见三大类岩石

知识目标

(1)了解各类岩石的概念、一般特征。

(2)掌握各类岩石的构造。

(3)掌握各类岩石与油气的关系及钻井过程中注意事项。

技能目标

(1)掌握各类岩石的鉴别。

(2)能分析钻井过程中钻遇的各类岩石的特点。

学习材料

任务一 岩浆岩

一、岩浆活动

岩浆是处于地下深处高温、高压下含大量挥发组分的硅酸盐熔融体，它的化学成分常用氧化物的形式来表示，如表 4－1 所示。

岩浆处于地下 20～60km 处，甚至更深，压力可达 1×10^9Pa，温度在 1000℃以上。炽热的岩浆熔融体具有流动性和空间运动的能力，往往会伴随构造运动或受构造应力的作用，或因构造裂隙的产生而造成低压通道，或构成地壳中某种低压空间，使岩浆沿其压力小的方向流动，冲入地壳中软弱部分，直至喷(溢)出地表，这就是岩浆活动，前者称为岩浆的侵入作用，后者叫岩浆的喷出作用，因引起火山喷发，故又叫火山作用。

表 4－1 岩浆的化学成分

氧化物	质量分数	氧化物	质量分数
SiO_2	59.14	Na_2O	3.84
Al_2O_3	15.34	K_2O	3.13
Fe_2O_3	3.08	H_2O	1.15
FeO	3.80	TiO_2	1.05
MgO	3.49	其他	0.90
CaO	5.08		

二、岩浆岩

(一)岩浆岩的产状

由岩浆冷凝形成的岩石称为岩浆岩。

岩浆岩的产状，是指岩浆岩体在地壳中产出的状况，表现为岩体的形态、规模，同围岩的接触关系及其产出的地质构造环境等。它反映岩浆性质、岩浆活动情况及其与之有关的地质构造运动的相互关系。

按照岩浆活动情况，岩浆岩体产状分为两大类，即：

侵入岩类　岩浆侵入的产物；

喷出岩(火山岩)类　火山作用的产物。

按照岩体占有空间的方式和形成环境的不同，侵入岩类又分为深成侵入岩体和浅成侵入岩体。

1. 深成侵入岩体

由岩浆深成侵入作用形成，岩浆以其自身的高温、高压以及复杂的成分而占有空间，岩浆的高温使围岩熔融同化成为岩浆的一部分，被熔融围岩的空间为岩浆占据，岩浆成分因围岩成分的添加而有所改变。岩体深度约 3～15 km，根据其形状和规模的大小，又分为岩基和岩株等岩体，如图 4－1 所示。

(1)岩基

岩基是一种不规则的巨大侵入体，地面出露常呈长圆形，面积大于 100km²。往深处扩大，顶部起伏不平。其成分主要是花岗岩和花岗闪长岩，与围岩呈侵入不整合接触，形成与围岩形状相似的变质圈，在基岩的边缘部分有被岩浆岩包裹的围岩碎块——捕虏体。

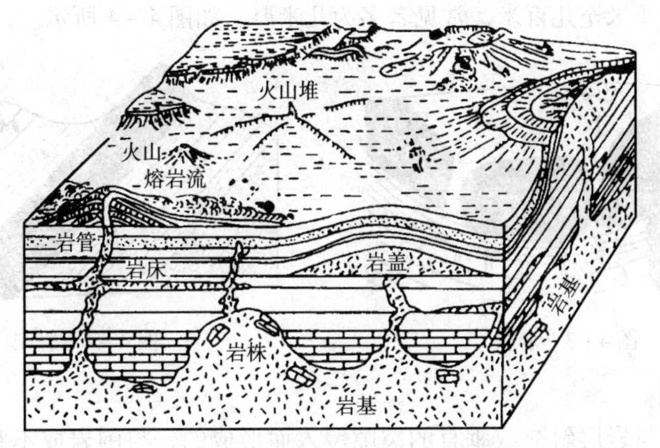

图 4－1 侵入岩体和喷出岩体构造示意图

(2)岩株

岩株是外形与岩基相似而规模小于 100km^2 的侵入岩体。其下部可能与岩基相连，是岩基上面的凸起部分，与围岩的接触较陡，围岩中亦有变质现象。如果岩株形状呈枝状、柱状、瘤状，则分别称为岩枝、岩柱、岩瘤。成分与岩基类似。

深成侵入岩体因形成于地下较深处的高温、高压环境，空间范围大、冷凝较慢，因此，岩石为全晶质，矿物颗粒粗而均匀。围岩接触变质明显。

2. 浅成侵入岩体

由岩浆浅成侵入作用形成，处于高压下的岩浆受构造控制，以其巨大的机械压力沿着围岩的层理和断裂的软弱部分被挤入围岩而占有空间，冷凝成浅成侵入岩体。岩体一般距地表较近，规模不大，形状也较规则，包括岩盘、岩盆、岩床、岩墙和岩脉。

(1)岩盘

岩盘(又叫岩盖)是岩浆顺围岩岩层之间侵入而形成、与围岩成整合接触的岩体。它使岩层的上层穹起，底层仍保持原位，岩体呈平凸状，如图 4－2 所示。多由中性到基性岩石组成。

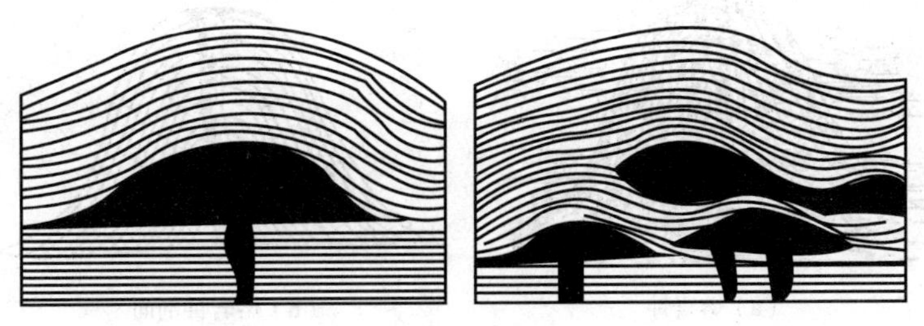

图 4－2 岩盘

(2)岩盆

岩盆的成因和成分，皆与岩盘相同，但形状相反，岩体为平凹形，呈盆状，如图 4－3 所示。

岩盘、岩盆的规模有大有小，面积由几平方公里至几百平方公里，厚度由几十米至几百米。

(3)岩床

岩床为顺岩层层面间侵入，并且厚度较稳定的板状岩体，多由黏性小的基性和中性岩石组成，厚度由几十厘米至几百米，常见者多为几米厚，如图4－4所示。

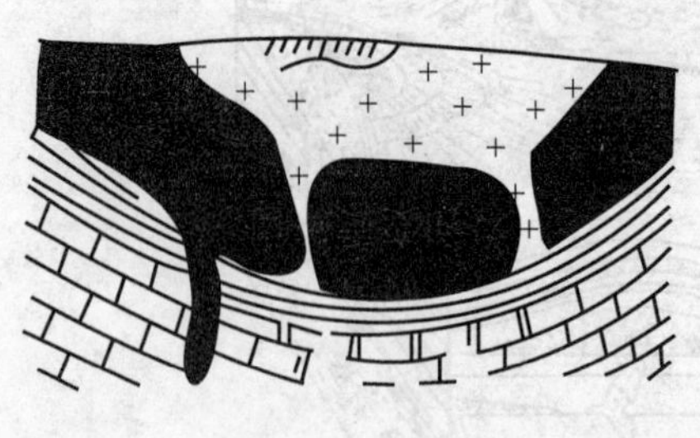
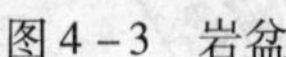

图4－3　岩盆

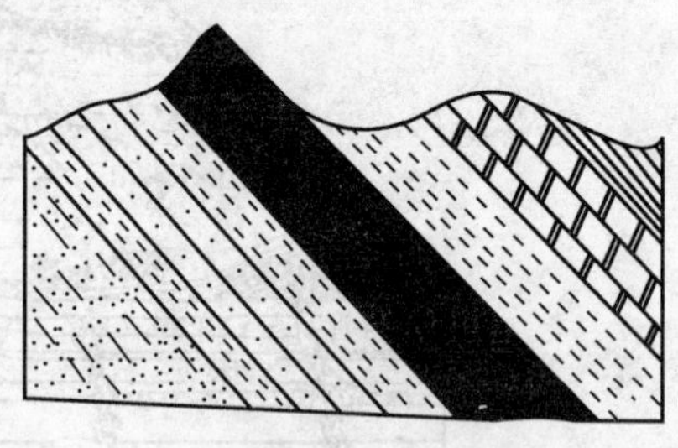

图4－4　岩床

（4）岩墙及岩脉

岩墙是岩浆沿与岩层斜交或垂直的裂隙侵入而形成的，与围岩成不整合接触，穿切岩层，有的岩体直立如墙。常成群出现，在一地区往往有一定的排列方向，与构造裂隙的分布规律有关。岩体规模小，厚度由几十厘米至几十米，长度由几米至几百米。成分由酸性到基性。岩脉是规模比岩墙更小的不规则侵入岩体，厚度由几毫米至几十厘米，长度由几十厘米至几十米，其分布受构造裂隙控制。

浅成侵入岩体因处于相对浅处冷凝成岩，冷凝和结晶都较快，所以岩石虽为全晶质，但矿物颗粒较细。由于岩浆上升到地壳浅部后，温度相对较低，难以熔融同化围岩，围岩变质较轻，变质圈厚度不大。

3. 喷出岩的产状

当火山喷发时，岩浆从火山口喷（溢）出地表，熔岩围绕火山口向四周流动，由于温度、压力突然降低，气体逸散，黏度增大，经冷凝而形成喷出岩。

熔岩的主要成分是硅酸盐，它分为酸性和基性两类。前者 SiO_2 的含量大于65%，后者 SiO_2 的含量为45%～52%。酸性熔岩因黏度较大而难以流动，在火山颈附近前堵后拥地堆在一起，故多以短而窄、厚度较大的穹窿状熔岩体形式出现，形成熔岩锥和熔岩钟等，如图4－5所示，它常堆积成火山。

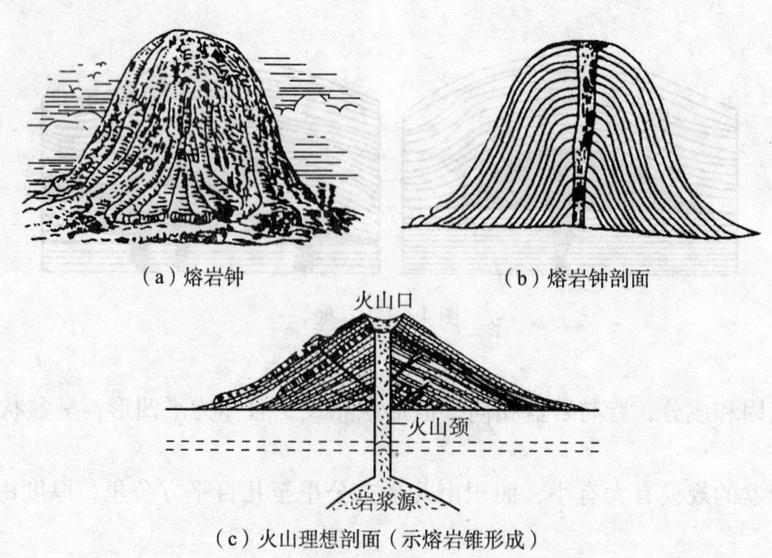

（a）熔岩钟

（b）熔岩钟剖面

（c）火山理想剖面（示熔岩锥形成）

图4－5　火山地形和喷出岩体产状示意图

（二）岩型岩的物质成分

1. 岩浆岩的化学成分

岩浆岩的化学成分包括主要造岩元素、微量元素和挥发组分等。其平均化学成分与地壳的或岩浆的平均化学成分都大致相似。岩浆岩主要由硅酸盐组成，但各种氧化物在不同岩浆岩类型中含量变化很大。SiO_2 含量不同，直接影响岩浆岩的性质，因此，根据 SiO_2 含量的不同又将岩浆岩分为四大类，如表 4－2 所示。

表 4－2　岩浆岩的物质成分及大类划分

岩类	主要氧化物含量/%					主要矿物	颜色	密度	岩石举例
	SiO_2	Al_2O_3	FeO、MgO	Na_2O、K_2O	CaO				
超基性岩	45	很少	多↓少	少↓多	多↓少	橄榄石、辉石	暗↓浅	重↓轻	橄榄石
基性岩	45～52	多↓少				斜长石、辉石			辉长石
中性岩	52～65					斜长石、角闪石			闪长岩
酸性岩	6～575					石英、钾长石、斜长石			花岗岩

2. 岩浆岩的矿物成分

岩浆岩中的矿物是岩浆活动的产物，它反映着岩浆岩的成分特征和形成环境，因此，矿物成分是岩浆岩的分类和命名的主要依据之一。

岩浆岩中的造岩矿物，按其成分和反映颜色的不同，可分为暗色矿物和浅色矿物。前者有橄榄石、辉石、角闪石、黑云母等，因富含铁、镁元素，又称铁镁矿物；后者如钾长石、斜长石、石英、霞石、白榴石、白云母等，因富含硅、铝元素，故称硅铝矿物。

岩浆岩中各种矿物在岩石中的含量有很大的不同；在岩浆岩的分类和命名方面所起的作用也不同。为此，可将岩浆岩中的矿物成分概括地分为主要矿物、次要矿物和副矿物。

主要矿物是指在岩浆岩中含量较多的矿物，是确定岩浆岩大类的主要依据。如石英是酸性岩类的主要矿物，橄榄石是超基性或基性岩类的主要矿物。

次要矿物是指在岩浆岩中含量较少的矿物，是岩石进一步分类和定名的依据。例如闪长岩类的主要矿物是斜长石和角闪石，若其中含有 10%～20% 的石英时，则定名为石英闪长岩。

副矿物是指在岩浆岩中含量很少的矿物，一般在 1%～5% 之间，但种类繁多，常见的有磷灰石、锆英石、磁铁矿、黄铁矿等。副矿物不影响岩石的定名。

此外，根据矿物的成因还可将矿物分成原生矿物和次生矿物两大类。前者是岩浆岩在冷凝过程中形成的矿物，如长石、石英、角闪石、辉石、橄榄石等，由岩浆直接结晶而成；后者是岩浆岩受外界地质作用或其他因素影响而形成的新矿物，与岩浆岩的成因无关。如钾长石风化形成高岭土，橄榄石蚀变成蛇纹石，黑云母蚀变成绿泥石等。

（三）岩浆岩的结构和构造

岩浆岩的结构和构造是岩浆岩的重要特征，它显示岩浆岩中矿物的组合关系，反映了岩浆岩的形成环境，所以也是岩浆岩分类和命名的重要依据。

1. 岩浆岩的结构

岩浆岩的结构是指岩石中各组分的结晶状况，包括矿物的结晶程度、结晶矿物的颗粒大小和形状，以及晶粒的空间结合方式。

（1）按矿物的结构程度可分为全晶质、玻璃质、半晶质三种结构类型。

①全晶质结构。

岩石中各组分都以结晶状态出现，全由矿物晶质组成，是侵入岩的特征结构。

②玻璃质结构。

岩石中不含结晶的矿物颗粒，全为玻璃质组成。黏度较大的酸性岩浆易于形成玻璃质，是喷出岩的特征结构，浅成岩边缘也可见到。

③半晶质结构。

岩石组分中一部分为晶粒，另一部分为未结晶的玻璃质。喷出岩和浅成岩常具有此种结构。

(2) 按矿物颗粒的相对大小，可分为下列几种结构。

①等粒结构。

岩石中各种矿物或绝大部分矿物的晶粒大小近于相等。它反映结晶过程中环境比较稳定，一般深成岩和部分浅成岩多具有此种结构。具等粒结构的岩石又可按矿物晶粒的绝对大小(粒度)而分为粗粒结构(颗粒直径大于5mm)、中粒结构(粒径2～5mm)和细粒结构(粒径小于2mm)。

②斑状结构。

岩浆岩中各种矿物的晶粒大小悬殊，可明显地分出较粗的斑晶和较细的基质两部分。基质可以是晶质的或非晶质的。它反映结晶过程中，结晶有早有晚，斑晶形成故多为自形晶；基质形成较晚，多为细晶质、隐晶质、或玻璃质。出现于浅成岩和喷出岩中。斑状结构和半晶质结构的区别，在于后者的基质只有玻璃质，所以半晶质的岩石都具有斑状结构。

③似斑状结构

岩石中的斑晶颗粒粗大，粒径常大于10mm。

此外，根据目力能辨认的程度，凡是晶粒能被认出，无论大小，都归之于显晶质结构；目力难以辨认的微细晶粒，归于隐晶质结构。

2. 岩浆岩的构造

岩浆岩的构造是指岩石内各种矿物的空间排列和充填方式。这与它的产状密切相关，不同产状的岩石，具有不同的构造。构造特征是岩石分类命名的重要依据之一。最常见的岩浆岩构造类型有下列几种，如图4－6所示。

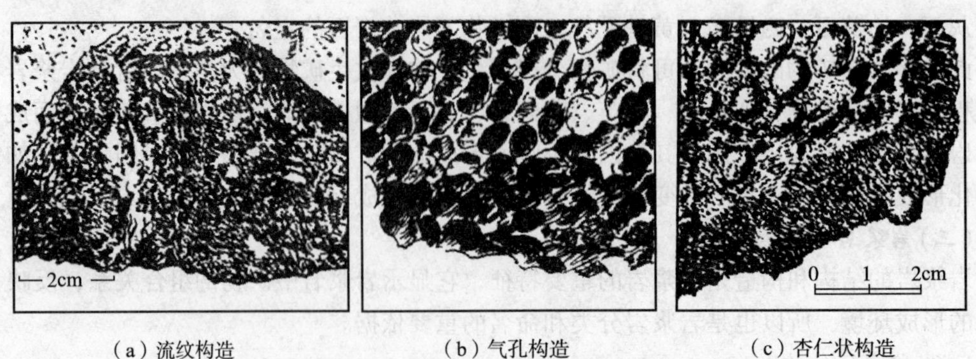

(a) 流纹构造　(b) 气孔构造　(c) 杏仁状构造

图4－6　喷出岩的构造示意图

(1) 致密块状构造

岩石中的各种矿物紧密相嵌，其颜色、成分和结构等的空间排列无一定方向，分布均匀。见于侵入岩特别是深成侵入岩中。

(2)流纹状构造

岩石中的斑晶或隐晶以及拉长了的气孔作有方向性的排列所形成的外貌特征。它反映熔岩的流动状态，为喷出岩类所具有，是流纹岩的典型构造。

(3)气孔构造及杏仁状构造

熔岩冷却时，由于挥发组分或气体逸散，遗留下许多气泡空间而形成气孔构造。如果气孔被后来的次生矿物(如方解石、蛋白石等)充填则形成杏仁状构造。这两种构造都是喷出岩特有的。

(四) 岩浆岩的分类

岩浆岩的分类基础是岩石的化学成分、矿物成分及其含量，它反映出岩石的性质；结构和构造则反映岩石的形成环境。岩浆岩所具有的这些特性，是区别其他类岩石的依据。

岩浆岩根据产状分出深成岩、浅成岩和喷出岩三大成因类型。再根据 SiO_2 的含量划分为不同的化学类型，如表 4-2 所示。

(五) 常见的岩浆岩

岩浆岩种类繁多，择其最主要的简介如下。

1. 橄榄岩

橄榄岩是超基性岩类的深成侵入岩。主要由橄榄石和辉石组成，前者含量占 40% ~ 90%，有时含有磁铁矿和铬铁矿等副矿物。当矿物成分基本为橄榄石时，叫纯橄榄岩。一般为暗绿色或黑绿色，具全晶质中粒—粗粒均粒状结构，自形程度较好，致密块状构造。由于次生变化，易变成蛇纹石橄榄岩或蛇纹岩。

2. 辉长岩

辉长岩是基性岩类深成侵入岩。主要由辉石和斜长石组成，次要矿物为橄榄石、角闪石、黑云母等，副矿物可有磁铁矿、磷灰石、钛铁矿等。一般为灰至灰黑色，具中粒—粗粒均粒状结构或辉长结构，致密块状构造。岩体多以岩盆、岩床、岩墙产出，与超基性岩、闪长岩共生或独立存在。

3. 玄武岩

玄武岩是成分与辉长岩相当的基性喷出岩。一般为黑色、黑绿色，细粒至隐晶结构或斑状结构，后者斑晶多为针状斜长石，次为橄榄石，具气孔状和杏仁状构造。玄武岩在地壳上分布很广，常以大面积的岩流、岩被的形式出现。大洋底几乎全是玄武岩，它也是月球表面的主要岩石。

4. 闪长岩

闪长岩是中性岩类的深成侵入岩。主要由斜长石和角闪石组成，此外，还有辉石、黑云母，副矿物有榍石、磷灰石、磁铁矿等。一般不含或含少量的石英和钾长石。多为灰色和浅灰绿色，具全晶质中粒—粗粒均粒状结构，致密块状构造。由于次生变化，斜长石变为绿帘石，角闪石变成绿泥石致使岩石呈浅绿色。岩体以岩株、岩盖、岩墙出现，常与花岗岩共生，也与辉长岩共生。

5. 安山岩

安山岩是成分与闪长岩相当的中性喷出岩。一般为灰紫、紫褐色等，具斑状结构(斑晶为斜长石，有时含角闪石或辉石)，呈气孔状、杏仁状或块状构造。形成较大的熔岩流与玄武岩、英安岩等共生，其分布面积仅次于玄武岩，占岩浆岩面积的 22%。

6. 花岗岩

花岗岩是酸性岩类的深成侵入岩。主要由石英、钾长石、斜长石组成，含量占85%以上，次为黑云母、角闪石，副矿物有榍石、磷灰石、电气石、锆英石等。石英自形程度不好。一般为肉红色、灰白色，全晶质中—粗粒均粒结构、似斑状结构，还有花岗结构、文象结构，具致密块状构造。花岗岩多以基岩出现，也有以岩枝、岩盖产出的。

7. 流纹岩

流纹岩是成分与花岗岩相当的酸性喷出岩。一般为灰色、灰红色、肉红色等，具斑状结构和流纹状构造，有时可见气孔状或块状构造。

8. 正长岩

正长岩是半碱性岩类的深成侵入岩。几乎全由肉红色或灰白色的钾长石组成，含少量斜长石；暗色矿物多为角闪石、黑云母、辉石等，一般无石英或极少；副矿物有榍石、磷灰石、磁铁矿、锆英石等。颜色多为肉红色或灰白色；全晶质中粒均粒结构，致密块状构造。风化后常形成铝土矿。岩体常与其他类岩体共生，或成为后者的边缘部分，或以小型岩盖、岩柱而独立出现。

9. 花岗伟晶岩

花岗伟晶岩成分与花岗岩相当，主要由微斜长石、条纹长石和石英组成。晶体颗粒粗大，粒径由几厘米至几十厘米，具文象结构。一般多呈脉状体产出。伟晶岩中有时含白云母、电气石、绿柱石以及各种含稀有和放射性元素的矿物，有的富集形成矿床。

三、岩浆岩与石油、天然气的关系

根据目前的资料统计，世界上大多数油田都是在沉积岩中发现。那么，岩浆岩与石油、天然气有什么样的关系呢？

（一）岩浆岩与油气藏的关系

一方面，当岩浆岩早于沉积岩而生成时，往往成为沉积盆地的基底和物质来源区。由起伏的岩浆岩基底所形成的“古潜山”，可以使沉积产生继承性的隆起，这些隆起有时会造成良好的储油构造。同时岩浆岩基底的破碎带或风化壳也可能形成良好的油气聚集带。玄武岩由于气孔发育，裂缝把气孔沟通，也可以成为储集层。如我国下辽河在凝灰岩中，江汉平原在玄武岩、安山岩中都获得工业性油流，单井日产量5~30t不等；东营地区也在花岗岩、玄武岩中发现了良好的油气显示。事实说明，岩浆岩只要在储集条件、构造条件及其他条件充分具备的时候，是可以储集石油和天然气的，可以形成具有工业价值的油、气藏的。因而在岩浆岩地区的找油工作不是完全没有意义的。

另一方面，当岩浆岩特别是深成岩侵入到沉积岩中时，岩浆的高温不仅会使围岩发生变质，而且在岩石变质的同时，储存在岩石孔隙中的油、气以及夹于岩层中的煤层将发生炭化，最后形成石墨，从而使已经形成的油、气藏受到破坏。

（二）钻井过程中钻遇岩浆岩的注意事项

目前，我们一般不在岩浆岩地区进行石油勘探工作，但在钻井过程中却经常会碰到岩浆岩，应根据具体情况具体分析。首先应根据岩石的矿物成分、结构、构造正确地判断岩石是深成岩、浅成岩或喷出岩，然后对不同的岩石类型采取不同的措施。

如果钻遇深成岩，不可盲目钻进，因为深成岩中的岩基、岩株面积很大，对围岩有明显的接触变质现象，若继续钻进，既达不到目的，又造成不必要的浪费。在这种情况下，应结合区域地质资料，果断地做出停钻的决定。

如果钻遇浅成岩，不能一概而论。如钻遇的岩脉、岩床，因厚度不很大，对围岩影响不很大，应当继续钻进，达到钻探目的。

对于喷出岩，则应当依据各类喷出岩产状的不同做出不同的判断。若钻遇玄武岩，它是喷出地表凝结而成，因基性岩浆黏度小，流动速度快，形成分布面积不大，厚度不大的岩流、岩被，而玄武岩对其上下岩层影响不大，应继续钻进。

当钻遇的是安山岩、流纹岩之类的中、酸性岩石，因其岩浆的黏度大，流动迟缓，喷出以后易形成"岩锥"。因厚度很大，钻井过程中应当认真分析情况，结合区域岩浆活动资料，决定停钻还是继续钻进。

任务二　变质岩

一、变质作用

因地球内力作用(如地壳运动和岩浆活动)，使早期形成的岩浆岩、沉积岩或变质岩，未经熔融状态而发生物理化学变化形成新岩石的地质过程，称为变质作用。变质作用形成的岩石叫变质岩。由岩浆岩变质而成的称正变质岩；由沉积岩变质而成的称副变质岩。

由于岩浆岩和沉积岩在变质时未经过熔融阶段，直接以固体状态进行变质，因而变质岩的成分、结构、构造、产状都与原来的岩石(原岩)有着密切的联系，但变质岩具有自身特殊的结构、构造和变质矿物，所以与原岩又有所区别。

(一)变质作用的影响因素

1. 温度

通过温度作用可以增强岩石矿物内部分子的活动能力，从而引起物质成分的迁移，促进矿物的重结晶作用，加速变质反应和交代作用，形成变质岩和变质矿物。

2. 压力

压力是控制变质作用的重要因素。按其物理性质不同，可分为静压力和动压力两种。静压力增大可使矿物体积缩小，密度增大。动压力又称构造应力，其作用是促使岩石发生机械变形、破碎变质，使岩石的片状、柱状矿物作定向排列，产生片理，同时形成新矿物。

3. 化学活动性流体

化学活动性流体主要包括水和二氧化碳为主的富含多金属和非金属元素及氧、氟、氯、磷等的挥发性组分。在温度和压力配合条件下，它们活跃于岩石的破碎带、接触带以及岩石中矿物颗粒之间的孔隙中，可与周围的物质进行如交代、互换等一系列的反应。它们不仅引起原岩结构和构造上的变化，同时也促使岩石和矿物的化学成分发生改变，形成新的矿物。

(二)变质作用的类型

根据变质作用发生的地质背景和物理化学条件，可分为四种主要类型。

1. 接触变质作用

接触变质作用是指岩浆侵入围岩而引起围岩变质的作用。通常规模不大，分布也较局限，主要在侵入体与围岩的接触带附近发生。一般是在地下几公里的低压高温环境中进行。引起围岩变质的主要因素是岩浆的温度及其析出的挥发性组分。根据变质因素和特征不同，分下列两种类型。

(1)热接触变质作用

指岩浆侵入围岩后，因岩浆高温的影响使围岩发生重结晶和重组合的变质作用。离侵入体越近，变质作用越强，越远则越减弱直至未变质。

(2)接触交代变质作用

指由于岩浆中挥发性组分加入使接触带内外的岩浆岩和围岩发生明显交代，从而使化学成分发生变化的变质作用。接触变质矿物主要有硅灰石、石榴子石、透辉石、透闪石等。

2. 动力变质作用

由地壳运动所产生的构造应力使岩石发生破碎、变形和重结晶等作用，称为动力变质作用。它主要发生在构造变动强烈的断裂带附近，特别在经过强烈挤压的构造带更明显。

3. 区域变质作用

区域变质作用是指与构造运动及岩浆活动有一定的联系，岩石变质范围很广、规模异常巨大的变质作用。区域变质作用是地壳活动带的深部在漫长时间内进行的，区域性的地热流增高是发生变质作用的主要因素。原岩在温度、压力及化学活动性流体的促使下，普遍发生重结晶和重组合作用。所形成的区域变质岩以片理发育为特征。常见的区域变质岩是泥质岩石变成的各种板岩、千枚岩、云母片岩等；砂岩、粉砂岩等变成石英千枚岩、云母石英片岩、长英质片麻岩等。变质矿物有白云母、黑云母、红柱石、绿泥石、绿帘石等。

4. 混合岩化作用

原岩由高度变质作用形成的岩石和局部熔融的岩石(多半是花岗岩)相互交插混合的作用，称为混合岩化作用。它是区域变质作用的进一步发展。混合岩的最大特点是由原变质岩基体和新生的长英质脉体两大组分构成。而且随着混合岩化作用的增强，其中的长英质脉体越来越多，可分别形成条带状混合岩、片麻状混合岩、混合花岗岩。

除上述四种主要变质作用类型外，尚有洋底变质作用，主要发生在热流值较高的洋中脊下部的某一深度上。

(三)变质强度的概念

变质强度是指岩石变质的强弱程度。它取决于变质作用发生的地质背景和物理化学条件，变质岩的矿物成分(组合)可以反映变质程度和变质条件。在变质过程中，由于变质作用发生的地质条件不同而形成不同的变质带和变质相。

1. 变质带

根据变质岩的标志矿物而划分出来的变质强度不同的地带，称为变质带。岩石的变质强度，在空间分布上有一定规律，是划分变质带的依据。

2. 变质相

变质相是指变质过程中，由各种化学成分不同的原岩同时形成的一套矿物组合及其形成时的物理化学环境。在同一个变质相内，各种不同的原岩都按其化学成分，通过不同的变质反应，形成相应的矿物组合，这个特定的矿物组合，是划分变质相的依据。

二、变质岩

变质岩是地壳中已形成的岩石(岩浆岩、沉积岩或变质岩)在高温、高压及化学活动性流体的作用下，使原岩的成分、结构、构造发生改变所形成的岩石。变质岩按变质作用的类型可分为接触热变质岩、气成水热变质岩、动力变质岩和区域变质岩四类，如表4-3所示。它们的成因分别受岩浆的高温影响、岩浆的热水溶液影响、地壳运动的定向压力作用影响，在大面积范围内受岩浆活动和地壳运动的综合影响。

表 4-3　变质岩分类简表

分类	接触热变质岩	气成水热变质岩	动力变质岩	区域变质岩
岩石名称	石英岩、角岩、大理岩	矽卡岩、云英岩、蛇纹岩	碎裂岩、糜棱岩	石英岩、板岩、大理岩、千枚岩、片岩、片麻岩

注：引自徐成彦等《普通地质学》，1988。

(一)变质岩的结构

变质岩的结构有两种，为变质岩所特有。

1. 变晶结构

在变质过程中，矿物重新结晶而形成的结晶质结构，叫变晶结构。变晶结构是变质岩的重要特征。

2. 变余结构

变质程度较浅的变质岩中残留下来的原岩的结构，则叫变余结构。

(二)变质岩的构造

变质岩具特有的片理构造，它们是识别变质岩的重要标志，其特点是矿物多呈定向排列。这些构造有：

1. 板状构造

岩石中矿物颗粒很细小，具有平整的破裂面，在整齐而平直的面上偶有绢云母、绿泥石出现。

2. 千枚状构造

千枚状构造岩石中矿物颗粒细小难以分辨，是隐晶质片状或柱状矿物定向排列而成，沿定向排列矿物能劈成薄片，薄片表面具绢云母的丝绢光泽，断面参差不齐。

3. 片状构造

由大量片状、柱状矿物(云母、绿泥石、角闪石等)定向排列而成，矿物颗粒为细粒到粗粒，肉眼可辨认。

4. 片麻状构造

由结晶颗粒较粗大的浅色粒状矿物(长石、石英)和暗色片状、柱状矿物(黑云母、角闪石等)相间成带状平行排列，形成不同颜色、不同宽窄的条带，但不能劈成薄片。片麻状构造中如有钾长石单体或集合体呈眼球状定向分布时，则叫眼球状构造。

5. 块状构造

岩石中结晶的矿物均匀分布，无定向排列，也无定向裂开的性质。

6. 糜棱状构造

岩石被碾碎成均匀的细小鳞片状或透镜状碎屑或粉末，并呈定向排列。为动力变质岩所具有的特殊构造。

(三)常见的变质岩

在变质岩中，蕴藏着各种有用矿床，如铁、铜、铅、锌、锡、钨、石墨、滑石、磷和大理岩等等。我国是世界上变质岩最多的国家之一，各种变质作用的产物齐全，变质矿床也十分丰富。目前世界上铁矿石储量一半以上属于古老变质岩中的铁矿。几种主要的变质岩及其鉴定特征如表 4-4 及图 4-7 所示。

表 4-4　主要变质岩及其特征鉴定简表

变质岩	颜色	结构	构造	主要矿物成分	原岩	变质程度
板岩	灰至黑	隐晶质变晶或变余	板状	绢云母、石英细粒、绿泥石、黏土	黏土岩、粉砂岩	
千枚岩	黄、绿、浅红、蓝灰	隐晶质变晶	千枚状	云母、绿泥石、角闪石	黏土岩、粉砂岩、凝灰岩	
片岩	黑、灰黑、绿、浅褐	变晶	片理	云母、绿泥石、滑石、角闪石、石墨、长石	黏土岩(含砂)	浅
片麻岩	灰、浅灰	粒状变晶	片麻状、眼球状	长石、石英、云母、角闪石	长石砂岩、花岗岩	↓
石英岩	白、灰白、灰红	粒状变晶	致密块状	石英、少量长石、白云母	石英砂岩	↓
大理岩	白、灰绿、黄、浅红、浅蓝	等粒变晶	致密块状	方解石、白云石	碳酸盐岩	↓
矽卡岩	变化不定	无规律	块状	透辉石、石榴石	碳酸盐岩与中酸性侵入岩体接触交代	深
蛇纹岩	暗灰绿至黄绿	隐晶质变晶	块状	蛇纹石	橄榄岩、辉岩	

（a）板岩　（b）千枚岩　（c）片岩

（d）片麻岩　（e）大理岩　（f）石英岩

图4-7　常见变质岩

三、变质岩与石油、天然气的关系

变质岩与岩浆岩一样是不能生油的。同时，由于变质过程中具有较高的温度和压力，引起岩石中有机质分解和破坏；矿物的重结晶或矿物成分的重新组合，以及岩石被压紧等势必使岩石的孔隙度大大降低，因而不利于油气储存。仅在一定条件下可在裂隙和片理中储集石油。如新疆克拉玛依油田在一个构造深大断裂带附近，志留—泥盆系变质岩风化带中发现有油气聚集。说明在含油气盆地内对于深部变质岩基底油气藏的勘探，是值得注意的。当然，如果沉积岩经受变质后，其中的油气藏就要遭受破坏了。因而，大面积变质岩分布的地区不是油气勘探的有利地区。

任务三　沉积岩

沉积岩是由各种外力地质作用形成的沉积物，由各种沉积物组成的岩石，都属于沉积岩。它是在地表或接近地表的条件下，由母岩(火成岩、沉积岩、变质岩)经过风化、搬运、沉积、成岩等作用所形成的层状岩石，其中以海、湖、河等流水剥蚀、搬运、沉积而形成的岩石为主，因而沉积岩是一种次生岩石，是在地壳表层形成的地质体。

沉积岩在地球表面分布非常广泛，且沉积岩中蕴藏着十分丰富的沉积矿产。根据生产实践证明，世界上99%以上的石油和天然气都是储集在沉积岩中。因此，我们必须进一步认识沉积岩，了解并掌握它的基本特点、分布规律和形成环境，从而研究它与石油和天然气的关系。

一、沉积岩的一般特征

(一)沉积岩的物质成分及大类划分

根据岩石的主要物质成分和结构，可将沉积岩分为碎屑岩、化学岩和生物岩三种基本类型：

1. 碎屑岩

主要由碎屑物质组成，包括正常碎屑岩和火山碎屑岩。前者主要是由母岩的风化产物碎屑物质，经机械沉积作用和成岩作用而形成；后者主要是由火山碎屑物质，经堆积和压实作用形成，是介于火山岩与沉积岩之间的一种特殊类型的碎屑沉积岩。

2. 化学岩

主要是由母岩风化产物中的可溶性物质，在水介质中呈经化学反应、沉积和胶结作用形成的。

3. 生物岩

主要是由生物遗体的聚集或经过生物化学作用形成的。

(二)沉积岩的颜色

沉积岩的颜色取决于沉积岩的颗粒成分和胶结物成分，同时还取决于沉积岩的物质来源和沉积环境。暗色矿物含量多的沉积岩颜色深，浅色矿物含量多的沉积岩颜色浅。铁质胶结的沉积岩呈红色或褐色，钙质与硅质胶结的沉积岩呈白色或灰色。

在观察和描述岩石性质时，把颜色作为最醒目的特征放在首位，并作为沉积岩分层、对比和推断古地理条件的重要标志之一。

沉积岩的颜色根据成因可分为继承色、自生色和次生色。自生色和继承色都是原生色。

1. 继承色

继承色主要决定于岩石中所含矿物碎屑的颜色，常为碎屑岩所具有。如石英砂岩的颜色，常为白色，长石砂岩呈肉红色等。

2. 自生色

自生色是自生矿物(化学沉积物或有机质)呈现出来的沉积岩颜色。如海绿石砂岩呈绿色，石膏呈白色等。对沉积岩颜色影响最大的是铁质和炭质，它是沉积环境的反映。在还原环境中形成的、含较多有机质和低铁化物的沉积岩常为暗色。在氧化环境中形成的、含有机质少而富含高铁化物的沉积岩则常为红色或褐色。

3. 次生色

次生色是沉积岩在风化作用下由于次生变化产生的颜色。如海绿石砂岩风化后呈黄褐色或褐红色。

沉积岩原生色由浅至暗变化，例如依次由黄、棕、褐、红、紫等色至蓝、绿、灰、黑色，能大致反映沉积环境由大陆向海洋，海(湖)盆地水体由浅至深，沉积介质由氧化至还原逐渐过渡的递变规律。

(三)沉积岩的结构

沉积岩的结构，是指岩石内部的矿物颗粒大小(粒度)、结晶程度、形状及胶结物的数量多少。

1. 沉积岩的结构类型

沉积岩的结构按成因分为三类：

(1) 碎屑结构

指碎屑物质被胶结物质胶结起来的岩石结构，为碎屑岩所特有。按颗粒直径大小(粒度或粒径)，分为砾状(粒径 >1mm)、砂状(粒径 1~0.1mm)、粉砂状(0.1~0.01mm)、泥状(粒径 <0.01mm)。按颗粒的相对大小，可分为等粒结构(粒径基本相等)、不等粒结构(粒径大小不等)。

(2) 化学结构

为化学岩所具有的结构，如晶粒状、鲕状(鲕粒、球粒)、竹叶状、多孔状结构等。

(3) 生物结构

为含生物化石的岩石所具有的结构，常见于石灰岩中。按岩石中生物化石含量多少又分为生物结构(化石含量 >30%)、含生物结构(5%~30%)。按化石的完整程度分为生物介壳结构(岩石中化石完整)、生物碎屑结构(岩石中生物化石呈碎片)。

2. 沉积岩碎屑颗粒的形状

碎屑颗粒的形状用圆度和球度来测定。

(1)碎屑颗粒的圆度

圆度是指碎屑颗粒的原始棱角被磨圆的程度，它是碎屑结构的重要特征之一。圆度在几何上反映了颗粒最大投影面影像的圆滑程度。圆度一般分为四级，如图 4-8 所示。

①棱角状：颗粒仍保持原状，棱角清楚；

②次棱角状：颗粒原始棱角微弱磨损，形状改变不大；

③次圆状：颗粒原始棱角已遭受较大程度的磨蚀，棱角已不明显；

④圆状：颗粒的棱角已基本或完全被磨蚀，大致呈球状或椭球状。

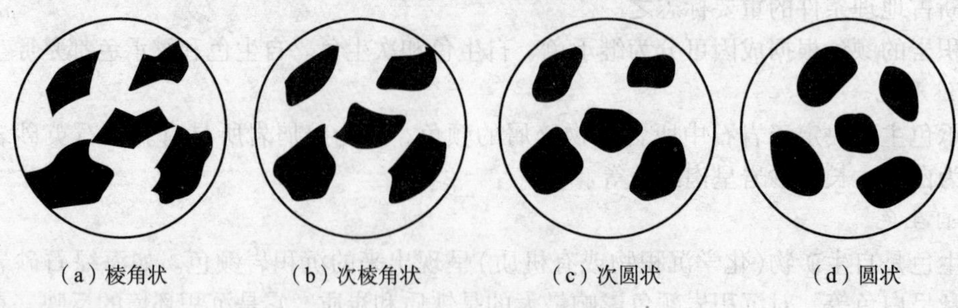

图 4-8　圆度等级示意图

碎屑颗粒的圆度变化的总趋势是，随着搬运距离和搬运时间的增长而增高。但受许多因素(如颗粒成分、粒级、搬运及沉积条件等)的影响，在同样的磨蚀条件下，石灰岩碎屑远比石英碎屑易于磨圆，砾石远比砂级碎屑的圆化速度快。又如，风搬运比水搬运的碎屑磨圆度好，滨海沉积一般比河流沉积的磨圆度好。因此，当利用碎屑的圆度特征来分析其沉积成因时，应以同一成分、同一粒级为准。

（2）碎屑颗粒的球度

球度是一个定量参数，用它来量度颗粒形状近于球体的程度。辛格（Zingg，1953）根据颗粒 A、B、C 三个轴的长度比例，将颗粒分为四种形状。

①圆球体：B/A >2/3、C/B >2/3，三轴近于相等；

②椭球体：B/A <2/3、C/B >2/3，A 轴很长，B、C 轴近于相等；

③长扁球体：B/A <2/3、C/B <2/3，三轴不等，A > B > C；

④扁球体：B/A >2/3、C/B <2/3，c 轴很短，A、B 轴近于相等。

颗粒的三个轴越接近相等，其球度越高，如圆球体颗粒的球度最高，在滚动搬运中它易于沿床底滚动。不同形状的扁球体和椭球体，却可以有相同的球度，如片状颗粒和柱状颗粒，具有最低的球度。在搬运过程中柱状颗粒比片状颗粒易于滚动，后者易呈悬浮状态被长距离搬运。

圆度和球度能反映沉积物的成熟度。圆度好及球度高，可直接说明沉积物的成熟度高。

（四）沉积岩的构造

沉积岩的构造，是指岩石各组成部分的空间分布和排列方式，一般包括层理、层面构造和层内构造。

1. 与层理有关的基本术语

（1）纹层（细层）

纹层是组成层理的最小单位。纹层之内没有肉眼可见的任何层。它是在一定条件下同时沉积的结果。其厚度很小，一般为数毫米至数厘米。其产状是水平的、倾斜的或波状的。

（2）层系

层系是由许多在岩石性质（成分、结构）、厚度和产状上近似的同类纹层组合而成，它们形成于相同的沉积条件下，是一段时间内水动力条件相对稳定的产物。

（3）层系组（层组）

层组是由两个或多个岩性基本一致的相似层系，或性质不同但成因上有联系的层系叠覆组成，其间没有明显间断。

（4）层

层是组成沉积地层的基本单位，由成分基本一致的岩石组成，它是在较大的区域内基本稳定的自然条件下沉积而成的。层可以根据它在成分或结构上的不一致性与上下邻层区分开。层与层之间的接触面称为层面。一个层可以包括一个或若干个纹层、层系或层组。层的厚度变化很大，由数毫米至数十米，一般为数厘米至数十厘米。对明显被层面所分开的单层，可按厚度划分为：块状层（ >1m）、厚层（1 ~0.5m）、中层（0.5 ~0.1m）、薄层（0.1 ~0.01m）、微层或页状层（ <0.01m）。

2. 层理

层理是岩石性质沿垂向变化的一种层状构造，它可以通过矿物成分、颗粒大小、颜色的突变或渐变而显现出来。层理反映沉积岩的沉积环境和碎屑岩的非均质性特征。

（1）水平层理和平行层理

水平层理和平行层理的特点是细层平直且与层面平行。平行层理外貌与水平层理相似，但它是在较强的水动力条件下，由连续滚动的砂粒粗细分离或含不同重矿物的纹层叠覆而成，沿纹层面容易剥开(通称剥离线理)。平行层理多形成于河道、湖岸、海滩等高能环境，如图4－9所示。

(2)波状层理

波状层理由许多波状起伏的纹层重叠在一起组成，是由于波浪引起沙纹的移动造成的。其特点是纹层呈波状，但总的方向平行层面，当沉积速率较高时，可保存连续的波状。波状层理常形成于海、湖的浅水区及河漫滩，如图4－10所示。

(3)交错层理(斜层理)

交错层理由一系列彼此交错、重叠、切割的细层组成。按其层系厚度可分小型(<3cm)、中型(3～10cm)、大型(10～200cm)、特大型(>200cm)四种；按其层系形态可分板状、楔状、槽状三种基本类型。

板状交错层理的层系界面为平面，且彼此平行。大型板状交错层理常见于河流沉积之中，其层系底界有冲刷面，纹层内常有下粗上细的粒度变化，有的纹层向下收敛。

楔状交错层理的层系界面也为平面，但互不平行。楔状交错层理常见于海、湖的浅水区和三角洲。

槽状交错层理的层系底界为槽形冲刷面。大型槽状交错层理多见于河床沉积中，其层系底界冲刷面明显，底部常有泥砾，如图4－11所示。

图4－9　水平层理

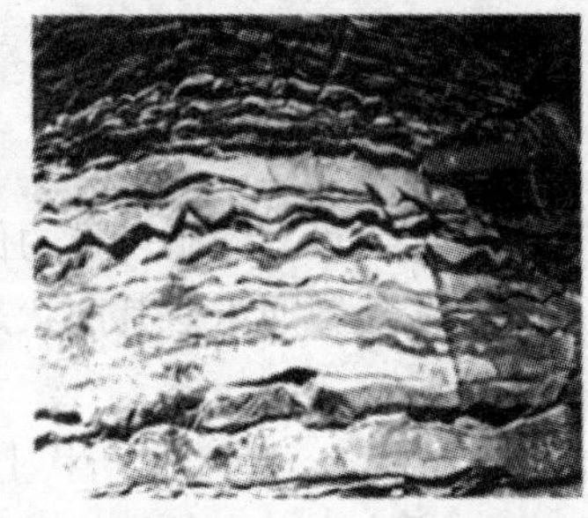

图4－10　波状层理

图4－11　交错层理

(4)递变层理

递变层理又称粒序层理。其特点是由底至顶颗粒逐渐变化，除了粒度变化之外，无任何内部纹层。根据递变层的内部构造特征，主要分两种基本类型，如图4－12所示。

一是颗粒向上逐渐变细，但下部不含细粒物质，它是由于水流速度或强度逐渐减低而沉积的结果。

二是以细粒物质作为基质全层均匀分布，粗粒物质向上逐渐减少和变细，它是由于悬浮体含有各种大小不等的颗粒，在流速减低时因重力分异而整体堆积的结果。它属于浊流成因，大多数递变层理属于此类。

(5)透镜状层理和压扁层理

这是砂、泥沉积中的一种复合层理。在水流或波浪作用较弱、砂质供应不足、对泥质沉积与保存都较有利的情况下，可形成泥包砂的透镜状层理；当水流或波浪作用较强，有利于砂质沉积和保存的情况下，因波峰处泥质缺乏或较薄，形成被砂质包围的泥质压扁体，称压扁层理或脉状层理；这类层理常见于潮汐环境中，如图4－13所示。

(6)韵律层理和沉积旋回

韵律层理和沉积旋回是由不同成分、结构或颜色的沉积物有规律的交替叠置而成。大规模的沉积韵律常称为沉积旋回。

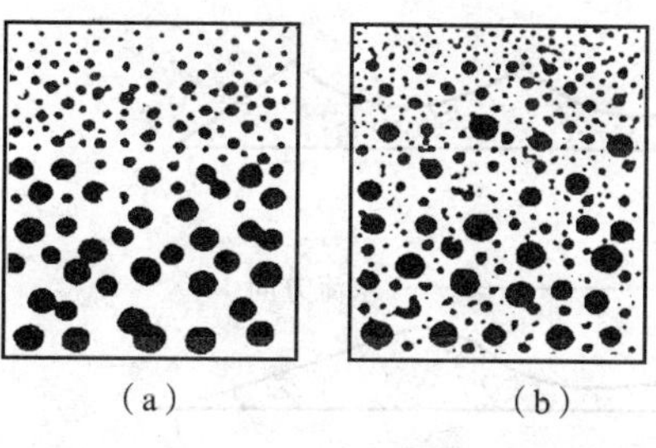
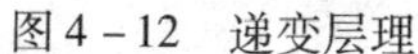

图4－12　递变层理

图4－13　压扁透镜层理

沉积旋回是指地壳运动引起的，在沉积岩层的剖面上，相似岩性的岩石有规律重复出现的现象。当沉积区地壳下降、水体面积扩大时，可形成水进旋回，即沉积物由浅水相变为深水相，沉积物由下至上由粗变细；当地壳上升、水体面积缩小时，则形成水退旋回，即沉积物由深水相变为浅水相，沉积物由下至上由细变粗。

在地层剖面中，一个完整的沉积旋回可表现为一个水退旋回叠置在一个水进旋回之上。但是，地壳上升阶段形成的水退旋回易被剥蚀，难以保存，故自然界中常见水进型半旋回。由于地壳运动的影响范围宽广，而在同一构造区域内，同一时期沉积旋回的性质是相同或相似的。因此，沉积旋回是地层划分对比和推断地壳运动情况的重要依据之一。

(7)块状层(均匀层理)

块状层是一种不显示任何纹层构造的层理。其特点是外貌大致均匀，组分和结构无分异，也称无层理。块状层理可由悬浮物质快速堆积而成(沉积物来不及分异)，如洪水沉积，也可由沉积物重力流快速堆积而成。有时强烈的生物扰动，重结晶或交代作用破坏原生层理，而造成块状层理。严格说来，真正的块状层理，使用仪器也辨认不出内部纹层。

3. *层面构造*

在沉积岩中，常见的层面构造有波痕、冲刷痕迹、泥裂等。

(1)波痕

沉积物在沉积过程中，受波浪、流水和风力等作用而产生的波纹，其痕迹遗留在岩层面上，称为波痕。常见于砂岩之中。一般用波长(L)、波高(H)、波痕指数(L/H)、不对称度(L_1/L_2)四要素来表示波痕形态，如图4－14所示。

波痕按成因分为三种类型，如图4－15所示。

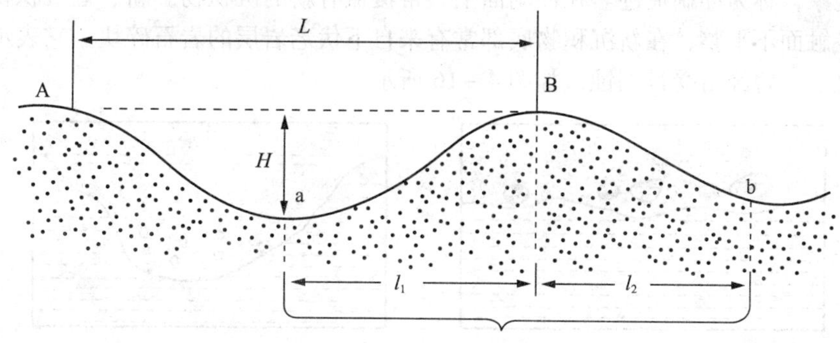

图4－14　波痕要素示意图

A、B—波峰；a、b—波谷；H—波高；L—波长；l_1—缓坡水平投影距离；l_2—陡坡水平投影距离

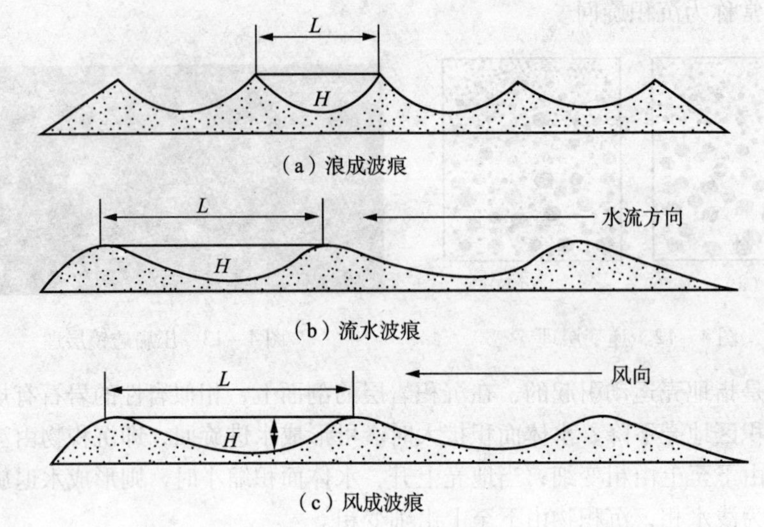

图 4－15　波痕的成因类型

①浪成波痕。

由产生波痕的动荡水流形成，常见于海、湖浅水地带。波峰尖小，波谷圆滑；形状对称，不对称度(L_1/L_2)近于1；波痕指数(L/H)一般为4～13，多数为6～7。但拍岸浪的波痕指数可达20，且呈不对称状，陡坡向岸。

②流水波痕。

由定向流动的水流形成，见于河流和有底流存在的海湖近岸地带。波峰波谷都较圆滑；呈不对称状，不对称度大于2；波痕指数大于5，大都为8～15。陡坡的倾斜方向指示水流方向。在海、湖滨岸，波峰走向大致平行岸的延伸方向，陡坡朝向陆地。

③风成波痕。

由定向风形成，见于沙漠及海、湖滨岸的砂丘沉积中。呈极不对称状，不对称度可达20或更大；波痕指数为20～50之间，甚至更大；波峰波谷都较圆滑开阔，但谷宽峰窄。陡坡的倾斜方向与风向一致。风成波痕的波峰多为粗粒碎屑或重矿物，波谷为细。这种侵蚀下切现象是河床沉积的重要标志。

(2)冲刷痕迹及侵蚀下切现象

具有剥蚀能力的流水、波浪和底流，对沉积物或岩层顶面进行冲刷，形成凸凹不平的坑洼和切割现象，称为冲刷痕迹。在冲刷面上，常覆盖有新的沉积物。新、老沉积物性质有明显差别，接触面不平整，在新沉积物底部常有来自下伏老岩层的岩石碎块。它表示在下伏沉积岩形成之后，曾经遭受过剥蚀，如图4－16所示。

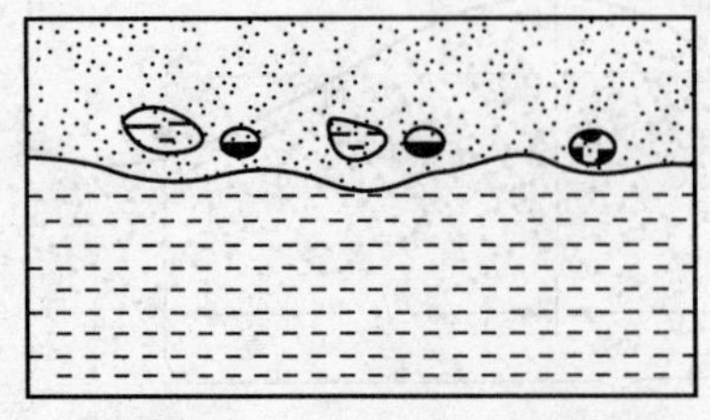
（a）泥岩碎块包含在上覆砂岩中

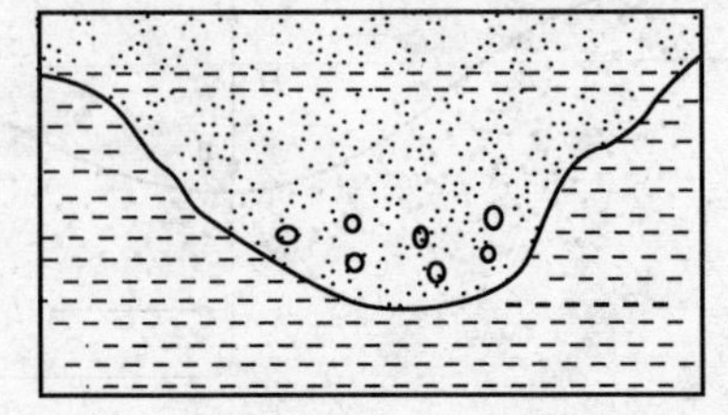
（b）河流下切形成的凹陷，被砾、砂所充填

图 4－16　冲刷痕迹示意图

在三角洲或河流地区，由于河流改道或流速加大，在河床经过的局部地区，先沉积的较细物质被冲蚀而形成凹陷，当流速减缓时，这些凹陷又被后来的物质所充填，在充填物中有砾石，往上岩性逐渐变细。这种侵蚀下切现象是河床沉积的重要标志。

(3)泥裂

泥裂又称干裂，是沉积物因露出水面，经曝晒干涸收缩产生裂缝后被其他物质充填而形成，常见于黏土岩和碳酸盐岩中。因其外貌像龟纹，故又叫龟裂，如图4－17所示。最常见于海、湖滨岸、干涸池塘、废弃河道、泛滥平原及潮间带的沉积物表面，常与雨痕、冰雹痕等伴生。这些层面构造的同时出现，是沉积物表面曾经暴露于地表的重要标志，可以指明沉积环境的变迁和古气候条件。利用泥裂的尖端朝下可指明地层的顶底。

除上述层面构造外，在岩层面上还可见到古代生物活动遗留下来的足迹、爬痕、虫孔，以及盐类晶体假象等等。

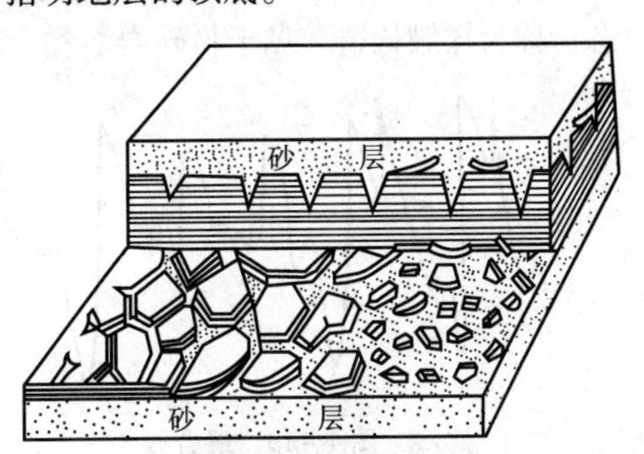

图4－17　泥裂

4. 层内构造

沉积岩的层内构造有结核、缝合线、揉皱构造等。

(1)结核

结核是岩石中自生矿物的集合体，如图4－18所示。它以成分、结构、颜色等方面的不同而与围岩区分，其形状有球状、椭球状、饼状或不规则状。结核是由化学成因的矿物组成，常见的有方解石、白云石、菱铁矿等结核。也有泥质或砂泥质组成的结核。结核的大小不一，直径由数毫米至数十厘米。结核的内部构造，有均匀的同心圆状或放射状等。

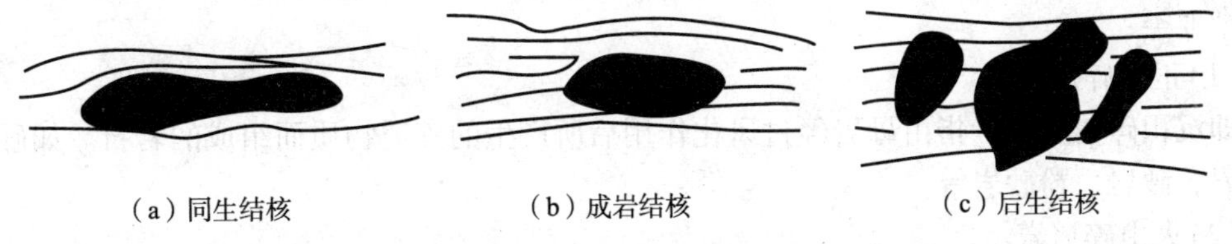
(a) 同生结核　(b) 成岩结核　(c) 后生结核

图4－18　结核的类型

根据结核与围岩层理之间的关系，分为下列三种成因类型：

①同生结核。

它是与沉积作用同时形成，它可以是胶体物质围绕某些质点凝聚，或成凝块状析出，前者如现代海底的铁锰结核，具有同心圆状构造和核心；后者如藻灰结核，呈均质团块，不具内部构造。鉴定特征是结核不切穿层理，层理绕过结核呈弯曲状。

②成岩结核。

它是成岩阶段物质重新分配的产物。结核一部分切穿层理，一部分被围岩包围，使层理绕结核弯曲。

③后生结核。

形成于沉积物固结以后，是外来溶液沿裂缝或层理面进入岩石内沉淀而成，其特点是切穿围岩层理，形状不规则。

观测结核的成分、形状、大小及其在岩层中的数量和分布，不仅有助于了解沉积岩的形成过程，而且可以作为地层划分和对比、判断地球化学环境以及直接找矿的标志。

(2)缝合线

缝合线是指有时在岩层侧面出现的一种齿状缝线，如图4－19所示，它表明两个岩层或层内两部分间的接触面呈凸凹不平的齿状。在缝合线缝隙中充填有黏土物质、沥青质或其他物质。多见于石灰岩、白云岩中，在盐岩中有时也有。

缝合线的成因，主要是后生阶段的压溶作用，使岩石中的黏土薄层被压缩揉皱而成。

(3)揉皱构造

揉皱构造，也称水下滑动构造。是海、湖、盆地边缘或局部隆起地区的岩石，受重力或地震构造运动等因素的影响，顺坡向下滑动，使原有层理遭受破坏变形，形成各种弯曲形态，称为揉皱构造。见于粉砂岩、黏土岩和碳酸盐岩中，如图4－20所示。

图4－19 缝合线

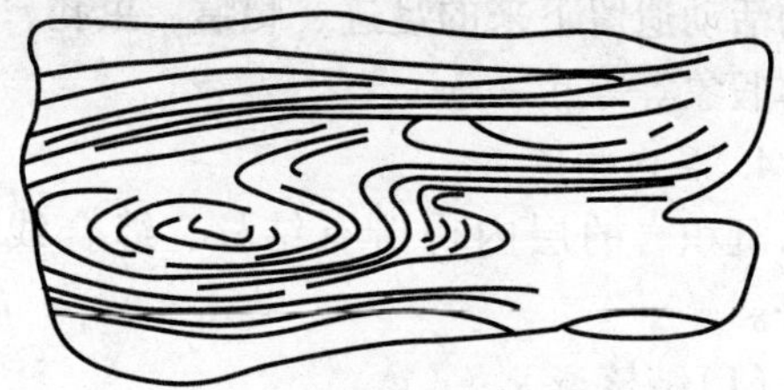

图4－20 揉皱构造

此外，还有叠锥构造、叠层构造、生物钻孔构造、生物贝壳的定向排列等等。

(五)沉积岩的分类

沉积岩分类的主要依据是岩石的成因、成分、结构、构造等，将沉积岩划分为三大类：

1. 碎屑岩

主要为碎屑物质组成的岩石。这类岩石又按碎屑物质的成因、成分和结构的特点，划分为两个亚类：

(1)正常碎屑岩

即沉积碎屑岩类，指由母岩经过风化作用后所产生的碎屑物质而组成的岩石。如砾岩和角砾岩、砂岩、粉砂岩等。

(2)火山碎屑岩

指火山喷发出来的火山碎屑物质就地或在附近堆积而形成的岩石。

2. 黏土岩

黏土岩是介于碎屑岩和化学岩之间的过渡型岩石，主要由50%以上粒径小于0.01mm的黏土矿物组成，其中常含少量细碎屑物质。它是沉积岩中分布最广的一类。

3. 化学岩和生物化学岩

这类岩石是母岩风化产物的溶解物质，以化学或生物化学方式沉淀析出而形成的岩石。由生物遗体直接堆积而成的岩石亦属此类。根据其成分可分为：

①铝质岩　如铝土矿岩；

②铁质岩　如菱铁矿岩、鲕状赤铁矿岩；

③锰质岩　如菱锰矿岩、氧化锰矿岩；

④硅质岩　如碧玉岩、燧石岩等；

⑤磷质岩　如结核状磷块岩、层状磷灰岩；

⑥盐　岩　如盐岩、白云岩；

⑦碳酸盐岩　如石灰岩、白云岩；

⑧可燃有机岩　如煤、油页岩。

二、碎屑岩

碎屑岩是分布广、数量多的一类沉积岩。由碎屑颗粒和胶结物质构成，其中碎屑含量>50%，碎屑主要是母岩经机械风化破坏的产物。碎屑岩是重要的储油岩。

（一）碎屑岩的物质成分

1. 碎屑成分

碎屑成分取决于母岩的成分，它与剥蚀区的母岩性质有直接关系，包括矿物碎屑和岩石碎屑（又称岩屑）。

2. 胶结物成分

胶结物在碎屑岩中起胶结作用，将疏松的沉积物颗粒胶结在一起，再经压紧而成为坚固的岩石，胶结物主要是从溶液中以化学方式沉淀的物质。常见的胶结物有硅质、钙质、泥质、铁质、海绿石和鲕绿泥石质、石膏等胶结物。

此外，胶结物还有杂基，它是充填于碎屑颗粒之间的细粒的机械混入物，它们对碎屑也起胶结作用，但不是化学成因的矿物。化学胶结物和杂基可总称为填隙物或广义的胶结物（通常把粒度小于0.0315mm的非化学沉淀颗粒称为杂基）。

（二）碎屑岩的结构

碎屑岩的结构包括碎屑岩的大小（粒径）、形状（圆度、球度）、分选性（度）和胶结类型，这些是碎屑岩的基本特征。

1. 碎屑颗粒的粒度

碎屑颗粒直径的大小称为粒度，它是碎屑岩的最重要和最基本的结构特征。在正常碎屑岩中，粒度的变化是连续的。通常粒度分为砾、砂和粉砂三级。我国现在广泛采用的粒度分级如表4-5所示。

表4-5　常用碎屑颗粒粒度分级表

名称	砾				砂			粉砂		黏土
粒级	巨砾	粗砾	中砾	细砾	粗砂	中砂	细砂	粉砂砂	细粉砂	
颗粒直径/mm	大于1000	1000~100	100~10	10~1	1~0.5	0.5~0.25	0.25~0.1	0.1~0.05	0.05~0.01	小于0.01

2. 碎屑颗粒的形状

（1）球度

球度是碎屑颗粒三度空间接近球形的程度。

（2）圆度

圆度是指碎屑颗粒原始棱角的曲率，即被磨圆的程度。在实际应用时把圆度分为尖棱角状、棱角状、次棱角状、次圆状、圆状、滚圆状等六级，如图4-21所示。

圆度和球度是两个不同的概念，球度高的颗粒，其圆度不一定好；球度低的颗粒，经磨损后，其圆度可能很好。球度不仅与搬运距离有关，更主要的是与矿物的形态有关。一般是对同一种矿物而言，随着搬运距离的加大，其颗粒的圆度和球度均有增高，故它们是度量碎屑岩结构成熟度的重要标志。

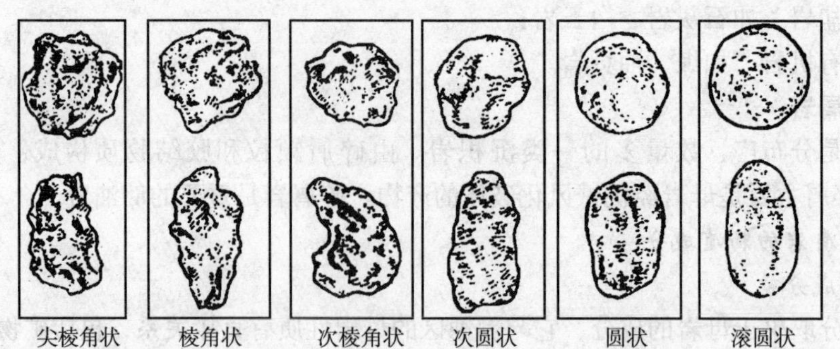

图 4－21　圆度的形象和分级

3. *碎屑岩的胶结类型*

胶结物质在碎屑颗粒中的存在状态称为胶结类型。它直接影响孔隙度和机械强度，同时也反映沉积时水动力状态、搬运和沉积状况等。在岩石中胶结物质不占主要地位（<50%），但能反映出沉积岩的生成条件和沉积后遭受的次生变化情况。主要有三种胶结类型：

(1) 基底胶结

颗粒被胶结物包围，碎屑颗粒彼此不相接触呈漂浮或游离状分散在胶结物中，胶结物与颗粒同时沉积。这类胶结孔隙度最小，胶结最坚实牢固。

(2) 孔隙胶结

颗粒呈支架状接触，胶结物充填其间的孔隙，多数次生，如方解石。孔隙度较基底胶结为高，牢固性稍差。

(3) 接触胶结

胶结物含量更少，只在颗粒接触处有胶结物，胶结不结实。接触胶结的孔隙最大，渗透性好，有利于石油和天然气的运移。

以上三种胶结类型是在碎屑岩中经常见到的基本类型。但在同一岩石中，常有两种甚至三种胶结类型同时存在的情况，称为混合胶结类型。此外，尚有带状胶结、再生生长胶结和杂乱粒状胶结等，如图 4－22 所示。

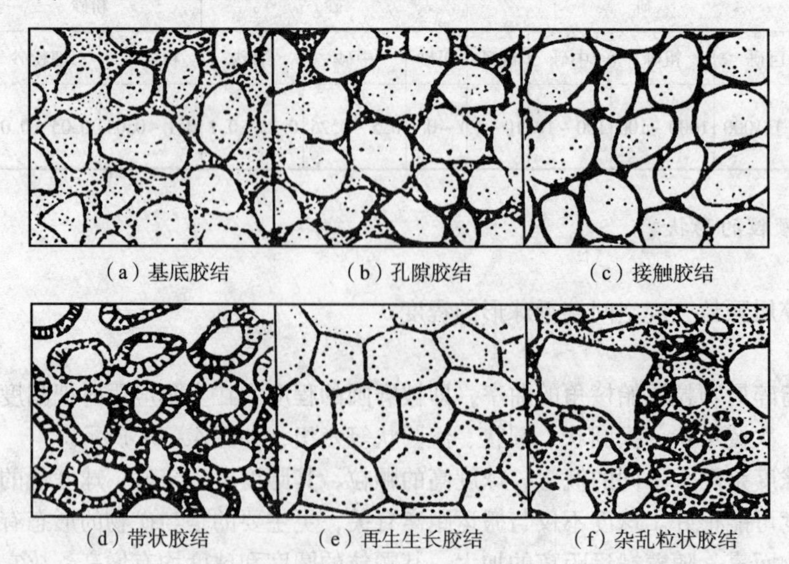

图 4－22　胶结类型

4. 碎屑颗粒的分选性(度)

分选性是指相同粒级的碎屑颗粒相对集中的程度。肉眼观察时，通常把分选性分为三级：

(1)分选性好 同一粒级颗粒集中的程度达到75%以上；

(2)分选性差 同一粒级颗粒集中的程度不足50%；

(3)分选中等 介于上述二者之间。

(三)碎屑岩的命名原则

(1)沉积岩中碎屑颗粒的主要粒级占50%以上的含量作为命名的基础，如大于1mm的颗粒超过50%时则为砾岩。

(2)次要粒级含量占25%~50%时，则在主要岩石名称前冠以“质”字，如粉砂质细粒砂岩；次要粒级为砾石粒级，则在主要岩石名称前冠以“状”字，如砾状砂岩。

(3)若次要粒级含量在10%~25%之间者，则在主要岩石名称前冠以“含”字，如含细砾粗砂岩、含砂泥岩等。若其含量不足10%，可以不参加命名。

(4)当碎屑岩胶结物含量多达25%~50%时，则该碎屑岩命名为“××质”碎屑岩，如钙质砂岩、铁质砂岩、硅质砂岩和泥质砂岩等。

(四)主要碎屑岩简介

1. 砾岩、角砾岩

砾岩主要由砾石组成，砾石之间的孔隙多为砂质充填，胶结物为泥质和其他化学沉积物质。依其砾石磨圆程度，当岩石中棱角状或次棱角状的砾石(常称角砾)含量大于砾石总量的50%时，此岩石称为角砾岩。

碎屑岩的分类是在粒度分类基础上再进一步考虑碎屑成分。根据砾石成分的简单和复杂程度，砾岩可分为单成分砾岩和复成分砾岩。砾石的成分是判断沉积物来源的直接标志，根据砾石成分，可以判断当时的古地理情况。

钻井中钻遇砾岩层应注意的事项如下：

砾岩的强度可随砾石成分、胶结物及胶结程度而变化，强度范围可由中等至非常坚固。在第四系覆盖层中常有未胶结的砾石层，所含砾石多为岩浆岩或变质岩，坚硬难钻；又因松散易坍塌掉块，可造成卡钻。已经胶结的砾岩，特别是粒径较大时，不宜使用刮刀钻头，否则容易憋钻。牙轮钻头在井底回转阻力小，转动平稳，对转盘损耗低，钻未胶结的卵石层对井壁还有挤压转抹作用，增加其稳定性。对坚硬的砾石层宜采用球齿钻头。

2. 砂岩

砂岩的物质成分主要是碎屑物质和胶结物。碎屑成分是石英、长石、岩屑、云母等，重矿物含量一般不超过1%，由粒径在1~0.1mm之间的碎屑颗粒达50%以上组成；胶结物主要为黏土及化学成因物质(铁质、钙质、硅质等)。故通常以石英、长石、岩屑含量的多少进行分类，如表4-6所示。砂岩广泛分布于海相、陆相地层。

钻井中钻遇砂岩层应注意的事项如下：

砂岩的强度差别极大，疏松者稍捏即碎，坚硬者与花岗岩等同，钻井中遇到砂岩疏松井段泥浆即可冲蚀成孔，钻速很高，大量岩屑进入泥浆，如不及时携带出井加以清除，则会影响进尺，构成砂桥、沉砂等卡钻事故。同时，因疏松砂岩易于塌垮、井壁不稳，使局部井径扩大，影响泥浆流态，所以钻遇此种地层宜选用造壁性强、泥饼坚韧的泥浆。因此，除正常钻进外，应避开此类井段钻进，以免长时间冲刷造成坍塌。

钻遇河床相井段时，可能遇到为泥岩所包围的透镜体砂岩，有的是异常高压层，钻井中须予以注意。渗透性好的砂岩可为油气水的储集层，钻进时应注意油气水侵及井喷。处理事故泵压过高可将此类地层憋漏。另外，渗透性好的砂岩易形成泥饼，故井径可能略小于钻头。

表4-6　砂岩的成分分类

岩类名称	岩石名称	主要碎屑颗粒含量/%			备　注
		石　英	长　石	岩　屑	
石英砂岩	石英砂岩	>90	<10	<10	
	长石质石英砂岩	75~90	5~25	<15	长石>岩屑
	岩屑质石英砂岩	75~90	<15	5~25	岩屑>长石
	长石岩屑质石英砂岩	50~70	<25	<25	
长石砂岩	长石砂岩	<75	>25	<25	
	岩屑质长石砂岩	<65	25~75	10~50	长石>岩屑
岩屑砂岩	岩屑砂岩	<75	<25	>25	
	长石质岩屑砂岩	<65	10~50	25~75	岩屑>长石

3. *粉砂岩*

粉砂岩的成分比较单纯，以石英为主，次为长石、白云母；岩屑极少见，重矿物的相对含量比砂岩多，可达2%~3%；胶结物常见的是泥质或钙质，有时也混杂有绢云母和绿泥石；分选好，圆度差；常具水平层理、波状层理，斜层理少见。粉砂岩是在搬运距离较长，沉积环境比较稳定的情况下，缓慢沉积而成。与黏土岩之间有过渡的类型，如泥质粉砂岩、粉砂质泥岩等。粉砂岩常分布在砂岩和黏土岩的过渡地带，多形成于河漫滩、三角洲、潟湖、沼泽及海、湖浅水地区。粗粉砂岩可以作为良好的储集岩，向黏土岩过渡的细粉砂岩，如富含有机质，可成为生油岩。

(五)碎屑岩和石油、天然气的关系

由于碎屑岩多具有良好的孔隙性和渗透性，故可成为油气聚集的场所，世界石油约一半储量存在于碎屑岩中，我国目前绝大部分油气也产于此类岩中。

石英砂岩是良好的储集层，世界的高产油田中，许多是石英砂岩储油。如科威特的布尔干油田，阿尔及利亚的哈西—梅萨乌德油田，就是海成石英砂岩储油。长石质石英砂岩也可以成为良好的储油层，如胜利油田。长石砂岩具有较好的孔隙性和渗透性，是良好的储油层。在我国一些油田中，砂岩储集层多为长石砂岩储油。粗粉砂岩可以作为储集层，而细粉砂岩由于粒度过细，渗透性不好，含油性较差。向黏土岩过渡的细粉砂岩可成为生油岩。

另外，很多砂矿也存在于砾岩、砂岩之中，如金、铜、锡石、金刚石、铀等矿产。坚固的砾岩、砂岩，可作为良好的建筑石材，而松散的砾石、砂层又可作为混凝土、筑路材料。纯净的石英砂岩为玻璃、陶瓷、硅质耐火砖的材料。

黏土岩是由50%以上的颗粒直径小于0.01mm的黏土矿物所组成的岩石。它在地壳中分布很广，占沉积岩总量的50%左右，是沉积岩中最常见的一类岩石。钻井中经常遇到黏土岩，大量钻井事故都由此而生。

这类岩石是母岩在风化过程中所产生的细微碎屑质点和胶体沉淀矿物的混合物。黏土物质多为胶体沉积，但也有机械沉积的，少量是岩浆岩、凝灰岩，石灰岩等风化壳产物，称为表生黏土或残留黏土岩。实践证明，含大量有机质的黑色黏土岩，是重要的生油岩，我国各油区的生油岩，绝大多数都是黏土岩。具有一定厚度的黏土岩也可作为盖层。

三、黏土岩

（一）黏土岩的矿物组成

1. 黏土矿物

为长石类矿物经化学风化的终端产物，如高岭石、蒙脱石、伊利石等。这三类矿物的物理性质各不相同，所以它们在黏土岩中的含量直接影响岩石的物理性能。黏土矿物的搬运和沉积是以胶体形进行的。主要黏土矿物的物理性质如表4－7所示。

表4－7　主要黏土矿物特征表

矿物名称	高岭石	伊利石	蒙脱石
化学分子式	$Al_4(Si_4O_{10})(OH)_8$	$K_1Al_2((Si, Al)_4O_{10})[OH]_2O)NH_2O$	$(Al_2, Mg_8)(Si_4O_{10})(OH)_2NH_2O$
颗粒大小/mm	0.001～0.01	0.001～0.02	0.005～0.02
形态	疏松鳞片状，土状	鳞片状	土状
显光镜下集合体外貌	等轴形、鳞片状、六边形、边缘不平整	长形片状、不规则鳞片状、边缘轮廓清楚	扇状、束状、鳞片状、轮廓不清楚
结晶格架	层状结构，但层间坚固，不活动	介于高岭石与蒙脱石之间	层状结构，层间格架不坚，可活动；浸水后层间格架分离，水可进八层间格架，增加层间距离，矿物膨胀体积增大
浸水之后	浸水后结晶格架不活动。水分子不能进入层间，体积保持不变	介于高岭石与蒙脱石之间	
吸附性	弱	中等	强
膨胀性	极小	不大	显著
可塑性	强	中等	弱
耐火性	强	中等	弱

2. 碎屑矿物

碎屑物质多为粉砂级，一般粒径都小于0.01mm，是机械混入物。黏土岩中常含有部分陆源碎屑矿物，如石英、长石、云母及其他少量的岩石碎屑及后生阶段生成的黏土矿物。如铁的氢氧化物和氧化物、碳酸盐和硫酸盐、硫化物、磷酸盐、蛋白石等，可形成粗大的晶体，这些矿物含量虽少，但它们可以影响黏土岩的性质，又能反映黏土岩的形成条件及生成后所发生的变化。

除以上几种组分外，还含有数量不等的有机质，主要是腐泥质、沥青质、炭质及动植物遗体等。有些暗色的黏土岩中有机质的含量是很高的。

（二）黏土岩的结构、构造和颜色

1. 黏土岩的结构

黏土岩颗粒微小，其结构在显微镜下观察者称显微结构。肉眼观察时，黏土岩中最常见的结构有：

（1）泥质结构

黏土质含量>95%，几乎全由0.01mm以下的细微质点组成，岩石均一致密。如果质点更细，则成致密状结构，或称凝胶状结构。多出现于静水环境中，多为胶体化学沉积。

(2)砂泥质结构

黏土质含量>75%，粉砂含量10%～25%，称为含砂泥质结构；砂粒达25%～50%时，则称砂泥质结构。多形成于河漫滩或靠近海、湖边缘地区。

(3)生物黏土结构

这种结构是富含动植物残体、碎片，微体生物遗骸的黏土岩。一般颜色较深，富含有机质。这种结构是判断沉积环境的重要依据。

(4)鲕状结构

鲕粒直径一般小于2mm，由黏土矿物组成，并有核心和同心层结构，同心圆中心常是生物碎屑或矿物碎屑。一般多认为是在温暖或湿热气候、地形平缓、介质动荡的浅海条件下形成的。

(5)豆状结构

豆粒直径大于2mm，一般无同心圆结构，均由黏土矿物组成，有时被有机质或氧化铁污染而带颜色。

(6)斑状黏土结构

在细小的黏土基质中，有较粗大的黏土矿物晶体。如高岭石黏土岩常具斑状黏土结构，大晶体多是重结晶作用生成的。

(7)砾状或角砾状结构

这种结构是由黏土物质沉积后尚未完全固结时，受波浪冲击而产生的碎屑(同生砾石)又被黏土物质胶结而成。也有的是成岩阶段形成的，由于胶体脱水体积收缩所致。

2. *黏土岩的构造*

(1)层理构造

黏土岩一般多为薄的水平层理，发育良好而细层厚度小于1cm者称为页岩。页岩具有极薄的纸片状层理称为页理，页理的形成是由于片状矿物，如水云母、绢云母、绿泥石等，沿层面排列所致，实际上是一种定向构造，又叫稳层理构造。湖成黏土岩常呈小的韵律性层理。水平层理说明黏土岩，多在静水或流动性十分微弱，搅动力不强的水动力条件下沉积而成。

黏土岩有时成块状构造，其层理厚度大于1cm的称为泥岩。

(2)层面构造

黏土岩常见的层面构造有泥裂、雨痕、晶体印痕等，它们都能反应沉积条件。此外，在黏土岩中常含有各种结核，如菱铁矿、黄铁矿、钙质结核等。这些结核可以说明沉积时介质的物理化学条件和自然地理条件，如黄铁矿和菱铁矿的存在，说明当时为还原环境。

(3)显微构造

这种构造是矿物质点的光学性质在显微镜下的显示，如鳞片状、定向构造等。除上述构造外，由于物质成分及颜色的不同，还可形成斑点构造、巢状构造、带状构造、条纹构造、网状构造和虫孔构造等。

3. *黏土岩的颜色*

黏土岩的很多色素是因含有铁质化合物或游离碳而造成的。黏土岩的颜色很复杂，它决定于黏土矿物的成分，杂质矿物、有机质的含量及所含色素的颜色。

含有机碳的黏土岩可呈深浅不同的灰黑色，有机碳的含量愈多，黏土岩的颜色就愈深；沥青质的存在可使岩石呈现不同色调的褐色；有时由于细分散的FeS_2混入，可使岩石呈灰黑色，它是在还原条件下形成的；黏土岩中若含有较多的海绿石、绿泥石、孔雀石、蓝铜矿时，可呈绿色或蓝色，它形成于弱氧化—弱还原条件下。

在用颜色判别生成环境时，必须查清是原生色或是次生黑色。因为在风化作用下原生的色、灰黑色黏土岩亦可被氧化成红色。

(三)黏土岩的物理性质

黏土岩的特殊的物理性质，对钻井速度和安全关系密切，这些性质主要有：

1. 可塑性

黏土岩浸水后可由外力改变其形状，当外力去掉并不恢复，这种性质称为可塑性。有些黏土岩随深度增加可塑性也随之增大。据研究，在4000m深井下，脆性页岩也向塑性过渡。在塑性地层中钻进，转速不可过高，因为转数愈高，钻头牙齿与岩石接触时间愈短；而对于塑性大及多孔性岩石，钻头齿加压和转动使岩石由变形到破碎需要较长时间。所以，合理的钻压与钻速配合十分重要。另外，由于岩石的可塑性可被上覆地层挤入井中而使井径缩小造成卡钻。第四系地层中半固结的泥岩，可塑性极大，所以在岩芯出筒时因黏滞作用而使岩心伸长，收获率往往超过100%，故岩芯归位时应考虑压缩。

2. 吸水性

某些黏土岩能吸收大量水分使体积显著膨胀，有时可达50%，甚至更多。黏土岩的这种很强的吸附能力和离子交换性能不仅限于表面分子，还可沿颗粒间的接触边界及裂隙渗入内部，从而松动其分子间的联系。黏土岩本身含水量与所处深度呈反比，当深部岩层一旦被钻开，泥浆中液相即可被大量吸收，虽然岩石强度降低可使钻速加大，但对井壁的稳定性实为不利。黏土岩类吸水，还可使井底岩屑形成很大塑性团块，成为钻头的工作刃(刮刀刃或牙轮齿)和井底间的垫层，不仅影响钻速，而且增大钻头磨损。如果这种塑性团块使钻头泥包，起钻时可造成抽汲井喷或诱使地层空隙压力释放而致井壁坍塌。

3. 吸附性

黏土具有吸附气态物质、液态物质、脂肪、有机物质、碱类等的性能称为吸附性。由于各种黏土矿物吸收颜色的性质不同，因此可以借助于有机色剂来鉴定黏土矿物。在黏土岩中以蒙脱石黏土岩的吸附性最强，常用于净化石油；高岭石黏土岩的吸附性最差。在钻井泥浆中可加入高聚合物或钾盐、铵盐而使其被吸附，从而改善黏土岩类井壁的稳定性。有机质向石油转化过程中吸附性也起很大作用。

4. 断口

黏土岩的断口与它的粒度组分、矿物成分以及构造有关。矿物成分比较单纯和均一的黏土岩，其断口面往往是平坦光滑的，有的甚至呈贝壳状断口：若粒度组分、矿物成分较复杂，岩石中含有较多的砂和粉砂，则断口面常是不平整的和粗糙的。

综上所述，在黏土岩中钻井，随着井深的增加，要适当调整钻井参数及泥浆性能。

(四)黏土岩的主要类型

根据黏土岩的成分、结构、构造、颜色以及成因等，黏土岩主要可分为：

1. 伊利石黏土岩

显微镜下常见杂乱构造及定向构造，是分布最广的一类黏土岩；多呈水平层理，西南各含油盆地中的黏土岩多是伊利石黏土。

2. 高岭石黏土岩

高岭石黏土岩以高岭石为主，含量达90%以上，化学成分 Al_2O_3 含量较高，常在30%

以上，仅次于 SiO_2 的含量。江西景德镇高岭村的高岭石为在湿热气候条件下形成的风化残积型高岭石黏土岩；沉积型高岭石黏土岩多形成于各种大陆环境（如湖泊、沼泽、河漫滩、牛轭湖等）及近岸的海洋环境中。

3. 蒙脱石黏土岩

蒙脱石黏土岩又称蒙脱岩、斑脱岩、膨润土等，主要由蒙脱石组成，此外还常有拜来石、囊脱石、蛋白石、方解石、石膏等，有时也有有机物质。土状，有滑感，吸水性强，吸水后体积剧烈膨胀。吸附性强，可塑性差。可用作石油化工产品及其他工业产品的净化剂，并可用于石油钻井的泥浆原料。

4. 泥岩黏土岩

经过中等程度的后生作用（挤压、脱水、重结晶及胶结等）可形成较强固结的泥岩，部分地失去可塑性，遇水不立即膨胀。常以其机械混入物命名，如钙质泥岩、砂质泥岩、碳质泥岩等。

5. 页岩

固结较致密，具平行分裂的薄层状构造，称页理，是鳞片状黏土矿物在压紧过程中平行排列而成。通常以伊利石和高岭石为主要成分，机械混入物较多，按其成分和颜色可进一步分为：

（1）钙质页岩

$CaCO_3$ 含量不超过25%，主要为黏土矿物，常见于陆相红色地层，也可见于海相，潟湖相钙质泥岩系中，如四川侏罗系、三叠系中页岩即常含钙质。常与石灰岩、泥灰岩共生。

（2）铁质页岩

铁质页岩是一种含少量铁的氧化物、氢氧化物、碳酸盐（菱铁矿）及铁的硅酸盐（绿泥石）的页岩，常呈红色或灰绿色，产于煤系地层及海相地层中。

（3）硅质页岩

普通页岩 SiO_2 含量约58%，而硅质页岩可高达85%，其硅质可能来自海底火山喷发及硅藻类生物。

（4）黑色页岩

有机质与黏土质混合，常含黄铁矿，是在温暖气候条件下还原环境中沉积的，如深湖、沼泽、潟湖等，其中常富含胶体物质，钻井中易破碎。有时含沥青质可能为生油层，与碳质页岩区别在于黑色页岩不染手。

（5）碳质页岩

含大量已炭化的有机质，可见到植物残迹，岩石松软可以染手，常与煤层共生，我国二迭系、侏罗系含煤地层中均有，生成于湖泊及沼泽地带。灰分 $>30\%$，可作为低能燃料。

油页岩具纸状层理，黏结性强，呈黑色或黑棕色，不染手，用刀片可削出刨花状岩屑，含油4%～20%，最高可达30%，可直接采掘炼油，我国辽宁抚顺、广东茂名炼油厂即以此为原料。

四、碳酸盐岩

碳酸盐岩是主要由方解石和白云石等碳酸盐矿物组成的沉积岩，分布很广，占沉积岩总量的20%。

碳酸盐岩是重要的生油岩和储油岩，且某些条件较黏土岩更为有利，如接近储油层和不渗透层，油气可以就近运移储集而不致散失。在当前国内外的大油气田中，许多巨大油田的生油层是碳酸盐岩，在中东、美国、委内瑞拉等国均有实例。因此，加强对碳酸盐岩的岩性，成因、岩相古地理以及储集性能的研究，有很大的理论及实际意义。

另外，碳酸盐岩本身也是有价值的矿产，是冶金、化工、建筑工业、耐火工业和提炼镁的原料，同时也是地下水的重要储集岩。

(一)碳酸盐岩的成分分类及命名

碳酸盐岩主要由方解石、白云石组成，以前者为主的称为石灰岩，以后者为主的称为白云岩。此外还有文石、菱镁矿、菱铁矿、菱锰矿、铁白云石等。

碳酸盐岩命名原则是：凡含量>50%的，即用它定岩石的基本名称，以“××岩”表示；凡含量在25%～50%的，用它定岩石基本名称的主要形容词，以“××质”表示，写在基本名称之前；凡含量在10%～25%(或5%～25%)的，用它定岩石基本名称的次要形容词，以“含××(的)表示，写在最前面；含量<10%(或<5%)的，一般不反映在岩石名称中。

(二)碳酸盐岩的结构组分

碳酸盐岩主要由颗粒、灰泥、胶结物、晶粒及生物格架五种主要结构组分构成，还有一些次要组分，如陆源碎屑及黏土、自生矿物、有机质等。

1. 颗粒

与碎屑岩中的砾、砂、粉砂相当，按其是否在沉积盆地以内生成，可分为盆内颗粒和盆外颗粒两大类。

盆外颗粒为陆源矿物或岩石碎屑，如砂、黏土等，尤以黏土影响最大，但此类颗粒含量甚小，如果大于50%，则属于砂岩或黏土岩范围。

盆内颗粒是在沉积盆地以内形成的各种颗粒，可称为盆粒或粒屑，主要有：

(1)内碎屑

内碎屑是沉积不久的已固结或半固结的碳酸盐又受波浪流水破坏经搬运再沉积而成。按其粒径又可分为砾屑>1mm、砂屑1～0.1mm、粉屑0.1～0.01mm、泥屑<0.01mm四级。我国北方寒武—奥陶系普遍存在的竹叶灰岩即属此类型。

(2)生物颗粒

生物分泌形成的硬壳或残骸，经搬运或未搬运沉积而成，也有经过磨蚀的壳骸等。

(3)包粒

具有核心和同心层结构，核心可以是陆源碎屑、内碎屑、生物残骸等小质点。其中大于2mm的称豆粒，小于2mm的称鲕粒，鲕粒又可根据形态、成因分为若干种。

2. 灰泥

相当于泥岩或砂质泥岩中的黏土物质，粒径小于0.01mm，因质细似泥又是石灰质，故名灰泥。按成因可分为：

(1)化学沉淀作用生成的灰泥，可称作“泥晶”。

(2)生物(主要指钙质藻类)作用生成的灰泥，亦可称为“泥晶”。

(3)机械破碎作用生成的灰泥，主要是指泥级的内碎屑和泥级的团块，可称为“泥屑”，灰泥的沉积条件与黏土质的泥一样，为弱动荡或静水环境。

3. 胶结物

充填于颗粒之间的结晶方解石，与砂岩中胶结物类似，因其明亮洁净又名亮晶。晶粒常大于0.01mm，可与灰泥区别，属化学沉淀物。

4. 结晶颗粒

结晶颗粒亦称晶粒，主要是方解石，是沉积后重结晶和交代作用而成，也可直接由化学沉淀而成。按大小可分为砾晶、砂晶、粉晶、泥晶等。

5. 生物格架

原地生长的群体造礁生物，如珊瑚、苔藓虫、藻类等在生长过程中黏结在一起而成坚固的生物礁。充填于骨架间的称附礁生物，如有孔虫、海百合、腕足、腹足、瓣鳃类等均是。

(三)碳酸盐岩的构造

除与碎屑岩有相同的构造外，还有本身特有的叠层构造、鸟眼构造和缝合线构造。由这些构造与碳酸盐岩中广泛发育的孔洞、裂缝有联系，所以可成为油气运移的通道。

(四)碳酸盐岩的孔隙

新沉积的碳酸盐孔隙可达40%~70%，经压实、石化后孔隙一般为5%~15%。孔隙空间随颗粒类型、圆度、大小、形状、分选及充填在颗粒间的灰泥、亮晶等含量而变化，同时还受溶蚀作用及沉积后矿物变化的影响，形成多类型的孔隙。

(1)按孔隙大小可分为隐孔(<0.01mm)、显孔(>0.01mm)和晶洞(>1mm)三类。

(2)按形成时期可分为两大类：

①原生孔隙。

原生孔隙是沉积时即存在的孔隙，主要有碳酸盐颗粒之间的粒间孔隙；大颗粒遮挡使其下无沉积物而形成的遮蔽孔隙；碳酸盐岩颗粒本身原有的粒内孔隙如空心鲕和生物体腔孔；群体生物如珊瑚、海绵、苔藓、藻类形成的生物骨架孔及鸟眼构造等。

②次生孔隙。

次生孔隙是在成岩后生及表生阶段的改造过程中产生的孔隙。主要有粒内溶孔、粒内溶孔进一步扩大形成的铸模孔、溶蚀作用产生的粒间溶孔、石灰岩经白云岩化晶粒体积收缩(12%~13%)的晶间孔及溶孔、溶洞、溶沟等。次生孔隙是油、气重要的储集孔隙。

(五)常见碳酸盐岩简介

1. 石灰岩类

(1)内碎屑灰岩

由内碎屑和胶结物(或基质)两部分组成，二者成分皆为方解石。内碎屑由固结或弱固结的碳酸钙物质经机械破碎作用后再沉积而成。基质是水体中 $CaCO_3$ 化学沉淀的产物。

据颗粒大小可分为砾屑灰岩、砂屑灰岩及粉屑灰岩。前二者多属于台地边缘浅滩相，孔隙度较好，可成为良好的储集层。

(2)生物碎屑灰岩

岩石内含各种生物遗体化石在50%以上，完整的与破碎的均有，有时分选较好，胶结物为微晶或亮晶，形成于海洋和湖泊的浅水地带。

(3)鲕粒灰岩

鲕粒含量大于50%，形成于温暖浅水，搅动多、蒸发快的浅海浅湖环境，粒间孔隙发育，如经早期暴露及浅水改造作用，则粒内孔隙也较好，为良好的油气储存空间。

(4)隐晶石灰岩

又称泥晶石灰岩，由灰泥质隐晶方解石组成，颗粒少于50%，为静水环境产物，形成条件与泥岩相似，孔隙度低。有的基质中分布有黄、褐等色，形似豹皮，叫豹皮灰岩。

(5)礁石灰岩

由底栖生物如珊瑚、层孔虫等就地繁殖，构成抗浪骨架，腕足、斧足、藻等喜礁生物繁殖其中，逐渐生长而成礁体。其本身即富含有机质，可以转化为石油。生物骨架及生物碎屑又富于孔隙，礁体周围相变为非渗透层，因而形成礁体圈闭，极利于油气储集。

(6)泥灰岩

是隐晶灰岩向黏土岩过渡类型。成分主要为方解石，泥质含量为25%～50%，致密，常具水平层理。多呈薄层状与泥岩、灰岩共生，并以夹层或互层出现，有时呈透镜体状出现于泥岩中。形成于碳酸盐和泥质交互沉积的浅海或内陆湖泊较安静的湖泊中。

2. 白云岩

在蒸发大的潟湖或山间盆地中，盐类浓度逐渐增大，势必形成重的卤水，这种重卤水下沉于盆地最低处，并渗透到下伏碳酸钙质沉积物中而使白云化。当Ca^{2+}、Mg^{2+}离子含量高时，也可直接沉淀出白云石。按其成因可以分为：

(1)原生白云岩

在沉积作用后期形成，通常是微晶或细晶，常与蒸发岩共生，也可以在横向上过渡成为石灰岩或为石灰岩的薄夹层，层位稳定者多具水平层理。四川盆地三叠系嘉陵江组的白云岩多属此类。

(2)成岩白云岩

沉积物在固结过程中或固结以后碳酸钙被交代而形成白云岩。常呈不稳定的夹层或大的透镜体夹于灰岩中，其白云石晶体较大，晶形完整，常见石灰岩被交代的残余结构，如鲕粒、球粒、生物结构等。

(3)后生白云岩

石灰岩形成后，在断层、裂隙等构造因素控制下，局部被含镁溶液交代而成。不具一定层位，沿断层裂隙分布，与石灰岩接触关系为突变，晶体粗大，也具残余结构。

(六)碳酸盐岩区钻井工作的特点

在碳酸盐岩区钻井，一般具有以下五个特点：

(1)井壁坚硬不塌不垮，不膨胀，低压时可甩清水钻进，裸眼完井。

(2)硬度较大，进尺慢，常有跳钻，严重者可损坏钻具，易井斜。刮刀钻头会有憋钻现象，缝隙发育区则钻速较高，但应注意井漏。

(3)岩溶发育地区常有放空现象。

(4)井漏现象。

漏失量大，漏速高。据国外资料，一些中东产油国家，见漏就抽，发现许多高产油井，往往是漏失大产量也大，还有先漏后喷的现象。所以在此种岩层钻进，切忌见漏就堵，以致损害油层。最好采用低相对密度，低固相，固相可被酸化的泥浆，这样易于发现油层，保护油层并且易于脱气。如需加重，最好采用石灰石粉，即使缝洞被堵也可用酸化法解堵。对于低压油气层及漏失带，可采用稳定泡沫洗井液，其相对密度仅为0.5～0.1，不会漏失，携砂能力强，相当于清水的7～10倍，故可提高钻速。

(5)判断溶洞砂样中出现大量方解石或铝土类填充物，则有溶洞，如结晶完好者系开启式洞缝，否则为封闭式。

任务考核

一、填空题

(1)常见的岩浆岩构造有______________、______________、______________、______________。

(2)变质岩常见的构造有________、________、________、________。

(3)根据成因将结核分为________、________、________。

(4)沉积岩的颜色根据成因分为________、________、________。

(5)胶结物的成分有________、________、________、________四种胶结物。

(6)碎屑岩的磨圆度根据原始棱角分________、________、________、________、________、________。

二、选择题

(1)花岗岩属于(　　)。

A. 酸性深成侵入岩　B. 中性浅成侵入岩　C. 基性深成侵入岩　D. 基性浅成侵入岩

(2)某碎屑岩含中砾石 8%，细砾石 10%，粗砂 17%，中砂 16%，细砂 18%，粗粉砂 14%，细粉砂 17%，则应命名为(　　)。

A. 含砾的粉砂质砂岩　B. 含粉砂的砾质砂岩　C. 砾质粉砂岩　D. 粉砂质砾岩

(3)碳酸盐岩结构中常见的粒屑有(　　)。

A. 内碎屑　B. 生物碎屑　C. 鲕粒　D. 团粒

(4)下列为超基性岩浆岩的是(　　)。

A. 辉石　B. 辉长岩　C. 石英斑岩　D. 石英正常岩

(5)下列属于有机岩的是(　　)。

A. 页岩　B. 砂岩　C. 泥岩　D. 油页岩

(6)下列属于原生孔隙的是(　　)。

A. 颗粒破裂孔隙　B. 粒内径　C. 铸模孔　D. 粒间孔

三、简答题

(1)岩浆作用分为哪些类型?

(2)何谓变质作用?

(3)变质作用有哪些基本类型？各有何特点?

(4)何为层理，根据形态层理有哪些类型，它们的形成环境怎样?

(5)沉积岩的构造主要有哪些？其各具哪些特征?

四、操作题

请描述下列岩石：

1号样品　2号样品　3号样品

4号样品　5号样品　6号样品

项目二　认识地质构造

知识目标

(1)了解水平岩层和倾斜岩层的特点。

(2)掌握岩层之间的接触关系。

(3)掌握各种地质构造。

技能目标

能够识别各种地质构造。

学习材料

组成地壳的各类岩石，在空间分布上具有不同的几何形态，且它们之间有地质成因上的联系。构造地质的任务，就是研究组成地壳的岩石在空间上分布的形态、形成原因和分布的规律。

任务一　岩层的产状

一、岩层的产状

岩层的产状是指岩层在空间分布的状态。在一个地区岩层呈水平状态平行地表，还是发生了倾斜，倾斜的陡缓等，这些都是指岩层在空间的状态。油气勘探阶段，了解地表或地下岩层的产状及其空间变化的情况，可以帮助我们发现可供油气聚集的构造。通常使用三个指标描述岩层的产状，即岩层的走向、倾向和倾角，通称岩层产状要素，如图 4－23 所示。

1. 岩层的走向

指岩层的水平延伸方向。岩层的面与任意水平面相交，其交线称走向线。用走向线所指的方向代表岩层的走向，显然走向线可以用两个方向表示，两个值相差 180°。

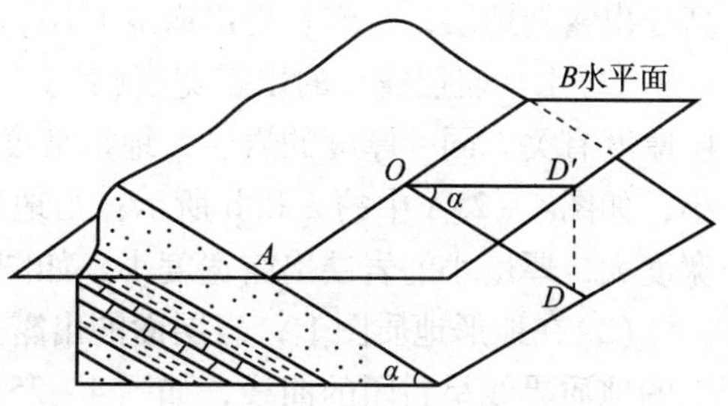

图 4－23　岩层产状要素

2. 倾向

指岩层层面倾斜方向。在岩层层面上，垂直走向线下引一条直线为倾斜线，*OD* 所示，该线在水平面上的投影所指的方向既为岩层倾向，又叫真倾向 *OD′*所示。

3. 倾角

指倾斜线与其水平投影线间的夹角。岩层倾角也有真倾角与视倾角之分。真倾角是岩层层面与水平面间的最大夹角。

为了定量描述岩层产状，倾角用角度表示：水平岩层其倾角为 0°，直立岩层倾角为 90°，倾斜岩层倾角在 0°～90°之间变化；走向、倾向用象限角或方位角表示，如图 4－24 所示。

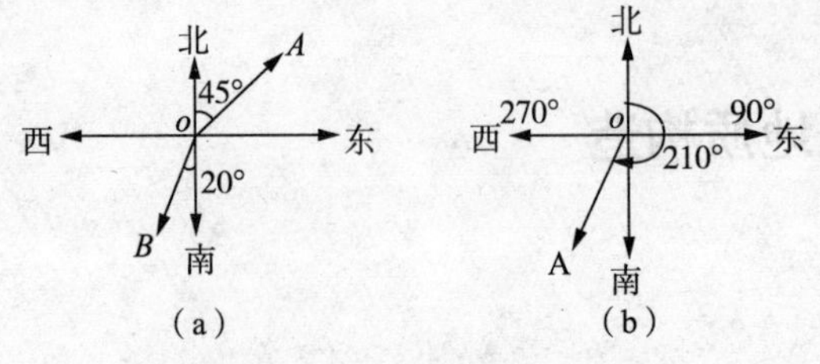

图 4－24 象限角与方位角

(1) 象限角

在水平面上画一条磁子午线，该线的北端指地球磁北极，南端指磁南极。垂直磁子午线作一条线，线的两端各指东西两个方向。这两条相互垂直的直线构成四个象限(北东、南东、南西、北西)，每个象限各占90°角。象限角是以磁子午线北端为0°起算，到北东或北西两象限的某一直线间的夹角；或以磁子午线南端为0°起算，到南东或南西象限某一直线间的夹角。图(a)中的 *OA* 线所指方向为北东45°，*OB* 线所指方向为南西20°。

(2) 方位角

以磁子午线北端起为0°，顺时针方向旋转到某一直线间的夹角，为该直线的方位角。图(b)中 OA 线所指的方位为210°。方位角变化范围可以从0°～360°。

地面岩层产状可用地质罗盘直接测量，地下岩层产状可通过定向取芯或地层倾角测井获得。

二、水平岩层和倾斜岩层

岩层的层面几乎是水平的，即层面上各点具有基本相同的海拔高度，这种岩层叫水平岩层。

岩层在地表出露较好的地区，进行野外地质调查，通常在不同比例尺的地形图上，填绘岩层分界线、断层与不整合等界线。这种用规定的符号或颜色将某一地区的各种地质现象，按比例投影到地形图上的图件叫地形地质图。

(一)水平岩层在地表出露和地形地质图上的特征

岩层面的海拔高程处处相等或与大地水准面平行的岩层称为水平岩层，沉积岩层的原始状态若只经历了微弱的构造运动，则岩层是水平或近于水平的。水平岩层的特点如下：

(1)符合地层层序律，即地质时代较新的岩层叠覆在地质时代较老的岩层之上；若地形平坦或切割轻微，地面只出露最新的地层；当地形起伏大、切割强烈、山高谷深，则在地形高处出露新地层，在沟谷处出露老岩层，且由沟谷到山顶，地层时代由老逐渐变新。

(2)水平岩层露头的出露宽度(其上层面与下层面出露界线的水平距离)与地形坡度和岩层厚度有关。同一厚度的岩层，地形坡度愈小，出露宽度愈大，地形坡度愈大，出露宽度愈小，如图4－25A中的a和b所示；当地层厚度不同，地形坡度一致时，厚度大的岩层出露宽度大，厚度小的岩层出露宽度小，如图4－25A中的a和c所示。

(3)在地形地质图上，岩层面的出露界线与地形等高线平行或重合，在山顶或孤立山丘上的地质界线呈封闭的曲线，如图4－25B所示。

(4)水平岩层顶、底面间的标高差即为水平岩层的厚度(图4－25)，海相岩层厚度在较大范围内基本一致，而陆相岩层则会较快变薄或尖灭，呈楔状或透镜状分布。

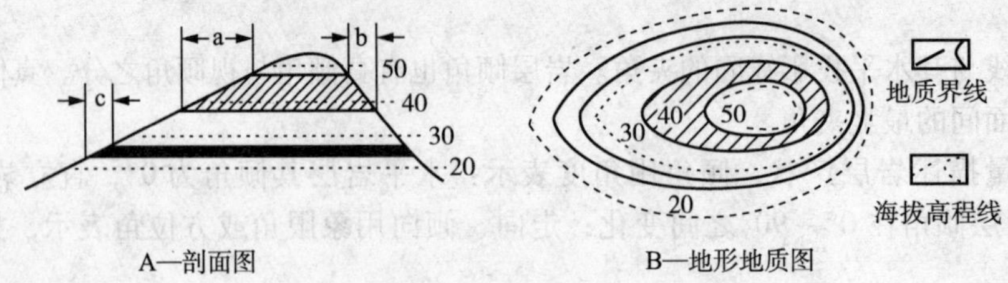

图 4－25 地形坡度与岩层出露宽度的关系

（二）倾斜岩层在地表出露和地形地质图上的特征

(1)地形的海拔与出露岩层时代的新与老没有必然的联系。岩层的分界线在地形地质图上与地形等高线相交。

(2)在地形地质图上，岩层出露宽度与地形的坡度、岩层的厚度及岩层倾角有关。

若岩层的厚度、倾角不变，则岩层出露宽度取决于地形坡度，坡度越缓出露宽度越大。当地形坡度、岩层厚度不变时，则岩层出露宽度取决于岩层的倾角，倾角越缓出露宽度越大。

另外，岩层出露宽度也取决于岩层倾向与地形坡向相同还是相反。当地形坡度、岩层厚度与倾角都不变时，岩层顺坡倾斜(岩层倾向与坡向一致)出露的宽度大于岩层逆坡倾斜(岩层倾向与坡向相反)出露的宽度。很显然，当岩层倾角近似等于地形坡度角时，岩层出露宽度最大，几乎整个山坡出露同一岩性岩层。

(3)在地形图上，地形等高线与岩层分界线之间的关系，遵循"V"字形法则。所谓"V"字形是指岩层分界线横穿沟谷时，界线发生弯曲，在地形图上弯曲状呈"V"字状。

由于弯曲形状受地形坡向和岩层倾向影响，同时与坡角和岩层倾角也有一定关系，所以"V"字形法则包括以下几种情况：

(1)岩层倾向与地形坡向相反，岩层界线与地形等高线弯曲方向相同。岩层界线弯曲度永远比等高线弯曲度小。岩层越平缓，岩层界线弯曲度越接近地形等高线。在沟谷处，岩层界线呈"V"字形，其尖端指向沟谷的上游。

(2)岩层倾向与地形坡向相同，但岩层倾角大于地形坡度时，岩层界线与地形等高线弯曲方向相反。在沟谷处，"V"字形岩层界线的尖端指向沟谷的下游。

(3)岩层倾向与地形坡向相同，但岩层倾角小于地形坡度时，岩层界线与地形等高线变成向相同方向弯曲，在河谷处，"V"字形岩层界线的尖端指向上游，但其弯曲度明显大于地形等高线的弯曲度。

三、地层接触关系

地层接触关系通常指上下地层的产状变化关系，它是层序划分与对比的重要标志。地层接触关系可分为整合接触和不整合接触两类。

1. 整合接触

整合接触系指上、下两套地层产状一致，且中间不存在沉积间断或没有地层缺失的接触关系。整合接触在剖面图、柱状图中用"实线"表示，如图 4－26 所示中的∈与 O、O 与 S_{1+2}。所有连续整合接触之地层代表该地区在相应的地质历史时期内，地壳长期稳定下沉接受沉积或虽有上升，但沉积表面始终未露出水面。

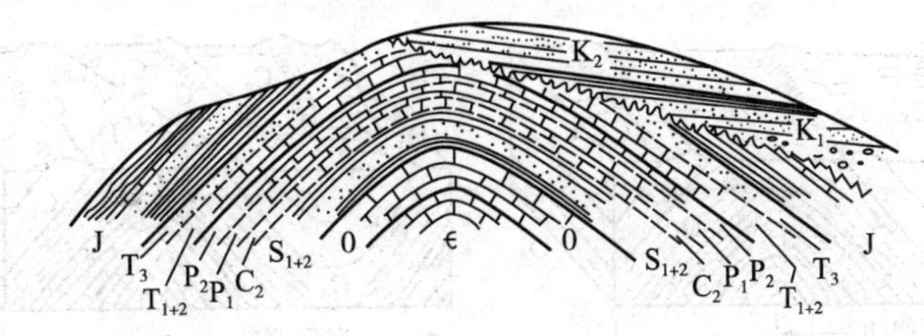

图 4－26　地层接触关系

2. 不整合接触

不整合接触又分为平行不整合(假整合)和角度不整合。不整合上、下两套地层之间的接触面称为不整合面，不整合面与地面的交线称为不整合线。

(1)平行不整合接触

平行不整合接触指上、下两套地层产状一致、但有明显沉积间断或地层缺失的接触关系。平行不整合接触在剖面图、柱状图中用“虚线”表示，如图4－26所示中的S_{1+2}与C2、C2与P1等。平行不整合接触表明该地区在不整合面之下地层沉积后，地壳经历了整体上升运动使地层遭受风化剥蚀，再整体下降接受新的沉积的构造运动过程。

(2)角度不整合接触

角度不整合接触指上、下两套地层产状不一致的接触关系。角度不整合接触在剖面图、柱状图中用“波浪线”表示，如图4－26中的K_1、K_2与J、T_3、T_{1+2}和P_2等。角度不整合接触表示该地区不整合面以下地层沉积后经历了强烈的褶皱运动，使岩层遭受风化剥蚀，之后再下降接受沉积的构造运动过程。

四、研究地层不整合的意义

地层不整合接触是地壳运动历史的记录，不仅反应岩层在空间的相互关系，也反应了构造运动的性质和在时间上的顺序，是地质发展史研究、地壳运动特征及时间鉴定的依据；不整合面是层序、构造单元、岩石单元划分与对比的重要界线；不整合面及上覆地层附近是许多矿产形成的重要场所，其残留物质的类型也是确定古地理、古气候的重要证据；对于油气地质而言，不整合面不仅是油气侧向运移的良好通道，而且在不整合面下的地层，经历了长期风化剥蚀，往往孔缝发育，形成良好的储集层，角度不整合面下是潜山油气藏形成和勘探的有利地区。

任务二　褶皱构造

岩石具有塑性，岩层在构造运动的作用下形成的一系列连续弯曲，称为褶皱构造。褶皱是地壳中常见的一种构造形态。沉积岩与其他类型的岩石相比，成层性较好，褶皱构造表现更为明显。研究褶皱的形态、类型、成因及分布，对了解一个地区地质构造的规律性、寻找有用矿产具有重要意义。

一、褶曲及褶曲要素

1. 褶曲

褶曲是指岩层向下或向上拱的单个弯曲。向下拱的称为向斜褶曲，中心地层相对较新，两边地层依次变老，且对称重复分布；岩层向上拱的称为背斜褶曲，中心地层相对较老，两边地层依次变新，且对称重复分布，如图4－27所示。向斜褶曲和背斜褶曲是组成褶皱的基本单元，它们相辅相成，共用一翼。

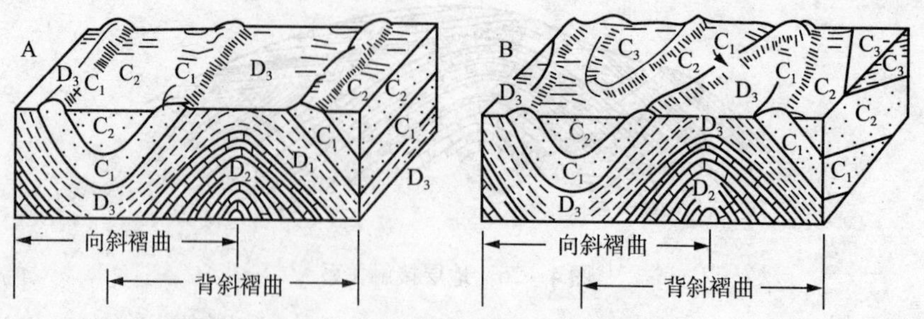

图4－27　褶曲在平面和剖面上的表征

2. 褶曲的基本要素

褶曲的基本要素通常指褶曲的基本组成部分，是描述褶曲空间形态和特征的重要参数，如图 4 –28 所示，常用的有：

(1)核　又称核部，是组成褶曲中心部位的岩层或地层。

(2)翼　又称翼部，是褶曲核部两侧的岩层或地层。相连的背斜和向斜有一翼是共用的。

(3)转折端　指褶曲的一翼过渡到另一翼的弯曲部分。

(4)枢纽　褶曲同一岩层面上最大弯曲点的连线称为枢纽。枢纽可以是直线，亦可能是曲线；可以是水平线，亦可能沿一个方向或两个方向倾伏。

(5)轴面　包含褶曲各层枢纽线的假想几何面称为轴面，可以是平面，亦可是曲面。轴面的空间形态可用岩层产状三要素加以描述。轴面将褶曲平分为大致相当的两部分。

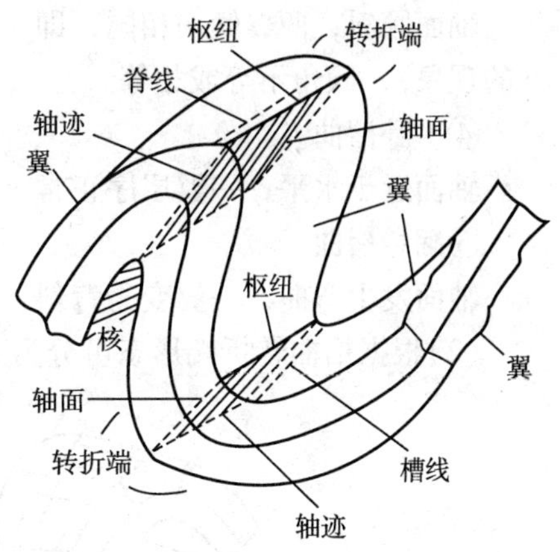

图 4 –28　褶曲的要素

(6)轴迹与轴向　轴面与水平面或地平面的交线称为轴迹，轴迹指示的地理方位为轴向。

(7)脊、脊线和槽、槽线　背斜或背形(岩层向上拱曲，但中心地层新，两侧地层老)的同一岩层面上在某区域的高点称为脊，它们的连线为脊线；向斜或向形(岩层向下拱曲，但中心地层老，两侧地层新)的同一岩层面上的最低点称为槽，它们的连线为槽线。脊线和槽线可能是直线，也可能是曲线。

二、褶曲的分类

褶曲的形成受到多种因素影响，加之经历了多期构造运动的改造，其几何形态和空间状态十分复杂，通常要根据褶曲的要素变化和组合，从不同的侧面对褶曲进行分类和描述，下面介绍常见的分类。

1. 褶曲的剖面分类

(1)根据轴面的产状和翼角可分为以下五种类型，如图 4 –29 所示。

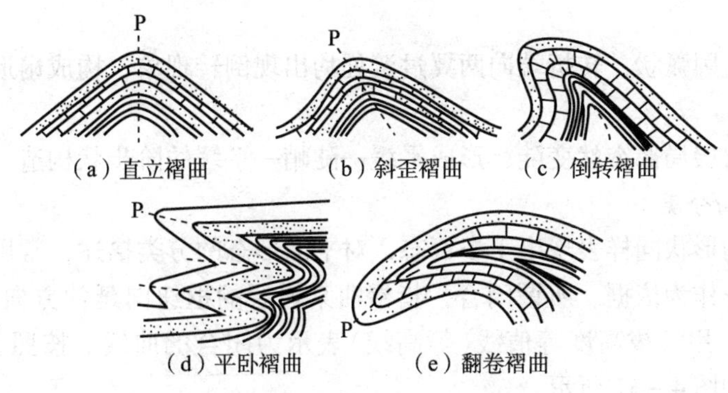

图 4 –29　褶曲剖面形态类型

①直立褶曲。

轴面近于垂直，两翼倾向相反、倾角相等或差别很小。此类褶曲也称为对称褶曲。

②斜歪褶曲。

轴面倾斜，两翼倾向相反、倾角明显不等。此类褶曲也称为不对称褶曲。

③倒转褶曲。

轴面倾斜，两翼倾向相同，即一翼层序正常，另一翼发生倒转(新地层在上，老地层在下的现象)，倾角不等或相等。

④平卧褶曲。

轴面近于水平，一翼层序正常，另一翼发生倒转。

⑤翻卷褶曲。

轴面发生弯曲，一翼变为背斜，而另一翼变为背形。

(2)根据褶曲转折端形态可分为五类，如图4－30所示。

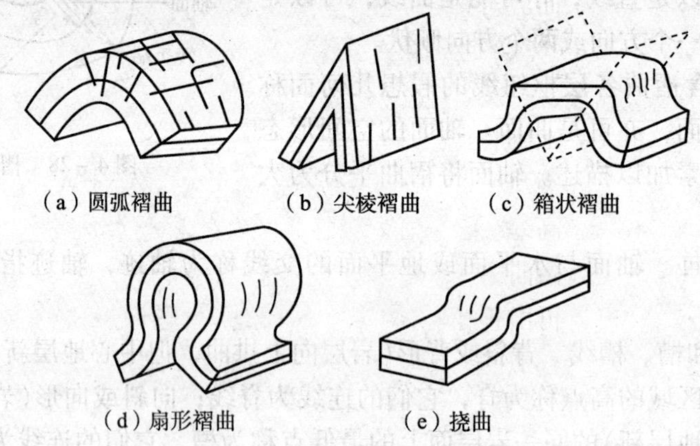

(a)圆弧褶曲　(b)尖棱褶曲　(c)箱状褶曲

(d)扇形褶曲　(e)挠曲

图4－30　褶曲根据转折端分类类型

①圆弧褶曲。

褶曲转折端呈圆弧状弯曲，顶部开阔。

②尖棱褶曲。

褶曲两翼平直、陡峭，倾角大，转折端呈尖棱状。

③箱状褶曲。

褶曲转折端平坦似箱状，转折端向翼部过渡的倾角较大，有一对共轭轴面。

④扇形褶曲。

褶曲转折端呈圆弧状，转折端向两翼过渡处均出现倒转现象，构成扇形。

⑤挠曲。

平缓的倾斜岩层局部突然变陡，形成平缓—陡峭—平缓的阶步状构造。

2. *褶曲的平面分类*

褶曲在平面的形状同样表现出千姿百态，对平面形态的分类描述，常用褶曲某一闭合岩层在水平面的投影作为依据。所谓闭合，指褶曲某岩层的枢纽向延伸方向倾伏(背斜)或扬起(向斜)的现象，用海拔高度等值线(等高线)表示为闭合的曲线。按照长、短轴的比值，分为五种形态，如图4－31所示。

(1)线状褶曲　长轴与短轴的比值大于或等于10∶1的褶曲。

(2)长轴褶曲　长轴与短轴的比值小于10∶1而大于或等于5∶1的褶曲。

(3)短轴褶曲　长轴与短轴的比值小于5∶1而大于2∶1的褶曲。

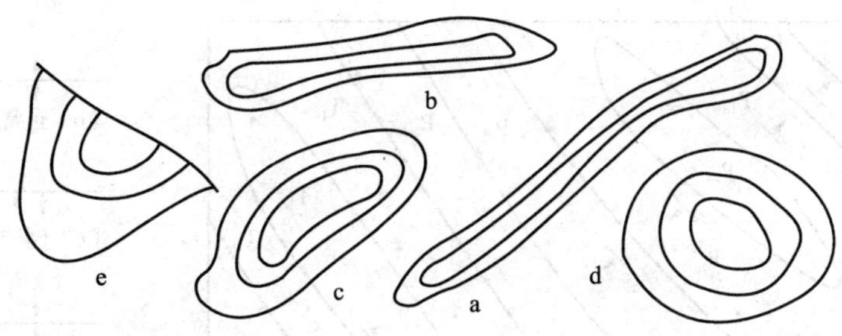

图 4-31　褶曲的平面形态

a—线状褶曲；b—长轴褶曲；c—短轴褶曲；d—穹隆与构造盆地；e—鼻状构造

(4)穹隆与构造盆地　穹隆指长轴与短轴比值小于 2∶1 的背斜褶曲，构造盆地则为长轴与短轴比值小于 2∶1 的向斜褶曲。

(5)鼻状构造　指枢纽朝一个方向倾伏而另一个方向扬起的背斜褶曲，形似人的鼻子而得名。

三、褶曲等在常见地质图上的特征

1. 在构造等值线图上的表现

构造等值线图是用构造等高线(海拔高程相等点的连线)表示构造某一层面水平投影的图件，如图 4-32 所示。背斜褶曲的等高线由外向内是依次增大的，向斜则是由外向内依次减小的。构造阶地是由陡变缓再由缓变陡的局部台阶。鞍部是指两个高点之间的低洼平坦地带。构造鼻是指向外凸起像山脊似的局部构造。

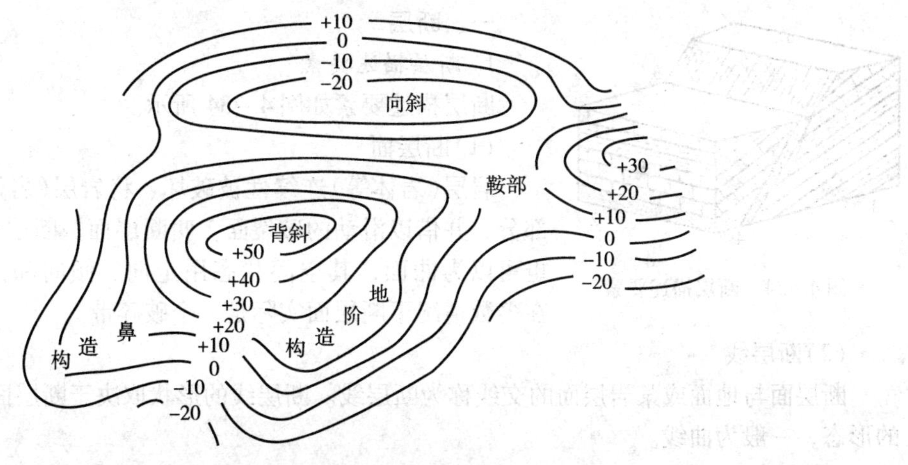

图 4-32　常见构造在构造等值线图上的表现

2. 在地质图上的表现

褶曲在地质图上的表现如图 4-33 所示。在大比例尺地质图上，背斜褶曲典型特征是沿较老地层的两侧出现对称重复的较新地层，图(a)中左上部分，较老地层为 P_1q(栖霞组)，两侧依次分布 P_1m(毛口组)、P_2l(龙潭组)、P_2ch(长兴组)等；向斜褶曲典型特征是沿较新地层的两侧出现对称重复的较老地层，图(a)中右下部分，较新地层为 T_1j(嘉陵江组)，两侧依次分布 T_1f(飞仙关组)、P_2ch(长兴组)、P_2l(龙潭组)和 P_1m(毛口组)等。

在小比例尺地质图中，正常背斜用图(b)符号表示，倒转背斜用图(c)符号表示；正常向斜用图(d)符号表示，倒转向斜用图(e)符号表示。横线表示轴向，箭头代表两翼的倾向。

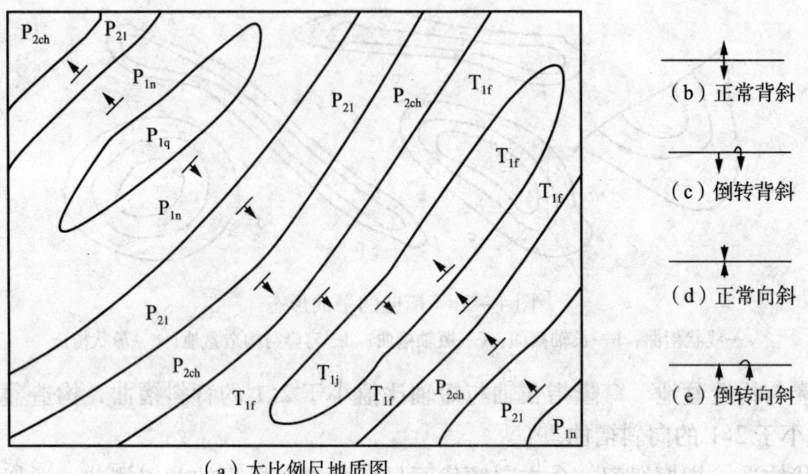

(a) 大比例尺地质图

图 4 - 33　褶曲在地质图上的表现

任务三　断裂构造

当作用于岩层的地应力达到或超过岩层的破裂强度，岩层将会产生破裂面，使岩层的连续性被破坏，形成断裂构造。沿破裂面两侧的岩层发生明显位移的断裂构造称为断层，没有明显位移的断裂构造称为节理或裂缝。

一、断层

1. 断层描述要素

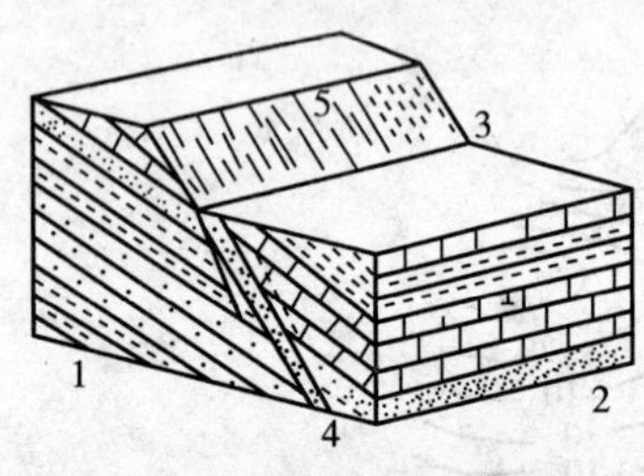

图 4 - 34　断层描述要素

断层描述要素如图 4 - 34 所示。

(1)断层面

岩层(岩体等)连续性被破坏、将岩层(岩体等)分割成两部分、并借以滑动的破裂面，叫断层面。断层面可以是平面，也可以为曲面，其空间状态用走向、倾向和倾角进行描述。在多数情况下断层面实际是一个破碎带。

(2)断层线

断层面与地面或某岩层面的交线称为断层线。断层线的形状取决于断层面的形态和地面的形态，一般为曲线。

(3)断盘

断层面两侧的岩块叫断盘。处于断层面上面的一盘称为上盘，处于下方的一盘叫下盘；相对上升的一盘称为上升盘，相对下降的一盘叫下降盘。当断层面垂直时，无法用上、下盘加区分，可用地理方位加以区别。

(4)滑距与断距

滑距是指岩层在被断开之前的相当点在断开后移动的实际距离。由于相当点难以确认，实际应用中用之较少，经常用断距来衡量断层错动的距离。断距系指断层两盘对应层之间被错开的相对距离。

需要指出的是，由于断层错动过程十分复杂，有水平的、铅直的、斜向的，甚至旋转，更多的是多种运动方向的复合，故同一断层不同点所测得的断距大小是不相等的。

2. 断层的分类

(1)按照断盘的相对运动方向分类，如图 4－35 所示：

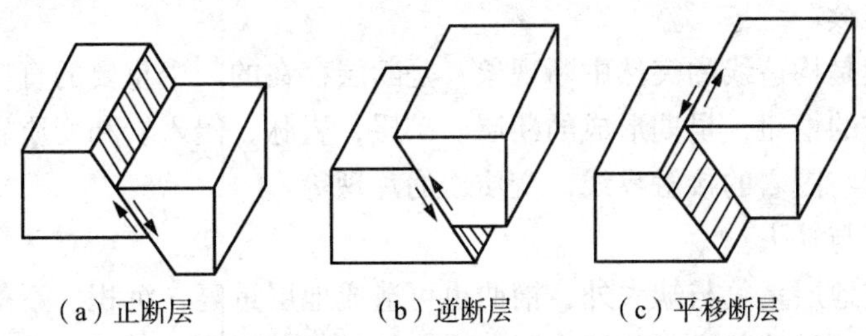

图 4－35　按断盘相对运动方向分

①正断层　两盘沿断层面上下滑动，上盘相对下降、下盘相对上升的断层。

②逆断层　两盘沿断层面上下滑动，上盘相对上升、下盘相对下降的断层。

③平移断层　两盘沿断层面水平滑动的断层。

(2)按断层面与岩层的几何关系分为：

①走向断层　断层面走向与地层走向一致平行或近于平行的断层。

②倾向断层　断层面走向与地层走向垂直或近于垂直的断层。

③斜向断层　断层面走向与地层走向斜交的断层。

④顺层断层　顺层断层是顺着岩层层面、不整合面等滑动的断层。顺层断层的滑动面一般是软岩层面，断层面与原生层面一致，很少发生切割现象。

(3)按断层面与褶皱的几何关系分为：

①纵断层　断层走向与褶皱长轴方向平行或近于平行的断层。

②横断层　断层走向与褶皱长轴方向垂直或近于垂直的断层。

③斜断层　断层走向与褶皱长轴方向斜交的断层。

3. 断层在图上的表示

在大比例尺的构造图中，正断层由于地层缺失而出现一个等值线的空白带，如图 4－36(a)所示，逆断层因地层重复而出现一个等值线的重复带，如图 4－36(b)所示。在小比例尺构造图或地质图中，正断层用图 4－36(c)中符号表示，逆断层用图 4－36(d)中符号表示，箭头指示断层的倾向，小黑点代表断层下降盘。

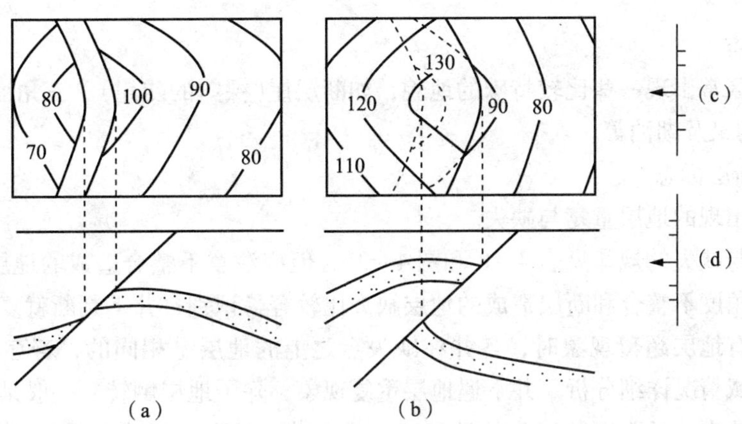

图 4－36　断层在图中的表现

4. 断层的野外和井下识别标志

(1)断层的野外识别标志

①构造线不连续。

构造线不连续是构造线的突然中断现象，是断层存在的一个重要的直接标志。构造线包括地质界线，褶皱的枢纽，早期形成的断层、矿层、岩脉、侵入岩和变质岩的相带或相带之间的界线，侵入岩与围岩的接触界线，变质岩的片理等。

②地层的重复与缺失。

除了断层造成地层重复与缺失外，褶曲也可造成地层重复，沉积、不整合等也可造成地层缺失，但后者造成的地层重复与缺失同断层比较是不相同的。不整合造成的地层缺失是区域性的，即缺失的地层在整个区域都不存在，而断层造成的地层重复与缺失是局部的，且不同地方重复与缺失的地层不相同。

对于走向断层，在垂直断层的剖面观察，地层重复与缺失规律如表4－8所示。

表4－8　断层造成地面与井下地层重复和缺失规律

<table>
<tr><td rowspan="4">断层性质</td><td colspan="6">断层倾斜与地层倾斜的关系</td></tr>
<tr><td colspan="2" rowspan="2">二者倾向相反</td><td colspan="4">二者倾向相同</td></tr>
<tr><td colspan="2">断层倾角大于岩层倾角</td><td colspan="2">断层倾角小于岩层倾角</td></tr>
<tr><td>地面</td><td>井下</td><td>地面</td><td>井下</td><td>地面</td><td>井下</td></tr>
<tr><td>正断层</td><td>重复(B)</td><td>缺失(B)</td><td>缺失(F)</td><td>缺失(F)</td><td>重复(D)</td><td>重复(D)</td></tr>
<tr><td>逆断层</td><td>缺失(A)</td><td>重复(A)</td><td>重复(E)</td><td>重复(E)</td><td>缺失(C)</td><td>缺失(C)</td></tr>
<tr><td>断层两盘相对动向</td><td colspan="2">下降盘出现新地层</td><td colspan="2">下降盘出现新地层</td><td colspan="2">上升盘出现新地层</td></tr>
</table>

③断层面上及断层带的标志。

因断层两盘的相对运动，在断层面上可能留下擦痕、阶步及磨光面等。擦痕是一端粗而深、另一端细而浅的条纹；阶步是断层面上高度不超过数毫米的小陡坎；磨光面则为光滑的镜面。在断层附近往往形成一个破碎带，发育各种构造岩，如断层角砾岩、碎裂岩、糜棱岩等。在断层的两盘还常见牵引构造及逆牵引构造，即断层面附近岩层形成的微小褶皱。

④地貌标志

断层发育区常出现一些比较特殊的地貌，如断层崖(裸露的陡崖)、三角面山(三角形陡崖)、串珠状的泉及湖泊等。

(2)井下断层标志

①钻井中出现的地层重复与缺失。

地层重复与缺失的规律见表4－8和图4－37，但应注意不整合造成的地层缺失与重复。野外露头判断角度不整合和断层造成的地层缺失比较容易识别，井下判断就复杂一些。角度不整合面上没有地层超覆现象时，各井在缺失点之上的地层是相同的，若存在地层超覆现象，应结合区域情况详细分析。井下遇地层重复现象，除了地层倒转，一般是钻遇断层的表现；出现地层缺失，且不同井缺失的地层不一致，若非地层不整合引起，也是钻遇断层的表现。

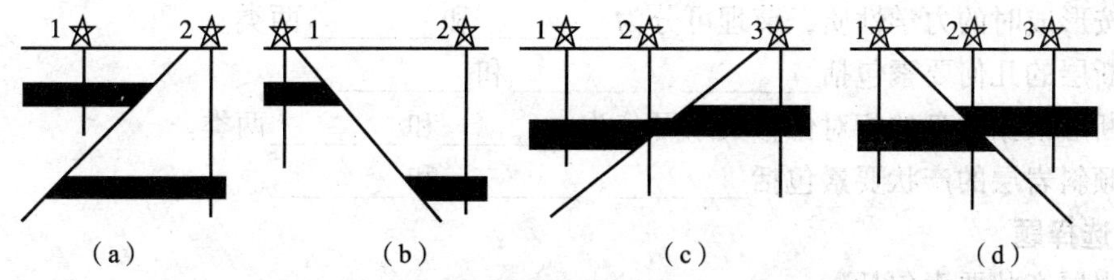

图 4 – 37　断层引起地层海拔高度与地层厚度变化

②近距离内同层(或标准层)海拔高度相差较大。

相距较近的几口井，钻到同一层的海拔高程相差较大，有可能井间存在断层，如图 4 – 37(a)、(b)所示。与附近井比较，钻遇同层的厚度变化大，厚度发生变化的井可能钻遇铅直断距较小的断层，如图 8 – 37(c)、(d)所示。

③钻井岩屑中次生矿物含量高或井漏。

由于断层附近多有破碎带存在，钻井岩屑中次生矿物可能增加，也可能产生井漏现象，可作为判断井下断层存在的辅助标志。

注意：井下断层的存在不能依据某种资料或数据简单作出结论，而应综合分析才可能得到正确的结论。

④开发井的压力系统不同。

对于采油气井，同一油气层的折算压力不等，互不连通，可能存在断层阻隔。

⑤流体性质差异。

同一油气层的采油气井，相距较近，但流体性质差异大，也可能存在断层阻隔。

无论是地面，还是地下，断层存在的标志还很多，如地震标志、测井标志等，在此不再详列。

二、节理

节理又称裂缝或裂隙，是沿破裂面没有发生明显位移的断裂构造，是碳酸盐岩储集油气层的重要空间和渗流通道。

1. 张节理

张节理是岩层受拉张应力作用而产生的破裂现象。其特点是：节理延伸不远，产状不稳定，单条节理短而弯曲，一组节理往往侧列产出；节理面粗糙不平，无擦痕存在；在砂砾岩中遇粗大颗粒(如砾石)时，节理常绕过颗粒，即或切割颗粒，颗粒的破裂面也凹凸不平；破裂面张开，但常被各种次生矿物充填，呈楔状、扁豆状或不规则状。

2. 剪节理

剪节理是岩层受剪切应力作用而产生的破裂现象。主要特点是：节理延伸较远，产状比较稳定；剪节理面平直光滑，有时可见因剪切滑动而留下的擦痕；剪节理发育在砂砾岩中，遇到粗大颗粒，常切割颗粒(如砾石等)；剪节理的破裂面未被充填时，一般是紧闭的，若有次生矿物充填，充填物宽度比较均匀、平直；剪节理常常发育成“X”型共轭节理系。

任务考核

一、填空题

(1)褶曲的基本形态为________和________。

(2)按形成时的力学性质，节理可分为________和________两类。

(3)断层的几何要素包括________、________和________。

(4)断层根据两盘的相对位移关系可分为________和________两类。

(5)倾斜岩层的产状要素包括________、________和________。

二、选择题

(1)岩层产状要素包括(　　)。

A. 走向　B. 厚度　C. 倾向　D. 倾角。

(2)断层的几何要素包括(　　)。

A. 断层面　B. 断盘　C. 位移　D. 倾角。

(3)含油气盆地内的一级构造单元有(　　)。

A. 背斜带　B. 隆起　C. 坳陷　D. 斜坡。

(4)下列岩层的露头宽度与岩层真厚度相等的是(　　)。

A. 水平岩层　B. 倾斜岩层　C. 直立岩层　D. 原始倾斜岩层

(5)褶曲有两种基本类型(　　)。

A. 直立褶曲和倾斜褶曲　B. 长轴褶曲和短轴褶曲

C. 直立褶曲和平卧褶曲　D. 背斜褶曲和向斜褶曲

三、简述题

(1)简述地层接触关系的类型？

(2)简述确定不整合的识别标志？

(3)简述张节理与剪节理的特征？

(4)简述断层的主要识别标志？

四、操作题

(1)绘图示意倾斜岩层的产状要素。

(2)根据断层两盘相对移动的性质断层可分为哪几种类型？绘图示意。

(3)绘图示意不整合的形成过程并阐述。

项目三　地质工岗位职责

知识目标

(1)能理解地质工岗位职责内容。

(2)了解地质工的工作程序。

(3)了解地质工的技能要求。

技能目标

(1)会填写地质工交接班记录。

(2)明白地质工的岗位职责。

(3)知道地质工的巡回路线，能正确进行巡回检查。

学习材料

一、地质工的岗位职责

(1)在大班的领导下，严格按照钻井地质设计要求，认真做好小班地质录井工作，对当班原始资料质量负责。

(2)严格遵守各项规章制度，不违章作业，按要求进行巡回检查，发现异常情况及时处理汇报。

(3)把好钻具入井关，认真核对入井钻具，做到出、入井钻具清楚，做到气测、地质、工程三对口。

(4)用好迟到时间，认真捞取岩屑，做到岩屑数量足，清洗干净，保证岩屑质量。报表内容齐全、整洁，交接班清楚。

(5)协助大班做好岩屑、岩心实物资料的整理和样品采集工作。

(6)负责当班岩屑、岩心荧光检查，详细记录泥浆槽液面的变化。发现井涌、井漏、溢流等异常情况及时汇报。并负责异常资料的收集工作。

(7)完成录井队长、大班安排的其他任务。

二、地质工的工作程序

(一)巡回检查

1. 地质值班房

(1)检查各种原始记录，包括班记录、原始综合记录、荧光记录、钻具管理记录等。

(2)地质录井所使用的各种仪器工作是否正常；工具、文具、消防安全器材及地质值班房的卫生情况等等。

2. 场地

检查各种钻具的数量、顺序编号、单根号及大门口坡道的单根编号。

3. 钻台

检查方入、钻井参数(悬重、钻压、钻盘转速、立管压力等)、小鼠洞中单根编号及正钻单根号。

4. 泵房

检查泵的水利参数及实际运行情况(泵压、泵冲、缸套直径、凡尔数等)。

5. 钻井液槽

观察油气水显示情况、钻井液性能变化、液面高度、脱气器及各种钻井液传感器的运行情况。

6. 振动筛

(1)检查振动筛的筛布是否完好，运转是否正常。

(2)取样盒安放的位置是否正确，取样盒的岩屑是否装满等。

7. 砂样台

检查岩屑捞至深度及顺序、包数、质量、晒干情况，岩屑标签放置是否正确。

8. 岩屑、岩芯房

检查岩芯、岩屑的装箱顺序、包数、标签及保管情况等。

9. 气测(综合录井房)

观察井深(当前钻到井深以及迟到井深)、钻时变化、气测异常等情况(如有异常应收集异常井段全烃、烃组分及非烃组分的异常值)、工程参数的变化情况等。

10. 地化房

观察地化，分析异常情况。

11. 回到地质值班房

核实所检查的内容是否正确，如场地钻具编号与钻具记录是否一致，小鼠洞中的单根及正钻单根与钻具记录是否一致等，并做好记录。

(二)管理钻具

1. 丈量钻具

(1)将钢卷尺零米处对准钻具母扣顶端，拉直钢卷尺，在另一端公扣丝扣根部进行读数(精确到厘米，厘米以下按“四舍五入”法记录)，公扣丝扣部分不计入长度。

(2)每丈量一个单根，应立即用醒目的颜色笔(白漆)在钻具的一端注明其长度，同时由专人做记录，并记入正轨钻具记录或钻具卡片。

(3)有损伤不能下井的坏钻具进行分类编号，并做明显标记。

(4)查对钢印号。

(5)建立钻具记录及填写钻具卡片。

按编号顺序填写，内容包括钻具名称、长度、内径、类型、钢印号、产地、外径等。钻具记录的首页要示明方钻杆的规范、全长及有效长度，坏钻具和备用钻具要另行编号。

(6)丈量人员互换位置，重复丈量一次，复核记录，两次丈量的误差不得超过1cm。

2. 管理钻具

(1)编写钻杆立柱编号

每次起下钻时，钻杆和钻铤应一柱一柱地按顺序摆放在钻台上，地质人员应逐柱编号，如发现有坏钻具应及时做标记，并在钻具记录上注明。

(2)记录甩下钻台的坏钻具

起下钻时如甩下坏钻具，应丈量其长度，查对钢印号，并做好记录。

(3)丈量并记录替入的钻具

替换钻具，必须丈量其长度、内径、外径、查明钢印号，并记录替入位置。

(4)填写钻具交接班记录

详细填写钻具变化情况、丈量的方入、计算交接班时的井深。填写前要计算好倒换钻具后的钻具总长、到底方入等。

(5)交接班

交班人应向接班人交代本班钻具变化情况，正钻单根编号、小鼠洞单根编号等接班人查清后方可接班。

(三)填写地质生产记录

1. 工程简况

按时间顺序简述钻井过程的进展情况、技术措施和井下复杂情况。

(1)填写格式

①按时间顺序记录当班主要的施工项目。

②时间精细到分，起止时间用“—”隔开。

(2)填写内容

①第一次开钻时，记录补心高度、开钻时间、钻具结构、钻头类型及尺寸、开钻钻井液

类型。

②第二、第三次开钻时，记录开钻时间、钻头类型及尺寸、钻具结构、水泥塞深度及厚度、开钻钻井液性能。

③发生井漏时记录井漏的起止时间、井段、漏失量、漏失黏度、漏失前后的钻井液性能，并分析漏失原因，记录堵漏情况。

④侧钻时，记录侧钻原因、侧钻前水泥塞位置、侧钻起始深度、侧钻结果。

⑤卡钻时，记录卡钻原因、井深、钻头位置、卡点及当班处理情况。

⑥泡油时，记录泡油井段、浸泡时间、油的种类和数量、泡油后的结果及钻井液的含油情况，并留油样保存。

⑦打捞时，应记录鱼顶位置、落鱼长度、落鱼名称、套铣及打捞情况。

⑧填井时，应记录填井原因、填井方式和填固井段。

2. 录井资料收集情况

录井资料收集情况是观察记录的主要内容之一，填写时应力求详尽、准确。一般应填写下列内容：

(1)岩屑

填写取样井段、间距、包数，并对主要岩性、特殊岩性、标准层进行简要描述。

(2)钻井取芯

填写取芯井段、进尺、岩芯长、收获率、主要岩性、油砂长度。

(3)井壁取芯

填写取芯井深、层位、总颗数、发射率、收获率、岩性描述。

(4)测井

填写测井时间、项目、井段、比例尺、最大井斜和方位角。

(5)工程测斜

填写测井时井深、测点井深和斜度。

(6)钻井液性能

填写相对密度、黏度、失水量、泥饼、含砂量、切力、pH 值。

3. 岩层、岩性、油气水显示

(1)地层

填写钻遇地层名称，若当班有两种地层，则用“+”号连接，第一次开钻填写地层全称，以后没有新地层出现，填写组(群)或段。

(2)岩性

填写主要岩性名称。

(3)油气水显示情况

填写含油岩芯、岩屑数据，气测异常、地化异常显示数据及钻井液槽面显示(显示的起止时间、钻头井深、显示高潮时间、槽面上涨高度、气泡大小和颜色、占槽面百分比)，井涌、井喷(井深、时间、喷势，喷出物的高度、性质、数量及喷涌前后钻井液性能的变化)、放空、钻井液漏失等情况。没有油气显示时填写“无显示”。

4. 其他

(1)填写迟到时间实测情况和正使用的迟到时间。

(2)填写井控观察。起钻后每两个小时观察记录一次，具体观察时间从所有钻具离开井口到下次钻具开始入井口为止。

(3)对下述问题应给予记录。

①原设计规定的施工项目发生变动时，要记录变动内容、原因及实施情况，如取芯、测井、井壁取芯、加深钻井等；

②根据实钻情况，原设计的基础上新增的施工项目，要记录项目内容及其情况，如见显示取芯，井底见显示后加深钻进、提前完钻、中途测试等；

③记录因工程原因增加的施工项目，如工程电测原因、工程加深钻进原因；

④井场无法提供清水洗砂时，要逐班记录，并留污水样；

⑤因工程条件造成资料质量下降时，应详细记录影响因素、时间和井段，如井涌、井喷、振动筛坏、架空槽无梯子、不具备槽面观察条件、校迟到时间的排量无法测量；

⑥记录钻时仪、综合录井仪、气测仪、地化仪工作情况及发现的异常情况。

(4)工程参数

填写钻压、泵压、排量、转盘转速。

(5)当班遇到的时间问题及下班应注意事项的提示。

5. 填写荧光记录

(1)日期

填写值班日期，日/月。

(2)井深

按录井间距填写井深，单位为 m，保留整数。

(3)岩性

凡油气显示层和油气显示条带均填全岩性，其余空着。

(4)湿照

①占岩屑百分比：填写发光(含油)岩屑占该岩屑总量的百分比(体积分数)，用百分数表示，保留整数，无发光岩屑的空着。

②发光特征：填写岩屑湿照的荧光颜色，无发光岩屑的空着。

③分析人：填写荧光湿照人的姓名。

(5)干照

①占岩屑百分比：填写发光(含油)岩屑占该岩屑总量的百分比(体积分数)，用百分数表示，保留整数，无发光岩屑的空着。

②发光特征：填写岩屑干照的荧光颜色，无发光岩屑的空着。

③分析人：填写荧光干照人的姓名。

(6)对比分析

①级别：填写含油岩屑浸泡后系列对比的级别。

②发光特征：填写岩屑系列对比样荧光下的颜色。

③分析人：填写做系列对比人的姓名。

6. 填写交接班记录

(1)日期　填写年、月、日。

(2)班次　按值班的班次填写起止时间。

(3)班人　填写值班人姓名。

(4)接班人　填写接班人姓名。

(5)资料情况。

①本班油气显示。

填写本班发现油气显示的总层数、总厚度，单位为米/层。

②本班槽面显示。

填写当班发现槽面显示的次数。

③砂样。

填写交班时砂样台上共有砂样的包数。

④气测异常。

填写本班发现气测异常井段的层数。

⑤下一班取资料项目变化报告。

填写下一班取资料间距变化报告。

(6)钻井液性能

记录每两小时测量的钻井液的相对密度及对应井深(单位为 m，保留整数)、测量时间(h：min)、黏度(单位为 s)。

(7)钻具

①钻杆。

填写送钻杆总数、现场钻杆总数、入井钻杆、大门口坡道钻杆、钻台上钻杆、回收钻杆根数、并注明其中的坏钻杆根数、鼠洞钻杆、未编号钻杆根数，单位为根。

②钻铤。

填写送钻铤总数、回收钻铤根数、现有钻铤总数，并注明其中的坏钻铤总数、入井钻铤根数、场地钻铤根数、坡道钻铤根数、钻台钻铤根数，单位为根。

(8)工具

安全帽、荧光灯、木尺、闹钟、电炉、捞砂盆、钢卷尺、电风扇、算盘、文具盒、砂样台等的数量。

7. 填写钻具记录

(1)单根编号

填写入井钻杆单根的顺序号。

(2)单根长

填写丈量后的钻杆单根长度，单位为 m。

(3)立柱编号及立柱长

三个单根连接组成一个立柱长，填写立柱长及立柱的顺序号。

(4)累计长

填写单根入井的累计长度。

(5)单根打完井深

填写钻具总长加上方钻杆长，即为单根打完井深。

(6)备注栏

填写钻铤、钻杆的钢号等。

(7)倒换钻具情况

记录替入、替出钻具的长度、钢号、倒换位置和计算结果。

(8)处理工程事故时，记录钻具组合结构情况及打捞工具的名称、型号、长度等。

任务考核

一、填空题

(1)巡回检查路线为________、________、________、________。

(2)地质观察记录包括________、________、________、________。

二、选择题

(1)钻具日常管理中，如果现场有综合录井和地化录井等工作项目时，钻具记录必须做到(　　)。

A. 工程和地质两对口　　B. 地质和综合录井两对口

C. 工程、地质、综合录井三对口　　D. 地质、综合录井和地化三对口

(2)在钻具管理工作中，除了有钻具丈量的原始记录和钻具卡片外，还必须建立井下(　　)记录。

A. 钻具变化　B. 钻具倒装　C. 钻具计算　D. 钻具计算和钻具变化

(3)下列不属于地质录井钻前检查内容的为(　　)。

A. 架空槽坡度　B. 振动筛性能情况　C. 仪器设备安装情况　D. 井壁取芯情况

三、简述题

(1)简述地质工的岗位职责。

(2)简述录井资料应收集哪些内容。

项目四　钻前的准备工作

知识目标

(1)掌握直井地质设计的主要内容。

(2)掌握定向井的特征及应用。

(3)掌握定向井、直井、水平井钻井地质设计内容的区别。

技能目标

(1)能看懂地质设计。

(2)能做好钻前的准备工作。

(3)能识别常用地质图件。

学习材料

任务一　钻井地质设计

一、探井地质设计主要内容

1. 基本数据

井号、井别、井位、设计井深、钻探目的、完钻层位、目的层及原则。

井位包括：井位坐标（海上探井填写经纬度）、地面海拔（海上探井填写水深）、地理位置、构造位置、测线位置。

2. 区域地质简介

主要包括：区域地层、构造及油气水情况、设计井钻探成果预测及邻井钻探成果等。

3. 设计依据及钻探目的

（1）设计依据："勘探方案审定纪要"或单井任务书、部署设计井时用的构造图、时间剖面、邻井实钻资料。

（2）钻探目的：主要钻探目的层、次要钻探目的层，或是为查明地层剖面、落实构造，根据勘探方案审定纪要"或任务书分别说明。

4. 设计地层剖面及预计油、气、水层位置

包括层位、底界深度、厚度、分段岩性简述（参数井）、地层产状和故障提示，预计油、气、水层位置是按地区性油气组合或分目的层叙述油、气、水层在纵向上的分布情况。

5. 地层孔隙压力预测和钻井液性能使用要求

邻井实测压力成果，压力预测曲线，钻井液类型、性能及使用原则要求。

6. 取资料要求

（1）岩屑录井

取样井段、间距、数量。

（2）钻时、气测、工程录井

测量内容、井段、测点间距及特殊要求（仪器型号、测量后效、钻井液取样做真空蒸馏等）。

（3）钻井液录井及氯离子滴定

测量内容、测量井段、测点间距及要求。参数井、重点预探井进行氯离子含量测量，录井间距根据需要确定。

（4）荧光录井

按岩屑录取间距逐包进行荧光检查、岩芯全部做荧光检查、储层和含油气岩性进行氯仿浸泡定级。

（5）地化录井

井段、采样间距、分析参数等。

（6）钻井取芯及井壁取芯

设计钻井取芯井段、进尺、取芯目的、原则等（取芯井进尺不得少于总进尺的3%～5%，并留有机动）；井壁取芯根据钻井过程中取资料情况，待完井电测后定。

（7）循环观察

规定正常情况下的地质循环观察和出现油、气显示及其他工程情况时，地质循环观察应注意的事项。

（8）地球物理测井

提出中途对比、完井电测及中途完井电测的测量井段、比例尺、项目及要求；提出特殊测井项目及增加测井项目及要求。

（9）实物剖面和岩样汇集（参数井、重点预探井）

制作井段和要求，岩芯选岩性剖面，岩屑选储层岩样或全井岩性剖面。

（10）选送实验室分析样品要求

提出岩芯、岩屑选送样原则，分析化验项目，特殊样品选送要求。参数井、重点预探井和轻质油、天然气探井，要设计酸解烃和罐装气样品的选送，气测异常显示段要做全脱气分析。

(11)特殊录井项目要求；项目、井段、间距等。

7. 中途测试要求

测试原则、目的、预测层位及井段、测试方法及主要要求(钻柱测试、电缆测试)。

8. 井身质量要求(井身结构设计)

井斜、水平位移允许范围、井身轨迹要求。表层、技术和生产套管尺寸、下深、阻流环位置、水泥返高等，根据地质条件提出原则要求。

9. 特殊施工要求

RFT 测试要求，VSP 测井要求，斜井、水平井轨迹要求。

10. 技术说明及要求

施工过程中可能出现的重大地质问题，设计出入甚大时应采取的相应预备方案及措施，本井特殊技术要求等。

11. 地理及环境资料

气象资料、地形地物等资料。

12. 附表、附图

附表：邻井地层分层数据与地震反射层深度对照表。

附图：设计井位区域构造图、地理位置图，主要目的层局部构造图，设计井的地质解释剖面图和地震时间剖面图，设计井地层柱状剖面图(参数井、重点预探井)，压力预测图。

一般预探井、评价井的设计内容可根据地质情况和勘探程度适当精简。海上探井设计中除上述内容外还要进行早期油气藏工程经济评价和油气成藏条件风险分析。

二、定向井地质设计

定向井是指按照预先设计的井斜方位和井眼轴线形状进行钻进的井。它是相对直井而言的，而且是以设计的井眼轴线形状为根据的。

(一) 定向井的井身参数

定向井的井身参数如图 4－38 所示：

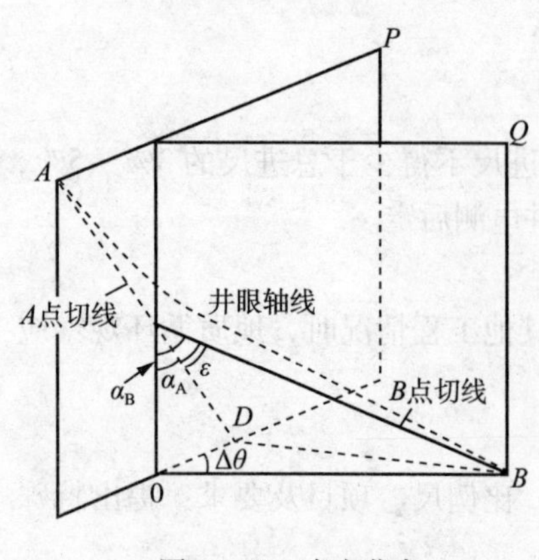

图 4－38 全变化角

(1)井斜角——井眼轴线的切线与铅垂线的夹角。一般用 α 表示。

(2)井斜方位角——井眼轴线的切线在水平面上的投影与正北方向之间的夹角，一般用 β 表示。

(3)井斜变化率——单位井段井斜角的变化值。

(4)井斜方位变化率——单位井段井斜方位角的变化值。

(5)垂深——测点的垂直深度。

(6)水平位移——井眼轴线某一点在水平面上的投影至井口的距离。

(7)平移方位角——平移方位线所在的方位角。

(8)全变化角(狗腿角)——某井段相邻两测点间，井斜与方位的空间角变化值，简称全角。

(9)全角变化率(井眼曲率)——单位井段内全角的变化值。表示井眼钻进方向变化的快慢或井眼弯曲的程度。

(10)磁偏角校正——井斜方位角是以地球正北方位线为准，使用磁力测斜仪测得的井斜方位角则是以地球磁北方位线为准，称磁方位角。磁方位角需要进行校正，随着井位和作业时间的不同，磁偏角有偏东、偏西之分。若磁北方位线在正北方位线以东称东磁偏角，若磁北方位线在正北方位线以西称西磁偏角。进行井斜方位角校正时，若为东磁偏角，则与磁方位角相加，即得井斜方位角；若为西磁偏角，则从磁方位角中减去此角即得。

(二)定向钻井的应用

定向钻井的应用如图 4 - 39 所示：

1. 地面条件限制

油田位于高山、城镇、森林、沼泽、海洋、湖泊、河流等地貌复杂的地下，或井场设置和搬家安装碰到障碍时，在它们附近钻定向井，如图 4 - 39 中 b、d 所示。

2. 地下地质条件要求

用直井难以穿过的复杂地层、盐丘和断层等，采用定向井，如图 4 - 39 中 h、i、j 所示。

3. 钻井工程需要

遇井下事故无法处理或不易处理时，常采用定向钻井技术，如图 4 - 39 中 g 所示。

4. 经济有效开发油气藏

原井钻探落空，或钻穿油水界面和气顶时，可在原井眼内侧钻定向井，如图 4 - 39 中 c、h、i 所示；遇多含油层系或断层断开的油气藏，可用一口定向井钻穿多组油气层；对于裂缝性油气藏可钻定向井钻遇更多裂缝。

在海洋、高寒或沙漠地区，可采用丛式井开采油气，如图 4 - 39 中 a 所示，以利于集输的保温和油井管理。

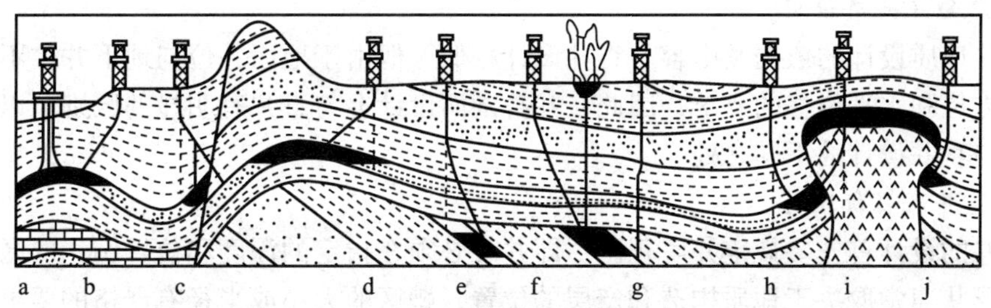

图 4 - 39　定向钻井的目的

a—海上平台钻丛式井；b—海岸钻井；c—断层控制；d—不可能进入的地点；
e—地层的油气藏圈闭(构造)；f—控制的救灾井；g—纠直和侧钻；h、i、j—盐丘钻井

(三)定向井常用井身剖面类型

在进行定向井设计时，首先应选择定向井的井身剖面类型。定向井一般采用的有三种类型的井身剖面，如图 4 - 40 所示。其井身剖面的选择要依据地质构造、钻井液性质、套管程序和地下井眼的空间条件来决定。

(1) Ⅰ型井身剖面

在这种井身剖面中，初始造斜角是在比较浅的深度就开始的，造斜形成以后，就保持该井斜角沿斜线钻进到靶心。其表层套管一般下过造斜井段即可。Ⅰ型井身剖面通常用在中探井和大水平位移的深井中。

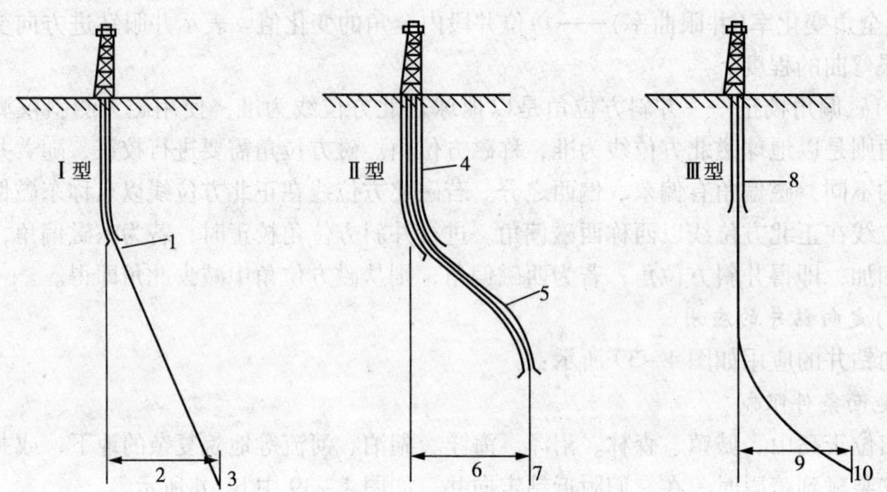

图 4-40　三种基本的定向井井深剖面类型

1—套管鞋；2、6、9—井底位移；3、7、10—井底靶位深度；
4、8—表层套管；5—技术(中间)套管

(2) Ⅱ型井身剖面

Ⅱ型井身剖面又叫 S 形曲线井身剖面。其井眼是在比较浅的深度就开始造斜，其表层套管一般下过造斜井段。之后继续钻进达到水平位移要求，然后转弯并垂直钻达靶心。这种井身剖面一般要将技术套管下到第二个垂直井段中的适当位置，以解决复杂地层的控制问题。

(3) Ⅲ型井身剖面

Ⅲ型井身剖面开始造斜的位置较深，其井斜角较大而水平位移则小。Ⅲ型井身剖面的造斜部分很少下套管，这种井身剖面比较适合于只需要较小井底位移的井。

(四) 定向井地质设计

定向井地质设计的依据及内容与直井设计相似，但由于地面井位与地下井位不一致，并有一定的方位和水平位移的要求，因此在井身剖面设计上与直井有明显的区别。以下介绍定向井设计与直井设计的不同之处。

1. 确定井底目标靶区

定向井的设计首先要规定井底靶区，即井眼必须在指定的深度和位置钻达的区域。靶区的大小和形状通常取决于地质构造和产层的位置，靶区的大小或半径有严格的要求。

2. 选择地面井位

定向井地面井位的选择，主要应该考虑地层倾斜趋势这一自然条件。地层产状对井身的偏斜有明显的影响。经验表明，当钻头穿越地层界面时，它会偏离原先的轨迹。当地层倾角较小时，钻头钻穿软硬交错的地层时往往会偏向于垂直于地层层面的井身路线；但当地层倾角较大、超过 45°～60°时，钻头则趋于平行地层层面前进。

如果要求的井眼方位正处于地层倾斜的有利方位，这就符合钻头前进的自然造斜趋势，就能够比较容易地造斜和钻达目标靶区。所以一个最优的地面井位的选择，应以所有的地下资料为基础，以便能够利用地层产状的有利条件，同时减少不希望发生的井眼偏斜。

3. 选择井身剖面

定向井的井身剖面类型或井眼轨迹的设计，需要考虑靶区深度、井底位移大小和穿过地层的复杂情况来选择。如前所述，Ⅰ型剖面比较适合于中深井和大水平位移井、Ⅱ型剖面比较适合于复杂地层的控制(其技术套管下得比较深)、Ⅲ型剖面则比较适合于较小位移的定向井。

三、水平井地质设计

在油层部位的井眼倾斜角为零度或接近零度的定向井，就是水平井。

水平井的地质设计基本上与定向井相同，不同处在于其水平段的长度、水平段在油藏部位的高度和水平段的方位。

水平段的长度应依照单井产能的要求和油层渗透率的高低来确定：一般来说，水平段越长，其单井产量越高。因此，油层渗透率低时，其水平段应当设计长一些。水平段在油藏部位的高低取决于油藏开发的整体设计思想，如果采用底水驱，则水平段位置应当靠上，以留出足够的避水高度；如果采用气顶驱则相反，水平段应靠下以保证必要的避气高度；如无底水和气顶，则应依据油气储量在剖面上的总体分布情况取适中的高度。水平段在油层中的方位则主要考虑裂缝发育的方向性，以垂直主要裂缝的裂缝面的展布方向为最佳。

水平井技术是钻井技术的重要发展和进步，它克服了直井和斜井钻遇油层厚度小、成功率低的缺点。从水平井钻探情况看，水平井成本一般为直井的2倍，但单井产量一般是直井的3~5倍。从国内水平井应用情况看，成功的例子较多，但也存在应用不当的情况。比如有的裂缝型块状底水油藏，如果采用直井开采，底水上窜后还可实施堵水并逐渐向上转移射孔井段，以获取较好的开发效果；但采用水平井以后，虽然取得单井的短期高产，但底水一旦上窜造成水淹，则无堵水和向上转移生产井段的可能，效果反而较差。

任务二 钻前准备工作

一、熟悉地质设计

地质设计是工程施工和地质录井的任务书。录井人员接到地质设计后，必须认真学习，领会其精神实质，做好各种准备。

(1)录井小队到达现场后，应对照地质设计核实井位和地理位置，利用地形、地物等标志，核查井位，如有怀疑和错误要立即向主管部门报告。

(2)根据地质设计制定详细的录井细则。

(3)系统地收集邻井资料，包括地层、构造、油气水等方面的系统数据、图件。条件允许时，可到露头区踏勘采样，认识本井即将钻遇的地层层序、接触关系、岩性组合、标准层特征以及生储盖层厚度、油气水显示的可能深度、岩石可钻性及岩性对钻井液的影响、构造、断层性质及分布等。

(4)地质设计书中有钻井取芯项目时，必须掌握取芯目的、原则及取芯层位、进尺、收获率等方面的要求。

(5)地质设计中有中途测试项目时，必须掌握中途测试的原则、目的等基本要求。

二、物质准备工作

(一)场地和器材准备

1. 井场

场地平整，砂样台制作、摆放符合规范要求，振动筛便于捞取砂样，架空槽坡度有利于脱气器脱气，水管线接好并保证水源、防爆灯、电铃等正常。

2. 钻具、表层套管

钻具表层套管按有关规定丈量、编号，数据记录齐全准确。

3. 录井器材

按取资料要求准备，一般情况下应准备下列物品：

(1)足够的岩芯、岩屑盒和砂样袋。

(2)各种原始记录、表格和文具。

(3)荧光灯、各种化学试剂。

(4)钢卷尺、时钟、秒表、电炉、酒精灯、滤纸、蜡、封蜡用纸等。

(5)记钻时装置。

(6)烤箱。

(二)场地设置及仪器设备安装

(1)地质录井现场场地布置的原则是保证安全，方便生产，尽量少占用地面积。井场值班房要安放在井架大门左边、稍靠前方，距离振动筛 10 ~ 25m 处。值班房到捞砂处应畅通无阻，视线无碍。

(2)地质、气测或综合录井仪工作房的放置，彼此应协调呼应，方便工作。

(3)录井现场所用的仪器设备、地质用品，要按标准在录井前准备齐全，安装就位，经试运转，符合要求。

(4)各工作房内设施摆放既要方便工作，又要保持清洁整齐，美化环境，保证安全。

(5)工程钻前安装中的几项施工标准。

①在架空槽内捞样的，架空槽坡降应均匀一致且要求每米坡降小于 5cm。坡降过大时要在捞砂处加适量高度的挡板，并且在架空槽靠井场一侧铺设安全捞样工作走道及扶梯。

②在振动筛前捞样的，振动筛前要设置捞样工作台，并装好水管线，保证良好的洗样排水清砂条件。

③用水困难的地方及环境保护区要设置 $2m^3$ 洗样专用水池。

④要满足气测仪或综合录井仪的安装条件。

(三)钻前检查

(1)设备安装是否满足取资料要求。架空槽坡度、振动筛性能、筛布、网眼尺寸、洗砂样水管线、架空槽装防爆灯、烘砂样的蒸汽管线及安全设施是否完善等。

(2)场地布置、各种器材、原始记录、表格、化学药品等是否安全完好。

(3)气测队是否到场，安装运转是否良好。

(4)钻具、表层套管是否丈量，规格是否符合设计要求，丈量是否准确。

(5)值班房内的三图一表及其他布置是否符合标准化的要求，各项规章制度和取全取准地质资料的措施是否制定。

(6)是否进行了地质交底。

(7)井场、宿舍、设备用电是否安全。

(8)钻井施工区环保问题。

任务考核

一、填空题

(1)定向钻井适用于________、________、________、________。

(2)定向井基本常用井深剖面类型________、________、________。

二、简述题

定向井和直井地质设计上有何异同。

项目五　钻时录井

知识目标

(1)掌握钻时录井的理论知识。

(2)掌握钻时录井的影响因素。

(3)掌握钻时录井资料的应用。

技能目标

(1)能正确记录钻时。

(2)会分析钻时录井曲线。

学习材料

一、钻时录井概述

1. 概念

钻时是指钻头每钻进一个单位深度的岩层所需要的时间。通常以“min/m”或“min/0.5m”来表示。

钻时录井是指通常把现场记录的钻时数据，按井的深度绘成钻时曲线，作为研究地层的一项资料的录井方法。

钻速是指在生产实践中用“m/min”表示钻进中进尺的快慢，即单位时间内进尺的多少，叫钻速。

2. *岩层的可钻性与钻头、钻时等的关系*

依据岩石的可钻性，可选择不同类型的钻头提高钻速或减少钻时，增加进尺，如表4－9所示。

表4－9　三牙轮钻头的类型及其用途

类型	现行	JR	R	ZR	Z	ZY	Y	JY	球齿
	旧	—	L	M	C	T	TK	—	
岩层性质		极软	软	中软	中	中硬	硬	极硬	极硬
适用的岩性		黏土、流砂、石膏、岩盐、泥岩、页岩、白垩、中软石灰岩		中软泥岩 页岩 硬石膏 砂岩 中硬石灰岩	白云岩 硬石膏 硬页岩 硬石灰岩	硬砂岩 花岗岩 石英岩 黄铁矿		花岗岩 石英岩	花岗岩 石英岩 玄武岩 石灰岩
钻头体颜色		乳白	黄	天蓝	灰	墨绿	红	褐	

二、记录钻时的方法

1. *深度面板法*

利用深度面板和钟表配合，与气测录井同时操作，其装置如图4－41所示。用一根细钢丝绳，一头固定在水龙头上，另一头用重锤悬挂在绷绳上，中间通过深度传感器(俗称同步马达)。随着钻进，细钢丝绳向上活动，把进尺的距离通过深度传感器传送到深度面板上。工作人员可以在面板前看到钻进的井深，同时从钟表上看到时间，把两者配合起来，每钻进

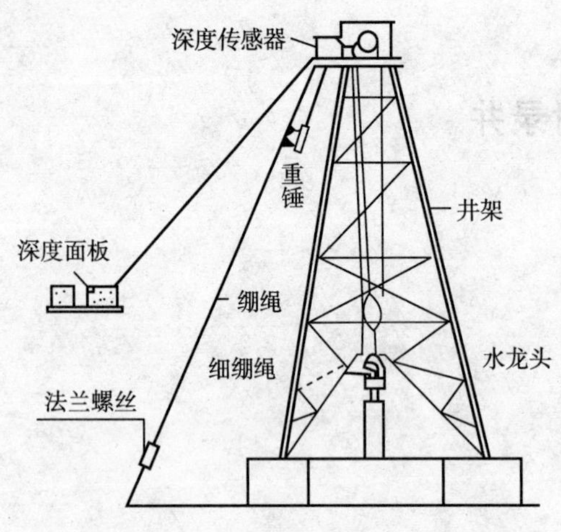

图 4－41　深度面板钻时记录装置示意图

一定进尺则记录井深和时间，将下面井深和时间减去上面相邻的井深和时间，即为需要的钻时。

2. 固定标尺法

如图 4－42 所示，用一根细钢丝绳，一头挂在水龙头的适当部位，上部通过滑轮（滑轮装在二层平台或天车上），接到值班房并与固定标尺平行配合，另一端固定在滚筒上。滚筒轴两端绕有短钢丝绳并各吊有一重锤，钻进时，细钢丝绳随着向下滑动，在值班房内从标尺上可以上提钻具时，由于滚筒轴两端重锤作用使之转动，带动钢丝绳向相反的方向活动而缠在滚筒上。这样不论上提或下放钻具，钢丝绳都能随着活动并能保持绷紧状态与标尺平行这种方法安装、使用都很简便，不受停电及电压变化的影响，记录结果也比较准确，是目前现场较广泛的一种方法。

另外，固定标尺法第二种装置如图 4－43 所示。只需要一个定滑轮和两根钢丝绳，一根是死绳，上端固定在天车附近，下端固定在记录台旁；另一根是活绳，一端固定在水龙头上，另一端不需固定，但视方钻杆长度采用 12～14 个链条片，按 1m 一个的间距固定在活绳上，又以钢环套在死绳上，可以上下滑动。链条片自上而下分别写上 0，1，2，……14，顺着钢丝绳的倾斜方向固定好米尺。安装和调整的要求是，活绳能随钻具的提升和下放而灵活地上下滑动；链片 0，1，2……分别处于米尺下端“0”位时，方入正好为 0，1，2m，……这样在记录台上就可以了解方入的变化，进而由钟表配合记录每钻进一米的时间即下一米减去上一米的时间差就为钻时。

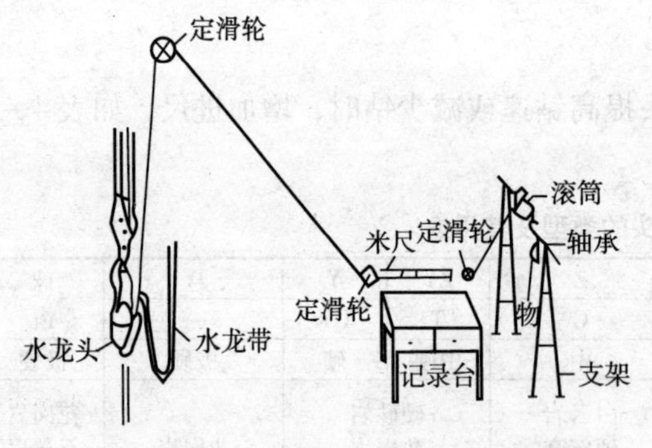

图 4－42　固定标尺法第一种装置

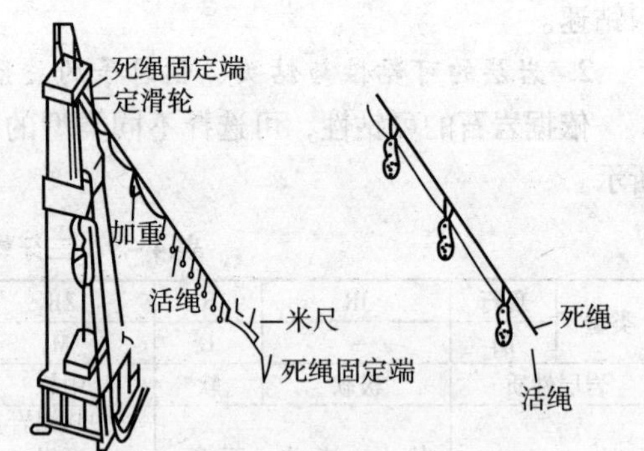

图 4－43　固定标尺法第二种装置

3. 米尺划线法

钻进时使用一根米尺，用油漆或粉笔在方钻杆上划出“整米方入”记号，当记号与方补心平行时记录时间。每一钻时点的数据则由所钻厚度的起止时间相减所得。

三、钻时录井的原则

一般新探区从井口到井底均要每米记录一个钻时值，在目的层加密到每 0.5m 记录一次，在碳酸盐岩井段一般 0.2m 或 0.25m 记录一次。老探区非目的层井段可以 1m 以上（如 2m 或 4m）记录一次或不记，但目的层仍须每米记录一次，钻进中如发现有油、气显示，应立即加密记录。

四、钻时曲线的绘制方法

为了便于应用，常把钻时录井资料，绘成钻时曲线。其绘制方法是：用普通厘米方格纸，以纵坐标代表井深，单位为m，比例尺1∶500；横坐标代表钻时，比例尺可根据钻时和图幅大小选定，以能表示出钻时变化为原则，一般1cm代表10或20min。分别在各深度上标出其相应的钻时数值的点，把各点连接成一条点划线即得到钻时曲线，如图4－44所示。

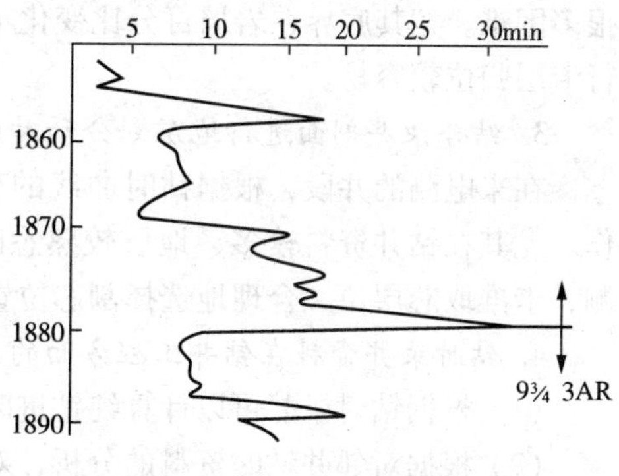

图4－44　××井钻时曲线

为了便于解释，在曲线旁边应用符号或文字在其相应深度上标注接单根、起下钻、跳钻、憋钻、溜钻、卡钻、磨钻、取芯以及钻头类型、尺寸、钻压、更换钻头位置等。

五、钻时录井的影响因素

1. 钻头类型及新旧程度的影响

不同类型的钻头，破碎岩石的方式不同，适用的地层也不同。钻头类型的选择是否合理将直接影响钻时的大小。如果硬地层选用了适合钻软地层的钻头类型，钻时就大；反之，钻时就小。

钻头的新旧程度对钻时的大小也有十分明显的影响。新钻头比旧钻头钻速快，钻时小。

2. 泥浆性能的影响

泥浆性能稍有变化，钻时往往都有反应。一般使用相对密度低、黏度小的泥浆比使用相对密度高、黏度大的泥浆钻时小。

3. 钻井参数及操作水平影响

在泥浆性能、钻头类型、地层软硬相同时，钻井参数选择是否恰当，对钻时大小的影响十分明显。当钻压大、转数快、排量适当时则钻时小，反之则大。

司钻操作技术的熟练程度在很大程度上也会影响到钻时的真实性。经验丰富的司钻，送钻均匀，钻压平稳，钻时的变化就能很好地反映地下岩层的软硬程度。否则，钻时不能真实地反映出地下岩石的性质或反映很差。

4. 钻井方式的影响

5. 井深的影响

在钻井过程中可以明显看到，随着井深的增加，钻时也会相应变大，其原因之一是深部地层比浅部地层更致密、更坚硬的缘故。

六、钻时录井资料的应用

1. 定性判断岩性

岩石由于其组成的矿物成分、固结程度、形成条件不同，表现在物理性质上往往也有很大区别，故在钻进过程中，当其他条件不发生变化时，钻时则反映岩性的变化。

如东营地区实践证明：疏松的油砂，一般钻时小于5min/m，多数是1～3min/m。不含油的砂岩，由于胶结程度不同，钻时大小不一，但一般小于10min/m。致密的灰质砂岩，钻时可高达20～30min/m。泥岩的钻时变化一般都在10～30min/m。油页岩及泥膏盐较泥岩钻时低。

2. 用于岩屑定层归位

岩屑录井由于多种因素的影响，在描述岩屑时往往确定岩性的具体深度及其顶底界时有很多困难。尤其底界在岩屑百分比变化不明显，而钻时有较明显的变化时，利用钻时曲线进行卡层归位较容易。

3. 结合录井剖面进行地层划分和对比

在未电测的井段，根据钻时曲线的变化，结合录井剖面常可进行地层的划分与对比工作。尤其在钻井资料较多、地层较熟悉时，对比效果较好。这在钻进过程中对做好地层预测，卡准取芯层位，合理地选择割芯位置都有十分重要的意义。

4. 钻时录井资料在钻井工程方面的应用

(1) 根据钻时录井可以计算纯钻进时间，进行实效分析。

(2) 根据对邻井钻时资料的分析，对本井的钻头类型选择及钻井措施的制定提供依据。

(3) 钻进过程中，可以利用钻时帮助判断钻头使用情况。

(4) 在新探区，可根据钻时由慢到快的突变，及时采取停钻观察的措施，推断是否钻遇油、气层，以便循环泥浆，观察油气显示情况。若是油、气层，可以从钻时曲线上推断出油、气层的顶界深度，决定是否取芯。若是高压油、气层，则便于及时采取措施防止井喷。

任务考核

一、填空题

(1) 钻时是指________________________________。

(2) 记录钻时的方法有________、________、________、________。

(3) 一般新探区从井口到井底均要________记录一个钻时值，在目的层加密到每________记录一次，在碳酸盐岩井段一般________记录一次。老探区非目的层井段可以________以上记录一次或不记，但目的层仍须每米记录一次。

二、选择题

(1) 按设计要求系统地记录钻时并收集整理与其相关的各项资料的全部工作称为(　　)。

A. 钻时记录　　B. 钻时处理　　C. 钻时应用　　D. 钻时录井

(2) 钻时曲线的纵向比例尺一般为(　　)。

A. 1∶50　　B. 1∶100　　C. 1∶500　　D. 1∶1000

(3) 钻进过程中因井漏而无法取样时，可以利用钻时曲线来大致判断漏失层段的(　　)。

A. 压力　　B. 岩性　　C. 液性　　D. 液体产量

(4) 在砂泥岩剖面地区，相同施工状况下，下列说法中正确的是(　　)。

A. 相邻岩层中，砂岩的钻时比泥岩的高

B. 钻时低的油气层其孔隙性和渗透性较好

C. 钻时曲线不能定性判断渗透层

D. 钻时曲线能准确划分出渗透层

(5) 钻井的方式对钻时变化的影响较大，在其他条件相同的情况下，钻进同一地层，涡轮钻的钻时(　　)旋转钻的钻时。

A. 远大于　　B. 略大于　　C. 远小于　　D. 略等于

三、简述题

(1) 影响钻时录井的因素有哪些？

(2) 简述钻时录井的用途。

四、操作题

填写钻时原始记录表。

项目六　岩屑录井

知识目标

(1)掌握计算捞砂时间、岩屑迟到时间的方法。

(2)掌握捞取岩屑的方法。

(3)掌握岩屑的描述方法。

(4)掌握岩屑录井的影响因素。

技能目标

(1)能对捞取的岩屑进行描述。

(2)能采集并挑选岩屑。

(3)会判断真假岩屑。

学习材料

在勘探过程中，为了查明探区含油、气的丰富程度，尽快拿下新油田，一般取芯较少或不取芯。在这种情况下要获得大量的地层，构造，生储盖组合关系，含油、气情况等第一性资料就必须采用岩屑录井方法。

通常把地下的岩石被钻头破碎后，随泥浆带到地面上的岩石碎块叫岩屑。

随着钻井进尺的不断加深，地质人员按照一定间距、一定迟到时间，将岩屑连续收集起来，进行观察、描述、分析，恢复地下原始地层剖面的过程叫岩屑录井。

岩石在井底被钻头破碎后，岩屑返至井口需要一般时间，在这段时间里钻头又继续钻进。因此，当钻头钻到预定取样井深时，在地面不能马上捞到该深度的岩屑，需要一段时间再去捞。通常把岩屑从井底返至井口所需要的时间叫岩屑迟到时间。

一、岩屑捞砂时间和迟到时间的确定

(一)管好钻具

岩屑录井要获得有代表性的岩屑就是要取得井下准确深度的岩屑，为此必须做到井深准、迟到时间准。一口井的岩屑是按规定的深度间距捞取，如果钻具长度不准确或钻具计算有错误，井深就不准，按深度间距捞取的岩屑就不具代表性，这样的岩屑就没有分析研究价值。因此，在录井过程中管好钻具，做到钻具组合、钻具总长、方入、井深、下接单根清楚，钻具管理工程、地质、场地三对口，严把钻具倒换关，确保井深准确无误。

(二)捞砂时间的确定

捞砂时间就是捞取某一深度岩层岩屑的时间。

捞砂时间 = 钻达时间 + 迟到时间

若岩屑上返过程中，泥浆泵曾一度停止运转，则捞砂时间应再加停泵时间。

捞砂时间 = 钻达时间 + 迟到时间 + 停泵时间

例如：在8:00钻达1500m处地层，岩屑迟到时间是17min，当钻至8:15时停泵，8:25

时开泵，那么1500m的岩屑捞砂时间应是：

$$8:00+0:17+(8:25-8:15)=8:27$$

显然井越深，捞砂时间越长，所以当井深超过500m时，就要进行迟到时间校正。

(三)迟到时间的确定

精确地测定岩屑迟到时间是提高岩屑录井质量的关键之一，它主要决定于井身结构及井深和泥浆泵的排量。测定岩屑迟到时间有下列方法。

1. 理论计算法

这种方法是把井眼当成理想的几何体，进行计算，公式：

$$T=\frac{V}{Q}=\frac{\pi(D^2-d^2)}{4Q}H$$

式中 T——泥浆迟到时间，min；

V——井眼与钻杆之间环形空间的容积，m^3；

Q——泥浆泵排量，m^3/min；

D——井径，即钻头直径，m；

d——钻杆外径，m；

H——井深，m。

用理论计算法求得的迟到时间与实际迟到时间往往不符，主要因为实际井径常比理论井径大，而且井眼不是一个理想的几何体，在计算时也没有考虑岩屑在泥浆中下沉。因此，现场工作中多以此为参考数据。

2. 实测法

为了提高精度，现场规定迟到时间采用实测法(又称指示物法)。实测法是选用与岩屑大小、相对密度相近的重物(一般用白瓷碎片)，在接单根时投入钻杆内。记下投入后开泵时间，然后在泥浆出口或振动筛处密切注意并记下重物开始返出来的时间。这两个时间的差值就是实物循环一周的时间，它包括了实物沿钻杆下行到井底的时间和从井底通过钻杆外的环形空间返出井口的时间。

由于钻杆、钻铤内径是不同的，因此，管内下行时间要分段计算，公式：

$$T_0=\frac{C_1+C_2}{Q}=\frac{\pi d_1^2}{4Q}\cdot H_1+\frac{\pi d_2^2}{4Q}\cdot H_2=\frac{\pi}{4Q}(d_1^2H_1+d_2^2H_2)$$

式中 T_0——管内下行时间，min；

C_1、C_2——分别表示钻杆、钻铤的内容积，m^3；

d_1、d_2——内径，米；

H_1、H_2——长度，m；

Q——泥浆泵排量，m^3/min。

则迟到时间为：

$$T=T_{循环}-T_0$$

式中 T——迟到时间，min；

$T_{循环}$——指示物循环一周的时间，min；

T_0——管内下行时间，min。

3. 反比法

在钻井过程中，常因检修机械或其他原因变泵，如单泵变双泵，或双泵变单泵。变泵时泥浆排量随之发生变化，直接影响了迟到时间的测量。排量增加，迟到时间变短；反之增长。因此变泵就要修正迟到时间。一般有两种情况。

(1)变泵时间早于钻达时间，新迟到时间可由反比法求出或用计算盘查出。

$$T_{新} = \frac{Q_{原}}{Q_{新}} \times T_{原}$$

式中 $T_{新}$——新迟到时间，min；

$Q_{新}$——新排量，L/s；

$T_{原}$——原迟到时间，min；

$Q_{原}$——原排量，L/min。

例：某井钻至井深1932m、1933m的钻达时间分别是4:07、4:10，原排量30L/s，迟到时间25min；4:05变泵，变泵后测得新排量40L/s，求1932m及1933m岩屑迟到时间是多少？

解：用反比法求迟到时间：

$$T_{新} = \frac{Q_{原}}{Q_{新}} \times T_{原} = 18\text{min}45\text{s}$$

现场工作中，常把数字制成排量变化比值表，计算迟到时间应用此表可加快计算速度。

(2)变泵时间晚于钻达时间，新迟到时间仍可由反比法计算。

这种情况是岩屑上返到中途，泥浆泵排量变了。计算新迟到时间，首先算出原捞砂时间与变泵时间差 Δt，然后用反比法求出修正 Δt 的时间。

$$\because \ \frac{\text{修正时间}}{\Delta t} = \frac{Q_{原}}{Q_{新}}$$

$$\therefore \ \text{修正时间} = \frac{Q_{原}}{Q_{新}} \times \Delta t$$

则：

新捞砂时间 = 变泵时间 + 修正时间

新迟到时间 = 变泵时间 - 钻达时间 + 修正时间

例：某井钻至1800m时，钻达时间是8:00，原排量30 L/min，迟到时间27min；8:15变泵，新排量60 L/ s，求新迟到时间是多少？新捞砂时间是多少？

新迟到时间代入得

$$8:15 - 8:00 + 30/60(8:27 - 8:15)$$
$$= 21(\text{min})$$

新捞砂时间代入得

$$8:15 + 30/60(8:27 - 8:15)$$
$$= 8:15 + 0:06$$
$$= 8:21$$

此外，为了保证迟到时间准确可靠，还可以用在钻进过程中有明显特征的岩性直接检查正使用的迟到时间数据是否准确，如大段泥岩中有疏松砂岩。

注意：上述岩屑迟到时间和捞砂时间，仅是指地层的某一深度的迟到时间和捞砂时间。实际上，井是不断地钻进加深的，迟到时间也随之增长。为了保证岩屑录井质量，生产中采取每隔一定间距做一次迟到时间实测，实测间距大小，各地区在实践中应因地制宜。一般情况下是1000~2000m井段每百米测试一次；2000m以下每50m测试一次；1000m以前根据取资料要求确定。

二、岩屑捞取的方法及步骤

要捞好岩屑必须保证在井深准确条件下，选择合理的取样密度和正确的捞砂方法。

井深准确与否是取全取准地质资料的关键，要求地质、气测、工程三对口。

选择合理的取样密度。取样密度就是隔几米捞一次岩屑。取样间距大小一般根据对区域地层情况的了解程度和井的任务而定。新区或地质复杂地区，应建立起完整的地层剖面，可以每米取一包，在目的层可加密到半米一包。对一个研究程度较详细的老探区，可以不系统取样，而只在油层、标准层和地层分界面取样，取样密度每米取一包。

捞取的岩屑能否有代表性，不漏掉岩层，甚至不漏掉0.5m的薄夹层，它不仅取决于捞取时间和密度，捞样方法也很重要。具体方法和步骤如下：

(一)捞样

一般情况是根据岩屑迟到时间，按设计间距在振动筛前捞取，取样时必须保证岩屑的连续性，可在岩屑盆内从上到下垂直切取二分之一或四分之一样品(盆内岩屑过多才这样做)，这种方法所取的岩屑，代表了取样间距内全部地层的岩屑。在没有振动筛和无法在振动筛前捞取(岩屑呈粉末状)时，可在架空槽上选择岩屑易沉淀的部位取样。并把这个取样地点固定下来。在边喷边钻情况下，在搅拌器处或放喷管口，设取样篮取样。井漏严重，有进无出时，在钻头上方装打捞杯取样。每次取样后要彻底清除掉剩余岩屑。

起钻前必须循环泥浆捞至最后一包岩屑才能起钻。不足一包的尾数要标明深度，待与再次下钻钻完该米所取的岩屑合并一起。在钻进过程中，要经常注意泥浆携带出的岩屑多少，如果很少或没有，应立即处理泥浆，然后继续钻进，以不漏取资料为准。

捞取岩屑总量不得少于1000g。凡有挑样任务的井，将所捞岩屑分装两袋，一袋用做挑样，一袋用做保存。

(二)洗样

取出的岩屑要缓缓放水冲洗，并加以搅拌，直至岩屑露出本色为止(造浆性能的黏土岩及极易泡散的岩石例外)；冲洗时要防止沥青块、碳质页岩、油页岩、煤屑等轻质样品悬浮在水面上流失，并注意观察油气显示。

(三)晒样

将清洗好的岩屑按井深顺序逐包倒在砂样台上摊开晾干，包与包之间至少要有空隙或用标志物挡开，避免混合。晾晒岩屑时应注明深度，不能搞乱搞混。雨季和冬季烘样时要用温火，防止将岩屑烤焦而失真(岩屑堆积烘烤，因缺氧易变为黑色；摊开烘烤过分，常变为红色；最好是风干，但要注意不要把岩屑吹乱)，在摊开晒样的同时，发现含油岩屑或其他特殊岩性应挑出包一小包，注明深度，放在该深度岩屑上面，便于以后观察。

(四)装样

晒干的岩屑应附有正式深度的标签装入袋内，标签应签有井号、井深、编号等内容，凡有挑样任务的井，将岩屑各500g分两袋装好，要用两分法来取，不能随意抓满两袋，否则没有代表性。

岩屑袋按井深由浅到深的顺序，自上而下，从左至右装入岩芯盒，盒上标明井号、盒号、井段、包数。

三、影响岩屑录井的因素

捞取的岩屑，其岩性总是混杂的。要正确地识别每米的真实岩性，必须去伪存真，影响岩屑录井的因素主要有以下四点：

（一）钻头类型和岩石性质的影响

钻头类型及新旧程度的差异，所破碎的岩石形态的差异，相对密度也有差异，所以上返速度也就不同。刮刀钻头钻成片状和块砖状，牙轮钻头钻屑较细成粒状，PDC 钻头钻屑成粉末状；砂岩、泥岩、页岩的钻屑形态差异很大。如页岩呈片状岩屑，接受泥浆冲力及浮力的面积也大，较轻，上返速度快；砂岩呈粒状及块状，与泥浆接触面积小，较重，上返速度慢。由于岩屑上返速度不同，直接影响到岩屑迟到时间准确性。

（二）混浆性能的影响

泥浆是钻井的血液，它起着巩固井壁、携带岩屑、冷却钻头等作用。在钻井过程中泥浆性能的好坏，将直接影响到钻井工作的正常进行，也严重影响了地质录井质量。

(1)若采用低相对密度、低黏度泥浆或用或清水快速钻进时，井壁垮塌严重，岩屑特别混杂，使砂样失去真实性。

(2)当切力太低时，携带和悬浮岩屑能力降低，没有浮力岩屑就更混杂。

正常钻进时，泥浆循环空间形成三带。靠近钻具的一带为正常泥浆循环空间，靠近井壁者形成泥饼，二者之间为停滞的胶状泥浆带，其中混杂有各种岩性的岩屑。当泥浆性能较稳定时，胶状泥浆带不流动，所以岩屑混杂情况较轻。如突然处理泥浆，切力变小，胶状泥浆带受到破坏，使三带失去平衡状态，造成大量混杂岩屑与所钻深度岩屑一同返出地面，使岩屑异常混杂。

（三）钻井参数及井眼大小的影响

钻井参数不变而井眼不规则时，泥浆上返速度就不一致。在大井眼处上返慢，携带岩屑能力差，甚至在“大肚子”处出现涡流使岩屑不能及时返出地面，造成岩屑混杂；而在小井眼处，泥浆流速快，携带岩屑上返及时。由于井眼不规则，泥浆流速不同，岩屑上返时快时慢，直接影响迟到时间的准确性，并造成岩屑混杂。

钻井参数主要是指排量的变化。排量频繁变化直接影响返出时间，造成岩屑代表性不强甚至失真。如排量大，则泥浆流速快，岩屑上返及时，准确性强；否则相反。尤其是单、双泵频繁倒换时，则排量也频繁变化，最易产生岩屑混杂现象。

（四）停钻和划眼的影响

起下钻及钻进过程中的停钻和划眼，也会造成岩屑混杂。这种情况应仔细观察，注意与稍后的岩屑对比，可以识别出所钻岩层的真实岩屑。

（五）迟到时间的准确性

对岩屑影响最大的就是岩屑迟到时间的准确性。在钻时无误的情况下，当岩屑和钻时的符合程度低时，应及时校正迟到时间，以提高岩屑录井的准确性。

（六）井深的影响

一般情况下，井深越深，迟到时间越长，造成岩屑混杂的机会就越多。

四、岩屑描述的方法及步骤

（一）真假岩屑的判断

从振动筛或架空槽上捞取的每包岩屑，其成分是复杂的。泥浆在上返过程中除携带出井口的新岩屑以外，还有上部裸眼井段垮落下来的岩石碎块，以及下沉滞后的上部地层的旧岩屑，这就给建立地层剖面带来了一定的困难。从这些新旧即真假岩屑并存中，鉴别出真正代表井下一定深度岩层的岩屑是提高岩屑录井质量，准确建立地层剖面的重要环节。

因此，工作中要系统熟悉和掌握工作区域的地层特征，如邻井剖面。经常将本井已钻穿的地层剖面与邻井对比。真假岩屑可根据它们各自不同特征加以区分。

1. 假岩屑

假岩屑指真岩屑上返过程中混进去的掉块，即不能按迟到时间及时返到地面而滞后的岩屑，也叫老岩屑。假岩屑特征：

(1)色调模糊，形态大而圆，局部有微曲面。这是上部个体大，未及时返出地面的岩屑，在井内经过冲刷和磨损的结果。

(2)棱角明显，个体较大的岩屑往往是假岩屑。这是上部井壁垮塌的碎块，在井内时间不长，还来不及圆化就被泥浆带到地面。

(3)在熟悉区域地层特征的基础上，根据岩屑某种成分百分比变化、钻时、岩性组合关系等，可以判断假岩屑。一般情况下，上部地层掉块延续井段长，占岩屑百分比低，岩屑与钻时不吻合。

2. 真岩屑特征

真岩屑即具有井深意义的岩屑，地质上称为砂样。通常是指钻头刚从某一深度的岩层破碎下来的岩屑，也叫新岩屑。真岩屑具有下列特点：

(1)一般颜色新鲜、个体小、均匀一致，具棱角，若为厚层则真岩屑在真假岩屑中所占百分比将不断增加。

(2)若泥浆切力高时，较大的、带棱角的、色调新鲜的岩屑，是真实有代表性的岩屑。

(3)高钻时、致密坚硬的真岩屑，往往是碎小的，棱角特别明显的岩屑，多成细小的碎片或碎块。如灰岩、白云岩、砾岩的岩屑。

(4)泥质岩多呈扁平状，页岩呈薄片状、疏松砂岩较圆而不带棱角或棱角不明显，多成兜里状，具造浆性的泥质岩多成泥团状；致密砂岩呈块状。

(二)岩屑百分比的确定

将岩屑经过筛选或滚选去掉垮塌物和残留物后，用四分法取出适量的岩屑，并按不同岩石性质分选出来(碳酸盐岩缝洞发育层段应分选出次生矿物，在大段石灰岩地层还将按不同颜色分选，以示岩性差别)。然后将分选出的不同岩屑计算出各自所占的百分比。岩屑百分比的计算，有下列几种方法。

(1)面积百分比法：把不同岩样分别放在厘米方格纸上，量出各自所占的面积，便可求出面积百分比。此种方法简单，但由于不同形状的岩屑所占面积不一，因而误差较大。

(2)质量百分比：用物理天平称出不同岩屑的质量，并求得各岩样的质量百分比。此法精度较高，但也因各种岩石相对密度不同而有误差。

(3)体积百分比法：将选出的不同岩屑，分别倒入有水的量筒或量杯中，依据液面上升高度，读出它们的体积数，再计算各自所占的百分比。此法简便，计算快，但在岩石遇水膨胀体积增大时，影响百分数的精确性。

(4)估计百分比法：将选出的不同岩屑摊开，用目测直接估计出各种岩石的百分含量。此法精度较低，只用于快速钻进和一般的地层，且多为有经验的人员采用。

以上四种方法，各有其优缺点，应根据具体情况取舍。

岩屑百分比确定后应绘制岩屑百分比图。绘制时可将不同深度的各种岩石百分比按一定符号、一定顺序和选择的纵横比例绘在厘米方格纸上，各种岩屑按岩性、颜色、粒度的次序依次排列。将各种岩屑分别连线，便可得出岩屑百分比剖面，然后根据百分比变化，并结合电测和其他录井资料绘出解释剖面。

岩屑剖面的解释原则：

(1)砂样中出现新岩屑，不论它占的百分比多少，都应解释为新地层。

(2)两种老成分，一种岩屑百分比增加，而另一种岩屑百分比减少，则应解释为百分比增加的地层。

(3)两种岩屑的百分含量相近似时，可以解释为该两种岩石的互层。

(4)单层厚度小于0.5m者，一般岩性可不做解释，在岩性综述中加以叙述，但对成组的薄互层应适当表示；对有意义的特殊岩性、标准层、油气显示层及疏松的砂岩，剖面上应扩大为0.5m解释。

(5)应用电测解释资料时，分层深度应以电测为准；当岩性与电性不符合时，应复查岩屑，若发现问题应修改百分比剖面，若复查后仍不相符合，应保留原录井结果并说明某段岩电不符，岩性属实。

在运用上述原则解释地层剖面时，还应综合地质录井资料，考虑各种因素的影响，力求提高解释剖面的精度。

岩屑百分比图，一般不单独绘制，而在综合录井图中绘制。

(三)岩屑描述分层定名的原则

(1)岩屑中一种新成分的出现，标志着一个新层次的开始，而岩屑百分比的增加，标志着该层的持续，当百分比开始降低时，在含量变化的转折点则为该层底界。因此新成分出现要定名。

(2)大套单一的岩性中粒度有变化或颜色有变化要分层定名。

(3)对于厚度在0.5m或不到0.5m的标准层、标志层、特殊岩性层均应分层定名。

(4)同一包岩屑中同时出现两种新成分，一种比另一种多，分层定名时，只定多的一种而将少的一种当做夹层处理；若两种新成分的量大致相当可定互层。

在具体划分地层时，特别是在砂泥岩剖面中，利用钻时卡准渗透性砂层效果很好。其次气测、泥浆及槽面显示均可作为分层定名的参考资料。

(四)岩屑描述的注意事项、方法及内容

1. 注意事项

(1)掌握钻时与岩性关系，以便了解二者深度的符合程度，检验泥浆迟到时间，如二者深度误差很大时，应及时测定泥浆迟到时间，校正井深。

(2)在新探区第一批井，应对所有岩屑进行荧光普查，以免漏掉油气层。更要识别混油泥浆中和地面油污染造成的假油砂。

(3)岩屑描述要及时，必须跟上钻头，以便随时掌握地层情况，作出地质预告，使钻井工作有预见性。

(4)描述要抓重点，定名要准确，文字要简练，条理要分明。各类岩石的分类、命名原则上必须统一。

2. 岩屑描述方法

岩屑晒(烘)干后应及时进行系统、细致的描述。对岩屑描述的要求着重在岩石定名和含油气情况。定名要准确，油层及砂质岩类应重点描述，不漏掉油气显示和0.5m以上的特殊岩层及其主要特征的描述。

岩屑描述的方法一般是大段摊开，宏观细找，远看颜色，近查岩性，干湿结合，挑分岩性；分层定名，按层描述。

(1)大段摊开，宏观细找

在描述之前，先将数包岩屑大段摊开，稍离远些进行粗看，目的是大致找出颜色和岩性有无界线；然后再系统地逐包仔细地观察岩屑的连续变化，找出新成分，目估百分比变化情况。

(2)远看颜色，近查岩性

对于明显较厚的岩层，由于岩屑中颜色混杂，远看视线开阔，易于找出颜色界线；而有些薄层或疏松层，岩屑数量极少，只有仔细查看才能发现不明显的新成分及细微的结构变化。

(3)干湿结合，挑分岩性

岩屑颜色的描述一律以晒干后的色调为准，但岩屑湿润时颜色、微细的结构、层理格外清晰而明显，二者结合在一起描述时才更准确。对很难估计百分比的层次，则可在各包中取出同样多的岩屑进行比较，正确判断和除去掉块与假岩屑。

(4)分层定名，按层描述

通过上述方法所观察到的岩性变化，应参考钻时曲线，上追顶界，下查底界，卡出层来，然后对真岩屑进行描述。

3. 岩屑描述内容

岩屑描述的内容主要包括岩性类别、名称、颜色、成分、结构、构造、胶结情况、含油特征描述、化石及含有物等。对岩屑描述的要求主要是岩石定名和含油气情况的描述。

在碳酸盐岩地层中，岩屑缝洞的观察描述十分重要。由于钻进时钻头把岩层破碎成岩屑，缝洞发育程度主要是通过岩屑中次生矿物来判断。因此，观察描述岩屑缝洞时，应以岩屑中按种类、结晶程度，挑选出不同的次生矿物并计算次生矿物占岩屑的百分比和自形晶矿物占次生矿物的百分比及缝洞和晶间含油岩屑占全部岩屑的百分比。绘出自形晶次生矿物百分比曲线。

岩屑描述时还应按沉积旋回，岩性组合进行岩性分段小结，综合描述，按层位掌握纵向上的变化规律。岩性综合描述的分段原则：

(1)地层厚度大的可单独综述，但其岩性基本相同而颜色、结构、化石、含有物有明显变化者要分段综述。

(2)具明显的旋回性者要分段综述。

(3)岩性具薄互层者，成分结构特征相似时可单独综述。

(4)综述时不能跨层、组、段。

(五)岩屑含油级别的确定

在工作中发现岩屑含油、气时，就应描述其含油、气情况，根据含油岩屑所占的百分比(包括含油岩屑占混样的百分比和含油岩屑占真样的百分比)，或根据发光岩屑的百分比(除去矿物发荧光外)和荧光分布情况(如星点状、斑块状、条带状、均匀或不均匀)，确定出含油级别，岩屑含油级别的划分标准基本上同于岩芯，但饱含油在岩屑中极少见，所以岩屑含油级别只分含油、油浸、油斑、油迹。由于油砂多受泥浆浸泡和冲刷，岩屑内所含的油为残余油，所以应掰开断面仔细观察含油产状，恰当地定出含油级别。

五、岩屑挑样及保管

(一)岩屑挑样

挑样就是挑选出描述时分层定名的岩性。挑样的目的是为了便于观察，进行实物对比和分析化验。在一个新探区，挑样工作对于寻找标志层、标准层，认识和建立完整的地层剖面以及建立一套完整的地层分析化验资料等，都具有重要意义。

挑样间距是根据探区的勘探程度来确定的。在一般情况下，新探区的探井要求挑的样品多、间距密；随着勘探程度的提高，挑样任务逐渐减少，以致不挑样。

挑样时，先把岩屑过筛，除去掉块，根据所要挑的岩性决定选用哪一层里的岩屑用作挑样。挑样要求纯净、量足。泥岩挑 25～30g，特殊岩性(生物灰岩、灰岩、白云岩)挑 10g，不足10g时挑尽为止。

挑样时，只能在专供挑样用的那一袋岩屑里挑取，用作保存的另一袋岩屑不能用来挑样。挑好的岩样装入小岩样袋内；并装入事先填好挑样标签，标签上应填写井号、井深及岩性。

（二）岩屑保管

岩屑装箱后，必须妥善保管，防止日晒、雨淋和丢失。完井后，应对全井岩屑进行系统整理，检查有无丢失和错乱现象，如有错乱的，能改正者应及时改正过来。岩屑如长途运送，应将装有岩屑的塑料口袋扎紧。检查后，填写入库清单。

六、岩屑录井资料的初步整理

为了随时掌握和分析钻进过程中井下地质情况，便于与邻井对比，指导下一步工作的进行(如校正地质预告及修改地质设计)，应及时将岩屑描述的主要内容用规定的符号在图上表示出来，这就是岩屑资料的初步整理，通常也叫岩屑录井草图。

（一）岩屑录井草图和实物剖面

一般岩屑录井草图的内容主要包括录井剖面、钻时曲线及槽面显示等。岩屑录井草图的深度比例尺为1∶500，按描述的井深，把相应的颜色、岩性、化石、构造、含有物及油气显示等用统一规定的符号绘出。岩屑录井草图主要应用于与邻井作对比、为测井解释提供地质依据、为钻井工作提供资料、编绘录井综合图等方面。

对于实物剖面与岩样汇集，目前各探区黏制的规格和汇集形式大同小异。按中国石油天然气集团公司统一规定，参数井均应逐层挑选岩样黏制1∶500实物剖面。岩屑实物剖面是直观成果资料，对掌握地下地层岩性、油气显示及缝洞情况，可取得直观的效果。

（二）岩屑录井综合剖面的编绘

岩屑录井综合剖面是完井地质综合图的主要部分，它是以岩屑录井草图为基础，结合测井曲线进行综合解释完成的，比例尺为1∶500。油田内的开发井一般只作油层井段1∶200录井综合图。由于岩屑录井和钻时录井的影响因素较多，因此还需要进一步依据测井曲线进行岩屑定层归位。

1. 深度校正

要进行取芯深度误差校正，需选取在钻时曲线、测井曲线上都具有明显特征的岩性层来校正。深度校正主要依据钻时曲线与测井曲线之间的深度差值把岩性剖面上提或下放。

2. 复查岩屑、落实剖面

岩屑录井剖面的岩性与测井解释的岩性如有不符，应分析测井曲线和复查岩屑，找出原因进行修正。测井解释中不存在的岩层，复查中发现岩屑、钻时的变化并不明显的层段应取消；测井解释中不存在的岩层，若岩屑钻时的变化很清楚仍要保留。钻井取芯井段要以取芯的岩性为准。井壁取芯与电性、岩屑有矛盾时可按条带处理。

3. 综合剖面的解释

以落实剖面为岩性基础，以测井曲线为深度标准，结合取芯等资料绘制剖面。综合解释应注意下列问题：

(1)综合解释必须参考综合测井资料，提高解释精度。

(2)单层厚度小于0.5m的，一般岩性可不做解释，对成组的薄互层应适当表示；对有意义的特殊岩性、标准层及油、气显示层，剖面上应扩大为0.5m解释。

(3)除油、气层和砂层深度、厚度的解释应尽量接近综合测井解释的深度和厚度外，其他岩层解释界限可画在整毫米格上。

(4)岩性综述。分述各小段地层所包括的岩性、颜色、结构、构造特点及纵向上变化规律等。

任务考核

一、填空题

(1)岩屑录井是指＿＿＿＿＿＿＿＿＿＿＿＿＿＿＿＿＿＿＿＿＿＿＿。

(2)岩屑录井的关键要做到＿＿＿＿和＿＿＿＿准确。

(3)迟到时间的确定有＿＿＿＿、＿＿＿＿、＿＿＿＿三种方法。

(4)岩屑捞取的方法和步骤＿＿＿＿、＿＿＿＿、＿＿＿＿、＿＿＿＿。

(5)捞取岩屑的总量不能少于＿＿＿＿＿＿＿＿＿＿＿。

(6)岩屑百分比的确定方法有＿＿＿＿、＿＿＿＿、＿＿＿＿、＿＿＿＿。

(7)绘制岩屑录井综合剖面图的步骤＿＿＿＿、＿＿＿＿、＿＿＿＿。

二、选择题

(1)与假岩屑相比而言，真岩屑的特点是(　　)。

A. 色调新鲜，个体很大　　B. 色调新鲜，棱角分明

C. 色调新鲜，棱角不分明　　D. 色调不新鲜，个体很小

(2)通过岩屑录井可以直接或间接获得(　　)方面的资料。

A. 岩性岩相特征　　B. 钻井液性能变化　　C. 井深和钻时变化　　D. 井深质量

(3)实测迟到时间时，指示物颜色应均一、醒目，大小、密度应(　　)。

A. 与岩屑密度相当　　B. 与空气密度相当　　C. 与钻井液密度相当　　D. 大于岩屑密度

(4)迟到时间与钻井液排量的关系为(　　)。

A. 钻井液排量越大，迟到时间越短　　B. 钻井液排量越大，迟到时间越长

C. 迟到时间不随钻井液排量的变化而变化　　D. 钻井液排量变化一倍，迟到时间变化两倍

(5)下列说法中正确的是(　　)。

A. 岩石性质不会影响岩屑代表性　　B. 钻井液性能不会影响岩屑代表性

C. 泵压高低不影响岩屑代表性　　D. 井深越深，迟到时间越长，真岩屑识别难度越大

(6)下列岩屑样品中不能用水龙头直接冲洗的是(　　)。

A. 灰岩　　B. 白云岩　　C. 含油气的疏松砂岩　　D. 油页岩

三、简述题

(1)简述影响岩屑录井的因素。

(2)简述岩屑录井描述的原则、方法和内容。

(3)简述如何确定岩屑的含油级别。

项目七　岩芯录井

知识目标

(1)掌握岩芯的基本理论知识。

(2)掌握岩芯录井的基本操作方法。

(3)掌握进行岩芯出筒、清洗、整理和丈量的方法。

技能目标

（1）掌握岩芯录井的基本操作方法。

（2）能进行岩芯出筒、清洗、整理和丈量。

学习材料

在油、气田勘探、开发过程中，为了了解地下岩层性质及其变化规律，特别是油、气层的性质，只凭钻时和泥浆录井资料是不够的，还需取得反映井下岩层最直观、最实际的岩芯资料。

所谓岩芯就是在钻井过程中，采用专门的取芯工具取出的地下岩石。地质人员按一定标准对岩芯进行编录、观察、试验和描述的过程称为岩芯录井。

通过对岩芯的观察和分析研究，主要解决下列问题：

①通过观察描述岩芯，可以考察古生物特征，确定地层时代进行地层对比。

②通过对岩芯生油指标和油层物性参数分析，研究储层岩性、物性、电性、含油性的关系，掌握生油特征及其地化指标。

③通过岩芯资料，观察岩芯岩性、沉积构造，判断沉积环境。

④了解构造和断层情况，如地层倾角、地层接触关系、断层位置，检查开发效果，了解开发过程中所必需的资料数据。

岩芯录井包括按设计要求卡准取芯层位和井段、岩芯出筒、整理、观察及描述送分析样品全过程的有关内容。

一、取芯原则及取芯层位的确定

（一）取芯原则

在石油钻探中，针对不同的钻探目的，确定取芯井段。

（1）新区第一批探井应采用点面结合、上下结合的原则，将取芯任务集中到少数井上，用分井、分段取芯的方法，以较少的投资，获取探区比较系统的取芯资料。或按见显示取芯的原则，利用少数井取芯资料去获取全区地层、构造、含油性、储油物性、岩电关系等资料。一般区域探井的间断取芯进尺不得少于钻井总进尺的3%，预探井的间断取芯进尺不得少于1%。

（2）针对地质任务的要求，安排专项取芯。如开发阶段，要查明注水效果而布置注水检查井，为求得油层原始饱和度则确定油基钻井液和密闭钻井液取芯；为了解断层、地层接触关系、标准层、地质界面而布置专项任务取芯。

（3）各类井别的取芯目的和原则

①区域探井、预探井钻探目的层及新发现的油气显示则应取芯。为弄清地层岩性、储集层物性、局部层段含油性、生油指标、接触界面、断层、油水过渡带等，确定完钻层位及特殊地质任务则应取芯；评价井取芯为获取油层组的岩性、物性、含油性等资料，以提供储量计算的有关参数。开发井取芯为了检查开发效果，了解油层物性及剩余油分布，为研究油藏水驱效果提供依据。

②在构造油气层分布清楚、油气水边界落实的准备开发区，要选定一两口有代表性的评价井和开发井集中进行系统取芯或密闭取芯，以获取各类油气层组的物性资料和四性关系等开发基础资料数据。

③每口井具体的取芯原则是，地质设计中应规定明确现场录井工作者应按设计卡准每个取芯位置，不得漏掉取芯层位。若设计取芯位置或油气显示比预计提前或推迟出现，要加强

对比，见显示应及时取芯。

④其他地质目的的取芯。如完钻时的井底取芯、卡潜山界面取芯、油气水过渡带取芯等。

（二）取芯层位的确定

在勘探开发中，对已确定的取芯井也不是全井都取芯，常常是分段取芯。因此，要合理选择取芯层位。一般情况下，以下层位应当进行取芯：

(1)主要油层段；

(2)储集层的孔隙度、渗透率、含油饱和度、有效厚度及注水、采油效果不清楚的层位；

(3)地层岩电关系不明的层位；

(4)地层对比标准层变化较大或不清楚的区域标准层；

(5)研究生油岩特征的层位；

(6)卡潜山界面、完钻层位及其他需要取芯证实的地层；

(7)需要检查开发效果及注水效果的层位。

二、岩芯录井的要求及取芯方法

（一）岩芯录井的要求

现场取芯工作要求达到四准：取芯层位准；取芯深度准；岩芯长度、顺序准；观察描述准。这四准若一准达不到要求，就很难反映出该段地层的岩性特征或反映很差，都会使勘探开发效果受到很大影响，因此，必须保证四准条条实现。

（二）取芯方法

1. 常规取芯

根据取芯工具的差异可分短筒取芯、中长筒取芯和橡皮筒取芯三种方法。

(1)短筒取芯

指取芯钻进中不接单根，它的工具中只有1节岩芯筒，在取芯工作中最常采用，适合任何地层条件。

(2)中、长筒取芯

指取芯钻进中要接单根，取芯工具中有多节岩芯筒。中、长筒取芯目的是降低取芯成本。

(3)橡皮筒取芯

指取芯工具中有特制的橡皮筒，通过橡皮筒与工具的协调作用，能将岩芯及时有效的保护起来，其目的是提高特别松散易碎地层的岩芯收获率。由于目前橡皮筒耐温性能的限制，只是用于井温不超过80℃的地层。

2. 特殊取芯

钻井取芯根据所用钻井液的不同，分水基和油基钻井液取芯两大类。

(1)水基钻井液取芯

成本低，工作条件好，是广泛采用的一种取芯方法。但其最大缺陷是钻井液对岩芯的冲刷作用大，浸入环带深，所取岩芯不能完全满足地质要求。

(2)油基钻井液取芯

多数在开发准备阶段采用。其最大优点是保护岩芯不受钻井液冲刷，能取得接近油层原始状态下的油水饱和度资料，为油田储量计算和开发方案的编制提供准确的参数。但其工作条件极差，对人体危害大，污染环境，且成本高。

3. 密闭取芯

这种方法仍采用水基钻井液，但由于取芯工具的改进和内筒中的密闭液对岩芯的保护，使岩芯免受钻井液的冲刷和浸泡，能达到近似油基钻井液取芯的目的。密闭取芯是在钻井液中加入“示踪剂”，以检查所取得岩芯是否被钻井液侵入及侵入程度。由于油基钻井液成本高，所以在密闭取芯质量指标有可靠保证的条件下，密闭取芯可近似代替油基钻井液取芯。以注水方式开采的砂岩油田，在开发过程中为检查注水效果，了解地下油层水洗情况及油水动态，常采用密闭取芯。

4. 定向取芯

定向取芯是采用专门的定向取芯工具，取出能反映地层倾向、倾角、走向等构造参数的岩芯。在油气藏勘探、开发过程中，为直观了解储层的构造参数，全面掌握地质构造的复杂性变化，采用定向取芯。对松散易碎的地层不适用。

三、取芯前准备工作及取芯工具

岩芯录井是钻井地质工作中比较复杂和细致的工作，录井质量的好坏，是否做到了准确，将直接影响到取芯地质任务的完成。因此，必须做好取芯前的准备工作。

1. 取芯前的准备工作

(1)钻到取芯层位前，除将随钻录井图与邻井对比及电测对比外，应根据邻井实钻资料，提前捞取标准层或标志层岩样，以便卡准取芯层位。

(2)协助工程人员丈量取芯工具，确保钻具不错不乱。分段取芯时，取芯钻具与普通钻具的替换，或连续取芯时倒换使用的岩芯筒长度都应分别做好记录。要准确计算取芯时的到底方入，每次下钻到底都要校对方入，并记录清楚，为判断真假岩芯提供依据。

(3)检查取芯工作中各种应用器材是否已经齐全。如岩芯盒、岩芯标签、挡板等。

2. 取芯工具

取芯钻进时，一般的取芯工具分为单筒式和双筒式两种。

单筒式岩芯筒设备简单，钻取岩芯直径大，如图4-45所示，多用于中硬和硬地层取芯钻进。

双筒式岩芯筒包括内岩芯筒和外岩芯筒。内岩芯筒用以容纳和保护岩芯，上面接有回压阀门(即单流凡尔)，下面装有岩芯爪，如图4-46所示。

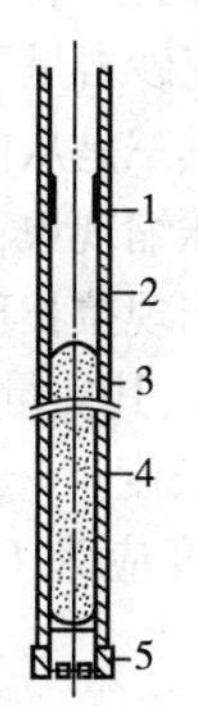

图4-45 单筒式取芯钻具结构示意图

1—接头；2—岩芯筒；3—岩芯；4—卡芯的石子；5—钻头

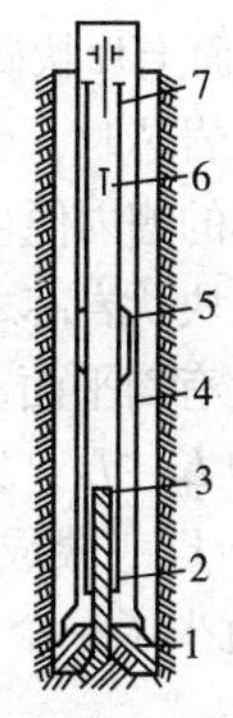

图4-46 双筒式取芯结构示意图

1—取芯钻头；2—岩芯爪；3—内岩芯筒；4—外岩芯筒；5—扶正器；6—回压阀门；7—悬挂轴承

岩芯抓的作用是割取岩芯和承托岩芯。为了有效地保护岩芯，要求在取芯钻进时内筒不转，所以内、外岩芯筒的连接处目前广泛采用悬挂式滚动轴承装置。外岩芯筒连接钻头，用以传递和承受钻压。它和内岩芯筒形成一道环形空间，以便循环泥浆。

四、现场工作方法

(一)取芯钻进

取芯钻进前应严格丈量到底方入，可以排除深度面板或记录钻时装置的误差，还可以用实探到底方入检验钻具计算是否正确。

钻进结束时，起钻方入以停钻后、割芯前丈量的为准，并准确算出进尺。

取芯钻进过程中，地质人员应记录钻时，捞取砂样，一方面可以与邻井对比确定割芯层位置；另一方面当收获率低时，可以帮助判断所钻地层岩性。并注意槽面油、气显示。

(二)岩芯出筒及整理

1. 岩芯丈量

以“顶、底空”数据计算长度为基础，扣除假岩芯的长度称为岩芯计算长度。如两次连续取芯，岩芯计算长度不得超过该筒进尺与上筒余芯之和减去本筒余芯长度。如第二次取芯进尺10m，实取岩芯8m，余芯2m；第一次余芯1m，其两次计算长度不能超过10+1-2=9(m)，即不能超过第二次实取岩芯与第一次余芯之和。

一般情况下，岩芯计算长度即为岩芯实际长度。但在实际工作中，由于岩芯破碎或磨损，常使一筒岩芯分成若干自由段，出筒时边出筒边丈量，其总长度称出筒丈量长度。出筒长度与计算长度有时是相等的，有时不相等。不相等时，将出现两种情况。

其一：是指连续取芯时，第二次取芯井底无余芯，上部有套芯即第一次余芯，出筒时在接岩芯槽内可见破碎处及泥岩位置有拉长现象，而使出筒长度大于计算长度，应合理压缩，使本筒进尺加上筒余芯等于计算长度。

其二：是连续取芯时第二次取芯井底有余芯，上部有套芯，出筒时仍可见在破碎位置及泥岩处有拉长现象而造成出筒长度大于计算长度，应合理压缩，使第二次取芯进尺加上筒余芯减去第二次井底余芯等于计算长度。如第二次取芯进尺8m，余芯2m，岩芯实长则为6m；第一次井底有余芯1m。接岩芯槽内可见岩芯破碎位置及泥岩处有拉长现象，使出筒长度大于6+1=7(m)，应进一步压缩为7m。即第二次取芯进尺8m加第一次余芯1m减去第二次余芯2m等于7m为计算长度。

上述关于岩芯破碎位置和泥岩处有压缩、重叠或拉长现象造成的原因：其一是砂岩疏松，泥岩水平层理发育，层面上片状矿物较多，取芯钻头在旋转钻进时使砂岩呈不规则的块状，泥岩成饼状。其二是套取岩芯时，余芯不能直立，钻进时变成块状。其三是从内筒顶出岩芯过程中局部破碎。在接岩芯的槽内便可见块状岩芯，饼状岩芯有重叠、压缩现象；然而也有时见到块状及饼状岩芯之间、块状岩芯之间、饼状岩芯之间均有一定距离出现拉长现象。主要包括：

①两块岩芯接头处有斜平面，且岩性对的上，如图4-47所示，其丈量长度应为L_1+L_2，而不应为L_2+L_3。如为L_2+L_3，则测量结果比实际长度多一个a的长度。

②岩芯有磨损面，且一端成斜面时，如图4-48所示，其长度应为L_1+L_2，而不应为L_2+L_3，显然L_2+L_3就少了一个a的长度。

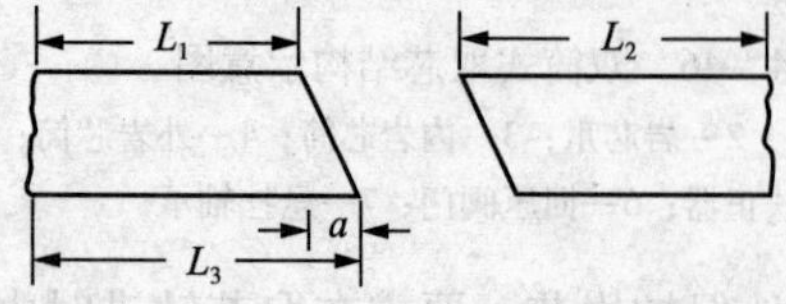

图4-47　岩芯呈斜面的丈量方法

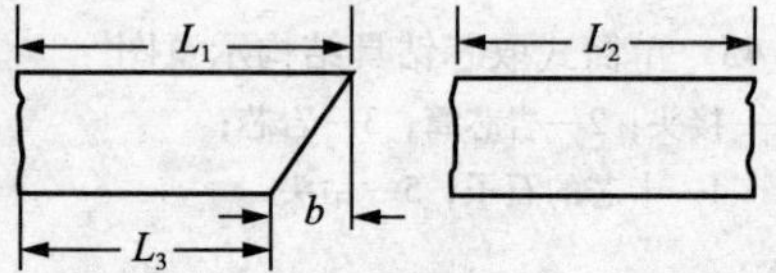

图4-48　岩芯磨损一端成斜面的丈量方法

③岩芯有磨损面，且分别成凹凸面时，如图 4－49 所示，丈量岩芯时应采用第一种量法，若采用第二种量法，岩芯就少一个 a 的长度。

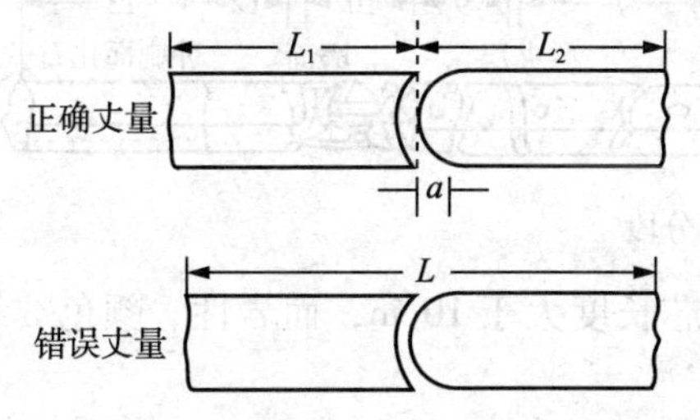

图 4－49　岩芯磨损成凹凸面时两种丈量方法

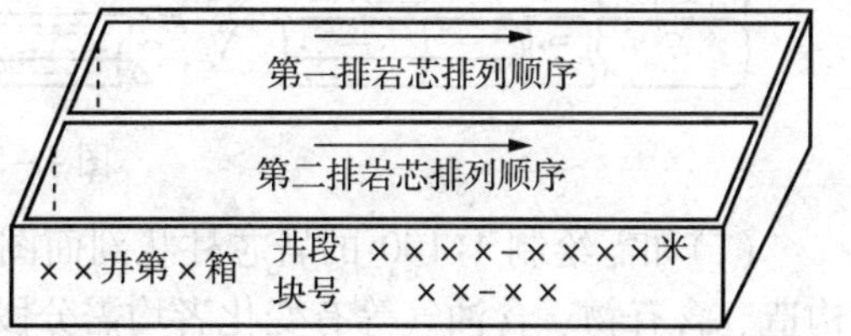

第一排岩芯排列顺序
第二排岩芯排列顺序
××井第×箱
井段 ××××－×××××米
块号 ××－××

图 4－50　岩芯盒编号

2. 计算收获率

丈量了每筒岩芯的总长度以后，要计算岩芯收获率。岩芯收获率是指实取岩芯长度与取芯进尺的比值(即百分数)，即：

$$岩芯收获率=\frac{岩芯长度(m)}{取芯进尺(m)}\times100\%$$

岩芯收获率是表示岩芯录井资料的可靠程度和钻井工艺水平的一项重要技术指标，在保证获得较高收获率的前提下，取芯钻进的单筒进尺也是衡量取芯技术水平的一个指标。

3. 岩芯编号

将丈量的岩芯按井深自上而下、由左向右(岩芯盒以写井号一侧为下方)依次装入岩芯盒内，如图 4－50 所示，然后进行涂漆编号。编号密度原则上 20cm 一个或以自然段编号，由上向下逐块编号，岩芯磨损和破碎处应加密编号。编号以代分数表示。其中整数表示取芯次数，分母表示本岩芯总块数，分子表示该块岩芯由上向下顺序块，例如，$3\frac{5}{10}$表示第三次取芯，共有 10 块岩芯，此块为第 5 块。

对易潮解的岩芯和破碎严重的碎芯无法编号时，用塑料袋装好，写上标签，并标明长度。

岩芯盒内筒次之间用隔板挡上，并贴上岩芯标签，注明筒次、深度、长度、块数，以便区别和检查。

4. 岩芯保管

岩芯应存放在通风、干燥的房内，避免烈日暴晒或雨水浸湿。

五、岩芯描述的原则

(一)描述前的准备工作

(1)描述岩芯前首先要核对岩芯编号及岩芯隔板上的数据，检查岩芯顺序是否正确。通常可根据岩芯顶、底面的特征，磨光面的摆放是否合理，岩芯茬口是否吻合等特征来判断。一般岩芯顶部常呈圆顶状(俗称“和尚头”)，底部常有岩芯爪的痕迹。

(2)为细致观察含油、气、水情况及沉积特征，描述前有时需要对一部分含油岩芯、砂岩、泥质粉砂岩及特殊岩性劈开观察描述。

(3)描述前必须对岩芯进行详细分段，用红铅笔在岩芯上标划分界限。倾角大的岩芯，划在中间位置。每段长度均以该段岩芯累计长度之差为准。

(二)分段原则

描述岩芯时以筒为基础，分段进行描述，如图 4－51 所示，主要根据岩性、颜色、构造、含油气、含有物等岩芯特征来分段。一般是：

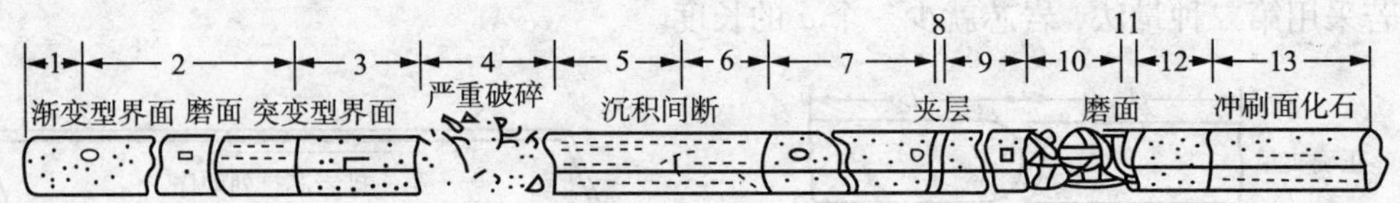

图 4 – 51　岩芯分段

(1)如需绘制 1∶100 的岩芯柱状剖面图，则岩芯长度大于 10cm，而岩性、颜色、结构、构造、含有物、含油气等有变化者均需分段。

(2)磨损面上下岩性对不上，或同一岩性中磨损严重者要分段。

(3)两筒岩芯接触面及磨损面上下不足 5cm 的特殊岩性和含油岩性要分段。

(4)同一岩性中存在冲刷面和切割面时要分段。

总之，在分段时凡是与油气有关的以及岩性特殊的就要卡准细分，反之则可适当放宽些。

六、各种岩石的描述

(一)描述原则

观察描述岩芯的目的是要了解岩性、物性和含油性，从而掌握沉积特征和认识生、储油规律，提供齐、全、准的第一性资料。因此，在描述岩芯时，本着含油、气、水特征和沉积特征并重的原则进行描述，要求：

(1)重点对含油岩进行描述。既要重点描述含油性与岩性、岩石的结构、构造和含水等方面的相互关系，也要注意描述含油岩中夹杂的砂岩条带的关系。

(2)不含油岩芯要描述那些对说明油气生成和聚集等有关内容。

(3)对油层分组界限的岩性及断层破碎带的岩性要详细描述。

(4)岩石定名要概括岩石基本特征。一般定名顺序是颜色、含油级别、粒级、特殊含有物、岩性。如褐色油斑粉砂岩，浅灰色生物灰岩。

(二)描述内容

岩芯描述与一般野外岩石描述方法和内容大致相同，通常包括岩石的颜色、矿物成分、结构、含有物、胶结类型、层理构造、地层倾角、接触关系、含油气水情况等，并要确定岩石名称，如表 4 – 10 所示。

表 4 – 10　岩芯描述记录

序号	层位	井　段/m	岩性定名	岩性描述
1				
2				
3				

填表人：　　　　　　　　　　　　　　　　　　　　审核人：

1. 颜色

以岩石(芯)新鲜干燥断面的颜色为准。要以统一的色谱为准，以免造成差别。

2. 矿物成分

指组成岩石的矿物成分，它是岩石定名的关键依据。各类岩石常见的矿物是有区别的，要确定其各组分相对百分比含量及分级标准，确定岩石定名准确。

3. 结构

指组成岩石的基本颗粒(基质、碎屑、胶结物等的颗粒或晶粒)的大小、形态、组合特征、结晶程度、分选情况及其物理性质。如胶结类型、固结、坚硬程度、断口特征、孔隙性、渗透性等。

4. 构造

一般包括沉积构造(如沉积岩的构造)。通常是指组成岩石的各组分在空间分布的宏观特征，主要包括层理、层面构造、接触关系及其各种特殊构造。

在各类岩石的构造描述中，应突出与判断沉积环境、沉积相带、地层倾角、接触关系、断裂和缝洞发育情况的描述。缝洞描述是要尽可能按小层(或岩性段)进行裂缝(或孔洞)统计。在岩芯描述时除描述裂缝类型、宽度、长度、密度、充填程度之外，还应描述充填物类型、缝洞壁特征、裂缝与层面及地层倾角的关系及缝洞切割和连通情况，以利于油气勘探、开发分析应用。

5. 含油、气、水情况

根据岩芯的油、气、水观察诸方面综合描述。

七、含油、气、水情况的描述

(一)岩芯含油级别的确定

含油级别是岩芯中含油多少的直观标志，主要依靠含油产状、含油饱满程度、含油面积来确定。

生产实践中，含油级别高的砂层往往是油层，含油级别低的砂层往往是干层、水层。而相反的情况也是有的，气层、轻质油层、严重水侵的油层等岩芯往往含油级别很低，甚至看不出含油，射孔后出气、出油。含油级别较高的，根本不出油。所以判断一个油层好坏除了含油级别外，还要利用槽面显示、气测、电测，岩芯化验分析、试油等资料综合判断。一般含油级别划分如表4-11所示。

表4-11　含油级别划分表

含油级别	含油面积/%	含油情况及岩性特征	备　注
饱含油	>95	含油均匀，饱满，油极浓，且外溢，流动性好，滴水呈圆珠状，不渗水，岩石物性好，颗粒在粉沙级以上，分选好，不含泥质、灰质及其他杂质条带或团块	碳酸盐岩含油级别仅有含油、油斑、荧光及含气四级
含　油	95~70	含油较均匀，且较饱满，油味较浓，但不均匀，成黑棕色，滴水不渗，呈球状，岩石有时含少量泥质、灰质及其他杂质条带或斑块	
油　浸	70~40	含油较均匀，不饱满，有油味，滴水不渗，呈半球状，岩石颗粒不均匀，有较多杂质，部分见岩石本色	
油　斑	40~10	含油部分呈斑点状。斑块状，条带状，滴水缓渗，含油部分岩性较粗，分选不好，较明显见岩石本色	
油　迹	<10	局部略有原油浸染颜色，滴氯仿后，见明显荧光。明显见岩石本色	
荧　光	肉眼难见含有显示，干照、滴照荧光明显	有油味，滴水易渗。岩石本色清楚可见	

缝洞性含油是以岩石的裂缝、溶洞、晶洞作为原油储集场所，缝洞岩芯含油级别主要根据缝洞被原油浸染的百分比来表示，另结合含油产状、油脂感、颜色等情况划分为油浸、油

斑、荧光三级，如表 4－12 所示。

表 4－12　缝洞岩芯含油级别划分

含油级别	缝洞被原油浸染/%	缝洞壁及填充物含油产状	油脂感	颜色及油味
油浸	>40	缝洞壁见岩石及充填物本色部分较少	强，污手	含油色较深，油味较浓
油斑	<40	缝洞壁绝大部分可见岩石及充填物本色	弱或较弱，微污手或不染手	含油色较浅，油味较淡或无油味
荧光	肉眼观察无含油痕迹，干照、滴照可见荧光显示，浸泡定级≥7 级	缝洞壁岩石及填充物本色清晰可见	无，不污手	无

(二)岩芯含水程度的观察

观察含油岩芯的含水程度，对初步判断油层、含油水层或油水同层，定性了解油水过渡带的油水分布规律具有重要意义。

在取芯钻进过程中，泥浆水侵入岩芯柱就形成了侵入环，侵入环的深度及颜色，反映了岩芯本来的含水程度。若含油岩芯含水，则受泥浆水侵入较不含水的含油岩芯侵入得深，颜色也浅。

1. 滴水试验

滴水于岩芯剖开面的不同部位，水逐渐渗入，渗入速度与岩芯含水量成正比。滴水试验的方法是用滴管滴一滴水，滴在含油岩芯的平整新鲜面上，观察水珠变形和扩散渗入情况。根据它的扩散渗入速度和水珠形状分五级：

一级：滴水后立即渗入，判断是含油水层。

二级：滴水后 10min 内扩散，全部渗入。

三级：滴水后 10min 扩散，岩芯表面余一部分水呈凸透镜状，判断是含油水层。

四级：滴水后 10min 微有扩散，水珠呈半球状，判断是含水油层。

五级：滴水 10min 不扩散，水珠呈圆球状，判断是油层。

上述五种情况如图 4－52 所示。

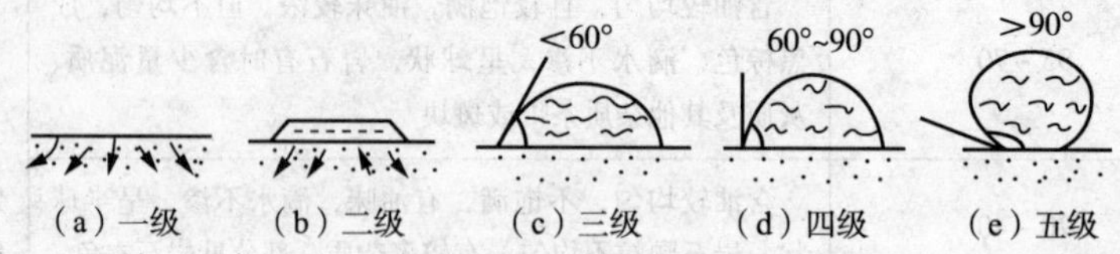

图 4－52　滴水试验级

因为油和水是互不溶解的，所以含油岩芯含水多时，滴水试验结果为一、二级，即具渗水性；含油多时，为三、四级或五级，即微渗水或不渗水。

含油储集岩含水观察以滴水试验为主，含气储集岩含水观察以直接观察为主。

砂粒缓慢散开或部分散开，原油在氯仿中溶解缓慢，呈凝集状，是油、水同层或含油水层的特征。颗粒不散开，油的溶解很差，呈凝块状，含水最多，为含油水层的特征。

2. 红滤纸试验

根据滤纸吸水强面红色冲淡的原理，将红滤纸夹于剖开的岩芯中，8h 后观察，退色程度越高及退色面积越大，则含油岩芯含水越多。

（三）岩芯含气试验

试验方法是把刚出筒的岩芯，立即刮去岩芯表面的泥浆，并把岩芯放入预先准备的一盆清水中进行观察，看看有无气泡冒出，如气泡大小、部位、处数、连续性、持续时间、声响程度、与缝洞关系、有无 H_2S 味等。凡冒气泡地方用色笔圈出，凡能取气样者，都要用针管抽吸法或排水取气法取样。供油、气综合解释时参考。

八、岩芯选样及样品分析

选样应按规定的密度及长度连续采样，实际工作中应根据具体情况确定。样品分析项目，视对各种岩石的要求由研究单位确定，通常是：

油砂：做含油饱和度、孔隙度、渗透率测定。

碳酸盐岩：做不溶残渣、化学分析、薄片和古生物鉴定。有时为专门研究某项问题而选样做专项分析，如为了研究物探和测井资料的解释问题，需要测定岩石的密度、弹性、电性、放射性等。

九、岩芯录井资料的初步整理

为了随时掌握工作进程，及时了解钻井剖面及正确反映录井过程中的油、气显示，钻井地质工作要求一边钻进，一边就要及时地把岩芯资料、数据用规定的符号配合钻时、气测等资料初步整理给出岩芯录井草图。

岩芯录井草图是将岩芯录井中获得的有关数据和含油、气显示，岩性、化石等资料用统一规定的符号绘制在一张图上（标明井深和筒次）。待完井电测后，初步落实、验证岩芯描述、井深及岩芯顺序是否正确，发现问题及时改正。

（一）一般岩芯录井草图的编绘

（1）图中用的岩芯数据（如岩芯收获率、编号、分段长等）必须与原始记录一致。深度比例尺用电测放大曲线比例尺（1∶50 或 1∶100）。

（2）图中的岩性剖面在绘制时用筒界做控制。岩芯收获率低于100%的，从上向下绘制，底部空白，待再次取芯收获率大于100%时（即有上次套芯），向上补充（自下而上绘），即套芯一律画在前次取芯之下部。因岩芯膨胀或破碎而收获率大于100%时，应根据岩芯实际情况在泥岩段或破碎处合理压缩成100%绘制。

（3）化石及含有物、取样位置、磨损面等，用统一图例绘在相应深度。以黑框、白框表示不同次岩芯、框内的斜坡指向位置为磨损面位置，框外标记样品位置，样品编号可逢5逢10编号，根据样品顶界距本筒顶界的距离来标定样品位置。

（4）岩芯编号栏内根据分段情况写起止号。分层厚度（分段长度）即岩性段长度。

（二）碳酸盐岩岩芯录井草图的编绘

碳酸盐岩岩芯录井草图的内容与一般岩芯录井草图基本相似，只是增加了有关缝洞发育情况的一些资料。其编绘方法除与岩芯一般录井草图相似外，这里仅介绍不同之处。

（1）缝洞发育情况用城墙垛形曲线绘制，垛高表示缝洞密度或缝洞连通度，垛宽表示所在井段。

（2）含油显示也用城墙垛形曲线绘制，垛高表示含油裂缝（或孔洞）的条数（或个数），垛宽表示所在井段。其中缝洞含油是指连通的含油缝洞，而不是含油的缝和洞的总数。

（3）裂缝分段根据岩芯描述的实际资料划出，用文字表示在图上。

（4）在钻时曲线栏内，除绘制钻时曲线外，还应用规定符号将憋钻、跳钻、放空等在相应井深或井段中部绘出。

任务考核

一、填空题

(1)一般区域探井的间断取芯进尺不得少于钻井总进尺的3%，预探井的间断取芯进尺不得少于________。

(2)常用取芯方法包括________、________、________、________。

(3)岩芯录井的四准是指________、________、________、________。

(4)岩芯收获率是指________________________________。

(5)岩芯含油级别包括________、________、________。

二、选择题

(1)新区第一批探井的取芯原则是(　　)。

A. 每口井取芯，以保证资料系统化

B. 点面结合，上下结合，分井、分段取芯，以获得较系统的资料

C. 全部为机动取芯，以保证节约成本

D. 只对重点层位取芯，以加强针对性

(2)岩芯出筒时要求丈量“底空”，所谓“底空”是指(　　)。

A. 取芯钻头的长度

B. 取芯钻头至岩芯筒底部无岩芯位置的长度

C. 取芯钻头内，岩芯筒底部到无岩芯的空间长度

D. 取芯筒内所有无岩芯的空间长度之和

(3)岩芯整理过程中必须对岩芯进行分段编号，完整砂样的长度超过(　　)时应编两个号。

A. 10cm　　B. 20cm　　C. 60cm　　D. 70cm

(4)为了准确计算岩芯进尺和合理选择割芯层位，要求在实际操作中要准确测量(　　)。

A. 到底方入和割芯方入　　B. 整米方入和到底方入

C. 整米方入和割芯方入　　D. 割芯方入和方余

(5)取芯时，为了达到“穿鞋戴帽”，顶部和底部均应选择的层位为(　　)。

A. 较疏松的地层　　B. 较致密的地层　　C. 易垮塌的地层　　D. 油气显示层

三、简述题

(1)简述岩芯描述时分段原则和描述内容。

(2)岩芯录井滴水试验如何确定含油气水程度。

项目八　荧光录井

知识目标

(1)了解荧光录井影响因素和工作流程。

(2)了解定量荧光录井工作。

(3)掌握荧光录井的方法。

技能目标

（1）会使用荧光录井仪。

（2）掌握荧光录井的方法。

学习材料

一、常规荧光录井仪的基本结构与原理

（一）常规荧光录井仪的基本结构

常规荧光录井仪由产生紫外光的灯管、电源插头及开关、灯管启辉器和暗室四部分组成。

灯管外壳是深紫色的伍德氏玻璃管，可把绝大部分可见光滤去，而通过的紫外光波长一般为365nm。

现场使用的荧光录井仪有手提式、悬吊式和暗箱式三种。

（二）常规荧光录井仪原理

石油是碳氢化合物，除含烷烃外，还含有芳香烃化合物及其衍生物。芳香烃化合物及其衍生物在紫外光的激发下，能够发射荧光。同种原油由于成分相同，被激发的荧光波长相同，表现为颜色相同。在一定浓度范围内，当浓度增加时，由于被激发物质的含量同步增加，被激发后表现为荧光亮度成比例线性增强。不同地区的原油，虽然配置溶液的浓度相同，但所含芳香烃化合物及其衍生物的数量不同，在356nm近紫外灯的激发下，被激发的荧光强度和波长是不同的。这种特性称石油的荧光性。石油的荧光性非常灵敏，只要在溶剂中含有十万分之一的石油，用荧光灯一照就可以发光，而这种光不产生热量所以也叫荧光。荧光录井仪根据石油的这种特性将现场采集的岩屑浸泡后，进行砂样中含油量的测定。

所谓荧光录井，就是系统地收集岩屑荧光资料，进行对比分析判断油、气层位的方法。

二、荧光录井的方法

目前采用的荧光分析方法有荧光直照法、点滴分析法、系列对比法、毛细分析法。

（一）荧光直照法

岩屑直照法是一种应用比较广泛的荧光录井方法。此法对岩样无特殊处理要求，操作简便，且能系统照射，对发现油气显示是一种极为重要的手段。

通常采用的办法是将全部录井岩屑系统地逐包置于荧光灯下观察，看是否有荧光显示。含油岩屑在紫外线照射下呈现浅黄色、黄色、亮黄色、褐色、棕褐色等颜色。经荧光灯照射后若发现含油岩屑，应将其挑出装袋并填写标签，注明井深、岩性，以备进一步分析时使用。

根据含油岩屑在荧光灯下所呈现的颜色，发光岩屑占岩屑总量的百分比和荧光分布情况，可以初步确定油质的好坏及岩样含油的饱满程度。油质好，发光颜色呈黄、金黄色或棕黄色，岩屑表面好像涂上了一层金黄色花粉。油质差，发光颜色暗，呈褐色、棕褐色。发光岩屑百分比含量高，荧光分布多为斑块状、片状，发光颜色强则含油饱满程度高。如果因油层含水或水层含油，石油经地下水作用而变稠加重，含油不饱满、不均匀时，则发光颜色变暗加深，并且呈星点状、斑块状分布。

用岩样进行荧光直照时，要注意区分成品油、矿物发光和衬纸上填加料及油污造成的荧光干扰，如表4－13、表4－14、表4－15所示。

矿物荧光：石英、蛋白石呈白－灰色；方解石、贝壳呈黄－亮黄色；石膏呈亮天蓝、乳

白色。

表4－13　根据荧光颜色判别原油、成品油荧光显示

名称	原油	成品油					
		柴油	机油	黄油	丝扣油	红铅油	绿铅油
荧光颜色	黄色、棕色、褐色等	亮紫色、乳紫带蓝、紫蓝色	蓝色、天蓝色、乳蓝色	亮乳蓝色	蓝色、暗乳蓝色	红色	浅绿色

表4－14　根据岩屑特征区别地层与掉块的真假荧光显示

假显示	真显示
岩性与钻时不符、杂乱，大小不一，腐蚀严重，不新鲜；含量变化无规律；含油层位与区域及邻井的油气水规律不一致，与其他录井资料相互矛盾	含油岩性与钻时吻合，岩样新鲜，岩性及层位与区域及邻井规律相符，荧光岩屑含量逐渐增多

表4－15　根据含油产状判断真假荧光显示

显示部位	假显示	真显示
岩样	由表及里浸染，岩样内部不发光	表里一致，或核心颜色深，由里及表颜色变浅
裂缝	仅岩样裂缝边缘发光，边缘向内部浸染	由裂缝中心向基质浸染，缝内较重，向基质逐渐变轻
基质	晶隙不发光	晶隙发荧光，当饱和时可成均匀弥漫状
荧光颜色	与本井混入原油一致	与本井混入原油不一致

（二）点滴分析法

对含油、气不明显的岩屑，荧光直照显示微弱，难以鉴别，或岩屑已呈粉末时，利用点滴分析方法可以发现岩样中极少量的沥青，达到定性认识的目的，如表4－16所示。

表4－16　滴照荧光级别划分

滴照级别	一级	二级	三级	四级	五级
荧光特征	模糊晕状，边缘无亮环	清晰晕状，边缘有光环	明亮，呈星点状分布	明亮，呈开花状、放射状	均匀明亮或呈溪流状

氯仿是无色有机溶剂，能够溶解石油。在滤纸上放少量具有代表性的磨碎样品，滴1～2滴氯仿溶液，静置2～4min，岩样中若含沥青则被氯仿溶解，氯仿挥发后，沥青遗留在滤纸上，在紫外线照射下，滤纸上将显现出具有荧光的不同形状的斑痕（扩散圈）。由此可以大致确定沥青的含量及类型 。

用此法可以区分原油发光还是矿物发光。

实验表明，含烃类多的油质，荧光显示多为天蓝色、乳白色、微紫—天蓝色斑痕；胶质发黄色或黄褐色斑痕；沥青质发黑—褐色斑痕。根据这些特点，就可以粗略地确定样品中沥青的组成成分。

根据斑痕的形状，可以粗略地确定含油多少。含油由少到多，斑痕的特点是：点状—细带状—不均匀斑块状—均匀斑块状。

点滴分析的滤纸必须洁净，在使用前需做"空白"试验。方法是将滤纸放在荧光灯下检查，若无荧光显示，再滴一滴氯仿，如没有发现荧光现象才能说明滤纸和溶剂是洁净的。

（三）系列对比法

系列对比法是利用所测溶液的发光强度与标准溶液的发光强度进行对比，从而定量测定溶液中石油（沥青）含量的分析方法。氯仿浸泡24h（现场浸泡8～10h）后，待与标准系列对比。

把样品溶液放在荧光灯下照射时的发光强度和本地区本构造标准荧光系列的发光强度相比较，从而找出近似于样品发光强度的试管进行对比定级。这样，已知标准系列中每毫升溶液的石油（沥青）含量，根据所测溶液的样品重量及氯仿数量，可以通过下式计算出样品的沥青百分含量。

$$Q = \frac{A \times V}{W} \times 100\%$$

式中 Q——岩样中沥青的含量,%；

A——与所测样品同级标准系列 1mL 溶液中含有沥青的质量，g；

V——所测样品溶液的体积，mL；

W——岩样质量，g。

例：通过系列对比，所测样品溶液定为 5 级，求此溶液中石油（沥青）的百分含量。

解：根据表 4－17、表 14－18 查出 5 级的含量为 0.00005g，此值即为 5mL 标准溶液中石油（沥青）的质量(g)、因而 1mL 标准溶液中石油(沥青)的质量为 0.00001g，按上式可求出 Q 为：

$$Q = \frac{A \times V}{W} \times \%$$

$$= \frac{0.00001 \times 5}{1} \times \%$$

$$= 0.005\%$$

即为 5 级的百分含量。同样可以计算出其他各级的百分含量。也可查表求得。

1. 标准系列的配制方法

将原油事先脱水、脱盐，除去机械杂质后在分析天平上称 0.5g 原油，用 50mL 氯仿稀释，则此溶液的浓度为 0.5/50＝0.01g/mL，5mL 溶液内含原油为 0.05g。将此溶液 5mL 倒在洁净的试管中密封，即为 15 级标准溶液。再将剩余的 45mL 溶液取出 5mL，把取出的 5mL 溶液稀释 1 倍即加 5mL 氯仿，此时 5mL 溶液内含原油：0.05/5＋5×5＝0.05/10×5＝0.25/10＝0.025(g)。余下的 5mL 溶液可继续稀释，以此类推，一直得出一级标准。标准系列统计如表 2－17 所示。标准系列石油(沥青)百分含量如表 2－18 所示。

表 4－17 标准系列统计表

标准系列	5mL 标准液中石油(沥青)含量/g	1mL 标准液中石油(沥青)含量/g
1	0.00000313	0.000000626
2	0.00000625	0.00000125
3	0.0000125	0.0000025
4	0.000025	0.000005
5	0.00005	0.00001
6	0.0001	0.00002
7	0.0002	0.00004
8	0.0004	0.00008
9	0.0008	0.00016
10	0.00156	0.000312
11	0.00313	0.000626
12	0.00625	0.00125
13	0.0125	0.0025
14	0.025	0.005
15	0.05	0.01

表 4-18 原油标准系列液的含油量

级 别	沥青/%	含油浓度	级 别	沥青/%	含油浓度	级 别	沥 青/%	含油浓度
1	0.000310	0.000000661	6	0.01	0.0000195	11	0.313	0.000625
1~2	0.000469		6~7	0.015		11~12	0.469	
2	0.000630	0.00000122	7	0.02	0.0000391	12	0.625	0.00125
2~3	0.000938		7~8	0.03		12~13	0.938	
3	0.00125	0.00000244	8	0.04	0.0000781	13	1.25	0.00250
3~4	0.00188		8~9	0.06		13~14	1.88	
4	0.0025	0.00000488	9	0.08	0.000156	14	2.5	0.0050
4~5	0.00375		9~10	0.118		14~15	3.75	
5	0.005	0.00000976	10	0.156	0.000313	15	5	0.0100
5~6	0.0075		10~11	0.235				

2. 系列对比分析方法应注意的问题

(1)在一定浓度范围内，溶液的发光强度与其中沥青物质含量成正比，但这一关系只有在溶液中沥青浓度非常小(低于12级)时才成立。当浓度超过12级时，上述关系受到破坏，荧光强度反而减弱，产生浓度消光现象。此时需稀释后才能进行对比定级。

例：某井样品0.5g，加2.5mL氯仿时浓度超过12级，为了确定含量，又加氯仿7.5mL，荧光对比定级为11级，则百分浓度为：

$$\frac{0.00626(\text{g/mL})\times(2.5\text{mL}+7.5\text{mL})}{0.5\text{g}}\times100\%=12.52\%$$

(2)误差范围的要求：5级以上误差不超过半级，5级以下误差不超过一级。若级别在两级之间，即以平均值计算，如某井样品比3级要高，比4级要低，即为3~4级。

(3)标准系列的配制是系列对比的关键，并且发光颜色不同的沥青物质不能对比，因此，配制标准系列必须用本探区或本构造原油并尽可能用同层系的原油。标准系列用到一定时间要重配，否则将产生误差或难于对比。

(4)分析时需要用相同类型和成分一样的玻璃试管，否则因试管不同对溶液发光强度的影响也不同。所用试剂也必须相同，才能进行定量对比计算。

(5)浸泡样品时应密封，以免氯仿挥发失真。如定性了解含油情况，浸泡时间可以减少。

(四)毛细分析法

含有微细孔隙的物体与液体接触时，在浸润情况下，液体能够沿孔隙上升或渗入，毛细分析法即是利用石油(沥青)溶液的这一毛细特性及荧光特性来鉴定样品中石油的含量及类型。石油(沥青)中的不同组分沿毛细管(滤纸条)上升时，因速度不等，将在滤纸条上形成特有的宽窄不等的包带。根据包带的宽度及在荧光灯下呈现的颜色可以确定石油(沥青)的性质和组成。

具体操作步骤：

称0.2g样品，碾成粉末后浸于1mL氯仿中，再将滤纸顺纹切成0.5cm宽、15cm长的纸条，下端浸入溶液中，上端悬空固定，待氯仿挥发干，将滤纸条用紫外线照射，观察其发光带颜色、亮度和宽度与本地区标准系列对比定级，从而初步确定岩样所含沥青质的类型和含量，如表4－19所示。

其次也可以利用对比分析法使用后的溶液继续做毛细分析，具体方法同上。

表4－19　各类沥青及其发光颜色

沥青类型	沥青发光颜色
油质沥青	蓝、淡蓝、天蓝、浅黄、黄绿色
中性沥青	浅褐、橙褐、褐色
胶质沥青	深黄、橙黄、棕黄、橘黄、黄、黄—浅灰、微橙黄、褐黄、黄褐、黄绿、灰绿色等
沥青质沥青	黑、黑褐
土壤沥青	玫瑰色、红—紫红色

三、荧光录井的影响因素

（一）发光矿物的干扰

荧光直照时，除油砂外，在岩屑中常遇到一些矿物也可以发光，造成荧光干扰。遇到这种情况，可以根据岩矿荧光特征（表4－20）及氯仿点滴实验与油砂区别。

氯仿点滴实验方法是在发光物质上加一滴氯仿，若是石油可被溶解而在滤纸上呈现出发光的荧光色环（扩散圈），若是矿物发光则滤纸上无荧光现象出现。

此外，锆英石、朱砂、重晶石、钼钨矿及某些铀矿等也有荧光。

表4－20　部分岩矿荧光特征简表

岩矿名称	荧光颜色	岩矿名称	荧光颜色
石英、蛋白石	白、灰白	软沥青	橙、褐橙
方解石、贝壳	乳白	白蜡	亮蓝色
石膏	亮天蓝、乳白		
盐岩	亮紫		
有机泥岩、油页岩、泥灰岩	暗褐、褐黄		

（二）泥浆混油和成品油的污染

由于油气侵混油，处理工程事故泡油以及人为的其他一些原因，使泥浆及岩屑受到了污染，使本来不含油的岩屑而有荧光显示，特别是对疏松砂岩的影响很大，给荧光录井工作带来很大的困难。在实际工作中要加以注意，严格区分。如果是成品油的污染可根据发光特征加以鉴别，其发光颜色较浅，一般呈浅紫—淡蓝—蓝色，如表4－21所示。

表4－21　成品油荧光特征

名　　称	荧　光　颜　色	名　　称	荧光颜色
煤油	乳白带蓝色	原油（含沥青质沥青）多时	褐色
柴油	亮紫色、紫带蓝—乳紫蓝色	黄油	亮乳蓝色
机油	蓝—天蓝、乳紫蓝色	丝扣油（黄油、铅油、铅粉混合）	白带蓝—暗乳蓝色
原油	乳白、黄、乳黄色	铅粉	无色
原油（含油质沥青多时）	浅蓝色	绿铅油	浅绿色
原油（含胶质沥青多时）	黄色	红铅油	红色

(三)岩性描述鉴定准确性的影响

荧光录井是岩芯、岩屑录井的一种辅助找油方法，因此它有一定的局限性。尤其是在岩屑录井中，岩性鉴定是首要的，而荧光分析是在岩屑描述的基础上进行的。只有当岩性描述准确时，荧光显示层位才可能是正确的，否则荧光显示层位是不确切的。

此外，当岩样含轻质油时，由于挥发快，其含油情况很快会发生变化，如果荧光试验进行不及时，也可能鉴定不准确，甚至造成漏失油、气层。

四、荧光录井在落实油层中的作用

(1)荧光录井是地质录井中寻找油层的重要而有效的方法。特别是轻质油层，挥发得较快，显示微弱，含油颜色很浅，肉眼不易发现，在这种情况下，荧光录井较为容易鉴别出来。及时系统地进行荧光观察，可以较快地发现油气显示。

(2)由于油层中石油的物理、化学性质不同，其发光颜色各异。根据荧光鉴别其沥青性质，可以初步判断原油性质。同时，根据发光岩屑的百分比和荧光分布状况初步确定含油饱满程度，为油层测试和综合判断提供参考资料。

(3)新探区及特殊岩性井段，电测解释不过关时，它可以配合其他录井资料解释油、气显示层位。

(4)钻井取芯中对含油砂岩进行荧光分析，系统鉴别其沥青性质，可以帮助了解油层纵向上含油性质的变化情况，对判别油水同层、底水油层有一定的作用。

另外，在地层剖面中，系统地作荧光分析，根据沥青含量和性质的变化，有助于研究生油层及油、气运移方向，根据发光岩层，可帮助选择标准层，以利于地层对比工作的进行。

五、荧光录井流程图

荧光录井的流程如图 4－53 所示。

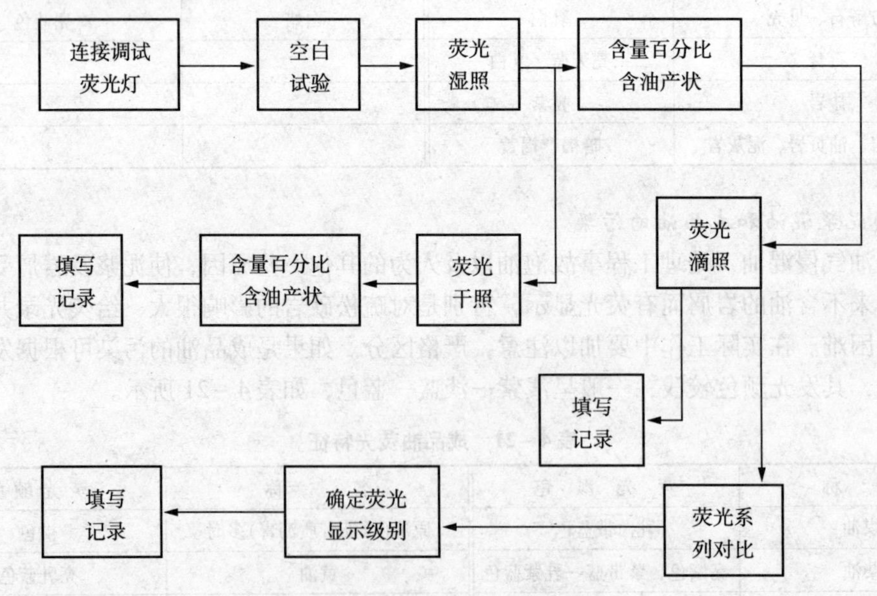

图 4－53 荧光录井流程图

六、荧光录井级别标准

根据荧光录井所取得的资料将荧光显示、沥青类型和岩样溶解特征与荧光等级进行划分，如表 4－22、表 4－23、表 4－24 所示。

表 4－22　荧光级别划分标准

荧光显示级别	荧光面积/%	反应速度
A	>90	快
B	70～90	中—快
C	30～70	中—快
D	<30	慢—中

表 4－23　沥青类型划分标准

<table>
<tr><th>斑痕发光颜色</th><th colspan="2">沥青质类型</th></tr>
<tr><td>淡蓝色、带白色的蓝色、蓝绿色</td><td colspan="2">油质沥青</td></tr>
<tr><td>黄色、淡黄色、橙黄色、黄褐色</td><td colspan="2">胶质沥青</td></tr>
<tr><td>浅褐色、橙褐色、褐色</td><td colspan="2">平均组成沥青</td></tr>
<tr><td>绿褐色、深褐色</td><td>一类</td><td rowspan="2">胶质沥青</td></tr>
<tr><td>黑绿色、褐黑色、暗褐色</td><td>二类</td></tr>
</table>

表 4－24　岩样溶解特性与荧光等级划分标准

<table>
<tr><td colspan="2">荧光等级</td><td>1</td><td>2</td><td>3</td><td>4</td></tr>
<tr><td colspan="2" rowspan="2">试剂扩散边
荧光显示色</td><td>浅蓝色</td><td>浅蓝—浅黄色</td><td>浅黄—黄色</td><td rowspan="2">棕黄—棕色片状</td></tr>
<tr><td>微弱光环</td><td>明亮光环</td><td>明亮光环</td></tr>
<tr><td colspan="2">岩样印痕荧光显示色</td><td>无</td><td>无</td><td>无或黄色
星点状亮点</td><td>棕黄—棕色片状</td></tr>
<tr><td rowspan="2">岩样荧光
显示色</td><td>干湿照</td><td>无</td><td>无</td><td>无或不明显</td><td>棕黄—棕色</td></tr>
<tr><td>滴照</td><td>无</td><td>无</td><td>浅黄—黄色</td><td>浅黄色、棕黄色、棕色</td></tr>
</table>

任务考核

一、填空题

(1)点滴分析的滤纸必须洁净，在使用前需做________试验。

(2)常用的荧光录井方法有________、________、________、________。

(3)岩屑荧光直照法有________、________两种方法。

(4)岩屑荧光湿照和干照应逐包进行，要求取每包岩屑的________进行湿照和干照。

二、选择题

(1)石油的荧光性是指石油或沥青质在(　　)照射下发出荧光的特性。

A. 红外线　　B. 紫外线　　C. 自然光　　D. α 射线

(2)下列物质中，在紫外线照射下能发出荧光的为(　　)。

A. 不饱和烃　　B. 饱和烃　　C. 汽油　　D. 石蜡

(3)下列荧光录井方法中能够区分矿物岩石发光和石油(沥青)荧光的为(　　)。

A. 岩屑湿照　　B. 岩屑干照　　C. 干照、滴照　　D. 干照、系列对比

(4)油页岩的荧光颜色为(　　)。

A. 灰白—白色　　B. 亮紫色　　C. 暗褐—褐黄色　　D. 乳白色

(5)地质小班录取的岩屑包逐包进行湿照，将观察结果记录在(　　)中。

A. 地质预测记录　　B. 地质原始综合记录　　C. 荧光观察记录　　D. 钻井液观察记录

(6)柴油的荧光颜色为(　　)。

A. 乳白带蓝色　　B. 紫带蓝—乳紫蓝色　　C. 黄色和白色　　D. 褐色和绿色

三、简述题

(1)简述常规荧光录井原理。

(2)荧光录井在落实油层中的作用。

(3)简述荧光录井的影响因素。

项目九　泥浆录井

知识目标

(1)了解泥浆的功用。

(2)了解泥浆性能及其测定方法。

(3)掌握泥浆录井的方法。

技能目标

(1)会测定泥浆的密度和黏度。

(2)能观察并及时收集钻井过程中油气水显示资料。

(3)能计算油气上窜速度。

(4)能采集油、气、水样。

学习材料

泥浆在钻井工程中极为重要，合理地使用泥浆可以防止钻井事故的发生，保证正常钻进提高钻井速度，降低钻井成本；同时，钻进中泥浆性能的变化与所钻进的地层性质有关。因此，必须记录泥浆性能的变化。所谓泥浆就是由黏土、水及化学处理剂，按一定比例组成的溶胶—悬浮混合体系。泥浆录井就是将泥浆性能，按井的相应深度绘成曲线，研究地层及其油、气、水情况的一项资料。

一、泥浆的组成与分类

钻井泥浆一般是用黏土与水混合搅拌，并加入化学处理剂配制而成。黏土是泥浆常用的主要固体成分，其颗粒多数小于0.002mm，配制泥浆常用淡水或咸水，不同的水配成的泥浆具有不同的性能。其中黏土颗粒是分散体，水是分散介质。为使泥浆具有钻井工艺所要求的各种性能，就需加入各种无机和有机处理剂。如为了提高泥浆相对密度，常用重晶石粉，石灰石粉等物质作为加重剂。从泥浆中黏土颗粒的分散度及其他特性来看，泥浆属于溶胶—悬浮体。

此外，还有以油为分散介质的泥浆，如油基泥浆等。泥浆可分为水基泥浆和油基泥浆两大类，如表4－25所示。

表 4－25　泥浆的分类

类　型		配　制	特征与作用	备　注
水基泥浆	淡水泥浆	淡水加黏土、钙离子小于 50mg/L	多用于钻浅井部位	
	钙处理泥浆	淡水泥浆加入絮凝剂石灰、石膏、氯化钙等，钙离子大于 50mg/L	稳定性好，具抗土、钙、盐侵能力，限制泥、页岩水化膨胀，失水小、泥饼坚韧光滑，保持低黏度、低切力、流动性好，对油层损害小	适用于深井
			稳定性好，抗黏土侵，克服泥页岩水化膨胀坍塌，稳定井壁	适用于膏岩地区及深井
	盐水泥浆	海上钻井先使用盐水泥浆、随着钻进地层造浆，假如海水级处理剂，就地取材取用盐水泥浆	除一般盐水泥浆特点外，而且成本低，滤液可能接近于或小于地层水电阻率，自然电位曲线幅度变化不大或为反向	
混油泥浆		水基泥浆加一定油料（原油、柴油、机油）一般加 10% ~20%	提高泥浆稳定性，相对密度低，流动性好，易开泵，利于大泵钻进增加润滑作用，减少钻具卡钻，提高取芯收获率，对油层损害小，有利于保护油层	适用于已知低压油层，不利于油气层录井，新区不适用
油基泥浆		原油或柴油加沥青、炭黑、亲油黏土	保护油层，防水化膨胀、钻头泥包和井壁垮塌，凝固点低，高温时不稠化，减少盐水层级硫化氢对钻具的腐蚀作用。实际工作中，主要用于分析原始含油饱和度	

二、泥浆的功用

在钻井过程中，泥浆的功用有以下几点：

1. 悬浮和携带岩屑，清洗井底

泥浆的基本功用之一，就是把钻头破碎的岩屑从井底带出井眼，促使井眼净化。当接单根或临时停止循环时，泥浆又能把井眼内的岩屑悬浮在泥浆中，不至于很快下沉，从而防止了沉砂卡钻的危险。同时保持井底清洁，不致造成钻头重复切削，保证钻头在井底始终接触和破碎新地层，从而提高钻速。

2. 润滑冷却钻头

在钻进过程中，钻头一直在高温下与新地层接触、摩擦，产生很大热量。泥浆通过钻头的循环，把摩擦部位产生的热量吸收进来，带到了地面大气中，起到了冷却和润滑钻头的作用，延长了钻头使用寿命。

3. 稳定井壁

井壁稳定、井眼规则是优质快速钻井的重要基础条件，也是泥浆措施的基本立足点。良好的泥浆应借助于滤失性能在井壁上形成一个很好的泥饼，可以巩固地层并阻止液体流入地层。

4. 控制地层压力

在钻进中遇到复杂地层时，可在较大范围内调解泥浆相对密度，以建立合适的液柱压力来平衡地层压力，防止塌、漏、喷、卡等复杂事故发生。

三、泥浆的性能及测量

（一）泥浆的相对密度

1. 泥浆相对密度的概念

泥浆相对密度是指泥浆在20℃时的重量与同体积4℃时纯水的重量之比。

2. 泥浆相对密度与钻井的关系

（1）平衡地层压力

在钻井过程中，泥浆处于流动状态。如果停泵，泥浆则处于相对静止状态。但不管是流动或静止，泥浆具有相对密度，必然通过液柱对井底产生压力，同时对井壁有个支持力。因此，可以平衡地层压力及油、气水层压力，防止井喷，保护和巩固井壁。同时可以防止高压油、气、水侵入泥浆，破坏了泥浆性能，引起井下复杂事故。但相对密度太大，容易压漏地层，所以相对密度必须适当。

（2）相对密度对钻速的影响

泥浆相对密度高时，液柱压力大，钻具在井中转动的摩擦力增加，致使钻井速度降低，同时还可能压漏地层，破坏油层渗透率，甚至把油层压死，增加了发现油、气层的困难。相对密度低了，液柱压力减小，当不足以平衡地层压力时，则会造成井壁不稳定，甚至造成井喷。钻遇一般油、气层时，泥浆相对密度应根据“压而不死，活而不喷”的原则确定。钻遇低压油、气层时，泥浆相对密度应尽量低，尤其是新探区更应如此。

各类井在设计泥浆相对密度时，应考虑附加系数，一般遵守下列原则：

①在新开发的纯油区内钻井，一般附加15%～20%；油水过渡带的井附加10%～12%。

②在生产井范围内钻井，应根据注水井及采油井的动态资料来确定。

③对于新探区第一口探井，一般按井深取水柱压力，再附加水柱压力的10%～15%。

（二）泥浆的粘度

1. 黏度的概念

泥浆黏度是指泥浆流动时其内部分子之间的摩擦力。现场一般采用“视黏度”来表示，即将一定体积的泥浆，流过统一规定尺寸的小管所需要的时间代表黏度。单位是s。

2. 黏度与钻井的关系

（1）黏度高的影响

其一，钻速低，因为黏度高流动阻力大，消耗功率大，在功率一定情况下排量低，缓和了钻头牙齿对井底岩石的冲击切削作用。其二，钻头泥包，起钻易起抽吸作用，发生井喷，井塌事故。其三，下钻开泵困难，泵压升高，引起憋漏地层或憋泵。另外不易脱险除砂，但易防漏。

（2）黏度太低的影响

携带岩屑困难，不利防漏。通常在保证携带岩屑前提下，黏度尽可能低。一般在20～30s，对于造浆地层可适当小些，对垮塌地层或裂缝地层则可适当提高。

（三）泥浆的切力

1. 切力的概念

泥浆的切力指泥浆在静止时的阻力。也可以理解为泥浆的浮力。其大小用初切力（静止1min）和终切力（静止10min）来表示，单位为mg/cm^2。

2. 切力与钻井的关系

（1）切力大的影响

切力太大时，砂子在泥浆槽内不易沉淀，影响静化；并且相对密度上升快，含砂量高，可影响钻速，磨损设备；流动阻力大，开泵困难，泵压易升高，会发生憋漏地层或憋泵；转动扭矩增加，降低机械效率。

(2)切力小的影响

切力太小时，致使浮力减小，携带和悬浮岩屑能力降低，停泵时易造成积砂，轻者钻头下不到底，重者沉砂卡钻。

生产实践证明，切力太大或太小都对钻井不利，因此，必须根据钻井情况而选择适当切力。胜利油田东营地区采用初切力 0 ~ 10mg/cm^2，终切力 5 ~ 20mg/cm^2。

(四)泥浆的失水和泥饼

1. 失水和泥饼的概念

失水是指井内泥浆中的部分水分，因受压差的作用而渗透到地层中去的现象。失水的多少叫失水量，单位 mL。

泥饼是指在泥浆失水的同时，黏土颗粒在井壁周围形成一层的黏土堆积物。一般以厚薄为标准，单位 mm。

2. 失水和泥饼与钻井的关系

泥浆的失水量过大，会造成井下复杂情况，如钻泥页岩时，吸水膨胀、垮塌，同时也会使油气层中的渗透率降低，减少产量；并且在砂岩井段，泥饼增厚，井径减小，易使泥浆脱水变稠，流动性变差，泵压升高。但失水量过大有利提高钻井速度。

薄而坚韧的泥饼能降低失水量，有利于巩固井壁和保护油层，具有润滑、防止黏附卡钻、提高机械效率及延长钻具寿命的作用。但泥饼质量不好，在井壁堆积过厚，会引起钻头包泥，堵死水眼，起下钻遇阻遇卡，影响打捞工具及测井仪器下入井内。

3. 失水和泥饼的测量

测量泥浆失水量和泥饼，通常使用油压式失水仪。测量时将滤纸润湿后，附在筛板上，装好泥浆杯，拧紧底部丝杆，放在支架上，注入泥浆，上紧油盘，在油盘套筒中注满机油，然后放上加压筒，打开油盘丝顶，调正加压筒，使刻度指示为零，松开泥浆杯底部丝杆一圈，按表计时，7.5min 后读出刻度所指数值，乘 2 即为 30min 失水量。同时拆开泥浆杯，取出筛板，用水轻轻冲洗泥饼上的浮泥，测量厚度乘 2，即 30min 泥饼厚度。

现场工作中为了缩短测定时间普遍采用 7.5min 内测出失水量乘 2，作为 30min 内的失水量。

(五)含砂量

1. 含砂量的概念

含砂量是指泥浆中不能通过 200$^{\#}$筛子，也就是说直径大于 0.074mm 的颗粒占泥浆总体积的百分数。

2. 含砂量与钻井的关系

泥浆中含砂量应控制在 0.5% 以下，否则会有下列不利因素：

(1)使泥浆相对密度升高，降低钻井速度。

(2)泥浆中含砂量高，使所形成的泥饼厚且松，胶结性差。一方面造成失水量增大，随之产生井塌、井垮、降低油层渗透率等情况，还可能造成泥饼摩擦系数增加，易造成黏附卡钻；另一方面影响固井质量，电测遇阻遇卡，地质资料不准确。

(3)含砂量太大，造成钻头、钻具及机械设备的磨损，使钻井工作不能顺利进行。

3. 降低含砂量的方法

一般是充分利用振动筛、除砂器或采用加入化学絮凝剂的办法，将细小砂子由小变大再通过机械设备除掉。

(六)泥浆的酸碱值(pH值)

泥浆的pH值等于泥浆中氢离子浓度的负对数，即 $PE = -\log[H^+]$。

井场上一般用比色法测定泥浆的pH值，将pH值试纸直接插入泥浆滤液或泥浆中，经数秒后，取出来与pH试纸的标准颜色对比，即可读出pH值。

四、钻井中影响泥浆性能的地质因素

1. 砂侵

砂侵主要是由于黏土中原来含有的砂子及钻进时岩屑中砂子侵入而在地面净化系统中又未沉淀除去所致。含砂量多则影响泥浆比重，使黏度和切力增加，减少泥浆携带岩屑的能力，同时磨损泥浆泵。

2. 黏土侵

当钻遇黏土层或页岩层时，由于地层造浆而使泥浆相对密度、黏度增高。通常情况下是采取加水稀释的办法来降低相对密度和黏度。但是这样会引起失水量的增加，因此，必须使用降黏剂等，保持泥浆性能稳定。

3. 漏失层

一般情况下，钻进漏失层时要求泥浆具有高黏度、高切力、低失水以阻止泥浆流入地层。但漏失严重时，应依地质条件，立即采取行之有效的堵漏措施。

4. 地温

地层的温度是随深度的增加而升高，平均每100m增加3℃左右。如5000m的井深，井底温度可达到170～180℃。高温可使黏土颗粒进一步分散，同时高温引起某些处理剂的分解，使泥浆性能发生复杂的变化。为适应勘探深部油气层的需要，在高温、高压、高矿化度情况下，必须保证泥浆性能的稳定。

五、处理泥浆时常见的几种方法

1. 泥浆加重

加入加重矿物如重晶石粉。

2. 降低泥浆黏度和切力

(1)当钻进黏土层或泥岩层，泥浆黏度、切力上升。处理办法是加水稀释或加入低黏度、低切力的泥浆，或加煤碱剂、单宁酸钠。

(2)当水泥或石膏侵入后。泥浆黏度、切力上升，失水增加，泥饼加厚。处理办法是加煤碱剂、单宁酸钠。

3. 降低泥浆失水量

钻遇易坍塌地层时，关键问题是降失水。处理办法是加CMC或煤碱剂或单宁酸钠。

4. 提高黏度和切力

用烧碱、纯碱、石灰等处理。

六、泥浆录井的方法

钻进时泥浆不停地循环，当泥浆在井中和各种不同的岩层及油、气、水层接触时，泥浆性能就会发生某些变化，根据泥浆性能的变化情况，可大致推断地下的地层及含油、气、水情况。

（一）颜色变化

钻进中泥浆颜色发生变化，有时可大致反映地层情况，因为有些岩性易造浆，会引起颜色变化。

（二）泥浆性能变化

测定泥浆性能，绘制录井曲线，可以帮助判断油、气、水层。一般每钻进5m，取泥浆样一次，数量1～2L，进入油气层时加密取样（每米一次），一般按迟到时间于出口处取泥浆样进行测定。

测定内容主要是相对密度、黏度、含砂量及氯离子含量。8h 测 1～2 次泥浆性能即可。并做详细记录。可把测定的泥浆性能数据，绘成录井曲线。

一般常把泥浆性能变化曲线和岩屑、钻时等资料绘在一张草图上，以便综合对照应用。总结油、气、水层及一般岩层，对泥浆性能的影响大致归纳如表 4－26 所示。

表 4－26　地层性质与泥浆性能的关系

钻井液性能	油层	气层	煤气层	盐水层	淡水层	黏土	石膏	盐层	疏松砂岩
槽度	减	减	减	减	减	微增	不变、微增	增	微增
黏度	增	增	增	增→减	减	增	剧增	增	微增
失水	不变	不变	不变	增	增	减	剧增	增	
切力	微增	微增	微增	增	减	增	剧增	增	
含盐量	不变	不变	不变	增	减			增	
含砂量									增
泥饼					增		增	增	
酸碱值					减	减	减	减	
电阻率	增	增	增	减	增	减	增	减	

（三）泥浆中油、气、水显示的观察和试验

1. 油侵情况

油侵时，泥浆出口处有外涌现象，槽内液面升高，常见到油膜、油花、油流。如果显示不明显时，可取相应井段的泥浆，在荧光灯下观察荧光反应颜色，并将观察结果记录下来，供综合解释油、气层和讨论试油层位时参考。

此外，还可用泥浆稀释法做试验，其方法是取半杯泥浆，加清水至一杯，搅拌后静止一段时间，观察液面是否有油花或用荧光灯观察是否有油的显示。当泥浆槽面上出现较多的油花或条带状油流时，不应简单下结论，肯定就是原油，而应仔细观察试验，以便区别真假。一般情况下，原油多呈棕褐色、棕色的油花或块状分布于槽面上，且常伴随出现气泡，荧光灯下呈浅黄色、橙黄色。而机油、柴油混入泥浆后，常呈现浅黄或银灰色油沫分布于槽面，经搅动分散后，不再集中，荧光灯下呈现蓝色。

2. 气侵情况

气侵时，泥浆中可见气泡，泥浆黏度上升，相对密度下降应进一步验证泥浆中所含的气体是否是天然气，把真假显示区分开来。如果空气进入泥浆中，或处理泥浆时产生的气泡均较大，无味，不连续地集中出现，气测无异常。油层气气泡破裂后有油花，呈条带状或串珠

状流动，具芳香味。气层气一般具有硫化氢味或无味，呈小米状，均匀分布。气样可点燃，油层气呈黄色火焰，气层气呈蓝色火焰。

如果肉眼观察还确定不下来，又无气测仪器测量，可采用脱气点燃法进一步验证：向广口瓶中装入3/5的泥浆，再加入1/5的清水，用装有玻璃管的橡皮塞塞紧，然后充分摇晃。由于泥浆被水稀释，黏度降低，气体从泥浆中脱出，并顺玻璃管流出，若用火能点燃，即说明是天然气。点火试验时，应记录火焰的颜色、高度、燃烧时间及取样井深。如果没有玻璃管和橡皮塞，可用手直接堵住瓶口，倒置摇晃，然后放正瓶，点火试验。

3. 水侵情况

水侵时，一般泥浆量增多，液面升高，甚至泥浆出口间断出水。淡水侵时，泥浆相对密度、黏度降低。盐水侵时，黏度、相对密度由增到减。泥浆中有水侵时，要取样做氯离子试验，了解地下水含盐量变化。当钻遇盐水层时，特别是高压盐水层时，氯离子含量变化很快，其含量由数万至十几万 ppm，并迅速破坏泥浆性能，常引起井下事故或井喷。因此，对氯离子含量的测定是很有现实意义的。现将氯离子测定原理、方法及注意事项分述如下：

(1)测定原理

以铬酸钾溶液（k_2CrO_4）作指示剂，用硝酸银（$AgNO_3$）滴定氯离子(Cl^-)，因氯化物是强酸生成的盐，首先和$AgNO_3$作用，生成氯化银（AgCl）的白色沉淀，当氯离子(Cl^-)和银离子(Ag^+）全部化合后，过量的银（Ag^+)即与铬酸根（CrO_4^{2-}）反应生成微红色沉淀，指示滴定终点。其化学反应式如下：

$$AgNO_3 + Cl^- \longrightarrow N0_3^- + AgCl\downarrow \text{（白色沉淀）}$$

(2)操作步骤

图4-54是进行氯离子含量滴定的主要设备。取泥浆滤液1mL，置入三角杯中，加蒸馏水20mL，调解混合溶液pH值至7左右，加入5%的铬酸钾溶液2~3滴，使溶液呈淡黄色，以硝酸银溶液缓慢滴定，至滤液出现微红色为止。记下硝酸银溶液的消耗量，所测滤液中氯离子含量可由下式求出：

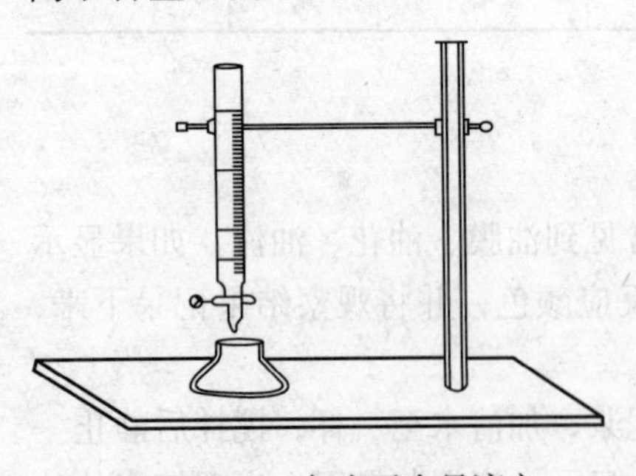

图4-54 氯离子含量滴定

$$Cl^- = \frac{NV_1}{V_2} \times 35.5 \times 10^3$$

式中 Cl^-——泥浆滤液的氯离子浓度，mg/L；

N——硝酸银的克当量浓度；

V_1——消耗的硝酸银溶液体积，mL；

V_2——所取泥浆滤液的体积，mL。

(3)注意事项

①滴定前必须使滤液的pH值保持在7左右，若pH值大于7，用稀硝酸溶液调整；若pH值小于7，用硼砂溶液或小苏打溶液调整。

②加入铬酸钾指示剂的量应适当，若过多会使终点提前，使计算结果偏低；若过少，会使滴定终点推后，则计算偏高。

③滴定不易在强光下进行，以免$AgN0_3$分解，造成终点不准。

④当泥浆滤液呈褐色时，应先用双氧水使之退色，否则在滴定时妨碍滴定终点的观察。

⑤滴定前应将硝酸银溶液摇均匀，然后再滴定。

⑥全井使用的试剂必须统一，以免造成不必要的误差。

（四）油、气、水取样

1. 取原油样品

取原油样品时一般用广口瓶在泥浆槽装取即可，其量视具体要求而定。取样时不要取长时间静止不动的死油，应取新鲜原油。取好后将盖盖紧，防止样品受污染或某些组分挥发。

2. 取气样

取气样时，如果有气测组可借助于气测组的脱气器或真空泵进行。气测组常用排水取气法收集气样，如图 4－55 所示，将取样瓶装满清水倒放在泥浆槽液面上，瓶口上装有胶皮管连接的排水管和进气漏斗，将进气漏斗浸入泥浆中，当瓶内的水被排除时，气便进入瓶中，取到瓶中有 3/4 的气时，即可扎紧软管，放正取气瓶，将气样送有关单位分析。

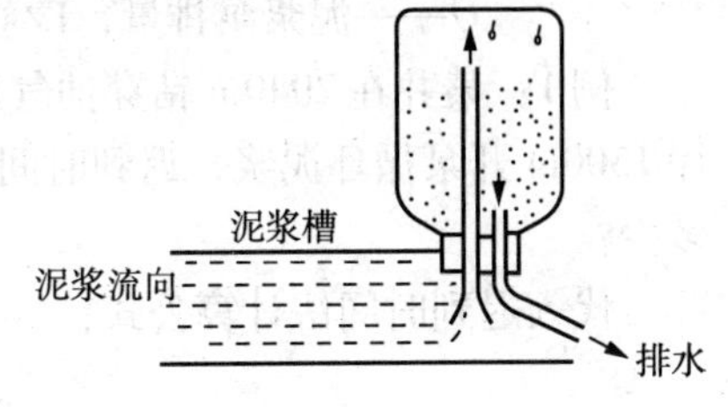

图 4－55　排水取气法示意图

如果工作中一时找不到进气漏斗和胶皮管，还可以用更简单的办法取得气样，将 500mL 的广口瓶中装满清水，用手紧紧地堵住瓶口，把瓶倒立并放在泥浆液面之下，然后慢慢将手松开，气泡便逐渐进入瓶中排出清水，待瓶内充气 3/4 左右时，在泥浆液面之下将瓶盖盖紧，取出气样瓶，保持气样瓶倒立状态，使清水在下，气体在上，直到送至实验室。

3. 取水样

在钻进过程中，很少能取到纯地层水。为了进行含水试验（氯离子测定），在通常情况下都是用失水仪取泥浆滤液，然后滴定滤液的含盐量，据此判断地层水的性质。凡送化验室的样品，取样瓶上应贴有标签，在标签上应填写井号、井深、层位、取样日期、分析项目、取样单位、取样人等。

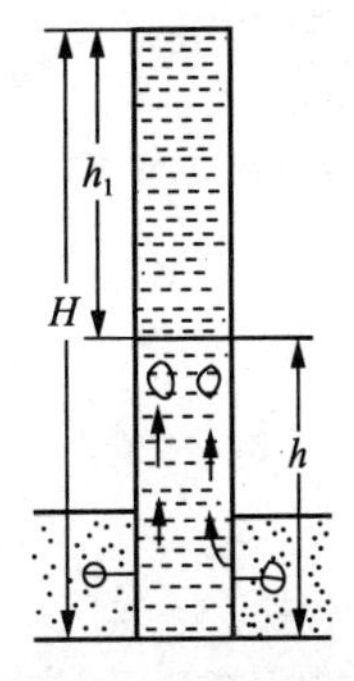

图 4－56　井内油气上窜示意图

（五）油、气上窜速度计算

当钻穿油气层后，因换钻头，地面检修设备需要起钻，而到下次下钻循环泥浆时，泥浆槽面常可见到油花气泡，这是明显的油气侵现象，它说明井下油气层油气是活动的，而没有发生井喷，说明泥浆液柱压力略小于油层压力，使油气侵入泥浆并向上流窜，这种现象叫油气上窜，如图 4－56 所示。从油层底到上窜的顶点叫上窜距离。

当泥浆停止循环时，在单位时间里油气在井内上窜的距离叫油气上窜速度。单位是 m/h。油气在一定泥浆柱压力下上窜速度的大小，可以反映油气能量的大小。若泥浆相对密度不变，在一定时间里，油气上窜的距离越大，则油气能量越大。

（1）迟到时间法：
$$V=\frac{H-\frac{h}{t}(T_1-T_2)}{T_0}$$

（2）容积法：
$$V=\frac{H-\frac{Q}{V_c}(T_1-T_2)}{T_0}$$

上两式中：V——油气上窜速度，m/h；

H——油层底界深度，m；

H——循环泥浆时钻头所在井深，m；

T——循环泥浆时钻头所在井深的泥浆迟到时间，min；

T_1——见到油气显示的时间，迟到时间法，min；容积法，s；

T_2——下钻至 h 井深时的开泵时间，迟到时间法，min；容积法，s；

T_0——上次起钻停泵时间到本次下钻至井深 h 后开泵时间差，即泥浆静止时，h；

V_c——井眼环形空间每米容积，L/m；

Q——泥浆泵排量，L/s。

例 1：某井在 2040m 钻穿油气层后，循环泥浆，18:00 停泵起钻，次日 14:00 下钻至井深 1500m 开泵循环泥浆，迟到时间 20min，自 14:20 发现油气显示，试计算油气上窜速度是多少？

代入迟到时间法计算公式：

$$V=\frac{2040-\frac{1500}{20}(14{:}20-14{:}00)}{20}$$

$$=\frac{2040-\frac{1500}{20}20}{20}$$

$$=27(\mathrm{m/h})$$

例 2：某井在 2000m 钻穿油气层后，即循环泥浆到下午 6:00 停泵起钻，次日 12:00 下完钻开泵，自 12:30 发现泥浆中有油气显示，当时泵的排量 30L/s，井径为 $8^1/2''$，每米容积 36L，问油气上窜速度是多少？

代入容积法公式：

$$V=\frac{H-\frac{Q}{V_c}(T_1-T_2)}{T_0}$$

$$=27.7(\mathrm{m/h})$$

七、钻井液录井资料的收集

（一）一般情况下油、气、水显示资料的收集

钻遇油、气、水层时需要观察记录的内容主要是：

(1)油、气、水显示的起止时间。

(2)记录出现油、气、水显示的钻头深度。

(3)记录泥浆液面油花、气泡的大小(一般直径)，分布情况(如条带、片状、星点状)，占槽面百分比。

(4)连续测定泥浆相对密度、黏度等性能变化及水侵性质(淡水或盐水)，定时取样做氯离子试验。

(5)泥浆池液面和槽面上升高度。

(6)油、气、水显示高峰时间(根据泥浆性能变化及槽面百分比变化确定)。

（二）特殊情况下油、气、水显示资料的收集

1. 井喷资料的收集

(1)井喷的预兆

钻进过程中如发现泥浆进口相对密度大，出口相对密度小，且出口相对密度有下降趋

势；黏度迅速上升，流速不正常，时快时慢或一股股向外涌；泥浆槽面，池面明显上升，上升幅度越来越大；泵压增高，悬重下降，停泵后泥浆大量外溢；起钻中灌不进泥浆；起钻后泥浆外溢比较明显等现象都是发生井喷的预兆。

地质人员应仔细观察并记录好这些现象，供以后分析井喷原因及制定措施时参考。同时，还应及时把所观察到的现象立即报告司钻和值班干部，以便采取预防井喷的措施。

(2)泥浆加重

钻遇高压油、气、水层后，如果油、气、水侵严重，可能有井涌现象，一般处理方法都是增加泥浆相对密度，防止发生井喷。泥浆相对密度必须适量、相对密度小了压不住；相对密度大了，可能会压死油层或使油层出油不畅。因比，对油层应当做到“压而不死，活而不喷”。地质人员必须严格执行这个原则。一方面要广泛收集邻井油、气、水层压力资料及其相应井段的泥浆性能资料；另一方面要根据本井的实际情况，准确计算加重剂的用量。

(3)井喷资料收集的内容

井喷一旦发生，地质人员应沉着机智，要在有关人员配合下收集好下列资料数据：

①记录井喷时间、井深、层位、钻头位置。

②记录指重表悬重变化情况，泵压变化情况。

③观察放喷管压力及变化情况。

④观察喷出物性质，喷出数量(单位时间数量及总量)、喷出方式(连续喷或间歇喷)、喷出高度(或射程)。

⑤记录井喷前后的泥浆性能。

⑥记录压井时间、加重剂及用量，加重过程中泥浆性能变化情况。

⑦取样做油、气、水试验。

此外，还应记录井喷原因，工程情况如钻进、放空、循环泥浆、起钻、下钻工作。

2. 井漏资料的收集

钻进过程中，如果泥浆液柱压力大于地层压力(或经加重后大于地层压力)，泥浆漏入地层就叫井漏。井漏常发生在裂隙发育的地层，或溶洞发育的碳酸盐岩地层，或不整合面，或断层破碎带，或疏松的砂砾岩地层。对井漏应收集下列资料。

(1)井漏起止时间、井深、层位、钻头位置。

(2)漏失前后及漏失过程中泥浆性能及其变化。

(3)是否有返出物，返出量及返出特点，返出物中有无油气显示，如有应详细记录，必要时收集样品送化验室分析。

(4)堵漏时间，堵漏物质及用量，堵漏前后井内液柱变化情况，堵漏时泥浆返出量。

(5)堵漏前后钻井情况，以及泵压及排量变化。

上述资料收集内容既适用于有油、气层的情况，也适用于一般井漏。

3. 在泥浆混油的情况下，油、气显示资料的收集

泥浆混油通常有三种情况，一是钻过油、气层后，地层的油、气进入泥浆混油，这是自然混油；二是为了适应工程需要，向井内加一定比例的原油，改善泥浆性能，使之安全钻进；三是用原油或柴油处理卡钻事故，未彻底清除原油、柴油而使泥浆混油。

泥浆混油以后，将使各项录井资料受到不同程度的影响。所以要格外细致，去伪存真，才能做到资料的收集齐全准确。在混油情况下油、气显示资料收集内容与前面所讲相同，仅

将注意事项说明如下：

(1)地质值班人员必须加强巡回检查，定时观察泥浆槽面、池面，有新的显示才便于对比，及时发现，不至漏掉。

(2)泥浆人员必须经常观察和测定混油泥浆性能的变化，以便确切判断新油、气显示的出现。

(3)气测人员应掌握混油泥浆的气测读数基值，及时研究高于基值的细微变化，并告知地质人员，以帮助进行综合分析。

(4)要认真对待岩屑中发现的少量油砂，不能盲目定层，必须经综合判断，确认是真实油砂时方可定层。

任务考核

一、填空题

(1)泥浆可分为________、________、________。

(2)在新开发的纯油区钻井，设计泥浆相对密度时一般附加________，油水过渡带的井中附加________。

(3)泥浆含砂量的测定，一般采用________________法。

(4)钻井中影响泥浆性能的地质因素包括________、________、________。

(5)泥浆录井主要依据________和________的变化，大致推断地下地层及含油、气、水情况。

(6)油气上窜速度的计算包括________和________两种方法。

二、选择题

(1)当钻进大段厚层盐岩层时，为减少泥浆对盐岩层的溶蚀，应选用(　　)钻井液。

A. 清水　　B. 饱和盐水　　C. 低固相　　D. 油基

(2)钻井液密度过低容易发生(　　)。

A. 降低钻井速度，发生井喷、井塌等　　B. 引起过高的黏切，发生井喷、井塌等

C. 易憋漏地层，发生井喷、井塌等　　D. 携带岩屑能力下降，发生井喷、井塌等

(3)仅凭进出口钻井液性能的变化，就可以判断为(　　)。

A. 缝洞漏失层　　B. 造浆泥岩层　　C. 致密砂岩层　　D. 燧石层

(4)油气上窜现象形成的原因为(　　)。

A. 油气压力小于钻井液柱压力　　B. 油气压力大于钻井液柱压力

C. 油气压力等于钻井液柱压力　　D. 泵压过高

(5)钻遇疏松砂岩层时，钻井液密度、黏度、含砂量的变化趋势是(　　)。

A. 密度下降、黏度略增、含砂量增加　　B. 密度下降、黏度下降、含砂量不变

C. 密度略增、黏度略增、含砂量增加　　D. 密度、黏度和含砂量均略降

三、简述题

(1)泥浆录井过程中，所测量的泥浆性能参数有哪些？

(2)钻井中影响泥浆性能的地质因素有哪些？

(3)泥浆录井过程中，如何根据泥浆性能变化判断油气水层及判断岩性？

项目十　气测录井

知识目标

(1)掌握气测录井的理论知识。

(2)掌握气测录井的基本原理。

(3)掌握利用气测录井原始资料进行定性解释的方法和技巧。

技能目标

(1)能识别色谱气测图。

(2)能利用气测录井原始资料进行定性解释。

学习材料

气测录井又称气测井或气相色谱录井，属随钻天然气地面测试技术，它是直接测定钻井泥浆中可燃气体含量的一种测井方法。气测录井是在钻井过程中进行的，无须停钻就能及时发现油、气显示，并能预告井喷。

气测录井的作用是通过在地面检测随钻井液带出的井下气，可获得地层中天然气的含量和组成，从而估算储集层的孔隙地层压力和地层压力梯度；发现油气显示；判断油气性质；区分油气层和非烃气层；并根据油气浸入钻井液程度，预告井喷，观察压井效果。

一、天然气的成分与性质

各个油田的天然气组成极不相同，它与油、气田的生成条件、构造运动、油、气运移、开采条件等因素有密切关系。

在气测录井工作中，所分析的烃气分为轻烃和重烃两类。轻烃是指甲烷，重烃是指乙烷、丙烷、丁烷及更大分子的烃类气体。轻烃与重烃之和称为全烃。此外，油、气田的气体中还有非烃气体如二氧化碳、氢气、氮气等气体。

(一)天然气烃气的基本特点

(1)油田气体除含相当量甲烷外，重烃含量较高，为25%～55%。

(2)气田气体，主要成分为甲烷，重烃含量少，为1%～3%。

根据以上分析不难看出，天然气的组分是区别油、气层的一个重要标志。

(二)天然气的物理性质

天然气的物理性质包括内容很多，这里只谈对气测井有意义的几个特性：

1. 可燃性

天然气极易燃烧，它与充足的空气或氧气混合，当温度达800～850℃时，在铂丝的催化作用下能全部燃烧；当温度为500～550℃时，则仅有重烃才能燃烧。根据这一性质，就可以对泥浆中可燃气体含量进行测定。

2. 导热性

气体的导热性是指气体传播热量的能力。烃气的热导率，是随分子量的增加而减小的，同时烃气热导率比氢气和氦气小很多。利用这些特点，可以测定天然气中各组分含量。

3. 吸附性

由于固体表面分子与气体分子间存在着引力，当气体分子碰撞到固体表面时，气体分子就暂时停留在固体表面上，这种现象叫吸附。这里所说的固体表面，也包括固体内部孔隙的表面。气态烃具有被某种物质吸附的特性，吸附量除了与温度压力有关外，主要是与吸附剂的吸附能力和气态烃分子量有关。分子量越大的气态烃，越容易被物质吸附，但不易解吸；反之，分子量小的气态烃不易被吸附，但容易解吸。根据这种性质可以进行气体组分分析。

4. 溶解性

天然气可以溶解于石油中，也可以溶解于水中。但是石油和水对天然气的溶解能力是不同的，通常用溶解度表示。

二、圈闭构造中天然气和石油的储集状态

大多数石油和天然气以不同数量和储集形式存在于沉积岩层中，储集岩性一般是砂岩和碳酸盐岩地层。在岩层的裂隙中和节理发育的地方有时也有油、气的聚集。

此外，在沉积岩地层中，呈分散状态的天然气也经常出现。它的浓度一般很小，但是，从总量计算来看，要比工业储集的数量大许多倍。烃气在储集岩中的状态一般有游离状态、溶解状态和吸附状态。

1. 游离气的储集

游离气的储集是指纯气藏形式的天然气储集。另外，还有油藏中气顶形式的天然气储集。这种类型的气体储集是以游离状态存在于地层中。

2. 溶解气的储集

天然气具有溶解性。它不仅能溶解于石油中，而且还能溶解于水中。这样，就形成了溶解气的储集。一般有石油溶解气和水中溶解气两种状态。

3. 吸附状态储集

吸附状态的天然气多分布在泥质地层内。它以吸附着的状态存在于岩石中，如储集层上下井段的泥质盖层，或生油岩系，往往含有一定浓度的吸附气体。这种类型的气体聚集，称为泥岩含气，一般是没有工业价值的。但是，在某些情况下，大段泥岩中夹有薄裂隙或者孔隙性砂岩薄层等，往往也会形成具有工业价值的油、气流。

三、石油及天然气进入泥浆的途径与状态

(一)石油及天然气进入泥浆的途径

在钻井过程中，石油、天然气有两种形式进入泥浆，既有含有油气的岩层，被钻头破碎后，其中的油、气进入泥浆中；又有已钻穿的油、气层的油、气经渗滤和扩散作用而进入泥浆。但是，当油、气层的地层压力与井内泥浆液柱压力接近时，经渗滤和扩散作用进入泥浆的油气量较少，而当泥浆停止循环一段时间后，有渗滤和扩散作用进入泥浆的油、气将有所增加，在气测录井中会造成气测异常。

(二)石油及天然气进入泥浆后的状态

1. 油、气呈游离状态进入泥浆

呈游离状态的油进入泥浆并和泥浆混合，随着泥浆的上返，压力降低，一部分溶解在悬浮状油中的烃气蒸发出来。游离状态的石油中溶解气越多，随泥浆上返时蒸发出来的烃气越多。

游离状态的天然气和泥浆混合时，将有两种情况出现。一种是气量不大时，呈游离状态的天然气可能全部转化为溶解状态；另一种是气量大时，泥浆不能全部溶解天然气，仍存一

部分呈游离状态的气泡随泥浆上返，到井口后最先逸入大气。其余则以微小气泡形式继续留在泥浆中，泥浆黏度越高，气泡越小；泥浆到井口和泥浆槽时间越短，则留在泥浆中的天然气量就越多。

2. 含有溶解气的石油进入泥浆

含溶解气的石油随泥浆上返过程中首先分出甲烷、乙烷，然后分出丙烷与丁烷，最后还有部分石油挥发出气体。

3. 溶解于地层水的天然气进入泥浆

由于进入泥浆的地层水其水量总是远远小于泥浆的水量，因而，它总是被泥浆冲淡。如果地层水中的气体浓度不大，即使压力降低，天然气也不会变为气泡，它总是溶于泥浆中；如果地层水量大，而且被泥浆冲淡的程度不大，当地层水中溶解的气量较大时，随着泥浆的上返，压力降低，会发生天然气游离成气泡的状况。

4. 呈凝析油状态进入泥浆

当凝析油从地层进入泥浆后，随着泥浆的上返，压力降低，凝析油就开始蒸发，逐渐转化为气态。首先是甲烷、乙烷、二氧化碳和硫化氢气化，然后是丙烷丁烷等气化。一般说来，凝析油随压力降低，大量或全部转化为气态。

四、泥浆脱气与泥浆脱气器

为了测定钻井泥浆中天然气的含量及组分，首先要将泥浆中的天然气分离出来，这就是所谓的泥浆脱气。泥浆脱气是采用专门的脱气器来进行脱气的，它安装在泥浆出口的挡板前的泥浆槽坡道中。

目前使用的脱气器主要有三种类型：

(1)浮子式脱气器；

(2)电动离心式脱气器；

(3)泥浆真空蒸饱器。

以上三种脱气器，现场广泛使用的是浮子式脱气器。各种脱气器的工作原理不再讨论。然而可以看出，当钻开油、气层时，油、气便进入泥浆，随泥浆上返至井口，被脱气器收集。

五、气测录井的分类和测量原理

(一)气测录井的分类

气测录井有多种分类方式，其主要分类方法如下：

1. 按钻井作业流程分类

(1)随钻气测

在钻井过程中测定由于岩屑破碎进入钻井液中的气体含量和组分。

(2)循环气测

在钻井液静止后再循环时，测定储集层在渗透和扩散的作用下进入钻井液中的气体的含量和组分，又称之为扩散气测。故循环气测录井又被称为扩散气测录井。

2. 按分析方法分类

(1)简易气测

仅测量全烃(或全量)，分析甲烷、重烃和非烃。该录井方法设备简陋，精度差。

(2)色谱分析(全套气测)

即测量全烃(或全量)及组分甲烷、乙烷、丙烷、异丁烷、正丁烷和氢气、二氧化碳。

3. 按测量对象分类

(1)钻井液气测

测定钻井液中的气体的含量和组分。

(2)岩芯气测

测定岩芯中的气体含量和组分。

(3)岩屑气测

测定岩屑中的气体含量和组分。

(4)多种参数的综合录井

利用随钻井参数、钻井液性能、气测录井和色谱分析，并通过计算机联机处理后，直接显示、记录和打印各项录井参数的录井。

4. 色谱分析

(1)色谱分析

样品气进入色谱柱后各组分逐步分离的过程称为色谱分析。

(2)色谱分类

①气相色谱　用气体作为流动相的色谱分析方法。

②液相色谱　用液体作为流动相的色谱分析方法。

(二)气测录井的测量原理

井下油气层中的可燃气体，侵入泥浆后随泥浆循环到地面，通过真空泵的工作，将脱气器中的气体抽出来，经输气管线送到气体分析仪中，可燃气体在分析仪中燃烧，产生热电反应，可由电流表微安计中读出数值来，数值大小与可燃气体含量成正比关系。这就是烃类气体转变为电信号过程。目前多采用半自动气测仪和色谱气测仪。

1. 半自动气测仪

半自动气测仪分气路、分析仪和深度装置。

(1)气路

气路的作用是使天然气从泥浆中脱出、净化，以一定的流量进入燃烧室分析。天然气流经的装置为：脱气器→沉淀瓶→洗涤瓶→流量剂→燃烧室→真空泵→大气中。

(2)分析仪

分析仪的任务就是测定天然气中全烃、重烃的含量；分离测定出天然气中的甲烷、重烃、硫化氢及氢加一氧化碳的含量。

分析仪的原理：半自动气测仪是由一个电桥线路组成的，一个臂为白金丝做成的“热敏电阻”，放在气路燃烧室中进行测定，如图 4－57 所示 。当被分析的气体中烃类气体含量为零时，电桥平衡，微安表没有电流通过，读数为零。当被分析的气体中有烃类气体时，在燃烧室中加有高压的高温白金丝被引燃 ，烃类气体燃烧放热使白金丝温度升高，白金丝的电阻随温度升高而增大，电桥失去平衡，微安表中有电流通过，且电流随烃类气体含量增加而增大。所以微安表读数大小，可直接换算成烃类气体含量。

如加在白金丝上的电压为 1.1V(温度为 800～850℃)，天然气全部组分被燃烧，包括甲烷、重烃气、氢气、一氧化碳和硫化氢；当通过氢氧化钾溶液时，甲烷、重烃气、氢气、一氧化碳燃烧。

如加在白金丝上的电压为 0.65V(温度为 500～550℃)，天然气组分中重烃气、氢气、一氧化碳燃烧，当通过活性炭时，氢气、一氧化碳燃烧。

(3)确定深度装置

它是利用一对同步马达和相应的变速装置以及号码机组成。在仪器车上记下钻达某井深时间，再加迟到时间，就是该井深取样气测时间。

2. 色谱气测仪的方法简介

简介：色谱法最早是用来分离用一般化学方法很难分离的植物叶绿素、叶黄素的一种方法。由于分离出来的物质是带色的，故名色谱法。随着方法的发展，被分离的物质组分的种类越来越多，且大多数是不带颜色的，但其名称仍被沿用至今。色谱法可分为气相色谱法和液相色谱法两种，流动相是气体的则称为气相色谱法；流动相是液体的称为液相色谱法。气测井使用的是气相色谱法。气相色谱法按固定相物质状态不同，可分为气固色谱法和气液色谱法；若按方法的物理、化学原理分类，则又可分为吸附色谱和分配色谱。

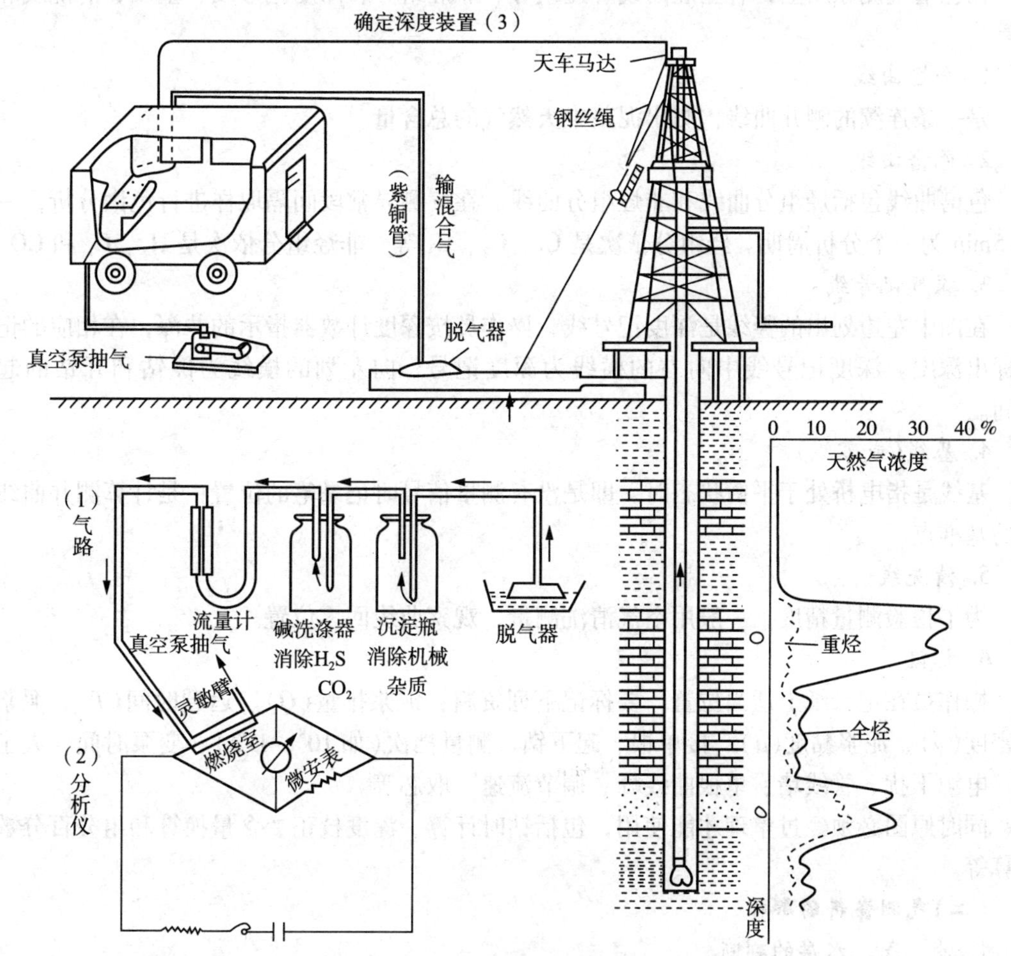

图4-57 气测仪原理示意图

气相色谱流程：气相色谱法是利用某种吸附剂对天然气不同组分具有不同的吸附能力(或分配能力)使得天然气各种组分得到微小分离。而这种分离，又在流动过程中反复多次进行，使原来微小分离产生很大差别，最终将天然气各组分完全分离开。图4-58是气相色谱流程简图。整个流程主要由气体流动系统、色谱柱、鉴定器和记录仪组成。

载气经过减压阀、调节阀、净化干燥气，被控制在一定的压力和流速，然后携带着从进样器进入的一定量的天然气一起进入色谱柱，各种组分在色谱柱中进行多次吸附、溶解、挥发，经过一定的柱长之后，彼此分离并先后从色谱柱中流出。然后，鉴定器将天然气各组分浓度的变化转变为电压或电流信号，经过放大，在记录仪上画出该天然气组分的色谱曲线。

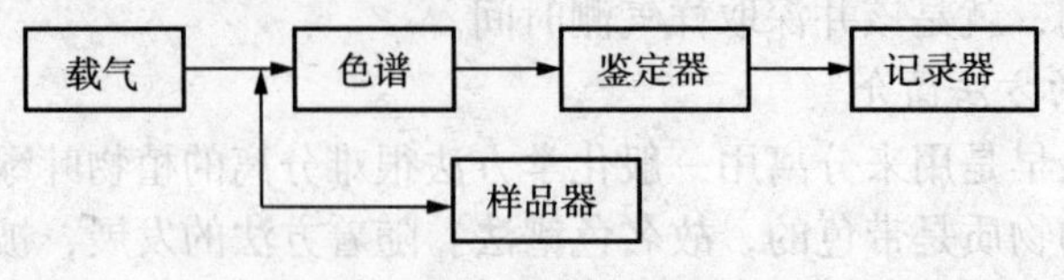

图4-58　气相色谱流程简图

六、气测资料的解释

(一)色谱气测原图的识别

在色谱气测原图上，有全烃曲线、短组分、非烃组分、深度记号线、基线、清洗线和标记等。

1. 全烃曲线

是一条连续的测井曲线，测出泥浆中天然气的总含量。

2. 色谱曲线

色谱曲线包括烃组分曲线和非烃组分曲线。在气测异常段间隔取样进行色谱分析，一般4~5min为一个分析周期。经组分依次是 C_1、C_2、C_3 等，非烃组分依次是 H_2、C_1 和 CO_2。

3. 深度记号线

在图中左边划出的竖线是深度记号线，操作员按深度计数器指示的井深，在相应的记号上标出深度。深度记号线中向右的横线为深度记号，向左划的横线为停钻和开钻的起止时间。

4. 基线(或零线)

基线是指电桥处于平衡状态时，即是没有测量信号时记录笔的位置：是计算测井曲线幅度的基准点。

5. 清洗线

为了检验测量精度，一般用空气清洗测量，观察曲线回零位置。

6. 标记

操作员在记录纸上适当位置，要标记下列资料：泥浆排量(Q)、迟到时间(T)、泥浆相对密度(γ)、泥浆黏度(μ)、接单根、起下钻、测量挡次(如 10^8，1/2)、变泵时间、人工进样、电源干扰、管线堵、单根曲线峰、调节流速、取芯等。

同时原图必须经过整理才能使用，包括钻时计算、深度校正、含量换算和组分百分数的计算等。

(二)气测资料的解释

1. 油、气、水层的判断

油层：特点是重烃含量高，在气测曲线上的特征是全烃、重烃同时增加，两条曲线幅度差较小，如图4-59所示。

气层：气层气的特点甲烷含量很高，重烃为零或很低，表现在气测曲线上为两条曲线幅度差很大，如图4-60所示。

其次不同性质的油层中重烃含量是不同的，轻质油的重烃含量要比重质油的重烃含量高。因此，轻质油的油层气测异常明显，而重质油重烃不随全烃变化，且差异较大，甚至呈甲烷异常，如图4-61所示。

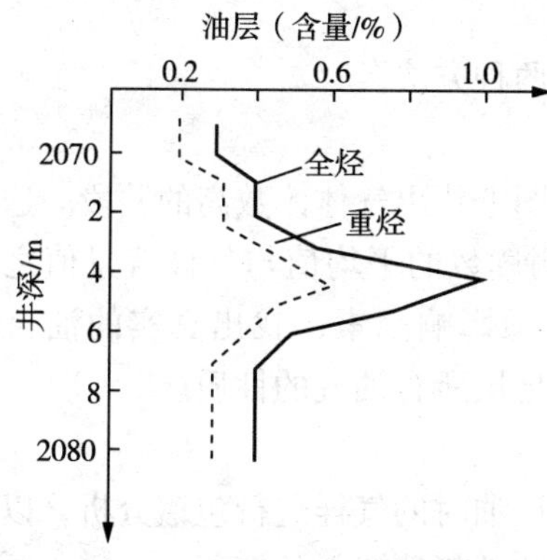

图4-59 油层的曲线特征图

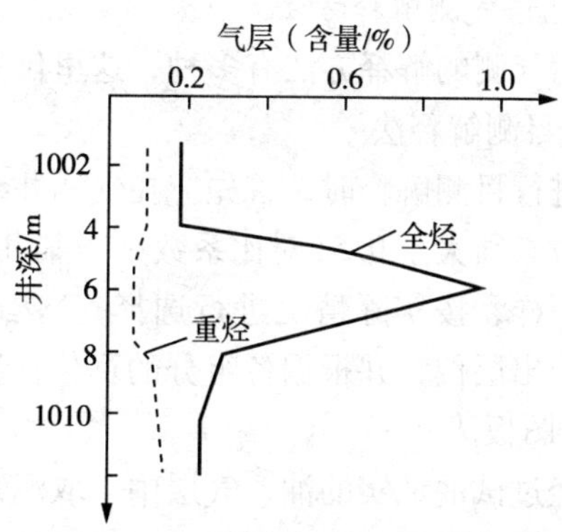

图4-60 气层的曲线特征图

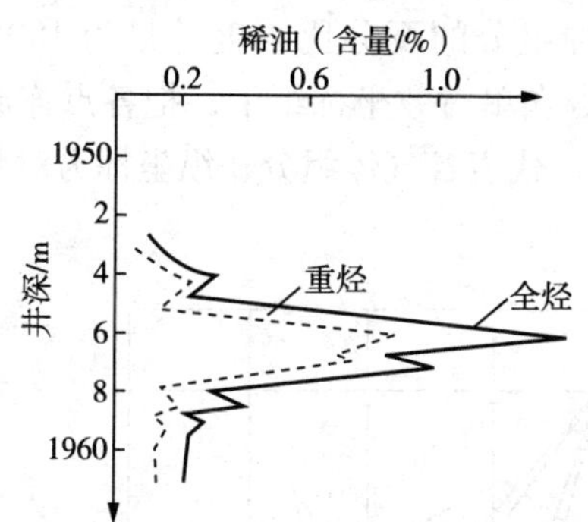

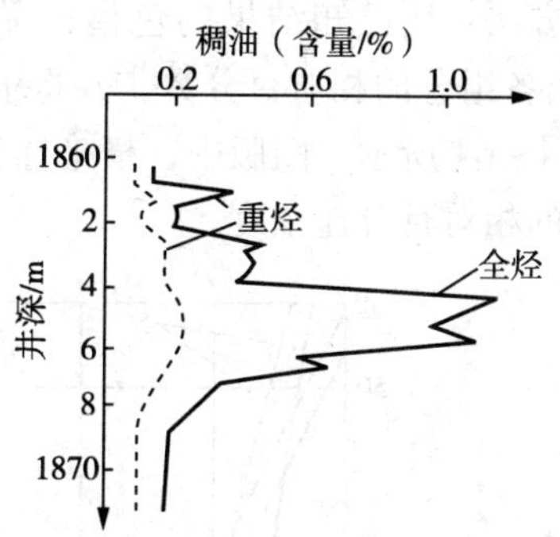

图4-61 不同性质的油层在气测曲线上的特征

水层：烃类气体难溶于水，所以一般纯水层没有显示。若水层含少量溶解气，反映在全烃、重烃同时增高，或只有全烃增高，而重烃无异常。但水层显示远比油层显示低，如图4-62所示。

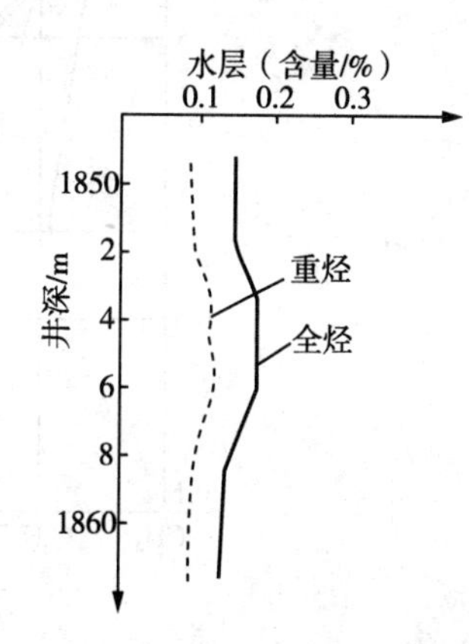

图4-62 水层在气测曲线上的特征

另外，也可以通过简易气分析运用甲烷、重烃和非烃三种组分的相对变化，来判断储集层中的流体性质。如图4-63所示，是大港油田油、气、水层简易分析成果图。从图中可以看出，气层是甲烷组成的异常；油层是以重烃为主组成的异常；含残余油或含溶解气的水层则有以下三种情况：含甲烷的水层；含非烃(H_2)和甲烷的水层；含重烃为主的水层。

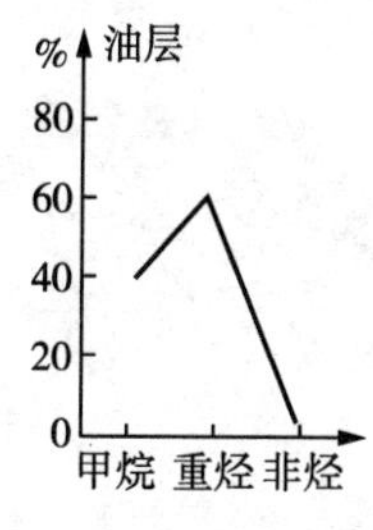

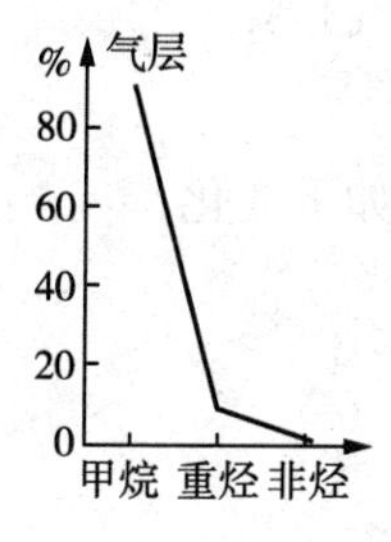

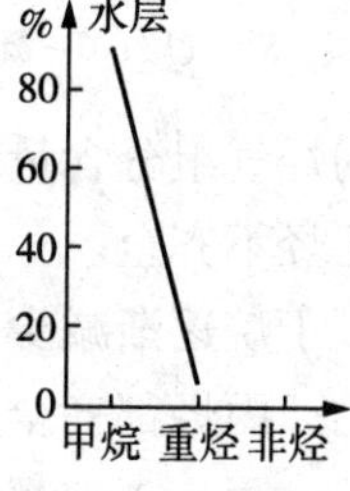

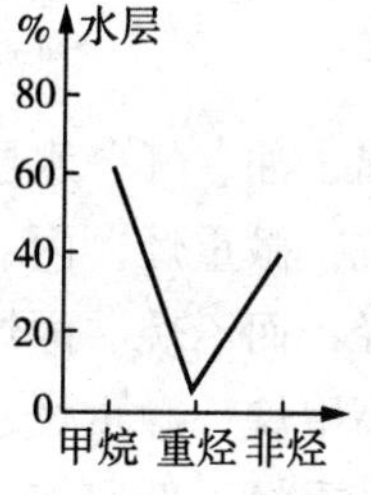

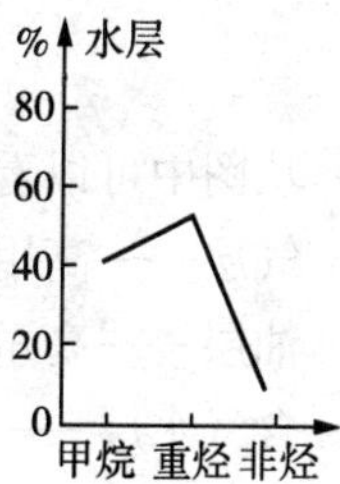

图4-63 简易器分析图

2. 色谱气测解释方法

色谱气测的解释方法有多种，这里仅介绍以下两种方法。

(1)目测解释法

在进行目测解释时，首先应在气测井综合曲线图上找出气体读数高的井段。这个井段的对比系数必须大于0.5(对比系数是指某井段高气测读数的平均值与气体背景值之比，各油田均不一样，按实际情况进行选择)。然后考虑各项影响因素，找出真实的油、气显示井段，划分出层位，并根据各组分的百分含量来判断地层所含油气的性质。

(2)图板法

在经过试油证实的油、气层中，取泥浆样品或试油时的气样进行包谱分析，以分析所得数据作为标准数据，做出图板，以指导邻井或新层位的气测资料的解释。

①油、气、水层的标准曲线图版。

绘制方法：用已知结果的色谱样品，以各种组分的百分比浓度总量为100%(相对含量)，求出各组分的相对百分数，并将求得结果点在单对数坐标纸上，把各点连起来即成图版，如图4-64所示。图版中，横坐标为等间距，代表各气体组分；纵坐标为对数坐标，代表各组分的相对百分比浓度。

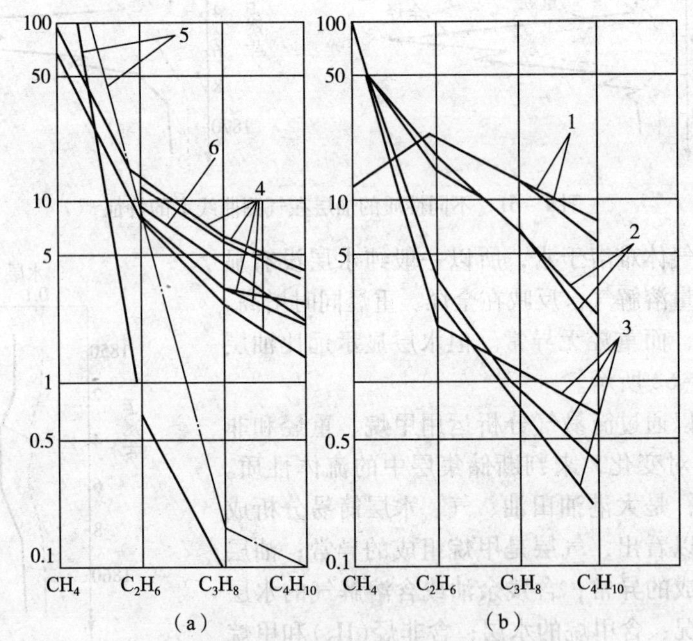

图4-64 色谱气测解释图版(气体组分曲组)

1—含油水层；2—油水层；3—含气水层；

4—油层；5—气层；6—凝析气层

从图中可以看出，油、气、水层的烃气组分含量有如下变化：

气层——高甲烷，微重烃，丙、丁烃不齐全。

油层——高重烃，而乙烷、丙烷、丁烷逐渐减少。

含气水层——高甲烷，微重烃，乙、丙烃都齐全。

含油水层——高重烃，低甲烷，乙、丙、丁烷都很大。

油水同层——烃气组分介于油层与含油水层之间，接近油层位置。

凝析气层——烃气组分介于油层与气层之间，接近油层位置。

如基本上重合，则解释即为标准曲线所示的油层或气层或油水同层等。

②划分油水界限的比值图版

图版选用双对数坐标，纵坐标为 C_3/C_1，横坐标为 C_2/C_1，使用时，首先求出需解释的油气显示层各组分的相对百分数，根据相对百分数求出 $C_3/C_1C_2/C_1$ 的比值，然后在纵坐标上引出等于 C_3/C_1 的直线，在横坐标上引出等于 C_2/C_1 的直线，两直线必有一交点，交点所在区间即指示出应解释为油层或油水同层或水层，如图 4-65 所示。

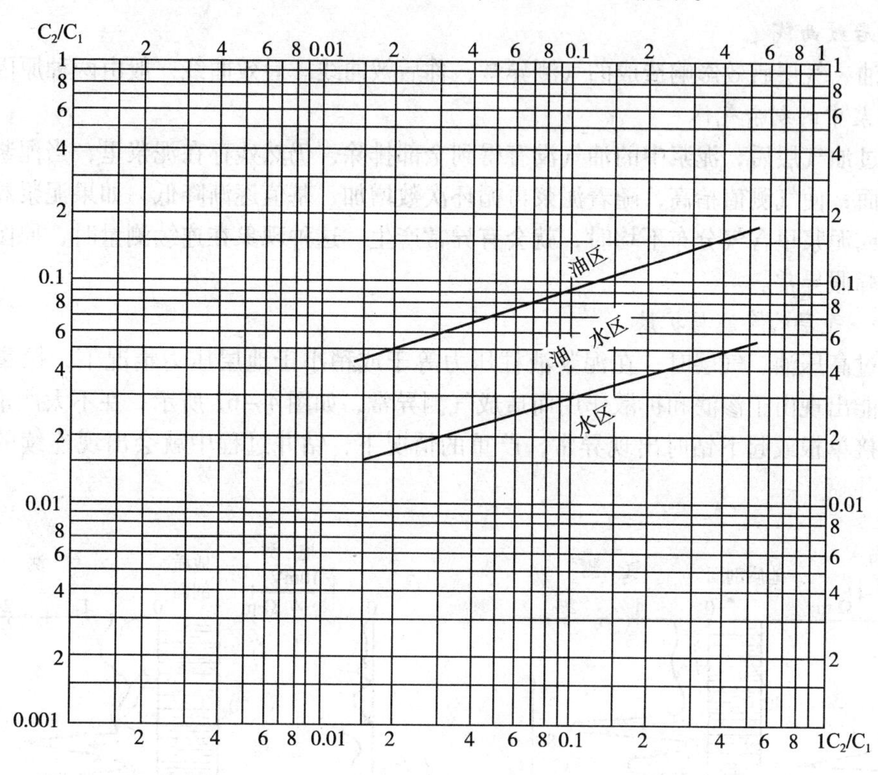

图 4-65　划分油、水界线的比值图版

3. 综合显示特征

油、气、水层综合显示特征，如表 4-27 所示。

表 4-27　油、气、水综合显示特征

储集层性质	气体显示/%						钻时/(min/m)	钻井液性能		荧光分析
	全烃	泥浆含气量	甲烷	乙烷	丙烷	丁烷		密度	黏度	
油层	增高	增高	增高	增高	增高	增高	降低	下降	上升	有显示
气层	增高	增高	增高	微增	无显示	无显示	降低	下降	上升	无显示
水层	无显示或微增	增高	无显示或微增	无显示或微增	无显示	无显示	降低	下降	下降	无显示

七、气测录井资料解释中应注意的事项

在划分气测异常井段时，仅仅依据对比系数划分是不够的，还要识别其真实性，下面讨论如何识别其真实性。

（一）假异常和假重烃

假异常是指和油气层无关而出现的气测异常，如煤层和油页岩岩层的影响，当钻开煤层和油页岩层时，由于它含有烃类气体，所以会造成甲烷异常或重烃异常，尤其是厚度较大或薄层集中段，可能会出现假异常。

假重烃主要是非烃可燃气体的影响，如可燃性氢、硫化氢、一氧化碳等。当地层中有这类气体时，将它和烃气一起燃烧，从而混淆了简易气测的测量结果，出现假异常。如图4－66所示。

（二）后效曲线

上部油、气层后效影响造成的气测异常，称后效曲线。后效曲线一般由两种原因造成。

1. 泥浆中的剩余气体

在钻过油气层后，泥浆中的油气没有得到全部排除，仍然残存在泥浆里，当泥浆再循环时返至地面，使气测值抬高，随着泥浆再循环次数增加，基值逐渐降低。如果泥浆黏度有较大的变化或泥浆里含气分布不均时，就会有异常产生。这种现象在连续测量时，原图上就会出现单根峰假异常。

2. 油、气层的渗滤与扩散

当钻过高压油、气层时，在泥浆液柱压力等于或稍小于地层压力情况下，储集层中的油、气可能出现由于渗滤和扩散作用而造成气测异常，如图4－67所示。在不太严重的情况下，多在接单根或起下钻时出现异常，严重的情况下，钻井过程中就会出现连续的气测异常，发生井喷。

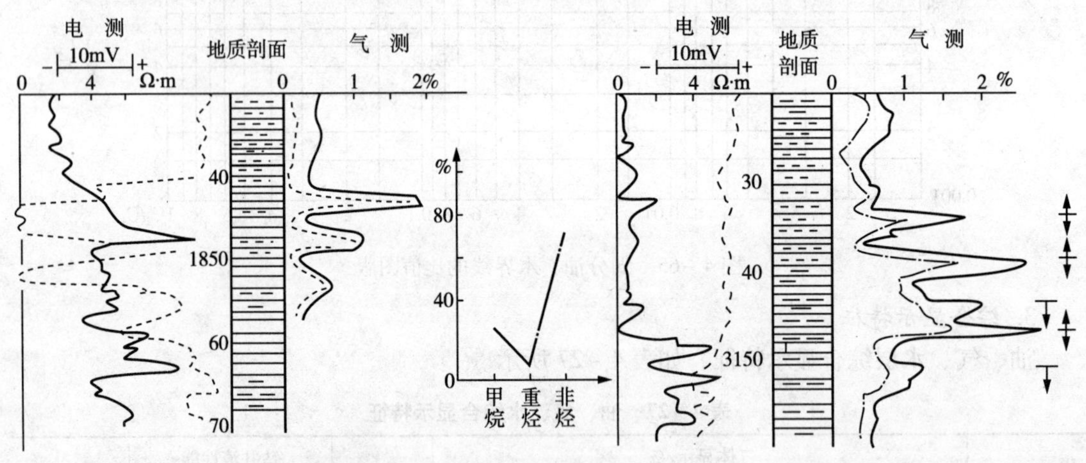

图4－66 非烃气

图4－67 后效曲线

在有后效的情况下，对继续钻进及发现油、气层均有影响。可利用泥浆再循环的机会，采取连续测量方法（通常叫扩散气测，现场也叫对比气测），直到泥浆含气量稳定后，再继续钻进而发现下部油气层；同时，可验证上部在钻井过程中气测异常的真实性。

（三）注原油曲线

在钻井过程中，由于某种原因要往井中注原油。严重情况下，会使气测工作失去意义。如井内注入原油后，虽进行替换泥浆，但泥浆中仍残存有重烃气，可以通过气体组分分析和泥浆基值的测量加以区别。如图4－68所示，注油后对气测存在轻微影响，可以利用甲烷的变化来区分油气层，新油层甲烷多，注入原油则甲烷少。

(四)负值

负值在气测曲线上不绘制，仅以空白标记负值二字。

气测负值一般无意义，它经常出现在无显示或含气量极低的井段。负值是由于室内和室外温度差别，仪器调零困难造成的。但地层中二氧化碳气体增多，会出现全烃小于重烃的现象。

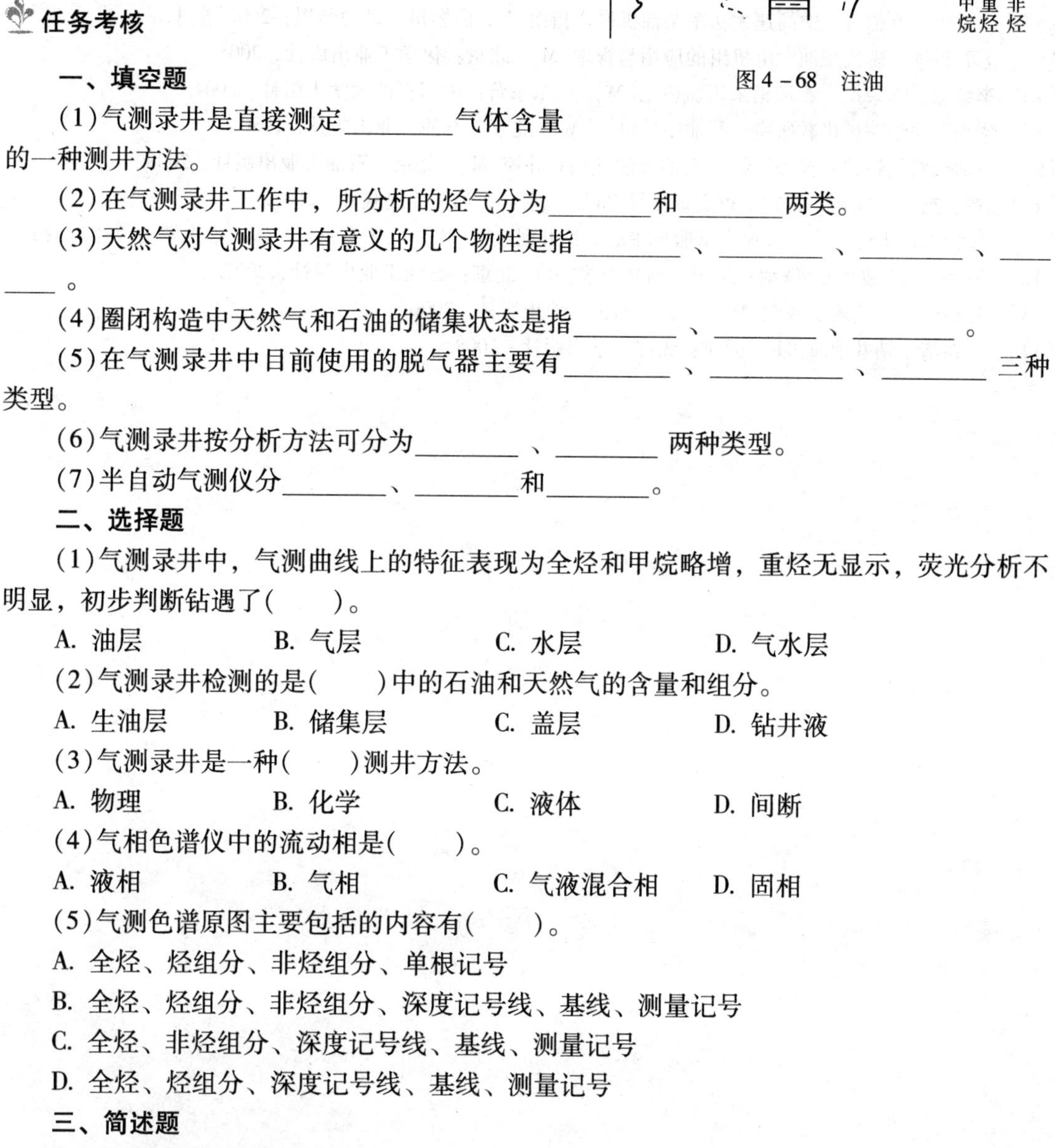

图 4－68　注油

任务考核

一、填空题

(1)气测录井是直接测定________气体含量的一种测井方法。

(2)在气测录井工作中，所分析的烃气分为________和________两类。

(3)天然气对气测录井有意义的几个物性是指________、________、________、________。

(4)圈闭构造中天然气和石油的储集状态是指________、________、________。

(5)在气测录井中目前使用的脱气器主要有________、________、________三种类型。

(6)气测录井按分析方法可分为________、________两种类型。

(7)半自动气测仪分________、________和________。

二、选择题

(1)气测录井中，气测曲线上的特征表现为全烃和甲烷略增，重烃无显示，荧光分析不明显，初步判断钻遇了(　　)。

A. 油层　　B. 气层　　C. 水层　　D. 气水层

(2)气测录井检测的是(　　)中的石油和天然气的含量和组分。

A. 生油层　　B. 储集层　　C. 盖层　　D. 钻井液

(3)气测录井是一种(　　)测井方法。

A. 物理　　B. 化学　　C. 液体　　D. 间断

(4)气相色谱仪中的流动相是(　　)。

A. 液相　　B. 气相　　C. 气液混合相　　D. 固相

(5)气测色谱原图主要包括的内容有(　　)。

A. 全烃、烃组分、非烃组分、单根记号

B. 全烃、烃组分、非烃组分、深度记号线、基线、测量记号

C. 全烃、非烃组分、深度记号线、基线、测量记号

D. 全烃、烃组分、深度记号线、基线、测量记号

三、简述题

(1)简述色谱气测仪的原理。

(2)简述影响气测录井的因素。

(3)简述油气水在气测仪上的曲线特点。

参考文献

[1] 马永峰，康涛．钻机操作维护手册(上、中、下册)[M]．北京：石油工业出版社，2005.
[2] 张其志．电动钻机自动化技术[M]．北京：石油工业出版社，2006.
[3] 中国石油天然气集团公司人事服务中心编．钻井柴油机工(上、下册)[M]．北京：石油工业出版社，2004.
[4] 李树生，万德玉．中高速大功率柴油机故障诊断与排除[M]．呼和浩特：远方出版社，2003.
[5] 李树生，万德玉．中高速大功率柴油机操作指南[J]．内燃机与动力装置，2006 增刊．
[6] 苏石川等．现代柴油发电机组的应用与管理[M]．北京：化学工业出版社，2005.
[7] 李继志，陈荣振．石油钻采机械概论[M]．山东东营：中国石油大学出版社，2004.
[8] 华东石油学院矿机教研室．石油钻采机械[M]．北京：石油工业出版社，1980.
[9] 石油天然气钻井井控编写组．石油天然气钻井井控[M]．北京：石油工业出版社，2008.
[10] 贾忠杰、刘桂和．钻井工程实训指导[M]．北京：石油工业出版社，2007.
[11] 中国石油天然气集团公司人事服务中心．钻井泥浆工[M]．山东东营：中国石油大学出版社，2004.
[12] 胜利油田《钻井泥浆》编写组编．钻井泥浆[M]．北京：石油工业出版社，2007.
[13] 崔树清．石油地质基础[M]．北京：石油工业出版社，2006.
[14] 崔树清．钻井地质[M]．天津：天津大学出版社，2008.